INTRO

" 15개년 4,500문제를 50개 대표유형 1,200문제로 정리했습니다. "

약 5만명 이상의 수험생들이 전기기사 필기시험에 도전합니다.

필기시험의 합격률은 약 20%로 약 1만 명만 필기시험에 합격하고, 약 4만 명은 필기시험에서 탈락해서 실기시험의 응시기회조차 얻지 못하고 있습니다.

엔지니어랩 연구소에서는 수험생들이 문제의 핵심을 파악하고 효율적으로 학습하여 필기시험에 합격할 수 있도록 〈전기기사 필기 필수기출 1200제〉를 개발했습니다.

수험생의 입장에서 고민한 결과로 만들어진 교재의 특징은 다음과 같습니다.

❶ 단순한 기출문제 나열이 아닌 대표유형별로 문제 분류

비슷한 문항이 계속 반복되는 연도별 기출문제가 아니라 각 대표유형 문제 및 관련 필수 문제들만 엄선하여 수록했습니다.

❷ 최신 출제경향을 반영한 기출변형, CBT 복원문제 수록

전기기사 필기시험은 22년 3회차부터 CBT 형태로 시험이 치러지고 있어 문제 공개가 되지 않고 있습니다.

엔지니어랩 연구소에 소속된 석박사 출신, 대학교수, 기술사 소지자 등의 전문인력이 많은 시간을 투자하여 최신 출제경향을 파악하여 기출변형, CBT 복원문제를 개발하여 교재에 수록했습니다.

❸ 역대급 친절하고 자세한 해설 수록

교재의 해설은 "문제유형 → 난이도 → 접근 POINT → 용어 CHECK 또는 공식 CHECK → 해설 → 관련개념 또는 응용"의 단계적 수록으로 문제를 통해 관련개념을 이해하고 응용력을 기를 수 있도록 개발했습니다.

전기기사 필기
필수기출 1200제 200% 활용 방법

1 대표유형 문제로 출제경향 파악 및 핵심개념 CHECK

대표유형별로
출제비율 및
출제경향 확인

과목별로 기출문제를
대표유형별로 정리하여
수록함

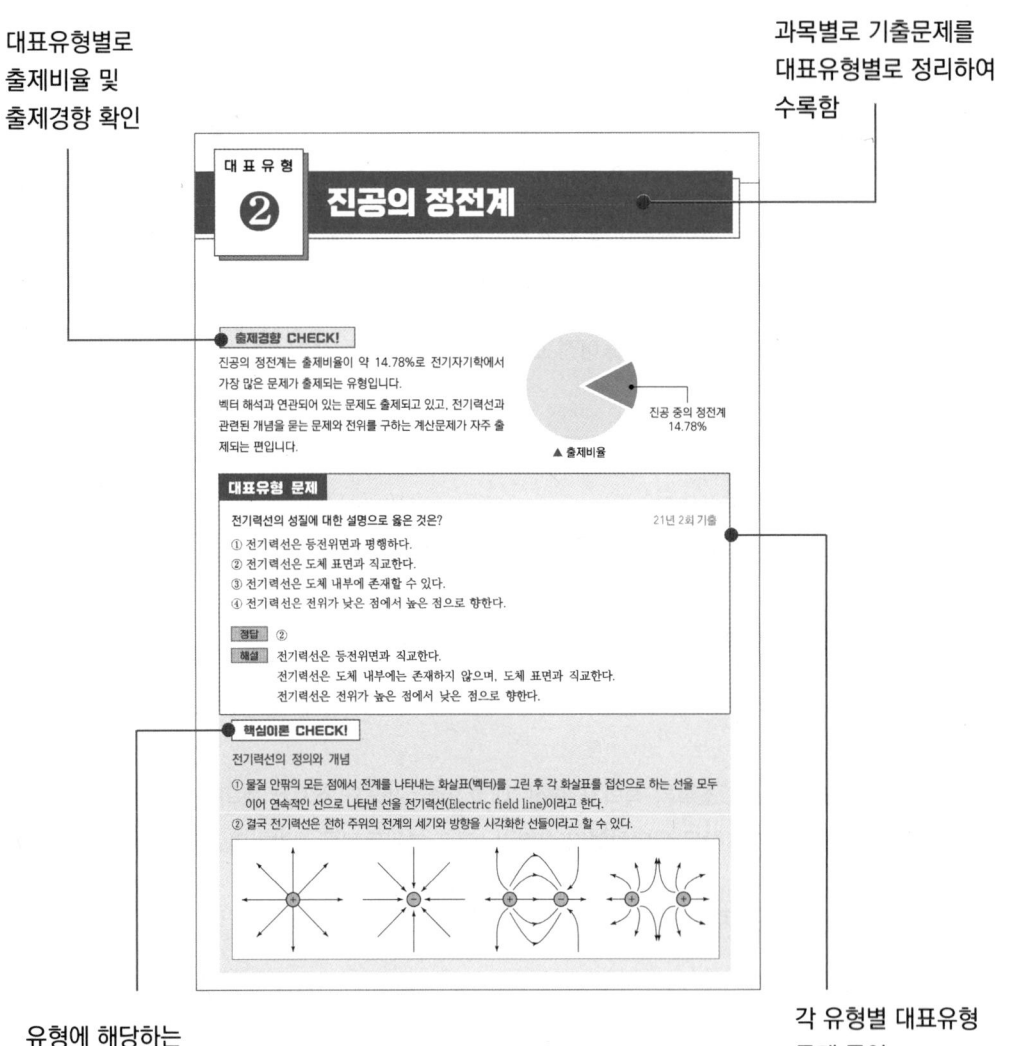

유형에 해당하는
핵심이론 CHECK
및 필기이론 복습

각 유형별 대표유형
문제 풀이

2 대표유형으로 분류된 문제 풀이로 합격점수 완성

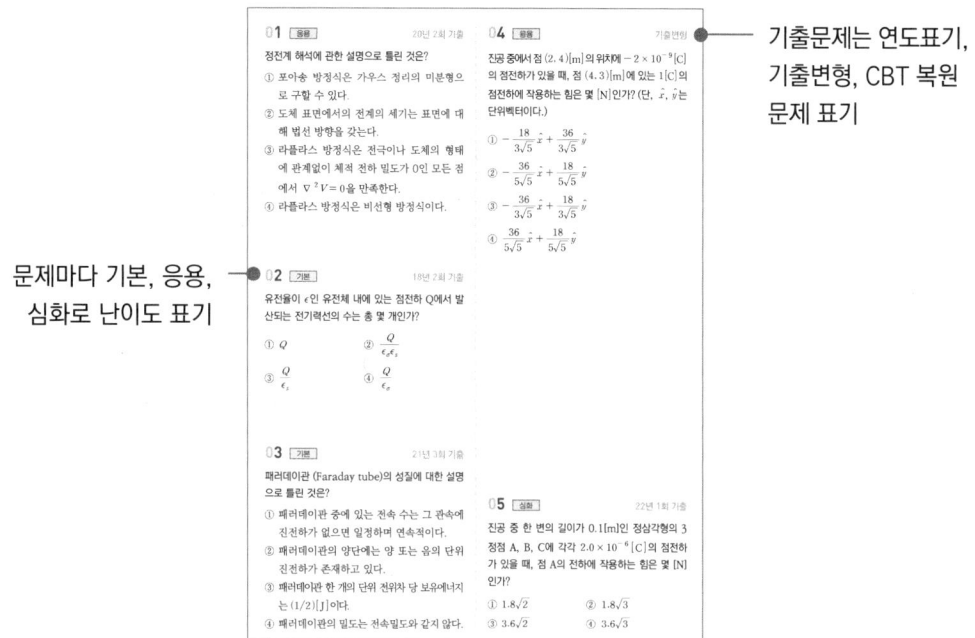

기출문제는 연도표기, 기출변형, CBT 복원 문제 표기

문제마다 기본, 응용, 심화로 난이도 표기

3 역대급 단계적·친절한 해설로 학습 마무리

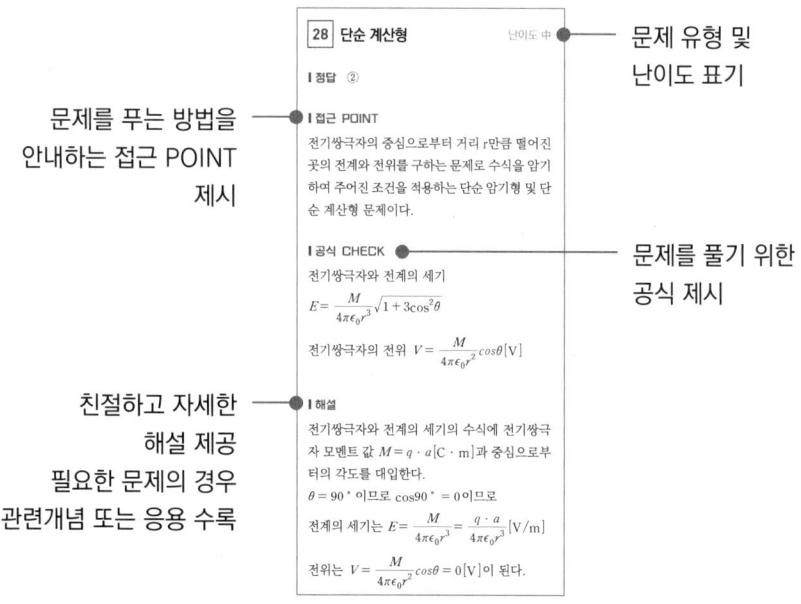

문제 유형 및 난이도 표기

문제를 푸는 방법을 안내하는 접근 POINT 제시

문제를 풀기 위한 공식 제시

친절하고 자세한 해설 제공 필요한 문제의 경우 관련개념 또는 응용 수록

차례
CONTENTS

출제비중

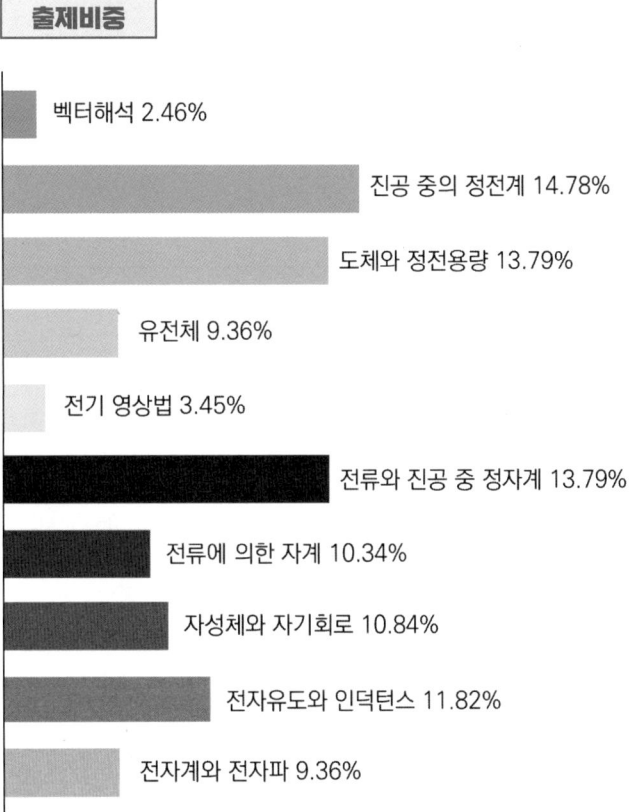

벡터해석 2.46%

진공 중의 정전계 14.78%

도체와 정전용량 13.79%

유전체 9.36%

전기 영상법 3.45%

전류와 진공 중 정자계 13.79%

전류에 의한 자계 10.34%

자성체와 자기회로 10.84%

전자유도와 인덕턴스 11.82%

전자계와 전자파 9.36%

출제경향 분석

전기자기학은 전기와 자기의 기본 현상을 다루는 과목이고 특정 유형에서 많은 문제가 출제되기 보다는 전체 유형에서 골고루 문제가 출제되고 있기 때문에 암기 위주보다는 개념을 이해하는 방향으로 공부해야 합니다.

대표유형 중에서는 진공의 정전계 유형에서 가장 많은 문제가 출제되고 있습니다. 전체적으로 전기자기학은 계산문제가 많은 과목이고 기본적으로 미적분, 벡터해석 등 수학적인 기본개념이 있어야 풀 수 있는 문제가 많이 출제되고 있습니다.

벡터 해석

벡터 해석은 출제비율은 낮은 편이고, 수학적인 지식이 있어야
풀 수 있는 문제가 대부분입니다.
미분방정식을 풀어야만 접근할 수 있는 문제도 있지만 기본개
념을 이해하고 방정식에 보기를 대입해서 간단히 풀 수 있는 문
제도 있으므로 기본개념을 이해하는 것이 중요합니다.

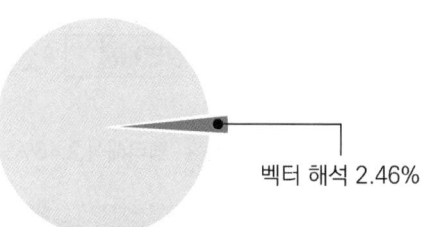

벡터 해석 2.46%

▲ 출제비율

대표유형 문제

진공 내의 점$(3, 0, 0)$[m]에 4×10^{-9}[C]의 전하가 있다. 이때 점$(6, 4, 0)$[m]의 전계의 크기는 약 몇
[V/m]이며, 전계의 방향을 표시하는 단위벡터는 어떻게 표시되는가?　　19년 2회 기출

① 전계의 크기 : $\dfrac{36}{25}$, 단위벡터 : $\dfrac{1}{5}(3a_x + 4a_y)$　　② 전계의 크기 : $\dfrac{36}{125}$, 단위벡터 : $3a_x + 4a_y$

③ 전계의 크기 : $\dfrac{36}{25}$, 단위벡터 : $a_x + a_y$　　④ 전계의 크기 : $\dfrac{36}{125}$, 단위벡터 : $\dfrac{1}{5}(a_x + a_y)$

정답　①

해설　거리벡터(위치벡터) $\vec{r} = \overrightarrow{AB} = \overrightarrow{OB} - \overrightarrow{OA} = (6-3, 4-0, 0-0) = (3, 4, 0)$

거리벡터의 크기 : $|\vec{r}| = \sqrt{3^2 + 4^2} = 5$

단위 벡터 : $\overrightarrow{u_r} = \dfrac{\vec{r}}{|\vec{r}|} = \dfrac{1}{5}(3, 4, 0) = \left(\dfrac{3}{5}, \dfrac{4}{5}, 0\right)$

전계의 크기 : $|\vec{E}| = 9 \times 10^9 \times \dfrac{4 \times 10^{-9}}{5^2} = \dfrac{36}{25}$[V/m]

핵심이론 CHECK!

1. 벡터량

① 크기, 단위와 방향, 세 개의 정보로 표현되는 물리량을 벡터량이라 한다.
② [예] 힘(N), 속도(m/s), 가속도(m/s^2), 운동량$(kg \cdot m/s)$, 토크(돌림힘)$(N \cdot m)$, 전기장(V/m)

2. 벡터량을 표기하는 법

① 벡터량은 화살표로 표시하며, $\vec{A}$, $\boldsymbol{A}$와 같이 문자 위에 화살표를 표기하거나 볼드체로 표기한다.
② 벡터량의 크기는 화살표의 시작점에서 끝점까지의 길이에 해당하며 벡터량의 방향은 끝점이 가리키는
방향이다. 벡터 $\vec{A}$, $\boldsymbol{A}$의 크기는 $|\vec{A}|$, $|\boldsymbol{A}|$와 같이 절댓값 기호 $|\ \ |$ 사용하여 표기한다.

01 기본   기출변형

전계 $E = \dfrac{2}{x}\hat{x} + \dfrac{2}{y}\hat{y}\,[\text{V/m}]$ 에서 점$(2,4)$를 통과하는 전기력선의 방정식은? (단, $\hat{x}$, $\hat{y}$는 단위벡터이다.)

① $x^2 + y^2 = 12$ ② $y^2 - x^2 = 12$

③ $x^2 + y^2 = 16$ ④ $y^2 - x^2 = 16$

02 응용   17년 3회 기출

점전하에 의한 전위함수가 $V = \dfrac{1}{x^2 + y^2}[\text{V}]$ 일 때 grad V는?

① $-\dfrac{ix + jy}{(x^2 + y^2)^2}$ ② $-\dfrac{i2x + j2y}{(x^2 + y^2)^2}$

③ $-\dfrac{i2x}{(x^2 + y^2)^2}$ ④ $-\dfrac{j2y}{(x^2 + y^2)^2}$

03 응용   16년 1회 기출

벡터 $\vec{A} = 5e^{-r}\cos\phi\,\vec{a_r} - 5\cos\phi\,\vec{a_z}$가 원통 좌표계로 주어졌다. 점 $\left(2, \dfrac{3\pi}{2}, 0\right)$에서의 $\nabla \times A$를 구하였다. $\vec{a_z}$ 방향의 계수는?

① 2.5 ② -2.5

③ 0.34 ④ -0.34

04 응용   22년 2회 기출

구 좌표계에서 $\nabla^2 r$의 값은 얼마인가?
(단, $r = \sqrt{x^2 + y^2 + z^2}$ 이다.)

① $\dfrac{1}{r}$ ② $\dfrac{2}{r}$

③ r ④ $2r$

출제경향 CHECK!

진공의 정전계는 출제비율이 약 14.78%로 전기자기학에서 가장 많은 문제가 출제되는 유형입니다.

벡터 해석과 연관되어 있는 문제도 출제되고 있고, 전기력선과 관련된 개념을 묻는 문제와 전위를 구하는 계산문제가 자주 출제되는 편입니다.

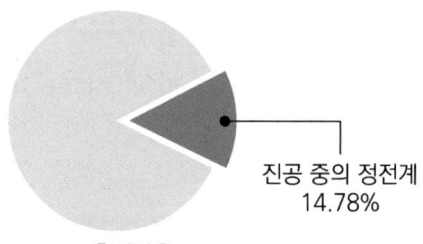

진공 중의 정전계
14.78%

▲ 출제비율

대표유형 문제

전기력선의 성질에 대한 설명으로 옳은 것은?   21년 2회 기출

① 전기력선은 등전위면과 평행하다.

② 전기력선은 도체 표면과 직교한다.

③ 전기력선은 도체 내부에 존재할 수 있다.

④ 전기력선은 전위가 낮은 점에서 높은 점으로 향한다.

정답 ②

해설 전기력선은 등전위면과 직교한다.

전기력선은 도체 내부에는 존재하지 않으며, 도체 표면과 직교한다.

전기력선은 전위가 높은 점에서 낮은 점으로 향한다.

핵심이론 CHECK!

전기력선의 정의와 개념

① 물질 안팎의 모든 점에서 전계를 나타내는 화살표(벡터)를 그린 후 각 화살표를 접선으로 하는 선을 모두 이어 연속적인 선으로 나타낸 선을 전기력선(Electric field line)이라고 한다.

② 결국 전기력선은 전하 주위의 전계의 세기와 방향을 시각화한 선들이라고 할 수 있다.

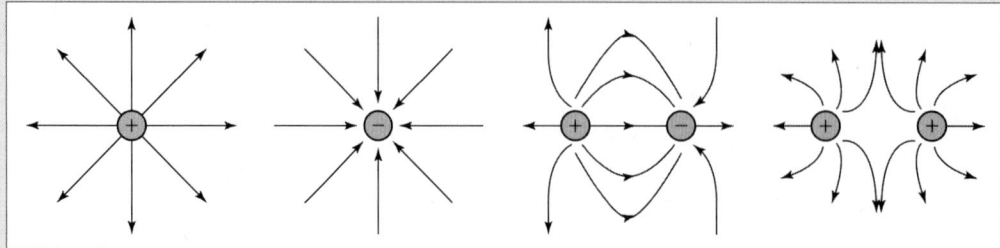

01 응용   20년 2회 기출

정전계 해석에 관한 설명으로 틀린 것은?

① 포아송 방정식은 가우스 정리의 미분형으로 구할 수 있다.

② 도체 표면에서의 전계의 세기는 표면에 대해 법선 방향을 갖는다.

③ 라플라스 방정식은 전극이나 도체의 형태에 관계없이 체적 전하밀도가 0인 모든 점에서 $\nabla^2 V = 0$을 만족한다.

④ 라플라스 방정식은 비선형 방정식이다.

02 기본   18년 2회 기출

유전율이 ϵ인 유전체 내에 있는 점전하 Q에서 발산되는 전기력선의 수는 총 몇 개인가?

① Q

② $\dfrac{Q}{\epsilon_0 \epsilon_s}$

③ $\dfrac{Q}{\epsilon_s}$

④ $\dfrac{Q}{\epsilon_0}$

03 기본   21년 3회 기출

패러데이관(Faraday tube)의 성질에 대한 설명으로 틀린 것은?

① 패러데이관 중에 있는 전속 수는 그 관속에 진전하가 없으면 일정하며 연속적이다.

② 패러데이관의 양단에는 양 또는 음의 단위 진전하가 존재하고 있다.

③ 패러데이관 한 개의 단위 전위차 당 보유에너지는 $(1/2)[\text{J}]$이다.

④ 패러데이관의 밀도는 전속밀도와 같지 않다.

04 응용   기출변형

진공 중에서 점 $(2, 4)[\text{m}]$의 위치에 $-2 \times 10^{-9}[\text{C}]$의 점전하가 있을 때, 점 $(4, 3)[\text{m}]$에 있는 $1[\text{C}]$의 점전하에 작용하는 힘은 몇 $[\text{N}]$인가? (단, $\hat{x}$, $\hat{y}$는 단위벡터이다.)

① $-\dfrac{18}{3\sqrt{5}}\hat{x} + \dfrac{36}{3\sqrt{5}}\hat{y}$

② $-\dfrac{36}{5\sqrt{5}}\hat{x} + \dfrac{18}{5\sqrt{5}}\hat{y}$

③ $-\dfrac{36}{3\sqrt{5}}\hat{x} + \dfrac{18}{3\sqrt{5}}\hat{y}$

④ $\dfrac{36}{5\sqrt{5}}\hat{x} + \dfrac{18}{5\sqrt{5}}\hat{y}$

05 심화   22년 1회 기출

진공 중 한 변의 길이가 0.1[m]인 정삼각형의 3 정점 A, B, C에 각각 $2.0 \times 10^{-6}[\text{C}]$의 점전하가 있을 때, 점 A의 전하에 작용하는 힘은 몇 $[\text{N}]$인가?

① $1.8\sqrt{2}$

② $1.8\sqrt{3}$

③ $3.6\sqrt{2}$

④ $3.6\sqrt{3}$

06 [기본] 18년 3회 기출

3개의 점전하 $Q_1 = 3C$, $C_2 = 1C$, $Q_3 = -3C$ 를 점 $P_1(1, 0, 0)$, $P_2(2, 0, 0)$, $P_3(3, 0, 0)$에 어떻게 놓으면 원점에서 전계의 크기가 최대가 되는가?

① P_1에 Q_1, P_2에 Q_2, P_3에 Q_3

② P_1에 Q_2, P_2에 Q_3, P_3에 Q_1

③ P_1에 Q_3, P_2에 Q_1, P_3에 Q_2

④ P_1에 Q_3, P_2에 Q_2, P_3에 Q_1

08 [응용] 20년 4회 기출

질량(m)이 $10^{-10}[\mathrm{kg}]$이고 전하량(Q)이 $10^{-8}[\mathrm{C}]$인 전하가 전기장에 의해 가속되어 운동하고 있다. 가속도가 $a = 10^2 i + 10^2 j[\mathrm{m/s^2}]$일 때 전기장의 세기 $E[\mathrm{V/m}]$는?

① $E = 10^4 i + 10^5 j$

② $E = i + 10j$

③ $E = i + j$

④ $E = 10^{-6} i + 10^{-4} j$

07 [기본] 17년 1회 기출

한 변의 길이가 $\sqrt{2}[\mathrm{m}]$인 정사각형의 4개 꼭짓점에 $+10^{-9}[\mathrm{C}]$의 점전하가 각각 있을 때 이 사각형의 중심에서의 전위 [V]는?

① 0   ② 18

③ 36   ④ 72

09 [기본] 13년 1회 기출

진공 중에 선전하 밀도 $+\lambda[\mathrm{C/m}]$의 무한장 직선 전하 A와 $-\lambda[\mathrm{C/m}]$의 무한장 직선 전하 B가 $d[\mathrm{m}]$의 거리에 평행으로 놓여있을 때 A에서 거리 $\frac{d}{3}[\mathrm{m}]$되는 점의 전계의 크기는 몇 $[\mathrm{V/m}]$인가?

① $\dfrac{3\lambda}{4\pi\epsilon_0 d}$ ② $\dfrac{9\lambda}{4\pi\epsilon_0 d}$

③ $\dfrac{3\lambda}{8\pi\epsilon_0 d}$ ④ $\dfrac{9\lambda}{8\pi\epsilon_0 d}$

10 응용

반지름 $a[\text{m}]$인 구대칭 전하에 의한 구 내외의 전계의 세기에 해당되는 것은?

① E
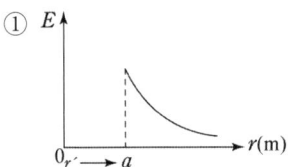

② E
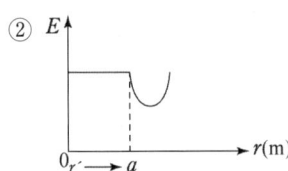

③ E
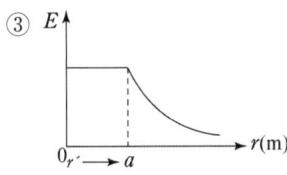

④ E
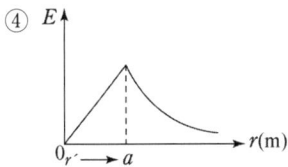

11 심화

중심은 원점에 있고 반지름 $a[\text{m}]$인 원형 선도체가 $z = 0$인 평면에 있다. 도체에 선전하 밀도 $\rho_L[\text{C/m}]$가 분포되어 있을 때 $z = b[\text{m}]$인 점에서 전계 $E[\text{V/m}]$는? (단, a_r, a_z는 원통 좌표계에서 r 및 z방향의 단위벡터이다.)

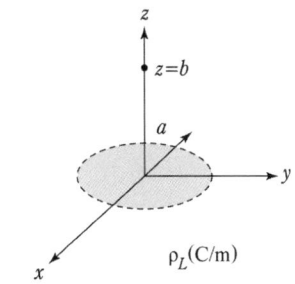

① $\dfrac{ab\rho_L}{2\pi\epsilon_0(a^2 + b^2)}a_r$ ② $\dfrac{ab\rho_L}{4\pi\epsilon_0(a^2 + b^2)}a_z$

③ $\dfrac{ab\rho_L}{2\epsilon_0\left(a^2 + b^2\right)^{\frac{3}{2}}}a_z$ ④ $\dfrac{ab\rho_L}{4\epsilon_0\left(a^2 + b^2\right)^{\frac{3}{2}}}a_z$

12 기본

길이 $l[\text{m}]$인 동축 원통 도체의 내외 원통에 각각 $+\lambda$, $-\lambda[\text{C/m}]$의 전하가 분포되어 있다. 내외 원통 사이에 유전율 ϵ인 유전체가 채워져 있을 때, 전계의 세기$[\text{V/m}]$는? (단, V는 내외 원통 간의 전위차, D는 전속밀도이고, a, b는 내외 원통의 반지름이며, 원통 중심에서의 거리 r은 $a < r < b$인 경우이다.)

① $\dfrac{V}{r \cdot \ln \dfrac{b}{a}}$ ② $\dfrac{V}{\epsilon \cdot \ln \dfrac{b}{a}}$

③ $\dfrac{D}{r \cdot \ln \dfrac{b}{a}}$ ④ $\dfrac{D}{\epsilon \cdot \ln \dfrac{b}{a}}$

13 기본   16년 2회 기출

무한히 넓은 두 장의 평면판 도체를 간격 $d\,[\mathrm{m}]$로 평행하게 배치하고 각각의 평면판에 면전하 밀도 $\pm\sigma\,[\mathrm{C/m^2}]$로 분포되어 있는 경우 전기력선은 면에 수직으로 나와 평행하게 발산한다. 이 평면판 내부의 전계의 세기는 몇 $[\mathrm{V/m}]$인가?

① $\dfrac{\sigma}{\epsilon_0}$ ② $\dfrac{\sigma}{2\epsilon_0}$

③ $\dfrac{\sigma}{2\pi\epsilon_0}$ ④ $\dfrac{\sigma}{4\pi\epsilon_0}$

14 기본   19년 1회 기출

진공 중에서 무한장 직선 도체에 선전하 밀도 $\rho_L = 2\pi \times 10^{-3}\,[\mathrm{C/m}]$가 균일하게 분포된 경우 직선 도체에서 $2\,[\mathrm{m}]$와 $4\,[\mathrm{m}]$ 떨어진 두 점 사이의 전위차는 몇 $[\mathrm{V}]$인가?

① $\dfrac{10^{-3}}{\pi\epsilon_0}\ln 2$ ② $\dfrac{10^{-3}}{\epsilon_0}\ln 2$

③ $\dfrac{1}{\pi\epsilon_0}\ln 2$ ④ $\dfrac{1}{\epsilon_0}\ln 2$

15 기본   13년 1회 기출

전위가 V_A인 A점에서 $Q\,[\mathrm{C}]$의 전하를 전계와 반대 방향으로 $l\,[\mathrm{m}]$ 이동시킨 점 P의 전위 $[\mathrm{V}]$는? (단, 전계 E는 일정하다고 가정한다.)

① $V_P = V_A - El$

② $V_P = V_A + El$

③ $V_P = V_A - EQ$

④ $V_P = V_A + EQ$

16 응용   기출변형

$30\,[\mathrm{V/m}]$의 전계 내의 $80\,[\mathrm{V}]$되는 점에서 $1\,[\mathrm{C}]$의 전하를 전계 방향으로 $1\,[\mathrm{m}]$ 이동한 경우, 그 점의 전위 $[\mathrm{V}]$는?

① 9   ② 24

③ 30   ④ 50

17 응용   18년 3회 기출

평면 도체 표면에서 $d\,[\mathrm{m}]$ 거리에 점 전하 $Q\,[\mathrm{C}]$가 있을 때 이 전하를 무한원점까지 운반하는데 필요한 일$[\mathrm{J}]$은?

① $\dfrac{Q^2}{4\pi\epsilon_0 d}$ ② $\dfrac{Q^2}{8\pi\epsilon_0 d}$

③ $\dfrac{Q^2}{16\pi\epsilon_0 d}$ ④ $\dfrac{Q^2}{32\pi\epsilon_0 d}$

18 응용   17년 3회 기출

$V = x^2[V]$로 주어지는 전위 분포일 때 $x = 20$ [cm]인 점의 전계는?

① $+x$방향으로 $40[V/m]$

② $-x$방향으로 $40[V/m]$

③ $+x$방향으로 $0.4[V/m]$

④ $-x$방향으로 $0.4[V/m]$

19 응용   기출변형

전위함수 $V = x^2 + y^2[V]$일 때 점 $(6, 8)[m]$에서의 등전위선의 반지름은 몇 $[m]$이며, 전기력선 방정식은 어떻게 되는가?

① 등전위선의 반지름 : 5,

    전기력선 방정식 : $y = \dfrac{3}{4}x$

② 등전위선의 반지름 : 5,

    전기력선 방정식 : $y = \dfrac{4}{3}x$

③ 등전위선의 반지름 : 10,

    전기력선 방정식 : $x = \dfrac{4}{3}y$

④ 등전위선의 반지름 : 10,

    전기력선 방정식 : $x = \dfrac{3}{4}y$

20 응용   18년 3회 기출

진공 중에서 선전하 밀도 $\rho_l = 6 \times 10^{-8}[C/m]$인 무한히 긴 직선상 선전하가 x축과 나란하고 $z = 2[m]$ 점을 지나고 있다. 이 선전하에 의하여 반지름 $5[m]$인 원점에 중심을 둔 구표면(S_0)을 통과하는 전기력선 수는 약 몇 $[V/m]$인가?

① 3.1×10^4 ② 4.8×10^4

③ 5.5×10^4 ④ 6.2×10^4

21 기본   20년 4회 기출

정전계 내 도체 표면에서 전계의 세기가

$$E = \frac{a_x - 2a_y + 2a_z}{\epsilon_o}[V/m]$$ 일 때 도체 표면상

의 전하밀도 $\rho_a[C/m^2]$를 구하면? (단, 자유 공간이다.)

① 1   ② 2

③ 3   ④ 5

22 응용 　　　　　　　　14년 1회 기출

전속밀도가

$D = e^{-2y}(a_x \sin 2x + a_y \cos 2x)[\text{C/m}^2]$일　때

전속의 단위 체적당 발산량$[\text{C/m}^3]$은?

① $2e^{-2y}\cos 2x$

② $4e^{-2y}\cos 2x$

③ 0

④ $2e^{-2y}(\sin 2x + \cos 2x)$

24 기본 　　　　　　　　14년 1회 기출

다음 ( ) 안에 들어갈 내용으로 옳은 것은?

> 전기 쌍극자에 의해 발생하는 전위의 크기는 전기 쌍극자 중심으로부터 거리의 (㉮)에 반비례하고, 자기 쌍극자에 의해 발생하는 자계의 크기는 자기 쌍극자 중심으로부터 거리의 (㉯)에 반비례한다.

① ㉮ 제곱, ㉯ 제곱

② ㉮ 제곱, ㉯ 세제곱

③ ㉮ 세제곱, ㉯ 제곱

④ ㉮ 세제곱, ㉯ 세제곱

23 응용 　　　　　　　　20년 4회 기출

다음 정전계에 관한 식 중에서 틀린 것은? (단, D는 전속밀도, V는 전위, ρ는 공간(체적) 전하밀도, ϵ은 유전율이다.)

① 가우스의 정리: $div D = \rho$

② 포아송의 방정식: $\nabla^2 V = \dfrac{\rho}{\epsilon}$

③ 라플라스의 방정식: $\nabla^2 V = 0$

④ 발산의 정리: $\oint_s D \cdot ds = \int_v div D dv$

25 기본 　　　　　　　　15년 1회 기출

$Ql = \pm 200\pi\epsilon_0 \times 10^3 [\text{C} \cdot \text{m}]$인 전기 쌍극자에서 l과 r사이 각이 $\dfrac{\pi}{3}$이고 $r = 1$인 점의 전위 $[\text{V}]$는?

① $50\pi \times 10^4$　　　　② 50×10^3

③ 25×10^3　　　　④ $5\pi \times 10^4$

16　SUBJECT 01 전기자기학

26 응용

진공 중에서 $+q[\text{C}]$과 $-q[\text{C}]$의 점전하가 미소 거리 $a[\text{m}]$ 만큼 떨어져 있을 때 이 쌍극자가 P점에 만드는 전계 $[\text{V/m}]$와 전위 $[\text{V}]$의 크기는?

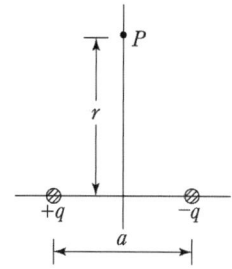

① $E = \dfrac{qa}{4\pi\epsilon_0 r^2}, \quad V = 0$

② $E = \dfrac{qa}{4\pi\epsilon_0 r^3}, \quad V = 0$

③ $E = \dfrac{qa}{4\pi\epsilon_0 r^2}, \quad V = \dfrac{qa}{4\pi\epsilon_0 r}$

④ $E = \dfrac{qa}{4\pi\epsilon_0 r^3}, \quad V = \dfrac{qa}{4\pi\epsilon_0 r^2}$

27 응용

그림과 같은 전기 쌍극자에서 P점의 전계의 세기는 몇 $[\text{V/m}]$인가?

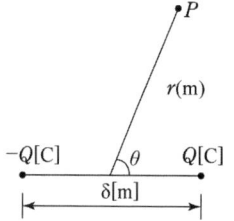

① $a_r \dfrac{Q\delta}{2\pi\epsilon_0 r^3}\cos\theta + a_\theta \dfrac{Q\delta}{4\pi\epsilon_0 r^3}\sin\theta$

② $a_r \dfrac{Q\delta}{4\pi\epsilon_0 r^3}\sin\theta + a_\theta \dfrac{Q\delta}{4\pi\epsilon_0 r^3}\cos\theta$

③ $a_r \dfrac{Q\delta}{2\pi\epsilon_0 r^3}\sin\theta + a_\theta \dfrac{Q\delta}{4\pi\epsilon_0 r^3}\cos\theta$

④ $a_r \dfrac{Q\delta}{4\pi\epsilon_0 r^2}\omega + a_\theta \dfrac{Q\delta}{4\pi\epsilon_0 r^2}(1-\omega)$

출제경향 CHECK!

도체와 정전용량 유형도 전기자기학에서 출제비율이 높은 유형이므로 확실하게 공부해야 합니다.

이 유형에서는 정전용량 공식이 자주 출제되므로 공식은 정확하게 암기하고 적용할 수 있어야 합니다.

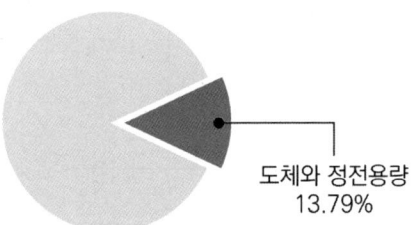

도체와 정전용량
13.79%

▲ 출제비율

대표유형 문제

대전된 도체의 특징으로 틀린 것은?   19년 1회 기출

① 가우스 정리에 의해 내부에는 전하가 존재한다.
② 전계는 도체 표면에 수직인 방향으로 진행된다.
③ 도체에 인가된 전하는 도체 표면에만 분포한다.
④ 도체 표면에서의 전하밀도는 곡률이 클수록 높다.

정답 ①

해설 대전 도체의 내부에는 전하가 존재하지 않고, 표면에만 분포하여 등전위를 이룬다.

핵심이론 CHECK!

1. 정전용량

　① 고립된 도체의 전위에 대한 전하량의 비이다.
　② 도체의 표면은 등전위면이며 도체의 전위는 이 등전위면의 전위이다.

2. 정전용량 공식

구분	정전용량[F]	구분	정전용량[F]
도체구	$C=4\pi\varepsilon a$	반도체구	$C=2\pi\varepsilon a$
동심구 (외접지)	$C_{ab}=\dfrac{4\pi\varepsilon}{\dfrac{1}{a}-\dfrac{1}{b}}$	동심구 (내접지)	$C_{ab}=\dfrac{4\pi\varepsilon}{\dfrac{1}{a}-\dfrac{1}{b}}+4\pi\varepsilon c$
동축 케이블	$C_{ab}=\dfrac{2\pi\varepsilon}{\ln\dfrac{b}{a}}$	평행도선	$C_{ab}=\dfrac{\pi\varepsilon}{\ln\dfrac{d-a}{a}}=\dfrac{\pi\varepsilon}{\ln\dfrac{d}{a}}$
평행 도체구	$C_{ab}=\dfrac{4\pi\varepsilon}{\dfrac{1}{a}+\dfrac{1}{b}}$	가공전선-대지	$C_a=\dfrac{2\pi\varepsilon_0}{\ln\dfrac{2h}{a}}[\text{F/m}]$

01 기본   18년 2회 기출

대전 도체 표면 전하밀도는 도체 표면의 모양에 따라 어떻게 분포하는가?

① 표면 전하밀도는 뾰족할수록 커진다.
② 표면 전하밀도는 평면일 때 가장 크다.
③ 표면 전하밀도는 곡률이 크면 작아진다.
④ 표면 전하밀도는 표면의 모양과 무관하다.

02 기본   20년 2회 기출

면적이 매우 넓은 두 개의 도체판을 $d[\mathrm{m}]$ 간격으로 수평하게 평행 배치하고, 이 평행 도체판 사이에 놓인 전자가 정지하고 있기 위해서 그 도체판 사이에 가하여야 할 전위차 $[\mathrm{V}]$는? (단, g는 중력가속도이고, m은 전자의 질량이고, e는 전자의 전하량이다.)

① $mged$
② $\dfrac{ed}{mg}$
③ $\dfrac{mgd}{e}$
④ $\dfrac{mge}{d}$

03 기본   20년 3회 기출

반지름이 $30[\mathrm{cm}]$인 원판 전극의 평행판 콘덴서가 있다. 전극의 간격이 $0.1[\mathrm{cm}]$이며 전극 사이 유전체의 비유전율이 4.0이라 한다. 이 콘덴서의 정전용량은 약 몇 $[\mu\mathrm{F}]$인가?

① 0.01
② 0.02
③ 0.03
④ 0.04

04 기본   18년 1회 기출

공기 중에 있는 지름 $6[\mathrm{cm}]$인 단일 도체 구의 정전용량은 몇 $[\mathrm{pF}]$인가?

① 0.34
② 0.67
③ 3.34
④ 6.71

05 기본   21년 3회 기출

그림과 같이 공기 중 2개의 동심 구도체에서 내구(A)에만 전하 Q를 주고 외구(B)를 접지하였을 때 내구(A)의 전위는?

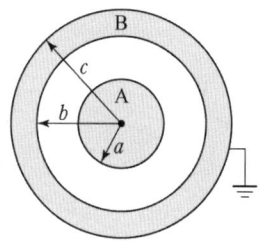

① $\dfrac{Q}{4\pi\epsilon_0}\left(\dfrac{1}{a} - \dfrac{1}{b} + \dfrac{1}{c}\right)$

② $\dfrac{Q}{4\pi\epsilon_0}\left(\dfrac{1}{a} - \dfrac{1}{b}\right)$

③ $\dfrac{Q}{4\pi\epsilon_0} \cdot \dfrac{1}{c}$

④ 0

06 응용   20년 2회 기출

그림과 같이 내부 도체구 A에 $+Q[\mathrm{C}]$, 외부 도체구 B에 $-Q[\mathrm{C}]$를 부여한 동심 도체 구 사이의 정전용량 $C[\mathrm{F}]$는?

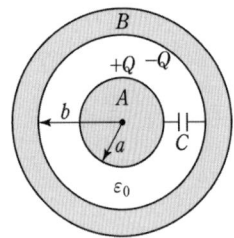

① $4\pi\epsilon_0$

② $\dfrac{4\pi\epsilon_0 ab}{b-a}$

③ $\dfrac{ab}{4\pi\epsilon_0(b-a)}$

④ $4\pi\epsilon_0\left(\dfrac{1}{a}-\dfrac{1}{b}\right)$

07 기본   17년 2회 기출

그림과 같은 길이가 $1[\mathrm{m}]$인 동축 원통 사이의 정전용량 $[\mathrm{F/m}]$은?

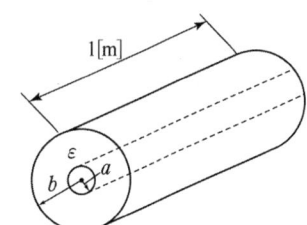

① $C=\dfrac{2\pi}{\epsilon\ln\dfrac{b}{a}}$

② $C=\dfrac{\epsilon}{2\pi\ln\dfrac{b}{a}}$

③ $C=\dfrac{2\pi\epsilon}{\ln\dfrac{b}{a}}$

④ $C=\dfrac{2\pi\epsilon}{\ln\dfrac{a}{b}}$

08 응용   20년 4회 기출

내부 원통의 반지름이 a, 외부 원통의 반지름이 b인 동축 원통 콘덴서의 내외 원통 사이에 공기를 넣었을 때 정전용량이 C_1이었다. 내외 반지름을 모두 3배로 증가시키고 공기 대신 비유전율이 3인 유전체를 넣었을 경우의 정전용량 C_2는?

① $C_2=\dfrac{C_1}{9}$

② $C_2=\dfrac{C_1}{3}$

③ $C_2=3C_1$

④ $C_2=9C_1$

09 응용   기출변형

반지름 $10[\mathrm{mm}]$의 두 개의 무한히 긴 원통 도체가 중심 간격 $1[\mathrm{m}]$로 진공 중에 평행하게 놓여 있을 때 $1[\mathrm{km}]$당의 정전용량은 약 몇 $[\mu\mathrm{F}]$인가?

① 1×10^{-3}

② 2×10^{-3}

③ 4×10^{-3}

④ 6×10^{-3}

10 응용   17년 1회 기출

그림과 같이 반지름 a인 무한장 평행도체 A, B가 간격 d로 놓여 있고, 단위 길이당 각각 $+\lambda$, $-\lambda$의 전하가 균일하게 분포되어 있다. A, B 도체 간의 전위차 [V]는? (단, $d \gg a$ 이다.)

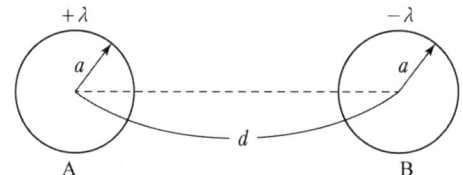

① $\dfrac{\lambda}{\pi\epsilon_0}\ln\dfrac{d-a}{a}$ ② $\dfrac{\lambda}{2\pi\epsilon_0}\ln\dfrac{d}{a}$

③ $\dfrac{\lambda}{\pi\epsilon_0}\ln\dfrac{a}{d}$ ④ $\dfrac{\lambda}{2\pi\epsilon_0}\ln\dfrac{a}{d}$

11 기본   17년 1회 기출

두 개의 콘덴서를 직렬 접속하고 직류전압을 인가 시 설명으로 옳지 않은 것은?

① 정전용량이 작은 콘덴서에 전압이 많이 걸린다.

② 합성 정전용량은 각 콘덴서의 정전용량의 합과 같다.

③ 합성 정전용량은 각 콘덴서의 정전용량보다 작아진다.

④ 각 콘덴서의 두 전극에 정전유도에 의하여 정·부의 동일한 전하가 나타나고 전하량은 일정하다.

12 응용   16년 1회 기출

판 간격이 d인 평행 판 공기콘덴서 중에 두께 t이고, 비유전율이 ϵ_s인 유전체를 삽입하였을 경우에 공기의 절연파괴를 발생하지 않고 가할 수 있는 판 간의 전위차는? (단, 유전체가 없을 때 가할 수 있는 전압을 V라 하고 공기의 절연내력은 E_0라 한다.)

① $V\left(1-\dfrac{t}{\epsilon_s d}\right)$

② $\dfrac{Vt}{d}\left(1-\dfrac{1}{\epsilon_s}\right)$

③ $V\left(1+\dfrac{t}{\epsilon_s d}\right)$

④ $V\left[1-\dfrac{t}{d}\left(1-\dfrac{1}{\epsilon_s}\right)\right]$

13 응용   22년 2회 기출

내압 및 정전용량이 각각 $1{,}000[\mathrm{V}]-2[\mu\mathrm{F}]$, $700[\mathrm{V}]-3[\mu\mathrm{F}]$, $600[\mathrm{V}]-4[\mu\mathrm{F}]$, $300[\mathrm{V}]-8[\mu\mathrm{F}]$인 4개의 커패시터가 있다. 이 커패시터들을 직렬로 연결하여 양단에 전압을 인가한 후, 전압을 상승시키면 가장 먼저 절연이 파괴되는 커패시터는? (단, 커패시터의 재질이나 형태는 동일하다.)

① $1{,}000[\mathrm{V}]-2[\mu\mathrm{F}]$

② $700[\mathrm{V}]-3[\mu\mathrm{F}]$

③ $600[\mathrm{V}]-4[\mu\mathrm{F}]$

④ $300[\mathrm{V}]-8[\mu\mathrm{F}]$

14 심화   22년 2회 기출

그림과 같이 점 O를 중심으로 반지름이 $a\,[\text{m}]$인 구도체 1과 안쪽 반지름이 $b\,[\text{m}]$이고 바깥쪽 반지름이 $c\,[\text{m}]$인 구도체 2가 있다. 이 도체계에서 전위계수 $P_{11}\,[1/\text{F}]$에 해당하는 것은?

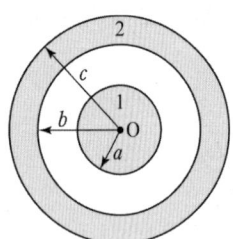

① $\dfrac{1}{4\pi\epsilon}\dfrac{1}{a}$

② $\dfrac{1}{4\pi\epsilon}\left(\dfrac{1}{a}-\dfrac{1}{b}\right)$

③ $\dfrac{1}{4\pi\epsilon}\left(\dfrac{1}{b}-\dfrac{1}{c}\right)$

④ $\dfrac{1}{4\pi\epsilon}\left(\dfrac{1}{a}-\dfrac{1}{b}+\dfrac{1}{c}\right)$

15 응용   16년 1회 기출

서로 멀리 떨어져 있는 두 도체를 각각 $V_1\,[\text{V}]$, $V_2\,[\text{V}]$, $(V_1 > V_2)$의 전위로 충전한 후 가느다란 도선으로 연결하였을 때 그 도선에 흐르는 전하 $Q\,[\text{C}]$는? (단, C_1, C_2는 두 도체의 정전용량이다.)

① $\dfrac{C_1 C_2 (V_1 - V_2)}{C_1 + C_2}$

② $\dfrac{2 C_1 C_2 (V_1 - V_2)}{C_1 + C_2}$

③ $\dfrac{C_1 C_2 (V_1 - V_2)}{2(C_1 + C_2)}$

④ $\dfrac{2(C_1 V_1 - C_2 V_2)}{C_1 C_2}$

16 응용   기출변형

정전용량이 각각 $C_1 = 1\,[\mu\text{F}]$, $C_2 = 4\,[\mu\text{F}]$인 도체에 전하 $Q_1 = -7\,[\mu\text{C}]$, $Q_2 = 2\,[\mu\text{C}]$을 각각 주고 각 도체를 가는 철사로 연결하였을 때 C_1에서 C_2로 이동하는 전하 $Q\,[\mu\text{C}]$는?

① -6 ② -5

③ -3 ④ -2

17 응용   15년 1회 기출

회로에서 단자 $a-b$간에 V의 전위차를 인가할 때 C_1의 에너지는?

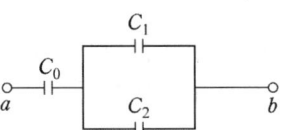

① $\dfrac{C_1^{\,2} V^2}{2}\left(\dfrac{C_1 + C_2}{C_0 + C_1 + C_2}\right)^2$

② $\dfrac{C_1 V^2}{2}\left(\dfrac{C_0}{C_0 + C_1 + C_2}\right)^2$

③ $\dfrac{C_1 V^2}{2}\dfrac{C_0(C_1 + C_2)}{(C_0 + C_1 + C_2)^2}$

④ $\dfrac{C_1 V^2}{2}\dfrac{C_0^{\,2} C_2}{(C_0 + C_1 + C_2)}$

18 응용 14년 2회 기출

공기 콘덴서의 고정 전극판 A와 가동 전극판 B 간의 간격이 $d = 1[\text{mm}]$이고 전계는 극면 간에서만 균등하다고 하면 정전용량은 몇 $[\mu\text{F}]$인가? (단, 전극판의 상대되는 부분의 면적은 $S[\text{m}^2]$라 한다.)

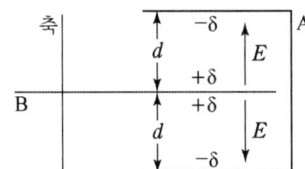

① $\dfrac{S}{9\pi}$

② $\dfrac{S}{18\pi}$

③ $\dfrac{S}{36\pi}$

④ $\dfrac{S}{72\pi}$

19 응용 기출변형

진공 중에 서로 떨어져 있는 두 도체 A, B가 있다. 도체 A에만 $1[\text{C}]$의 전하를 줄 때, 도체 A, B의 전위가 각각 $4[\text{V}]$, $2[\text{V}]$이었다. 지금 도체 A, B에 각각 $1[\text{C}]$과 $3[\text{C}]$의 전하를 주면 도체 A의 전위는 몇 $[\text{V}]$인가?

① 6

② 8

③ 10

④ 12

20 응용 22년 1회 기출

진공 중에 $4[\text{m}]$ 간격으로 평행한 두 개의 무한 평판 도체에 각각 $+4[\text{C/m}^2]$, $-4[\text{C/m}^2]$의 전하를 주었을 때, 두 도체 간의 전위차는 약 몇 $[\text{V}]$인가?

① 1.36×10^{11}

② 1.36×10^{12}

③ 1.8×10^{11}

④ 1.8×10^{12}

21 응용 21년 3회 기출

간격이 $d[\text{m}]$이고 면적이 $S[\text{m}^2]$인 평행판 커패시터의 전극 사이에 유전율이 ϵ인 유전체를 넣고 전극 간에 $V[\text{V}]$의 전압을 가했을 때, 이 커패시터의 전극판을 떼어내는데 필요한 힘의 크기 $[\text{N}]$는?

① $\dfrac{1}{2\epsilon}\dfrac{V^2}{d^2 S}$

② $\dfrac{1}{2\epsilon}\dfrac{d V^2}{S}$

③ $\dfrac{1}{2}\epsilon\dfrac{V}{d}S$

④ $\dfrac{1}{2}\epsilon\dfrac{V^2}{d^2}S$

22 기본   기출변형

간격이 2[cm]이고 면적이 20[cm²]인 평판의 공기 콘덴서에 220[V]의 전압을 가하면 두 판 사이에 작용하는 힘은 약 몇 [N]인가?

① 6.3×10^{-6} ② 1.07×10^{-6}

③ 8×10^{-5} ④ 5.75×10^{-4}

23 응용   17년 2회 기출

최대 정전용량 C_0[F]인 그림과 같은 콘덴서의 정전용량이 각도에 비례하여 변화한다고 하자. 이 콘덴서를 전압 V[V]로 충전하였을 때 회전자에 작용하는 토크는?

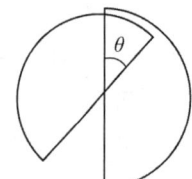

① $\dfrac{C_0 V^2}{2}$ [N · m]   ② $\dfrac{C_0^2 V}{2\pi}$ [N · m]

③ $\dfrac{C_0 V^2}{2\pi}$ [N · m]   ④ $\dfrac{C_0 V^2}{\pi}$ [N · m]

24 기본   17년 2회 기출

그림과 같은 정방형관 단면의 격자점 ⑥의 전위를 반복법으로 구하면 약 몇 [V]인가?

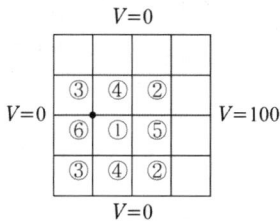

① 6.3   ② 9.4

③ 18.8   ④ 53.2

대표유형 ④ 유전체

유전체는 약 9.36%의 문제가 출제될 정도로 자주 출제되는
유형이므로 기본개념을 확실하게 이해해야 합니다.
분극의 세기, 경계면에서 단위 면적당 작용하는 힘과 관련된
공식은 자주 출제되므로 대비가 필요합니다.

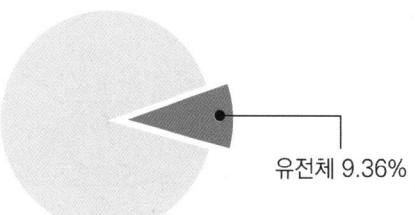

유전체 9.36%

▲ 출제비율

대표유형 문제

커패시터를 제조하는 데 4가지(A, B, C, D)의 유전재료가 있다. 커패시터 내의 전계를 일정하게 하였을 때, 단위 체적당 가장 큰 에너지 밀도를 나타내는 재료부터 순서대로 나열한 것은? (단, 유전재료 A, B, C, D의 비유전율은 각각 $\epsilon_{rA} = 8$, $\epsilon_{rB} = 10$, $\epsilon_{rC} = 2$, $\epsilon_{rD} = 4$이다.) **21년 1회 기출**

① $C > D > A > B$

② $B > A > D > C$

③ $D > A > C > B$

④ $A > B > D > C$

정답 ②

해설 에너지 밀도 $w_E = \dfrac{1}{2}\epsilon_0\epsilon_r E^2 [\text{J/m}^3]$

에너지 밀도는 비유전율 ϵ_r에 비례하므로 $B > A > D > C$이다.

핵심이론 CHECK!

1. 유전체

① 전계 안에서 극성을 띄게되는 절연체를 유전체(dielectric material)이라고 한다.

② 유전체는 미소 전기쌍극자로 구성된 물질이고 각 전기쌍극자의 전하는 유전체 내에서 움직일 수 없는 속박전하(bound charge)이다.

2. 전기분극의 종류

① 전자분극: 전계에 의해 중성이었던 원자/분자의 전자와 핵이 전계 방향으로 배열하여 극성을 띄는 현상

② 이온분극: 이온들에 의한 전계에 의하여 극성 분자가 전기쌍극자로 반응하는 현상

③ 배향(방향)분극: 원래부터 극성을 띄고 있던 유극성 분자가 어떤 온도에서 열운동에 의하여 불규칙한 배열로 존재하다가 외부 전계에 의해 각 분자가 재배열되는 현상

01 기본   17년 1회 기출

평행 평판 공기 콘덴서의 양 극판에 $+\sigma[\mathrm{C/m^2}]$, $-\sigma[\mathrm{C/m^2}]$의 전하가 분포되어 있다. 이 두 전극 사이에 유전율 $\epsilon[\mathrm{F/m}]$인 유전체를 삽입한 경우의 전계$[\mathrm{V/m}]$는? (단, 유전체의 분극 전하밀도를 $+\sigma'$, $-\sigma'$이라 한다.)

① $\dfrac{\sigma}{\epsilon_0}$ ② $\dfrac{\sigma + \sigma'}{\epsilon_0}$

③ $\dfrac{\sigma}{\epsilon_0} - \dfrac{\sigma'}{\epsilon}$ ④ $\dfrac{\sigma - \sigma'}{\epsilon_0}$

02 기본   14년 1회 기출

간격에 비해서 충분히 넓은 평행판 콘덴서의 판 사이에 비유전율 ϵ_s인 유전체를 채우고 외부에서 판에 수직 방향으로 전계 E_0를 가할 때 분극 전하에 의한 전계의 세기는 몇 $[\mathrm{V/m}]$인가?

① $\dfrac{\epsilon_s + 1}{\epsilon_s} E_0$ ② $\dfrac{\epsilon_s}{\epsilon_s + 1} E_0$

③ $\dfrac{\epsilon_s - 1}{\epsilon_s} E_0$ ④ $\dfrac{\epsilon_s}{\epsilon_s - 1} E_0$

03 기본   22년 2회 기출

정전용량이 $20\,[\mu\mathrm{F}]$인 공기의 평행판 커패시터에 $0.1\,[\mathrm{C}]$의 전하량을 충전하였다. 두 평행판 사이에 비유전율이 10인 유전체를 채웠을 때 유전체 표면에 나타나는 분극 전하량 $[\mathrm{C}]$은?

① 0.009   ② 0.01

③ 0.09   ④ 0.1

04 기본   13년 3회 기출

반지름 $a[\mathrm{m}]$인 도체 구에 전하 $Q[\mathrm{C}]$를 주었다. 도체 구를 둘러싸고 있는 유전체의 유전율이 ϵ_s인 경우 경계면에 나타나는 분극 전하는 몇 $[\mathrm{C/m^2}]$인가?

① $\dfrac{Q}{4\pi a^2}(1 - \epsilon_s)$ ② $\dfrac{Q}{4\pi a^2}(\epsilon_s - 1)$

③ $\dfrac{Q}{4\pi a^2}\left(1 - \dfrac{1}{\epsilon_s}\right)$ ④ $\dfrac{Q}{4\pi a^2}\left(\dfrac{1}{\epsilon_s} - 1\right)$

05 기본   15년 3회 기출

반지름 $a,\, b\,(b > a)[\mathrm{m}]$의 동심 구 도체 사이에 유전율 $\epsilon[\mathrm{F/m}]$의 유전체가 채워졌을 때의 정전용량은 몇 $[\mathrm{F}]$인가?

① $\dfrac{\pi\epsilon}{\ln\dfrac{b}{a}}$ ② $\dfrac{\ln\dfrac{b}{a}}{\pi\epsilon}$

③ $\dfrac{4\pi\epsilon ab}{b - a}$ ④ $\dfrac{1}{4\pi\epsilon}\dfrac{a - b}{ab}$

SUBJECT 01 전기자기학

06 [응용]

평행 극판 사이의 간격이 $d\,[\text{m}]$이고 정전용량이 $0.3\,[\mu\text{F}]$인 공기 커패시터가 있다. 그림과 같이 두 극판 사이에 비유전율이 5인 유전체를 절반 두께 만큼 넣었을 때 이 커패시터의 정전용량은 몇 $[\mu\text{F}]$이 되는가?

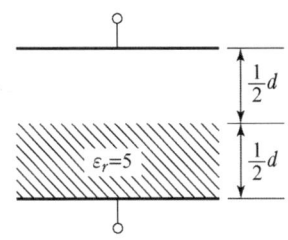

① 0.01
② 0.05
③ 0.1
④ 0.5

07 [기본]

정전용량이 $C_0[\mu\text{F}]$인 평행판 공기 콘덴서 판의 면적 $\dfrac{2}{3}S$에 비유전율 ϵ_s인 에보나이트판을 삽입하면 콘덴서의 정전용량은 몇 $[\mu\text{F}]$인가?

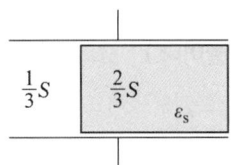

① $\dfrac{1}{2}\epsilon_s C_0$
② $\dfrac{3}{1+2\epsilon_s}C_0$
③ $\dfrac{1+\epsilon_s}{3}C_0$
④ $\dfrac{1+2\epsilon_s}{3}C_0$

08 [응용]

평행판 콘덴서의 극 간 전압이 일정한 상태에서 극 간에 공기가 있을 때의 흡인력을 F_1, 극판 사이에 극판 간격 $\dfrac{2}{3}$ 두께의 유리판$(\epsilon_r = 10)$을 삽입할 때의 흡인력을 F_2라 하면 $\dfrac{F_2}{F_1}$은?

① 0.6
② 0.8
③ 1.5
④ 2.5

09 [응용]

두 유전체의 경계면에 대한 설명 중 옳은 것은?

① 두 유전체의 경계면에 전계가 수직으로 입사하면 두 유전체 내의 전계의 세기는 같다.
② 유전율이 작은 쪽에서 큰 쪽으로 전계가 입사할 때 입사각은 굴절각보다 크다.
③ 경계면에서 정전력은 전계가 경계면에 수직으로 입사할 때 유전율이 큰 쪽에서 작은 쪽으로 작용한다.
④ 유전율이 큰 쪽에서 작은 쪽으로 전계가 경계면에 수직으로 입사할 때 유전율이 작은 쪽의 전계의 세기가 작아진다.

10 [기본]   17년 1회 기출

매질 1(E_1)은 나일론 (비유전율 $\epsilon_s = 4$)이고, 매질 2(E_2)는 진공일 때 전속밀도 D가 경계면에서 각각 θ_1, θ_2의 각을 이룰 때, $\theta_2 = 30\,°$ 라면 θ_1의 값은?

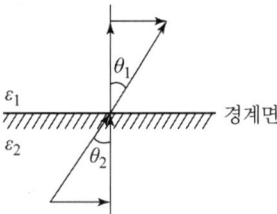

① $\tan^{-1}\dfrac{4}{\sqrt{3}}$ ② $\tan^{-1}\dfrac{\sqrt{3}}{4}$

③ $\tan^{-1}\dfrac{\sqrt{3}}{2}$ ④ $\tan^{-1}\dfrac{2}{\sqrt{3}}$

11 [응용]   21년 3회 기출

그림과 같이 극판의 면적이 $S[\mathrm{m}^2]$인 평행판 커패시터에 유전율이 각각 $\epsilon_1 = 4$, $\epsilon_2 = 2$인 유전체를 채우고 a, b 양단에 $V[\mathrm{V}]$의 전압을 인가했을 때 ϵ_1, ϵ_2인 유전체 내부의 전계의 세기 E_1과 E_2의 관계식은? (단, $\sigma[\mathrm{C/m}^2]$는 면전하밀도이다.)

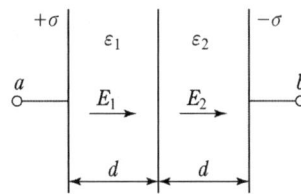

① $E_1 = 2E_2$ ② $E_1 = 4E_2$

③ $2E_1 = E_2$ ④ $E_1 = E_2$

12 [응용]   18년 1회 기출

$x = 0$인 무한평면을 경계면으로 하여 $x < 0$인 영역에는 비유전율 $\epsilon_{r1} = 2$, $x > 0$인 영역에는 $\epsilon_{r2} = 4$인 유전체가 있다. ϵ_{r1}인 유전체 내에서 전계 $E_1 = 20a_x - 10a_y + 5a_z[\mathrm{V/m}]$일 때 $x > 0$인 영역에 있는 ϵ_{r2}인 유전체 내에서 전속밀도 $D_2[\mathrm{C/m}^2]$는? (단, 경계면상에는 자유전하가 없다고 한다.)

① $D_2 = \epsilon_0(20a_x - 40a_y + 5a_z)$

② $D_2 = \epsilon_0(40a_x - 40a_y + 20a_z)$

③ $D_2 = \epsilon_0(80a_x - 20a_y + 10a_z)$

④ $D_2 = \epsilon_0(40a_x - 20a_y + 20a_z)$

13 [기본]   19년 1회 기출

평범한 콘덴서에 어떤 유전체를 넣었을 때 전속밀도가 $2.4 \times 10^{-7}[\mathrm{C/m}^2]$이고, 단위 체적 중의 에너지가 $5.3 \times 10^{-3}[\mathrm{J/m}^3]$이었다. 이 유전체의 유전율은 약 몇 $[\mathrm{F/m}]$인가?

① 2.17×10^{-11} ② 5.43×10^{-11}

③ 5.17×10^{-12} ④ 5.43×10^{-12}

14 [기본]   21년 2회 기출

전계 $E[\mathrm{V/m}]$가 두 유전체의 경계면에 평행으로 작용하는 경우 경계면에 단위 면적당 작용하는 힘의 크기는 몇 $[\mathrm{N/m}^2]$인가? (단, ϵ_1, ϵ_2는 각 유전체의 유전율이다.)

① $f = E^2(\epsilon_1 - \epsilon_2)$

② $f = \dfrac{1}{E^2}(\epsilon_1 - \epsilon_2)$

③ $f = \dfrac{1}{2}E^2(\epsilon_1 - \epsilon_2)$

④ $f = \dfrac{1}{2E^2}(\epsilon_1 - \epsilon_2)$

15 응용

유전율이 ϵ_1, $\epsilon_2 [\text{F/m}]$인 유전체 경계면에 단위 면적당 작용하는 힘의 크기는 몇 $[\text{N/m}^2]$인가? (단, 전계가 경계면에 수직인 경우이며, 두 유전체에서의 전속밀도는 $D_1 = D_2 = D[\text{C/m}^2]$이다.)

① $2\left(\dfrac{1}{\epsilon_1} - \dfrac{1}{\epsilon_2}\right)D^2$ ② $2\left(\dfrac{1}{\epsilon_1} + \dfrac{1}{\epsilon_2}\right)D^2$

③ $\dfrac{1}{2}\left(\dfrac{1}{\epsilon_1} + \dfrac{1}{\epsilon_2}\right)D^2$ ④ $\dfrac{1}{2}\left(\dfrac{1}{\epsilon_2} - \dfrac{1}{\epsilon_1}\right)D^2$

16 응용

평행 극판 사이에 유전율이 각각 ϵ_1, ϵ_2인 유전체를 그림과 같이 채우고, 극판 사이에 일정한 전압을 걸었을 때 두 유전체 사이에 작용하는 힘의 방향은? (단, $\epsilon_1 > \epsilon_2$이다.)

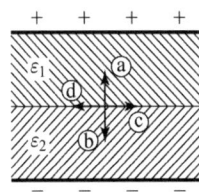

① ⓐ의 방향 ② ⓑ의 방향
③ ⓒ의 방향 ④ ⓓ의 방향

17 심화

비유전율 ϵ_{r1}, ϵ_{r2}인 두 유전체가 나란히 무한평면으로 접하고 있고, 이 경계면에 평행으로 유전체의 비유전율 ϵ_{r1} 내에 경계면으로부터 $d[\text{m}]$인 위치에 선전하 밀도 $\rho[\text{C/m}]$인 선상 전하가 있을 때, 이 선전하와 유전체 ϵ_{r2} 간의 단위 길이당 작용력은 몇 $[\text{N/m}]$인가?

① $9 \times 10^9 \times \dfrac{\rho^2}{\epsilon_{r2}\,d} \times \dfrac{\epsilon_{r1} + \epsilon_{r2}}{\epsilon_{r1} - \epsilon_{r2}}$

② $2.25 \times 10^9 \times \dfrac{\rho^2}{\epsilon_{r2}\,d} \times \dfrac{\epsilon_{r1} - \epsilon_{r2}}{\epsilon_{r1} + \epsilon_{r2}}$

③ $9 \times 10^9 \times \dfrac{\rho^2}{\epsilon_{r1}\,d} \times \dfrac{\epsilon_{r1} - \epsilon_{r2}}{\epsilon_{r1} + \epsilon_{r2}}$

④ $2.25 \times 10^9 \times \dfrac{\rho^2}{\epsilon_{r1}\,d} \times \dfrac{\epsilon_{r1} - \epsilon_{r2}}{\epsilon_{r1} + \epsilon_{r2}}$

18 응용

평등 전계 중에 유전체 구에 의한 전속 분포가 그림과 같이 되었을 때 ϵ_1과 ϵ_2의 크기 관계는?

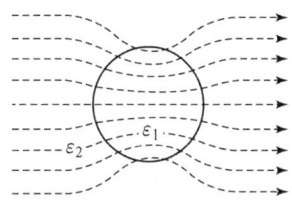

① $\epsilon_1 > \epsilon_2$ ② $\epsilon_1 < \epsilon_2$
③ $\epsilon_1 = \epsilon_2$ ④ $\epsilon_1 \leq \epsilon_2$

전기 영상법

전기 영상법은 출제비율이 약 3.45%로 낮은 편이고, 복합적인 문제가 많이 출제되어 약간 어려울 수 있는 유형으로 기출문제에서 자주 출제되는 개념 위주로 학습하는 것이 필요합니다. 무한 평면 도체와 점 전하 사이의 관계, 선전하 밀도와의 관계와 관련된 문제가 자주 출제되는 경향이 있습니다.

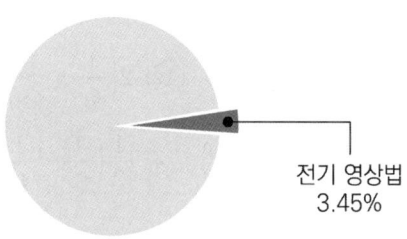

전기 영상법
3.45%

▲ 출제비율

대표유형 문제

평면 도체로부터 수직거리 a[m]인 곳에 점전하 Q[C]가 있다. Q와 평면 도체 사이에 작용하는 힘은 몇 [N]인가? (단, 평면 도체 오른편을 유전율 ϵ의 공간이라 한다.)　　13년 2회 기출

① $-\dfrac{Q^2}{16\pi\epsilon a^2}$

② $-\dfrac{Q^2}{8\pi\epsilon a^2}$

③ $-\dfrac{Q^2}{4\pi\epsilon a^2}$

④ $-\dfrac{Q^2}{2\pi\epsilon a^2}$

정답 ①

해설 점전하 Q[C]과 무한 평면 도체 간의 작용력[N]은 점전하 Q[C]과 영상 전하 $-Q$[C]과의 작용력[N]이므로 $F=\dfrac{-Q^2}{4\pi\epsilon(2a)^2}=-\dfrac{Q^2}{16\pi\epsilon a^2}$[N](흡인력)

매질이 공기 ϵ_0가 아닌 임의의 ϵ임에 주의해야 한다.

핵심이론 CHECK!

1. 전기 영상법의 개요

평면이나 구모양의 도체나 유전체를 가상의 점전하 또는 선전하로 대체하여 정전계의 전위, 전계, 전하밀도, 전기력을 쉽게 해석하는 기법의 하나이다.

2. 접지된 도체 평면과 점전하

① 접지된 도체 평면에서 d만큼 떨어진 지점의 전하 Q의 영상전하 Q'은 평면을 기준으로 반대편에 놓이며 그 값은 $Q'=-Q$[C]이다.

② 도체 평면과 전하 사이에 작용하는 힘(영상력, 흡인력)은 Q, Q'간의 전기력과 같으므로 쿨롱의 법칙에 의하여 $F=-\dfrac{Q^2}{16\pi\epsilon_0 d^2}$[N]이다.

01 응용   17년 2회 기출

그림과 같이 무한 평면 도체 앞 a[m] 거리에 점전하 Q[C]가 있다. 점 O에서 x[m]인 P점의 전하밀도 σ[C/m^2]는?

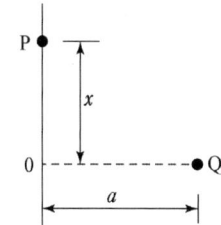

① $\dfrac{Q}{4\pi} \cdot \dfrac{a}{(a^2+x^2)^{\frac{3}{2}}}$

② $\dfrac{Q}{2\pi} \cdot \dfrac{a}{(a^2+x^2)^{\frac{3}{2}}}$

③ $\dfrac{Q}{4\pi} \cdot \dfrac{a}{(a^2+x^2)^{\frac{2}{3}}}$

④ $\dfrac{Q}{2\pi} \cdot \dfrac{a}{(a^2+x^2)^{\frac{2}{3}}}$

02 심화   22년 2회 기출

진공 중에 무한 평면 도체와 d[m]만큼 떨어진 곳에 선전하 밀도 λ[C/m]의 무한 직선 도체가 평행하게 놓여 있는 경우 직선 도체의 단위 길이당 받는 힘은 몇 [N/m]인가?

① $\dfrac{\lambda^2}{\pi\epsilon_0 d}$ ② $\dfrac{\lambda^2}{2\pi\epsilon_0 d}$

③ $\dfrac{\lambda^2}{4\pi\epsilon_0 d}$ ④ $\dfrac{\lambda^2}{16\pi\epsilon_0 d}$

03 응용   22년 1회 기출

반지름이 a[m]인 접지된 구도체와 구도체의 중심에서 거리 d[m] 떨어진 곳에 점전하가 존재할 때, 점전하에 의한 접지된 구도체에서의 영상 전하에 대한 설명으로 틀린 것은?

① 영상 전하는 구도체 내부에 존재한다.

② 영상 전하는 점전하와 구도체 중심을 이은 직선상에 존재한다.

③ 영상 전하의 전하량과 점전하의 전하량은 크기는 같고 부호는 반대이다.

④ 영상 전하의 위치는 구도체의 중심과 점전하 사이 거리(d[m])와 구도체의 반지름 (a[m])에 의해 결정된다.

04 응용   19년 3회 기출

반지름 a[m]의 구 도체에 전하 Q[C]가 주어질 때 구 도체 표면에 작용하는 정전응력은 몇 [N/m^2]인가?

① $\dfrac{9Q^2}{16\pi^2\epsilon_0 a^6}$ ② $\dfrac{9Q^2}{32\pi^2\epsilon_0 a^6}$

③ $\dfrac{Q^2}{16\pi^2\epsilon_0 a^4}$ ④ $\dfrac{Q^2}{32\pi^2\epsilon_0 a^4}$

무한 평면 도체에서 $d[\mathrm{m}]$의 거리에 있는 반경 $a[\mathrm{m}]$의 구 도체와 평면 도체 사이의 정전용량은 몇 $[\mathrm{F}]$인가? (단, $a \ll d$이다.)

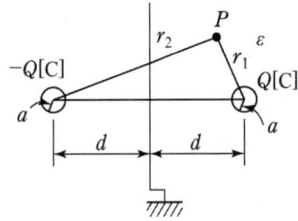

① $\dfrac{\pi\epsilon}{\dfrac{1}{a} - \dfrac{1}{2d}}$

② $\dfrac{1}{4\pi\epsilon}(a - 2d)$

③ $\dfrac{1}{4\pi\epsilon}\left(\dfrac{1}{a} - \dfrac{1}{2d}\right)$

④ $\dfrac{4\pi\epsilon}{\dfrac{1}{a} - \dfrac{1}{2d}}$

출제경향 CHECK!

전류와 진공의 정자계는 전기자기학에서 가장 많은 비율의 문제가 출제되는 유형으로 개념을 정확하게 이해해야 합니다.
전류밀도, 저항에 대한 고유저항과 단면적, 길이, 부피와의 관계, 자속밀도, 비투자율과 관련된 계산문제가 자주 출제되고, 톰슨효과와 관련된 개념 문제도 종종 출제되고 있습니다.

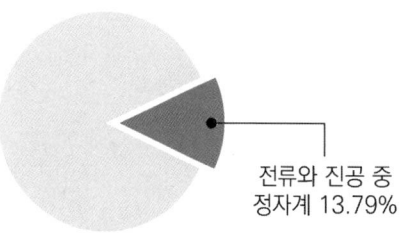

전류와 진공 중
정자계 13.79%

▲ 출제비율

대표유형 문제

다음 중 틀린 것은?   15년 2회 기출

① 도체의 전류밀도 J는 가해진 전기장 E에 비례하여 온도 변화와 무관하게 항상 일정하다.
② 도전율의 변화는 원자구조, 불순도 및 온도에 의하여 설명이 가능하다.
③ 전기저항은 도체의 재질, 형상, 온도에 따라 결정되는 상수이다.
④ 고유저항의 단위는 [Ω · m]이다.

정답 ①

해설 전류밀도 $J = \dfrac{E}{\rho} = \sigma E \,[\mathrm{A/m^2}]$이므로 전류밀도는 도전율에 비례하고 고유저항에는 반비례한다. 또한 저항은 도체에서 온도에 비례하므로 전류밀도는 온도에 반비례한다. 따라서, 전류밀도는 온도 변화에 따라 변화한다.

핵심이론 CHECK!

1. 전류밀도

한 지점에서 단위면적당 흐르는 전류를 전류밀도라고 한다.

$$i = \frac{\text{전류}}{\text{수직인 면의 면적}} = \frac{I}{S}\,[A/m^2], \quad I = i\,S\,[A]$$

2. 전류밀도와 전계

전하의 평균속도 v(드리프트 속도라고도 함)와 전계는 비례하며 이때 비례상수를 이동도라고 한다.

$$\vec{v} = \mu \vec{E}$$

01 [기본]

전선을 균일하게 2배의 길이로 당겨 늘였을 때 전선의 체적이 불변이라면 저항은 몇 배가 되는가?

① 2
② 4
③ 6
④ 8

02 [기본]
19년 1회 기출

평행판 콘덴서의 극판 사이에 유전율 ϵ, 저항률 ρ 인 유전체를 삽입하였을 때, 두 전극 간의 저항 R 과 정전용량 C의 관계는?

① $R = \rho\epsilon C$
② $RC = \dfrac{\epsilon}{\rho}$
③ $RC = \rho\epsilon$
④ $RC\rho\epsilon = 1$

03 [기본]
14년 3회 기출

반지름 $a\,[\mathrm{m}]$의 반구형 도체를 대지 표면에 그림과 같이 묻었을 때 접지저항 $r[\Omega]$은? (단, $\rho[\Omega \cdot \mathrm{m}]$는 대지의 고유저항이다.)

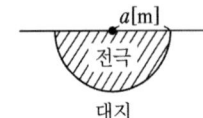

① $\dfrac{\rho}{2\pi a}$
② $\dfrac{\rho}{4\pi a}$
③ $2\pi a\rho$
④ $4\pi a\rho$

04 [기본]
19년 2회 기출

유전율이 ϵ, 도전율이 σ, 반경이 $r_1, r_2\,(r_1 < r_2)$, 길이가 l인 동축케이블에서 저항 R은 얼마인가?

① $\dfrac{2\pi rl}{\ln\dfrac{r_2}{r_1}}$
② $\dfrac{2\pi\epsilon l}{\dfrac{1}{r_1} - \dfrac{1}{r_2}}$
③ $\dfrac{1}{2\pi\sigma l}\ln\dfrac{r_2}{r_1}$
④ $\dfrac{1}{2\pi rl}\ln\dfrac{r_2}{r_1}$

05 [응용]
14년 2회 기출

그림과 같은 손실 유전체에서 전원의 양극 사이에 채워진 동축케이블의 전력손실은 몇 $[\mathrm{W}]$인가? (단, 모든 단위는 MKS 유리화 단위이며, σ는 매질의 도전율 $[\mathrm{S/m}]$라 한다.)

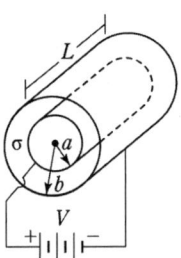

① $\dfrac{\pi\sigma V^2 L}{2\ln\dfrac{b}{a}}$
② $\dfrac{\pi\sigma V^2 L}{\ln\dfrac{b}{a}}$
③ $\dfrac{2\pi\sigma V^2 L}{\ln\dfrac{b}{a}}$
④ $\dfrac{4\pi\sigma V^2 L}{\ln\dfrac{b}{a}}$

34 SUBJECT 01 전기자기학

06 응용   21년 1회 기출

내구의 반지름이 2[cm], 외구의 반지름이 3[cm]인 동심 구 도체 간의 고유저항이 $1.884 \times 10^2 [\Omega \cdot m]$ 인 저항 물질로 채워져 있을 때, 내외구 간의 합성저항은 약 몇 [Ω]인가?

① 2.5   ② 5.0

③ 250   ④ 500

07 기본   20년 2회 기출

20[℃]에서 저항의 온도계수가 0.002인 니크롬선의 저항이 100[Ω]이다. 온도가 60[℃]로 상승되면 저항은 몇 [Ω]이 되겠는가?

① 108   ② 112

③ 115   ④ 120

08 기본   15년 1회 기출

반지름이 5[mm]인 구리선에 10[A]의 전류가 흐르고 있을 때 단위 시간당 구리선의 단면을 통과하는 전자의 개수는? (단, 전자의 전하량 $e = 1.602 \times 10^{-19}$이다.)

① 6.24×10^{17} ② 6.24×10^{19}

③ 1.28×10^{21} ④ 1.28×10^{23}

09 기본   14년 3회 기출

공기 중 방사성 원소 플루토늄(Pu)에서 나오는 한 개의 α입자가 정지하기까지 1.5×10^5 쌍의 정부 이온을 만든다. 전리상자에 매초 4×10^{10}개의 α선이 들어올 때, 이 전리상자에 흐르는 포화전류의 크기는 몇 [A]인가? (단, 이온 한 개의 전하는 1.6×10^{-19}이다.)

① 4.8×10^{-3} ② 4.8×10^{-4}

③ 9.6×10^{-3} ④ 9.6×10^{-4}

10 기본   21년 1회 기출

동일한 금속 도선의 두 점 사이에 온도차를 주고 전류를 흘렸을 때 열의 발생 또는 흡수가 일어나는 현상은?

① 펠티에(Peltier) 효과

② 볼타(Volta) 효과

③ 제벡(Seeback) 효과

④ 톰슨(Thomson) 효과

11 기본   기출변형

진공 중의 자계 100[AT/m]인 점에 25×10^{-5} [Wb]의 자극을 놓으면 그 자극에 작용하는 힘 [N]은?

① 5×10^{-2} ② 5×10^{-3}

③ 2.5×10^{-2} ④ 2.5×10^{-3}

12 기본   17년 3회 기출

자화의 세기 단위로 옳은 것은?

① $[AT/Wb]$ ② $[AT/m^2]$

③ $[Wb \cdot m]$ ④ $[Wb/m^2]$

13 응용   19년 1회 기출

단면적 $4[cm^2]$의 철심에 $6 \times 10^{-4}[Wb]$의 자속을 통하게 하려면 $2,800[AT/m]$의 자계가 필요하다. 이 철심의 비투자율은 약 얼마인가?

① 346   ② 375

③ 407   ④ 426

14 기본   21년 2회 기출

비투자율이 350인 환상 철심 내부의 평균 자계의 세기가 $342[AT/m]$일 때 자화의 세기는 약 몇 $[Wb/m^2]$인가?

① 0.12   ② 0.15

③ 0.18   ④ 0.21

15 기본   22년 1회 기출

자극의 세기가 $7.4 \times 10^{-5}[Wb]$, 길이가 $10[cm]$인 막대자석이 $100[AT/m]$의 평등자계 내에 자계의 방향과 $30°$로 놓여 있을 때 이 자석에 작용하는 회전력 $[N \cdot m]$은?

① 2.5×10^{-3} ② 3.7×10^{-4}

③ 5.3×10^{-5} ④ 6.2×10^{-6}

16 응용   15년 2회 기출

자기 쌍극자에 의한 자위 $U[A]$에 해당되는 것은? (단, 자기 쌍극자의 자기 모멘트 $M[Wb \cdot m]$, 쌍극자의 중심으로부터의 거리는 $r[m]$, 쌍극자의 정방향과의 각도는 θ라 한다.)

① $6.33 \times 10^4 \times \dfrac{M\sin\theta}{r^3}$

② $6.33 \times 10^4 \times \dfrac{M\sin\theta}{r^2}$

③ $6.33 \times 10^4 \times \dfrac{M\cos\theta}{r^3}$

④ $6.33 \times 10^4 \times \dfrac{M\cos\theta}{r^2}$

17 심화   15년 1회 기출

균일한 자속밀도 B 중에 자기 모멘트 m의 자석(관성모멘트 I)이 있다. 이 자석을 미소 진동시켰을 때의 주기는?

① $\dfrac{1}{\pi}\sqrt{\dfrac{I}{mB}}$ ② $\dfrac{1}{2\pi}\sqrt{\dfrac{mB}{I}}$

③ $2\pi\sqrt{\dfrac{I}{mB}}$ ④ $2\pi\sqrt{\dfrac{mB}{I}}$

18 응용   19년 1회 기출

원형 선전류 $I[A]$의 중심축상 점 P의 자위(A)를 나타내는 식은? (단, θ는 점 P에서 원형 전류를 바라보는 평면각이다.)

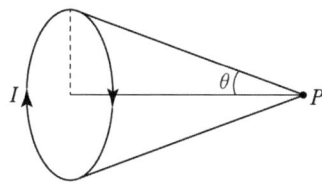

① $\dfrac{I}{2}(1-\cos\theta)$ ② $\dfrac{I}{4}(1-\cos\theta)$

③ $\dfrac{I}{2}(1-\sin\theta)$ ④ $\dfrac{I}{4}(1-\sin\theta)$

19 응용   16년 2회 기출

자기 모멘트 $9.8 \times 10^{-5}[\text{Wb} \cdot \text{m}]$의 막대자석을 지구 자계의 수평 성분 $10.5[\text{AT/m}]$인 곳에서 지자기 자오면으로부터 $90\degree$ 회전시키는데 필요한 일은 약 몇 $[\text{J}]$인가?

① 1.03×10^{-3} ② 1.03×10^{-5}

③ 9.03×10^{-3} ④ 9.03×10^{-5}

20 응용   14년 3회 기출

두 개의 소자석 A, B의 세기가 서로 같고 길이의 비는 1 : 2이다. 그림과 같이 두 자석을 일직선상에 놓고 그 사이에 A, B의 중심으로부터 r_1, r_2 거리에 있는 점 P에 작은 자침을 놓았을 때 자침이 자석의 영향을 받지 않았다고 한다. $r_1 : r_2$는 얼마인가?

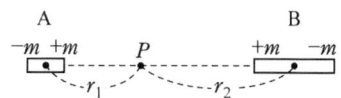

① $1 : \sqrt[3]{2}$ ② $\sqrt[3]{2} : 1$

③ $1 : \sqrt[3]{4}$ ④ $\sqrt[3]{4} : 1$

대표유형 7 전류에 의한 자계

출제경향 CHECK!

전류에 의한 자계 유형은 출제비율이 10.34%로 전기자기학에서 비교적 많은 문제가 출제되는 유형입니다.

계산문제가 많이 출제되는 편이지만 공식을 이해하고 있으면 쉽게 풀 수 있는 문제도 있으므로 자주 나오는 공식은 이해하면서 학습해야 합니다.

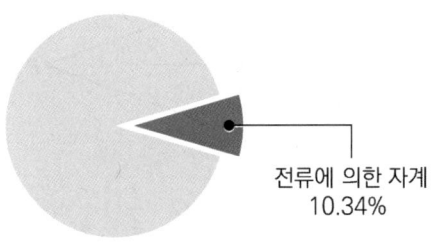

전류에 의한 자계
10.34%

▲ 출제비율

대표유형 문제

$q[C]$의 전하가 진공 중에서 $v[m/s]$의 속도로 운동하고 있을 때, 이 운동 방향과 θ의 각으로 $r[m]$ 떨어진 점의 자계의 세기 $[AT/m]$는?   19년 1회 기출

① $\dfrac{q\sin\theta}{4\pi r^2 v}$

② $\dfrac{v\sin\theta}{4\pi r^2 q}$

③ $\dfrac{qv\sin\theta}{4\pi r^2}$

④ $\dfrac{v\sin\theta}{4\pi r^2 q^2}$

정답   ③

해설   비오-사바르의 법칙에서 정리된 자계의 세기와 변형된 전류와 속도의 관계식을 적용한다.

$$dH = \frac{Idl}{4\pi r^2}\sin\theta = \frac{qv}{4\pi r^2}\sin\theta[AT/m]$$이다.

핵심이론 CHECK!

1. 비오-사바르 법칙

전류 I가 흐르는 도선의 일부인 '미소전류소' $Id\vec{L}$이 R만큼 떨어진 지점 P에 만드는 미소 자기장 $d\vec{H}$는 아래의 공식으로 표현된다.

$$d\vec{H} = \frac{Id\vec{L} \times a_R}{4\pi R^2} = \frac{Id\vec{L} \times \vec{R}}{4\pi R^3}, \quad |d\vec{H}| = \frac{IdL\sin\theta}{4\pi R^2}$$

2. 유한 길이 전류소에 의한 자계의 세기

유한 길이 전류소 근처에서 자계의 세기는 다음과 같이 구한다.

$$H = \frac{I}{4\pi r}(\sin\alpha_2 + \sin\alpha_1) = \frac{I}{4\pi r}(\cos\beta_2 + \cos\beta_1)$$

01 기본 13년 3회 기출

그림에서 I[A]의 전류가 반지름 a[m]의 무한히 긴 원주 도체를 축에 대하여 대칭으로 흐를 때 원주 외부의 자계 H를 구한 값은?

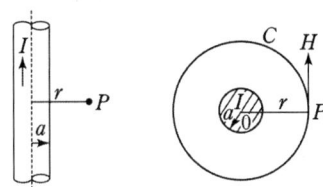

① $H = \dfrac{I}{4\pi r}$[AT/m]

② $H = \dfrac{I}{4\pi r^2}$[AT/m]

③ $H = \dfrac{I}{2\pi r}$[AT/m]

④ $H = \dfrac{I}{2\pi r^2}$[AT/m]

02 응용 기출변형

정전류가 흐르고 있는 무한 직선 도체로부터 수직으로 1[m] 만큼 떨어진 점의 자계의 크기가 100[A/m]이면 2[m] 만큼 떨어진 점의 자계의 크기 [A/m]는?

① 10   ② 25

③ 50   ④ 100

03 기본 20년 4회 기출

전류 I가 흐르는 무한 직선 도체가 있다. 이 도체로부터 수직으로 0.1[m] 떨어진 점에서 자계의 세기가 180[AT/m]이다. 도체로부터 수직으로 0.3[m] 떨어진 점에서 자계의 세기 [AT/m]는?

① 20   ② 60

③ 180   ④ 540

04 기본 13년 1회 기출

z축의 정방향(+방향)으로 $10\pi a_z$가 흐를 때 이 전류로부터 5[m] 지점에 발생되는 자계의 세기 H[A/m]는?

① $H = -a_x$ ② $H = a_\phi$

③ $H = \dfrac{1}{2}a_\phi$ ④ $H = -a_\phi$

05 기본   18년 2회 기출

Biot-Savart의 법칙에 의하면, 전류소에 의해서 임의의 한 점(P)에 생기는 자계의 세기를 구할 수 있다. 다음 중 설명으로 틀린 것은?

① 자계의 세기는 전류의 크기에 비례한다.

② MKS 단위계를 사용할 경우 비례상수는 $\dfrac{1}{4\pi}$이다.

③ 자계의 세기는 전류소와 점 P와의 거리에 반비례한다.

④ 자계의 방향은 전류소 및 이 전류소와 점 P를 연결하는 직선을 포함하는 면에 법선 방향이다.

06 응용   17년 3회 기출

반지름 1[cm]인 원형 코일에 전류 10[A]가 흐를 때, 코일의 중심에서 코일 면에 수직으로 $\sqrt{3}$[cm] 떨어진 점의 자계의 세기는 몇 [AT/m]인가?

① $\dfrac{1}{16} \times 10^3$ ② $\dfrac{3}{16} \times 10^3$

③ $\dfrac{5}{16} \times 10^3$ ④ $\dfrac{7}{16} \times 10^3$

07 기본   21년 3회 기출

반지름이 r[m]인 반원형 전류 I[A]에 의한 반원의 중심(O)에서 자계의 세기[AT/m]는?

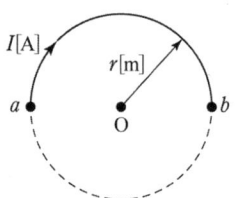

① $\dfrac{2I}{r}$ ② $\dfrac{I}{r}$

③ $\dfrac{I}{2r}$ ④ $\dfrac{I}{4r}$

08 기본   21년 1회 기출

한 변의 길이가 l[m]인 정사각형 도체에 전류 I[A]가 흐르고 있을 때 중심점 P에서의 자계의 세기는 몇 [A/m]인가?

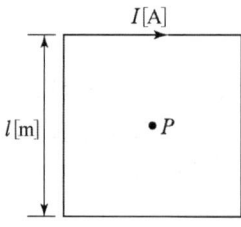

① $16\pi l I$ ② $4\pi l I$

③ $\dfrac{\sqrt{3}\,\pi}{2l}I$ ④ $\dfrac{2\sqrt{2}}{\pi l}I$

09 기본   14년 1회 기출

반지름 a[m], 단위 길이당 권수 N, 전류 I[A]인 무한 솔레노이드 내부 자계의 세기 [A/m]는?

① NI

② $\dfrac{NI}{2\pi a}$

③ $\dfrac{2\pi NI}{a}$

④ $\dfrac{aNI}{2\pi}$

10 기본   14년 2회 기출

무한장 솔레노이드의 외부 자계에 대한 설명 중 옳은 것은?

① 솔레노이드 내부의 자계와 같은 자계가 존재한다.

② $\dfrac{1}{2\pi}$의 배수가 되는 자계가 존재한다.

③ 솔레노이드 외부에는 자계가 존재하지 않는다.

④ 권회수에 비례하는 자계가 존재한다.

11 응용   21년 3회 기출

평균 반지름(r)이 20[cm], 단면적(S)이 $6\,[\mathrm{cm}^2]$인 환상 철심에서 권선수(N)가 500회인 코일에 흐르는 전류(I)가 4[A]일 때 철심 내부에서의 자계의 세기(H)는 약 몇 [AT/m]인가?

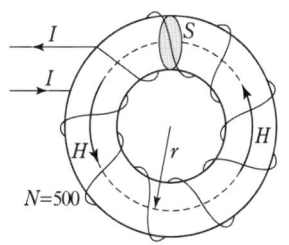

① 1,590

② 1,700

③ 1,870

④ 2,120

12 기본   13년 2회 기출

비투자율 $\mu_s = 800$, 원형 단면적이 $S = 10[\mathrm{cm}^2]$, 평균 자로 길이 $l = 8\pi \times 10^{-2}[\mathrm{m}]$의 환상 철심에 600회의 코일을 감고 이것에 1[A]의 전류를 흘리면 내부의 자속은 몇 [Wb]인가?

① 1.2×10^{-3}

② 1.2×10^{-5}

③ 2.4×10^{-3}

④ 2.4×10^{-5}

13 기본   14년 3회 기출

반지름 a[m]인 원통 도체에 전류 I[A]가 균일하게 분포되어 흐르고 있을 때의 도체 내부의 자계의 세기는 몇 [A/m]인가? (단, 중심으로부터의 거리는 r[m]이라 한다.)

① $\dfrac{Ir}{\pi a^2}$ ② $\dfrac{Ir}{2\pi a}$

③ $\dfrac{Ir}{2\pi a^2}$ ④ $\dfrac{Ir}{4\pi a^2}$

14 응용   15년 2회 기출

그림과 같은 동축 원통의 왕복 전류회로가 있다. 도체 단면에 고르게 퍼진 일정 크기의 전류가 내부 도체로 흘러 들어가고 외부 도체로 흘러나올 때, 전류에 의해 생기는 자계에 대하여 틀린 것은?

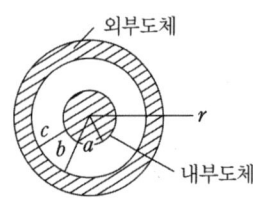

① 외부 공간($r > c$)의 자계는 영(0)이다.
② 내부 도체 내($r < a$)에 생기는 자계의 크기는 중심으로부터 거리에 비례한다.
③ 외부 도체 내($b < r < c$)에 생기는 자계의 크기는 중심으로부터 거리에 관계없이 일정하다.
④ 두 도체 사이(내부 공간)($a < r < b$)에 생기는 자계의 크기는 중심으로부터 거리에 반비례한다.

15 응용   21년 1회 기출

반지름이 a[m]인 원형 도선 2개의 루프가 z축 상에 그림과 같이 놓인 경우 I[A]의 전류가 흐를 때 원형 전류 중심축 상의 자계 H[A/m]는? (단, a_z, a_ϕ는 단위벡터이다.)

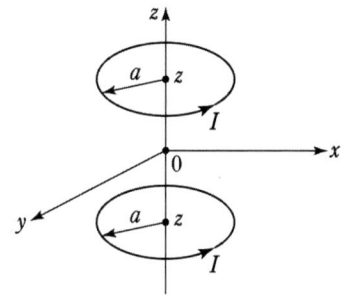

① $H = \dfrac{a^2 I}{(a^2 + z^2)^{3/2}} a_\phi$

② $H = \dfrac{a^2 I}{(a^2 + z^2)^{3/2}} a_z$

③ $H = \dfrac{a^2 I}{2(a^2 + z^2)^{3/2}} a_\phi$

④ $H = \dfrac{a^2 I}{2(a^2 + z^2)^{3/2}} a_z$

16 기본   19년 2회 기출

자속밀도가 0.3[Wb/m^2]인 평등 자계 내에 5[A]의 전류가 흐르는 길이 2[m]인 직선 도체가 있다. 이 도체를 자계 방향에 대하여 $60\,^\circ$의 각도로 놓았을 때 이 도체가 받는 힘은 약 몇 [N]인가?

① 1.3   ② 2.6
③ 4.7   ④ 5.7

17 응용

z축 상에 놓인 길이가 긴 직선 도체에 10[A]의 전류가 $+z$ 방향으로 흐르고 있다. 이 도체의 주위의 자속밀도가 $3\hat{x} - 4\hat{y}$ [Wb/m^2]일 때 도체가 받는 단위 길이당 힘 [N/m]은? (단, $\hat{x}$, $\hat{y}$는 단위벡터이다.)

① $-40\hat{x} + 30\hat{y}$ ② $-30\hat{x} + 40\hat{y}$

③ $30\hat{x} + 40\hat{y}$ ④ $40\hat{x} + 30\hat{y}$

18 응용

그림과 같이 전류가 흐르는 반원형 도선이 평면 $z = 0$ 상에 놓여 있다. 이 도선이 자속밀도 $B = 0.8a_x - 0.5a_y + a_z$ [Wb/m^2]인 균일 자계 내에 놓여 있을 때 도선의 직선 부분에 작용하는 힘[N]은?

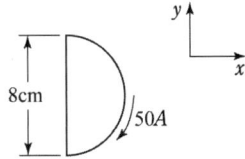

① $4a_x + 3.2a_z$ ② $4a_x - 3.2a_z$

③ $5a_x - 3.5a_z$ ④ $-5a_x + 3.5a_z$

19 응용

평등 자계 내에 전자가 수직으로 입사하였을 때 전자의 운동에 대한 설명으로 옳은 것은?

① 원심력은 전자속도에 반비례한다.

② 구심력은 자계의 세기에 반비례한다.

③ 원운동을 하고, 반지름은 자계의 세기에 비례한다.

④ 원운동을 하고, 반지름은 전자의 회전속도에 비례한다.

20 응용

2[C]의 점전하가 전계 $E = 2a_x + a_y - 4a_z$ [V/m] 및 자계 $B = -2a_x + 2a_y - a_z$ [Wb/m^2] 내에서 $v = 4a_x - a_y - 2a_z$ [m/s]의 속도로 운동하고 있을 때 점전하에 작용하는 힘 F는 몇 [N]인가?

① $-14a_x + 18a_y + 6a_z$

② $14a_x - 18a_y - 6a_z$

③ $-14a_x + 18a_y + 4a_z$

④ $14a_x + 18a_y + 4a_z$

21 기본

진공 중에 10[m]의 간격으로 놓여진 평행 도선에 같은 크기의 왕복 전류가 흐를 때 단위 길이당 5.0×10^{-7} [N]의 힘이 작용하였다. 이때 평행 도선에 흐르는 전류는 몇 [A]인가?

① 1   ② 2

③ 4   ④ 5

22 기본

그림과 같이 평행한 무한장 직선의 두 도선에 $I[\mathrm{A}]$, $4I[\mathrm{A}]$인 전류가 각각 흐른다. 두 도선 사이 점 P에서의 자계의 세기가 0이라면 $\dfrac{a}{b}$는?

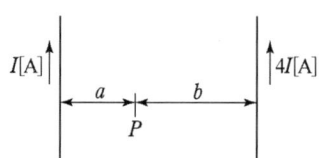

① 2

② 4

③ $\dfrac{1}{2}$

④ $\dfrac{1}{4}$

23 심화

무한히 넓은 평면 자성체의 앞 a[m] 거리의 경계면에 평행하게 무한히 긴 직선 전류 I[A]가 흐를 때, 단위 길이당 작용력은 몇 $[\mathrm{N/m}]$인가?

① $\dfrac{\mu_0}{4\pi a}\left(\dfrac{\mu+\mu_0}{\mu-\mu_0}\right)I^2$

② $\dfrac{\mu_0}{2\pi a}\left(\dfrac{\mu+\mu_0}{\mu-\mu_0}\right)I^2$

③ $\dfrac{\mu_0}{4\pi a}\left(\dfrac{\mu-\mu_0}{\mu+\mu_0}\right)I^2$

④ $\dfrac{\mu_0}{2\pi a}\left(\dfrac{\mu-\mu_0}{\mu+\mu_0}\right)I^2$

대표유형 ⑧ 자성체와 자기회로

출제경향 CHECK!

자성체와 자기회로는 약 10% 이상의 문제가 출제되고 있으므로 중요한 유형이라고 할 수 있습니다.
자성체의 종류에 따른 투자율, 비투자율, 히스테리시스 곡선과 관련된 내용은 자주 출제되고 있고 약간 응용되어 출제되기도 하기 때문에 확실하게 대비해야 합니다.

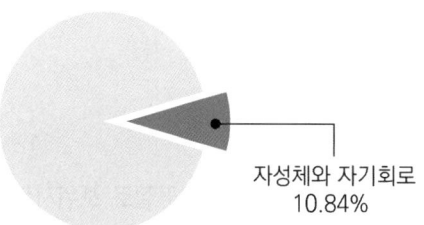

자성체와 자기회로
10.84%

▲ 출제비율

대표유형 문제

투자율을 μ라 하고 공기 중의 투자율 μ_0와 비투자율 μ_s의 관계에서 $\mu_s = \dfrac{\mu}{\mu_0} = 1 + \dfrac{\chi}{\mu_0}$로 표현된다. 이에 대한 설명으로 알맞은 것은? (단, χ는 자화율이다.) 15년 1회 기출

① $\chi > 0$인 경우 역자성체
② $\chi < 0$인 경우 상자성체
③ $\mu_s > 1$인 경우 비자성체
④ $\mu_s < 1$인 경우 역자성체

정답 ④

해설 주어진 조건인 비투자율 $\mu_s = \dfrac{\mu}{\mu_0} = 1 + \dfrac{\chi}{\mu_0}$에서

$\mu_s > 1$, 즉 $\chi > 0$이면 상자성체이고, $\mu_s < 1$, 즉 $\chi < 0$이면 역자성체이다.

핵심이론 CHECK!

자성체(magnetic substance): 자화되는 물질

① 강자성체: 자기쌍극자의 방향이 동일 방향으로 배열하는 재질
② 상자성체: 자기쌍극자의 방향이 규칙성이 없는 재질
③ 반자성체(역자성체): 자기쌍극자가 없는 재질
④ 반강자성체: 자기쌍극자의 배열이 서로 반대인 재질

종류	투자율	비투자율	비자하율	종류
강자성체	$\mu \gg \mu_0$	$\mu_s \gg 1$	$\chi_s \gg 1$	철, 니켈, 코발트
상자성체	$\mu > \mu_0$	$\mu_s > 1$	$\chi_s > 0$	백금, 알루미늄, 산소
반자성체	$\mu < \mu_0$	$\mu_s < 1$	$\chi_s < 0$	은, 구리, 비스무트, 물

01 기본   20년 2회 기출

반자성체의 비투자율(μ_r) 값의 범위는?

① $\mu_r = 1$ ② $\mu_r < 1$

③ $\mu_r > 1$ ④ $\mu_r = 0$

02 기본   20년 3회 기출

내부 장치 또는 공간을 물질로 포위시켜 외부 자계의 영향을 차폐시키는 방식을 자기차폐라 한다. 다음 중 자기차폐에 가장 적합한 것은?

① 비투자율이 1보다 작은 역자성체

② 강자성체 중에서 비투자율이 큰 물질

③ 강자성체 중에서 비투자율이 작은 물질

④ 비투자율에 관계없이 물질의 두께에만 관계되므로 되도록 두꺼운 물질

03 응용   기출변형

그림과 같은 히스테리시스 루프를 가진 철심이 강한 평등 자계에 의해 매초 60[Hz]로 자화할 경우 히스테리시스 손실은 몇 [W]인가?
(단, 철심의 체적은 $10[\text{cm}^3]$, $B_r = 5[\text{Wb/m}^2]$, $H_C = 1[\text{AT/m}]$이다.)

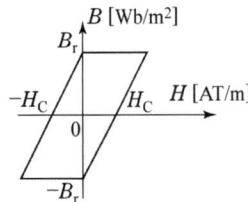

① 1.2×10^{-2} ② 2.4×10^{-2}

③ 3.6×10^{-2} ④ 4.8×10^{-2}

04 기본   14년 3회 기출

히스테리시스 곡선의 기울기는 다음의 어떤 값에 해당하는가?

① 투자율   ② 유전율

③ 자화율   ④ 감자율

05 응용   14년 3회 기출

와전류에 대한 설명으로 틀린 것은?

① 도체 내부를 통하는 자속이 없으면 와전류가 생기지 않는다.

② 도체 내부를 통하는 자속이 변화하지 않아도 전류의 회전이 발생하여 전류밀도가 균일하지 않다.

③ 패러데이의 전자유도 법칙에 의해 철심이 교번 자속을 통할 때 줄열 손실이 크다.

④ 교류 기기는 와전류가 매우 크기 때문에 저감 대책으로 얇은 철판(규소강판)을 겹쳐서 사용한다.

06 응용   20년 3회 기출

임의의 방향으로 배열되었던 강자성체의 자구가 외부 자기장의 힘이 일정치 이상이 되는 순간에 급격히 회전하여 자기장의 방향으로 배열되고 자속밀도가 증가하는 현상을 무엇이라 하는가?

① 자기여자 효과(Magnetic after effect)

② 바크하우젠 효과(Barkhausen effect)

③ 자기왜현상(Magneto - striction effect)

④ 핀치 효과(Pinch effect)

07 응용   19년 1회 기출

다음의 관계식 중 성립할 수 없는 것은? (단, μ는 투자율, χ는 자화율, μ_0는 진공의 투자율, J는 자화의 세기이다.)

① $J = \chi B$ ② $B = \mu H$

③ $\mu = \mu_0 + \chi$ ④ $\mu_s = 1 + \dfrac{\chi}{\mu_0}$

08 기본   18년 3회 기출

길이 $l\,[\mathrm{m}]$, 지름 $d\,[\mathrm{m}]$인 원통이 길이 방향으로 균일하게 자화되어 자화의 세기가 $J\,[\mathrm{Wb/m}^2]$인 경우 원통 양단에서의 전자극의 세기 $[\mathrm{Wb}]$는?

① $\pi d^2 J$ ② $\pi d J$

③ $\dfrac{4J}{\pi d^2}$ ④ $\dfrac{\pi d^2 J}{4}$

09 응용   17년 2회 기출

벡터 포텐샬
$A = 3x^2 y a_x + 2x a_y - z^3 a_z\,[\mathrm{Wb/m}]$일 때의 자계의 세기 $H\,[\mathrm{A/m}]$는? (단, μ는 투자율이라 한다.)

① $\dfrac{1}{\mu}(2 - 3x^2)a_y$ ② $\dfrac{1}{\mu}(3 - 2x^2)a_y$

③ $\dfrac{1}{\mu}(2 - 3x^2)a_z$ ④ $\dfrac{1}{\mu}(3 - 2x^2)a_z$

10 기본   15년 2회 기출

두 개의 자극 판이 놓여 있을 때, 자계의 세기 $H\,[\mathrm{AT/m}]$, 자속밀도 $B\,[\mathrm{Wb/m}^2]$, 투자율 $\mu\,[\mathrm{H/m}]$인 곳의 자계의 에너지 밀도$[\mathrm{J/m}^3]$는?

① $\dfrac{H^2}{2\mu}$ ② $\dfrac{1}{2}\mu H^2$

③ $\dfrac{\mu H}{2}$ ④ $\dfrac{1}{2}B^2 H$

11 응용   19년 3회 기출

단면적 $15\,[\mathrm{cm}^2]$의 자석 근처에 같은 단면적을 가진 철편을 놓을 때 그곳을 통하는 자속이 $3 \times 10^{-4}\,[\mathrm{Wb}]$이면 철편에 작용하는 흡인력은 약 몇 $[\mathrm{N}]$인가?

① 12.2   ② 23.9

③ 36.6   ④ 48.8

12 심화   21년 2회 기출

진공 중의 평등 자계 H_0 중에 반지름이 $a\,[\mathrm{m}]$이고, 투자율이 μ인 구 자성체가 있다. 이 구 자성체의 감자율은? (단, 구 자성체 내부의 자계는 $H = \dfrac{3\mu_0}{2\mu_0 + \mu}H_0$이다.)

① 1   ② $\dfrac{1}{2}$

③ $\dfrac{1}{3}$ ④ $\dfrac{1}{4}$

13 응용 18년 3회 기출

판 자석의 세기가 $0.01[\text{Wb/m}]$, 반지름이 $5[\text{cm}]$인 원형 판 자석이 있다. 자석의 중심에서 축상 $10[\text{cm}]$인 점에서의 자위의 세기는 몇 $[\text{AT}]$인가?

① 100   ② 175

③ 370   ④ 420

14 기본 21년 2회 기출

비투자율이 50인 환상 철심을 이용하여 $100[\text{cm}]$ 길이의 자기회로를 구성할 때 자기저항을 $2.0 \times 10^7\,[\text{AT/Wb}]$ 이하로 하기 위해서는 철심의 단면적을 약 몇 $[\text{m}^2]$ 이상으로 하여야 하는가?

① 3.6×10^{-4} ② 6.4×10^{-4}

③ 8.0×10^{-4} ④ 9.2×10^{-4}

15 기본 19년 1회 기출

자기회로의 자기저항에 대한 설명으로 옳은 것은?

① 투자율에 반비례한다.

② 자기회로의 단면적에 비례한다.

③ 자기회로의 길이에 반비례한다.

④ 단면적에 반비례하고, 길이의 제곱에 비례한다.

16 응용 16년 3회 기출

철심부의 평균 길이가 l_2, 공극의 길이가 l_1, 단면적이 S인 자기회로이다. 자속밀도를 $B[\text{Wb/m}^2]$로 하기 위한 기자력$[\text{AT}]$은?

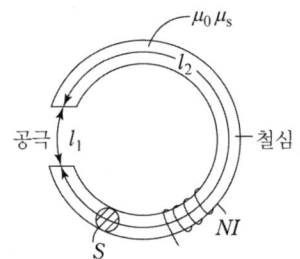

① $\dfrac{\mu_0}{B}\left(l_1 + \dfrac{\mu_s}{l_2}\right)$ ② $\dfrac{B}{\mu_0}\left(l_2 + \dfrac{l_1}{\mu_s}\right)$

③ $\dfrac{\mu_0}{B}\left(l_2 + \dfrac{\mu_s}{l_1}\right)$ ④ $\dfrac{B}{\mu_0}\left(l_1 + \dfrac{l_2}{\mu_s}\right)$

17 응용 17년 1회 기출

자기회로에서 철심의 투자율을 μ라 하고 회로의 길이를 l이라 할 때 그 회로의 일부에 미소 공극 l_g를 만들면 회로의 자기저항은 처음의 몇 배인가? (단, $l_g \ll 1$, 즉 $l - l_g \simeq l$이다.)

① $1 + \dfrac{\mu l_g}{\mu_0 l}$ ② $1 + \dfrac{\mu l}{\mu_0 l_g}$

③ $1 + \dfrac{\mu_0 l_g}{\mu l}$ ④ $1 + \dfrac{\mu_0 l}{\mu l_g}$

18 [응용]

아래의 그림과 같은 자기회로에서 A부분에만 코일을 감아서 전류를 인가할 때의 자기저항과 B부분에만 코일을 감아서 전류를 인가할 때의 자기저항 [AT/Wb]을 각각 구하면 어떻게 되는가? (단, 자기저항 $R_1 = 3$[AT/Wb], $R_2 = 1$, $R_3 = 2$이다.)

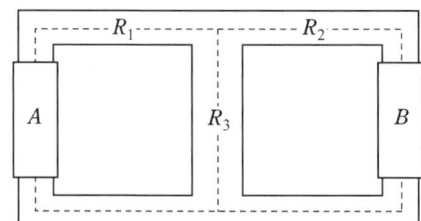

① $R_A = 2.2$, $R_B = 3.67$

② $R_A = 3.67$, $R_B = 2.2$

③ $R_A = 1.43$, $R_B = 2.83$

④ $R_A = 2.2$, $R_B = 1.43$

19 [응용]

자성체 경계면에 전류가 없을 때의 경계조건으로 틀린 것은?

① 자계 H의 접선 성분 $H_{1T} = H_{2T}$

② 자속밀도 B의 법선 성분 $B_{1N} = B_{2N}$

③ 경계면에서 자력선의 굴절 $\left(\dfrac{\tan\theta_1}{\tan\theta_2}\right) = \left(\dfrac{\mu_1}{\mu_2}\right)$

④ 전속밀도 D의 법선 성분

$$D_{1N} = D_{2N} = \left(\dfrac{\mu_2}{\mu_1}\right)$$

20 [응용]

자기회로와 전기회로에 대한 설명으로 틀린 것은?

① 자기저항의 역수를 컨덕턴스라고 한다.

② 자기회로의 투자율은 전기회로의 도전율에 대응된다.

③ 전기회로의 전류는 자기회로의 자속에 대응된다.

④ 자기저항의 단위는 [AT/Wb]이다.

❾ 전자유도와 인덕턴스

출제경향 CHECK!

전자유도와 인덕턴스 유형은 약 11.82% 정도의 문제가 출제
되고 단순히 개념을 묻는 문제보다는 공식을 활용하여 문제에
답을 찾거나 계산하는 문제가 많이 출제되고 있습니다.
공식을 활용하여 푸는 문제 중에서는 기전력과 관련된 문제의
출제비율이 높은 편입니다.

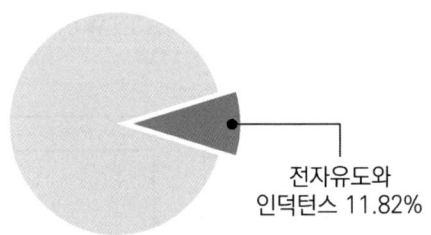

전자유도와
인덕턴스 11.82%

▲ 출제비율

대표유형 문제

막대자석 위쪽에 동축 도체 원판을 놓고 회로의 한끝은 원판의 주변에 접촉
시켜 회전하도록 해 놓은 그림과 같은 패러데이 원판 실험을 할 때 검류계
에 전류가 흐르지 않는 경우는?   17년 2회 기출

① 자석만을 일정한 방향으로 회전시킬 때
② 원판만을 일정한 방향으로 회전시킬 때
③ 자석을 축 방향으로 전진시킨 후 후퇴시킬 때
④ 원판과 자석을 동시에 같은 방향, 같은 속도로 회전시킬 때

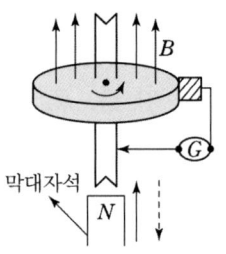

정답   ④

해설   유도기전력 $e = -\dfrac{d\Phi}{dt} = -N\dfrac{d\phi}{dt} = -L\dfrac{di}{dt}\,[\text{V}]$

원판과 자석을 동시에 같은 방향, 같은 속도로 회전시키면 시간에 따른 자속의 변화가 발
생하지 않아 유도기전력이 발생되지 않으므로 검류계의 전류는 0이 된다.

핵심이론 CHECK!

1. 자기 인덕턴스

단위 전류당 코일에 쇄교하는 자속의 양을 자기 인덕턴스 L이라고 하며 다음과 같이 정의한다.

$$L = \frac{N\phi}{I} = \frac{\Lambda}{I} \ [Wb \cdot turns/A] = [H], \ N\phi = LI$$

2. 유도기전력

$$e = -L\frac{di}{dt}$$

01 기본   15년 3회 기출

패러데이의 법칙에 대한 설명으로 가장 적합한 것은?

① 정전유도에 의해 회로에 발생하는 기자력은 자속의 변화 방향으로 유도된다.

② 정전유도에 의해 회로에 발생되는 기자력은 자속 쇄교수의 시간에 대한 증가율에 비례한다.

③ 전자유도에 의해 회로에 발생되는 기전력은 자속의 변화를 방해하는 반대 방향으로 기전력이 유도된다.

④ 전자유도에 의해 회로에 발생하는 기전력은 자속 쇄교수의 시간에 대한 변화율에 비례한다.

02 기본   20년 2회 기출

자속밀도 $B[\mathrm{Wb/m^2}]$의 평등 자계 내에서 길이 $l[\mathrm{m}]$인 도체 ab가 속도 $v[\mathrm{m/s}]$로 그림과 같이 도선을 따라서 자계와 수직으로 이동할 때, 도체 ab에 의해 유기된 기전력의 크기 $e[\mathrm{V}]$와 폐회로 $abcd$ 내 저항 R에 흐르는 전류의 방향은? (단, 폐회로 $abcd$ 내 도선 및 도체의 저항은 무시한다.)

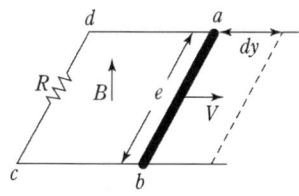

① $e = Blv$, 전류방향 : $c \rightarrow d$

② $e = Blv$, 전류방향 : $d \rightarrow c$

③ $e = Blv^2$, 전류방향 : $c \rightarrow d$

④ $e = Blv^2$, 전류방향 : $d \rightarrow c$

03 기본   기출변형

자속밀도 $30[\mathrm{Wb/m^2}]$ 자계 중에 10[cm] 도체를 자계와 $60\,^\circ$ 의 각도로 $10[\mathrm{m/s}]$로 움직일 때, 도체에 유기되는 기전력은 몇 [V]인가?

① 15   ② $15\sqrt{3}$

③ 1,500   ④ $1,500\sqrt{3}$

04 기본   13년 3회 기출

철도 궤도 간 거리가 $1.5[\mathrm{m}]$이며 궤도는 서로 절연되어 있다. 열차가 매시 $60[\mathrm{km}]$의 속도로 달리면서 차축이 지구 자계의 수직 분력 $B = 0.15 \times 10^{-4}[\mathrm{Wb/m^2}]$을 절단할 때 두 궤도 사이에 발생하는 기전력은 몇 $[\mathrm{V}]$인가?

① 1.75×10^{-4} ② 2.75×10^{-4}

③ 3.75×10^{-4} ④ 4.75×10^{-4}

05 응용   15년 1회 기출

60[Hz]의 교류 발전기의 회전자가 자속밀도 $0.15[\mathrm{Wb/m^2}]$의 자기장 내에서 회전하고 있다. 만일 코일의 면적이 $2 \times 10^{-2}[\mathrm{m^2}]$일 때 유도기 전력의 최댓값 $E_m = 220[\mathrm{V}]$가 되려면 코일을 몇 번 감아야 하는가?
(단, $\omega = 2\pi f = 377[\mathrm{rad/sec}]$이다.)

① 195회   ② 220회
③ 395회   ④ 440회

06 응용   15년 2회 기출

그림과 같은 단극 유도장치에서 자속밀도 $B[\mathrm{T}]$로 균일하게 반지름 $a[\mathrm{m}]$인 원통형 영구자석 중심축 주위를 각속도 $\omega[\mathrm{rad/s}]$로 회전하고 있다. 이때 브러시(접촉자)에서 인출되어 저항 $R[\Omega]$에 흐르는 전류는 몇 $[\mathrm{A}]$ 인가?

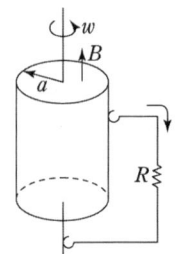

① $\dfrac{aB\omega}{R}$ ② $\dfrac{a^2 B\omega}{R}$

③ $\dfrac{aB\omega}{2R}$ ④ $\dfrac{a^2 B\omega}{2R}$

07 기본   17년 1회 기출

자계와 직각으로 놓인 도체에 $I[\mathrm{A}]$의 전류를 흘릴 때 $f[\mathrm{N}]$의 힘이 작용하였다. 이 도체를 $v[\mathrm{m/s}]$의 속도로 자계와 직각으로 운동시킬 때의 기전력 $e[\mathrm{V}]$는?

① $\dfrac{fv}{I^2}$ ② $\dfrac{fv}{I}$

③ $\dfrac{fv^2}{I}$ ④ $\dfrac{fv}{2I}$

08 기본   18년 2회 기출

내부 도체의 반지름이 $a[\mathrm{m}]$이고, 외부 도체의 내반지름이 $b[\mathrm{m}]$, 외반지름이 $c[\mathrm{m}]$인 동축케이블의 단위 길이당 자기 인덕턴스는 몇 $[\mathrm{H/m}]$인가?

① $\dfrac{\mu_0}{2\pi}\ln\dfrac{b}{a}$ ② $\dfrac{\mu_0}{\pi}\ln\dfrac{b}{a}$

③ $\dfrac{2\pi}{\mu_0}\ln\dfrac{b}{a}$ ④ $\dfrac{\pi}{\mu_0}\ln\dfrac{b}{a}$

09 기본   17년 2회 기출

내부도체 반지름이 10[mm], 외부도체의 내반지름이 20[mm]인 동축케이블에서 내부도체 표면에 전류 I가 흐르고, 얇은 외부도체에 반대 방향인 전류가 흐를 때 단위 길이당 외부 인덕턴스는 약 몇 [H/m]인가?

① 0.27×10^{-7} ② 1.39×10^{-7}

③ 2.03×10^{-7} ④ 2.78×10^{-7}

10 응용   18년 1회 기출

균일하게 원형 단면을 흐르는 전류 $I[\mathrm{A}]$에 의한 반지름 $a[\mathrm{m}]$, 길이 $l[\mathrm{m}]$, 비투자율 μ_s인 원통 도체의 내부 인덕턴스는 몇 $[\mathrm{H}]$인가?

① $10^{-7}\mu_s l$ ② $3 \times 10^{-7}\mu_s l$

③ $\dfrac{1}{4a} \times 10^{-7}\mu_s l$ ④ $\dfrac{1}{2} \times 10^{-7}\mu_s l$

11 기본   16년 3회 기출

반지름이 $a[\mathrm{m}]$이고, 단위 길이에 대한 권수가 n인 무한장 솔레노이드의 단위 길이당 자기 인덕턴스는 몇 $[\mathrm{H/m}]$인가?

① $\mu\pi a^2 n^2$ ② $\mu\pi an$

③ $\dfrac{an}{2\mu\pi}$ ④ $4\mu\pi a^2 n^2$

12 기본   14년 1회 기출

그림과 같이 균일하게 도선을 감은 권수 N, 단면적 $S[\mathrm{m}^2]$, 평균 길이 $l[\mathrm{m}]$인 공심의 환상 솔레노이드 $I[\mathrm{A}]$의 전류를 흘렸을 때 자기 인덕턴스 $L[\mathrm{H}]$의 값은?

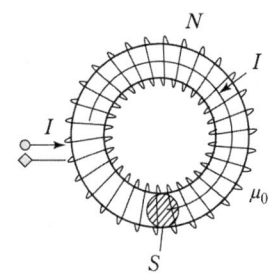

① $L = \dfrac{4\pi N^2 S}{l} \times 10^{-5}$

② $L = \dfrac{4\pi N^2 S}{l} \times 10^{-6}$

③ $L = \dfrac{4\pi N^2 S}{l} \times 10^{-7}$

④ $L = \dfrac{4\pi N^2 S}{l} \times 10^{-8}$

13 기본   기출변형

송전선의 전류가 0.01초 사이에 1[kA] 변화될 때 이 송전선에 나란한 통신선에 유도되는 유도 전압은 몇 [V]인가? (단, 송전선과 통신선 간의 상호유도계수는 300[mH]이다.)

① 30   ② 300

③ 3,000   ④ 30,000

14 응용
21년 3회 기출

그림과 같이 단면적 $S[\mathrm{m}^2]$가 균일한 환상 철심에 권수 N_1인 A 코일과 권수 N_2인 B 코일이 있을 때, A 코일의 자기 인덕턴스가 $L_1[\mathrm{H}]$이라면 두 코일의 상호 인덕턴스 $M[\mathrm{H}]$는? (단, 누설 자속은 0이다.)

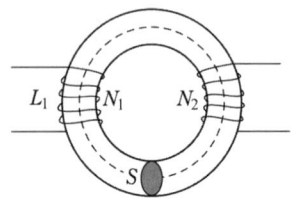

① $\dfrac{L_1 N_2}{N_1}$ ② $\dfrac{N_2}{L_1 N_1}$

③ $\dfrac{L_1 N_1}{N_2}$ ④ $\dfrac{N_1}{L_1 N_2}$

15 기본
21년 3회 기출

자기 인덕턴스가 각각 L_1, L_2인 두 코일의 상호 인덕턴스가 M일 때 결합계수는?

① $\dfrac{\mathrm{M}}{L_1 L_2}$ ② $\dfrac{L_1 L_2}{\mathrm{M}}$

③ $\dfrac{\mathrm{M}}{\sqrt{L_1 L_2}}$ ④ $\dfrac{\sqrt{L_1 L_2}}{\mathrm{M}}$

16 기본
14년 3회 기출

자기 인덕턴스 L_1, L_2와 상호 인덕턴스 M일 때, 일반적인 자기 결합 상태에서 결합계수 k는?

① $k < 0$ ② $0 < k < 1$

③ $k > 1$ ④ $k = 0$

17 기본
17년 2회 기출

서로 결합하고 있는 두 코일 C_1과 C_2의 자기 인덕턴스가 각각 L_{C1}, L_{C2}라고 한다. 이 둘을 직렬로 연결하여 합성 인덕턴스 값을 얻은 후 두 코일 간 상호 인덕턴스의 크기(M)를 얻고자 한다. 직렬로 연결할 때, 두 코일 간 자속이 서로 가해져서 보강되는 방향의 합성 인덕턴스 값이 L_1, 서로 상쇄되는 방향의 합성 인덕턴스의 값이 L_2일 때, 다음 중 알맞은 식은?

① $L_1 < L_2$, $|M| = \dfrac{L_2 + L_1}{4}$

② $L_1 > L_2$, $|M| = \dfrac{L_1 + L_2}{4}$

③ $L_1 < L_2$, $|M| = \dfrac{L_2 - L_1}{4}$

④ $L_1 > L_2$, $|M| = \dfrac{L_1 - L_2}{4}$

18 심화
13년 3회 기출

2개의 폐회로 C_1, C_2에서 상호 유도계수를 구하는 노이만(Neumann)의 식으로 옳은 것은? (단, μ : 투자율, ϵ : 유전율, r_{12} : 두 미소 부분 간의 거리, dl_1, dl_2 : 각 회로상에 취한 미소 부분이다.)

① $\dfrac{\mu}{\pi} \oint_{c_1} \oint_{c_2} \dfrac{dl_1 \times dl_2}{r_{12}}$

② $\dfrac{\mu}{2\pi} \oint_{c_1} \oint_{c_2} \dfrac{dl_1 \cdot dl_2}{r_{12}}$

③ $\dfrac{\epsilon \mu}{\pi} \oint_{c_1} \oint_{c_2} \dfrac{dl_1 \times dl_2}{r_{12}}$

④ $\dfrac{\mu}{4\pi} \oint_{c_1} \oint_{c_2} \dfrac{dl_1 \cdot dl_2}{r_{12}}$

19 응용　　　　　　　　　　기출변형

2[A] 전류가 흐르는 코일과 쇄교하는 자속 수가 8[Wb]이다. 이 전류에 축적되어 있는 자기 에너지[J]는?

① 4　　　　　　　　② 2
③ 8　　　　　　　　④ 16

20 기본　　　　　　　　20년 2회 기출

그림에서 $N=1,000$회, $l=100[\text{cm}]$, $S=10[\text{cm}^2]$인 환상 철심의 자기회로에 전류 $I=10[\text{A}]$를 흘렸을 때 축적되는 자계 에너지는 몇 [J]인가? (단, 비투자율 $\mu_r=100$이다.)

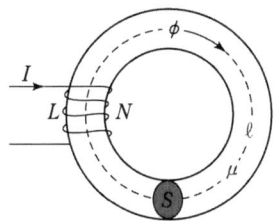

① $2\pi \times 10^{-3}$　　　② $2\pi \times 10^{-2}$
③ $2\pi \times 10^{-1}$　　　④ 2π

21 심화　　　　　　　　20년 2회 기출

자기유도계수 L의 계산 방법이 아닌 것은? (단, N : 권수, Φ : 자속[Wb], I : 전류[A], A : 벡터퍼텐셜[Wb/m], B : 자속밀도[Wb/m²], i : 전류밀도[A/m²], H : 자계의 세기[AT/m]이다.)

① $L = \dfrac{N\Phi}{I}$　　　② $L = \dfrac{\displaystyle\int_v A \cdot i\, dv}{I^2}$

③ $L = \dfrac{\displaystyle\int_v B \cdot H dv}{I^2}$　　　④ $L = \dfrac{\displaystyle\int_v A \cdot i\, dv}{I}$

22 기본　　　　　　　　13년 1회 기출

다음 중 금속에서의 침투 깊이에 대한 설명으로 옳은 것은?

① 같은 금속을 사용할 경우 전자파의 주파수를 증가시키면 침투 깊이가 증가한다.
② 같은 주파수의 전자파를 사용할 경우 전도율이 높은 금속을 사용하면 침투 깊이가 감소한다.
③ 같은 주파수의 전자파를 사용할 경우 투자율 값이 작은 금속을 사용하면 침투 깊이가 감소한다.
④ 같은 금속을 사용할 경우 어떤 전자파를 사용하더라도 침투 깊이는 변하지 않는다.

23 기본　　　　　　　　19년 3회 기출

도전도 $k = 6 \times 10^{17}[\text{℧m}]$,

투자율 $\mu = \dfrac{6}{\pi} \times 10^{-7}[\text{H/m}]$인 평면 도체 표면에 $10[\text{kHz}]$의 전류가 흐를 때, 침투 깊이 $\delta[\text{m}]$는?

① $\dfrac{1}{6} \times 10^{-7}$　　　② $\dfrac{1}{8.5} \times 10^{-7}$

③ $\dfrac{36}{\pi} \times 10^{-6}$　　　④ $\dfrac{36}{\pi} \times 10^{-10}$

⑩ 전자계와 전자파

전자계와 전자파의 출제비율은 약 9.36%로 많은 문제가 출제되고 있는 유형입니다.

전류밀도, 고유 임피던스, 전자파의 전파속도와 관련된 문제가 자주 출제되고 있고 전류밀도와 관련된 문제 중에서는 행렬과 연동하여 복합적으로 계산해야 하는 문제도 출제됩니다.

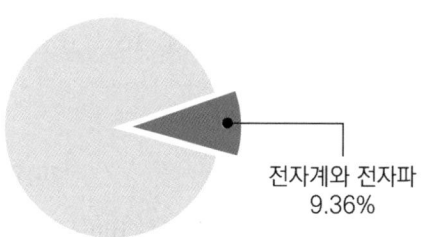

전자계와 전자파
9.36%

▲ 출제비율

대표유형 문제

간격 d [m], 면적 $S[\mathrm{m}^2]$의 평행판 전극 사이에 유전율이 ϵ인 유전체가 있다. 전극 간에 $v(t) = V_m \sin\omega t$의 전압을 가했을 때, 유전체 속의 변위 전류밀도$[\mathrm{A/m}^2]$는?　　21년 3회 기출

① $\dfrac{\epsilon\omega V_m}{d}\cos\omega t$

② $\dfrac{\epsilon\omega V_m}{d}\sin\omega t$

③ $\dfrac{\epsilon V_m}{\omega d}\cos\omega t$

④ $\dfrac{\epsilon V_m}{\omega d}\sin\omega t$

정답　①

해설　변위 전류 $I_d = J_d S = \dfrac{\partial D}{\partial t} S\,[\mathrm{A}]$

변위 전류밀도 $J_d = \dfrac{I_d}{S} = \dfrac{\partial D}{\partial t} = \epsilon \dfrac{\partial E}{\partial t} = \dfrac{\epsilon}{d} \dfrac{\partial v(t)}{\partial t} = \dfrac{\epsilon}{d} \dfrac{\partial}{\partial t} V_m \sin\omega t = \dfrac{\epsilon}{d} \omega V_m \cos\omega t\,[\mathrm{A/m}^2]$

핵심이론 CHECK!

변위 전류밀도

① 매초당 변하는 전속밀도를 변위 전류밀도 $\vec{i}_D$라고 한다.

$$\vec{i}_D = \frac{\partial \vec{D}}{\partial t} = \epsilon \frac{\partial \vec{E}}{\partial t}\,[\mathrm{A/m}^2]$$

② 변위 전류밀도는 진공중 전계 변화에 의한 전류와 구속전하의 변화에 의한 전류의 합으로 구성된다.

$$\vec{i}_D = \frac{\partial \vec{D}}{\partial t} = \epsilon_0 \frac{\partial \vec{E}}{\partial t} + \frac{\partial \vec{P}}{\partial t}$$

01 응용   22년 2회 기출

그림은 커패시터의 유전체 내에 흐르는 변위 전류를 보여준다. 커패시터의 전극 면적을 $S[\text{m}^2]$, 전극에 축적된 전하를 $q[\text{C}]$, 전극의 표면 전하밀도를 $\sigma[\text{C/m}^2]$ 전극 사이의 전속밀도를 $D[\text{C/m}^2]$라 하면 변위 전류밀도 $i_d[\text{A/m}^2]$는?

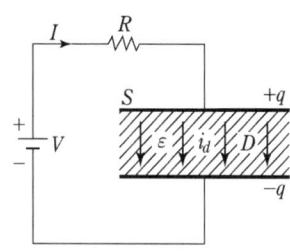

① $\dfrac{\partial D}{\partial t}$ ② $\dfrac{\partial q}{\partial t}$

③ $S\dfrac{\partial D}{\partial t}$ ④ $\dfrac{1}{S}\dfrac{\partial D}{\partial t}$

02 기본   21년 3회 기출

정상 전류계에서 J는 전류밀도, σ는 도전율, ρ는 고유저항, E는 전계의 세기일 때, 옴의 법칙의 미분형은?

① $J = \sigma E$ ② $J = E/\sigma$

③ $J = \rho E$ ④ $J = \rho\sigma E$

03 응용   18년 3회 기출

맥스웰의 전자방정식에 대한 의미를 설명한 것으로 틀린 것은?

① 자계의 회전은 전류밀도와 같다.

② 자계는 발산하며, 자극은 단독으로 존재한다.

③ 전계의 회전은 자속밀도의 시간적 감소율과 같다.

④ 단위 체적당 발산 전속 수는 단위 체적당 공간 전하밀도와 같다.

04 응용   17년 3회 기출

공간 도체 내의 한 점에서 자속이 시간적으로 변화하는 경우에 성립하는 식은?

① $\nabla \times E = \dfrac{\partial H}{\partial t}$ ② $\nabla \times E = -\dfrac{\partial H}{\partial t}$

③ $\nabla \times E = \dfrac{\partial B}{\partial t}$ ④ $\nabla \times E = -\dfrac{\partial B}{\partial t}$

05 응용   17년 2회 기출

원통 좌표계에서 전류밀도 $J = Kr^2 a_z[\text{A/m}^2]$일 때 암페어의 법칙을 사용한 자계의 세기 $H[\text{AT/m}]$는? (단, K는 상수이다.)

① $H = \dfrac{K}{4}r^4 a_\phi$ ② $H = \dfrac{K}{4}r^3 a_\phi$

③ $H = \dfrac{K}{4}r^4 a_z$ ④ $H = \dfrac{K}{4}r^3 a_z$

06 심화 기출변형

자계의 세기 $H = xya_y - xza_z$일 때 점 $(3, 4, 5)$에서 전류밀도는 몇 $[\text{A/m}^2]$인가?

① $3a_x + 4a_y$
② $4a_y + 5a_z$
③ $3a_x + 5a_z$
④ $5a_y + 4a_z$

07 응용 19년 3회 기출

전자파의 특성에 대한 설명으로 틀린 것은?

① 전자파의 속도는 주파수와 무관하다.
② 전파 E_x를 고유 임피던스로 나누면 자파 H_y가 된다.
③ 전파 E_x와 자파 H_y의 진동 방향은 진행 방향에 수평인 종파이다.
④ 매질이 도전성을 갖지 않으면 전파 E_x와 자파 H_y는 동 위상이 된다.

08 응용 22년 1회 기출

유전율이 $\epsilon = 2\epsilon_0$이고 투자율이 μ_0인 비도전성 유전체에서 전자파의 전계의 세기가 $E(z, t) = 120\pi\cos(10^9 t - \beta z)\hat{y}$ $[\text{V/m}]$ 일 때, 자계의 세기 $H[\text{A/m}]$는? (단, $\hat{x}$, $\hat{y}$는 단위벡터이다.)

① $-\sqrt{2}\cos(10^9 t - \beta z)\hat{x}$
② $\sqrt{2}\cos(10^9 t - \beta z)\hat{x}$
③ $-2\cos(10^9 t - \beta z)\hat{x}$
④ $2\cos(10^9 t - \beta z)\hat{x}$

09 응용 15년 3회 기출

평면 전자파가 유전율 ϵ, 투자율 μ인 유전체 내를 전파한다. 전계의 세기가 $E = E_m \sin\omega\left(t - \dfrac{x}{v}\right)$ $[V/m]$라면 자계의 세기 $H[\text{AT/m}]$는?

① $\sqrt{\mu\epsilon}\, E_m \sin\omega\left(t - \dfrac{x}{v}\right)$

② $\sqrt{\dfrac{\epsilon}{\mu}}\, E_m \cos\omega\left(t - \dfrac{x}{v}\right)$

③ $\sqrt{\dfrac{\epsilon}{\mu}}\, E_m \sin\omega\left(t - \dfrac{x}{v}\right)$

④ $\sqrt{\dfrac{\mu}{\epsilon}}\, E_m \cos\omega\left(t - \dfrac{x}{v}\right)$

10 응용 18년 1회 기출

평면파 전파가
$E = 30\cos(10^9 t + 20z)j$ $[\text{V/m}]$로 주어졌다면 이 전자파의 위상속도는 몇 $[\text{m/s}]$인가?

① 5×10^7
② $\dfrac{1}{3} \times 10^3$
③ 10^3
④ $\dfrac{3}{2}$

11 [응용]

손실 유전체에서 전자파에 대한 전파정수 γ로서 옳은 것은?

① $j\omega\sqrt{\mu\epsilon}\sqrt{j\dfrac{\sigma}{\omega\epsilon}}$

② $j\omega\sqrt{\mu\epsilon}\sqrt{1-j\dfrac{\sigma}{2\omega\epsilon}}$

③ $j\omega\sqrt{\mu\epsilon}\sqrt{1-j\dfrac{\sigma}{\omega\epsilon}}$

④ $j\omega\sqrt{\mu\epsilon}\sqrt{1-j\dfrac{\omega\epsilon}{\sigma}}$

12 [응용]

비유전율이 4이고, 비투자율이 9인 매질 내에서의 전자파의 전파속도 $v[\text{m}/\text{s}]$와 진공 중의 빛의 속도 $v_0[\text{m}/\text{s}]$ 사이 관계는?

① $v=\dfrac{1}{2}v_0$

② $v=\dfrac{1}{4}v_0$

③ $v=\dfrac{1}{6}v_0$

④ $v=\dfrac{1}{8}v_0$

13 [기본]

진공 중에서 빛의 속도와 일치하는 전자파의 전파 속도를 얻기 위한 조건으로 옳은 것은?

① $\epsilon_r=0,\ \mu_r=\dfrac{1}{2}$

② $\epsilon_r=2,\ \mu_r=\dfrac{1}{2}$

③ $\epsilon_r=2,\ \mu_r=0$

④ $\epsilon_r=2,\ \mu_r=2$

14 [기본]

비투자율 $\mu_s=1$, 비유전율 $\epsilon_s=90$인 매질 내의 고유 임피던스는 약 몇 $[\Omega]$인가?

① 32.5

② 39.7

③ 42.3

④ 45.6

15 응용

전자파가 유전율과 투자율이 각각 ϵ_1, μ_1인 매질에서 ϵ_2, μ_2인 매질에 수직으로 입사할 경우 입사 전계 E_1과 입사 자계 H_1에 비하여 투과 전계 E_2와 투과 자계 H_2의 크기는 각각 어떻게 되는가?

(단, $\sqrt{\dfrac{\mu_1}{\epsilon_1}} > \sqrt{\dfrac{\mu_2}{\epsilon_2}}$ 이다.)

① E_2, H_2 모두 E_1, H_1에 비하여 크다.

② E_2, H_2 모두 E_1, H_1에 비하여 적다.

③ E_2는 E_1에 비하여 크고, H_2는 H_1에 비하여 적다.

④ E_2는 E_1에 비하여 적고, H_2는 H_1에 비하여 크다.

16 기본

전계 및 자계의 세기가 각각 $E[\text{V/m}]$, $H[\text{AT/m}]$일 때, 포인팅 벡터 $P[\text{W/m}^2]$의 표현으로 옳은 것은?

① $P = \dfrac{1}{2} E \times H$　　② $P = E\ rot\ H$

③ $P = E \times H$　　　　④ $P = H\ rot\ E$

17 기본

전계 $E[\text{V/m}]$, 자계 $H[\text{AT/m}]$의 전자계가 평면파를 이루고 자유 공간으로 전파될 때 진행 방향에 수직되는 단위 면적을 단위 시간에 통과하는 에너지는 몇 $[\text{W/m}^2]$인가?

① EH^2　　　　② EH

③ $\dfrac{1}{2} EH^2$　　　④ $\dfrac{1}{2} EH$

18 응용

방송국 안테나 출력이 $W[\text{W}]$이고 이로부터 진공 중에 $r[\text{m}]$ 떨어진 점에서 자계의 세기의 실효치 H는 몇 $[\text{A/m}]$인가?

① $\dfrac{1}{r}\sqrt{\dfrac{W}{377\pi}}$　　② $\dfrac{1}{2r}\sqrt{\dfrac{W}{377\pi}}$

③ $\dfrac{1}{2r}\sqrt{\dfrac{W}{188\pi}}$　　④ $\dfrac{1}{r}\sqrt{\dfrac{2W}{377\pi}}$

SUBJECT

02

전력공학

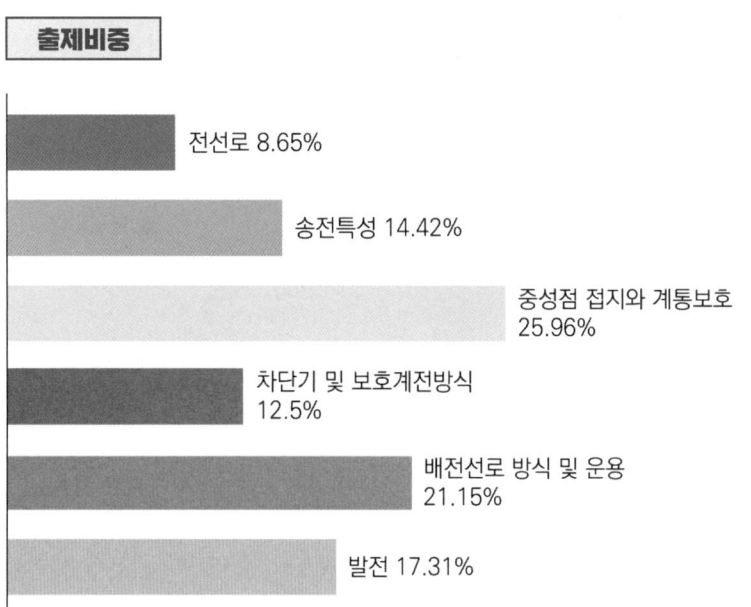

전선로 8.65%

송전특성 14.42%

중성점 접지와 계통보호
25.96%

차단기 및 보호계전방식
12.5%

배전선로 방식 및 운용
21.15%

발전 17.31%

출제경향 분석

전력공학은 송전선로, 배전선로, 보호계전 방식 등의 유형이 전체 출제비중의 약 65% 정도를 차지할 정도로 자주 출제되기 때문에 이 부분에 대한 집중적인 학습이 필요합니다.

전력공학 문제는 20문항 중 계산문제는 약 5문항 내외로 출제되고 개념 이해형, 암기형 문제가 주로 출제되므로 먼저 기본개념을 확실하게 이해하고 자주 출제되는 공식은 암기하여 계산문제에 대비하는 방법으로 공부해야 합니다.

전력공학은 실기와 연관성이 높은 과목이므로 필기를 공부할 때부터 확실하게 개념을 이해하고 넘어가야 합니다.

전선로는 출제비율은 약 8.6%로 약간 낮지만 전력공학의 기본이
되는 개념으로 기본개념에 대한 이해가 필요합니다.
전선의 길이, 처짐 정도(이도), 등가 선간거리 등을 묻는 문제는 공
식은 자주 출제되고 공식만 정확하게 암기해도 문제를 풀 수 있으
므로 확실하게 이해하고 넘어가야 합니다.

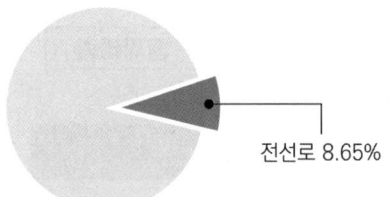

전선로 8.65%

▲ 출제비율

대표유형 문제

가공 송전선로를 가선할 때에는 하중 조건과 온도 조건을 고려하여 적당한 처짐 정도(이도)를 주도록 하여야
한다. 처짐 정도(이도)에 대한 설명으로 옳은 것은?　　　　　　　　　　　　　　　　　17년 2회 기출

① 처짐 정도(이도)의 대소는 지지물의 높이를 좌우한다.
② 전선을 가선할 때 전선을 팽팽하게 하는 것을 처짐 정도(이도)가 크다고 한다.
③ 처짐 정도(이도)가 작으면 전선이 좌우로 크게 흔들려서 다른 상의 전선에 접촉하여 위험하게 된다.
④ 처짐 정도(이도)가 작으면 이에 비례하여 전선의 장력이 증가되며, 너무 작으면 전선 상호 간이 꼬이게 된다.

정답　①

해설　처짐 정도(이도)는 전선 지지점간 연결하는 수평선으로부터 밑으로 내려가 있는 길이를 의미한다.
처짐 정도(이도)는 온도에 따른 전선의 팽창/수축을 고려하여 단선사고 및 선간 단락 등을 사전
에 방지하는 중요한 요소가 된다.

핵심이론 CHECK!

1. 전선의 처짐 정도(이도)

① 전선의 지지점을 연결한 수평선으로부터 늘어져 밑으로 내려가 있는 최대 길이이다.
② 처짐 정도(이도)는 경간(지지점간 거리)의 제곱과 전선의 중량에 비례하고, 수평장력에 반비례한다.
$D = \dfrac{WS^2}{8T}$[m] (여기서, W: 전선 중량[kg/m], S: 경간[m], T: 수평장력[kg]$\left(= \dfrac{\text{인장하중}}{\text{안전율}}\right)$)

2. 전선의 실제 길이

① 계산식: $L = S + \dfrac{8D^2}{3S}$[m] (여기서, L: 전선의 실제 길이[m], S: 경간[m], D: 처짐 정도(이도)[m])
② 처짐 정도(이도)로 인해 전선의 실제 길이는 경간 S보다 $8D^2/3S$ 만큼 더 길게 되고 이 값은 경간 S에 비해
약 0.1[%]로 매우 작다.

01 기본   14년 2회 기출

가공전선로에 사용되는 전선의 구비조건으로 틀린 것은?

① 도전율이 높아야 한다.
② 기계적 강도가 커야 한다.
③ 전압강하가 적어야 한다.
④ 허용전류가 적어야 한다.

02 기본   14년 1회 기출

다음 중 가공송전선에 사용하는 애자련 중 전압부담이 가장 큰 것은?

① 전선에 가장 가까운 것
② 중앙에 있는 것
③ 철탑에 가장 가까운 것
④ 철탑에서 $\frac{1}{3}$ 지점의 것

03 기본   15년 2회 기출

경간이 $200\,[\mathrm{m}]$인 가공 전선로가 있다. 사용 전선의 길이는 경간보다 약 몇 $[\mathrm{m}]$ 더 길어야 하는가? (단, 전선의 $1\,[\mathrm{m}]$당 하중은 $2\,[\mathrm{kg}]$, 인장하중은 $4{,}000\,[\mathrm{kg}]$이고, 풍압 하중은 무시하며, 전선의 안전율은 2이다.)

① 0.33   ② 0.61
③ 1.41   ④ 1.73

04 응용   기출변형

250[mm] 현수 애자 10개를 직렬로 접속한 애자련의 건조 섬락전압이 620[kV]이고, 연효율이 0.78인 경우, 현수 애자 한 개의 건조 섬락전압은 약 몇 [kV]인가?

① 80   ② 90
③ 100   ④ 120

05 기본   13년 3회 기출

지중전선로가 가공전선로에 비해 장점에 해당되는 것이 아닌 것은?

① 경과지 확보가 가공전선로에 비해 쉽다.
② 다회선 설치가 가공전선로에 비해 쉽다.
③ 외부 기상 여건 등의 영향을 받지 않는다.
④ 송전용량이 가공전선로에 비해 크다.

06 응용   기출변형

전선에 작용하는 주파수를 f, 도전율을 σ, 투자율을 μ라 표현할 때, 전선의 표피효과에 대한 관계성으로 옳은 것은?

① f, σ, μ가 작을수록 표피효과가 커진다.
② f, σ가 작을수록, μ가 커질수록 표피효과가 커진다.
③ σ가 작을수록 f, μ가 커질수록 표피효과가 커진다.
④ f, σ, μ가 커질수록 표피효과가 커진다.

반지름이 $0.6[\text{cm}]$인 경동선을 사용하는 3상 1회선 송전선에서 선간거리를 $2[\text{m}]$로 정삼각형 배치할 경우, 각 선의 인덕턴스 $[\text{mH/km}]$는 약 얼마인가?

① 0.81 ② 1.21

③ 1.51 ④ 1.81

반지름 $r[\text{m}]$이고 소도체 간격 S인 4복도체 송전선로에서 전선 A, B, C가 수평으로 배열되어 있다. 등가 선간거리가 $D[\text{m}]$로 배치되고 완전 연가된 경우 송전선로의 인덕턴스는 몇 $[\text{mH/km}]$인가?

① $0.4605 \log_{10} \dfrac{D}{\sqrt{rS^2}} + 0.0125$

② $0.4605 \log_{10} \dfrac{D}{\sqrt[2]{rS}} + 0.025$

③ $0.4605 \log_{10} \dfrac{D}{\sqrt[3]{rS^2}} + 0.0167$

④ $0.4605 \log_{10} \dfrac{D}{\sqrt[4]{rS^3}} + 0.0125$

송전선로의 각 상전압이 평형되어 있을 때 3상 1회선 송전선의 작용 정전용량 $[\mu\text{F/km}]$은? (단, r은 도체의 반지름 $[\text{m}]$, D는 도체의 등가 선간거리$[\text{m}]$이다.)

① $\dfrac{0.2413}{\log_{10} \dfrac{D^2}{r}}$ ② $\dfrac{0.2413}{\log_{10} \dfrac{D}{r}}$

③ $\dfrac{0.02413}{\log_{10} \dfrac{D}{r}}$ ④ $\dfrac{0.02413}{\log_{10} \dfrac{D^2}{r}}$

비접지식 3상 송배전계통에서 1선 지락고장 시 고장전류를 계산하는데 사용되는 정전용량은?

① 작용 정전용량   ② 대지 정전용량

③ 합성 정전용량   ④ 선간 정전용량

3상 3선식 송전선로에서 각 선의 대지 정전용량이 $0.5096[\mu\text{F}]$이고, 선간 정전용량이 $0.1295[\mu\text{F}]$일 때, 1선의 작용 정전용량은 약 몇 $[\mu\text{F}]$인가?

① 0.6 ② 0.9

③ 1.2 ④ 1.8

12 기본   21년 1회 기출

정전용량이 C_1이고, V_1의 전압에서 Q_r의 무효 전력을 발생하는 콘덴서가 있다. 정전용량을 변화시켜 2배로 승압된 전압($2V_1$)에서도 동일한 무효전력 Q_r을 발생시키고자 할 때, 필요한 콘덴서의 정전용량 C_2는?

① $C_2 = 4C_1$ ② $C_2 = 2C_1$

③ $C_2 = \dfrac{1}{2}C_1$ ④ $C_2 = \dfrac{1}{4}C_1$

13 기본   15년 1회 기출

3상 송전선로의 각 상의 대지 정전용량을 C_a, C_b 및 C_c라 할 때, 중성점 비접지 시의 중성점과 대지 간의 전압은 (단, E는 상전압이다.)

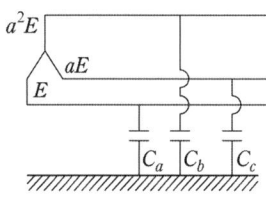

① $(C_a + C_b + C_c)E$

② $\dfrac{\sqrt{C_a C_b + C_b C_c + C_c C_a}}{C_a + C_b + C_c}E$

③ $\dfrac{\sqrt{C_a(C_a - C_b) + C_b(C_b - C_c) + C_c(C_c - C_a)}}{C_a + C_b + C_c}E$

④ $\dfrac{\sqrt{C_a(C_b - C_c) + C_b(C_c - C_a) + C_c(C_a - C_b)}}{C_a + C_b + C_c}E$

14 응용   기출변형

등가 송전선로의 각 조건이 다음과 같을 때, 충전전류는 몇 [A]인가?

- 정전용량 $C = 0.005[\mu\text{F/km}]$
- 선로길이 $l = 200[\text{km}]$
- 대지전압 $E = 33,000[\text{V}]$
- 주파수 $f = 60[\text{Hz}]$

① 2.29   ② 12.44

③ 5.27   ④ 6.89

15 응용   기출변형

주파수 $60[\text{Hz}]$, 정전용량 $\dfrac{1}{6\pi}[\mu\text{F}]$의 콘덴서를 △결선해서 3상 전압 $20,000[\text{V}]$를 가했을 때의 충전용량은 몇 [kVA]인가?

① 12   ② 24

③ 48   ④ 50

16 응용 CBT 복원

3상 3선식 송전선의 선로정수 평형을 위하여 다음 그림과 같이 연가를 시행할 때, 그림의 각 부분의 길이로 옳은 것은? (단, 송전선의 전체 길이는 $x\,[\mathrm{km}]$이다.)

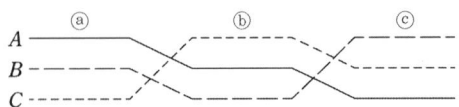

	ⓐ	ⓑ	ⓒ
①	$\dfrac{1}{4}x\,[\mathrm{km}]$	$\dfrac{1}{2}x\,[\mathrm{km}]$	$\dfrac{1}{4}x\,[\mathrm{km}]$
②	$\dfrac{1}{2}x\,[\mathrm{km}]$	$\dfrac{1}{4}x\,[\mathrm{km}]$	$\dfrac{1}{4}x\,[\mathrm{km}]$
③	$\dfrac{1}{3}x\,[\mathrm{km}]$	$\dfrac{1}{3}x\,[\mathrm{km}]$	$\dfrac{1}{3}x\,[\mathrm{km}]$
④	$\dfrac{3}{6}x\,[\mathrm{km}]$	$\dfrac{2}{6}x\,[\mathrm{km}]$	$\dfrac{1}{6}x\,[\mathrm{km}]$

17 기본 21년 3회 기출

가공 송전선의 코로나 임계전압에 영향을 미치는 여러 가지 인자에 대한 설명 중 틀린 것은?

① 전선 표면이 매끈할수록 임계전압이 낮아진다.
② 날씨가 흐릴수록 임계전압은 낮아진다.
③ 기압이 낮을수록, 온도가 높을수록 임계전압은 낮아진다.
④ 전선의 반지름이 클수록 임계전압은 높아진다.

18 기본 22년 3회 기출

3상 3선식 송전선로에서 코로나 임계전압 $E_0\,[\mathrm{kV}]$는? (단, $d = 2r =$ 전선의 지름$[\mathrm{cm}]$, $D =$ 전선의 평균 선간거리$[\mathrm{cm}]$이다.)

① $E_0 = 24.3 d \log_{10} \dfrac{r}{D}$

② $E_0 = 24.3 d \log_{10} \dfrac{D}{r}$

③ $E_0 = \dfrac{24.3}{d \log_{10} \dfrac{D}{r}}$

④ $E_0 = \dfrac{24.3}{d \log \dfrac{r}{D}}$

19 응용 기출변형

3상 3선식 복도체 방식의 송전선로를 3상 3선식 단도체 방식 송전선로와 비교한 것으로 알맞은 것은? (단, 단도체의 단면적은 복도체 방식 소선의 단면적 합과 같은 것으로 한다.)

① 전선의 인덕턴스와 정전용량은 모두 감소한다.
② 전선의 인덕턴스와 정전용량은 모두 증가한다.
③ 전선의 인덕턴스는 증가하고, 정전용량은 감소한다.
④ 전선의 인덕턴스는 감소하고, 정전용량은 증가한다.

20 기본 20년 3회 기출

복도체에서 2본의 전선이 서로 충돌하는 것을 방지하기 위하여 2본의 전선 사이에 적당한 간격을 두어 설치하는 것은?

① 아마로드   ② 댐퍼
③ 아킹혼   ④ 스페이서

대 표 유 형

❷ 송전특성

출제경향 CHECK!

송전특성은 전력공학 기출문제 중 약 14.42%를 차지할 정도
로 중요한 유형입니다.
단거리, 중거리, 장거리 송전선로의 개념과 특징에 대해 묻는
문제가 자주 출제되므로 대비가 필요하고, 송전단 전압과 관련
된 공식은 확실하게 암기해야 합니다.

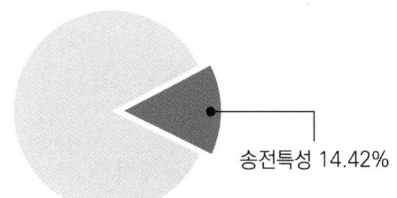

송전특성 14.42%

▲ 출제비율

대표유형 문제

송전전력, 송전거리, 전선의 비중 및 전력손실률이 일정하다고 하면 전선의 단면적 $A[\text{mm}^2]$와 송전전
압 $V[\text{kV}]$와의 관계로 옳은 것은?   18년 3회 기출

① $A \propto V$

② $A \propto V^2$

③ $A \propto \dfrac{1}{\sqrt{V}}$

④ $A \propto \dfrac{1}{V^2}$

정답 ④

해설 송전전력, 송전거리, 전선의 비중 및 전력손실률이 일정하다고 주어졌으므로, 단면적과 송
전전압의 관계는 다음과 같다.

$$A = \frac{\rho P^2 l}{V^2 \cos^2\theta \, P_l}, \quad A \propto \frac{1}{V^2}$$

핵심이론 CHECK!

1. 송전전압과 송전전력의 관계

① 3상 전력 $P = \sqrt{3}\, VI\cos\theta[\text{W}]$에서 부하에 공급되는 선전류는 $I = \dfrac{P}{\sqrt{3}\, V\cos\theta}$이다.

② 저항 R, 전력손실률 h, 부하 역률 $\cos\theta$ 가 일정하므로 $P \propto V^2$이다.

2. 송전전압과 전력손실과의 관계

① 전력손실 $P_l = 3I^2 R = 3\left(\dfrac{P}{\sqrt{3}\, V\cos\theta}\right)^2 R = \dfrac{P^2 R}{V^2\cos^2\theta}[\text{W}]$이다.

② 저항 R, 전력 P, 부하 역률 $\cos\theta$ 가 일정하므로 $P_l \propto \dfrac{1}{V^2}$이다.

01 기본   14년 3회 기출

송전선로의 송전특성이 아닌 것은?

① 단거리 송전선로에서는 누설 컨덕턴스, 정전용량을 무시해도 된다.

② 중거리 송전선로는 T회로, π회로 해석을 사용한다.

③ 100[km]가 넘는 송전선로는 근사 계산식을 사용한다.

④ 장거리 송전선로의 해석은 특성 임피던스와 전파정수를 사용한다.

02 응용   17년 3회 기출

그림과 같은 수전단 전압 3.3[kV], 역률 0.85 (뒤짐)인 부하 300[kW]에 공급하는 선로가 있다. 이때 송전단 전압은 약 몇 [V]인가?

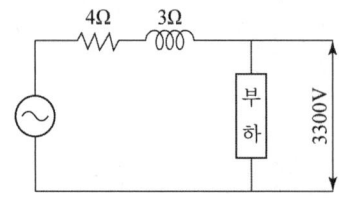

① 3,430   ② 3,530

③ 3,730   ④ 3,830

03 기본   21년 1회 기출

3상 3선식 송전선에서 한 선의 저항이 10[Ω], 리액턴스가 20[Ω]이며, 수전단의 선간전압이 60[kV], 부하 역률이 0.8인 경우에 전압강하율이 10[%]라 하면 이 송전선로는 약 몇 [kW]까지 수전할 수 있는가?

① 10,000   ② 12,000

③ 14,400   ④ 18,000

04 기본   18년 2회 기출

순저항 부하의 부하전력 P[kW], 전압 E[V], 선로의 길이 l[m], 고유저항 ρ[Ω·mm²/m]인 단상 2선식 선로에서 선로 손실을 q[W]라 하면, 전선의 단면적[mm²]은 어떻게 표현되는가?

① $\dfrac{\rho l P^2}{qE^2} \times 10^6$ ② $\dfrac{2\rho l P^2}{qE^2} \times 10^6$

③ $\dfrac{\rho l P^2}{2qE^2} \times 10^6$ ④ $\dfrac{2\rho l P^2}{q^2 E} \times 10^6$

05 기본   15년 1회 기출

송전단 전압이 66[kV], 수전단 전압이 60[kV]인 송전선로에서 수전단의 부하를 끊은 경우 수전단 전압이 63[kV]가 되었다면 전압변동률은 몇 [%]가 되는가?

① 4.5   ② 4.8

③ 5.0   ④ 10.0

06 응용   13년 3회 기출

4단자 정수가 A, B, C, D인 송전선로의 등가 π 회로를 그림과 같이 하면 Z_1의 값은?

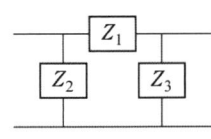

① B

② $\dfrac{A}{B}$

③ $\dfrac{D}{B}$

④ $\dfrac{1}{B}$

07 응용   19년 2회 기출

중거리 송전선로의 T형 회로에서 송전단 전류 I_s 는? (단, Z, Y는 선로의 직렬 임피던스와 병렬 어드미턴스이고, E_r은 수전단 전압, I_r는 수전단 전류이다.)

① $I_r\left(1+\dfrac{ZY}{2}\right)+E_rY$

② $E_r\left(1+\dfrac{ZY}{2}\right)+ZI_r\left(1+\dfrac{ZY}{4}\right)$

③ $E_r\left(1+\dfrac{ZY}{2}\right)+ZI_r$

④ $I_r\left(1+\dfrac{ZY}{2}\right)+E_rY\left(1+\dfrac{ZY}{4}\right)$

08 응용   13년 1회 기출

그림과 같은 회로의 합성 4단자 정수에서 B_0의 값은? (단, Z_{tr}은 수전단에 접속된 변압기의 임피던스이다.)

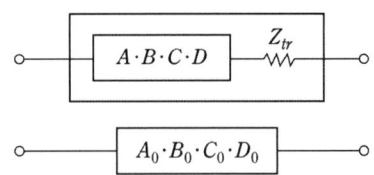

① $B+Z_{tr}$

② $C+D\cdot Z_{tr}$

③ $B+A\cdot Z_{tr}$

④ $A+B\cdot Z_{tr}$

09 응용   19년 1회 기출

송전선 중간에 전원이 없을 경우에 송전단의 전압 $E_s = AE_r + BI_r$이 된다. 수전단의 전압 E_r의 식으로 옳은 것은? (단, I_s, I_r는 송전단 및 수전단의 전류이다.)

① $E_r = AE_s + CI_s$

② $E_r = BE_s + AI_s$

③ $E_r = DE_s - BI_s$

④ $E_r = CE_s - DI_s$

10 기본   16년 1회 기출

단락용량 $5,000\,[\mathrm{MVA}]$인 모선의 전압이 $154\,[\mathrm{kV}]$라면 등가 모선 임피던스는 약 몇 $[\Omega]$인가?

① 2.54

② 4.74

③ 6.34

④ 8.24

11 기본   21년 3회 기출

다음 중 송전선로의 특성 임피던스와 전파정수를 구하기 위한 시험으로 가장 적절한 것은?

① 부하시험과 충전시험

② 부하시험과 단락시험

③ 무부하시험과 단락시험

④ 충전시험과 단락시험

12 기본   19년 3회 기출

송전선의 특성 임피던스는 저항과 누설컨덕턴스를 무시하면 어떻게 표현되는가? (단, L은 선로의 인덕턴스, C는 선로의 정전용량이다.)

① $\dfrac{L}{C}$

② $\dfrac{C}{L}$

③ $\sqrt{\dfrac{L}{C}}$

④ $\sqrt{\dfrac{C}{L}}$

13 기본   13년 1회 기출

수전단을 단락한 경우 송전단에서 본 임피던스는 $300[\Omega]$이고, 수전단을 개방한 경우에는 $1,200[\Omega]$이었다. 이 선로의 특성 임피던스는?

① 600

② 900

③ 1,200

④ 1,500

14 기본   20년 1회 기출

$30,000[\mathrm{kW}]$의 전력을 $51[\mathrm{km}]$ 떨어진 지점에 송전하는데 필요한 전압은 약 몇 $[\mathrm{kV}]$인가? (단, Still의 식에 의하여 산정한다.)

① 22

② 33

③ 66

④ 100

15 응용   22년 3회 기출

고유부하법의 경우 복도체를 사용하면 송전용량이 증가하는 가장 주된 이유는?

① 전압강하가 적다.

② 코로나가 발생하지 않는다.

③ 선로의 작용 인덕턴스는 감소하고 작용 정전용량은 증가한다.

④ 무효전력이 적어진다.

16 기본   21년 2회 기출

송전단 전압을 V_s, 수전단 전압을 V_r, 선로의 리액턴스를 X라 할 때 정상 시의 최대 송전전력의 개략적인 값은?

① $\dfrac{V_s - V_r}{X}$

② $\dfrac{V_s{}^2 - V_r{}^2}{X}$

③ $\dfrac{V_s(V_s - V_r)}{X}$

④ $\dfrac{V_s \cdot V_r}{X}$

17 기본   16년 2회 기출

$154[\text{kV}]$ 송전선로의 전압을 $345[\text{kV}]$로 승압하고 같은 손실률로 송전한다고 가정하면 송전전력은 승압 전의 약 몇 배 정도인가?

① 2   ② 3
③ 4   ④ 5

18 응용   기출변형

송전단, 수전단의 전압을 각각 E_s, E_r이라 하고, 4단자 정수를 A, B, C, D라 할 때, 전력원선도의 반지름은 어떻게 표현되는가?

① $\dfrac{E_s E_r}{A}$ ② $\dfrac{E_s E_r}{B}$

③ $\dfrac{E_s E_r}{C}$ ④ $\dfrac{E_s E_r}{D}$

19 기본   20년 3회 기출

수전단 전력원선도의 전력 방정식이
$P_r{}^2 + (Q_r + 400)^2 = 250,000$으로 표현되는 전력계통에서 가능한 최대로 공급할 수 있는 부하전력 (P_r)과 이때 전압을 일정하게 유지하는데 필요한 무효전력 (Q_r)은 각각 얼마인가?

① $P_r = 500, \quad Q_r = -400$

② $P_r = 400, \quad Q_r = 500$

③ $P_r = 300, \quad Q_r = 100$

④ $P_r = 200, \quad Q_r = -300$

20 기본   21년 2회 기출

컴퓨터에 의한 전력조류 계산에서 슬랙(slack) 모선의 지정값은? (단, 슬랙 모선을 기준 모선으로 한다.)

① 모선전압의 크기와 무효전력
② 모선전압의 크기와 유효전력
③ 모선전압의 크기와 모선전압의 위상 각
④ 유효전력과 무효전력

21 기본   17년 3회 기출

부하 역률이 현저히 낮은 경우 발생하는 현상이 아닌 것은?

① 전기요금의 증가
② 유효전력의 증가
③ 전력손실의 증가
④ 선로의 전압강하 증가

22 기본   17년 3회 기출

전력용 콘덴서에 의하여 얻을 수 있는 전류는?

① 지상전류   ② 진상전류
③ 동상전류   ④ 영상전류

23 응용

역률 80[%], 500[kVA]의 부하설비에 100[kVA]의 진상용 콘덴서를 설치하여 역률을 개선하면 수전점에서의 부하는 약 몇 [kVA]가 되는가?

① 400   ② 425
③ 450   ④ 475

24 응용

전력용 콘덴서에 비해 동기 조상기의 이점으로 옳은 것은?

① 소음이 적다.
② 진상전류 이외에 지상전류를 취할 수 있다.
③ 전력손실이 적다.
④ 유지보수가 쉽다.

25 기본

전력용 콘덴서의 사용전압을 2배로 증가시키고자 한다. 이때 정전용량을 변화시켜 동일 용량으로 유지하려면 승압 전의 정전용량보다 어떻게 변화하면 되는가?

① 4배로 증가한다.
② 2배로 증가한다.
③ $\frac{1}{2}$로 감소한다.
④ $\frac{1}{4}$로 감소한다.

26 기본

전력용 콘덴서를 변전소에 설치할 때 직렬리액터를 설치하고자 한다. 직렬리액터의 용량을 결정하는 계산식은? (단, f_0는 전원의 기본주파수, C는 역률 개선용 콘덴서의 용량, L은 직렬리액터의 용량이다.)

① $L = \dfrac{1}{(2\pi f_0)^2 C}$ ② $L = \dfrac{1}{(5\pi f_0)^2 C}$

③ $L = \dfrac{1}{(6\pi f_0)^2 C}$ ④ $L = \dfrac{1}{(10\pi f_0)^2 C}$

27 응용

역률 0.8(지상)의 $2,800[\mathrm{kW}]$ 부하에 전력용 콘덴서를 병렬로 접속하여 합성 역률을 0.9로 개선하고자 할 경우, 필요한 전력용 콘덴서의 용량 $[\mathrm{kVA}]$은 약 얼마인가?

① 372   ② 558
③ 744   ④ 1,116

28 응용

역률 0.8, 출력 $320[\mathrm{kW}]$인 부하에 전력을 공급하는 변전소에 역률 개선을 위해 전력용 콘덴서 $140[\mathrm{kVA}]$를 설치했을 때 합성 역률은?

① 0.93   ② 0.95
③ 0.97   ④ 0.99

29 기본 16년 1회 기출

송전계통의 안정도를 증진시키는 방법이 아닌 것은?

① 속응 여자방식을 채택한다.
② 고속도 재폐로 방식을 채용한다.
③ 발전기나 변압기의 리액턴스를 크게 한다.
④ 고장 전류를 줄이고 고속도 차단방식을 채용한다.

30 기본 19년 3회 기출

인터록(interlock)의 기능에 대한 설명으로 옳은 것은?

① 조작자의 의중에 따라 개폐되어야 한다.
② 차단기가 열려 있어야 단로기를 닫을 수 있다.
③ 차단기가 닫혀 있어야 단로기를 닫을 수 있다.
④ 차단기와 단로기를 별도로 닫고, 열 수 있어야 한다.

31 기본 16년 3회 기출

발전기의 단락비가 작은 경우의 현상으로 옳은 것은?

① 단락전류가 커진다.
② 안정도가 높아진다.
③ 전압변동률이 커진다.
④ 선로를 충전할 수 있는 용량이 증가한다.

③ 중성점 접지와 계통보호

출제경향 CHECK!

중성점 접지와 계통보호는 약 25.96%의 출제비율을 가질 정
도로 전력공학에서 가장 많은 문제가 출제되는 유형입니다.
중성점을 접지하는 목적, 접지방식의 특징 등은 직접 개념을
묻는 문제도 출제되고, 해당 개념을 알아야 풀 수 있는 계산문
제도 출제되므로 확실하게 대비해야 합니다.

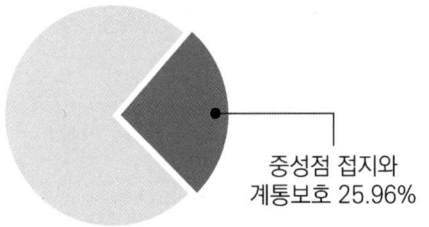

중성점 접지와
계통보호 25.96%

▲ 출제비율

세부유형 ① 중성점 접지와 유도장해

공통 중성선 다중접지방식의 배전선로에서 Recloser(R), Sectionalizer(S), Line fuse(F)의 보호 협
조가 가장 적합한 배열은? (단, 보호 협조는 변전소를 기준으로 한다.) 19년 2회 기출

① S-F-R ② S-R-F
③ F-S-R ④ R-S-F

정답 ④

해설 리클로저와 섹셔널라이저는 서로 조합하여 사용하며, 일반적인 보호협조 배열은 리클로저
-섹셔널라이저-라인퓨즈 순이다.

핵심이론 CHECK!

1. 중성점 접지의 목적

① 1선 지락 고장 시 건전상의 대지 전위상승을 억제하여 선로 및 기기의 절연레벨을 경감시킨다.

② 낙뢰, 아크 지락, 기타에 의한 이상전압을 경감하거나 발생을 억제한다.

③ 지락 고장 시 접지계전기의 동작이 확실하다. (보호계전기의 동작이 확실함)

④ 과도 안정도가 증진된다. 왜냐하면 소호리액터 접지방식에서 1선 지락시 아크지락을 재빨리 소멸시켜
그대로 송전을 계속할 수 있도록 해주기 때문이다.

2. 중성점 접지방식의 종류

중성점을 접지하는 접지 임피던스(Z_n)의 종류나 크기에 따라 비접지 방식, 직접 접지 방식, 저항 접지 방
식, 소호리액터 접지 방식이 있다.

01 기본   17년 1회 기출

송전선로의 중성점을 접지하는 목적이 아닌 것은?

① 송전용량의 증가
② 과도 안정도의 증진
③ 이상 전압 발생의 억제
④ 보호 계전기의 신속, 확실한 동작

02 기본   21년 2회 기출

선로, 기기 등의 절연 수준 저감 및 전력용 변압기의 단절연을 모두 행할 수 있는 중성점 접지방식은?

① 직접 접지방식
② 소호리액터 접지방식
③ 고저항 접지방식
④ 비접지방식

03 기본   21년 3회 기출

전력계통의 중성점 다중접지방식의 특징으로 옳은 것은?

① 통신선의 유도장해가 적다.
② 합성 접지 저항이 매우 높다.
③ 건전상의 전위 상승이 매우 높다.
④ 지락보호 계전기의 동작이 확실하다.

04 응용   CBT 복원

그림과 같이 선간전압이 $30[\text{kV}]$인 3상 송전선이 있다. 송수전단의 변압기 중성점에 각각 $R_1 = 200[\Omega]$, $R_2 = 600[\Omega]$의 저항을 설치하여 접지하였을 때, 1선 지락이 발생한 경우의 지락전류는 약 몇 $[\text{A}]$인가? (단, 제시되지 않은 값은 무시한다.)

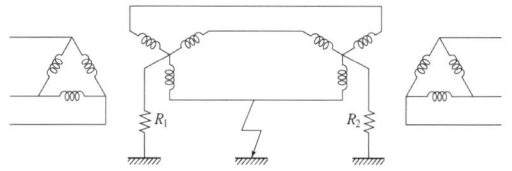

① 70
② 115
③ 165
④ 200

05 기본   14년 3회 기출

유도장해를 방지하기 위한 전력선 측의 대책으로 틀린 것은?

① 차폐선을 설치한다.
② 고속도 차단기를 사용한다.
③ 중성점 전압을 가능한 높게 한다.
④ 중성점 접지에 고저항을 넣어서 지락전류를 줄인다.

06 기본   16년 3회 기출

전력선에 영상전류가 흐를 때 통신선로에 발생되는 유도장해는?

① 고조파 유도장해
② 전력 유도장해
③ 전자 유도장해
④ 정전 유도장해

07 기본

3상 송전선로와 통신선이 병행되어 있는 경우에 통신유도장해로서 통신선에 유도되는 정전 유도 전압은?

① 통신선의 길이와 전력선의 대지전압에 반비례한다.
② 통신선의 길이와는 무관하며, 전력선의 대지전압에 반비례한다.
③ 통신선의 길이와 전력선의 대지전압에 비례한다.
④ 통신선의 길이와는 무관하며, 전력선의 대지전압에 비례한다.

08 응용

그림과 같이 전력선과 통신선 사이에 차폐선을 설치하였다. 이 경우에 통신선의 차폐계수(K)를 구하는 관계식은? (단, 차폐선을 통신선에 근접하여 설치한다.)

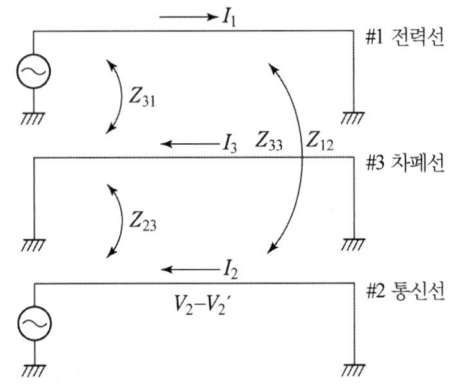

① $K = 1 + \dfrac{Z_{31}}{Z_{12}}$ ② $K = 1 + \dfrac{Z_{23}}{Z_{33}}$

③ $K = 1 - \dfrac{Z_{31}}{Z_{33}}$ ④ $K = 1 - \dfrac{Z_{23}}{Z_{33}}$

09 기본

플리커 경감을 위한 전력 공급 측의 방안이 아닌 것은?

① 공급전압을 낮춘다.
② 전용 변압기로 공급한다.
③ 단독 공급계통을 구성한다.
④ 단락용량이 큰 계통에서 공급한다.

10 기본

송전선로에서 변압기의 유기기전력에 의해 발생하는 고조파 중 제3고조파를 제거하기 위한 방법으로 가장 적당한 것은?

① 변압기를 $\triangle$결선한다.
② 동기 조상기를 설치한다.
③ 직렬 리액터를 설치한다.
④ 전력용 콘덴서를 설치한다.

11 기본

제5고조파 전류의 억제를 위해 전력용 콘덴서에 직렬로 삽입하는 유도 리액턴스의 값으로 적당한 것은?

① 전력용 콘덴서 용량의 약 6[%] 정도
② 전력용 콘덴서 용량의 약 12[%] 정도
③ 전력용 콘덴서 용량의 약 18[%] 정도
④ 전력용 콘덴서 용량의 약 24[%] 정도

세부유형 ② 소호리액터와 지락

$154[\text{kV}]$, $60[\text{Hz}]$, 선로의 길이 $200[\text{km}]$의 병행 2회선 송전선에 설치하는 소호리액터의 공진탭 용량 $[\text{kVA}]$은 약 얼마인가? (단, 1선의 대지 정전용량을 $0.0043[\mu\text{F/km}]$라 한다.) *22년 3회 기출*

① 23,074

② 30,765

③ 15,378

④ 7,689

정답 ④

해설
$$Q_L = wCV^2 = 2\pi f CV^2$$
$$= 2\pi \times 60 \times 0.0043 \times 10^{-6} \times 200 \times (154 \times 10^3)^2$$
$$= 7,689,020[\text{VA}] \fallingdotseq 7,689[\text{kVA}]$$

핵심이론 CHECK!

1. 소호 리액턴스 및 인덕턴스의 크기

$$X_L + \frac{x_t}{3} = \frac{1}{3\omega C_s}$$

① 소호리액터의 리액턴스 $X_L = \dfrac{1}{3\omega C_s} - \dfrac{x_t}{3}[\Omega]$

② 소호리액터의 인덕턴스 $L = \dfrac{1}{3\omega^2 C_s} - \dfrac{x_t}{3\omega} = \dfrac{1}{3\omega^2 C_s} - \dfrac{L_t}{3}[\text{H}]$

③ 소호리액터의 용량(=선로의 충전용량)

$\quad Q_L = Q_c = 3EI_c = 3\omega CE^2 = \omega CV^2[\text{VA}]$ (x_t: 변압기의 리액턴스)

2. 소호리액터 접지방식의 특징

① 1선 지락시 지락전류가 거의 0이다.
- 보호계전기 동작이 불확실하다.
- 통신선의 유도장해가 적다.
- 지락시 아크가 발생하지 않아 고장이 스스로 복구될 수 있다.
- 1선 지락시 계속적인 송전이 가능하다.

② 1선 지락시 건전상의 전위 상승은 $\sqrt{3}$ 배 이상이다.(최대)

③ 단선 고장시 LC 직렬공진 상태가 되어 이상전압을 발생시킬 수 있으므로, 소호리액터 탭을 설치할 때 공진에서 약간 벗어난 과보상 상태로 한다. (약 110[%], $I_L = 1.1I_C$)

3. 합조도(P)

소호리액터의 탭이 공진점을 벗어나 있는 정도이다.

$$P = \frac{I_L - I_C}{I_C} \times 100[\%], \quad I_L = \frac{E}{\omega L}, \quad I_C = 3\omega C_s E \ (I_L\text{: 소호리액터 상용 탭 전류}, \ I_C\text{: 대지 충전전류})$$

01 기본   22년 1회 기출

다음 중 재점호가 가장 일어나기 쉬운 차단전류는?

① 동상전류   ② 지상전류
③ 진상전류   ④ 단락전류

02 기본   22년 1회 기출

소호리액터를 송전계통에 사용하면 리액터의 인덕턴스와 선로의 정전용량이 어떤 상태로 되어 지락전류를 소멸시키는가?

① 병렬공진   ② 직렬공진
③ 고임피던스   ④ 저임피던스

03 기본   19년 1회 기출

1선 지락 시에 지락전류가 가장 작은 송전계통은?

① 비접지식   ② 직접접지식
③ 저항접지식   ④ 소호리액터접지식

04 응용   22년 3회 기출

통신선과 평행인 주파수 60[Hz]의 3상 1회선 송전선이 있다. 1선 지락 때문에 영상전류가 100[A] 흐르고 있다면 통신선에 유도되는 전자유도전압 [V]은 약 얼마인가? (단, 영상전류는 전 전선에 걸쳐서 같으며, 송전선과 통신선과의 상호 인덕턴스는 0.06[mH/km], 그 평행 길이는 40[km]이다.)

① 156.6   ② 162.8
③ 230.2   ④ 271.4

05 기본   19년 2회 기출

고압 배전선로 구성방식 중, 고장 시 자동적으로 고장개소의 분리 및 건전선로에 폐로하여 전력을 공급하는 개폐기를 가지며, 수요 분포에 따라 임의의 분기선으로부터 전력을 공급하는 방식은?

① 환상식   ② 망상식
③ 뱅킹식   ④ 가지식(수지식)

06 기본   21년 1회 기출

송전선로에서의 고장 또는 발전기 탈락과 같은 큰 외란에 대하여 계통에 연결된 각 동기기가 동기를 유지하면서 계속 안정적으로 운전할 수 있는지를 판별하는 안정도는?

① 동태안정도(Dynamic Stability)
② 정태안정도(Steady-state Stability)
③ 전압안정도(Voltage Stability)
④ 과도안정도(Transient Stability)

07 기본   22년 3회 기출

3상 송전선로의 고장에서 1선 지락사고 등 3상 불평형 고장 시 사용되는 계산법은?

① 단위[PU]법에 의한 계산
② [%]법에 의한 계산
③ 옴[Ω]법에 의한 계산
④ 대칭 좌표법

08 [기본]   15년 1회 기출

$66[\mathrm{kV}]$ 송전선로에서 3상 단락 고장이 발생하였을 경우 고장점에서 본 등가 정상임피던스가 자기 용량 $40[\mathrm{MVA}]$ 기준으로 $20[\%]$일 경우 고장 전류는 정격전류의 몇 배가 되겠는가?

① 2
② 4
③ 5
④ 8

09 [응용]   CBT 복원

선간전압이 V, 각 선의 대지 정전용량이 C, 중성점 접지 리액터의 인덕턴스가 L, 사용 주파수가 f인 송전선이 1선 지락시, 지락전류 I_g는?

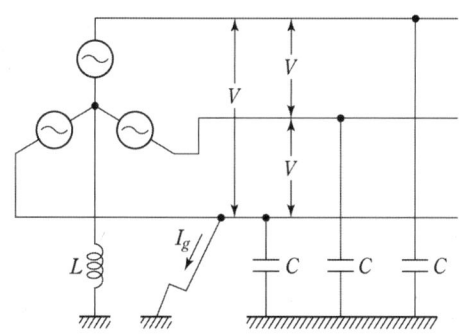

① $\left(\dfrac{1}{wL} - wC\right)V$

② $\dfrac{1}{\sqrt{3}}\left(\dfrac{1}{wL} - 3wC\right)V$

③ $\left(\dfrac{1}{wL} - 3wC\right)V$

④ $\dfrac{1}{\sqrt{3}}\left(\dfrac{1}{wL} - wC\right)V$

10 [기본]   19년 1회 기출

비접지 계통의 지락 사고 시 계전기에 영상전류를 공급하기 위하여 설치하는 기기는?

① PT
② CT
③ ZCT
④ GPT

11 [기본]   21년 1년 기출

송전선로에서 1선 지락 시에 건전상의 전압 상승이 가장 적은 접지방식은?

① 비접지방식
② 직접 접지방식
③ 저항 접지방식
④ 소호리액터 접지방식

12 [기본]   22년 3회 기출

3상 동기발전기 단자에서의 고장 전류 계산 시 영상전류 $\dot{I}_0$ 정상전류 $\dot{I}_1$ 및 역상전류 $\dot{I}_2$가 같은 경우는?

① 1선 지락 고장
② 2선 지락 고장
③ 선간 단락 고장
④ 3상 단락 고장

한류리액터를 사용하는 가장 큰 목적은?   18년 1회 기출

① 충전전류의 제한   ② 접지전류의 제한

③ 누설전류의 제한   ④ 단락전류의 제한

정답 ④

해설 직렬리액터: 3상에서 제 5고조파를 제어하는 용도

분로리액터: 페란티 현상을 제거하는 용도

한류리액터: 단락고장시 단락전류를 제한하는 용도

소호리액터: 지락고장시 지락전류를 제한하는 용도

따라서, 한류리액터를 사용하는 가장 큰 목적은 단락전류의 제한을 나타내는 ④번이 된다.

핵심이론 CHECK!

1. 단락고장

① 3상 단락고장은 전력계통에서 발생할 수 있는 가장 최악의 고장으로 사전에 고장 전류를 계산하여 고장 대응에 적합한 차단기를 선정하고 보호계전기를 정정하여야 한다.

② 3상 단락고장은 평형고장으로 단락전류 계산방법으로 옴법, %임피던스법, PU법이 사용되며 대표적인 방법은 %임피던스법이다.

2. 옴[Ω]법

옴법은 전압을 임피던스로 나누어 단락전류를 구하는 방법이다.

(1) 단락전류 I_s[A]

$$I_s = \frac{E}{Z} = \frac{E}{\sqrt{R^2 + X^2}} = \frac{V/\sqrt{3}}{Z}[\text{A}]$$

(2) 단락용량 P_s[kVA]

① 단상인 경우: $P_s = EI_s = E \times \frac{E}{Z} = \frac{E^2}{Z}[\text{kVA}]$

② 3상인 경우

$$P_s = 3EI_s = 3 \times \frac{V}{\sqrt{3}} \times I_s$$

$$= \sqrt{3}\,V \times \frac{E}{Z} = \sqrt{3}\,V \times \frac{V/\sqrt{3}}{Z} = \frac{V^2}{Z}[\text{kVA}]$$

Z: 단락지점에서 전원측을 본 계통임피던스($Z = Z_g + Z_t + Z_l$)

V: 단락점의 선간전압[kV] ($E = \frac{V}{\sqrt{3}}$)

01 [기본]   15년 2회 기출

Y결선된 발전기에서 3상 단락 사고가 발생한 경우 전류에 관한 식 중 옳은 것은? (단, Z_0, Z_1, Z_2는 영상, 정상, 역상 임피던스이다.)

① $I_a + I_b + I_c = I_0$ ② $I_a = \dfrac{E_a}{Z_0}$

③ $I_b = \dfrac{a^2 E_a}{Z_1}$ ④ $I_c = \dfrac{a E_a}{Z_2}$

02 [기본]   22년 1회 기출

3상 송전선로가 선간 단락(2선 단락)이 되었을 때 나타나는 현상으로 옳은 것은?

① 역상전류만 흐른다.
② 정상전류와 역상전류가 흐른다.
③ 역상전류와 영상전류가 흐른다.
④ 정상전류와 영상전류가 흐른다.

03 [응용]   21년 2회 기출

그림과 같은 송전계통에서 S점에 3상 단락사고가 발생했을 때 단락전류[A]는 약 얼마인가? (단, 선로의 길이와 리액턴스는 각각 $50\,[\mathrm{km}]$, $0.6\,[\Omega/\mathrm{km}]$이다.)

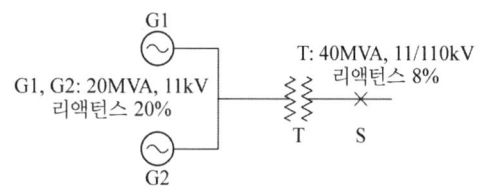

① 224   ② 324
③ 454   ④ 554

04 [기본]   22년 3회 기출

3상 3선식 송전선의 각 상에 3상 불평형 전압이 V_a, V_b, V_c라고 할 때 정상전압 V에 해당되는 것은?

① $V = \dfrac{1}{3}(V_a + a^2 V_b + a V_c)$

② $V = \dfrac{1}{3}(V_a + a V_b + a^2 V_c)$

③ $V = V_a + a^2 V_b + a V_c$

④ $V = V_a + a V_b + a^2 V_c$

05 기본   18년 1회 기출

A, B 및 C상 전류를 각각 I_a, I_b 및 I_c라 할 때 $I_x = \frac{1}{3}(I_a + a^2 I_b + a I_c)$, $a = -\frac{1}{2} + j\frac{\sqrt{3}}{2}$으로 표시되는 I_x는 어떤 전류인가?

① 정상전류
② 역상전류
③ 영상전류
④ 역상전류와 영상전류의 합

06 응용   22년 3회 기출

그림과 같은 평형 3상 회로에서 전원 전압이 $V_{ab} = 200[\text{V}]$이고 부하 한 상의 임피던스가 $Z = 4 + j3[\Omega]$인 경우 전원과 부하 사이 선전류 I_a는 약 몇 $[\text{A}]$인가?

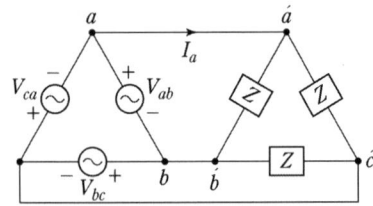

① $40\sqrt{3} \angle 36.87°$
② $40\sqrt{3} \angle -36.87°$
③ $40\sqrt{3} \angle 66.87°$
④ $40\sqrt{3} \angle -66.87°$

07 기본   19년 3회 기출

3상 무부하 발전기의 1선 지락 고장 시에 흐르는 지락전류는? (단, E는 접지된 상의 무부하 기전력이고, Z_0, Z_1, Z_2는 발전기의 영상, 정상, 역상 임피던스이다.)

① $\dfrac{E}{Z_0 + Z_1 + Z_2}$ ② $\dfrac{\sqrt{3}\,E}{Z_0 + Z_1 + Z_2}$

③ $\dfrac{3E}{Z_0 + Z_1 + Z_2}$ ④ $\dfrac{E^2}{Z_0 + Z_1 + Z_2}$

08 기본   18년 1회 기출

%임피던스에 대한 설명으로 틀린 것은?

① 정격전류가 증가하면 %임피던스는 감소한다.
② 직렬리액터가 감소하면 %임피던스도 감소한다.
③ 전기기계의 %임피던스가 크면 차단기의 용량은 작아진다.
④ 송전계통에서는 임피던스의 크기를 옴 값 대신에 %값으로 나타내는 경우가 많다.

09 기본   19년 1회 기출

선간전압이 $154[kV]$이고, 1상당의 임피던스가 $j8[\Omega]$인 기기가 있을 때, 기준용량을 $100[MVA]$로 하면 %임피던스는 약 몇 [%]인가?

① 2.75   ② 3.15

③ 3.37   ④ 4.25

11 기본   16년 1회 기출

그림과 같은 전력계통의 $154[kV]$ 송전선로에서 고장 지락 임피던스 Z_{gf}를 통해서 1선 지락 고장이 발생되었을 때 고장점에서 본 영상 %임피던스는? (단, 그림에 표시한 임피던스는 모두 동일용량, $100[MVA]$ 기준으로 환산한 %임피던스이다.)

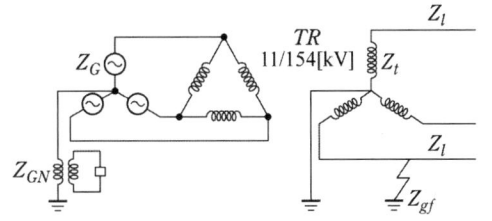

① $Z_o = Z_l + Z_t + Z_G$

② $Z_o = Z_l + Z_t + Z_{gf}$

③ $Z_o = Z_l + Z_t + 3Z_{gf}$

④ $Z_o = Z_l + Z_t + Z_{gf} + Z_G + Z_{GN}$

10 기본   22년 3회 기출

$154/22.9[kV]$, $40[MVA]$ 3상 변압기의 %리액턴스가 15[%]라면 고압 측으로 환산한 리액턴스$[\Omega]$은 약 얼마인가?

① 0.058   ② 8.9

③ 0.58   ④ 89

송배전 계통에 발생하는 이상전압의 내부적 원인이 아닌 것은?   15년 2회 기출

① 선로의 개폐   ② 직격뢰
③ 아크 접지   ④ 선로의 이상 상태

정답 ②

해설 내부 이상전압은 송전계통의 내부 원인으로 발생하는 것으로, 계통을 조작할 때나 고장이
      발생하였을 때 나타난다. 즉, 주어진 보기에서 선로의 개폐, 아크접지, 선로의 이상상태는
      내부 이상전압의 원인이 되는 요소가 된다.
      외부 이상 전압은 대부분 뇌에 의해 발생하는 이상전압으로 직격뢰, 유도뢰가 있다. 이 외
      적으로 타 선과의 혼촉으로 인한 이상전압이 있다.

핵심이론 CHECK!

1. 내부 이상전압

내부 이상전압은 계통 조작 시 또는 고장 발생 시 발생한다. 계통 조작 시 즉, 송전선로의 개폐조작에 따른
과도현상 때문에 발생하는 이상전압은 투입서지와 개방서지로 나누어지며 일반적으로 투입 시 보다 개방
시, 부하가 있는 회로를 개방하는 것보다 무부하의 회로를 개방하는 쪽이 더 높은 이상전압을 발생한다.
따라서 이상전압이 가장 큰 경우는 무부하 송전 선로의 충전 전류를 차단할 경우이다.

① 개폐 서지
   ㉠ 송전선로의 개폐 조작에 의한 이상전압으로 송전선로 대지전압의 4배 정도로 나타난다.
   ㉡ 억제방법: 차단기 내 저항기를 설치(=개폐저항기 설치)
② 1선 지락 시 건전상의 전위 상승 (억제방법 – 중성점 직접접지방식 채택)
③ 무부하시 수전단 전위 상승 (페란티 현상) (억제방법 – 분로 리액터 설치)
④ 중성점 잔류전압에 의한 전위 상승 (억제방법 – 연가)

2. 외부 이상전압

① 유도뇌: 뇌운 상호간 또는 뇌운과 대지와의 방전으로 생기는 이상전압
② 직격뇌: 뇌운이 직접선로에 방전되는 것

3. 뇌전압 또는 뇌전류의 파형(충격파) 용어

① 규약영점: 파고값의 30[%]와 90[%]의 점을 맺는 직선이 시간축과 교차하는 점
② 파두장: 규약영점으로부터 직선의 최댓값의 수평선과 만날 때의 시간
③ 파미장: 규약영점으로부터 파고값이 50[%]로 감소할 때까지의 시간

01 [기본]   22년 3회 기출

송전선로의 중성점을 접지시키는 목적은?

① 동량의 절감   ② 이상전압의 방지
③ 송전용량의 증가   ④ 전압강하의 감소

02 [기본]   21년 2회 기출

직격뢰에 대한 방호설비로 가장 적당한 것은?

① 복도체   ② 가공지선
③ 서지 흡수기   ④ 정전방지기

03 [기본]   20년 3회 기출

송전선에서 뇌격에 대한 차폐 등을 위해 가선하는 가공지선에 대한 설명으로 옳은 것은?

① 차폐각은 보통 15 ~ 30° 정도로 하고 있다.
② 차폐각이 클수록 벼락에 대한 차폐 효과가 크다.
③ 가공지선을 2선으로 하면 차폐각이 적어진다.
④ 가공지선으로는 연동선을 주로 사용한다.

04 [기본]   21년 1회 기출

접지봉으로 탑각의 접지 저항값을 희망하는 접지 저항까지 줄일 수 없을 때 사용하는 것은?

① 가공지선   ② 매설지선
③ 크로스 본드선   ④ 차폐선

05 [기본]   22년 2회 기출

송전선로에 매설지선을 설치하는 목적은?

① 철탑 기초의 강도를 보강하기 위하여
② 직격뇌로부터 송전선을 차폐 보호하기 위하여
③ 현수애자 1연의 전압 분담을 균일화하기 위하여
④ 철탑으로부터 송전선로의 역섬락을 방지하기 위하여

피뢰기의 구비조건이 아닌 것은?   17년 1회 기출

① 상용주파 방전개시 전압이 낮을 것
② 충격 방전 개시전압이 낮을 것
③ 속류 차단능력이 클 것
④ 제한전압이 낮을 것

정답   ①

해설   피뢰기의 상용주파 방전개시 전압은 높아야 한다.

핵심이론 CHECK!

1. 피뢰기의 설치목적

이상전압을 대지로 방전시키고, 속류를 차단 계통을 정상적인 상태로 유지하기 위해 설치한다.

2. 피뢰기의 제1보호 대상: 변압기

변압기의 절연강도 〉 피뢰기의 제한전압 + 접지저항 전압강하

3. 피뢰기의 구성: 직렬갭 + 특성요소

① 직렬갭: 뇌 전류를 방전하고 속류를 차단한다.
② 특성요소: 뇌 전류 방전시 피뢰기 자체의 전위 상승을 억제하여 피뢰기 절연파괴를 방지한다.
③ 쉴드링: 전기적, 자기적 충격으로부터 보호한다.
④ 아크가이드: 방전개시시간 지연을 방지한다.

4. 피뢰기의 동작기능

① 이상전압이 내습해서 피뢰기의 단자전압이 어느 일정한 값 이상으로 올라가면 즉시 방전해서 전압 상
    승을 억제한다.
② 이상전압이 없어져서 단자전압이 일정값 이하가 되면 즉시 방전을 정지해서 원래의 송전상태로 돌아가
    게 한다.

5. 피뢰기의 구비조건

① 상용주파 방전개시 전압이 높을 것
② 충격 방전 개시 전압이 낮을 것
③ 제한 전압이 낮을 것
④ 속류 차단 능력이 클 것

01 [기본] 16년 1회 기출

피뢰기의 제한전압이란?

① 충격파의 방전개시전압
② 상용주파수의 방전개시전압
③ 전류가 흐르고 있을 때의 단자전압
④ 피뢰기 동작 중 단자전압의 파고값

02 [기본] 22년 2회 기출

피뢰기의 충격 방전 개시전압은 무엇으로 표시하는가?

① 직류전압의 크기
② 충격파의 평균치
③ 충격파의 최대치
④ 충격파의 실효치

03 [응용] 15년 1회 기출

피뢰기의 직렬 갭(gap)의 작용으로 가장 옳은 것은?

① 이상전압의 진행파를 증가시킨다.
② 상용주파수의 전류를 방전시킨다.
③ 뇌전류 방전 시의 전위상승을 억제하여 절연파괴를 방지한다.
④ 이상전압이 내습하면 뇌전류를 방전하고, 상용주파수의 속류를 차단하는 역할을 한다.

04 [기본] 14년 1회 기출

유효접지계통에서 피뢰기의 정격전압을 결정하는데 가장 중요한 요소는?

① 1선 지락고장 시 건전상의 대지전위
② 선로 애자련의 충격 섬락전압
③ 내부 이상전압 중 과도 이상전압의 크기
④ 유도뢰의 전압의 크기

05 [응용] 14년 1회 기출

154[kVA] 송전계통의 뇌에 대한 보호에서 절연 강도의 순서가 가장 경제적이고 합리적인 것은?

① 피뢰기 → 변압기코일 → 기기부싱 → 결합 콘덴서 → 선로애자
② 변압기코일 → 결합콘덴서 → 피뢰기 → 선로애자 → 기기부싱
③ 결합콘덴서 → 기기부싱 → 선로애자 → 변압기코일 → 피뢰기
④ 기기부싱 → 결합콘덴서 → 변압기코일 → 피뢰기 → 선로애자

응용   14년 2회 기출

파동 임피던스가 $300[\Omega]$인 가공송전선 $1[\text{km}]$당의 인덕턴스는 몇 $[\text{mH/km}]$ 인가? (단, 저항과 누설 컨덕턴스는 무시한다.)

① 0.5   ② 1
③ 1.5   ④ 2

---

08 기본   20년 4회 기출

파동 임피던스 $Z_1 = 500[\Omega]$인 선로에 파동 임피던스 $Z_2 = 1,500[\Omega]$인 변압기가 접속되어 있다. 선로로부터 600[kV]의 전압파가 들어왔을 때, 접속점에서의 투과파 전압[kV]은?

① 300   ② 600
③ 900   ④ 1,200

---

07 응용   19년 1회 기출

임피던스 Z_1, Z_2 및 Z_3를 그림과 같이 접속한 선로의 A 쪽에서 전압파 E가 진행해 왔을 때 접속점 B에서 무반사로 되기 위한 조건은?

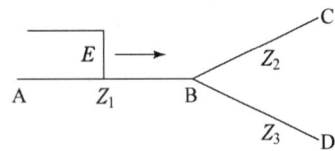

① $Z_1 = Z_2 + Z_3$

② $\dfrac{1}{Z_3} = \dfrac{1}{Z_1} + \dfrac{1}{Z_2}$

③ $\dfrac{1}{Z_1} = \dfrac{1}{Z_2} + \dfrac{1}{Z_3}$

④ $\dfrac{1}{Z_2} = \dfrac{1}{Z_1} + \dfrac{1}{Z_3}$

④ 차단기 및 보호계전방식

출제경향 CHECK!

차단기 및 보호계전방식은 약 12.5% 정도의 출제비율을 나타내는 중요한 유형입니다.

계산문제보다는 개념을 이해했는지 묻는 문제가 조금 더 많이 출제되는 경향이 있으므로 기본개념을 확실하게 이해해야 합니다.

계산문제 중에서는 정격 차단용량을 계산하는 문제가 자주 출제되고 있습니다.

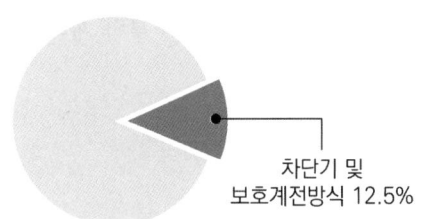

차단기 및
보호계전방식 12.5%

▲ 출제비율

대표유형 문제

차단기의 정격차단시간에 대한 설명으로 옳은 것은? 22년 1회 기출

① 고장 발생부터 소호까지의 시간
② 트립코일 여자로부터 소호까지의 시간
③ 가동 접촉자의 개극부터 소호까지의 시간
④ 가동 접촉자의 동작 시간부터 소호까지의 시간

정답 ②

해설 차단기는 보호계전기가 동작하여 트립코일에 전류가 흘러 여자되어야 동작이 되며, 차단의 동작이 이루어지면서 발생하는 아크를 소호시킨다. 따라서, 차단기의 정격차단시간은 차단기 동작을 개시하는 순간부터 소호가 되는 시간까지로 볼 수 있어, 트립코일 여자로부터 소호까지의 시간이 된다.

핵심이론 CHECK!

1. **정격전압**: 차단기에 가할 수 있는 사용 전압의 상한값으로 공칭전압의 $\frac{1.2}{1.1}$ 배의 전압 정도이다.

공칭전압[kV]	3.3	6.6	22.9	66	154	345
정격전압[kV]	3.6	7.2	25.8	72.5	170	362

2. **정격차단전류**

   ① 규정된 동작 책무하에서 차단할 수 있는 최대의 차단전류 한도
   ② 차단기의 정격 차단전류 〉 예상 최대 단락전류

3. **정격차단용량**: 차단용량[MVA]= $\sqrt{3}$ ×정격전압[kV]×정격 차단전류[kA]

01 [기본] 22년 2회 기출

부하전류가 흐르는 전로는 개폐할 수 없으나 기기의 점검이나 수리를 위하여 회로를 분리하거나, 계통의 접속을 바꾸는데 사용하는 것은?

① 차단기
② 단로기
③ 전력용 퓨즈
④ 부하 개폐기

02 [기본] 22년 3회 기출

배전선로의 고장전류를 차단할 수 있는 것으로 가장 알맞은 전력 개폐 장치는?

① 선로개폐기
② 차단기
③ 단로기
④ 구분개폐기

03 [기본] 18년 3회 기출

3상용 차단기의 정격전압은 $170[kV]$이고 정격차단전류가 $50[kA]$일 때 차단기의 정격 차단용량은 약 몇 $[MVA]$인가?

① 5,000
② 10,000
③ 15,000
④ 20,000

04 [기본] 21년 3회 기출

3상용 차단기의 정격차단용량은 그 차단기의 정격전압과 정격차단전류와의 곱을 몇 배 한 것인가?

① $\dfrac{1}{\sqrt{2}}$
② $\dfrac{1}{\sqrt{3}}$
③ $\sqrt{2}$
④ $\sqrt{3}$

05 [기본] 16년 1회 기출

차단기의 정격차단시간은?

① 고장발생부터 소호까지의 시간
② 가동접촉자의 시동부터 소호까지의 시간
③ 트립코일 여자부터 소호까지의 시간
④ 가동접촉자의 개구부터 소호까지의 시간

06 [기본] 17년 2회 기출

전력계통에서 사용되고 있는 GCB(Gas Circuit Breaker)용 가스는?

① N_2 가스
② SF_6 가스
③ 알곤 가스
④ 네온 가스

07 응용　18년 1회 기출

SF_6 가스 차단기에 대한 설명으로 틀린 것은?

① SF_6 가스 자체는 불활성 기체이다.

② SF_6 가스는 공기에 비하여 소호능력이 약 100배 정도이다.

③ 절연 거리를 적게 할 수 있어 차단기 전체를 소형, 경량화할 수 있다.

④ SF_6 가스를 이용한 것으로서 독성이 있으므로 취급에 유의하여야 한다.

08 기본　22년 3회 기출

진공차단기의 특징에 적합하지 않은 것은?

① 차단시간이 짧고 차단 성능이 회로 주파수의 영향을 받지 않는다.

② 화재위험이 거의 없다.

③ 동작 시 소음이 크지만 소호실의 보수가 거의 필요하지 않다.

④ 소형 경량이고 조직 기구가 간단하다.

09 기본　16년 2회 기출

초고압용 차단기에서 개폐 저항기를 사용하는 이유 중 가장 타당한 것은?

① 차단전류의 역률 개선

② 차단전류 감소

③ 차단속도 증진

④ 개폐서지 이상전압 억제

10 기본　18년 1회 기출

배전계통에서 사용하는 고압용 차단기의 종류가 아닌 것은?

① 기중차단기(ACB)

② 공기차단기(ABB)

③ 진공차단기(VCB)

④ 유입차단기(OCB)

11 기본　22년 3회 기출

변압기 등 전력설비 내부 고장 시 변류기에 유입하는 전류와 유출하는 전류의 차로 동작하는 보호계전기는?

① 지락계전기　　② 과전류계전기

③ 차동계전기　　④ 역상전류계전기

12 기본　22년 1회 기출

발전기 또는 주변압기의 내부고장 보호용으로 가장 널리 쓰이는 것은?

① 거리 계전기　　② 과전류 계전기

③ 비율 차동 계전기　④ 방향 단락 계전기

13 [기본]

변압기 보호용 비율차동계전기를 사용하여 △- Y 결선의 변압기를 보호하려고 한다. 이때 변압기 1, 2차 측에 설치하는 변류기의 결선 방식은? (단, 위상 보정 기능이 없는 경우이다.)

① △ - △ 　　② △ - Y
③ Y - △ 　　④ Y - Y

14 [응용]

단상변압기 3대에 의한 △결선에서 1대를 제거하고 동일전력을 V결선으로 보낸다면 동손은 약 몇 배가 되는가?

① 0.67 　　② 2.0
③ 2.7 　　④ 3.0

15 [기본]

3상 결선 변압기의 단상 운전에 의한 소손방지 목적으로 설치하는 계전기는?

① 차동 계전기 　　② 역상 계전기
③ 단락 계전기 　　④ 과전류 계전기

16 [기본]

동작전류의 크기가 커질수록 동작시간이 짧게 되는 특성을 가진 계전기는?

① 순한시 계전기
② 정한시 계전기
③ 반한시 계전기
④ 반한시 정한시 계전기

17 [응용]

동작 시간에 따른 보호 계전기의 분류와 이에 대한 설명으로 틀린 것은?

① 순한시 계전기는 설정된 최소 동작전류 이상의 전류가 흐르면 즉시 동작한다.
② 반한시 계전기는 동작 시간이 전류값의 크기에 따라 변하는 것으로 전류값이 클수록 느리게 동작하고 반대로 전류값이 작아질수록 빠르게 동작하는 계전기이다.
③ 정한시 계전기는 설정된 값 이상의 전류가 흘렀을 때 동작전류의 크기와는 관계없이 항상 일정한 시간 후에 동작하는 계전기이다.
④ 반한시 · 정한시 계전기는 어느 전류값까지는 반한시성이지만 그 이상이 되면 정한시로 동작하는 계전기이다.

18 기본   18년 1회 기출

모선 보호에 사용되는 계전방식이 아닌 것은?

① 위상 비교방식

② 선택접지 계전방식

③ 방향거리 계전방식

④ 전류차동 보호방식

19 기본   17년 3회 기출

모선 보호용 계전기로 사용하면 가장 유리한 것은?

① 거리방향 계전기   ② 역상 계전기

③ 재폐로 계전기   ④ 과전류 계전기

20 기본   21년 3회 기출

선로 고장 발생 시 고장 전류를 차단할 수 없어 리클로저와 같이 차단기능이 있는 후비 보호장치와 함께 설치되어야 하는 장치는?

① 배선용 차단기   ② 유입 개폐기

③ 컷아웃스위치   ④ 섹셔널라이저

21 기본   19년 2회 기출

선택지락 계전기의 용도를 옳게 설명한 것은?

① 단일 회선에서 지락전류의 방향 선택 차단

② 단일 회선에서 지락고장 회선의 선택 차단

③ 병행 2회선에서 지락고장의 지속시간 선택 차단

④ 병행 2회선에서 지락고장 회선의 선택 차단

22 기본   19년 1회 기출

다중접지 계통에 사용되는 재폐로 기능을 갖는 일종의 차단기로서 과부하 또는 고장 전류가 흐르면 순시 동작하고, 일정 시간 후에는 자동적으로 재폐로 하는 보호기기는?

① 라인퓨즈

② 리클로저

③ 섹셔널라이저

④ 고장 구간 자동개폐기

23 기본   20년 1회 기출

사고, 정전 등의 중대한 영향을 받는 지역에서 정전과 동시에 자동적으로 예비전원용 배전선로로 전환하는 장치는?

① 차단기
② 리클로저(Recloer)
③ 섹셔널라이저(Sectionalizer)
④ 자동 부하전환 개폐기(Auto Load Transfer Switch)

24 응용   22년 2회 기출

단락보호 방식에 관한 설명으로 틀린 것은?

① 방사상 선로의 단락보호 방식에서 전원이 양단에 있을 경우 방향 단락 계전기와 과전류 계전기를 조합시켜서 사용한다.
② 전원이 1단에만 있는 방사상 송전선로에서의 고장 전류는 모두 발전소로부터 방사상으로 흘러나간다.
③ 환상 선로의 단락보호 방식에서 전원이 두 군데 이상 있는 경우에는 방향 거리 계전기를 사용한다.
④ 환상 선로의 단락보호 방식에서 전원이 1단에만 있을 경우 선택 단락 계전기를 사용한다.

25 응용   18년 3회 기출

최근에 우리나라에 많이 채용되고 있는 가스절연 개폐설비(GIS)의 특징으로 틀린 것은?

① 대기 절연을 이용한 것에 비해 현저하게 소형화할 수 있으나 비교적 고가이다.
② 소음이 적고 충전부가 완전한 밀폐형으로 되어있기 때문에 안전성이 높다.
③ 가스 압력에 대한 엄중 감시가 필요하며 내부 점검 및 부품 교환이 번거롭다.
④ 한랭지, 산악 지방에서도 액화 방지 및 산화 방지대책이 필요 없다.

26 기본   19년 2회 기출

직류 송전방식에 관한 설명으로 틀린 것은?

① 교류 송전방식보다 안정도가 낮다.
② 직류계통과 연계 운전 시 교류계통의 차단 용량은 작아진다.
③ 교류 송전방식에 비해 절연계급을 낮출 수 있다.
④ 비동기 연계가 가능하다.

⑤ 배전선로 방식 및 운용

출제경향 CHECK!

배전선로 방식 및 운용은 중성점 접지와 계통보호 유형과 마찬가지로 전력공학에서 가장 많이 출제되는 유형입니다.
전력손실과 관련된 개념과 계산문제가 자주 출제되고, 수용률, 부등률과 관련된 문제는 공식만 암기하면 쉽게 풀 수 있고, 실기에서도 종종 출제되므로 대비가 필요합니다.

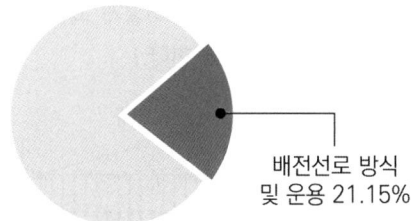

배전선로 방식
및 운용 21.15%

▲ 출제비율

세부유형 ① 배전선로 공급방식

배전용 변전소의 주변압기로 주로 사용되는 것은?   *22년 2회 기출*

① 강압 변압기   ② 체승 변압기
③ 단권 변압기   ④ 3권선 변압기

정답 ①

해설 배전용 변전소의 변압기는 부하측으로 전력을 공급함에 있어 부하에 맞는 전압으로 낮추어 주는 역할을 한다.
이처럼 전압을 낮추어 주는 변압기를 강압(체강) 변압기라 한다.

핵심이론 CHECK!

1. 배전선로의 구성

① 급전선(Feeder): 배전 변전소에서 간선에 이르기까지 도중에 부하가 접속되지 않는 선로
② 간선: 급전선 이후 배전선의 주요 부분으로 분기선이 집중 연결되어 있으며 부하 분포에 따라 배전하는 선로
③ 분기선: 간선에서 분기하여 수용가에 이르는 선로

2. 배전방식

저압 배전선로의 구성에는 수지식(방사상식), 환상식(루프배전방식, 저압 뱅킹방식, 저압 네트워크 방식이 있다.
① 수지식(방사상식) 배전방식(농ㆍ어촌지역): 변압기 뱅크 단위로 저압 배전선을 시설하여, 그 변압기의 용량에 맞는 범위까지의 부하에 공급하는 방식으로 부하 증설에 따라 나뭇가지 형태로 접속한다.
② 환상식 배전방식(중ㆍ소도시): 급전선(feeder)이 나오면서 개폐기를 이용하여 루프를 구성하고 부하에 따라 분기선을 이용ㆍ공급하는 방식으로 수지식에 비해 신뢰도가 높다.

01 기본   18년 3회 기출

그림과 같이 부하가 균일한 밀도로 도중에서 분기되어 선로전류가 송전단에 이를수록 직선적으로 증가할 경우 선로의 전압강하는 이 송전단 전류와 같은 전류의 부하가 선로의 말단에만 집중되어 있을 경우의 전압강하보다 어떻게 되는가? (단, 부하 역률은 모두 같다고 한다.)

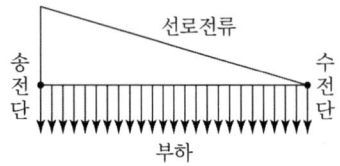

① $\dfrac{1}{3}$ ② $\dfrac{1}{2}$

③ 1   ④ 2

02 기본   22년 2회 기출

배전선로의 역률 개선에 따른 효과로 적합하지 않은 것은?

① 선로의 전력손실 경감
② 선로의 전압강하의 감소
③ 전원 측 설비의 이용률 향상
④ 선로 절연의 비용 절감

03 기본   20년 3회 기출

배전선의 전력손실 경감대책이 아닌 것은?

① 다중접지 방식을 채용한다.
② 역률을 개선한다.
③ 배전전압을 높인다.
④ 부하의 불평형을 방지한다.

04 기본   22년 2회 기출

부하의 불평형으로 인하여 발생하는 각 상별 불평형 전압을 평형되게 하고 선로손실을 경감시킬 목적으로 밸런서가 사용된다. 다음 중 이 밸런서의 설치가 가장 필요한 배전 방식은?

① 단상 2선식   ② 3상 3선식
③ 단상 3선식   ④ 3상 4선식

05 응용   기출변형

다음 그림과 같은 배전선이 있다. 급전점 O의 전압을 110[V]라 하면 C점의 전압은 몇 [V]인가? (단, 선로 OA, AB, BC 간의 저항은 각각 0.2 [Ω]이며, 부하 역률은 100[%]이다.)

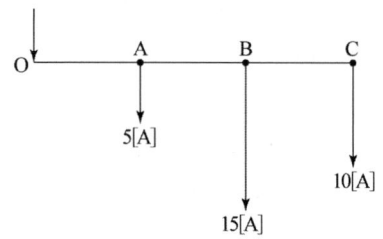

① 92   ② 97
③ 99   ④ 104

06 기본   22년 1회 기출

송전전력, 선간전압, 부하역률, 전력손실 및 송전 거리를 동일하게 하였을 경우 단상 2선식에 대한 3상 3선식의 총 전선량(중량)비는 얼마인가? (단, 전선은 동일한 전선이다.)

① 0.75   ② 0.94

③ 1.15   ④ 1.33

07 기본   16년 3회 기출

동일한 조건 하에서 3상 4선식 배전선로의 총 소요 전선량은 3상 3선식의 것에 비해 몇 배 정도로 되는가? (단, 중성선의 굵기는 전력선의 굵기와 같다고 한다.)

① $\dfrac{1}{3}$ ② $\dfrac{3}{8}$

③ $\dfrac{3}{4}$ ④ $\dfrac{4}{9}$

08 기본   22년 3회 기출

단상 2선식 $110[\mathrm{V}]$ 저압 배전선로를 단상 3선식 $110/220[\mathrm{V}]$으로 변경하였을 때 전선로의 전압 강하율은 변경 전에 비하여 어떻게 되는가? (단, 부하 용량은 변경 전후에 같고 역률은 1.0이며 평형부하이다.)

① $\dfrac{1}{2}$ 배로 된다.   ② $\dfrac{1}{3}$ 배로 된다.

③ 변하지 않는다.   ④ $\dfrac{1}{4}$ 배로 된다.

09 기본   20년 3회 기출

3상 3선식 송전선에서 L을 작용 인덕턴스라 하고, L_e 및 L_m은 대지를 귀로로 하는 1선의 자기 인덕턴스 및 상호 인덕턴스라고 할 때 이들 사이의 관계식은?

① $L = L_m - L_e$ ② $L = L_e - L_m$

③ $L = L_m + L_e$ ④ $L = \dfrac{L_m}{L_e}$

10 응용   22년 3회 기출

배전선로에 3상 3선식 비접지방식을 채용할 경우 장점이 아닌 것은?

① 과도 안정도가 크다.

② 1선 지락고장 시 고장 전류가 작다.

③ 1선 지락고장 시 건전상의 대지전위 상승이 작다.

④ 1선 지락고장 시 인접 통신선의 유도장해가 작다.

11 기본   20년 1회 기출

3상 배전선로의 말단에 역률 60%(늦음), $60[\mathrm{kW}]$의 평형 3상 부하가 있다. 부하점에 부하와 병렬로 전력용 콘덴서를 접속하여 선로손실을 최소로 하고자 할 때 콘덴서 용량$[\mathrm{kVA}]$은? (단, 부하단의 전압은 일정하다.)

① 40   ② 60

③ 80   ④ 100

12 기본   16년 2회 기출

3상 3선식 송전선로의 선간거리가 각각 $50[\text{cm}]$, $60[\text{cm}]$, $70[\text{cm}]$인 경우 기하학적 평균 선간거리는 약 몇 $[\text{cm}]$인가?

① 50.4   ② 59.4

③ 62.8   ④ 64.8

13 기본   21년 1회 기출

배전선로의 주상 변압기에서 고압 측-저압 측에 주로 사용되는 보호장치의 조합으로 적합한 것은?

① 고압 측: 컷아웃 스위치, 저압 측: 캐치홀더

② 고압 측: 캐치홀더, 저압 측: 컷아웃 스위치

③ 고압 측: 리클로저, 저압 측: 라인퓨즈

④ 고압 측: 라인퓨즈, 저압 측: 리클로저

14 기본   19년 1회 기출

저압 뱅킹 배전방식으로 운전 중 변압기 또는 선로사고에 의하여 뱅킹 내의 건전한 변압기의 일부 또는 전부가 연쇄적으로 회로로부터 차단되는 현상은?

① 아킹(Arching)

② 댐핑(Damping)

③ 캐스케이딩(Cascading)

④ 플리커(Flicker)

15 기본   15년 1회 기출

망상(network) 배전방식의 장점이 아닌 것은?

① 전압변동이 적다.

② 인축의 접지사고가 적어진다.

③ 부하의 증가에 대한 융통성이 크다.

④ 무정전 공급이 가능하다.

16 기본   18년 3회 기출

배전선로에 사고 범위의 확대를 방지하기 위한 대책으로 적당하지 않은 것은?

① 선택 접지 계전방식 채택

② 자동고장 검출장치 설치

③ 진상 콘덴서 설치하여 전압보상

④ 특고압의 경우 자동구분 개폐기 설치

17 기본   15년 2회 기출

같은 선로와 같은 부하에서 교류 단상 3선식은 단상 2선식에 비하여 전압 강하와 배전 효율은 어떻게 되는가?

① 전압 강하는 적고, 배전 효율은 높다.
② 전압 강하는 크고, 배전 효율은 낮다.
③ 전압 강하는 적고, 배전 효율은 낮다.
④ 전압 강하는 크고, 배전 효율은 높다.

19 심화   CBT 복원

다음 그림과 같이 단상 3선식 배전선로에서 100[V], 100[W]의 전등을 AN 간에 병렬로 5등, BN 간에 병렬로 4등이 접속되어 운전하던 중 중성선이 단선 되었다. 이 때 AN간의 부하전압 V_{AN}은 몇 [V]인가? (단, 선로는 저항뿐이며, 부하까지 1선당 2.5[Ω]이다.)

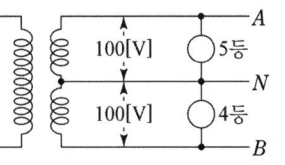

① 80   ② 100
③ 120   ④ 140

18 기본   20년 4회 기출

송전전력, 송전거리, 전선로의 전력손실이 일정하고, 같은 재료의 전선을 사용한 경우 단상 2선식에 대한 3상 4선식의 1선당 전력비는 약 얼마인가? (단, 중성선은 외선과 같은 굵기이다.)

① 0.7   ② 0.87
③ 0.94   ④ 1.15

20 기본   21년 3회 기출

전원이 양단에 있는 환상선로의 단락보호에 주로 사용하는 계전방식은?

① 비율차동 계전방식
② 방향거리 계전방식
③ 과전류 계전방식
④ 선택접지 계전방식

각 수용가의 수용률 및 수용가 사이의 부등률이 변화할 때 수용가군 총합의 부하율에 대한 설명으로 옳은 것은?

15년 3회 기출

① 수용률에 비례하고 부등률에 반비례한다.
② 부등률에 비례하고 수용률에 반비례한다.
③ 부등률과 수용률에 모두 반비례한다.
④ 부등률과 수용률에 모두 비례한다.

정답   ②

해설   부하율 관계식에서 부등률 관계식과 수용률 관계식을 이용하여 정리하면 다음과 같이 나타낼 수 있다.

$$부하율 = \frac{평균전력}{합성최대수용전력} \times 100 = \frac{평균전력}{\dfrac{각\ 최대수용전력의\ 합}{부등률}} \times 100$$

$$= \frac{평균전력 \times 부등률}{\sum(부하설비용량 \times 수용률)}$$

따라서, 부하율은 부등률에 비례하고 수용률에 반비례한다.

핵심이론 CHECK!

1. 수용률

① $수용률 = \dfrac{최대수용전력[\text{kW}]}{설비용량[\text{kW}]} \times 100[\%]$

② $변압기\ 용량[\text{kVA}] = \dfrac{최대전력[\text{kW}]}{역률}[\text{kVA}] = \dfrac{설비용량 \times 수용률}{역률}[\text{kVA}]$

2. 부등률

① $부등률 = \dfrac{각\,수용가의\,최대수용전력의\,합[\text{kW}]}{합성(종합)\,최대전력[\text{kW}]} > 1$

② $변압기\ 용량[\text{kVA}] = \dfrac{합성\,최대\,전력[\text{kVA}]}{역률} = \dfrac{설비용량}{역률} \times \dfrac{수용률}{부등률}[\text{kVA}]$

3. 부하율

① 부하율은 부하 변동 상태를 나타내는 것으로 어떤 임의의 기간 중의 최대부하전력에 대한 평균부하전력의 비를 말한다.

② $부하율 = \dfrac{평균부하전력}{최대부하전력} \times 100[\%]$

01 [응용] CBT 복원

정격 10[kVA]인 주상 변압기의 2차측의 일부하 곡선이 다음과 같을 때, 일부하율은 약 [%]인가?

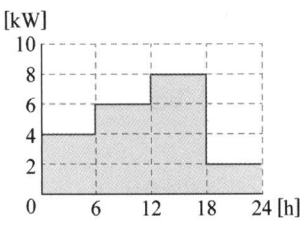

① 50

② 57.2

③ 62.5

④ 70

02 [기본] 22년 3회 기출

배선을 설계하기 위해 전등 및 소형 전기기계 기구의 부하 용량을 산정하여야 한다. 다음 중 부하 용량 산정 시 필요한 건축들의 종류에 따른 표준 부하 중 주택 및 아파트에 적용하는 표준 부하 [VA/m²]는?

① 40

② 20

③ 10

④ 30

03 [기본] 19년 2회 기출

그림과 같은 2기 계통에 있어서 발전기에서 전동기로 전달되는 전력 P는? (단, $X = X_G + X_L + X_M$이고 E_G, E_M은 각각 발전기 및 전동기의 유기기전력, δ는 E_G와 E_M 간의 상차각이다.)

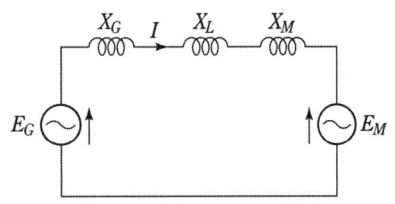

① $P = \dfrac{E_G}{XE_M}\sin\delta$

② $P = \dfrac{E_G E_M}{X}\sin\delta$

③ $P = XE_G E_M \cos\delta$

④ $P = \dfrac{E_G E_M}{X}\cos\delta$

04 응용   21년 1회 기출

용량 $20[kVA]$인 단상 주상 변압기에 걸리는 하루 동안의 부하가 처음 14시간 동안은 $20[kW]$, 다음 10시간 동안은 $10[kW]$일 때, 이 변압기에 의한 하루 동안의 손실량$[Wh]$은? (단, 부하의 역률은 1로 가정하고, 변압기의 전 부하 동손은 $300[W]$, 철손은 $100[W]$이다.)

① 6,850   ② 7,200

③ 7,350   ④ 7,800

05 기본   19년 3회 기출

어느 수용가의 부하설비는 전등 설비가 500[W], 전열설비가 600[W], 전동기 설비가 400[W], 기타 설비가 100[W]이다. 이 수용가의 최대수용전력이 1,200[W]이면 수용률은 몇 [%]인가?

① 55   ② 65

③ 75   ④ 85

06 기본   16년 2회 기출

각 수용가의 수용설비 용량이 $50[kW]$, $100[kW]$, $80[kW]$, $60[kW]$, $150[kW]$이며 수용률이 0.6, 0.6, 0.5, 0.5, 0.4일 때 부하의 부등률이 1.3이라면 변압기의 용량은 약 몇 $[kVA]$가 필요한가? (단, 평균 부하 역률은 $80[\%]$라고 한다.)

① 142   ② 165

③ 183   ④ 212

07 응용   기출변형

전등만으로 구성된 수용가를 다음과 같이 A, B 두 군으로 나누어 각 군에 변압기 1개씩을 설치하였다. 다음과 같은 조건에서 고압 간선에 대한 최대 부하는 약 $[kW]$인가? (단, 간선의 역률은 $100[\%]$이고, A군과 B군 변압기 간의 부등률은 1.4이다.)

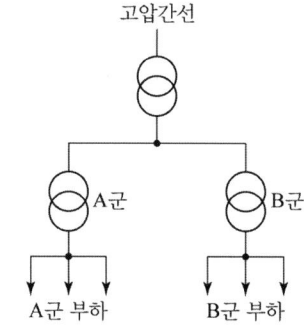

구분	A군 부하	B군 부하
설비용량	$80[kW]$	$60[kW]$
수용률	0.5	0.6
부등률	1.2	1.3

① 34   ② 44

③ 53   ④ 62

08 [응용]   CBT 복원

설비 A의 용량과 수용률이 각각 170[kW], 50[%], 설비 B의 용량과 수용률이 각각 320[kW], 75[%]일 때, 합성최대전력이 262[kW]라면 부등률은 얼마인가?

① 1.12

② 1.24

③ 1.51

④ 1.87

09 [기본]   20년 3회 기출

전압과 무효전력이 일정한 경우 부하 역률이 70[%]인 선로에서의 저항 손실($P_{70\%}$)은 역률이 90[%]인 선로에서의 저항 손실($P_{90\%}$)과 비교하면 약 얼마인가?

① $P_{70\%} = 0.6P_{90\%}$

② $P_{70\%} = 1.7P_{90\%}$

③ $P_{70\%} = 0.3P_{90\%}$

④ $P_{70\%} = 2.7P_{90\%}$

교류발전기의 전압조정 장치로 속응 여자방식을 채택하는 이유로 틀린 것은?   22년 1회 기출

① 전력계통에 고장이 발생할 때 발전기의 동기화력을 증가시킨다.

② 송전계통의 안정도를 높인다.

③ 여자기의 전압 상승률을 크게 한다.

④ 전압조정용 탭의 수동변환을 원활히 하기 위함이다.

정답 ④

해설 속응 여자방식은 송전 계통에 단락 사고가 발생하여 발전기의 단자전압이 급속히 저하되는 경우, 이를 방지하기 위해 여자를 급속히 강화하여 동기화력을 강하게 하고, 단자전압을 일정하게 하여 안정도를 증진시키는 방식을 의미한다.

핵심이론 CHECK!

1. 변전소의 전압조정

① 부하 시 탭절환장치 (ULTC)

② ULTC가 없는 변전소의 경우 (66[kV] 이하) : 정지형 전압조정기 (SVR : Static Voltage Regulator)

2. 배전선로 전압조정방식

① 승압기

② 유도전압조정기 (IR: Induction Regulator)

③ 주상 변압기 탭(tap) 조정

3. 승압기(단권 변압기)

① 단상 승압기: 배선선로의 길이가 길어 전압강하가 큰 경우에 전압강하를 보상하여 준다.

② 승압 후의 전압: $E_2 = e_1 + e_2 = e_1 + \dfrac{1}{n}e_1 = E_1 + \dfrac{1}{n}E_1 = E_1\left(1 + \dfrac{1}{n}\right) = E_1\left(1 + \dfrac{e_2}{e_1}\right)$

③ 승압기 용량 (변압기 용량, 자기용량): $w = e_2 i_2 = \dfrac{W}{E_2} \times e_2 \,[\text{VA}]$

E_1: 승압 전의 전압[V], E_2: 승압 후의 전압[V], e_1: 승압기의 1차 정격전압[V],

e_2: 승압기의 2차 정격전압[V], n: 승압기의 권수비$\left(\dfrac{e_1}{e_2}\right)$, W: 부하의 용량[VA]($W = e_3 i_2$)

$$\frac{\text{자기용량}}{\text{부하용량}} = \frac{\text{고압} - \text{저압}}{\text{고압}} = \frac{E_2 - E_1}{E_2}$$

01 [응용]   CBT 복원

주상 변압기의 1차측 사용탭이 6,600[V]일 때, 2차측의 전압이 97[V]였다. 2차측의 전압을 약 105[V]로 유지하기 위해서는 1차측의 사용탭은 얼마로 하여야 하는가?

① 6,150   ② 6,300
③ 6,450   ④ 6,600

02 [기본]   16년 2회 기출

선로 전압강하 보상기(LDC)에 대한 설명으로 옳은 것은?

① 승압기로 저하된 전압을 보상하는 것
② 분로 리액터로 전압 상승을 억제하는 것
③ 선로의 전압강하를 고려하여 모선전압을 조정하는 것
④ 직렬 콘덴서로 선로의 리액턴스를 보상하는 것

03 [기본]   21년 2회 기출

전력계통의 전압을 조정하는 가장 보편적인 방법은?

① 발전기의 유효전력 조정
② 부하의 유효전력 조정
③ 계통의 주파수 조정
④ 계통의 무효전력 조정

04 [기본]   16년 3회 기출

단상 변압기 3대를 $\triangle$결선으로 운전하던 중 1대의 고장으로 V결선한 경우 V결선과 $\triangle$결선의 출력비는 약 몇 [%]인가?

① 52.2   ② 57.7
③ 66.7   ④ 86.6

05 [기본]   18년 1회 기출

$150[kVA]$ 단상변압기 3대를 $\triangle - \triangle$ 결선으로 사용하다가 1대의 고장으로 $V - V$ 결선하여 사용하면 약 몇 $[kVA]$ 부하까지 걸 수 있겠는가?

① 200   ② 220
③ 240   ④ 260

변성기의 정격부담을 표시하는 단위는?

① W
② S
③ dyne
④ VA

초고압 송전계통에 단권 변압기가 사용되는데 그 이유로 볼 수 없는 것은?

① 단락전류가 적다.
② 효율이 높다.
③ 전압변동률이 적다.
④ 자로가 단축되어 재료를 절약할 수 있다.

승압기에 의하여 전압 V_e에서 V_h로 승압할 때, 2차 정격전압 e, 자기 용량 W인 단상 승압기가 공급할 수 있는 부하 용량은?

① $\dfrac{V_h}{e} \times W$

② $\dfrac{V_e}{e} \times W$

③ $\dfrac{V_e}{V_h - V_e} \times W$

④ $\dfrac{V_h - V_e}{V_e} \times W$

3상 전원에 접속된 Δ결선의 커패시터를 Y결선으로 바꾸면 진상 용량 $Q_Y[\mathrm{kVA}]$는? (단, Q_Δ는 Δ결선된 커패시터의 진상 용량이고, Q_Y는 Y결선된 커패시터의 진상 용량이다.)

① $Q_Y = \sqrt{3}\, Q_\Delta$

② $Q_Y = \dfrac{1}{3} Q_\Delta$

③ $Q_Y = 3 Q_\Delta$

④ $Q_Y = \dfrac{1}{\sqrt{3}} Q_\Delta$

배전반에 접속되어 운전 중인 계기용 변압기(PT) 및 변류기(CT)의 2차 측 회로를 점검할 때 조치 사항으로 옳은 것은?

① CT만 단락시킨다.
② PT만 단락시킨다.
③ CT와 PT 모두를 단락시킨다.
④ CT와 PT 모두를 개방시킨다.

❻ 발전

출제경향 CHECK!

발전은 약 36%의 출제비율을 가지는 유형으로 전력공학에서 중요한 유형에 해당됩니다.

발전 유형에서는 수력발전, 화력발전, 원자력발전과 관련된 문제가 출제되고 수력발전과 관련된 문제의 출제비중이 다른 발전방법과 비교해서 약간 많은 편입니다.

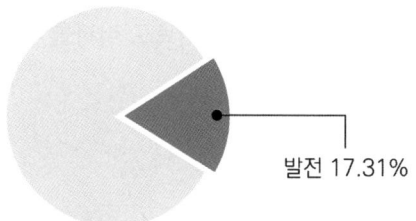

발전 17.31%

▲ 출제비율

세부유형 ①　수력발전

수차 발전기에 제동권선을 설치하는 주된 목적은?　　　　　　17년 2회 기출

① 정지시간 단축　　　　　　　　② 회전력의 증가
③ 과부하 내량의 증대　　　　　　④ 발전기의 안정도 증진

정답　④

해설　제동권선은 수차 발전기(동기발전기)의 난조를 억제하는 용도로 사용되며, 동기전동기에서는 기동법의 하나로 사용된다.
　　　따라서, 제동권선을 수차 발전기에 설치하면 난조가 억제되어 발전기의 안정도가 더욱 증진된다.

핵심이론 CHECK!

1. 수력발전 방식의 분류

　① 낙차에 의한 분류: 수로식, 댐식, 댐수로식, 유역 변경식
　② 운용 방법에 의한 분류: 유입식 발전소, 조정지식 발전소, 저수지식 발전소, 양수식 발전소, 조력발전소

2. 수력발전소의 출력

　수력발전소의 출력은 유량(Q)과 낙차(H)의 곱으로 계산한다.
　① 수력발전의 이론상 출력

　　$P = 9.8QH[\mathrm{kW}]$ (여기서, Q : 유량[m³/s], H : 유효낙차[m])

　② 수력발전의 실제 출력

　　효율 $\eta = \eta_t \eta_g = \dfrac{출력}{입력} = \dfrac{P}{9.8QH}$ 에서 발전기의 출력은 $P = 9.8QH\eta = 9.8QH\eta_t \eta_g [\mathrm{kW}]$

　　(η_t : 수차효율, η_g : 발전기 효율, $\eta = \eta_t \eta_g$: 종합 효율 (수차와 발전기의 합성 효율))

01 [기본] 22년 2회 기출

수차의 캐비테이션 방지책으로 틀린 것은?

① 흡출수두를 증대시킨다.
② 과부하 운전을 가능한 한 피한다.
③ 수차의 비속도를 너무 크게 잡지 않는다.
④ 침식에 강한 금속재료로 러너를 제작한다.

02 [기본] 22년 3회 기출

"수차의 특유속도가 크다."고 하는 의미는?

① 수차의 실제 회전수가 빠르다는 뜻이다.
② 수차의 속도변동률이 크다는 뜻이다.
③ 유수에 대한 수차 러너(runner)의 상대 속도가 빠르다는 뜻이다.
④ 유수의 유속이 빠르다는 뜻이다.

03 [기본] 13년 1회 기출

수차의 조속기가 너무 예민하면 어떤 현상이 발생되는가?

① 전압변동률이 작게 된다.
② 수압 상승률이 크게 된다.
③ 속도 변동률이 작게 된다.
④ 탈조를 일으키게 된다.

04 [기본] 20년 1회 기출

댐의 부속설비가 아닌 것은?

① 수로   ② 수조
③ 취수구   ④ 흡출관

05 [기본] 20년 4회 기출

수력발전소의 형식을 취수방법, 운용방법에 따라 분류할 수 있다. 다음 중 취수방법에 따른 분류가 아닌 것은?

① 댐식   ② 수로식
③ 조정지식   ④ 유역 변경식

06 [기본] 22년 3회 기출

특유속도가 가장 낮은 수차는?

① 펠톤 수차   ② 사류 수차
③ 프로펠러 수차 ④ 프란시스 수차

07 기본   20년 3회 기출

프란시스 수차의 특유속도[m · kW]의 한계를
나타내는 식은? (단, H[m]는 유효 낙차이다.)

① $\dfrac{13,000}{H+50} + 10$ ② $\dfrac{13,000}{H+50} + 30$

③ $\dfrac{20,000}{H+20} + 10$ ④ $\dfrac{20,000}{H+20} + 30$

08 기본   22년 1회 기출

유효낙차 90[m], 출력 104,500[kW], 비속도(특
유속도) 210 [m·kW]인 수차의 회전속도는 약
몇 [rpm]인가?

① 150   ② 180

③ 210   ④ 240

09 응용   19년 2회 기출

유효낙차 100[m], 최대 유량 20 [m³/s]의 수차
가 있다. 낙차가 81[m]로 감소하면 유량[m³/s]
은? (단, 수차에서 발생되는 손실 등은 무시하며
수차 효율은 일정하다.)

① 15   ② 18

③ 24   ④ 30

10 기본   19년 1회 기출

총 낙차 300[m], 사용 수량 20[m³/s]인 수력발
전소의 발전기 출력은 약 몇 [kW]인가? (단, 수차
및 발전기 효율은 각각 90[%], 98[%]라 하고, 손
실 낙차는 총 낙차의 6[%]라고 한다.)

① 48,750   ② 51,860

③ 54,170   ④ 54,970

11 응용   21년 1회 기출

그림과 같은 유황곡선을 가진 수력지점에서 최대
사용 수량 $0C$로 1년간 계속 발전하는 데 필요한
저수지의 용량은?

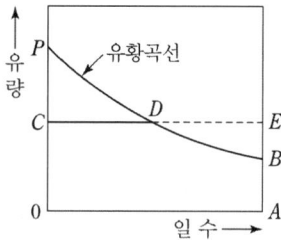

① 면적 $0CPBA$ ② 면적 $0CDBA$

③ 면적 DEB ④ 면적 PCD

12 　기본　　　　　　　　　　15년 3회 기출

유량의 크기를 구분할 때 갈수량이란?

① 하천의 수위 중에서 1년을 통하여 355일간 이보다 내려가지 않는 수위

② 하천의 수위 중에서 1년을 통하여 275일간 이보다 내려가지 않는 수위

③ 하천의 수위 중에서 1년을 통하여 185일간 이보다 내려가지 않는 수위

④ 하천의 수위 중에서 1년을 통하여 95일간 이보다 내려가지 않는 수위

13 　응용　　　　　　　　　　기출변형

유량도를 이용하여 매일의 유량을 크기의 순서로 배열한 다음의 유황곡선에서, 세로측의 각 값 ⓐ~ⓓ에 들어갈 용어로 옳게 짝지어진 것은?

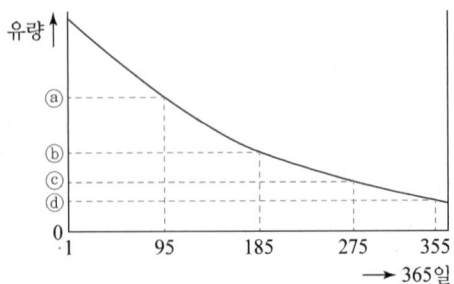

	ⓐ	ⓑ	ⓒ	ⓓ
①	갈수량	저수량	평수량	풍수량
②	평수량	풍수량	갈수량	저수량
③	풍수량	평수량	갈수량	저수량
④	풍수량	평수량	저수량	갈수량

14 　심화　　　　　　　　　　기출변형

유역면적 80[km²], 유효낙차 30[m], 연간 강우량 1,500[mm]의 수력 발전소에서 그 강우량의 70[%]만 이용하면 연간 발전 전력량은 약 몇 [kWh]인가? (단, 종합효율은 80[%]이다.)

① 5.49×10^7　　　② 1.98×10^7

③ 5.49×10^6　　　④ 1.98×10^6

세부유형 ② 화력발전, 원자력발전

화력발전소에서 재열기의 사용 목적은? 18년 3회 기출

① 증기를 가열한다. ② 공기를 가열한다.

③ 급수를 가열한다. ④ 석탄을 건조한다.

정답 ①

해설 재열기는 가스터빈이나 증기터빈에 있어서 일정압까지 팽창한 연소가스 또는 증기를 다시 가열하는 장치이다.

핵심이론 CHECK!

1. 화력발전에서의 열사이클

① 카르노 사이클: 가장 이상적인 사이클로 두 개의 등온변화와 두 개의 단열변화로 이루어지며 효율이 가장 우수하다.
　㉠ 등온팽창: 고온으로 유지되는 열저장체에서 기체가 열을 흡수
　㉡ 단열팽창: 기체가 팽창되면서 온도가 하강
　㉢ 등온압축: 저온으로 유지되는 열저장체에서 기체가 열을 방출
　㉣ 단열압축: 기체가 압축되면서 온도가 상승

② 랭킨 사이클: 화력발전소의 가장 기본적인 사이클
　㉠ 보일러: 연료를 이용하여 급수된 물을 끓여 주는 곳
　㉡ 과열기: 과열증기를 만들어 터빈에 공급하는 설비
　㉢ 터빈: 증기를 이용하여 전기에너지를 만드는 장치
　㉣ 복수기: 터빈에서 나오는 배기를 물로 전환시키는 설비
　㉤ 절탄기: 배기가스의 여열을 이용하여 보일러의 급수를 예열하여 효율을 향상시키기 위한 설비

③ 재열 사이클: 터빈에서 임의의 온도까지 팽창한 증기를 추출하여 보일러로 되돌려 보내서 재열기로 적당한 온도까지 재가열시켜 다시 터빈으로 보내는 방식

④ 재생 사이클: 터빈 내에서 팽창한 증기를 일부 추기하여 급수 가열기에 보내서 급수 가열에 이용하는 방식

⑤ 재생 · 재열 사이클 : 재생과 재열 사이클의 장점을 모두 살린 방식으로 열효율이 가장 좋은 방식

2. 원자력발전과 화력발전의 비교

① 원자력발전소는 화력발전소의 보일러 대신 원자로와 열교환기를 사용한다.

② 동일 출력일 경우 원자력발전소의 터빈이나 복수기가 화력발전소와 비교하면 대형이다.

③ 원자력발전소는 방사능에 대한 차폐 시설물의 투자가 필요하다.

④ 원자력발전소의 건설비가 화력발전소에 비해 고가이다.

01 기본   17년 3회 기출

증기의 엔탈피란?

① 증기 1[kg]의 잠열
② 증기 1[kg]의 현열
③ 증기 1[kg]의 보유열량
④ 증기 1[kg]의 증발열을 그 온도로 나눈 것

02 응용   21년 1회 기출

화력발전소에서 증기 및 급수가 흐르는 순서는?

① 절탄기 → 보일러 → 과열기 → 터빈 → 복수기
② 보일러 → 절탄기 → 과열기 → 터빈 → 복수기
③ 보일러 → 과열기 → 절탄기 → 터빈 → 복수기
④ 절탄기 → 과열기 → 보일러 → 터빈 → 복수기

03 응용   22년 3회 기출

화력발전소의 랭킨 사이클에서 단열팽창과정이 행하여지는 기기의 명칭(ⓐ)과, 이때의 급수 또는 증기의 변화 상태(ⓑ)로 옳은 것은?

① (ⓐ) : 터빈
   (ⓑ) : 과열증기 → 습증기
② (ⓐ) : 보일러
   (ⓑ) : 압축액 → 포화증기
③ (ⓐ) : 복수기
   (ⓑ) : 습증기 → 포화액
④ (ⓐ) : 급수펌프
   (ⓑ) : 포화액 → 압축액(과냉액)

04 응용   CBT 복원

화력발전의 기본 열 사이클인 랭킨 사이클에서 단열압축 과정이 행하여지는 곳은?

① 보일러   ② 복수기
③ 급수펌프   ④ 터빈

05 응용   CBT 복원

열역학적 사이클 중에서 효율이 가장 좋은 이상적인 사이클로, 2개의 등온변화와 2개의 단열변화로 이루어진 것은 무엇인가?

① 랭킨 사이클   ② 재생 사이클
③ 카르노 사이클   ④ 재생 재열 사이클

06 기본   15년 3회 기출

일반적으로 화력발전소에서 적용하고 있는 열사이클 중 가장 열효율이 좋은 것은?

① 재생 사이클   ② 랭킨 사이클
③ 재열 사이클   ④ 재생 재열 사이클

07 [응용] 20년 4회 기출

증기 사이클에 대한 설명 중 틀린 것은?

① 랭킨 사이클의 열효율은 초기 온도 및 초기 압력이 높을수록 효율이 크다.

② 재열 사이클은 저압터빈에서 증기가 포화 상태에 가까워졌을 때 증기를 다시 가열하여 고압 터빈으로 보낸다.

③ 재생 사이클은 증기 원동기 내에서 증기의 팽창 도중에서 증기를 추출하여 급수를 예열한다.

④ 재열 재생 사이클은 재생 사이클과 재열 사이클을 조합하여 병용하는 방식이다.

08 [기본] 22년 3회 기출

그림과 같은 열 사이클로 가장 알맞은 것은?

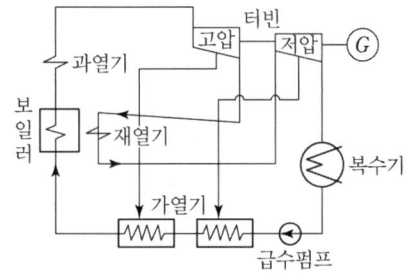

① 재열 사이클 ② 재생 사이클
③ 기본 열 사이클 ④ 재열 재생 사이클

09 [기본] 20년 1회 기출

화력발전소에서 절탄기의 용도는?

① 보일러에 공급되는 급수를 예열한다.
② 포화증기를 과열한다.
③ 연소용 공기를 예열한다.
④ 석탄을 건조한다.

10 [기본] 22년 3회 기출

보일러에서 흡수 열량이 가장 큰 곳은?

① 수냉벽 ② 과열기
③ 공기예열기 ④ 절탄기

11 [기본] 20년 1회 기출

증기터빈 출력을 P[kW], 증기량을 W[t/h], 초압 및 배기의 증기 엔탈피를 각각 i_0, i_1[kcal/kg]이라 하면 터빈의 효율 η_T[%]는?

① $\dfrac{860P \times 10^3}{W(i_0 - i_1)} \times 100$

② $\dfrac{860P \times 10^3}{W(i_1 - i_0)} \times 100$

③ $\dfrac{860P}{W(i_0 - i_1) \times 10^3} \times 100$

④ $\dfrac{860P}{W(i_1 - i_0) \times 10^3} \times 100$

12 [기본]

연료의 발열량이 $430[\text{kcal/kg}]$일 때, 화력발전소의 열효율[%]은? (단, 발전기 출력은 $P_G[\text{kW}]$, 시간당 연료의 소비량은 $B[\text{kg/h}]$이다.)

① $\dfrac{P_G}{B} \times 100$ ② $\sqrt{2} \times \dfrac{P_G}{B} \times 100$

③ $\sqrt{3} \times \dfrac{P_G}{B} \times 100$ ④ $2 \times \dfrac{P_G}{B} \times 100$

13 [응용]

최대출력이 $350[\text{MW}]$, 평균부하율 80[%]로 운전되고 있는 화력발전소의 10일간 중류 소비량이 $1.6 \times 10^7[\text{L}]$라고 하면 발전단에서의 열효율은 몇 [%]인가? (단, 중류의 열량은 10,000 [kcal/L]이다.)

① 35.3   ② 36.1
③ 37.8   ④ 39.2

14 [기본]

다음 (①), (②), (③)에 들어갈 내용으로 옳은 것은?

> 원자력이란 일반적으로 무거운 원자핵이 핵분열하여 가벼운 핵으로 바뀌면서 발생하는 핵분열 에너지를 이용하는 것이고, (①)발전은 가벼운 원자핵을(과) (②) 하여 무거운 핵으로 바뀌면서 (③) 전후의 질량결손에 해당하는 방출 에너지를 이용하는 방식이다.

① ① 원자핵융합   ② 융합   ③ 결합
② ① 핵결합   ② 반응   ③ 융합
③ ① 핵융합   ② 융합   ③ 핵반응
④ ① 핵반응   ② 반응   ③ 결합

15 [기본]

원자로에서 핵분열로 발생한 고속중성자를 열중성자로 바꾸는 작용을 하는 것은?

① 감속재   ② 제어재
③ 반사체   ④ 냉각재

16 [기본]

원자로의 냉각재가 갖추어야 할 조건이 아닌 것은?

① 열용량이 적을 것
② 중성자의 흡수가 적을 것
③ 열전도율 및 열전달 계수가 클 것
④ 방사능을 띄기 어려울 것

17 [기본]

원자로의 감속재에 대한 설명으로 틀린 것은?

① 감속 능력이 클 것
② 원자 질량이 클 것
③ 사용 재료로 경수를 사용
④ 고속 중성자를 열 중성자로 바꾸는 작용

18 [기본]

증식비가 1보다 큰 원자로는?

① 경수로   ② 흑연로
③ 증수로   ④ 고속증식로

19 [기본]

비등수형 원자로의 특징에 대한 설명으로 틀린 것은?

① 증기 발생기가 필요하다.
② 저농축 우라늄을 연료로 사용한다.
③ 노심에서 비등을 일으킨 증기가 직접 터빈에 공급되는 방식이다.
④ 가압수형 원자로에 비해 출력밀도가 낮다.

20 [응용]

가압수형 원자력 발전소에 사용하는 연료, 감속재, 냉각재로 적당한 것은?

	연료	감속재	냉각재
①	천연 우라늄	흑연	이산화탄소
②	농축 우라늄	중수	경수
③	저농축 우라늄	경수	경수
④	저농축 우라늄	흑연	경수

SUBJECT

03

전기기기

출제비중

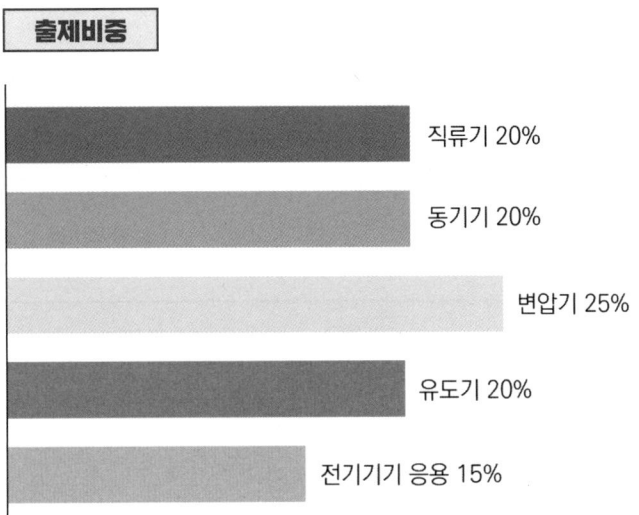

직류기 20%

동기기 20%

변압기 25%

유도기 20%

전기기기 응용 15%

출제경향 분석

전기기기는 계산문제의 비율이 약 32% 정도를 차지하고 개념을 이해하거나 암기하는 문제가 나머지 비율을 차지합니다.

유형별로는 특정 유형에 대한 문제가 집중적으로 출제되기 보다는 전 유형에서 문제가 골고루 출제되는 편입니다.

전기기기 과목에서 교류정류자기를 제외한 나머지 유형에서 실기에도 관련 문제가 출제되었으므로 필기 때문에 문제와 답을 암기하는 방법이 아니라 이론을 확실하게 이해하는 방향으로 학습해야 합니다.

① 직류기

출제경향 CHECK!

전기기기에서 직류기는 약 20% 정도의 출제비율을 가질 정도로 많이 출제되고, 다른 유형을 학습하는 데 가장 기본이 되는 유형입니다.
전기기기 과목에서 직류기는 단순히 문제의 답만 체크하는 것이 아니라 관련개념을 확실하게 이해하는 방향으로 학습해야 합니다.

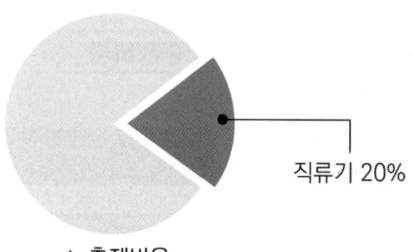

직류기 20%

▲ 출제비율

대표유형 문제

직류 분권발전기에 대한 설명으로 옳은 것은?   16년 2회 기출
① 단자 전압이 강하하면 계자전류가 증가한다.
② 부하에 의한 전압의 변동이 타여자 발전기에 비하여 크다.
③ 타여자 발전기의 경우보다 외부특성 곡선이 상향으로 된다.
④ 분권권선의 접속방법에 관계없이 자기여자로 전압을 올릴 수가 있다.

정답 ②

해설 타여자 발전기와 분권발전기의 외부 특성은 거의 유사하나 분권발전기의 경우 단자전압의 감소가 유도기전력의 감소에 직접적인 영향을 주므로 부하전류 증가에 의한 전압강하 정도가 타여자 발전기보다 크다.

핵심이론 CHECK!

1. 직류발전기의 의미
① 기계적인 에너지를 전기적인 에너지로 변환하는 장치이다.
② 원동기로부터 동력을 전달받는 전기자가 계자가 형성하는 자기장 중에서 회전하여 전기자 도체에서 전자유도 법칙과 플레밍 오른손 법칙에 의해 기전력을 형성하는 장치이다.

2. 직류발전기의 구조
발전기는 크게 회전 계자형과 회전 전기자형으로 나눌 수 있으며, 일반적으로 직류발전기는 회전 전기자형을, 교류 발전기는 회전 계자형을 사용한다.
① 회전 계자형: 전기자를 고정자로, 계자를 회전자로 사용한 형태
② 회전 전기자형: 전기자를 회전자로, 계자를 고정자로 사용한 형태

01 기본 17년 2회 기출

직류 분권전동기를 무부하로 운전 중 계자회로에 단선이 생긴 경우 발생하는 현상으로 옳은 것은?

① 역전한다.
② 즉시 정지한다.
③ 과속도로 되어 위험하다.
④ 무부하이므로 서서히 정지한다.

02 기본 22년 2회 기출

직류기의 다중 중권 권선법에서 전기자 병렬회로수 a와 극수 P 사이의 관계로 옳은 것은? (단, m은 다중도이다.)

① $a = 2$ ② $a = 2m$
③ $a = P$ ④ $a = mP$

03 기본 19년 2회 기출

직류발전기에서 양호한 정류(整流)를 얻는 조건으로 틀린 것은?

① 정류주기를 크게 할 것
② 리액턴스 전압을 크게 할 것
③ 브러시의 접촉저항을 크게 할 것
④ 전기자 코일의 인덕턴스를 작게 할 것

04 기본 19년 1회 기출

직류발전기의 정류 초기에 전류변화가 크며 이때 발생되는 불꽃정류로 옳은 것은?

① 과정류 ② 직선정류
③ 부족정류 ④ 정현파정류

05 기본 17년 1회 기출

직류발전기의 유기기전력이 230[V], 극수가 4, 정류자 편수가 162인 정류자 편간 평균전압은 약 몇 [V]인가? (단, 권선법은 중권이다.)

① 5.68 ② 6.28
③ 9.42 ④ 10.2

06 기본 19년 2회 기출

직류기에 관련된 사항으로 잘못 짝지어진 것은?

① 보극 – 리액턴스 전압 감소
② 보상권선 – 전기자 반작용 감소
③ 전기자 반작용 – 직류전동기 속도 감소
④ 정류기간 – 전기자 코일이 단락되는 기간

07 기본   21년 1회 기출

직류발전기의 전기자 반작용에 대한 설명으로 틀린 것은?

① 전기자 반작용으로 인하여 전기적 중성축을 이동시킨다.

② 정류자 편간 전압이 불균일하게 되어 섬락의 원인이 된다.

③ 전기자 반작용이 생기면 주자속이 왜곡되고 증가하게 된다.

④ 전기자 반작용이란, 전기자 전류에 의하여 생긴 자속이 계자에 의해 발생되는 주자속에 영향을 주는 현상을 말한다.

08 기본   19년 2회 기출

직류발전기의 외부 특성곡선에서 나타내는 관계로 옳은 것은?

① 계자전류와 단자전압

② 계자전류와 부하전류

③ 부하전류와 단자전압

④ 부하전류와 유기기전력

09 기본   18년 2회 기출

직류기기의 철손에 관한 설명으로 틀린 것은?

① 성층철심을 사용하면 와전류손이 감소한다.

② 철손에는 풍손과 와전류손 및 저항손이 있다.

③ 철에 규소를 넣게 되면 히스테리시스손이 감소한다.

④ 전기자 철심에는 철손을 작게하기 위해 규소강판을 사용한다.

10 응용   CBT 복원

정격전압이 120[V]인 직류 분권발전기가 6[kW]의 출력을 내고 있다. 계자의 저항이 30[Ω], 전기자의 저항이 0.3[Ω]이고 무부하손실이 500[W]이면 이 발전기의 전부하 효율은 얼마인가?

① 80.48[%]   ② 81.36[%]

③ 82.67[%]   ④ 83.33[%]

11 기본   22년 1회 기출

직류 직권전동기의 발생 토크는 전기자 전류를 변화시킬 때 어떻게 변하는가? (단, 자기포화는 무시한다.)

① 전류에 비례한다.

② 전류에 반비례한다.

③ 전류의 제곱에 비례한다.

④ 전류의 제곱에 반비례한다.

12 기본   19년 3회 기출

그림은 여러 직류전동기의 속도 특성 곡선을 나타낸 것이다. 1부터 4까지 차례로 옳은 것은?

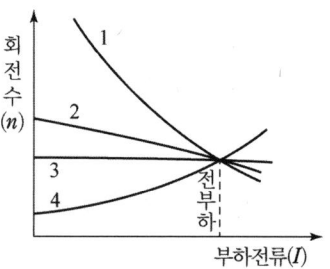

① 차동복권, 분권, 가동복권, 직권

② 직권, 가동복권, 분권, 차동복권

③ 가동복권, 차동복권, 직권, 분권

④ 분권, 직권, 가동복권, 차동복권

13 기본   22년 2회 기출

전부하시의 단자전압이 무부하시의 단자전압보다 높은 직류발전기는?

① 분권발전기   ② 평복권발전기

③ 과복권발전기   ④ 차동복권발전기

14 기본   20년 3회 기출

용접용으로 사용되는 직류발전기의 특성 중에서 가장 중요한 것은?

① 과부하에 견딜 것
② 전압변동률이 적을 것
③ 경부하일 때 효율이 좋을 것
④ 전류에 대한 전압특성이 수하특성일 것

15 기본   22년 2회 기출

직류 분권전동기에서 정출력 가변속도의 용도에 적합한 속도제어법은?

① 계자제어   ② 저항제어

③ 전압제어   ④ 극수제어

16 기본   20년 3회 기출

직류전동기의 속도제어 방법이 아닌 것은?

① 계자 제어법   ② 전압 제어법

③ 주파수 제어법   ④ 직렬 저항 제어법

17 기본   22년 2회 기출

단상 직권 정류자 전동기의 전기자 권선과 계자 권선에 대한 설명으로 틀린 것은?

① 계자 권선의 권수를 적게 한다.
② 전기자 권선의 권수를 크게 한다.
③ 변압기 기전력을 적게 하여 역률 저하를 방지한다.
④ 브러시로 단락되는 코일 중의 단락전류를 크게 한다.

18 응용   18년 3회 기출

직류발전기의 병렬운전에서 부하분담의 방법은?

① 계자전류와 무관하다.
② 계자전류를 증가하면 부하분담은 감소한다.
③ 계자전류를 증가하면 부하분담은 증가한다.
④ 계자전류를 감소하면 부하분담은 증가한다.

19 기본   18년 3회 기출

직류 복권발전기의 병렬운전에 있어 균압선을 붙이는 목적은 무엇인가?

① 손실을 경감한다.
② 운전을 안정하게 한다.
③ 고조파의 발생을 방지한다.
④ 직권계자간의 전류증가를 방지한다.

20 기본   20년 3회 기출

직류 가동복권발전기를 전동기로 사용하면 어느 전동기가 되는가?

① 직류 직권전동기
② 직류 분권전동기
③ 직류 가동복권전동기
④ 직류 차동복권전동기

21 응용   기출변형

직류기에서 기계각의 극수가 P인 경우 기계각과 전기각의 관계식으로 옳은 것은 무엇인가? (단, 기계각은 α, 전기각은 α_e로 나타낸다.)

① $\alpha_e = \alpha \times \dfrac{P}{2}$ ② $\alpha_e = \alpha \times \dfrac{2}{P}$

③ $\alpha_e = \alpha \times \dfrac{P}{3}$ ④ $\alpha_e = \alpha \times \dfrac{3}{P}$

22 응용   기출변형

직류기의 극수가 12개 일 때 기계 각 360°에 대한 전기각은 얼마인가?

① 720°   ② 1,440°
③ 2,160°   ④ 2,880°

23 기본   21년 1회 기출

극 수 4이며 전기자 권선은 파권, 전기자 도체 수가 250인 직류발전기가 있다. 이 발전기가 1,200[rpm]으로 회전할 때 600[V]의 기전력을 유기하려면 1극당 자속은 몇 [Wb]인가?

① 0.04   ② 0.05
③ 0.06   ④ 0.07

24 기본   21년 2회 기출

극수가 4극이고 전기자 권선이 단중 중권인 직류발전기의 전기자 전류가 40[A]이면 전기자 권선의 각 병렬회로에 흐르는 전류 [A]는?

① 4   ② 6
③ 8   ④ 10

25 [기본]

4극, 중권, 총 도체 수 500, 극당 자속이 0.01[Wb]인 직류발전기가 100[V]의 기전력을 발생시키는데 필요한 회전수는 몇 [rpm]인가?

① 800 ② 1,000
③ 1,200 ④ 1,600

26 [심화]

단자전압 220[V], 계자저항 44[Ω], 부하전류 40[A], 전기자 저항 0.2[Ω], 전기자 반작용에 의한 전압강하 2.5[V], 브러시에 의한 전압강하 1.5[V]인 직류 분권발전기가 정격속도로 회전하고 있을 때 발전기의 유도기전력은 몇 [V]인가?

① 211 ② 218
③ 225 ④ 233

27 [응용]

단자전압 220[V], 부하전류 50[A]인 분권발전기의 유도기전력은 몇 [V]인가? (단, 여기서 전기자 저항은 0.2[Ω]이며, 계자전류 및 전기자 반작용은 무시한다.)

① 200 ② 210
③ 220 ④ 230

28 [기본]

100[V], 10[A], 1,500[rpm]인 직류 분권발전기의 정격 시의 계자전류는 2[A]이다. 이 때 계자 회로에는 10[Ω]의 외부저항이 삽입되어 있다. 계자권선의 저항[Ω]은?

① 20 ② 40
③ 80 ④ 100

29 [응용]

단자전압 200[V], 계자저항 $50\,[\Omega]$, 부하전류 50[A], 전기자 저항 $0.15\,[\Omega]$, 전기자 반작용에 의한 전압강하 3[V]인 직류 분권발전기가 정격속도로 회전하고 있다. 이때 발전기의 유도기전력은 약 몇 [V]인가?

① 211.1 ② 215.1
③ 225.1 ④ 230.1

30 [기본]

직류발전기가 90[%] 부하에서 최대효율이 된다면 이 발전기의 전부하에 있어서 고정손과 부하손의 비는?

① 1.1 ② 1.0
③ 0.9 ④ 0.81

31 기본   14년 1회 기출

직류 분권전동기의 공급 전압이 V[V], 전기자 전류 $I_a[A]$, 전기자 저항 $R_a[\Omega]$, 회전수 N[rpm]일 때 발생토크는 몇 [kg·m]인가?

① $\dfrac{30}{9.8}\left(\dfrac{VI_a - I_a^2 R_a}{\pi N}\right)$

② $\dfrac{30}{9.8}\left(\dfrac{VI_a - I_a R_a}{\pi N}\right)$

③ $30\left(\dfrac{VI_a - I_a^2 R_a}{\pi N}\right)$

④ $\dfrac{1}{9.8}\left(\dfrac{VI_a - I_a R_a}{\pi N}\right)$

---

32 기본   19년 1회 기출

직류 분권전동기가 전기자 전류 100[A]일 때 $50[\mathrm{kg·m}]$의 토크를 발생하고 있다. 부하가 증가하여 전기자 전류가 120[A]로 되었다면 발생토크[kg·m]는 얼마인가?

① 60   ② 67

③ 88   ④ 160

---

33 응용   18년 1회 기출

직류전동기의 회전수를 $\dfrac{1}{2}$로 하려면 계자자속을 어떻게 해야 하는가?

① $\dfrac{1}{4}$로 감소시킨다.

② $\dfrac{1}{2}$로 감소시킨다.

③ 2배로 증가시킨다.

④ 4배로 증가시킨다.

---

34 응용   14년 2회 기출

직류 직권전동기가 있다. 공급 전압이 100[V], 전기자 전류가 4[A]일 때, 회전속도는 1,500[rpm]이다. 여기서 공급전압을 80[V]로 낮추었을 때 같은 전기자 전류에 대하여 회전속도는 얼마로 되는가? (단, 전기자 권선 및 계자 권선의 전저항은 0.5[Ω]이다.)

① 986   ② 1,042

③ 1,125   ④ 1,194

---

35 기본   기출변형

역기전력이 200[V]이고 전기자 전류가 15[A], 전기자 저항이 2[Ω]인 직류전동기가 1,200[rpm]의 속도로 회전하고 있다. 이 전동기의 단자전압은 몇 [V]인가?

① 215   ② 220

③ 225   ④ 230

---

36 응용   17년 3회 기출

직류전동기의 전기자 전류가 10[A]일 때 5[kg·m]의 토크가 발생하였다. 이 전동기의 계자속이 80[%]로 감소되고, 전기자 전류가 12[A]로 되면 토크는 약 몇 [kg·m]인가?

① 5.2   ② 4.8

③ 4.3   ④ 3.9

37 응용

전부하 전류 1[A], 역률 85[%], 속도 7,500[rpm]이고 전압과 주파수가 100[V], 60[Hz]인 2극 단상 직권 정류자 전동기가 있다. 전기자와 직권 계자권선의 실효저항의 합이 40[Ω]이라 할 때 전부하 시 속도기전력[V]은? (단, 계자자속은 정현적으로 변하며 브러시는 중성축에 위치하고 철손은 무시한다.)

① 34 　　　　② 45

③ 53 　　　　④ 64

38 기본

단상 직권 정류자 전동기에서 주자속의 최대치를 Φ_m, 자극수를 P, 전기자 병렬 회로수를 a, 전기자 전 도체수를 Z, 전기자의 속도를 N[rpm]이라 하면 속도 기전력의 실효값 $E_r[V]$은?(단, 주자속은 정현파이다.)

① $E_r = \sqrt{2}\,\dfrac{P}{a} Z \dfrac{N}{60}\Phi_m$

② $E_r = \dfrac{1}{\sqrt{2}}\,\dfrac{P}{a} Z \Phi_m N$

③ $E_r = \dfrac{P}{a} Z \dfrac{N}{60}\Phi_m$

④ $E_r = \dfrac{1}{\sqrt{2}}\,\dfrac{P}{a} Z \dfrac{N}{60}\Phi_m$

39 응용

직류발전기를 3상 유도전동기에서 구동하고 있다. 이 발전기에 55[kW] 부하를 걸 때 전동기의 전류는 약 몇 [A]인가? (단, 발전기의 효율은 88[%], 전동기의 단자전압은 400[V], 전동기 효율은 88[%], 전동기의 역률은 82[%]로 한다.)

① 125 　　　　② 225

③ 325 　　　　④ 425

40 기본

직류기에서 정류코일의 자기 인덕턴스를 L이라 할 때 정류코일의 전류가 정류주기 T_C 사이에 I_C에서 $-I_C$로 변한다면 정류코일의 리액턴스 전압[V]의 평균값은?

① $L\dfrac{T_c}{2I_c}$ 　　　　② $L\dfrac{I_c}{2T_c}$

③ $L\dfrac{2I_c}{T_c}$ 　　　　④ $L\dfrac{I_c}{T_c}$

② 동기기

출제경향 CHECK!

동기기의 출제비율은 약 20%로 전기기기에서 자주 출제되는 유형입니다.
동기기에서는 단락비가 큰 동기기의 특성, 동기기의 전기자 권선법과 관련된 개념 이해형 문제가 자주 출제되고, 계산문제 중에서는 전압변동률, 발전기의 출력과 관련된 문제가 자주 출제됩니다.

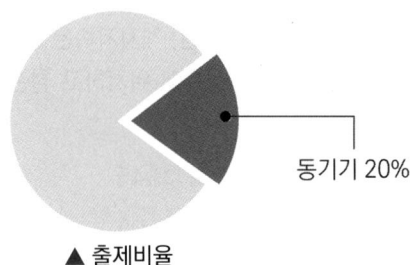

동기기 20%

▲ 출제비율

대표유형 문제

동기발전기 단절권의 특징이 아닌 것은?   20년 4회 기출
① 코일 간격이 극 간격보다 작다.
② 전절권에 비해 합성 유기기전력이 증가한다.
③ 전절권에 비해 코일 단이 짧게되므로 재료가 절약된다.
④ 고조파를 제거해서 전절권에 비해 기전력의 파형이 좋아진다.

정답 ②

해설 전기자 권선을 전절권으로 하면 양 코일변에서 발생되는 기전력은 동상이 되어 코일의 양 단자 사이에 유도되는 기전력은 한 개의 코일변에 유도되는 기전력의 2배가 된다. 그러나 단절권으로 권선하면 양 코일변에 유도되는 기전력에 위상차가 생기게 되어 양 단자간에 유도되는 기전력은 양 코일변에 유도되는 기전력의 벡터합이 된다. 이 때 유도기전력은 전절권일 때의 기전력보다 작다.

핵심이론 CHECK!

1. 동기발전기의 의미
① 직류기와 같이 전자유도 법칙과 플레밍 오른손 법칙에 의해 기전력을 형성하는 장치로, 회전 전기자형, 회전 계자형, 회전 유도자형이 있으며, 일반적으로는 회전 계자형으로 이루어진다.
② 전기자에서 유도된 기전력은 정현파(sin파) 교류로 나타나며, '슬립링'을 이용하여 유도된 전압을 외부로 전달한다.

2. 회전자의 분류
회전 계자형, 회전 전기자형, 유도자형

01 기본 · · · · · · · · · · · · · · · · · 14년 1회 기출

우리나라 발전소에 설치되어 3상 교류를 발생하는 발전기는?

① 동기발전기 ② 분권발전기
③ 직권발전기 ④ 복권발전기

02 기본 · · · · · · · · · · · · · · · · · 18년 3회 기출

동기기의 기전력의 파형 개선책이 아닌 것은?

① 단절권 ② 집중권
③ 공극조정 ④ 자극모양

03 기본 · · · · · · · · · · · · · · · · · 19년 2회 기출

동기발전기에 회전계자형을 사용하는 경우에 대한 이유로 틀린 것은?

① 기전력의 파형을 개선한다.
② 전기자가 고정자이므로 고압 대전류용에 좋고, 절연하기 쉽다.
③ 계자가 회전자지만 저압 소용량의 직류이므로 구조가 간단하다.
④ 전기자보다 계자극을 회전자로 하는 것이 기계적으로 튼튼하다.

04 기본 · · · · · · · · · · · · · · · · · 18년 2회 기출

동기발전기의 전기자 권선을 분포권으로 하면 어떻게 되는가?

① 난조를 방지한다.
② 기전력의 파형이 좋아진다.
③ 권선의 리액턴스가 커진다.
④ 집중권에 비하여 합성 유기기전력이 증가한다.

05 기본 · · · · · · · · · · · · · · · · · 17년 1회 기출

단락비가 큰 동기기의 특징으로 옳은 것은?

① 안정도가 떨어진다.
② 전압변동률이 크다.
③ 선로 충전용량이 크다.
④ 단자 단락 시 단락전류가 적게 흐른다.

06 기본 · · · · · · · · · · · · · · · · · 19년 1회 기출

동기발전기의 단락비가 작을 때의 설명으로 옳은 것은?

① 동기 임피던스가 크고 전기자 반작용이 작다.
② 동기 임피던스가 크고 전기자 반작용이 크다.
③ 동기 임피던스가 작고 전기자 반작용이 작다.
④ 동기 임피던스가 작고 전기자 반작용이 크다.

07 기본   17년 3회 기출

동기발전기의 안정도를 증진시키기 위한 대책이 아닌 것은?

① 속응 여자 방식을 사용한다.
② 정상 임피던스를 작게 한다.
③ 역상 · 영상 임피던스를 작게 한다.
④ 회전자의 플라이휠 효과를 크게 한다.

08 기본   16년 2회 기출

동기발전기의 단락비를 계산하는 데 필요한 시험은?

① 부하 시험과 돌발 단락 시험
② 단상 단락 시험과 3상 단락 시험
③ 무부하 포화 시험과 3상 단락 시험
④ 정상, 역상, 영상 리액턴스의 측정 시험

09 응용   기출변형

역률이 80[%]인 동기기의 전압변동률은 어떻게 되는가? (단, 역률은 지상 역률이며, 전압변동률은 ϵ, 퍼센트 저항강하는 p, 퍼센트 리액턴스 강하는 q이다.)

① $\epsilon = 0.8p + 0.6q\,[\%]$
② $\epsilon = 0.6p + 0.8q\,[\%]$
③ $\epsilon = p\,[\%]$
④ $\epsilon = q\,[\%]$

10 기본   21년 1회 기출

발전기 회전자에 유도자를 주로 사용하는 발전기는?

① 수차 발전기   ② 엔진 발전기
③ 터빈 발전기   ④ 고주파 발전기

11 기본   16년 1회 기출

정전압 계통에 접속된 동기발전기의 여자를 약하게 하면?

① 출력이 감소한다.
② 전압이 강하한다.
③ 앞선 무효전류가 증가한다.
④ 뒤진 무효전류가 증가한다.

12 기본   19년 3회 기출

동기발전기의 3상 단락곡선에서 단락전류가 계자전류에 비례하여 거의 직선이 되는 이유로 가장 옳은 것은?

① 무부하 상태이므로
② 전기자 반작용으로
③ 자기포화가 있으므로
④ 누설 리액턴스가 크므로

13 기본   20년 3회 기출

동기발전기에 설치된 제동권선의 효과로 틀린 것은?

① 난조 방지

② 과부하 내량의 증대

③ 송전선의 불평형 단락시 이상전압 방지

④ 불평형 부하 시의 교류, 전압 파형의 개선

14 기본   18년 1회 기출

부하 급변 시 부하각과 부하 속도가 진동하는 난조 현상을 일으키는 원인이 아닌 것은?

① 전기자 회로의 저항이 너무 큰 경우

② 원동기의 토크에 고조파가 포함된 경우

③ 원동기의 조속기 감도가 너무 예민한 경우

④ 자속의 분포가 기울어져 자속의 크기가 감소한 경우

15 응용   22년 1회 기출

비돌극형 동기발전기 한 상의 단자전압을 V, 유도기전력을 E, 동기 리액턴스를 X_s, 부하각이 δ 이고, 전기자 저항을 무시할 때 한 상의 최대출력 [W]은?

① $\dfrac{EV}{X_s}$ ② $\dfrac{3EV}{X_s}$

③ $\dfrac{E^2 V}{X_s}$ ④ $\dfrac{EV^2}{X_s}$

16 응용   21년 1회 기출

기전력(1상)이 E_o 이고 동기 임피던스(1상)가 Z_s 인 2대의 3상 동기발전기를 무부하로 병렬 운전시킬 때 각 발전기의 기전력 사이에 δ_s 의 위상차가 있으면 한쪽 발전기에서 다른 쪽 발전기로 공급되는 1상당 전력[W]은?

① $\dfrac{E_o}{Z_s}\sin\delta_s$ ② $\dfrac{E_o}{Z_s}\cos\delta_s$

③ $\dfrac{E_o^2}{2Z_s}\sin\delta_s$ ④ $\dfrac{E_o^2}{2Z_s}\cos\delta_s$

17 기본   17년 1회 기출

원통형 회전자(비철극기)를 가진 동기발전기는 부하각 δ가 몇 도일 때 최대 출력을 낼 수 있는가?

① $0°$ ② $30°$

③ $60°$ ④ $90°$

18 응용   기출변형

비돌극형 동기발전기 한 상의 출력 P와 부하각 및 동기 리액턴스와의 관계에 대한 설명으로 옳은 것은? (단, 부하각은 δ , 동기 리액턴스는 x_s 이고 전기자 저항은 무시한다.)

① 부하각에 반비례하고 동기 리액턴스에 비례한다.

② 부하각 및 동기 리액턴스에 비례한다.

③ 부하각에 비례하고 동기 리액턴스에 반비례한다.

④ 부하각 및 동기 리액턴스에 반비례한다.

19 응용

동기발전기의 병렬운전 중에 기전력의 위상차가 생기는 현상에 대한 설명으로 옳지 않은 것은?

① 동기기의 병렬운전 시 하나의 동기기의 출력이 변하면 위상차가 발생한다.
② 동기화 전류가 흐른다.
③ 수수전력이 발생한다.
④ 고조파 무효 순환전류가 흐른다

20 기본 14년 2회 기출

병렬운전 중의 A, B 두 동기발전기 중에서 A발전기의 여자를 B발전기보다 강하게 하였을 경우 B발전기는?

① 90도 앞선 전류가 흐른다.
② 90도 뒤진 전류가 흐른다.
③ 동기화 전류가 흐른다.
④ 부하 전류가 증가한다.

21 응용 16년 3회 기출

슬롯수 36의 고정자 철심이 있다. 여기에 3상 4극의 2층권으로 권선할 때 매극 매상의 슬롯수와 코일 수는?

① 3과 18 　　② 9와 36
③ 3과 36 　　④ 8과 18

22 응용 16년 3회 기출

동기발전기의 전기자 권선은 기전력의 파형을 개선하는 방법으로 분포권과 단절권을 쓴다. 분포권 계수를 나타내는 식은? (단, q는 매극 매상당의 슬롯수, m은 상수, α는 슬롯의 간격이다.)

① $\left(q\sin\dfrac{n\pi}{mq}\right)/\left(\sin\dfrac{n\pi}{m}\right)$

② $\left(\sin\dfrac{n\pi}{m}\right)/\left(q\sin\dfrac{n\pi}{mq}\right)$

③ $\left(\sin\dfrac{\pi}{2m}\right)/\left(q\sin\dfrac{n\pi}{2mq}\right)$

④ $\left(\sin\dfrac{n\pi}{2m}\right)/\left(q\sin\dfrac{n\pi}{2mq}\right)$

23 응용 20년 2회 기출

동기기의 전기자 저항을 r, 전기자 반작용 리액턴스를 X_a, 누설 리액턴스를 X_l이라고 하면 동기 임피던스를 표시하는 식은?

① $\sqrt{r^2+\left(\dfrac{X_a}{X_l}\right)^2}$ 　　② $\sqrt{r^2+{X_l}^2}$

③ $\sqrt{r^2+{X_a}^2}$ 　　④ $\sqrt{r^2+(X_a+X_l)^2}$

24 응용 21년 3회 기출

1상의 유도기전력이 $6{,}000[\text{V}]$인 동기발전기에서 1분간 회전수를 $900[\text{rpm}]$에서 $1{,}800[\text{rpm}]$으로 하면 유도기전력은 약 몇 [V]인가?

① 6,000 　　② 12,000
③ 24,000 　　④ 36,000

25 [응용]

3상 동기발전기의 여자전류 10[A]에 대한 단자 전압이 $1,000\sqrt{3}\,[V]$, 3상 단락전류가 50[A] 인 경우 동기 임피던스는 몇 [Ω]인가?

① 5   ② 11
③ 20   ④ 34

26 [응용]

3.3[kV], 5,000[kVA], 60[Hz]인 3상 동기발 전기의 동기 임피던스가 1.5[Ω]이면 단락비는 약 얼마인가?

① 1.2   ② 1.33
③ 1.45   ④ 1.5

27 [기본]

정격전압 $6,600\,[V]$인 3상 동기발전기가 정격출 력(역률 = 1)으로 운전할 때 전압변동률이 12[%] 이었다. 여자전류와 회전수를 조정하지 않은 상태 로 무부하 운전하는 경우 단자전압[V]은?

① 6,433   ② 6,943
③ 7,392   ④ 7,842

28 [응용]

역률 0.85의 부하 350[kW]에 50[kW]를 소비 하는 동기전동기를 병렬로 접속하여 합성 부하의 역률을 0.95로 개선하려면 진상 무효전력은 약 몇 [kVar]인가?

① 68   ② 72
③ 80   ④ 85

29 [기본]

동기전동기에 대한 설명으로 틀린 것은?

① 동기전동기는 주로 회전계자형이다.
② 동기전동기는 무효전력을 공급할 수 있다.
③ 동기전동기는 제동권선을 이용한 기동법이 일반적으로 많이 사용된다.
④ 3상 동기전동기의 회전방향을 바꾸려면 계 자권선 전류의 방향을 반대로 한다.

30 기본   20년 3회 기출

동기전동기에 일정한 부하를 걸고 계자전류를 $0[A]$에서부터 계속 증가시킬 때 관련 설명으로 옳은 것은? (단, I_a는 전기자 전류이다.)

① I_a는 증가하다가 감소한다.
② I_a가 최소일 때 역률이 1이다.
③ I_a가 감소상태일 때 앞선 역률이다.
④ I_a가 증가상태일 때 뒤진 역률이다.

31 기본   19년 2회 기출

동기전동기가 무부하 운전 중에 부하가 걸리면 동기전동기의 속도는?

① 정지한다.
② 동기속도와 같다.
③ 동기속도보다 빨라진다.
④ 동기속도 이하로 떨어진다.

32 기본   18년 3회 기출

동기전동기에서 전기자 반작용을 설명한 것 중 옳은 것은?

① 공급전압보다 앞선 전류는 감자작용을 한다.
② 공급전압보다 뒤진 전류는 감자작용을 한다.
③ 공급전압보다 앞선 전류는 교차 자화작용을 한다.
④ 공급전압보다 뒤진 전류는 교차 자화작용을 한다.

33 기본   15년 1회 기출

다음 전동기 중 역률이 가장 좋은 전동기는?

① 농형 유도전동기
② 반발 기동전동기
③ 동기전동기
④ 교류 정류자 전동기

34 기본   16년 3회 기출

동기전동기의 기동법 중 자기동법에서 계자권선을 저항을 통해서 단락시키는 이유는?

① 기동이 쉽다.
② 기동 권선으로 이용한다.
③ 고전압의 유도를 방지한다.
④ 전기자 반작용을 방지한다.

35 기본   21년 1회 기출

동기전동기에 설치된 제동권선의 효과는?

① 정지시간의 단축
② 출력 전압의 증가
③ 기동토크의 발생
④ 과부하 내량의 증가

36 [기본]

동기 조상기의 구조상 특이점이 아닌 것은?

① 고정자는 수차 발전기와 같다.

② 계자 코일이나 자극이 대단히 크다.

③ 안전 운전용 제동권선이 설치된다.

④ 전동기 축은 동력을 전달하는 관계로 비교
적 굵다.

37 [응용]

다음 곡선에 대한 설명으로 옳지 않은 것은?

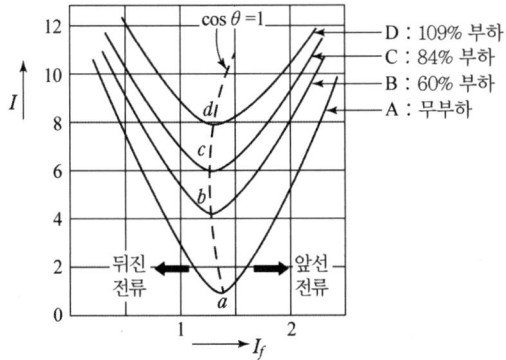

① V 곡선 또는 위상특성곡선이라고 한다.

② 계자전류와 전기자 전류의 관계곡선이다.

③ 부하가 증가할수록 곡선은 아래로 이동한다.

④ 곡선의 최저점은 역률 1에 해당하는 지점
이다.

38 [응용]

동기전동기에서 출력이 100[%]일 때 역률이 1
이 되도록 계자전류를 조정한 다음에 공급전압
V 및 계자전류 I_f를 일정하게 하고, 전부하 이하
에서 운전하면 동기전동기의 역률은?

① 뒤진 역률이 되고, 부하가 감소할수록 역률
은 낮아진다.

② 뒤진 역률이 되고, 부하가 감소할수록 역률
은 좋아진다.

③ 앞선 역률이 되고, 부하가 감소할수록 역률
은 낮아진다.

④ 앞선 역률이 되고, 부하가 감소할수록 역률
은 좋아진다.

39 [응용]

무부하의 장거리 송전선로에 동기발전기를 접속
하는 경우 발생하는 자기여자 현상을 방지하기
위한 방법으로 옳지 않은 것은?

① 발전기 직렬 접속

② 동기 조상기 접속

③ 수전단에 변압기 접속

④ 리액턴스 병렬 접속

SUBJECT 03
전기기기

변압기

출제경향 CHECK!

변압기의 출제비율은 약 25%로 전기기기의 유형 중에서 가장 많은 문제가 출제되기 때문에 철저한 대비가 필요합니다.

변압기에 대한 기본 개념을 이해해야 풀 수 있는 문제가 많고, 계산문제 중에서는 부하손(동손), 권수비, 유도기전력과 관련된 문제가 자주 출제됩니다.

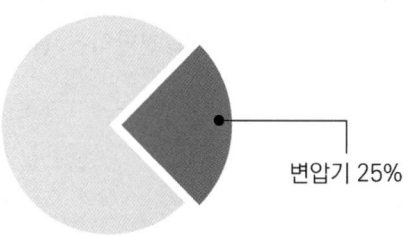

변압기 25%

▲ 출제비율

대표유형 문제

부하에 관계없이 변압기에 흐르는 전류로서 자속만을 만드는 전류는?   17년 2회 기출

① 1차 전류   ② 자화전류
③ 여자전류   ④ 철손전류

정답 ②

해설 무부하 전류는 자속을 발생시키는 자화전류와 철손을 발생시키는 철손전류의 성분으로 구성되어 있다. 자화전류는 순수한 자속을 만드는 데만 소요되는 전류로 자속과 동 위상이고 전압보다 위상이 90° 뒤진 무효전류이며 철손전류는 전압과 동상인 유효전류이다.

핵심이론 CHECK!

1. 변압기의 구조

1개의 철심(자기회로)에 2개의 코일(전기회로)가 감긴 구조로 이루어져 있다.

2. 변압기의 원리(페러데이 전자유도 법칙)

1개의 철심에 두 개의 코일(1차측과 2차측)을 감고 1차측에 교류전압을 인가하는 경우, 교번 자속이 철심에 흐르게 되고, 이 자속이 코일에 작용하면서, 코일 감은 수에 비례한 유도기전력이 발생한다.

3. 변압기의 종류

① 유입식: 절연유를 이용하여 변압기 내부를 절연하는 방식(일반적인 주상 변압기)
② 몰드식: 에폭시 수지로 변압기를 절연하는 방식
③ 건식: 고체 절연체(유리섬유 등)으로 절연하는 방식(H종 건식 변압기: 최대 허용 온도 180[℃])
④ 가스식: SF_6를 이용하여 변압기를 절연하는 방식

01 기본   22년 1회 기출

변압기의 등가회로 구성에 필요한 시험이 아닌 것은?

① 단락시험   ② 부하시험
③ 무부하시험   ④ 권선저항 측정

02 기본   22년 1회 기출

변압기에 임피던스 전압을 인가할 때의 입력은?

① 철손   ② 와류손
③ 정격용량   ④ 임피던스 와트

03 기본   21년 2회 기출

변압기의 주요 시험항목 중 전압변동률 계산에 필요한 수치를 얻기 위한 필수적인 시험은?

① 단락시험   ② 내전압시험
③ 변압비시험   ④ 온도상승시험

04 응용   18년 2회 기출

부하전류가 2배로 증가하면 변압기의 2차측 동손은 어떻게 되는가?

① $\frac{1}{4}$로 감소한다.   ② $\frac{1}{2}$로 감소한다.

③ 2배로 증가한다.   ④ 4배로 증가한다.

05 기본   17년 1회 기출

변압기의 절연내력시험 방법이 아닌 것은?

① 가압시험   ② 유도시험
③ 무부하시험   ④ 충격전압시험

06 기본   22년 2회 기출

변압기의 습기를 제거하여 절연을 향상시키는 건조법이 아닌 것은?

① 열풍법   ② 단락법
③ 진공법   ④ 건식법

SUBJECT 03 전기기기

07 기본 　　　　　　　21년 3회 기출

변압기의 전압변동률에 대한 설명으로 틀린 것은?

① 일반적으로 부하변동에 대하여 2차 단자전압의 변동이 작을수록 좋다.

② 전부하시와 무부하시의 2차 단자전압이 서로 다른 정도를 표시하는 것이다.

③ 인가전압이 일정한 상태에서 무부하 2차 단자전압에 반비례한다.

④ 전압변동률은 전등의 광도, 수명, 전동기의 출력 등에 영향을 미친다.

08 기본 　　　　　　　18년 2회 기출

변압기의 1차측을 Y결선, 2차측을 $\triangle$결선으로 한 경우 1차와 2차 간의 전압의 위상차는?

① 0˚

② 30˚

③ 45˚

④ 60˚

09 기본 　　　　　　　21년 3회 기출

변압기유에 요구되는 특성으로 틀린 것은?

① 점도가 클 것

② 응고점이 낮을 것

③ 인화점이 높을 것

④ 절연내력이 클 것

10 기본 　　　　　　　18년 2회 기출

변압기 보호장치의 주된 목적이 아닌 것은?

① 전압 불평형 개선

② 절연내력 저하 방지

③ 변압기 자체 사고의 최소화

④ 다른 부분으로의 사고 확산 방지

11 기본 　　　　　　　19년 3회 기출

변압기의 보호에 사용되지 않는 것은?

① 온도 계전기

② 과전류 계전기

③ 임피던스 계전기

④ 비율차동 계전기

12 기본   17년 3회 기출

변압기의 보호방식 중 비율차동 계전기를 사용하는 경우는?

① 고조파 발생을 억제하기 위하여
② 과여자 전류를 억제하기 위하여
③ 과전압 발생을 억제하기 위하여
④ 변압기 상간 단락 보호를 위하여

13 기본   21년 3회 기출

3상 변압기를 병렬 운전하는 조건으로 틀린 것은?

① 각 변압기의 극성이 같을 것
② 각 변압기의 %임피던스 강하가 같을 것
③ 각 변압기의 1차와 2차 정격전압과 변압비가 같을 것
④ 각 변압기의 1차와 2차 선간전압의 위상변위가 다를 것

14 기본   15년 3회 기출

3상 전원을 이용하여 2상 전압을 얻고자 할 때 사용하는 결선 방법은?

① Scott 결선   ② Fork 결선
③ 환상 결선   ④ 2중 3각 결선

15 기본   21년 1회 기출

전류계를 교체하기 위해 우선 변류기 2차측을 단락시켜야 하는 이유는?

① 측정오차 방지
② 2차측 절연 보호
③ 2차측 과전류 보호
④ 1차측 과전류 방지

16 기본   21년 1회 기출

단상 유도전압 조정기에서 단락권선의 역할은?

① 철손 경감   ② 절연 보호
③ 전압강하 경감   ④ 전압조정 용이

17 기본   18년 1회 기출

단상 직권 정류자 전동기의 전기자 권선과 계자 권선에 대한 설명으로 틀린 것은?

① 계자권선의 권수를 적게 한다.
② 전기자 권선의 권수를 크게 한다.
③ 변압기 기전력을 적게 하여 역률 저하를 방지한다.
④ 브러시로 단락되는 코일 중의 단락전류를 많게 한다.

18 기본   18년 3회 기출

3상 직권 정류자 전동기에 중간 변압기를 사용하는 이유로 적당하지 않은 것은?

① 중간 변압기를 이용하여 속도 상승을 억제할 수 있다.

② 중간 변압기를 사용하여 누설 리액턴스를 감소할 수 있다.

③ 회전자 전압을 정류작용에 맞는 값으로 선정할 수 있다.

④ 중간 변압기의 권수비를 바꾸어 전동기 특성을 조정할 수 있다.

19 응용   14년 3회 기출

2[kVA], 3,000/100[V]의 단상변압기의 철손이 200[W]이면 1차에 환산한 여자 컨덕턴스[℧]는?

① 66.6×10^{-3} ② 22.2×10^{-6}

③ 22×10^{-2} ④ 2×10^{-6}

20 응용   17년 3회 기출

3,000/200[V] 변압기의 1차 임피던스가 225[Ω]이면, 2차 환산 임피던스는 약 몇 [Ω]인가?

① 1.0   ② 1.5

③ 2.1   ④ 2.8

21 응용   기출변형

1차 전압 6,000[V], 권수비 15인 단상 변압기로 전등 부하에 45[A]를 공급할 때의 입력[kW]는? (단, 전등 부하의 역률은 1이다.)

① 6   ② 12

③ 18   ④ 24

22 응용   19년 3회 기출

그림과 같은 변압기 회로에서 부하 R_2에 공급되는 전력이 최대로 되는 변압기의 권수비 a는?

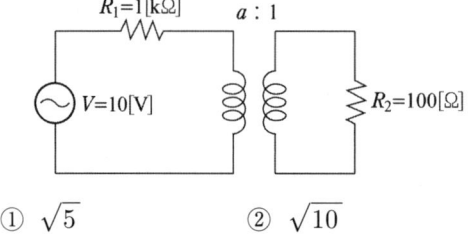

① $\sqrt{5}$ ② $\sqrt{10}$

③ 5   ④ 10

23 응용   20년 4회 기출

단면적 10[cm²]인 철심에 200회의 권선을 감고, 이 권선에 60[Hz], 60[V]인 교류전압을 인가하였을 때 철심의 최대 자속밀도는 약 몇 [Wb/m²]인가?

① 1.126×10^{-3} ② 1.126

③ 2.252×10^{-3} ④ 2.252

24 응용   19년 1회 기출

$60[\mathrm{Hz}]$의 변압기에 $50[\mathrm{Hz}]$의 동일전압을 가했을 때의 자속밀도는 $60[\mathrm{Hz}]$ 때와 비교하였을 경우 어떻게 되는가?

① $\dfrac{5}{6}$로 감소   ② $\dfrac{6}{5}$으로 증가

③ $\left(\dfrac{5}{6}\right)^{1.6}$으로 감소   ④ $\left(\dfrac{6}{5}\right)^{2}$으로 증가

25 응용   22년 2회 기출

단상 변압기의 무부하 상태에서 $V_1 = 200\sin(\omega t + 30°)[\mathrm{V}]$의 전압이 인가되었을 때 $I_0 = 3\sin(\omega t + 60°) + 0.7\sin(3\omega t + 180°)[\mathrm{A}]$의 전류가 흘렀다. 이때 무부하손은 약 몇 $[\mathrm{W}]$인가?

① 150   ② 259.8

③ 415.2   ④ 512

26 응용   21년 1회 기출

1차 전압은 3,300[V]이고 1차측 무부하 전류는 0.15[A], 철손은 330[W]인 단상 변압기의 자화 전류는 약 몇 [A]인가?

① 0.112   ② 0.145

③ 0.181   ④ 0.231

27 응용   기출변형

변압비 2,000/100[V]인 단상 변압기 2대의 고압 측을 아래 그림과 같이 직렬로 2,600[V] 전원에 접속하고 저압 측에 각각 5[Ω], 8[Ω]의 저항을 접속하였을 때 고압 측의 단자 전압 E_1 과 E_2는 각각 몇 [V]가 되겠는가?

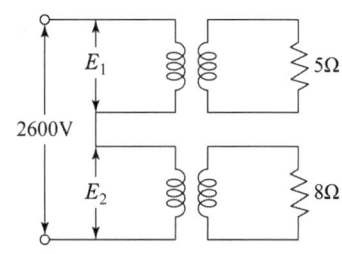

① $E_1 = 1,000[\mathrm{V}]$, $E_2 = 1,600[\mathrm{V}]$

② $E_1 = 1,600[\mathrm{V}]$, $E_2 = 1,000[\mathrm{V}]$

③ $E_1 = 500[\mathrm{V}]$, $E_2 = 800[\mathrm{V}]$

④ $E_1 = 800[\mathrm{V}]$, $E_2 = 500[\mathrm{V}]$

28 기본   21년 1회 기출

단상 변압기 2대를 병렬 운전할 경우, 각 변압기의 부하전류를 I_a, I_b, 1차측으로 환산한 임피던스를 Z_a, Z_b, 백분율 임피던스 강하를 z_a, z_b, 정격용량을 P_{an}, P_{bn}이라 한다. 이 때 부하 분담에 대한 관계로 옳은 것은?

① $\dfrac{I_a}{I_b} = \dfrac{Z_a}{Z_b}$ ② $\dfrac{I_a}{I_b} = \dfrac{P_{bn}}{P_{an}}$

③ $\dfrac{I_a}{I_b} = \dfrac{z_b}{z_a} \times \dfrac{P_{an}}{P_{bn}}$ ④ $\dfrac{I_a}{I_b} = \dfrac{Z_a}{Z_b} \times \dfrac{P_{an}}{P_{bn}}$

29 [응용]
13년 2회 기출

1차 및 2차 정격전압이 같은 2대의 변압기가 있다. 그 용량 및 임피던스 강하가 A 변압기는 5[kVA], 3[%], B 변압기는 20[kVA], 2[%] 일 때 이것을 병렬 운전하는 경우 부하를 분담하는 비(A:B)는?

① 1:4　　　　② 1:6
③ 2:3　　　　④ 3:2

30 [응용]
14년 3회 기출

30[kVA], 3,300/200[V], 60[Hz]의 3상 변압기 2차측에 3상 단락이 생겼을 경우 단락전류는 약 몇 [A]인가? (단, %임피던스 전압은 3[%]이다.)

① 2,250　　　　② 2,620
③ 2,730　　　　④ 2,886

31 [응용]
16년 2회 기출

3,300/200[V], 10[kVA] 단상 변압기의 2차를 단락하여 1차측에 300[V]를 가하니 2차에 120[A]의 전류가 흘렀다. 이 변압기의 임피던스 전압 및 %임피던스 강하는 약 얼마인가?

① 125[V], 3.8[%]　　② 125[V], 3.5[%]
③ 200[V], 4.0[%]　　④ 200[V], 4.2[%]

32 [응용]
20년 3회 기출

$3[kVA]$, $3,000/200[V]$의 변압기의 단락시험에서 임피던스 전압 $120[V]$, 동손 $150[W]$라 하면 %저항 강하는 몇 [%]인가?

① 1　　　　② 3
③ 5　　　　④ 7

33 [응용]
기출변형

정격전압 220[V], 60[Hz]인 변압기의 무부하 입력이 110[W]이고 무부하 전류는 1.5[A]이다. 이 변압기의 여자 리액턴스는 약 몇 [Ω]인가?

① 97.6　　　　② 124.6
③ 155.6　　　　④ 176.6

34 [기본]
14년 3회 기출

10[kVA], 2,000/100[V] 변압기 1차 환산등가임피던스가 6.2+j7[Ω]일 때 %임피던스 강하[%]는?

① 약 9.4　　　　② 약 8.35
③ 약 6.75　　　　④ 약 2.3

35 응용   15년 1회 기출

10[kVA], 2,000/100[V] 변압기에서 1차에 환산한 등가 임피던스는 $6.2+j7[\Omega]$이다. 이 변압기의 퍼센트 리액턴스 강하는?

① 3.5   ② 0.175
③ 0.35   ④ 1.75

36 기본   19년 3회 기출

변압기의 백분율 저항강하가 3[%], 백분율 리액턴스 강하가 4[%]일 때, 뒤진 역률 80[%]인 경우의 전압변동률[%]은?

① 2.5   ② 3.4
③ 4.8   ④ -3.6

37 응용   18년 1회 기출

정격부하에서 역률 0.8(뒤짐)로 운전될 때, 전압변동률이 12[%]인 변압기가 있다. 이 변압기에 역률 100[%]의 정격 부하를 걸고 운전할 때의 전압변동률은 약 몇 [%]인가? (단, %저항강하는 %리액턴스 강하의 1/12이라고 한다.)

① 0.909   ② 1.5
③ 6.85   ④ 16.18

38 응용   17년 3회 기출

60[Hz], 1,328/230[V]의 단상 변압기가 있다. 무부하 전류 $i = 3\sin wt + 1.1\sin(3wt + \alpha_3)$ [A]이다. 지금 위와 똑같은 변압기 3대로 Y-△ 결선하여 1차에 2,300[V]의 평형 전압을 걸고 2차를 무부하로 하면 △회로를 순환하는 전류(실효치)는 약 몇 A인가?

① 0.77   ② 1.10
③ 4.48   ④ 6.35

39 응용   16년 2회 기출

정격용량 100[kVA]인 단상 변압기 3대를 △-△ 결선하여 300[kVA]의 3상 출력을 얻고 있다. 한 상에 고장이 발생하여 결선을 V결선으로 하는 경우 a)뱅크 용량 kVA, b) 각 변압기의 출력 [kVA]은?

① a) 253, b) 126.5   ② a) 200, b) 100
③ a) 173, b) 86.6   ④ a) 152, b) 75.6

40 응용   18년 1회 기출

150[kVA]의 변압기의 철손이 1[kW], 전부하동손이 2.5[kW]이다. 역률 80[%]에 있어서의 최대효율은 약 몇 [%]인가?

① 95   ② 96
③ 97.4   ④ 98.5

41 기본   19년 1회 기출

$\dfrac{3}{4}$ 부하에서 효율이 최대인 주상 변압기의 전부하 시 철손과 동손의 비는?

① 8 : 4   ② 4 : 4
③ 9 : 16   ④ 16 : 9

42 응용   17년 2회 기출

주파수가 정격보다 3[%] 감소하고 동시에 전압이 정격보다 3[%] 상승된 전원에서 운전되는 변압기가 있다. 철손이 $f B_m^2$ 에 비례한다면 이 변압기 철손은 정격 상태에 비하여 어떻게 달라지는가? (단, f : 주파수, B_m : 자속밀도 최대치이다.)

① 약 8.7[%] 증가   ② 약 8.7[%] 감소
③ 약 9.4[%] 증가   ④ 약 9.4[%] 감소

43 응용   17년 3회 기출

정격전압, 정격 주파수가 6,600/220[V], 60[Hz], 와류손이 720[W]인 단상 변압기가 있다. 이 변압기를 3,300[V], 50[Hz]의 전원에 사용하는 경우 와류손은 약 몇 [W]인가?

① 120   ② 150
③ 180   ④ 200

44 응용   14년 1회 기출

평형 3상전류를 측정하려고 60/5[A]의 변류기 2대를 그림과 같이 접속했더니 전류계에 2.5[A]가 흘렀다. 1차 전류는 몇 [A]인가?

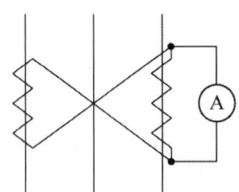

① 5   ② $5\sqrt{3}$
③ 10   ④ $10\sqrt{3}$

45 기본   20년 4회 기출

단권 변압기에서 1차 전압 100[V], 2차 전압 110[V]인 단권 변압기의 자기용량과 부하용량의 비는?

① $\dfrac{1}{10}$ ② $\dfrac{1}{11}$
③ 10   ④ 11

46 기본   19년 1회 기출

2대의 변압기로 V결선하여 3상 변압하는 경우 변압기 이용률은 약 몇 [%]인가?

① 57.8   ② 66.6

③ 86.6   ④ 100

47 기본   22년 1회 기출

단권 변압기 두 대를 V결선하여 전압을 $2,000[\text{V}]$에서 $2,200[\text{V}]$로 승압한 후 $200[\text{kVA}]$의 3상 부하에 전력을 공급하려고 한다. 이때 단권 변압기 1대의 용량은 약 몇 $[\text{kVA}]$인가?

① 4.2   ② 10.5

③ 18.2   ④ 21

48 응용   기출변형

단상 단권 변압기 3대를 Y 결선으로 하여 3상 전압 2,000[V]를 200[V] 승압하여 2,200[V]로 하고 100[kVA]를 송전하려고 한다. 이 경우 단상 단권 변압기의 저전압 측 전압과 승압 전압 및 Y 결선의 자기용량은 약 얼마인가?

① 2,000[V], 200[V], 5.8[kVA]

② 2,000[V], 200[V], 9.1[kVA]

③ 1,270.5[V], 115.5[V], 5.8[kVA]

④ 1,155[V], 115.5[V], 9.1[kVA]

④ 유도기

유도기 유형은 전기기기에서 약 20% 정도 출제되는 유형입니다. 유도기에서는 계산문제의 출제비율이 약간 높은 편인데 유도 전동기의 출력식, 직류발전기의 효율, 유도전동기의 토크와 자 속 등과 관련된 공식은 자주 출제되므로 확실하게 암기하고 공 식을 이용하여 문제를 푸는 연습을 해야 합니다.

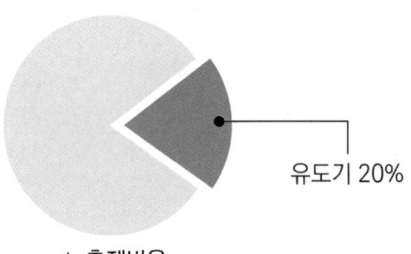

유도기 20%

▲ 출제비율

대표유형 문제

유도전동기의 동작원리로 옳은 것은?　　　　　　　　　　　14년 2회 기출
① 전자유도와 플레밍의 왼손 법칙　　　　② 전자유도와 플레밍의 오른손 법칙
③ 정전유도와 플레밍의 왼손 법칙　　　　④ 정전유도와 플레밍의 오른손 법칙

정답　①

해설　구리 또는 알루미늄 원판 위에서 자석을 돌리면 원판은 자석보다 약간 늦은 속도로 회전한다. 그 이유는 전자유도 법칙에 의해 기전력이 유도되고 이 전류와 자속 사이에 플레밍의 왼손 법칙이 작용하여 원판은 자석의 회전 방향으로 힘을 받아 회전하기 때문이다. 이것을 응용하여 원판 대신 원통형 도체를 사용하여 회전자를 만들고 회전자의 원주에 따라 자석 대신 전류가 흐르는 권선에 의해 회전하는 자계를 만들어 주게 되는데 이것이 유도전동기의 원리이다.

핵심이론 CHECK!

유도전동기의 원리(플레밍의 왼손 법칙)
① 회전할 수 있도록 구성된 구리 원판(도체) 주위로 영구자석을 회전시키면, 구리 도체에 시간 변화에 따른 자속의 변화가 일어나게 되어 전자유도에 의해 기전력이 형성된다.
② 이 기전력으로 인해 구리 도체 내부에는 와전류(맴돌이 전류)가 흐르게 되며, 이 전류와 자속의 관계성인 플레밍의 왼손법칙에 의해 전자력(힘)이 형성하게 되어 구리 도체가 회전운동을 하게 된다.
③ 이와 같이, 3상 유도전동기에 3상 교류를 인가하면 고정자에서 3상 회전 자계가 형성되며, 이로 인해 내부의 회전자(도체)가 회전운동을 하게 된다. 즉, 아라고의 원판 실험에서 유도기의 개념으로 접목하면, 고정자의 3상 회전 자계로써 아라고의 원판 실험에서의 영구자석의 효과를 볼 수 있다.

01 기본   21년 3회 기출

3상 유도전동기에서 고조파 회전자계가 기본파 회전방향과 역방향인 고조파는?

① 제3고조파   ② 제5고조파

③ 제7고조파   ④ 제13고조파

02 기본   21년 2회 기출

10[kW], 3상, 380[V] 유도전동기의 전부하 전류는 약 몇 [A]인가? (단, 전동기의 효율은 85[%], 역률은 85[%]이다.)

① 15   ② 21

③ 26   ④ 36

03 응용   18년 3회 기출

직류발전기를 3상 유도전동기에서 구동하고 있다. 이 발전기에 55[kW] 부하를 걸 때 전동기의 전류는 약 몇 [A]인가? (단, 발전기의 효율은 88[%], 전동기의 단자전압은 400[V], 전동기 효율은 88[%], 전동기의 역률은 82[%]로 한다.)

① 125   ② 225

③ 325   ④ 425

04 응용   14년 1회 기출

3상 유도전동기의 슬립이 $s < 0$인 경우를 설명한 것으로 틀린 것은?

① 동기속도 이상이다.

② 유도발전기로 사용된다.

③ 유도전동기 단독으로 동작이 가능하다.

④ 속도를 증가시키면 출력이 증가한다.

05 기본   22년 1회 기출

유도전동기 1극의 자속을 ϕ, 2차 유효전류 $I_2\cos\theta_2$, 토크 τ의 관계로 옳은 것은?

① $\tau \propto \phi \times I_2\cos\theta_2$

② $\tau \propto \phi \times (I_2\cos\theta_2)^2$

③ $\tau \propto \dfrac{1}{\phi \times I_2\cos\theta_2}$

④ $\tau \propto \dfrac{1}{\phi \times (I_2\cos\theta_2)^2}$

06 기본   20년 2회 기출

유도전동기를 정격상태로 사용 중, 전압이 10[%] 상승할 때 특성변화로 틀린 것은? (단, 부하는 일정토크라고 가정한다.)

① 슬립이 작아진다.

② 역률이 떨어진다.

③ 속도가 감소한다.

④ 히스테리시스손과 와류손이 증가한다.

SUBJECT 03 전기기기

07 기본   20년 3회 기출

3상 유도전동기에서 2차측 저항을 2배로 하면 그 최대토크는 어떻게 변하는가?

① 2배로 커진다.   ② 3배로 커진다.

③ 변하지 않는다.   ④ $\sqrt{2}$ 배로 커진다.

08 기본   17년 3회 기출

60[Hz]의 3상 유도전동기를 동일 전압으로 50[Hz]에 사용할 때 ⓐ 무부하 전류, ⓑ 온도 상승, ⓒ 속도는 어떻게 변하겠는가?

① ⓐ 60/50으로 증가, ⓑ 60/50으로 증가, ⓒ 50/60으로 감소

② ⓐ 60/50으로 증가, ⓑ 50/60으로 감소, ⓒ 50/60으로 감소

③ ⓐ 50/60으로 감소, ⓑ 60/50으로 증가, ⓒ 50/60으로 감소

④ ⓐ 50/60으로 감소, ⓑ 60/50으로 증가, ⓒ 60/50으로 증가

09 기본   20년 3회 기출

유도전동기에서 공급 전압의 크기가 일정하고 전원 주파수만 낮아질 때 일어나는 현상으로 옳은 것은?

① 철손이 감소한다.
② 온도상승이 커진다.
③ 여자전류가 감소한다.
④ 회전속도가 증가한다.

10 응용   20년 1회 기출

유도전동기를 정격상태로 사용 중, 전압이 10[%] 상승할 때 특성변화로 틀린 것은?

① 슬립이 작아진다.
② 역률이 떨어진다.
③ 속도가 감소한다.
④ 히스테리시스손과 와류손이 증가한다.

11 기본   20년 4회 기출

3상 유도전동기의 기계적 출력 P[kW], 회전수 N[rpm]인 전동기의 토크 [N·m]는?

① $0.46\dfrac{P}{N}$ ② $0.855\dfrac{P}{N}$

③ $975\dfrac{P}{N}$ ④ $9,549.3\dfrac{P}{N}$

12 응용   21년 3회 기출

4극, 60[Hz]인 3상 유도전동기가 있다. 1,725[rpm]으로 회전하고 있을 때, 2차 기전력의 주파수[Hz]는?

① 2.5   ② 5

③ 7.5   ④ 10

13 [기본]

380[V], 60[Hz], 4극, 10[kW]인 3상 유도전동기의 전부하 슬립이 4[%]이다. 전원 전압을 10[%] 낮추는 경우 전부하 슬립은 약 몇 [%]인가?

① 3.3
② 3.6
③ 4.4
④ 4.9

14 [기본]

3상 유도기의 기계적 출력(P_0)에 대한 변환식으로 옳은 것은? (단, 2차 입력은 P_2, 2차 동손은 P_{2c}, 동기속도는 N_s, 회전자속도는 N, 슬립은 s이다.)

① $P_0 = P_2 + P_{2c} = \dfrac{N}{N_s}P_2 = (2-s)P_2$

② $(1-s)P_2 = \dfrac{N}{N_s}P_2 = P_0 - P_{2c}$

$\qquad = P_0 - sP_2$

③ $P_0 = P_2 - P_{2c} = P_2 - sP_2$

$\qquad = \dfrac{N}{N_s}P_2 = (1-s)P_2$

④ $P_0 = P_2 + P_{2c} = P_2 + sP_2$

$\qquad = \dfrac{N}{N_s}P_2 = (1+s)P_2$

15 [기본]

유도전동기의 회전속도를 $N[\text{rpm}]$, 동기속도를 $N_s[\text{rpm}]$이라 하고 순방향 회전자계의 슬립을 s라고 하면, 역방향 회전자계에 대한 회전자 슬립은?

① $s-1$
② $1-s$
③ $s-2$
④ $2-s$

16 [기본]

슬립 s_t에서 최대토크를 발생하는 3상 유도전동기에 2차측 한상의 저항을 r_2라 하면 최대토크로 기동하기 위한 2차측 한 상에 외부로부터 가해 주어야 할 저항[Ω]은?

① $\dfrac{1-s_t}{s_t}r_2$
② $\dfrac{1+s_t}{s_t}r_2$
③ $\dfrac{r_2}{1-s_t}$
④ $\dfrac{r_2}{s_t}$

17 [응용]

출력 7.5[kW]의 3상 유도전동기가 전부하 운전에서 2차 저항손이 200[W]일 때, 슬립은 약 몇 [%]인가?

① 8.8
② 3.8
③ 2.6
④ 2.2

18 응용 〈16년 1회 기출〉

4극, 60[Hz]의 유도전동기가 슬립 5[%]로 전부하 운전하고 있을 때 2차 권선의 손실이 94.25[W]라고 하면 토크는 약 몇 [N·m]인가?

① 1.02 ② 2.04
③ 10.0 ④ 20.0

19 기본 〈18년 1회 기출〉

3상 유도전동기의 슬립이 s일 때 2차 효율[%]은?

① $(1-s) \times 100$ ② $(2-s) \times 100$
③ $(3-s) \times 100$ ④ $(4-s) \times 100$

20 응용 〈20년 3회 기출〉

정격출력 50[kW], 4극 220[V], 60[Hz]인 3상 유도전동기가 전부하 슬립 0.04, 효율 90[%]로 운전되고 있을 때 다음 중 틀린 것은?

① 2차 효율 = 92[%]
② 1차 입력 = 55.56[kW]
③ 회전자 동손 = 2.08[kW]
④ 회전자 입력 = 52.08[kW]

21 기본 〈19년 2회 기출〉

유도전동기로 동기전동기를 기동하는 경우, 유도전동기의 극수는 동기기의 그것보다 2극 적은 것을 사용한다. 옳은 이유는? (단, s는 슬립이며 N_s는 동기속도이다.)

① 같은 극수로는 유도기는 동기 속도보다 sN_s 만큼 늦으므로
② 같은 극수로는 유도기를 동기 속도보다 $(1-s) N_s$만큼 늦으므로
③ 같은 극수로는 유도기는 동기 속도보다 sN_s 만큼 빠르므로
④ 같은 극수로는 유도기는 동기 속도보다 $(1-s) N_s$만큼 빠르므로

22 응용 〈22년 1회 기출〉

유도전동기의 안정 운전의 조건은? (단, T_m: 전동기토크, T_L: 부하토크, n: 회전수이다.)

① $\dfrac{d T_m}{dn} < \dfrac{d T_L}{dn}$ ② $\dfrac{d T_m}{dn} = \dfrac{d T_L^2}{dn}$

③ $\dfrac{d T_m}{dn} > \dfrac{d T_L}{dn}$ ④ $\dfrac{d T_m}{dn} \neq \dfrac{d T_L^2}{dn}$

23 기본 〈22년 1회 기출〉

다음 중 비례추이를 하는 전동기는?

① 동기전동기 ② 정류자 전동기
③ 단상 유도전동기 ④ 권선형 유도전동기

24 기본   21년 1회 기출

3상 권선형 유도전동기 기동 시 2차측에 외부 가변저항을 넣는 이유는?

① 회전수 감소

② 기동전류 증가

③ 기동토크 증가

④ 기동전류 감소와 기동토크 증가

25 기본   22년 2회 기출

3상 권선형 유도전동기의 기동 시 2차측 저항을 2배로 하면 최대토크 값은 어떻게 되는가?

① 3배로 된다.   ② 2배로 된다.

③ 1/2로 된다.   ④ 변하지 않는다.

26 기본   18년 1회 기출

권선형 유도전동기의 전부하 운전 시 슬립이 4[%]이고, 2차 정격전압이 150[V]이면 2차 유도기전력은 몇 [V]인가?

① 9   ② 8

③ 7   ④ 6

27 기본   18년 2회 기출

3상 권선형 유도전동기의 전부하 슬립 5[%], 2차 1상의 저항 $0.5[\Omega]$이다. 이 전동기의 기동토크를 전부하 토크와 같도록 하려면 외부에서 2차 삽입할 저항$[\Omega]$은?

① 8.5   ② 9

③ 9.5   ④ 10

28 응용   21년 1회 기출

60[Hz], 6극의 3상 권선형 유도전동기가 있다. 이 전동기의 정격 부하 시 회전수는 1,140[rpm]이다. 이 전동기를 같은 공급전압에서 전부하 토크로 기동하기 위한 외부저항은 몇 [Ω]인가? (단, 회전자 권선은 Y결선이며 슬립링 간의 저항은 0.1[Ω]이다.)

① 0.5   ② 0.85

③ 0.95   ④ 1

29 기본   19년 1회 기출

3상 유도전동기의 속도제어법으로 틀린 것은?

① 1차 저항법   ② 극수 제어법

③ 전압 제어법   ④ 주파수 제어법

전기기기

SUBJECT 03

30 기본

권선형 유도전동기의 2차 여자법 중 2차 단자에서 나오는 전력을 동력으로 바꿔서 직류전동기에 가하는 방식은?

① 회생 방식   ② 크레머 방식
③ 플러깅 방식   ④ 세르비우스 방식

31 기본

유도전동기의 기동 시 공급하는 전압을 단권변압기에 의해서 일시 강하시켜서 기동전류를 제한하는 기동방법은?

① $Y-\Delta$ 기동
② 저항기동
③ 직접기동
④ 기동 보상기에 의한 기동

32 기본

일반적인 3상 유도전동기에 대한 설명으로 틀린 것은?

① 불평형 전압으로 운전하는 경우 전류는 증가하나 토크는 감소한다.
② 원선도 작성을 위해서는 무부하시험, 구속시험, 1차 권선저항 측정을 하여야 한다.
③ 농형은 권선형에 비해 구조가 견고하며, 권선형에 비해 대형 전동기로 널리 사용된다.
④ 권선형 회전자의 3선 중 1선이 단선되면 동기속도의 $50[\%]$에서 더 이상 가속되지 못하는 현상을 게르게스 현상이라 한다.

33 기본

유도전동기에서 권선형 회전자에 비해 농형 회전자의 특성이 아닌 것은?

① 구조가 간단하고 효율이 좋다.
② 견고하고 보수가 용이하다.
③ 대용량에서 기동이 용이하다.
④ 중, 소형 전동기에 사용된다.

34 기본

3상 농형 유도전동기의 기동방법으로 틀린 것은?

① $Y-\Delta$ 기동
② 전전압 기동
③ 리액터 기동
④ 2차 저항에 의한 기동

35 기본

3상 유도전동기의 기동법 중 $Y-\triangle$기동법으로 기동 시 1차 권선의 각 상에 가해지는 전압은 기동 시 및 운전시 각각 정격전압의 몇 배가 가해지는가?

① $1, \dfrac{1}{\sqrt{3}}$ ② $\dfrac{1}{\sqrt{3}}, 1$

③ $\sqrt{3}, \dfrac{1}{\sqrt{3}}$ ④ $\dfrac{1}{\sqrt{3}}, \sqrt{3}$

36 기본   18년 3회 기출

유도전동기의 2차 여자 제어법에 대한 설명으로 틀린 것은?

① 역률을 개선할 수 있다.
② 권선형 전동기에 한하여 이용된다.
③ 동기속도의 이하로 광범위하게 제어할 수 있다.
④ 2차 저항손이 매우 커지며 효율이 저하된다.

37 기본   19년 1회 기출

일반적인 농형 유도전동기에 비하여 2중 농형 유도전동기의 특징으로 옳은 것은?

① 손실이 적다.
② 슬립이 크다.
③ 최대토크가 크다.
④ 기동토크가 크다.

38 기본   20년 1회 기출

단상 유도전동기의 분상 기동형에 대한 설명으로 틀린 것은?

① 보조권선은 높은 저항과 낮은 리액턴스를 갖는다.
② 주권선은 비교적 낮은 저항과 높은 리액턴스를 갖는다.
③ 높은 토크를 발생시키려면 보조권선에 병렬로 저항을 삽입한다.
④ 전동기가 기동하여 속도가 어느 정도 상승하면 보조권선을 전원에서 분리해야 한다.

39 기본   20년 3회 기출

단상 유도전동기를 2전동기설로 설명하는 경우 정방향 회전 자계의 슬립이 0.2이면, 역방향 회전자계의 슬립은 얼마인가?

① 0.2   ② 0.8
③ 1.8   ④ 2.0

40 기본   17년 2회 기출

단상 유도전동기의 기동 방법 중 기동토크가 가장 큰 것은?

① 반발 기동형   ② 분상 기동형
③ 세이딩 코일형   ④ 콘덴서 분상 기동형

41 기본   20년 1회 기출

단상 유도전동기의 기동 시 브러시를 필요로 하는 것은?

① 분상 기동형
② 반발 기동형
③ 콘덴서 분상 기동형
④ 셰이딩 코일 기동형

전기기기 응용

전기기기 응용은 다양한 전기기기에 대한 문제가 출제되는 유형으로 다이오드, 사이리스터 등과 관련된 문제가 자주 출제되고 있습니다.
전기기기 응용은 범위가 넓은 편으로 모든 전기기기에 대해 완벽하게 이해하고 공부하기 보다는 기출문제에서 출제된 개념과 문제 위주로 학습하는 전략이 필요합니다.

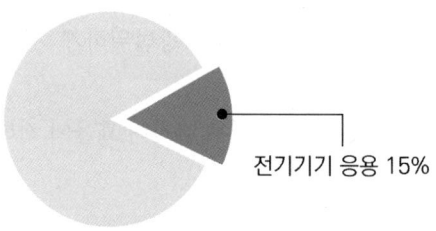

전기기기 응용 15%

▲ 출제비율

대표유형 문제

다이오드를 사용한 정류회로에서 다이오드를 여러 개 직렬로 연결하면 어떻게 되는가?　21년 3회 기출
① 전력공급의 증대
② 출력전압의 맥동률을 감소
③ 다이오드를 과전류로부터 보호
④ 다이오드를 과전압으로부터 보호

정답　④

해설　회로 내에서 다이오드를 직렬로 연결하여 사용하면 다이오드에 걸리는 전압이 분배되므로 과전압으로부터 보호할 수 있다.

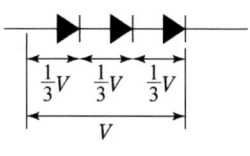

▲ 다이오드의 직렬회로

핵심이론 CHECK!

1. 다이오드(Diode)

① PN 접합 다이오드: P형 반도체와 N형 반도체를 접합하여 만든 (양극과 음극이 있는) 이극 반도체
② 순방향 바이어스: P형 반도체에는 '+', N형 반도체에는 '-'로 전압을 인가하는 것을 의미한다.
③ 역방향 바이어스: P형 반도체에는 '-', N형 반도체에는 '+'로 전압을 인가하는 것을 의미한다.

2. 사이리스터(Thyristor)

반도체 스위칭 소자로, 순방향에 전압이 인가되면 도통하는 다이오드와 달리, 순방향 전압을 인가하더라도 원하는 시점에서 도통시킬 수 있는 제어기능을 갖는 소자의 총칭이며, 일반적으로 SCR을 가리킨다.

01 기본   17년 2회 기출

정류회로에 사용되는 환류 다이오드(Free wheeling diode)에 대한 설명으로 틀린 것은?

① 순저항 부하의 경우 불필요하게 된다.
② 유도성 부하의 경우 불필요하게 된다.
③ 환류 다이오드 동작 시 부하출력 전압은 약 0[V]가 된다.
④ 유도성 부하의 경우 부하전류의 평활화에 유용하다.

02 기본   19년 3회 기출

SCR의 특징으로 틀린 것은?

① 과전압에 약하다.
② 열용량이 적어 고온에 약하다.
③ 전류가 흐르고 있을 때의 양극 전압강하가 크다.
④ 게이트에 신호를 인가할 때부터 도통할 때까지의 시간이 짧다.

03 기본   20년 1회 기출

도통(on)상태에 있는 SCR을 차단(off)상태로 만들기 위해서는 어떻게 하여야 하는가?

① 게이트 펄스전압을 가한다.
② 게이트 전류를 증가시킨다.
③ 게이트 전압이 부(-)가 되도록 한다.
④ 전원전압의 극성이 반대가 되도록 한다.

04 기본   16년 3회 기출

3단자 사이리스터가 아닌 것은?

① SCR   ② GTO
③ SCS   ④ TRIAC

05 기본   22년 2회 기출

2방향성 3단자 사이리스터는 어느 것인가?

① SCR   ② SSS
③ SCS   ④ TRIAC

06 기본   20년 4회 기출

GTO 사이리스터의 특징으로 틀린 것은?

① 각 단자의 명칭은 SCR 사이리스터와 같다.
② 온(On) 상태에서는 양방향 전류특성을 보인다.
③ 온(On) 드롭(Drop)은 약 2~4[V]가 되어 SCR 사이리스터보다 약간 크다.
④ 오프(Off) 상태에서는 SCR 사이리스터처럼 양방향 전압 저지능력을 갖고 있다.

07 기본   19년 3회 기출

전력변환기기로 틀린 것은?

① 컨버터   ② 정류기
③ 인버터   ④ 유도전동기

08 기본   17년 2회 기출

직류를 다른 전압의 직류로 변환하는 전력변환 기기는?

① 초퍼   ② 인버터
③ 사이클로 컨버터   ④ 브리지형 인버터

09 응용   기출변형

다음 보기 중 전력변환장치와 그에 대한 설명이 옳지 않은 것은?

① 인버터: 직류 입력 전압을 원하는 크기와 주파수의 교류로 변환하는 장치
② 정류기: 교류를 직류로 바꾸기 위한 전기적 장치
③ 초퍼: 교류를 정류회로와 인버터를 이용하여 다른 주파수의 교류전력으로 변환하는 장치
④ 사이클로 컨버터: 교류를 다른 주파수의 교류로 변환하는 장치

10 기본   14년 1회 기출

정류회로에서 평활회로를 사용하는 이유는?

① 출력전압의 맥류분을 감소하기 위해
② 출력전압의 크기를 증가시키기 위해
③ 정류전압의 직류분을 감소하기 위해
④ 정류전압을 2배로 하기 위해

11 기본   21년 3회 기출

단상 반파정류회로에서 직류전압의 평균값 210[V]를 얻는데 필요한 변압기 2차 전압의 실효값은 약 몇 [V]인가? (단, 부하는 순 저항이고, 정류기의 전압 강하 평균값은 15[V]로 한다.)

① 400   ② 433
③ 500   ④ 566

12 기본   20년 1회 기출

전원전압이 100[V]인 단상 전파정류제어에서 점호각이 30°일 때 직류 평균전압은 약 몇 [V]인가?

① 54   ② 64
③ 84   ④ 94

13 기본   19년 2회 기출

상전압 200[V]의 3상 반파정류회로의 각 상에 SCR을 사용하여 정류제어 할 때 위상각을 $\frac{\pi}{6}$로 하면 순 저항부하에서 얻을 수 있는 직류전압[V]은?

① 90

② 180

③ 203

④ 234

14 기본   17년 3회 기출

다이오드 2개를 이용하여 전파정류를 하고, 순저항 부하에 전력을 공급하는 회로가 있다. 저항에 걸리는 직류분 전압이 90[V]라면 다이오드에 걸리는 최대 역전압[V]의 크기는?

① 90

② 242.8

③ 254.5

④ 282.8

15 기본   19년 1회 기출

정류회로에서 상의 수를 크게 했을 경우 옳은 것은?

① 맥동 주파수와 맥동률이 증가한다.

② 맥동률과 맥동 주파수가 감소한다.

③ 맥동 주파수는 증가하고 맥동률은 감소한다.

④ 맥동률과 주파수는 감소하나 출력이 증가한다.

16 기본   18년 1회 기출

반도체 정류기에 적용된 소자 중 첨두 역방향 내전압이 가장 큰 것은?

① 셀렌 정류기

② 실리콘 정류기

③ 게르마늄 정류기

④ 아산화동 정류기

17 기본   20년 4회 기출

평형 6상 반파정류회로에서 297[V]의 직류전압을 얻기 위한 입력측 각 상전압은 약 몇 [V]인가? (단, 부하는 순수 저항부하이다.)

① 110

② 220

③ 380

④ 440

18 기본   17년 1회 기출

그림과 같은 회로에서 전원전압의 실효치 200[V], 점호각 30°일 때 출력전압은 약 몇 [V]인가? (단, 정상상태이다.)

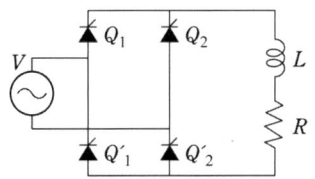

① 157.8

② 168.0

③ 177.8

④ 187.8

19 [응용] 20년 3회 기출

동작모드가 그림과 같이 나타나는 혼합브리지는?

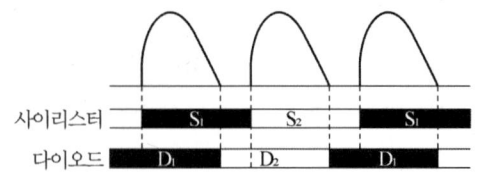

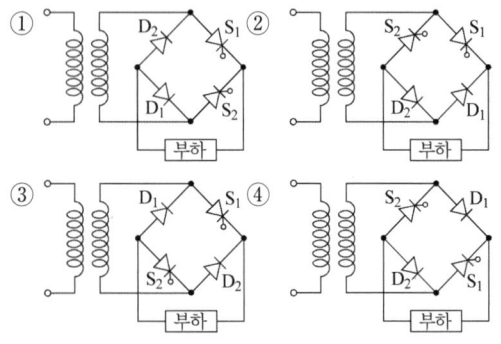

20 [기본] 22년 2회 기출

스텝 모터(step motor)의 장점으로 틀린 것은?

① 회전각과 속도는 펄스 수에 비례한다.
② 위치제어를 할 때 각도 오차가 적고 누적된다.
③ 가속, 감속이 용이하며 정·역전 및 변속이 쉽다.
④ 피드백 없이 오픈 루프로 손쉽게 속도 및 위치제어를 할 수 있다.

21 [기본] 21년 2회 기출

일반적인 DC 서보모터의 제어에 속하지 않는 것은?

① 역률제어　　　② 토크제어
③ 속도제어　　　④ 위치제어

22 [기본] 21년 3회 기출

75[W] 이하의 소출력 단상 직권정류자 전동기의 용도로 적합하지 않은 것은?

① 믹서　　　　　② 소형공구
③ 공작기계　　　④ 치과의료용

23 [기본] 21년 2회 기출

단상 정류자전동기의 일종인 단상 반발전동기에 해당되는 것은?

① 시라게 전동기
② 반발유도 전동기
③ 아트킨손형 전동기
④ 단상 직권 정류자전동기

24 기본   20년 4회 기출

3상 분권 정류자전동기에 속하는 것은?

① 톰슨 전동기   ② 데리 전동기

③ 시라게 전동기   ④ 애트킨슨 전동기

25 기본   21년 1회 기출

히스테리시스 전동기에 대한 설명으로 틀린 것은?

① 유도전동기와 거의 같은 고정자이다.

② 회전자 극은 고정자 극에 비하여 항상 각도 δ_h 만큼 앞선다.

③ 회전자가 부드러운 외면을 가지므로 소음이 적으며, 순조롭게 회전시킬 수 있다.

④ 구속 시부터 동기속도만을 제외한 모든 속도 범위에서 일정한 히스테리시스 토크를 발생한다.

26 기본   20년 1회 기출

3선 중 2선의 전원 단자를 서로 바꾸어서 결선하면 회전 방향이 바뀌는 기기가 아닌 것은?

① 회전변류기

② 유도전동기

③ 동기전동기

④ 정류자형 주파수 변환기

27 기본   19년 2회 기출

가정용 재봉틀, 소형공구, 영사기, 치과 의료용, 엔진 등에 사용하고 있으며, 교류, 직류 양쪽 모두에 사용되는 만능전동기는?

① 전기 동력계

② 3상 유도전동기

③ 차동 복권전동기

④ 단상 직권정류자전동기

28 기본   20년 4회 기출

취급이 간단하고 기동시간이 짧아서 섬과 같이 전력계통에서 고립된 지역, 선박 등에 사용되는 소용량 전원용 발전기는?

① 터빈 발전기   ② 엔진 발전기

③ 수차 발전기   ④ 초전도 발전기

SUBJECT 03
전기기기

SUBJECT

04

회로이론

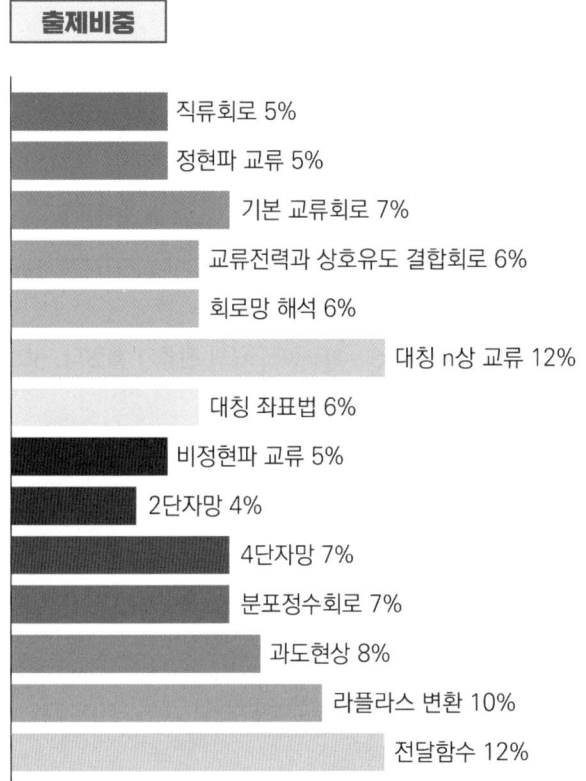

출제비중

- 직류회로 5%
- 정현파 교류 5%
- 기본 교류회로 7%
- 교류전력과 상호유도 결합회로 6%
- 회로망 해석 6%
- 대칭 n상 교류 12%
- 대칭 좌표법 6%
- 비정현파 교류 5%
- 2단자망 4%
- 4단자망 7%
- 분포정수회로 7%
- 과도현상 8%
- 라플라스 변환 10%
- 전달함수 12%

출제경향 분석

회로이론은 특정 유형에서 많은 문제가 출제되기 보다는 전 유형에서 문제가 골고루 출제되는 편입니다.

회로이론은 전기의 발판이 되는 과목으로 다른 과목과 연계가 되는 점이 많기 때문에 개념을 이해하는 방법으로 공부하는 전략이 필요합니다.

회로이론의 유형 중에서는 대칭 n상 교류, 전달함수, 라플라스 변환, 분포정수회로 등의 유형의 출제비율이 높은 편이므로 대비가 필요합니다.

직류회로

직류회로는 약 5% 정도의 출제비율을 가지지만 다른 유형을
이해하는 데 기본이 되는 내용이 많습니다.

기본적인 법칙에 대한 개념을 묻는 문제도 출제되고 계산문제
중에서는 전력을 구하는 문제와 합성전력을 구하는 문제가 자
주 출제되므로 대비가 필요합니다.

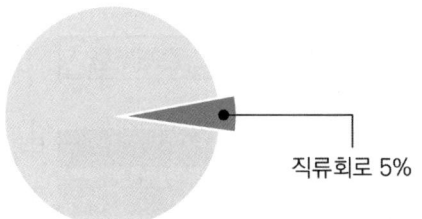

직류회로 5%

▲ 출제비율

대표유형 문제

어떤 회로에서 $t = 0$초에 스위치를 닫은 후 $i(t) = 2t + 3t^2$ [A]의 전류가 흘렀다. 30초까지 스위치를 통
과한 총 전기량[Ah]은?   21년 3회 기출

① 4.25   ② 6.75
③ 7.75   ④ 8.25

정답 ③

해설 $Q = \int_0^t i(t)dt = \int_0^{30} (2t + 3t^2)dt = \left| 2 \times \frac{1}{2}t^2 + 3 \times \frac{1}{3}t^3 \right|_0^{30} = \left| t^2 + t^3 \right|_0^{30}$

$\qquad = 30^2 + 30^3 = 27,900[\text{As}] = \dfrac{27,900}{3,600} = 7.75[\text{Ah}]$

핵심이론 CHECK!

1. 전하와 전하량(전기량)
   ① 전하(electric charge)
      ㉠ 물체 또는 입자가 띠고 있는 전기의 양으로, 양전하(+Q), 음전하(-Q)가 있다.
      ㉡ 전자 1개의 전하량은 $e = -1.602 \times 10^{-19}$[C]이다.
   ② 전하량(quantity of electric charge) Q[C]
      ㉠ 일정시간 동안 도체의 한 단면을 통과한 전하의 양 또는 흐름을 의미한다.
      ㉡ 전하의 흐름은 전류를 의미하므로, 전류I[A]와 일정시간t[s]의 곱으로 표현할 수 있다.

2. 전류 I(electric current) [A]

   전하의 흐름으로, 단위시간에 도체에 흐르는 전하량(전기량)으로 정의한다. $I = \dfrac{Q}{t}$ [C/s][A]

01 [기본]
16년 1회 기출

정격전압에서 1[kW]의 전력을 소비하는 저항에 정격의 80[%] 전압을 가할 때의 전력[W]은?

① 320
② 540
③ 640
④ 860

02 [기본]
19년 2회 기출

길이에 따라 비례하는 저항 값을 가진 어떤 전열선에 $E_0[\text{V}]$의 전압을 인가하면 $P_0[\text{W}]$의 전력이 소비된다. 이 전열선을 잘라 원래 길이의 $\frac{2}{3}$으로 만들고 $E[\text{V}]$의 전압을 가한다면 소비전력 $P[\text{W}]$은?

① $P = \dfrac{P_0}{2}(\dfrac{E}{E_0})^2$
② $P = \dfrac{3P_0}{2}(\dfrac{E}{E_0})^2$
③ $P = \dfrac{2P_0}{2}(\dfrac{E}{E_0})^2$
④ $P = \dfrac{\sqrt{3}\,P_0}{2}(\dfrac{E}{E_0})^2$

03 [기본]
16년 3회 기출

전하 보존의 법칙과 가장 관계가 있는 것은?

① 키르히호프의 전류법칙
② 키르히호프의 전압법칙
③ 옴의 법칙
④ 렌츠의 법칙

04 [기본]
18년 1회 기출

내부저항 0.1[Ω]인 건전지 10개를 직렬로 접속하고 이것을 한 조로 하여 5조 병렬로 접속하면 합성 내부저항은 몇 [Ω]인가?

① 5
② 1
③ 0.5
④ 0.2

05 [응용]
16년 3회 기출

그림의 사다리꼴 회로에서 부하전압 V_L의 크기는 몇 [V]인가?

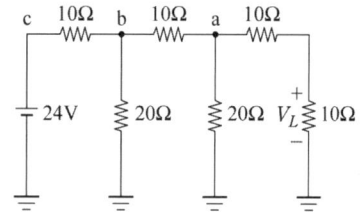

① 3.0
② 3.25
③ 4.0
④ 4.15

06 [응용]
15년 3회 기출

그림과 같은 직류회로에서 저항 R[Ω]의 값은?

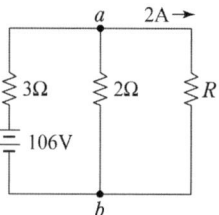

① 10
② 20
③ 30
④ 40

07 응용   16년 2회 기출

그림과 같이 r=1[Ω]인 저항을 무한히 연결할 때 a-b에서의 합성저항은?

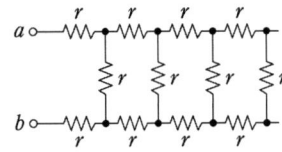

① $1+\sqrt{3}$ ② $\sqrt{3}$

③ $1+\sqrt{2}$ ④ ∞

09 기본   17년 1회 기출

다음 회로에서 절점 a와 절점 b의 전압이 같은 조건은?

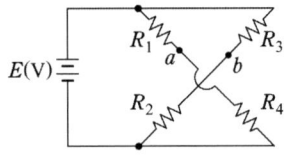

① $R_1 R_3 = R_2 R_4$

② $R_1 R_2 = R_3 R_4$

③ $R_1 + R_3 = R_2 + R_4$

④ $R_1 + R_2 = R_3 + R_4$

08 응용   13년 3회 기출

직렬 저항 2[Ω], 병렬 저항 1.5[Ω]인 무한제형 회로(Infinite Ladder)의 입력저항(등가 2단자망의 저항)의 값은 약 얼마인가?

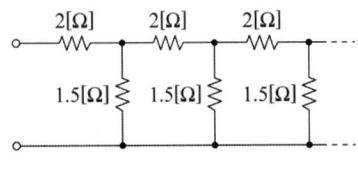

① 6[Ω]   ② 5[Ω]

③ 3[Ω]   ④ 4[Ω]

❷ 정현파 교류

출제경향 CHECK!

정현파 교류의 경우 약 5% 정도의 출제비율을 가집니다.
정현파에서 자주 출제되고 중요한 개념은 순시값, 최대값, 실
효값, 평균값, 파고율 등입니다. 해당 개념을 정확하게 이해해
야 하고 계산문제로 출제되는 것도 대비해야 합니다.

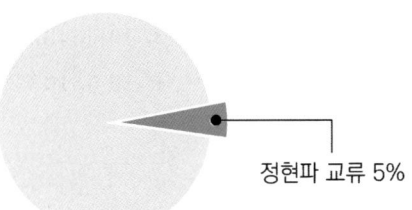

정현파 교류 5%

▲ 출제비율

대표유형 문제

다음과 같은 파형의 전압 순시값은?   17년 2회 기출

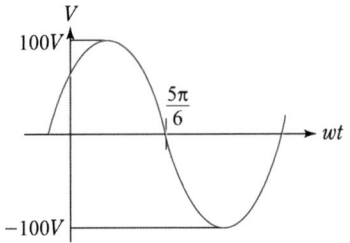

① $100\sin\left(wt + \dfrac{\pi}{6}\right)$ ② $100\sqrt{2}\,\sin\left(wt + \dfrac{\pi}{6}\right)$ ③ $100\sin\left(wt - \dfrac{\pi}{6}\right)$ ④ $100\sqrt{2}\,\sin\left(wt - \dfrac{\pi}{6}\right)$

정답 ①

해설 주어진 파형의 최댓값은 $100[\text{V}]$이고,

위상은 $\dfrac{\pi}{6}[\text{rad}]$ 앞서므로 순시값은 $v = 100\sin\left(wt + \dfrac{\pi}{6}\right)[\text{V}]$이다.

핵심이론 CHECK!

1. **정현파**(sine wave, sinusoidal wave)
   ① 등속 원운동하는 물체는 정현적(sinusoidal)으로 변하는 파형인 '정현파'로 나타낼 수 있다.
   ② 전기를 발생시키는 발전기 또한 등속 원운동을 하므로, 전압, 전류 또한 정현파로 나타낼 수 있다.

2. **전압의 순시값**(instantaneous value) 표현
   ① 전압의 순시값 $v = V_m\sin\theta = V_m\sin wt\,[\text{V}]$($V_m$: 정현파 전압의 최대값 또는 진폭)
   ② $V_m\sin(wt + \theta_1)$: $V_m\sin wt$ 보다 위상이 θ_1 앞선다.
   ③ $V_m\sin(wt - \theta_2)$: $V_m\sin wt$ 보다 위상이 θ_2 뒤진다.

01 기본   17년 1회 기출

최대값이 10[V]인 정현파 전압이 있다. t=0에서의 순시값이 5[V]이고 이 순간에 전압이 증가하고 있다. 주파수가 60[Hz]일 때, t=2[ms]에서의 전압의 순시값 [V]은?

① $10\sin 30°$ ② $10\sin 43.2°$

③ $10\sin 73.2°$ ④ $10\sin 103.2°$

02 기본   15년 2회 기출

전류 $\sqrt{2}\,I\sin(\omega t+\theta)[\mathrm{A}]$와 기전력 $\sqrt{2}\,I\cos(\omega t+\phi)[\mathrm{V}]$ 사이의 위상차는?

① $\dfrac{\pi}{2}-(\phi-\theta)$ ② $\dfrac{\pi}{2}-(\phi+\theta)$

③ $\dfrac{\pi}{2}+(\phi+\theta)$ ④ $\dfrac{\pi}{2}+(\phi-\theta)$

03 응용   14년 3회 기출

2개의 교류전압
$V_1=141\sin(120\pi t-30°)[\mathrm{V}]$와
$V_2=150\cos(120\pi t-30°)[\mathrm{V}]$의 위상차를 시간으로 표시하면 몇 초인가?

① 1/60   ② 1/120

③ 1/240   ④ 1/360

04 응용   18년 1회 기출

최대값이 E_m인 반파 정류 정현파의 실효값은 몇 [V]인가?

① $\dfrac{2E_m}{\pi}$ ② $\sqrt{2}\,E_m$

③ $\dfrac{E_m}{\sqrt{2}}$ ④ $\dfrac{E_m}{2}$

05 기본   15년 2회 기출

정현파 교류 전압의 실효값에 어떠한 수를 곱하면 평균값을 얻을 수 있는가?

① $\dfrac{2\sqrt{2}}{\pi}$ ② $\dfrac{\sqrt{3}}{2}$

③ $\dfrac{2}{\sqrt{3}}$ ④ $\dfrac{\pi}{2\sqrt{2}}$

06 응용   19년 1회 기출

정현파 교류 $V=V_m\sin\omega t$의 전압을 반파정류하였을 때의 실효값은 몇 [V]인가?

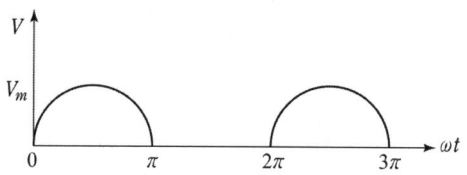

① $\dfrac{V_m}{\sqrt{2}}$ ② $\dfrac{V_m}{2}$

③ $\dfrac{V_m}{2\sqrt{2}}$ ④ $\sqrt{2}\,V_m$

07 기본   22년 1회 기출

순시치 전류 $i(t) = I_m \sin(\omega t + \theta)\,[\text{A}]$의 파고율은 약 얼마인가?

① 0.577   ② 0.707

③ 1.414   ④ 1.732

08 기본   17년 1회 기출

그림과 같은 파형의 파고율은?

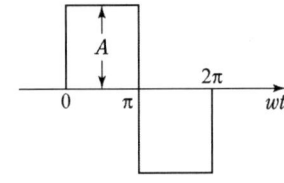

① 1   ② 2

③ $\sqrt{2}$ ④ $\sqrt{3}$

09 기본   18년 3회 기출

그림과 같은 파형의 파고율은?

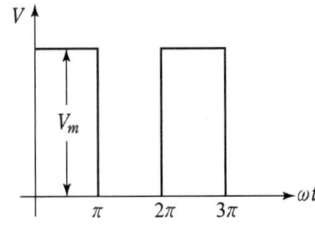

① 1   ② $\dfrac{1}{\sqrt{2}}$

③ $\sqrt{2}$ ④ $\sqrt{3}$

10 기본   21년 2회 기출

파형이 톱니파인 경우 파형률은 약 얼마인가?

① 1.155   ② 1.732

③ 1.414   ④ 0.577

11 기본   16년 2회 기출

$v = 100\sqrt{2}\,\sin\!\left(\omega t + \dfrac{\pi}{3}\right)[\text{V}]$를 복소수로 나타내면?

① $25 + j25\sqrt{3}$ ② $50 + j25\sqrt{3}$

③ $25 + j50\sqrt{3}$ ④ $50 + j50\sqrt{3}$

③ 기본 교류회로

기본 교류회로는 약 7% 정도의 출제비율을 가집니다.

기본 교류회로에서 자주 출제되는 개념은 수동소자, RLC 직렬회로, RLC 병렬회로, 공진회로 등입니다.

RLC 직렬회로, RLC 병렬회로와 관련된 문제는 기본개념을 묻는 문제보다는 계산문제로 출제되는 경향이 높습니다.

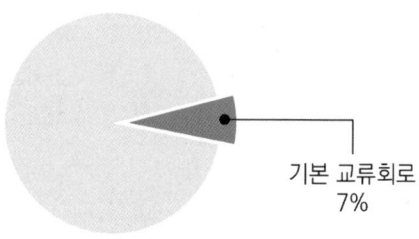

기본 교류회로
7%

▲ 출제비율

대표유형 문제

인덕턴스가 $0.1[\mathrm{H}]$인 코일에 실효값 $100[\mathrm{V}]$, $60[Hz]$, 위상 $30\,^\circ$인 전압을 가했을 때 흐르는 전류의 실효값 크기는 약 몇 $[\mathrm{A}]$인가?   19년 3회 기출

① 43.7   ② 37.7

③ 5.46   ④ 2.65

정답   ④

해설   실효값 전류 I는 다음과 같이 구한다.

$$I = \frac{V}{Z} = \frac{V}{jX_L} = \frac{V}{jwL} = \frac{V}{j2\pi f L} = \frac{100\angle 30\,^\circ}{2\times\pi\times 60\times 0.1\angle 90\,^\circ} = 2.65\angle -60\,^\circ$$

$(j = \angle 90\,^\circ)$

핵심이론 CHECK!

1. 수동소자의 종류

① 저항(resistor): 전기에너지를 소비(열변환)하는 수동소자이다.

② 인덕터(inductor, coil)와 커패시터(capacitor, condenser): 에너지를 소비하지 않고, 자기장 또는 전기장의 형태로 에너지를 축적하고 반환하는 수동소자이다.

2. 저항(resistor)

① 전압강하: 저항에 흐르는 전류를 $i = I_m \sin wt\,[\mathrm{A}]$라고 할 때, 저항의 전압강하는 $v_R = iR$

$= I_m R \sin wt\,[\mathrm{V}]$로 표현되므로, 실효값은 $V_R = \dfrac{I_m}{\sqrt{2}} R\angle 0^\circ = IR\angle 0^\circ\,[\mathrm{V}]$가 된다.

② 위상관계: 저항에서 전류와 전압의 위상은 같다.

01 기본   CBT 복원

어느 소자에 전압 $v = 125\cos wt\,[\text{V}]$의 전압을 가할 때, $i = 25\sin wt\,[\text{A}]$의 전류가 흘렀다. 이 회로는 어떤 회로인가?

① 컨덕턴스   ② 커패시턴스
③ 저항   ④ 인덕턴스

02 기본   15년 1회 기출

자기 인덕턴스 0.1[H]인 코일에 실효값 100[V], 60[Hz], 위상각 0°인 전압을 가했을 때 흐르는 전류의 실효값은 약 몇 [A]인가?

① 1.25   ② 2.24
③ 2.65   ④ 3.41

03 기본   15년 3회 기출

0.1[μF]의 콘덴서에 주파수 1[kHz], 최대전압 2,000[V]를 인가할 때 전류의 순시값[A]은?

① 4.446sin(ωt+90°)
② 4.446cos(ωt-90°)
③ 1.256sin(ωt+90°)
④ 1.256cos(ωt-90°)

04 응용   17년 3회 기출

R-L 직렬회로에 $e = 100\sin(120\pi t)\,[\text{V}]$의 전압을 인가하여 $i = 2\sin(120\pi t - 45°)\,[\text{A}]$의 전류가 흐르도록 하려면 저항은 몇 [Ω]인가?

① 25.0   ② 35.4
③ 50.0   ④ 70.7

05 기본   18년 3회 기출

$R = 100\,[\Omega]$, $C = 30\,[\mu\text{F}]$의 직렬회로에 $f = 60\,[\text{Hz}]$, $V = 100\,[\text{V}]$의 교류전압을 인가할 때 전류는 약 몇 [A]인가?

① 0.42   ② 0.64
③ 0.75   ④ 0.87

06 응용   17년 3회 기출

정현파 교류전원 $e = E_m \sin(\omega t + \theta)\,[\text{V}]$가 인가된 RLC 직렬 회로에 있어서 $\omega L > \dfrac{1}{\omega C}$일 경우, 이 회로에 흐르는 전류 I[A]의 위상은 인가전압 $e\,[\text{V}]$의 위상보다 어떻게 되는가?

① $\tan^{-1}\dfrac{\omega L - \dfrac{1}{\omega C}}{R}$ 앞선다.

② $\tan^{-1}\dfrac{\omega L - \dfrac{1}{\omega C}}{R}$ 뒤진다.

③ $\tan^{-1} R\left(\dfrac{1}{\omega L} - \omega C\right)$ 앞선다.

④ $\tan^{-1} R\left(\dfrac{1}{\omega L} - \omega C\right)$ 뒤진다.

SUBJECT 04 회로이론

07 기본   21년 1회 기출

저항 R=15[Ω]과 인덕턴스 L=3[mH]를 병렬로 접속한 회로의 서셉턴스의 크기는 약 몇 [℧]인가? (단, $\omega = 2\pi \times 10^5$이다.)

① 3.2×10^{-2} ② 8.6×10^{-3}

③ 5.3×10^{-4} ④ 4.9×10^{-5}

---

08 응용   16년 1회 기출

그림의 RLC 직병렬회로를 등가 병렬회로로 바꿀 경우, 저항과 리액턴스는 각각 몇 [Ω]인가?

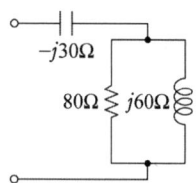

① $46.23, j87.67$ ② $46.23, j107.15$

③ $31.25, j87.67$ ④ $31.25, j107.15$

---

09 기본   13년 1회 기출

저항 R과 리액턴스 X를 병렬로 연결할 때의 역률은?

① $\dfrac{X}{\sqrt{R^2 + X^2}}$ ② $\dfrac{R}{\sqrt{R^2 + X^2}}$

③ $\dfrac{1/X}{\sqrt{R^2 + X^2}}$ ④ $\dfrac{1/R}{\sqrt{R^2 + X^2}}$

---

10 응용   CBT 복원

다음 그림과 같은 회로의 역률은 어떻게 되는가?

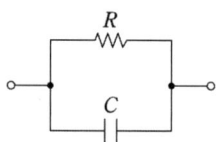

① $\dfrac{wRC}{\sqrt{(wRC)^2 + 1}}$ ② $\dfrac{1}{\sqrt{(wRC)^2 + 1}}$

③ $\dfrac{R}{\sqrt{R^2 + (wC)^2}}$ ④ $\dfrac{wC}{\sqrt{R^2 + (wC)^2}}$

---

11 응용   14년 2회 기출

다음 회로에서 전압 V를 가하니 20[A]의 전류가 흘렀다고 한다. 이 회로의 역률은?

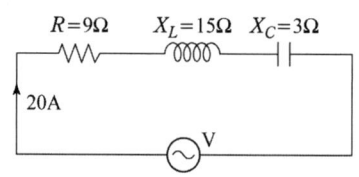

① 0.8   ② 0.6

③ 1.0   ④ 0.9

---

12 기본   18년 2회 기출

$R = 100[\Omega]$, $X_C = 100[\Omega]$이고 L만을 가변할 수 있는 RLC 직렬회로가 있다. 이때 $f = 50[\text{Hz}]$, $E = 100[\text{V}]$를 인가하여 L을 변화시킬 때 L의 단자전압 E_L의 최대값은 몇 [V]인가? (단, 공진회로이다.)

① 50   ② 100

③ 150   ④ 200

---

13 응용   CBT 복원

$R = 2[\Omega]$, $L = 10[\text{mH}]$, $C = 4[\mu\text{F}]$의 직렬
공진회로의 Q는 얼마인가?

① 20   ② 25
③ 45   ④ 50

14 응용   17년 2회 기출

그림과 같은 회로에서 전류 I[A]는?

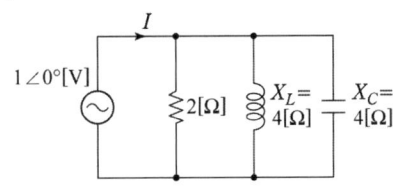

① 0.2   ② 0.5
③ 0.7   ④ 0.9

15 응용   17년 2회 기출

다음과 같은 회로의 공진시 어드미턴스는?

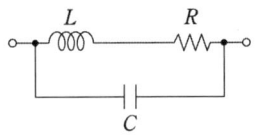

① RL/C   ② RC/L
③ L/RC   ④ R/LC

16 기본   20년 4회 기출

그림의 교류 브리지 회로가 평형이 되는 조건은?

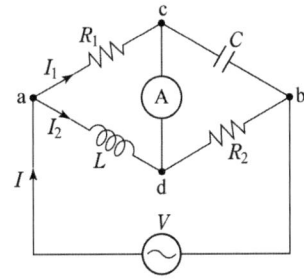

① $L = \dfrac{R_1 R_2}{C}$ ② $L = \dfrac{C}{R_1 R_2}$

③ $L = R_1 R_2 C$ ④ $L = \dfrac{R_2}{R_1} C$

대표유형

출제경향 CHECK!

교류전력과 상호유도 결합회로는 약 6% 정도의 출제비율을
가집니다.

교류전력 부분에서는 정전에너지, 유효전력, 역률, 최대전력과
관련된 계산문제가 자주 출제되고 있습니다.

상호유도 결합회로 유형에서는 인덕턴스와 인덕턴스의 직렬,
병렬 접속과 관련된 문제의 출제비중이 높습니다.

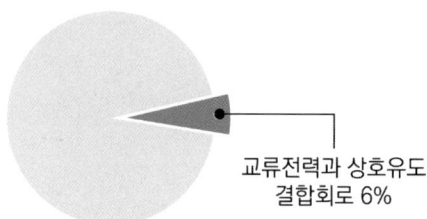

교류전력과 상호유도
결합회로 6%

▲ 출제비율

대표유형 문제

인덕턴스 L=20[mH]인 코일에 실효값 E=50[V], 주파수 f=60[Hz]인 정현파 전압을 인가했을 때 코일
에 축적되는 평균 자기에너지는 약 몇 [J]인가?   16년 3회 기출

① 6.3   ② 4.4
③ 0.63   ④ 0.44

정답   ④

해설 $W_L = \dfrac{1}{2} L I^2 [\text{J}] = \dfrac{1}{2} \times 20 \times 10^{-3} \times \left(\dfrac{50}{2 \times \pi \times 60 \times 20 \times 10^{-3}}\right)^2 \fallingdotseq 0.44\,[\text{J}]$

핵심이론 CHECK!

1. 순시전력

순시전압과 순시전류의 곱으로 임의의 시간에 소자가 소비하는 전력을 의미하며 전압, 전류의 순시값
을 소문자로 표현하듯, 순시전력도 소문자 p로 표기한다.

① 순시전압 $v = V_m \sin(wt + \theta_v)$

② 순시전류 $i = I_m \sin(wt + \theta_i)$

③ 순시전력 $p = vi = V_m I_m \sin(wt + \theta_v)\sin(wt + \theta_i)$ (θ_v : 전압의 위상, θ_i : 전류의 위상)

2. 평균전력(mean power, average power), P[W]

① 순시전력 p의 1주기에 대한 평균값을 의미한다.

② 교류회로의 평균전력은 다음과 같이 나타난다.

$$P = \frac{VI}{T}\cos(\theta_v - \theta_i)[t]_0^T = VI\cos(\theta_v - \theta_i) = VI\cos\theta[\text{W}] \quad (\theta = \theta_v - \theta_i: \text{전압과 전류의 위상차})$$

01 [기본]

어떤 소자에 걸리는 전압이

$100\sqrt{2}\cos(314t - \frac{\pi}{6})[\text{V}]$이고, 흐르는 전류

가 $3\sqrt{2}\cos(314t + \frac{\pi}{6})[\text{A}]$일 때 소비되는 전

력[W]은?

① 100   ② 150

③ 250   ④ 300

02 [기본]

$8 + j6[\Omega]$인 임피던스에 $13 + j20[\text{V}]$의 전압

을 인가할 때 복소전력은 약 몇 $[\text{VA}]$인가?

① $127 + j34.1$ ② $12.7 + j55.5$

③ $45.5 + j34.1$ ④ $45.5 + j55.5$

03 [기본]

어떤 회로에 $E = 100 + j50[\text{V}]$인 전압을 가했

더니 $I = 3 + j4[\text{A}]$인 전류가 흘렀다면 이 회로

의 소비전력[W]은?

① 300   ② 500

③ 700   ④ 900

04 [응용]

$E = 40 + j30[\text{V}]$의 전압을 가하면

$I = 30 + j10[\text{A}]$의 전류가 흐르는 회로의 역률은?

① 0.949   ② 0.831

③ 0.764   ④ 0.651

05 [응용]

회로에서 $I_1 = 2e^{-j\frac{\pi}{6}}[\text{A}]$, $I_2 = 5e^{j\frac{\pi}{6}}[\text{A}]$,

$I_3 = 5.0[\text{A}]$, $Z_3 = 1.0[\Omega]$일 때 부하(Z_1, Z_2,

Z_3) 전체에 대한 복소전력은 약 몇 $[\text{VA}]$인가?

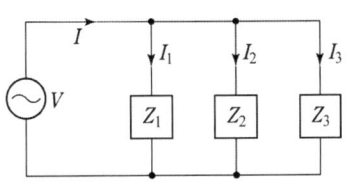

① $55.3 - j7.5$ ② $55.3 + j7.5$

③ $45 - j26$ ④ $45 + j26$

06 기본   18년 2회 기출

어떤 회로에 전압을 $115[\mathrm{V}]$ 인가하였더니 유효전력이 $230[\mathrm{W}]$, 무효전력이 $345[\mathrm{Var}]$를 지시한다면 회로에 흐르는 전류는 약 몇 $[\mathrm{A}]$인가?

① 2.5   ② 5.6

③ 3.6   ④ 4.5

08 기본   21년 3회 기출

내부 임피던스가 $0.3+j2\,[\Omega]$인 발전기에 임피던스가 $1.1+j3[\Omega]$인 선로를 연결하여 어떤 부하에 전력을 공급하고 있다. 이 부하의 임피던스가 몇 일 때 발전기로부터 부하로 전달되는 전력이 최대가 되는가?

① $1.4-j5$ ② $1.4+j5$

③ 1.4 ④ $j5$

07 기본   16년 1회 기출

그림과 같이 전압 V와 저항 R로 구성되는 회로 단자 A-B 간에 적당한 저항 R_L을 접속하여 R_L에서 소비되는 전력을 최대로 하게 했다. 이 때 R_L에서 소비되는 전력 P는?

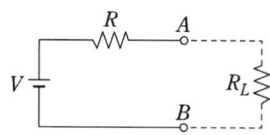

① $\dfrac{V^2}{4R}$ ② $\dfrac{V^2}{2R}$

③ R ④ $2R$

09 기본   17년 3회 기출

그림의 회로에서 합성 인덕턴스는?

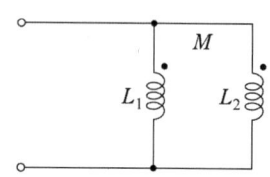

① $\dfrac{L_1 L_2 - M^2}{L_1 + L_2 - 2M}$ ② $\dfrac{L_1 L_2 + M^2}{L_1 + L_2 - 2M}$

③ $\dfrac{L_1 L_2 - M^2}{L_1 + L_2 + 2M}$ ④ $\dfrac{L_1 L_2 + M^2}{L_1 + L_2 + 2M}$

01 기본   18년 2회 기출

어떤 소자에 걸리는 전압이

$100\sqrt{2}\cos\left(314t - \dfrac{\pi}{6}\right)[\mathrm{V}]$이고, 흐르는 전류

가 $3\sqrt{2}\cos\left(314t + \dfrac{\pi}{6}\right)[\mathrm{A}]$일 때 소비되는 전

력[W]은?

① 100   ② 150

③ 250   ④ 300

02 기본   20년 2회 기출

$8 + j6[\Omega]$인 임피던스에 $13 + j20[\mathrm{V}]$의 전압을 인가할 때 복소전력은 약 몇 $[\mathrm{VA}]$인가?

① $127 + j34.1$ ② $12.7 + j55.5$

③ $45.5 + j34.1$ ④ $45.5 + j55.5$

03 기본   13년 3회 기출

어떤 회로에 $E = 100 + j50[\mathrm{V}]$인 전압을 가했더니 $I = 3 + j4[\mathrm{A}]$인 전류가 흘렀다면 이 회로의 소비전력[W]은?

① 300   ② 500

③ 700   ④ 900

04 응용   17년 2회 기출

$E = 40 + j30[\mathrm{V}]$의 전압을 가하면 $I = 30 + j10[\mathrm{A}]$의 전류가 흐르는 회로의 역률은?

① 0.949   ② 0.831

③ 0.764   ④ 0.651

05 응용   22년 2회 기출

회로에서 $I_1 = 2e^{-j\frac{\pi}{6}}[\mathrm{A}]$, $I_2 = 5e^{j\frac{\pi}{6}}[\mathrm{A}]$, $I_3 = 5.0[\mathrm{A}]$, $Z_3 = 1.0[\Omega]$일 때 부하(Z_1, Z_2, Z_3) 전체에 대한 복소전력은 약 몇 $[\mathrm{VA}]$인가?

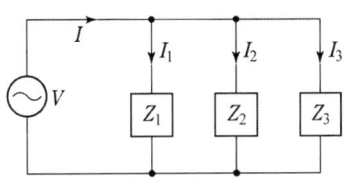

① $55.3 - j7.5$ ② $55.3 + j7.5$

③ $45 - j26$ ④ $45 + j26$

SUBJECT 04

회로이론

어떤 회로에 전압을 115[V] 인가하였더니 유효전력이 230[W], 무효전력이 345[Var]를 지시한다면 회로에 흐르는 전류는 약 몇 [A]인가?

① 2.5

② 5.6

③ 3.6

④ 4.5

그림과 같이 전압 V와 저항 R로 구성되는 회로 단자 A-B 간에 적당한 저항 R_L을 접속하여 R_L에서 소비되는 전력을 최대로 하게 했다. 이 때 R_L에서 소비되는 전력 P는?

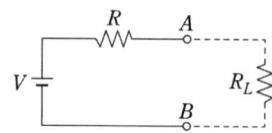

① $\dfrac{V^2}{4R}$

② $\dfrac{V^2}{2R}$

③ R

④ $2R$

내부 임피던스가 $0.3 + j2\,[\Omega]$인 발전기에 임피던스가 $1.1 + j3\,[\Omega]$인 선로를 연결하여 어떤 부하에 전력을 공급하고 있다. 이 부하의 임피던스가 몇 일 때 발전기로부터 부하로 전달되는 전력이 최대가 되는가?

① $1.4 - j5$

② $1.4 + j5$

③ 1.4

④ $j5$

그림의 회로에서 합성 인덕턴스는?

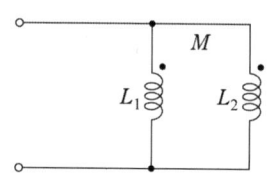

① $\dfrac{L_1 L_2 - M^2}{L_1 + L_2 - 2M}$

② $\dfrac{L_1 L_2 + M^2}{L_1 + L_2 - 2M}$

③ $\dfrac{L_1 L_2 - M^2}{L_1 + L_2 + 2M}$

④ $\dfrac{L_1 L_2 + M^2}{L_1 + L_2 + 2M}$

10 [응용]

직렬로 유도 결합된 회로이다. 단자 a-b에서 본 등가 임피던스 Z_{ab}를 나타낸 식은?

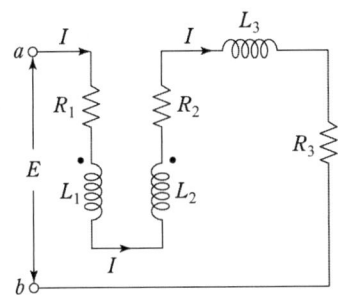

① $R_1 + R_2 + R_3 + jw(L_1 + L_2 - 2M)$

② $R_1 + R_2 + jw(L_1 + L_2 + 2M)$

③ $R_1 + R_2 + R_3 + jw(L_1 + L_2 + 2M)$

④ $R_1 + R_2 + R_3 + jw(L_1 + L_2 + L_3 - 2M)$

11 [기본]

전원측 저항 1[kΩ], 부하저항 10[Ω]일 때, 이 것에 변압비 n:1의 이상 변압기를 사용하여 정합을 취하려 한다. n의 값으로 옳은 것은?

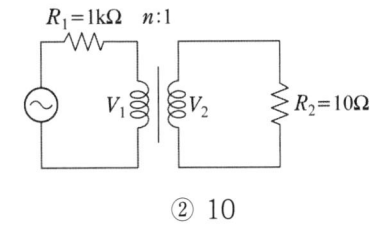

① 1

② 10

③ 100

④ 1,000

회로망 해석은 약 6%의 출제비율을 가지는 유형입니다.
출제비율은 높지 않지만 중첩의 원리, 테브난 정리, 밀만의 정리 등을 이용하여 풀어야 하는 다소 난이도 높은 문제가 출제되는 편입니다. 문제를 보고 어떤 방법으로 풀지를 잘 선택하는 것이 중요합니다.

▲ 출제비율

회로망 해석 6%

대표유형 문제

회로에서 전압 V_{ab}[V]는?

21년 1회 기출

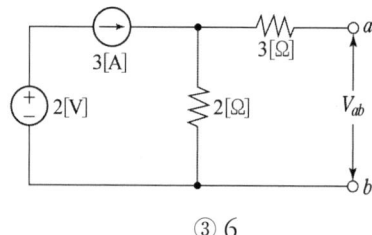

① 2   ② 3   ③ 6   ④ 9

정답 ③

해설   2[V] 기준으로 V_{ab}'을 구하면 3[A]가 개방이 되므로 V_{ab}'=0[V]이다.

3[A] 기준으로 V_{ab}''을 구하면 2[V]는 단락이 되므로 오른쪽 회로를 이용한다.

$V_{ab}'' = 3 \times 2 = 6[V]$ 가 된다.

$V_{ab} = V_{ab}' + V_{ab}'' = 0 + 6 = 6[V]$

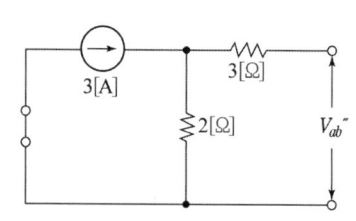

핵심이론 CHECK!

1. 이상적인 전압원(정전압원)

① 부하의 상태와 관계없이 항상 전압원의 기전력과 같은 전압을 부하에 공급하는 전원이다.

② 이상적인 전압원의 조건을 만족하려면 내부저항이 $r = 0$(단락)인 상태이어야 한다.

2. 이상적인 전류원(정전류원)

① 전압원을 등가적으로 환산한 것으로, 부하의 상태와 관계없이 항상 일정한 전류를 공급하는 전원이다.

② 이상적인 전류원의 조건을 만족하려면 내부저항이 $r = \infty$(개방)인 상태이어야 한다.

01 기본

그림의 회로에서 $120[V]$와 $30[V]$의 전압원 (능동소자)에서의 전력은 각각 몇 $[W]$인가? (단, 전압원(능동소자)에서 공급 또는 발생하는 전력은 양수($+$)이고, 소비 또는 흡수하는 전력은 음수($-$)이다.)

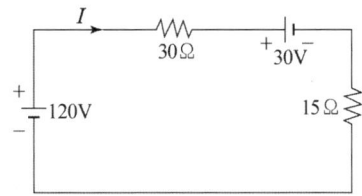

① $240[W]$, $60[W]$
② $240[W]$, $-60[W]$
③ $-240[W]$, $60[W]$
④ $-240[W]$, $-60[W]$

02 응용

회로에서 $0.5[\Omega]$ 양단 전압$[V]$은 약 몇 V인가?

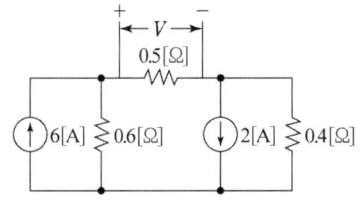

① 0.6
② 0.93
③ 1.47
④ 1.5

03 기본

그림과 같은 회로의 콘덕턴스 G_2에 흐르는 전류 i는 몇 $[A]$인가?

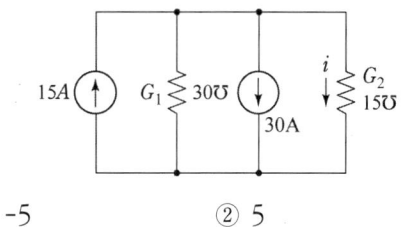

① -5
② 5
③ -10
④ 10

04 응용

그림 (a)와 (b)의 회로가 등가회로가 되기 위한 전류원 I[A]와 임피던스 Z[Ω]의 값은?

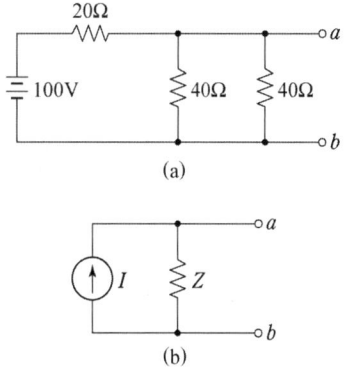

① 5[A], 10[Ω]
② 2.5[A], 10[Ω]
③ 5[A], 20[Ω]
④ 2.5[A], 20[Ω]

05 응용   20년 3회 기출

회로에서 저항 R에 흐르는 전류 I[A]는?

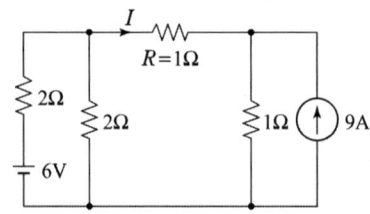

① -1   ② -2

③ 2   ④ 4

06 응용   22년 2회 기출

회로에서 6 [Ω]에 흐르는 전류 [A]는?

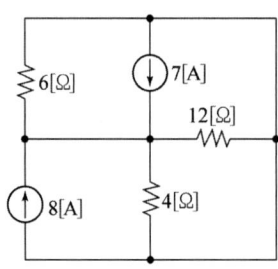

① 2.5   ② 5

③ 7.5   ④ 10

07 응용   21년 2회 기출

회로에서 저항 1 [Ω]에 흐르는 전류 I [A]는?

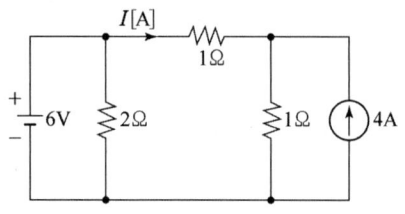

① 3   ② 2

③ 1   ④ -1

08 응용   16년 1회 기출

그림과 같은 회로에서 i_x는 몇 [A]인가?

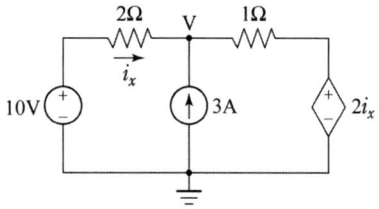

① 3.2   ② 2.6

③ 2.0   ④ 1.4

09 응용   14년 1회 기출

그림과 같은 회로에서 저항 0.2[Ω]에 흐르는 전류는 몇 [A]인가?

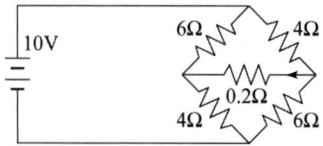

① 0.4   ② -0.4

③ 0.2   ④ -0.2

10 [응용]

회로의 단자 a와 b 사이에 나타나는 전압 V_{ab}는 몇 [V]인가?

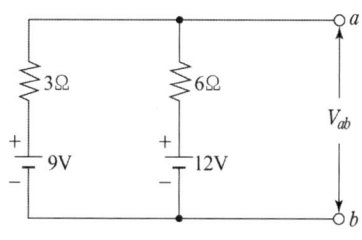

① 3

② 9

③ 10

④ 12

11 [응용]

그림과 같은 회로에서 a-b 사이의 전위차[V]는?

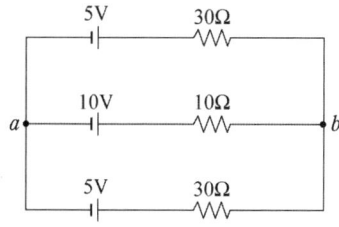

① 10[V]

② 8[V]

③ 6[V]

④ 4[V]

12 [응용]

다음 회로에서 출력 단자에 걸리는 전압 V[V]는?

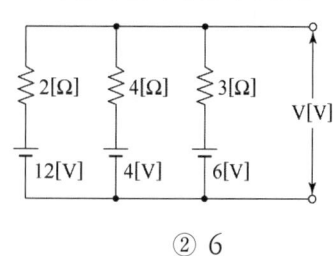

① 4.6

② 6

③ 8.3

④ 12

출제경향 CHECK!

대칭 n상 교류 유형의 출제비중은 약 12%이고, 매 회차 1~2 문제 정도는 출제될 정도로 회로이론에서 중요한 유형입니다. 이 유형에서는 3상결선, $Y-\Delta$ 등가변환, 2전력계법과 관련된 계산문제가 자주 출제되는 경향이 있으므로 대비가 필요합니다.

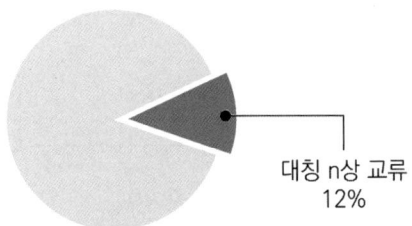

대칭 n상 교류 12%

▲ 출제비율

대표유형 문제

Y결선의 평형 3상 회로에서 선간전압 V_{ab}와 상전압 V_{an}의 관계로 옳은 것은? (단, $V_{bn} = V_{an}e^{-j\left(\frac{2\pi}{3}\right)}$,

$V_{cn} = V_{bn}e^{-j\left(\frac{2\pi}{3}\right)}$이다.)

20년 2회 기출

① $V_{ab} = \dfrac{1}{\sqrt{3}}e^{j\left(\frac{\pi}{6}\right)}V_{an}$

② $V_{ab} = \sqrt{3}\,e^{j\left(\frac{\pi}{6}\right)}V_{an}$

③ $V_{ab} = \dfrac{1}{\sqrt{3}}e^{-j\left(\frac{\pi}{6}\right)}V_{an}$

④ $V_{ab} = \sqrt{3}\,e^{-j\left(\frac{\pi}{6}\right)}V_{an}$

정답 ②

해설 Y결선 시 선간전압은 상전압보다 크기는 $\sqrt{3}$ 배 크고, 위상은 $30\degree$ 앞선다.
Y결선시의 선전압 $V_l = \sqrt{3}\,V_p\angle +30\degree\,[V]$이므로 주어진 조건을 대입한다.

선간전압 $V_{ab} = \sqrt{3}\,V_{an}\angle 30\degree = \sqrt{3}\,e^{j\left(\frac{\pi}{6}\right)}V_{an}\,[V]$(단, $V_{ab} = V_l$, $V_{an} = V_p$이다.)

핵심이론 CHECK!

1. 대칭 3상 교류

① 일반적으로 3상 교류라고 함은, 3개의 기전력 크기와 주파수가 같고 위상차가 120°인 것을 말한다.

② 대칭 3상 교류는 주파수와 크기가 같으며, 각 상간에 위상이 동일하게 작용하는 평형상태를 이루고 있기 때문에 '평형 3상 교류'라고도 하며, 3상 전원의 합은 항상 0이 된다.

2. 3상 전원의 결선방법

각 상의 한 단자를 공통으로 하여 별모양으로 결선한 방식인 Y결선과 각 상의 전위가 높은 쪽과 낮은 쪽을 교대로 접속한 방식인 Δ결선이 있다.

01 응용

각 상의 임피던스가 $R+jX[\Omega]$인 것을 Y결선으로 한 평형 3상 부하에 선간전압 E[V]를 가하면 선전류는 몇 [A]가 되는가?

① $\dfrac{E}{\sqrt{2(R^2+X^2)}}$ ② $\dfrac{\sqrt{2}\,E}{\sqrt{R^2+X^2}}$

③ $\dfrac{\sqrt{3}\,E}{\sqrt{R^2+X^2}}$ ④ $\dfrac{E}{\sqrt{3(R^2+X^2)}}$

03 응용

그림과 같은 평형 3상회로에서 전원 전압이 $V_{ab}=200\,[V]$이고 부하 한 상의 임피던스가 $Z=4+j3[\Omega]$인 경우 전원과 부하 사이 선전류 I_a는 약 몇 [A]인가?

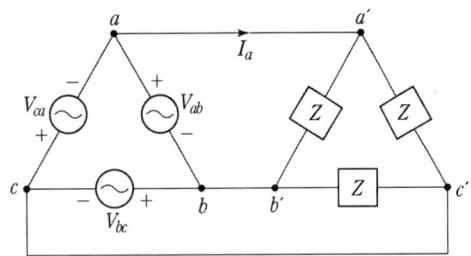

① $40\sqrt{3}\angle 36.87°$ ② $40\sqrt{3}\angle -36.87°$

③ $40\sqrt{3}\angle 66.87°$ ④ $40\sqrt{3}\angle -66.87°$

02 응용

3상 평형회로에서 Y결선의 부하가 연결되어 있고, 부하에서의 선간전압이 $V_{ab}=100\sqrt{3}\angle 0°\,[V]$일 때 선전류가 $I_a=20\angle -60°\,[A]$이었다. 이 부하의 한 상의 임피던스[Ω]는? (단, 3상 전압의 상순은 a-b-c이다.)

① $5\angle 30°$ ② $5\sqrt{3}\angle 30°$

③ $5\angle 60°$ ④ $5\sqrt{3}\angle 60°$

04 응용

상전압이 120[V]인 평형 3상 Y결선의 전원에 Y결선 부하를 도선으로 연결하였다. 도선의 임피던스는 $1+j[\Omega]$이고 부하의 임피던스는 $20+j10[\Omega]$이다. 이때 부하에 걸리는 전압은 약 몇 [V]인가?

① $67.18\angle -25.4°$ ② $101.62\angle 0°$

③ $113.14\angle -1.1°$ ④ $118.42\angle -30°$

05 기본

선간전압이 $150\,[\mathrm{V}]$, 선전류가 $10\sqrt{3}\,[\mathrm{A}]$, 역률이 $80\,[\%]$인 평형 3상 유도성 부하로 공급되는 무효전력 $[\mathrm{Var}]$은?

① 3,600
② 3,000
③ 2,700
④ 1,800

07 응용

선간전압이 $200[\mathrm{V}]$인 대칭 3상 전원에 평형 3상 부하가 접속되어 있다. 부하 1상의 저항은 $10[\Omega]$, 유도리액턴스 $15[\Omega]$, 용량리액턴스 $5[\Omega]$가 직렬로 접속된 것이다. 부하가 $\varDelta$결선일 경우, 선로전류 $[\mathrm{A}]$와 3상 전력$[\mathrm{W}]$은 약 얼마인가?

① $I_t = 10\sqrt{6}$, $P_3 = 6,000$

② $I_t = 10\sqrt{6}$, $P_3 = 8,000$

③ $I_t = 10\sqrt{3}$, $P_3 = 6,000$

④ $I_t = 10\sqrt{3}$, $P_3 = 8,000$

08 기본

△결선된 대칭 3상 부하가 $0.5[\Omega]$인 저항만의 선로를 통해 평형 3상 전압원에 연결되어 있다. 이 부하의 소비전력이 $1,800[\mathrm{W}]$이고 역률이 0.8(지상)일 때, 선로에서 발생하는 손실이 $50[\mathrm{W}]$이면 부하의 단자전압$[\mathrm{V}]$의 크기는?

① 627
② 525
③ 326
④ 225

06 기본

평형 3상 $\varDelta$결선 부하의 각 상의 임피던스가 $Z = 8 + j6[\Omega]$인 회로에 대칭 3상 전원 전압 $100[\mathrm{V}]$를 가할때 무효율과 무효전력$[\mathrm{Var}]$은?

① 무효율: 0.6, 무효전력: 1,800

② 무효율: 0.6, 무효전력: 2,400

③ 무효율: 0.8, 무효전력: 1,800

④ 무효율: 0.8, 무효전력: 2,400

09 기본

R$[\Omega]$의 저항 3개를 Y로 접속한 것을 선간전압 $200[\mathrm{V}]$의 3상 교류 전원에 연결할 때 선전류가 $10[\mathrm{A}]$ 흐른다면, 이 3개의 저항을 $\varDelta$로 접속하고 동일 전원에 연결하면 선전류는 몇 $[\mathrm{A}]$인가?

① 30
② 25
③ 20
④ $20/\sqrt{3}$

10 응용

세 변의 저항 $R_a = R_b = R_c = 15[\Omega]$인 Y결선 회로가 있다. 이것과 등가인 Δ결선 회로의 각 변의 저항[Ω]은?

① 135　　　　② 45

③ 15　　　　④ 5

11 응용

그림 (a)의 Y결선회로를 그림 (b)의 △결선회로로 등가변환했을 때 R_{ab}, R_{bc}, R_{ca}는 각각 몇 [Ω]인가? (단, $R_a = 2\,[\Omega]$, $R_b = 3\,[\Omega]$, $R_c = 4\,[\Omega]$이다.)

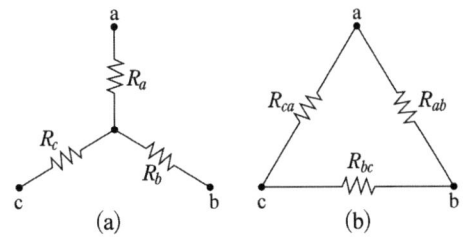

(a)　　　　(b)

① $R_{ab} = \dfrac{6}{9}$, $R_{bc} = \dfrac{12}{9}$, $R_{ca} = \dfrac{9}{8}$

② $R_{ab} = \dfrac{1}{3}$, $R_{bc} = 1$, $R_{ca} = \dfrac{1}{2}$

③ $R_{ab} = \dfrac{13}{2}$, $R_{bc} = 13$, $R_{ca} = \dfrac{26}{3}$

④ $R_{ab} = \dfrac{11}{3}$, $R_{bc} = 11$, $R_{ca} = \dfrac{11}{2}$

12 응용

그림과 같은 순 저항회로에서 대칭 3상 전압을 가할 때 각 선에 흐르는 전류가 같으려면 R의 값은 몇 [Ω]인가?

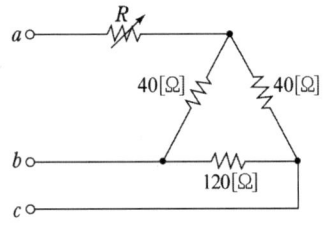

① 8　　　　② 12

③ 16　　　　④ 20

13 응용

그림과 같이 △회로를 Y회로로 등가변환하였을 때 임피던스 $Z_a[\Omega]$는?

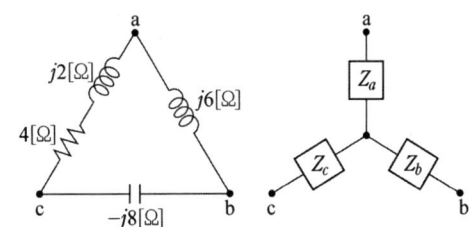

① 12　　　　② $-3 + j6$

③ $4 - j8$　　　　④ $6 + j8$

14 기본   21년 3회 기출

동일한 저항 R [Ω] 6개를 그림과 같이 결선하고 대칭 3상 전압 $V[V]$를 가하였을 때 전류 $I[A]$의 크기는?

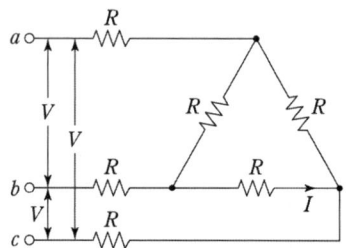

① $\dfrac{V}{R}$ ② $\dfrac{V}{2R}$

③ $\dfrac{V}{4R}$ ④ $\dfrac{V}{5R}$

15 응용   22년 2회 기출

그림과 같은 부하에 선간전압이
$V_{ab} = 100 \angle 30° [V]$인 평형 3상 전압을 가했을 때 선전류 $I_a[A]$는?

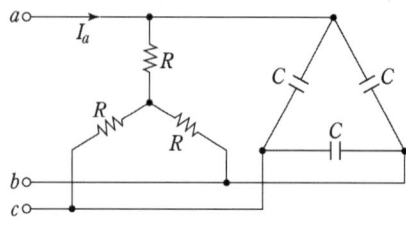

① $\dfrac{100}{\sqrt{3}}\left(\dfrac{1}{R} + j3\omega C\right)$ ② $100\left(\dfrac{1}{R} + j\sqrt{3}\,\omega C\right)$

③ $\dfrac{100}{\sqrt{3}}\left(\dfrac{1}{R} + j\omega C\right)$ ④ $100\left(\dfrac{1}{R} + j\omega C\right)$

16 응용   20년 4회 기출

△결선으로 운전 중인 3상 변압기에서 하나의 변압기 고장에 의해 V결선으로 운전하는 경우, V결선으로 공급할 수 있는 전력은 고장 전 △결선으로 공급할 수 있는 전력에 비해 약 몇 [%]인가?

① 86.6   ② 75.0

③ 66.7   ④ 57.7

17 응용   22년 1회 기출

그림과 같이 3상 평형의 순저항 부하에 단상 전력계를 연결하였을 때 전력계가 $W[W]$를 지시하였다. 이 3상 부하에서 소모하는 전체 전력 [W]는?

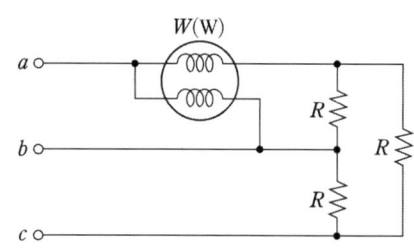

① $2W$ ② $3W$

③ $\sqrt{2}\,W$ ④ $\sqrt{3}\,W$

18 기본   18년 3회 기출

2전력계법으로 평형 3상 전력을 측정하였더니 한쪽의 지시가 700[W], 다른 쪽의 지시가 1,400[W] 이었다. 피상전력은 약 몇 [VA]인가?

① 2,425   ② 2,771

③ 2,873   ④ 2,974

19 기본

2개의 전력계로 3상 부하의 전력을 측정하였더니 한쪽의 지시가 다른 쪽 전력계 지시의 3배였다면 부하의 역률은 약 얼마인가?

① 0.46 　　　　② 0.56

③ 0.65 　　　　④ 0.76

20 기본

대칭 3상 전압이 공급되는 3상 유도전동기에서 각 계기의 지시는 다음과 같다. 유도전동기의 역률은 약 얼마인가?

| 전력계(W_1) : 2.84[kW] |
| 전력계(W_2) : 6.00[kW] |
| 전압계(V) : 200[V] |
| 전류계(A) : 30[A] |

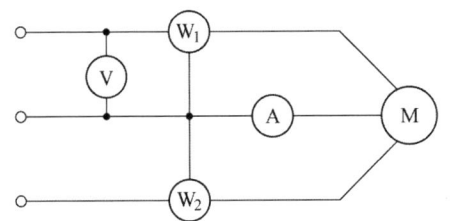

① 0.70 　　　　② 0.75

③ 0.80 　　　　④ 0.85

21 기본

선간전압이 V_{ab}[V]인 3상 평형 전원에 대칭 부하 $R[\Omega]$이 그림과 같이 접속되어 있을 때, a, b 두 상 간에 접속된 전력계의 지시값이 W[W]라면 C상 전류의 크기[A]는?

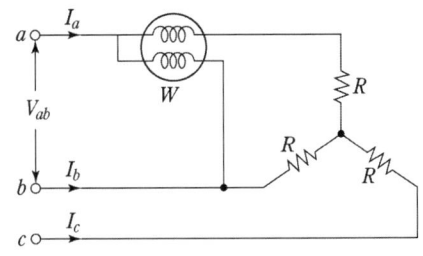

① $\dfrac{W}{3\,V_{ab}}$ 　　　　② $\dfrac{2\,W}{3\,V_{ab}}$

③ $\dfrac{2\,W}{\sqrt{3}\,V_{ab}}$ 　　　　④ $\dfrac{\sqrt{3}\,W}{V_{ab}}$

22 응용

역률각이 45°인 3상 평형부하에 상순이 a-b-c 이고 Y결선된 회로에 $V_a = 220$[V]인 상전압을 가하니 $I_a = 10$[A]의 전류가 흘렀다. 전력계의 지시값[W]은?

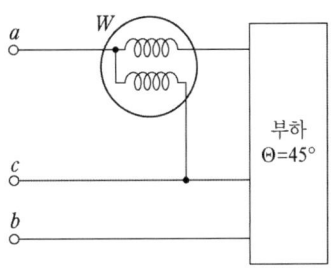

① 1,555.63[W] 　　　　② 2,694.44[W]

③ 3,047.19[W] 　　　　④ 3,680.67[W]

SUBJECT 04
회로이론

23 기본 　　　　　　　　　19년 3회 기출

대칭 6상 성형(star)결선에서 선간전압 크기와 상전압 크기의 관계로 옳은 것은? (단, V_l : 선간전압 크기, V_p : 상전압 크기이다.)

① $V_l = V_p$　　　　　② $V_l = \sqrt{3}\, V_p$

③ $V_l = \dfrac{1}{\sqrt{3}}\, V_p$　　　④ $V_l = \dfrac{2}{\sqrt{3}}\, V_p$

25 기본 　　　　　　　　　18년 2회 기출

공간적으로 서로 $\dfrac{2\pi}{n}$[rad]의 각도를 두고 배치한 n개의 코일에 대칭 n상 교류를 흘리면 그 중심에 생기는 회전자계의 모양은?

① 원형 회전자계　　　② 타원형 회전자계
③ 원통형 회전자계　　④ 원추형 회전자계

24 기본 　　　　　　　　　15년 1회 기출

대칭 n상에서 선전류와 상전류 사이의 위상차 [rad]는?

① $\dfrac{n}{2}\left(1 - \dfrac{\pi}{2}\right)$　　　② $\dfrac{\pi}{2}\left(1 - \dfrac{n}{2}\right)$

③ $2\left(1 - \dfrac{\pi}{n}\right)$　　　④ $\dfrac{\pi}{2}\left(1 - \dfrac{2}{n}\right)$

대칭 좌표법

출제경향 CHECK!

대칭 좌표법 유형은 약 6% 정도 출제되는 유형입니다.

영상분, 정상분, 역상분과 관련된 문제가 자주 출제되고 이러한 문제는 실기에도 종종 출제되기 때문에 필기 때부터 확실하게 학습하는 것이 좋습니다.

발전기 기본식은 기본 공식만 알아도 풀 수 있는 문제가 대부분이기 때문에 공식 암기가 중요합니다.

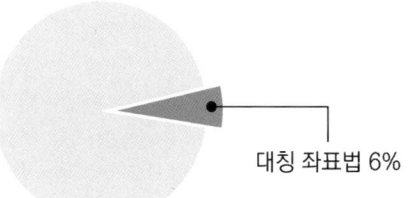

대칭 좌표법 6%

▲ 출제비율

대표유형 문제

△결선된 평형 3상 부하로 흐르는 각 선전류가 I_a, I_b, I_c 일 때, 이 부하로 흐르는 영상분 전류 I_0[A]는?

21년 1회 기출

① $3I_a$ ② I_a

③ $\dfrac{1}{3}I_a$ ④ 0

정답 ④

해설 평형 3상이므로 $I_a + I_b + I_c = 0$ 이 되므로 $I_0 = \dfrac{1}{3}(I_a + I_b + I_c) = 0$

즉 영상분 전류는 접지식 회로에서만 흐르게 되므로 △결선에서는 발생하지 않는다.

핵심이론 CHECK!

1. 대칭분의 의미

① 영상분: 크기와 위상이 동일한 각 불형평 상전압의 공통성분으로, 접지선과 중성선에 존재한다.

② 정상분: 각 상순이 전원과 동일한 상회전 방향이고, 120°의 위상차를 갖는 상전압 성분으로 발전기의 정상 운전시에 존재하는 것으로 항상 존재하는 성분이다.

③ 역상분: 각 상순이 전원과 반대의 방향이고, 120°의 위상차를 갖는 상전압 성분으로 발전기에 불평형이 발생시에 나타나는 성분이다.

2. 대칭분(영상분, 정상분, 역상분)

영상분	정상분	역상분
$V_0 = \dfrac{1}{3}(V_a + V_b + V_c)$	$V_1 = \dfrac{1}{3}(V_a + aV_b + a^2V_c)$	$V_2 = \dfrac{1}{3}(V_a + a^2V_b + aV_c)$

01 기본   17년 1회 기출

비접지 3상 Y회로에서 전류 $I_a = 15 + j2[\text{A}]$, $I_b = -20 - j14[\text{A}]$일 경우 $I_c[\text{A}]$는?

① $5 + j12$ ② $-5 + j12$

③ $5 - j12$ ④ $-5 - j12$

02 응용   CBT 복원

상순이 $a - b - c$인 3상 회로에서 대칭분 전압이 다음과 같을 때, c상의 전압 V_c는 약 몇 [V]인가? (단, V_0는 영상분, V_1은 정상분, V_2는 역상분 전압이다.)

$$V_0 = 8.54\angle 159°[\text{V}]$$
$$V_1 = 10\angle -53°[\text{V}], \quad V_2 = 14.42\angle 56°$$

① $0.79\angle -17°$ ② $2.36\angle -17°$

③ $9.31\angle 49°$ ④ $32.41\angle 175°$

03 기본   19년 3회 기출

대칭 좌표법에서 대칭분을 각 상전압으로 표시한 것 중 틀린 것은?

① $E_0 = \dfrac{1}{3}(E_a + E_b + E_c)$

② $E_1 = \dfrac{1}{3}(E_a + aE_b + aE_c)$

③ $E_2 = \dfrac{1}{3}(E_a + a^2E_b + aE_c)$

④ $E_3 = \dfrac{1}{3}(E_a^2 + E_b^2 + E_c^2)$

04 응용   21년 2회 기출

상의 순서가 $a - b - c$인 불평형 3상 전류가 $I_a = 15 + j2\,[\text{A}]$, $I_b = -20 - j14\,[\text{A}]$, $I_c = -3 + j10\,[\text{A}]$일 때 영상분 전류 I_0는 약 몇 [A]인가?

① $2.67 + j0.38$ ② $2.02 + j6.98$

③ $15.5 - j3.56$ ④ $-2.67 - j0.67$

05 응용   22년 1회 기출

각 상의 전압이 다음과 같을 때 영상분 전압[V]의 순시치는? (단, 3상 전압의 상순은 $a - b - c$이다.)

$$v_a(t) = 40\sin\omega t\,(V)[\text{V}]$$
$$v_b(t) = 40\sin\left(\omega t - \frac{\pi}{2}\right)(V)[\text{V}]$$
$$v_c(t) = 40\sin\left(\omega t + \frac{\pi}{2}\right)(V)[\text{V}]$$

① $40\sin\omega t$ ② $\dfrac{40}{3}\sin\omega t$

③ $\dfrac{40}{3}\sin\left(\omega t - \dfrac{\pi}{2}\right)$ ④ $\dfrac{40}{3}\sin\left(\omega t + \dfrac{\pi}{2}\right)$

06 기본   20년 2회 기출

대칭 3상 전압이 a상 V_a, b상 $V_b = a^2 V_a$, c상 $V_c = a V_a$일 때 a상을 기준으로 한 대칭분 전압 중 정상분 $V_1[\text{V}]$은 어떻게 표시되는가?

① $\dfrac{1}{3} V_a$ ② V_a

③ $a V_a$ ④ $a^2 V_a$

07 응용　20년 3회 기출

불평형 3상 전류가

$I_a = 15 + j2[\text{A}]$, $I_b = -20 - j14[\text{A}]$,

$I_c = -3 + j10[\text{A}]$일 때, 역상분 전류 $I_2[\text{A}]$는?

① $1.91 + j6.24$　　② $15.74 - j3.57$

③ $-2.67 - j0.67$　　④ $-8 - j2$

08 응용　22년 2회 기출

상의 순서가 a-b-c인 불평형 3상 교류회로에서 각 상의 전류가 $I_a = 7.28\angle 15.95°[\text{A}]$, $I_b = 12.81\angle -128.66°[\text{A}]$, $I_c = 7.21\angle 123.69°[\text{A}]$ 일 때 역상분 전류는 약 몇 $[\text{A}]$인가?

① $8.95\angle -1.14°$　　② $8.95\angle 1.14°$

③ $2.51\angle -96.55°$　　④ $2.51\angle 96.55°$

09 응용　18년 1회 기출

그림과 같이 R[Ω]의 저항을 Y결선으로 하여 단자의 a, b 및 c에 비대칭 3상 전압을 가할 때, a단자의 중성점 N에 대한 전압은 약 몇 [V]인가? (단, $V_{ab} = 210[\text{V}]$, $V_{bc} = -90 - j180[\text{V}]$, $V_{ca} = -120 + j180[\text{V}]$이다.)

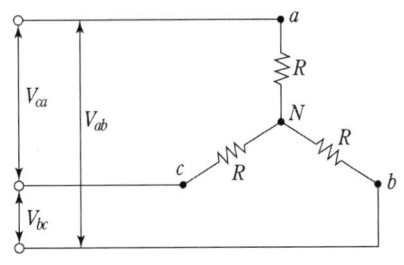

① 100　　　　　② 116

③ 121　　　　　④ 125

10 기본　18년 3회 기출

전류의 대칭분을 I_0, I_1, I_2, 유기기전력을 E_a, E_b, E_c, 단자전압의 대칭분을 V_0, V_1, V_2라 할 때 3상 교류발전기의 기본식 중 정상분 V_1 값은? (단, Z_0, Z_1, Z_2는 영상, 정상, 역상 임피던스이다.)

① $-Z_0 I_0$　　　　② $-Z_2 I_2$

③ $E_a - Z_1 I_1$　　④ $E_b - Z_2 I_2$

11 [기본]

대칭 좌표법에서 불평형률을 나타내는 것은?

① $\dfrac{\text{영상분}}{\text{정상분}} \times 100$

② $\dfrac{\text{정상분}}{\text{역상분}} \times 100$

③ $\dfrac{\text{정상분}}{\text{영상분}} \times 100$

④ $\dfrac{\text{역상분}}{\text{정상분}} \times 100$

12 [기본]

3상 불평형 전압에서 역상전압 50[V], 정상전압 250[V] 및 영상전압 20[V]이면, 전압 불평형률은 몇 [%]인가?

① 10

② 15

③ 20

④ 25

대표유형 ⑧ 비정현파 교류

비정현파 교류

출제경향 CHECK!

비정현파 교류는 약 5% 정도의 출제비율을 가지는 유형입니다.
자주 출제되는 중요한 개념은 푸리에 급수, 비정현파 실효값,
비정현파 전력, 왜형률 등입니다. 이러한 개념은 단순히 개념
을 묻는 문제로 출제되기보다는 계산문제로 출제되는 경향이
있으므로 대비가 필요합니다.

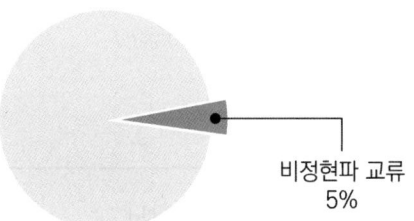

비정현파 교류
5%

▲ 출제비율

대표유형 문제

반파 대칭의 왜형파에 포함되는 고조파는?   15년 2회 기출

① 제2고조파   ② 제4고조파

③ 제5고조파   ④ 제6고조파

정답 ③

해설 반파 대칭은 반주기마다 크기가 갖고 부호는 반대인 파형으로 반주기만큼 수평이동하면
x축에 대하여 대칭이다.

반파 대칭의 특징은 홀수 고조파 성분만 출력에 나오게 되므로 3, 5, 7, 9 ....파형만 출력
에 나온다.

조건: $f(x) = -f(x + \frac{T}{2})$

특징: 홀수 차항만 존재함

핵심이론 CHECK!

1. 비정현파 발생의 주요원인

  ① 교류 발전기의 전기자 반작용에 의한 일그러짐

  ② 변압기 철심의 자기포화

  ③ 변압기 히스테리시스 현상에 의한 여자 전류의 일그러짐

  ④ 다이오드 비직선성에 의한 전류의 일그러짐

2. 비정현파 교류

  ① 직류분: 실제 직류성분으로 파형의 1주기간의 평균값

  ② 기본파: 많은 정현파 중 가장 낮은 주파수의 정현파

  ③ 고조파: 기본파 주파수의 정수배인 주파수를 갖는 파

01 응용 　　　　　　　　　　　　CBT 복원

푸리에 급수로 표현된 왜형파 $f(t)$가 반파대칭 및 정현대칭일 때, $f(t)$에 대한 특징으로 옳은 것은?

$$f(t) = a_0 + \sum_{n=1}^{\infty} a_n \cos nwt$$
$$+ \sum_{n=1}^{\infty} b_n \sin nwt$$

① a_n의 우수항만 존재한다.
② a_n의 기수항만 존재한다.
③ b_n의 우수항만 존재한다.
④ b_n의 기수항만 존재한다.

02 기본 　　　　　　　　　　　18년 1회 기출

그림의 왜형파를 푸리에의 급수로 전개할 때, 옳은 것은?

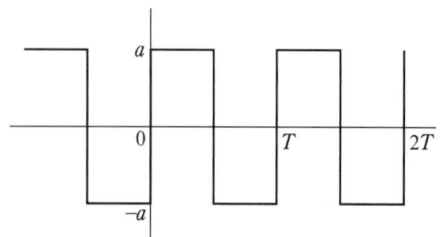

① 우수파만 포함한다.
② 기수파만 포함한다.
③ 우수파, 기수파 모두 포함한다.
④ 푸리에의 급수로 전개 할 수 없다.

03 기본 　　　　　　　　　　　22년 1회 기출

주어진 $f_e(t)$가 우함수이고 $f_0(t)$가 기함수일 때, 주기함수 $f(t) = f_e(t) + f_0(t)$에 대한 다음 식 중 옳지 않은 것은?

① $f_e(t) = f_e(-t)$

② $f_o(t) = -f_o(-t)$

③ $f_o(t) = \dfrac{1}{2}\left[f(t) - f(-t) \right]$

④ $f_e(t) = \dfrac{1}{2}\left[f(t) - f(-t) \right]$

04 응용 　　　　　　　　　　　15년 1회 기출

다음과 같은 왜형파의 실효값은?

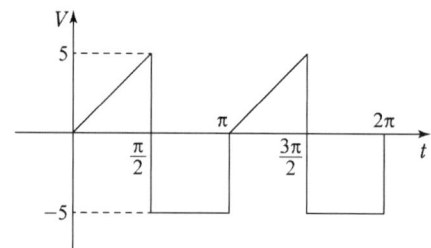

① $5\sqrt{2}$　　　　② $\dfrac{10}{\sqrt{6}}$

③ 15　　　　　　④ 35

05 기본 　　　　　　　　　　　20년 2회 기출

$$v(t) = 3 + 5\sqrt{2}\,\sin\omega t + 10\sqrt{2}\,\sin\left(3\omega t - \dfrac{\pi}{3}\right)[\mathrm{V}]$$

의 실효값 크기는 약 몇 [V] 인가?

① 9.6　　　　　② 10.6
③ 11.6　　　　　④ 12.6

06 기본   19년 3회 기출

비정현파 전류가 $i(t) = 56\sin\omega t + 20\sin 2\omega t$

$+ 30\sin(3\omega t + 30°) + 40\sin(4\omega t + 60°)$로
표현될 때, 왜형률은 약 얼마인가?

① 1.0   ② 0.96

③ 0.55   ④ 0.11

07 심화   22년 2회 기출

전압 및 전류가 다음과 같을 때 유효전력[W] 및
역률[%]은 각각 약 얼마인가?

$$v(t) = 100\sin\omega t - 50\sin(3\omega t + 30°)$$
$$+ 20\sin(5\omega t + 45°)[V]$$
$$i(t) = 20\sin(\omega t + 30°)$$
$$+ 10\sin(3\omega t - 30°)$$
$$+ 5\cos 5\omega t[A]$$

① 825[W], 48.6[%]

② 776.4[W], 59.7[%]

③ 1,120[W], 77.4[%]

④ 1,850[W], 89.6[%]

08 응용   20년 3회 기출

$R = 4[\Omega]$, $\omega L = 3[\Omega]$의 직렬회로에

$e = 100\sqrt{2}\sin\omega t + 50\sqrt{2}\sin 3\omega t$를 인가할 때
이 회로의 소비전력은 약 몇 [W]인가?

① 1,000   ② 1,414

③ 1,560   ④ 1,703

09 응용   21년 3회 기출

전압 $v(t)$를 RL 직렬회로에 인가했을 때 제3고조
파 전류의 실효값[A]의 크기는? (단, $R = 8[\Omega]$,
$\omega L = 2[\Omega]$, $v(t) = 100\sqrt{2}\sin\omega t$
$+ 200\sqrt{2}\sin 3\omega t + 50\sqrt{2}\sin 5\omega t$ [V]이다.)

① 10   ② 14

③ 20   ④ 28

10 응용   20년 4회 기출

RL 직렬회로에 순시치 전압

$v(t) = 20 + 100\sin\omega t + 40\sin(3\omega t + 60°)$
$+ 40\sin 5\omega t[V]$

를 가할 때 제5고조파 전류의 실효값 크기는 약
몇 [A]인가? (단, $R = 4[\Omega]$, $\omega L = 1[\Omega]$이다.)

① 4.4   ② 5.66

③ 6.25   ④ 8.0

11 기본   14년 1회 기출

RLC 직렬공진에서 3고조파의 공진주파수 $f[Hz]$
는?

① $\dfrac{1}{2\pi\sqrt{LC}}$ ② $\dfrac{1}{3\pi\sqrt{LC}}$

③ $\dfrac{1}{6\pi\sqrt{LC}}$ ④ $\dfrac{1}{9\pi\sqrt{LC}}$

2단자망 유형의 출제비율은 약 4%입니다.

2단자망은 다음 유형인 4단자망과 연결되는 부분이 있으므로 관련 개념을 이해해야 합니다.

2단자망에서는 영점, 극점에 대한 개념문제, 구동점 임피던스와 관련된 계산문제가 자주 출제되고 있습니다.

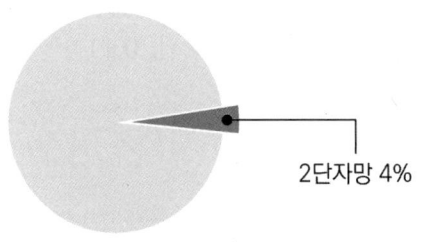

2단자망 4%

▲ 출제비율

대표유형 문제

구동점 임피던스(driving impedance) 함수에 있어서 극점(pole)은?   16년 3회 기출

① 단락회로 상태를 의미한다.

② 개방회로 상태를 의미한다.

③ 아무런 상태도 아니다.

④ 전류가 많이 흐르는 상태를 의미한다.

정답   ②

해설   극점은 구동점 임피던스 Z(s)=∞ 이므로 개방 상태를 나타낸다.
영점은 구동점 임피던스 Z(s)=0 이므로 단락 상태를 나타낸다.

핵심이론 CHECK!

1. 임피던스 해석

① 2단자망에 교류가 인가되었을 때, 회로의 임피던스 성분 '$R[\Omega]$, $jwL[\Omega]$, $\frac{1}{jwC}[\Omega]$'을 계산해야 하므로 주파수의 영향을 고려해야 한다. 실제 주파수의 형태로 고려하는 경우, 계산의 형태가 복잡하게 나타나므로, 'jw'를 's'로 치환하여 고려한다.

② 'jw'를 's'로 치환하여 고려하는 경우, 주파수의 영향을 별도로 고려 할 필요가 없어지므로 회로해석이 단순화되며, 이 때의 임피던스를 $Z(s)$로 표현한다.

2. 영점과 극점

① 영점(zero): 분자항이 0이 되어 $Z(s) = 0$을 만족하는 s의 값으로 s평면에서 '○'로 표시한다.

② 극점(pole): 분모항이 0이 되어 $Z(s) = \infty$를 만족하는 s의 값으로 s평면에서 '×'로 표시한다.

01 응용   CBT 복원

다음 그림과 같은 2단자망의 구동점 임피던스 [Ω]는?

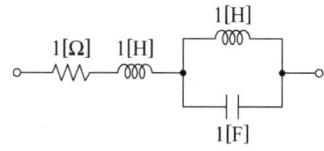

① $1 + s + \dfrac{s}{s^2 + 1}$ ② $1 + s + \dfrac{s^2}{s^2 + 1}$

③ $1 + \dfrac{1}{s} + \dfrac{s}{s^2 + 1}$ ④ $1 + \dfrac{1}{s} + \dfrac{s^2}{s^2 + 1}$

02 응용   20년 4회 기출

그림과 같은 회로의 구동점 임피던스 $Z_{ab}[\Omega]$는?

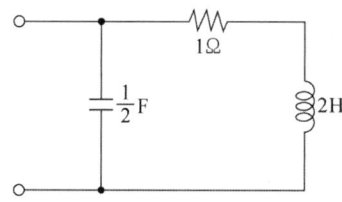

① $\dfrac{2(2s+1)}{2s^2 + s + 2}$ ② $\dfrac{2s^2 + s - 2}{-2(2s+1)}$

③ $\dfrac{-2(2s+1)}{2s^2 + s - 2}$ ④ $\dfrac{2s^2 + s - 2}{2(2s+1)}$

03 응용   17년 3회 기출

그림과 같은 R-C 병렬회로에서 전원전압이 $e(t) = 3e^{-5t}$인 경우 이 회로의 임피던스는?

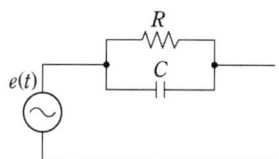

① $\dfrac{jwRC}{1 + jwRC}$ ② $\dfrac{R}{1 - 5RC}$

③ $\dfrac{R}{1 + RCs}$ ④ $\dfrac{1 + jwRC}{R}$

04 심화   19년 1회 기출

회로망 출력단자 $a-b$에서 바라본 등가 임피던스는? (단, $V_1 = 6[\text{V}]$, $V_2 = 3[\text{V}]$, $I_1 = 10[\text{A}]$, $R_1 = 15[\Omega]$, $R_2 = 10[\Omega]$, $L = 2[\text{H}]$, $j\omega = s$ 이다.)

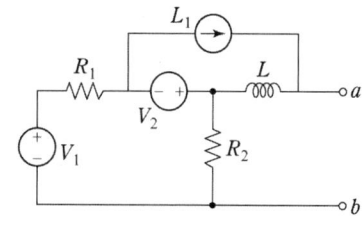

① $s + 15$ ② $2s + 6$

③ $\dfrac{3}{s+2}$ ④ $\dfrac{1}{s+3}$

05 응용
CBT 복원

2단자 임피던스 함수가 $Z(s) = \dfrac{s+3}{(s+4)(s+5)}$

일 때, 영점은?

① 4, 5
② -4, -5
③ 3
④ -3

07 기본
22년 1회 기출

그림의 회로가 정저항 회로가 되기 위한 L [mH]
은? (단, R = 10 [Ω], C = 1,000 [μF]이다.)

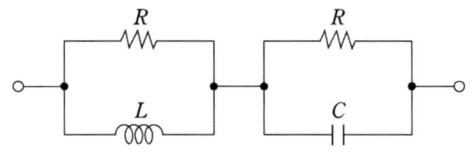

① 1
② 10
③ 100
④ 1,000

06 심화
21년 2회 기출

그림 (a)와 같은 회로에 대한 구동점 임피던스의
극점과 영점이 각각 그림 (b)에 나타낸 것과 같고
$Z(0) = 1$일 때, 이 회로에서 $R[\Omega]$, $L[\text{H}]$,
$C[\text{F}]$의 값은?

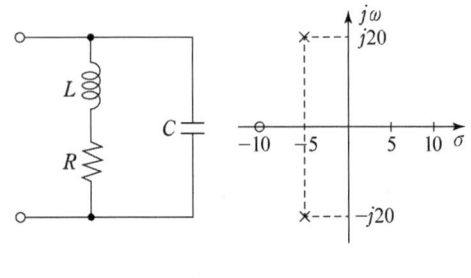

       (a)   (b)

① $R = 1.0\,[\Omega]$, $L = 0.1\,[\text{H}]$,
   $C = 0.0235\,[\text{F}]$
② $R = 1.0\,[\Omega]$, $L = 0.2\,[\text{H}]$, $C = 1.0\,[\text{F}]$
③ $R = 2.0\,[\Omega]$, $L = 0.1\,[\text{H}]$,
   $C = 0.0235\,[\text{F}]$
④ $R = 2.0\,[\Omega]$, $L = 0.2\,[\text{H}]$, $C = 1.0\,[\text{F}]$

08 응용
18년 2회 기출

그림 (a)와 그림 (b)가 역회로 관계에 있으려면 L
의 값은 몇 [mH]인가?

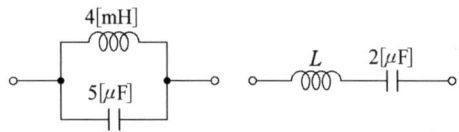

① 1
② 2
③ 5
④ 10

09 [응용] 13년 2회 기출

그림과 같은 회로와 쌍대(dual)가 될 수 있는 회로는?

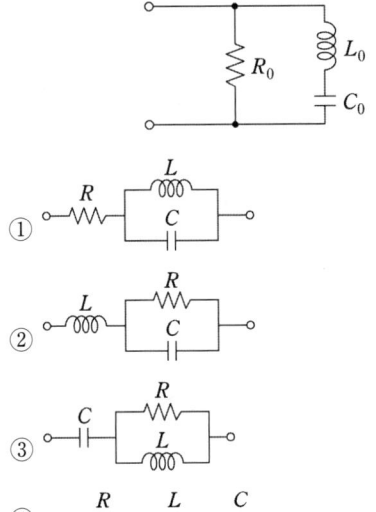

① R, L, C

② L, R, C

③ C, R, L

④ R, L, C

출제경향 CHECK!

4단자망의 출제비율은 약 7%입니다.

4단자망은 앞 유형인 2단자망과 연결되는 유형으로 두 유형에서 1문항 정도는 출제되는 편입니다.

이 유형에서는 전송 파라미터, Z파라미터, Y파라미터, 영상파라미터 등과 관련된 문제가 자주 출제되고 있습니다.

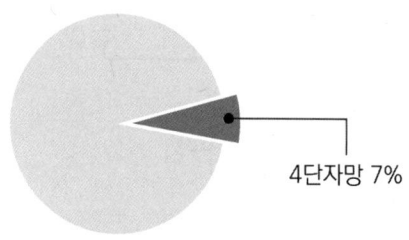

4단자망 7%

▲ 출제비율

대표유형 문제

4단자 정수 A, B, C, D 중에서 전압이득 차원을 가진 정수는?　　　　20년 4회 기출

① A　　　　　　　　　　　　　② B
③ C　　　　　　　　　　　　　④ D

정답　①

해설　4단자 정수(A, B, C, D)에서 먼저 방정식은 다음과 같다.

$$V_1 = AV_2 + BI_2$$
$$I_1 = CV_2 + DI_2$$

위 식에서 A를 구하면 $A = \dfrac{V_1}{V_2} \, (I_2 = 0)$ → 전압이득을 의미한다.

핵심이론 CHECK!

4단자 정수(전송 파라미터, ABCD 파라미터)

$A = \dfrac{V_1}{V_2} \, (I_2 = 0)$: 출력단자 개방 시 전압이득

$B = \dfrac{V_1}{I_2} \, (V_1 = 0)$: 출력단자 단락 시 임피던스

$C = \dfrac{I_1}{V_2} \, (I_2 = 0)$: 출력단자 개방 시 어드미턴스

$D = \dfrac{I_1}{I_2} \, (V_1 = 0)$: 출력단자 단락 시 전류이득

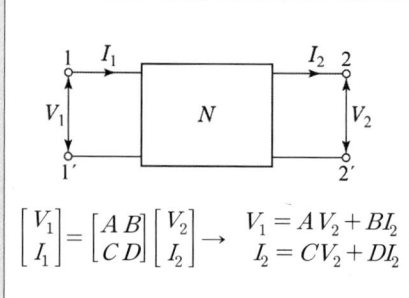

$$\begin{bmatrix} V_1 \\ I_1 \end{bmatrix} = \begin{bmatrix} A & B \\ C & D \end{bmatrix} \begin{bmatrix} V_2 \\ I_2 \end{bmatrix} \rightarrow \begin{array}{l} V_1 = AV_2 + BI_2 \\ I_2 = CV_2 + DI_2 \end{array}$$

01 응용   20년 3회 기출

그림과 같은 T형 회로에서 4단자 정수 중 D값은?

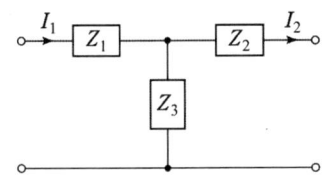

① $1 + \dfrac{Z_1}{Z_3}$ ② $\dfrac{Z_1 Z_2}{Z_3} + Z_2 + Z_1$

③ $\dfrac{1}{Z+3}$ ④ $1 + \dfrac{Z_2}{Z_3}$

02 심화   19년 2회 기출

회로에서 4단자 정수 A, B, C, D 의 값은?

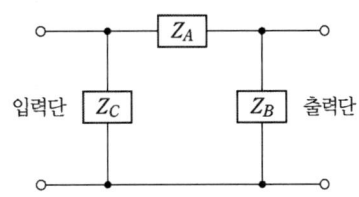

① $A = 1 + \dfrac{Z_A}{Z_B}$, $B = Z_A$, $C = \dfrac{1}{Z_A}$, $D = 1 + \dfrac{Z_B}{Z_A}$

② $A = 1 + \dfrac{Z_A}{Z_B}$, $B = Z_A$, $C = \dfrac{1}{Z_B}$, $D = 1 + \dfrac{Z_A}{Z_B}$

③ $A = 1 + \dfrac{Z_A}{Z_B}$, $B = Z_A$, $C = \dfrac{Z_A + Z_B + Z_C}{Z_B Z_C}$, $D = 1 + \dfrac{1}{Z_A Z_C}$

④ $A = 1 + \dfrac{Z_A}{Z_B}$, $B = Z_A$, $C = \dfrac{Z_A + Z_B + Z_C}{Z_B Z_C}$, $D = 1 + \dfrac{Z_A}{Z_C}$

03 기본   21년 3회 기출

어떤 선형 회로망의 4단자 정수가 A = 8, B = $j2$, D = $1.625 + j$ 일 때, 이 회로망의 4단자 정수 C는?

① $24 - j14$ ② $8 - j11.5$

③ $4 - j6$ ④ $3 - j4$

04 응용　16년 2회 기출

다음 회로의 4단자 정수는?

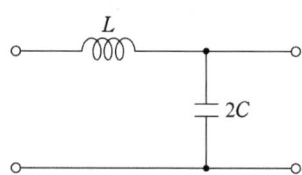

① $A = 1 + 2\omega^2 LC, B = j2\omega C,$
$\quad C = j\omega L, D = 0$

② $A = 1 - 2\omega^2 LC, B = j\omega L,$
$\quad C = j2\omega C, D = 1$

③ $A = 2\omega^2 LC, B = j\omega L, C = j2\omega C, D = 1$

④ $A = 2\omega^2 LC, B = j2\omega L, C = j\omega L, D = 0$

06 응용　21년 1회 기출

그림과 같은 H형 4단자 회로망에서 4단자 정수 (전송파라미터) A는? (단, V_1은 입력전압, V_2는 출력전압이고 A는 출력 개방 시 회로망의 전압 이득 $\left(\dfrac{V_1}{V_2} \right)$이다.)

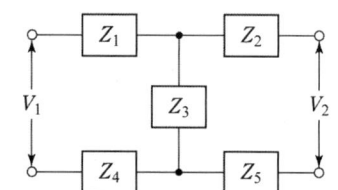

① $\dfrac{Z_1 + Z_2 + Z_3}{Z_3}$　② $\dfrac{Z_1 + Z_3 + Z_4}{Z_3}$

③ $\dfrac{Z_2 + Z_3 + Z_5}{Z_3}$　④ $\dfrac{Z_3 + Z_4 + Z_5}{Z_3}$

05 응용　16년 1회 기출

다음의 T형 4단자망 회로에서 ABCD 파라미터 사이의 성질 중 성립되는 대칭조건은?

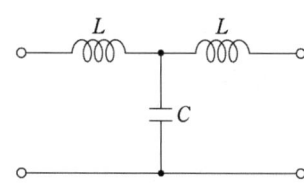

① A = D　② A = C

③ B = C　④ B = A

07 응용　CBT 복원

4단자 정수가 A, B, C, D인 선로에 임피던스가 $\dfrac{1}{Z_T}$인 변압기가 수전단에 접속된 경우, 계통의 4단자 정수 D_0는?

① $D_0 = \dfrac{C + DZ_T}{Z_T}$　② $D_0 = \dfrac{C + AZ_T}{Z_T}$

③ $D_0 = \dfrac{D + CZ_T}{Z_T}$　④ $D_0 = \dfrac{B + AZ_T}{Z_T}$

08 응용   18년 3회 기출

그림과 같이 $10[\Omega]$의 저항에 권수비가 $10:1$의 결합회로를 연결했을 때 4단자 정수 A, B, C, D 는?

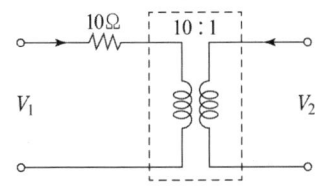

① $A=1$, $B=10$, $C=0$, $D=10$

② $A=10$, $B=1$, $C=0$, $D=10$

③ $A=10$, $B=0$, $C=1$, $D=\dfrac{1}{10}$

④ $A=10$, $B=1$, $C=0$, $D=\dfrac{1}{10}$

10 응용   14년 2회 기출

4단자 정수 A, B, C, D로 출력측을 개방시켰을 때 입력측에서 본 구동점 임피던스

$Z_{11} = \dfrac{V_1}{I_1} \mid_{I_2=0}$ 를 표시한 것 중 옳은 것은?

① $Z_{11} = \dfrac{A}{C}$ ② $Z_{11} = \dfrac{B}{D}$

③ $Z_{11} = \dfrac{A}{B}$ ④ $Z_{11} = \dfrac{B}{C}$

09 기본   22년 2회 기출

그림과 같은 T형 4단자 회로의 임피던스 파라미터 Z_{22}는?

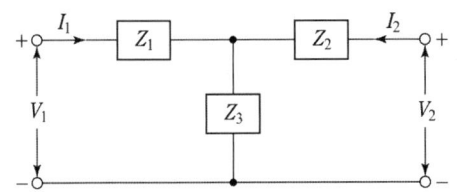

① Z_3 ② $Z_1 + Z_2$

③ $Z_1 + Z_3$ ④ $Z_2 + Z_3$

11 응용   13년 2회 기출

그림과 같은 π형 회로에 있어서 어드미턴스 파라미터 중 Y_{21}은 어느 것인가?

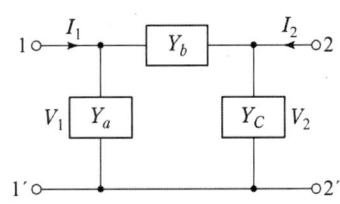

① Y_a ② $-Y_b$

③ $Y_a + Y_b$ ④ $Y_b + Y_c$

12 기본   15년 1회 기출

어떤 2단자쌍 회로망의 Y파라미터가 그림과 같다. a-a' 단자 간에 $V_1 = 36[\mathrm{V}]$, b-b' 단자 간에 $V_2 = 24[\mathrm{V}]$의 정전압원을 연결하였을 때 I_1, I_2 값은?

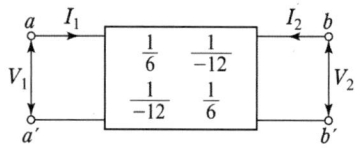

① $I_1 = 4[\mathrm{A}], I_2 = 5[\mathrm{A}]$

② $I_1 = 5[\mathrm{A}], I_2 = 4[\mathrm{A}]$

③ $I_1 = 1[\mathrm{A}], I_2 = 4[\mathrm{A}]$

④ $I_1 = 4[\mathrm{A}], I_2 = 1[\mathrm{A}]$

13 응용   19년 3회 기출

4단자 회로망에서 4단자 정수가 A, B, C, D일 때 영상 임피던스 $\dfrac{Z_{01}}{Z_{02}}$는?

① $\dfrac{D}{A}$ ② $\dfrac{B}{C}$

③ $\dfrac{C}{B}$ ④ $\dfrac{A}{D}$

14 응용   20년 2회 기출

그림은 회로에서 영상 임피던스 Z_{01}이 $6[\Omega]$일 때, 저항 R의 값은 몇 $[\Omega]$인가?

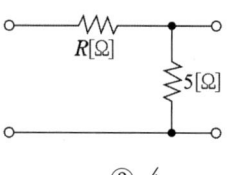

① 2   ② 4

③ 6   ④ 9

15 응용   17년 2회 기출

다음과 같은 회로망에서 영상 파라미터(영상 전달정수) θ는?

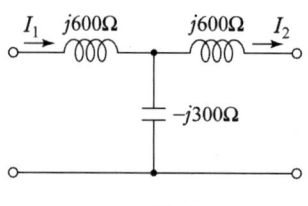

① 10   ② 2

③ 1   ④ 0

대표유형 11 분포정수회로

출제경향 CHECK!

분포정수회로의 출제비율은 약 7%입니다.
분포정수회로 유형에서는 특성 임피던스, 전파상수, 무손실선로, 무왜형선로, 전파속도와 관련된 문제가 자주 출제됩니다.
이 유형에서는 말로 묻는 개념문제보다는 공식을 이용하여 계산하는 문제의 출제비중이 높습니다.

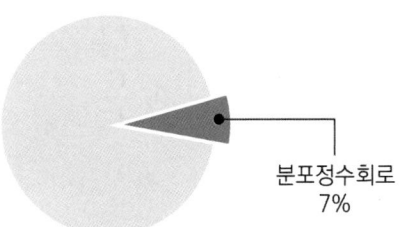

분포정수회로
7%

▲ 출제비율

대표유형 문제

분포정수회로에서 직렬 임피던스를 Z, 병렬 어드미턴스를 Y라 할 때, 선로의 특성 임피던스 Z_0는?

20년 4회 기출

① ZY

② $\sqrt{ZY}$

③ $\sqrt{\dfrac{Y}{Z}}$

④ $\sqrt{\dfrac{Z}{Y}}$

정답 ④

해설 특성 임피던스 $Z_0 = \sqrt{\dfrac{Z}{Y}} = \sqrt{\dfrac{R+jwL}{G+jwC}}$

핵심이론 CHECK!

분포정수회로

① 장거리 선로에서 R, L이 직렬로, C, G가 선간에 형성되고 이들이 반복적으로 분포된 회로이다.

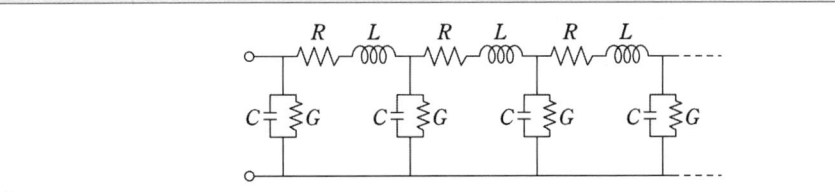

② 송전선로별 거리 및 선로정수, 해석

송전선로	거리	선로정수	해석
단거리	수~수십[km]	R, L	집중정수회로
중거리	100[km] 이하	R, L, C	집중정수회로
장거리	100[km] 초과	R, L, C, G	분포정수회로

01 기본   21년 3회 기출

단위 길이당 인덕턴스 및 커패시턴스가 각각 L 및 C일 때 전송선로의 특성 임피던스는? (단, 전송선로는 무손실 선로이다.)

① $\sqrt{\dfrac{L}{C}}$ ② $\sqrt{\dfrac{C}{L}}$

③ $\dfrac{L}{C}$ ④ $\dfrac{C}{L}$

02 기본   14년 2회 기출

분포정수회로에 직류를 흘릴 때 특성 임피던스는? (단, 단위 길이당의 직렬 임피던스 $Z = R + jwL[\Omega]$, 병렬 어드미턴스 $Y = G + jwC[\mho]$이다.)

① $\sqrt{\dfrac{L}{C}}$ ② $\sqrt{\dfrac{L}{R}}$

③ $\sqrt{\dfrac{G}{C}}$ ④ $\sqrt{\dfrac{R}{G}}$

03 기본   20년 2회 기출

선로의 단위 길이당 분포 인덕턴스, 저항, 정전용량, 누설 컨덕턴스를 각각 L, R, C, G 라 하면 전파정수는?

① $\dfrac{\sqrt{R + j\omega L}}{G + j\omega C}$

② $\sqrt{(R + j\omega L)(G + j\omega C)}$

③ $\sqrt{\dfrac{(R + j\omega C)}{(G + j\omega L)}}$

④ $\sqrt{\dfrac{(G + j\omega C)}{(R + j\omega L)}}$

04 기본   16년 1회 기출

분포정수회로에서 선로의 특성 임피던스를 Z_0, 전파정수를 γ이라 할 때 무한장 선로에 있어서 송전단에서 본 직렬 임피던스는?

① $\dfrac{Z_0}{\gamma}$ ② $\sqrt{\gamma Z_0}$

③ γZ_0 ④ $\dfrac{\gamma}{Z_0}$

05 기본   18년 3회 기출

무손실 선로의 정상상태에 대한 설명으로 틀린 것은?

① 전파정수 γ는 $j\omega\sqrt{LC}$이다.

② 특성 임피던스 $Z_0 = \sqrt{\dfrac{C}{L}}$ 이다.

③ 진행파의 전파속도 $v = \dfrac{1}{\sqrt{LC}}$ 이다.

④ 감쇠정수 $\alpha = 0$, 위상정수 $\beta = \omega\sqrt{LC}$이다.

06 응용   21년 2회 기출

무한장 무손실 전송선로의 임의의 위치에서 전압이 $100[\text{V}]$이었다. 이 선로의 인덕턴스가 7.5 $[\mu\text{H/m}]$이고, 커패시턴스가 $0.012[\mu\text{F/m}]$일 때 이 위치에서 전류[A]는?

① 2   ② 4

③ 6   ④ 8

07 기본   19년 1회 기출

분포정수 선로에서 무왜형 조건이 성립하면 어떻게 되는가?

① 감쇠량이 최소로 된다.
② 전파속도가 최대로 된다.
③ 감쇠량은 주파수에 비례한다.
④ 위상정수가 주파수에 관계없이 일정하다.

08 기본   17년 1회 기출

분포정수 전송회로에 대한 설명이 아닌 것은?

① $\dfrac{R}{L} = \dfrac{G}{C}$인 회로를 무왜형 회로라 한다.

② R=G=0인 회로를 무손실 회로라 한다.

③ 무손실 회로와 무왜형 회로의 감쇠정수는 $\sqrt{RG}$이다.

④ 무손실 회로와 무왜형 회로에서의 위상속도는 $\dfrac{1}{\sqrt{LC}}$이다.

09 기본   22년 2회 기출

분포정수회로에 있어서 선로의 단위 길이당 저항이 $100\,[\Omega/\mathrm{m}]$, 인덕턴스가 $200\,[\mathrm{mH/m}]$, 누설컨덕턴스가 $0.5\,[\mho/\mathrm{m}]$일 때 일그러짐이 없는 조건(무왜형 조건)을 만족하기 위한 단위 길이당 커패시턴스는 몇 $[\mu\mathrm{F/m}]$인가?

① 0.001   ② 0.1
③ 10   ④ 1,000

10 기본   14년 3회 기출

무한장 평행 2선 선로에 주파수 4[MHz]의 전압을 가하였을 때 전압의 위상정수는 약 몇 [rad/m]인가? (단, 여기에서 전파속도는 $3 \times 10^8\,[\sec]$로 한다.)

① 0.0734   ② 0.0838
③ 0.0934   ④ 0.0634

11 기본   17년 3회 기출

분포정수 선로에서 위상정수를 $\beta[\mathrm{rad/m}]$라 할 때, 파장은?

① $2\pi\beta$ ② $2\pi/\beta$
③ $4\pi\beta$ ④ $4\pi/\beta$

12 기본   19년 2회 기출

1[km]당 인덕턴스 25[mH], 정전용량 0.005 $[\mu\mathrm{C}]$의 선로가 있다. 무손실 선로라고 가정한 경우 진행파의 위상(전파) 속도는 약 몇 $[\mathrm{km/s}]$인가?

① 8.95×10^4 ② 9.95×10^4
③ 89.5×10^4 ④ 99.5×10^4

SUBJECT 04 회로이론

13 기본   21년 1회 기출

특성 임피던스가 400[Ω]인 회로 말단에 1,200[Ω]의 부하가 연결되어 있다. 전원 측에 20[kV]의 전압을 인가할 때 반사파의 크기[kV]는? (단, 선로에서의 전압감쇠는 없는 것으로 간주한다.)

① 3.3

② 5

③ 10

④ 33

14 응용   16년 3회 기출

전송선로의 특성 임피던스가 100[Ω]이고, 부하저항이 400[Ω]일 때 전압 정재파비 S는 얼마인가?

① 0.25

② 0.6

③ 1.67

④ 4.0

출제경향 CHECK!

과도현상의 출제비율은 약 8%로 회로이론에 자주 출제되는
유형 중 하나입니다.

RL 과도현상, RC 과도현상, RLC 과도현상과 관련된 문제가
자주 출제되므로 해당 개념을 정확하게 구분하고 계산문제에
도 대비해야 합니다.

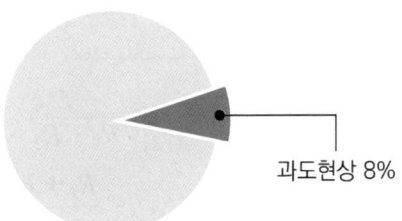

과도현상 8%

▲ 출제비율

대표유형 문제

커패시터와 인덕터에서 물리적으로 급격히 변화할 수 없는 것은?   19년 3회 기출

① 커패시터와 인덕터에서 모두 전압

② 커패시터와 인덕터에서 모두 전류

③ 커패시터에서 전류, 인덕터에서 전압

④ 커패시터에서 전압, 인덕터에서 전류

정답 ④

해설 L양단 전압 $v_L = L\dfrac{di}{dt}$ 이므로 전류의 변화가 급격히 커지면 L양단 전압이 무한대로 커지게 된다.

C양단 전류 $i_c = C\dfrac{dv}{dt}$ 이므로 전압의 변화가 급격히 커지면 C양단 전류가 무한대로 커지게 된다.

그러므로 커패시터에서의 전압, 인덕터에서의 전류는 급격히 커지면 안 된다.

핵심이론 CHECK!

1. **과도현상의 의미**

    ① 한가지 안정된 상태(정상상태, steady state)에서 다른 정상상태로 옮겨가는 과정에 나타나는 현
       상을 과도현상이라 하며, 이 때의 상태를 과도상태(transient state)라고 한다.

    ② 과도현상은 에너지 축적소자인 L, C에서 에너지의 이동이나 방전에 따른 에너지의 변화로 인해
       나타나는 현상이다.

2. **과도현상의 해석법**

    ① 키르히호프 법칙으로부터의 전압, 전류의 미분방정식을 세워 해를 구한다. L, C의 미분방정식의
       해는 $i = Ae^{st}$ 또는 $q = Ae^{st}$꼴이 되며, s를 특성근이라 한다.

    ② 라플라스 변환을 이용하여 미분방정식의 해를 구한다.

01 [기본]　　　14년 3회 기출

회로에서 스위치 S를 닫을 때, 이 회로의 시정수는?

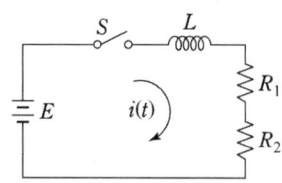

① $\dfrac{L}{R_1 + R_2}$　　　② $\dfrac{-L}{R_1 + R_2}$

③ $\dfrac{R_1 + R_2}{L}$　　　④ $-\dfrac{R_1 + R_2}{L}$

02 [기본]　　　18년 2회 기출

시정수의 의미를 설명한 것 중 틀린 것은?

① 시정수가 작으면 과도현상이 짧다.

② 시정수가 크면 정상상태에 늦게 도달한다.

③ 시정수는 τ로 표기하며 단위는 초[sec]이다.

④ 시정수는 과도기간 중 변화해야 할 양의 0.632%가 변화하는데 소요된 시간이다.

03 [기본]　　　22년 2회 기출

RL 직렬회로에서 시정수가 $0.03\,[\mathrm{s}]$, 저항이 $14.7\,[\Omega]$일 때 이 회로의 인덕턴스 $[\mathrm{mH}]$는?

① 441　　　② 362

③ 17.6　　　④ 2.53

04 [응용]　　　13년 1회 기출

RL 직렬회로에 직류전압 5[V]를 t=0에서 인가하였더니 $i(t) = 50\left(1 - e^{-20 \times 10^{-3}t}\right)[\mathrm{mA}](t \geq 0)$이었다. 이 회로의 저항을 처음 값의 2배로 하면 시정수는 얼마가 되겠는가?

① 10[sec]　　　② 40[sec]

③ 5[sec]　　　④ 25[sec]

05 [응용]　　　15년 1회 기출

권수가 2,000회이고, 저항이 12[Ω]인 솔레노이드에 전류 10[A]를 흘릴 때, 자속이 6×10^{-2}[Wb]가 발생하였다. 이 회로의 시정수[sec]는?

① 1　　　② 0.1

③ 0.01　　　④ 0.001

06 [기본]　　　17년 1회 기출

$R_1 = R_2 = 100\,[\Omega]$이며, $L_1 = 5\,[\mathrm{H}]$인 회로에서 시정수는 몇 [sec]인가?

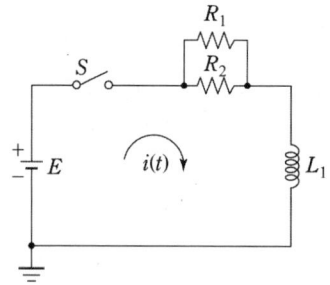

① 0.001　　　② 0.01

③ 0.1　　　④ 1

07 기본
16년 2회 기출

인덕턴스 0.5[H], 저항 2[Ω]의 직렬회로에 30[V]의 직류전압을 급히 가했을 때 스위치를 닫은 후 0.1초 후의 전류의 순시값 i[A]와 회로의 시정수 t[s]는?

① i=4.95, t=0.25
② i=12.75, t=0.35
③ i=5.95, t=0.45
④ i=13.95, t=0.25

08 응용
17년 3회 기출

회로에서 10[mH]의 인덕턴스에 흐르는 전류는 일반적으로 $i(t) = A + Be^{-at}$로 표시된다. a의 값은?

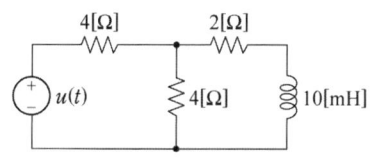

① 100
② 200
③ 400
④ 500

09 응용
CBT 복원

아래의 회로에서 스위치를 닫았을 때, 저항소자 R의 양단에 걸리는 전압[V]은?

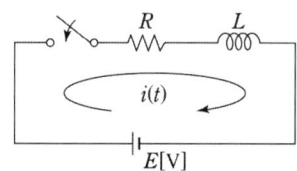

① $E(1 - e^{-\frac{R}{L}t})$
② $Ee^{-\frac{R}{L}t}$
③ $E(1 - e^{-\frac{L}{R}t})$
④ $Ee^{-\frac{L}{R}t}$

10 응용
18년 1회 기출

R-L 직렬회로에서 스위치 S가 1번 위치에 오랫동안 있다가 $t = 0^+$에서 위치 2번으로 옮겨진 후, L/R[s] 후에 L에 흐르는 전류[A]는?

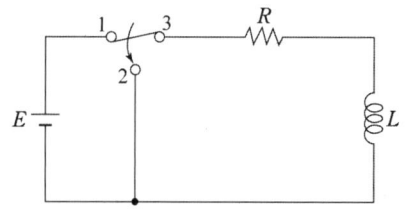

① E/R
② 0.5E/R
③ 0.368E/R
④ 0.632E/R

11 응용
21년 2회 기출

정상상태에서 $t = 0$초인 순간에 스위치 S를 열었다. 이 때 흐르는 전류 $i(t)$는?

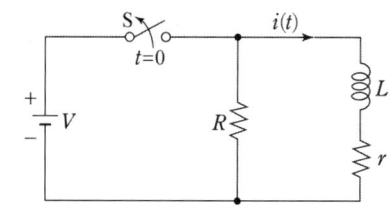

① $\frac{V}{R}e^{-\frac{R+r}{L}t}$
② $\frac{V}{r}e^{-\frac{R+r}{L}t}$
③ $\frac{V}{R}e^{-\frac{L}{R+r}t}$
④ $\frac{V}{r}e^{-\frac{L}{R+r}t}$

12 기본   18년 3회 기출

그림과 같은 RC 회로에서 스위치를 넣은 순간 전류는? (단, 초기조건은 0이다.)

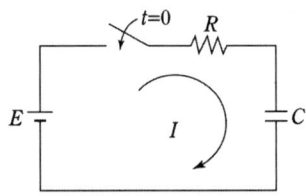

① 불변전류이다.
② 진동전류이다.
③ 증가함수로 나타난다.
④ 감쇠함수로 나타난다.

14 응용   21년 1회 기출

회로에서 t = 0초일 때 닫혀 있는 스위치 S를 열었다. 이 때 $\dfrac{dv(0^+)}{dt}$ 의 값은? (단, C의 초기 전압은 0[V]이다.)

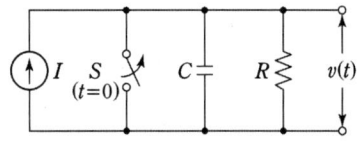

① $\dfrac{1}{RI}$ ② $\dfrac{C}{I}$

③ RI ④ $\dfrac{I}{C}$

13 응용   20년 3회 기출

$t = 0$에서 스위치(S)를 닫았을 때 $t = 0^+$ 에서의 $i(t)$는 몇 [A]인가? (단, 커패시터에 초기전하는 없다.)

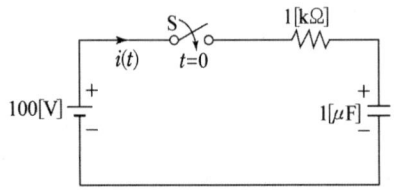

① 0.1   ② 0.2
③ 0.4   ④ 1.0

15 응용   17년 2회 기출

그림과 같은 회로에서 스위치 S를 닫았을 때, 과도분을 포함하지 않기 위한 R[Ω]은?

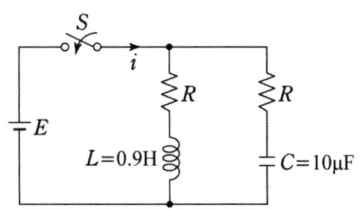

① 100   ② 200
③ 300   ④ 400

16 응용   14년 1회 기출

다음과 같은 회로에서 $t = 0^+$ 에서 스위치 K를 닫았다. $i_1(0^+)$, $i_2(0^+)$는 얼마인가? (단, C의 초기전압과 L의 초기 전류는 0이다.)

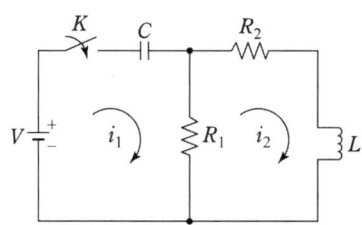

① $i_1(0^+) = 0$, $i_2(0^+) = \dfrac{V}{R_2}$

② $i_1(0^+) = \dfrac{V}{R_1}$, $i_2(0^+) = 0$

③ $i_1(0^+) = 0$, $i_2(0^+) = 0$

④ $i_1(0^+) = \dfrac{V}{R_1}$, $i_2(0^+) = \dfrac{V}{R_2}$

17 기본   20년 2회 기출

RLC 직렬회로의 파라미터가 $R^2 = \dfrac{4L}{C}$ 의 관계를 가진다면, 이 회로에 직류 전압을 인가하는 경우 과도응답 특성은?

① 무제동   ② 과제동

③ 부족제동   ④ 임계제동

⑬ 라플라스 변환

출제경향 CHECK!

라플라스 변환은 많은 수험생들이 어려워 하는 부분이지만 출제비율이 약 12%로 높고, 매 회차에 1문항 정도는 빠지지 않고 출제되는 편이므로 대비가 필요합니다.
라플라스 변환의 기본정리를 묻는 문제도 출제되지만 대부분 라플라스 변환과 역라플라스 변환을 하는 문제가 자주 출제됩니다.

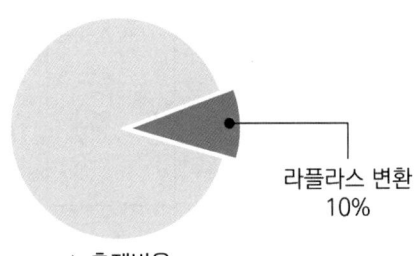

▲ 출제비율

라플라스 변환
10%

대표유형 문제

함수 f(t)의 라플라스 변환은 어떤 식으로 정의되는가?　　　18년 1회 기출

① $\int_0^\infty f(t)e^{st}dt$　　　② $\int_0^\infty f(t)e^{-st}dt$

③ $\int_0^\infty f(-t)e^{st}dt$　　　④ $\int_{-\infty}^\infty f(-t)e^{-st}dt$

정답 ②

해설 $\mathscr{L}[f(t)] = F(s) = \int_0^\infty f(t)e^{-st}dt$로 정의된다.

핵심이론 CHECK!

1. 라플라스 변환의 개념

연속시간 신호와 연속시간 시스템을 주파수 영역에서 분석하기 위한 변환법이다.

2. 라플라스 변환의 정의

① 시간(t)영역에서 '$0 \leq t < \infty$'의 구간에 대해 정의된 함수를 $f(t)$라고 할 때, $f(t)$에 감쇠한다.
② 복소지수함수 e^{-st}를 곱하여 시간 t에 대해 적분하면 복소(s)영역의 새로운 함수 $F(s)$가 된다.

$$F(s) = \mathscr{L}[f(t)] = \int_0^\infty f(t)e^{-st}dt$$

③ $F(s)$를 기존의 함수 $f(t)$의 라플라스 변환이라고 하며, $s = \sigma + jw$의 복소함수가 된다.
④ 복소영역의 $F(s)$를 시간영역의 $f(t)$로 변환하는 것을 '역 라플라스 변환'이라 하며, $f(t) = \mathscr{L}^{-1}[F(s)]$로 표현한다.

01 [기본]   19년 3회 기출

$f(t) = \delta(t - T)$의 라플라스 변환 $F(s)$는?

① e^{Ts} ② e^{-Ts}

③ $\dfrac{1}{s}e^{Ts}$ ④ $\dfrac{1}{s}e^{-Ts}$

02 [기본]   15년 1회 기출

그림과 같은 단위 계단함수는?

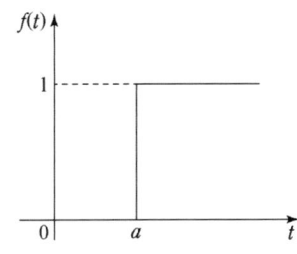

① $u(t)$ ② $u(t-a)$

③ $u(a-t)$ ④ $-u(t-a)$

03 [기본]   17년 1회 기출

그림과 같은 구형파의 라플라스 변환은?

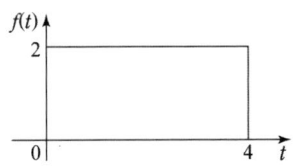

① $\dfrac{2}{s}(1-e^{4s})$ ② $\dfrac{2}{s}(1-e^{-4s})$

③ $\dfrac{4}{s}(1-e^{4s})$ ④ $\dfrac{4}{s}(1-e^{-4s})$

04 [응용]   21년 2회 기출

그림과 같은 함수의 라플라스 변환은?

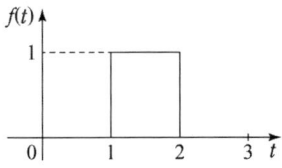

① $\dfrac{1}{s}(e^{s} - e^{2s})$ ② $\dfrac{1}{s}(e^{-s} - e^{-2s})$

③ $\dfrac{1}{s}(e^{-2s} - e^{-s})$ ④ $\dfrac{1}{s}(e^{-s} + e^{-2s})$

05 [기본]   20년 4회 기출

$f(t) = t^n$의 라플라스 변환 식은?

① $\dfrac{n}{s^n}$ ② $\dfrac{n+1}{s^{n+1}}$

③ $\dfrac{n!}{s^{n+1}}$ ④ $\dfrac{n+1}{s^{n!}}$

06 [기본]   19년 2회 기출

$f(t) = e^{j\omega t}$의 라플라스 변환은?

① $\dfrac{1}{s-j\omega}$ ② $\dfrac{1}{s+j\omega}$

③ $\dfrac{1}{s^2+\omega^2}$ ④ $\dfrac{\omega}{s^2+\omega^2}$

07 기본   20년 2회 기출

$f(t) = t^2 e^{-at}$ 를 라플라스 변환하면?

① $\dfrac{2}{(s+a)^2}$ ② $\dfrac{3}{(s+a)^2}$

③ $\dfrac{2}{(s+a)^3}$ ④ $\dfrac{3}{(s+a)^3}$

08 응용   15년 1회 기출

$f(t) = \sin t \cdot \cos t$ 를 라플라스 변환하면?

① $\dfrac{1}{s^2 + 1^2}$ ② $\dfrac{1}{s^2 + 2^2}$

③ $\dfrac{1}{(s+2)^2}$ ④ $\dfrac{1}{(s+4)^2}$

09 응용   18년 3회 기출

그림과 같은 파형의 Laplace 변환은?

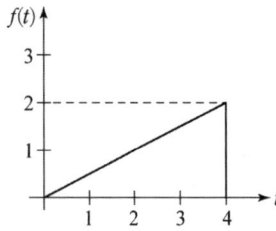

① $\dfrac{1}{2s^2}(1 - e^{-4s} - se^{-4s})$

② $\dfrac{1}{2s^2}(1 - e^{-4s} - 4e^{-4s})$

③ $\dfrac{1}{2s^2}(1 - se^{-4s} - 4e^{-4s})$

④ $\dfrac{1}{2s^2}(1 - e^{-4s} - 4se^{-4s})$

10 응용   15년 2회 기출

다음 파형의 라플라스 변환은?

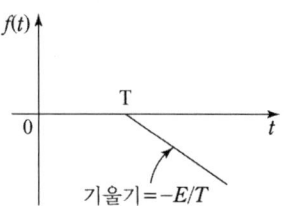

기울기 $= -E/T$

① $-\dfrac{E}{Ts^2}e^{-Ts}$ ② $\dfrac{E}{Ts^2}e^{-Ts}$

③ $-\dfrac{E}{Ts^2}e^{Ts}$ ④ $\dfrac{E}{Ts^2}e^{Ts}$

11 심화   21년 3회 기출

그림과 같은 파형의 라플라스 변환은?

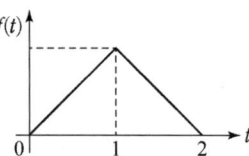

① $\dfrac{1}{s^2}(1 - 2e^s)$

② $\dfrac{1}{s^2}(1 - 2e^{-s})$

③ $\dfrac{1}{s^2}(1 - 2e^s + e^{2s})$

④ $\dfrac{1}{s^2}(1 - 2e^{-s} + e^{-2s})$

12 응용   18년 2회 기출

$F(s) = \dfrac{1}{s(s+a)}$ 의 라플라스 역변환은?

① e^{-at} ② $1 - e^{-aT}$

③ $a(1 - e^{-aT})$ ④ $\dfrac{1}{a}(1 - e^{-at})$

13 응용   CBT 복원

$\mathscr{L}^{-1}\left[\dfrac{1}{s^2 + a^2}\right]$은 어느 것인가?

① $\dfrac{1}{a}\cos at$ ② $\dfrac{1}{a}\sin at$

③ $\cos at$ ④ $\sin at$

14 응용   15년 3회 기출

다음 함수의 라플라스 역변환은?

$$I(s) = \dfrac{2s + 3}{(s+1)(s+2)}$$

① $e^{-t} - e^{-2t}$ ② $e^{t} - e^{-2t}$

③ $e^{-t} + e^{-2t}$ ④ $e^{t} + e^{-2t}$

15 응용   16년 3회 기출

$\mathscr{L}^{-1}\left[\dfrac{s}{(s+1)^2}\right]$는?

① $e^{t} - te^{-t}$ ② $e^{-t} - te^{-t}$

③ $e^{-t} + te^{-t}$ ④ $e^{-t} + 2te^{-t}$

16 심화   21년 1회 기출

$F(s) = \dfrac{2s^2 + s - 3}{s(s^2 + 4s + 3)}$ 의 라플라스 역변환은?

① $1 - e^{-t} + 2e^{-3t}$ ② $1 - e^{-t} - 2e^{-3t}$

③ $-1 - e^{-t} - 2e^{-3t}$ ④ $-1 + e^{-t} + 2e^{-3t}$

17 응용   22년 2회 기출

$f(t) = \mathscr{L}^{-1}\left[\dfrac{s^2 + 3s + 2}{s^2 + 2s + 5}\right]$는?

① $\delta(t) + e^{-t}(\cos 2t - \sin 2t)$

② $\delta(t) + e^{-t}(\cos 2t + 2\sin 2t)$

③ $\delta(t) + e^{-t}(\cos 2t - 2\sin 2t)$

④ $\delta(t) + e^{-t}(\cos 2t + \sin 2t)$

18 심화   14년 2회 기출

$\dfrac{d^2x(t)}{dt^2} + 2\dfrac{dx(t)}{dt} + x(t) = 1$에서 $x(t)$는 얼마인가? (단, $x(0) = \dot{x}(0) = 0$이다.)

① $te^{-t} - e^t$ ② $te^{-t} + e^t$

③ $1 - te^{-t} - e^{-t}$ ④ $1 + te^{-t} + e^{-t}$

19 응용   13년 3회 기출

다음과 같은 전류의 초기값 $i(0^+)$은?

$$I(s) = \dfrac{12}{2s(s+6)}$$

① 6   ② 2

③ 1   ④ 0

20 기본   14년 3회 기출

$f(t)$와 df/dt는 라플라스 변환이 가능하며 $\mathcal{L}[f(t)]$를 $F(s)$라고 할 때 최종값 정리는?

① $\lim\limits_{s \to 0} F(s)$ ② $\lim\limits_{s \to \infty} sF(s)$

③ $\lim\limits_{s \to \infty} F(s)$ ④ $\lim\limits_{s \to 0} sF(s)$

21 기본   19년 1회 기출

$F(s) = \dfrac{2s + 15}{s^3 + s^2 + 3s}$일 때 $f(t)$의 최종값은?

① 2   ② 3

③ 5   ④ 15

22 응용   20년 3회 기출

RC 직렬회로에 직류전압 $V[\text{V}]$가 인가되었을 때, 전류 $i(t)$에 대한 전압 방정식(KVL)이 $V = Ri(t) + \dfrac{1}{C}\displaystyle\int i(t)dt$ 이다. 전류 $i(t)$의 라플라스 변환인 $I(s)$는? (단, C에는 초기 전하가 없다.)

① $I(s) = \dfrac{V}{R}\dfrac{1}{s - \dfrac{1}{RC}}$

② $I(s) = \dfrac{C}{R}\dfrac{1}{s + \dfrac{1}{RC}}$

③ $I(s) = \dfrac{V}{R}\dfrac{1}{s + \dfrac{1}{RC}}$

④ $I(s) = \dfrac{R}{C}\dfrac{1}{s - \dfrac{1}{RC}}$

23 응용   16년 1회 기출

그림에서 $t = 0$에서 스위치 S를 닫았다. 콘덴서에 충전된 초기전압 $V_c(0)$가 $1[\text{V}]$이었다면 전류 $i(t)$를 변환한 값 $I(s)$는?

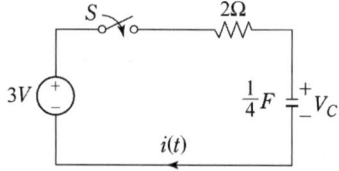

① $\dfrac{3}{2s + 4}$ ② $\dfrac{3}{s(2s + 4)}$

③ $\dfrac{2}{s(s + 2)}$ ④ $\dfrac{1}{s + 2}$

전달함수

출제경향 CHECK!

전달함수의 출제비율은 약 12%로 출제비율이 높은 편입니다. 이 유형에서는 전달함수의 기본적인 성질을 묻는 개념 문제와 제어요소의 전달함수와 관련된 문제가 자주 출제되고 있습니다. 계산문제 중에서는 라플라스 변환을 해야 답을 구할 수 있는 문제도 있으므로 앞 유형과 연관되는 유형이라고 볼 수 있습니다.

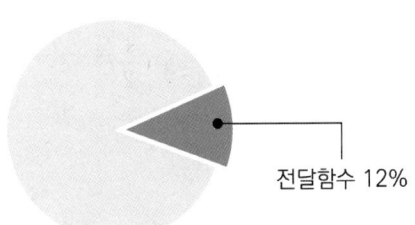

전달함수 12%

▲ 출제비율

대표유형 문제

모든 초기값을 0으로 할 때, 입력에 대한 출력의 비는?   14년 1회 기출

① 전달함수   ② 충격함수
③ 경사함수   ④ 포물선 함수

정답   ①

해설   전달함수의 정의를 묻는 문제이다.

$$전달함수 = \frac{출력신호의 \ 라플라스 \ 변환값}{입력신호의 \ 라플라스 \ 변환값} \quad (단, \ 이때의 \ 초기값은 \ "0" 이다.)$$

핵심이론 CHECK!

1. 전달함수의 개념

어떤 제어시스템의 입력신호와 출력신호의 관계를 수식적으로 표현한 것이다.

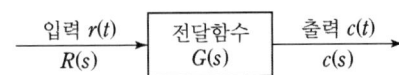

입력 $r(t)$ $R(s)$ → 전달함수 $G(s)$ → 출력 $c(t)$ $c(s)$

2. 전달함수의 특징

① 선형 시불변 시스템에만 적용된다.
② 모든 초기 조건을 0으로 두고 단위 임펄스 응답의 라플라스 변환이다.
③ 입력의 라플라스 변환에 대한 출력의 라플라스 변환비로 정의한다.
④ 복소변수 s의 함수로만 표현된다.
⑤ 시스템의 입력과는 무관하다.

01 응용

전달함수 $G(s) = \dfrac{C(s)}{R(s)} = \dfrac{1}{(s+a)^2}$ 인 제어계의 임펄스 응답 $c(t)$는?

① e^{-at}
② $1-e^{-at}$
③ te^{-at}
④ $\dfrac{1}{2}t^2$

02 응용
CBT 복원

전달함수가 $G(s) = \dfrac{Y(s)}{X(s)} = \dfrac{1}{s^2(s+1)}$ 로 주어지는 시스템의 단위 임펄스 응답은?

① $y(t) = 1-t+e^{-t}$
② $y(t) = 1+t+e^{-t}$
③ $y(t) = t-1+e^{-t}$
④ $y(t) = t-1-e^{-t}$

03 응용
18년 1회 기출

안정한 제어계에 임펄스 응답을 가했을 때 제어계의 정상상태 출력은?

① 0
② +∞ 또는 -∞
③ +의 일정한 값
④ -의 일정한 값

04 기본
15년 2회 기출

제어계의 입력이 단위계단 신호일 때 출력 응답은?

① 임펄스 응답
② 인디셜 응답
③ 노멀 응답
④ 램프 응답

05 기본
22년 2회 기출

기본 제어요소인 비례요소의 전달함수는? (단, K는 상수이다.)

① $G(s) = K$
② $G(s) = Ks$
③ $G(s) = \dfrac{K}{s}$
④ $G(s) = \dfrac{K}{T_s+1}$

06 기본
16년 1회 기출

단위계단 입력에 대한 응답특성이

$c(t) = 1 - e^{-\frac{1}{T}t}$ 로 나타나는 제어계는?

① 비례제어계
② 적분제어계
③ 1차지연제어계
④ 2차지연제어계

218 SUBJECT 04 회로이론

07 응용   15년 3회 기출

그림과 같은 전기회로의 전달함수는? (단, $e_i(t)$ 는 입력전압, $e_o(t)$ 는 출력전압이다.)

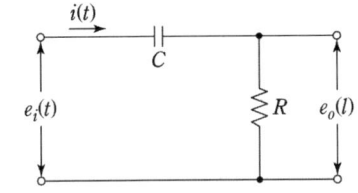

① $\dfrac{1+CRs}{CR}$

② $\dfrac{1+CRs}{CRs}$

③ $\dfrac{CR}{1+CRs}$

④ $\dfrac{CRs}{1+CRs}$

08 응용   20년 3회 기출

다음 회로에서 입력전압 $v_1(t)$ 에 대한 출력전압 $v_2(t)$ 의 전달함수 $G(s)$ 는?

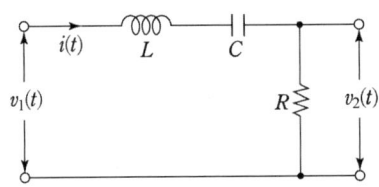

① $\dfrac{RCs}{LCs^2+RCs+1}$

② $\dfrac{RCs}{LCs^2-RCs-1}$

③ $\dfrac{Cs}{LCs^2+RCs+1}$

④ $\dfrac{Cs}{LCs^2-RCs-1}$

09 응용   14년 2회 기출

그림과 같은 RLC 회로에서 입력전압 $e_i(t)$, 출력 전류가 $i(t)$ 인 경우 이 회로의 전달함수 $I(s)/E_i(s)$ 는?

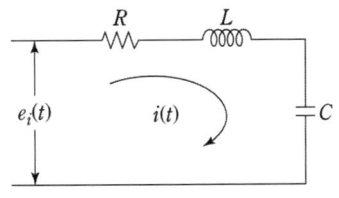

① $\dfrac{Cs}{RCs^2+LCs+1}$

② $\dfrac{1}{RCs^2+LCs+1}$

③ $\dfrac{Cs}{LCs^2+RCs+1}$

④ $\dfrac{1}{LCs^2+RCs+1}$

10 응용   19년 2회 기출

그림과 같은 RC 저역통과 필터회로에 단위 임펄스를 입력으로 가했을 때 응답 $h(t)$는?

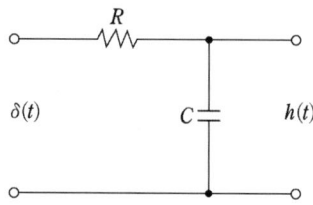

① $h(t) = RC\,e^{-\frac{t}{RC}}$

② $h(t) = \dfrac{1}{RC}\,e^{-\frac{t}{RC}}$

③ $h(t) = \dfrac{R}{1+j\omega RC}$

④ $h(t) = \dfrac{1}{RC}\,e^{-\frac{C}{R}t}$

11 심화   17년 3회 기출

입력신호 $x(t)$와 출력신호 $y(t)$의 관계가 다음과 같을 때 전달함수는?

$$\frac{d^2}{dt^2}y(t) + 5\frac{d}{dt}y(t) + 6y(t) = x(t)$$

① $\dfrac{1}{(s+2)(s+3)}$ ② $\dfrac{s+1}{(s+2)(s+3)}$

③ $\dfrac{s+4}{(s+2)(s+3)}$ ④ $\dfrac{s}{(s+2)(s+3)}$

12 응용   21년 3회 기출

회로에서 $t=0$ 초에 전압 $v_1(t) = e^{-4t}\,[\text{V}]$를 인가하였을 때 $v_2(t)$는 몇 $[\text{V}]$인가?
(단, $\text{R} = 2\,[\Omega]$, $\text{L} = 1\,[\text{H}]$이다.)

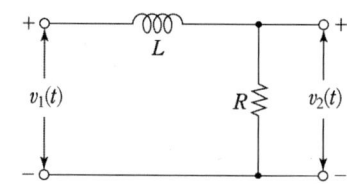

① $e^{-2t} - e^{-4t}$ ② $2e^{-2t} - 2e^{-4t}$

③ $-2e^{-2t} + 2e^{-4t}$ ④ $-2e^{-2t} - 2e^{-4t}$

13 응용   14년 1회 기출

그림과 같은 RC 회로에 단위 계단전압을 가하면 출력전압은?

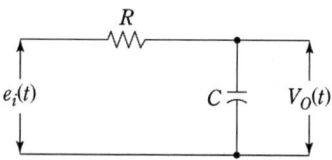

① 아무 전압도 나타나지 않는다.

② 처음부터 계단전압이 나타난다.

③ 계단전압에서 지수적으로 감쇠한다.

④ 0부터 상승하여 계단전압에 이른다.

14 응용   22년 1회 기출

정전용량이 C[F]인 커패시터에 단위 임펄스의 전류원이 연결되어 있다. 이 커패시터의 전압 $v_c(t)$는? (단, $u(t)$는 단위 계단함수이다.)

① $v_c(t) = C$ ② $v_c(t) = Cu(t)$

③ $v_c(t) = \dfrac{1}{C}$ ④ $v_c(t) = \dfrac{1}{C}u(t)$

16 기본   17년 3회 기출

그림과 같은 요소는 제어계의 어떤 요소인가?

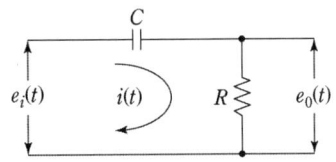

① 적분요소   ② 미분요소
③ 1차 지연요소   ④ 1차 지연 미분요소

17 응용   14년 3회 기출

다음과 같은 시스템의 전달함수를 미분방정식의 형태로 나타낸 것은?

$$G(s) = \frac{Y(s)}{X(s)} = \frac{3}{(s+1)(s-2)}$$

① $\dfrac{d^2}{dt^2}x(t) + \dfrac{d}{dt}x(t) - 2x(t) = 3y(t)$

② $\dfrac{d^2}{dt^2}y(t) + \dfrac{d}{dt}y(t) - 2y(t) = 3x(t)$

③ $\dfrac{d^2}{dt^2}y(t) - \dfrac{d}{dt}y(t) - 2y(t) = 3x(t)$

④ $\dfrac{d^2}{dt^2}y(t) + \dfrac{d}{dt}y(t) + 2y(t) = 3x(t)$

15 응용   14년 1회 기출

어떤 제어계에 단위 계단입력을 가하였더니 출력이 $1 - e^{-2t}$로 나타났다. 이 계의 전달함수는?

① $\dfrac{1}{s+2}$ ② $\dfrac{2}{s+2}$

③ $\dfrac{1}{s(s+2)}$ ④ $\dfrac{2}{s(s+2)}$

SUBJECT 04
회로이론

18 응용   18년 2회 기출

전달함수 $G(s) = \dfrac{1}{s+1}$ 일 때, 이 계의 임펄스 응답 $c(t)$를 나타내는 것은? (단, a는 상수이다.)

① $c(t)$

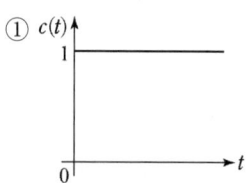

② $c(t)$

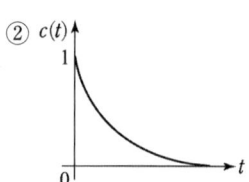

③ $c(t)$

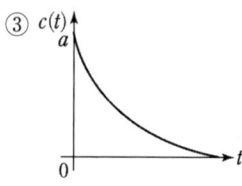

④ $c(t)$

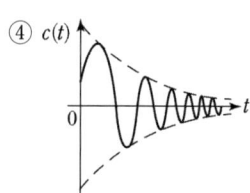

19 응용   20년 4회 기출

전달함수가 $G(s) = \dfrac{10}{s^2 + 3s + 2}$ 으로 표현되는 제어시스템에서 직류 이득은 얼마인가?

① 1   ② 2

③ 3   ④ 5

20 기본   13년 1회 기출

그림과 같은 회로망은 어떤 보상기로 사용될 수 있는가? (단, $1 \ll R_1 C$인 경우로 한다.)

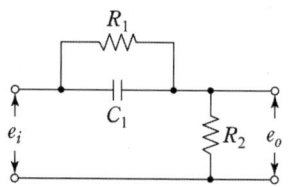

① 지연 보상기   ② 지 · 진상 보상기

③ 지상 보상기   ④ 진상 보상기

21 기본   13년 2회 기출

보상기 $G_c(s) = \dfrac{1 + \alpha Ts}{1 + Ts}$ 가 진상 보상기가 되기 위한 조건은?

① $\alpha = 0$ ② $\alpha = 1$

③ $\alpha < 1$ ④ $\alpha > 1$

22 응용 　　　　　　　　　13년 2회 기출

그림의 회로에서 출력전압 V_0는 입력전압 V_i와 비교할 때 위상 변화는?

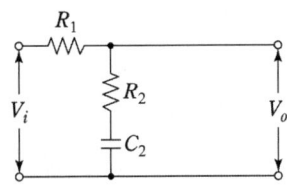

① 위상이 뒤진다.

② 위상이 앞선다.

③ 동상이다.

④ 낮은 주파수에서는 위상이 뒤떨어지고 높은 주파수에서는 앞선다.

23 기본 　　　　　　　　　15년 3회 기출

연산증폭기의 성질에 관한 설명으로 틀린 것은?

① 전압 이득이 매우 크다.

② 입력 임피던스가 매우 작다.

③ 전력 이득이 매우 크다.

④ 출력 임피던스가 매우 작다.

24 응용 　　　　　　　　　19년 1회 기출

PD 조절기와 전달함수 $G(s) = 1.2 + 0.02s$의 영점은?

① -60 　　　　　　② -50

③ 50 　　　　　　 ④ 60

25 응용 　　　　　　　　　20년 2회 기출

전달함수가 $G_c(s) = \dfrac{2s + 5}{7s}$인 제어기가 있다. 이 제어기는 어떤 제어기인가?

① 비례 미분 제어기

② 적분 제어기

③ 비례 적분 제어기

④ 비례 적분 미분 제어기

26 응용 　　　　　　　　　21년 2회 기출

전달함수가 $G_C(s) = \dfrac{s^2 + 3s + 5}{2s}$인 제어기가 있다. 이 제어기는 어떤 제어기인가?

① 비례 미분 제어기

② 적분 제어기

③ 비례 적분 제어기

④ 비례 미분 적분 제어기

SUBJECT 04

제어이론

SUBJECT

05

제어공학

출제비중

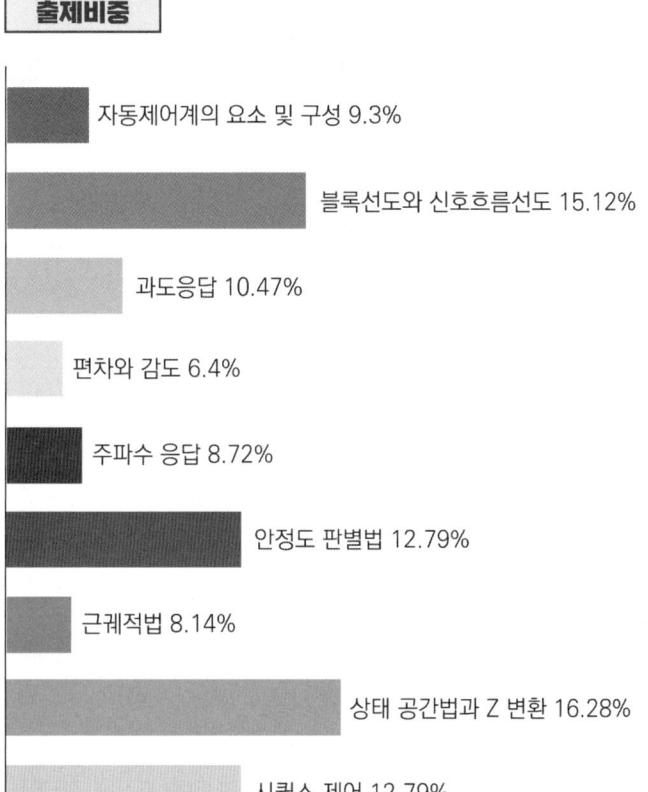

자동제어계의 요소 및 구성 9.3%

블록선도와 신호흐름선도 15.12%

과도응답 10.47%

편차와 감도 6.4%

주파수 응답 8.72%

안정도 판별법 12.79%

근궤적법 8.14%

상태 공간법과 Z 변환 16.28%

시퀀스 제어 12.79%

출제경향 분석

제어공학은 내용 자체는 복잡한 편이지만 대부분의 내용이 필기 한정으로 출제됩니다. 제어공학 부분은 실기에는 잘 출제되지 않고 실기에 출제되더라도 문제 유형이 단순한 편이기 때문에 기본개념과 기출문제 위주로 학습하면 됩니다.

제어공학의 유형 중에서는 블록선도와 신호흐름선도, 주파수 응답, 안정도 판별법, 상태 공간법 등의 유형이 출제비중이 높으므로 대비가 필요합니다.

출제경향 CHECK!

출제경향 CHECK!

자동제어계의 요소 및 구성은 약 9.3%의 출제비율을 가집니다.
기본적인 개념을 묻는 문제는 폐루프 궤환과 관련된 문제가 자
주 출제되고 블록선도와 관련된 문제는 각 과정에 맞는 신호를
고르는 문제로 비교적 단순한 문제가 출제되고 있습니다.

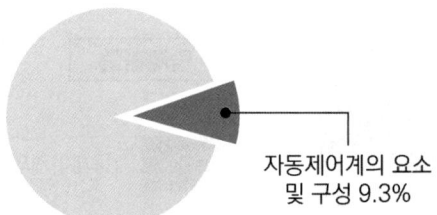

자동제어계의 요소
및 구성 9.3%

▲ 출제비율

대표유형 문제

폐루프 궤환(feed back) 제어계의 특징이 아닌 것은?　　　　　　　　18년 2회 기출
① 정확성이 증가한다.
② 대역폭이 증가한다.
③ 구조가 간단하고 설치비가 저렴하다.
④ 계(系)의 특성 변화에 대한 입력 대 출력비의 감도가 감소한다.

정답　③

해설　폐루프 궤환(제어계)는 구조가 복잡하고 설치비가 비싸다.

핵심이론 CHECK!

1. **제어계(제어시스템, control system)**
   ① '제어(control)'란 대상을 어느 목적에 적합하도록 하기 위해 대상에 적당한 조작을 가하는 것을
   말하며, 이를 위한 여러 구성요소를 상호 연결한 것을 '제어계(제어시스템)'이라 한다.
   ② 제어계에는 제어하는 것(제어장치-control device)과 제어되는 것(제어대상-plant, process)으
   로 구분된다.

2. **폐루프 궤환(제어계)의 특징**
   ① 정확성이 증가한다.
   ② 대역폭이 증가한다.
   ③ 구조가 복잡하고 설치비가 비싸다.
   ④ 계의 특성 변화에 대한 입력 대 출력비의 감도가 감소한다.
   ⑤ 전체이득이 감소한다.
   ⑥ 비교부와 검출부가 반드시 있어야 한다.

01 [기본] 22년 1회 기출

블록선도에서 ⓐ에 해당하는 신호는?

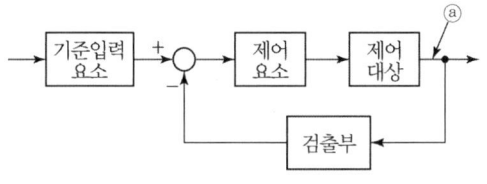

① 조작량 ② 제어량
③ 기준입력 ④ 동작신호

02 [기본] 21년 2회 기출

제어장치가 제어대상에 가하는 제어신호로 제어장치의 출력인 동시에 제어대상의 입력인 신호는?

① 목표값 ② 조작량
③ 제어량 ④ 동작신호

03 [기본] 17년 1회 기출

그림에서 ①에 알맞은 신호 이름은?

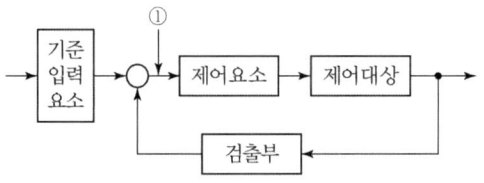

① 조작량 ② 제어량
③ 기준입력 ④ 동작신호

04 [기본] 17년 1회 기출

기준입력과 주 궤환량의 차로서, 제어계의 동작을 일으키는 원인이 되는 신호는?

① 조작신호 ② 동작신호
③ 주궤환 신호 ④ 기준 입력신호

05 [기본] 15년 1회 기출

자동제어계의 기본적 구성에서 제어요소는 무엇으로 구성되는가?

① 비교부와 검출부 ② 검출부와 조작부
③ 검출부와 조절부 ④ 조절부와 조작부

06 [기본] 13년 1회 기출

제어량을 어떤 일정한 목표값으로 유지하는 것을 목적으로 하는 제어법은?

① 추종제어 ② 비율제어
③ 프로그램제어 ④ 정치제어

SUBJECT 05 제어공학

기본　　　　　13년 1회 기출

자동제어의 분류에서 제어량의 종류에 의한 분류가 아닌 것은?

① 서보기구　　　　② 추치제어
③ 프로세스제어　　④ 자동조정

10 기본　　　　　18년 3회 기출

일정 입력에 대해 잔류편차가 있는 제어계는?

① 비례 제어계
② 적분 제어계
③ 비례 적분 제어계
④ 비례 적분 미분 제어계

08 기본　　　　　14년 1회 기출

자동제어의 분류에서 엘리베이터의 자동제어에 해당하는 제어는?

① 추종제어　　　　② 프로그램제어
③ 정치제어　　　　④ 비율제어

11 응용　　　　　16년 2회 기출

제어기에서 미분제어의 특성으로 가장 적합한 것은?

① 대역폭이 감소한다.
② 제동을 감소시킨다.
③ 작동오차의 변화율에 반응하여 동작한다.
④ 정상상태의 오차를 줄이는 효과를 갖는다.

12 응용　　　　　16년 1회 기출

제어오차가 검출될 때 오차가 변화하는 속도에 비례하여 조작량을 조절하는 동작으로 오차가 커지는 것을 사전에 방지하는 제어 동작은?

① 미분동작제어
② 비례동작제어
③ 적분동작제어
④ 온-오프(ON-OFF)제어

09 기본　　　　　14년 2회 기출

다음 제어량 중에서 추종제어와 관계가 없는 것은?

① 위치　　　　② 방위
③ 유량　　　　④ 자세

13 응용　　　　　　　20년 4회 기출

폐루프 시스템에서 응답의 잔류편차 또는 정상상태오차를 제거하기 위한 제어 기법은?

① 비례제어　　　　　② 적분제어

③ 미분제어　　　　　④ on – off제어

15 응용　　　　　　　21년 1회 기출

적분 시간 4[sec], 비례 감도가 4인 비례적분 동작을 하는 제어 요소에 동작신호 $z(t) = 2t$를 주었을 때 이 제어 요소의 조작량은? (단, 조작량의 초기값은 0이다.)

① $t^2 + 8t$　　　　　② $t^2 + 2t$

③ $t^2 - 8t$　　　　　④ $t^2 - 2t$

14 기본　　　　　　　17년 3회 기출

제어기에서 적분제어의 영향으로 가장 적합한 것은?

① 대역폭이 증가한다.

② 응답 속응성을 개선시킨다.

③ 작동오차의 변화율에 반응하여 동작한다.

④ 정상상태의 오차를 줄이는 효과를 갖는다.

블록선도와 신호흐름선도 유형의 출제비율은 약 15.12%로 제어공학에서 많은 문제가 출제되는 편입니다.

블록선도와 관련된 전달함수를 구하는 문제는 기본적인 문제도 출제되지만 약간 응용되어 출제되기도 하기 때문에 이론을 정확하게 이해해야 합니다.

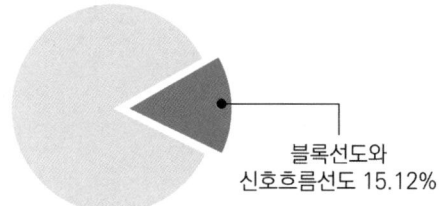

▲ 출제비율

블록선도와
신호흐름선도 15.12%

대표유형 문제

다음 블록선도의 전달함수는?   15년 3회 기출

$$
A \xrightarrow{\ +\ } \otimes \xrightarrow{\ -\ } \boxed{G_1} \rightarrow \boxed{G_2} \xrightarrow{\ C} \quad \boxed{G_3}
$$

① $\dfrac{G_1 G_2}{1 - G_1 G_2 G_3}$ 　② $\dfrac{G_1 G_2}{1 + G_1 G_2 G_3}$ 　③ $\dfrac{G_1}{1 - G_1 G_2 G_3}$ 　④ $\dfrac{G_2}{1 + G_1 G_2 G_3}$

정답 ②

해설 위 회로에서 R에서 C로 향하는 이득을 구하면 $\sum$ 전방향 이득 $= G_1 G_2$,

$\sum$ 폐회로 이득 $= - G_1 G_2 G_3$

$$
G(s) = \frac{\sum \text{전방향 이득}}{1 - (\sum \text{폐회로 이득})} = G(s) = \frac{G_1 G_2}{1 - (- G_1 G_2 G_3)} = \frac{G_1 G_2}{1 + G_1 G_2 G_3}
$$

블록선도(block diagram)

① 자동제어계의 각 요소를 블록으로 나타내어, 입출력 신호 사이의 관계를 나타내는 계통도이다.

② 출력신호의 라플라스 변환값과 입력신호의 라플라스 변환값의 비를 전달함수로 정의한다.

입력 $\xrightarrow[R(s)]{r(t)}$ $\boxed{G(s)}$ $\xrightarrow[C(s)]{c(t)}$ 출력
control system

• 전달함수 $G(s) = \dfrac{\text{출력}}{\text{입력}} = \dfrac{C(s)}{R(s)}$

• 출력 $C(s) = G(s) R(s)$

01 기본　　　21년 1회 기출

블록선도의 전달함수 $\left(\dfrac{C(s)}{R(s)}\right)$는?

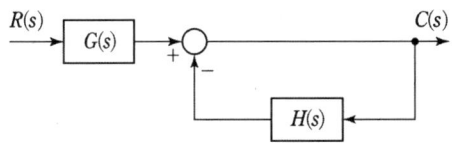

① $\dfrac{G(s)}{1+H(s)}$

② $\dfrac{G(s)}{1+G(s)H(s)}$

③ $\dfrac{1}{1+H(s)}$

④ $\dfrac{1}{1+G(s)H(s)}$

03 응용　　　14년 1회 기출

그림과 같은 블록선도에서 C(s)/R(s)의 값은?

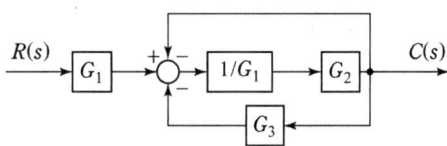

① $\dfrac{G_2}{G_1-G_2-G_2G_3}$

② $\dfrac{G_1}{G_1-G_2-G_2G_3}$

③ $\dfrac{G_1}{G_1+G_2+G_2G_3}$

④ $\dfrac{G_1G_2}{G_1+G_2+G_2G_3}$

02 기본　　　18년 3회 기출

다음 블록선도에서 C/R는?

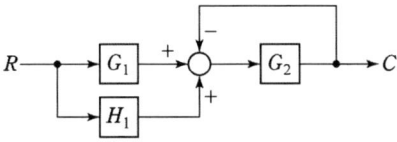

① $\dfrac{H_1}{1+G_1G_2}$

② $\dfrac{G_2(G_1+H_1)}{1+G_2}$

③ $\dfrac{1+G_2}{G_2(G_1+H_1)}$

④ $\dfrac{G_1G_2}{1+G_1G_2H_1}$

04 응용　　　17년 3회 기출

다음 블록선도의 전달함수는?

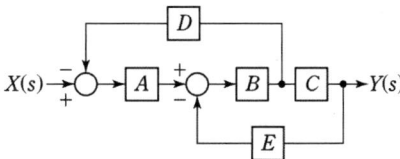

① $\dfrac{Y(s)}{X(s)}=\dfrac{ABC}{1+BCD+ABE}$

② $\dfrac{Y(s)}{X(s)}=\dfrac{ABC}{1+BCD+ABD}$

③ $\dfrac{Y(s)}{X(s)}=\dfrac{ABC}{1+BCE+ABD}$

④ $\dfrac{Y(s)}{X(s)}=\dfrac{ABC}{1+BCE+ABE}$

05 응용   20년 2회 기출

그림과 같은 제어시스템의 전달함수 $\dfrac{C(s)}{R(s)}$는?

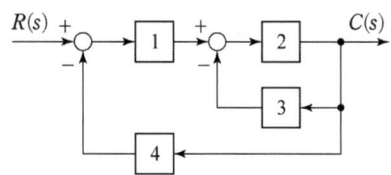

① $\dfrac{1}{15}$ ② $\dfrac{2}{15}$

③ $\dfrac{3}{15}$ ④ $\dfrac{4}{15}$

07 응용   21년 3회 기출

블록선도의 전달함수가 $C(s)/R(s) = 10$과 같이 되기 위한 조건은?

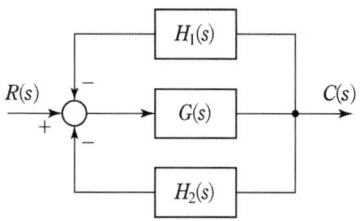

① $G(s) = \dfrac{1}{1 - H_1(s) - H_2(s)}$

② $G(s) = \dfrac{10}{1 - H_1(s) - H_2(s)}$

③ $G(s) = \dfrac{1}{1 - 10H_1(s) - 10H_2(s)}$

④ $G(s) = \dfrac{10}{1 - 10H_1(s) - 10H_2(s)}$

06 응용   22년 2회 기출

다음 블록선도의 전달함수 $\left(\dfrac{C(s)}{R(s)}\right)$는?

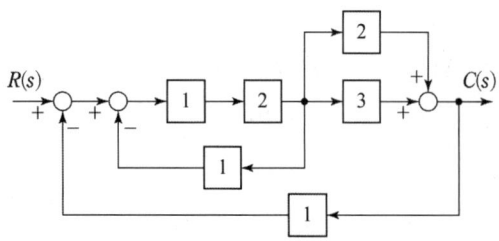

① $10/9$ ② $10/13$

③ $12/9$ ④ $12/13$

08 응용   21년 2회 기출

그림의 블록선도와 같이 표현되는 제어시스템에서 $A = 1$, $B = 1$일 때, 블록선도의 출력 C는 약 얼마인가?

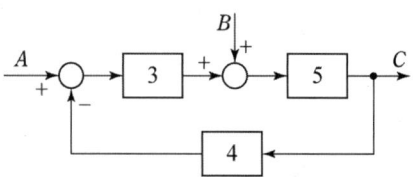

① 0.22 ② 0.33

③ 1.22 ④ 3.1

09 응용

다음의 회로를 블록선도로 그린 것 중 옳은 것은?

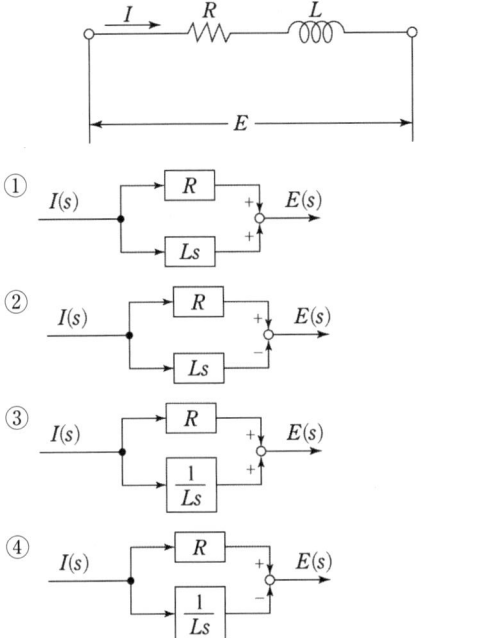

11 응용

다음 블록선도의 변환에서 ( )에 알맞은 것은?

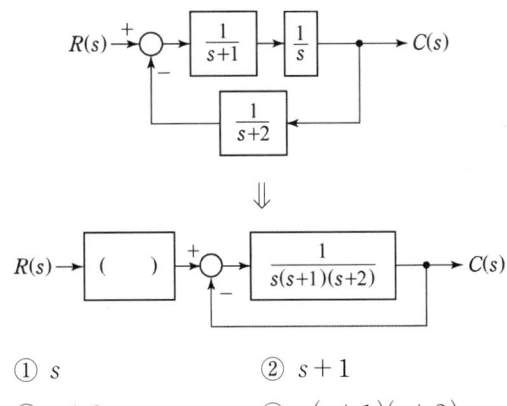

① s ② $s+1$

③ $s+2$ ④ $s(s+1)(s+2)$

10 응용

블록선도 변환이 틀린 것은?

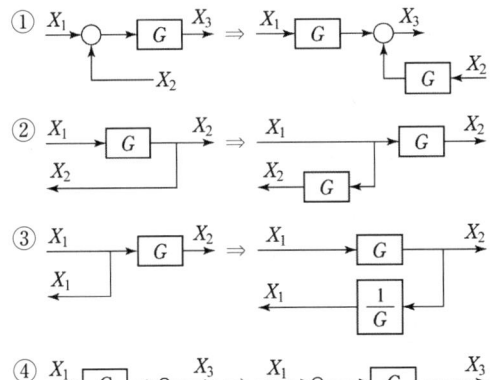

12 기본

다음의 신호흐름선도를 메이슨의 공식을 이용하여 전달함수를 구하고자 한다. 이 신호흐름선도에서 루프(loop)는 몇 개인가?

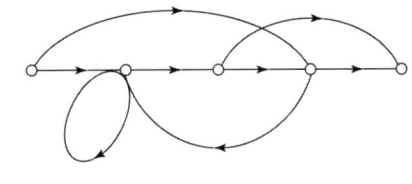

① 0   ② 1

③ 2   ④ 3

SUBJECT 05
제어공학

13 [기본]

다음 신호흐름선도의 일반식은?

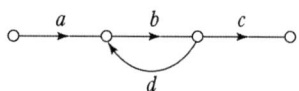

① $G = \dfrac{1-bd}{abc}$ ② $G = \dfrac{1+bd}{abc}$

③ $G = \dfrac{abc}{1+bd}$ ④ $G = \dfrac{abc}{1-bd}$

14 [기본]

다음의 신호흐름선도에서 $\dfrac{C}{R}$ 는?

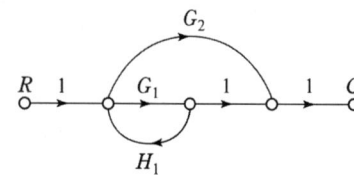

① $\dfrac{G_1 + G_2}{1 - G_1 H_1}$ ② $\dfrac{G_1 G_2}{1 - G_1 H_1}$

③ $\dfrac{G_1 + G_2}{1 + G_1 H_1}$ ④ $\dfrac{G_1 G_2}{1 + G_1 H_1}$

15 [기본]

다음과 같은 신호흐름선도에서 $\dfrac{C(s)}{R(s)}$ 의 값은?

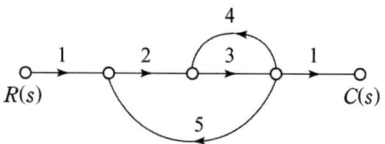

① $-\dfrac{1}{41}$ ② $-\dfrac{3}{41}$

③ $-\dfrac{6}{41}$ ④ $-\dfrac{8}{41}$

16 [기본]

신호흐름선도의 전달함수 $T(s) = \dfrac{C(s)}{R(s)}$ 로 옳은 것은?

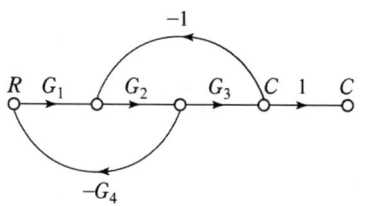

① $\dfrac{G_1 G_2 G_3}{1 - G_2 G_3 + G_1 G_2 G_4}$

② $\dfrac{G_1 G_2 G_3}{1 + G_1 G_2 G_4 + G_2 G_3}$

③ $\dfrac{G_1 G_2 G_3}{1 + G_1 G_3 - G_1 G_2 G_4}$

④ $\dfrac{G_1 G_2 G_3}{1 - G_1 G_3 - G_1 G_2 G_4}$

17 응용   20년 4회 기출

그림의 신호흐름선도에서 $\dfrac{C(s)}{R(s)}$ 는?

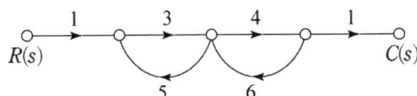

① $-\dfrac{2}{5}$

② $-\dfrac{6}{19}$

③ $-\dfrac{12}{29}$

④ $-\dfrac{12}{37}$

18 응용   15년 2회 기출

그림의 신호흐름선도에서 C/R를 구하면?

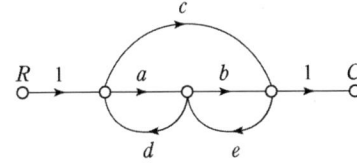

① $\dfrac{ab+c}{1-(ad+be)-cde}$

② $\dfrac{ab+c}{1+(ad+be)-cde}$

③ $\dfrac{ab+c}{1-(ad+be)}$

④ $\dfrac{ab+c}{1+(ad+be)}$

19 기본   21년 1회 기출

신호흐름선도에서 전달함수 $\left(\dfrac{C(s)}{R(s)}\right)$ 는?

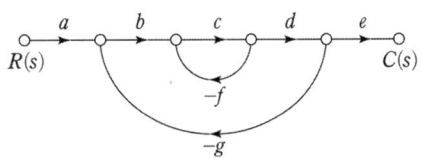

① $\dfrac{abcde}{1-cg-bcdg}$

② $\dfrac{abcde}{1-cf+bcdg}$

③ $\dfrac{abcde}{1+cf-bcdg}$

④ $\dfrac{abcde}{1+cf+bcdg}$

20 심화   20년 2회 기출

그림의 신호흐름선도에서 전달함수 $\dfrac{C(s)}{R(s)}$ 는?

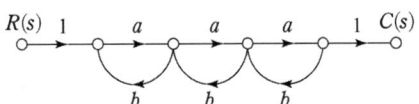

① $\dfrac{a^3}{(1-ab)^3}$

② $\dfrac{a^3}{(1-3ab+a^2b^2)}$

③ $\dfrac{a^3}{(1-3ab)}$

④ $\dfrac{a^3}{(1-3ab+2a^2b^2)}$

21 심화
22년 1회 기출

그림의 신호흐름선도에서 전달함수 $\dfrac{C(s)}{R(s)}$ 는?

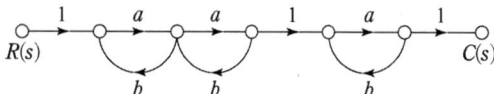

① $\dfrac{a^3}{(1-ab)^3}$

② $\dfrac{a^3}{1-3ab+a^2b^2}$

③ $\dfrac{a^3}{1-3ab}$

④ $\dfrac{a^3}{1-3ab+2a^2b^2}$

23 심화
22년 2회 기출

그림의 신호흐름도를 미분방정식으로 표현한 것으로 옳은 것은? (단, 모든 초기값은 0이다.)

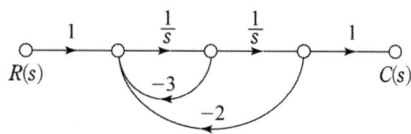

① $\dfrac{d^2c(t)}{dt^2}+3\dfrac{dc(t)}{dt}+2c(t)=r(t)$

② $\dfrac{d^2c(t)}{dt^2}+2\dfrac{dc(t)}{dt}+3c(t)=r(t)$

③ $\dfrac{d^2c(t)}{dt^2}-3\dfrac{dc(t)}{dt}-2c(t)=r(t)$

④ $\dfrac{d^2c(t)}{dt^2}-2\dfrac{dc(t)}{dt}-3c(t)=r(t)$

22 응용
16년 2회 기출

그림의 신호흐름선도에서 $\dfrac{y_2}{y_1}$ 은?

$y_1 \xrightarrow{1} \circ \xrightarrow{a} \circ \xrightarrow{1} \circ \xrightarrow{a} \circ \xrightarrow{1} \circ \xrightarrow{a} \circ \xrightarrow{1} \circ\, y_2$
(b feedbacks)

① $\dfrac{a^3}{1-3ab}$

② $\dfrac{a^3}{(1-ab)^3}$

③ $\dfrac{a^3}{(1-3ab+ab)}$

④ $\dfrac{a^3}{(1-3ab+2ab)}$

24 심화

그림과 같은 RC 회로에서 전압 $V_i(t)$를 입력으로 하고 전압 $V_0(t)$를 출력으로 할 때, 이에 맞는 신호흐름선도는? (단, 전달함수의 초기값은 0이다.)

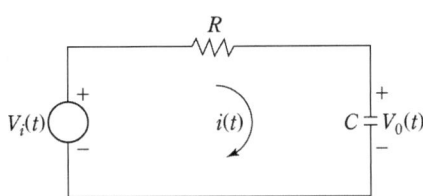

①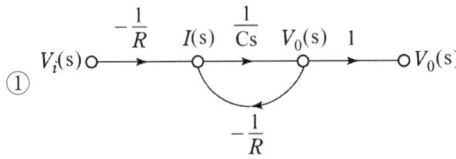

②

③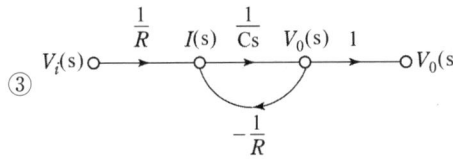

④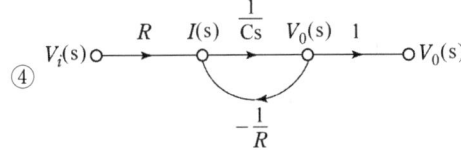

25 응용

아래와 같은 신호흐름선도에서 $G_1 = s+2$, $G_2 = 1$, $H_1 = -s-1$, $H_2 = -s-1$으로 주어질 때, 특성근은?

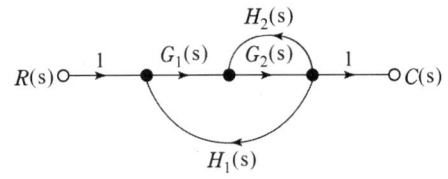

① -3, -2 ② -2, -2
③ -1, -2 ④ -2, 1

출제경향 CHECK!

과도응답은 약 10.47% 정도의 출제비율을 가지는 유형으로
계산문제보다는 기본개념을 이해하면 풀 수 있는 개념형 문제
가 더 많이 출제되고 있습니다.
제어공학에서 자주 출제되는 과도응답, 단위계단함수, 감쇠비
등과 같이 자주 출제되는 개념은 정확하게 이해해야 합니다.

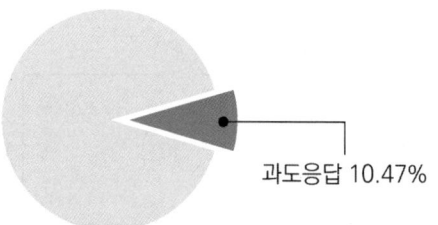

과도응답 10.47%

▲ 출제비율

대표유형 문제

시간 영역에서 자동제어계를 해석할 때 기본 시험입력에 보통 사용되지 않는 입력은?   19년 1회 기출
① 정속도 입력   ② 정현파 입력
③ 단위계단 입력   ④ 정가속도 입력

정답 ②
해설 시간 영역 해석 시의 기본 시험 입력은 단위계단 입력, 정가속도 입력, 정속도 입력이다.

핵심이론 CHECK!

1. 제어계의 응답
제어계에 입력신호를 가할 때 나타난 출력신호로, 제어계의 응답 특성은 다음과 같이 구분한다.
① 시간응답(times response) : 입력에 따른 출력의 신호를 시간영역에서 시간함수로 표시
② 주파수응답(frequency response) : 입력에 따른 출력의 신호를 주파수영역에서 주파수함수로 표시

2. 제어계의 시간응답
① 회로의 과도현상처럼 과도응답과 정상(상태)응답으로 나눌 수 있다.
② 과도응답은 정상 상태에 도달하기 전까지의 과도적인 응답으로, 과도응답 특성은 제어계의 속응성
   과 안정성을 평가할 수 있다.
③ 정상(상태)응답은 과도응답이 0으로 수렴한 뒤의 정상적인 상태에서의 응답으로, 이때 나타나는
   오차와 감도로 제어계의 정확도를 나타낼 수 있다.

3. 과도응답 해석의 시험 기준입력
과도응답 해석을 위한 입력은 단위계단 함수, 단위램프 함수, 포물선 함수가 사용된다.

01 [기본]

제어시스템에서 출력이 얼마나 목표값을 잘 추종하는지를 알아볼 때, 시험용으로 많이 사용되는 신호로 다음 식의 조건을 만족하는 것은?

$$u(t-a) = \begin{cases} 0, & t < a \\ 1, & t \geq a \end{cases}$$

① 사인함수   ② 임펄스함수
③ 램프함수   ④ 단위계단함수

02 [기본]

자동제어계의 2차계 과도응답에서 응답이 최초로 정상값의 50[%]에 도달하는데 요하는 시간은 무엇인가?

① 상승시간   ② 지연시간
③ 응답시간   ④ 정정시간

03 [기본]

자동 제어계의 과도응답의 설명으로 틀린 것은?

① 지연시간은 최종값의 50%에 도달하는 시간이다.
② 정정시간은 응답의 최종값의 허용범위가 ±5% 내에 안정되기까지 요하는 시간이다.
③ 백분율 오버슈트 = (최대오버슈트/최종목표값)×100
④ 상승시간은 최종값의 10%에서 100%까지 도달하는데 요하는 시간이다.

04 [기본]

제어계의 과도응답에서 감쇠비란?

① 제2오버슈트를 최대 오버슈트로 나눈 값이다.
② 최대 오버슈트를 제2오버슈트로 나눈 값이다.
③ 제2오버슈트와 최대 오버슈트를 곱한 값이다.
④ 제2오버슈트와 최대 오버슈트를 더한 값이다.

05 [기본]

다음 과도응답에 관한 설명 중 틀린 것은?

① 지연시간은 응답이 최초로 목표값의 50[%]가 되는데 소요되는 시간이다.
② 백분율 오버슈트는 최종 목표값과 최대 오버슈트와의 비를 %로 나타낸 것이다.
③ 감쇠비는 최종 목표값과 최대 오버슈트와의 비를 나타낸 것이다.
④ 응답시간은 응답이 요구하는 오차 이내로 정착되는데 걸리는 시간이다.

다음과 같은 시스템에 단위계단입력 신호가 가해졌을 때 지연시간에 가장 가까운 값[sec]은?

$$\frac{C(s)}{R(s)} = \frac{1}{s+1}$$

① 0.5   ② 0.7
③ 0.9   ④ 1.2

계의 특성상 감쇠계수가 크면 위상여유가 크고, 감쇠성이 강하여 (A)는(은) 좋으나 (B)는(은) 나쁘다. A, B를 바르게 묶은 것은?

① 안정도, 응답성   ② 응답성, 이득여유
③ 오프셋, 안정도   ④ 이득여유, 안정도

안정된 제어계의 특성근이 2개의 공액 복소근을 가질 때, 이 근들이 허수축 가까이에 있는 경우 허수축에서 멀리 떨어져 있는 안정된 근에 비해 과도응답 영향은 어떻게 되는가?

① 천천히 사라진다.   ② 영향이 같다.
③ 빨리 사라진다.   ④ 영향이 없다.

선형 자동 제어시스템에서 특성방정식은 어떻게 정의할 수 있는가?

① 개루프 전달함수의 절댓값이 1인 방정식
② 폐루프 전달함수의 분자가 0인 방정식
③ 폐루프 전달함수의 절댓값이 1인 방정식
④ 폐루프 전달함수의 분모가 0인 방정식

전달함수가 $\dfrac{C(s)}{R(s)} = \dfrac{1}{3s^2 + 4s + 1}$ 인 제어시스템의 과도응답 특성은?

① 무제동   ② 부족제동
③ 임계제동   ④ 과제동

2차 제어시스템의 감쇠율(Damping Ratio, ζ)이 $\zeta < 0$인 경우 제어시스템의 과도응답 특성은?

① 발산   ② 무제동
③ 임계제동   ④ 과제동

12 기본   19년 2회 기출

2차계 과도응답에 대한 특성방정식의 근은 s_1, $s_2 = -\zeta\omega_n \pm j\omega_n\sqrt{1-\zeta^2}$ 이다. 감쇠비 ζ가 $0 < \zeta < 1$사이에 존재할 때 나타나는 현상은?

① 과제동   ② 무제동

③ 부족제동   ④ 임계제동

14 응용   17년 2회 기출

폐루프 전달함수 C(s)/R(s)가 다음과 같은 2차 제어계에 대한 설명 중 틀린 것은?

$$\frac{C(s)}{R(s)} = \frac{w_n^2}{s^2 + 2\delta w_n s + w_n^2}$$

① 최대 오버슈트는 $e^{-\pi\delta/\sqrt{1-\delta^2}}$ 이다.

② 이 폐루프계의 특성방정식은 $s^2 + 2\delta w_n s + w_n^2 = 0$이다.

③ 이 계는 δ=0.1일 때 부족 제동된 상태에 있게 된다.

④ δ값을 작게 할수록 제동은 많이 걸리게 되므로 비교 안정도는 향상된다.

13 기본   15년 2회 기출

2차계의 감쇠비 δ가 $\delta > 1$이면 어떤 경우인가?

① 비제동   ② 과제동

③ 부족제동   ④ 발산

15 응용   22년 2회 기출

제어시스템의 전달함수가 $T(s) = \dfrac{1}{4s^2 + s + 1}$ 과 같이 표현될 때 이 시스템의 고유주파수 ($\omega_n [\text{rad/s}]$)와 감쇠율(ξ)은?

① $\omega_n = 0.25$, $\xi = 1.0$

② $\omega_n = 0.5$, $\xi = 0.25$

③ $\omega_n = 0.5$, $\xi = 0.5$

④ $\omega_n = 1.0$, $\xi = 0.5$

응용　　　　　　　　19년 2회 기출

다음 회로망에서 입력전압을 $v_{1(t)}$, 출력전압을 $v_2(t)$라 할 때, $\dfrac{V_2(s)}{V_1(s)}$에 대한 고유주파수 ω_n과 제동비 ζ의 값은?

(단, $R = 100[\Omega]$, $L = 2[\text{H}]$, $C = 200[\mu\text{F}]$이고, 모든 초기전하는 0이다.)

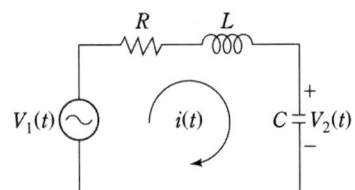

① $\omega_n = 50$, $\zeta = 0.5$

② $\omega_n = 50$, $\zeta = 0.7$

③ $\omega_n = 250$, $\zeta = 0.5$

④ $\omega_n = 250$, $\zeta = 0.7$

17 심화　　　　　　　　20년 4회 기출

전달함수가 $\dfrac{C(s)}{R(s)} = \dfrac{25}{s^2 + 6s + 25}$인 제어시스템의 감쇠진동 주파수 ($\omega_d$)는 몇 [rad/sec]인가?

① 3　　　　　　② 4

③ 5　　　　　　④ 6

편차와 감도

SUBJECT 05

제어공학

편차와 감도 유형의 출제비율은 약 6.4%입니다.

이 유형에서는 주로 편차의 종류, 속도편차상수와 관련된 문제가 많이 출제되는 편입니다.

문제만 보면 다소 복잡해 보이기도 하지만 자주 출제되는 유형 위주로 학습하면 쉽게 점수를 획득할 수 있습니다.

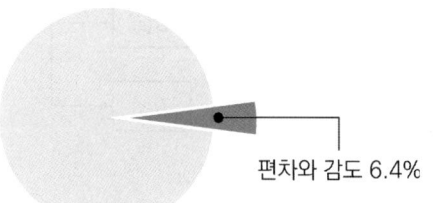

편차와 감도 6.4%

▲ 출제비율

대표유형 문제

그림과 같은 블록선도로 표시되는 제어계는 무슨 형인가?

16년 2회 기출

$$R(s) \xrightarrow{+}{-} \boxed{\frac{1}{s(s+1)}} \longrightarrow C(s)$$

① 0   ② 1

③ 2   ④ 3

정답 ②

해설 $G(s)H(s) = \dfrac{1}{s(s+1)}$ 이므로 여기서 s의 승수를 가지고 형별이 정해지므로 $s = s^1$ 이므로 1형이 된다. 제어계의 형은 개루프 전달함수의 원점에서 극점의 수와 같다.

핵심이론 CHECK!

형에 따른 제어계의 편차상수와 정상상태 편차

형	단위 계단 함수 입력 $R(s) = \frac{1}{s}$(정상 위치 편차)		단위 램프 함수 입력 $R(s) = \frac{1}{s^2}$(정상 속도 편차)		포물선 함수 입력 $R(s) = \frac{1}{s^3}$(정상 가속도 편차)	
	편차상수 k_p	정상편차 e_{ssp}	편차상수 k_v	정상편차 e_{ssv}	편차상수 k_a	정상편차 e_{ssa}
0	k_p	$\frac{1}{1+k_p}$	0	∞	0	∞
1	∞	0	k_v	$\frac{1}{k_v}$	0	∞
2	∞	0	∞	0	k_a	$\frac{1}{k_a}$
3	∞	0	∞	0	∞	0

01 기본   20년 3회 기출

그림과 같이 피드백 제어시스템에서 입력이 단위 계단 함수일 때 정상상태 오차상수인 위치상수 (K_p)는?

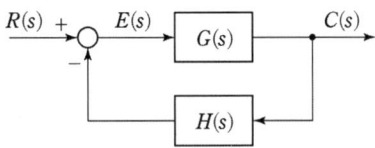

① $K_p = \lim\limits_{s \to 0} G(s)H(s)$

② $K_p = \lim\limits_{s \to 0} \dfrac{G(s)}{H(s)}$

③ $K_p = \lim\limits_{s \to \infty} G(s)H(s)$

④ $K_p = \lim\limits_{s \to \infty} \dfrac{G(s)}{H(s)}$

02 응용   16년 3회 기출

단위 피드백 제어계에서 개루프 전달함수 $G(s)$ 가 다음과 같이 주어지는 계의 단위계단 입력에 대한 정상편차는?

$$G(s) = \frac{6}{(s+1)(s+3)}$$

① $1/2$ ② $1/3$

③ $1/4$ ④ $1/6$

03 응용   20년 2회 기출

단위 피드백 제어계에서 개루프 전달함수 $G(s)$ 가 다음과 같이 주어졌을 때 단위계단 입력에 대한 정상상태 편차는?

$$G(s) = \frac{5}{s(s+1)(s+2)}$$

① 0 ② 1

③ 2 ④ 3

04 응용   22년 1회 기출

그림과 같은 블록선도의 제어시스템에 단위계단 함수가 입력되었을 때 정상상태 오차가 0.01이 되는 a의 값은?

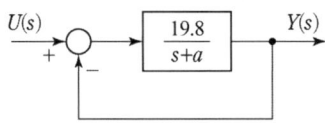

① 0.2 ② 0.6

③ 0.8 ④ 1.0

05 응용   18년 1회 기출

개루프 전달함수 G(s)가 다음과 같이 주어지는 단위 부궤환계가 있다. 단위계단 입력이 주어졌을 때, 정상상태 편차가 0.05가 되기 위해서는 K의 값은 얼마인가?

$$G(s) = \frac{6K(s+1)}{(s+2)(s+3)}$$

① 19 ② 20

③ 0.95 ④ 0.05

06 응용   13년 2회 기출

개루프 전달함수가 다음과 같은 계에서 단위속도 입력에 대한 정상편차는?

$$G(s) = \frac{10}{s(s+1)(s+2)}$$

① 0.2   ② 0.25
③ 0.33   ④ 0.5

07 기본   20년 4회 기출

그림과 같은 블록선도의 제어시스템에서 속도편차상수 K_v는 얼마인가?

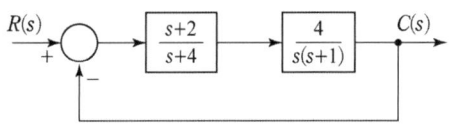

① 0   ② 0.5
③ 2   ④ ∞

08 심화   21년 3회 기출

블록선도의 제어시스템은 단위 램프 입력에 대한 정상상태오차(정상편차)가 0.01이다. 이 제어시스템의 제어요소인 $G_{C1}(s)$의 k는?

$$G_{C1}(s) = k, \ G_{C2}(s) = \frac{1+0.1s}{1+0.2s},$$
$$G_P(s) = \frac{200}{s(s+1)(s+2)}$$

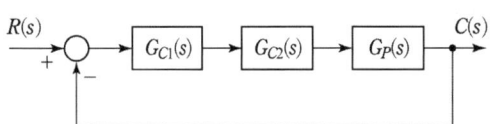

① 0.1   ② 1
③ 10   ④ 100

09 응용   21년 2회 기출

그림과 같은 제어시스템의 폐루프 전달함수 $T(s) = \dfrac{C(s)}{R(s)}$에 대한 감도 S_K^T는?

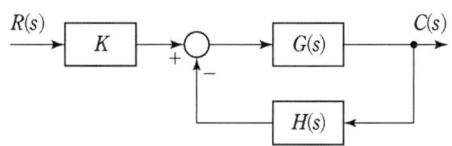

① 0.5   ② 1
③ $\dfrac{G}{1+GH}$ ④ $-\dfrac{GH}{1+GH}$

10 응용   16년 3회 기출

그림의 블록선도에서 K에 대한 폐루프 전달함수 $T(s) = \dfrac{C(s)}{R(s)}$의 감도 S_K^T는?

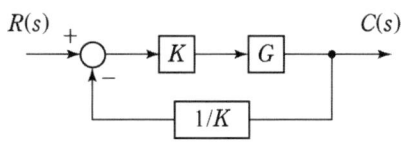

① -1   ② -0.5
③ 0.5   ④ 1

주파수 응답 유형의 출제비율은 약 8.72%로 아주 많이 출제되는 편은 아니지만 평균 1문제 정도는 출제되는 편이므로 대비가 필요합니다.

주파수 응답 유형에서는 크기와 위상각을 구하는 문제가 자주 출제되는 편이고 이 문제는 기본공식만 이해하면 비교적 쉽게 풀 수 있으므로 대비가 필요합니다.

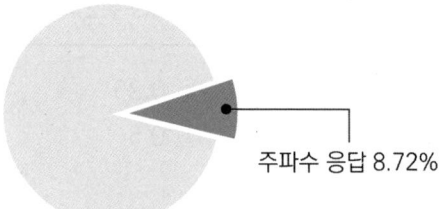

주파수 응답 8.72%

▲ 출제비율

대표유형 문제

$G(j\omega) = \dfrac{1}{j\omega T+1}$ 의 크기와 위상각은?

17년 3회 기출

① $G(j\omega) = \sqrt{\omega^2 T^2+1} \angle \tan^{-1}\omega T$

② $G(j\omega) = \sqrt{\omega^2 T^2+1} \angle -\tan^{-1}\omega T$

③ $G(j\omega) = \dfrac{1}{\sqrt{\omega^2 T^2+1}} \angle \tan^{-1}\omega T$

④ $G(j\omega) = \dfrac{1}{\sqrt{\omega^2 T^2+1}} \angle -\tan^{-1}\omega T$

정답 ④

해설 크기 $|G(jw)| = \left| \dfrac{1}{jwT+1} \right| = \dfrac{1}{\sqrt{w^2 T^2 + 1^2}}$

위상각 $G(j\omega) = \dfrac{1}{jwT+1} = \dfrac{\angle 0°}{\angle \tan^{-1}\dfrac{wT}{1}} = \angle 0° - \tan^{-1}wT = \angle -\tan^{-1}wT$

핵심이론 CHECK!

1. 주파수 전달함수(복소 전달함수)

전달함수 $G(s)$에서 s대신 jw를 대입하여 나타낸 $G(jw)$를 의미한다.

① 주파수 전달함수의 크기 (주파수 이득): 입력에 대한 출력비로 $\dfrac{A_o}{A_i} = |G(jw)|$로 표현한다.

② 주파수 전달함수의 위상: 입력에 대한 출력의 위상차로 $\angle G(jw)$로 표현한다.

2. 주파수 응답

주파수 전달함수에서 이득($|G(jw)|$)과 위상($\angle G(jw)$)의 극좌표 형식으로 표현한 것으로 정현파 입력을 기준으로 하며, 다양한 주파수 변화 입력에 대한 출력의 진폭비와 위상변화의 응답을 나타낸다.

01 기본

주파수 전달함수 $G(s)=s$인 미분요소가 있을 때 이 시스템의 벡터 궤적은?

①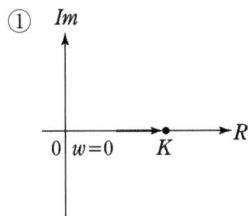

②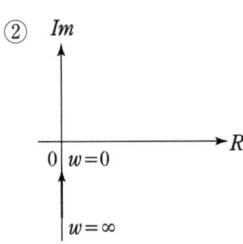

③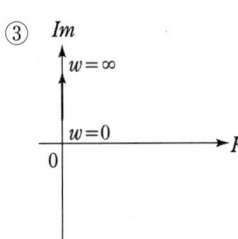

④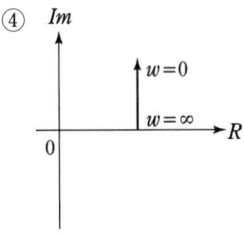

02 기본

그림의 벡터 궤적을 갖는 계의 주파수 전달함수는?

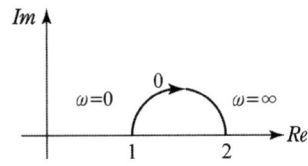

① $\dfrac{1}{j\omega+1}$ ② $\dfrac{1}{j2\omega+1}$

③ $\dfrac{j\omega+1}{j2\omega+1}$ ④ $\dfrac{j2\omega+1}{j\omega+1}$

03 기본

벡터 궤적이 다음과 같이 표시되는 요소는?

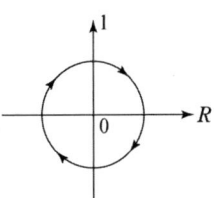

① 비례요소 ② 1차 지연요소

③ 2차 지연요소 ④ 부동작 시간요소

$G(jw) = \dfrac{K}{jw(jw+1)}$ 의 나이퀴스트 선도는?

(단, K >0 이다.)

①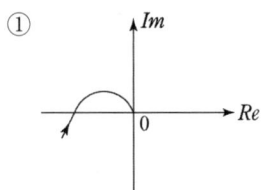

②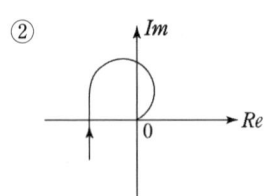

③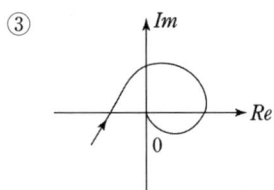

④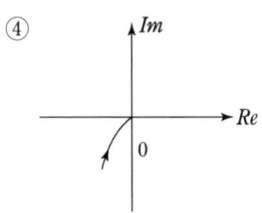

$G(j\omega) = \dfrac{K}{j\omega(j\omega+1)}$ 에 있어서 진폭 A 및 위상각 θ 는?

$$\lim_{\omega \to \infty} G(j\omega) = A \angle \theta$$

① $A = 0,\ \theta = -90°$

② $A = 0,\ \theta = -180°$

③ $A = \infty,\ \theta = -90°$

④ $A = \infty,\ \theta = -180°$

G(s) = K/s 인 적분요소의 보드선도에서 이득곡선의 1decade당 기울기는 몇 [dB]인가?

① 10   ② 20

③ -10   ④ -20

주파수 전달함수가 $G(j\omega) = 1/j100\omega$ 인 제어 시스템에서 $\omega = 1.0[\text{rad/s}]$ 일 때의 이득$[\text{dB}]$ 과 위상각$[°]$은 각각 얼마인가?

① $20\,[\text{dB}],\ 90\,[°]$

② $40\,[\text{dB}],\ 90\,[°]$

③ $-20\,[\text{dB}],\ -90\,[°]$

④ $-40\,[\text{dB}],\ -90\,[°]$

08 [응용] 13년 1회 기출

전달함수 $G(s) = \dfrac{1}{s(s+10)}$ 에 $w = 0.1$인 정현파 입력을 주었을 때 보드선도의 이득은?

① -40[dB]
② -20[dB]
③ 0[dB]
④ 20[dB]

09 [응용] 18년 2회 기출

전달함수가 $G(s) = \dfrac{1}{0.1s(0.001s+1)}$ 과 같은 제어시스템에서 $\omega = 0.1\,[\text{rad/s}]$ 일 때의 이득 $[\text{dB}]$과 위상각 $[°]$은 약 얼마인가?

① $40\,[\text{dB}]$, $-90°$
② $-40\,[\text{dB}]$, $90°$
③ $40\,[\text{dB}]$, $-180°$
④ $-40\,[\text{dB}]$, $-180°$

10 [기본] 16년 1회 기출

나이퀴스트(Nyquist) 선도에서의 임계점 (-1, j0)에 대응하는 보드선도에서의 이득과 위상은?

① 1[dB], 0°
② 0[dB], -90°
③ 0[dB], 90°
④ 0[dB], -180°

11 [심화] 22년 1회 기출

그림과 같은 보드선도의 이득선도를 갖는 제어시스템의 전달함수는?

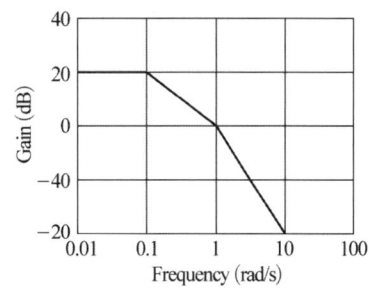

① $G(s) = \dfrac{10}{(s+1)(s+10)}$

② $G(s) = \dfrac{10}{(s+1)(10s+1)}$

③ $G(s) = \dfrac{20}{(s+1)(s+10)}$

④ $G(s) = \dfrac{20}{(s+1)(10s+1)}$

12 [기본] 14년 2회 기출

2차 제어계에서 공진주파수(w_m)와 고유주파수(w_n), 감쇠비(α) 사이의 관계로 옳은 것은?

① $w_m = w_n\sqrt{1-\alpha^2}$

② $w_m = w_n\sqrt{1+\alpha^2}$

③ $w_m = w_n\sqrt{1-2\alpha^2}$

④ $w_m = w_n\sqrt{1+2\alpha^2}$

13 [기본]

전달함수의 크기가 주파수 0에서 최대값을 갖는 저역통과 필터가 있다. 최대값의 70.7[%] 또는 −3[dB]로 되는 크기까지의 주파수로 정의되는 것은?

① 공진 주파수   ② 첨두 공진점

③ 대역폭   ④ 분리도

14 [기본]

주파수 특성의 정수 중 대역폭이 좁으면 좁을수록 이때의 응답속도는 어떻게 되는가?

① 빨라진다.

② 늦어진다.

③ 빨라졌다 늦어진다.

④ 늦어졌다 빨라진다.

안정도 판별법

출제경향 CHECK!

안정도 판별법은 약 12.79% 정도의 출제비율을 가지는 중요한 유형입니다.
기본적인 제어시스템에서 안정의 조건에 대한 개념을 묻는 문제도 출제되고 있고, s평면, jw축과 관련된 제어시스템의 안정도를 묻는 문제가 자주 출제되고 있습니다.

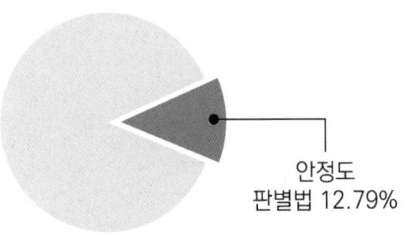

안정도
판별법 12.79%

▲ 출제비율

대표유형 문제

일반적인 제어시스템에서 안정의 조건은?   18년 3회 기출

① 입력이 있는 경우 초기값에 관계없이 출력이 0으로 간다.
② 입력이 없는 경우 초기값에 관계없이 출력이 무한대로 간다.
③ 시스템이 유한한 입력에 대해서 무한한 출력을 얻는 경우
④ 시스템이 유한한 입력에 대해서 유한한 출력을 얻는 경우

정답   ④

해설   제어시스템이 안정하기 위해서는 일정한 입력이 들어가서 일정한 출력이 나와야 한다.

핵심이론 CHECK!

1. 안정도의 분류

① 절대 안정도: 제어계의 안정 또는 불안정만을 판단한다.
② 상대 안정도: 제어계의 안정 또는 불안정의 상태가 어느 정도인지를 판단한다.

2. 안정도 판별법

① 특성방정식의 근을 직접 구하여 s평면상의 위치로부터 판별하는 방법: 간단한 특성방정식의 경우라면 근을 구하여 판별하는데 어려움이 없으나, 특성방정식은 일반적으로 고차 대수 방정식이므로, 근을 직접 구하기에는 어려움이 발생한다.
② 루스-허위츠(Routh-Hurwitz) 안정도 판별법: 특성방정식의 근을 직접 구하지 않으면서 절대 안정도를 다루는 판별법이다.
③ 나이퀴스트(Nyquist) 안정도 판별법: 특성방정식의 근을 직접 구하지 않으면서 절대 안정도 및 상대 안정도를 다루는 판별법이다.

기본   20년 3회 기출

특성방정식의 모든 근이 s평면(복소평면)의 $j\omega$축 (허수축)에 있을 때 이 제어시스템의 안정도는?

① 알 수 없다.   ② 안정하다.

③ 불안정하다.   ④ 임계안정이다.

---

02 기본   17년 1회 기출

특성방정식의 모든 근이 s 복소평면의 좌반면에 있으면 이 계는 어떠한가?

① 안정   ② 준안정

③ 불안정   ④ 조건부 안정

---

03 기본   19년 3회 기출

Routh-Hurwitz 표에서 제1열의 부호가 변하는 횟수로부터 알 수 있는 것은?

① s-평면의 좌반면에 존재하는 근의 수

② s-평면의 우반면에 존재하는 근의 수

③ s-평면의 허수축에 존재하는 근의 수

④ s-평면의 원점에 존재하는 근의 수

---

04 기본   17년 3회 기출

Routh 안정 판별표에서 수열의 제1열이 다음과 같을 때 이 계통의 특성방정식에 양의 실수부를 갖는 근이 몇 개인가?

1
2
-1
3
1

① 전혀 없다.   ② 1개 있다.

③ 2개 있다.   ④ 3개 있다.

---

05 응용   22년 1회 기출

다음의 특성방정식 중 안정한 제어시스템은?

① $2s^3 + 3s^2 + 4s + 5 = 0$

② $s^4 + 3s^3 - s^2 + s + 10 = 0$

③ $s^5 + s^3 + 2s^2 + 4s + 3 = 0$

④ $s^4 - 2s^3 - 3s^2 + 4s + 5 = 0$

---

06 응용   15년 3회 기출

어떤 제어계의 전달함수

$G(s) = \dfrac{s}{(s+2)(s^2+2s+2)}$ 에서 안정성을 판정하면?

① 임계상태   ② 불안정

③ 안정   ④ 알 수 없다.

07 응용   21년 1회 기출

Routh-Hurwitz 안정도 판별법을 이용하여 특성방정식이 $s^3 + 3s^2 + 3s + 1 + K = 0$으로 주어진 제어시스템이 안정하기 위한 K의 범위를 구하면?

① $-1 \le K < 8$

② $-1 < K \le 8$

③ $-1 < K < 8$

④ $K < -1$ 또는 $K > 8$

08 기본   19년 1회 기출

단위 궤환 제어시스템의 전향경로 전달함수가

$G(s) = \dfrac{K}{s(s^2 + 5s + 4)}$ 일 때, 이 시스템이 안정하기 위한 K의 범위는?

① $K < -20$ ② $-20 < K < 0$

③ $0 < K < 20$ ④ $20 < K$

09 기본   21년 2회 기출

그림과 같은 제어시스템이 안정하기 위한 k의 범위는?

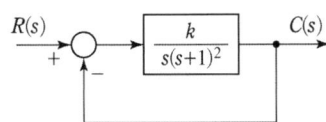

① k > 0   ② k > 1

③ 0 < k < 1   ④ 0 < k < 2

10 응용   15년 1회 기출

다음은 시스템의 블록선도이다. 이 시스템이 안정한 시스템이 되기 위한 K의 범위는?

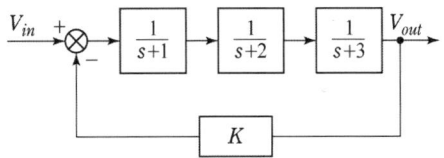

① -6 < K < 60   ② 0 < K < 60

③ -1 < K < 3   ④ 0 < K < 3

11 응용   15년 2회 기출

특성방정식 $P(s)$가 다음과 같이 주어지는 계가 있다. 이 계가 안정되기 위한 K와 T의 관계로 맞는 것은? (단, K와 T는 양의 실수이다.)

$$P(s) = 2s^3 + 3s^2 + (1 + 5KT)s + 5K = 0$$

① $K > T$

② $15KT > 10K$

③ $3 + 15KT > 10K$

④ $3 - 15KT > 10K$

12 응용   15년 3회 기출

특성방정식이 $s^4 + s^3 + 2s^2 + 3s + 2 = 0$인 경우 불안정한 근의 수는?

① 0개   ② 1개

③ 2개   ④ 3개

제어시스템의 특성방정식이
$s^4 + s^3 - 3s^2 - s + 2 = 0$와 같을 때, 이 특성방정식에서 s 평면의 오른쪽에 위치하는 근은 몇 개인가?

① 0 ② 1
③ 2 ④ 3

Nyquist 선도에서 얻을 수 있는 자료 중 틀린 것은?

① 계통의 안정도 개선법을 알 수 있다.
② 상대 안정도를 알 수 있다.
③ 정상 오차를 알 수 있다.
④ 절대 안정도를 알 수 있다.

다음의 특성방정식을 Routh-Hurwitz 방법으로 안정도를 판별하고자 한다. 이때 안정도를 판별하기 위하여 가장 잘 해석한 것은 어느 것인가?

$$q(s) = s^5 + 2s^4 + 2s^3 + 4s^2 + 11s + 10$$

① s평면의 우반면에 근은 없으나 불안정하다.
② s평면의 우반면에 근이 1개 존재하여 불안정하다.
③ s평면의 우반면에 근이 2개 존재하여 불안정하다.
④ s평면의 우반면에 근이 3개 존재하여 불안정하다.

나이퀴스트 판정법의 설명으로 틀린 것은?

① 안정성을 판정하는 동시에 안정도를 제시해 준다.
② 계의 안정도를 개선하는 방법에 대한 정보를 제시해 준다.
③ 나이퀴스트 선도는 제어계의 오차 응답에 관한 정보를 준다.
④ 루스-후르비츠 판정법과 같이 계의 안정 여부를 직접 판정해 준다.

17 [기본]

2차 제어계 $G(s)H(s)$의 나이퀴스트 선도의 특징이 아닌 것은?

① 이득여유는 ∞이다.

② 교차량 GH=0이다.

③ 모두 불안정한 제어계이다.

④ 부의 실축과 교차하지 않는다.

18 [기본]

안정한 제어시스템의 보드선도에서 이득여유는?

① $-20 \sim 20\,[\mathrm{dB}]$ 사이에 있는 크기[dB] 값이다.

② $0 \sim 20\,[\mathrm{dB}]$ 사이에 있는 크기 선도의 길이이다.

③ 위상이 $0\,°$ 가 되는 주파수에서 이득의 크기[dB]이다.

④ 위상이 $-180\,°$ 가 되는 주파수에서 이득의 크기[dB]이다.

19 [기본]

보드선도상의 안정조건을 옳게 나타낸 것은? (단, g_m은 이득여유, $\varPhi_m$은 위상여유이다.)

① $g_m > 0,\ \varPhi_m > 0$

② $g_m < 0,\ \varPhi_m < 0$

③ $g_m < 0,\ \varPhi_m > 0$

④ $g_m > 0,\ \varPhi_m < 0$

20 [응용]

$G(s)H(s) = \dfrac{2}{(s+1)(s+2)}$ 의 이득여유[dB]는?

① 20

② -20

③ 0

④ ∞

21 [응용]

단위 부궤환 제어시스템의 루프전달함수 $G(s)H(s)$가 다음과 같이 주어져 있다. 이득여유가 $20\,[\mathrm{dB}]$이면 이 때의 K의 값은?

$$G(s)H(s) = \frac{K}{(s+1)(s+3)}$$

① $\dfrac{3}{10}$

② $\dfrac{3}{20}$

③ $\dfrac{1}{20}$

④ $\dfrac{1}{40}$

SUBJECT 05

제어공학

❼ 근궤적법

근궤적법은 약 8.14% 정도의 출제비율을 가지는 유형입니다.
근궤적법의 기본적인 특징을 묻는 개념 문제가 자주 출제되고
있고, 특성방정식과 관련되어 허수축과 교차하는 점과 관련된
응용문제가 종종 출제되고 있으니 대비가 필요합니다.

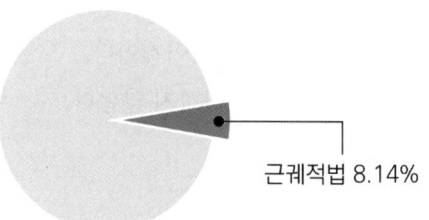

근궤적법 8.14%

▲ 출제비율

대표유형 문제

폐루프 전달함수 $\dfrac{G(s)}{1 + G(s)H(s)}$ 의 극의 위치를 개루프 전달함수 $G(s)H(s)$의 이득상수 K의 함수
로 나타내는 기법은?

19년 2회 기출

① 근궤적법
② 보드 선도법
③ 이득 선도법
④ Nyquist 판정법

정답 ①

해설 근궤적이란 개루프 전달함수의 이득정수 K가 0에서 ∞까지 변화할 때 극점의 이동 궤적을
나타낸다.

핵심이론 CHECK!

1. 근궤적법의 의미

시간영역에 있어서 복잡한 고차항의 특성방정식의 근을 구하여 계를 해석하는 것이 아니라, 개루프
전달함수의 이득에 따라 나타나는 특성방정식의 근의 궤적을 이용하여 계의 상태를 해석하는 방법이다.

2. 근궤적 기본조건

① 크기조건: $|G(s)H(s)| = 1$
② 위상조건: $\angle G(s)H(s) = \Sigma$ 영점 위상 $- \Sigma$ 극점 위상 $= (2k+1)\pi\,[\mathrm{rad}]$

3. 근궤적의 특성

① 근궤적은 실수축에 대해 대칭이다.
② 근궤적의 출발점은 극점($K = 0$)이다.
③ 근궤적의 도착점은 영점($K = \infty$) 또는 무한원점이다.
④ 근궤적의 개수는 극점수와 영점수 중 큰 개수와 동일하다.
⑤ 근궤적의 개수는 특성방정식의 차수와 동일하다.

01 기본   20년 4회 기출

근궤적의 성질 중 틀린 것은?

① 근궤적은 실수축을 기준으로 대칭이다.
② 점근선은 허수축 상에서 교차한다.
③ 근궤적의 가지 수는 특성방정식의 차수와 같다.
④ 근궤적은 개루프 전달함수의 극점으로부터 출발한다.

02 기본   19년 3회 기출

근궤적에 관한 설명으로 틀린 것은?

① 근궤적은 실수축에 대하여 상하 대칭으로 나타난다.
② 근궤적의 출발점은 극점이고 근궤적의 도착점은 영점이다.
③ 근궤적의 가지 수는 극점의 수와 영점의 수 중에서 큰 수와 같다.
④ 근궤적이 s평면의 우반면에 위치하는 K의 범위는 시스템이 안정하기 위한 조건이다.

03 기본   17년 1회 기출

근궤적이 s평면의 jw축과 교차할 때 폐루프의 제어계는?

① 안정하다.   ② 알 수 없다.
③ 불안정하다.   ④ 임계상태이다.

04 기본   20년 3회 기출

어떤 제어시스템의 개루프 이득이

$$G(s)H(s) = \frac{K(s+2)}{s(s+1)(s+3)(s+4)}$$ 일 때 이

시스템이 가지는 근궤적의 가지(branch) 수는?

① 1   ② 3
③ 4   ④ 5

05 기본   19년 2회 기출

단위 궤환제어계의 개루프 전달함수가

$$G(s) = \frac{K}{s(s+2)}$$ 일 때, K가 $-\infty$부터 $+\infty$

까지 변하는 경우 특성방정식의 근에 대한 설명으로 틀린 것은?

① $-\infty < K < 0$에 대하여 근은 모두 실근이다.
② $0 < K < 1$에 대하여 2개의 근은 모두 음의 실근이다.
③ $K = 0$에 대하여 $s_1 = 0$, $s_2 = -2$의 근은 $G(s)$의 극점과 일치한다.
④ $1 < K < \infty$에 대하여 2개의 근은 음의 실수부 중근이다.

06 응용 20년 2회 기출

제어시스템의 개루프 전달함수가

$$G(s)H(s) = \frac{K(s+30)}{s^4 + s^3 + 2s^2 + s + 7}$$ 로 주어질

때, 다음 중 $K > 0$인 경우 근궤적의 점근선이 실수축과 이루는 각 (°)은?

① 20°　　　　② 60°

③ 90°　　　　④ 120°

09 심화 22년 2회 기출

다음의 개루프 전달함수에 대한 근궤적이 실수축에서 이탈하게 되는 분리점은 약 얼마인가?

$$G(s)H(s) = \frac{K}{s(s+3)(s+8)}, \ K \geq 0$$

① -0.93　　　　② -5.74

③ -6.0　　　　④ -1.33

07 응용 21년 1회 기출

개루프 전달함수 G(s)H(s)로부터 근궤적을 작성할 때 실수축에서의 점근선의 교차점은?

$$G(s)H(s) = \frac{K(s-2)(s-3)}{s(s+1)(s+2)(s+4)}$$

① 2　　　　② 5

③ -4　　　　④ -6

10 응용 14년 2회 기출

$$G(s)H(s) = \frac{K}{s(s+1)(s+4)}$$ 의　$K \geq 0$에서의

분지점(break away point)은?

① -2.867　　　　② 2.867

③ -0.467　　　　④ 0.467

08 응용 22년 1회 기출

다음의 개루프 전달함수에 대한 근궤적의 점근선이 실수축과 만나는 교차점은?

$$G(s)H(s) = \frac{K(s+3)}{s^2(s+1)(s+3)(s+4)}$$

① $\frac{5}{3}$　　　　② $-\frac{5}{3}$

③ $\frac{5}{4}$　　　　④ $-\frac{5}{4}$

11 응용 13년 2회 기출

개루프　전달함수　$G(s)H(s) = \frac{K}{s(s+3)^2}$　의

이탈점에 해당되는 것은?

① 1　　　　② -1

③ 2　　　　④ -2

12 응용

개루프 전달함수가 다음과 같은 제어시스템의 근궤적이 $j\omega$(허수)축과 교차할 때 K는 얼마인가?

$$G(s)H(s) = \frac{K}{s(s+3)(s+4)}$$

① 30
② 48
③ 84
④ 180

13 심화

특성방정식 $s^3 + 9s^2 + 20s + k = 0$에서 허수축과 교차하는 점 s는?

① $s = \pm j\sqrt{20}$
② $s = \pm j\sqrt{30}$
③ $s = \pm j\sqrt{40}$
④ $s = \pm j\sqrt{50}$

SUBJECT 05 제어공학

상태 공간법과 Z변환

출제경향 CHECK!

상태 공간법의 출제비율은 약 16.28%로 제어공학에서 가장 중요한 유형이라고 할 수 있습니다.

상태 공간법 유형에서는 상태방정식, 특성방정식, 상태천이행렬, z변환, 안정도와 관련된 개념 문제, 계산형 문제가 자주 출제되므로 관련이론을 정확하게 이해해야 합니다.

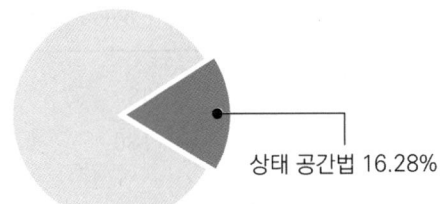

상태 공간법 16.28%

▲ 출제비율

대표유형 문제

다음과 같은 미분방정식으로 표현되는 제어시스템의 시스템(계수) 행렬 A는 어떻게 나타내는가?

20년 2회 기출

$$\frac{d^2c(t)}{dt^2}+5\frac{dc(t)}{dt}+3c(t)=r(t)$$

① $\begin{bmatrix} -5 & -3 \\ 0 & 1 \end{bmatrix}$ ② $\begin{bmatrix} -3 & -5 \\ 0 & 1 \end{bmatrix}$ ③ $\begin{bmatrix} 0 & 1 \\ -3 & -5 \end{bmatrix}$ ④ $\begin{bmatrix} 0 & 1 \\ -5 & -3 \end{bmatrix}$

정답 ③

해설 상태방정식을 구하기 위해 $\frac{d^2c(t)}{dt^2}+5\frac{dc(t)}{dt}+3c(t)=r(t)$을 변형하면

$\frac{d^2c(t)}{dt^2}=-3c(t)-5\frac{dc(t)}{dt}+r(t)$이다.

이 식에서 계수행렬 $A=\begin{vmatrix} 0 & 1 \\ -3 & -5 \end{vmatrix}$이다.

핵심이론 CHECK!

상태 공간법

① 제어시스템은 입력과 출력이 있고, 그 사이에 전달함수가 존재하며, 전달함수의 요소를 이용하여 시스템의 안정또를 판단할 수 있다.

② 전달함수에 의한 해석은 단일 입력, 단일 출력으로 이루어진 선형 제어시스템을 기준으로 다룰 수 있으며, 초기조건이나 중간 매개변수를 무시하기 때문에 선형 시불변 시스템에서 해석할 수 있는 방법이 된다.

③ 실제 제어시스템은 다중입력, 다중출력으로 구성되고 변수가 시간에 따라 변하는 시변 비선형 시스템이므로, 이를 해석하는 별도의 방법이 필요하며, 이에 대한 방법으로 '상태 공간법'이 있다.

상태 공간법

01 [응용]

$\dfrac{d^2}{dt^2}c(t) + 5\dfrac{d}{dt}c(t) + 4c(t) = r(t)$와 같은 함수를 상태함수로 변환하였다. 벡터 A, B의 값으로 적당한 것은?

$$\frac{d}{dt}X(t) = AX(t) + Br(t)$$

① $A = \begin{bmatrix} 0 & 1 \\ -5 & -4 \end{bmatrix}$, $B = \begin{bmatrix} 0 \\ 1 \end{bmatrix}$

② $A = \begin{bmatrix} 0 & 1 \\ 5 & 4 \end{bmatrix}$, $B = \begin{bmatrix} 0 \\ 1 \end{bmatrix}$

③ $A = \begin{bmatrix} 0 & 1 \\ -4 & -5 \end{bmatrix}$, $B = \begin{bmatrix} 0 \\ 1 \end{bmatrix}$

④ $A = \begin{bmatrix} 0 & 1 \\ 4 & 5 \end{bmatrix}$, $B = \begin{bmatrix} 0 \\ 1 \end{bmatrix}$

02 [응용]

다음의 미분방정식과 같이 표현되는 제어시스템이 있다. 이 제어시스템을 상태방정식 $\dot{x} = Ax + Bu$로 나타내었을 때 시스템 행렬(계수행렬) A는?

$$\frac{d^3 C(t)}{dt^3} + 5\frac{d^2 C(t)}{dt^2} + \frac{dC(t)}{dt} + 2C(t) = r(t)$$

① $\begin{bmatrix} 0 & 1 & 0 \\ 0 & 0 & 1 \\ -2 & -1 & -5 \end{bmatrix}$ ② $\begin{bmatrix} 1 & 0 & 0 \\ 0 & 1 & 0 \\ -2 & -1 & -5 \end{bmatrix}$

③ $\begin{bmatrix} 0 & 1 & 0 \\ 0 & 0 & 1 \\ 2 & 1 & 5 \end{bmatrix}$ ④ $\begin{bmatrix} 1 & 0 & 0 \\ 0 & 1 & 0 \\ 2 & 1 & 5 \end{bmatrix}$

03 [심화]

블록선도와 같은 단위 피드백 제어시스템의 상태방정식은?

(단, 상태변수는 $x_1(t) = c(t)$, $x_2(t) = \dfrac{d}{dt}c(t)$로 한다.)

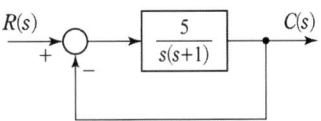

① $\dot{x}_1(t) = x_2(t),$
$\quad \dot{x}_2(t) = -5x_1(t) - x_2(t) + 5r(t)$

② $\dot{x}_1(t) = x_2(t),$
$\quad \dot{x}_2(t) = -5x_1(t) - x_2(t) - 5r(t)$

③ $\dot{x}_1(t) = -x_2(t),$
$\quad \dot{x}_2(t) = 5x_1(t) + x_2(t) - 5r(t)$

④ $\dot{x}_1(t) = -x_2(t),$
$\quad \dot{x}_2(t) = -5x_1(t) - x_2(t) + 5r(t)$

04 [심화]

다음과 같은 상태방정식으로 표현되는 제어계에 대한 설명으로 틀린 것은?

$$\dot{x} = \begin{bmatrix} 0 & 1 \\ -2 & -3 \end{bmatrix} x + \begin{bmatrix} 1 & 1 \\ 0 & -2 \end{bmatrix} u$$

① 2차 제어계이다.

② x는 (2×1)의 벡터이다.

③ 특성방정식은 $(s+1)(s+2) = 0$이다.

④ 제어계는 부족제동(under damped)된 상태에 있다.

제어시스템의 상태방정식이

$$\frac{dx(t)}{dt} = Ax(t) + Bu(t), \ A = \begin{bmatrix} 0 & 1 \\ -3 & 4 \end{bmatrix},$$
$$B = \begin{bmatrix} 1 \\ 1 \end{bmatrix}$$

일 때, 특성방정식을 구하면?

① $s^2 - 4s - 3 = 0$　　② $s^2 - 4s + 3 = 0$

③ $s^2 + 4s + 3 = 0$　　④ $s^2 + 4s - 3 = 0$

다음과 같은 상태방정식으로 표현되는 제어시스템에 대한 특성방정식의 근(s_1, s_2)은?

$$\begin{bmatrix} \dot{x_1} \\ \dot{x_2} \end{bmatrix} = \begin{bmatrix} 0 & -3 \\ 2 & -5 \end{bmatrix} \begin{bmatrix} x_1 \\ x_2 \end{bmatrix} + \begin{bmatrix} 1 \\ 0 \end{bmatrix} u$$

① $(1, -3)$　　　　② $(-1, -2)$

③ $(-2, -3)$　　　　④ $(-1, -3)$

다음과 같은 상태방정식의 고유값 λ_1, λ_2는?

$$\begin{pmatrix} \dot{x_1} \\ \dot{x_2} \end{pmatrix} = \begin{pmatrix} 1 & -2 \\ -3 & 2 \end{pmatrix} \begin{pmatrix} x_1 \\ x_2 \end{pmatrix} + \begin{pmatrix} 2 & -3 \\ -4 & 3 \end{pmatrix} \begin{pmatrix} r_1 \\ r_2 \end{pmatrix}$$

① 4,-1　　　　② -4,1

③ 6,-1　　　　④ -6,1

상태공간 표현식 $\begin{matrix} \dot{x} = Ax + Bu \\ y = Cx \end{matrix}$ 으로 표현되는 선형시스템에서

$$A = \begin{bmatrix} 0 & 1 & 0 \\ 0 & 0 & 1 \\ -2 & -9 & -8 \end{bmatrix}, \ B = \begin{bmatrix} 0 \\ 0 \\ 5 \end{bmatrix},$$

$$C = \begin{bmatrix} 1 & 1 & 0 \end{bmatrix}, \ D = 0, \ x = \begin{bmatrix} x_1 \\ x_2 \\ x_3 \end{bmatrix}$$

이면 시스템 전달함수 $\dfrac{Y(s)}{U(s)}$는?

① $\dfrac{1}{s^3 + 8s^2 + 9s + 2}$

② $\dfrac{1}{s^3 + 2s^2 + 9s + 8}$

③ $\dfrac{5}{s^3 + 8s^2 + 9s + 2}$

④ $\dfrac{5}{s^3 + 2s^2 + 9s + 8}$

09 응용　　13년 3회 기출

상태방정식이 다음과 같은 계의 천이행렬 $\Phi(t)$ 은 어떻게 표시되는가?

$$\dot{x}(t) = Ax(t) + Bu$$

① $\mathcal{L}^{-1}[(sI - A)]$

② $\mathcal{L}^{-1}[(sI - A)^{-1}]$

③ $\mathcal{L}^{-1}[(sI - B)]$

④ $\mathcal{L}^{-1}[(sI - B)^{-1}]$

10 응용　　19년 1회 기출

n차 선형 시불변 시스템의 상태방정식을

$\dfrac{d}{dt} X(t) = AX(t) + Br(t)$로 표시할 때 상태천이행렬 $\Phi(n \times n$ 행렬$)$에 관하여 틀린 것은?

① $\Phi(t) = e^{At}$

② $\dfrac{d\Phi(t)}{dt} = A \cdot \Phi(t)$

③ $\Phi(t) = \mathcal{L}^{-1}[(sI - A)^{-1}]$

④ $\Phi(t)$는 시스템의 정상상태응답을 나타낸다.

11 심화　　17년 3회 기출

상태방정식으로 표시되는 제어계의 천이행렬을 구하면?

$$\dot{X} = \begin{pmatrix} 0 & 1 \\ 0 & 0 \end{pmatrix} X + \begin{pmatrix} 0 \\ 1 \end{pmatrix} U$$

① $\begin{pmatrix} 0 & t \\ 1 & 1 \end{pmatrix}$　　② $\begin{pmatrix} 1 & 1 \\ 0 & t \end{pmatrix}$

③ $\begin{pmatrix} 1 & t \\ 0 & 1 \end{pmatrix}$　　④ $\begin{pmatrix} 0 & t \\ 1 & 0 \end{pmatrix}$

12 심화　　20년 4회 기출

시스템 행렬 A가 다음과 같을 때 상태천이행렬을 구하면?

$$A = \begin{bmatrix} 0 & 1 \\ -2 & -3 \end{bmatrix}$$

① $\begin{bmatrix} 2e^{t} - e^{2t} & -e^{t} + e^{2t} \\ 2e^{t} - 2e^{2t} & -e^{t} - 2e^{2t} \end{bmatrix}$

② $\begin{bmatrix} 2e^{-t} - e^{-2t} & e^{-t} - e^{-2t} \\ -2e^{-t} + 2e^{-2t} & -e^{-t} - 2e^{2t} \end{bmatrix}$

③ $\begin{bmatrix} 2e^{-t} - e^{-2t} & -e^{-t} + e^{-2t} \\ 2e^{-t} - 2e^{-2t} & -e^{-t} - 2e^{-2t} \end{bmatrix}$

④ $\begin{bmatrix} 2e^{-t} - e^{-2t} & e^{-t} - e^{-2t} \\ -2e^{-t} + 2e^{-2t} & -e^{-t} + 2e^{-2t} \end{bmatrix}$

z 변환

13 [기본]

18년 1회 기출

단위계단함수의 라플라스 변환과 z변환함수는?

① $\dfrac{1}{s}$, $\dfrac{z}{z-1}$　　② s, $\dfrac{z}{z-1}$

③ $\dfrac{1}{s}$, $\dfrac{z-1}{z}$　　④ s, $\dfrac{z-1}{z}$

14 [기본]

21년 2회 기출

함수 $f(t) = e^{-at}$의 z변환 함수 $F(z)$는?

① $\dfrac{2z}{z-e^{aT}}$　　② $\dfrac{1}{z+e^{aT}}$

③ $\dfrac{z}{z+e^{-aT}}$　　④ $\dfrac{z}{z-e^{-aT}}$

15 [응용]

20년 2회 기출

다음 중 z-변환 함수 $F(z) = \dfrac{3z}{z-e^{-3T}}$에 대응되는 라플라스 변환 함수는?

① $\dfrac{1}{(s+3)}$　　② $\dfrac{3}{(s-3)}$

③ $\dfrac{1}{(s-3)}$　　④ $\dfrac{3}{(s+3)}$

16 [기본]

20년 3회 기출

시간함수 $f(t) = \sin\omega t$의 z변환은? (단, T는 샘플링 주기이다.)

① $\dfrac{z\sin\omega T}{z^2 + 2z\cos\omega T + 1}$

② $\dfrac{z\sin\omega T}{z^2 - 2z\cos\omega T + 1}$

③ $\dfrac{z\cos\omega T}{z^2 - 2z\sin\omega T + 1}$

④ $\dfrac{z\cos\omega T}{z^2 + 2z\sin\omega T + 1}$

17 응용   22년 2회 기출

$F(z) = \dfrac{(1 - e^{-aT})z}{(z-1)(z-e^{-aT})}$ 의 역 z변환은?

① $t \cdot e^{-at}$ ② $a^t \cdot e^{-at}$

③ $1 + e^{-at}$ ④ $1 - e^{-at}$

18 응용   13년 3회 기출

$Y(z) = \dfrac{2z}{(z-1)(z-2)}$ 의 함수를 z역변환하면?

① $y(t) = -2u(t) - 2u(2t)$

② $y(t) = -2u(t) + 2u(2t)$

③ $y(t) = -3\delta(t) - 3\delta(2t)$

④ $y(t) = -3\delta(t) + 3\delta(2t)$

19 기본   21년 1회 기출

e(t)의 z변환을 E(z)라고 했을 때 e(t)의 최종값 e(∞)은?

① $\lim\limits_{z \to 1} E(z)$

② $\lim\limits_{z \to \infty} E(z)$

③ $\lim\limits_{z \to 1} (1 - z^{-1}) E(z)$

④ $\lim\limits_{z \to \infty} (1 - z^{-1}) E(z)$

20 응용   CBT 복원

z변환 함수 $F(z) = \dfrac{9z}{(z+1)(z+0.5)}$ 의 최종값은?

① -18   ② 0

③ 9   ④ 18

21 기본   20년 4회 기출

e(t)의 z변환을 E(z)라 했을 때 e(t)의 초기값은?

① $\lim\limits_{z \to 1} E(z)$

② $\lim\limits_{z \to \infty} E(z)$

③ $\lim\limits_{z \to 1} (1 - z^{-1}) E(z)$

④ $\lim\limits_{z \to \infty} (1 - z^{-1}) E(z)$

22 기본   18년 3회 기출

다음 그림의 전달함수 $\dfrac{Y(z)}{R(z)}$ 는 다음 중 어느 것인가?

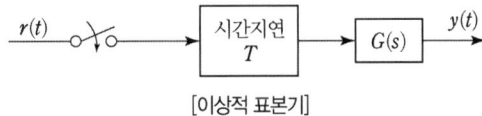

[이상적 표본기]

① $G(z)z$ ② $G(z)z^{-1}$

③ $G(z)Tz^{-1}$ ④ $G(z)Tz$

23 응용

16년 1회 기출

그림과 같은 이산치계의 z변환 전달함수 $\frac{C(z)}{R(z)}$를 구하면? (단, $Z\left[\frac{1}{s+a}\right]=\frac{z}{z-e^{-aT}}$이다.)

① $\frac{2z}{z-e^{-T}}-\frac{2z}{z-e^{-2T}}$

② $\frac{2z^2}{(z-e^{-T})(z-e^{-2T})}$

③ $\frac{2z}{z-e^{-2T}}-\frac{2z}{z-e^{-T}}$

④ $\frac{2z}{(z-e^{-T})(z-e^{-2T})}$

24 기본

17년 1회 기출

특성방정식이 다음과 같다. 이를 z변환하여 z평면도에 도시할 때 단위 원 밖에 놓일 근은 몇 개인가?

$$(s+1)(s+2)(s-3)=0$$

① 0 ② 1
③ 2 ④ 3

25 기본

15년 2회 기출

z변환법을 사용한 샘플치 제어계가 안정되려면 $1+G(z)H(z)=0$의 근의 위치는?

① z평면의 좌반면에 존재하여야 한다.
② z평면의 우반면에 존재하여야 한다.
③ |z| = 1인 단위원 안쪽에 존재하여야 한다.
④ |z| = 1인 단위원 바깥쪽에 존재하여야 한다.

26 기본

17년 2회 기출

3차인 이산치 시스템의 특성방정식의 근이 −0.3, -0.2, +0.5로 주어져 있다. 이 시스템의 안정도는?

① 이 시스템은 안정한 시스템이다.
② 이 시스템은 불안정한 시스템이다.
③ 이 시스템은 임계 안정한 시스템이다.
④ 위 정보로서는 이 시스템의 안정도를 알 수 없다.

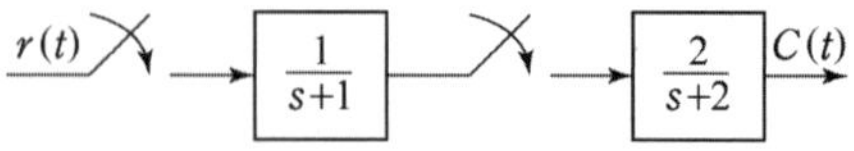

시퀀스 제어

출제경향 CHECK!

시퀀스 제어의 출제비율은 약 12.79%로 실제 시험에서는 1문제 정도 출제되는 편입니다.

비전공자의 경우 시퀀스를 어려워하는 경향이 있으나 실제 기출문제는 간단한 문제가 출제되기 때문에 기본이론을 이해하고 기출문제에 자주 나온 문제를 숙지하는 방법으로 학습하면 쉽게 점수를 획득할 수 있습니다.

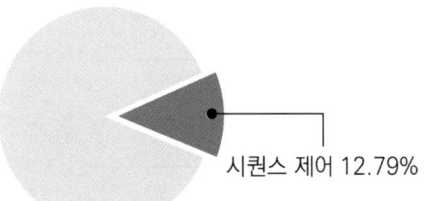

시퀀스 제어 12.79%

▲ 출제비율

대표유형 문제

타이머에서 입력신호가 주어지면 바로 동작하고, 입력신호가 차단된 후에는 일정 시간이 지난 후에 출력이 소멸되는 동작 형태는?   19년 1회 기출

① 한시동작 순시복귀   ② 순시동작 순시복귀
③ 한시동작 한시복귀   ④ 순시동작 한시복귀

정답   ④

해설   순시동작 한시복귀란 의미는 입력신호가 주어지면 바로 동작하고 입력신호가 차단된 후에는 일정시간(설정시간)이 지난 후에 출력이 소멸되는 동작 형태를 말하며 시한 복귀회로 (off delay timmer)라고도 한다.

핵심이론 CHECK!

1. 유접점 시퀀스의 접점

① a접점: 일반적으로 열려 있고 조작하면 닫히는 접점(=NO접점, Normal Open)
② b접점: 일반적으로 닫혀 있고 조작하면 열리는 접점 (=NC접점, Normal Close)
③ c접점: a ⇆ b 변환 접점 (a접점과 b접점이 공통(common)으로 사용하는 부분)

2. 무접점 시퀀스

① AND 회로: 입력 A, B 둘 다 있을 때 출력 X가 생기는 회로이다.
② OR 회로: 입력 A, B 중 한 입력만 있어도 출력 X가 생기는 회로이다.

01 기본　19년 2회 기출

그림의 시퀀스 회로에서 전자접촉기 X에 의한 A 접점(normal open contact)의 사용 목적은?

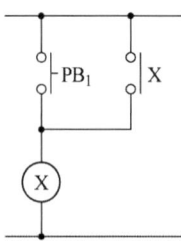

① 자기유지 회로
② 지연회로
③ 우선 선택회로
④ 인터록(interlock)회로

02 기본　18년 2회 기출

그림과 같은 논리회로는?

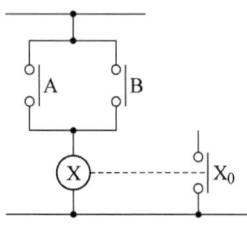

① OR 회로 　　② AND 회로
③ NOT 회로 　　④ NOR 회로

03 기본　14년 3회 기출

다음 진리표의 논리소자는?

입력		출력
A	B	C
0	0	1
0	1	0
1	0	0
1	1	0

① OR 　　② NOR
③ NOT 　　④ NAND

04 기본　18년 1회 기출

다음과 같은 진리표를 갖는 회로의 종류는?

입력		출력
A	B	
0	0	0
0	1	1
1	0	1
1	1	0

① AND 　　② NAND
③ NOR 　　④ EX-OR

05 [기본] 17년 2회 기출

그림의 회로는 어느 게이트(gate)에 해당되는가?

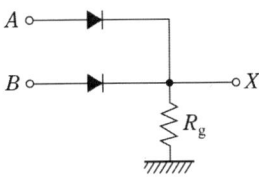

① OR ② AND
③ NOT ④ NOR

06 [응용] CBT 복원

다음 그림과 같은 무접점 회로의 명칭은?

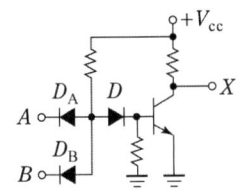

① AND 회로 ② OR 회로
③ NAND 회로 ④ NOR 회로

07 [응용] 14년 2회 기출

그림의 회로와 동일한 논리소자는?

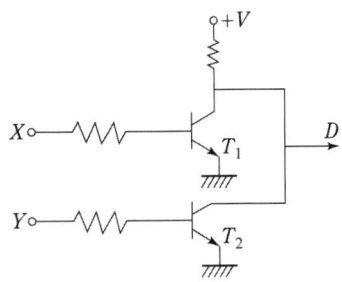

① $\frac{X}{Y}$ ⊃○– D
② $\frac{X}{Y}$ ⊃○– D
③ $\frac{X}{Y}$ ⊃– D
④ $\frac{X}{Y}$ ⊃– D

08 [기본] 19년 3회 기출

부울대수식 중 틀린 것은?

① $A \cdot \overline{A} = 1$ ② $A + 1 = 1$
③ $A + A = A$ ④ $A \cdot A = A$

09 [기본] 17년 1회 기출

드모르간의 정리를 나타낸 식은?

① $\overline{A+B} = A \cdot B$ ② $\overline{A+B} = \overline{A} + \overline{B}$
③ $\overline{A \cdot B} = \overline{A} \cdot \overline{B}$ ④ $\overline{A+B} = \overline{A} \cdot \overline{B}$

10 응용   22년 2회 기출

다음의 논리식과 등가인 것은?

$$Y = (A + B)(\overline{A} + B)$$

① $Y = A$ ② $Y = B$

③ $Y = \overline{A}$ ④ $Y = \overline{B}$

11 응용   21년 1회 기출

$\overline{A} + \overline{B} \cdot \overline{C}$와 등가인 논리식은?

① $\overline{A \cdot (B + C)}$ ② $\overline{A + B \cdot C}$

③ $\overline{A \cdot B + C}$ ④ $\overline{A \cdot B} + C$

12 응용   18년 3회 기출

논리식 $L = \overline{x} \cdot \overline{y} + \overline{x} \cdot y + x \cdot y$를 간략화한 것은?

① $x + y$ ② $\overline{x} + y$

③ $x + \overline{y}$ ④ $\overline{x} + \overline{y}$

13 심화   20년 4회 기출

다음 논리식을 간단히 한 것은?

$$Y = \overline{A}BC\overline{D} + \overline{A}BCD + \overline{A}\,\overline{B}CD + \overline{A}\,\overline{B}C\overline{D}$$

① $Y = \overline{A}C$ ② $Y = A\overline{C}$

③ $Y = AB$ ④ $Y = BC$

14 기본   17년 3회 기출

다음 논리회로가 나타내는 식은?

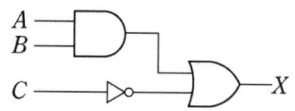

① $X = (A \cdot B) + \overline{C}$

② $X = \overline{(A \cdot B)} + C$

③ $X = \overline{(A + B)} \cdot C$

④ $X = (A + B) \cdot \overline{C}$

15 응용   21년 2회 기출

다음 논리회로의 출력 Y는?

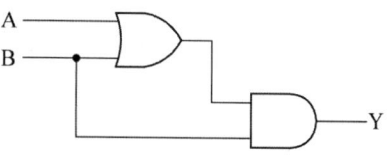

① A   ② B

③ A+B   ④ A·B

16 응용

다음의 논리회로를 간단히 하면?

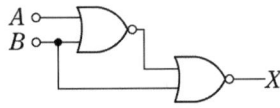

① $X = AB$ ② $X = A\overline{B}$

③ $X = \overline{A}B$ ④ $X = \overline{AB}$

17 기본

다음의 논리회로를 간단히 하면?

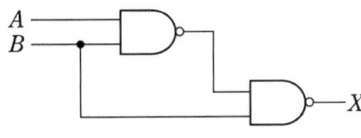

① $\overline{A} + B$ ② $A + \overline{B}$

③ $\overline{A} + \overline{B}$ ④ $A + B$

18 응용

그림의 논리회로와 등가인 논리식은?

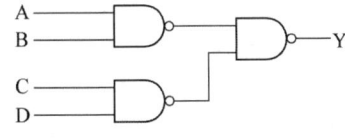

① $Y = A \cdot B \cdot C \cdot D$

② $Y = A \cdot B + C \cdot D$

③ $Y = \overline{A \cdot B} + \overline{C \cdot D}$

④ $Y = \overline{A + B} \cdot \overline{C + D}$

19 응용

그림과 같은 논리회로의 출력 Y는?

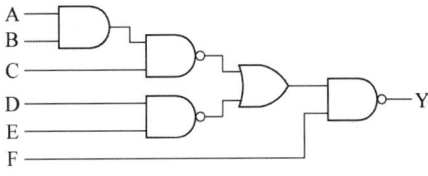

① $ABCDE + \overline{F}$

② $\overline{A}\,\overline{B}\,\overline{C}\overline{D}\overline{E} + F$

③ $\overline{A} + \overline{B} + \overline{C} + \overline{D} + \overline{E} + F$

④ $A + B + C + D + E + \overline{F}$

20 응용

그림과 같은 논리회로와 등가인 것은?

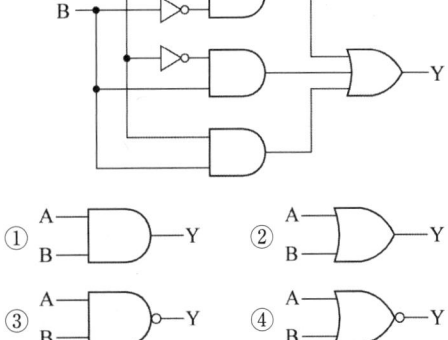

21 응용

어느 시퀀스 제어시스템의 내부 상태가 9가지로 바뀐다면, 이를 설계할 때 필요한 플립-플롭은 최소한 몇 개가 필요한가?

① 3개   ② 4개

③ 5개   ④ 6개

전기설비기술기준

출제비중

- 공통사항 9.36%
- 저압 전기설비 32.02%
- 고압, 특고압 전기설비 50.25%
- 전기철도설비 3.45%
- 분산형 전원설비 2.46%
- 전기설비기술기준 2.46%

출제경향 분석

전기설비기술기준은 기본적으로 암기형 과목으로 꾸준한 학습이 필요합니다.
주로 KEC와 관련된 규정을 암기해서 푸는 문제가 대부분이고, 규정을 이용하여 계산하는 문제는 약 4.67%로 매우 적은 비율을 차지합니다. 유형 중에서는 고압, 특고압 전기설비 부분에서 거의 절반에 가까운 문제가 출제되므로 철저한 대비가 필요합니다. KEC와 관련된 문제는 최근 실기에서도 출제되는 경향이 증가하고 있으므로 필기 때부터 자주 출제되는 개념은 확실히 암기해야 합니다.

공통사항의 출제비율은 약 9.36%로 아주 높은 비율로 출제되지는 않지만 기본적인 용어 정의만 암기해도 풀 수 있는 문제가 많아 조금만 공부하면 점수를 획득할 수 있는 유형입니다.
절연내력 시험전압은 실기에도 종종 출제됩니다.

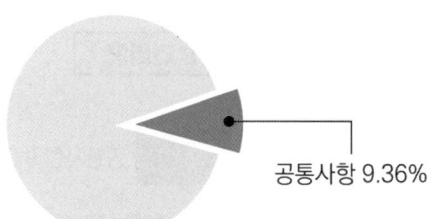

공통사항 9.36%

▲ 출제비율

대표유형 문제

전압의 구분에 대한 설명으로 옳은 것은?　　　　　　　　　　22년 2회 기출
① 직류에서의 저압은 1,000 [V] 이하의 전압을 말한다.
② 교류에서의 저압은 1,500 [V] 이하의 전압을 말한다.
③ 직류에서의 고압은 3,500 [V]를 초과하고 7,000 [V] 이하인 전압을 말한다.
④ 특고압은 7,000 [V]를 초과하는 전압을 말한다.

정답　④

해설　직류에서의 저압은 1,500[V] 이하, 교류에서의 저압은 1,000[V] 이하이다.
　　　교류와 직류에서 고압은 모두 7,000[V] 이하이다.

핵심이론 CHECK!

1. 111 통칙-전압의 구분

구분	저압	고압	특고압
교류	1,000[V] 이하	7,000[V] 이하	7,000[V] 초과
직류	1,500[V] 이하		

2. 112 용어 정의

① "급전소"란 전력 계통의 운용에 관한 지시 및 급전 조작을 하는 곳을 말한다.
② "제1차 접근상태"란 가공전선이 다른 시설물과 접근하는 경우에 가공전선이 다른 시설물의 위쪽 또는 옆쪽에서 수평거리로 가공 전선로의 지지물의 지표상의 높이에 상당하는 거리 안에 시설됨으로써 가공 전선로의 전선의 절단, 지지물의 도괴 등의 경우에 그 전선이 다른 시설물에 접촉할 우려가 있는 상태를 말한다.
③ "제2차 접근상태"란 가공 전선이 다른 시설물과 접근하는 경우에 그 가공 전선이 다른 시설물의 위쪽 또는 옆쪽에서 수평 거리로 3[m] 미만인 곳에 시설되는 상태를 말한다.

01 [기본]

중앙급전 전원과 구분되는 것으로서 전력 소비지역 부근에 분산하여 배치 가능한 신·재생에너지 발전설비 등의 전원으로 정의되는 용어는?

① 임시전력원
② 분전반 전원
③ 분산형 전원
④ 계통연계 전원

02 [기본]

"리플 프리(Ripple-free) 직류"란 교류를 직류로 변환할 리플 성분의 실효값이 몇 [%] 이하로 포함된 직류를 말하는가?

① 3
② 5
③ 10
④ 15

03 [기본]

"지중관로"에 대한 정의로 가장 옳은 것은?

① 지중전선로·지중 약전류 전선로와 지중 매설지선 등을 말한다.
② 지중전선로·지중 약전류 전선로와 복합 케이블선로·기타 이와 유사한 것 및 이들에 부속되는 지중함을 말한다.
③ 지중전선로·지중 약전류 전선로·지중에 시설하는 수관 및 가스관과 지중 매설지선을 말한다.
④ 지중전선로·지중 약전류 전선로·지중 광섬유 케이블 선로·지중에 시설하는 수관 및 가스관과 기타 이와 유사한 것 및 이들에 부속하는 지중함 등을 말한다.

04 [기본]

용어에서 "제2차 접근상태"란 가공전선이 다른 시설물과 접근하는 경우에 그 가공전선이 다른 시설물의 위쪽 또는 옆쪽에서 수평거리로 몇 [m] 미만인 곳에 시설되는 상태를 말하는가?

① 2
② 3
③ 4
④ 5

05 [응용]

한국전기설비규정에 따른 상별 전선의 색상에서 N상의 색상은?

① 흰색
② 회색
③ 파란색
④ 녹-노란색

두 개 이상의 전선을 병렬로 사용하는 경우의 시설 기준으로 옳지 않은 것은?

① 병렬로 사용하는 각 전선의 굵기는 구리선의 경우 $70[mm^2]$ 이상으로 한다.

② 교류회로에서 병렬로 사용하는 전선은 금속관 안에 전자적 불평형이 생기지 않도록 시설해야 한다.

③ 병렬로 사용하는 전선에는 각각에 퓨즈를 설치하지 않아야 한다.

④ 같은 극의 각 전선은 동일한 터미널러그에 완전히 접속해야 한다.

큰 고장 전류가 구리 소재의 접지도체를 통하여 흐르지 않을 경우 접지도체의 최소 단면적은 몇 $[mm^2]$ 이상이어야 하는가? (단, 접지도체에 피뢰시스템이 접속되지 않는 경우이다.)

① 0.75
② 2.5
③ 6
④ 16

저압 전로에서 정전이 어려운 경우 등 절연저항 측정이 곤란한 경우 저항 성분의 누설전류가 몇 $[mA]$ 이하이면 그 전로의 절연 성능은 적합한 것으로 보는가?

① 1
② 2
③ 3
④ 4

최대사용전압 22.9[kV]인 3상 4선식 다중접지 방식의 지중전선로의 절연내력시험을 직류로 할 경우 시험전압은 몇 [V]인가?

① 16,448
② 21,068
③ 32,796
④ 42,136

최대 사용전압이 $22,900[V]$인 3상 4선식 중성선 다중접지식 전로와 대지 사이의 절연내력 시험전압은 몇 [V]인가?

① 32,510
② 28,752
③ 25,229
④ 21,068

최대 사용전압 7[kV] 이하 전로의 절연내력을 시험할 때 시험전압을 연속하여 몇 분간 가하였을 때 이에 견디어야 하는가?

① 5분
② 10분
③ 15분
④ 30분

12 [기본] 14년 1회 기출

최대 사용전압이 69[kV]인 중성점 비접지식 전로의 절연내력 시험전압은 몇 [kV]인가?

① 63.48   ② 75.9
③ 86.25   ④ 103.5

13 [기본] 13년 2회 기출

최대 사용전압 154[kV] 중성점 직접 접지식 전로에 시험전압을 전로와 대지 사이에 몇 [kV]를 연속으로 10분간 가하여 절연내력을 시험하였을 때 이에 견디어야 하는가?

① 231   ② 192.5
③ 141.68   ④ 110.88

14 [기본] 18년 3회 기출

최대 사용전압이 220[V]인 전동기의 절연내력 시험을 하고자 할 때 시험전압은 몇 [V]인가?

① 300   ② 330
③ 450   ④ 500

15 [기본] 20년 3회 기출

발전기, 전동기, 조상기, 기타 회전기(회전변류기 제외)의 절연내력 시험전압은 어느 곳에 가하는가?

① 권선과 대지 사이
② 외함과 권선 사이
③ 외함과 대지 사이
④ 회전자와 고정자 사이

16 [응용] CBT 복원

1차측 3,300[V], 2차측 220[V]인 변압기 전로의 절연내력 시험전압은 각각 몇 [V]에서 10분간 견디어야 하는가?

① 1차측 4,950[V], 2차측 500[V]
② 1차측 4,950[V], 2차측 330[V]
③ 1차측 4,125[V], 2차측 500[V]
④ 1차측 4,125[V], 2차측 330[V]

17 [기본] 17년 1회 기출

지중에 매설되어 있는 금속제 수도관로를 각종 접지 공사의 접지극으로 사용하려면 대지와의 전기 저항값이 몇 [Ω] 이하의 값을 유지하여야 하는가?

① 1   ② 2
③ 3   ④ 5

18 기본   15년 1회 기출

접지 공사에 사용하는 접지도체를 사람이 접촉할 우려가 있는 곳에 시설하는 기준으로 틀린 것은?

① 접지극은 지하 75[cm] 이상으로 하되 동결 깊이를 감안하여 매설한다.

② 접지도체는 절연전선(옥외용 비닐 절연전선 제외), 캡타이어케이블 또는 케이블(통신용 케이블 제외)을 사용한다.

③ 접지도체의 지하 60[cm]로 부터 지표상 2[m]까지의 부분은 합성 수지관 등으로 덮어야 한다.

④ 접지도체를 시설한 지지물에는 피뢰침용 지선을 시설하지 않아야 한다.

19 응용   19년 3회 기출

변압기의 고압측 전로와의 혼촉에 의하여 저압측 전로의 대지전압이 150[V]를 넘는 경우에 2초 이내에 고압전로를 자동 차단하는 장치가 되어 있는 6,600/220[V] 배전선로에 있어서 1선 지락 전류가 2[A]이면 접지저항 값의 최대는 몇 [Ω]인가?

① 50   ② 75
③ 150   ④ 300

출제경향 CHECK!

저압 전기설비는 고압, 특고압 전기설비 다음으로 가장 많이 출제되는 유형이므로 확실하게 암기하는 방법으로 학습해야 합니다.

이 유형에서는 비슷한 내용인데 수치나 기준이 약간씩 다른 경우가 있으므로 가공전선의 굵기, 가공전선의 높이, 상호 간의 이격거리 등은 표를 이용하여 한 번에 정리하는 것이 좋습니다.

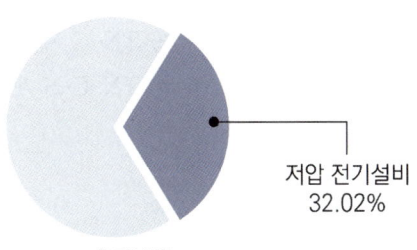

저압 전기설비
32.02%

▲ 출제비율

대표유형 문제

저압 전로의 보호 도체 및 중성선의 접속방식에 따른 접지계통의 분류가 아닌 것은?　　21년 1회 기출

① IT 계통　　　　　　　　　　② TN 계통

③ TT 계통　　　　　　　　　　④ TC 계통

정답　④

해설　KEC 203.1 계통 접지 구성
　　　저압전로의 보호도체 및 중성선의 접속 방식에 따라 접지계통은 다음과 같이 분류한다.
　　　가. TN 계통, 나. TT 계통, 다. IT 계통

핵심이론 CHECK!

1. 211.1 보호대책 일반 요구사항

　211.1.1 적용범위

　인축에 대한 기본 보호와 고장 보호를 위한 필수 조건을 규정하고 있다. 외부 영향과 관련된 조건의 적용과 특수설비 및 특수장소의 시설에 있어서의 추가적인 보호의 적용을 위한 조건도 규정한다.

2. 211.1.2 일반 요구사항

　① 안전을 위한 보호에서 별도의 언급이 없는 한 다음의 전압 규정에 따른다.

　　가. 교류전압은 실효값으로 한다.

　　나. 직류전압은 리플프리로 한다.

　② 보호 대책은 다음과 같이 구성하여야 한다.

　　가. 기본 보호와 고장 보호를 독립적으로 적절하게 조합

　　나. 기본 보호와 고장 보호를 모두 제공하는 강화된 보호 규정

　　다. 추가적 보호는 외부 영향의 특정 조건과 특정한 특수장소(240)에서의 보호 대책의 일부로 규정

응용   15년 2회 기출

KS C IEC 60364에서 전원의 한점을 직접 접지하고, 설비의 노출 도전성 부분을 전원 계통의 접지극과 별도로 전기적으로 독립하여 접지하는 방식은?

① TT 계통   ② TN-C 계통
③ TN-S 계통   ④ TN-C-S 계통

02 기본   20년 4회 기출

금속제 외함을 가진 저압의 기계 기구로서 사람이 쉽게 접촉될 우려가 있는 곳에 시설하는 경우 전기를 공급받는 전로에 지락이 생겼을 때 자동적으로 전로를 차단하는 장치를 설치하여야 하는 기계 기구의 사용전압이 몇 [V]를 초과하는 경우인가?

① 30   ② 50
③ 100   ④ 150

03 기본   14년 3회 기출

주택의 전로 인입구에 누전차단기를 시설하지 않는 경우 옥내전로의 대지전압은 최대 몇 [V]까지 가능한가?

① 100   ② 150
③ 250   ④ 300

04 응용   22년 2회 기출

과전류 차단기로 저압 전로에 사용하는 범용의 퓨즈(「전기용품 및 생활용품 안전관리법」에서 규정하는 것을 제외)의 정격전류가 16[A]인 경우 용단전류는 정격전류의 몇 배인가? (단, 퓨즈(gG)인 경우이다.)

① 1.25   ② 1.5
③ 1.6   ④ 1.9

05 응용   CBT 복원

순시트립전류에 따른 분류에서 주택용 배선차단기의 정격전류를 I_n이라고 할 때, 순시트립 범위가 '$10I_n$ 초과 ~ $20I_n$ 이하'인 것은?

① A형   ② B형
③ C형   ④ D형

06 기본   18년 1회 기출

저압 옥내간선에서 분기하여 전기사용 기계 기구에 이르는 저압 옥내전로는 분기점에서 전선의 길이가 몇 [m] 이하인 곳에 개폐기 및 과전류차단기를 시설하여야 하는가? (단, 단락의 위험과 화재 및 인체에 대한 위험성이 최소화되도록 시설된 경우이다.)

① 2   ② 3
③ 4   ④ 5

07 [기본]　　　　　　　20년 1회 기출

저압 수상전선로에 사용되는 전선은?

① 옥외 비닐케이블
② 600[V] 비닐절연전선
③ 600[V] 고무절연전선
④ 클로로프렌 캡타이어 케이블

08 [기본]　　　　　　　17년 2회 기출

전동기 과부하 보호장치의 시설에서 전원 측 전로에 시설한 배선용 차단기의 정격전류가 몇 [A] 이하의 것이면 이 전로에 접속하는 단상전동기에는 과부하 보호장치를 생략할 수 있는가?

① 15　　　　　　② 20
③ 30　　　　　　④ 50

09 [기본]　　　　　　　19년 3회 기출

저압 옥내전로의 인입구에 가까운 곳으로서 쉽게 개폐할 수 있는 곳에 개폐기를 시설하여야 한다. 그러나 사용전압이 400[V] 이하인 옥내전로로서 다른 옥내전로에 접속하는 길이가 몇 [m] 이하인 경우는 개폐기를 생략할 수 있는가? (단, 정격전류가 16[A] 이하인 과전류 차단기 또는 정격전류가 16[A]를 초과하고 20[A] 이하인 배선용 차단기로 보호되고 있는 것에 한한다.)

① 15　　　　　　② 20
③ 25　　　　　　④ 30

10 [응용]　　　　　　　CBT 복원

사용전압이 400[V] 이하인 옥내전로로서 다른 옥내전로에 접속하는 길이가 몇 [m] 이하일 경우에 개폐기의 시설을 제외할 수 있는가? (단, 정격전류가 16[A] 이하인 과전류 차단기 또는 정격전류가 16[A]를 초과하고 20[A] 이하인 배선차단기로 보호되는 것에 한한다.)

① 15　　　　　　② 20
③ 30　　　　　　④ 50

11 [기본]　　　　　　　19년 2회 기출

옥내에 시설하는 전동기가 소손되는 것을 방지하기 위한 과부하 보호장치의 시설을 생략할 수 없는 경우는?

① 정격 출력이 0.75[kW]인 전동기
② 타인이 출입할 수 없고 전동기가 소손할 정도의 과전류가 생길 우려가 없는 경우
③ 전동기가 단상의 것으로 전원 측 전로에 시설하는 배선용 차단기의 정격전류가 20[A] 이하인 경우
④ 전동기를 운전 중 상시 취급자가 감시할 수 있는 위치에 시설할 경우

12 기본   22년 1회 기출

애자공사에 의한 저압 옥측 전선로는 사람이 쉽게 접촉될 우려가 없도록 시설하고, 전선의 지지점 간의 거리는 몇 [m] 이하이어야 하는가?

① 1   ② 1.5
③ 2   ④ 3

13 기본   20년 4회 기출

옥내에 시설하는 저압전선에 나전선을 사용할 수 있는 경우는?

① 버스덕트 공사에 의하여 시설하는 경우
② 금속덕트 공사에 의하여 시설하는 경우
③ 합성수지관 공사에 의하여 시설하는 경우
④ 후강전선관 공사에 의하여 시설하는 경우

14 기본   21년 3회 기출

저압 옥측 전선로에서 목조의 조영물에 시설할 수 있는 공사 방법은?

① 금속관공사
② 버스덕트공사
③ 합성수지관공사
④ 케이블공사 (무기물절연(MI) 케이블을 사용하는 경우)

15 응용   19년 1회 기출

석유류를 저장하는 장소의 전등배선에 사용하지 않는 공사방법은?

① 케이블 공사
② 금속관 공사
③ 애자공사
④ 합성수지관공사

16 응용   21년 3회 기출

저압 옥상 전선로의 시설기준으로 틀린 것은?

① 전개된 장소에 위험의 우려가 없도록 시설할 것
② 전선은 지름 2.6 [mm] 이상의 경동선을 사용할 것
③ 전선은 절연전선(옥외용 비닐 절연전선은 제외)을 사용할 것
④ 전선은 상시 부는 바람 등에 의하여 식물에 접촉하지 아니하도록 시설하여야 한다.

17 응용   20년 3회 기출

사용전압이 400[V] 이하인 저압 가공전선은 케이블인 경우를 제외하고는 지름이 몇 [mm] 이상이어야 하는가? (단, 절연전선은 제외한다.)

① 3.2   ② 3.6
③ 4.0   ④ 5.0

18 응용   CBT 복원

저압 가공전선의 사용 가능한 전선에 대한 사항으로 알맞지 않은 것은?

① 400[V] 초과인 저압 가공전선으로 시가지의 경우 지름 5[mm] 이상의 경동선

② 나전선(중성선 또는 다중접지된 접지측 전선으로 사용하는 전선에 한한다.)

③ 400[V] 초과인 저압 가공전선으로 인입용 비닐절연전선

④ 케이블

19 기본   18년 3회 기출

저압 가공전선 또는 고압 가공전선이 도로를 횡단할 때 지표상의 높이는 몇 [m] 이상으로 하여야 하는가? (단, 농로 기타 교통이 번잡하지 않은 도로 및 횡단보도교는 제외한다.)

① 4.0   ② 5.0

③ 6.0   ④ 6.5

20 기본   16년 2회 기출

철도 또는 궤도를 횡단하는 저·고압 가공전선의 높이는 레일면상 몇 [m] 이상인가?

① 5.5   ② 6.5

③ 7.5   ④ 8.5

21 기본   17년 1회 기출

옥외용 비닐절연전선을 사용한 저압 가공전선이 횡단보도교 위에 시설되는 경우에 그 전선의 노면상 높이는 몇 [m] 이상으로 하여야 하는가?

① 2.5   ② 3.0

③ 3.5   ④ 4.0

22 응용   22년 1회 기출

저압 가공전선로의 지지물이 목주인 경우 풍압하중의 몇 배의 하중에 견디는 강도를 가지는 것이어야 하는가?

① 1.2   ② 1.5

③ 2   ④ 3

23 응용   15년 2회 기출

사용전압이 400[V] 이하인 경우의 저압 보안공사에 전선으로 경동선을 사용할 경우 지름은 몇 [mm] 이상인가?

① 2.6   ② 6.5

③ 4.0   ④ 5.0

24 응용   19년 3회 기출

저압 가공전선이 건조물의 상부 조영재 옆쪽으로 접근하는 경우 저압 가공전선과 건조물의 조영재 사이의 이격거리는 몇 [m] 이상이어야 하는가? (단, 전선에 사람이 쉽게 접촉할 우려가 없도록 시설한 경우와 전선이 고압 절연전선, 특고압 절연전선 또는 케이블인 경우는 제외한다.)

① 0.6   ② 0.8
③ 1.2   ④ 2.0

25 응용   22년 1회 기출

저압 가공전선이 안테나와 접근상태로 시설될 때 상호 간의 이격거리는 몇 [cm] 이상이어야 하는가? (단, 전선이 고압 절연전선, 특고압 절연전선 또는 케이블이 아닌 경우이다.)

① 60   ② 80
③ 100   ④ 120

26 기본   19년 1회 기출

농사용 저압 가공전선로의 시설기준으로 틀린 것은?

① 사용전압이 저압일 것
② 전선로의 경간은 40[m] 이하일 것
③ 저압 가공전선의 인장강도는 1.38[kN] 이상일 것
④ 저압 가공전선의 지표상 높이는 3.5[m] 이상일 것

27 기본   CBT 복원

전광표시장치 또는 제어회로 배선의 단면적은 다심 케이블 또는 다심 캡타이어 케이블을 사용하고 또한 과전류가 생겼을 때에 자동적으로 전로에서 차단하는 장치를 시설한 경우에는 몇 $[mm^2]$ 이상인가? (단, 옥내배선의 사용전압은 400[V] 이하이다.)

① 0.75   ② 1.5
③ 2.5   ④ 4

28 기본   21년 1회 기출

저압 옥내배선에 사용하는 연동선의 최소 굵기는 몇 $[mm^2]$ 인가?

① 1.5   ② 2.5
③ 4.0   ④ 6.0

29 기본   21년 2회 기출

옥내 배선공사 중 반드시 절연전선을 사용하지 않아도 되는 공사방법은? (단, 옥외용 비닐 절연전선은 제외한다.)

① 금속관 공사   ② 버스덕트 공사
③ 합성수지관 공사   ④ 플로어덕트 공사

30 기본   15년 2회 기출

옥내의 저압 전선으로 애자 사용 공사에 의하여 전개된 곳에 나전선의 사용이 허용되지 않는 경우는?

① 전기로용 전선
② 취급자 이외의 자가 출입할 수 없도록 설비한 장소에 시설하는 전선
③ 제분 공장의 전선
④ 전선의 피복 절연물이 부식하는 장소에 시설하는 전선

31 기본   22년 1회 기출

사무실 건물의 조명설비에 사용되는 백열전등 또는 방전등에 전기를 공급하는 옥내전로의 대지전압은 몇 [V] 이하인가? (단, 백열전등 또는 방전등 및 이에 부속하는 전선은 사람이 접촉할 우려가 없도록 시설한 경우이다.)

① 250   ② 300
③ 350   ④ 400

32 기본   22년 2회 기출

합성 수지관 및 부속품의 시설에 대한 설명으로 틀린 것은?

① 관의 지지점 간의 거리는 1.5 [m] 이하로 할 것
② 합성수지제 가요전선관 상호 간은 직접 접속할 것
③ 접착제를 사용하여 관 상호 간을 삽입하는 깊이는 관의 바깥지름의 0.8배 이상으로 할 것
④ 접착제를 사용하지 않고 관 상호 간을 삽입하는 깊이는 관의 바깥지름의 1.2배 이상으로 할 것

33 기본   15년 1회 기출

저압 옥내 배선 합성 수지관 공사 시 연선이 아닌 경우 사용할 수 있는 전선의 최대 단면적은 몇 $[\text{mm}^2]$ 인가? (단, 알루미늄선은 제외한다.)

① 4   ② 6
③ 10   ④ 16

34 기본   17년 2회 기출

금속관 공사에서 절연 부싱을 사용하는 가장 주된 목적은?

① 관의 끝이 터지는 것을 방지
② 관내 해충 및 이물질 출입 방지
③ 관의 단구에서 조영재의 접촉 방지
④ 관의 단구에서 전선 피복의 손상 방지

35 기본　　19년 1회 기출

금속덕트 공사에 의한 저압 옥내배선에서, 금속덕트에 넣은 전선의 단면적의 합계는 일반적으로 덕트 내부 단면적의 몇 [%] 이하이어야 하는가? (단, 전광 표시 장치 기타 이와 유사한 장치 또는 제어회로 등의 배선만을 넣는 경우에는 50[%]이다.)

① 20　　　　　　② 30
③ 40　　　　　　④ 50

36 기본　　18년 1회 기출

케이블 트레이 공사에 사용하는 케이블 트레이의 시설 기준으로 틀린 것은?

① 케이블 트레이 안전율은 1.3 이상이어야 한다.
② 비금속제 케이블 트레이는 난연성 재료의 것이어야 한다.
③ 전선의 피복 등을 손상시킬 돌기 등이 없이 매끈해야 한다.
④ 저압 옥내 배선의 사용전압이 400[V] 이하인 경우에는 금속제 트레이에 접지 공사를 하여야 한다.

37 기본　　16년 2회 기출

애자 사용 공사에 의한 저압 옥내 배선 시 전선 상호 간의 간격은 몇 [cm] 이상인가?

① 2　　　　　　② 4
③ 6　　　　　　④ 8

38 기본　　17년 1회 기출

애자 사용 공사를 습기가 많은 장소에 시설하는 경우 전선과 조영재 사이의 이격거리는 몇 [cm] 이상이어야 하는가? (단, 사용전압은 440[V]인 경우이다.)

① 2.0　　　　　　② 2.5
③ 4.5　　　　　　④ 6.0

39 기본　　CBT 복원

옥내 저압 이동전선으로 사용하는 캡타이어 케이블의 최소 단면적[mm^2]은?

① 0.75　　　　　　② 1
③ 1.5　　　　　　④ 2.5

40 기본　　22년 2회 기출

샤워시설이 있는 욕실 등 인체가 물에 젖어 있는 상태에서 전기를 사용하는 장소에 콘센트를 시설할 경우 인체감전보호용 누전차단기의 정격 감도전류는 몇 [mA] 이하인가?

① 5　　　　　　② 10
③ 15　　　　　　④ 30

41 기본   21년 3회 기출

점멸기의 시설에서 센서등(타임스위치 포함)을 시설하여야 하는 곳은?

① 공장   ② 상점

③ 사무실   ④ 아파트 현관

42 기본   18년 3회 기출

관광숙박업 또는 숙박업을 하는 객실의 입구 등에 조명용 전등을 설치할 때는 몇 분 이내에 소등되는 타임스위치를 시설하여야 하는가?

① 1   ② 3

③ 5   ④ 10

43 기본   22년 1회 기출

진열장 내의 배선으로 사용전압 400[V] 이하에 사용하는 코드 또는 캡타이어 케이블의 최소 단면적은 몇 $[\text{mm}^2]$인가?

① 1.25   ② 1.0

③ 0.75   ④ 0.5

44 응용   21년 3회 기출

전주외등의 시설 시 사용하는 공사 방법으로 틀린 것은?

① 애자 공사   ② 케이블 공사

③ 금속관 공사   ④ 합성수지관 공사

45 응용   15년 2회 기출

옥내에 시설하는 관등회로의 사용전압이 1[kV]를 초과하는 방전등으로써 방전관에 네온 방전관을 사용한 관등회로의 배선은?

① MI 케이블 공사   ② 금속관 공사

③ 합성 수지관 공사   ④ 애자 사용 공사

46 응용   19년 1회 기출

풀용 수중조명등에 사용되는 절연 변압기의 2차 측 전로의 사용전압이 몇 [V]를 초과하는 경우에는 그 전로에 지락이 생겼을 때에 자동적으로 전로를 차단하는 장치를 하여야 하는가?

① 30   ② 60

③ 150   ④ 300

47 응용   16년 3회 기출

전기 울타리의 시설에 관한 규정 중 틀린 것은?

① 전선과 수목 사이의 이격거리는 50[cm] 이상이어야 한다.

② 전기 울타리는 사람이 쉽게 출입하지 아니하는 곳에 시설하여야 한다.

③ 전선은 인장강도 1.38[kN] 이상의 것 또는 지름 2[mm] 이상의 경동선이어야 한다.

④ 전기 울타리용 전원 장치에 전기를 공급하는 전로의 사용전압은 250[V] 이하이어야 한다.

48 기본   13년 2회 기출

전기욕기에 전기를 공급하는 전원장치는 전기욕기용으로 내장되어 있는 2차 측 전로의 사용전압을 몇 [V] 이하로 한정하고 있는가?

① 6   ② 10

③ 12   ④ 15

49 기본   20년 3회 기출

전기 온상용 발열선은 그 온도가 몇 [℃]를 넘지 않도록 시설하여야 하는가?

① 50   ② 60

③ 80   ④ 100

50 응용   21년 1회 기출

전격살충기의 전격격자는 지표 또는 바닥에서 몇 [m] 이상의 높은 곳에 시설하여야 하는가?

① 1.5   ② 2

③ 2.8   ④ 3.5

51 응용   18년 2회 기출

( ) 안에 들어갈 내용으로 옳은 것은?

> 놀이용 전차에 전기를 공급하는 전로의 사용전압은 직류의 경우는 (Ⓐ)[V] 이하, 교류의 경우는 (Ⓑ)[V] 이하이어야 한다.

① Ⓐ 60, Ⓑ 40   ② Ⓐ 40, Ⓑ 60

③ Ⓐ 30, Ⓑ 60   ④ Ⓐ 60, Ⓑ 30

52 기본   21년 3회 기출

이동형의 용접 전극을 사용하는 아크 용접장치의 시설기준으로 틀린 것은?

① 용접 변압기는 절연 변압기일 것

② 용접 변압기의 1차 측 전로의 대지전압은 300[V] 이하일 것

③ 용접 변압기의 2차 측 전로에는 용접 변압기에 가까운 곳에 쉽게 개폐할 수 있는 개폐기를 시설할 것

④ 용접 변압기의 2차 측 전로 중 용접 변압기로부터 용접 전극에 이르는 부분의 전로는 용접 시 흐르는 전류를 안전하게 통할 수 있는 것일 것

53 응용   15년 3회 기출

철재 물탱크에 전기부식방지 시설을 하였다. 수중에 시설하는 양극과 그 주위 1[m] 안에 있는 점과의 전위차는 몇 [V] 미만이며, 사용전압은 직류 몇 [V] 이하이어야 하는가?

① 전위차: 5, 전압: 30
② 전위차: 10, 전압: 60
③ 전위차: 15, 전압: 90
④ 전위차: 20, 전압: 120

54 기본   22년 2회 기출

폭연성 먼지 또는 화약류의 분말에 전기설비가 발화원이 되어 폭발할 우려가 있는 곳에 시설하는 저압 옥내배선의 공사방법으로 옳은 것은? (단, 사용전압이 400[V] 초과인 방전등을 제외한 경우이다.)

① 금속관 공사
② 애자 사용 공사
③ 합성수지관 공사
④ 캡타이어 케이블 공사

55 응용   CBT 복원

화약류 저장소의 전기설비의 시설기준으로 틀린 것은?

① 전로의 대지전압은 300[V] 이하일 것
② 전기기계기구는 전폐형의 것일 것
③ 전용 개폐기 및 과전류 차단기는 화약류 저장소 안에 설치할 것
④ 케이블을 전기기계기구에 인입할 때에는 인입구에서 케이블이 손상될 우려가 없도록 시설할 것

56 기본   17년 2회 기출

일반적으로 저압 옥내간선에서 분기하여 전기사용기계기구에 이르는 저압 옥내전로는 저압 옥내간선과의 분기점에서 전선의 길이가 몇 [m] 이하인 곳에 개폐기 및 과전류 차단기를 시설하여야 하는가? (단, 단락의 위험과 화재 및 인체에 대한 위험성이 최소화되도록 시설된 경우이다.)

① 0.5   ② 1.0
③ 2.0   ④ 3.0

57 기본   18년 1회 기출

무대, 무대 마루 밑, 오케스트라 박스, 영사실 기타 사람이나 무대 도구가 접촉할 우려가 있는 곳에 시설하는 저압 옥내배선, 전구선 또는 이동 전선은 사용전압이 몇 [V] 이하이어야 하는가?

① 80   ② 110
③ 220   ④ 400

58 응용   20년 4회 기출

사람이 상시 통행하는 터널 안의 배선(전기 기계 기구 안의 배선, 관등 회로의 배선, 소세력 회로의 전선 및 출퇴 표시등 회로의 전선은 제외)의 시설기준에 적합하지 않은 것은? (단, 사용전압이 저압의 것에 한한다.)

① 합성 수지관 공사로 시설하였다.
② 공칭단면적 2.5[mm²]의 연동선을 사용하였다.
③ 애자 사용 공사 시 전선의 높이는 노면상 2[m]로 시설하였다.
④ 전로에는 터널의 입구 가까운 곳에 전용 개폐기를 시설하였다.

59 기본   17년 1회 기출

터널 등에 시설하는 사용전압이 220[V]인 전구선이 $0.6/1\,[\mathrm{kV}]$ EP 고무 절연 클로로프렌 캡타이어 케이블일 경우 단면적은 최소 몇 $[\mathrm{mm}^2]$ 이상이어야 하는가?

① 0.5   ② 0.75
③ 1.25   ④ 1.4

60 응용   14년 2회 기출

의료장소의 안전을 위한 의료용 절연 변압기에 대한 다음 설명 중 옳은 것은?

① 2차측 정격전압은 교류 $300\,[\mathrm{V}]$ 이하이다.
② 2차측 정격전압은 직류 $250\,[\mathrm{V}]$ 이하이다.
③ 정격출력은 $5\,[\mathrm{kVA}]$ 이하이다.
④ 정격출력은 $10\,[\mathrm{kVA}]$ 이하이다.

61 응용   16년 1회 기출

의료장소에서 인접하는 의료장소와의 바닥면적 합계가 몇 $[\mathrm{m}^2]$ 이하인 경우 기준 등전위본딩바를 공용으로 할 수 있는가?

① 30   ② 50
③ 80   ④ 100

③ 고압, 특고압 전기설비

출제경향 CHECK!

고압, 특고압 전기설비 유형은 거의 전체 문제의 절반이 출제될 정도로 자주 출제되는 유형입니다.
전체적으로 내용은 많지만 전기설비기술기준의 특성상 기본적인 개념만 이해하고 암기하면 맞힐 수 있는 문제이기 때문에 자주 출제되는 문제부터 확실히 암기해야 합니다.

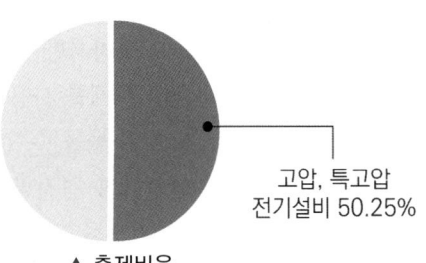

고압, 특고압
전기설비 50.25%

▲ 출제비율

대표유형 문제

가공 접지도체를 사용하여 접지공사를 하는 경우 변압기의 시설장소로부터 몇 [m]까지 떼어 놓을 수 있는가? 17년 3회 기출

① 50   ② 100
③ 150   ④ 200

정답 ④

해설 토지의 상황에 의하여 변압기의 시설장소에서 인장강도 5.26[kN] 이상 또는 지름 4[mm] 이상의 가공 접지도체를 저압가공전선에 관한 규정에 준하여 시설할 때에는 변압기의 시설장소로부터 200[m]까지 떼어놓을 수 있다.

핵심이론 CHECK!

1. 322.1 고압 또는 특고압과 저압의 혼촉에 의한 위험방지 시설

접지공사는 변압기의 시설장소마다 시행하여야 한다. 다만, 토지의 상황에 의하여 변압기의 시설장소에서 접지저항 값을 얻기 어려운 경우에 인장강도 5.26[kN] 이상 또는 **지름 4[mm] 이상**의 가공 **접지도체**를 규정에 준하여 시설할 때에는 **변압기의 시설장소로부터 200[m]까지** 떼어놓을 수 있다.

2. 322.2 혼촉방지판이 있는 변압기에 접속하는 저압 옥외전선의 시설 등

고압 전로 또는 특고압 전로와 비접지식의 저압 전로를 결합하는 변압기로서 그 고압 권선 또는 특고압 권선과 저압 권선 간에 금속제의 혼촉 방지판이 있고 또한 그 혼촉 방지판에 142.5의 규정에 의하여 접지 공사를 한 것에 접속하는 저압 전선을 옥외에 시설할 때에는 다음에 따라 시설하여야 한다.

가. 저압 전선은 1구내에만 시설할 것.
나. 저압 가공전선로 또는 저압 옥상 전선로의 전선은 케이블일 것.
다. 저압 가공 전선과 고압 또는 특고압의 가공 전선을 동일 지지물에 시설하지 아니할 것. 다만, 고압 가공전선로 또는 특고압 가공전선로의 전선이 케이블인 경우에는 그러하지 아니하다.

01 [응용] 16년 1회 기출

고·저압 혼촉에 의한 위험을 방지하려고 시행하는 접지공사에 대한 기준으로 틀린 것은?

① 접지공사는 변압기의 시설장소마다 시행하여야 한다.
② 토지의 상황에 의하여 접지저항 값을 얻기 어려운 경우, 가공 접지도체를 사용하여 접지극을 100[m]까지 떼어 놓을 수 있다.
③ 가공 공동지선을 설치하여 접지공사 하는 경우, 각 변압기를 중심으로 지름 400[m] 이내의 지역에 접지를 하여야 한다.
④ 저압 전로의 사용전압이 300[V] 이하인 경우, 그 접지공사를 중성점에 하기 어려우면 저압측의 1단자에 시행할 수 있다.

02 [응용] 13년 1회 기출

고압 또는 특고압과 저압의 혼촉에 의한 위험방지 시설로 가공 공동지선을 설치하여 2 이상의 시설 장소에 접지공사를 할 때, 가공 공동지선은 지름 몇 [mm] 이상의 경동선을 사용하여야 하는가?

① 1.5   ② 2
③ 3.5   ④ 4

03 [기본] 17년 3회 기출

고압 가공전선으로 경동선을 사용하는 경우 안전율은 얼마 이상이 되는 처짐 정도(이도)로 시설하여야 하는가?

① 2.0   ② 2.2
③ 2.5   ④ 4.0

04 [기본] 19년 2회 기출

가공전선로의 지지물에 취급자가 오르고 내리는 데 사용하는 발판 볼트 등은 지표상 몇 [m] 미만에 시설하여서는 아니되는가?

① 1.2   ② 1.8
③ 2.2   ④ 2.5

05 [응용] 22년 2회 기출

강관으로 구성된 철탑의 갑종 풍압하중은 수직 투영면적 $1\,[\text{m}^2]$에 대한 풍압을 기초로 하여 계산한 값이 몇 $[\text{Pa}]$인가? (단, 단주는 제외한다.)

① 1,255   ② 1,412
③ 1,627   ④ 2,157

06 [응용]   19년 2회 기출

빙설의 정도에 따라 풍압하중을 적용하도록 규정하고 있는 내용 중 옳은 것은? (단, 빙설이 많은 지방 중 해안지방 기타 저온계절에 최대풍압이 생기는 지방은 제외한다.)

① 빙설이 많은 지방에서는 고온계절에는 갑종 풍압하중, 저온계절에는 을종 풍압하중을 적용한다.

② 빙설이 많은 지방에서는 고온계절에는 을종 풍압하중, 저온계절에는 갑종 풍압하중을 적용한다.

③ 빙설이 적은 지방에서는 고온계절에는 갑종 풍압하중, 저온계절에는 을종 풍압하중을 적용한다.

④ 빙설이 적은 지방에서는 고온계절에는 을종 풍압하중, 저온계절에는 갑종 풍압하중을 적용한다.

07 [응용]   18년 3회 기출

가공전선로에 사용하는 지지물의 강도계산에 적용하는 갑종 풍압하중을 계산할 때 구성재의 수직 투영면적 $1[m^2]$에 대한 풍압의 기준으로 틀린 것은?

① 목주: 588[Pa]

② 원형 철주: 588[Pa]

③ 원형 철근 콘크리트주: 882[Pa]

④ 강관으로 구성(단주는 제외)된 철탑: 1,255[Pa]

08 [응용]   13년 3회 기출

전선 기타의 가섭선 주위에 두께 6[mm], 비중 0.9의 빙설이 부착된 상태에서 수직투영면적 $1[m^2]$당 다도체를 구성하는 전선의 을종 풍압하중은 몇 [Pa]을 적용하는가?

① 333   ② 372

③ 588   ④ 666

09 [응용]   13년 1회 기출

특고압 전선로에 사용되는 애자장치에 대한 갑종 풍압하중은 그 구성재의 수직투영면적 $1[m^2]$에 대한 풍압하중을 몇 [Pa]을 기초하여 계산한 것인가?

① 592   ② 668

③ 946   ④ 1,039

10 [기본]   20년 4회 기출

가공전선로의 지지물에 하중이 가하여지는 경우에 그 하중을 받는 지지물의 기초 안전율은 얼마 이상이어야 하는가? (단, 이상 시 상정 하중은 무관하다.)

① 1.5   ② 2.0

③ 2.5   ④ 3.0

11 기본 18년 2회 기출

철탑의 강도계산을 할 때 이상 시 상정하중이 가하여지는 경우 철탑의 기초에 대한 안전율은 얼마 이상이어야 하는가?

① 1.33 ② 1.83
③ 2.25 ④ 2.75

12 기본 16년 2회 기출

설계하중이 6.8[kN]인 철근 콘크리트주의 길이가 17[m]라 한다. 이 지지물을 지반이 연약한 곳 이외의 곳에서 안전율을 고려하지 않고 시설하려고 하면 땅에 묻히는 깊이는 몇 [m] 이상으로 하여야 하는가?

① 2.0 ② 2.3
③ 2.5 ④ 2.8

13 기본 15년 2회 기출

전체의 길이가 16[m]이고 설계하중이 6.8[kN] 초과 9.8[kV] 이하인 철근 콘크리트주를 논, 기타 지반이 연약한 곳 이외의 곳에 시설할 때 묻히는 깊이를 2.5[m] 보다 몇 [cm] 가산하여 시설하는 경우에는 기초의 안전율에 대한 고려 없이 시설하여도 되는가?

① 10 ② 20
③ 30 ④ 40

14 기본 19년 1회 기출

고압 가공전선로에 시설하는 피뢰기의 접지저항 값은 몇 [Ω]까지 허용되는가? (단, 피뢰기 접지공사의 접지선은 전용의 것으로 한다.)

① 20 ② 30
③ 50 ④ 75

15 기본 21년 1회 기출

가공전선로의 지지물에 시설하는 지선으로 연선을 사용할 경우, 소선(素線)은 몇 가닥 이상이어야 하는가?

① 2 ② 3
③ 5 ④ 9

16 기본 16년 1회 기출

가공 전선로의 지지물에 시설하는 지선의 안전율은 일반적인 경우 얼마 이상이어야 하는가?

① 2.0 ② 2.2
③ 2.5 ④ 2.7

17 기본   15년 1회 기출

가공전선로의 지지물에 지선을 시설하려고 한다. 이 지선의 시설기준으로 옳은 것은?

① 소선 지름: 2.0[mm], 안전율: 2.5, 인장 하중: 2.11[kN]

② 소선 지름: 2.6[mm], 안전율: 2.5, 인장 하중: 4.31[kN]

③ 소선 지름: 1.6[mm], 안전율: 2.0, 인장 하중: 4.31[kN]

④ 소선 지름: 2.6[mm], 안전율: 1.5, 인장 하중: 3.21[kN]

18 기본   14년 1회 기출

가공 전선로의 지지물 중 지선을 사용하여 그 강도를 분담시켜서는 안 되는 것은?

① 철탑   ② 목주
③ 철주   ④ 철근 콘크리트주

19 심화   CBT 복원

가공전선로의 지지물로 사용하는 철주 또는 철근 콘크리트주는 지선을 사용하지 않은 상태에서 몇 이상의 풍압하중에 견디는 강도를 가지는 경우 이외에는 지선을 사용하여 그 강도를 분담시켜서는 안 되는가?

① 1/3   ② 1/5
③ 1/10   ④ 1/2

20 기본   18년 2회 기출

고압 가공인입선이 케이블 이외의 것으로서 그 전선의 아래쪽에 위험표시를 하였다면 전선의 지표상 높이는 몇 [m]까지로 감할 수 있는가?

① 2.5   ② 3.5
③ 4.5   ④ 5.5

21 기본   17년 3회 기출

고압 인입선 시설에 대한 설명으로 틀린 것은?

① 15[m] 떨어진 다른 수용가에 고압 연접인입선을 시설하였다.

② 전선은 5[mm] 경동선과 동등한 세기의 고압 절연전선을 사용하였다.

③ 고압 가공인입선 아래에 위험표시를 하고 지표상 3.5[m]의 높이에 설치하였다.

④ 횡단 보도교 위에 시설하는 경우 케이블을 사용하여 노면상에서 3.5[m]의 높이에 시설하였다.

22 기본   19년 2회 기출

고압용 기계기구를 시설하여서는 안 되는 경우는?

① 시가지 외로서 지표상 3[m]인 경우

② 발전소, 변전소, 개폐소 또는 이에 준하는 곳에 시설하는 경우

③ 옥내에 설치한 기계기구를 취급자 이외의 사람이 출입할 수 없도록 설치한 곳에 시설하는 경우

④ 공장 등의 구내에서 기계기구의 주위에 사람이 쉽게 접촉할 우려가 없도록 적당한 울타리를 설치하는 경우

23 기본   19년 1회 기출

고압 옥측 전선로에 사용할 수 있는 전선은?

① 케이블
② 나경동선
③ 절연전선
④ 다심형 전선

24 응용   CBT 복원

고압 옥측 전선로의 전선이 그 고압 옥측 전선로를 시설하는 조영물에 시설하는 수관, 가스관과 접근 또는 교차하는 경우, 옥측 전선로와 수관, 가스관의 이격거리는?

① 0.1[m] 이상
② 0.15[m] 이상
③ 0.3[m] 이상
④ 1.0[m] 이상

25 응용   20년 1회 기출

저압 가공전선로 또는 고압 가공전선로의 기설 가공 약전류 전선로가 병행하는 경우에는 유도작용에 의한 통신상의 장해가 생기지 아니하도록 전선과 기설 약전류 전선 간의 이격거리는 몇 [m] 이상이어야 하는가? (단, 전기철도용 급전선로는 제외한다.)

① 2
② 4
③ 6
④ 8

26 기본   17년 2회 기출

고압 가공전선에 케이블을 사용하는 경우 케이블을 조가선에 행거로 시설하고자 할 때 행거의 간격은 몇 [cm] 이하로 하여야 하는가?

① 30
② 50
③ 80
④ 100

27 응용   13년 1회 기출

가공 케이블 시설 시 고압 가공전선에 케이블을 사용하는 경우 조가선은 단면적이 몇 $[\text{mm}^2]$ 이상인 아연도강연선이어야 하는가?

① 8
② 14
③ 22
④ 30

28 기본   20년 1회 기출

고압 가공전선을 시가지 외에 시설할 때 사용되는 경동선의 굵기는 지름 몇 [mm] 이상인가?

① 2.6
② 3.2
③ 4.0
④ 5.0

29 [기본]
22년 1회 기출

고압 가공전선으로 경동선 또는 내열 동합금선을 사용할 때 그 안전율은 최소 얼마 이상이 되는 처짐 정도(이도)로 시설하여야 하는가?

① 2.0 ② 2.2

③ 2.5 ④ 3.0

30 [기본]
16년 2회 기출

ACSR 전선을 사용전압 직류 $1,500[\mathrm{V}]$의 가공급전선으로 사용할 경우 안전율은 얼마 이상이 되는 처짐 정도(이도)로 시설하여야 하는가?

① 2.0 ② 2.1

③ 2.2 ④ 2.5

31 [기본]
18년 2회 기출

저압 및 고압 가공전선의 높이는 도로를 횡단하는 경우와 철도를 횡단하는 경우에 각각 몇 $[\mathrm{m}]$ 이상이어야 하는가?

① 도로: 지표상 5, 철도: 레일면상 6

② 도로: 지표상 5, 철도: 레일면상 6.5

③ 도로: 지표상 6, 철도: 레일면상 6

④ 도로: 지표상 6, 철도: 레일면상 6.5

32 [기본]
22년 2회 기출

고압 가공전선로의 가공지선으로 나경동선을 사용할 때의 최소 굵기는 지름 몇 $[\mathrm{mm}]$ 이상의 것을 사용하여야 하는가?

① 3.2 ② 3.5

③ 4.0 ④ 5.0

33 [응용]
18년 3회 기출

고압 가공전선로의 지지물로서 사용하는 목주의 풍압하중에 대한 안전율은 얼마 이상이어야 하는가?

① 1.2 ② 1.3

③ 2.2 ④ 2.5

34 [기본]
21년 2회 기출

다음 ( )에 들어갈 내용으로 옳은 것은?

> 동일 지지물에 저압 가공전선(다중접지된 중성선은 제외한다.)과 고압 가공전선을 시설하는 경우 고압 가공전선을 저압 가공전선의 (㉠)로 하고, 별개의 완금류에 시설해야 하며, 고압 가공전선과 저압 가공전선 사이의 이격거리는 (㉡)$[\mathrm{m}]$ 이상으로 한다.

① ㉠ 아래, ㉡ 0.5 ② ㉠ 아래, ㉡ 1

③ ㉠ 위, ㉡ 0.5 ④ ㉠ 위, ㉡ 1

35 응용   15년 2회 기출

저압 가공전선과 고압 가공전선을 동일 지지물에 병가하는 경우, 고압 가공전선에 케이블을 사용하면 그 케이블과 저압 가공전선의 최소 이격거리는 몇 [cm]인가?

① 30   ② 50
③ 70   ④ 90

36 기본   19년 3회 기출

고압 가공전선로의 지지물로 철탑을 사용한 경우 최대경간은 몇 [m] 이하이어야 하는가?

① 300   ② 400
③ 500   ④ 600

37 기본   18년 1회 기출

고압 보안공사에서 지지물이 A종 철주인 경우 경간은 몇 [m] 이하인가?

① 100   ② 150
③ 250   ④ 400

38 응용   13년 1회 기출

저압 가공전선 또는 고압 가공전선이 건조물과 접근상태로 시설되는 경우 상부 조영재의 옆쪽과의 이격거리는 각각 몇 [m]인가?

① 저압: 1.2[m], 고압: 1.2[m]
② 저압: 1.2[m], 고압: 1.5[m]
③ 저압: 1.5[m], 고압: 1.5[m]
④ 저압: 1.5[m], 고압: 2.0[m]

39 응용   CBT 복원

고압 가공전선이 가공약전류 전선과 접근하여 시설될 때 고압 가공전선과 가공약전류 전선 사이의 이격거리는 몇 [cm] 이상이어야 하는가? (단, 모두 케이블을 사용하지 않은 경우이다.)

① 40   ② 50
③ 60   ④ 80

40 응용   17년 1회 기출

가섭선에 의하여 시설하는 안테나가 있다. 이 안테나 주위에 경동연선을 사용한 고압 가공전선이 지나가고 있다면 수평 이격거리는 몇 [cm] 이상이어야 하는가?

① 40   ② 60
③ 80   ④ 100

41 [응용]   14년 3회 기출

다음 설명의 ( ) 안에 알맞은 내용은?

고압 가공전선이 다른 고압 가공전선과 접근상
태로 시설되거나 교차하여 시설되는 경우에 고
압 가공전선 상호 간의 이격거리는 ( ) 이상,
하나의 고압 가공전선과 다른 고압 가공전선로
의 지지물 사이의 이격거리는 ( ) 이상일 것

① 80[cm], 50[cm]
② 80[cm], 60[cm]
③ 60[cm], 30[cm]
④ 40[cm], 30[cm]

42 [기본]   16년 1회 기출

765[kV] 가공전선 시설 시 2차 접근 상태에서
건조물을 시설하는 경우 건조물 상부와 가공전선
사이의 수직거리는 몇 [m] 이상인가? (단, 전선
의 높이가 최저 상태로 사람이 올라갈 우려가 있
는 개소를 말한다.)

① 15   ② 20
③ 25   ④ 28

43 [응용]   19년 1회 기출

저고압 가공전선과 가공약전류전선 등을 동일 지
지물에 시설하는 기준으로 틀린 것은?

① 가공전선을 가공약전류전선 등의 위로 하
고 별개의 완금류에 시설할 것
② 전선로의 지지물로서 사용하는 목주의 풍
압하중에 대한 안전율은 1.5 이상일 것
③ 가공전선과 가공약전류전선 등 사이의 이
격거리는 저압과 고압 모두 75[cm] 이상
일 것
④ 가공전선이 가공약전류전선에 대하여 유도
작용에 의한 통신상의 장해를 줄 우려가 있
는 경우에는 가공전선을 적당한 거리에서
연가 할 것

44 [응용]   21년 1회 기출

사용전압이 22.9[kV]인 가공전선로를 시가지에
시설하는 경우 전선의 지표상 높이는 몇 [m] 이상
인가? (단, 전선은 특고압 절연전선을 사용한다.)

① 6   ② 7
③ 8   ④ 10

45 [응용]   19년 2회 기출

사용전압 66[kV]의 가공전선로를 시가지에 시설
할 경우 전선의 지표상 최소 높이는 몇 [m]인가?

① 6.48   ② 8.36
③ 10.48   ④ 12.36

46 기본   16년 3회 기출

시가지 내에 시설하는 154[kV] 가공전선로에 지락 또는 단락이 생겼을 때 몇 초 안에 자동적으로 이를 전로로부터 차단하는 장치를 시설하여야 하는가?

① 1   ② 3
③ 5   ④ 10

47 기본   15년 3회 기출

시가지에 시설하는 특고압 가공전선로용 지지물로 사용될 수 없는 것은? (단, 사용전압이 170[kV] 이하의 전선로인 경우이다.)

① 철근 콘트리트주   ② 목주
③ 철탑   ④ 철주

48 기본   14년 3회 기출

154[kV] 특고압 가공전선로를 시가지에 경동연선으로 시설할 경우 단면적은 몇 $[mm^2]$ 이상인가?

① 100   ② 150
③ 200   ④ 250

49 응용   CBT 복원

22.9[kV] 특고압 가공전선로를 시가지에 경동연선으로 시설할 경우 단면적은 몇 $[mm^2]$ 이상을 사용하여야 하는가?

① 100   ② 55
③ 200   ④ 150

50 기본   18년 1회 기출

유도장해의 방지를 위한 규정으로 사용전압 60[kV] 이하인 가공전선로의 유도전류는 전화 선로의 길이 12[km] 마다 몇 $[\mu A]$를 넘지 않도록 하여야 하는가?

① 1   ② 2
③ 3   ④ 5

51 기본   17년 1회 기출

특고압 가공전선로에서 사용전압이 60[kV]를 넘는 경우, 전화 선로의 길이 몇 [km] 마다 유도전류가 3$[\mu A]$를 넘지 않도록 하여야 하는가?

① 12   ② 40
③ 80   ④ 100

52 응용

특고압 가공전선로의 전선으로 케이블을 사용하는 경우의 시설로서 옳지 않은 것은?

① 케이블은 조가선에 행거에 의하여 시설한다.

② 케이블은 조가선에 접촉시키고 비닐 테이프 등을 30[cm] 이상의 간격으로 감아 붙인다.

③ 조가선은 단면적 22[mm^2]의 아연도강연선 또는 인장강 13.93[kN] 이상의 연선을 사용한다.

④ 조가선 및 케이블의 피복에 사용하는 금속체에는 접지 공사를 한다.

53 응용

사용전압이 22.9[kV]인 특고압 가공전선과 그 지지물·완금류·지주 또는 지선 사이의 이격거리는 몇 [cm] 이상이어야 하는가?

① 15   ② 20
③ 25   ④ 30

54 응용

사용전압이 15[kV] 미만 특고압 가공전선과 그 지지물·완금류·지주 또는 지선 사이의 이격거리는 몇 [cm] 이상이어야 하는가?

① 15   ② 20
③ 25   ④ 30

55 기본

345[kV] 송전선을 사람이 쉽게 들어가지 않는 산지에 시설할 때 전선의 지표상 높이는 몇 [m] 이상으로 하여야 하는가?

① 7.28   ② 7.56
③ 8.28   ④ 8.56

56 기본

사용전압이 22.9[kV]인 특고압 가공전선이 도로를 횡단하는 경우, 지표상 높이는 최소 몇 [m] 이상인가?

① 4.5   ② 5
③ 5.5   ④ 6

57 기본

특고압 가공전선로에 사용하는 철탑 중에서 전선로의 지지물 양쪽의 지지물 간의 거리의 차가 큰 곳에 사용하는 철탑의 종류는?

① 내장형   ② 보강형
③ 직선형   ④ 인류형

58 기본   19년 2회 기출

특고압 가공전선로의 지지물로 사용하는 B종 철주에서 각도형은 전선로 중 몇 도를 넘는 수평 각도를 이루는 곳에 사용되는가?

① 1   ② 2
③ 3   ④ 5

59 기본   20년 3회 기출

특고압 가공전선로 중 지지물로서 직선형의 철탑을 연속하여 10기 이상 사용하는 부분에는 몇 기 이하마다 내장 애자장치가 되어 있는 철탑 또는 이와 동등 이상의 강도를 가지는 철탑 1기를 시설하여야 하는가?

① 3   ② 5
③ 7   ④ 10

60 기본   19년 3회 기출

66[kV] 가공전선과 6[kV] 가공전선을 동일 지지물에 병행 설치하는 경우에 특고압 가공전선은 케이블인 경우를 제외하고는 단면적이 몇 [mm²] 이상인 경동연선을 사용하여야 하는가?

① 22   ② 38
③ 50   ④ 100

61 기본   20년 4회 기출

사용전압이 35[kV] 이하인 특고압 가공전선과 가공 약전류 전선 등을 동일 지지물에 시설하는 경우, 특고압 가공전선로는 어떤 종류의 보안공사로 하여야 하는가?

① 고압 보안공사
② 제1종 특고압 보안공사
③ 제2종 특고압 보안공사
④ 제3종 특고압 보안공사

62 응용   13년 1회 기출

특고압 가공전선로의 지지물 간의 거리는 지지물이 철탑인 경우 몇 [m] 이하이어야 하는가? (단, 단주가 아닌 경우이다.)

① 400   ② 500
③ 600   ④ 700

63 응용   22년 2회 기출

사용전압이 154[kV]인 전선로를 제1종 특고압 보안공사로 시설할 경우, 여기에 사용되는 경동연선의 단면적은 몇 [mm²] 이상이어야 하는가?

① 100   ② 125
③ 150   ④ 200

64 응용   15년 2회 기출

345[kV] 가공전선로를 제1종 특고압 보안공사에 의하여 시설하는 경우에 사용하는 전선은 인장강도 77.47[kN] 이상의 연선 또는 단면적 몇 [mm²] 이상의 경동연선이어야 하는가?

① 100   ② 125
③ 150   ④ 200

65 기본   14년 3회 기출

제1종 특고압 보안공사를 필요로 하는 가공전선로의 지지물로 사용할 수 있는 것은?

① A종 철근 콘크리트주
② B종 철근 콘크리트주
③ A종 철주
④ 목주

66 응용   21년 3회 기출

시가지에 시설하는 154[kV] 가공전선로를 도로와 제1차 접근상태로 시설하는 경우, 전선과 도로와의 이격거리는 몇 [m] 이상이어야 하는가?

① 4.4   ② 4.8
③ 5.2   ④ 5.6

67 기본   16년 3회 기출

특고압 가공전선이 도로, 횡단 보도교, 철도 또는 궤도와 제1차 접근상태로 시설되는 경우 특고압 가공전선로는 제 몇 종 보안공사에 의하여야 하는가?

① 제1종 특고압 보안공사
② 제2종 특고압 보안공사
③ 제3종 특고압 보안공사
④ 제4종 특고압 보안공사

68 응용   17년 3회 기출

345[kV] 가공전선이 154[kV] 가공전선과 교차하는 경우 이들 양 전선 상호 간의 이격거리는 몇 [m] 이상이어야 하는가?

① 4.48   ② 4.96
③ 5.48   ④ 5.82

69 응용   19년 1회 기출

사용전압이 154[kV]인 가공 송전선의 시설에서 전선과 식물과의 이격거리는 일반적인 경우에 몇 [m] 이상으로 하여야 하는가?

① 2.8   ② 3.2
③ 3.6   ④ 4.2

70 응용 · CBT 복원

중성점 다중접지식의 것으로 전로에 지락이 생겼을 경우에 2초 이내로 자동적으로 이를 전로로부터 차단하는 장치가 되어 있는 22.9[kV] 가공전선로를 상부 조영재의 위쪽에서 접근상태로 시설하는 경우, 가공 전선과 건조물과의 이격거리는 몇 [m] 이상이어야 하는가? (단, 전선으로 나전선을 사용한다.)

① 1.2 　　　② 1.5
③ 2.5 　　　④ 3.0

71 응용 · 21년 3회 기출

사용전압이 15[kV] 초과 25[kV] 이하인 특고압 가공전선로가 상호 간 접근 또는 교차하는 경우 사용 전선이 양쪽 모두 나전선이라면 이격거리는 몇 [m] 이상이어야 하는가? (단, 중성선 다중접지 방식의 것으로서 전로에 지락이 생겼을 때에 2초 이내에 자동적으로 이를 전로로부터 차단하는 장치가 되어 있다.)

① 1.0 　　　② 1.2
③ 1.5 　　　④ 1.75

72 응용 · 18년 2회 기출

사용전압이 22.9[kV]인 특고압 가공전선로(중성선 다중접지 식의 것으로서 전로의 지락이 생겼을 때에 2초 이내에 자동적으로 이를 전로로부터 차단하는 장치가 되어 있는 것에 한한다.) 상호 간 접근 또는 교차하는 경우 사용 전선이 양쪽 모두 케이블인 경우 이격거리는 몇 [m] 이상인가?

① 0.25 　　　② 0.5
③ 0.75 　　　④ 1.0

73 기본 · 22년 1회 기출

지중전선로를 직접 매설식에 의하여 시설할 때, 차량 기타 중량물의 압력을 받을 우려가 있는 장소인 경우 매설 깊이는 몇 [m] 이상으로 시설하여야 하는가?

① 0.6 　　　② 1.0
③ 1.2 　　　④ 1.5

74 기본 · 20년 1회 기출

지중전선로를 직접 매설식에 의하여 시설할 때, 중량물의 압력을 받을 우려가 있는 장소에 저압 또는 고압의 지중전선을 견고한 트로프 기타 방호물에 넣지 않고도 부설할 수 있는 케이블은?

① PVC 외장 케이블
② 콤바인덕트 케이블
③ 염화비닐 절연 케이블
④ 폴리에틸렌 외장 케이블

75 기본   19년 1회 기출

지중전선로의 매설방법이 아닌 것은?

① 관로식   ② 인입식
③ 암거식   ④ 직접 매설식

76 기본   21년 2회 기출

지중전선로에 사용하는 지중함의 시설기준으로 틀린 것은?

① 지중함은 견고하고 차량 기타 중량물의 압력에 견디는 구조일 것
② 지중함은 그 안의 고인물을 제거할 수 있는 구조로 되어 있을 것
③ 지중함의 뚜껑은 시설자 이외의 자가 쉽게 열 수 없도록 시설할 것
④ 폭발성의 가스가 침입할 우려가 있는 것에 시설하는 지중함으로서 그 크기가 $0.5[\text{m}^3]$ 이상인 것에는 통풍장치 기타 가스를 방산시키기 위한 적당한 장치를 시설할 것

77 응용   22년 2회 기출

지중전선로는 기설 지중 약전류전선로에 대하여 통신상의 장해를 주지 않도록 기설 약전류전선로로부터 충분히 이격시키거나 기타 적당한 방법으로 시설하여야 한다. 이때 통신상의 장해가 발생하는 원인으로 옳은 것은?

① 충전전류 또는 표피작용
② 충전전류 또는 유도작용
③ 누설전류 또는 표피작용
④ 누설전류 또는 유도작용

78 응용   20년 3회 기출

특고압 지중 전선이 지중 약전류전선 등과 접근하거나 교차하는 경우에 상호 간의 이격거리가 몇 [cm] 이하인 때에만 두 전선이 직접 접촉하지 아니하도록 하여야 하는가?

① 15   ② 20
③ 30   ④ 60

79 응용   CBT 복원

사용전압이 25[kV] 이하인 다중접지방식 지중전선로를 관로식 또는 직접 매설식으로 시설하는 경우, 그 이격거리가 몇 [m] 이상이 되도록 시설하여야 하는가?

① 0.1   ② 0.3
③ 0.6   ④ 1.0

80 응용   15년 2회 기출

사람이 상시 통행하는 터널 안의 배선을 애자사용 공사에 의하여 시설하는 경우 설치 높이는 노면상 몇 [m] 이상인가?

① 1.5   ② 2
③ 2.5   ④ 3

SUBJECT 06

전기설비기술기준

81 _{응용}   CBT 복원

고압 및 특고압 가공전선로로부터 공급을 받는 수용장소의 인입구에는 어떤 것을 시설해야 하는가?

① 동기 조상기   ② 직렬리액터
③ 피뢰기   ④ 정류기

82 _{기본}   18년 3회 기출

특고압 옥외 배전용 변압기가 1대일 경우 특고압 측에 일반적으로 시설하여야 하는 것은?

① 방전기
② 계기용 변류기
③ 계기용 변압기
④ 개폐기 및 과전류 차단기

83 _{기본}   21년 1회 기출

사용전압이 154[kV]인 모선에 접속되는 전력용 커패시터에 울타리를 시설하는 경우 울타리의 높이와 울타리로부터 충전 부분까지 거리의 합계는 몇 [m] 이상이 되어야 하는가?

① 2   ② 3
③ 5   ④ 6

84 _{기본}   20년 3회 기출

고압용 기계 기구를 시가지에 시설할 때 지표상 몇 [m] 이상의 높이에 시설하고, 또한 사람이 쉽게 접촉할 우려가 없도록 하여야 하는가?

① 4.0   ② 4.5
③ 5.0   ④ 5.5

85 _{기본}   19년 3회 기출

다음의 ⓐ, ⓑ에 들어갈 내용으로 옳은 것은?

> 과전류 차단기로 시설하는 퓨즈 중 고압전로에 사용하는 비포장 퓨즈는 정격전류의 (ⓐ)배의 전류에 견디고 또한 2배의 전류로 (ⓐ)분 안에 용단되는 것이어야 한다.

① ⓐ 1.1, ⓑ 1   ② ⓐ 1.2, ⓑ 1
③ ⓐ 1.25, ⓑ 2   ④ ⓐ 1.3, ⓑ 2

86 _{기본}   20년 3회 기출

고압 옥내배선의 시설 공사로 할 수 없는 것은?

① 케이블 공사
② 가요 전선관 공사
③ 케이블 트레이 공사
④ 애자 사용 공사(건조한 장소로서 전개된 장소)

87 기본 　　　　　　　　　18년 2회 기출

특고압을 옥내에 시설하는 경우 그 사용전압의 최대한도는 몇 [kV] 이하인가? (단, 케이블 트레이공사는 제외한다.)

① 25　　　　　　　　② 80
③ 100　　　　　　　④ 160

88 기본 　　　　　　　　　13년 3회 기출

154[kV] 변전소의 울타리, 담 등의 높이와 울타리, 담 등으로부터 충전 부분까지의 거리의 합계는 몇 [m] 이상이어야 하는가?

① 4.5　　　　　　　② 5
③ 6　　　　　　　　④ 6.2

89 기본 　　　　　　　　　21년 3회 기출

변전소에 울타리·담 등을 시설할 때, 사용전압이 345[kV]이면 울타리·담 등의 높이와 울타리·담 등으로부터 충전 부분까지의 거리의 합계는 몇 [m] 이상으로 하여야 하는가?

① 8.16　　　　　　② 8.28
③ 8.40　　　　　　④ 9.72

90 기본 　　　　　　　　　15년 2회 기출

다음에서 (㉠), (㉡)에 알맞은 것은?

> "고압 또는 특별고압의 기계 기구, 모선 등을 옥외에 시설하는 발전소, 변전소, 개폐소 또는 이에 준하는 곳에 시설하는 울타리, 담 등의 높이는 (㉠)[m] 이상으로 하고, 지표면과 울타리, 담 등의 하단 사이의 간격은 (㉡)[cm] 이하로 하여야 한다."

① ㉠ 3, ㉡ 15　　　② ㉠ 2, ㉡ 15
③ ㉠ 3, ㉡ 25　　　④ ㉠ 2, ㉡ 25

91 기본 　　　　　　　　　16년 2회 기출

발전소·변전소 또는 이에 준하는 곳의 특고압 전로에 대한 접속상태를 모의 모선의 사용 또는 기타의 방법으로 표시하여야 하는데, 그 표시 의무가 없는 것은?

① 전선로의 회선 수가 3회선 이하로서 복모선
② 전선로의 회선 수가 2회선 이하로서 복모선
③ 전선로의 회선 수가 3회선 이하로서 단일모선
④ 전선로의 회선 수가 2회선 이하로서 단일모선

92 기본   19년 1회 기출

발전기를 전로부터 자동적으로 차단하는 장치를 시설하여야 하는 경우에 해당되지 않는 것은?

① 발전기에 과전류가 생긴 경우
② 용량이 5,000[kVA] 이상인 발전기의 내부에 고장이 생긴 경우
③ 용량이 500[kVA] 이상의 발전기를 구동하는 수차의 압유장치의 유압이 현저히 저하한 경우
④ 용량이 100[kVA] 이상의 발전기를 구동하는 풍차의 압유장치의 유압, 압축 공기장치의 공기압이 현저히 저하한 경우

93 기본   21년 2회 기출

특고압용 타냉식 변압기의 냉각장치에 고장이 생긴 경우를 대비하여 어떤 보호장치를 하여야 하는가?

① 경보장치   ② 속도 조정장치
③ 온도 시험장치   ④ 냉매 흐름 장치

94 기본   15년 1회 기출

내부고장이 발생하는 경우를 대비하여 자동 차단 장치 또는 경보장치를 시설하여야 하는 특고압용 변압기의 뱅크 용량의 구분으로 알맞은 것은?

① 5,000[kVA] 미만
② 5,000[kVA] 이상 10,000[kVA] 미만
③ 10,000[kVA] 이상
④ 10,000[kVA] 이상 15,000[kVA] 미만

95 응용   22년 1회 기출

조상설비에 내부고장, 과전류 또는 과전압이 생긴 경우 자동적으로 차단되는 장치를 해야 하는 전력용 커패시터의 최소 뱅크용량은 몇 [kVA]인가?

① 10,000   ② 12,000
③ 13,000   ④ 15,000

96 기본   21년 2회 기출

발, 변전소의 주요 변압기에 시설하지 않아도 되는 계측장치는?

① 역률계   ② 전압계
③ 전력계   ④ 전류계

97 기본   21년 1회 기출

수소 냉각식 발전기 또는 이에 부속하는 수소 냉각 장치에 관한 시설기준으로 틀린 것은?

① 발전기 안의 수소의 온도를 계측하는 장치를 시설할 것
② 조상기 안의 수소의 압력 계측 장치 및 압력 변동에 대한 경보장치를 시설할 것
③ 발전기 안의 수소의 순도가 70[%] 이하로 저하할 경우에 경보하는 장치를 시설할 것
④ 발전기는 기밀 구조의 것이고 또한 수소가 대기압에서 폭발하는 경우에 생기는 압력에 견디는 강도를 가지는 것일 것

98 [기본]　　　　　　　　　CBT 복원

전력보안통신설비의 시설 장소에 대한 기준 중, 배전선로에 대한 시설 장소에 해당되지 않는 것은?

① 폐회로 배전 등 신 배전방식 도입 개소
② 배전 자동화, 원격검침, 부하감시 등 지능형전력망 구현을 위해 필요한 구간
③ 22.9 [kV] 계통에 연결되는 분산전원형 발전소
④ 154 [kV] 계통의 지중선로 구간

99 [응용]　　　　　　　　21년 1회 기출

사용전압이 22.9[kV]인 가공전선로의 다중접지한 중성선과 첨가 통신선의 이격거리는 몇 [cm] 이상이어야 하는가? (단, 특고압 가공전선로는 중성선 다중접지식의 것으로 전로에 지락이 생긴 경우 2초 이내에 자동적으로 이를 전로로부터 차단하는 장치가 되어 있는 것으로 한다.)

① 60　　　　　　　② 75
③ 100　　　　　　　④ 120

100 [응용]　　　　　　　　18년 3회 기출

3상 4선식 22.9[kV], 중성선 다중접지 방식의 특고압 가공전선 아래에 통신선을 첨가하고자 한다. 특고압 가공전선과 통신선과의 이격거리는 몇 [cm] 이상인가?

① 60　　　　　　　② 75
③ 100　　　　　　　④ 120

101 [응용]　　　　　　　　17년 2회 기출

고압 가공전선로의 지지물에 시설하는 통신선의 높이는 도로를 횡단할 경우 교통에 지장을 줄 우려가 없다면 지표면상 몇 [m]까지로 감할 수 있는가?

① 4　　　　　　　② 4.5
③ 5　　　　　　　④ 6

102 [응용]　　　　　　　　16년 1회 기출

저압 가공 전선로의 지지물에 시설하는 통신선 또는 이에 접속하는 가공 통신선이 도로를 횡단하는 경우, 일반적으로 지표상 몇 [m] 이상의 높이로 시설하여야 하는가?

① 6.0　　　　　　　② 4.0
③ 5.0　　　　　　　④ 3.0

103 [기본]　　　　　　　　20년 1회 기출

특고압 가공전선로의 지지물에 첨가하는 통신선 보안장치에 사용되는 피뢰기의 동작 전압은 교류 몇 [V] 이하인가?

① 300　　　　　　　② 600
③ 1,000　　　　　　④ 1,500

104 응용   20년 4회 기출

그림은 전력선 반송통신용 결합장치의 보안장치이다. 여기에서 CC는 어떤 커패시터인가?

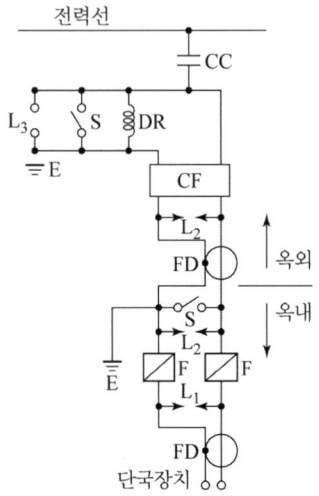

① 결합 커패시터   ② 전력용 커패시터
③ 정류용 커패시터   ④ 축전용 커패시터

105 기본   22년 1회 기출

전력보안통신설비인 무선통신용 안테나 등을 지지하는 철주의 기초 안전율은 얼마 이상이어야 하는가? (단, 무선용 안테나 등이 전선로의 주위 상태를 감시할 목적으로 시설되는 것이 아닌 경우이다.)

① 1.3   ② 1.5
③ 1.8   ④ 2.0

출제경향 CHECK!

전기철도설비 부분은 출제비율이 약 3.45%로 적기 때문에 자주 출제되는 문제부터 암기하는 것이 좋습니다.
최근 CBT 시험에서 직류방식의 급전전압, 전차선과 차량 간의 최소 절연 이격거리 등이 출제된 적 있으니 대비가 필요합니다.

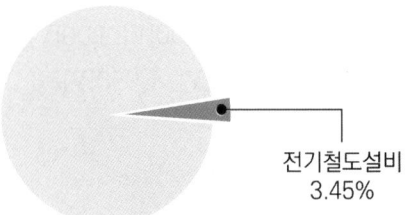

전기철도설비
3.45%

▲ 출제비율

대표유형 문제

전기철도 차량에 전력을 공급하는 전차선의 가선 방식에 포함되지 않는 것은?　　21년 1회 기출
① 가공방식　　　　　　　　　　　　② 강체방식
③ 제3레일방식　　　　　　　　　　　④ 지중조가선방식

정답　④

해설　전차선의 가선 방식은 열차의 속도 및 노반의 형태, 부하전류 특성에 따라 적합한 방식을 채택하여야 하며, 가공방식, 강체방식, 제3레일방식을 표준으로 한다.

핵심이론 CHECK!

전기철도의 용어 정의

① 전기철도설비: 전기철도설비는 전철 변전설비, 급전설비, 부하설비(전기철도차량 설비 등)로 구성된다.
② 전차선: 전기 철도차량의 집전장치와 접촉하여 전력을 공급하기 위한 전선을 말한다.
③ 전차선로: 전기 철도차량에 전력를 공급하기 위하여 선로를 따라 설치한 시설물로서 전차선, 급전선, 귀선과 그 지지물 및 설비를 총괄한 것을 말한다.
④ 급전선: 전기철도 차량에 사용할 전기를 변전소로부터 합성 전차선에 공급하는 전선을 말한다.
⑤ 급전선로: 급전선 및 이를 지지하거나 수용하는 설비를 총괄한 것을 말한다.
⑥ 급전 방식: 전기철도 차량에 전력을 공급하기 위하여 변전소로부터 급전선, 전차선, 레일, 귀선으로 구성되는 전력공급방식을 말한다.
⑦ 가선방식: 전기 철도차량에 전력을 공급하는 전차선의 가선 방식으로 **가공식, 강체식, 제3궤조식**으로 분류한다.
⑧ 지속성 최저전압: 무한정 지속될 것으로 예상되는 전압의 최저값을 말한다.
⑨ 지속성 최고전압: 무한정 지속될 것으로 예상되는 전압의 최고값을 말한다.

01 [응용]
CBT 복원

전차선로의 직류방식에서 급전전압으로 알맞지 않은 것은?

① 지속성 최대전압 900[V], 1,800[V]
② 공칭전압 750[V], 1,500[V]
③ 지속성 최소전압 500[V], 900[V]
④ 장기과전압 950[V], 1,950[V]

02 [기본]
CBT 복원

급전용 변압기는 교류 전기철도의 경우 어떤 변압기의 적용을 원칙으로 하고, 급전계통에 적합하게 선정하여야 하는가?

① 단상 정류기용 변압기
② 3상 정류기용 변압기
③ 단상 스코트결선 변압기
④ 3상 스코트결선 변압기

03 [응용]
CBT 복원

직류 750[V]의 전차선과 차량 간의 최소 절연 이격거리는 동적일 경우 몇 [mm]인가?

① 25
② 100
③ 150
④ 170

04 [기본]
22년 1회 기출

교류 전차선 등 충전부와 식물 사이의 이격거리는 몇 [m] 이상이어야 하는가? (단, 현장여건을 고려한 방호벽 등의 안전조치를 하지 않은 경우이다.)

① 1
② 3
③ 5
④ 10

05 [응용]
CBT 복원

전기철도차량이 전차선로와 접촉한 상태에서 견인력을 끄고 보조전력을 가동한 상태로 정지해 있는 경우, 가공 전차선로의 유효전력이 200[kW] 이상일 경우 총 역률은 몇 보다는 작아서는 안되는가?

① 0.9
② 0.7
③ 0.6
④ 0.8

06 [응용]
21년 3회 기출

순시조건($t \leq 0.5$초)에서 교류 전기철도 급전 시스템에서의 레일 전위의 최대 허용접촉전압(실효값)으로 옳은 것은?

① 60 [V]
② 65 [V]
③ 440 [V]
④ 670 [V]

출제경향 CHECK!

분산형 전원설비는 전체 문제 중 출제비율이 약 2.46%로 높지는 않지만 중요한 기준만 암기하면 풀 수 있는 문제가 많습니다. 최근 CBT 시험에서 전기 공급방식, 전기저장장치의 시설, 태양광 설비의 시설 등과 관련된 문제가 출제된 적이 있으니 대비가 필요합니다.

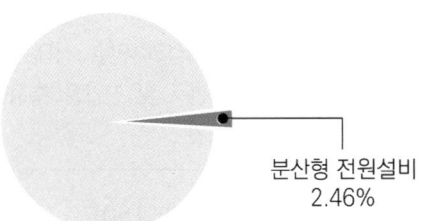

분산형 전원설비
2.46%

▲ 출제비율

대표유형 문제

주택의 전기저장장치의 축전지에 접속하는 부하 측 옥내배선을 사람이 접촉할 우려가 없도록 케이블 배선에 의하여 시설하고 전선에 적당한 방호장치를 시설한 경우 주택의 옥내전로의 대지전압은 직류 몇 [V]까지 적용할 수 있는가? (단, 전로에 지락이 생겼을 때 자동적으로 전로를 차단하는 장치를 시설한 경우이다.)   22년 2회 기출

① 150   ② 300
③ 400   ④ 600

| 정답 | ④

| 해설 | 주택의 전기저장장치의 축전지에 접속하는 부하 측 옥내배선을 다음에 따라 시설하는 경우에 주택의 옥내전로의 대지전압은 직류 600[V]까지 적용할 수 있다.

핵심이론 CHECK!

502 용어의 정의

① "풍력터빈"이란 바람의 운동에너지를 기계적 에너지로 변환하는 장치(가동부 베어링, 나셀, 블레이드 등의 부속물을 포함)를 말한다.

② "풍력터빈을 지지하는 구조물"이란 타워와 기초로 구성된 풍력터빈의 일부분을 말한다.

③ "풍력발전소"란 단일 또는 복수의 풍력터빈(풍력터빈을 지지하는 구조물을 포함)을 원동기로 하는 발전기와 그 밖의 기계 기구를 시설하여 전기를 발생시키는 곳을 말한다.

④ "자동정지"란 풍력터빈의 설비보호를 위한 보호장치의 작동으로 인하여 자동적으로 풍력터빈을 정지시키는 것을 말한다.

⑤ "MPPT"란 태양광발전이나 풍력발전 등이 현재 조건에서 가능한 최대의 전력을 생산할 수 있도록 인버터 제어를 이용하여 해당 발전원의 전압이나 회전속도를 조정하는 최대출력추종(MPPT, Maximum Power Point Tracking) 기능을 말한다.

다음은 분산형 전원 계통 연계설비의 시설에 대한 내용의 일부이다. ( )에 들어갈 내용은?

> 분산형 전원설비 사업자의 한 사업장의 설비 용량 합계가 ( )[kVA] 이상일 경우에는 송·배전계통과 연계지점의 연결 상태를 감시 또는 유효전력, 무효전력 및 전압을 측정할 수 있는 장치를 시설할 것

① 100
② 150
③ 200
④ 250

전기저장장치의 시설 기준으로 잘못된 것은?

① 전선은 공칭단면적 2.5[mm²] 이상의 연동선 또는 이와 동등 이상의 세기 및 굵기의 것일 것
② 단자를 체결 또는 잠글 때 너트나 나사는 풀림방지 기능이 있는 것을 사용하여야 한다.
③ 외부터미널과 접속하기 위해 필요한 접점의 압력이 사용기간 동안 유지되어야 한다.
④ 옥측 또는 옥외에 시설할 경우에는 애자 사용 공사로 시설한다.

태양전지 발전소에 시설하는 태양전지 모듈, 전선 및 개폐기의 시설에 대한 설명으로 틀린 것은?

① 전선은 공칭단면적 2.5[mm²] 이상의 연동선을 사용할 것
② 태양전지 모듈에 접속하는 부하 측 전로에는 개폐기를 시설할 것
③ 태양전지 모듈을 병렬로 접속하는 전로에 과전류 차단기를 시설 할 것
④ 옥측에 시설하는 경우 금속관 공사, 합성수지관 공사, 애자 사용 공사로 배선할 것

풍력터빈의 피뢰설비 시설기준에 대한 설명으로 옳지 않은 것은?

① 풍력터빈의 내부에 계측 센서용 케이블은 금속관 또는 차폐케이블 등을 사용하여 뇌유도 과전압으로부터 보호할 것
② 수뢰부를 풍력터빈 중앙 부분에 배치하되 뇌격전류에 의한 발열에 용손되지 않도록 재질, 크기, 두께 및 형상 등을 고려할 것
③ 풍력터빈에 설치한 피뢰설비(리셉터, 인하도선 등)의 기능 저하로 인해 다른 기능에 영향을 미치지 않을 것
④ 풍력터빈에 설치하는 인하도선은 쉽게 부식되지 않는 금속선으로서 뇌격전류를 안전하게 흘릴 수 있는 충분한 굵기여야 하며, 가능한 직선으로 시설할 것

출제경향 CHECK!

전기설비기술기준은 출제비율은 약 2.45%로 전기설비기술기준의 여러 가지 출제유형 중에서 가장 낮은 편에 속합니다.
이 유형의 문제는 대부분 기본적인 규정이나 용어만 알면 풀 수 있는 문제가 많고, 전선로의 전선 및 절연성능과 관련하여 누설전류를 구하는 문제는 조건에 따라 적용해야 하는 값이 다르므로 주의해야 합니다.

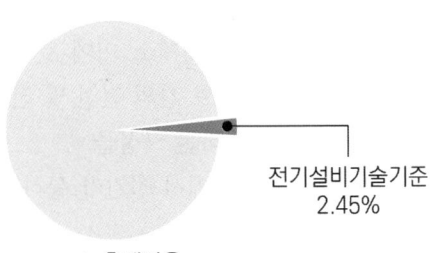

전기설비기술기준
2.45%

▲ 출제비율

대표유형 문제

가공전선로의 지지물로 볼 수 없는 것은?   21년 3회 기출

① 철주   ② 지선
③ 철탑   ④ 철근 콘크리트주

정답   ②

해설   "지지물"이란 목주·철주·철근 콘크리트주 및 철탑과 이와 유사한 시설물로서 전선·약전류전선 또는 광섬유케이블을 지지하는 것을 주된 목적으로 하는 것을 말한다.

핵심이론 CHECK!

1. 기술기준 제52조 (저압전로의 절연성능)

전기사용 장소의 사용전압이 저압인 전로의 전선 상호간 및 전로와 대지 사이의 절연저항은 개폐기 또는 과전류 차단기로 구분할 수 있는 전로마다 정한 값 이상이어야 한다. 다만, 전선 상호간의 절연저항은 기계기구를 쉽게 분리가 곤란한 분기회로의 경우 기기 접속 전에 측정할 수 있다. 또한, 측정 시 영향을 주거나 손상을 받을 수 있는 SPD 또는 기타 기기 등은 측정 전에 분리시켜야 하고, 부득이하게 분리가 어려운 경우에는 시험전압을 250[V] DC로 낮추어 측정할 수 있지만 절연저항 값은 1[MΩ] 이상이어야 한다.

2. 기술기준 제27조 (전선로의 전선 및 절연성능) 3항

저압 전선로 중 절연 부분의 전선과 대지 사이 및 전선의 심선 상호 간의 절연저항은 사용전압에 대한 누설전류가 최대공급전류의 $\frac{1}{2,000}$을 넘지 않도록 하여야 한다.

01 [기본]   13년 2회 기출

다음 전선로에 대한 설명으로 옳은 것은?

① 발전소·변전소·개폐소 이에 준하는 곳, 전기 사용장소 상호 간의 전선 및 이를 지지하거나 수용하는 시설물
② 발전소·변전소·개폐소 이에 준하는 곳, 전기 사용장소 상호 간의 전선 및 전차선을 지지하거나 수용하는 시설물
③ 통상의 사용 상태에서 전기가 통하고 있는 전선
④ 통상의 사용 상태에서 전기를 절연한 전선

02 [기본]   16년 3회 기출

발전소, 변전소, 개폐소의 시설부지 조성을 위해 산지를 전용할 경우에 전용하고자 하는 산지의 평균 경사도는 몇 도 이하이어야 하는가?

① 10   ② 15
③ 20   ④ 25

03 [응용]   15년 1회 기출

특고압 가공전선로에서 발생하는 극저주파 전계는 지표상 1[m]에서 전계가 몇 [kV/m] 이하가 되도록 시설하여야 하는가?

① 3.5   ② 2.5
③ 1.5   ④ 0.5

04 [응용]   CBT 복원

유도장해 방지에 대한 설명으로 옳지 않은 것은?

① 교류 특고압 가공전선로에서 발생하는 극저주파 전자계는 지표상 1[m]에서 전계가 3.5[kV/m] 이하, 자계가 83.3[μT] 이하가 되도록 시설하여야 한다.
② 직류 특고압 가공전선로에서 발생하는 직류전계는 지표면에서 25[kV/m] 이하가 되도록 하여야 한다.
③ 직류 특고압 가공전선로에서 발생하는 직류자계는 지표상 1[m]에서 1,000,000[μT] 이하가 되도록 시설하여야 한다.
④ 전력보안 통신설비는 가공전선로로부터의 정전유도작용 또는 전자유도작용에 의하여 사람에 위험을 줄 우려가 없도록 시설하여야 한다.

05 [응용]   14년 2회 기출

$22,900/220$[V], 30[kVA] 변압기로 단상 2선식으로 공급되는 옥내배선에서 절연 부분의 전선에서 대지로 누설하는 전류의 최대한도는?

① 약 75[mA]   ② 약 68[mA]
③ 약 35[mA]   ④ 약 136[mA]

06 [기본]   18년 2회 기출

전로의 사용전압이 400[V] 미만이고 대지전압이 220[V]인 옥내전로에서 분기회로의 절연저항 값은 몇 [MΩ] 이상이어야 하는가?

① 0.1   ② 0.5
③ 1.0   ④ 1.5

가장 확실한 합격 공식은
엔지니어랩

'최종 합격률'이 **'선택의 기준'**이 되어야 합니다.

리얼합격수기
1위
자사 및 타사 합격수기 작성 건수 비교 기준
(2024.06 한달간)

최종 합격률
92%
2023년 3회 전기기사 실기
엔지니어랩 학원 수강생 합격률 기준

공기업 공채
필기 합격률
57%
엔지니어랩 학원 공기업 필기반
2025년 하반기 필기 합격 기준

강의 만족도
95%

체감 적중률
98%

고객추천지수
73점

엔지니어랩 수강생 만족도 기준(2025.08)

학원 수업 만족도
100%

학원 질문 만족도
100%

학원 운영 만족도
91%

엔지니어랩 학원 실기반 수강생 만족도 기준(2023.09~2024.04)

기출 CBT & 해설특강
이용 가이드

1

엔지니어랩 사이트 접속 후 회원 가입

www.**engineerlab**.co.kr

QR코드 또는 PC에서
엔지니어랩 접속

2

'교재' ▶ '구매인증' 카테고리를 선택 후 구매 인증을 진행

① 구매 인증 게시글을 통해 관리자에게 승인 요청
② 관리자가 CBT 서비스를 이용할 수 있는 권한 부여

3

기출 CBT&해설특강 서비스 페이지를 통해 학습 진행

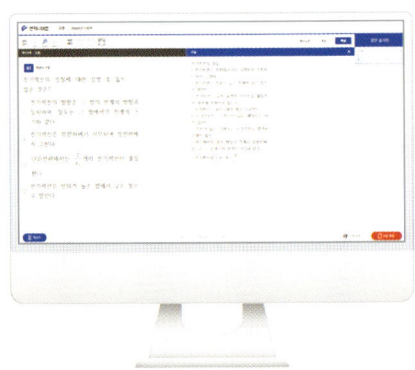

기출 CBT 모의고사

① PC에서 '나의 강의실 ▶ 나의 모의고사' 카테고리 선택
② 기출 CBT 모의고사 3회 학습
③ 전체 총점과 과목별 점수를 확인

전기기기 해설특강

① PC에서 '나의 강의실 ▶ 나의 인강' 카테고리 선택
② 전기기사 [이벤트 강의] 전기기사 필수기출 1200제 강의실 입장
③ 무료강의 15강 수강

INTRO

" 15개년 4,500문제를 50개 대표유형 1,200문제로 정리했습니다. "

약 5만명 이상의 수험생들이 전기기사 필기시험에 도전합니다.

필기시험의 합격률은 약 20%로 약 1만 명만 필기시험에 합격하고, 약 4만 명은 필기시험에서 탈락해서 실기시험의 응시기회조차 얻지 못하고 있습니다.

엔지니어랩 연구소에서는 수험생들이 문제의 핵심을 파악하고 효율적으로 학습하여 필기시험에 합격할 수 있도록 〈전기기사 필기 필수기출 1200제〉를 개발했습니다.

수험생의 입장에서 고민한 결과로 만들어진 교재의 특징은 다음과 같습니다.

❶ 단순한 기출문제 나열이 아닌 대표유형별로 문제 분류

비슷한 문항이 계속 반복되는 연도별 기출문제가 아니라 각 대표유형 문제 및 관련 필수 문제들만 엄선하여 수록했습니다.

❷ 최신 출제경향을 반영한 기출변형, CBT 복원문제 수록

전기기사 필기시험은 22년 3회차부터 CBT 형태로 시험이 치러지고 있어 문제 공개가 되지 않고 있습니다.

엔지니어랩 연구소에 소속된 석박사 출신, 대학교수, 기술사 소지자 등의 전문인력이 많은 시간을 투자하여 최신 출제경향을 파악하여 기출변형, CBT 복원문제를 개발하여 교재에 수록했습니다.

❸ 역대급 친절하고 자세한 해설 수록

교재의 해설은 "문제유형 → 난이도 → 접근 POINT → 용어 CHECK 또는 공식 CHECK → 해설 → 관련개념 또는 응용"의 단계적 수록으로 문제를 통해 관련개념을 이해하고 응용력을 기를 수 있도록 개발했습니다.

차례
CONTENTS

빠른정답

SUBJECT 02
전력공학

대표유형 ❶ 전선로

01	02	03	04	05	06	07	08	09	10
④	①	①	①	④	④	④	④	③	②
11	12	13	14	15	16	17	18	19	20
②	④	③	②	②	③	①	②	④	④

대표유형 ❷ 송전특성

01	02	03	04	05	06	07	08	09	10
③	④	②	②	③	①	①	③	③	②
11	12	13	14	15	16	17	18	19	20
③	③	①	④	③	④	④	②	①	③
21	22	23	24	25	26	27	28	29	30
②	②	②	④	④	④	③	②	③	②
31									
③									

대표유형 ❸ 중성점 접지와 계통보호
세부유형 ① 중성점 접지와 유도장해

01	02	03	04	05	06	07	08	09	10
①	①	④	②	③	③	④	④	①	①
11									
①									

세부유형 ② 소호리액터와 지락

01	02	03	04	05	06	07	08	09	10
③	③	④	④	①	④	④	③	②	③
11	12								
②	①								

세부유형 ③ 단락전류, 영상/정상/역상, 퍼센트법[%]법

01	02	03	04	05	06	07	08	09	10
③	②	④	②	②	④	③	①	③	④
11									
③									

세부유형 ④ 이상전압, 가공지선, 매설지선

01	02	03	04	05
②	②	③	②	④

세부유형 ⑤ 피뢰기, 절연협조, 진행파, 반사파

01	02	03	04	05	06	07	08
④	③	④	①	①	②	③	③

대표유형 ❹ 차단기 및 보호계전방식

01	02	03	04	05	06	07	08	09	10
②	②	③	④	③	②	④	③	④	①
11	12	13	14	15	16	17	18	19	20
③	③	③	②	④	③	②	②	①	④
21	22	23	24	25	26				
④	②	④	④	④	①				

대표유형 ❺ 배전선로 방식 및 운용
세부유형 ① 배전선로 공급방식

01	02	03	04	05	06	07	08	09	10
②	④	①	③	②	②	④	②	③	③
11	12	13	14	15	16	17	18	19	20
③	②	①	③	②	③	①	②	①	②

세부유형 ② 불평형률, 수용률, 부등률, 합성전력

01	02	03	04	05	06	07	08	09
③	①	②	③	③	④	②	②	②

세부유형 ③ 전압조정 설비, 변압기

01	02	03	04	05	06	07	08	09	10
①	③	④	②	④	④	①	①	②	①

대표유형 ❻ 발전

세부유형 ① 수력발전

01	02	03	04	05	06	07	08	09	10
①	③	④	④	③	①	④	②	②	①
11	12	13	14						
③	①	④	③						

세부유형 ② 화력발전, 원자력발전

01	02	03	04	05	06	07	08	09	10
③	①	①	③	③	④	②	④	①	①
11	12	13	14	15	16	17	18	19	20
③	④	②	③	①	①	②	④	①	③

SUBJECT 03

전기기기

대표유형 ❶ 직류기

01	02	03	04	05	06	07	08	09	10
③	④	②	①	①	③	③	③	②	②
11	12	13	14	15	16	17	18	19	20
③	②	③	④	①	③	④	③	②	④
21	22	23	24	25	26	27	28	29	30
①	③	④	③	④	④	④	②	①	④
31	32	33	34	35	36	37	38	39	40
①	①	③	④	④	②	②	④	①	③

대표유형 ❷ 동기기

01	02	03	04	05	06	07	08	09	10
①	②	①	②	③	②	③	③	①	④
11	12	13	14	15	16	17	18	19	20
③	②	②	④	①	③	④	③	④	①
21	22	23	24	25	26	27	28	29	30
③	④	④	②	③	③	③	④	④	②
31	32	33	34	35	36	37	38	39	
②	①	③	③	③	④	③	③	①	

대표유형 ❸ 변압기

01	02	03	04	05	06	07	08	09	10
②	④	①	④	③	④	③	②	①	①
11	12	13	14	15	16	17	18	19	20
③	④	③	①	②	③	④	②	②	①
21	22	23	24	25	26	27	28	29	30
③	②	②	②	②	①	①	③	②	④
31	32	33	34	35	36	37	38	39	40
①	③	③	④	④	③	②	③	③	③
41	42	43	44	45	46	47	48		
③	③	③	④	②	③	②	④		

대표유형 ❹ 유도기

01	02	03	04	05	06	07	08	09	10
②	②	①	③	①	③	③	①	②	③
11	12	13	14	15	16	17	18	19	20
④	①	④	③	④	①	③	③	①	①
21	22	23	24	25	26	27	28	29	30
①	①	④	④	④	④	③	③	①	②
31	32	33	34	35	36	37	38	39	40
④	③	③	④	②	④	④	③	③	①
41									
②									

대표유형 ❺ 전기기기 응용

01	02	03	04	05	06	07	08	09	10
②	③	④	③	④	②	④	①	③	①
11	12	13	14	15	16	17	18	19	20
③	③	③	④	③	②	②	②	①	②
21	22	23	24	25	26	27	28		
①	③	③	③	②	④	④	②		

SUBJECT 04

회로이론

대표유형 ❶ 직류회로

01	02	03	04	05	06	07	08	09
③	②	①	④	①	②	①	③	②

대표유형 ❷ 정현파 교류

01	02	03	04	05	06	07	08	09	10
③	④	③	④	①	②	③	①	③	①
11									
④									

대표유형 ❸ 기본 교류회로

01	02	03	04	05	06	07	08	09	10
④	③	③	②	③	②	③	④	①	②
11	12	13	14	15	16				
②	②	②	②	②	②				

대표유형 ❹ 교류전력과 상호유도 결합회로

01	02	03	04	05	06	07	08	09	10
②	③	②	①	①	③	①	①	①	④
11									
②									

대표유형 ❺ 회로망 해석

01	02	03	04	05	06	07	08	09	10
②	③	①	①	②	③	②	④	①	③
11	12								
②	③								

대표유형 ❻ 대칭 n상 교류

01	02	03	04	05	06	07	08	09	10
④	①	④	③	③	①	①	④	①	②
11	12	13	14	15	16	17	18	19	20
③	③	②	③	①	④	①	①	④	④
21	22	23	24	25					
③	④	①	④	①					

대표유형 ❼ 대칭 좌표법

01	02	03	04	05	06	07	08	09	10
①	②	④	④	②	②	①	④	④	③
11	12								
④	③								

대표유형 ❽ 비정현파 교류

01	02	03	04	05	06	07	08	09	10
④	②	④	②	③	②	②	④	③	①
11									
③									

대표유형 ❾ 2단자망

01	02	03	04	05	06	07	08	09
①	①	②	②	④	①	③	④	①

대표유형 ❿ 4단자망

01	02	03	04	05	06	07	08	09	10
④	④	③	②	①	②	①	④	④	①
11	12	13	14	15					
②	④	④	④	②					

대표유형 ⓫ 분포정수회로

01	02	03	04	05	06	07	08	09	10
①	④	②	③	②	②	①	③	④	②
11	12	13	14						
②	①	③	④						

대표유형 ⑫ 과도현상

01	02	03	04	05	06	07	08	09	10
①	④	①	④	①	③	①	③	①	③

11	12	13	14	15	16	17			
②	④	①	④	③	②	④			

대표유형 ⑬ 라플라스 변환

01	02	03	04	05	06	07	08	09	10
②	②	②	②	③	①	③	②	④	①

11	12	13	14	15	16	17	18	19	20
④	④	②	③	②	④	③	③	④	④

21	22	23							
③	③	④							

대표유형 ⑭ 전달함수

01	02	03	04	05	06	07	08	09	10
③	③	①	②	①	③	④	①	③	②

11	12	13	14	15	16	17	18	19	20
①	①	④	④	②	④	③	②	④	④

21	22	23	24	25	26				
④	①	②	①	③	④				

SUBJECT 05

제어공학

대표유형 ❶ 자동제어계의 요소 및 구성

01	02	03	04	05	06	07	08	09	10
②	②	④	②	④	④	②	②	③	①
11	12	13	14	15					
③	①	②	④	①					

대표유형 ❷ 블록선도와 신호흐름선도

01	02	03	04	05	06	07	08	09	10
①	②	④	③	②	②	④	②	①	④
11	12	13	14	15	16	17	18	19	20
③	②	④	①	④	②	②	①	④	②
21	22	23	24	25					
④	②	①	③	②					

대표유형 ❸ 과도응답

01	02	03	04	05	06	07	08	09	10
④	②	④	①	④	②	①	①	④	④
11	12	13	14	15	16	17			
①	③	②	④	②	①	②			

대표유형 ❹ 편차와 감도

01	02	03	04	05	06	07	08	09	10
①	②	①	①	①	①	③	②	②	④

대표유형 ❺ 주파수 응답

01	02	03	04	05	06	07	08	09	10
③	④	④	④	②	④	④	③	①	④
11	12	13	14						
②	③	③	②						

대표유형 ❻ 안정도 판별법

01	02	03	04	05	06	07	08	09	10
④	①	②	③	①	③	③	③	④	①
11	12	13	14	15	16	17	18	19	20
③	③	③	③	③	③	③	④	①	③
21									
①									

대표유형 ❼ 근궤적법

01	02	03	04	05	06	07	08	09	10
②	④	④	③	④	②	④	④	④	③
11	12	13							
②	③	①							

대표유형 ❽ 상태 공간법과 Z변환

01	02	03	04	05	06	07	08	09	10
③	①	①	④	②	③	①	③	②	④
11	12	13	14	15	16	17	18	19	20
③	④	①	④	④	②	④	③	③	②
21	22	23	24	25	26				
②	②	②	②	③	①				

대표유형 ❾ 시퀀스 제어

01	02	03	04	05	06	07	08	09	10
①	①	②	④	①	③	①	①	④	②
11	12	13	14	15	16	17	18	19	20
①	②	①	①	②	②	②	②	①	②
21									
②									

SUBJECT 06

전기설비기술기준

대표유형 ① 공통사항

01	02	03	04	05	06	07	08	09	10
③	③	④	②	③	①	③	①	④	④

11	12	13	14	15	16	17	18	19	
②	③	④	④	①	①	③	③	③	

대표유형 ② 저압 전기설비

01	02	03	04	05	06	07	08	09	10
①	②	②	③	④	②	④	②	①	①

11	12	13	14	15	16	17	18	19	20
①	③	①	③	③	③	①	③	③	②

21	22	23	24	25	26	27	28	29	30
②	①	③	②	①	②	①	②	②	③

31	32	33	34	35	36	37	38	39	40
②	②	③	④	①	①	③	③	①	③

41	42	43	44	45	46	47	48	49	50
④	③	③	①	④	①	①	①	③	④

51	52	53	54	55	56	57	58	59	60
①	③	②	①	③	④	④	③	②	④

61									
②									

대표유형 ③ 고압, 특고압 전기설비

01	02	03	04	05	06	07	08	09	10
②	④	②	②	①	①	③	①	④	②

11	12	13	14	15	16	17	18	19	20
①	④	③	②	②	③	②	①	②	②

21	22	23	24	25	26	27	28	29	30
①	①	①	②	①	②	③	③	②	④

31	32	33	34	35	36	37	38	39	40
④	③	②	③	①	④	①	①	④	③

41	42	43	44	45	46	47	48	49	50
②	④	③	③	③	①	②	②	②	②

51	52	53	54	55	56	57	58	59	60
②	②	②	①	①	④	①	③	④	③

61	62	63	64	65	66	67	68	69	70
③	③	③	④	②	②	③	③	②	④

71	72	73	74	75	76	77	78	79	80
③	②	②	②	②	④	④	④	①	③

81	82	83	84	85	86	87	88	89	90
②	④	④	②	③	②	③	③	②	②

91	92	93	94	95	96	97	98	99	100
④	②	①	②	④	①	③	④	①	②

101	102	103	104	105					
③	①	③	①	②					

대표유형 ④ 전기철도설비

01	02	03	04	05	06				
④	④	①	③	④	④				

대표유형 ⑤ 분산형 전원설비

01	02	03	04						
④	④	④	②						

대표유형 ⑥ 전기설비기술기준

01	02	03	04	05	06				
①	④	①	③	④	③				

전기자기학

01 단순 계산형   난이도 下

┃ 정답   ②

┃ 접근 POINT

미분방정식을 풀어야 하는 문제지만, 실제로 개념적으로 접근하면 방정식에 주어진 점을 대입하여 만족하는 보기를 찾는 단순 계산형 문제이다.

┃ 해설

전기력선의 방정식 $\dfrac{dx}{E_x} = \dfrac{dy}{E_y} = \dfrac{dz}{E_z}$ 에서

$\dfrac{1}{2/x} dx = \dfrac{1}{2/y} dy$ 양변을 적분한다.

$\dfrac{1}{4} x^2 + c_1 = \dfrac{1}{4} y^2 + c_2$

(여기서, c_1, c_2 : 적분 상수)

$y^2 - x^2 = 4(c_1 - c_2) = k$

(여기서, k : 임의의 상수)

그리고, 점 $(2,\ 4)$를 통과하는 전기력선의

방정식은 $4^2 - 2^2 = 12 = k$로

방정식은 $y^2 - x^2 = 12$이다.

┃ 간략 풀이

점의 좌표 $(2,4)$를 대입하여 만족하는 식을 찾는다.

02 단순 계산형   난이도 中

┃ 정답   ②

┃ 접근 POINT

전위함수로부터 전위 경도(기울기)를 구하는 문제로 전위 경도의 수식과 편미분을 할 수 있는지를 물어보는 문제이다.

┃ 용어 CHECK

스칼라함수의 경도 : 스칼라함수가 변화하는 가장 최적화 경로를 찾는 것으로 주어진 점에서 스칼라함수가 증가하는 방향과 크기를 나타내는 벡터를 찾을 수 있다.

┃ 공식 CHECK

$$\text{grad } V = \nabla V = \left(\dfrac{\partial}{\partial x}, \dfrac{\partial}{\partial y}, \dfrac{\partial}{\partial z} \right) V$$
$$= \left(\dfrac{\partial V}{\partial x}, \dfrac{\partial V}{\partial y}, \dfrac{\partial V}{\partial z} \right)$$

┃ 해설

x성분 : $\dfrac{\partial V}{\partial x} = \dfrac{\partial}{\partial x} \left(\dfrac{1}{x^2 + y^2} \right) = \dfrac{-2x}{(x^2 + y^2)^2}$

y성분 : $\dfrac{\partial V}{\partial y} = \dfrac{\partial}{\partial y}\left(\dfrac{1}{x^2+y^2}\right) = \dfrac{-2y}{(x^2+y^2)^2}$

$\therefore \ \mathrm{grad}\,V = -\dfrac{2x}{(x^2+y^2)^2}i - \dfrac{2y}{(x^2+y^2)^2}j$

$\qquad\qquad = -\dfrac{i2x+j2y}{(x^2+y^2)^2}$

▌ 관련개념

스칼라함수의 경도 :

$\mathrm{grad}\,V = \nabla\,V = \left(\dfrac{\partial V}{\partial x}, \dfrac{\partial V}{\partial y}, \dfrac{\partial V}{\partial z}\right)$

벡터함수의 발산 :

$div\,D = \nabla\,\bullet\,D = \dfrac{\partial D_x}{\partial x} + \dfrac{\partial D_y}{\partial y} + \dfrac{\partial D_z}{\partial z}$

03 복합 계산형　　　　난이도 中

▌ 정답 ④

▌ 접근 POINT

주어진 벡터의 벡터곱 연산 후 점의 좌표를 대입
하여 z방향의 방향계수를 구하는 문제로 행렬
식을 전개하거나 여인수 분해하여 계산하는 복
합 계산형 문제이다.

▌ 용어 CHECK

방향계수 : 기본 벡터에서 정해진 방향으로의
크기

▌ 공식 CHECK

원통좌표계 벡터곱

$$\nabla \times A = \dfrac{1}{r}\begin{vmatrix} a_r & ra_\phi & a_z \\ \dfrac{\partial}{\partial r} & \dfrac{\partial}{\partial \phi} & \dfrac{\partial}{\partial z} \\ A_r & rA_\phi & A_z \end{vmatrix}$$

▌ 해설

$$\nabla \times A = \dfrac{1}{r}\begin{vmatrix} a_r & ra_\phi & a_z \\ \dfrac{\partial}{\partial r} & \dfrac{\partial}{\partial \phi} & \dfrac{\partial}{\partial z} \\ 5e^{-r}\cos\phi & 0 & -5\cos\phi \end{vmatrix}$$

$$= \dfrac{1}{r}\left(a_r\begin{vmatrix}\dfrac{\partial}{\partial \phi} & \dfrac{\partial}{\partial z}\\ 0 & -5\cos\phi\end{vmatrix}\right.$$

$$-\,ra_\phi\begin{vmatrix}\dfrac{\partial}{\partial r} & \dfrac{\partial}{\partial z}\\ 5e^{-r}\cos\phi & -5\cos\phi\end{vmatrix}$$

$$\left.+\,a_z\begin{vmatrix}\dfrac{\partial}{\partial r} & \dfrac{\partial}{\partial \phi}\\ 5e^{-r}\cos\phi & 0\end{vmatrix}\right)$$

$$= \dfrac{1}{r}(5\sin\phi a_r + 5e^{-r}\sin\phi a_z)$$

여기서, a_z의 계수 $5e^{-r}\sin\phi$에 점 $\left(2,\ \dfrac{3\pi}{2},\ 0\right)$
를 대입하면 z 방향의 방향계수는

$\dfrac{1}{2}5e^{-2}\sin\dfrac{3}{2}\pi = -0.338 \fallingdotseq -0.34$

04 단순 암기형+개념 이해형　　　난이도 中

▌ 정답 ②

▌ 접근 POINT

구좌표계에서의 라플라시안을 구하는 문제로
각 좌표계별로 라플라시안과 함께 암기하여 계

산하는 단순 계산형 문제이다. 하지만 구면좌표계의 라플라시안 식을 모두 암기하기는 어려우니 기출문제에서 출제된 앞부분만을 암기하고 편미분을 수행하는 연습을 해야 한다.

▌용어 CHECK

라플라시안 : 스칼라함수의 구배(기울기)벡터의 발산

$$\nabla \cdot (\nabla f) = \nabla^2 f$$

▌공식 CHECK

좌표계별 라플라시안

직각좌표계 $\nabla^2 f = \dfrac{\partial^2 f}{\partial x^2} + \dfrac{\partial^2 f}{\partial y^2} + \dfrac{\partial^2 f}{\partial z^2}$

원통좌표계

$$\nabla^2 f = \frac{1}{\rho}\frac{\partial}{\partial \rho}\left(\rho\frac{\partial f}{\partial \rho}\right) + \frac{1}{\rho^2}\frac{\partial^2 f}{\partial \phi^2} + \frac{\partial^2 f}{\partial z^2}$$

구면좌표계

$$\nabla^2 f = \frac{1}{r^2}\frac{\partial}{\partial r}\left(r^2\frac{\partial f}{\partial r}\right) + \frac{1}{r^2\sin\theta}\frac{\partial}{\partial \theta}\left(\sin\theta\frac{\partial f}{\partial \theta}\right)$$
$$+ \frac{1}{r^2\sin^2\theta}\frac{\partial^2 f}{\partial \phi^2}$$

▌해설

구좌표계의 변수 (여기서, $f(r,\ \theta,\ \phi) = r$)

$$\nabla^2 f = \nabla^2 r = \frac{1}{r^2}\frac{\partial}{\partial r}\left(r^2\frac{\partial r}{\partial r}\right)$$
$$+ \frac{1}{r^2\sin\theta}\frac{\partial}{\partial \theta}\left(\sin\theta\frac{\partial r}{\partial \theta}\right)$$
$$+ \frac{1}{r^2\sin^2\theta}\frac{\partial^2 r}{\partial \phi^2}$$
$$= \frac{1}{r^2}\frac{\partial}{\partial r}r^2 = \frac{1}{r^2}2r = \frac{2}{r}$$

대표유형 ❷
진공의 정전계 10쪽

01 개념 이해형+단순 암기형 난이도 中

▌정답 ④

▌접근 POINT

정전계 해석과 관련된 구배, 라플라스 방정식, 포아송 방정식에 대한 기본 개념에 대해 알고 있는지를 물어보는 문제로 물리적 개념을 이해하고 있으면 해결할 수 있는 문제이다.

▌용어 CHECK

포아송 방정식: 전하밀도가 공간적으로 분포하고 있을 때, 그 내부의 점에서 전위를 결정하는 관계식을 말한다.

$$\nabla \cdot (-\nabla V) = \frac{\rho}{\epsilon}\ \text{에서}\ \nabla^2 V = -\frac{\rho}{\epsilon}$$
$$(\because \rho \neq 0)$$

라플라스 방정식: 전하분포 영역 이외의 한 점의 전위 V를 생각할 때는 그 점에 전하가 없으므로($\rho = 0$) 전위의 관계식을 말한다.

$$\nabla \cdot (\nabla V) = \nabla^2 V = 0\ (\because \rho = 0)$$

▌공식 CHECK

전위 기울기(구배)=전계
$$E = -\operatorname{grad} V = -\nabla V$$
가우스의 발산정리 미분형

$$\operatorname{div} E = \nabla \cdot E = \frac{\rho}{\epsilon}$$

$$\mathrm{div}\,\mathrm{D} = \nabla \cdot \mathrm{D} = \nabla \cdot \varepsilon \mathrm{E} = \varepsilon(\nabla \cdot \mathrm{E})$$

$$= \varepsilon \times \frac{\rho}{\varepsilon} = \rho$$

가우스의 발산정리 적분형

$$\oint_s D \cdot ds = \int_v div D\,dv = \int_v \rho\,dv = Q$$

▌해설

라플라스(Laplace) 방정식은 체적 전하밀도 $\rho = 0$인 모든 점에서 $\nabla^2 V = 0$이며 선형 방정식이다.

라플라스 방정식의 해를 조화 함수(Harmonic fuction)라고 하는데, 이 조화 함수는 방정식의 해가 되는 영역에서는 항상 해석적이다. 만일 두 함수가 각각 라플라스 방정식의 해라면, 두 함수의 선형 결합도 해이다. 이 성질을 중첩의 원리라고 하며, 복잡한 문제의 해를 간단한 해들로 나타낼 수 있기 때문에 매우 유용하다.

02 단순 암기형   난이도 下

▌정답 ②

▌접근 POINT

전하량 Q로부터 발산하는 전기력선의 총 수를 물어보는 문제로 전하가 존재하는 곳의 유전율과 반비례 관계이며, 유전율은 진공의 유전율과 비유전율의 곱으로 되어 있다. 이 두 가지를 암기하고 있는지 확인하는 문제이다.

▌용어 CHECK

전기력선(electric line of force) : 전기장 내에서 단위양전하가 이동해 가면서 그리는 직선

이나 곡선으로, 곡선 위의 모든 점에서의 접선 방향이 그 점에서의 전기장 방향이다. 전기력선의 밀도는 전기장의 세기와 비례하고, 전기력선의 방향은 양전하에서 음전하로 향한다.

▌공식 CHECK

전기력선 수 $N = \dfrac{Q}{\varepsilon} = \dfrac{Q}{\varepsilon_0 \varepsilon_r}$,

유전율 $\varepsilon = \varepsilon_0 \varepsilon_r\,[\mathrm{F/m}]$

(여기서, 진공의 유전율

$\varepsilon_0 = 8.854 \times 10^{-12}\,[\mathrm{F/m}]$, 비율전율 ε_r이며,

공기의 비유전율은 $\varepsilon_r = 1$이다.)

▌해설

진공 상태에서 단위 정전하(+ 1[C])는 $\dfrac{1}{\epsilon_0}$개의 전기력선을 발산한다. 유전율이 ϵ인 유전체 내에 있는 점전하 $Q[\mathrm{C}]$에서는 $\dfrac{Q}{\epsilon}\left(= \dfrac{Q}{\epsilon_0 \epsilon_s}\right)$개의 전기력선을 발산한다.

03 단순 암기형   난이도 下

▌정답 ④

▌접근 POINT

패러데이관에 대한 기본적인 개념과 현상에 대해 알고 있으면 쉽게 해결할 수 있는 문제이다.

▌용어 CHECK

패러데이관(Faraday tube): 단위 전하에서 나오는 전속선의 관으로 관의 양 끝에 +1[C]과 −

1[C]의 전하가 있다.

▌공식 CHECK

패러데이관 수=전속선 수

▌해설

패러데이관(Faraday tube)은 단위 정·부하 전하를 연결한 전기력 관으로 진전하가 없는 곳에서 연속이며, 보유 에너지는 $\frac{1}{2}$[J]이고, 전속 수와 같다.

▌관련개념

패러데이관의 특징

(1) 패러데이관 내의 전속선 수는 일정하다.

(2) 진전하가 없는 점에서 패러데이관은 연속적이다.

(3) 패러데이관 양단에 정(+)·부(-)의 단위전하가 있다.

(4) 패러데이관의 밀도는 전속밀도와 같다.

(5) 패러데이관 한 개의 단위 전위차 1[V] 당 에너지는 1/2[J]이다.

04 복합 계산형   난이도 中

▌정답   ②

▌접근 POINT

단위 정전하에 작용하는 힘의 크기가 전계의 세기임을 알고 있으며, 벡터에 대한 개념을 알고 있는지 확인하는 개념 이해형 및 단순 계산형 문제이다.

▌공식 CHECK

위치벡터 :

$$\overrightarrow{AB} = \overrightarrow{OB} - \overrightarrow{OA} = (b_x - a_x, b_y - a_y, b_z - a_z)$$

단위벡터 : $\overrightarrow{u_a} = \dfrac{\overrightarrow{a}}{|a|} = \dfrac{(a_x, a_y, a_z)}{\sqrt{a_x^2 + a_y^2 + a_z^2}}$

전계의 크기 : $|\overrightarrow{E}| = \dfrac{1}{4\pi\varepsilon_0}\dfrac{Q}{r^2} = 9 \times 10^9 \dfrac{Q}{r^2}$

▌해설

위치 벡터 $\overrightarrow{r} = (4 - 2, 3 - 4) = (2i - j)$

위치 벡터의 크기 $|\overrightarrow{r}| = \sqrt{2^2 + (-1)^2} = \sqrt{5}$

단위 벡터

$$\overrightarrow{r_0} = \frac{\overrightarrow{r}}{|\overrightarrow{r}|} = \frac{(2i - j)}{\sqrt{5}} = \left(\frac{2}{\sqrt{5}}i - \frac{1}{\sqrt{5}}j\right)$$

힘 $F = \dfrac{1}{4\pi\epsilon_0}\dfrac{Q_1 Q_2}{r^2}\overrightarrow{r_0} = 9 \times 10^9 \times \dfrac{Q_1 Q_2}{r^2}\overrightarrow{r_0}$

$$= 9 \times 10^9 \times \frac{-2 \times 10^{-9} \times 1}{(\sqrt{5})^2} \times \left(\frac{2}{\sqrt{5}}i - \frac{1}{\sqrt{5}}j\right)$$

$$= -\frac{36}{5\sqrt{5}}i + \frac{18}{5\sqrt{5}}j \text{ [N]}이다.$$

05 복합 계산형   난이도 上

▌정답   ④

▌접근 POINT

점전하 사이에 작용하는 힘에 관련된 문제로서 여기서는 3개 이상의 점전하 조건으로 중첩의 정리를 통해 벡터의 합을 계산하여 그 크기를 구하는 문제이다.

▮ 공식 CHECK

두 벡터가 $\vec{A} = (a_1, a_2)$, $\vec{B} = (b_1, b_2)$ 일 때,

벡터의 합 $\vec{A} + \vec{B} = (a_1 + b_1, a_2 + b_2)$

벡터의 크기 $|\vec{A}| = \sqrt{a_1^2 + a_2^2}$

$$F_{BA} = F_{CA} = \frac{1}{4\pi\epsilon_0} \frac{Q_1 Q_2}{r^2} = 9 \times 10^9 \times \frac{Q_1 Q_2}{r^2}$$

▮ 해설

$$|\overrightarrow{F_{BA}}| = |\overrightarrow{F_{CA}}| = \frac{1}{4\pi\epsilon_0} \cdot \frac{Q_1 Q_2}{r^2}$$

$$= 9 \times 10^9 \cdot \frac{(2.0 \times 10^{-6})^2}{(0.1)^2} = 3.6 \, [\text{N}]$$

$$|\vec{F}| = |\overrightarrow{F_{BA}} + \overrightarrow{F_{CA}}| = 2 \times |\overrightarrow{F_{BA}}| \cdot \cos 30°$$

$$= 2 \times 3.6 \times \frac{\sqrt{3}}{2} = 3.6\sqrt{3} \, [\text{N}]$$

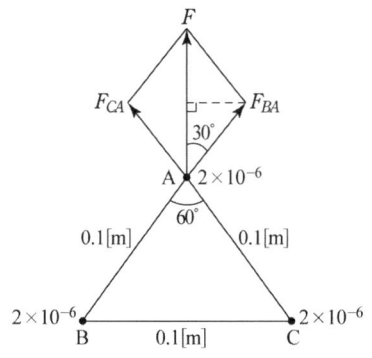

06 개념 이해형   난이도 下

▮ 정답 ①

▮ 접근 POINT

원점에서 전계의 크기가 최대가 되기 위한 3개의 점전하의 배치를 물어보는 개념 이해형 문제

이다.

▮ 공식 CHECK

전계의 세기 $E = \dfrac{Q}{4\pi\epsilon_0 r}$

▮ 해설

원점에서의 전계의 세기 $E = \dfrac{Q}{4\pi\epsilon_0 r}$ 에서 전계의 세기는 전하(Q)에 비례하고 거리(r)에 반비례하므로 최대 전계의 크기가 되려면 전하의 크기가 클수록 원점에 가까워야 하므로 $P_1 > P_2 > P_3$의 크기를 만족해야 한다.

따라서, 전하의 크기 순서대로 P_1에 Q_1, P_2에 Q_2, P_3에 Q_3를 놓아야 한다.

07 단순 계산형   난이도 下

▮ 정답 ③

▮ 접근 POINT

4개의 점전하에 의한 전위(전기적 위치에너지)를 구하는 문제로 단순 계산형 문제이다.

▮ 공식 CHECK

전위 $V = \dfrac{1}{4\pi\epsilon_0} \dfrac{Q}{r} = 9 \times 10^9 \times \dfrac{Q}{r} \, [\text{V}]$

▮ 해설

4개의 점전하에 의한 전위(전기적 위치에너지)를 구하는 문제로 전위는 각 전하와의 거리에 반비례하고 전하량에 비례하며, 여러 개인 경우 각각에 의한 전위의 합으로 총 전위값을 구할 수

있다.

정사각형의 중심으로 모든 전하와의 거리가 같고, 전하량도 같으므로 한 개를 구하여 4배를 하면 된다. 한 개 전하에 의한 전위는 다음과 같다.

$$V_1 = 9 \times 10^9 \times \frac{Q}{r} = 9 \times 10^9 \times \frac{10^{-9}}{1} = 9[\text{V}]$$

사각형 중심의 합성 전위 V_T는 전하가 4개 존재하므로

$$V_T = 4V_1 = 4 \times 9 = 36[\text{V}]이다.$$

08 개념 이해형+단순 계산형 난이도 中

정답 ③

접근 POINT

질량 $m[\text{kg}]$인 물체에 가속도에 의해 작용하는 힘과 전기장의 세기 E에 전하량 Q인 물체에 작용하는 힘의 관계를 물어보는 문제로 같은 힘으로 수식을 변형하여 관계를 구하는 개념 이해형 및 단순 계산형 문제이다.

공식 CHECK

정전기력 $F = QE[\text{N}]$
질량 m, 가속도 a인 물체에 작용하는 힘 $F = ma$ $[\text{N}]$

해설

전기장에 의해 전하량 Q에 작용하는 힘과 가속에 의한 질량 m인 물체에 작용하는 힘이 동일하다.

$$F = QE = ma[\text{N}]$$

전기장의 세기는 다음과 같다.

$$E = \frac{ma}{Q} = \frac{10^{-10}}{10^{-8}} \times (10^2 i + 10^2 j)$$
$$= i + j [\text{V/m}]$$

09 단순 계산형 난이도 下

정답 ②

접근 POINT

2개의 무한장 직선 선전하에 의한 어느 한 지점에서의 전계의 세기를 구하는 단순 계산형 문제이다.

무한장 선전하에 의한 전기장의 세기를 구하는 공식을 암기하고, 벡터적으로 계산하는 방법을 알아야 한다.

공식 CHECK

선전하 밀도 $\lambda[\text{C/m}]$인 무한장 직선에 의한 전계의 세기

$$E = \frac{\lambda}{2\pi\varepsilon_0 r}[\text{V/m}]$$

해설

전계의 세기는 선전하 밀도와 같으므로 가까운 거리에 존재하는 선전하에 의한 전기장의 세기에서 먼 거리에 존재하는 선전하에 의한 전기장의 세기를 빼면 된다.

$$E_P = E_A - E_B = \frac{\lambda}{2\pi\varepsilon_0 r_A} - \frac{\lambda}{2\pi\varepsilon_0 r_B}$$
$$= \frac{\lambda}{2\pi\varepsilon_0 \left(\frac{1}{3}d\right)} - \frac{-\lambda}{2\pi\varepsilon_0 \left(\frac{2}{3}d\right)}$$
$$= \frac{3\lambda}{2\pi\varepsilon_0 d} + \frac{3\lambda}{4\pi\varepsilon_0 d} = \frac{9\lambda}{4\pi\varepsilon_0 d}[\text{V/m}]$$

10 개념 이해형

난이도 中

정답 ④

접근 POINT

구대칭 전하의 내부와 외부에서의 전계의 세기의 크기 특성을 알아야 하는 개념 이해형 문제이다.

구대칭 전하와 구도체와 용어를 구분할 수 있어야 한다. 여기서는 구대칭 전하이다.

공식 CHECK

전하가 균일하게 분포된 구도체(반지름 a)에 의한 전계의 세기

(1) 내부($r < a$)에서의 전계의 세기

전하량은 부피에 비례하므로

$$Q : Q' = \frac{4}{3}\pi a^3 : \frac{4}{3}\pi r^3$$

중심으로부터 거리 r에서의 전하량은

$$Q' = \frac{r^3}{a^3}Q \text{이므로}$$

$$E = \frac{Q'}{4\pi\epsilon_0 r^2} = \frac{r^3/a^3 Q}{4\pi\epsilon_0 r^2} = \frac{r \cdot Q}{4\pi\epsilon_0 a^3}[\text{V/m}],$$

$E \propto r$ (비례)

(2) 구의 표면($r = a$)에서의 전계의 세기

$$E = \frac{Q}{4\pi\epsilon_0 a^2}[\text{V/m}], \text{ 전계의 세기 최댓값}$$

(3) 구의 외부($r > a$)에서의 전계의 세기

$$E = \frac{Q}{4\pi\epsilon_0 r^2}[\text{V/m}], E \propto \frac{1}{r^2}$$

(거리의 제곱에 반비례)

해설

구대칭 전하로 구의 내부에서 전하의 밀도가 균일하다는 것을 알 수 있으며, 구의 중심으로부터 구표면까지 중심으로부터 거리가 늘어남에 따라 전하량이 증가하게 되며 전계의 세기는 전하량에 비례하므로 직선적으로 증가한다.

또한, 구표면으로부터 외부로 멀어지면서 전하량은 일정하고 거리가 멀어지므로 전계의 세기는 거리의 제곱에 반비례하여 감소한다.

관련개념

전계의 세기와 거리와의 관계

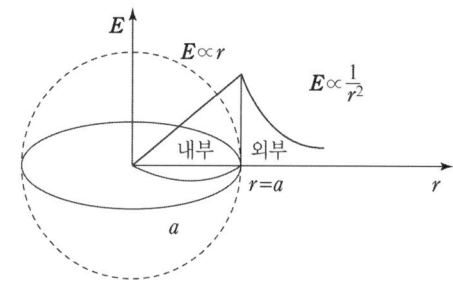

11 복합 계산형

난이도 上

정답 ③

접근 POINT

원형 선도체의 중심으로부터 일정 거리 떨어진 점에서의 전계를 구하는 수식을 찾는 복합 계산형 또는 단순 암기형 문제이다. 조건이 주어지고 계산하는 문제도 함께 학습해야 한다.

점 전하 Q로부터 거리 r만큼 떨어진 점의 전위

$$V = \frac{Q}{4\pi\epsilon_0 r} = Er\,[\text{V}]$$

전계와 전위의 관계 $E = -\,grad\,V = -\,\nabla\,V$

스칼라 함수의 구배(경도,기울기)

$$\nabla f = \left(\frac{\partial f}{\partial x}, \frac{\partial f}{\partial y}, \frac{\partial f}{\partial z}\right) = \frac{\partial f}{\partial x}a_x + \frac{\partial f}{\partial y}a_y + \frac{\partial f}{\partial z}a_z$$

I 해설

$z = b$인 점의 미소 전위

$$dV = \frac{\rho_L dl}{4\pi\epsilon_0\sqrt{a^2 + b^2}}\,[\text{V}]$$

전위 $V = \displaystyle\int_0^{2\pi a} \frac{\rho_L dl}{4\pi\epsilon_0\sqrt{a^2 + b^2}}$

$$= \frac{\rho_L \times 2\pi a}{4\pi\epsilon_0\sqrt{a^2 + b^2}} = \frac{\rho_L \cdot a}{2\epsilon_0\sqrt{a^2 + b^2}}\,[\text{V}]$$

전계 $E = -\,\text{grad}\,V = -\,\nabla\,V = -\frac{\partial V}{\partial z}a_z$

$$= -\frac{\partial}{\partial b}\left(\frac{\rho_L \cdot a}{2\epsilon_0\sqrt{a^2 + b^2}}\right) \cdot a_z$$

$$= -\frac{\rho_L a}{2\epsilon_0} \times \left(-\frac{1}{2}\right)(a^2 + b^2)^{-\frac{3}{2}} \times 2b a_z$$

$$= \frac{\rho_L ab}{2\epsilon_0(a^2 + b^2)^{\frac{3}{2}}}a_z$$

---

12 단순 암기형

I 정답 ①

I 접근 POINT

동축 원통 도체의 내부에서의 전위차로부터 전계의 세기를 구하는 문제이다.

I 용어 CHECK

동축 원통 도체: 중심이 같은 원통형 도체로 통신용 동축케이블을 해석하는 모델이다.

I 공식 CHECK

동축 원통 도체에서의 전위차와 정전용량

$$V = -\int_b^a E\,dr = \frac{\lambda}{2\pi\epsilon}\ln\frac{b}{a},$$

$$C = \frac{\lambda}{V} = \frac{2\pi\epsilon}{\ln\frac{b}{a}}\,[\text{F/m}]$$

무한장 원통형 도체에 대한 전계의 세기

$$E = \frac{\lambda}{2\pi\epsilon r}$$

I 해설

전위차 공식을 변형하면 선전하 밀도는

$$\lambda = \frac{2\pi\epsilon V}{\ln\frac{b}{a}}$$이며,

무한장 원통형 도체에 대한 전계의 세기는

$$E = \frac{\lambda}{2\pi\epsilon r}$$

$$= \frac{1}{2\pi\epsilon r} \cdot \frac{2\pi\epsilon V}{\ln\frac{b}{a}} = \frac{V}{r \cdot \ln\frac{b}{a}}\,[\text{V/m}]$$

13 단순 암기형   난이도 下

▌정답 ①

▌접근 POINT

콘덴서에 대한 모델이 되는 무한히 넓은 평면판 2개로 이루어진 평행판의 내부와 외부의 전계의 세기를 물어보는 문제로 처음에 수식의 유도 관계를 확인한 후, 공식을 암기해야 하는 단순 암기형 문제이다.

▌공식 CHECK

무한 평면판에서의 전계의 세기 $E = \dfrac{\sigma}{2\epsilon_0}$

2장의 평행판 외부 전계의 세기 $E = 0$
평행판 사이의 전계의 세기

$$E = \frac{\sigma}{2\epsilon_0} - \frac{-\sigma}{2\epsilon_0} = \frac{\sigma}{\epsilon_0}[\text{V/m}]$$

▌해설

문제에서는 무한히 넓은 평면판 2장이 이루는 평행판의 내부에 대한 전계의 세기를 물어보는 문제로 공식체크에서 확인한 내용을 암기하고 있는지 확인하는 문제이다. 만약에 외부였다면 전기장의 세기는 0이 된다.

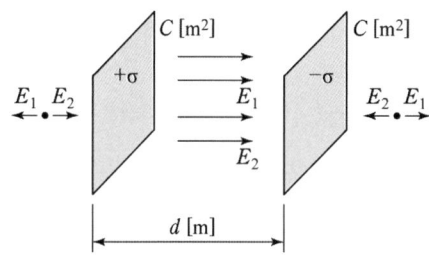

14 단순 계산형   난이도 下

▌정답 ②

▌접근 POINT

2개의 무한장 직선 선전하에 의해 생기는 전위차를 구하는 문제로 기본적인 공식을 암기하고 주어진 조건을 대입하여 구하는 단순 계산형 문제이다.

▌용어 CHECK

선전하 밀도는 $\lambda = \rho_L[\text{C/m}]$로 표현되며 단위를 확인해야 한다.

▌공식 CHECK

전위차

$$V = -\int_b^a E dl = \frac{\lambda}{2\pi\epsilon_0}\ln\frac{b}{a} = \frac{\rho_L}{2\pi\epsilon_0}\ln\frac{b}{a}[\text{V}]$$

▌해설

주어진 조건에서의 전위차는 전하로부터 가까운 거리에 있는 a점의 전위에서 먼 거리의 b점의 전위를 빼면 되며, 공식에서 가까운 거리값이 ln함수의 분모가 된다.

$$V_{ab} = V_a - V_b = \frac{2\pi \times 10^{-3}}{2\pi\epsilon_0}\ln\frac{4}{2}$$

$$= \frac{10^{-3}}{\epsilon_0}\ln 2 [\text{V}]$$

15 개념 이해형 난이도 下

┃정답 ②

┃접근 POINT

전위에 대한 용어의 이해와 전계의 방향에 대한 이해가 있으면 쉽게 해결할 수 있는 개념 이해형 문제이다.

┃용어 CHECK

전계의 방향: 전위가 감소하는 방향(전하와 멀어짐)

전계의 반대방향: 전위가 증가하는 방향(전하와 가까워짐)

┃해설

전계의 세기와 거리와의 관계가 $V = E \cdot l [\mathrm{V}]$ 이며, 전위가 단위 정전하 1[C]을 전계 0인 무한 원점에서 전계에 대항하여 점 P까지 운반하는데 필요한 일이다. 여기서는 전위 V_A를 가지는 점에서 전계와 반대방향으로 이동시켰으므로 전하와 가까워지며 전위는 상승하는 방향이므로 P점의 전위는 $V_P = V_A + El$이 된다.

16 단순 계산형 난이도 中

┃정답 ④

┃접근 POINT

전기장 내에서 어느 한 점의 전위가 주어진 상태에서 전하를 움직였을 때 이동 후의 전위값을 구하는 단순 계산형 문제이다.

┃공식 CHECK

전위차 $V_{AB} = V_A - V_B = -\int_b^a E dl$,

$V = Ed\,[\mathrm{V}]$

여기서, 적분식의 − 부호는 전계의 방향과 반대 방향으로 전위가 상승함을 나타낸다. 즉, 전위의 증가방향과 전계의 방향이 반대임을 나타낸다.

┃해설

전위차의 공식을 이용하여 처음 위치와의 전위차를 구하면 된다. 여기서는 전계의 방향으로 이동하였기 때문에 전위가 감소한다. 전위의 변화량을 계산한다.

$V_{AB} = V_A - V_B = E \cdot l = 30 \times 1 = 30\,[\mathrm{V}]$

B점의 전위

$V_B = V_A - V_{AB} = 80 - 30 = 50\,[\mathrm{V}]$

17 단순 계산형+개념 이해형 난이도 中

┃정답 ③

┃접근 POINT

전기 영상법을 적용하는 문제로 도체평면 맞은 편에 크기는 같고 부호가 다른 −Q 영상전하가 존재한다고 간주하고 계산한다.

┃공식 CHECK

두 점전하 Q_1, $Q_2\,[C]$ 사이의 거리가 r일 때 정전기력

$F = \dfrac{Q_1 \times Q_2}{4\pi\varepsilon_0 r^2}\,[N]$

거리 d에서 무한 원점까지 옮기는데 필요한 에

너지(일)

$$W = \int_{d}^{\infty} \vec{F} \cdot d\vec{r} [J]$$

∥ 해설

전기 영상법을 적용하는 문제로 도체평면 맞은
편에 크기는 같고 부호가 다른 −Q 영상전하가
존재한다고 간주하고 계산한다.

점전하 Q[C]과 무한 평면 도체 간에 작용하는 힘

$$F = \frac{(-Q) \times Q}{4\pi\varepsilon_0 (2d)^2} = \frac{-Q^2}{16\pi\varepsilon_0 d^2} [N] (흡인력)$$

일(에너지)

$$W = \frac{Q^2}{16\pi\varepsilon_0} \int_{d}^{\infty} \frac{1}{r^2} dr = \frac{Q^2}{16\pi\varepsilon_0} \left[-\frac{1}{r} \right]_{d}^{\infty}$$

$$= \frac{Q^2}{16\pi\varepsilon_0 d} [J]$$

18	**복합 계산형**	난이도 中

∥ 정답 ④

∥ 접근 POINT

전위 분포함수로부터 전계의 세기 벡터를 구하
고, 어느 한 점에서의 전계의 벡터값을 구하는
문제로 전위 경도로 전계의 세기를 구하기 위해
편미분을 수행하고 값을 대입하는 복합 계산형
문제이다.

∥ 용어 CHECK

전위의 경도: 전위의 기울기가 변하는 최적 경
로를 찾는 것으로 전위의 경도로 전계의 방향과
크기를 구한다.

∥ 공식 CHECK

전위의 경도

$$E = -\operatorname{grad} V = -\nabla V = -\left(\frac{\partial V}{\partial x}, \frac{\partial V}{\partial y}, \frac{\partial V}{\partial z} \right)$$

∥ 해설

$$E = -\left(\frac{\partial}{\partial x}(x^2), \frac{\partial}{\partial y}(x^2), \frac{\partial}{\partial z}(x^2) \right)$$

$$= (-2x, 0, 0) [V/m]$$

$x = 0.2[m]$에서의 전계의 세기를 구하면 다음
과 같다.

$$[E]_{x=0.2} = (-0.4, 0, 0) = -0.4i [V/m]$$

이 벡터의 방향은 −x방향이며, 크기는
0.4[V/m]이다.

19	**복합 계산형**	난이도 中

∥ 정답 ④

∥ 접근 POINT

전위함수가 중심이 원점인 원이므로 등전위 반
지름은 원점에서 주어진 점까지의 거리이며, 전
기력선 방정식은 주어진 점의 좌표를 대입했을
때 등식이 만족하는 식을 찾으면 되는 단순 계산
형 문제이다.

∥ 용어 CHECK

전위함수: 점의 좌표에 따라서 전위값이 달라지
는 함수

전기력선의 방정식: $E = (E_x, E_y), \dfrac{dx}{E_x} = \dfrac{dy}{E_y}$

의 1계미분방정식을 푸는 과정을 통하여 구하
여진다.

┃해설

주어진 전위함수는 원점에서 전위가 0이며, 이곳을 중심으로 동심원을 이루며 전계의 크기가 같다.

따라서, 점 $(6, 8)$에서 등전위선의 반지름은

$r = \sqrt{x^2 + y^2} = \sqrt{6^2 + 8^2} = 10\,[\mathrm{m}]$가 되며,

전기력선의 방정식을 구하기 위해 먼저 전계의 세기는

$$E = -\nabla V = \left(\frac{\partial}{\partial x}(x^2 + y^2), \frac{\partial}{\partial y}(x^2 + y^2) \right)$$
$$= (-2x, -2y)$$

이고, 전기력선의 방정식은 $\dfrac{dx}{E_x} = \dfrac{dy}{E_y}$에서

$\dfrac{1}{-2x}dx = \dfrac{1}{-2y}dy$의 양변을 적분하면

$\ln x = \ln y + C$에서 $\ln x - \ln y = \ln \dfrac{x}{y} = C$에서

$\dfrac{x}{y} = C'$에 $(6, 8)$를 대입하면 $C' = \dfrac{3}{4}$이며,

$\dfrac{x}{y} = \dfrac{3}{4}$이다.

보기에서는 $x = \dfrac{3}{4}y$가 된다.

[간략 풀이법]

원점에서 점의 좌표 $(6, 8)$까지의 거리가 등전위선의 반지름이며, 점의 좌표를 대입하여 등식이 성립하는 것을 선택하면 된다.

20 단순 계산형   난이도 中

┃정답   ④

┃접근 POINT

가우스의 정리에 의해 구표면을 통과하는 전기

력선의 수는 구내부의 전하량과 비례하므로, 구내부에 속하는 전하량의 크기를 구한 후 유전율로 나누어 전기력선의 총수를 구하는 단순 계산형 문제이다.

┃공식 CHECK

전기력선수 $N = \dfrac{Q}{\epsilon_0}$ 개이다.

총 전하량 $Q = \rho_l \cdot l$

┃해설

구내부를 통과하는 직선 선전하의 길이 l은 피타고라스의 정리에 의한 식은

$5 = \sqrt{2^2 + \left(\dfrac{l}{2} \right)^2}$ 이며, $l = 9.16\,[\mathrm{m}]$가 된다.

전하량은 $Q = \rho_l \times l\,[\mathrm{C}]$이므로 진공중에서 구표면을 통과하는 전기력선의 총수는 다음과 같다.

$$N = \frac{Q}{\epsilon_0} = \frac{\rho_l \cdot l}{\epsilon_0} = \frac{6 \times 10^{-8} \times 9.16}{8.855 \times 10^{-12}}$$

$\fallingdotseq 62,066 \fallingdotseq 6.2 \times 10^4\,[\mathrm{lines, V/m}]$이다.

┃관련개념

전기력선의 총수 $N = Q/\epsilon$

전속의 총수 $\Psi = Q\,[\mathrm{C}]$

21 단순 계산형   난이도 下

┃정답   ③

┃접근 POINT

전계의 세기로부터 면전하 밀도를 벡터로 구하고 그 크기를 계산하는 단순 계산형 문제이다.

▌공식 CHECK

전속밀도 $D = \rho_s = \epsilon_0 E [\text{C/m}^2]$

전계의 세기는 $E = \dfrac{\rho_s}{\epsilon_0} [\text{V/m}]$

▌해설

면전하 밀도는

$\rho_a = \rho_s = \epsilon_0 E = a_x - 2a_y + 2a_z$에서

면 전하 밀도의 크기는 주어진 벡터의 크기이므로 다음과 같다.

$|\rho_a| = \sqrt{1^2 + 2^2 + 2^2} = 3 [\text{C/m}^2]$

22 단순 계산형   난이도 中

▌정답 ③

▌접근 POINT

전속밀도의 발산으로 체적전하밀도를 구하는 단순 계산형 문제이다. 여기서는 지수함수와 삼각함수의 편미분과 벡터의 내적을 수행할 수 있어야 한다.

▌공식 CHECK

$\text{div } D = \nabla \cdot D = \rho_v [\text{C/m}^3]$

▌해설

$\rho_v = \nabla \cdot D = \left(\dfrac{\partial}{\partial x}, \dfrac{\partial}{\partial y}, \dfrac{\partial}{\partial z} \right) \cdot$

$\qquad (e^{-2y}\sin 2x, e^{-2y}\cos 2x, 0)$

$e^{-2y} \cdot (2\cos 2x) + (-2e^{-2y}) \cdot \cos 2x = 0 [\text{C/m}^3]$

23 단순 암기형   난이도 中

▌정답 ②

▌접근 POINT

정전계에서의 가우스의 정리, 포아송의 방정식, 라플라스 방정식, 발산정리의 미분형과 적분형을 혼합하여 물어보는 문제이다.

▌공식 CHECK

정전계와 정자계의 적분형과 미분형

구분	적분형	미분형
가우스 발산정리	$\oint_S D \cdot dS = Q$ $\oint_S E \cdot dS = \dfrac{Q}{\epsilon_0}$	$\text{div} D = \nabla \cdot D = \rho$ $\text{div } E = \nabla \cdot E = \dfrac{\rho}{\epsilon_0}$
보존장 스토크스	$\oint_C E \cdot dl = 0$ $E = -grad\, V$	$\text{rot} E = \nabla \times E = 0$
암페어 스토크스	$\oint_C H \cdot dl = I$	$\text{rot } H = \nabla \times H = i$
자속 발산정리	$\oint_S B \cdot dS = 0$	$\text{div } B = \nabla \cdot B = 0$
옴의법칙 발산정리	$\oint_S i \cdot dS = I$	$\text{div } i = \nabla \cdot i = 0$

▌해설

전위 기울기 $E = -\text{grad}\, V = -\nabla V$

가우스의 발산정리 미분형

$\text{div E} = \nabla \cdot \text{E} = \dfrac{\rho}{\epsilon}$

$\text{div D} = \nabla \cdot \text{D} = \nabla \cdot \varepsilon \text{E} = \varepsilon (\nabla \cdot \text{E})$

$\qquad = \varepsilon \times \dfrac{\rho}{\epsilon} = \rho$

가우스의 발산정리 적분형

$$\oint_s D \cdot ds = \int_v div D dv = \int_v \rho dv = Q$$

포아송의 방정식 $\nabla \cdot (-\nabla V) = \dfrac{\rho}{\epsilon}$ 에서

$$\nabla^2 V = -\dfrac{\rho}{\epsilon}$$

라플라스 방정식 $\nabla \cdot (-\nabla V) = 0$ 에서

$$\nabla^2 V = 0$$

포아송의 방정식의 부호가 −가 아니라 오류가 있다.

24 단순 암기형 난이도 下

┃ 정답 ②

┃ 접근 POINT

전기 쌍극자에 의해 발생하는 전계와 전위와 거리의 관계 및 자기 쌍극자에 의해 발생하는 자계와 자위와 거리의 관계에 대해 알고 있는지를 확인하는 문제이다.

┃ 용어 CHECK

전기 쌍극자는 전하 Q와 $-Q$가 아주 짧은 거리 d만큼 떨어져 한 쌍을 이루고 있는 구조로 쌍극자 모멘트 $M = Q \cdot d$로 일반화하여 사용한다.

┃ 공식 CHECK

전기 쌍극자의 전계

$$E = \dfrac{M}{4\pi\varepsilon_0 r^3}\sqrt{1 + 3\cos^2\theta}\,[\mathrm{V/m}]$$

전기 쌍극자의 전위 $V = \dfrac{M}{4\pi\varepsilon_0 r^2}\cos\theta\,[\mathrm{V}]$

자기 쌍극자의 자계

$$H = \dfrac{M}{4\pi\mu_0 r^3}\sqrt{1 + 3\cos^2\theta}\,[\mathrm{AT/m}]$$

자기 쌍극자의 자위 $U = \dfrac{M}{4\pi\mu_0 r^2}\cos\theta\,[\mathrm{A}]$

┃ 해설

전기 쌍극자의 전계의 세기는 거리의 세제곱에 반비례하고, 전위는 거리의 제곱에 반비례한다. 마찬가지로 자기 쌍극자의 자계의 크기는 거리의 세제곱에 반비례하고 자위는 거리의 제곱에 반비례한다.

┃ 관련개념

전기 쌍극자에 의한 전계의 세기의 r방향과 θ방향 성분

$$E_r = \dfrac{2M}{4\pi\varepsilon_0 r^3}\cos\theta\,[\mathrm{V/m}]$$

$$E_\theta = \dfrac{M}{4\pi\varepsilon_0 r^3}\sin\theta\,[\mathrm{V/m}]$$

$$E = \sqrt{E_r^2 + E_\theta^2}$$

25 단순 계산형 난이도 下

┃ 정답 ③

┃ 접근 POINT

전기 쌍극자의 전위에 대한 식을 암기하여 주어진 값을 대입하여 계산하는 단순 계산형 문제이다.

공식 CHECK

전기 쌍극자의 전위

$$V = \frac{M\cos\theta}{4\pi\epsilon_0 r^2} = 9 \times 10^9 \frac{Q \cdot l \cos\theta}{r^2} [\text{V}]$$

해설

전기 쌍극자라는 조건이 주어졌으며, 일반적으로 전기 쌍극자를 표시하는 M으로 주어지지 않고 Ql로 주어졌으나 단위 [C·m]를 보고 전기 쌍극자의 값으로 대입하면 된다.

$$V = \frac{1}{4\pi\epsilon_0} \frac{200\pi\epsilon_0 \times 10^3}{1^2} \times \cos\frac{\pi}{3}$$
$$= 50 \times 10^3 \times \frac{1}{2}$$
$$= 25 \times 10^3 [\text{V}]$$

26 단순 계산형   난이도 中

정답 ②

접근 POINT

전기 쌍극자의 중심으로부터 거리 r만큼 떨어진 곳의 전계와 전위를 구하는 문제로 수식을 암기하여 주어진 조건을 적용하는 단순 암기형 및 단순 계산형 문제이다.

공식 CHECK

전기 쌍극자와 전계의 세기

$$E = \frac{M}{4\pi\epsilon_0 r^3}\sqrt{1 + 3\cos^2\theta}$$

전기 쌍극자의 전위 $V = \frac{M}{4\pi\epsilon_0 r^2}\cos\theta\,[\text{V}]$

해설

전기 쌍극자와 전계의 세기의 수식에 전기쌍극자 모멘트 값 $M = q \cdot a[\text{C} \cdot \text{m}]$과 중심으로부터의 각도를 대입한다.

$\theta = 90\,°$ 이므로 $\cos 90\,° = 0$이므로

전계의 세기는 $E = \frac{M}{4\pi\epsilon_0 r^3} = \frac{q \cdot a}{4\pi\epsilon_0 r^3}[\text{V/m}]$

전위는 $V = \frac{M}{4\pi\epsilon_0 r^2}\cos\theta = 0\,[\text{V}]$이 된다.

27 개념 이해형 + 단순 계산형   난이도 中

정답 ①

접근 POINT

전기 쌍극자의 중심으로부터 거리 r만큼 떨어진 곳의 전계의 세기를 구하는 문제로 전위의 방향에 따른 변화율로 전계를 벡터적으로 구하는 개념 이해형 및 단순 계산형 문제이다.

공식 CHECK

전기 쌍극자의 전위 $V = \frac{M}{4\pi\epsilon_0 r^2}\cos\theta\,[\text{V}]$

극좌표계에서의 변화율

r방향 : $\dfrac{dV}{dr}$, θ방향 : $\dfrac{dV}{r \cdot d\theta}$

해설

전기 쌍극자의 전계의 세기는
$E = E_r a_r + E_\theta a_\theta [\text{V/m}]$를
전기 쌍극자의 전위의 방향에 따른 변화율로 구한다.

$V = \dfrac{M}{4\pi\epsilon_0 r^2} cos\theta$ (단, $M = Q\delta$: 전기 쌍극자

모멘트)

$$E_r = -\dfrac{dV}{dr} = -\dfrac{M\cos\theta}{4\pi\epsilon_0}\dfrac{d}{dr}\left(\dfrac{1}{r^2}\right)$$
$$= -\dfrac{M\cos\theta}{4\pi\epsilon_0}\left(\dfrac{-2}{r^3}\right)$$
$$= \dfrac{Q\delta\cos\theta}{2\pi\epsilon_0 r^3}$$

$$E_\theta = -\dfrac{1}{r}\dfrac{dV}{d\theta} = -\dfrac{1}{r}\dfrac{M}{4\pi\epsilon_0 r^2}\dfrac{d}{d\theta}(\cos\theta)$$
$$= -\dfrac{1}{r}\dfrac{M}{4\pi\epsilon_0 r^2}(-\sin\theta) = \dfrac{Q\delta\sin\theta}{4\pi\epsilon_0 r^3}$$

$$E = a_r \dfrac{Q\delta}{2\pi\epsilon_0 r^3}\cos\theta + a_\theta \dfrac{Q\delta}{4\pi\epsilon_0 r^3}\sin\theta\,[\mathrm{V/m}]$$

가 된다.

| 관련개념

여기서, 점 P의 합성 전계의 크기를 구하면

$$E = \sqrt{E_r^2 + E_\theta^2} = \dfrac{M}{4\pi\epsilon_0 r^3}\sqrt{1 + 3\cos^2\theta}\,[\mathrm{V/m}]$$

로 우리가 알고 있는 전기 쌍극자의 전계의 식이
된다.

대표유형 ❸

도체와 정전용량　18쪽

01 단순 암기형　난이도 下

| 정답　①

| 접근 POINT
도체 표면에서의 전하밀도에 대한 성질을 알고
있는지 물어보는 단순 암기형 문제이다.

| 용어 CHECK
곡률: 휘어지는 비율로 곡률이 커지면 많이 휘
어지므로 곡률 반지름은 작아지게 된다. 곧, 곡
률이 클수록 뾰족해진다.

| 해설
도체의 표면에서 전하는 뾰족한 부분에 모이는
성질이 있어서 뾰족한 부분일수록 곡률 반지름이
작으므로 전하밀도는 곡률이 커질수록 커진다.

02 개념 이해형 + 단순 계산형　난이도 下

| 정답　③

| 접근 POINT
두 평행 도체판 사이에 작용하는 힘과 전자에 작
용하는 중력이 같음을 이용하여 전위를 계산하
는 개념 이해형 및 단순 계산형 문제이다.

❙ 공식 CHECK

힘 $F = ma = mg[\text{N}]$ (중력)

전자력 $F = QE = eE = e\dfrac{V}{d}[\text{N}]$

$(\because V = Ed)$

❙ 해설

힘과 전자력에 대한 관계식을 정리하면

$mg = e\dfrac{V}{d}$ 관계가 성립하고 이를 변형하면

전위차는 $V = \dfrac{mgd}{e}[\text{V}]$가 된다.

03 단순 계산형   난이도 下

❙ 정답   ①

❙ 접근 POINT

콘덴서의 정전용량 수식을 암기한 후 문제에서
주어진 조건을 대입하여 정전용량을 계산하는
단순 계산형 문제이다.

❙ 공식 CHECK

정전용량은 $C = \epsilon\dfrac{S}{d} = \epsilon_0\epsilon_s\dfrac{S}{d}[\text{F}]$

진공의 유전율

$\epsilon_0 = \dfrac{1}{36\pi} \times 10^{-9} = 8.854 \times 10^{-12}[\text{F/m}]$

❙ 해설

정전용량을 구하는 수식에 문제에서 주어진 조
건에서 면적은 $S = \pi r^2 = (0.3)^2\pi = 0.09\pi$이
고, 전극의 간격은 $d = 0.1 \times 10^{-2}[\text{m}]$이며,

비유전율 $\epsilon_s = 4$를 대입하면

$$C = \dfrac{\dfrac{1}{36\pi} \times 10^{-9} \times 4 \times 0.3^2\pi}{0.1 \times 10^{-2}} \times 10^6$$

$= 0.01[\mu\text{F}]$이다.

04 단순 계산형   난이도 下

❙ 정답   ③

❙ 접근 POINT

공기 중에 있는 도체 구의 정전용량을 구하는 공
식을 암기하고 문제에서 주어진 조건을 대입하
여 구하는 단순 계산형 문제이다.

❙ 공식 CHECK

구분	정전용량[F]	구분	정전용량[F]
도체구	$C = 4\pi\epsilon a$	반도체구	$C = 2\pi\epsilon a$
동심구 (외접지)	$C_{ab} = \dfrac{4\pi\epsilon}{\dfrac{1}{a} - \dfrac{1}{b}}$	동심구 (내접지)	$C_{ab} = \dfrac{4\pi\epsilon}{\dfrac{1}{a} - \dfrac{1}{b}} + 4\pi\epsilon c$
동축 케이블	$C_{ab} = \dfrac{2\pi\epsilon}{\ln\dfrac{b}{a}}$	평행도선	$C_{ab} = \dfrac{\pi\epsilon}{\ln\dfrac{d-a}{a}} = \dfrac{\pi\epsilon}{\ln\dfrac{d}{a}}$
평행 도체구	$C_{ab} = \dfrac{4\pi\epsilon}{\dfrac{1}{a} + \dfrac{1}{b}}$	가공전선 – 대지	$C_a = \dfrac{2\pi\epsilon_0}{\ln\dfrac{2h}{a}}[\text{F/m}]$

진공의 유전율

$\epsilon_0 = \dfrac{1}{36\pi} \times 10^{-9} = 8.854 \times 10^{-12}[\text{F/m}]$

▮ 해설
독립 구도체의 정전용량

$$C = 4\pi\epsilon_0 a = 4\pi \times 8.854 \times 10^{-12} \times \frac{6}{2} \times 10^{-2}$$
$$= 3.337 \times 10^{-12} \fallingdotseq 3.34 \times 10^{-12} [\text{F}]$$
$$= 3.34 [\text{pF}]$$

---

05 | 단순 암기형+개념 이해형　난이도 下

▮ 정답　②

▮ 접근 POINT

동심 구도체에서 외구를 접지하고 내구에만 전하가 존재할 때 내구의 전위를 계산하는 단순 계산형 문제이다.

값이 주어지고 계산하는 문제도 함께 학습해야 한다. 또는 단순 암기형 및 개념 이해형으로 공식을 암기하고, 주어진 접지의 위치에 따른 도체의 전위를 찾으면 된다.

▮ 공식 CHECK
도체구 사이의 전위차

$$V = -\int_{b}^{a} E dl = \frac{Q}{4\pi\epsilon_0}\left(\frac{1}{a} - \frac{1}{b}\right)[\text{V}]$$

▮ 해설

외구를 접지하면 B도체의 전위는 0[V]이므로 a, b 두 점 상의 전위차가 내구(A)의 전위이다.

$$\text{전위}\ V_A = -\int_{b}^{a} E dl = \frac{Q}{4\pi\epsilon_0}\left(\frac{1}{a} - \frac{1}{b}\right)[\text{V}]$$

---

06 | 단순 암기형　난이도 中

▮ 정답　②

▮ 접근 POINT

진공 중의 동심 도체 구 사이의 정전용량을 구하는 식을 암기하고 약간의 변형을 통해서 답을 찾는 단순 암기형 문제이다.

번갈아 가며 자주 출제되는 문제로 동심 도체 구의 전위차도 함께 암기해야 한다.

▮ 공식 CHECK

구분	정전용량[F]	구분	정전용량[F]
도체구	$C = 4\pi\varepsilon a$	반도체구	$C = 2\pi\varepsilon a$
동심구 (외접지)	$C_{ab} = \dfrac{4\pi\varepsilon}{\dfrac{1}{a} - \dfrac{1}{b}}$	동심구 (내접지)	$C_{ab} = \dfrac{4\pi\varepsilon}{\dfrac{1}{a} - \dfrac{1}{b}} + 4\pi\varepsilon c$
동축 케이블	$C_{ab} = \dfrac{2\pi\varepsilon}{\ln\dfrac{b}{a}}$	평행도선	$C_{ab} = \dfrac{\pi\varepsilon}{\ln\dfrac{d-a}{a}} = \dfrac{\pi\varepsilon}{\ln\dfrac{d}{a}}$
평행 도체구	$C_{ab} = \dfrac{4\pi\varepsilon}{\dfrac{1}{a} + \dfrac{1}{b}}$	가공전선 - 대지	$C_a = \dfrac{2\pi\varepsilon_0}{\ln\dfrac{2h}{a}}[\text{F/m}]$

▮ 해설

$$\text{전위차}\ V = \frac{Q}{4\pi\epsilon_0}\left(\frac{1}{a} - \frac{1}{b}\right)[\text{V}]$$

$$\text{정전용량}\ C = \frac{Q}{V} = \frac{4\pi\epsilon_0}{\dfrac{1}{a} - \dfrac{1}{b}} = 4\pi\epsilon_0 \frac{ab}{b-a}[\text{F}]$$

07 단순 암기형   난이도 下

▌정답 ③

▌접근 POINT

동축 원통 사이의 정전용량을 구하는 식을 찾는 단순 암기형 문제이다. 조건이 주어지고 계산하는 문제도 함께 학습해야 한다.

▌공식 CHECK

구분	정전용량[F]	구분	정전용량[F]
도체구	$C = 4\pi\varepsilon a$	반도체구	$C = 2\pi\varepsilon a$
동심구 (외접지)	$C_{ab} = \dfrac{4\pi\varepsilon}{\dfrac{1}{a} - \dfrac{1}{b}}$	동심구 (내접지)	$C_{ab} = \dfrac{4\pi\varepsilon}{\dfrac{1}{a} - \dfrac{1}{b}} + 4\pi\varepsilon c$
동축 원통	$C_{ab} = \dfrac{2\pi\varepsilon}{\ln\dfrac{b}{a}}$	평행도선	$C_{ab} = \dfrac{\pi\varepsilon}{\ln\dfrac{d-a}{a}} = \dfrac{\pi\varepsilon}{\ln\dfrac{d}{a}}$
평행 도체구	$C_{ab} = \dfrac{4\pi\varepsilon}{\dfrac{1}{a} + \dfrac{1}{b}}$	가공전선 – 대지	$C_a = \dfrac{2\pi\varepsilon_0}{\ln\dfrac{2h}{a}}$ [F/m]

▌해설

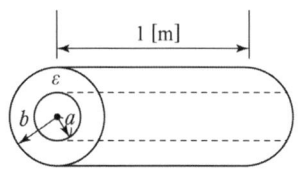

$$V_{AB} = -\int_b^a E dr = \int_a^b E dr = \int_a^b \frac{\lambda}{2\pi\epsilon r} dr$$

$$= \frac{\lambda}{2\pi\epsilon}[\ln r]_a^b = \frac{\lambda}{2\pi\epsilon}\ln\frac{b}{a} \text{ [V]}$$

$Q = CV$에서 $C = \dfrac{Q}{V_{AB}}$

($Q = \lambda \cdot L$에서 $L = 1\text{[m]}$이므로 $Q = \lambda$)

$$C = \frac{\lambda}{\dfrac{\lambda}{2\pi\epsilon}\ln\dfrac{b}{a}} = \frac{2\pi\epsilon}{\ln\dfrac{b}{a}} \text{ [F/m]}$$

08 단순 계산형   난이도 中

▌정답 ③

▌접근 POINT

동축 원통의 정전용량을 계산식을 암기하여 조건을 대입하는 단순 계산형 문제이다.

▌공식 CHECK

구분	정전용량[F]	구분	정전용량[F]
도체구	$C = 4\pi\varepsilon a$	반도체구	$C = 2\pi\varepsilon a$
동심구 (외접지)	$C_{ab} = \dfrac{4\pi\varepsilon}{\dfrac{1}{a} - \dfrac{1}{b}}$	동심구 (내접지)	$C_{ab} = \dfrac{4\pi\varepsilon}{\dfrac{1}{a} - \dfrac{1}{b}} + 4\pi\varepsilon c$
동축 원통	$C_{ab} = \dfrac{2\pi\varepsilon}{\ln\dfrac{b}{a}}$	평행도선	$C_{ab} = \dfrac{\pi\varepsilon}{\ln\dfrac{d-a}{a}} = \dfrac{\pi\varepsilon}{\ln\dfrac{d}{a}}$
평행 도체구	$C_{ab} = \dfrac{4\pi\varepsilon}{\dfrac{1}{a} + \dfrac{1}{b}}$	가공전선 – 대지	$C_a = \dfrac{2\pi\varepsilon_0}{\ln\dfrac{2h}{a}}$ [F/m]

▌해설

동축 원통 도체(calle)의 내부의 유전체가 공기일 때의 정전용량 $C_1 = \dfrac{2\pi\varepsilon_0}{\ln\dfrac{b}{a}}$ [F/m] 이며,

공기 대신 투입한 유전체의 비유전율이 $\epsilon_s = 3$이고, 내부 반지름과 외부 반지름을 각각 3배로 늘렸을 때의 정전용량은 다음과 같다.

$$C_2 = \frac{2\pi\epsilon}{\ln\dfrac{b'}{a'}} = \frac{2\pi\epsilon_0\epsilon_s}{\ln\dfrac{3b}{3a}} = 3\frac{2\pi\epsilon_0}{\ln\dfrac{b}{a}} = 3C_1 \text{ [F/m]}$$

09 단순 계산형　　　난이도 中

▐ 정답　④

▐ 접근 POINT

평행 도선에 대한 정전용량 수식을 암기하여 주어진 조건을 대입하는 단순 계산형 문제이다. 여기서 주의할 사항은 단위를 변형하여 원하는 단위로 표현하는 것이다.

▐ 공식 CHECK

구분	정전용량[F]	구분	정전용량[F]
도체구	$C = 4\pi\varepsilon a$	반도체구	$C = 2\pi\varepsilon a$
동심구 (외접지)	$C_{ab} = \dfrac{4\pi\varepsilon}{\dfrac{1}{a} - \dfrac{1}{b}}$	동심구 (내접지)	$C_{ab} = \dfrac{4\pi\varepsilon}{\dfrac{1}{a} - \dfrac{1}{b}} + 4\pi\varepsilon c$
동축 원통	$C_{ab} = \dfrac{2\pi\varepsilon}{\ln\dfrac{b}{a}}$	평행도선	$C_{ab} = \dfrac{\pi\varepsilon}{\ln\dfrac{d-a}{a}} = \dfrac{\pi\varepsilon}{\ln\dfrac{d}{a}}$
평행 도체구	$C_{ab} = \dfrac{4\pi\varepsilon}{\dfrac{1}{a} + \dfrac{1}{b}}$	가공전선 – 대지	$C_a = \dfrac{2\pi\varepsilon_0}{\ln\dfrac{2h}{a}}$ [F/m]

▐ 해설

$$C = \frac{\pi\epsilon_0}{\ln\dfrac{d}{a}} = \frac{\pi \times 8.854 \times 10^{-12}}{\ln\dfrac{1}{10 \times 10^{-3}}}$$
$$= 6.040 \times 10^{-12} \fallingdotseq 6 \,[\text{pF/m}]$$
$$= 6 \times 10^{-3} \,[\mu\text{F/km}]$$

10 단순 암기형　　　난이도 中

▐ 정답　①

▐ 접근 POINT

무한장 평행도체 사이의 간격을 주어지고 이 두 도체간의 전위차를 물어보는 문제로써 직접 풀기보다는 단순 암기형으로 해결하는 문제이다. 실제 전하와 거리 값이 주어지고 보기가 주어지는 문제도 함께 출제되니 함께 학습하도록 하자.

▐ 공식 CHECK

원통형 무한 직선 전하로부터의 거리 x에서 전계의 세기

$E = \dfrac{\lambda}{2\pi\epsilon_0 x}$ (여기서, $\lambda[\text{C/m}]$: 단위 길이당 선전하)

거리 d인 2개의 원통형 무한 직선 전하로부터의 위치 x에서의 전위차

$$V_{AB} = -\int_B^A E \cdot dx = \frac{\lambda}{\pi\epsilon_0}\ln\frac{d-a}{a}\,[\text{V}]$$

▐ 해설

거리 d만큼 떨어진 두 개의 원통형 무한 직선 전하로부터의 위치 x에서의 전위차를 구하는 과정은 아래와 같이 각 선전하로부터의 전계의 세기를 합한다.

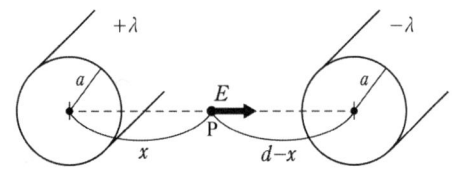

$$E_A = \frac{\lambda}{2\pi\epsilon_0 x}, \ E_B = \frac{\lambda}{2\pi\epsilon_0(d-x)}$$

$$E = E_A + E_B = \frac{\lambda}{2\pi\epsilon_0}\left(\frac{1}{x} + \frac{1}{d-x}\right)$$ 이므로

전위차 $V_{AB} = -\int_{d-a}^a E \cdot dx$

$$= -\frac{\lambda}{2\pi\epsilon_0}\int_{d-a}^a \left(\frac{1}{x} + \frac{1}{d-x}\right)dx$$

$$= \frac{\lambda}{2\pi\epsilon_0} \int_a^{d-a} \left(\frac{1}{x} + \frac{1}{d-x}\right) dx$$

$$= \frac{\lambda}{2\pi\epsilon_0} [(\ln x - \ln(d-x)]_a^{d-a}$$

$$= \frac{\lambda}{\pi\epsilon_0} \ln \frac{d-a}{a} [\text{V}]$$

11 개념 이해형   난이도 下

▎정답   ②

▎접근 POINT

두 개의 콘덴서의 직렬 접속할 때의 합성 정전용량과 전압과의 관계를 이해하고 있는지 확인하는 개념 이해형 문제이다.

▎공식 CHECK

전압과 정전용량과 전하량의 관계 $Q = CV[\text{C}]$

▎해설

콘덴서 직렬 접속($Q =$ 일정)
합성 정전용량:

$$\frac{1}{C_0} = \frac{1}{C_1} + \frac{1}{C_2}, \; C_0 = \frac{C_1 C_2}{C_1 + C_2}$$

전체 전압은 $V = \dfrac{Q}{C_0}$ 에서

$$Q = C_0 V = \frac{C_1 C_2}{C_1 + C_2} V \text{이며},$$

전압 분배를 적용하면

$$V_1 = \frac{Q}{C_1} = \frac{1}{C_1} \frac{C_1 C_2}{C_1 + C_2} V = \frac{C_2}{C_1 + C_2} V$$

$$V_2 = \frac{Q}{C_2} = \frac{1}{C_2} \frac{C_1 C_2}{C_1 + C_2} V = \frac{C_1}{C_1 + C_2} V \text{ 가}$$

된다.

마치 병렬회로에서의 전류분배법칙과 유사하다.

12 복합 계산형   난이도 中

▎정답   ④

▎접근 POINT

평행판 공기콘덴서에 유전체를 삽입하였을 경우 절연파괴가 발생하지 않고 가할 수 있는 판 간의 전위차를 구하는 복합 계산형 문제이다.
콘덴서의 정전용량과 직렬연결시의 합성 정전용량을 구하고, 전위차를 충전전하량이 같다는 조건을 사용하여 수식을 변형하는 방법을 사용한다.

▎공식 CHECK

공기 콘덴서의 정전용량 $C_0 = \epsilon_0 \dfrac{S}{d} [\text{F}]$

유전체 콘덴서의 정전용량

$$C = \epsilon \frac{S}{d} = \epsilon_0 \epsilon_s \frac{S}{d} [\text{F}]$$

▎해설

유전체 투입 전 공기 콘덴서의 정전용량

$$C_0 = \epsilon_0 \frac{S}{d} [\text{F}]$$

유전체 투입 후 콘덴서의 정전용량은

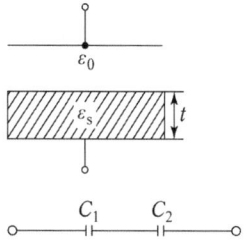

유전체가 없는 부분(공기)의 정전용량

$$C_1 = \frac{\epsilon_0 S}{d-t}$$

유전체의 정전용량 $C_2 = \dfrac{\epsilon_0 \epsilon_s S}{t}$

합성 정전용량은 직렬연결 상태이므로 계산하면

$$C = \frac{1}{\dfrac{1}{C_1} + \dfrac{1}{C_2}} = \frac{1}{\dfrac{1}{\dfrac{\epsilon_0 S}{d-t}} + \dfrac{1}{\dfrac{\epsilon_0 \epsilon_s S}{t}}}$$

$$= \frac{\epsilon_0 \epsilon_s S}{\epsilon_s(d-t)+t} \text{ 이다.}$$

여기서, 합성 정전용량을 대입하여 전위차를 구한다.

$$V' = \frac{C_0}{C} V = \frac{\dfrac{\epsilon_0 S}{d}}{\dfrac{\epsilon_0 \epsilon_s S}{\epsilon_s(d-t)+t}} V$$

$$= \frac{\dfrac{1}{d}}{\dfrac{\epsilon_s}{\epsilon_s(d-t)+t}} V$$

$$= \frac{\epsilon_s d - \epsilon_s t + t}{\epsilon_s d} V = \left(1 - \frac{t}{d} + \frac{t}{\epsilon_s d}\right) V$$

$$= \left[1 - \frac{t}{d}\left(1 - \frac{1}{\epsilon_s}\right)\right] V$$

13 개념 이해형+단순 계산형 난이도 中

정답 ①

접근 POINT

커패시터를 직렬연결하고 전압을 상승시키면

서 전류를 흘려보냈을 때 가장 먼저 파괴되는 커패시터를 찾는 문제로 직렬연결의 개념과 커패시터의 충전 전하량에 대한 기본 개념을 이해하고 있으면 단순한 계산을 통해 문제를 해결할 수 있다.

공식 CHECK

커패시터의 전기량 $Q = CV$ [C]

해설

커패시터를 직렬로 접속하고 전압을 인가하면 흐르는 전류의 값은 같게 되고, 각 콘덴서의 전기량 Q는 동일하게 작용된다. 따라서 내압(V)과 정전용량(C)의 곱한 값이 가장 작은 커패시터가 제일 먼저 파괴된다.

① $2,000[\mu C]$, ② $2,100[\mu C]$

③ $2,400[\mu C]$, ④ $2,400[\mu C]$

14 복합 계산형 난이도 上

정답 ④

접근 POINT

전위계수에 대한 개념을 이해하고 전위계수의 성질과 물체의 형태에 따른 전위를 사용하여 문제를 해결할 수 있다.

용어 CHECK

전위계수: 도체 군이 일정한 위치에 배열되어 있을 때, 그 중의 1개에 전하를 주면 모든 도체에 각각 그 전하에 비례한 전위 변화를 발생한다. 이 비례상수를 각각의 조합에 관한 전위계

수라고 한다.

공식 CHECK

전위계수와 관계식

$V_1 = P_{11}Q_1 + P_{12}Q_2 [\text{V}],$

$V_2 = P_{21}Q_1 + P_{22}Q_2 [\text{V}]$

$\begin{pmatrix} V_1 \\ V_2 \end{pmatrix} = \begin{pmatrix} P_{11} & P_{12} \\ P_{21} & P_{22} \end{pmatrix} \begin{pmatrix} Q_1 \\ Q_2 \end{pmatrix}$ 이며,

$Q = CV$에서 $V = \dfrac{Q}{C}$ 로

전위계수$= \dfrac{1}{C} = \dfrac{V}{Q} [1/\text{F}]$(엘라스턴스, 드라프)과 같다.

동심구의 전압(내구 Q, 외구 0(접지))

내구도체의 표면전위

$V_a = \dfrac{Q}{4\pi\varepsilon}\left(\dfrac{1}{a} - \dfrac{1}{b} + \dfrac{1}{c}\right)[\text{V}]$

해설

도체 1의 전위 $V_1[\text{V}]$은 다음과 같다.

$V_1 = P_{11}Q_1 + P_{12}Q_2$에서 $Q_1 = 1$, $Q_2 = 0$라 놓으면 P_{11}을 구할 수 있다.

$V_1 = P_{11} = V_{ab} + V_{bc} + V_c$

$\quad = \dfrac{1}{4\pi\epsilon}\left(\dfrac{1}{a} - \dfrac{1}{b}\right) + 0 + \dfrac{1}{4\pi\epsilon c}$

$\quad = \dfrac{1}{4\pi\epsilon}\left(\dfrac{1}{a} - \dfrac{1}{b} + \dfrac{1}{c}\right)[1/\text{F}]$

15 단순 계산형
난이도 中

정답 ①

접근 POINT

콘덴서의 병렬연결을 통해 이동하는 전하량을 구하는 문제로 복합 계산형 문제이다. 병렬연결로 안정화가 된 상태에서의 전위차는 같다는 조건으로 전위차를 구한 후 전하량이 큰 콘덴서에서 작은 콘덴서로 이동한 전하량을 찾으면 된다.

공식 CHECK

콘덴서의 정전용량과 전압 및 전하량의 기본 관계식

$Q = CV, \quad V = \dfrac{Q}{C}$

병렬연결일 경우, 안정화 상태가 되면 두 콘덴서 양변에 걸리는 전압이 같아진다.

해설

두 도체의 처음 전하를 각각 Q_1, $Q_2[\text{C}]$ ($Q_1 > Q_2$)면, 도체로 연결 후의 전하를 Q_1', $Q_2'[\text{C}]$이라 하고 안정화 된 후의 전위를 V 라 하면

$Q_1 + Q_2 = Q_1' + Q_2'$에서

$C_1 V_1 + C_2 V_2 = C_1 V + C_2 V = (C_1 + C_2)V[\text{C}]$ 이므로

안정화 된 후의 전위는 $V = \dfrac{C_1 V_1 + C_2 V_2}{C_1 + C_2}[\text{V}]$ 이다.

따라서, 도체를 흐르는 전하량 $Q[\text{C}]$은 전하량이 큰 쪽의 감소량과 같다.

$Q = Q_1 - Q_1' = C_1 V_1 - C_1 V$

$\quad = \dfrac{C_1(C_1 + C_2)V_1}{C_1 + C_2} - \dfrac{C_1(C_1 V_1 + C_2 V_2)}{C_1 + C_2}$

$\quad = \dfrac{C_1 C_2 V_1 - C_1 C_2 V_2}{C_1 + C_2} = \dfrac{C_1 C_2 (V_1 - V_2)}{C_1 + C_2}[\text{C}]$

16

복합 계산형   난이도 中

▍정답 ①

▍접근 POINT

콘덴서의 병렬연결을 통해 이동하는 전하량을
구하는 문제로 복합 계산형 문제이다.
병렬연결로 안정화가 된 상태에서의 전위차는
같다는 조건으로 전위차를 구한 후 전하량이 큰
콘덴서에서 작은 콘덴서로 이동한 전하량을 찾
으면 된다.

▍공식 CHECK

콘덴서의 정전용량과 전압 및 전하량의 기본 관계식

$$Q = CV, \ V = \frac{Q}{C}$$

병렬연결일 경우, 안정화 상태가 되면 두 콘덴
서 양변에 걸리는 전압이 같아진다.

▍해설

병렬연결일 경우 콘덴서에 충전되는 전압은 같
게 된다.
먼저 합성 전하는
$$Q_t = Q_1 + Q_2 = -7 + 2 = -5 [\mu C]$$
이 둘을 병렬로 연결하였을 때 콘덴서의 총 용량은
$$C_t = C_1 + C_2 = 1 + 4 = 5 [\mu F]$$
콘덴서에 걸리는 전압
$$V_1 = V_2 = \frac{Q_t}{C_t} = \frac{-5 [\mu C]}{5 [\mu F]} = -1 [V]$$

C_2에 충전되는 최종 전하량
$$Q_2' = 4 \times (-1) = -4 [\mu C]$$ 이며,
따라서 이동한 전하량은 다음과 같다.
$$Q = Q_2' - Q_2 = -4 - (2) = -6 [\mu C]$$

17

복합 계산형   난이도 中

▍정답 ②

▍접근 POINT

콘덴서의 직렬, 병렬연결인 경우 어느 한 콘덴
서에 저장되는 에너지를 구하는 문제로 먼저 전
압분배 법칙에서 걸리는 전압을 구한 후 에너지
구하는 공식에 대입하여 계산하는 복합 계산형
문제이다.

▍공식 CHECK

병렬 콘덴서의 합성 정전용량 $C = C_1 + C_2$

직렬 콘덴서의 합성 정전용량 $C = \dfrac{C_1 C_2}{C_1 + C_2}$

▍해설

주어진 문제에서 합성 콘덴서의 정전용량은
$$C = \frac{C_0 (C_1 + C_2)}{C_0 + (C_1 + C_2)}$$ 이며, C_1 및 C_2에 걸리는
전압은 전압분배 법칙에 의해 다음과 같다.
$$V_1 = \frac{C_0}{C_0 + (C_1 + C_2)} V$$
C_1에 저장되는 에너지는
$$W = \frac{1}{2} C_1 V_1{}^2 = \frac{1}{2} C_1 \left(\frac{C_0}{C_0 + C_1 + C_2} V \right)^2$$
$$= \frac{1}{2} C_1 V^2 \left(\frac{C_0}{C_0 + C_1 + C_2} \right)^2$$ 이다.

18 단순 계산형   난이도 中

| 정답 ②

| 접근 POINT

주어진 조건의 구조가 복잡해 보이더라도 기본적인 콘덴서의 정전용량을 구하는 식에 유전율과 거리와 면적을 적용하여 계산하는 단순 계산형 문제이다.

| 공식 CHECK

콘덴서의 정전용량 $C = \epsilon \dfrac{S}{d} = \epsilon_0 \epsilon_r \dfrac{S}{d} [F]$

| 해설

두 전극판 A · B 간의 정전용량 $C_1 = \epsilon_0 \dfrac{S}{d} [F]$

전체 정전용량 $C = 2C_1 = 2\epsilon_0 \dfrac{S}{d}$

여기서, $\epsilon_0 = \dfrac{1}{36\pi \times 10^9}$ 이므로

$C = \dfrac{2S}{36\pi \times 10^9 \times 1 \times 10^{-3}} = \dfrac{S}{18\pi} \times 10^{-6} [F]$

$\quad = \dfrac{S}{18\pi} [\mu F]$

19 복합 계산형   난이도 中

| 정답 ③

| 접근 POINT

전위계수를 이용하여 해결하는 문제로 주어진 조건에서 전위계수를 구한 후 최종 조건을 대입하여 계산하는 복합 계산형 문제이다.

| 공식 CHECK

전위계수를 적용한 각 도체의 전위

$V_1 = P_{11}Q_1 + P_{12}Q_2, \quad V_2 = P_{21}Q_1 + P_{22}Q_2$

| 해설

전위계수를 적용한 각 도체의 전위에서 주어진 조건인 A 도체에만 $1[C]$의 전하를 주면 ($Q_1 = 1$, $Q_2 = 0$ 대입)

$V_1 = P_{11} \times 1 + P_{12} \times 0 = 4$ 에서

$P_{11} = 4$ 이며,

$V_2 = P_{21} \times 1 + P_{22} \times 0 = 2$ 에서

$P_{21}(= P_{12}) = 2$ 이다.

A, B에 각각 $1[C]$, $2[C]$을 주면 A 도체의 전위는 다음과 같다.

$V_1 = 4 \times 1 + 2 \times 3 = 10[V]$

20 단순 계산형   난이도 中

| 정답 ④

| 접근 POINT

2개의 무한 평면 도체 사이에 걸리는 전압을 구하는 식에 조건의 값을 대입하여 계산하는 단순 계산형 문제이다.

2개의 무한 평면 도체 사이의 정전용량과 전위를 구하는 공식도 함께 암기해야 한다.

| 공식 CHECK

무한 평행 도체에서의 정전용량

$C = \epsilon_0 \dfrac{S}{d}$ 에서 전위 $V = \dfrac{Q}{C}$ 를 적용하면

$$V = \frac{Q}{C} = \frac{\sigma S}{\varepsilon_0 \dfrac{S}{d}} = \frac{\sigma d}{\varepsilon_0}[\text{V}]$$

또는 무한 평행 도체 사이의 전계(진공, 공기)

$$E = \frac{\sigma}{\varepsilon_0}$$

에서 전위는 $V = Ed = \dfrac{\sigma d}{\varepsilon_0}[\text{V}]$이다.

(여기서, d: 극판 사이 거리, $\sigma[\text{C}/\text{m}^2]$: 면전하 밀도이다.)

▌해설

2개의 무한 평면 도체 사이의 전위 공식에 조건을 대입한다.

$$V = Ed = \frac{\sigma}{\epsilon_0}d$$

$$= \frac{4}{8.854 \times 10^{-12}} \times 4 = 1.8 \times 10^{12}[\text{V}]$$

---

21 **개념 이해형 + 단순 암기형** 난이도 中

▌정답 ④

▌접근 POINT

커패시터의 전극판을 떼어내는데 필요한 힘의 크기는 단위 면적당 정전응력의 식을 중심으로 한 변형을 통해 구해지므로 변형하는 과정을 직접 연습해 보면 해결할 수 있는 문제이다.

▌공식 CHECK

단위 면적당 정전응력

$$f = \frac{1}{2}DE = \frac{1}{2}\varepsilon E^2 = \frac{1}{2}\frac{D^2}{\varepsilon}[\text{N}/\text{m}^2]$$

전계와 전위의 관계

$$V = Ed[\text{V}], \quad E = \frac{V}{d}[\text{V}/\text{m}]$$

콘덴서를 떼어내는데 필요한 힘 $F = fS[\text{N}]$
(S: 단면적)

▌해설

전극판을 떼어내는 데 필요한 힘은 정전응력과 같다.

$$F = fS = \frac{1}{2}\varepsilon E^2 S = \frac{1}{2}\varepsilon \frac{V^2}{d^2}S[\text{N}]$$

---

22 **단순 계산형** 난이도 下

▌정답 ②

▌접근 POINT

콘덴서의 두 개의 판에 작용하는 힘은 단위 면적당 정전응력을 구하는 수식에 주어진 값을 이용한 면적을 대입하여 해결 가능한 단순 계산형 문제이다.

거리는 [m]로 면적은 [㎡]으로 환산하여 계산하는 것을 주의해야 한다.

▌공식 CHECK

단위 면적당 정전응력

$$f = \frac{1}{2}\epsilon_0 E^2 = \frac{1}{2}\epsilon_0\left(\frac{V}{d}\right)^2[\text{N}/\text{m}^2]$$

면적이 주어진 후의 힘

$$F = fS = \frac{1}{2}\epsilon_0 E^2 S = \frac{1}{2}\epsilon_0\left(\frac{V}{d}\right)^2 S$$

해설

면적이 주어진 후의 힘 $F = \dfrac{1}{2}\epsilon_0 \left(\dfrac{V}{d}\right)^2 S$

$= \dfrac{1}{2} \times 8.854 \times 10^{-12} \times \left(\dfrac{220}{2 \times 10^{-2}}\right)^2$

$\qquad \times (20 \times 10^{-4})$

$= 1.07 \times 10^{-6} [\mathrm{N}]$

(여기서, S는 콘덴서 평판의 면적이다.)

---

23 개념 이해형 + 복합 계산형 난이도 中

정답 ③

접근 POINT

주어진 조건을 이해하여 문제에 적용하는 능력과 공식을 사용하여 계산하는 능력을 모두 물어보는 개념 이해형 및 복합 계산형 문제이다.

공식 CHECK

콘덴서에 저장되는 정전에너지

$W_c = \dfrac{1}{2} C V^2 [\mathrm{J}]$

회전력(토크) $T = \dfrac{\partial W}{\partial \theta} [\mathrm{N \cdot m}]$

해설

정전용량이 회전 각도에 비례하므로 회전 각도 θ일 때 정전용량을 C_θ라 하면

$C_\theta = C_0 \dfrac{\theta}{\pi} [\mathrm{F}]$

이때의 정전에너지를 W_θ라 하면

$W_\theta = \dfrac{1}{2} C_\theta V^2 = \dfrac{C_0 V^2}{2\pi}\theta [\mathrm{J}]$이다.

따라서, 회전자에 작용하는 회전력 T는

$T = \dfrac{\partial W_\theta}{\partial \theta} = \dfrac{\partial}{\partial \theta}\left(\dfrac{C_0 V^2}{2\pi}\theta\right) = \dfrac{C_0 V^2}{2\pi} [\mathrm{N \cdot m}]$

이므로 회전 각도 θ의 증가 방향으로 전압의 제곱에 비례한다.

---

24 단순 계산형 난이도 下

정답 ②

접근 POINT

라플라스 방정식의 반복법을 이용하여 등거리 점의 전위의 평균값으로 구하는 작업을 반복하여 원하는 지점의 전위를 찾는 단순 계산형 문제이다.

공식 CHECK

라플라스 방정식의 반복법

$V_0 = \dfrac{1}{4}(V_a + V_b + V_c + V_d)$

해설

한 점의 전위는 인접한 4개의 등거리 점의 전위의 평균값이므로

①의 전위 $V_① = \dfrac{100+0+0+0}{4} = 25[\mathrm{V}]$

③의 전위 $V_③ = \dfrac{25+0+0+0}{4} = 6.25[\mathrm{V}]$

⑥의 전위

$V_⑥ = \dfrac{25+6.25+6.25+0}{4} = 9.375 \fallingdotseq 9.4[\mathrm{V}]$

대표유형 ❹
유전체   **25쪽**

01 개념 이해형   난이도 下

┃ 정답 ④

┃ 접근 POINT

분극의 세기로부터 유전체의 전계의 세기를 유도하는 수식 변형문제로 용어를 단위를 함께 암기하고 이해하고 있는지를 확인하는 개념 이해형 및 단순 계산형 문제이다.

┃ 용어 CHECK

분극 전하밀도: 유전체 내 임의의 한 점에서 전계의 방향에 대하여 수직인 단위 면적에 나타나는 분극 전하량

┃ 공식 CHECK

분극의 세기

$$P = \chi E = (\varepsilon - \varepsilon_0)E = \varepsilon_0(\varepsilon_s - 1)E = D - \varepsilon_0 E$$

(여기서, P: 분극의 세기(분극 전하밀도),
D: 전속밀도, E: 유전체 내부의 전계,
χ: 분극률이다.)

┃ 해설

분극의 세기로부터 유전체의 전계의 세기를 유도하는 수식 변형문제로 분극의 세기 P가 분극 전하밀도이며, 면전하 밀도가 전속밀도와 단위가 $[C/m^2]$로 같아서 문제에서 주어진 값을 대체하여 사용할 수 있다.

따라서, 유전체의 전계의 세기는 다음과 같다.

$$E = \frac{D - P}{\epsilon_0} = \frac{\sigma - \sigma'}{\epsilon_0}$$

02 단순 계산형   난이도 下

┃ 정답 ③

┃ 접근 POINT

분극의 세기 수식을 변형하여 전계의 수식을 구하는 단순 암기형 및 단순 계산형 문제이다.

┃ 공식 CHECK

분극의 세기 $P = D - \epsilon_0 E$

$D = \epsilon E = \epsilon_0 \epsilon_s E$에서

$\epsilon_0 E = \dfrac{1}{\epsilon_s}D$이며 $D_{1n} = D_{2n} = \epsilon_0 E_0 = D$

┃ 해설

분극의 세기의 수식을 변형하면

$\sigma = P = D - \epsilon_0 E$

$\quad = D\left(1 - \dfrac{1}{\epsilon_s}\right) = \left(\dfrac{\epsilon_s - 1}{\epsilon_s}\right)D = \left(\dfrac{\epsilon_s - 1}{\epsilon_s}\right)\epsilon_0 E_0$

이며,

$E = \dfrac{\sigma}{\epsilon_0} = \dfrac{1}{\epsilon_0}\left(\dfrac{\epsilon_s - 1}{\epsilon_s}\right)\epsilon_0 E_0 = \left(\dfrac{\epsilon_s - 1}{\epsilon_s}\right)E_0$

03 단순 계산형   난이도 下

┃ 정답 ③

┃ 접근 POINT

공기 평행판 커패시터에 전하를 충전하고, 유전

체로 내부를 채웠을 때 나타나는 분극 전하량을 구하는 단순 계산형 문제이다.

공식 CHECK

분극의 세기 $P[\mathrm{C/m^2}]$

$$P = \frac{Q'}{S} = D - \epsilon_0 E = \epsilon_0 (\epsilon_s - 1) E$$
$$= \epsilon_0 \epsilon_s E - \epsilon_0 E [\mathrm{C/m^2}]$$

분극 전하량

$$Q' = (D - \epsilon_0 E) S = Q - \frac{Q}{\epsilon_s} = \left(1 - \frac{1}{\epsilon_s}\right) Q$$

$$\left(Q = DS, \ \epsilon_0 E = \frac{D}{\epsilon_s}\right)$$

해설

분극의 세기 수식을 변형하여 구한 분극 전하량 수식에 주어진 값을 대입한다.

$$Q' = Q\left(1 - \frac{1}{\epsilon_r}\right) = 0.1 \times \left(1 - \frac{1}{10}\right) = 0.09[\mathrm{C}]$$

04 단순 계산형　　　　난이도 下

정답　③

접근 POINT

분극 전하를 수식으로 물어보는 문제로, 기본적인 분극의 세기 공식을 정리한 후 실제 전계의 세기를 대입하여 수식을 구하는 단순 계산형 문제이다.

공식 CHECK

분극의 세기

$$P = D - \epsilon_0 E = \left(1 - \frac{1}{\epsilon_s}\right) D = \left(1 - \frac{1}{\epsilon_s}\right) \epsilon E$$

해설

주어진 분극의 세기에 유전율을 가질 때 전계를 곱하여 정리하면 다음과 같다.

$$P = \left(1 - \frac{1}{\epsilon_s}\right) \epsilon E = \left(1 - \frac{1}{\epsilon_s}\right) \epsilon \frac{Q}{4\pi \epsilon a^2}$$
$$= \left(1 - \frac{1}{\epsilon_s}\right) \frac{Q}{4\pi a^2} [\mathrm{C/m^2}]$$

05 단순 암기형　　　　난이도 下

정답　③

접근 POINT

여러 가지 형태의 정전용량 중 동심구의 정전용량을 물어보는 단순 암기형 문제이다.

공식 CHECK

동심구의 전위 $V = \dfrac{Q}{4\pi\epsilon}\left(\dfrac{1}{a} - \dfrac{1}{b}\right)[\mathrm{V}]$

동심구의 정전용량

$$C = \frac{Q}{V} = \frac{Q}{\dfrac{Q}{4\pi\epsilon}\left(\dfrac{1}{a} - \dfrac{1}{b}\right)} = \frac{4\pi\epsilon}{\dfrac{1}{a} - \dfrac{1}{b}}[\mathrm{F}]$$

구분	정전용량[F]	구분	정전용량[F]
도체구	$C = 4\pi\epsilon a$	반도체구	$C = 2\pi\epsilon a$
동심구 (외접지)	$C_{ab} = \dfrac{4\pi\epsilon}{\dfrac{1}{a} - \dfrac{1}{b}}$	동심구 (내접지)	$C_{ab} = \dfrac{4\pi\epsilon}{\dfrac{1}{a} - \dfrac{1}{b}} + 4\pi\epsilon c$
동축 원통	$C_{ab} = \dfrac{2\pi\epsilon}{\ln\dfrac{b}{a}}$	평행도선	$C_{ab} = \dfrac{\pi\epsilon}{\ln\dfrac{d-a}{a}} = \dfrac{\pi\epsilon}{\ln\dfrac{d}{a}}$
평행 도체구	$C_{ab} = \dfrac{4\pi\epsilon}{\dfrac{1}{a} + \dfrac{1}{b}}$	가공전선 – 대지	$C_a = \dfrac{2\pi\epsilon_0}{\ln\dfrac{2h}{a}}[\mathrm{F/m}]$

▌해설

동심구의 정전용량 식을 변형하면

$$C = \frac{Q}{\frac{Q}{4\pi\epsilon}\left(\frac{1}{a} - \frac{1}{b}\right)} = \frac{4\pi\epsilon ab}{b-a}[\text{F}]$$

---

06 복합 계산형 난이도 中

▌정답 ④

▌접근 POINT

정전용량이 주어진 커패시터의 내부 일부분을 유전율이 다른 물질로 채웠을 경우 커패시터의 직렬연결 또는 병렬연결로써 해석할 수 있다.

▌공식 CHECK

커패시터 내부에 2개의 영역으로 다른 물질이 있으면

$$C_1 = \frac{\varepsilon_0\varepsilon_1 S}{d_1},\ C_2 = \frac{\varepsilon_0\varepsilon_2 S}{d_2}$$ 이고

직렬연결

$$C_s = \frac{C_1 C_2}{C_1 + C_2} = \frac{\varepsilon_1\varepsilon_2(\varepsilon_0 S)^2}{\varepsilon_0 S(\varepsilon_1 d_2 + \varepsilon_2 d_1)}$$
$$= \frac{\varepsilon_0\varepsilon_1\varepsilon_2 S}{\varepsilon_1 d_2 + \varepsilon_2 d_1}$$

병렬연결

$$C_p = C_1 + C_2 = \frac{\varepsilon_0\varepsilon_1 S_1}{d} + \frac{\varepsilon_0\varepsilon_2 S_2}{d}$$
$$= \frac{\varepsilon_0}{d}(\varepsilon_1 S_1 + \varepsilon_2 S_2)$$

▌해설

유전체를 절반($d_1 = d_2 = \frac{d}{2}$)만 평행하게 채

운 경우

$$C_s = \frac{\varepsilon_0\varepsilon_r S}{\frac{d}{2} + \varepsilon_r \frac{d}{2}} = \frac{\varepsilon_0 S}{\frac{d}{2}}\frac{\varepsilon_r}{1+\varepsilon_r} = 2C_0 \times \frac{\varepsilon_r}{1+\varepsilon_r}$$

정전용량은 다음과 같다.

$$C = 2C_0 \times \frac{\varepsilon_r}{1+\varepsilon_r} = 2 \times 0.3 \times \frac{5}{1+5} = 0.5[\mu\text{F}]$$

▌관련개념

주어진 그림에서는 들어오는 전선과 나가는 전선을 기준으로 가로로 나뉘면 커패시터가 직렬연결, 세로로 나뉘면 병렬연결이 된 것으로 문제를 풀이하면 된다.

---

07 단순 계산형 난이도 下

▌정답 ④

▌접근 POINT

공기 콘덴서에 수직으로 나누어 유전체를 삽입했을 때의 정전용량을 구하는 문제로 특히 수직으로 나누어 유전체를 삽입한 것은 콘덴서를 병렬 연결한 것으로 간주하여 계산하는 단순 계산형 문제이다.

▌공식 CHECK

커패시터의 정전용량 $C = \epsilon \frac{S}{d}$

커패시터 병렬 연결시 합성 정전용량
$C = C_1 + C_2$

▌해설

공기 콘덴서에 수직으로 나누어 유전체를 삽입했을 때의 정전용량을 구하기 위해서 콘덴서를 병렬 연결한 것과 같으므로 합성 정전용량은 각 정전용량의 합과 같으므로 $C = C_1 + C_2$이다.

각각의 정전용량은 판의 면적으로 계산하면 초기 공기 커패시터의 정전용량은 $C_0 = \epsilon_0 \dfrac{S}{d}[\mu\mathrm{F}]$에서 분할된 정전용량은 각각 다음과 같다.

$$C_1 = \epsilon_0 \frac{\frac{1}{3}S}{d} = \frac{1}{3}C_0,$$

$$C_2 = \epsilon \frac{\frac{2}{3}S}{d} = \epsilon_0 \epsilon_s \frac{\frac{2}{3}S}{d} = \frac{2}{3}\epsilon_s C_0 \text{이고}$$

합성 정전용량은 다음과 같다.

$$C = C_1 + C_2 = \frac{1}{3}C_0 + \frac{2}{3}\epsilon_s C_0$$
$$= \frac{1 + 2\epsilon_s}{3}C_0 [\mu\mathrm{F}]$$

08 복합 계산형

난이도 中

▌정답 ④

▌접근 POINT

콘덴서에 유전율이 다른 물질을 삽입하였을 경우 흡인력의 관계를 물어보는 문제이다.

먼저 흡인력과 정전용량이 비례함을 알고, 정전용량의 직렬일 경우 합성 정전용량을 구할 수 있는지를 확인하는 복합 계산형 문제이다.

▌공식 CHECK

흡인력 $F = \dfrac{\partial W}{\partial x} (dW = Fdx \text{에서}) \ F \propto W$

콘덴서의 축적 에너지 $W = \dfrac{1}{2}CV^2$

전압이 일정하면 에너지와 정전용량의 관계 $W \propto C$
따라서, 흡인력은 정전용량에 비례한다.
$F \propto C$

▌해설

공기 중의 정전용량 $C_0 = \dfrac{\epsilon_0 S}{d}$

비유전율이 다른 물질을 삽입한 유전체의 정전용량 C

$$C_1 = \frac{\epsilon_0 S}{\frac{d}{3}} = 3\frac{\epsilon_0 S}{d} = 3C_0,$$

$$C_2 = \frac{\epsilon_0 10 S}{\frac{2d}{3}} = 15C_0$$

극판 사이에 두께를 삽입하였으므로 직렬연결과 같다.

$$C = \frac{C_1 C_2}{C_1 + C_2} = \frac{3C_0 \cdot 15C_0}{3C_0 + 15C_0} = \frac{45}{18}C_0 = \frac{5}{2}C_0$$

흡인력은 정전용량에 비례하므로 다음과 같다.

$$\frac{F_2}{F_1} = \frac{C}{C_0} = \frac{\frac{5}{2}C_0}{C_0} = \frac{5}{2} = 2.5$$

09 개념 이해형

난이도 中

▌정답 ③

SUBJECT 01

전기자기학

▌접근 POINT

경계면에서 단위 면적당 작용하는 힘은 유전율이 큰 쪽에서 작은 쪽으로 작용함을 아는지 확인하는 개념 이해형 문제이다. 공식을 암기하고 어떻게 적용하는지 생각하며 정리해야 하는 문제이다.

▌공식 CHECK

유전율이 다른 유전체의 경계면($x = 0$)에서 전속밀도의 법선성분이 같다.

$$D_{1n} = D_{2n} = \epsilon_0 \epsilon_{r_1} E_{1n} = \epsilon_0 \epsilon_{r_2} E_{2n}$$

전계의 접선성분이 같다.

$$E_{1t} = E_{2t} = D_{1t}/\epsilon_0 \epsilon_{r1} = D_{2t}/\epsilon_0 \epsilon_{r2}$$

유전체에서 굴절각의 경계면 조건

$$\frac{\tan\theta_1}{\tan\theta_2} = \frac{\epsilon_1}{\epsilon_2}$$

▌해설

① : 경계면에서 전속밀도의 수직성분이 같다.

② : 입사각과 굴절각은 유전율에 크기에 비례하므로, 유전율이 큰 쪽의 각이 더 크다.

③ : 경계면상의 작용력은 유전율이 큰 쪽에서 작은 쪽으로 작용한다.

④ : 경계면에서 전계의 수직성분은 유전율에 반비례하므로 유전율이 작은 쪽이 전계의 세기가 크다.

10 단순 계산형   난이도 下

▌정답 ①

▌접근 POINT

유전체의 경계면에서 입사각과 굴절각에 대한

조건을 변형하여 문제에서 주어진 조건을 대입하여 값을 구하는 단순 계산형 문제이다.

▌공식 CHECK

유전체의 경계면 조건 $\dfrac{\tan\theta_1}{\tan\theta_2} = \dfrac{\epsilon_1}{\epsilon_2}$

▌해설

유전체의 경계면 조건을 변형하면

$\tan\theta_1 \epsilon_2 = \tan\theta_2 \epsilon_1$ 에서 $\tan\theta_1 = \dfrac{\epsilon_1}{\epsilon_2}\tan\theta_2$ 가

된다.

따라서,

$$\theta_1 = \tan^{-1}\left(\frac{\epsilon_1}{\epsilon_2}\tan\theta_2\right) = \tan^{-1}\left(\frac{4}{1}\tan 30^\circ\right)$$

$$= \tan^{-1}\frac{4}{\sqrt{3}} \text{ 가 된다.} \left(\tan 30^\circ = \frac{1}{\sqrt{3}}\right)$$

11 개념 이해형   난이도 中

▌정답 ③

▌접근 POINT

주어진 그림에서 유전체의 경계면과 수직인 전계의 성분의 관계를 물어보는 문제로써 경계면에서 수직인 성분이 같은 것은 전속밀도이므로 전속밀도와 유전율과 전계의 관계로 수식을 찾는 개념 이해형 문제이다.

▌공식 CHECK

유전율이 다른 유전체의 경계면($x = 0$)에서 전속밀도의 법선성분이 같다.

$$D_{1n} = D_{2n} = \epsilon_0 \epsilon_{r_1} E_{1n} = \epsilon_0 \epsilon_{r_2} E_{2n}$$

전계의 접선성분이 같다.

$$E_{1t} = E_{2t} = D_{1t}/\epsilon_0 \epsilon_{r1} = D_{2t}/\epsilon_0 \epsilon_{r2}$$

┃해설

유전체의 경계면 조건에서 전속밀도의 법선 성분은 서로 같으므로 $D_{1n} = D_{2n}$, $\epsilon_1 E_1 = \epsilon_2 E_2$, $4E_1 = 2E_2$이며,

따라서, $2E_1 = E_2$가 된다.

---

12 개념 이해형+단순 계산형   난이도 中

┃정답 ②

┃접근 POINT

경계면에 자유전하가 없고 무한평면 경계면을 기준으로 유전율이 다른 경우에 한 쪽의 전계가 주어졌을 경우 다른 쪽의 전속밀도를 구하는 개념 이해형 및 단순 계산형 문제이다.

┃공식 CHECK

전계는 경계면에서 수평성분(접선부분)이 서로 같다.

$$E_{1t} = E_{2t}$$

전속밀도는 경계면에서 수직성분(법선성분)이 서로 같다.

$$D_{1n} = D_{2n}$$

┃해설

$$D_{1x} = D_{2x}, \ \epsilon_0 \epsilon_{r1} E_{1x} = \epsilon_0 \epsilon_{r2} E_{2x}$$

유전체 ϵ_2 영역의 전계 E_2의 각 축성분

E_{2x}, E_{2y}, E_{2z}는

$$E_{2x} = \frac{\epsilon_0 \epsilon_{r1}}{\epsilon_0 \epsilon_{r2}} E_{1x}, \ \ E_{2y} = E_{1y}, \ E_{2z} = E_{1z}$$가

되며,

$$\begin{aligned}
E_2 &= \frac{\epsilon_{r1}}{\epsilon_{r2}} E_{1x} a_x + E_{1y} a_y + E_{1z} a_z \\
&= \frac{2}{4} \times 20 a_x - 10 a_y + 5 a_z \\
&= 10 a_x - 10 a_y + 5 a_z
\end{aligned}$$가 된다.

전속밀도는 $D_2 = \epsilon_2 E_2 = \epsilon_0 \epsilon_{r2} E_2$이므로 다음과 같다.

$$\begin{aligned}
D_2 &= 4\epsilon_0 (10 a_x - 10 a_y + 5 a_z) \\
&= \epsilon_0 (40 a_x - 40 a_y + 20 a_z)[\text{C}/\text{m}^2]
\end{aligned}$$

---

13 단순 계산형   난이도 下

┃정답 ④

┃접근 POINT

전속밀도와 축적된 에너지가 주어진 조건에서 유전체의 유전율을 구하는 관계 수식을 암기하여 대입하여 계산하는 단순 계산형 문제이다.

┃공식 CHECK

전계 중의 단위 체적당 축적 에너지 $W_E[\text{J}/\text{m}^3]$

$$W_E = \frac{1}{2} ED = \frac{1}{2} \epsilon E^2 = \frac{1}{2} \frac{D^2}{\epsilon} [\text{J}/\text{m}^3]$$

┃해설

전계 중 단위 체적당 에너지 수식을 변형하면 유전율은 다음과 같다.

$$\epsilon = \frac{D^2}{2W_E} = \frac{(2.4 \times 10^{-7})^2}{2 \times 5.3 \times 10^{-3}}$$

$$= 5.43 \times 10^{-12} [\text{F/m}]$$

▎관련개념

단위 면적당 힘

$$f_E = \frac{1}{2}ED = \frac{1}{2}\epsilon E^2 = \frac{1}{2}\frac{D^2}{\epsilon}[\text{N/m}^2]$$

14 단순 암기형   난이도 下

▎정답 ③

▎접근 POINT

경계면에서 단위 면적당 작용하는 힘의 크기를 구하는 문제로 기본적으로 단위 면적당 작용하는 힘의 크기 공식을 암기하고 적용하는 단순 암기형 문제이다.

▎공식 CHECK

경계면에서 단위 면적당 작용하는 힘

$$f = \frac{1}{2}\epsilon E^2[\text{N/m}^2]$$

ϵ_1에서의 힘 $f_1 = \frac{\epsilon_1 E^2}{2}$,

ϵ_2에서의 힘 $f_2 = \frac{\epsilon_2 E^2}{2}$이므로

만약 비유전율의 조건이 $\epsilon_1 > \epsilon_2$라면 전체적인 힘 f_n는 $f_1 > f_2$이고 $f_n = f_1 - f_2$이 된다.

즉, $f_n = \frac{1}{2}(\epsilon_1 - \epsilon_2)E^2 [\text{N/m}^2]$이 되어, 힘의 방향은 유전율이 큰 쪽에서 작은 쪽이 된다.

▎해설

전계가 경계면에 평행으로 입사하면 $E_1 = E_2 = E$이고, 전계의 수직 방향으로 압축 응력이 작용한다.

단위 면적당 힘은

$$f = f_1 - f_2 = \frac{1}{2}\epsilon_1 E_1{}^2 - \frac{1}{2}\epsilon_2 E_2{}^2$$

$$= \frac{1}{2}(\epsilon_1 - \epsilon_2)E^2[\text{N/m}^2]$$이므로,

유전율이 큰 쪽에서 작은 쪽으로 작용하게 된다.

▎관련개념

경계면에서 단위 면적당 작용하는 힘

$$f = \frac{1}{2}\frac{D^2}{\epsilon}[\text{N/m}^2]$$

ϵ_1에서의 힘 $f_1 = \frac{D^2}{2\epsilon_1}$,

ϵ_2에서의 힘 $f_2 = \frac{D^2}{2\epsilon_2}$이므로

전체적인 힘 f_n는 $f_2 > f_1$이므로 $f_n = f_2 - f_1$이 된다.

즉, $f_n = \frac{1}{2}\left(\frac{1}{\epsilon_2} - \frac{1}{\epsilon_1}\right)D^2 [\text{N/m}^2]$이 되어, 힘의 방향은 유전율이 큰 쪽에서 작은 쪽이 된다.

15 단순 암기형 + 단순 계산형   난이도 中

▎정답 ④

▎접근 POINT

경계면에서 단위 면적당 작용하는 힘을 구하는 문제로 수직으로 입사하는 성분인 전속밀도에 관한 수식으로 정리하면 된다.

또한, 기본개념으로 힘은 유전율이 큰 쪽에서 작은 쪽으로 작용하는 것도 함께 암기하여야 한다. 단순 암기형과 단순 계산형이 포함된 문제이다.

┃ 공식 CHECK

경계면에서 단위 면적당 작용하는 힘

$$f = \frac{1}{2}\frac{D^2}{\epsilon}[\mathrm{N/m^2}]$$

ϵ_1에서의 힘 $f_1 = \frac{D^2}{2\epsilon_1}$,

ϵ_2에서의 힘 $f_2 = \frac{D^2}{2\epsilon_2}$이므로

전체적인 힘 f_n는 $f_2 > f_1$이므로

$f_n = f_2 - f_1$이 된다.

즉, $f_n = \frac{1}{2}\left(\frac{1}{\epsilon_2} - \frac{1}{\epsilon_1}\right)D^2\,[\mathrm{N/m^2}]$이 되어,

힘의 방향은 유전율이 큰 쪽에서 작은 쪽이 된다.

┃ 해설

경계면에 전계가 수직으로 입사하는 경우
$D_1 = D_2 = D$, 인장 응력이 작용하면 단위 면적당 작용하는 힘은

$f_1 = \frac{1}{2}\frac{D_1{}^2}{\epsilon_1}$, $f_2 = \frac{1}{2}\frac{D_2{}^2}{\epsilon_2}$이고,

만약, $\epsilon_1 > \epsilon_2$라면, $f_1 < f_2$이고,

$f = f_2 - f_1 = \frac{1}{2}\left(\frac{1}{\epsilon_2} - \frac{1}{\epsilon_1}\right)D^2\,[\mathrm{N/m^2}]$가

된다.

단위 면적당 작용하는 힘은 유전율이 큰 쪽에서 작은 쪽으로 작용한다.

문제에서는 유전율의 크기 관계가 주어지지 않아서 정답으로

$f = f_1 - f_2 = \frac{1}{2}\left(\frac{1}{\epsilon_1} - \frac{1}{\epsilon_2}\right)D^2\,[\mathrm{N/m^2}]$도 가

능하다.

16 개념 이해형　　　　난이도 中

┃ 정답　②

┃ 접근 POINT

경계면에서 단위 면적당 작용하는 힘인 유전율이 큰 쪽에서 작은 쪽으로 작용함을 아는지 확인하는 개념 이해형 문제이다.

공식을 암기하고 어떻게 적용하는지 생각하며 정리해야 하는 문제이다.

┃ 공식 CHECK

경계면에서 단위 면적당 작용하는 힘

$$f = \frac{1}{2}\frac{D^2}{\epsilon}[\mathrm{N/m^2}]$$

ϵ_1에서의 힘 $f_1 = \frac{D^2}{2\epsilon_1}$,

ϵ_2에서의 힘 $f_2 = \frac{D^2}{2\epsilon_2}$이다.

전체적인 힘 f_n는 $f_2 > f_1$이므로

$f_n = f_2 - f_1$이 된다.

즉, $f_n = \frac{1}{2}\left(\frac{1}{\epsilon_2} - \frac{1}{\epsilon_1}\right)D^2\,[\mathrm{N/m^2}]$이 되어,

힘의 방향은 유전율이 큰 쪽에서 작은 쪽이 된다.

┃ 해설

개념적으로 자세히 살펴보면 유전율의 조건 $\epsilon_1 > \epsilon_2$에 경계조건을 대입해보면 경계면에서

전속밀도의 법선성분은 같으므로 $D_{1n} = D_{2n}$
$= D$가 되므로 전속밀도 D에 대한 단위 면적당
힘의 식을 적용하는 것이다. 여기서, 전계는
$E_{1n} = \dfrac{D_{1n}}{\epsilon_1} = \dfrac{D}{\epsilon_1}$ 이고, $E_{2n} = \dfrac{D_{2n}}{\epsilon_2} = \dfrac{D}{\epsilon_2}$ 가
되므로 전계의 세기는 $E_{1n} < E_{2n}$이며, 경계면
에서 서로 잡아당기는 단위 면적당 인장응력은
$f_1 < f_2$가 되어 ϵ_2의 방향으로 힘이 작용하게
된다. 따라서, 힘의 방향은 ⓑ가 된다.

17 복합 계산형   난이도 上

▌정답   ③

▌접근 POINT

유전율이 다른 무한평면에서 선전하에 작용하
는 단위 길이당 작용력을 계산하는 문제이다.
전기 영상법을 사용하여 경계면에 대칭인 곳에
영상 선전하가 존재한다고 가정하여 두 선전하간
작용하는 힘을 계산하는 복합 계산형 문제이다.

▌공식 CHECK

전계 내에서 전하량과 정전기력 $F = QE$[N]
무한 선전하에 의한 전계의 세기

$E = \dfrac{\rho}{2\pi\varepsilon r}$ [V/m]

영상 선전하 밀도 $\rho' = \rho_2 = \dfrac{\epsilon_1 - \epsilon_2}{\epsilon_1 + \epsilon_2}\rho_1$ [C/m]

두 선전하에 작용하는 단위 길이당 정전력

$F = \dfrac{\rho_1\rho_2}{2\pi\epsilon_1 r}$

▌해설

$F = \dfrac{\rho \cdot \rho'}{2\pi\epsilon_1 r} = \dfrac{\rho \cdot \rho'}{2\pi\epsilon_1(2d)}$

$= \dfrac{\rho}{4\pi\epsilon_0\epsilon_{r1}d} \times \dfrac{\epsilon_{r1} - \epsilon_{r2}}{\epsilon_{r1} + \epsilon_{r2}}\rho$

$= \dfrac{\rho^2}{4\pi\epsilon_0\epsilon_{r1}d} \times \dfrac{\epsilon_{r1} - \epsilon_{r2}}{\epsilon_{r1} + \epsilon_{r2}}$

$= 9 \times 10^9 \dfrac{\rho^2}{\epsilon_{r1}d} \times \dfrac{\epsilon_{r1} - \epsilon_{r2}}{\epsilon_{r1} + \epsilon_{r2}}$ [N/m]

18 단순 암기형 + 개념 이해형   난이도 中

▌정답   ①

▌접근 POINT

유전율이 다른 경계면에 전속 및 전기력선이 입
사할 때 유전율이 큰 유전체 쪽으로 모이려는 성
질이 있으며, 반대로 전계의 분포는 유전율이
낮은 쪽으로 모이려는 성질이 있다. 이러한 개
념을 알고 있는지 묻는 단순 암기형 문제이다.

▌공식 CHECK

두 유전체의 경계면에서 경계조건(굴절법칙)

(1) 전속밀도 D의 법선(수직)성분이 같다.
$D_1\cos\theta_1 = D_2\cos\theta_2$

(2) 전계의 세기 E의 접선(평행)성분이 같다.
$E_1\sin\theta_1 = E_2\sin\theta_2$

(3) 두 경계면에서의 전위는 서로 같다.
$V_1 = V_2$

(4) 비유전율과 굴절각의 관계: $\varepsilon_1 > \varepsilon_2$이면
$\theta_1 > \theta_2$

(5) 기울기와 유전율의 관계: $\dfrac{\tan\theta_1}{\tan\theta_2} = \dfrac{\varepsilon_1}{\varepsilon_2}$

┃ 해설

$D = \varepsilon E$: 전속밀도는 유전율에 비례

$E = \dfrac{D}{\varepsilon}$: 전계의 세기는 유전율에 반비례

전속선은 유전율이 큰 쪽으로 모이려는 성질이 있으므로, 문제에서 구 내부 쪽의 전속선의 밀도가 높으므로 구 내부의 유전율이 높다.

($\varepsilon_1 > \varepsilon_2$)

┃ 관련개념

전계의 분포는 유전율이 낮은 쪽으로 모이려는 성질이 있으므로, 문제에서 만약 점선이 전계의 분포였다면 구 내부 쪽의 전계의 분포선의 밀도가 높으므로 구 내부의 유전율이 낮다.

($\varepsilon_1 < \varepsilon_2$)

대표유형 ❺

전기 영상법　　30쪽

01 ┃ 단답 암기형 + 개념 이해형　난이도 中

┃ 정답　②

┃ 접근 POINT

무한 도체와 점 전하 사이의 관계는 전기 영상법을 적용하면 되며, 여기서는 도체 표면상의 점전하 밀도를 계산하는 문제이다. 결과를 암기하면 단순 암기형 문제로도 볼 수 있다.

┃ 공식 CHECK

무한 평면 도체와 점전하(전기 영상법)

영상력 $F = \dfrac{Q \times (-Q)}{4\pi\varepsilon_0 (2d)^2} = \dfrac{-Q^2}{16\pi\varepsilon_0 d^2}$ [N]

($\because$ −부호: 인력)

도체 표면 전하밀도

$\sigma = \varepsilon_0 E = \dfrac{Q}{2\pi}\dfrac{d}{(d^2+x^2)^{3/2}}$ [C/m^2]

도체 표면 최대 전하밀도

$|\sigma_{\max}| = \dfrac{Q}{2\pi d^2}$ [C/m^2]

┃ 해설

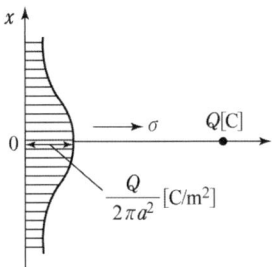

무한 평면 도체면 상 점 $(0, x)$의 전계의 세기 E는

$$E = -\frac{Q}{2\pi\epsilon_0} \frac{a}{(a^2 + x^2)^{\frac{3}{2}}} [\text{V/m}]$$

도체 표면상의 면전하 밀도 σ는

$$\sigma = D = \epsilon_0 E = -\frac{Q}{2\pi} \frac{a}{(a^2 + x^2)^{\frac{3}{2}}} [\text{C/m}^2]$$

02 복합 계산형

난이도 上

▮ 정답 ③

▮ 접근 POINT

무한 평면 도체와 선전하 밀도와의 관계로서 전기 영상법을 적용하여 관계 수식을 도출하는 복합 계산형 문제이다.

▮ 공식 CHECK

무한 평면 도체와 선전하

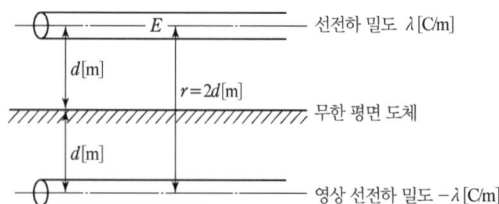

그림과 같이 무한 평면 도체와 높이 d에 선전하 밀도 $\lambda[\text{C/m}]$를 갖는 직선 도체의 전계의 세기는 무한 평면 맞은 편에 $-\lambda$의 선 전하밀도를 갖는 직선 도체가 대칭을 이루며 영상 전하로 존재한다고 가정하고 계산해야 한다.

$$E = \frac{\lambda}{2\pi\varepsilon_0(2d)} = \frac{\lambda}{4\pi\varepsilon_0 d}[\text{V/m}]$$

$$F = QE\,[\text{CV/m} = \text{N}]$$

▮ 해설

무한 평면 도체와 선전하에서 영상 전하밀도에 의한 직선 도체에서의 전계의 세기 E로부터 직선 도체가 단위 길이당 받는 힘 $f[\text{N/m}]$을 구하면 다음과 같다.

$$f = -\lambda \cdot E = -\frac{\lambda^2}{4\pi\epsilon_0 d}$$

$$[\text{C/m} \times \text{V/m} = \text{CV/m}^2 = \text{N/m}]$$

(여기서, $-$: 흡인력)

03 개념 이해형

난이도 中

▮ 정답 ③

▮ 접근 POINT

접지된 구도체와 구도체의 중심에서 d만큼 떨어진 거리에 점전하가 존재할 때 전기 영상법을 사용한 영상 전하에 대한 개념을 물어보는 개념 이해형 문제이다.

▮ 용어 CHECK

전기 영상법(electric image method): 도체 계에서 전계를 구할 때 정전유도 등에 의하여 전하 분포가 변화하는 경우 해석이 어려워진다. 이때 도체의 전하 분포 및 경계 조건을 교란시키지 않는 전하(영상 전하)를 가상함으로써 간단히 도체 주위의 전계를 해석하는 방법이다.

▮ 해설

구도체의 영상 전하는 점전하와 구도체 중심을 이은 직선상의 구도체 내부에 존재한다고 가정한다.

영상 전하의 전하량 $Q' = -\dfrac{a}{d}Q[\text{C}]$이고,

위치는 구도체 중심에서 $x = \dfrac{a^2}{d}[\text{m}]$에 있다고 가정한다.

04 복합 계산형   난이도 中

▌**정답** ④

▌**접근 POINT**

구 도체 표면에 전하가 있을 때 작용하는 정전응력을 물어보는 문제로 단위 면적당 정전응력식과 전속밀도, 구의 표면적식을 모두 대입하여 정리한 식을 물어보는 복합 계산형 문제이다.

▌**공식 CHECK**

단위 면적당 정전응력

$$f = \frac{1}{2}DE = \frac{1}{2}\varepsilon E^2 = \frac{1}{2}\frac{D^2}{\varepsilon}\ [\text{N/m}^2]$$

전속밀도 $D = \dfrac{Q}{S}$, 구의 표면적 $S = 4\pi r^2$

▌**해설**

정전응력 $f = \dfrac{D^2}{2\epsilon_0} = \dfrac{(Q/S)^2}{2\epsilon_0} = \dfrac{Q^2}{2\epsilon_0 S^2}$

$$= \frac{Q^2}{2\epsilon(4\pi a^2)^2} = \frac{Q^2}{32\pi^2 \epsilon_0 a^4}[\text{N/m}^2]$$

▌**관련개념**

단위 체적당 정전 에너지

$$f = \frac{1}{2}DE = \frac{1}{2}\varepsilon E^2 = \frac{1}{2}\frac{D^2}{\varepsilon}\ [\text{J/m}^3]$$

05 복합 계산형   난이도 上

▌**정답** ④

▌**접근 POINT**

전계의 세기로부터 전위 적분을 구하여 정전용량 식을 적용하는 복합 계산형 문제이다.

▌**공식 CHECK**

전계의 세기 $E = \dfrac{Q}{4\pi\epsilon a^2}[\text{V/m}]$

전위(전기 영상법 적용) $V = -\displaystyle\int_{2d-a}^{a} E\, dr$

구도체와 평면도체 사이의 정전용량

$$C = \frac{Q}{V}[\text{F}]$$

▌**해설**

전기 영상법을 적용한 전위를 구한다.

$$V = -\int_{2d-a}\frac{Q}{4\pi\varepsilon r^2}dr = \frac{-Q}{4\pi\varepsilon}\left[\frac{-1}{r}\right]_{2d-a}^{a}$$

$$= \frac{Q}{4\pi\varepsilon}\left(\frac{1}{a} - \frac{1}{2d-a}\right) \fallingdotseq \frac{Q}{4\pi\varepsilon}\left(\frac{1}{a} - \frac{1}{2d}\right)$$

$$(\because d \gg a)$$

여기에, 정전용량식을 적용한다.

$$C = \frac{Q}{V} = \frac{Q}{\dfrac{Q}{4\pi\varepsilon}\left(\dfrac{1}{a} - \dfrac{1}{2d}\right)} = \frac{4\pi\varepsilon}{\dfrac{1}{a} - \dfrac{1}{2d}}$$

대표유형 ❻

전류와 진공의 정자계   33쪽

01   개념 이해형+단순 계산형   난이도 下

┃ 정답   ②

┃ 접근 POINT

저항과 길이 및 단면적에 대한 수식을 변형하여 부피와 길이의 관계를 확인하여 문제를 해결하는 개념 이해형 및 단순 계산형 문제이다.

┃ 공식 CHECK

저항에 대한 고유저항과 단면적, 길이, 부피와의 관계

$$R = \frac{1}{\sigma}\frac{l}{S} = \rho\frac{l}{S} = \rho\frac{l^2}{S \cdot l} = \rho\frac{l^2}{V}$$

┃ 해설

저항 $R = \rho\frac{l}{S} = \rho\frac{l^2}{S \cdot l}$

(단, $S \cdot l = V$: 도체의 부피$[\mathrm{m}^3]$)

저항과 길이 및 부피와의 관계는 다음과 같으며, $R = \rho\frac{l^2}{V}$ 이므로 만약 부피(체적)가 일정할 경우 저항은 길이(l)의 제곱에 비례하게 된다.

따라서, 체적이 불변일 때 길이의 제곱에 비례하므로 $2^2 = 4$배가 된다.

02   단순 암기형   난이도 下

┃ 정답   ③

┃ 접근 POINT

평행판 콘덴서에서 저항과 정전용량의 곱이 고유저항과 유전율의 곱과 같다는 것을 알고 있는지 확인하는 단순 암기형 문제이다.

┃ 공식 CHECK

(1) 저항과 길이와 단면적의 관계식

$$R = \rho\frac{l}{S}[\Omega]$$

(2) 정전용량과 단면적과 길이의 관계식

$$C = \epsilon\frac{S}{l}[\mathrm{F}]$$

(3) 전기저항과 정전용량의 관계식

$$RC = \rho\epsilon = \frac{\epsilon}{\sigma}$$

┃ 해설

저항 $R = \rho\frac{l}{S}[\Omega]$, 정전용량 $C = \epsilon\frac{S}{l}[\mathrm{F}]$을 곱한다.

$$RC = \rho\frac{l}{S} \cdot \frac{\epsilon S}{l} = \rho\epsilon = \frac{\epsilon}{\sigma}$$

03   개념 이해형+단순 계산형   난이도 下

┃ 정답   ①

┃ 접근 POINT

도체구의 정전용량으로부터 반도체구의 정전

용량을 구한 후 저항과 정전용량의 관계식으로부터 저항값을 구하는 개념 이해형 및 단순 계산형 문제이다.

┃ 공식 CHECK

구분	정전용량[F]	구분	정전용량[F]
도체구	$C=4\pi\varepsilon a$	반도체구	$C=2\pi\varepsilon a$
동심구 (외접지)	$C_{ab}=\dfrac{4\pi\varepsilon}{\dfrac{1}{a}-\dfrac{1}{b}}$	동심구 (내접지)	$C_{ab}=\dfrac{4\pi\varepsilon}{\dfrac{1}{a}-\dfrac{1}{b}}+4\pi\varepsilon c$
동축 원통	$C_{ab}=\dfrac{2\pi\varepsilon}{\ln\dfrac{b}{a}}$	평행도선	$C_{ab}=\dfrac{\pi\varepsilon}{\ln\dfrac{d-a}{a}}=\dfrac{\pi\varepsilon}{\ln\dfrac{d}{a}}$
평행 도체구	$C_{ab}=\dfrac{4\pi\varepsilon}{\dfrac{1}{a}+\dfrac{1}{b}}$	가공전선 – 대지	$C_a=\dfrac{2\pi\varepsilon_0}{\ln\dfrac{2h}{a}}\,[\mathrm{F/m}]$

┃ 해설

반지름 $a\,[\mathrm{m}]$ 인 구의 정전용량은 $4\pi\epsilon a\,[\mathrm{F}]$ 이므로 반구의 정전용량은 절반인
$C=2\pi\epsilon a\,[\mathrm{F}]$ 이다.
$RC=\rho\epsilon$ 를 변형하면
$R=\dfrac{\rho\epsilon}{C}=\dfrac{\rho\epsilon}{2\pi\epsilon a}=\dfrac{\rho}{2\pi a}\,[\Omega]$ 이다.

---

04 단순 암기형 + 단순 계산형 난이도 下

┃ 정답 ③

┃ 접근 POINT

길이가 주어진 동축케이블의 정전용량으로부터 저항값을 구하는 단순 암기 및 단순 계산형 문제이다.

┃ 공식 CHECK

전기저항과 정전용량의 관계식 $RC=\rho\epsilon=\dfrac{\epsilon}{\sigma}$

구분	정전용량[F]	구분	정전용량[F]
도체구	$C=4\pi\varepsilon a$	반도체구	$C=2\pi\varepsilon a$
동심구 (외접지)	$C_{ab}=\dfrac{4\pi\varepsilon}{\dfrac{1}{a}-\dfrac{1}{b}}$	동심구 (내접지)	$C_{ab}=\dfrac{4\pi\varepsilon}{\dfrac{1}{a}-\dfrac{1}{b}}+4\pi\varepsilon c$
동축 원통	$C_{ab}=\dfrac{2\pi\varepsilon}{\ln\dfrac{b}{a}}$	평행도선	$C_{ab}=\dfrac{\pi\varepsilon}{\ln\dfrac{d-a}{a}}=\dfrac{\pi\varepsilon}{\ln\dfrac{d}{a}}$
평행 도체구	$C_{ab}=\dfrac{4\pi\varepsilon}{\dfrac{1}{a}+\dfrac{1}{b}}$	가공전선 – 대지	$C_a=\dfrac{2\pi\varepsilon_0}{\ln\dfrac{2h}{a}}\,[\mathrm{F/m}]$

┃ 해설

길이 l 인 동축케이블의 정전용량은
$C=\dfrac{2\pi\epsilon}{\ln\dfrac{r_2}{r_1}}\times l$ 이고,

$RC=\rho\epsilon$ 를 변형하면 저항은
$R=\dfrac{\rho\epsilon}{C}=\dfrac{\rho\epsilon}{\dfrac{2\pi\epsilon}{\ln\dfrac{r_2}{r_1}}l}$

$=\dfrac{\rho}{2\pi l}\ln\dfrac{r_2}{r_1}=\dfrac{1}{2\pi\sigma l}\ln\dfrac{r_2}{r_1}\,[\Omega]$ 이 된다.

---

05 개념 이해형 + 단순 계산형 난이도 中

┃ 정답 ③

┃ 접근 POINT

전력손실 수식에 저항과 정전용량의 관계식과 동축케이블의 정전용량을 대입하여 정리하여 구하는 개념 이해형 및 단순 계산형 문제이다.

| 해설

공식 CHECK

전력손실 $P = \dfrac{V^2}{R}$, 저항 $R = \dfrac{\rho\epsilon}{C}$ 에서

$$P = \frac{V^2}{R} = \frac{CV^2}{\rho\epsilon} = \frac{\sigma CV^2}{\epsilon}\,[\mathrm{W}]$$

동축케이블의 정전용량 $C = \dfrac{2\pi\epsilon L}{\ln\dfrac{b}{a}}\,[\mathrm{F}]$

해설

저항과 정전용량의 식을 전력공식에 대입하여 정리한다.

$$P = \frac{V^2}{R} = \frac{CV^2}{\rho\epsilon} = \frac{\sigma V^2}{\epsilon} \times \frac{2\pi\epsilon L}{\ln\dfrac{b}{a}}$$

$$= \frac{2\pi\sigma V^2 L}{\ln\dfrac{b}{a}}\,[\mathrm{W}]$$

06 복합 계산형   난이도 中

정답 ③

접근 POINT

동심 구도체 내부의 정전용량과 저항과 정전용량의 관계식을 암기한 후 식을 변형하여 계산하는 복합 계산형 문제이다.

공식 CHECK

정전용량과 저항과의 관계식 $RC = \rho\varepsilon$

동심 구도체 내부의 정전용량 $C = \dfrac{4\pi\epsilon}{\dfrac{1}{a} - \dfrac{1}{b}}\,[\mathrm{F}]$

해설

주어진 조건에서 동심 구도체 내외구 간의 합성 저항은 다음과 같다.

$$R = \frac{\rho\epsilon}{C} = \frac{\rho\epsilon}{4\pi\epsilon}\left(\frac{1}{a} - \frac{1}{b}\right) = \frac{\rho}{4\pi}\left(\frac{1}{a} - \frac{1}{b}\right)$$

$$= \frac{1.884 \times 10^2}{4\pi}\left(\frac{1}{2} - \frac{1}{3}\right) \times 10^2$$

$$= 249.9 \fallingdotseq 250\,[\Omega]$$

07 단순 암기형 + 단순 계산형   난이도 下

정답 ①

접근 POINT

온도계수에 따른 저항의 변화값을 구하는 수식을 암기하고 조건을 대입하여 구하는 단순 암기형 및 단순 계산형 문제이다.

공식 CHECK

온도에 따른 저항 $R_2 = R_1\{1 + \alpha_t(T_2 - T_1)\}$

해설

온도에 따른 저항은

$$R_2 = R_1\{1 + \alpha_t(T_2 - T_1)\}$$

$$= 100 \times \{1 + 0.002 \times (60 - 20)\}$$

$$= 108\,[\Omega]$$

08 단순 계산형   난이도 下

정답 ②

접근 POINT

전류로부터 전하량을 구하고 전하량으로부터 전자의 개수를 구하는 단순 계산형 문제이다.

공식 CHECK

전자의 개수 $n = \dfrac{Q}{e} = \dfrac{It}{e}$

해설

동선 단면을 단위 시간(1[s])에 통과하는 전하는 $10[C]$이므로

$$n = \frac{Q}{e} = \frac{It}{e} = \frac{10 \times 1}{1.602 \times 10^{-19}} = 6.24 \times 10^{19}$$

[개]이다.

---

09 단순 계산형   난이도 下

정답 ④

접근 POINT

주어진 조건에서 매 초당 이온의 개수를 구하고 전하량과 조건을 통한 총전하량을 구한 후, 전류를 구하는 개념 이해형 및 단순 계산형 문제이다.

공식 CHECK

전류 $I = \dfrac{Q}{t}[A]$

해설

한 개의 α입자에서 1.5×10^5의 이온이 만들어지므로 4×10^{10}개의 α입자의 이온수는 $1.5 \times 10^5 \times 4 \times 10^{10} = 6 \times 10^{15}$[개]이다.

총 전하

$Q = 6 \times 10^{15} \times 1.6 \times 10^{-19} = 9.6 \times 10^{-4}[C]$

이며

전류는 $I = \dfrac{9.6 \times 10^{-4}}{1} = 9.6 \times 10^{-4}[A]$이다.

---

10 단순 암기형   난이도 下

정답 ④

접근 POINT

두 금속 간 나타나는 전기적인 효과를 종류별로 암기하여 문제를 해결하는 단순 암기형 문제이다.

용어 CHECK

① 제벡 효과: 서로 다른 두 종류의 금속을 접합하여 접합점의 온도를 달리하면 열기전력이 발생하여 열전류가 흐르는 현상

② 펠티에 효과: 서로 다른 두 종류의 금속을 접합하여 전류를 흘리면 금속의 접속점에서 열의 흡수(온도 강하) 또는 발생(온도 상승)이 일어나는 현상

③ 톰슨 효과: 동일한 금속 도체를 접합하고 온도차를 주고 전류를 흘리면 열을 발생하거나 흡수하는 현상

해설

톰슨(Thomson) 효과는 동일 금속 도선의 두 점 사이에 온도차를 주고 전류를 흘리면 열의 발생과 흡수가 일어나는 현상을 말한다. 만일 동일 금속이 아니라 두 개의 금속 도선 사이에서 위와 같은 현상을 나타내면 펠티에 효과이다.

11 단순 계산형 난이도 下

∥ 정답 ③

∥ 접근 POINT
문제에서 주어진 조건을 이용하여 자계 내의 자극에 작용하는 힘을 구하는 단순 계산형 문제이다.

∥ 공식 CHECK
자기장에서 점자극에 작용하는 힘 $F = mH[\mathrm{N}]$

∥ 해설
진공 중의 자계에 점자극을 놓았을 때 작용하는 힘
$$F = mH = 25 \times 10^{-5} \times 100$$
$$= 2.5 \times 10^{-2}[\mathrm{N}]$$

12 단순 암기형 난이도 下

∥ 정답 ④

∥ 접근 POINT
자화의 세기에 대한 용어를 아는지와 단위를 암기하고 있는지 확인하는 단순 암기형 문제이다.

∥ 용어 CHECK
자화의 세기의 단위 = 자속밀도의 단위
$[\mathrm{Wb/m^2}]$
자기저항의 단위 $R = \dfrac{F_m}{\phi} = \dfrac{NI}{\phi}[\mathrm{AT/Wb}]$
자계의 단위 $H[\mathrm{AT/m}]$

∥ 해설
자성체를 자계 내에 놓았을 때 물질이 자화되는 경우 이것을 양적으로 표시하면 단위 체적당 자기 모멘트를 그 점의 자화의 세기라 한다.
이를 식으로 나타내면 다음과 같다.
$$J = B - \mu_0 H = \mu_0 \mu_s H - \mu_0 H$$
$$= \mu_0(\mu_s - 1)H = \chi_m H[\mathrm{Wb/m^2}]$$

13 단순 계산형 + 단순 암기형 난이도 中

∥ 정답 ④

∥ 접근 POINT
철심의 자속과 단면적 및 자계의 관계를 물어보는 문제로써 공식을 암기 또는 변형하여 주어진 조건을 대입하여 계산하는 단순 암기형 및 계산형 문제이다.

∥ 공식 CHECK
자속밀도 $B = \dfrac{\Psi}{S} = \dfrac{\phi}{S}[\mathrm{Wb/m^2}]$
자속
$$\Psi = \phi = B \cdot S = \mu H \cdot S = \mu_0 \mu_s H \cdot S[\mathrm{Wb}]$$
비투자율 $\mu_s = \dfrac{\phi}{\mu_0 H \cdot S}$
(여기서, $\mu_0 = 4\pi \times 10^{-7}[\mathrm{H/m}]$)

∥ 해설
비투자율
$$\mu_s = \dfrac{\phi}{\mu_0 H \cdot S}$$

$$= \frac{6 \times 10^{-4}}{4\pi \times 10^{-7} \times 2,800 \times 4 \times 10^{-4}}$$

$$= 426.5 ≒ 426 [\mathrm{H/m}]$$

여기서 주의할 점은

단면적이 $[\mathrm{cm}^2] = (10^{-2})^2$인 것이다.

14 단순 계산형   난이도 下

▌정답 ②

▌접근 POINT

자화의 세기 계산식과 자계의 세기와의 관계를 알고 주어진 조건값을 대입하는 단순 계산형 문제이다.

▌공식 CHECK

자화의 세기

$$J = \chi H = B - \mu_0 H = \mu_0(\mu_s - 1)H \, [\mathrm{Wb/m^2}]$$

▌해설

자화의 세기 식에 주어진 조건을 대입하여 계산한다.

$$J = \mu_0(\mu_s - 1)H$$

$$= 4\pi \times 10^{-7} \times (350 - 1) \times 342$$

$$= 0.15 [\mathrm{Wb/m^2}]$$

15 단순 계산형   난이도 下

▌정답 ②

▌접근 POINT

평등자계 내에서의 회전력(토크)를 구하는 문

제로 토크 수식에 주어진 조건을 대입하여 계산하는 단순 계산형 문제이다.

▌공식 CHECK

토크 $T = mHl\sin\theta$

▌해설

토크 수식에 주어진 값들을 대입하여 계산한다.

$$T = 7.4 \times 10^{-5} \times 100 \times 0.1 \times \frac{1}{2}$$

$$(\because \sin 30° = 1/2)$$

$$= 3.7 \times 10^{-4} [\mathrm{N \cdot m}]$$

16 단순 암기형   난이도 中

▌정답 ④

▌접근 POINT

자기 쌍극자에 의한 자위의 수식을 알고 상수를 바꾸어서 표현할 수 있는지를 물어보는 단순 암기형 문제이다.

▌공식 CHECK

점자극에 의한 자위 $U = \dfrac{m}{4\pi\mu_0 r} [\mathrm{AT}]$

자기 쌍극자에 의한 자위

$$U = \frac{M}{4\pi\mu_0 r^2}\cos\theta \, [\mathrm{AT}]$$

자기 쌍극자에 의한 자계의 세기

$$H = \frac{M}{4\pi\mu_0 r^3}\sqrt{1 + 3\cos^2\theta} \, [\mathrm{AT/m}]$$

해설

자기 쌍극자에 의한 자위의 수식은 자기 모멘트에 비례하고, 거리의 제곱에는 반비례한다. 또한, 자기 쌍극자에 의한 자계의 세기는 자기 모멘트에 비례하고, 거리의 세제곱에 반비례한다.

17 개념 이해형 + 복합 계산형 난이도 上

정답 ③

접근 POINT

균일한 자속밀도 중에 자석을 놓고 미소 진동시켰을 때의 주기를 구하는 문제로, 토크 수식을 적용한 운동방정식의 미분방정식의 해를 구하여 각속도를 구한 후 주기를 구하는 개념 이해형 및 복합 계산형 문제이다.

일반적으로 각속도를 암기하고 주기 수식에 대입하여 최종답안을 구하는 암기형 문제풀이법으로 해결한다.

공식 CHECK

자속 밀도 B와 θ의 각을 이루고 있는 자석에 작용하는 회전력 $T = mB\sin\theta[\mathrm{N \cdot m}]$

자석의 운동 방정식 $I\dfrac{d^2\theta}{dt^2} + mB = 0$

주기 $T = \dfrac{2\pi}{\omega}[\mathrm{s}]$, 각속도 $\omega = 2\pi f = 2\pi\dfrac{1}{T}$

해설

자속 밀도 B와 θ의 각을 이루고 있는 자석에 작용하는 회전력 식에서 θ가 작을 때는 $\sin\theta \fallingdotseq \theta$ 이므로 $T = mB\theta$로 표현될 수 있으며, 자석의 운동 방정식은 다음과 같다.

$I\dfrac{d^2\theta}{dt^2} + mB = 0$이며,

이 미분방정식의 일반해는

$\omega = \sqrt{\dfrac{mB}{I}}$ 가 되며,

주기는 $T = \dfrac{2\pi}{\omega} = 2\pi\sqrt{\dfrac{I}{mB}}$ [s]이다.

18 단순 암기형 난이도 中

정답 ①

접근 POINT

원형전류 중심 및 중심축 상의 임의의 거리에서 주로 자계의 세기를 구하는 문제와 자위를 구하는 문제가 주어지며 단순 암기형으로 문제를 해결한다.

공식 CHECK

원형전류 중심의 자계의 세기

$H = \dfrac{I}{2a}[\mathrm{AT/m}]$

원형전류 중심 축상 점 P에서의 자계의 세기

$H_x = \dfrac{I}{2a}\sin^3\phi = \dfrac{I}{2a}\left(\dfrac{a}{\sqrt{a^2+x^2}}\right)^3$

$\quad = \dfrac{a^2 I}{2(a^2+x^2)^{3/2}}$

판자석(자기 2중층)의 자위 $U = \dfrac{M}{4\pi\mu_0}\omega\,[\mathrm{A}]$

판자석(자기 2중층)의 세기
$M = \sigma t = \mu_0 I[\mathrm{Wb/m}]$

(σ: 면자하 밀도$[\mathrm{Wb/m^2}]$, t: 판의 두께$[\mathrm{m}]$)

입체각 $\omega = 2\pi(1 - \cos\theta)$

해설

전류에 의한 자위는 판자석의 자위와 같게 나타난다.

$$U = \frac{M}{4\pi\mu_0}\omega = \frac{I}{4\pi}\omega\left(I = \frac{M}{\mu_0}\right)$$

$$= \frac{I}{4\pi} \cdot 2\pi(1-\cos\theta) = \frac{I}{2}(1-\cos\theta)[\text{A}]$$

19 단순 암기형 + 단순 계산형 난이도 中

정답 ①

접근 POINT

자기 모멘트를 가지는 막대자석을 지구 자계의 수평성분이 주어진 곳에서 회전하는데 필요한 일을 구하는 문제로 토크에 대한 적분을 통해 구할 수 있으며, 일반적인 문제에서는 적분 결과 공식을 이용하여 문제를 해결하는 단순 암기 및 단순 계산형 문제이다.

공식 CHECK

지구의 자계가 자석에 작용하는 회전력(토크)
$$T = |M \times H| = MH\sin\theta[\text{N} \cdot \text{m}]$$
회전력 T를 맞서면서 θ까지 회전시키는 데 필요한 일

$$W = -\int_\theta^0 T \cdot d\theta = MH\int_0^\theta \sin\theta\, d\theta$$
$$= MH(1-\cos\theta)\,[\text{J}]$$

해설

자기 모멘트를 가지는 막대자석을 지구 자계의 수평성분이 주어진 곳에서 회전시키는데 필요한 일은 다음과 같다.

$$W = (9.8 \times 10^{-5}) \times 10.5 \times (1-\cos 90°)$$
$$= 1.03 \times 10^{-3}[\text{J}]$$

20 단순 암기형 + 단순 계산형 난이도 中

정답 ①

접근 POINT

소자석에 의한 자계의 크기 수식에 두 자석의 각도를 적용하고 길이의 비가 소자석의 자기 모멘트에 비교함을 적용하여 평행이 되는 거리의 비를 구하는 단순 암기 및 단순 계산형 문제이다. 소자석은 거리의 세제곱에 반비례함을 알고 있으면 쉽게 해결할 수 있는 유형의 문제이다.

공식 CHECK

소자석에 의한 자계의 크기

$$H = \frac{M}{4\pi\mu_0 r^3}\sqrt{1+3\cos^2\theta}\,[\text{AT/m}]$$

해설

자석 A, B에 의한 P점의 자계의 세기는 두 자석의 각도 $\theta = 0°$이므로 각각의 자계의 크기를 구한다.

$$H_1 = \frac{2M}{4\pi\mu_0 r_1^{\,3}}, \quad H_2 = \frac{2(2M)}{4\pi\mu_0 r_2^{\,3}}\text{가 되며,}$$

$(\because \sqrt{1+3\cos^2(0°)} = \sqrt{4} = 2, \quad M$: 소자석의 자기 모멘트$)$

공통인 부분을 제외하고 거리만 남기면

$$\frac{1}{r_1^{\,3}} = \frac{2}{r_2^{\,3}}, \left(\frac{r_1}{r_2}\right)^3 = \frac{1}{2}, \frac{r_1}{r_2} = \frac{1}{\sqrt[3]{2}}\text{가 되므로}$$

거리의 비는 $r_1 : r_2 = 1 : \sqrt[3]{2}$ 가 된다.

대표유형 ❼

전류에 의한 자계　　38쪽

01　단순 암기형　　　　　　　난이도 下

▎정답　③

▎접근 POINT

무한히 긴 원주 도체에 의해 발생하는 외부 자계의 세기를 구하는 공식을 암기하고 있는지 물어보는 단순 암기형 문제이다.

▎공식 CHECK

원주도체에 전류가 균일하게 흐를 때

외부 자계의 세기($r \geq a$인 경우) :

$$H = \frac{I}{2\pi r}[\mathrm{AT/m}]$$

내부 자계의 세기($r \leq a$인 경우) :

$$H = \frac{rI}{2\pi a^2}[\mathrm{AT/m}]$$

▎해설

무한히 긴 원주도체로부터 거리 r만큼 떨어진 위치에서의 자계의 세기를 구하는 수식은 선전류에 의한 어느 점에서의 자계의 세기와 같다. 간혹 내부의 자계의 세기를 물어보기 때문에 함께 암기해야 한다.

02　개념 이해형 + 단순 계산형　난이도 下

▎정답　③

▎접근 POINT

무한 직선도체에 의한 자계의 세기가 거리에 반비례함을 알고 있는지 확인하는 개념 이해 및 단순 계산형 문제이다.

▎공식 CHECK

무한 직선 도체에 의한 자계의 세기

$$H = \frac{I}{2\pi r}[\mathrm{AT/m}]$$

▎해설

$H = \frac{I}{2\pi r}[\mathrm{A/m}]$이므로 $100 = \frac{I}{2\pi \times 1}$에서

무한 직선 도체에 흐르는 전류의 값은 $I = 628[\mathrm{A}]$이다.

따라서, $2[\mathrm{m}]$만큼 떨어진 점의 자계의 크기는

$H = \frac{I}{2\pi r} = \frac{628}{2\pi \times 2} = 50[\mathrm{A/m}]$이다.

[단순풀이]

자계의 크기는 거리에 반비례하므로 $\frac{1}{2}$배이다.

03　단순 계산형　　　　　　　난이도 下

▎정답　②

▎접근 POINT

무한 직선 도체에 전류가 흐를 때 생기는 자계의 세기를 구하고 거리에 반비례 특성을 이용해 구

하는 단순 계산형 문제이다.

| 공식 CHECK

무한 직선 도체에 의한 자계의 세기

$$H = \frac{I}{2\pi r}[\text{AT/m}]$$

| 해설

$$H_1 = \frac{I}{2\pi \times 0.1} = 180[\text{AT/m}]$$

$$H_2 = \frac{I}{2\pi \times 0.3} = \frac{I}{2\pi \times 0.1 \times 3}$$

$$= 180 \times \frac{1}{3} = 60[\text{AT/m}]$$

아니면, 거리에 반비례하는 특성을 이용하여 거리 3배로 자계의 세기는 1/3배로 단순 계산도 가능하다.

---

04 단순 계산형   난이도 下

| 정답 ②

| 접근 POINT

z축에 흐르는 전류에 의해서 발생하는 자계의 세기를 계산하는 단순 계산형 문제이다.

| 공식 CHECK

무한 직선 도체에 의한 자계의 세기

$$H = \frac{I}{2\pi r}[\text{AT/m}]$$

| 해설

원통 좌표계에 의해 전류의 방향이 z축의 방향이므로 자계 방향은 앙페르의 오른 나사법칙에

의해 도선을 감싸면서 회전하는 a_ϕ방향이 되므로 거리 5[m]인 지점의 자계의 세기는 다음과 같다.

$$H = \frac{10\pi}{2\pi \times 5}a_\phi = a_\phi$$

---

05 단순 암기형 + 개념 이해형   난이도 下

| 정답 ③

| 접근 POINT

비오-사바르의 법칙에 의한 전류소에 의한 한 점에서의 자계의 세기 수식에서 비례 및 반비례 관계를 물어보는 단순 암기형 및 개념 이해형 문제이다.

| 공식 CHECK

비오-사바르(Biot-Savart)의 법칙

미소 자계의 세기 $dH = \dfrac{Idl}{4\pi r^2}\sin\theta[\text{AT/m}]$

| 해설

비오-사바르(Biot-Savart)의 법칙에 의해 전류 I가 흐르는 도선에 미소 길이 $dl[\text{m}]$와 접선 사이의 각도를 θ라 할 때 이 점에서 거리 $r[\text{m}]$ 만큼 떨어진 점의 미소 자계의 세기

$dH = \dfrac{Idl}{4\pi r^2}\sin\theta[\text{AT/m}]$가 된다.

① 자계의 세기는 전류의 크기에 비례한다.

② 비례상수는 $\dfrac{1}{4\pi}$이다.

③ 자계의 세기는 전류소와 점P 사이 거리의 제곱에 반비례한다.(미소 선전류는 점처럼 생

각하여 구좌표계)

④ 자계의 방향은 전류소와 점P를 연결하는 직선을 포함한 평면에 법선방향이다. (벡터곱)

06 단순 암기형 + 단순 계산형 난이도 中

▮ 정답 ①

▮ 접근 POINT

원형 코일의 자계의 세기를 구하는 공식에서 주어진 조건을 대입하여 계산하는 단순 암기형 및 단순 계산형 문제이다.

▮ 공식 CHECK

원형 코일의 자위

$$U = \frac{I}{4\pi}\omega = \frac{I}{4\pi}2\pi(1-\cos\theta)$$
$$= \frac{I}{2}\left(1 - \frac{x}{\sqrt{a^2+x^2}}\right)$$

원형 코일의 자계의 세기

$$H_x = \frac{I}{2a}\sin^3\phi = \frac{I}{2a}\left(\frac{a}{\sqrt{a^2+x^2}}\right)^3$$
$$= \frac{a^2 I}{2(a^2+x^2)^{3/2}}$$

▮ 해설

자계의 세기는 자위의 경도(기울기)를 구하는 것이다.

$$H = -\operatorname{grad} U = -\frac{\partial U}{\partial x}$$
$$= -\frac{\partial}{\partial x}\left\{\frac{I}{2}\left(1 - \frac{x}{\sqrt{a^2+x^2}}\right)\right\}$$
$$= \frac{a^2 I}{2(a^2+x^2)^{3/2}}\,[\mathrm{AT/m}]\ \text{이며, 조건을 대}$$

입한다.

$$H = \frac{(1\times 10^{-2})^2 \times 10}{2\left\{(1\times 10^{-2})^2 + (\sqrt{3}\times 10^{-2})^2\right\}^{\frac{3}{2}}}$$
$$= \frac{10^{-3}}{2\times(4\times 10^{-4})^{\frac{3}{2}}} = \frac{10^{-3}}{16\times 10^{-6}}$$
$$= \frac{1}{16}\times 10^3\,[\mathrm{A/m}]$$

07 단순 암기형 난이도 下

▮ 정답 ④

▮ 접근 POINT

반원형의 전류에 의해서 생기는 원의 중심에서의 자계의 세기를 구하는 공식을 암기하고 있는지 물어보는 단순 암기형 문제이다.
원형전류의 중심에서 전류를 반으로 줄였다고 생각하면 쉽게 유추할 수 있다. 추가로 조건에 대입하는 문제와 정사각형과 정삼각형이 자주 출제되니 함께 암기해야 한다.

▮ 공식 CHECK

(1) 무한 직선 전류 $H = \frac{I}{2\pi r}[\mathrm{AT/m}]$

(2) 원형 전류의 중심 $H = \frac{I}{2a}[\mathrm{AT/m}]$

(3) 반원형 전류의 중심

$$H = \frac{I/2}{2a} = \frac{I}{4a}[\mathrm{AT/m}]$$

(4) 정삼각형의 중심 $H = \frac{9I}{2\pi l}[\mathrm{AT/m}]$

(5) 정사각형의 중심 $H = \frac{2\sqrt{2}\,I}{\pi l}[\mathrm{AT/m}]$

해설

반원형 코일 중심점의 자계의 세기 (여기서, 반지름 $a = r$)

$$H = \frac{NI}{2a} = \frac{\frac{1}{2}I}{2r} = \frac{I}{4r}[\text{AT/m}]$$

08 단순 암기형   난이도 下

정답 ④

접근 POINT

선전류에 의한 자계의 세기를 구하는 식을 변형하여 도형별 자계의 세기를 구한 후 암기하는 학습으로 해결이 가능한 단순 암기형 문제이다.

공식 CHECK

(1) 무한 직선 전류 $H = \frac{I}{2\pi r}[\text{AT/m}]$

(2) 원형 전류의 중심 $H = \frac{I}{2a}[\text{AT/m}]$

(3) 반원형 전류의 중심

$$H = \frac{I/2}{2a} = \frac{I}{4a}[\text{AT/m}]$$

(4) 정삼각형의 중심 $H = \frac{9I}{2\pi l}[\text{AT/m}]$

(5) 정사각형의 중심 $H = \frac{2\sqrt{2}I}{\pi l}[\text{AT/m}]$

해설

정사각형의 전류에 대한 중심에서 자계의 세기는

$$H = \frac{I}{4\pi r}(\sin\theta_1 + \sin\theta_2) \times 4$$

$$= \frac{I}{4\pi\frac{l}{2}}(\sin45° + \sin45°) \times 4$$

$$= \frac{2\sqrt{2}}{\pi l}I[\text{AT/m}]$$

09 단순 암기형   난이도 下

정답 ①

접근 POINT

무한 솔레노이드의 내부의 자계를 물어보는 단순 암기형 문제이다. 다른 대표 모양의 자계에 대해서도 함께 암기해야 한다.

공식 CHECK

(1) 무한 선도체에 대한 자계의 세기 $H = \frac{NI}{2\pi r}$

(2) 환상 솔레노이드의 내부 자계

$$H = \frac{NI}{2\pi r} = \frac{NI}{l}$$

    r: 솔레노이드 중심까지의 반지름

    l: 솔레노이드 중심을 한 바퀴 돌린 원의 둘레 길이(자로(자기회로)의 길이)

(3) 무한 솔레노이드의 내부 및 외부 자계

    ① 내부 자계 $H_i = \frac{NI}{l} = n_0 I[\text{AT/m}]$

    ② 외부 자계 $H_e = 0[\text{AT/m}]$

        $n_0 = \frac{N}{l}[\text{T/m}]$는 단위 길이당의 권수

해설

무한장 솔레노이드의 외부의 자계는 0이며, 내부에만 자계가 존재한다. 특히, 내부의 자계는

모든 점에서 단위 길이당 권수와 흐르는 전류의 곱에 비례한다.

10 단순 암기형 난이도 下

정답 ③

접근 POINT

무한장 솔레노이드의 내부와 외부의 자계를 물어보는 단순 암기형 문제이다. 다른 대표 모양의 자계에 대해서도 함께 암기해야 한다.

해설

무한장 솔레노이드의 내부 자계는 평등 자계이며, 외부 자계는 0이다.

11 단순 계산형 난이도 中

정답 ①

접근 POINT

환상 솔레노이드의 자기장을 구하는 공식에 주어진 조건을 대입하여 계산하면 되는 단순 계산형 문제이다.

용어 CHECK

환상 솔레노이드(ring solenoid): 나선형으로 감고, 그것을 다시 고리 모양으로 만든 도넛 모양의 코일이다.

공식 CHECK

환상 솔레노이드 내부의 자기장의 세기

$$H = \frac{NI}{l} = \frac{NI}{2\pi r} [\mathrm{AT/m}]$$

l: 자로의 길이, r: 환상 단면의 반지름

해설

$$H = \frac{500 \times 4}{2\pi \times 0.2} = 1,591.5 \fallingdotseq 1,590 [\mathrm{AT/m}]$$

12 단순 암기형 + 단순 계산형 난이도 下

정답 ③

접근 POINT

환상 솔레노이드의 자속을 구하기 위해 자계의 수식을 적용하여 주어진 조건을 대입하여 계산하는 단순 암기형 및 단순 계산형 문제이다.

공식 CHECK

환상 솔레노이드의 자계

$$H = \frac{NI}{2\pi r} = \frac{NI}{l} [\mathrm{AT/m}]$$

환상 솔레노이드의 자속

$$\phi = BS = \mu HS = \mu_0 \mu_s \frac{NI}{l} S$$

해설

환상 솔레노이드의 자속은

$$\phi = \frac{\mu_0 \mu_s NIS}{l}$$

$$= \frac{4\pi \times 10^{-7} \times 800 \times 600 \times 1 \times (10 \times 10^{-4})}{8\pi \times 10^{-2}}$$

$$= 2.4 \times 10^{-3}[\text{Wb}]$$

13 │ 단순 암기형 ⠀⠀⠀⠀난이도 下

┃ 정답 ③

┃ 접근 POINT

원통 도체 전반에 균일하게 전류가 흐를 때 원통 도체 내부에서 자계의 세기에 대한 수식을 찾는 단순 암기형 문제이다.

┃ 공식 CHECK

원통형 도체에 전류가 균일하게 흐를 때
외부 자계의 세기($r \geq a$인 경우):

$$H = \frac{I}{2\pi r}[\text{AT/m}]$$

내부 자계의 세기($r \leq a$인 경우):

$$H = \frac{rI}{2\pi a^2}[\text{AT/m}]$$

(만일, 원통 표면에만 전류가 흐르면 내부 자계 $H = 0$)

┃ 해설

앙페르의 주회 적분 법칙에 의해

$$\oint H \, dl = I,$$

$$H \cdot 2\pi r = \frac{\text{원통 내부 해당 위치까지의 단면(원)의 면적}}{\text{원통 전체의 단면(원)의 면적}} I$$

$$= \frac{\pi r^2}{\pi a^2} I$$

정리하면 $H = \dfrac{rI}{2\pi a^2}[\text{A/m}]$이다.

14 │ 개념 이해형 + 단순 암기형 ⠀⠀난이도 中

┃ 정답 ③

┃ 접근 POINT

동축 원통형 도체에 왕복 전류가 흐를 때 자계의 세기에 대한 개념적인 이해와 공식의 암기를 통해 문제를 해결하는 개념 이해형 및 단순 암기형 문제이다.

┃ 공식 CHECK

동축 원통형 도체에 왕복 전류가 흐를 때 ($a < b < c$)
각각의 경우의 자계의 세기
외부 자계의 세기($r > c$인 경우)

$$H = 0[\text{AT/m}]$$

내부 도체 내($r \leq a$인 경우)

$$H = \frac{rI}{2\pi a^2}[\text{AT/m}]$$

내부와 외부 사이($a < r < b$)

$$H = \frac{I}{2\pi r}[\text{AT/m}]$$

외부 도체 내($b < r < c$)

$$H = \frac{I}{2\pi r}\left(1 - \frac{r^2 - b^2}{c^2 - b^2}\right)[\text{AT/m}]$$

(외부 도체 전류는 단면적의 비)

┃ 해설

내부 도체의 자계의 세기($r < a$)는

$$H_i = \frac{rI}{2\pi a^2}[\text{AT/m}],$$

내·외 도체 사이의 자계의 세기($a < r < b$)는

$$H = \frac{I}{2\pi r}[\text{AT/m}]$$이며,

외부 도체의 자계의 세기($b < r < c$)는 전류의 방향이 반대이므로 내부 도체에 흐르는 전류와의 차이값을 구하면

$$H = \frac{I}{2\pi r} - \frac{I}{2\pi r}\left(\frac{2\pi(r^2 - b^2)}{2\pi(c^2 - b^2)}\right)$$

$$= \frac{I}{2\pi r}\left(1 - \frac{r^2 - b^2}{c^2 - b^2}\right)\text{이다.}$$

자계의 크기는 중심으로부터의 거리에 반비례한다.

외부 도체 외부 공간($r > c$)의 자계의 세기는 $H_o = 0[\text{AT/m}]$이 된다.

---

15 단순 암기형 + 단순 계산형   난이도 中

정답 ②

접근 POINT

하나의 원형 도선에 대한 자계의 세기로부터 2개의 상호작용에 의한 자계의 세기를 구하는 문제로 전류의 방향이 같으므로 2배로 계산하는 단순 암기와 계산형 문제이다.

공식 CHECK

원형전류 중심의 자계의 세기

$$H = \frac{I}{2a}[\text{AT/m}]$$

원형전류 중심 축상 점 P에서의 자계의 세기

$$H_x = \frac{I}{2a}\sin^3\phi = \frac{I}{2a}\left(\frac{a}{\sqrt{a^2 + x^2}}\right)^3$$

$$= \frac{a^2 I}{2(a^2 + x^2)^{3/2}}$$

해설

원형 도선 2개의 상호작용에 의한 자계의 세기는 전류가 같은 방향으로 흐르므로 자계의 방향은 같고, 거리도 같으므로 2배가 된다.

$$H = \frac{a^2 I}{2(a^2 + z^2)^{\frac{3}{2}}} \times 2a_z$$

$$= \frac{a^2 I}{(a^2 + z^2)^{\frac{3}{2}}}a_z[\text{AT/m}]$$

---

16 단순 계산형   난이도 下

정답 ②

접근 POINT

플레밍의 왼손 법칙에 의해 주어진 조건을 대입하여 계산하는 문제로 단순 계산형 문제이다.

공식 CHECK

플레밍의 왼손 법칙의 도체가 받는 힘

$$\vec{F} = \vec{I} \times \vec{B}l = |\vec{I}||\vec{B}|l\sin\theta\,\vec{a_n}[\text{N}]$$

$$|\vec{F}| = F = IBl\sin\theta[\text{N}]$$

해설

플레밍의 왼손 법칙에서 주어진 조건을 대입하여 계산하면, 전선에 작용하는 힘을 구할 수 있다.

$$F = IBl\sin\theta = 5 \times 0.3 \times 2 \times \sin 60° = 2.59[\text{N}]$$

17 복합 계산형   난이도 中

정답 ④

접근 POINT

자속밀도가 일정한 자계 내에서 직선 도체가 단위 길이당 받는 힘을 구하기 위해 벡터의 외적을 계산하는 복합 계산형 문제이다.

공식 CHECK

정전기력 $\vec{F} = (\vec{I} \times \vec{B})l$ [N]

해설

단위 길이($l = 1$[m])당 힘을 구하기 위해 벡터의 외적을 구하면 다음과 같다.

$$\vec{f} = \vec{I} \times \vec{B} = \begin{vmatrix} \hat{x} & \hat{y} & \hat{z} \\ 0 & 0 & 10 \\ 3 & -4 & 0 \end{vmatrix}$$

$$= \hat{x}\begin{vmatrix} 0 & 10 \\ -4 & 0 \end{vmatrix} + \hat{y}\begin{vmatrix} 10 & 0 \\ 0 & 3 \end{vmatrix} + \hat{z}\begin{vmatrix} 0 & 0 \\ 3 & -4 \end{vmatrix}$$

$$= \hat{x}(0 + 40) + \hat{y}(30 - 0) + \hat{z}(0 - 0)$$

$$= 40\hat{x} + 30\hat{y} \, [\text{N/m}]$$

18 복합 계산형   난이도 中

정답 ②

접근 POINT

플레밍의 왼손 법칙을 이용하여 힘을 구하는 방법으로 자속밀도가 벡터로 주어졌으므로 행렬식을 이용한 벡터곱 연산과정을 계산할 수 있어야 한다. 여기서는 행렬식의 여인수전개방법을 알아서 간소화하여 계산하면 된다.

공식 CHECK

플레밍의 왼손 법칙을 이용한 공식

힘 $\vec{F} = \vec{I} \times \vec{B}l$ [N]

힘의 크기 $|\vec{F}| = |\vec{I}||\vec{B}|l\sin\theta$ [N]

해설

$$\vec{F} = \vec{I} \times \vec{B}l \, [\text{N}] = \begin{vmatrix} a_x & a_y & a_z \\ 0 & 50 & 0 \\ 0.8 & -0.5 & 1 \end{vmatrix} \times 0.08$$

$$= a_x\begin{vmatrix} 50 & 0 \\ -0.5 & 1 \end{vmatrix} + (-1)^3 a_y\begin{vmatrix} 0 & 0 \\ 0.8 & 1 \end{vmatrix}$$

$$+ (-1)^4 a_z\begin{vmatrix} 0 & 50 \\ 0.8 & -0.5 \end{vmatrix}$$

$$= (50a_x - 40a_z) \times 0.08 = 4a_x - 3.2a_z \, [\text{N}]$$

관련개념/응용

행렬식의 여인수 전개

$$\begin{vmatrix} a_{11} & a_{12} & a_{13} \\ a_{21} & a_{22} & a_{23} \\ a_{31} & a_{32} & a_{33} \end{vmatrix} = a_{11} \times (-1)^{1+1}\begin{vmatrix} a_{22} & a_{23} \\ a_{32} & a_{33} \end{vmatrix}$$

$$+ a_{12} \times (-1)^{1+2}\begin{vmatrix} a_{21} & a_{23} \\ a_{31} & a_{33} \end{vmatrix}$$

$$+ a_{13} \times (-1)^{1+3}\begin{vmatrix} a_{21} & a_{22} \\ a_{31} & a_{32} \end{vmatrix}$$

19 개념 이해형 + 단순 암기형   난이도 中

정답 ④

접근 POINT

평등 자계 내에서의 전자가 수직으로 입사하였을 때의 전자의 운동에 대한 물리적인 현상을 물어보는 문제로 개념 이해형 및 단순 암기형 문제이다.

▌공식 CHECK

자계 내에서 운동전하가 받는 힘

전하 q가 자속밀도 B인 평등 자계 내를 이것과 θ의 방향으로 속도 v를 가지고 이동할 때, 이 전하에는 전자력 F가 작용한다.

벡터 $\vec{F} = q(\vec{v} \times \vec{B})$ [N],

크기 $|\vec{F}| = qBv\sin\theta$ [N]

만약에 전하가 평등자계 내에 수직($90°$)으로 들어가면 운동방향과 직각으로 힘을 받아 등속 원운동을 하게 된다.

또한, 운동 전하에 전계 E와 자계 H가 동시에 작용하고 이으면 전체적으로 전자력을 받게 되며, 이것을 로렌츠의 힘이라고 한다.

$$\vec{F} = q(\vec{E} + \vec{v} \times \vec{B})$$ [N]

▌해설

원심력 $F = \dfrac{mv^2}{r}$ [H],

구심력 $F = evB = \mu_0 evH$

$F_{원심력} = F_{구심력}$ 상태에서 원운동을 하므로

$\dfrac{mv^2}{r} = evB$에서 반지름 $r = \dfrac{mv}{eB} \propto v$

원운동을 하는 원의 반지름은 전자의 속력에 비례한다.

20 복합 계산형

난이도 中

▌정답 ④

▌접근 POINT

전계와 자계가 동시에 작용하고 있는 공간 내에서 점전하가 운동할 경우에 발생하는 전자력을 구하는 문제로 벡터의 외적과 합을 계산하는 복합 계산형 문제이다.

▌공식 CHECK

자계 내에서 운동하는 전하가 받는 힘

(1) 전하 q가 자속밀도 B인 평등자계 내를 이것과 θ의 방향으로 속도 v를 가지고 이동할 때 전자력

$$\vec{F} = q(\vec{v} \times \vec{B})$$ [N], $|\vec{F}| = qvB\sin\theta$ [N]

(2) 전하 q가 속도 v로 평등자계 내를 수직으로 들어가면 운동방향과 직각으로 힘을 받아 등속 원운동을 한다.

(3) 운동 전하 q에 전계 E와 자계 H가 동시에 작용하는 경우 전자력

$$\vec{F} = q(\vec{E} + \vec{v} \times \vec{B})$$ [N]

▌해설

$$\vec{F} = q(\vec{E} + \vec{v} \times \vec{B}) = q\vec{E} + q(\vec{v} \times \vec{B})$$

$$= 2(2a_x + a_y - 4a_z) + 2\begin{vmatrix} a_x & a_y & a_z \\ 4 & -1 & -2 \\ -2 & 2 & -1 \end{vmatrix}$$

$$= (4a_x + 2a_y - 8a_z) + 2(5a_x + 8a_y + 6a_z)$$

$$= 14a_x + 18a_y + 4a_z$$ [N]

21 단순 계산형

난이도 下

▌정답 ④

▌접근 POINT

진공 중에 놓인 평행 도체 사이에 작용하는 힘과 거리가 주어지고 도체에 흐르는 전류를 구하는 기본 수식을 변형한 후 조건을 대입하여 구하는

단순 계산형 문제이다.

┃ 공식 CHECK

평행 도체 사이에 단위 길이당 작용하는 힘

$$F = \frac{\mu_0 I_1 I_2}{2\pi d} = 2 \times 10^{-7} \times \frac{I^2}{d} [\mathrm{N/m}]$$

(여기서, $\mu_0 = 4\pi \times 10^{-7} [\mathrm{H/m}]$)

┃ 해설

평행 도체 사이에 단위 길이당 작용하는 힘에 대한 수식을 변형하여 전류에 대한 수식으로 변경하여 주어진 값을 대입하면 다음과 같다.

$$I = \sqrt{\frac{F \cdot d}{2 \times 10^{-7}}} = \sqrt{\frac{5 \times 10^{-7} \times 10}{2 \times 10^{-7}}} = 5 [\mathrm{A}]$$

---

22 개념 이해형 + 단순 계산형　　난이도 下

┃ 정답　④

┃ 접근 POINT

두 개의 평행한 무한장 직선도체에 같은 방향으로 크기가 다른 전류가 흐를 때, 자계의 세기가 0이 되는 점의 위치를 찾는 문제로 각각의 자계의 세기를 구하고 방향이 반대이며, 그 크기가 같아야 한다는 점을 적용하여 문제를 해결하는 개념 이해형 및 단순 계산형 문제이다.

┃ 공식 CHECK

무한 선전류에 의한 자계의 세기

$$H = \frac{I}{2\pi r} [\mathrm{AT/m}]$$

┃ 해설

각 선전류로부터 자계의 세기를 구한다.

$H_1 = \dfrac{I}{2\pi a}$, $H_2 = \dfrac{4I}{2\pi b}$ 이며, 점 P 에서 자계의 방향이 반대 방향이고 자계의 세기 0이 되기 위해서는 크기가 같아야 한다.

따라서 $H_1 = H_2$ 이어야 하므로

$\dfrac{I}{2\pi a} = \dfrac{4I}{2\pi b}$ 이고 정리하면 $\dfrac{a}{b} = \dfrac{1}{4}$ 이 된다.

---

23 복합 계산형　　난이도 上

┃ 정답　③

┃ 접근 POINT

무한히 넓은 평면 자성체의 경계면에서 일정 거리 떨어진 직선 전류에 작용하는 힘을 구하는 문제로 영상전류를 구하여 두 도선 사이의 작용하는 힘을 구하는 복합 계산형 문제이다.

┃ 공식 CHECK

두 도선에 작용하는 힘의 크기

$$F = \frac{\mu I_1 I_2}{2\pi d} = \frac{\mu_0 \mu_r I_1 I_2}{2\pi d} = \frac{2\mu_r I_1 I_2}{d} \times 10^{-7} [\mathrm{N}]$$

($\mu_0 = 4\pi \times 10^{-7} [\mathrm{H/m}]$ 이다.)

무한히 넓은 평면 자성체(투자율 μ)에 의해 경계면이 형성되면 경계면 반대편 대칭적인 곳 ($-a$)에 영상전류(I')가 흐른다고 가정하고 해석한다.

여기서, 영상전류의 크기는 $I' = \dfrac{\mu - \mu_0}{\mu + \mu_0} I$ 이다.

해설

영상전류에 의한 두 전류간 작용하는 힘은

$$F = \frac{\mu_0 I \cdot I'}{2\pi d} = \frac{\mu_0 I}{2\pi \times (2a)} \times \frac{\mu - \mu_0}{\mu + \mu_0} I$$

$$= \frac{\mu_0}{4\pi a}\left(\frac{\mu - \mu_0}{\mu + \mu_0}\right) I^2 \, [\text{N/m}]$$

대표유형 ⑧

자성체와 자기회로   45쪽

01 | 단순 암기형   난이도 下

정답 ②

접근 POINT

반자성체의 비투자율의 값의 범위를 물어보는 단순 암기형 문제이다.

공식 CHECK

종류	투자율	비투자율	비자하율	종류
강자성체	$\mu \gg \mu_0$	$\mu_s \gg 1$	$\chi_s \gg 1$	철, 니켈, 코발트
상자성체	$\mu > \mu_0$	$\mu_s > 1$	$\chi_s > 0$	백금, 알루미늄, 산소
반자성체	$\mu < \mu_0$	$\mu_s < 1$	$\chi_s < 0$	은, 구리, 비스무트, 물

해설

자성체의 비투자율이 μ_s라면 조건은 다음과 같다.

① 강자성체 : $\mu_s \gg 1$

② 상자성체 : $\mu_s > 1$

③ 반자성체 : $\mu_s < 1$

02 단순 암기형   난이도 下

▎정답 ②

▎접근 POINT

자기차폐의 용어에 대한 이해와 어떤 물질로 둘러싸였을 경우에 자기차폐가 잘 이루어지는지를 물어보는 문제이다. 이와 관련하여 정전차폐에 대해서도 함께 학습하면 도움이 된다.

▎용어 CHECK

자기차폐: 자기력선속(磁氣力線束)이 흡수되는 형태로 자성체 속을 통과하기 때문에 일어나는 현상으로서, 전기차폐만큼 완전하지는 않지만 사용상 지장이 없을 정도로 자기장의 영향을 받지 않도록 장치를 보호할 수 있다.

▎해설

자기차폐는 강자성체로 둘러싸인 구역 안에 있는 물체나 장치에 외부 자기장의 영향이 미치지 않는 현상 또는 그렇게 하는 조작이다. 자기력선속이 차폐하는 물질에 흡수되는 방식으로 차폐하며, 투자율이 큰 자성체일수록 자기차폐가 더욱 효과적으로 일어난다.

예를 들어 철판으로 만든 원통으로 구역을 에워싸면 자기력선속은 철판 자체에 집중하고, 원통의 내부 공간에는 거의 들어가지 않는다. 그 효과는 투자율이 큰 자성체일수록 두드러지며, 퍼말로이(철 20~25%가 함유된 니켈합금) 등을 사용하면 특히 큰 효과를 기대할 수 있다.

▎관련개념

정전차폐(Electrostatic Shield, 磁氣遮蔽): 접지된 금속으로 대전체를 완전히 둘러쌈으로써 외부 정전기장에 의한 정전 유도를 차단하는 것으로 내부 대전체의 전기력선이 외부로 새지 않고, 또한 외부의 전기력선도 내부 대전체에 영향을 주지 않는다.

03 단순 암기형 + 단순 계산형   난이도 中

▎정답 ①

▎접근 POINT

히스테리시스 곡선과 주어진 조건에서 히스테리시스 손실을 구하는 단순 암기형 및 단순 계산형 문제이다.

▎공식 CHECK

히스테리시스 곡선에서 단위 체적당 히스테리시스 손실

$$w_h = \oint H \cdot dB = 2H_c \times 2B_r$$
$$= 4H_c B_r [\text{W/m}^3]$$

평등 자계 내에서 체적 $v[\text{m}^3]$, 주파수 $f[\text{Hz}]$로 자화할 경우 히스테리시스 손실

$$P_h = f v w_h [\text{W}]$$

▎해설

철심이 한 번 자화함에 따라 발생하는 단위 체적당 에너지 손실 w_h는 사각형 히스테리시스로 포위된 면적과 동일하다.

$$w_h = \oint H \cdot dB = 2H_c \times 2B_r = 4H_cB_r \,[\text{W/m}^3]$$

그리고, 체적 $v[\text{m}^3]$, 주파수 $f[\text{Hz}]$라 하면 구하는 에너지 P_h는 다음과 같다.

$$\begin{aligned} P_h &= fvw_h = 4fvH_cB_r \\ &= 4 \times 60 \times (10 \times 10^{-6}) \times 1 \times 5 \\ &= 1.2 \times 10^{-2} \,[\text{W}] \end{aligned}$$

04 단순 암기형   난이도 下

┃ 정답 ①

┃ 접근 POINT

히스테리시스 곡선의 기울기가 투자율인지를 아는지 확인하는 단순 암기형 문제이다.

┃ 용어 CHECK

(1) 히스테리시스 곡선: 가로축은 자계 H, 세로축은 자속밀도 B로 자계를 변화시킬 때 물질 속의 자속밀도의 변화를 확인할 수 있는 곡선이다.

(2) 잔류자기: 외부에서 가한 자계를 0으로 하여도 자성체에 남는 자속밀도의 크기(세로축과의 교점)

(3) 보자력: 자화된 자성체 내부의 자속밀도를 0으로 만들기 위하여 외부에서 자화와 반대 방향으로 가하는 자계의 세기(가로축과의 교점)

┃ 공식 CHECK

자속밀도와 자계의 관계식 $B = \mu H$

┃ 해설

$B = \mu H$이므로 히스테리시스 곡선의 기울기는 해당 자성체의 투자율이다.

┃ 관련개념

자석의 재료

(1) 영구자석: 잔류자기 및 보자력이 모두 클 것
(2) 전자석: 잔류자기는 크고, 보자력은 작을 것

05 개념 이해형   난이도 中

┃ 정답 ②

┃ 접근 POINT

자성체 내부에서 자속의 변화로 인해 발생하는 와전류에 대한 특성을 이해하고 암기했는지를 확인하는 개념 이해형 문제이다.

┃ 용어 CHECK

와전류(eddy current, 맴돌이 전류): 교류와 같이 시간적으로 변화하는 자계 내에 놓여진 도체 중에 전자유도에 의해 생기는 전류로 와전류에 의해 도체 내에서 열을 발생하여 와전류 손실이 발생한다.

┃ 해설

자성체 중에서 자속이 변화하면 기전력이 발생하고 이 기전력에 의해 자성체 중에 소용돌이 모양의 전류가 흐르는 현상을 와전류라 한다.

06 개념 이해형 + 단순 암기형 난이도 中

▮ 정답 ②

▮ 접근 POINT

강자성체에서 순간적으로 일어나는 효과로서 바크하우젠 효과에 대한 용어에 대해 개념적으로 이해하고 암기하고 있는지를 물어보는 단순 암기형 문제이다.

▮ 용어 CHECK

강자성체(Ferromagnetic substance): 외부 자기장 없이도 자기 모멘트가 한 방향으로 정렬하는 물질을 말한다. 강자성체의 예로는, 철(Fe), 코발트(Co), 니켈(Ni) 등의 전이금속 또는 네오디뮴(Nd), 사마륨(Sm) 등 희토류 원자를 포함하는 금속화합물을 들 수 있다.

▮ 해설

강자성체의 히스테리시스 곡선에서 자계가 증가할 때 자속밀도가 부드러운 곡선이 아니고 계단처럼 불연속적으로 변화하게 되는데, 이것은 자구(잘게 쪼개진 조각의 강자성체)가 어떤 순간에 급격하게 회전하기 때문인데 이러한 현상을 바크하우젠 효과(Barkhausen Effect)라고 한다.

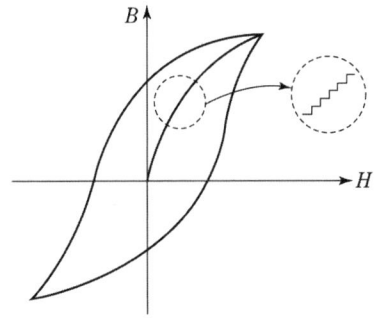

07 개념 이해형 + 단순 암기형 난이도 中

▮ 정답 ①

▮ 접근 POINT

자계, 자속밀도, 자화의 세기, 투자율 및 자화율에 관계된 수식의 관계를 개념적으로 이해하고 암기하고 변형할 수 있는지 확인하는 개념 이해형 및 단순 암기형 문제이다.

▮ 공식 CHECK

자화의 세기 $J = \mu_0(\mu_s - 1)H = \chi H$

자속 밀도

$B = \mu_0 H + J = (\mu_0 + \chi)H = \mu_0\mu_s H = \mu H$

비투자율 $\mu_s = 1 + \dfrac{\chi}{\mu_0}$

▮ 해설

자화의 세기 $J = \chi H\,[\mathrm{Wb/m^2}]$

자속밀도

$B = \mu_0 H + J = \mu_0 H + \chi H = (\mu_0 + \chi)H$

$\quad = \mu_0\mu_s H = \mu H\,[\mathrm{Wb/m^2}]$

투자율과 자화율의 관계

$\mu = \mu_0 + \chi\,[\mathrm{H/m}]$,

$\mu_s = \dfrac{\mu}{\mu_0} = \dfrac{\mu_0 + \chi}{\mu_0} = 1 + \dfrac{\chi}{\mu_0}$

08 단순 계산형 난이도 下

▮ 정답 ④

| 접근 POINT

균일하게 자화된 원통의 양단에서의 전자극의 세기는 자화의 세기에 원통의 단면적인 원의 면적을 곱하여 구하는 방법을 아는지 확인하는 단순 계산형 문제이다.

| 공식 CHECK

자극의 크기 $m = BS[\text{Wb}]$

| 해설

자화의 세기(자화도)는 그 체적의 단면에 나타나는 자극의 밀도로 표시된다. 따라서, 원통 양단에 있어서 전자극의 세기 m'는 다음과 같다.

$$m' = \pi\left(\frac{d}{2}\right)^2 J = \frac{1}{4}\pi d^2 J[\text{Wb}]$$

여기서, 문제의 단위를 보면 자화의 세기는 $[\text{Wb}/\text{m}^2]$이며, 전자극의 세기는 $[\text{Wb}]$이므로, 자화의 세기에 원통의 단면적을 곱하면 단위를 맞출 수 있음을 확인할 수 있다.

09 복합 계산형   난이도 中

| 정답   ③

| 접근 POINT

자속밀도와 벡터 포텐셜의 관계와 자속밀도와 자계의 관계를 통해 자계의 세기를 구하는 복합 계산형 문제이다.

| 공식 CHECK

$B = \text{rot}\,A = \nabla \times A = \mu H$

A: 벡터 포텐셜, H: 자계의 세기

| 해설

자계의 세기는 $H = \dfrac{1}{\mu}B = \dfrac{1}{\mu}(\nabla \times A)$로 구할 수 있다.

$$\nabla \times A = \begin{vmatrix} a_x & a_y & a_z \\ \dfrac{\partial}{\partial x} & \dfrac{\partial}{\partial y} & \dfrac{\partial}{\partial z} \\ 3x^2 y & 2x & -z^3 \end{vmatrix} = (2 - 3x^2)a_z$$

자계의 세기 $H = \dfrac{1}{\mu}(2 - 3x^2)a_z$

| 관련개념

폐곡선 C와 쇄교하는 자속수 $\varPhi$와 벡터 포텐셜의 관계

임의의 폐곡선 C와 쇄교하는 자속의 총합 $\varPhi$는 C로 둘러싸인 임의의 면을 S라 하고 면상의 자속밀도를 B라 하면 자속의 총합은

$$\varPhi = \int_S B \cdot dS[\text{Wb}]$$이며,

자속밀도 $B = \text{rot}\,A = \nabla \times A$이므로

$$\varPhi = \int_S B \cdot dS = \int_S \text{rot}\,A \cdot dS$$

$$= \oint_C A \cdot dl[\text{Wb}]$$

10 단순 암기형   난이도 下

| 정답   ②

| 접근 POINT

자계의 에너지 밀도에 대한 수식을 알고 변형할 수 있는지 확인하는 단순 암기형 문제이다.

공식 CHECK

자계의 에너지 밀도

$$w_m = \frac{1}{2} BH = \frac{1}{2} \mu H^2 = \frac{B^2}{2\mu} [\mathrm{J/m^3}]$$

해설

자계의 에너지 밀도는 다음과 같이 변형하여 사용이 가능하다.

$$w_m = \frac{1}{2} \mu H^2 = \frac{1}{2} BH = \frac{B^2}{2\mu} [\mathrm{J/m^3}]$$

---

11 복합 계산형　　　　　난이도 中

정답　②

접근 POINT

단위 면적당 작용하는 힘의 수식에 자속밀도 수식을 적용하여 변형한 후 주어진 조건을 대입하여 계산하는 복합 계산형 문제이다.

공식 CHECK

단위 면적당 작용력

$$f = \frac{F}{S} = \frac{1}{2} BH = \frac{1}{2} \mu H^2 = \frac{1}{2} \frac{B^2}{\mu} [\mathrm{N/m^2}]$$

자속 $\phi = BS [\mathrm{Wb}]$,

자속 밀도 $B = \dfrac{\phi}{S} [\mathrm{Wb/m^2}]$

해설

자석 표면에서 작용력을 구하기 위해 수식을 변형한다.

$$F = fS = \frac{B^2}{2\mu_0} \cdot S = \frac{\left(\frac{\phi}{S}\right)^2}{2\mu_0} S = \frac{\phi^2}{2\mu_0 S}$$

$$= \frac{(3 \times 10^{-4})^2}{2 \times (4\pi \times 10^{-7}) \times (15 \times 10^{-4})}$$

$$= 23.87 \fallingdotseq 23.9 [\mathrm{N}]$$

---

12 복합 계산형　　　　　난이도 上

정답　③

접근 POINT

구 자성체의 감자율을 구하는 문제로 자화의 세기와 감자력의 수식을 알고 변형하는 복합 계산형 문제로 전자기학에서는 난이도가 높은 문제이다.

공식 CHECK

자화의 세기 $J = \dfrac{\mu_0 (\mu_s - 1)}{1 + (\mu_s - 1)N} H_0$

감자력 $H' = H_0 - H = \dfrac{N}{\mu_0} J$

해설

감자력의 수식을 왼쪽과 오른쪽으로 정리하여 비교하면

$$H' = H_0 - H = H_0 - \frac{3\mu_0}{2\mu_0 + \mu} H_0$$

$$= \left(\frac{\mu_s - 1}{2 + \mu_s}\right) H_0 \text{와}$$

$$\frac{N}{\mu_0} J = \frac{N}{\mu_0} \frac{\mu_0 (\mu_s - 1)}{1 + (\mu_s - 1)N} H_0$$

$$= \frac{(\mu_s - 1)N}{1 + (\mu_s - 1)N}H_0 \text{로}$$

$$\frac{\mu_s - 1}{2 + \mu_s}H_0 = \frac{(\mu_s - 1)N}{1 + (\mu_s - 1)N}H_0 \text{에서 약분하면}$$

$$\frac{1}{2 + \mu_s} = \frac{N}{1 + (\mu_s - 1)N} \text{가 되며}$$

$1 + (\mu_s - 1)N = (2 + \mu_s)N$에서 $3N = 1$이고,

$N = \dfrac{1}{3}$ 이 된다. N은 구 자성체의 감자율이다.

❚ 관련개념

감자력 $H' = \dfrac{N}{\mu_0}J$라 하면 자성체의 내부 자계는

$H = H_0 - H' = H_0 - \dfrac{NJ}{\mu_0}$이며, 자화의 세기

에 대입하면

$J = \chi_m H = \chi_m \left(H_0 - \dfrac{NJ}{\mu_0} \right)$이고 자화의 세기로

정리하면

$J + \dfrac{\chi_m N}{\mu_0}J = \chi_m H_0$에서

$J = \dfrac{\chi_m H_0}{1 + \dfrac{\chi_m N}{\mu_0}}$, $\chi_m = \mu_0(\mu_s - 1)$이므로

자화의 세기는 $J = \dfrac{\mu_0(\mu_s - 1)H_0}{1 + (\mu_s - 1)N}$가 된다.

---

13 단순 계산형 + 단순 암기형 난이도 中

❚ 정답 ④

❚ 접근 POINT

원형 판 자석의 자속과 반지름이 주어졌을 때 자

석 중심의 축 위의 어느 한 점에서의 자위의 세
기를 계산하는 문제로 공식을 암기하고 조건을
대입하는 단순 계산형 문제이다.

❚ 공식 CHECK

자위의 세기

$$U = \frac{m\omega}{4\pi\mu_0} = \frac{m \times 2\pi(1 - \cos\theta)}{4\pi\mu_0}$$

$$= \frac{m(1 - \cos\theta)}{2\mu_0}$$

❚ 해설

자위의 세기: $\cos\theta$를 구하기 위해 대각선의 길
이를 구하고 밑변을 축상 거리로 계산하여야 한
다. 아래 풀이에서 코사인의 값을 구할 때는 길
이의 비이므로 주어진 단위 [cm]로 사용하여 계
산하였다.

$$U = \frac{m\left(1 - \dfrac{d}{\sqrt{a^2 + d^2}}\right)}{2\mu_0}$$

$$= \frac{0.01\left(1 - \dfrac{10}{\sqrt{5^2 + 10^2}}\right)}{2 \times 4\pi \times 10^{-7}}$$

$$= 420\,[\text{AT}]$$

---

14 단순 계산형 난이도 下

❚ 정답 ③

❚ 접근 POINT

자기저항으로부터 철심을 단면적을 구하는 단
순 계산형 문제이다.

▮ 공식 CHECK

자기저항 $R_m = \dfrac{1}{\mu}\dfrac{l}{S} = \dfrac{1}{\mu_0 \mu_s}\dfrac{l}{S}$

▮ 해설

철심의 단면적을 구하기 위해 자기저항 식을 변형하고 주어진 조건을 대입한다.

$$S = \dfrac{l}{\mu_0 \mu_s R_m}$$

$$= \dfrac{(100 \times 10^{-2})}{(4\pi \times 10^{-7}) \times 50 \times (2.0 \times 10^{7})}$$

$$= 7.957 \times 10^{-4} \fallingdotseq 8 \times 10^{-4}[\mathrm{m}^2]$$

15 단순 암기형 난이도 下

▮ 정답 ①

▮ 접근 POINT

자기회로에서 자기저항에 대한 수식을 암기하고, 수식에서 비례 반비례 관계를 아는지 확인하는 단순 암기형 문제이다.

▮ 공식 CHECK

자기저항 $R_m = \dfrac{1}{\mu}\dfrac{l}{S}[\mathrm{AT/Wb}]$

l: 자기회로 길이(자로의 길이)

μ: 투자율, S: 철심의 단면적

▮ 해설

자기회로는 투자율에 반비례하고, 자로의 길이에 비례하고, 철심(자기회로)의 단면적에는 반비례한다.

16 단순 계산형 난이도 中

▮ 정답 ④

▮ 접근 POINT

공극이 있는 경우의 합성 자기저항과 기자력의 관계식을 이용하여 주어진 조건을 대입하여 수식을 구하는 단순 계산형 문제이다.

▮ 공식 CHECK

공극이 있는 경우 합성 자기저항

$R_m = R_g + R_c = \dfrac{l_1}{\mu_0 S} + \dfrac{l_2}{\mu S}[\mathrm{AT/Wb}]$

기자력 $F_m = NI = R_m \phi = R_m \cdot BS[\mathrm{AT}]$

▮ 해설

기자력

$$F_m = R_m BS = \left(\dfrac{l_1}{\mu_0 S} + \dfrac{l_2}{\mu_0 \mu_s S}\right)BS$$

$$= \dfrac{B}{\mu_0}\left(l_1 + \dfrac{l_2}{\mu_s}\right)[\mathrm{AT}]$$

17 단순 암기형 + 단순 계산형 난이도 中

▮ 정답 ①

▮ 접근 POINT

공극이 없을 때와 만들었을 때의 자기저항의 비를 구하는 단순 암기형 및 단순 계산형 문제이다.

공식 CHECK

공극이 없을 때의 자기저항

$$R_m = \frac{l + l_g}{\mu S} \fallingdotseq \frac{l}{\mu S}[\Omega] \ \ (\because l \gg l_g)$$

미소 공극 l_g가 있을 때의 자기저항 R'

$$R'_m = \frac{l_g}{\mu_0 S} + \frac{l}{\mu S}[\Omega]$$

해설

공극이 없을 때의 자기저항과 미소 공극을 만들었을 때의 자기저항의 비값을 구하는 문제로

공극이 없을 때의 자기저항 $R_m = \frac{1}{\mu}\frac{l}{S}$이고,

공극이 있을 때의 자기저항

$R'_m = \frac{l_g}{\mu_0 S} + \frac{l}{\mu S}[\Omega]$이므로

$$\frac{R'_m}{R_m} = \frac{\dfrac{l_g}{\mu_0 S}}{\dfrac{l}{\mu S}} + 1 = \frac{\mu l_g}{\mu_0 l} + 1 = \frac{\mu_0 \mu_s l_g}{\mu_0 l} + 1$$

$$= \frac{\mu_s l_g}{l} + 1 \text{이다.}$$

---

18 개념 이해형 + 단순 계산형   난이도 中

정답 ②

접근 POINT

자기회로에서 전류를 인가하여 기자력을 투입는 것이 마치 전기회로의 전압을 인가하는 것과 같은 역할을 하므로 전기회로에서의 중첩의 원리에서 사용하는 해석법으로 문제를 해결하는 개념 이해형 및 단순 계산형 문제이다.

공식 CHECK

직렬연결의 합성저항 $R_s = R_1 + R_2[\Omega]$

병렬연결의 합성저항 $R_p = \dfrac{R_1 R_2}{R_1 + R_2}[\Omega]$

해설

A코일 인가 시 등가 회로에서 합성저항을 구하면

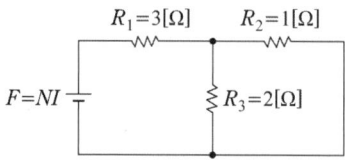

$R_A = 3 + \dfrac{1 \times 2}{1 + 2} = 3.666 \fallingdotseq 3.67\,[\Omega]$이고,

B코일 인가 시 등가 회로에서 합성저항을 구하면

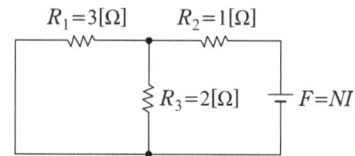

$R_B = 1 + \dfrac{3 \times 2}{3 + 2} = 2.2\,[\Omega]$이다.

---

19 단순 암기형 + 개념 이해형   난이도 中

정답 ④

접근 POINT

자성체의 경계면에서 경계조건을 암기하고 응용문제들을 계산할 수 있도록 학습하여야 한다. 특히, 단순 공식을 물어보는 문제가 자주 출제되며 최근 유전체의 경계면에서 경계조건을 포함한 문제가 출제되므로 함께 암기해야 한다.

▌용어 CHECK

법선(수직,Normal)성분: 경계면을 수직으로 뚫고 통과하는 성분

접선(평행,tangent)성분: 법선성분에 수직인 성분으로 그 점에서의 접선의 방향과 같은 성분(변화하는 방향)

▌공식 CHECK

투자율이 μ_1, μ_2인 두 매질이 접한 경계면의 경계조건

(1) 자속밀도는 경계면에서 법선(수직)성분이 같다.

$B_{1n} = B_{2n}$, $B_1\cos\theta_1 = B_2\cos\theta_2$

(2) 자계의 세기는 경계면에서 접선(평행)성분이 같다.

$H_{1t} = H_{2t}$, $H_1\sin\theta_1 = H_2\sin\theta_2$

(3) 자성체의 굴절의 법칙 $\dfrac{\tan\theta_1}{\tan\theta_2} = \dfrac{\mu_1}{\mu_2}$

(4) 자속은 투자율이 높은 쪽으로 모이려는 성질이 있다.

▌해설

전속 밀도는 경계면에서 수직 성분(=법선 성분)이 서로 같다.

$D_{1N} = D_{2N}$ 또는 $D_1\cos\theta_1 = D_2\cos\theta_2$

▌관련개념

두 유전체의 경계면에서 경계조건(굴절법칙)

(1) 전속밀도 D의 법선(수직)성분이 같다.

$D_{1n} = D_{2n}$, $D_1\cos\theta_1 = D_2\cos\theta_2$

(2) 전계의 세기 E의 접선(평행)성분이 같다.

$E_{1t} = E_{2t}$ $E_1\sin\theta_1 = E_2\sin\theta_2$

(3) 기울기와 유전율의 관계 : $\dfrac{\tan\theta_1}{\tan\theta_2} = \dfrac{\varepsilon_1}{\varepsilon_2}$

(4) 전속은 유전율이 큰 쪽으로 모이려는 성질이 있다.

20 개념 이해형 + 단순 암기형　난이도 中

▌정답 ①

▌접근 POINT

전기회로와 자기회로의 쌍대성과 비교 용어들을 정리하여 암기하고 있는지 물어보는 개념 이해형 및 단순 암기형 문제이다. 이번 문제는 잘 사용하지 않는 용어인 퍼미언스에 대해 물어보아 오답률이 높았던 문제이다.

▌용어 CHECK

전기를 잘 흐르게 하는 성질을 도전율, 자속을 잘 흐르게 하는 성질을 투자율이라 한다.

전기 저항의 역수는 컨덕턴스이고, 자기저항의 역수는 퍼미언스(permeance)라 한다.

퍼미언스(permeance): 자기저항의 역수로, 자속이 통하기 쉬움을 나타내는 양을 말하며, 단위는 [Wb/A] 또는 [H](헨리)가 쓰인다.

공식 CHECK

전기회로와 자기회로의 대응

전기회로		자기회로	
기전력	$E\,[\mathrm{V}]$	기자력	$F_m\,[\mathrm{AT}]$
전 류	$I\,[\mathrm{A}]$	자 속	$\phi\,[\mathrm{Wb}]$
전 계	$E\,[\mathrm{V/m}]$	자 계	$H\,[\mathrm{AT/m}]$
전기저항	$R\,[\Omega]$	자기저항	$R_m\,[\mathrm{AT/Wb}]$
도전율	$\sigma\,[\mho/\mathrm{m}]$	투자율	$\mu\,[\mathrm{H/m}]$
옴의법칙	$E=IR\,[\mathrm{V}]$ $I=\dfrac{E}{R}[\mathrm{A}]$	옴의법칙	$F_m=\phi R_m\,[\mathrm{AT}]$ $\phi=\dfrac{NI}{R_m}[\mathrm{Wb}]$

해설

자기저항 $R_m=\dfrac{1}{\mu}\dfrac{l}{S}=\dfrac{NI}{\phi}[\mathrm{AT/Wb}]$

전기저항 $R=\dfrac{1}{\sigma}\dfrac{l}{S}=\rho\dfrac{l}{S}[\Omega]$

(여기서, μ:투자율, σ:도전율이다.)
자기저항의 역수는 퍼미언스(permeance)라고 한다.

대표유형 ⑨
전자유도와 인덕턴스 50쪽

01 단순 암기형 + 개념 이해형   난이도 下

정답 ④

접근 POINT
전자유도법칙에 대한 수식을 개념적인 용어로 표현할 수 있는지를 물어보는 개념 이해형 및 단순 암기형 문제이다.

공식 CHECK
유도기전력
$$e=-\frac{d\Phi}{dt}=-N\frac{d\phi}{dt}=-L\frac{di}{dt}[\mathrm{V}]$$
자기 인덕턴스 관계식 $LI=N\phi$

해설
전자유도에서 회로에 발생하는 기전력 $e[\mathrm{V}]$는 쇄교 자속 $\phi[\mathrm{Wb}]$가 시간적으로 변화하는 비율과 같다.
$$e=-N\frac{d\phi}{dt}[\mathrm{V}]$$
(여기서, -(부호)는 자속이 변화하는 것을 방해하는 방향(반대 방향)을 말한다.)

02 개념 이해형   난이도 下

정답 ①

접근 POINT

발전기의 원리인 플레밍의 오른손 법칙에 대하여 개념을 적용할 수 있는지 물어보는 개념 이해형 문제이다.

공식 CHECK

플레밍의 오른손 법칙

유도기전력 $e = vBl\sin\theta[\text{V}]$

엄지=운동 방향, 검지=자속 방향, 중지=기전력의 방향

해설

플레밍의 오른손 법칙을 적용하여 전류가 흐르게 되는 기전력의 방향은 a → b → c → d이다.

03 단순 계산형　　　　　　난이도 下

정답　②

접근 POINT

일정한 자속밀도를 가지는 자속 안에서 도체가 운동할 때 도체에 유도되는 기전력의 크기를 구하는 단순 계산형 문제이다.

공식 CHECK

운동 기전력 $e = \dfrac{d\phi}{dt} = Bl\dfrac{dy}{dt} = vBl\sin\theta[\text{V}]$

해설

$e = vBl\sin\theta = 10 \times 30 \times 0.1 \times \sin 60°$
$= 15\sqrt{3}[\text{V}]$

관련개념

자속밀도 B에서 도체가 이동 또는 회전할 때

(1) 원판 발전기(단극 발전기)의 운동 기전력

$$e = \frac{\omega B a^2}{2}$$

ω: 원판의 각속도, a: 원판의 반지름

(2) 회로 저항이 R인 경우 유도전류

$$i = \frac{e}{R} = \frac{\omega B a^2}{2R}[\text{A}]$$

04 단순 계산형　　　　　　난이도 下

정답　③

접근 POINT

일정한 자속밀도를 가지는 자속 안에서 열차(도체)가 운동할 때 도체에 유도되는 기전력의 크기를 구하는 단순 계산형 문제이다. 주의할 사항은 속도를 초속으로 계산하여 대입해야 한다는 점이다.

공식 CHECK

운동기전력 $e = \dfrac{d\phi}{dt} = Bl\dfrac{dy}{dt} = vBl\sin\theta[\text{V}]$

해설

주어진 조건에서 열차가 매시 60[km]의 속도로 달리므로 이것을 초속으로 계산한 후 다른 조건과 함께 유도기전력을 구하는 수식에 대입한다.

$v = \dfrac{60 \times 10^3}{3,600} = 16.7[\text{m/s}], \ \theta = 90°$

$e = vBl\sin\theta$

$= 16.7 \times (0.15 \times 10^{-4}) \times 1.5 \times \sin 90°$

$= 3.75 \times 10^{-4}[\text{V}]$

| 05 | **복합 계산형** | | 난이도 中 |

▌정답 ①

▌접근 POINT

유도기전력의 수식을 원하는 조건과 관련된 수식으로 변형하여 주어진 조건을 대입하여 계산하는 복합 계산형 문제이다.

▌공식 CHECK

유도기전력

$$e = -N\frac{d\phi}{dt} = -N\phi_m \omega \cos\omega t$$
$$= -NB_m S \omega \cos\omega t\,[\mathrm{V}]$$

(여기서, $\phi = \phi_m \sin\omega t$, $\phi_m = B_m S$ 이다.)

따라서, 유도기전력의 최댓값은

$$E_m = \omega N B_m S$$

▌해설

유도기전력의 최대값 식을 변형하면

$$N = \frac{E_m}{\omega B S} = \frac{E_m}{2\pi f B S} = \frac{220}{377 \times 0.15 \times 2 \times 10^{-2}}$$
$$= 194.5$$

계산값보다 커야하므로 감은 수는 195회이다.

| 06 | **개념 이해형 + 단순 암기형** | | 난이도 中 |

▌정답 ④

▌접근 POINT

균일한 자속밀도를 가진 원통형 자석이 회전할 때 도체에 걸리는 유도기전력을 구하고 전류를 구하는 문제로, 도체가 고정되어 있고 자석이

회전해도 상대적으로 도체가 운동하는 것처럼 간주할 수 있다는 개념과 원판 발전기의 유도기전력 공식을 암기하여 해결하는 개념 이해형 및 단순 암기형 문제이다.

▌공식 CHECK

자속밀도 B에서 도체가 이동 또는 회전할 때

(1) 원판 발전기(단극 발전기)의 운동 기전력

$$e = \frac{\omega B a^2}{2}$$

(ω: 원판의 각속도, a: 원판의 반지름)

(2) 회로 저항이 R인 경우 유도 전류

$$i = \frac{e}{R} = \frac{\omega B a^2}{2R}\,[\mathrm{A}]$$

▌해설

균일한 자속밀도를 가진 원통형 자석이 회전할 때 고정된 도체에 걸리는 유도기전력을 구하는 것은 상대적으로 균일한 자속에서 원판형 도체가 운동하는 것처럼 간주할 수 있다는 개념적인 접근에서 원판 도체 회전시 발생되는 유기 기전력은 $e = \frac{1}{2}\omega B a^2\,[\mathrm{V}]$가 된다. 그리고, 저항 $R[\Omega]$에 흐르는 전류는 $I = \frac{e}{R} = \frac{\omega B a^2}{2R}\,[\mathrm{A}]$ 이 된다.

| 07 | **개념 이해형 + 단순 계산형** | | 난이도 下 |

▌정답 ②

▌접근 POINT

자계 내에서 전류가 흐르는 도체가 받는 힘과 자

계 내에서 운동 도체에 발생하는 유도기전력의 수식의 관계로써 개념적인 수식 변형을 하여 답을 구하는 개념 이해형 및 단순 계산형 문제이다.

┃ 공식 CHECK

자계 내에서 전류 도체가 받는 힘

$F = IBl\sin\theta[\text{N}]$

자계 내에서 운동 도체의 유도기전력

$e = vBl\sin\theta\,[\text{V}]$

┃ 해설

자계와 직각으로 놓인 도체에 작용하는 힘은 $\sin90° = 1$이므로 $f = IBl[\text{N}]$에서 Bl을 구하면 $Bl = \dfrac{f}{I}[\text{Wb/m}]$이며, 도체를 자계와 직각으로 v의 속도로 운동시킬 때의 유도기전력은 $\sin90° = 1$로 e에 대입하여 정리하면 $e = vBl = v\dfrac{f}{I}[\text{V}]$가 된다.

08 단순 암기형

난이도 下

┃ 정답 ①

┃ 접근 POINT

동축케이블의 자기 인덕턴스를 찾는 문제로 내부인지 외부인지 구체적인 조건은 없지만 보기를 통해서 외부의 자기 인덕턴스를 찾는 것으로 볼 수 있는 문제이다.

┃ 공식 CHECK

코일의 종류별 자기 인덕턴스

(1) 환상 솔레노이드 $L = \dfrac{\mu S N^2}{l}[\text{H}]$

　　(l: 환상 중심거리)

(2) 직선 솔레노이드 $L = \dfrac{\mu S N^2}{l}[\text{H}]$

　　(l: 직선 길이)

(3) 원형 코일 $L = \dfrac{\pi a \mu N^2}{2}[\text{H}]$

(4) 동축케이블의 내부 $L_{in} = \dfrac{\mu}{8\pi}\,[\text{H/m}]$

(5) 동축케이블 외부 $L_{out} = \dfrac{\mu_0}{2\pi}\ln\dfrac{b}{a}\,[\text{H/m}]$

(6) 평행 왕복도체 $L = \dfrac{\mu_0}{\pi}\ln\dfrac{d}{a} + \dfrac{\mu}{4\pi}\,[\text{H/m}]$

┃ 해설

원통 내의 반지름이 r이고 폭이 dr인 얇은 원통에서 r 위치의 자계의 세기는 $H = \dfrac{I}{2\pi r}$

dr의 미소 원통을 지나는 미소 자속은

$d\phi = BdS = Bldr = \mu_0 Hldr = \mu_0 \dfrac{Il}{2\pi r}dr$

이며, 전체 자속은

$\phi = \displaystyle\int_a^b d\phi = \dfrac{\mu_0 Il}{2\pi}\int_a^b \dfrac{1}{r}dr = \dfrac{\mu_0 Il}{2\pi}\ln\dfrac{b}{a}\,[\text{Wb}]$

그러므로 인덕턴스 L은

$L = \dfrac{\phi}{I} = \dfrac{\mu_0 l}{2\pi}\ln\dfrac{b}{a}[\text{H}]$이며,

단위 길이당 인덕턴스는

$L_l = \dfrac{L}{l} = \dfrac{\mu_0}{2\pi}\ln\dfrac{b}{a}\,[\text{H/m}]$이다.

09 단순 계산형 난이도 下

정답 ②

접근 POINT

동축케이블의 외부 인덕턴스 수식을 암기하고 주어진 조건을 대입하여 계산하는 단순 계산형 문제이다.

공식 CHECK

동축케이블의 내부 인덕턴스

$$L_{in} = \frac{\mu}{8\pi} [\text{H/m}]$$

동축케이블 외부 인덕턴스

$$L_{out} = \frac{\mu_0}{2\pi} \ln \frac{b}{a} [\text{H/m}]$$

해설

동축케이블 외부 인덕턴스

$$L = \frac{\mu_0}{2\pi} \ln \frac{b}{a} = \frac{4\pi \times 10^{-7}}{2\pi} \ln \frac{20}{10}$$

$$= 1.39 \times 10^{-7} [\text{H/m}]$$

10 단순 암기형 + 개념 이해형 난이도 中

정답 ④

접근 POINT

코일의 모양에 따른 인덕턴스 구하는 식을 암기하고 주어진 조건에서 계산할 수 있도록 연습하면 해결할 수 있는 유형의 문제이다.

공식 CHECK

원통 내부 인덕턴스(=길이 l인 동축케이블 내부)

$$L = \frac{\mu}{8\pi} \cdot l = \frac{\mu_0 \mu_s}{8\pi} l [\text{H}]$$

해설

원통 내부 인덕턴스

$$L = \frac{\mu_0}{8\pi} \mu_s l = \frac{4\pi \times 10^{-7}}{8\pi} \mu_s l$$

$$= \frac{1}{2} \times 10^{-7} \mu_s l [\text{H}]$$

11 단순 암기형 + 단순 계산형 난이도 下

정답 ①

접근 POINT

무한장 솔레노이드에 대한 단위 길이당 자기 인덕턴스를 구하는 단순 암기형 및 단순 계산형 문제이다.

공식 CHECK

직선 솔레노이드의 인덕턴스

$$L = \frac{\mu S N^2}{l} [\text{H}] \ (l: \text{직선 길이})$$

해설

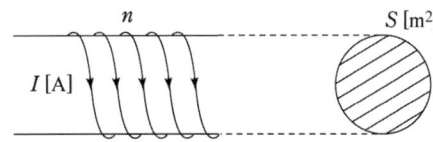

(n: 단위 길이에 대한 권수)
무한장 솔레노이드의 자기 인덕턴스는

$L = \dfrac{\mu S N^2}{l} = \dfrac{\mu S(nl)^2}{l} = \mu S n^2 l \,[\mathrm{H}]$ 이며,

단위 길이$(l = 1[\mathrm{m}])$당 자기 인덕턴스는

$L_0 = \mu S n^2 = \mu \pi a^2 n^2 \,[\mathrm{H/m}]$ 이다.

(여기서, $S = \pi a^2$)

12 단순 암기형 + 단순 계산형　난이도 下

I 정답 ③

I 접근 POINT

공심 환상 솔레노이드의 자기 인덕턴스 수식에 공기의 투자율을 대입하여 정리한 단순 암기형 및 단순 계산형 문제이다.

I 공식 CHECK

환상 솔레노이드의 자기 인덕턴스

$L = \dfrac{\mu S N^2}{l}\,[\mathrm{H}]$

l: 환상 솔레노이드 중심의 길이

I 해설

공심 환상 솔레노이드의 자기 인덕턴스

$L = \dfrac{\mu_0 S N^2}{l} = \dfrac{4\pi S N^2}{l} \times 10^{-7}\,[\mathrm{H}]$

13 단순 계산형　난이도 下

I 정답 ④

I 접근 POINT

상호유도의 관계식을 암기하고 주어진 조건을

대입하여 계산하는 단순 계산형 문제이다.

I 용어 CHECK

상호유도(mutual induction)

인접한 두 개의 코일 중 하나에 시간에 따라 크기가 변하는 전류가 흐른다. 그러면 전류의 변화에 따라 코일 내부에 크기가 변하는 자기장이 형성된다.

자기장의 변화는 이웃한 코일에 영향을 주고, 유도기전력이 생겨 전류가 흐른다.

이렇게 한 코일에 흐르는 전류의 변화가 인접한 다른 코일에 기전력을 유도하는 현상을 상호유도라고 한다.

I 공식 CHECK

자기유도 기전력 $e = -N\dfrac{d\phi}{dt} = -L\dfrac{di}{dt}\,[\mathrm{V}]$

상호유도 기전력 $e_1 = -M\dfrac{di_2}{dt}\,[\mathrm{V}]$

I 해설

송전선에 흐르는 전류에 의해 통신선에 걸리는 상호유도 전압

$e_2 = -M\dfrac{di_1}{dt} = -300 \times 10^{-3} \times \dfrac{1 \times 10^3}{0.01}$

$\quad = -30,000\,[\mathrm{V}]$

(여기서, $(-)$ 는 반대 방향을 의미한다.)

I 관련개념

상호 인덕턴스의 유도

$M_{12} = \dfrac{N_2 \phi_1}{I_1},\ M_{21} = \dfrac{N_1 \phi_2}{I_2},$

$L_1 L_2 = M_{12} M_{21}$

(1) 누설자속이 없는 경우 $(M_{12} = M_{21} = M)$

$M^2 = L_1 L_2$에서 상호 인덕턴스는

$$M = \sqrt{L_1 L_2}$$

(2) 누설자속이 있는 경우 상호 인덕턴스

$M = k\sqrt{L_1 L_2}$ (여기서, k는 결합계수)

14 개념 이해형 + 단순 계산형   난이도 中

▌정답   ①

▌접근 POINT

두 코일 간의 상호 인덕턴스의 관계를 기본 수식으로부터 변형하여 확인해야 풀리는 개념 이해와 단순 수식변형을 요구하는 문제이다.

▌공식 CHECK

자기 인덕턴스 : $L = \dfrac{\mu S N^2}{l}$

상호 인덕턴스

$$M = \frac{\mu S N_1 N_2}{l} = \frac{\mu S N_1 N_2}{l} \frac{N_1}{N_1} = \frac{\mu S N_1^2}{l} \frac{N_2}{N_1}$$

$$= L_1 \frac{N_2}{N_1} = \frac{\mu S N_1 N_2}{l} \frac{N_2}{N_2} = \frac{\mu S N_2^2}{l} \frac{N_1}{N_2}$$

$$= L_2 \frac{N_1}{N_2}$$

▌해설

A 코일의 자기 인덕턴스 $L_1 = \dfrac{\mu N_1^2 S}{l}$ [H]

상호 인덕턴스

$$M = \frac{\mu N_1 N_2 S}{l} = \frac{\mu N_1 N_2 S}{l} \cdot \frac{N_1}{N_1}$$

$$= L_1 \cdot \frac{N_2}{N_1} \text{ [H]}$$

▌관련개념/응용

상호 인덕턴스의 유도

$$M_{12} = \frac{N_2 \phi_1}{I_1}, \ M_{21} = \frac{N_1 \phi_2}{I_2},$$

$$L_1 L_2 = M_{12} M_{21}$$

(1) 누설자속이 없는 경우 ($M_{12} = M_{21} = M$)

$M^2 = L_1 L_2$에서 상호 인덕턴스는

$$M = \sqrt{L_1 L_2}$$

(2) 누설자속이 있는 경우 상호 인덕턴스

$M = k\sqrt{L_1 L_2}$ (여기서, k는 결합계수)

15 단순 암기형 + 단순 계산형   난이도 下

▌정답   ③

▌접근 POINT

두 코일 간의 상호 인덕턴스와 자기 인덕턴스의 관계식에서 결합계수의 식을 유도하는 단순 암기형, 단순 계산형 문제이다.

▌공식 CHECK

상호 인덕턴스 $M = k\sqrt{L_1 L_2}$

(결합계수는 $k = \dfrac{M}{\sqrt{L_1 L_2}}$ 이다.)

(1) 완전결합(누설자속=0) $k = 1$

(2) 결합하지 않음 $k = 0$

(3) 누설자속이 존재(일반적) $0 < k < 1$

▎ 해설

누설자속에 있는 솔레노이드에서 상호 인덕턴스 M과 자기 인덕턴스 L의 관계식은 다음과 같다.

상호 인덕턴스 $M = k\sqrt{L_1 L_2}$,

결합계수 $k = \dfrac{M}{\sqrt{L_1 L_2}}$

---

16 | 단순 암기형   난이도 下

▎ 정답 ②

▎ 접근 POINT

상호 인덕턴스에서 결합상태별 결합계수 값의 범위를 물어보는 단순 암기형 문제이다.

▎ 해설

실제 두 개의 코일 간에는 누설자속이 존재하므로 결합계수 k의 값은 $0 < k < 1$이다.

또한, $k = 0$은 자기적 결합이 전혀 없는 상태, $k = 1$은 완전한 자기 결합상태인 경우이다.

---

17 | 개념 이해형 + 단순 암기형   난이도 下

▎ 정답 ④

▎ 접근 POINT

두 개의 코일의 가동접속과 차동접속 값을 알면 그 차이가 상호 인덕턴스의 1/4배 임을 아는지 확인하는 개념 이해형 및 단순 암기형 문제이다.

▎ 공식 CHECK

가동접속 $L_1 = L_{c_1} + L_{c_2} + 2M$

차동접속 $L_2 = L_{c_1} + L_{c_2} - 2M$

가동과 차동의 차 $L_1 - L_2 = 4M$

상호 인덕턴스 $L_1 > L_2$, $|M| = \dfrac{L_1 - L_2}{4}$

▎ 해설

자속이 보강되는 것이 가동접속, 자속이 서로 상쇄되는 방향이 차동접속이며, 이 둘의 차이 값을 4로 나누면 상호 인덕턴스 값을 구할 수 있다.

---

18 | 복합 계산형   난이도 上

▎ 정답 ④

▎ 접근 POINT

폐회로에서 상호 유도계수를 구하기 위해 벡터 퍼텐셜을 적용하여 상호 쇄교자속을 구하고 전류로 나누어 상호 인덕턴스를 구하는 복합 계산형 문제이다.

보기를 보면 분모에 4π와 폐곡선 선적분의 벡터는 내적을 취한다는 것으로 암기하여 답하는 단순 암기형 문제로 볼 수 있다.

▎ 공식 CHECK

자기 인덕턴스 관계 수식

$L = \dfrac{N\phi}{I}$,

$L = \dfrac{1}{I^2} \int_v B \cdot H dv = \dfrac{1}{I^2} \int_v A \cdot J dv$

┃ 해설

C_1에 전류 I_1이 흐를 때 dl_2 부분에 생기는 벡터 퍼텐셜 A_1은 $A_1 = \dfrac{\mu}{4\pi} \oint_{C_1} \dfrac{I_1}{r_{12}} dl_1$

C_2와 쇄교하는 자속 ϕ_{21}은

$$\phi_{21} = \int_{C_2} (\text{rot} A_1) \cdot n dS_2 = \oint_{C_2} A_1 \cdot dl_2$$

$$= \dfrac{\mu I_1}{4\pi} \oint_{C_2} \oint_{C_1} \dfrac{I_1}{r_{12}} dl_1 \cdot dl_2$$

$$M_{21} = \dfrac{\phi_{21}}{I_1} = \dfrac{\mu}{4\pi} \oint_{C_1} \oint_{C_2} \dfrac{dl_1 \cdot dl_2}{r_{12}}$$

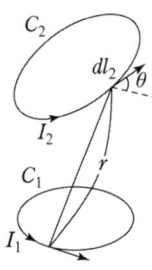

---

19 단순 계산형　　　　　　　난이도 中

┃ 정답　③

┃ 접근 POINT

코일에 축적되는 에너지를 구하는 기본 수식에 인덕턴스와 전류 및 자속 관계식을 적용하여 조건 값을 대입하여 계산하는 단순 계산형 문제이다.

┃ 공식 CHECK

인덕턴스의 축적 에너지

$$W_L = \dfrac{1}{2} LI^2, \ LI = N\phi$$

┃ 해설

인덕턴스의 축적 에너지 수식을 변경하여 대입한다.

$$W_L = \dfrac{1}{2} LI^2 = \dfrac{1}{2} \phi I = \dfrac{1}{2} \times 8 \times 2 = 8 [\text{J}]$$

---

20 단순 계산형　　　　　　　난이도 下

┃ 정답　④

┃ 접근 POINT

환상 솔레노이드에서 인덕턴스와 축적되는 자계 에너지를 계산하는 복합 계산형 문제이다.

┃ 공식 CHECK

환상 솔레노이드의 자기 인덕턴스

$$L = \dfrac{\mu S N^2}{l} [\text{H}]$$

코일에 축적되는 자계 에너지 $W_H = \dfrac{1}{2} LI^2$

┃ 해설

$$L = \dfrac{\mu S N^2}{l} = \dfrac{\mu_0 \mu_s S N^2}{l}$$

$$= (4\pi \times 10^{-7}) \times 100 \times (10 \times (10^{-2})^2)$$
$$\times 1{,}000^2$$

$$= 4\pi \times 10^{-2} [\text{H}]$$

축적 에너지

$$W_H = \dfrac{1}{2} LI^2 = \dfrac{1}{2} \times 4\pi \times 10^{-2} \times 10^2$$

$$= 2\pi [\text{J}]$$

▍관련개념

코일의 종류별 자기 인덕턴스

(1) 환상 솔레노이드 $L = \dfrac{\mu S N^2}{l}$ [H]

　　(l: 환상 중심거리)

(2) 직선 솔레노이드 $L = \dfrac{\mu S N^2}{l}$ [H]

　　(l: 직선 길이)

(3) 원형 코일 $L = \dfrac{\pi a \mu N^2}{2}$ [H]

(4) 동축케이블의 내부 $L_{in} = \dfrac{\mu}{8\pi}$ [H/m]

(5) 동축케이블 외부 $L_{out} = \dfrac{\mu_0}{2\pi} ln \dfrac{b}{a}$ [H/m]

---

21 복합 계산형 + 개념 이해형　난이도 上

▍정답　④

▍접근 POINT

자기유도계수를 구하는 방법을 수학적으로 변형하여 여러 가지 형태로 표현할 수 있는지를 물어보는 복합 계산형 및 개념 이해형 문제이다.

▍공식 CHECK

쇄교 자속 $LI = N\phi$

인덕턴스 $L = \dfrac{N\phi}{I}$

자속

$$\phi = \int_s B \cdot \vec{n}\, dS = \int_s (rot A) \cdot \vec{n}\, dS$$
$$= \oint_c A \cdot dl$$

전류 $I = \oint_c H \cdot dl = \int_s i \cdot \vec{n}\, dS$

▍해설

공식에서 주어진 식들을 정리하면

$$L = \frac{N\phi}{I} = \frac{\phi I}{I^2} = \frac{\oint_c A \cdot dl \times \int_s i \cdot \vec{n}\, dS}{I^2}$$

$$= \frac{\int_v A \cdot i\, dv}{I^2}$$

$$= \frac{\oint_C H \cdot dl \times \int_s B \cdot \vec{n}\, dS}{I^2}$$

$$= \frac{\int_v H \cdot B\, dv}{I^2}$$

---

22 단순 암기형　난이도 下

▍정답　②

▍접근 POINT

표피효과에 대한 수식을 암기하고 비례 반비례 관계를 확인하는 단순 암기형 문제이다.

▍공식 CHECK

표피효과의 침투 깊이

$$\delta = \sqrt{\frac{2}{\omega \sigma \mu}} = \sqrt{\frac{1}{\pi f \sigma \mu}} \ [m]$$

▍해설

표피효과에서 침투 깊이는 주파수 f, 도전율 σ, 투자율 μ가 클수록 침투 깊이 δ가 작아지므로 표피효과는 커진다.

23 단순 계산형

난이도 下

정답 ①

접근 POINT

침투 깊이 수식에 주어진 조건을 대입하여 계산하는 단순 계산형 문제이다.

공식 CHECK

표피효과의 침투 깊이

$$\delta = \sqrt{\frac{2}{\omega\sigma\mu}} = \sqrt{\frac{1}{\pi f \sigma \mu}} \, [\text{m}]$$

해설

침투 깊이

$$\delta = \frac{1}{\sqrt{\pi f k \mu}}$$

$$= \frac{1}{\sqrt{\pi \times (10 \times 10^3) \times (6 \times 10^{17}) \times \left(\frac{6}{\pi} \times 10^{-7}\right)}}$$

$$= \frac{1}{6} \times 10^{-7} \, [\text{m}]$$

대표유형 ⑩

전자계와 전자파

56쪽

01 단순 암기형

난이도 中

정답 ①

접근 POINT

전체 변위 전류와 단위 면적당 변위 전류의 관계를 알고 있으면 해결할 수 있는 문제이다. 항상 기호와 수식을 암기할 때 단위와 함께 암기하도록 하자.

공식 CHECK

변위 전류 $I_d = \dfrac{\partial Q}{\partial t} = \dfrac{\partial \Psi}{\partial t} = \dfrac{\partial D}{\partial t} S \, [\text{A}]$

(전속 $\Psi = Q = DS$)[A]

변위 전류밀도 $i_d = \dfrac{I_d}{S} = \dfrac{\partial D}{\partial t} \, [\text{A/m}^2]$

해설

전체 변위 전류와 단위 면적당 변위 전류의 관계 수식을 암기하고 있어야 하며, 주어진 기호의 단위를 반드시 확인해야 실수하지 않고 풀 수 있는 문제이다.

문제에서는 변위 전류라고 주어지면서 단위는 변위 전류밀도의 단위를 주어졌기 때문에 단위를 정확히 확인했다면 변위 전류밀도에 해당하는 식을 선택하면 된다. 항상 기호와 수식을 암기할 때 단위와 함께 암기해야 한다.

(3) 가우스 법칙(전계): $\nabla \cdot D = \rho$

(4) 가우스 법칙(자계): $\nabla \cdot B = 0$

┃ 해설

$\text{div } B = \nabla \cdot B = 0$

즉, 고립된 자극이 존재하지 않으므로 자계의 발산은 없다.

02 단순 암기형　난이도 下

┃ 정답　①

┃ 접근 POINT

정상 전류계에서 전류밀도와 도전율과 전계의 관계식을 물어보는 단순 암기형 문제이다.

┃ 공식 CHECK

전류 $I = \dfrac{V}{R} = \dfrac{El}{\rho\frac{l}{S}} = \dfrac{E}{\rho}S[\text{A}]$

전류밀도 $J = \dfrac{I}{S} = \dfrac{E}{\rho} = \sigma E[\text{A/m}^2]$

┃ 해설

전류밀도는 $J = \dfrac{I}{S} = \dfrac{E}{\rho} = \sigma E[\text{A/m}^2]$ 이다.

03 개념 이해형　난이도 中

┃ 정답　②

┃ 접근 POINT

맥스웰 전자방정식에 대한 의미를 설명한 것 중에서 틀린 것을 찾는 것으로 개념 이해형 문제이다.

┃ 공식 CHECK

맥스웰 방정식

(1) 패러데이 법칙: $\nabla \times E = -\dfrac{\partial B}{\partial t}$

(2) 암페어 주회적분 법칙: $\nabla \times H = i_c + \dfrac{\partial D}{\partial t}$

04 개념 이해형 + 단순 암기형　난이도 中

┃ 정답　④

┃ 접근 POINT

맥스웰 방정식의 한점에 대한 미분형을 물어보는 문제로 여기서는 자속의 변화량이 전계의 회전을 나타내는 수식을 찾아내면 되는 개념 이해형 및 단순 암기형 문제이다.

┃ 공식 CHECK

맥스웰 방정식

(1) 패러데이 전자 유도 법칙의 미분형

$\text{rot}E = \nabla \times E = -\dfrac{\partial B}{\partial t} = -\mu\dfrac{\partial H}{\partial t}$

(2) 앙페르 주회 적분 법칙의 미분형

$\text{rot}H = \nabla \times H = i + \dfrac{\partial D}{\partial t}$

(3) 정전계 가우스 정리의 미분형

$\text{div}D = \nabla \cdot D = \rho$

(4) 정자계 가우스 정리의 미분형

$\text{div}B = \nabla \cdot B = 0$

┃ 해설

공간 도체 내의 한 점에서 자속이 시간적으로 변

화하는 경우에 성립하는 식을 찾는 문제로 문제에 힌트가 있다. 자속이 시간에 따라 변해야 하므로 $\dfrac{\partial B}{\partial t}$가 포함되어 있으야 하며, 패러데이 전자유도법칙에서 자계의 변화에 반대하는 방향으로 전계의 회전이 일어남을 나타내는 식을 찾으면 된다.

05 복합 계산형

난이도 中

정답 ②

접근 POINT

암페어의 법칙과 전류밀도의 관계를 통해 문제를 해결하면 된다. 힌트는 전류밀도의 벡터 성분이 z성분만 있고, 이와 같은 성분을 비교하여 보기에서 성립하는 것을 찾는 복합 계산형 문제이다.

공식 CHECK

앙페르 주회 적분 법칙의 미분형

$$\mathrm{rot}H = \nabla \times H = i + \dfrac{\partial D}{\partial t}$$

$$\mathrm{rot}H = \left(\dfrac{1}{r}\dfrac{\partial H_z}{\partial \phi} - \dfrac{\partial H_\phi}{\partial z}\right)a_r + \left(\dfrac{\partial H_r}{\partial z} - \dfrac{\partial H_\phi}{\partial r}\right)a_\phi$$
$$+ \left(\dfrac{1}{r}\dfrac{\partial (rH_\phi)}{\partial r} - \dfrac{\partial H_r}{\partial \phi}\right)a_z$$

해설

원통 좌표계의 전류밀도와 암페어 법칙을 사용한 자계의 수식을 비교하여 찾으면 $\mathrm{rot}H = J$이므로

$$\dfrac{1}{r}\dfrac{\partial (rH_\phi)}{\partial r} - \dfrac{1}{r}\dfrac{\partial H_r}{\partial \phi} = Kr^2 \text{에서}$$

$$\dfrac{1}{r}\dfrac{\partial (rH_\phi)}{\partial r} = Kr^2 \text{을}$$

만족시키는 함수는 $H = \dfrac{K}{4}r^3 a_\phi$ 이다.

06 복합 계산형

난이도 上

정답 ④

접근 POINT

자기장의 세기로부터 전류밀도를 구하는 관계식으로부터 벡터곱을 행렬식을 수행한 후 점의 좌표를 대입하여 최종 벡터를 구하는 복합 계산형 문제이다.

용어 CHECK

전류밀도(Current density)

단위 면적을 통해 흐르는 전류의 양이다. 도선을 선으로 취급할 때는 전류가 편리한 개념이지만 도선을 미시적으로 보면 단면적을 무시 할 수 없고, 특히 위치에 따라 이동하는 전하의 양이 다른 경우를 염두에 두면, 단위 면적당 전류, 즉 전류밀도를 생각하는 것이 편리하다.

공식 CHECK

전류밀도

$$J = \mathrm{rot}H = \nabla \times H = \begin{vmatrix} a_x & a_y & a_z \\ \dfrac{\partial}{\partial x} & \dfrac{\partial}{\partial y} & \dfrac{\partial}{\partial z} \\ H_x & H_y & H_z \end{vmatrix}$$

해설

전류밀도

$$J = \begin{vmatrix} a_x & a_y & a_z \\ \dfrac{\partial}{\partial x} & \dfrac{\partial}{\partial y} & \dfrac{\partial}{\partial z} \\ 0 & xy & -xz \end{vmatrix}$$

$$= a_x \begin{vmatrix} \dfrac{\partial}{\partial y} & \dfrac{\partial}{\partial z} \\ xy & -xz \end{vmatrix} - a_y \begin{vmatrix} \dfrac{\partial}{\partial x} & \dfrac{\partial}{\partial z} \\ 0 & -xz \end{vmatrix} + a_z \begin{vmatrix} \dfrac{\partial}{\partial x} & \dfrac{\partial}{\partial y} \\ 0 & xy \end{vmatrix}$$

$$= za_y + ya_z$$

$x = 3, \ y = 4, \ z = 5$ 를 대입하면

$$\therefore \ J = 5a_y + 4a_z [\mathrm{A/m^2}]$$

---

07 **단순 암기형**　　　난이도 中

정답　③

접근 POINT

전자파의 특성에 대한 기본적인 사항을 암기하고 있는지를 물어보는 단순 암기형 문제로 용어에 주의하여 학습해야 한다.

공식 CHECK

전자파에 대한 파동방정식은 다음과 같다.

$$\nabla \times E = -\frac{\partial B}{\partial t} = -\mu \frac{\partial H}{\partial t},$$

$$\nabla \times H = \frac{\partial D}{\partial t} = \epsilon \frac{\partial E}{\partial t}$$

$$\nabla \cdot D = \nabla \cdot E = 0,$$

$$\nabla \cdot B = \nabla \cdot H = 0$$

여기서, 전계의 회전이 자계(반대방향)이고, 자계의 회전이 전계로 나타나므로 시간에 따라 변하는 전계는 자계를, 시간에 따라 변하는 자계를 만들어 내면서 서로 같은 방향으로 진행하며 진행방향과는 수직을 이룬다.

해설

매질 중에서 전자파의 전계와 자계는 동위상이고 진행 방향에 대하여 직각 방향으로 진동하는 횡파(TEM파)이다.

관련개념

(1) 전자파의 전파속도

$$v = f\lambda = \frac{1}{\sqrt{\varepsilon\mu}}[m/s]$$

(λ: 전파의 파장, f: 주파수)

(2) 진공 중의 전자파의 전파속도(=광속)

$$v_0 = \frac{1}{\sqrt{\varepsilon_0\mu_0}} = 3 \times 10^8 = c[m/s]$$

(3) 매질의 고유 임피던스

$$\eta = \frac{E}{H} = \sqrt{\frac{\mu}{\varepsilon}}[\Omega]$$

(4) 진공 중의 고유 임피던스

$$\eta_0 = \frac{E}{H} = \sqrt{\frac{\mu_0}{\varepsilon_0}}$$
$$= \sqrt{\frac{4\pi \times 10^{-7}}{8.854 \times 10^{-12}}} \fallingdotseq 377[\Omega]$$

---

08 **단순 암기형 + 단순 계산형**　난이도 中

정답　①

접근 POINT

전계와 자계의 관계를 전압과 전류의 관계로 보고 고유 임피던스를 적용하여 계산하는 단순 암기형 및 단순 계산형 문제이다.

고유 임피던스

$$\eta = \frac{E}{H} = \sqrt{\frac{\mu}{\epsilon}} = \sqrt{\frac{\mu_0}{\epsilon_0}}\sqrt{\frac{\mu_r}{\epsilon_r}} = 120\pi\sqrt{\frac{\mu_r}{\epsilon_r}}\,[\Omega]$$

변형하면 $|H| = |E|\dfrac{1}{\eta}$

▌해설

고유 임피던스

$$\eta = \sqrt{\frac{\mu_0}{\epsilon_0}}\sqrt{\frac{1}{2}} = \frac{120\pi}{\sqrt{2}},\ \sqrt{\frac{\mu_0}{\epsilon_0}} = 120\pi$$

전계는 y축이고 진행 방향은 z축이므로 자계의 방향은 $-x$축 방향이 된다. 따라서 다음과 같다.

$$H_z = -\frac{\sqrt{2}}{120\pi}E_y\hat{x}$$
$$= -\sqrt{2}\cdot\cos(10t^9 - \beta z)\hat{x}\,[\text{A/m}]$$

09 단순 계산형
난이도 中

▌정답 ③

▌접근 POINT

전자파에서 매질의 고유 임피던스 식을 변형하여 전기장 E와 자기장 H의 관계식을 변형하여 원하는 형태로 바꾸면 되는 문제이다.

여기서 추가로 유전율이 주어졌을 때의 전기장 또는 자기장을 구하는 문제와 공기중에서의 전기장 또는 자기장을 구하는 문제도 함께 연습해야 한다.

▌공식 CHECK

매질의 고유 임피던스

$$\eta = \frac{E}{H} = \sqrt{\frac{\mu}{\epsilon}} = \sqrt{\frac{\mu_0}{\epsilon_0}}\sqrt{\frac{\mu_s}{\epsilon_s}} = 120\pi\sqrt{\frac{\mu_s}{\epsilon_s}}$$
$$= 377\sqrt{\frac{\mu_s}{\epsilon_s}}\,[\Omega]$$

고유 임피던스를 변형한 전기장과 자기장의 관계식

$$H = \sqrt{\frac{\epsilon}{\mu}}\,E\,[\text{AT/m}]\ \text{또는}$$
$$E = \sqrt{\frac{\mu}{\epsilon}}\,H\,[\text{V/m}]$$

▌해설

고유 임피던스 식을 변형하면 아래와 같으며 전계식을 대입하면 다음과 같다.

$$H = \sqrt{\frac{\epsilon}{\mu}}\,E = \sqrt{\frac{\epsilon}{\mu}}\,E_m\sin\omega\left(t - \frac{x}{v}\right)[\text{AT/m}]$$

▌관련개념

전계 E_x(전파, electric wave)와 자계 H_y(자파, magnetic wave)는 서로 90°로 직교하며 같은 위상으로 진행하고 있으며 항상 공존하기 때문에 전자파(electromagnetic wave, 또는 줄여서 전파)라고 하며 다음과 같은 특징을 가진다.

(1) 전계와 자계는 공존하면서 상호 직각 방향으로 진동한다.
(2) 진공 또는 완전유전체에서 전계와 자계의 파동의 위상차는 없다.
(3) 전자파 전달 방향은 $E \times H$ 방향이다.
(4) 전자파 전달 방향의 E와 H 성분은 없다.
(5) 전계 E와 자계 H의 비를 매질의 고유 임피던스라 한다.

(4) 진공 중의 고유 임피던스

$$\eta_0 = \frac{E}{H} = \sqrt{\frac{\mu_0}{\varepsilon_0}} = \sqrt{\frac{4\pi \times 10^{-7}}{8.854 \times 10^{-12}}}$$
$$\fallingdotseq 377\,[\Omega]$$

SUBJECT 01 전기자기학

---

10 개념 이해형 + 단순 계산형   난이도 中

정답 ①

접근 POINT

주어진 평면파에서 각주파수 성분과 위상성분을 이용하여 위상속도를 구하는 개념 이해형 및 단순 계산형 문제이다.

공식 CHECK

전자파의 전파속도

$$v = f\lambda = \frac{1}{\sqrt{\varepsilon\mu}}\,[\text{m/s}]$$

(λ: 전파의 파장, f: 주파수)

해설

전자파의 전파속도에서 $v = \dfrac{\omega}{\beta} = \dfrac{2\pi f}{\beta} = \lambda f$를 적용한다.

$$v = f \cdot \lambda = f \times \frac{2\pi}{\beta} = \frac{\omega}{\beta} = \frac{10^9}{20} = 5 \times 10^7\,[\text{m/s}]$$

관련개념

(1) 전자파의 전파속도

$$v = f\lambda = \frac{1}{\sqrt{\varepsilon\mu}}\,[\text{m/s}]$$

(λ: 전파의 파장, f: 주파수)

(2) 진공 중의 전자파의 전파속도(=광속)

$$v_0 = \frac{1}{\sqrt{\varepsilon_0\mu_0}} = 3 \times 10^8 = c\,[\text{m/s}]$$

(3) 매질의 고유 임피던스

$$\eta = \frac{E}{H} = \sqrt{\frac{\mu}{\varepsilon}}\,[\Omega]$$

---

11 단순 암기형   난이도 中

정답 ③

접근 POINT

손실 유전체에서 전자파에 대한 전파정수를 찾는 문제로 단순 암기형 문제이다.

공식 CHECK

손실 유전체에서 전자파에 대한 고유 임피던스

$$\eta = \frac{E}{H} = \sqrt{\frac{j\omega\mu}{\sigma + j\omega\epsilon}} = \sqrt{\frac{j\omega\mu}{\sigma + j\omega\epsilon} \times \frac{\frac{1}{j\omega\epsilon}}{\frac{1}{j\omega\epsilon}}}$$
$$= \sqrt{\frac{\frac{\mu}{\epsilon}}{1 + \frac{\sigma}{j\omega\epsilon}}} = \sqrt{\frac{\frac{\mu}{\epsilon}}{1 - j\frac{\sigma}{\omega\epsilon}}}$$

손실 유전체에서 전자파에 대한 전파정수

$$\gamma = \sqrt{j\omega\mu(\sigma + j\omega\epsilon)}$$
$$= j\omega\sqrt{\epsilon\mu}\sqrt{1 + \frac{\sigma}{j\omega\epsilon}} = j\omega\sqrt{\epsilon\mu}\sqrt{1 - j\frac{\sigma}{\omega\epsilon}}$$

해설

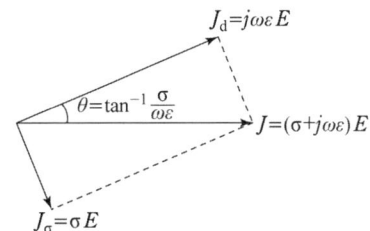

유전체 손실의 크고 작음은 변위 전류밀도에 대한 전도 전류밀도의 비 $\dfrac{\sigma}{\omega\epsilon}$에 의해 결정된다. 여기서 $\dfrac{\sigma}{\omega\epsilon}$를 손실 탄젠트라 한다. 손실 탄젠트가 적은 경우 전파정수(γ)는 다음과 같다.

$$\gamma = \sqrt{j\omega\mu(\sigma + j\omega\epsilon)} = j\omega\sqrt{\mu\epsilon}\sqrt{1 - j\dfrac{\sigma}{\omega\epsilon}}$$

12 단순 계산형   난이도 下

정답 ③

접근 POINT

진공 중의 빛의 속도와 매질 내의 전파의 속도를 비교하는 문제로 전파속도와 유전율 및 투자율의 관계식을 암기한 후 조건을 대입하여 구하는 단순 암기 및 계산형 문제이다.

공식 CHECK

진공 중의 빛의 속도

$$c = \dfrac{1}{\sqrt{\epsilon_0\mu_0}} = 3 \times 10^8 [\text{m/s}]$$

전파 속도 $v = \dfrac{1}{\sqrt{\epsilon\mu}} = \dfrac{1}{\sqrt{\epsilon_0\mu_0}} \cdot \dfrac{1}{\sqrt{\epsilon_r\mu_r}}$

해설

매질 내의 전파속도에 비유전율과 비투자율을 대입한다.

$$v = \dfrac{1}{\sqrt{\epsilon\mu}} = \dfrac{1}{\sqrt{\epsilon_0\mu_0}} \cdot \dfrac{1}{\sqrt{\epsilon_r\mu_r}}$$

$$= \dfrac{1}{\sqrt{\epsilon_0\mu_0}} \cdot \dfrac{1}{\sqrt{4 \times 9}} = \dfrac{1}{\sqrt{\epsilon_0\mu_0}} \cdot \dfrac{1}{6} = \dfrac{1}{6}v_0$$

13 개념 이해형   난이도 下

정답 ②

접근 POINT

진공 중에서 빛의 속도와 전자파의 전파속도가 같기 위한 조건을 물어보는 문제로 비유전율과 비투자율의 곱이 1이 되는 물질 속에서는 전파속도가 빛의 속도와 같다는 것을 묻는 문제이다.

공식 CHECK

빛의 속도 $c = \dfrac{1}{\sqrt{\epsilon_0\mu_0}} = 3 \times 10^8 [\text{m/s}]$

전파 속도 $v = \dfrac{1}{\sqrt{\epsilon\mu}} = \dfrac{1}{\sqrt{\epsilon_0\mu_0}} \cdot \dfrac{1}{\sqrt{\epsilon_r\mu_r}}$

해설

진공 중의 전파속도와 빛의 속도가 같을 조건은 $c = v$일 때이다.

$\dfrac{1}{\sqrt{\epsilon_r\mu_r}} = 1$, $\epsilon_r\mu_r = 1$이므로

비유전율과 비투자율의 곱이 1이 되는 조건을 만족하면 되므로 주어진 보기에서는

$\epsilon_r = 2$, $\mu_r = \dfrac{1}{2}$이 된다.

14 단순 계산형   난이도 下

정답 ②

접근 POINT

비투자율과 비유전율이 주어진 매질 내의 고유 임피던스는 임피던스 공식을 암기하여 주어진

조건을 대입하여 구하는 단순 계산형 문제이다.

┃공식 CHECK

고유 임피던스 $\eta = \dfrac{E}{H} = \sqrt{\dfrac{\mu}{\epsilon}} = \sqrt{\dfrac{\mu_0}{\epsilon_0}}\sqrt{\dfrac{\mu_s}{\epsilon_s}}$

진공(또는 공기)의 고유 임피던스

$\eta_0 = \sqrt{\dfrac{\mu_0}{\epsilon_0}} = \sqrt{\dfrac{4\pi \times 10^{-7}}{\dfrac{1}{36\pi \times 10^9}}} = 120\pi \fallingdotseq 377\,[\Omega]$

┃해설

매질 내의 고유 임피던스는

$\eta = \dfrac{E}{H} = \sqrt{\dfrac{\mu}{\epsilon}} = \sqrt{\dfrac{\mu_0}{\epsilon_0}}\sqrt{\dfrac{\mu_s}{\epsilon_s}}$

$\quad = 120\pi \times \dfrac{1}{\sqrt{90}} = 39.7\,[\Omega]$

---

15 개념 이해형 + 단순 계산형 난이도 中

┃정답 ④

┃접근 POINT

전자파의 경계면에서의 투과계수와 반사계수에 대한 개념을 이해하고 주어진 유전율의 조건을 대입하여 단순 계산하여 전계와 자계의 크기를 비교하는 문제이다.

┃공식 CHECK

투과계수 $T = \dfrac{E_2}{E_1} = \dfrac{2\eta_2}{\eta_2 + \eta_1}$, $E_2 = TE_1$,

$H_2 = \dfrac{\eta_1}{\eta_2} T H_1$

반사계수 $R = \dfrac{E_3}{E_1} = \dfrac{\eta_2 - \eta_1}{\eta_2 + \eta_1}$, $E_3 = RE_1$,

$H_3 = -RH_1$

반사계수와 투과계수의 관계 $1 + R = T$

┃해설

경계면에서 전계와 자계는 균일 평면파이므로 경계조건에서 경계면에서 접선성분은 연속이어야 한다.

입사파 E_1, H_1, 투과파 E_2, H_2, 반사파 E_3, H_3 라면 $E_1 + E_3 = E_2$, $H_1 - H_3 = H_2$ 이다.

매질의 고유 임피던스는 $\dfrac{E}{H} = \sqrt{\dfrac{\mu}{\epsilon}}$ 에서

$\sqrt{\mu}\,H = \sqrt{\epsilon}\,E$ 로

$\sqrt{\epsilon_1}\,E_1 = \sqrt{\mu_1}\,H_1$, $\sqrt{\epsilon_2}\,E_2 = \sqrt{\mu_2}\,H_2$,

$\sqrt{\epsilon_1}\,E_3 = \sqrt{\mu_1}\,H_3$ 며

$E_1 = \eta_1 H_1$, $E_2 = \eta_2 H_2$, $E_3 = \eta_1 H_3$ 이다.

투과파 전계

$E_2 = \dfrac{2\eta_2}{\eta_2 + \eta_1} E_1 = \dfrac{2\sqrt{\dfrac{\mu_2}{\epsilon_2}}}{\sqrt{\dfrac{\mu_2}{\epsilon_2}} + \sqrt{\dfrac{\mu_1}{\epsilon_1}}} E_1 = K_1 E_1$

투과파 자계

$H_2 = \dfrac{2\eta_1}{\eta_2 + \eta_1} = \dfrac{2\sqrt{\dfrac{\mu_1}{\epsilon_1}}}{\sqrt{\dfrac{\mu_2}{\epsilon_2}} + \sqrt{\dfrac{\mu_1}{\epsilon_1}}} H_1 = K_2 H_1$

에서 조건 $\sqrt{\dfrac{\mu_1}{\epsilon_1}} > \sqrt{\dfrac{\mu_2}{\epsilon_2}}$ 에서 $\eta_1 > \eta_2$이므로

$K_1 < 1$이므로 E_2는 E_1에 비하여 작고

$K_2 > 1$이므로 H_2는 H_1에 비하여 크다.

16 단순 암기형 난이도 下

┃정답 ③

┃접근 POINT

전계와 자계가 상호작용으로 전파될 때의 전력 밀도에 해당하는 포인팅 벡터의 수식을 알고 있는지 확인하는 단순 암기형 문제이다.

┃용어 CHECK

포인팅 벡터(Poynting Vector): 전자계 내의 한 점을 통과하는 에너지 흐름의 단위 면적당 전력 또는 전력 밀도를 표시하는 벡터이다.

┃공식 CHECK

전계와 자계가 함께 존재하는 경우 에너지 밀도

$$w = \frac{1}{2}\varepsilon E^2 + \frac{1}{2}\mu H^2$$
$$= \frac{1}{2}\left(\varepsilon\sqrt{\frac{\mu}{\varepsilon}}\,EH + \mu\sqrt{\frac{\varepsilon}{\mu}}\,EH\right)$$
$$= \sqrt{\varepsilon\mu}\,EH[\text{J/m}^3]$$

평면 진행파의 속도 $v = \dfrac{1}{\sqrt{\varepsilon\mu}}[\text{m/s}]$

진행파가 진행 방향에 수직인 단위 면적($1[\text{m}^2]$)을 단위 시간($1[\text{s}]$)에 통과하는 에너지는

$$P = wv = \sqrt{\varepsilon\mu}\,EH \times \frac{1}{\sqrt{\varepsilon\mu}}$$
$$= EH[\text{J/m}^3 \times \text{m/s} = \text{J/sm}^2 = \text{W/m}^2]$$

이것이 바로 포인팅 벡터 $P = E \times H[\text{W/m}^2]$ 이다.

┃해설

포인팅 벡터(Poynting vector)는 평면 전자파의 E와 H가 단위 시간에 대한 단위 면적($1[\text{m}^2]$)을 통과하는 에너지 흐름을 벡터로 표한 것으로 전기장의 세기와 자기장의 세기의 벡터곱으로 표현된다.

$$P = E \times H\,[\text{W/m}^2]$$

17 단순 암기형 난이도 下

┃정답 ②

┃접근 POINT

전자계에서 평면파가 가지는 단위 면적당 에너지 밀도에 대해서 수식으로 암기하고 있는지 확인하는 단순 암기형 문제이다.

┃공식 CHECK

전계와 자계가 존재하는 전자계에서 단위 체적당 축적되는 에너지

(1) 전계 에너지

$$w_e = \frac{1}{2}DE = \frac{1}{2}\epsilon E^2 = \frac{1}{2}\frac{D^2}{\epsilon}\,[\text{J/m}^3]$$

(2) 자계 에너지

$$w_m = \frac{1}{2}BH = \frac{1}{2}\mu H^2 = \frac{1}{2}\frac{B^2}{\mu}\,[\text{J/m}^3]$$

(3) 단위 체적당 전계 에너지 밀도

$$w = w_e + w_m = \frac{1}{2}(\epsilon E^2 + \mu H^2)\,[\text{J/m}^3]$$

(4) 고유 임피던스, 전계 및 자계의 관계식

$$\eta = \sqrt{\frac{\mu}{\epsilon}},\ E = \sqrt{\frac{\mu}{\epsilon}}\,H = \eta H$$

(5) 전력밀도 P의 크기

$$P = wv = \sqrt{\epsilon\mu}\,EH \times \frac{1}{\sqrt{\epsilon\mu}}$$
$$= EH\,[\text{W/m}^2]$$

(6) 포인팅 벡터(Poynting Vector): 에너지의 흐름으로 단위 면적당 전력 또는 전력밀도

$$P = E \times H\,[\mathrm{W/m^2}]$$

▌해설

단위 면적당 에너지 밀도는 전계와 자계의 곱과 같다. 따라서, $P = EH\,[\mathrm{W/m^2}]$이다.

---

18 단순 계산형 + 개념 이해형   난이도 中

▌정답 ②

▌접근 POINT

방송국 안테나의 출력이 주어졌을 때 진공 중에서 거리 r만큼 떨어진 점에서의 자계의 세기의 실효값을 구하는 문제로 먼저 출력과 포인팅 벡터(전력밀도)와의 관계식 및 고유 임피던스와 전계/자계의 관계식을 통하여 자계의 세기나 전계의 세기를 구하는 식으로 변형할 수 있도록 학습해야 한다.

▌용어 CHECK

(1) 포인팅 벡터(Poynting vector): 전자계 내의 한 점을 통과하는 에너지 흐름의 단위 면적당 전력 또는 전력밀도를 표시하는 벡터이다.

(2) 고유 임피던스(Intrinsic impedance): 전자장에서 전자파의 흐름을 방해하는 값으로 전자파가 통과하는 매질의 특성을 확인하는 고유한 양으로 매질의 물질 변수(유전율, 투자율)에만 의존하는 임피던스이며, 전계(전압)와 자계(전류)에 대한 비로 표현된다.

▌공식 CHECK

(1) 포인팅 벡터 $\vec{P} = \vec{E} \times \vec{H}\,[\mathrm{W/m^2}]$

(2) 고유 임피던스

$$\eta = \frac{E}{H} = \frac{\sqrt{\mu_0}}{\sqrt{\epsilon_0}} = 120\pi = 377\,[\Omega]$$

(3) 안테나 출력

$$W = P \cdot S = EHS = \eta H^2 S\,[\mathrm{W}]$$

▌해설

$$W = \eta H^2 S = 377 H^2 \cdot 4\pi r^2\,[\mathrm{W}]$$

자계의 세기

$$H = \sqrt{\frac{W}{377 \times 4\pi r^2}} = \frac{1}{2r}\sqrt{\frac{W}{377\pi}}\,[\mathrm{A/m}]$$

대표유형 ❶

전선로
64쪽

01 단순 암기형
난이도 下

┃ 정답 ④

┃ 접근 POINT

전선의 구비조건에 대하여 파악해야 한다.

┃ 해설

전선의 구비조건

(1) 도전율이 커야 한다.

(2) 기계적 강도가 커야 한다.

(3) 가요성이 커야 한다.

(4) 내구성이 커야 한다.

(5) 가격이 저렴하고 대량으로 생산이 가능해야
한다.

(6) 비중이 작아야 한다.

02 단순 암기형
난이도 中

┃ 정답 ①

┃ 접근 POINT

애자의 위치에 따른 전압분담에 대해 파악해야

한다.

┃ 해설

애자는 전선에서의 위치에 따라 전압의 분담이
달라지게 된다.

전선에서 가장 가까운 애자는 전압의 분담이 가
장 크며 전선에서 지지물 쪽으로 약 $\dfrac{2}{3}$ (지지물
에서 전선 쪽으로 약 $\dfrac{1}{3}$) 지점에 위치한 애자는
전압의 분담이 가장 작다.

03 복합 이론형
난이도 中

┃ 정답 ①

┃ 접근 POINT

사용 전선의 길이는 곧 실제 길이에 해당하므
로, 전선의 실제 길이에 대한 관계식에 이도 관
계식을 추가로 이용하여 계산할 수 있다.

┃ 공식 CHECK

(1) 전선의 실제 길이 $L = S + \dfrac{8D^2}{3S}$ [m]

(2) 이도 $D = \dfrac{WS^2}{8T}$ [m]

   W = 합성하중[kg/m], S = 경간[m],
   T = 수평장력[kg]

$$= \frac{\text{인장강도(인장하중)}}{\text{안전률}}$$

▌해설

(1) 이도 계산

$$D = \frac{WS^2}{8T} = \frac{2 \times 200^2}{8 \times \frac{4,000}{2}} = 5[\text{m}]$$

(2) 전선의 실제 길이(사용전선의 길이)

$$L = S + \frac{8D^2}{3S} = 200 + \frac{8 \times 5^2}{3 \times 200}$$
$$= 200.33[\text{m}]$$

따라서, 사용전선의 길이는 경간보다 0.33[m] 더 길어야 한다.

04 단순 계산형   난이도 中

▌정답 ①

▌접근 POINT

애자련의 연효율 관계식을 이용하여 계산할 수 있다.

▌공식 CHECK

애자련의 연효율 $\eta = \dfrac{V_n}{nV_1}$

V_n =애자련의 섬락전압[kV], n =애자개수,
V_1 =애자 1개의 섬락전압[kV]

▌해설

애자련의 연효율 관계식을 애자 1개의 섬락전압 기준으로 정리하여 계산하면 다음과 같다.

$$V_1 = \frac{V_n}{n\eta} = \frac{620}{10 \times 0.78} = 79.49[\text{kV}]$$

따라서, 애자 1개의 (건조)섬락전압은 약 80[kV]이다.

05 단순 암기형   난이도 下

▌정답 ④

▌접근 POINT

가공전선로가 공중에 가설되는 전선로, 지중전선로가 땅속에 가설되는 전선로임을 이용하여 주어진 보기를 접목하는 형태로 접근할 수 있다.

▌해설

지중전선로는 땅속에 가설되는 전선로이므로, 공중으로 시설하는 가공전선로에 비해 지지물을 설치할 장소 등을 고려할 필요가 없어 경과지 확보가 가공전선로에 비해 쉬우며, 지중전선로는 케이블을 이용하므로 다회선 설치도 가공전선로에 비해 쉬우며, 땅속에 가설되므로 외부 기상 여건 등의 영향을 받지 않아 고장을 일으키는 경우가 적어 공급 신뢰도가 좋고 도시의 미관을 해치지 않는 장점이 있다.
고장 발생시 고장지점 파악이 어렵고 건설비용이 많이 들며, 구조적으로 발생열의 냉각이 어려워 송전용량이 가공전선로에 비해 작다.

06 개념 이해형
난이도 中

| 정답 ④

| 접근 POINT

전기자기학과의 공통내용으로, 표피효과에 대한 관계식 및 관계성을 알고 있어야 한다.

| 공식 CHECK

표피두께 $\delta = \dfrac{1}{\sqrt{\pi f \sigma \mu}}$ [m]

f =주파수[Hz], σ =도전율[℧/m],
μ =투자율[H/m]
표피효과가 커질수록 표피두께는 작아진다.

| 해설

표피효과가 커질수록 전류가 실제 작용하게 되는 표피두께는 작아지게 된다.
주파수(f), 도전율(σ), 투자율(μ)이 커질수록 표피두께는 작아지므로, 표피효과는 커지게 된다.

07 복합 이론형
난이도 中

| 정답 ②

| 접근 POINT

선로의 작용 인덕턴스에 대한 기본 공식과 배치에 따른 등가 선간거리의 관계식을 이용하여 계산할 수 있다.

| 공식 CHECK

(1) 전선 배치 형태에 따른 등가 선간거리

전선 배치 형태		등가 선간거리
직선배치		$\sqrt[3]{2}\,D$
정삼각배치		D
정사각배치		$\sqrt[6]{2}\,D$

(2) 선로의 작용 인덕턴스

$$L = 0.05 + 0.4605\log_{10}\dfrac{D}{r}\,[\text{mH/km}]$$

| 해설

(1) 등가 선간거리 $D = 2\,[\text{m}]$
(2) 선로의 작용 인덕턴스

$$L = 0.05 + 0.4605\log_{10}\dfrac{D}{r}$$

$$= 0.05 + 0.4605\log_{10}\dfrac{2}{0.6 \times 10^{-2}}$$

$$= 1.21\,[\text{mH/km}]$$

08 복합 이론형
난이도 中

| 정답 ④

| 접근 POINT

복도체의 작용 인덕턴스 공식을 이용하여 풀 수 있는 문제이다.

▮ 공식 CHECK

(1) 단도체의 작용 인덕턴스

$$L = 0.05 + 0.4605\log\frac{D}{r}[\text{mH/km}]$$

(2) 복도체의 작용 인덕턴스

$$L_n = \frac{0.05}{n} + 0.4605\log\frac{D}{r_e}[\text{mH/km}]$$

(3) 전선의 등가 반지름 $r_e = \sqrt[n]{rS^{n-1}}$

D : 등가선간거리[m], r : 도체의 반지름[m]

r_e : 등가 반지름[m], S : 소도체 중심간격[m]

▮ 해설

$$L_n = \frac{0.05}{n} + 0.4605\log\frac{D}{r_e}$$

$$= \frac{0.05}{4} + 0.4605\log\frac{D}{\sqrt[4]{rS^{4-1}}}$$

$$= 0.0125 + 0.4605\log\frac{D}{\sqrt[4]{rS^3}}[\text{mH/km}]$$

---

09 공식 암기형
난이도 下

▮ 정답 ③

▮ 접근 POINT

작용 정전용량의 기본 관계식을 고르는 간단한 문제이다.

▮ 해설

지문에 단도체, 복도체의 언급이 없는 경우에는 기본적으로 단도체로 해석할 수 있다.

따라서, $\dfrac{0.02413}{\log\dfrac{D}{r}}[\mu\text{F/km}]$이 답이 된다.

---

10 단순 암기형
난이도 中

▮ 정답 ②

▮ 접근 POINT

작용 정전용량과 함께 대지 정전용량, 선간 정전용량의 역할에 대해 파악해야 한다.

▮ 해설

작용 정전용량은 대지 정전용량과 선간 정전용량의 합이다. 이 때 작용 정전용량은 충전전류 계산 시 사용하며 선간 정전용량은 지락전류 계산 시 사용한다.

---

11 공식 암기형
난이도 中

▮ 정답 ②

▮ 접근 POINT

전기 공급방식에 따른 1선당 작용 정전용량 공식으로 접근할 수 있는 비교적 간단한 문제이며, 단상 2선식인지 3상 3선식인지 확실하게 체크하여 각 방식에 맞는 공식을 확실하게 적용해야 한다.

▮ 공식 CHECK

(1) 단상 2선식의 1선당 작용 정전용량

$$C = C_s + 2C_m[\mu\text{F}]$$

(2) 3상 3선식의 1선당 작용 정전용량

$$C = C_s + 3C_m[\mu\text{F}]$$

C_s : 대지 정전용량$[\mu F]$,

C_m : 선간 정전용량$[\mu F]$

┃ 해설

지문에 주어진 전기 공급방식이 3상 3선식이므로, 다음과 같이 계산할 수 있다.

$C = C_s + 3C_m$

$\quad = 0.5096 + 3 \times 0.1295 = 0.8981[\mu F]$

$\quad = 0.9[\mu F]$

12 공식 암기형
난이도 下

┃ 정답 ④

┃ 접근 POINT

콘덴서의 충전용량 관계식에서 정전용량과 전압과의 관계성으로 풀 수 있다.

┃ 공식 CHECK

콘덴서 충전용량 $Q_C = EI_C = wCE^2[VA]$

※ 콘덴서의 충전용량은 무효전력이면서 콘덴서의 전체 용량이므로 단위를 $[VA]$로 표현할 수 있다.

┃ 해설

지문에서 전압의 조건이 바뀌었을 때, 무효전력의 변화가 없으므로, 콘덴서 용량관계식에서 콘덴서의 용량이 일정하다고 놓고 해석할 수 있다. 이 경우, 정전용량은 전압의 제곱에 반비례 ($C \propto \dfrac{1}{E^2}$)이므로, 전압이 2배가 되는 경우에, 콘덴서의 용량이 일정하기 위해서는 정전용량

은 처음의 $\dfrac{1}{4}$ 배가 되면 된다.

따라서, $C_2 = \dfrac{1}{4}C_1$이 된다.

┃ 응용

비례식 계산을 이용한 풀이

정전용량과 전압의 관계를 비례식으로 나타내면 다음과 같다.

$C_1 : \dfrac{1}{E_1^2} = C_2 : \dfrac{1}{E_2^2}$

$C_2 = (\dfrac{E_1}{E_2})^2 C_1$

E_1에 V_1, E_2에 $2V_1$을 대입하면

$C_2 = (\dfrac{E_1}{E_2})^2 C_1 = (\dfrac{V_1}{2V_1})^2 C_1 = \dfrac{1}{4}C_1$

13 공식 암기형
난이도 下

┃ 정답 ③

┃ 접근 POINT

중성점 잔류전압(중성점 비접지시의 중성점과 대지간의 전압) 관계식을 고르는 간단한 문제이다.

┃ 공식 CHECK

중성점 잔류전압

$E_n = \dfrac{\sqrt{C_a(C_a - C_b) + C_b(C_b - C_c) + C_c(C_c - C_a)}}{C_a + C_b + C_c} \times E$

$\quad = \dfrac{\sqrt{C_a(C_a - C_b) + C_b(C_b - C_c) + C_c(C_c - C_a)}}{C_a + C_b + C_c} \times \dfrac{V}{\sqrt{3}}[V]$

C_a, C_b, C_c: 각 상의 대지 정전용량,

E: 상전압(대지전압),
V: 선간전압

┃ 해설

지문에서 간단히 공식만을 물었으므로, 답은

$$E_n = \frac{\sqrt{C_a(C_a - C_b) + C_b(C_b - C_c) + C_c(C_c - C_a)}}{C_a + C_b + C_c} \times E$$

가 된다.

14 단순 계산형   난이도 中

┃ 정답 ②

┃ 접근 POINT

주어진 조건이 대지전압인지 선간전압인지 구분하고, 충전전류 관계식에 대입하여 계산한다.

┃ 공식 CHECK

충전전류 $I_c = wCE = wC\dfrac{V}{\sqrt{3}}[\text{A}]$

w: 각주파수[rad/s]$(= 2\pi f)$,
C: 정전용량[F],
E: 대지전압[V], V: 선간전압[V]

┃ 해설

지문에 주어진 조건을 충전전류 관계식에 대입하여 계산하면 다음과 같다.

$I_c = 2\pi \times 60 \times 0.005 \times 10^{-6} \times 200 \times 33,000$
$\quad = 12.44[\text{A}]$

15 단순 계산형   난이도 下

┃ 정답 ②

┃ 접근 POINT

주어진 조건을 충전용량 관계식에 대입하여 계산할 수 있다.

┃ 공식 CHECK

충전용량 $Q_c = 3EI_c = 3wCE^2[\text{VA}]$

E: 상전압[V], I_c: 충전전류[A],
w: 각주파수[rad/s]$(= 2\pi f)$,
f: 주파수[Hz],
C: 정전용량[F]

┃ 해설

지문에 주어진 조건을 충전용량 관계식에 대입하여 계산하면 다음과 같다.

$Q_c = 3wCE^2$
$\quad = 3 \times 2\pi \times 60 \times \dfrac{1}{6\pi} \times 10^{-6} \times 20,000^2$
$\quad = 24,000[\text{VA}] = 24[\text{kVA}]$

16 단순 암기형   난이도 中

┃ 정답 ③

┃ 접근 POINT

간단하게, 3상 선로의 선로정수 평형을 위해 시행하는 것이 연가이므로, 숫자 3에 초점을 맞추어 생각해 본다.

∥ 해설

연가란, 3상 선로의 선로정수 평형을 이루기 위해 시행하는 것으로, 선로의 전체 길이를 3의 정수배 구간으로 등분하고 각 상의 전선의 위치를 구간마다 바꾸어 준다.

따라서, 주어진 그림에서 각 ⓐ, ⓑ, ⓒ구간의 길이는 모두 $\frac{1}{3}x$[km]가 된다.

---

17 공식 암기형   난이도 下

∥ 정답 ①

∥ 접근 POINT

코로나 임계전압의 공식을 구성하는 요소들이 어떤 것이 있는지를 파악하여 답을 고를 수 있다.

∥ 공식 CHECK

코로나 임계전압

$$E_0 = 24.3 m_0 m_1 \delta d \log \frac{D}{r} [\text{kV}]$$

m_0 = 전선표면계수

$$\begin{cases} \text{잘 다듬어진 단선} : 1.0 \\ \text{표면이 거친 단선} : 0.93 \sim 0.98 \\ \text{중공 연선} : 0.90 \sim 0.94 \\ 7\text{가닥의 연선} : 0.83 \sim 0.87 \\ 19 \sim 61\text{가닥의 연선} : 0.80 \sim 0.85 \end{cases}$$

m_1 = 날씨계수 (맑은 날 1.0 , 우천 시 0.8),

δ = 상대공기밀도($= \frac{0.386b}{273+t}$),

b = 기압[mmHg],

t = 기온[°C], D = 등가선간거리[m],

d = 전선의 지름[m],

r = 전선의 반지름[m]

∥ 해설

코로나 임계전압 공식에 의거하여, 전선 표면이 매끈할수록 임계전압은 커지는 것을 알 수 있다.

---

18 공식 암기형   난이도 中

∥ 정답 ②

∥ 접근 POINT

코로나 임계전압의 공식을 이용하여 접근할 수 있다.

∥ 해설

보기에 제시되어 있는 수식에서는 전선표면계수(m_0), 날씨계수(m_1)의 표현이 생략이 되어 있다. 간단하게, 잘 다듬어진 단선과 맑은 날을 기준으로 잡으면 $m_0 = m_1 = 1$이 되므로, 코로나 임계전압은 ②번으로 취급할 수 있다.

---

19 개념 이해형   난이도 中

∥ 정답 ④

∥ 접근 POINT

복도체를 사용할 경우의 특징에 대한 개념을 숙지하여 접근할 수 있다.

∥ 해설

복도체 방식의 송전선로는 단도체 방식의 송전선로에 비해 인덕턴스가 감소, 정전용량은 증가하여 전체 리액턴스가 감소되는 효과를 갖는다.

▌응용

복도체를 사용하는 경우의 특징

- 선로 인덕턴스 감소, 정전용량 증가 → 전체 리액턴스 감소
- 송전용량 증가
- 코로나 임계전압 상승 → 코로나 발생 억제
- 코로나 손실 감소
- 안정도 증대

---

20 단순 암기형   난이도 下

▌정답   ④

▌접근 POINT

"전선 사이에 적당간 간격, 다르게 적당한 공간을 마련한다."라는 개념으로 접근하면 보다 용이하게 답을 고를 수 있다.

▌해설

동일한 방향으로 전류가 흐르는 도체에는 흡입력이 발생하며 서로 간에 접촉될 우려가 발생한다. 이를 방지하기 위해 사용하는 것으로 스페이서가 있다.

보다 간단히, 스페이서는 도체간의 접촉(충돌)을 방지하기 위해 도체 간에 적당한 공간을 마련하는 장치이므로, 공간이라는 의미의 스페이스(space)를 접목하면, 스페이서로 연계할 수 있다.

대표유형 ❷

송전특성   69쪽

01 단순 암기형   난이도 下

▌정답   ③

▌접근 POINT

단거리, 중거리, 장거리 송전선로마다 어떤 회로로 해석을 하는지 파악을 할 필요가 있다.

▌해설

(1) 단거리 송전선로(수[km]): 누설컨덕턴스(G)와 정전용량(C)를 무시할 수 있고, 저항(R)과 인덕턴스(L)만의 집중정수회로로 해석한다.

(2) 중거리 송전선로 (수십[km]): 단거리 선로에서 고려하는 저항(R), 인덕턴스(L)에 추가로 정전용량(C)까지 고려한 집중정수회로로 해석한다. 이 경우, 직렬 임피던스를 반으로 나눈 T형 회로 또는 병렬 어드미턴스를 반으로 나눈 π형 회로로 해석할 수 있다.

(3) 장거리 송전선로(수백[km]): 선로의 저항(R), 인덕턴스(L), 누설컨덕턴스(G), 정전용량(C)이 선로 전반에 걸쳐 골고루 분포되어 있는 분포정수회로로 해석한다.

▌관련개념

장거리 송전선로의 전파 방정식

$$E_s = \cosh\gamma l E_r + Z_0 \sinh\gamma l I_r$$

$$I_s = \frac{1}{Z_0}\sinh\gamma l E_r + \cosh\gamma l I_r$$

γ : 전파정수, Z_0 : 특성 임피던스

따라서, $100[\mathrm{km}]$가 넘는 송전선로는 장거리 송전선로로, 분포정수회로로 해석을 하며, 특성 임피던스와 전파정수를 사용한다.

02 복합 이론형 난이도 中

정답 ④

접근 POINT

3상 3선식에서 수전단 전압과 전압강하의 합으로 표현되는 송전단 전압 관계식을 이용하여 계산할 수 있다.

단상 2선식 경우의 수식과 구분하여야 한다.

또한, 무효율 관계식, 정격전류 관계식을 떠올려 함께 접목해야 할 필요가 있는 문제이다.

공식 CHECK

(1) 단상 2선식 송전선로의 송전단 전압

$$V_s = V_r + I(R\cos\theta + X\sin\theta)$$

(2) 3상 3선식 송전선로의 송전단 전압

$$V_s = V_r + \sqrt{3}\,I(R\cos\theta + X\sin\theta)$$

(3) 무효율과 역률의 관계 $\sin\theta = \sqrt{1-\cos^2\theta}$

(4) 정격전류 (단상의 경우) $I = \dfrac{P}{V\cos\theta}$

V_r : 수전단 전압$[\mathrm{V}]$, I: 정격전류$[\mathrm{A}]$,

R : 선로 저항$[\Omega]$, X : 선로 리액턴스$[\Omega]$,

P : 공급전력$[\mathrm{W}]$

해설

주어진 그림의 회로를 보았을 때, 단상 2선식 회로이므로, 주어진 조건을 이용하여 계산하면 다음과 같다.

$$
\begin{aligned}
V_s &= V_r + I(R\cos\theta + X\sin\theta) \\
&= V_r + \frac{P}{V\cos\theta}(R\cos\theta + X\sin\theta) \\
&= V_r + \frac{P}{V}\left(R + X\frac{\sqrt{1-\cos^2\theta}}{\cos\theta}\right) \\
&= 3{,}300 + \frac{300\times10^3}{3{,}300} \\
&\quad \times \left(4 + 3\times\frac{\sqrt{1-0.85^2}}{0.85}\right) \\
&= 3{,}832.66[\mathrm{V}]
\end{aligned}
$$

따라서, 약 $3{,}830[\mathrm{V}]$인 ④번이 답이 된다.

03 단순 계산형 난이도 下

정답 ③

접근 POINT

전압강하율이 언급되어 있으므로, 저항과 리액턴스, 수전단 전압, 역률의 요소로 표현할 수 있는 전압강하율 관계식을 이용하여 접근할 수 있다.

공식 CHECK

전압강하율 $\varepsilon = \dfrac{P}{V_r^2}(R + X\tan\theta)\times100[\%]$

P: 전력$[\mathrm{W}]$, V_r : 수전단 전압$[\mathrm{V}]$,

R : 저항$[\Omega]$,

X: 리액턴스$[\Omega]$, $\tan\theta = \dfrac{\sin\theta}{\cos\theta}$

해설

전압강하율 관계식을 이용하여 전력값 [kW]을 계산하면 다음과 같다.

$$P = \frac{\varepsilon V_r^2}{(R + X\tan\theta) \times 100}$$

$$= \frac{10 \times (60 \times 10^3)^2}{(10 + 20 \times \frac{0.6}{0.8}) \times 100}$$

$$= 14,400,000 [\text{W}]$$

$$= 14,400 [\text{kW}]$$

04 단순 계산형 난이도 中

정답 ②

접근 POINT

단상 2선식에서의 전력손실과 저항과 단면적의 관계를 파악해야 한다.

해설

단상 2선식의 전력손실 $q = 2I^2 R[\text{W}]$이다.

저항 $R = \rho\dfrac{l}{A}[\Omega]$이기 때문에 전력손실 공식

에 대입하게 되면 $q = 2I^2\rho\dfrac{l}{A}$이 된다.

전류 $I = \dfrac{P}{E}$이므로 전선의 단면적은 다음과 같다.

$$A = \frac{2\left(\dfrac{P \times 10^3}{E}\right)^2 \rho l}{q} = \frac{2\rho l P^2}{qE^2} \times 10^6 [\text{mm}^2]$$

05 단순 계산형 난이도 下

정답 ③

접근 POINT

전압변동률의 기본적인 관계식을 이용하여 계산할 수 있다.

공식 CHECK

전압변동율 $\delta = \dfrac{V_{r0} - V_r}{V_r} \times 100 [\%]$

V_{r0} : 무부하시 수전단 전압[V],

V_r : 정격부하시 수전단 전압[V]

해설

$$\delta = \frac{V_{r0} - V_r}{V_r} \times 100 = \frac{63 - 60}{60} \times 100 = 5[\%]$$

※ 전압 값을 관계식에 대입할 때, 전압의 단위는 분모와 분자 간에 약분되므로, [kV]단위 그대로 대입하여도 관계없다.

06 복합 계산형 난이도 中

정답 ①

접근 POINT

단일소자의 직렬 및 병렬회로에 대한 4단자 정수의 행렬을 이용하여 계산하는 형태로 접근할 수 있다.

SUBJECT 02
전력공학

▌공식 CHECK

(1) 단일소자의 직렬회로 해석

$$\begin{bmatrix} A & B \\ C & D \end{bmatrix} = \begin{bmatrix} 1 & Z \\ 0 & 1 \end{bmatrix}$$

(2) 단일소자의 병렬회로 해석

$$\begin{bmatrix} A & B \\ C & D \end{bmatrix} = \begin{bmatrix} 1 & 0 \\ \dfrac{1}{Z} & 1 \end{bmatrix}$$

▌해설

지문에 주어진 회로에 대한 4단자 정수의 행렬 관계를 나타내면 다음과 같다.

$$\begin{bmatrix} A & B \\ C & D \end{bmatrix} = \begin{bmatrix} 1 & 0 \\ \dfrac{1}{Z_2} & 1 \end{bmatrix} \begin{bmatrix} 1 & Z_1 \\ 0 & 1 \end{bmatrix} \begin{bmatrix} 1 & 0 \\ \dfrac{1}{Z_3} & 1 \end{bmatrix}$$

$$= \begin{bmatrix} 1 & Z_1 \\ \dfrac{1}{Z_2} & 1+\dfrac{Z_1}{Z_2} \end{bmatrix} \begin{bmatrix} 1 & 0 \\ \dfrac{1}{Z_3} & 1 \end{bmatrix}$$

$$= \begin{bmatrix} 1+\dfrac{Z_1}{Z_3} & Z_1 \\ \dfrac{1}{Z_2}+(1+\dfrac{Z_1}{Z_2})\dfrac{1}{Z_3} & 1+\dfrac{Z_1}{Z_2} \end{bmatrix}$$

따라서, $B = Z_1$이 된다.

07 복합 계산형   난이도 中

▌정답 ①

▌접근 POINT

중거리 송전선로의 4단자망을 이용하여 답을 도출할 수 있다.

▌공식 CHECK

(1) 4단자 정수로 표현한 행렬관계

$$\begin{bmatrix} E_s \\ I_s \end{bmatrix} = \begin{bmatrix} A & B \\ C & D \end{bmatrix} \begin{bmatrix} E_r \\ I_r \end{bmatrix}$$

(2) 송전단 전압과 전류의 연립 방정식
- 송전단 전압 $E_s = AE_r + BI_r$
- 송전단 전류 $I_s = CE_r + DI_r$

▌해설

송전선로의 T형 회로는 다음과 같다.

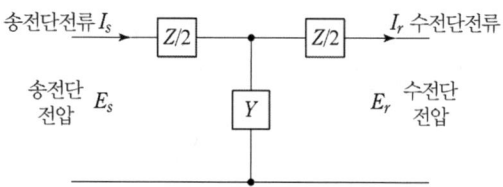

회로에 대한 4단자정수를 계산하면 다음과 같다.

$$\begin{bmatrix} A & B \\ C & D \end{bmatrix} = \begin{bmatrix} 1 & \dfrac{Z}{2} \\ 0 & 1 \end{bmatrix} \begin{bmatrix} 1 & 0 \\ Y & 1 \end{bmatrix} \begin{bmatrix} 1 & \dfrac{Z}{2} \\ 0 & 1 \end{bmatrix}$$

$$= \begin{bmatrix} 1+\dfrac{ZY}{2} & Z(1+\dfrac{ZY}{4}) \\ Y & 1+\dfrac{ZY}{2} \end{bmatrix}$$

따라서, 송전단 전류는 다음과 같다.

$$I_s = CE_r + DI_r = YE_r + (1+\dfrac{ZY}{2})I_r$$

08 단순 계산형   난이도 中

▌정답 ③

▌접근 POINT

4단자 정수의 행렬 계산을 이용하여 주어진 문제를 풀어나갈 수 있다.

▌공식 CHECK

(1) 단일소자의 직렬회로 해석

$$\begin{bmatrix} A & B \\ C & D \end{bmatrix} = \begin{bmatrix} 1 & Z \\ 0 & 1 \end{bmatrix}$$

(2) 단일소자의 병렬회로 해석

$$\begin{bmatrix} A & B \\ C & D \end{bmatrix} = \begin{bmatrix} 1 & 0 \\ \dfrac{1}{Z} & 1 \end{bmatrix}$$

▌해설

지문에 주어진 그림에 대하여 송수전단의 관계를 나타내는 4단자 정수 A_0, B_0, C_0, D_0의 행렬관계를 나타내면 다음과 같다.

$$\begin{bmatrix} A_0 & B_0 \\ C_0 & D_0 \end{bmatrix} = \begin{bmatrix} A & B \\ C & D \end{bmatrix}\begin{bmatrix} 1 & Z_{tr} \\ 0 & 1 \end{bmatrix}$$

$$= \begin{bmatrix} A & AZ_{tr} + B \\ C & CZ_{tr} + D \end{bmatrix}$$

$B_0 = AZ_{tr} + B$가 되어 ③번이 답이 된다.

---

09 단순 계산형   난이도 中

▌정답   ③

▌접근 POINT

4단자 정수의 공식을 이용하여 연립방정식으로 수전단 전압의 값을 도출해야 한다.

▌해설

4단자 정수 $E_s = AE_r + BI_r$, $I_s = CE_r + DI_r$에서 문제에서 묻고 있는 값이 수전단 전압이므

로 수전단 전압을 기준으로 생각해야 한다.

4단자 정수의 송전단 전압과 송전단 전류의 공식에 4단자 정수 중 D와 B를 양변에 곱해 주어 연립방정식을 풀어야 한다.

$(E_s = AE_r + BI_r) \times D \rightarrow DE_s = ADE_r + BDI_r$

$\cdots$①

$(I_s = CE_r + DI_r) \times B \rightarrow BI_s = BCE_r + BDI_r$

$\cdots$②

①-②$= DE_s - BI_s = (AD - BC)E_r$

4단자 정수의 성질 $AD - BC = 1$이므로

$E_r = DE_s - BI_s$가 된다.

---

10 단순 계산형   난이도 下

▌정답   ②

▌접근 POINT

단락용량 관계식을 이용하여 풀 수 있다.

▌공식 CHECK

(1) 단락용량 관계식 $P_s = \sqrt{3}\,VI_s[\mathrm{VA}]$

(2) 임피던스와 단락전류 관계

$$Z = \frac{E}{I_s} = \frac{V}{\sqrt{3}\,I_s}[\Omega]$$

V: 공칭전압$[\mathrm{V}]$, I_s: 단락전류$[\mathrm{A}]$,

E: 상전압$[\mathrm{V}]$

▌해설

임피던스와 단락전류의 관계에서, 단락전류는

$I_s = \dfrac{V}{\sqrt{3}\,Z}[\mathrm{A}]$이므로 단락용량은 다음과 같이

표현할 수 있다.

$$P_s = \sqrt{3}\, VI_s = \sqrt{3}\, V\left(\frac{V}{\sqrt{3}\,Z}\right) = \frac{V^2}{Z}$$

따라서, 등가 모선 임피던스는 다음과 같다.

$$Z = \frac{V^2}{P_s} = \frac{(154 \times 10^3)^2}{5{,}000 \times 10^6} = 4.74\,[\Omega]$$

는 부하측을 단락하여야 하고, 병렬 어드미턴스를 구하기 위해서는 부하측을 개방하여야 한다. 따라서, 특성 임피던스와 전파정수를 구하기 위해 필요한 시험은 개방시험(무부하시험)과 단락시험이 된다.

11 단순 암기형　　　　난이도 下

▌정답　③

▌접근 POINT

특성 임피던스와 전파정수를 구성하는 요소는 기본적으로 직렬 임피던스(Z)와 병렬 어드미턴스(Y)로 표현할 수 있음을 파악하여 접근해야 하며, 이 후 직렬 임피던스와 병렬 어드미턴스가 같이 표현되는 회로에서 직렬 임피던스와 병렬 어드미턴스를 계산하기 위해서는 부하측을 어떻게 해야 하는지 생각해 보아야 한다.

▌공식 CHECK

(1) 특성 임피던스

$$Z_0 = \frac{V}{I} = \sqrt{\frac{Z}{Y}} = \sqrt{Z_1 Z_2} \fallingdotseq \sqrt{\frac{L}{C}}\,[\Omega]$$

(2) 전파정수 $\gamma = \sqrt{ZY}$

　　V: 전압[V], I: 전류[A],

　　Z: 직렬 임피던스[Ω/km],

　　Y: 병렬 어드미턴스[℧/km],

　　Z_1: 선로 단락시 임피던스[Ω],

　　Z_2: 선로 개방시 임피던스[Ω]

▌해설

송전선로에서 직렬 임피던스를 구하기 위해서

12 공식 암기형　　　　난이도 中

▌정답　③

▌접근 POINT

특성 임피던스의 수식 관계를 체크해야 한다.

▌공식 CHECK

특성 임피던스

$$Z_0 = \frac{V}{I} = \sqrt{\frac{Z}{Y}} = \sqrt{Z_1 Z_2} \fallingdotseq \sqrt{\frac{L}{C}}\,[\Omega]$$

V: 전압[V], I: 전류[A],

Z: 직렬 임피던스[Ω/km],

Y: 병렬 어드미턴스[℧/km],

Z_1: 선로 단락시 임피던스[Ω],

Z_2: 선로 개방시 임피던스[Ω]

▌해설

송전선의 단위 길이당 직렬 임피던스를
$Z = R + jwL\,[\Omega/\text{km}]$,
병렬 어드미턴스를 $Y = G + jwC\,[℧/\text{km}]$로 표현할 수 있으며, 기본적인 특성 임피던스 관계식은 $Z_0 = \sqrt{\dfrac{Z}{Y}}$ 로 표현할 수 있으므로 다음과 같이 나타낼 수 있다.

$$Z_0 = \sqrt{\frac{Z}{Y}} = \sqrt{\frac{R + jwL}{G + jwC}}\,[\Omega]$$

여기서, 저항과 누설컨덕턴스를 무시하면

$$Z_0 = \sqrt{\frac{jwL}{jwC}} = \sqrt{\frac{L}{C}}\,[\Omega]\text{이 된다.}$$

▌응용

일반적인 송전선로는 저항과 누설컨덕턴스가 매우 작아 무시할 수 있으므로,

보통은 $Z_0 = \dfrac{V}{I} = \sqrt{\dfrac{Z}{Y}} = \sqrt{\dfrac{L}{C}}\,[\Omega]$ 관계로써 바로 취급할 수 있다.

---

13 단순 계산형　　난이도 下

▌정답　①

▌접근 POINT

주어진 조건에 맞는 특성 임피던스 관계식을 이용하여 계산할 수 있다.

▌공식 CHECK

특성 임피던스

$$Z_0 = \frac{V}{I} = \sqrt{\frac{Z}{Y}} = \sqrt{Z_1 Z_2} \fallingdotseq \sqrt{\frac{L}{C}}\,[\Omega]$$

V: 전압[V], I: 전류[A],

Z: 직렬 임피던스[Ω/km],

Y: 병렬 어드미턴스[℧/km],

Z_1 : 선로 단락시 임피던스[Ω],

Z_2 : 선로 개방시 임피던스[Ω]

▌해설

지문에 선로를 단락하였을 경우의 임피던스와 개방하였을 경우의 임피던스가 주어졌으므로,

다음과 같이 계산할 수 있다.

$$Z_0 = \sqrt{Z_1 Z_2} = \sqrt{300 \times 1,200} = 600\,[\Omega]$$

---

14 단순 계산형　　난이도 中

▌정답　④

▌접근 POINT

Still식에 의하여 계산하는 문제이므로, 해당 수식에 대입하는 형태로 간단히 풀어낼 수 있다.

▌공식 CHECK

가장 경제적인 송전전압(Still식)

$$V = 5.5\sqrt{0.6l + \frac{P}{100}}\,[\text{kV}]$$

l : 송전거리[km], P : 송전전력[kW]

▌해설

$$\begin{aligned}
V &= 5.5\sqrt{0.6l + \frac{P}{100}} \\
&= 5.5\sqrt{0.6 \times 51 + \frac{30,000}{100}} \\
&= 100\,[\text{kV}]
\end{aligned}$$

---

15 단순 암기형　　난이도 中

▌정답　③

▌접근 POINT

복도체를 사용하였을 때의 이점을 이용하여 간단히 접근할 수 있는 문제이다.

공식 CHECK

고유부하법 $P = \dfrac{V_r^2}{Z_0} = \dfrac{V_r^2}{\sqrt{\dfrac{L}{C}}}$ [MW/회선]

V_r : 수전단 선간전압[kV],

Z_0 : 특성 임피던스[Ω],

L : 작용 인덕턴스[H], C : 작용 정전용량[F]

해설

복도체를 사용하는 경우에는, 단도체에 비해 작용 인덕턴스가 감소하고, 작용 정전용량은 증가하여 선로의 전체 리액턴스(또는 임피던스)는 감소하게 되어 송전용량은 증가하게 된다.

16 공식 암기형   난이도 下

정답 ④

접근 POINT

송전단 전압, 수전단 전압, 리액턴스(또는 임피던스)로 표현할 수 있는 기본적인 송전전력 관계식을 떠올려야 하며, 최대 전력이라는 조건을 체크하여 상차각을 고려해야 한다.

공식 CHECK

송전전력 관계식 $P = \dfrac{V_s V_r}{X} \sin\delta$[W]

V_s : 송전단 전압[V], V_r : 수전단 전압[V],

X : 리액턴스[Ω],

δ : 상차각(V_s와 V_r 사이의 각)

해설

송전전력 관계식 $P = \dfrac{V_s V_r}{X} \sin\delta$[W]에서 송전전력이 최대인 경우는 상차각($\delta$) 90°일 때이다. 따라서, $\delta = 90°$로 놓으면 최대 송전전력은 $P = \dfrac{V_s V_r}{X}$[W]가 된다.

17 단순 암기형   난이도 下

정답 ④

접근 POINT

송전전력과 전압의 기본적인 관계를 이용하여 답을 고를 수 있는 문제이다.

해설

송전전력은 전압의 제곱에 비례($P \propto V^2$)하므로, 154[kV]를 345[kV]로 승압하는 경우, $P \propto (\dfrac{345}{154})^2 ≒ 5$배가 된다.

18 단순 암기형   난이도 中

정답 ②

접근 POINT

원선도의 실수축과 허수축이 무엇을 나타내는지 및 원선도로 알 수 있는 것과 알 수 없는 것, 원선도의 반지름 수식을 숙지해야 한다.

┃ 해설

전력원선도의 반지름은 $\dfrac{E_s E_r}{B}$로 표현된다.

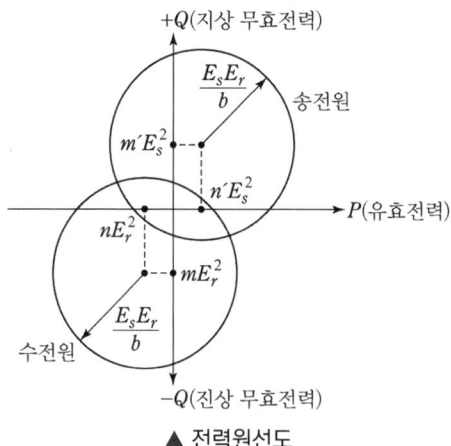

▲ 전력원선도

---

19 단순 계산형   난이도 下

┃ 정답   ①

┃ 접근 POINT

주어진 방정식에서 P_r이 최대가 되려면 Q_r은 어떻게 해야 하는지의 관점으로 접근할 수 있다.

┃ 해설

주어진 방정식에서 부하전력(P_r)이 최대로 공급되려면 $(Q_r + 400)^2$이 0이 되면 된다.
따라서, 무효전력(Q_r)은 -400이어야 하고, 이 때 $P_r^2 = 250,000$의 관계가 만족되므로, 최대로 공급할 수 있는 부하전력(P_r)은 $P_r = 500$이 된다.

---

20 단순 암기형   난이도 下

┃ 정답   ③

┃ 접근 POINT

전력 조류 계산에서의 지정값과 미지값을 구분하여 요구하는 물음의 답을 고를 수 있다.

┃ 해설

슬랙 모선의 지정값은 모선전압의 크기와 모선전압의 위상 각이며, 미지값은 유효전력과 무효전력이다.

모선의 종류	기지량	미지량
발전기 모선	유효전력 모선전압의 크기	무효전력 모선전압의 위상각
부하 모선	유효전력 무효전력	모선전압의 크기 모선전압의 위상각
슬랙 모선	모선전압의 크기 모선전압의 위상각	유효전력 무효전력

---

21 개념 이해형   난이도 下

┃ 정답   ②

┃ 접근 POINT

역률이 낮다는 것은 그만큼 유효하게 사용하지 못한다는 의미임을 체크해야 한다.

┃ 해설

역률이 낮다는 것은 그만큼 유효하게 사용하지 못한다는 의미이므로, 유효전력이 감소했음을 알 수 있다.
또는, 한상의 경우로 취급하였을 때

$P = VI\cos\theta[\text{W}]$의 관계식으로도 역률이 낮은 경우, 유효전력이 낮은 것을 알 수 있다.
추가로, 유효전력이 감소하기 때문에 부하에 필요한 전력량이 많아지게 되므로, 전기요금이 증가하게 된다.
또한, 전압강하 관계식과 선로손실 관계식으로부터 역률일 낮을 때, 전압강하와 선로손실이 증가함을 알 수 있다

(1) 전압강하

$$e = \frac{P}{V_r}(R + X\tan\theta)$$
$$= \frac{P}{V_r}(R + X\frac{\sin\theta}{\cos\theta})$$

(2) 선로손실 $P_l = 3I^2R = \dfrac{P^2R}{V_r^2\cos^2\theta}[\text{W}]$

P: 부하전력[W], V_r: 수전단 전압[V],
I: 부하전류[A],
R: 선로저항[Ω], X: 선로리액턴스[Ω]

22 단순 암기형   난이도 下

| 정답 ②

| 접근 POINT

콘덴서와 리액터, 저항에 있어서 전류와 전압의 위상관계에 대한 개념으로 간단히 풀 수 있는 문제이다.

| 해설

저항은 전류와 전압이 동상이다.
리액터는 전류가 전압보다 지상이다.
콘덴서는 전류가 전압보다 진상이다.

23 단순 계산형   난이도 中

| 정답 ③

| 접근 POINT

전력용 콘덴서 설치 전후의 무효전력 변화에 대해 파악해야 한다.

| 해설

진상용 콘덴서를 설치하게 되면 무효전력을 개선하여 역률이 개선된다. 즉, 진상용 콘덴서를 설치하게 되면 무효전력이 감소한다.

콘덴서 설치 전 무효전력

$P_{r1} = P_a\sin\theta = 500 \times \sqrt{1 - 0.8^2} = 300[\text{kVar}]$

콘덴서 설치 후 무효전력

$P_{r2} = 300 - 100 = 200[\text{kVar}]$이 되므로 역률 개선 후 부하(피상전력)은 유효전력과 무효전력의 합이 된다.

$P_a = \sqrt{P^2 + P_r^2} = \sqrt{400^2 + 200^2} \fallingdotseq 450[\text{kVA}]$

24 단순 암기형   난이도 中

| 정답 ②

| 접근 POINT

전력용 콘덴서와 동기 조상기의 특징을 구분지을 수 있어야 한다.

| 해설

동기 조상기는 진상전류만을 취할 수 있는 전력용 콘덴서와는 달리 지상과 진상전류 모두 취할 수 있다.

관련개념

항목	동기 조상기	전력용 콘덴서	분로 리액터
용도	진상/지상	진상	지상
조정방법	연속적	불연속적 (계단적)	불연속적 (계단적)
시충전	가능	불가능	불가능
증설	어려움	용이함	용이함
보수	어려움	간단함	간단함
전력손실	큼	적음	적음

25 공식 암기형 난이도 下

정답 ④

접근 POINT

정전용량에 의한 충전용량의 관계를 이용하여 접근할 수 있다.

공식 CHECK

선로의 충전용량 $Q_c = w C V^2 [\mathrm{VA}]$

w : 각주파수$[\mathrm{rad/s}]$, C: 정전용량$[\mathrm{F}]$,

V : 사용전압(선간전압$= \sqrt{3}\,E$)$[\mathrm{V}]$,

E : 대지전압$[\mathrm{V}]$

해설

선로의 충전용량 관계식을 정전용량에 대해 이항정리하면

$C = \dfrac{Q_C}{w V^2}$ 가 된다.

'동일한 용량으로 한다.'라고 제시되어 있으므로, 충전용량을 일정하다고 취급하면 $C \propto \dfrac{1}{V^2}$

의 관계가 성립한다. 따라서, 사용전압을 2배 증가시키는 경우, 동일한 용량으로 하려면 정전용량은 $\dfrac{1}{4}$로 감소하면 된다.

26 공식 암기형 난이도 下

정답 ④

접근 POINT

직렬리액터의 사용목적이 무엇인지에 초점을 맞추어 접근할 수 있다.

공식 CHECK

공진회로의 조건

$X_L = X_C$

$2\pi f L = \dfrac{1}{2\pi f C}$

해설

직렬리액터의 사용목적은 공진을 이용한 제5고조파 제거이므로, 공진회로의 조건 관계에 기본 주파수의 5배를 취한 제5고조파 주파수를 대입하여 다음과 같이 나타낼 수 있다.

$2\pi (5f_0)L = \dfrac{1}{2\pi (5f_0) C}$

$10\pi f_0 L = \dfrac{1}{10\pi f_0 C}$

$L = \dfrac{1}{(10\pi f_0)^2 C}$

난이도 中

ⵊ 정답 ③

ⵊ 접근 POINT

'역률 개선에 필요한 콘덴서 용량' 관계식에 주어진 조건을 대입하여 계산할 수 있다.

ⵊ 공식 CHECK

역률 개선에 필요한 콘덴서 용량[kVA]

$$Q_C = P\left(\frac{\sqrt{1-\cos^2\theta_1}}{\cos\theta_1} - \frac{\sqrt{1-\cos^2\theta_2}}{\cos\theta_2}\right)$$

P: 부하전력[kW],

$\cos\theta_1$: 개선 전 역률, $\cos\theta_2$: 개선 후 역률

ⵊ 해설

$$Q_C = P\left(\frac{\sqrt{1-\cos^2\theta_1}}{\cos\theta_1} - \frac{\sqrt{1-\cos^2\theta_2}}{\cos\theta_2}\right)$$

$$= 2{,}800 \times \left(\frac{\sqrt{1-0.8^2}}{0.8} - \frac{\sqrt{1-0.9^2}}{0.9}\right)$$

$$= 743.90$$

$$\fallingdotseq 744\,[\text{kVA}]$$

---

28 복합 이론형 난이도 中

ⵊ 정답 ②

ⵊ 접근 POINT

유효분과 무효분을 따로 계산하여 벡터적으로 합성하는 형태로 계산할 수 있다.

ⵊ 공식 CHECK

(1) 역률 $\cos\theta = \dfrac{P}{P_a} = \dfrac{P}{\sqrt{P^2+P_r^2}}$

(2) 유효전력 $P = P_a\cos\theta\,[\text{W}]$

(3) 무효전력 $P_r = P_a\sin\theta\,[\text{Var}]$

(4) 역률과 무효율의 관계 $\sin\theta = \sqrt{1-\cos^2\theta}$

  P_a : 피상전력[VA],

  P: 유효전력[W],

  P_r : 무효전력[Var]

ⵊ 해설

(1) 유효분 $P = 320\,[\text{kW}]$

(2) 무효분

  • 부하의 무효분

$$P_{r1} = P_a\sin\theta = P\frac{\sin\theta}{\cos\theta} = P\tan\theta$$

$$= P\frac{\sqrt{1-\cos^2\theta}}{\cos\theta}$$

$$= 320 \times \frac{\sqrt{1-0.8^2}}{0.8} = 240\,[\text{Var}]$$

  • 전력용 콘덴서의 무효분

$$P_{r2} = -140\,[\text{kVar}]$$

  • 합성 무효분

$$P_r = P_{r1} + P_{r2} = 240 - 140$$
$$= 100\,[\text{kVar}]$$

(3) 역률

$$\cos\theta = \frac{P}{\sqrt{P^2+P_r^2}} = \frac{320}{\sqrt{320^2+100^2}}$$
$$= 0.9545$$

따라서, 약 0.95가 되어 ②번이 답이 된다.

29 단순 암기형 　난이도 下

┃ 정답 ③

┃ 접근 POINT

송전계통의 안정도 향상 대책 방법을 숙지할 필요가 있다.

┃ 해설

계통의 안정도를 향상시키기 위해서는 계통의 리액턴스를 감소시켜야 한다.

송전계통의 안정도 향상대책
- 발전기나 변압기의 리액턴스를 작게 한다.
- 발전기의 단락비를 크게 한다.
- 속응여자방식을 채용한다.
- 중간조상방식을 채용한다.
- 고속도재폐로방식을 채용한다.
- 선로의 병행회선을 증가시키거나 복도체를 사용한다.
- 직렬콘덴서를 설치해 선로의 유도성 리액턴스를 보상한다.

30 개념 이해형 　난이도 下

┃ 정답 ②

┃ 접근 POINT

인터록은 간단하게 이름 그대로 상호 간에 잠그는 것을 의미한다. 즉, 상호 간에 동시에 투입되는 것을 방지하는 의미를 파악할 필요가 있으며, 추가적으로 단로기는 무부하시 선로를 개폐할 수 있다는 것을 알아야 한다.

┃ 해설

인터록은 상호 간에 동시 투입을 방지하는 것으로, 차단기와 단로기가 동시에 동작을 행하지 못하도록 해준다.

특히나, 단로기는 무부하시 선로를 개폐할 수 있으므로, 단로기를 조작하기 위해서는 선로가 무부하 상태로 되어 있어야 하며, 이 경우는 차단기가 열려있는 상태가 된다.

즉, 차단기가 미리 열려 있게 되면 선로가 무부하 상태가 되므로, 단로기를 동작시킬 수 있다.

31 단순 암기형 　난이도 下

┃ 정답 ③

┃ 접근 POINT

단락비가 작은 기기에 대한 특징을 체크해야 한다.

┃ 해설

단락비가 작은 기기의 특징
- 동기 임피던스(리액턴스)가 크다.
- 전기자 반작용이 크다.
- 전압변동률이 크다.
- 효율이 증가한다.
- 공극이 작다.
- 계자 기자력이 작다
- 계자전류가 작다.
- 안정도가 낮다.
- 기체의 치수와 극수가 작다.
- 과부하 내량이 작다.
- 단락전류가 작다.
- 선로의 충전용량이 작다.

중성점 접지와 계통보호 76쪽

세부유형 ❶ 중성점 접지와 유도장해 76쪽

01 │ 단순 암기형 난이도 下

▎정답 ①

▎접근 POINT

중성점을 접지하는 목적을 숙지하여야 한다.

▎해설

중성점을 접지하는 목적은 다음과 같다.
(1) 지락고장시의 건전상 전압상승 억제
(2) 지락고상시 보호계전기의 동작을 확실하게 함
(3) 이상전압의 경감 및 발생 억제
(4) 소호리액터 방식에서는 1선 지락시 아크를 소멸하여 그대로 송전이 가능

물론, 접지방식에 따라 보호 계전기 동작의 확실성이나 과도안정도가 다르게 나타난다. 다만, 지문에서는 정확하게 어떠한 방식으로 접지하는지 주어져 있는 것이 아니라, 포괄적인 관점에서 중성점 접지하는 목적을 물었기 때문에, 중성점 접지와 관련이 없는 ①번이 답이 된다.

02 │ 단순 암기형 난이도 下

▎정답 ①

▎접근 POINT

접지방식별 대표적인 특징을 숙지해야 한다.

▎해설

절연 수준의 저감 및 전력용 변압기의 단절연을 모두 행할 수 있는 중성점 접지방식은 직접 접지방식이다.

▎관련개념

직접 접지방식의 특징

(1) 1선 지락시 건전상 전위상승이 거의 없다.
(2) 선로 및 기기의 절연레벨을 낮출 수 있다.
(3) 변압기의 단절연이 가능하다.
(4) 정격이 낮은 피뢰기를 사용할 수 있다.
(5) 1선 지락시 지락전류가 매우 크다.
(6) 보호 계전기의 동작이 확실하다.
(7) 큰 지락전류가 흘러 통신선 유도장해가 크다.
(8) 지락전류가 저역률의 대전류이므로 과도안정도가 나쁘다.
(9) 차단기 동작이 빈번하고, 대용량의 차단기가 필요하다.
(10) 큰 지락전류로 인해 기기에 충격이 가해지기 쉽다.

03 │ 단순 암기형 난이도 下

▎정답 ④

접근 POINT

중성점 다중접지방식은 직접 접지방식의 일환
으로 중성선 여러 곳에 접지하는 방식으로, 직
접 접지방식과 특성이 유사하다는 것을 체크해
야 한다.

해설

중성점 다중접지방식(직접 접지방식)의 특징은
다음과 같다.
(1) 1선 지락시 건전상 전위상승이 거의 없다.
(2) 선로 및 기기의 절연레벨을 낮출 수 있다.
(3) 변압기의 단절연이 가능하다.
(4) 정격이 낮은 피뢰기를 사용할 수 있다.
(5) 1선 지락시 지락전류가 매우 크다.
(6) 보호 계전기의 동작이 확실하다.
(7) 큰 지락전류가 흘러 통신선 유도장해가 크다.
(8) 지락전류가 저역률의 대전류이므로 과도안
    정도가 나쁘다.
(9) 차단기 동작이 빈번하고, 대용량의 차단기
    가 필요하다.
(10) 큰 지락전류로 인해 기기에 충격이 가해지
    기 쉽다.
따라서, 중성점 다중접지방식의 특징으로 옳은
것은 ④번이 된다.

04 복합 계산형   난이도 上

정답 ②

접근 POINT

지락 시 지락전류가 어떤 경로로 흐르게 될지 생
각해 본다.

주어진 전압이 선간전압인지 대지전압인지의
체크가 필요하다.

해설

지락 식 지락전류는 아래 그림과 같이 흐르게 된다.

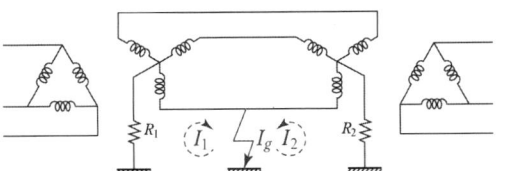

그러므로, 지락전류는 $I_g = I_1 + I_2$로 표현되며,
지문에 주어진 조건을 이용하여 계산하면 다음
과 같다.

$$I_g = I_1 + I_2 = \frac{E}{R_1} + \frac{E}{R_2}$$
$$= \frac{\frac{30 \times 10^3}{\sqrt{3}}}{200} + \frac{\frac{30 \times 10^3}{\sqrt{3}}}{600}$$
$$= 115.47[\text{A}]$$

05 단순 암기형   난이도 中

정답 ③

접근 POINT

유도장해 방지책이 전력선 측과 통신선 측 별로
어떠한 것들이 있는지 구분하여 체크할 필요가
있다.

해설

전력선 측과 통신선 측 별 유도장해 방지책은 다
음과 같다.
(1) 전력선 측의 방지책

- 통신선로로부터 되도록 멀리 시설한다.
- 지락전류가 작은 접지방식을 채용한다. (저항접지시에는 저항값을 가능한 한 큰 값으로 한다.)
- 고속도 지락보호 계전방식을 채택하여 고장선을 신속히 차단한다.
- 전력선과 통신선 사이에 차폐선을 설치한다.
- 지중전선로 방식을 채용한다.
- 연가를 충분히 시행한다.
- 통신선과 교차시에는 수직으로 교차할 수 있도록 한다.

(2) 통신선 측의 방지책
- 통신선로 중간에 절연 변압기로 구간을 분리한다.
- 연피 통신 케이블을 사용한다.
- 성능이 우수한 통신용 피뢰기를 설치한다.
- 배류코일을 설치한다.

▎응용

배류코일
통신선 간에 접속하여 중성점을 접지하는 코일로, 상용주파수의 유도전압에는 저임피던스로 작용하여 접지점을 통해 대지로 방전, 고주파수의 통신신호에는 고임피던스로 작용하여 방전하지 않는다.

---

06 단순 암기형　　　　　난이도 下

▎정답　③

▎접근 POINT
각 유도장해별로 그 발생원인을 구분하여 체크할 필요가 있다.

▎해설
영상전류로 인해 발생되는 유도장해는 전자 유도장해이다.

유도장해별 발생원인
(1) 정전 유도장해: 상호 정전용량과 영상전압
(2) 전자 유도장해: 상호 인덕턴스와 영상전류
(3) 고조파 유도장해: 고조파

---

07 공식 암기형　　　　　난이도 下

▎정답　④

▎접근 POINT
정전유도전압의 관계식을 이용하여 접근할 수 있는 문제이다.

▎공식 CHECK
통신선의 정전유도전압

$$E_s = \frac{\sqrt{C_a(C_a - C_b) + C_b(C_b - C_c) + C_c(C_c - C_a)}}{C_a + C_b + C_c + C_s} \times E$$

$$= \frac{\sqrt{C_a(C_a - C_b) + C_b(C_b - C_c) + C_c(C_c - C_a)}}{C_a + C_b + C_c + C_s} \times \frac{V}{\sqrt{3}}$$

C_a, C_b, C_c : 각 선과의 상호 정전용량,

C_s : 대지 정전용량, E: 대지전압,

V : 선간전압

▮ 해설

통신선의 정전유도 전압 관계식에 의거하여, 정전 유도장해는 선로의 길이와는 무관하며, 대지 전압에 비례한다.

---

08 공식 암기형   난이도 中

▮ 정답   ④

▮ 접근 POINT

차폐계수 관계식을 체크해 놓아야 한다.

▮ 해설

전력선, 통신선, 차폐선의 각 요소가 아래의 그림과 같을 때, 차폐계수는 다음과 같이 표현할 수 있다.

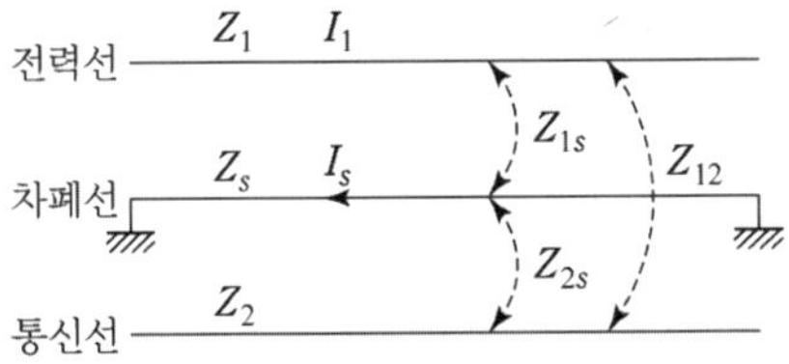

차폐계수 관계식 $\lambda = 1 - \dfrac{Z_{1s} Z_{2s}}{Z_s Z_{12}}$

• 차폐선이 전력선에 근접한 경우 $\lambda = 1 - \dfrac{Z_{1s}}{Z_s}$

• 차폐선이 통신선에 근접한 경우 $\lambda = 1 - \dfrac{Z_{2s}}{Z_s}$

따라서, 지문에서 주어진 조건으로 표현하면 ④번이 답이 된다.

$\lambda = 1 - \dfrac{Z_{2s}}{Z_s} \rightarrow \lambda = 1 - \dfrac{Z_{23}}{Z_{33}}$

---

09 단순 암기형   난이도 下

▮ 정답   ①

▮ 접근 POINT

플리커 현상의 경감 대책을 체크해 두어야 한다.

▮ 해설

전력공급측의 플리커 현상 경감 대책

(1) 전용 계통으로 공급한다.

(2) 전용 변압기로 공급한다.

(3) 공급전압을 승압한다.

(4) 단락용량이 큰 계통에서 공급한다.

따라서, 보기 ①번은 플리커 경감의 방안에 해당되지 않는다.

---

10 단순 암기형   난이도 下

▮ 정답   ①

▮ 접근 POINT

지문에서 요구하는 고조파를 제거하는 방법에는 무엇이 있는지 체크할 필요가 있다.

▮ 해설

제3고조파를 제거하기 위한 방법으로는 변압기의 Δ결선이 있고, 제5고조파를 제거 하기 위한 방법으로는 직렬 리액터를 설치하는 방법이 있다.

11 단순 암기형   난이도 下

정답 ①

접근 POINT

제5고조파 전류의 억제를 위해 직렬로 사용하는 리액턴스의 값이 어느 정도이어야 하는지 체크해야 한다.

해설

제5고조파 전류의 억제를 위해 직렬로 사용하는 리액턴스의 값은 다음과 같다.
(1) 이론상: 전력용 콘덴서 용량의 4[%]
(2) 실제상: 전력용 콘덴서 용량의 5~6[%]
따라서, 답은 ①(전력용 콘덴서 용량의 약 6[%] 정도)번이다.

세부유형 ②   **소호리액터와 지락**   79쪽

01 단순 암기형   난이도 下

정답 ③

접근 POINT

어떤 전류를 차단할 때 재점호가 발생하는지 체크해야 한다.

용어 CHECK

재점호: 차단기에 의해 선로가 차단될 때, 차단기 두 전극간의 전류가 0이 되어도 양전극 사이에 나타나는 고전압에 의하여 전극간의 절연이 파괴되어 다시 아크 방전이 발생하는 현상

해설

재점호는 충전전류(진상전류)를 차단할 때 나타날 수 있는 현상이다.

02 단순 암기형   난이도 中

정답 ①

접근 POINT

지락시 지락전류에 대한 등가회로가 소호리액터와 선로 정전용량의 병렬회로로 해석할 수 있는 점을 이용하여 접근할 수 있다.

해설

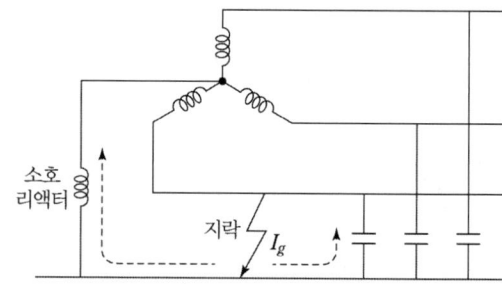

지락시 흐르게 되는 지락전류는 위 그림과 같이 소호리액터의 인덕턴스와 선로 정전용량으로 나누어 작용하므로, 병렬회로로 해석할 수 있다. 이 경우, 전류를 소멸시키기 위해서는 회로의 임피던스를 최대로 할 필요가 있으며, 이렇게

하기 위해서는 소호리액터의 인덕턴스와 선로 정전용량이 병렬공진을 이루어야 한다.

즉, 소호리액터의 인덕턴스와 선로 정전용량이 병렬공진상태이어야 지락전류를 소멸시킬 수 있다.

03 단순 암기형
난이도 下

▌정답 ④

▌접근 POINT
접지방식에 따른 특징을 체크할 필요가 있다.

▌해설
1선 지락시에 지락전류가 가장 작은 것은 소호리액터 접지방식이다.

▌관련개념
접지방식에 따른 특징

(1) 비접지 방식과 직접접지 방식

구분	비접지	직접접지
절연레벨	매우 높음	매우 낮음
지락전류	작음	매우 큼
건전 상 전위상승	큼	작음
유도장해	작음	큼
과도안정도	높음	낮음
보호계전기	적용곤란	적용가능

(2) 저항접지 방식과 소호리액터접지 방식

구분	저항접지	소호리액터접지
절연레벨	높음	높음
지락전류	작음	가장 작음
건전 상 전위상승	큼($1.3 \sim \sqrt{3}$ 배)	가장 큼
유도장해	저항이 크면 적고 저항이 작으면 큼	작음
과도안정도	저항이 크면 높고 저항이 작으면 낮음	높음
보호계전기	저항이 크면 적용불가 저항이 작으면 적용가능	적용 불가

04 단순 계산형
난이도 中

▌정답 ④

▌접근 POINT
전자유도전압의 관계식에 주어진 조건을 대입함으로써 답을 도출할 수 있다.

▌공식 CHECK
전자유도전압 $E_m = -jwM(3I_0)[\mathrm{V}]$

w : 각주파수($= 2\pi f$)[rad/s],

f : 주파수[Hz],

M : 상호 인덕턴스[H], I_0 : 영상전류[A]

▌해설
전자유도전압의 크기는 $E_m = wM(3I_0)[\mathrm{V}]$이므로, 여기에 주어진 조건을 대입하면 다음과 같다.

$$E_m = wM(3I_0)$$
$$= 2\pi \times 60 \times 0.06 \times 10^{-3} \times 40 \times 3 \times 100$$
$$= 271.43[\text{V}]$$

따라서, 전자유도전압은 약 $271.4[\text{V}]$가 된다.

05 단순 암기형

난이도 下

정답 ①

접근 POINT

고압 배전선로 구성방식별 특징을 구분하여 체크하여야 한다.

해설

고압 배전선로 구성방식 중에서 고장 시 자동적으로 고장개소의 분리 및 건전선로에 폐로하여 전력을 공급하는 개폐기를 가지는 방식은 환상식이다.

06 단순 암기형

난이도 中

정답 ④

접근 POINT

주어진 조건에 따라 판별하는 안정도를 구분하여 체크할 필요가 있다.

해설

외란이 발생한 경우에도 안정적으로 운전할 수 있는지를 판별하는 안정도를 '과도안정도'라 한다.

관련개념

안정도의 종류

주어진 운전의 조건하에서 안정적으로 운전을 지속할 수 있는 능력의 정도를 나타내는 것을 안정도라 하며, 주어진 조건에 따라 정태안정도, 동태안정도, 과도안정도가 있다.

(1) 정태안정도: 정상적인 운전상태에서 부하를 서서히 증가했을 경우에 안정적인 운전을 지속할 수 있는 정도

(2) 동태안정도: 고성능 AVR, 조속기 등의 제어효과를 고려한 상태에서의 안정도

(3) 과도안정도: 계통에 급격한 외란이 발생한 경우에도 안정적인 운전을 지속할 수 있는 정도

07 단순 암기형

난이도 下

정답 ④

접근 POINT

고장 종류에 따라 활용할 수 있는 계산법을 구분해 놓아야 한다.

해설

1선 지락사고와 같은 불평형 고장 해석에 사용되는 계산법은 대칭 좌표법이다.

관련개념

고장 종류에 따른 해석법

(1) 평형고장(3상 단락사고): 옴[Ω]법, [%]법, 단위[PU]법에 의한 해석을 할 수 있다.

(2) 불평형 고장(1선 지락, 2선 지락, 선간 단락사고): 대칭 좌표법에 의한 해석을 할 수 있다.

08 단순 계산형 난이도 下

┃정답 ③

┃접근 POINT

고장전류(단락전류)와 정격전류의 관계식에 주어진 조건을 대입하여 간단하게 계산할 수 있다.

┃공식 CHECK

단락전류 $I_s = \dfrac{100}{\%Z} \times I_n [\mathrm{A}]$

$\%Z$: 단락피던스[%], I_n : 정격전류[A]

┃해설

$I_s = \dfrac{100}{\%Z} \times I_n = \dfrac{100}{20} \times I_n = 5I_n$

따라서, 고장전류(단락전류)는 정격전류의 5배가 된다.

09 개념 이해형 난이도 中

┃정답 ②

┃접근 POINT

지락전류가 어떤 경로로 흐를 수 있는지 생각해본다.

┃해설

지락 전류는 아래의 그림과 같이 흐르게 되므로 $I_g = I_1 + I_2$로 계산할 수 있다.

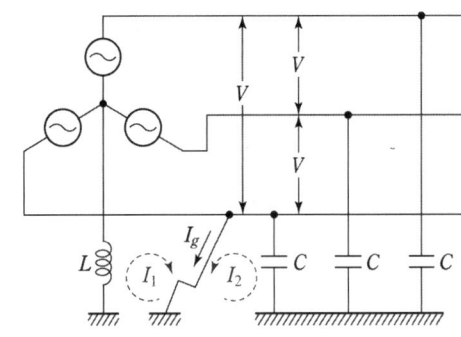

(1) L에 흐르는 전류 I_1

$$I_1 = \frac{E}{Z} = \frac{\frac{V}{\sqrt{3}}}{jwL} = -j\frac{V}{\sqrt{3}\,wL}[\mathrm{A}]$$

(2) C에 흐르는 전류 I_2

$$I_2 = \frac{E}{Z} = \frac{\frac{V}{\sqrt{3}}}{-j\frac{1}{3wC}} = j\frac{V}{\sqrt{3}} \times 3wC$$

(3) 지락전류

$$I_g = I_1 + I_2 = -j\frac{1}{\sqrt{3}}\left(\frac{1}{wL} - 3wC\right)V[\mathrm{A}]$$

지락전류의 크기는 다음과 같이 표현할 수 있다.

$$|I_g| = \frac{1}{\sqrt{3}}\left(\frac{1}{wL} - 3wC\right)V[\mathrm{A}]$$

10 단순 암기형 난이도 下

┃정답 ③

┃접근 POINT

각 약호가 의미하는 것이 무엇인지 챙길 필요가 있다.

용어 CHECK

(1) PT(계기용 변압기): 고전압을 저전압으로 변성하여 계측기기에 공급하는 장치

(2) CT(계기용 변류기): 대전류를 소전류로 변성하여 계측기기에 공급하는 장치

(3) ZCT(영상 변류기): 지락사고시 영상전류를 검출하여 보호 장치에 입력시키는 전류 변성기

(4) GPT(접지형 계기용 변압기): 지락사고시 영상전압을 검출하여 지락 계전기를 동작시키는 장치

해설

비접지 계통의 지락 사고 시 계전기에 영상전류를 공급하기 위하여 설치하는 기기는 영상 변류기이다.

11 단순 암기형   난이도 下

정답 ②

접근 POINT

접지방식에 따른 특징을 구분지어 체크해 놓아야 한다.

해설

1선 지락시에 건전상의 전압 상승이 가작 적은 접지방식은 직접 접지방식이다.

관련개념

접지방식에 따른 특징

(1) 비접지 방식과 직접접지 방식

구분	비접지	직접접지
절연레벨	매우 높음	매우 낮음
지락전류	작음	매우 큼
건전 상 전위상승	큼	작음
유도장해	작음	큼
과도안정도	높음	낮음
보호계전기	적용 곤란	적용 가능

(2) 저항접지 방식과 소호리액터접지 방식

구분	저항접지	소호리액터접지
절연레벨	높음	높음
지락전류	작음	가장 작음
건전 상 전위상승	큼($1.3 \sim \sqrt{3}$ 배)	가장 큼
유도장해	저항이 크면 적고 저항이 작으면 큼	작음
과도안정도	저항이 크면 높고 저항이 작으면 낮음	높음
보호계전기	저항이 크면 적용 불가 저항이 작으면 적용 가능	적용 불가

12 단순 암기형   난이도 中

정답 ①

접근 POINT

고장 종류에 따른 대칭분 전류가 어떻게 나타나는지 체크해야 접근이 용이하다.

┃ 해설

영상전류와 정상전류, 역상전류가 같은 고장은
1선 지락고장이다.

┃ 관련개념

고장 종류에 따른 대칭분 전류
(1) 1선 지락고장

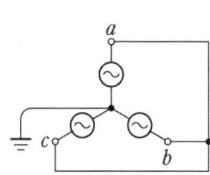

① $I_0 = \dfrac{E_a}{Z_0 + Z_1 + Z_2}$

② $I_1 = \dfrac{E_a}{Z_0 + Z_1 + Z_2}$

③ $I_2 = \dfrac{E_a}{Z_0 + Z_1 + Z_2}$

∴ $I_0 = I_1 = I_2 \neq 0$

(2) 선간 단락고장

① $I_0 = 0$

② $I_1 = \dfrac{E_a}{Z_1 + Z_2}$

③ $I_2 = -\dfrac{E_a}{Z_1 + Z_2}$

∴ $I_0 = 0,\ I_1 = -I_2$

(3) 3상 단락고장

① $I_0 = 0$

② $I_1 = \dfrac{E_a}{Z_1}$

③ $I_2 = 0$

∴ $I_0 = I_2 = 0,\ I_1 \neq 0$

세부유형 ③ 단락전류, 영상/정상/역상, 퍼센트[%]법 82쪽

01 공식 암기형 난이도 中

┃ 정답 ③

┃ 접근 POINT

3상 단락 사고시 각 상의 전류 관계식을 숙지해
야 접근할 수 있다.

┃ 해설

3상 단락 고장시의 대칭분 전류와 각 상의 전류
는 다음과 같다.

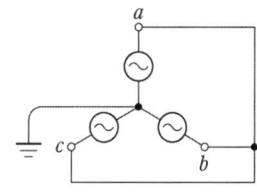

대칭분 전류	각 상 전류
① $I_0 = 0$	① $I_a = \dfrac{E_a}{Z_1}$
② $I_1 = \dfrac{E_a}{Z_1}$	② $I_b = \dfrac{a^2 E_a}{Z_1}$
③ $I_2 = 0$	
∴ $I_0 = I_2 = 0,\ I_1 \neq 0$	③ $I_c = \dfrac{a E_a}{Z_1}$

02 단순 암기형 난이도 中

┃ 정답 ②

접근 POINT

고장 종류에 따라 나타나는 대칭분이 어떤 것이
있는지 체크해 놓아야 한다.

해설

선간 단락 고장이 발생하였을 경우에 영상전류
는 없으며 정상전류와 역상전류가 나타난다.

관련개념

고장에 따른 대칭분

(1) 1선 지락사고: 정상분, 역상분, 영상분

(2) 선간 단락사고: 정상분, 역상분

(3) 3상 단락사고: 정상분

사고	정상분	역상분	영상분
1선 지락	○	○	○
선간 단락	○	○	×
3상 단락	○	×	×

03 복합 이론형
난이도 上

정답 ④

접근 POINT

단락전류와 정격전류의 관계식과, 정격전류와
용량, 전압과의 관계식을 이용하여 접근할 수
있다.

공식 CHECK

(1) 단락전류 $I_s = \dfrac{100}{\%Z} I_n [A]$

(2) 정격전류 $I_n = \dfrac{P}{\sqrt{3}\,V} [A]$

(3) $\%Z = \dfrac{PZ}{10\,V^2} [\%]$

해설

%임피던스가 용량에 비례하는 것을 이용하여
각 부분의 %임피던스를 단락점을 기준으로 잡
아 40[MVA] 기준으로 환산하면 다음과 같다.

(1) 발전기

- G_1: $\%Z_{G1} = \dfrac{40}{20} \times 20 = 40[\%]$

- G_2: $\%Z_{G2} = \dfrac{40}{20} \times 20 = 40[\%]$

- 합성 %임피던스

$\%Z_G = \dfrac{40 \times 40}{40 + 40} = 20[\%]$

(2대의 발전기는 병렬운전이므로, 병렬 합
성하여 계산한다.)

(2) 변압기: $\%Z_t(= \%X) = 8[\%]$

(3) 선로:

$\%Z_l(= \%X_l) = \dfrac{40 \times 10^3 \times 0.6 \times 50}{10 \times 110^2}$

$= 9.92[\%]$

따라서, 회로의 전체 합성 %임피던스는 다음과
같다.

$\%Z = \%Z_G + \%Z_t + \%Z_l = 20 + 8 + 9.92$
$= 37.92[\%]$

그러므로, 단락전류는 다음과 같이 계산할 수
있다.

$I_s = \dfrac{100}{\%Z} I_n = \dfrac{100}{\%Z} \times \dfrac{P}{\sqrt{3}\,V}$

$= \dfrac{100}{37.92} \times \dfrac{40 \times 10^3}{\sqrt{3} \times 110}$

$\fallingdotseq 554[A]$

04 공식 암기형   난이도 下

정답 ②

접근 POINT

대칭 좌표법에 의거한 대칭분 전압의 각 관계식을 숙지해야 한다.

공식 CHECK

대칭분 전압

(1) 영상분 $V_0 = \dfrac{1}{3}(V_a + V_b + V_c)$

(2) 정상분 $V_1 = \dfrac{1}{3}(V_a + aV_b + a^2 V_c)$

(3) 역상분 $V_2 = \dfrac{1}{3}(V_a + a^2 V_b + a V_c)$

해설

대칭분 전압의 관계식에 의거하여 정상분 전압은 다음과 같다.

$$V_1 = \dfrac{1}{3}(V_a + aV_b + a^2 V_c)$$

05 공식 암기형   난이도 下

정답 ②

접근 POINT

대칭 좌표법에 의거한 대칭분 전류의 각 관계식을 숙지해야 한다.

공식 CHECK

대칭분 전류

(1) 영상분 $I_0 = \dfrac{1}{3}(I_a + I_b + I_c)$

(2) 정상분 $I_1 = \dfrac{1}{3}(I_a + aI_b + a^2 I_c)$

(3) 역상분 $I_2 = \dfrac{1}{3}(I_a + a^2 I_b + a I_c)$

해설

대칭분 전류 관계식에 의거하여

$\dfrac{1}{3}(I_a + a^2 I_b + a I_c)$의 관계를 갖는 전류는 역상전류에 대당한다.

06 단순 계산형   난이도 中

정답 ④

접근 POINT

Δ 결선의 수식관계를 이용하여 계산할 수 있다.

공식 CHECK

(1) 선간전압(V_l)과 상전압(V_p)의 관계 :
$$V_l = V_p$$

(2) 선전류와 상전류의 관계 :
$$I_l = \sqrt{3}\, I_p \angle -30°$$

(3) 상전류, 상전압, 임피던스 관계 $I_p = \dfrac{V_p}{Z_p}$

해설

(1) 임피던스 $Z = 4 + j3 = 5 \angle 36.87°$

(2) 상전류
$$I_p = \frac{V_p}{Z_p} = \frac{200}{5 \angle 36.87°} = 40 \angle -36.87°$$

(3) 선전류

$$I_a = \sqrt{3}\, I_p \angle -30°$$
$$= (\sqrt{3} \angle -30°) \times (40 \angle -36.87°)$$
$$= 40\sqrt{3} \angle -66.87°[\mathrm{A}]$$

07 공식 암기형
난이도 下

| 정답 ③

| 접근 POINT

지락전류 관계식을 숙지해야 한다.

| 공식 CHECK

지락전류 $I_g = \dfrac{3E_a}{Z_0 + Z_1 + Z_2}$

| 해설

지락전류 관계식에 의해 답은 ③번이 된다.

08 개념 이해형
난이도 中

| 정답 ①

| 접근 POINT

%임피던스와 보기에서 주어진 항목의 관계식을 이용하여 생각해 볼 수 있다.

| 공식 CHECK

(1) %임피던스: $\%Z = \dfrac{I_n Z}{E} \times 100[\%]$

(2) 차단용량: $P_s = \dfrac{100}{\%Z} \times P_n[\mathrm{MVA}]$

I_n : 정격전류[A], Z: 임피던스[Ω],

E: 상전압[V], P_n : 정격용량[MVA]

| 해설

%임피던스 관계식 $\%Z = \dfrac{I_n Z}{E} \times 100[\%]$에 의해 %임피던스는 정격전류에 비례하므로, 정격전류가 증가하면 %임피던스도 증가한다.

| 응용

보기 해석

보기② : %임피던스는 임피던스에 비례한다. 따라서, 직렬 리액터가 감소하면 유도성 리액턴스 성분이 감소하므로, %임피던스도 감소한다.

보기③ : 차단용량 관계식

$P_s = \dfrac{100}{\%Z} \times P_n[\mathrm{MVA}]$에 의해 %임피던스가 크면 차단용량은 작아진다.

보기④ : 송전계통을 해석할 때, 옴 값을 사용하는 경우 계통의 고장해석시에 계통의 전압을 고장점의 전압으로 환산하여 해석해야 하는 불편함이 있기 때문에, 보다 간단하게 해석할 수 있는 %값으로 나타내는 경우가 많다.

09 단순 계산형
난이도 下

| 정답 ③

| 접근 POINT

선간전압과 기준용량으로 표현되는 %임피던스 관계식에 주어진 조건을 대입하여 계산할 수 있다.

▌공식 CHECK

%임피던스: $\%Z = \dfrac{PZ}{10\,V^2}\,[\%]$

P_n : 정격용량[kVA], Z: 임피던스[Ω],

V : 선간전압[kV]

▌해설

$$\%Z = \frac{PZ}{10\,V^2} = \frac{100 \times 10^3 \times 8}{10 \times 154^2} = 3.37\,[\%]$$

10 ▌단순 계산형

난이도 中

▌정답 ④

▌접근 POINT

선간전압과 기준용량으로 표현되는 %리액턴스 관계식을 이용하여 지문에서 요구하는 리액턴스 값을 계산할 수 있다.

▌공식 CHECK

%리액턴스 : $\%X = \dfrac{PX}{10\,V^2}\,[\%]$

P_n : 정격용량[kVA], X: 리액턴스[Ω],

V : 선간전압[kV]

▌해설

%리액턴스 관계식에 의해서 리액턴스는 다음과 같이 표현된다.

$$X = \frac{\%X \times 10\,V^2}{P}\,[\Omega]$$

지문에서 고압측으로 환산한 리액턴스를 물었으므로, 위 관계식의 전압에 고압측의 전압인

154[kV]를 대입하여 계산해야 한다.

$$X = \frac{\%X \times 10\,V^2}{P} = \frac{15 \times 10 \times 154^2}{40 \times 10^3} ≒ 89\,[\Omega]$$

11 ▌공식 암기형

난이도 中

▌정답 ③

▌접근 POINT

영상 임피던스는 중성점의 저항을 3배로 취급하여 계산해야 함을 체크해야 한다.

▌해설

영상 임피던스는 영상회로의 1상당 임피던스로, 1상으로 나타내기 위해서는 접지회로에 각 상의 3배의 영상전류가 흐르는 것을 염두하여 접지회로의 저항을 3배로 취급하여 해석해야 하므로, %영상 임피던스 또한 마찬가지의 방법으로 해석할 수 있다.

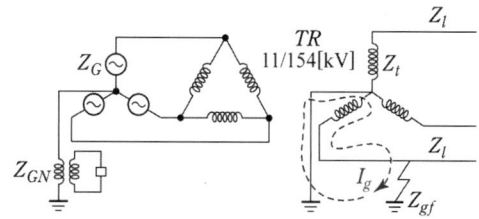

지락 발생시 지락전류는 위 그림과 같이 흐르게 되며, 이 경로에 대한 %임피던스가 곧 %영상 임피던스(Z_0)가 된다.

여기서, 지락 임피던스 Z_{gf}를 접지회로의 저항으로 취급할 수 있으므로, %영상 임피던스(Z_0)는 다음과 같이 나타낼 수 있다.

$$Z_0 = Z_l + Z_t + 3Z_{gf}$$

전력공학 SUBJECT 02

01 단순 암기형   난이도 下

┃ 정답 ②

┃ 접근 POINT

중성점을 접지하는 목적을 숙지하여야 한다.

┃ 해설

중성점을 접지하는 목적은 다음과 같다.
(1) 지락고장시의 건전상 전압상승 억제
(2) 지락고장시 보호계전기의 동작을 확실하게 함
(3) 이상전압의 경감 및 발생 억제
(4) 소호리액터 방식에서는 1선 지락시 아크를 소멸하여 그대로 송전이 가능

따라서, 답은 ②(이상전압의 방지)번이 답이 된다.

02 단순 암기형   난이도 下

┃ 정답 ②

┃ 접근 POINT

직격뢰에 대한 방호설비에는 어떤 것이 있는지 숙지해야 한다.

┃ 해설

직격뢰에 대한 방호설비에 해당하는 것은 가공지선이다.

┃ 관련개념

가공지선의 설치목적
(1) 직격뢰에 대한 차폐효과
(2) 유도뢰에 대한 정전 차폐효과
(3) 통신선에 대한 유도장해 경감

03 단순 암기형   난이도 下

┃ 정답 ③

┃ 접근 POINT

가공지선에 대해 보다 자세한 내용을 숙지하여야 접근이 편리하다.

┃ 해설

가공지선은 낙뢰로부터 송전선을 보호하기 위하여 도체 위쪽에 조선과 평행하게 가설하는 금속선으로 특징은 다음과 같다.
(1) 주로 아연도금한 철선 및 나경동선을 사용한다.
(2) 차폐각이 작을수록 낙뢰에 대한 차폐효과가 크다.
(3) 차폐각은 이론상 30° 이하인 경우 보호효과가 100[%]이나, 일반적으로는 45° 이하로 시설한다.
(4) 2선으로 시설하는 경우, 1선에 비해 차폐각이 작아진다.

가공지선을 2선으로 하면 차폐각이 작아지므로 답은 ③번이 된다.

04 단순 암기형　　난이도 下

l 정답 ②

l 접근 POINT
탑각 접지저항과 관련한 것이 매설지선이 있다는 것을 체크해야 한다.

l 해설
매설지선은 이름 그대로 땅에 매립된 지선을 의미하며, 철탑의 다리 각 모서리 부분에 설치되어 탑각 접지저항을 낮추어 주어 철탑으로부터 송전선로의 역섬락을 방지하기 위해 사용된다.

05 단순 암기형　　난이도 下

l 정답 ④

l 접근 POINT
매설지선의 역할을 숙지하는 것이 중요하다.

l 해설
매설지선은 이름 그대로 땅에 매립된 지선을 의미하며, 철탑의 다리 각 모서리 부분에 설치되어 탑각접지저항을 낮추어 주어 철탑으로부터 송전선로의 역섬락을 방지하기 위해 사용된다.

세부유형 ⑤ 피뢰기, 절연협조, 진행파, 반사파　88쪽

01 단순 암기형　　난이도 下

l 정답 ④

l 접근 POINT
피뢰기와 관련된 용어의 정의를 숙지하여야 한다.

l 용어 CHECK
(1) 정격전압: 피뢰기 선로단자와 접지단자 간에 인가할 수 있는 상용주파 최대 허용전압의 실효값, 속류를 차단할 수 있는 사용주파수 교류 최고전압
(2) 제한전압: 피뢰기에 방전전류가 흐르는 동안 피뢰기 단자간에 나타나는 전압의 파고값
(3) 상용주파 방전개시전압: 피뢰기에 전류가 흐르기 시작하는 최저 상용주파수의 전압의 실효값
(4) 충격 방전개시전압: 피뢰기 단자간에 충격전압을 가했을 때, 방전을 개시하는 전압, 파고값으로 표현
(5) 속류: 방전현상이 끝난 후에도 계속해서 전력계통으로부터 피뢰기에 공급되는 전류

l 해설
제한전압은 피뢰기에 방전전류가 흐르는 동안 피뢰기 단자간에 나타나는 전압의 파고값이므로, 이를 의미하는 ④번이 답이 된다.

∎ 관련개념

피뢰기의 구비조건

(1) 제한전압이 낮아야 한다.

(2) 충격 방전개시 전압이 낮아야 한다.

(3) 상용주파 방전개시 전압이 높아야 한다.

(4) 속류 차단능력이 커야 한다.

(5) 방전내량이 커야 한다.

---

02 단순 암기형   난이도 下

∎ 정답   ③

∎ 접근 POINT

피뢰기와 관련된 용어의 정의를 숙지하여야 한다.

∎ 해설

충격 방전개시전압은 파고값으로 표현한다. 파고값은 최대값이므로 ③번이 답이 된다.

---

03 단순 암기형   난이도 中

∎ 정답   ④

∎ 접근 POINT

피뢰기의 대표적인 구성요소가 어떤 작용을 하는지 숙지할 필요가 있다.

∎ 해설

피뢰기의 직렬 갭은 정상상태에서는 개로상태로 대지에 대한 절연을 유지하여 방전을 하지 않으나, 이상전압이 내습하면 뇌전류를 대지로 방

전하고 상용주파수의 속류를 차단하는 역할을 한다.

---

04 단순 암기형   난이도 下

∎ 정답   ①

∎ 접근 POINT

피뢰기의 정격전압을 계산하는 기준을 숙지해야 한다.

∎ 해설

일반적으로 피뢰기의 정격전압은 1선 지락고장 시 건전상의 대지전위를 고려하여 계산한다.

---

05 단순 암기형   난이도 中

∎ 정답   ①

∎ 접근 POINT

절연협조의 기준과 절연강도가 낮은 것부터 또는 높은 것 부터의 순서를 숙지하여야 한다.

∎ 해설

계통의 절연협조는 피뢰기의 제한전압이 기준이 되기 때문에 피뢰기의 절연레벨이 가장 낮으며, 다음으로 변압기, 기기부싱, 결합콘덴서, 선로애자 순이다.

06 단순 계산형

난이도 中

정답 ②

접근 POINT

특성 임피던스(파동 임피던스)와 인덕턴스 관계식의 관계성을 이용하여 계산할 수 있다.

공식 CHECK

(1) 인덕턴스 $L ≒ 0.4605\log_{10}\dfrac{D}{r}$ [mH/km]

(2) 커패시턴스 $C = \dfrac{0.02413}{\log_{10}\dfrac{D}{r}}$ [μF/km]

(3) 특성 임피던스

$$Z_0 = \sqrt{\frac{L}{C}} = \sqrt{\frac{0.4605\log_{10}\dfrac{D}{r} \times 10^{-3}}{\dfrac{0.02413}{\log_{10}\dfrac{D}{r}} \times 10^{-6}}} \ [\Omega]$$

$$≒ 138\log_{10}\frac{D}{r}$$

해설

지문에서 파동 임피던스와 인덕턴스의 언급이 있으므로,

파동 임피던스 관계식($Z_0 ≒ 138\log_{10}\dfrac{D}{r}$ [Ω])

과 함께 인덕턴스 관계식($L ≒ 0.4605\log_{10}\dfrac{D}{r}$ [mH/km])을 이용하여 계산하면 다음과 같다.

(1) 특성 임피던스 관계식에서 $\log_{10}\dfrac{D}{r} = \dfrac{Z_0}{138}$

(2) 인덕턴스

$$L = 0.4605\log_{10}\frac{D}{r} = 0.4605 \times \frac{Z_0}{138}$$

$$= 0.4605 \times \frac{300}{138} ≒ 1 \ [\text{mH/km}]$$

07 개념 이해형

난이도 中

정답 ③

접근 POINT

반사와 투과에 대한 개념을 충분히 잡아놓았다면 비교적 쉽게 풀어낼 수 있는 문제이다.

공식 CHECK

(1) 반사계수 $\rho = \dfrac{Z_L - Z_O}{Z_L + Z_O}$

(2) 투과계수 $\tau = \dfrac{2Z_L}{Z_L + Z_O}$

Z_L : 부하측 선로의 임피던스,

Z_O : 전원측 선로의 임피던스

해설

반사가 일어나지 않으려면 반사계수가 0이면 된다.

반사계수가 0이 되려면 전원측 선로와 부하측 선로의 임피던스가 같으면 된다. 부하측 선로는 두 갈래로 분기되어, 임피던스 Z_2의 선로와 임피던스 Z_3의 선로는 병렬로 접속이 된 것과 같으므로 $\dfrac{1}{Z_1} = \dfrac{1}{Z_2} + \dfrac{1}{Z_3}$의 관계가 성립되면 반사가 일어나지 않는다.

08 단순 계산형   난이도 中

┃ 정답 ③

┃ 접근 POINT

반사파, 투과파, 정재파비의 공식을 파악해야
한다.

┃ 공식 CHECK

투과파 전압 $e_2 = \dfrac{2Z_2}{Z_1 + Z_2} e_1$

입사파 전압 $e_2 = \dfrac{Z_2 - Z_1}{Z_1 + Z_2} e_1$

정재파비 $s = \dfrac{1+\rho}{1-\rho} \left(\rho = \dfrac{Z_2 - Z_1}{Z_1 + Z_2} \right)$

┃ 해설

투과파 전압

$$e_2 = \frac{2Z_2}{Z_1 + Z_2} e_1 = \frac{2 \times 1,500}{500 + 1,500} \times 600$$
$$= 900 \, [\mathrm{kV}]$$

대표유형 ❹
차단기 및 보호계전방식   91쪽

01 단순 암기형   난이도 下

┃ 정답 ②

┃ 접근 POINT

단로기는 차단기와 달리 소호능력이 없어 무부
하시 선로를 개폐할 수 있다는 것에 초점을 맞추
어 접근할 수 있다.

┃ 해설

단로기에 대한 설명이다.

02 단순 암기형   난이도 下

┃ 정답 ②

┃ 접근 POINT

일반적으로 고장전류를 차단할 수 있는 장치가
무엇인지 생각해 보아야 한다.

┃ 용어 CHECK

(1) 단로기: 무부하 충전전류나 변압기 여자전
류 등을 개폐하며 고장전류나 부하전류와
같은 대전류는 개폐할 수 없다.

(2) 선로개폐기: 보안상 책임 분기점에서 보수
점검시 전로의 개폐를 위해 시설하는 것으
로 무부하 상태에서만 개방할 수 있으며, 단

로기와 비슷한 용도로 사용되는 개폐기이다.

(3) 구분개폐기: 정전구간을 축소하기 위하여 사용되는 개폐기이다.

▌ 해설

배전선로의 고장전류를 차단할 수 있는 장치는 차단기이다.

03 │ 단순 계산형　　난이도 中

▌ 정답　③

▌ 접근 POINT

정격 차단용량의 계산수식을 이용하여 간단하게 접근할 수 있는 문제이다.

▌ 공식 CHECK

차단기 정격 차단용량 $P_s = \sqrt{3}\,VI_s[\text{VA}]$

여기서, V＝정격전압, I_s＝정격차단전류

※ 차단기의 정격 차단용량은 일반적으로 [MVA]로 표현한다.

▌ 해설

$P_s = \sqrt{3}\,VI_s = \sqrt{3} \times 170 \times 50$
   $= 14,722.43[\text{MVA}]$

그러므로, 약 $15,000[\text{MVA}]$가 된다.

04 │ 공식 암기형　　난이도 下

▌ 정답　④

▌ 접근 POINT

3상 차단기의 정격 차단용량의 관계식을 숙지하여 답을 고를 수 있다.

▌ 공식 CHECK

3상 차단기 정격용량 $P_s = \sqrt{3}\,VI_s[\text{VA}]$

V : 정격전압[V], I_s : 정격 차단전류[A]

※ 일반적으로 차단기의 정격용량 단위는 [MVA]를 사용한다.

▌ 해설

3상 차단기의 정격용량 관계식은
$P_s = \sqrt{3}\,VI_s[\text{VA}]$이므로, 차단기의 정격전압과 정격 차단전류와의 곱을 $\sqrt{3}$ 배 한 것이 된다.

05 │ 단순 암기형　　난이도 中

▌ 정답　③

▌ 접근 POINT

차단기에 용어에 대해서 파악해야 한다.

▌ 해설

차단기는 사고 발생시 릴레이가 동작하며 릴레이에 의해서 트립코일이 여자되고 차단기가 선로로부터 회로를 개방한다.

개방 시 아크가 발생하는데 차단기는 이러한 아크를 소호한다. 따라서 차단기의 차단시간은 트립코일 여자부터 아크 소호시간의 합으로 일반적으로 3, 5, 8[Hz]이다.

06 단순 암기형

난이도 下

▮ 정답 ②

▮ 접근 POINT

차단기 종류별 소호매질을 숙지하고 있어야 한다.

▮ 해설

가스차단기(GCB)는 소호매질로 SF$_6$ 가스를 사용한다.

▮ 관련개념

소호매질에 따른 차단기의 종류

차단기 종류	소호매질
가스차단기(GCB)	SF$_6$ 가스
유입차단기(OCB)	절연유
자기차단기(MBB)	전자력
공기차단기(ABB)	압축공기
진공차단기(VCB)	진공
기중차단기(ACB)	공기중

07 단순 암기형

난이도 中

▮ 정답 ④

▮ 접근 POINT

가스 차단기에서 사용하는 SF$_6$ 가스의 특징을 숙지하여야 한다.

▮ 해설

SF$_6$ 가스는 무색, 무독, 무취, 무해한 가스이다.

▮ 관련개념

SF$_6$ 가스의 특징

(1) 무색, 무독, 무취, 무해한 가스로 유독가스를 발생하지 않는다.
(2) 소호능력은 공기의 100~200배, 절연내력은 2~3배이다.
(3) SF$_6$ 가스는 난연성, 불활성의 기체로 안정성이 우수하다.

08 단순 암기형

난이도 下

▮ 정답 ③

▮ 접근 POINT

진공차단기의 특징을 숙지하고 있어야 한다. 또는, 진공 상태에 초점을 맞추어, 이를 유지하기 위해서는 밀폐상태이어야 하므로 소음이 적을 것임을 유추하여 접근할 수 있다.

▮ 해설

진공차단기는 저소음 차단기이다.

▮ 관련개념

진공차단기의 특징

(1) 고진공 중에서 전자의 고속도 확산에 의해서 차단한다.
(2) 차단시간이 짧으며, 차단성능이 회로 주파수의 영향을 받지 않는다.
(3) 저소음 차단기이며, 화재의 위험성이 없다.
(4) 소형, 경량이며, 구조가 간단하다.

09 단순 암기형   난이도 下

┃ 정답 ④

┃ 접근 POINT

개폐 저항기의 명칭을 보았을 때, 개폐와 관련됨을 유추할 수 있다.

┃ 해설

개폐 저항기는 개폐서지로 인한 이상전압을 억제할 목적으로 사용된다.

10 단순 암기형   난이도 中

┃ 정답 ①

┃ 접근 POINT

차단기의 종류를 고압, 저압으로 구분하여 파악해야 한다.

┃ 해설

특고압 차단기 : 공기차단기(ABB), 유입차단기(OCB), 자기차단기(MBB), 진공차단기(VCB), 가스차단기(GCB)

저압 차단기 : 기중차단기(ACB), 배선용차단기(MCCB), 누전차단기(ELB)

11 단순 암기형   난이도 下

┃ 정답 ③

┃ 접근 POINT

지문에 언급된 '유입하는 전류와 유출하는 전류의 차로 동작'이 핵심 포인트이다.

┃ 해설

내부고장시 유입되는 전류와 유출되는 전류의 차로 동작하는 보호계전기를 차동계전기라 한다.

12 단순 암기형   난이도 下

┃ 정답 ③

┃ 접근 POINT

발전기와 변압기 내부고장 보호용으로 사용되는 계전기가 무엇인지 숙지해야 한다.

┃ 해설

발전기 또는 주변압기의 내부고장 보호용으로 가장 널리 사용되는 것은 비율 차동 계전기로, 보호구간에 유입하는 전류와 유출하는 전류의 차가 일정 비율 이상이 되면 동작하는 보호계전기이다.

13 개념 이해형   난이도 下

┃ 정답 ③

┃ 접근 POINT

3상 결선법에 따라 전류의 위상이 달라질 수 있으므로, 이에 대한 오차가 발생할 수 있는 점에 유의한다.

비율차동계전기는 보호구간에 유입하는 전류
와 유출하는 전류의 차가 일정비율 이상이 되면
동작하는 계전기로, 변압기의 1차와 2차간에
전류의 위상차가 생기는 경우에는 오동작을 일
으킬 수 있다.

따라서, 오동작을 발생시키는 위상차를 방지하
기 위해 변압기의 각 1차와 2차측의 CT는 변압
기의 결선과 반대로 결선한다.

따라서, 지문에 주어진 결선 방식이 △ - Y 이므
로, CT의 결선 방식은 Y - △ 가 된다.

14 복합 계산형

난이도 中

정답 ②

접근 POINT

△결선과 V결선의 특징 및 관계, 동손에 대해서
파악해야 한다.

공식 CHECK

△결선의 출력 $P_\triangle = 3P_1$

V결선의 출력 $P_V = \sqrt{3}\,P_1$

해설

V결선이란 △결선으로 운전 중 한 대에 고장이
발생하였을 경우 두 대 만으로도 3상에 전력공
급이 가능한 결선 방식이다. 문제에서는 동손에
관하여 묻고 있다.

동손 $P_c = m^2 P_c$ 이므로 부하율 m에 대하여 계
산을 한다.

△ 결선 시 1대의 부하율 $m = \dfrac{3P_1}{3P_1} = 1$

V 결선 시 부하율 $m = \dfrac{3P_1}{\sqrt{3}\,P_1} = \sqrt{3}$ 이 된다.

△결선의 동손 $P_c = 1^2 P_c$으로 3대를 사용하므
로 $P_c = 3P_c$ 이다.

V결선의 동손 $P_c = \sqrt{3}^2 P_c$으로 2대를 사용하
므로 $P_c = 6P_c$가 된다.

따라서 V결선의 동손은 2배가 된다.

15 단순 암기형

난이도 下

정답 ②

접근 POINT

지문에서 요구하는 목적의 계전기가 무엇인지
숙지해 놓아야 한다.

해설

역상 계전기에 대한 설명이다.

역상 계전기는 전력설비의 불평형 또는 상회전
방향의 반전 등으로 인한 소손 및 역회전을 방지
하기 위해 사용하는 계전기이다.

16 단순 암기형

난이도 下

정답 ③

접근 POINT

각 동작특성을 숙지하는 것이 좋다. 보기에 주
어진 동작특성에 대한 용어에 대한 의미를 파악

하여 접근할 수 있다.

│ 해설

동작전류의 크기가 커질수록 동작시간이 짧게 되는 반비례 특성을 갖는 계전기는 반한시 계전기이다.

│ 관련개념

계전기 동작 특성

(1) 순한시: 최소 동작 전류 이상의 전류가 흐르면 즉시 동작하는 특성

(2) 정한시: 설정값 이상의 전류가 흐르면 전류 크기와 관계없이 정해진 시간이 경과한 후 동작하는 특성

(3) 반한시: 설정값 이상의 전류가 흐를 때, 전류 크기에 반비례하여 동작하는 특성으로, 전류가 크면 동작시간이 짧아지고, 전류가 작으면 동작시간이 길어진다.

(4) 정한시 반한시: 어느 전류값까지는 반한시 성질을 가지고, 그 이상이 되면 정한시의 성질을 가지는 특성

17 │ 단순 암기형   난이도 中

│ 정답 ②

│ 접근 POINT

각 동작특성을 숙지하는 것이 좋다. 보기에 주어진 동작특성에 대한 용어에 대한 의미를 파악하여 접근할 수 있다.

│ 해설

반한시 계전기는 전류값이 클수록 빠르게 동작

하고, 전류값이 작을수록 느리게 동작한다.

18 │ 단순 암기형   난이도 下

│ 정답 ②

│ 접근 POINT

모선 보호에 사용되는 계전방식을 숙지해 놓아야 한다.

│ 해설

모선 보호에 사용되는 계전방식은 전류차동 계전방식, 전압차동 계전방식, 방향비교(방향거리) 계전방식, 위상비교 계전방식이 있다.

19 │ 단순 암기형   난이도 下

│ 정답 ①

│ 접근 POINT

모선 보호 방식과 계전기의 종류에 대한 개념을 이용하여 접근할 수 있다.

│ 용어 CHECK

(1) 거리방향 계전기: 방향성을 갖고 전압과 전류의 비가 일정치 이하인 경우에 동작하는 계전기로, 실제 전압과 전류의 비는 거리에 따른 임피던스를 나타낸다.

(2) 역상 계전기: 전동기의 상회전 방향에 있어서 역회전을 막고 1상 단선에 대해 과열을 예방하기 위한 보호용 계전기

(3) 재폐로 계전기: 선로의 단락 및 지락사고에

SUBJECT 02
전력공학

대한 보호용 계전기로 차단기 개방시 일정 시간 후 차단기를 재투입할 수 있도록 동작하는 계전기

(4) 과전류 계전기: 변류기 2차측에 접속되어 전류가 계전기의 정정전류치를 초과할 때 동작하는 계전기

┃ 해설

모선 보호 방식에는 전류 비율 차동방식, 전압 차동방식, 선형 결합방식, 위상 비교 계전방식, 방향 비교 계전방식 등이 있다.

특히나 방향 비교 계전 방식은 전력 방향 계전기 또는 거리 방향 계전기를 설치하여 모선의 고장을 판별하는 방식이 된다.

---

20 단순 암기형   난이도 中

┃ 정답   ④

┃ 접근 POINT

리클로저와 항시 같이 사용되는 장치가 무엇인지 숙지해야 한다.

┃ 해설

리클로저와 같이 차단기능이 있는 후비 보호장치와 직렬로 설치해야 하는 장치는 섹셔널라이저이다.

┃ 관련개념

리클로저와 섹셔널라이저

(1) 리클로저: 배전선로에 지락 또는 단락사고 발생시에 고장을 검출하여 선로를 차단하

고 이후 일정시간이 지나면 자동적으로 재투입동작을 반복함으로써 순간고장을 제거하는 장치

(2) 섹셔널라이저

- 선로 고장시에 후비 보호장치에 해당하는 차단기의 고장 차단으로 인하여 선로가 정전상태일 때 자동으로 개방되어 고장구간을 분리하는 개폐기이다.

- 고장전류는 차단할 수 없으며, 반드시 리클로저와 조합해서 사용하고, 고장전류를 차단할 수 없기 때문에 반드시 차단기능이 있는 후비 보호장치와 직렬로 설치해야 한다.

---

21 단순 암기형   난이도 下

┃ 정답   ④

┃ 접근 POINT

선택지락 계전기의 용어를 유심히 보면 그 용도를 파악할 수 있다.

┃ 해설

선택지락 계전기는 다회선을 사용할 때, 지락고장이 일어난 회선만을 선택하여 신속하게 차단 할 수 있도록 하는 계전기이다.

'선택지락 계전기' 용어에서 '지락'을 가지고 지락고장에 대해 작동하는 계전기임을 유추할 수 있고, '선택'이라는 단어에서 여러 회선 중에 고르는 것으로 사용됨을 알 수 있다. 그러므로, 여러 회선을 의미하고 지락고장시 그 회선을 선택할 수 있는 의미로 나타난 ④번을 답으로 고를

수 있다.

22 단순 암기형   난이도 下

│ 정답   ②

│ 접근 POINT

재폐로 기능에 초점을 맞추어 이를 의미하는 명칭을 고를 수 있다.

│ 해설

재폐로 기능을 갖는 일종의 차단기로서 과부하 또는 고장 전류가 흐르면 순시 동작하고, 일정 시간 후에는 자동적으로 재폐로하는 보호기기를 리클로저라 한다.

간단하게 재폐로를 영문으로 표기하면 리클로저이므로, 지문에 주어진 핵심문구를 토대도 답을 골라낼 수 있다.

23 단순 암기형   난이도 下

│ 정답   ④

│ 접근 POINT

각 개폐기의 역할을 숙지하여야 한다.

│ 해설

주 공급선로의 정전사고 시 예비전원 선로로 자동 전환되는 개폐 장치를 자동 부하전환 개폐기라 한다.

│ 응용

보기 해설

① 차단기: 아크 소호 능력을 가지고 있어 사고 전류 및 부하전류를 개폐할 수 있는 개폐기

② 리클로저: 배전선로에 지락 또는 단락사고 발생시에 고장을 검출하여 선로를 차단하고 이 후 일정시간이 지나면 자동적으로 재투입 동작을 반복함으로써 순간고장을 제거하는 장치

③ 자동선로 구분 개폐기(섹셔널라이저)
  - 선로 고장시에 후비 보호장치에 해당하는 차단기의 고장 차단으로 인하여 선로가 정전상태일 때 자동으로 개방되어 고장구간을 분리하는 개폐기이다.
  - 고장전류는 차단할 수 없으며, 반드시 리클로저와 조합해서 사용하고, 고장전류를 차단할 수 없기 때문에 반드시 차단기능이 있는 후비 보호장치와 직렬로 설치해야 한다.

24 단순 암기형   난이도 中

│ 정답   ④

│ 접근 POINT

선로 구성에 따른 단락보호 방식의 종류를 숙지하여 접근할 수 있다.

│ 해설

환상 선로의 단락보호 방식에서 전원이 한단에만 존재하는 경우, 방향단락 계전기를 사용한다.

선로방식별 단락보호

(1) 방사상 선로의 단락보호
- 전원이 한단에 존재: 표시선 계전방식 사용
- 전원이 양단에 존재: 방향단락 계전기와 과전류 계전기를 조합하여 사용

(2) 환상 선로의 단락보호
- 전원이 한단에 존재: 방향단락 계전기 사용
- 전원이 양단에 존재: 방향거리 계전기 사용

---

25 단순 암기형   난이도 中

▌**정답**   ④

▌**접근 POINT**

가스절연 개폐설비에 대한 특징을 숙지해야 답을 고를 수 있다.

▌**해설**

가스절연 개폐설비는 한랭지, 산악 지방에서의 액화방지 대책이 필요하다.

▌**관련개념**

가스절연 개폐설비(GIS)의 특징

(1) 충전부가 완전밀폐되어 대기중 오염물의 영향을 받지 않아 신뢰성과 안정성이 높다.
(2) 밀폐형으로 소음이 적고 소형화가 가능하다.
(3) 내부 점검 및 부품의 교환이 번거롭다.
(4) 가스 압력과 수분에 대한 엄중 감시가 필요하다.
(5) 한랭지, 산악지방에서의 액화방지대책이 필요하다.
(6) 설비의 가격이 고가이다.

---

26 개념 이해형   난이도 下

▌**정답**   ①

▌**접근 POINT**

직류 송전방식과 교류 송전방식의 특징을 파악해야 한다.

▌**해설**

직류 송전방식은 교류 송전방식에 비해 안정도가 좋다(높다).

▌**관련개념**

직류 송전방식의 특징

장점	• 리액턴스가 없으므로, 리액턴스 강하가 없다. • 송전효율과 안정도가 좋다. • 유도 장해가 적다. • 장거리 송전에 유리하고, 주파수가 다른 교류계통을 연계할 수 있다. (비동기 연계가 가능)
단점	• 교류와 같이 전류의 영점이 없어, 직류 전류의 차단이 곤란하다. • 승압 및 강압이 곤란하다. • 교류와 직류 교환장치에서 발생하는 고조파를 제거하기 위한 설비가 별도로 필요하다.

교류 송전방식의 특징

장점	• 회전자계를 쉽게 얻을 수 있다. • 전압의 승압과 강압이 용이하다. • 대부분 부하가 교류 방식으로 되어 있기 때문에 계통을 일관되게 운용할 수 있다.
단점	• 페란티 현상과 자기여자 현상 등의 이상현상이 발생한다. • 표피효과로 인해 전선의 실효저항이 증가하여 전력손실이 커진다. • 직류 방식에 비해 계통의 안정도가 저하된다.

대표유형 ❺

배전선로 방식 및 운용　97쪽

세부유형 ① 　배전선로 공급방식

97쪽

01 단순 암기형　난이도 下

▎정답　②

▎접근 POINT

집중 부하와 비교한 분산 부하의 전압강하와 전력손실이 어느 정도인지를 숙지해야 한다.

▎해설

집중 부하와 비교한 분산 부하의 전압강하와 전력손실은 다음과 같다.

(1) 전압강하: $\frac{1}{2}$ 배

(2) 전력손실: $\frac{1}{3}$ 배

02 단순 암기형　난이도 下

▎정답　④

▎접근 POINT

역률을 간단하게 말해, '전력을 유효하게 사용하는 비율'이라는 것이 초점을 맞추면 비교적 쉽게 답을 고를 수 있다.

▎해설

역률은 전력을 유효하게 사용한 비율로 간단히 말할 수 있다.

전력을 유효하게 사용한 것과 선로의 절연과는 관계가 없으므로 ④번이 답이 된다.

▎관련개념

역률 개선에 따른 효과

전력공급자 측	수용가 측
① 전력계통 안정	① 설비용량의 여유증가
② 전력손실 감소	② 전압강하 경감
③ 설비용량의 효율적 운용	③ 배전선의 전력손실 감소
④ 투자비 경감	④ 전기요금 감소

03 단순 암기형　난이도 下

▎정답　①

▎접근 POINT

전력손실이 어떠한 것과 관련되는지 숙지하여야 한다.

▎공식 CHECK

전력(선로)손실 관계식

$$P_l = 3I^2 R = \frac{P^2 R}{V_r^2 \cos^2\theta} = \frac{P^2 \rho l}{V_r^2 \cos^2\theta\, S}[\text{W}]$$

I: 부하전류[A], R: 선로저항[Ω]$(= \rho \frac{l}{S})$,

P: 공급전력[W], V_r : 배전전압[V],

$\cos\theta$: 역률, ρ : 고유저항[Ω·mm^2/m],

l : 선로길이[m], S : 전선단면적[mm^2]

해설

전력손실 관계식에 의하면, 전력손실은 배전전압, 역률, 전선의 단면적에 반비례하므로, 전력손실을 경감시키기 위해서는 배전전압을 높이거나, 역률 개선, 혹은 단면적이 큰 전선 사용을 고려할 수 있다.

또한, 부하를 평형상태로 하면 불평형시 중성선에 흐르는 전류에 의한 전력손실을 경감할 수 있다.

---

04 단순 암기형   난이도 下

정답   ③

접근 POINT

밸런서를 필요로 하는 배전방식이 어떤 것인지 숙지해야 한다.

해설

불평형 전압을 평형되게 하고 선로손실을 경감시킬 목적으로 사용되는 밸런서를 필요로 하는 배전방식은 단상 3선식이다.

관련개념

단상 3선식의 장점 및 단점

(1) 장점
   • 2종류의 전압을 얻을 수 있다.
   • 전압강하 및 전력손실이 적어 효율이 좋다.
   • 전선의 소요량이 적다.
   • 1선당 전력전송비가 크다.
(2) 단점
   • 중성선과 전압선(외측선)이 단락되면 건

전상의 전압이 이상 상승한다.
   • 부하 불평형시 전압의 불평형이 발생한다.(저압 밸런서 필요)

---

05 복합 계산형   난이도 上

정답   ②

접근 POINT

각 전선에 흐르는 전류를 도출하여 전압강하를 산출하고, 이 전압강하를 고려하여 C점의 전압을 계산할 수 있다.

해설

(1) A점의 전압
   ① 선로 OA에 흐르는 전류
   $$I_{OA} = 5 + 15 + 10 = 30[\text{A}]$$
   ② 선로 OA의 전압강하
   $$e_{OA} = I_{OA} \times R_{OA} = 30 \times 0.2 = 6[\text{V}]$$
   ③ A점의 전압 $V_A = 110 - 6 = 104[\text{V}]$
(2) B점의 전압
   ① 선로 AB에 흐르는 전류
   $$I_{AB} = 15 + 10 = 25[\text{A}]$$
   ② 선로 AB의 전압강하
   $$e_{AB} = I_{AB} \times R_{AB} = 25 \times 0.2 = 5[\text{V}]$$
   ③ B점의 전압 $V_B = 104 - 5 = 99[\text{V}]$
(3) C점의 전압
   ① 선로 BC에 흐르는 전류 $I_{BC} = 10[\text{A}]$
   ② 선로 BC의 전압강하
   $$e_{BC} = I_{BC} \times R_{BC} = 10 \times 0.2 = 2[\text{V}]$$
   ③ C점의 전압 $V_C = 99 - 2 = 97[\text{V}]$

SUBJECT 02
전력공학

06 단순 암기형   난이도 下

정답 ①

접근 POINT

단상 2선식을 기준으로 한 각 전력 전송방식의 전선 소요량 비를 숙지하고 있어야 한다.

해설

사용전압, 전력, 손실이 일정한 경우의 단상 2선식을 기준으로 한 전선 중량비(소요량 비)

전송방식	전선 중량 비율
1∅2w(단상 2선식)	1 (100[%])
1∅3w(단상 3선식)	$\frac{3}{8}$ (37.5[%])
3∅3w(3상 3선식)	$\frac{3}{4}$ (75[%])
3∅4w(3상 4선식)	$\frac{1}{3}$ (33.3[%])

07 단순 암기형   난이도 下

정답 ④

접근 POINT

단상 2선식을 기준으로 한 각 전력 전송방식의 전선 소요량 비를 숙지하고 있어야 한다.

해설

$$\frac{3상 4선식}{3상 3선식} = \frac{\frac{1}{3}}{\frac{3}{4}} = \frac{4}{9}$$

08 공식 암기형   난이도 下

정답 ④

접근 POINT

전압강하율과 전압의 관계성을 이용하여 해석할 수 있다.

공식 CHECK

전압강하율 관계식

$$\delta = \frac{P}{V_r^2}(R + X\tan\theta) \times 100[\%]$$

P: 공급전력(부하용량)[W],
V_r: 배전전압[V],
R: 선로저항[Ω], X: 선로리액턴스[Ω]

해설

지문에서 단상 2선식(110[V])를 단상 3선식(110/220[V])로 변경한다는 것은 110[V]에서 220[V]로 승압하는 것을 의미하므로, 전압이 2배 증가하는 것을 알 수 있다.

전압강하율 관계식에 의거하여 전압강하율은 전압의 제곱에 반비례하므로, 전압이 2배 증가할 때, 전압강하율은 $\frac{1}{4}$배가 된다.

09 단순 암기형   난이도 下

정답 ②

한 선을 기준으로 한 자기 인덕턴스와 다른 선으로 작용하는 상호 인덕턴스의 벡터관계로 간단히 해석할 수 있다.

┃ 해설

3상의 각 상을 a, b, c상이라 할 때, a상을 기준으로 각 인덕턴스를 나타내면 다음과 같다.

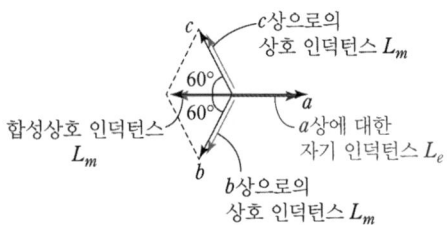

b상으로의 상호 인덕턴스(L_m)와 c상으로의 상호 인덕턴스(L_m)을 합성하면, a상에 대한 자기 인덕턴스(L_e)와 방향이 반대이고 크기가 L_m인 것으로 나타낼 수 있다.

작용 인덕턴스(L)는 자기 인덕턴스(L_e)와 상호 인덕턴스(L_m)의 합이므로, 다음과 같이 나타낼 수 있다.

$$L = L_e + (-L_m) = L_e - L_m$$

10 단순 암기형　　　　난이도 中

┃ 정답　③

┃ 접근 POINT

3상 3선식 비접지 방식에 대한 특징을 숙지해야 한다.

┃ 해설

비접지 방식은 1선 지락고장 시 건전상의 대지전위 상승이 $\sqrt{3}$ 배로 크게 나타난다.

┃ 관련개념

비접지 방식의 특징

구분	비접지
절연레벨	매우 높음
지락전류	작음
건전 상 전위상승	큼($\sqrt{3}$ 배)
유도장해	작음
과도안정도	높음
보호계전기	적용 곤란

또한, 비접지 방식은 Δ − Δ 결선이므로, 한 상의 고장시에 V − V 결선으로 3상 전력의 공급이 가능하다.

11 단순 계산형　　　　난이도 下

┃ 정답　③

┃ 접근 POINT

콘덴서를 접속하여 선로손실을 최소로 한다는 것은 곧, 역률을 100[%]로 하는 것과 같다.

┃ 공식 CHECK

역률 개선용 콘덴서 용량 관계식

$$Q_C = P\left(\frac{\sqrt{1-\cos^2\theta_1}}{\cos\theta_1} - \frac{\sqrt{1-\cos^2\theta_2}}{\cos\theta_2}\right)$$

P: 유효전력[kW], θ_1: 개선 전 역률각,
θ_2: 개선 후 역률각

▎해설

선로손실을 최소로 하기 위해서는 역률을 100[%]로 하면 된다.

즉, 주어진 지문은 역률을 60[%]에서 100[%]로 개선하기 위한 콘덴서의 용량[kVA]을 묻는 것과 같다.

따라서, 주어진 조건을 역률 개선용 콘덴서 용량 관계식에 대입하여 계산하면 다음과 같다.

$$Q_C = 60 \times \left(\frac{0.8}{0.6} - \frac{0}{1} \right) = 80[\text{kVA}]$$

---

12 단순 계산형   난이도 下

▎정답   ②

▎접근 POINT

기하학적 평균값을 계산하는 방법을 숙지하여야 한다.

▎공식 CHECK

n개의 양수 값에 대한 기하학적 평균은 n개 양수 값을 모두 곱한 것의 n제곱근으로 계산할 수 있다.

(1) 2개 양수 a, b에 대한 기하학적 평균값 $= \sqrt{a \times b}$

(2) 3개 양수 a, b, c에 대한 기하학적 평균값 $= \sqrt[3]{a \times b \times c}$

▎해설

주어진 조건에 대하여 기하학적 평균 선간거리를 계산하면 다음과 같다.

$$\sqrt[3]{50 \times 60 \times 70} = 59.44[\text{cm}]$$

---

13 단순 암기형   난이도 下

▎정답   ①

▎접근 POINT

주상 변압기 고압 측(1차측)과 저압 측(2차측)에 사용되는 보호장치의 종류를 숙지하여야 한다.

▎해설

주상 변압기 고압 측(1차측)에는 컷아웃 스위치를, 저압 측(2차측)에는 캐치홀더를 시설한다.

▎관련개념

(1) 컷아웃 스위치: 변압기 및 주요기기의 1차 측에 설치하는 장치로 단락 및 지락 또는 과부하 등에 의한 과전류로부터 기기를 보호하기 위해 사용한다.

(2) 캐치홀더: 배전용 변압기의 2차측 인출구나 인입선의 분기점 등에 취부하는 퓨즈의 일종으로 과전류를 차단한다.

---

14 단순 암기형   난이도 下

▎정답   ③

▎접근 POINT

캐스케이딩 현상이 무엇인지 숙지해야 한다.

▎해설

캐스케이딩 현상이란 뱅킹방식에서 변압기 일부의 고장 또는 선로의 고장으로 인해 건전한 변압기의 일부 또는 전부가 연쇄적으로 차단되는 현상을 말한다.

15 단순 암기형 난이도 下

| 정답 ②

| 접근 POINT
망상 배전방식은 간단히 그물망 또는 거미줄과 같이 선로가 얽혀 있는 방식임을 체크하고, 이에 대한 특징을 숙지해야 한다.

| 해설
망상(네트워크) 배전방식은 2회선 이상의 배전선으로 변압기군에 전력을 공급하여 2차측을 망상(그물망 또는 거미줄과 같이 얽혀 있는 형상)으로 접속시키는 방식을 말한다.
선로가 얽혀 있는 형상으로 시설되어 전압변동이 작고, 부하 증가에 대한 융통성이 크며, 한 곳에 문제가 발생하여도 다른 선로를 통해 전력을 공급받을 수 있어 무정전 공급이 가능하다.
다만, 선로가 복잡하게 얽혀있는 구조이므로 다른 배전방식에 비해 사람 또는 가축이 접촉될 확률이 커진다. 따라서, 망상(네트워크) 배전방식은 인축의 접지사고가 증가하게 된다.

| 관련개념
망상(네트워크) 배전방식의 특징
(1) 무정전 공급이 가능하므로 공급 신뢰도가 높다.
(2) 플리커 현상이 적고 전압변동률이 적다.
(3) 전압강하 및 전력손실이 적다.

(4) 기기 이용률이 향상된다.
(5) 부하 증가에 대한 적응성이 좋다.
(6) 인축의 접지사고가 증가한다.
(7) 건설비가 비싸다.
(8) 고장시 고장전류가 역류한다. (방지대책: 네트워크 프로텍터 설치)

16 단순 암기형 난이도 下

| 정답 ③

| 접근 POINT
사고 범위의 확대를 방지하려면 사고발생시 그 사고를 검출하고 차단이 확실하게 이루어져야 함에 초점을 맞추면 비교적 쉽게 답에 접근할 수 있다.

| 해설
진상 콘덴서를 설치하여 전압을 보상하는 것은 보다 정확하게 말하면, 선로의 지상 리액턴스를 보상하여 전압강하를 감소시키는 것으로 해석할 수 있다. 따라서, 사고 발생을 검출하고 차단하여 사고 범위의 확대를 방지하기 위한 방법이라 보기 어렵다.

| 응용
보기 해석
①: 선택 접지 계전방식은 선택 접지 계전기(또는 선택 지락계전기)를 사용하는 것으로 일반적으로 비접지 계통의 회선 선로에서 지락발생시 GPT와 ZCT가 조합하여 장회선만을 선택하여 차단하여 사고 범위의 확대

를 방지한다.

②: 자동고장 검출장치는 이름 그대로 고장발생시 자동적으로 이를 검출하여 고장구간을 차단할 수 있도록 하는 장치이다.

④: 자동구분 개폐기(자동고장구분 개폐기)는 선로 구분기능을 갖고 있는 개폐기로, 사고 발생시 차단기 또는 리클로저가 동작하여 선로가 정전이 될 때 자동으로 사고구간을 분리하여 사고 범위의 확대를 방지한다.

17 공식 암기형   난이도 下

▎정답 ①

▎접근 POINT

같은 선로와 같은 부하에서 교류 단상 3선식은 단상 2선식에 비해 2배의 전압을 공급할 수 있다는 것을 파악해야 하며, 각 배전 방식의 전압강하 관계식이 어떻게 되는지 숙지하여야 한다.

▎공식 CHECK

단상 2선식과 단상 3선식의 전압강하 관계식

(1) 단상 2선식: $e = 2I(R\cos\theta + X\sin\theta)$
(2) 단상 3선식: $e = I(R\cos\theta + X\sin\theta)$

▎해설

교류 단상 3선식으로 하여 전압을 2배 승압하게 되면, 변압기의 특성에 따라 전류는 2배 감소하게 된다.

따라서, 단상 3선식은 단상 2선식에 비해 전압강하가 적어지게 되고, 전압 강하가 적어지므로 배전 효율은 높아진다.

18 단순 계산형   난이도 下

▎정답 ②

▎접근 POINT

주어진 각 방식의 전력 관계식과, 사용되는 전선수를 이용하여 답을 도출할 수 있다.

▎해설

지문에 주어진 조건에 대해 각 방식에 대한 1선당 전송전력은 다음과 같다.

(1) 단상 2선식

전송전력 관계식은 $P_1 = VI\cos\theta$이며, 시설되는 전선은 2개이므로, 1선당 전송전력 (P_1')은 $P_1' = \frac{1}{2}VI\cos\theta$

(2) 3상 4선식

전송전력 관계식은 $P_3 = \sqrt{3}VI\cos\theta$이며, 시설되는 전선은 4개 이므로, 1선당 전송전력(P_3')은 $P_3' = \frac{\sqrt{3}}{4}VI\cos\theta$

따라서, 단상 2선식에 대한 3상 4선식의 1선당 전력비는 다음과 같이 나타낼 수 있다.

$$\frac{P_3'}{P_1'} = \frac{\frac{\sqrt{3}}{4}VI\cos\theta}{\frac{1}{2}VI\cos\theta} = \frac{\sqrt{3}}{2} ≒ 0.87$$

19 복합 이론형   난이도 上

▎정답 ①

▎접근 POINT

(1) 중성선이 단선되는 경우 AN간의 부하와

BN간의 부하가 직렬로 접속되는 것과 같으므로, 전압분배법칙을 적용하여 계산한다.

(2) 전압분배법칙을 사용하기 위해 각 부분의 합성저항값을 구해야 한다.

공식 CHECK

(1) 전압분배법칙

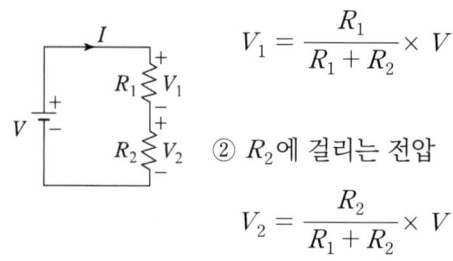

① R_1에 걸리는 전압

$$V_1 = \frac{R_1}{R_1 + R_2} \times V$$

② R_2에 걸리는 전압

$$V_2 = \frac{R_2}{R_1 + R_2} \times V$$

(2) 전력 $P = \dfrac{V^2}{R}$ [W]

해설

중성선이 단선된 경우의 회로는 다음과 같이 표현할 수 있다.

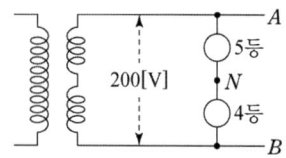

AN간에 걸리는 전압은 전압분배법칙을 이용하여 계산할 수 있으며, 이를 위해 처음 조건을 활용하여 AN간, BN간의 저항값이 어떻게 나타나는지 파악할 필요가 있다.

(1) A~N간의 저항 R_{AN}[Ω]

　① A~N간의 소비전력

　　$P_{AN} = 100 \times 5 = 500$ [W]

　② A~N간의 저항

$$R_{AN} = \frac{V^2}{P_{AN}} = \frac{100^2}{500} = 20 \,[\Omega]$$

(2) B~N간의 저항 R_{BN}[Ω]

　① B~n간의 소비전력

　　$P_{BN} = 100 \times 4 = 400$ [W]

　② B~N간의 저항

$$R_{BN} = \frac{V^2}{P_{BN}} = \frac{100^2}{400} = 25 \,[\Omega]$$

지문에 1선당 저항을 2.5[Ω]으로 주었으므로, 이 부분을 고려해야 하며, 각 부분의 저항값과 A~B간에 걸리는 전체 전압값을 이용하여 전압분배법칙에 적용해 V_{AN}을 계산하면 다음과 같다.

$$\begin{aligned} V_{AN} &= \frac{R_{AN}}{R_{AB} + R_{BN} + R} \times V \\ &= \frac{20}{20 + 25 + 2 \times 2.5} \times 200 \\ &= 80\,[\mathrm{V}] \end{aligned}$$

20 단순 암기형
난이도 下

정답 ②

접근 POINT

선로 구성에 따른 단락보호 방식의 종류를 숙지하여 접근한다.

해설

(1) 방사상 선로의 단락보호
　• 전원이 한단에 존재: 표시선 계전방식 사용
　• 전원이 양단에 존재: 방향단락 계전기와 과전류 계전기를 조합하여 사용
(2) 환상선로의 단락보호
　• 전원이 한단에 존재: 방향단락 계전기 사용
　• 전원이 양단에 존재: 방향거리 계전기 사용

세부유형 ② 불평형률, 수용률, 부등률, 합성전력

102쪽

01 단순 계산형

난이도 中

정답 ③

접근 POINT

부하율 관계식을 이용하여 답에 접근할 수 있다. 부하율 관계식에서 평균전력에 사용전력량을 시간으로 나누어서 표현하는 것을 체크해야 한다.

공식 CHECK

$$부하율 = \frac{평균전력[W]}{합성최대수용전력[W]} \times 100[\%]$$

$$= \frac{\dfrac{사용전력량[kWh]}{사용시간[h]}}{합성최대수용전력[kW]} \times 100[\%]$$

해설

하루의 부하율은 일부하율이라고도 하며, 24시간을 기준으로 계산하는 부하율을 의미한다. 따라서, 일부하율은 다음과 같이 계산할 수 있다.

일부하율

$$= \frac{\dfrac{사용전력량[kWh]}{사용시간[h]}}{합성최대수용전력[kW]} \times 100[\%]$$

$$= \frac{\dfrac{6 \times (4+6+8+2)}{24}}{8} \times 100 = 62.5[\%]$$

02 단순 암기형

난이도 下

정답 ①

접근 POINT

건축물의 종류에 따른 표준부하 기준은 실기시험에서도 활용되므로 체크해 놓아야 한다.

해설

주택 및 아파트에 적용하는 표준부하는 40 $[VA/m^2]$이다.

응용

한국전기 설비규정(핸드북) 230-3 부하의 상정

건축물의 종류에 대응한 표준부하

건축물 종류	표준부하 $[VA/m^2]$
공장, 공회당, 사원, 교회, 극장, 영화관, 연회장	10
기숙사, 여관, 호텔, 병원, 학교, 음식점, 다방, 대중목욕탕	20
사무실, 은행, 상점, 이발소, 미용원	30
주택, 아파트	40

03 공식 암기형

난이도 下

정답 ②

접근 POINT

교류 발전기의 부하 공급전력 관계식을 숙지해야 한다.

SUBJECT 02
전력공학

간단한 계통에 있어서 교류 발전기의 부하 공급전력

$$P = \frac{E_G E_M}{X} \sin\delta [\text{W}]$$

E_G : 발전기 상전압[V],

E_M : 부하 상전압[V],

δ : 상차각(E_G와 E_M의 위상차)

해설

지문에 주어진 것과 같은 간단한 계통의 교류 발전기 공급전력은 $P = \dfrac{E_G E_M}{X} \sin\delta [\text{W}]$로 표현된다.

04 복합 이론형　　난이도 中

정답　③

접근 POINT

손실 각각의 관계성을 이용하여 풀 수 있다.

공식 CHECK

(1) 동손 $P_c = m^2 I^2 r [\text{W}]$

　　m : 부하율, $I^2 r$: 전부하동손[W]

(2) 손실량 $W_l = P_l T [\text{Wh}]$

　　P_l : 손실[W], T : 사용시간[h]

해설

(1) 철손량 $W_i [\text{Wh}]$

　　철손은 무부하손으로 부하량과 관계없이 시간에 따라 일정하게 발생한다.

따라서, 하루(24[h])동안의 철손량(W_i)은 다음과 같다.

$$W_i = 100 \times 24 = 2{,}400 [\text{Wh}]$$

(2) 동손량 $W_c [\text{Wh}]$

동손은 부하손으로 각 사용시간에 대한 부하량을 고려해야 한다.

따라서, 하루(24[h])동안의 동손량(W_c)은 다음과 같다.

$$\begin{aligned} W_c &= (\frac{20}{20})^2 \times 300 \times 14 + (\frac{10}{20})^2 \\ &\quad \times 300 \times 10 \\ &= 4{,}950 [\text{Wh}] \end{aligned}$$

(3) 하루 동안의 전체 손실량 $W_l [\text{Wh}]$

$$\begin{aligned} W_l &= W_i + W_c = 2{,}400 + 4{,}950 \\ &= 7{,}350 [\text{Wh}] \end{aligned}$$

05 단순 계산형　　난이도 下

정답　③

접근 POINT

수용률 관계식을 숙지하고 있어야 한다.

더불어, 부등률, 부하율의 관계식도 많이 활용되므로 숙지하는 것이 좋다.

공식 CHECK

(1) 부하율

$$= \frac{\text{평균전력}[\text{W}]}{\text{합성최대수용전력}[\text{W}]} \times 100 [\%]$$

(2) 수용률 $= \dfrac{\text{최대수용전력}[\text{W}]}{\text{부하설비용량}[\text{W}]} \times 100 [\%]$

(3) 부등률

$$= \frac{\text{각 최대수용전력의 합}[\text{W}]}{\text{합성 최대수용전력}[\text{W}]} \geq 1$$

해설

지문에 주어진 조건을 이용하여 수용률을 계산하면 다음과 같다.

$$수용률 = \frac{최대수용전력}{부하설비용량} \times 100$$

$$= \frac{1,200}{500+600+400+100} \times 100$$

$$= 75[\%]$$

---

06 단순 계산형

난이도 下

정답 ④

접근 POINT

부등률 및 수용률, 역률의 조건을 활용할 수 있는 변압기 용량(합성 최대수용전력) 관계식을 떠올려야 한다.

공식 CHECK

변압기 용량

$$\geq \frac{\sum (설비용량[kW] \times 수용률)}{부등률 \times 역률}$$

$$\geq \frac{\sum 최대수용전력}{부등률 \times 역률}$$

해설

지문에 주어진 조건을 변압기 용량 관계식에 대입하여 계산하면 다음과 같다.

변압기 용량

$$\geq \frac{\sum (설비용량[kW] \times 수용률)}{부등률 \times 역률}$$

$$\geq \frac{\begin{array}{c} 50 \times 0.6 + 100 \times 0.6 + 80 \times 0.5 \\ + 60 \times 0.5 + 150 \times 0.4 \end{array}}{1.3 \times 0.8}$$

$$\geq 211.54[kVA]$$

따라서, 필요한 변압기의 용량은 $211.54[kVA]$ 이상의 값이어야 하므로, $212[kVA]$가 답이 된다.

---

07 단순 계산형

난이도 中

정답 ②

접근 POINT

고압 간선에 대한 최대부하가 무엇을 의미하는지 생각해 볼 필요가 있다.

공식 CHECK

(1) 변전시설용량 단위가 $[kW]$인 경우

$$변전시설용량[kW]$$
$$\geq \frac{\sum (설비용량[kW] \times 수용률)}{부등률}$$

(2) 변전시설용량 단위가 $[kVA]$인 경우

$$변전시설용량[kVA]$$
$$\geq \frac{\sum (설비용량[kW] \times 수용률)}{부등률 \times 역률}$$

※ 각 부하의 부등률이 주어진 경우에는 별도로 설비용량에 부등률을 나누어서 계산하여야 한다.

해설

간선은 급전선에서 분기선을 내어 배전하는 선으로, 간단하게 부하들의 전원선이라고 볼 수 있다. 따라서, 고압 간선에 대한 최대부하는 전원에 걸리는 최대부하를 의미하며, 이 부하에 전력공급을 원활하게 할 수 있는 전원설비의 용량(변전시설 용량)을 의미한다.

그러므로, 변전시설용량 관계식을 이용하여 주어진 조건을 대입함으로써 답을 계산해 낼 수 있다.

$$변전시설용량[\mathrm{kW}]$$
$$\geq \frac{\sum(설비용량[\mathrm{kW}] \times 수용률)}{부등률 \times 역률}$$

$$\geq \frac{\dfrac{80 \times 0.5}{1.2} + \dfrac{60 \times 0.6}{1.3}}{1.4}$$

$$\geq 43.59[\mathrm{kW}]$$

따라서, 고압 간선에 대한 최대부하는 약 44[kW]가 된다.

---

08 복합 이론형   난이도 中

┃정답 ②

┃접근 POINT

각 개별 수용가의 최대 수용전력의 합을 계산하여 부등률 관계식으로 계산한다.

┃공식 CHECK

(1) 수용률: 수용가의 최대 수용전력과 수용가의 설비용량의 비

$$수용률 = \frac{최대수용전력}{설비용량} \times 100[\%]$$

(2) 부등률: 최대 전력 발생 시각 또는 시기의 분산을 나타내는 지표

$$부등률$$
$$= \frac{각 개별 수용가 최대 수용 전력의 합}{합성 최대 전력}$$
$$\geq 1$$

(3) 부하율: 일정 기간 중의 부하의 변동의 정도

$$부하율 = \frac{평균 전력}{최대 전력} \times 100[\%]$$
$$= \frac{사용 전력량/시간}{최대 전력} \times 100[\%]$$

┃해설

(1) 각 개별 수용가의 최대 수용전력의 합
수용률 관계식을 이용하여 다음과 같은 관계식으로 계산할 수 있다.
'최대 수용전력 = 설비 용량 × 수용률'
① 설비 A의 최대 수용전력
$$= 170 \times 0.5 = 85[\mathrm{kW}]$$
② 설비 B의 최대 수용전력
$$= 320 \times 0.75 = 240[\mathrm{kW}]$$

(2) 부등률 $= \dfrac{85 + 240}{262} \fallingdotseq 1.24$

---

09 단순 계산형   난이도 下

┃정답 ②

┃접근 POINT

전력손실과 역률의 관계성을 알아야 한다.

┃공식 CHECK

전력(선로)손실 관계식(3상)

$$P_l = 3I^2 R = \frac{P^2 R}{V_r^2 \cos^2\theta} = \frac{P^2 \rho l}{V_r^2 \cos^2\theta\, S}[\mathrm{W}]$$

I: 부하전류$[\mathrm{A}]$, R: 선로저항$[\Omega](= \rho \dfrac{l}{S})$,

P: 공급전력$[\mathrm{W}]$, V_r: 배전전압$[\mathrm{V}]$,

$\cos\theta$: 역률,

ρ : 고유저항$[\Omega \cdot mm^2/m]$, l : 선로길이$[m]$, S : 전선단면적$[mm^2]$

❙ 해설

전력손실 관계식에 의거하여 전력손실은 역률의 제곱에 반비례한다. 따라서, 역률이 $70[\%]$인 선로의 저항 손실$(P_{70\%})$을 역률이 $90[\%]$인 선로의 저항 손실$(P_{90\%})$과 비교하여 다음과 같은 관계로 나타낼 수 있다.

$$\frac{P_{70\%}}{P_{90\%}} = \frac{\dfrac{1}{0.7^2}}{\dfrac{1}{0.9^2}} = 1.653$$

$$P_{70\%} = 1.653 P_{90\%} \fallingdotseq 1.7 P_{90\%}$$

세부유형 ❸	전압조정 설비, 변압기
	106쪽

01 단순 계산형

난이도 中

❙ 정답 ①

❙ 접근 POINT

탭 전압 관계식을 알고 있어야 한다.

❙ 공식 CHECK

탭 관련 공식 $V_{T1} \times V_2 = V_{T1}' \times V_2'$

V_{T1} : 탭 변경 전 1차측 탭 전압$[V]$,

V_{T2} : 탭 변경 후 1차측 탭 전압$[V]$,

V_2 : 탭 변경 전 2차측 전압$[V]$,

V_2' : 탭 변경 후 2차측 전압$[V]$

❙ 해설

주어진 조건과 탭 관련 공식을 이용하여 2차측 전압을 $150[V]$로 변경하기 위한 1차측의 탭 전압은 다음과 같이 계산할 수 있다.

$$V_{T1}' = \frac{V_{T1} \times V_2}{V_2'} = \frac{6,600 \times 97}{105}$$
$$= 6,097.14[V]$$

따라서, 1차측의 탭은 $6,097.14[V]$를 적용할 수 있는 $6,150[V]$가 되도록 설정하여야 한다.

❙ 응용

2차측 전압과 권수비 관계로 본 간단 해석

권수비 관계 $a = \dfrac{N_1}{N_2} = \dfrac{V_1}{V_2}$에서, 2차측 전압과 권수비 a는 반비례함을 알 수 있다.

지문에 주어진 조건과 같이 2차측 전압을 $97[V]$에서 $105[V]$로 높이기 위해서는 권수비 a를 낮추어야 하며, 권수비를 낮추기 위해서는 1차측의 권수를 줄여줄 필요가 있으며, 1차측 권수를 줄이게 되면 이에 비례하는 1차측 권선 탭에 걸리는 전압 또한 감소해야 함을 알 수 있다.

02 단순 암기형

난이도 下

❙ 정답 ③

❙ 접근 POINT

선로 전압강하 보상기(LDC)의 역할을 숙지하면 좋지만, 명칭만 보아도 충분히 답을 고를 수 있는 문제이다.

해설

선로 전압강하 보상기(LDC; Line Drop Compensator)는 선로의 전압강하를 고려하여 모선의 전압을 조정하는 장치로, 해당 문제에서는 장치의 이름 그대로 선로 전압강하에 초점을 맞추어 답을 고를 수도 있다.

03 | 단순 암기형 난이도 下

정답 ④

접근 POINT

전력 계통에서 실제 우리가 사용할 수 있는 성분은 유효전력인 것을 이해하면 보다 쉽게 접근할 수 있다.
즉, 무효분을 조정하면 그에 따라 전압과 역률을 조정할 수 있음을 안다면 접근이 용이한 문제이다.

해설

전력 계통에서 전압을 조정하는 가장 보편적인 방법은 계통의 무효전력을 조정하는 방법이 있다.
분로리액터, 전력용 콘덴서, 동기 조상기 등과 같은 설비를 이용하여 무효전력을 조정함으로써 전압과 역률을 조정할 수 있다.

04 | 단순 암기형 난이도 下

정답 ②

접근 POINT

V결선의 이용률과 출력비를 숙지해야 한다.

공식 CHECK

(1) V결선시의 변압기 전체 용량 $P_V = \sqrt{3}\,P_1$

(2) 이용률
$$= \frac{\sqrt{3}\,P_1}{2P_1} \times 100\,[\%] = \frac{\sqrt{3}}{2} \times 100\,[\%]$$
$$= 86.6\,[\%]$$

(3) 고장전과 비교한 출력비
$$\frac{\sqrt{3}\,P_1}{3P_1} \times 100\,[\%] = \frac{\sqrt{3}}{3} \times 100\,[\%]$$
$$= 57.7\,[\%]$$

P_1 : 단상 변압기 1대 용량

해설

단상 변압기 3대를 Δ결선으로 운전하던 중 1대의 고장으로 V결선한 경우, 고장전(Δ결선일 때)과 비교한 V결선시의 전체 출력의 비는 57.7[%]이다.

05 | 단순 계산형 난이도 下

정답 ④

접근 POINT

V-V결선은 회로이론, 전기기기에서도 출제가 되는 개념이므로, V-V결선의 기본개념을 챙기는 것이 중요하다.
해당 문제는 V-V결선의 기본 개념을 이용하여 간단히 풀 수 있는 문제가 된다.

▌공식 CHECK

V-V 결선을 사용하는 변압기의 전체용량

$P_v = \sqrt{3}\,P_1$

P_1 : 단상 변압기 1대의 용량

▌해설

V-V결선시 변압기의 전체용량은 $P_v = \sqrt{3}\,P_1$ 이고, 지문에 단상 변압기 1대의 용량이 150[kVA]라고 주어져 있으므로,

$P_v = \sqrt{3} \times 150 ≒ 260[kVA]$가 된다.

---

06 단순 암기형   난이도 下

▌정답 ④

▌접근 POINT

변성기는 변압기의 일종인 것을 안다면 간단하게 그 단위를 찾을 수 있다.

▌해설

정격부담이란 변성기 2차측 단자간에 접속되는 부하의 한도를 말하는 것으로 $I_2^2 Z[\mathrm{VA}]$로 표시한다.

---

07 개념 이해형   난이도 中

▌정답 ①

▌접근 POINT

단권 변압기의 특징을 이용하여 접근할 수 있다.

▌해설

단권 변압기는 단락사고 발생시, 단락전류가 크다.

▌관련개념

단권 변압기의 특징

(1) 동량이 감소하여 동손이 감소, 효율이 좋다.

(2) 전압변동률이 작다.

(3) 누설리액턴스가 작다.

(4) 1차, 2차 회로의 절연이 어렵다.

(5) 단락사고시, 단락전류가 크다.

---

08 공식 암기형   난이도 中

▌정답 ①

▌접근 POINT

단상 승압기가 의미하는 것이 단권 변압기라는 것을 체크해야 하며, 여기서 자기용량과 부하용량의 비를 이용하여 접근할 수 있다.

▌공식 CHECK

자기용량과 부하용량의 비 :

$$\frac{자기용량}{부하용량} = \frac{V_h - V_l}{V_h} = \frac{e}{V_h}$$

V_h : 고압측 전압[V], V_l : 저압측 전압[V],

e : 승압전압(단권 변압기의 2차 정격전압)[V],

▌해설

자기용량을 W로 주었으므로, 부하용량에 대하여 수식을 표현하면 다음과 같다.

$$부하용량 = \frac{V_h}{V_h - V_l} \times 자기용량$$

$$= \frac{V_h}{V_h - V_l} \times W$$

$$= \frac{V_h}{e} \times W$$

09 공식 암기형 난이도 下

| 정답 ②

| 접근 POINT

각 결선에 따른 충전용량(진상용량) 관계식을 구분하여 비교한다.

| 공식 CHECK

△결선시의 충전용량	Y결선시의 충전용량
$Q_\Delta = 3wCE^2$ $= 3wCV^2[\mathrm{VA}]$	$Q_Y = 3wCE^2$ $= 3wC(\frac{V}{\sqrt{3}})^2$ $= wCV^2[\mathrm{VA}]$

E: 상전압, V: 선간전압,
w: 각주파수, C: 정전용량

| 해설

3상 전원에 접속된 △결선은 Y결선으로 바꾸는 경우의 해석이므로, 각 회로에 인가되는 전압(선간전압)은 일정한 기준으로 해석해야 한다. 그러므로, 각 결선의 진상용량 관계식은 선간전압 기준으로 해석 할 수 있다.

△결선시의 진상용량은 $Q_\Delta = 3wCV^2[\mathrm{VA}]$, Y결선시의 진상용량은 $Q_Y = wCV^2[\mathrm{VA}]$이므로, $Q_\Delta = 3Q_Y$의 관계가 성립한다.

따라서, $Q_Y = \frac{1}{3}Q_\Delta$가 답이 된다.

10 단순 암기형 난이도 下

| 정답 ①

| 접근 POINT

계기용 변압기와 변류기의 점검 또는 수리 시 2차 측의 조치사항과 그 이유를 확실하게 구분해야 한다.

| 해설

변류기는 점검 또는 수리시에 2차 측을 단락하여 고전압으로 인한 절연 파괴를 방지한다.
계기용 변압기는 점검 또는 수리시에 2차 측을 개방하여 대전류로 인한 절연 파괴를 방지한다.
따라서, 주어진 보기에서 옳은 것은 ①번이 된다.

대표유형 ❻

발전 109쪽

세부유형 ❶ 수력발전 109쪽

01 단순 암기형 난이도 下

정답 ①

접근 POINT

캐비테이션의 대표적인 발생원인을 숙지하여 접근할 수 있다.

해설

캐비테이션(공동현상)이란, 펌프의 흡입측에서 유체의 속도변화에 의한 압력변화로 인해 유체 내에서 기체가 분리되어 기포로 나타나는 현상을 말한다.

이렇게 분리된 기포가 충격파를 발생시키며 소음과 진동이 발생하고 수차 내부 부품의 손상을 야기시킨다. 이 현상은 유효흡입수두보다 필요 흡입수두가 클 때 나타나게 되므로, 캐비테이션을 방지하기 위해서는 흡출수두를 작게 할 필요가 있다.

02 단순 암기형 난이도 下

정답 ③

접근 POINT

특유속도가 무엇을 의미하는지 숙지해야 한다.

해설

특유속도(비속도)는 수차의 모양과 운전상태를 비슷하게 유지하고 그 크기를 바꾸어 단위 낙차에서 단위 추력이 발생했을 때 수차가 회전하는 속도로 상대속도를 나타내며 수차의 비교검사에 쓰인다.

즉, 수차의 특유속도가 크다는 것은 상대속도가 빠르다는 뜻이다.

03 개념 이해형 난이도 下

정답 ④

접근 POINT

조속기가 어떤 장치인지 이해해야 한다.

해설

조속기란 수차가 일정 범위의 속도로 회전하도록 제어하는 장치로, 간단히 회전속도를 조절하는 장치이다. 수차의 회전속도가 느려지면 유량을 증가시켜 회전속도가 느려지지 않고 일정하게 유지되도록, 수차의 회전속도가 빨라지면 유량을 감소시켜 회전속도가 빨라지지 않고 일정하게 유지되도록 하는 역할을 한다.

조속기가 너무 예민한 경우에, 회전속도의 작은 변화에도 유량을 감소 또는 증가시키게 되고, 이로 인해 수차의 속도가 일정해지지 않고 느려졌다 빨라졌다 요동치게 된다.

수차가 예민할수록 이 현상이 커질 수 있으며, 심

할 경우 탈조(동기이탈)현상이 발생하게 된다.

04 단순 암기형

난이도 下

정답 ④

접근 POINT

댐의 부속설비를 물어본 문제지만, 수차의 기본 개념을 이용하여 접근할 수 있는 문제이다.

용어 CHECK

(1) 수로: 물이 흐르거나 물을 보내는 통로
(2) 수조: 물을 담아두는 큰 공간
(3) 취수구: 강이나 호수 따위에서 물을 수로로 끌어 들이는 입구
(4) 흡출관: 반동수차의 끝에서 방수로까지의 관으로, 유효낙차를 늘리기 위해 사용된다.

해설

흡출관은 댐의 부속설비가 아니라, 반동 수차에 있어서 유효낙차를 늘리기 위해 사용된다.

05 단순 암기형

난이도 下

정답 ③

접근 POINT

취수방법과 운용방법에 의한 분류를 확실하게 구분해야 한다.

해설

(1) 취수방법(낙차를 얻는 방법)에 의한 분류: 수로식 발전, 댐식 발전, 댐수로식 발전, 유역 변경식 발전 등
(2) 운용방법(유량의 사용 방법)에 의한 분류: 유입식 발전, 조정지식 발전, 저수지식 발전, 양수식 발전, 조력 발전 등
따라서, 조정지식은 취수방법에 따른 분류에 해당하지 않는다.

06 단순 암기형

난이도 下

정답 ①

접근 POINT

특유속도가 큰 순서를 숙지하는 것이 좋다.

해설

특유속도가 가장 큰 순서는 다음과 같다.
카플란 수차 > 사류 수차 > 프란시스 수차 > 펠톤 수차
따라서, 특유속도가 가장 낮은 수차는 펠톤 수차가 된다.

관련개념

수차별 특유속도

수차 종류	특유속도(N_s)
펠톤 수차	$12 \leq N_s \leq 23$
프란시스 수차	$N_s \leq \dfrac{20,000}{H+20} + 30$
사류 수차	$N_s \leq \dfrac{20,000}{H+20} + 40$

수차 종류	특유속도(N_s)
카플란 수차	$N_s \leq \dfrac{20000}{H+20}+50$

*H=유효낙차[m]

07 단순 암기형
난이도 下

▮ 정답 ④

▮ 접근 POINT

특유속도 관계식을 알아야 한다.

▮ 해설

수차별 특유속도

수차 종류	특유속도(N_s)
펠톤 수차	$12 \leq N_s \leq 23$
프란시스 수차	$N_s \leq \dfrac{20,000}{H+20}+30$
사류 수차	$N_s \leq \dfrac{20,000}{H+20}+40$
카플란 수차	$N_s \leq \dfrac{20,000}{H+20}+50$

*H=유효낙차[m]

08 단순 계산형
난이도 下

▮ 정답 ②

▮ 접근 POINT

유효낙차와 출력, 비속도(특유속도), 회전속도의 관계식을 알아야 한다.

▮ 공식 CHECK

비속도(특유속도) $N_s = N\dfrac{\sqrt{P}}{H^{\frac{5}{4}}}$[rpm]

N: 수차 회전속도[rpm], P: 출력[kW],
H: 낙차[m]

▮ 해설

비속도 관계식을 이용하여 수차의 회전속도를 계산하면 다음과 같다.

$N = N_s\dfrac{H^{\frac{5}{4}}}{\sqrt{P}} = 210 \times \dfrac{90^{\frac{5}{4}}}{\sqrt{104,500}}$
$= 180.08$[rpm]

09 단순 계산형
난이도 中

▮ 정답 ②

▮ 접근 POINT

수차 발전기에서 낙차 변화에 따른 특성 변화의 관계를 기억해야 한다.

▮ 공식 CHECK

낙차 변화에 의한 특성 변화 관계

(1) 회전수와의 관계 $\dfrac{N_2}{N_1} = (\dfrac{H_2}{H_1})^{\frac{1}{2}}$

(2) 유량과의 관계 $\dfrac{Q_2}{Q_1} = (\dfrac{H_2}{H_1})^{\frac{1}{2}}$

(3) 출력과의 관계 $\dfrac{P_2}{P_1} = (\dfrac{H_2}{H_1})^{\frac{3}{2}}$

N_1[rpm]과 Q_1[m^3/s]과 P_1[kW]는 각각 낙차가 H_1[m]일 때의 회전속도, 유량, 출력

$N_2[\text{rpm}]$과 $Q_2[\text{m}^3/\text{s}]$과 $P_2[\text{kW}]$는 각각 낙차가 $H_2[\text{m}]$일 때의 회전속도, 유량, 출력

▌해설

기존의 낙차와 유량을 각각 H_1, Q_1, 변경된 낙차와 이 때의 유량을 각각 H_2, Q_2라고 할 때, 낙차 변화에 따른 유량과의 관계식을 이용하여 다음과 같이 Q_2를 계산할 수 있다.

$$Q_2 = (\frac{H_2}{H_1})^{\frac{1}{2}} Q_1 = (\frac{81}{100})^{\frac{1}{2}} \times 20 = 18[\text{m}^3/\text{s}]$$

10 단순 계산형 난이도 下

▌정답 ①

▌접근 POINT

수차 발전기의 출력 관계식을 이용하여 계산한다. 손실낙차를 고려하여 유효낙차를 계산해야 한다.

▌공식 CHECK

수차 발전기 출력 $P = 9.8qH\eta[\text{kW}]$
q : 유량$[\text{m}^3/\text{s}]$, H : 유효낙차$[\text{m}]$,
η : 종합효율$(= \eta_t\eta_g)$, η_t : 수차효율,
η_g : 발전기효율

▌해설

지문에서 손실낙차는 총 낙차의 6[%]라고 주어졌으므로, 유효낙차는 다음과 같다.
$H = 300 - 300 \times 0.06 = 282[\text{m}]$
따라서, 지문에 주어진 조건에 대한 수력 발전소의 발전기 출력은 다음과 같다.

$P = 9.8qH\eta = 9.8 \times 20 \times 282 \times 0.9 \times 0.98$
$\quad = 48,749.9[\text{kW}]$

11 단순 암기형 난이도 中

▌정답 ③

▌접근 POINT

저수지는 물이 부족한 경우를 염두하여 물을 저장해 두는 곳으로, 필요시에 물을 끌어다 쓰기 위해 필요하다. 이 개념을 이용하여, 저수지의 용량은 물을 이용할 때, 부족한 만큼의 물을 저장해둘 수 있어야 함을 생각할 수 있다.

▌용어 CHECK

유황곡선: 매일의 유량을 크기의 순서로 나열한 것으로, 발전계획을 수립할 경우, 발전소의 사용유량을 결정하는 자료로 활용한다.

▌해설

최대 사용수량 $0C$로 1년간 계속 발전할 때, 부족한 수량은 면적 DEB에 해당한다고 볼 수 있다. 그러므로, 1년간 계속 발전하기 위해서는 부족한 수량을 나타내는 면적 DEB 만큼의 수량을 저장해야 한다. 따라서, 필요한 저수지의 용량은 면적 DEB이다.

12 단순 암기형　난이도 下

▍정답　①

▍접근 POINT

유황곡선에서 사용되는 갈수량, 저수량, 평수량, 풍수량의 의미를 구분하여 숙지해야 한다.

▍해설

갈수량은 1년 중 355일간은 이보다 내려가지 않는 정도의 유량을 의미한다. 따라서 ①번이 답이 된다.

▍관련개념

유량의 크기를 나타내는 각 용어의 의미

(1) 갈수량: 1년 중 355일간은 이보다 내려가지 않는 정도의 유량

(2) 저수량: 1년 중 275일간은 이보다 내려가지 않는 정도의 유량

(3) 평수량: 1년 중 185일간은 이보다 내려가지 않는 정도의 유량

(4) 풍수량: 1년 중 95일간은 이보다 내려가지 않는 정도의 유량

13 단순 암기형　난이도 中

▍정답　④

▍접근 POINT

유황곡선에서 사용되는 갈수량, 저수량, 평수량, 풍수량의 의미를 구분하여 숙지해야 한다.

▍해설

유황곡선에서 각 세로축은 365일 중 특정일은 이보다 내려가지 않는 정도의 유량을 의미하는 것으로, 다음과 같이 나타낼 수 있다.

(1) 갈수량: 1년 중 355일간은 이보다 내려가지 않는 정도의 유량

(2) 저수량: 1년 중 275일간은 이보다 내려가지 않는 정도의 유량

(3) 평수량: 1년 중 185일간은 이보다 내려가지 않는 정도의 유량

(4) 풍수량: 1년 중 95일간은 이보다 내려가지 않는 정도의 유량

따라서, ⓐ=풍수량, ⓑ=평수량, ⓒ=저수량, ⓓ=갈수량이 된다.

14 복합 이론형　난이도 上

▍정답　③

▍접근 POINT

(1) 주어진 조건을 이용하여 연간 평균유량(q [m³/s])을 계산한 후 수차 발전기 관계식을 활용하여 답을 도출한다.

(2) 평균유량은 유량의 단위([m³/s])를 고려하면서 주어진 조건을 활용하여 구한다.

▍공식 CHECK

(1) 수차 발전기 출력 $P = 9.8\,qH\eta\,[\mathrm{kW}]$

(2) 전력량 $W = PT\,[\mathrm{kWh}]$

　　q : 유량[m³/s], H: 유효낙차[m],

　　η : 종합효율($= \eta_t\eta_g$), η_t : 수차효율,

　　η_g : 발전기 효율, T: 기준시간[h]

해설

(1) 연간 평균유량 $q[\text{m}^3/\text{s}]$

수차 발전기 계산에 필요한 유량의 단위가 $[\text{m}^3/\text{s}]$임을 이용하여 주어진 조건을 보았을 때, 필요한 유량의 체적은 '면적$[\text{m}^2]$ × 강우량$[\text{m}]$ = 체적$[\text{m}^3]$'이 되는 것을 고려하고, 1년에 대한 시간을 초($[\text{s}]$) 단위로 바꾸어 취급하면 유량을 계산할 수 있다.

① 사용되는 물의 체적($v[\text{m}^3]$): 강우량의 $70[\%]$만 이용하는 것을 고려하여 계산한다.

$$v = 80 \times 10^6 \times 1{,}500 \times 10^{-3} \times 0.7$$
$$= 84 \times 10^6 [\text{m}^3]$$

② 1년에 해당하는 시간($t[\text{s}]$)

$$t = 365 \times 24 \times 3{,}600 = 31{,}536 \times 10^3 [\text{s}]$$

③ 연간 평균유량

$$q = \frac{v}{t} = \frac{84 \times 10^6}{31{,}536 \times 10^3} = 2.66 [\text{m}^3/\text{s}]$$

(2) 수차 발전기 발생 전력

$$P = 9.8 q H \eta = 9.8 \times 2.66 \times 30 \times 0.8$$
$$= 625.63 [\text{kW}]$$

(3) 연간 발전 전력량

$$W = PT = 625.63 \times 365 \times 24$$
$$= 5{,}480{,}518.8 [\text{kWh}]$$
$$= 5.48 \times 10^6 [\text{kWh}]$$

따라서, 연간 발전 전력량은
약 $5.49 \times 10^6 [\text{kWh}]$가 된다.

세부유형 ② 화력발전, 원자력발전
113쪽

01 단순 암기형
난이도 下

정답 ③

접근 POINT
엔탈피가 무엇을 의미하는지 알아야 한다.

용어 CHECK
(1) 잠열: 물체의 온도를 바꾸지 않고 상 변화만으로 소비되는 열
(2) 현열: 물체를 온도가 가열, 냉각에 따라 변화하는데 필요한 열
(3) 증발열: 액체가 기체로 바뀌는 증발과정에서 액체가 주위로부터 흡수하는 열

해설
엔탈피란 물질이 보유하는 열량을 의미한다.
증기의 엔탈피는 증기 $1[\text{kg}]$의 보유열량을 의미한다.

02 단순 암기형
난이도 中

정답 ①

접근 POINT
화력발전소의 기본 사이클이 어떻게 구성되어 있는지 알아야 한다.

▌용어 CHECK

(1) 절탄기: 보일러의 전열면을 가열하고 난 연도가스에 의해 보일러의 급수를 가열하는 장치로 열 이용율을 증가시켜 연료의 소비량을 감소시킬 수 있고, 증발량의 증가 등의 효과를 볼 수 있도록 한다.

(2) 보일러: 물을 가열해서 고온, 고압의 증기, 온수를 발생하는 장치

(3) 과열기: 보일러 내의 증기의 온도를 끓는점 이상으로 올려주는 장치

(4) 복수기: 증기를 냉각시켜서 다시 물로 되돌리는 장치

(5) 복수펌프: 복수기 내의 복수를 보일러의 급수계통으로 다시 공급하기 위한 펌프

▌해설

화력발전소의 사이클은 다음과 같다.

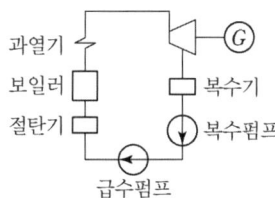

화력발전소에서는 급수펌프로 물을 보일러에 공급하고, 이를 가열하여 증기로 만들어서 터빈을 돌려 발전기를 운전하는데, 열 효율의 증가를 위해 보일러를 가열하고 나온 가스의 열을 이용해 사전에 물을 미리 데울 수 있는 절탄기를 사용한다. 따라서, 절탄기는 급수펌프와 보일러 사이에 설치하고, 보일러로 물을 가열하여 과열기를 통해 증기로 확실하게 변환시켜 터빈을 돌려 발전기를 운전하게 된다.

터빈을 돌리고 난 증기를 다시 활용하기 위하여 증기를 냉각시킬 수 있는 복수기를 설치해서 물로 되돌린다. 이 물을 복수펌프를 이용하여 급수할 수 있도록 급수펌프로 보낸다.

그러므로, 화력발전소에서의 증기 및 급수가 흐르는 순서는

'절탄기→보일러→과열기→터빈→복수기'가 된다.

03 단순 암기형   난이도 中

▌정답   ①

▌접근 POINT

랭킨 사이클의 각 기기에서 어떤 과정을 행하는지 체크한다.

▌용어 CHECK

랭킨 사이클: 증기터빈에 의한 화력발전소의 기본 사이클로, 2개의 단열변화와 2개의 등압변화로 구성되는 사이클 중에서 작동 유체가 증기와 액체의 상 변화를 수반하는 사이클이다.

▌해설

(1) 랭킨 사이클의 기본 구성도

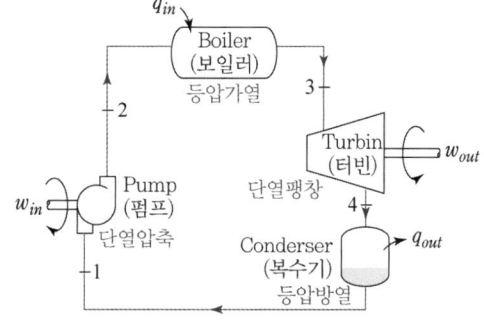

(2) 랭킨 사이클의 T-S선도

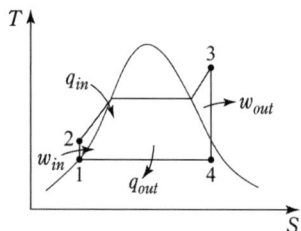

　랭킨 사이클은 급수펌프의 단열압축, 보일러 및 과열기의 등압가열, 터빈의 단열팽창, 복수기의 등압방열 순으로 진행된다.
(3) 각 기기에서 행해지는 과정
　・급수펌프(단열압축): 포화액 → 압축액
　・보일러 및 과열기(등압가열):
　　포화액 → 과열증기
　・터빈(단열팽창): 과열증기 → 습증기
　・복수기(등압방열): 습증기 → 포화액

---

04 단순 암기형 　　　　　　난이도 中

┃ 정답　③

┃ 접근 POINT
랭킨 사이클의 각 기기에서 어떤 과정을 행하는지 체크한다.

┃ 해설
각 기기에서 행해지는 과정
・급수펌프(단열압축): 포화액 → 압축액
・보일러 및 과열기(등압가열): 포화액 → 과열증기
・터빈(단열팽창): 과열증기 → 습증기
・복수기(등압방열): 습증기 → 포화액

---

05 단순 암기형 　　　　　　난이도 中

┃ 정답　③

┃ 접근 POINT
가장 이상적인 사이클에 초점을 맞춘다.

┃ 해설
열역학적 사이클 중에서 가장 이상적인 가역 사이클로, 효율이 가장 좋은 것은 카르노 사이클이다.
가장 이상적인 사이클은 카르노 사이클, 실제 사용하는 사이클 중 가장 효율이 좋은 것은 재생 재열 사이클임을 구분하는 것이 좋다.

┃ 관련개념
열역학적 사이클 종류
(1) 재열 사이클: 증기터빈에서 팽창된 증기를 추출해 재열기에서 재가열하여 열효율을 증가시키는 사이클
(2) 재생 사이클: 증기터빈에서 증기 팽창도중 일부를 유출해 급수를 가열하게 하여 열효율을 증가시킨 사이클
(3) 재생 재열 사이클: 열효율이 높은 열역학적 사이클로 재생 사이클과 재열 사이클을 복합시킨 것
(4) 랭킨 사이클: 작동유체가 증기와 액체의 상변화를 수반하고 2개의 단열변화, 2개의 등압변화로 구성되는 사이클로, 증기터빈에 의한 화력 발전소에서 기본 사이클로 한다.
(5) 카르노 사이클: 열역학적 사이클 중 이론상 가장 이상적인 가역 사이클로 실현 현실성이 없으나, 효율이 가장 우수한 열기관을 제

작할 수 있는 방향성을 제시하므로 매우 중요한 사이클이다. 2개의 등온변화와 2개의 단열변화로 이루어져 있다.

06 단순 암기형 　　　　난이도 下

정답 ④

접근 POINT

실제 적용하는 사이클에서 가장 열효율이 좋은 사이클과 이론상 가장 이상적인 사이클을 구분해서 챙기는 것이 좋다.

해설

화력발전소에서 적용하고 있는 열사이클 중에서 가장 열효율이 좋은 것은 재생 재열 사이클이다.

07 단순 암기형 　　　　난이도 中

정답 ②

접근 POINT

열역학적 사이클의 특징을 체크해야 한다.

해설

재열사이클은 증기터빈에서 증기의 팽창 도중에 일부를 유출하여 급수를 가열하는 형태로 열효율을 증가시키는 사이클이다.

08 단순 암기형 　　　　난이도 中

정답 ④

접근 POINT

열역학적 사이클의 기본 구성에 어떤 차이가 있는지 구분한다.

해설

주어진 그림의 열 사이클은 재열 재생 사이클에 해당한다.

관련개념

각 열역학적 사이클의 기본 구성

(1) 랭킨 사이클: 보일러, 터빈, 복수기, 급수펌프
(2) 재열 사이클: 보일러, 터빈, 복수기, 급수펌프, 재열기
(3) 재생 사이클: 보일러, 터빈, 복수기, 급수펌프, (급수)가열기
(4) 재생 재열 사이클: 보일러, 터빈, 복수기, 급수펌프, 재열기, (급수)가열기

간단히, 재열기, (급수)가열기의 유무로 각 사이클을 구분할 수 있다.

09 단순 암기형 　　　　난이도 下

정답 ①

접근 POINT

절탄기의 역할을 숙지하고 있어야 한다.

해설

절탄기는 보일러에 공급되는 급수를 예열하는
장치이다.

10 단순 암기형 난이도 中

정답 ①

접근 POINT

간단하게 흡수 열량이 크다는 것은, 열을 많이
흡수하여 온도를 낮춘다는 의미로 생각해 볼 수
있다. 이렇게 생각한 경우, 이와 같은 역할을 할
수 있는 단어를 찾아 답을 고를 수도 있다.

용어 CHECK

(1) 과열기: 보일러 내의 증기의 온도를 끓는점
   이상으로 올려주는 장치
(2) 공기예열기: 연소가스의 여열을 이용하여
   연소용 공기를 예열하는 장치
(3) 절탄기: 보일러의 전열면을 가열하고 난 연
   도가스에 의해 보일러의 급수를 가열하는
   장치로 열 이용율을 증가시켜 연료의 소비
   량을 감소시킬 수 있고, 증발량의 증가 등의
   효과를 볼 수 있도록 한다.

해설

흡수 열량이 가장 큰 곳은 수냉벽이며, 수냉벽은
물이 지나가는 수관을 가진 노벽을 의미한다.

11 단순 암기형 난이도 中

정답 ③

접근 POINT

증기터빈의 효율에 관한 공식을 파악해야 한다.

해설

증기터빈, 화력발전소, 보일러의 효율에 관한
문제 모두 효율이 어떠한 것인지에 따라 접근하
면 쉽게 해결할 수 있다. 효율은 입력 대비 출력
의 비율을 나타낸 것이다.
증기터빈의 입력은 증기가 되고, 출력은 전력이
된다.
따라서 증기터빈의 효율은 다음과 같다.

$$\eta = \frac{860P}{W(i_0 - i_1) \times 10^3} \times 100 \, [\%] \text{가 된다.}$$

12 공식 암기형 난이도 下

정답 ④

접근 POINT

화력 발전 관계식에 주어진 조건을 접목하여 답
을 도출할 수 있다.

공식 CHECK

화력발전 관계식 $860PT = cm\eta$
P: 출력[kW], T: 운전시간[h],
c: 발열량[kcal/kg], m: 질량[kg],
η: 종합효율[%],
※ $1[\text{ton}] = 10^3[\text{kg}]$, $1[\text{kg}] = 10^{-3}[\text{ton}]$

┃ 해설

지문에 시간당 연료 소비량이 주어져 있으므로, 단위시간(1[h]) 기준으로 해석할 수 있다.

화력 발전 관계식을 효율에 관하여 이항하여 나타내면 다음과 같다.

$$\eta = \frac{860PT}{cm} = \frac{860 \times P_G \times 1}{430 \times B} = 2 \times \frac{P_G}{B}$$

효율을 [%]단위로 표현하면

$$\eta = 2 \times \frac{P_G}{B} \times 100[\%]$$ 가 된다.

---

13 단순 계산형   난이도 中

┃ 정답   ②

┃ 접근 POINT

(1) 화력발전 관계식을 이용하여 계산할 수 있다.

(2) $1[L] = 1[kg]$으로 취급할 수 있다.

(3) 부하율을 고려해야 한다.

(4) 10일간 중류 소비량이 주어졌으므로, 10일 기준으로 계산할 수 있다.

┃ 공식 CHECK

화력발전 관계식 $860PT = cm\eta$

P: 출력[kW], T: 운전시간[h],

c: 발열량[kcal/kg], m: 질량[kg],

η: 종합효율[%]

※ $1[L] = 1[kg]$으로 취급할 수 있다.

┃ 해설

화력 발전 관계식을 효율에 관하여 이항하여 나타내면 다음과 같다.

$$\eta = \frac{860PT}{cm}$$

10일간의 중류 소비량이 주어졌으므로, 10일을 기준으로 계산한다.

운전시간은 $T = 24 \times 10 = 240[h]$가 되며, 이것과 지문에 주어진 조건을 이용하여 효율을 계산하면 다음과 같다.

$$\eta = \frac{860PT}{cm} = \frac{860 \times 350 \times 10^3 \times 0.8 \times 240}{10,000 \times 1.6 \times 10^7}$$
$$= 0.3612$$

따라서, 발전단에서의 열효율은 약 $36.1[\%]$가 된다.

---

14 단순 암기형   난이도 中

┃ 정답   ③

┃ 접근 POINT

핵융합 발전에 대한 내용을 알아야 접근할 수 있다.

┃ 해설

핵융합 발전은 가벼운 원자핵을 융합하여 무거운 핵으로 바뀌면서 핵반응 전후의 질량결손에 해당하는 방출 에너지를 이용하는 방식이다.

따라서, 빈 칸에 들어갈 내용은 ① = 핵융합, ② = 융합, ③ = 핵반응이 된다.

---

15 단순 암기형   난이도 下

┃ 정답   ①

간단하게 제시된 용어를 가지고 유추하는 형태로 접근할 수 있다.

| 용어 CHECK

(1) 제어재: 원자로를 안전하고 연속적으로 운전하기 위하여 원자로 내의 핵반응률을 조절해 주는 물질
(2) 반사체: 핵분열로 발생한 중성자가 외부로 누설되는 것을 방지하기 위해 원자로 내부로 다시 반사시키는 것
(3) 냉각재: 원자로의 열을 노 밖으로 보내기 위해 사용하는 것으로, 원자로의 열을 배출함과 동시에 원자로내 온도를 적당값으로 유지하도록 해준다.

| 해설

핵분열로 발생한 고속중성자를 열중성자로 감속시켜 핵분열이 더 잘 일어나도록 하는 물질을 감속재라 한다.
간단하게 고속을 열로 만들었으니 고속을 줄였구나 하여 감속재라는 형태로 생각하면 쉽게 챙길 수 있다.

16 단순 암기형   난이도 下

| 정답 ①

| 접근 POINT

냉각재의 구비조건을 알아야 한다.

| 해설

냉각재는 열용량이 커야 한다.

| 관련개념

냉각재의 구비조건

(1) 열용량이 클 것
(2) 중성자의 흡수가 적을 것
(3) 열전도율, 열전달률이 클 것
(4) 방사능을 띄기 어려울 것
(5) 구조재의 부식을 일으키지 않을 것

17 단순 암기형   난이도 下

| 정답 ②

| 접근 POINT

감속재의 구비조건을 알아야 한다.

| 해설

감속재는 원자 질량이 작은 것을 사용한다.

| 관련개념

감속재의 구비조건

(1) 중성자 흡수 단면적이 작을 것
(2) 원자 질량이 작을 것
(3) 감속비가 클 것
(4) 중성자와의 충돌확률이 높을 것

18 단순 암기형   난이도 下

▌정답 ④

▌접근 POINT
간단하게, 증식비의 '증식'이란 단어를 이용하면 답을 쉽게 고를 수 있다.

▌용어 CHECK
증식비: 증식로에서 소비되는 핵분열성 원자수에 대한 원자로에서 산출된 핵분열성 원자수의 비로, 1이상일 때만 증식비라 한다.

▌해설
주어진 보기에서 증식비가 1보다 큰 원자로는 고속증식로로, 1.1~1.4 정도로 추정된다.

19 단순 암기형   난이도 下

▌정답 ①

▌접근 POINT
'비등수'는 물을 끓이는 것을 의미한다.

▌해설
비등수형 원자로는 물을 끓여 증기를 직접 발생시키는 구조로 되어 있는 원자로로, 별도의 증기 발생기가 필요 없으며, 가압수형 원자로에 비해 출력밀도가 낮은 특징이 있다.

20 단순 암기형   난이도 上

▌정답 ③

▌접근 POINT
가압수형 원자력 발전소에 대한 내용을 알아야 한다.

▌해설
가압수형 원자력 발전소는 보다 자세하게 가압경수형과 가압중수형으로 분류할 수 있다.

구분	가압경수형	가압중수형
연료	저농축 우라늄	천연 우라늄
감속재	경수	중수
냉각재		

지문에서는 가압경수형인지 가압중수형인지 자세히 언급이 안 되어 있으나, 보기 항목에 주어진 조건을 보았을 때, 감속재와 냉각재가 둘 다 경수 또는 중수인 것은 ③번 밖에 없다.
따라서 이 문제는 정확하게 가압경수형 원자력 발전소에 대해 물은 것으로 볼 수 있고, 답은 ③번이 된다.

SUBJECT 02
전력공학

대표유형 ❶

직류기　　　120쪽

---

01 개념 이해형　　　난이도 下

▌정답　③

▌접근 POINT

직류 분권전동기의 속도에 관한 식을 이해하여
해결하는 개념문제이다.

▌공식 CHECK

직류전동기의 속도관계식은 아래와 같다.

$$N = \frac{1}{K} \cdot \frac{V - I_a R_a}{\varPhi}$$

E_c : 역기전력[V],　V : 단자전압[V]

I_a : 전기자 전류[A],　R_a : 전기자 저항[Ω]

K : 기계적상수,　$\varPhi$: 자속[wb]

N : 전기자의 회전속도[rpm]

▌해설

직류 분권전동기의 계자회로가 단선되면 자속을
발생시킬 수 없으므로 자속은 '0' 의 값에 수렴한
다. 직류 분권전동기의 회전속도는 자속에 반비
례하므로 자속이 감소하게 되면 속도는 급격하게
증가하게 된다. 즉 과속도가 되어 위험하다.

▌응용

직류 직권전동기는 무부하 상태가 되면 계자전
류 값이 '0'에 가까워지게 되므로 자속이 발생
하지 않게 되어 식에 의해 속도가 급격하게 증가
한다. 그러므로 직류 직권전동기는 벨트 운전을
하지 않는다.

---

02 개념 이해형　　　난이도 下

▌정답　④

▌접근 POINT

직류기의 전기자 권선법 중 파권과 중권에 대한
개념문제이다.

▌해설

다중도를 고려하여 직류기에 대한 전기자 권선
법의 중권과 파권을 비교하면 아래 표와 같다.

항목	중권	파권
전기자 병렬회로 수(a)	p(mp)	2(2m)
브러시 수 (b)	p	2
전기적 특징	저전압, 대전류용	고전압, 소전류용
균압 고리	필요	불필요

* p: 극수 , m: 다중도

┃응용

1개의 슬롯에 1개의 코일변을 감는 것을 단층권이라 하고 1개의 슬롯에 2개의 코일변을 상하로 감는 것을 2층권이라 한다. 2층권은 권선의 제작 및 작업이 간단하므로 주로 사용된다.

03 개념 이해형

난이도 下

┃정답 ②

┃접근 POINT

직류기의 정류 작용에 영향을 미치는 요인들을 이해하여 풀어가는 개념문제이다.

┃용어 CHECK

리액턴스 전압: 전기자 코일의 자기 인덕턴스에 의해 발생하는 역기전력으로 정류 중인 코일 안의 전류가 변화하는 것을 방해하는 작용을 한다.

┃해설

리액턴스 전압은 아래와 같다.

$$e_L = -L\frac{di}{dt}\,[\mathrm{V}]$$

e_L : 리액턴스 전압[V], L : 인덕턴스[H]
di : 전류의 변화량, dt : 시간의 변화량
리액턴스 전압은 정류를 방해하는 현상으로 나타나므로 양호한 정류를 얻기 위해서는 리액턴스 전압이 작아야 한다. 그러므로 인덕턴스를 작게 하고 정류주기를 길게 하는 것이 유리하다. 또한 접촉저항이 큰 탄소 브러시를 사용하는 것이 좋다.

┃응용

리액턴스 전압은 아래와 같이 나타낼 수 있다.

$$e_L = -L\frac{di}{dt} = L\frac{2I_c}{T_c}\,[\mathrm{V}]$$

T_c : 정류시간, $2I_c$: 전류의 변화량

04 개념 이해형

난이도 下

┃정답 ①

┃접근 POINT

직류기의 정류곡선을 보고 정류형태를 판단하는 개념문제이다.

┃용어 CHECK

정류곡선: 정류 중인 코일 내의 전류의 변화를 나타내는 곡선이다.

┃해설

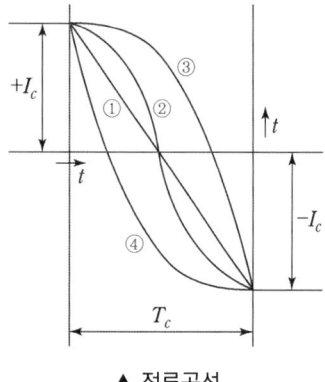

▲ 정류곡선

과정류는 브러시 전단에서 불꽃이 발생하는 전류이며, 정류 초기에 변화율이 크다. 위 정류곡선에서 ④번 곡선에 해당한다.

응용

각 정류곡선이 나타내는 정류 형태는 아래와 같다.

① 직선 정류: 이상적인 정류로 손실이 발생하지 않는 정류이다.

② 사인파 정류: 정현파 정류라고 하며 손실이 적고 불꽃이 없는 양호한 정류이다.

③ 부족 정류: 브러시 후단에서 불꽃이 발생하는 정류이며 정류 말기에 변화율이 크다.

05 공식 암기형 난이도 下

정답 ①

접근 POINT

정류자 편간전압에 대한 공식을 통해 계산하는 문제이다.

공식 CHECK

정류자 편간전압 $V = \dfrac{PE}{K}$ [V]

P: 극수, E: 유기기전력[V], K: 정류자 편수

해설

정류자 편간전압 공식에 문제에서 주어진 수치를 대입한다.

$$V = \dfrac{PE}{K} = \dfrac{4 \times 230}{162} ≒ 5.68[V]$$

06 개념 이해형 난이도 下

정답 ③

접근 POINT

직류기의 전기자 반작용과 정류작용 및 직류전동기의 속도에 대한 전반적인 내용을 묻는 개념문제이다.

공식 CHECK

$E_c = K\Phi N[V]$

E_c : 역기전력 [V], K : 기계적 상수

Φ : 자속 [wb], N : 전기자의 회전 속도[rpm]

해설

전기자 반작용은 주자속의 감소를 야기하며 위식에 의해 자속은 속도에 반비례하므로 전기자 반작용에 의해 직류전동기의 속도는 증가한다. 보극과 보상권선은 전기자 반작용을 감소시키기 위한 방지책이다.

응용

정류 시간: 브러시의 폭을 b[m], 정류자편 사이의 절연 폭을 δ[m], 정류자의 주변 속도를 v_c[m/s] 라고 한다면 정류시간 T_c는 다음과 같다.

$$T_c = \dfrac{b - \delta}{v_c} [s]$$

이 시간은 코일이 브러시로 단락된 순간 시작되고 단락이 끝날 때 종료된다.

07 개념 이해형 난이도 中

정답 ③

접근 POINT

직류기의 전기자 반작용에 정의 및 전기자 반작

용의 영향에 관한 내용을 묻는 문제이다.

해설

전기자 반작용에 의해 발생하는 자속에 의해 주자속이 감소하여 발전기에서는 유기기전력이 감소하고, 전동기에서는 토크가 감소하게 된다.

관련개념

전기자 반작용이란 전기자 도체에 흐르는 전류에 의해 발생된 자속이 주자속에 영향을 끼치는 작용으로 전기자 반작용에 의해 주자속이 감소하며, 편자작용에 의해 전기적 중성축이 이동하고, 자기적 중성축이 이동한다.
전기자 반작용의 방지 대책으로는 보상권선 설치, 보조극 설치, 브러시의 위치를 전기적 중성축으로 이동하는 것이 있다.

08 개념 이해형   난이도 下

정답 ③

접근 POINT

직류발전기의 특성곡선에 대한 개념문제이다. 발전기의 종류별 무부하 특성과 외부 특성에 대해 익혀두는 것이 필요하다.

용어 CHECK

부하전류 (I): 부하를 걸었을 때 흐르는 전류이며 부하가 늘어나면 부하전류도 증가한다.
계자전류 (I_f): 계자권선에 흐르는 전류이며 자속을 만드는데 기여한다.

단자전압 (V): 전원의 출력단자 전압이며 부하 양단에서 측정되는 전압이다.
유도기전력(E): 전자 유도현상에 의해 발생되는 기전력이다.

해설

계자전류와 단자전압의 관계 곡선은 부하 특성곡선이며, 부하전류와 유기기전력의 관계 곡선은 내부 특성곡선이다. 부하전류와 단자전압의 관계 곡선이 외부 특성곡선이다.

응용

발전기 무부하 상태에서 전기자의 속도가 일정할 때 계자전류와 유도기전력의 관계곡선을 무부하 포화 특성곡선이라 한다.

09 개념 이해형   난이도 下

정답 ②

접근 POINT

직류기기 운전 시 발생하는 손실에 대한 개념문제이다. 직류기는 회전하는 회전기이며 철심과 코일로 이루어져 있음을 이해하여 익혀둔다.

용어 CHECK

와(전)류손: 철심을 통과하는 자속이 변할 때 내부에 자속의 변화를 방해하는 유도전류가 흐르며 이를 와전류라고 한다. 와전류는 철심 내부에서 손실을 일으키며 이를 와류손이라고 한다.
풍손: 회전기기가 회전할 때 받는 공기 저항에 의한 손실이다.

| 해설

직류기의 철심에서 발생하는 철손은 부하와 무관하게 발생하는 손실로 히스테리시스손과 와류손이 있으며 히스테리시스손을 작게 하기 위해 규소가 함유된 규소강판을 사용하고 와류손을 작게 하기 위해 성층철심을 사용한다. 풍손은 베어링 마찰손과 함께 기계손에 해당된다.

| 응용

철손은 부하와 무관하게 발생하기 때문에 무부하손 혹은 고정손이라고 하며 동손은 부하 전류가 흘러서 발생하는 줄열에 의한 손실이므로 부하손 혹은 가변손이라고 한다.

10 복합 계산형   난이도 上

| 정답   ②

| 접근 POINT

직류발전기의 효율에 관한 문제로 주어진 조건으로 손실을 계산하여 효율 식에 대입하여 풀어야 하는 복합 계산형 문제이다.

| 공식 CHECK

$$I = \frac{P}{V}[\text{A}]$$

I : 전류(부하전류)[A], V : 전압(단자전압)[V]
P : 전력(발전기 용량)[kW]

$$I_f = \frac{V}{R_f}[\text{A}]$$

I : 계자전류[A], V : 전압(단자전압)[V]
R_f : 계자저항[Ω]

$$I_a = I + I_f$$

I_a : 직류 분권발전기의 전기자 전류[A]
I_f : 계자전류[A], I : 부하전류[A]

$$P_a = I_a^2 r_a$$

P_a : 전기자손실[W], I_a : 전기자전류[A]
r_a : 전기자저항[Ω]

$$\eta_G = \frac{출력}{출력 + 손실} \times 100\,[\%]$$

η_G : 직류발전기효율

| 해설

직류발전기의 전부하 효율을 구하기 위해서는 출력과 손실을 알아야 하며 발전기의 손실에는 부하손과 무부하손이 있다.

부하손을 구하기 위해 전기자 전류값을 알아야 하며 전기자 전류는 부하전류와 계자전류의 합이므로 아래과 같이 차례대로 그 값을 구해야 한다.

(1) 부하전류

$$I = \frac{P}{V} = \frac{6 \times 10^3}{120} = 50[\text{A}]$$

(2) 계자전류

$$I_f = \frac{V}{R_f} = \frac{120}{30} = 4[\text{A}]$$

(3) 전기자 전류

$$I_a = I + I_f = 50 + 4 = 54[\text{A}]$$

발전기에서 부하손은 전기자 동손이므로

(4) 전기자 동손

$$P_a = I_a^2 r_a = 54^2 \times 0.3 = 874.8[\text{W}]$$

(5) 그러므로 발전기의 전부하 효율은 아래와 같다.

$$\begin{aligned}\eta_G &= \frac{출력}{출력 + 손실} \times 100\,[\%] \\ &= \frac{6,000}{6,000 + 874.8 + 500} \times 100 \\ &= 81.36[\%]\end{aligned}$$

| 관련개념

전기기기에서 부하손은 부하에 의해 발생되는 손실이므로 동손에 해당하고 무부하손은 부하와 무관하게 발생하는 손실로 대부분 철손에 해당한다.

---

11 | 개념 이해형   난이도 下

| 정답 ③

| 접근 POINT

직류전동기의 토크 공식과 등가회로를 이해하여 토크와 전기자 전류와의 관계를 파악하는 개념문제이다.

| 공식 CHECK

$$T = \frac{Pz\Phi I_a}{2\pi a} = k_t \Phi I_a$$

T : 토크[N · m], P : 극수, z : 총 도체수
Φ : 자속[wb], I_a : 전기자 전류[A]
a : 병렬회로수, k_t : 기계적 상수

| 해설

위 공식에 의해 토크는 자속과 전기자 전류에 비례함을 알 수 있다. 직권전동기의 경우 계자와 전기자가 직렬로 연결되어 있어 전기자 전류는 계자전류와 같은 값을 가진다.

계자전류는 자속을 만드는데 관여하므로 이 경우 자속 Φ 는 전기자 전류 I_a 에 비례함을 알 수 있다. 그러므로 직권전동기의 토크 T 는 아래와 같이 나타낼 수 있다.

$$T = k_t I_a^2 [\text{N} \cdot \text{m}]$$

| 응용

직권전동기의 토크와 속도에 대한 특성곡선은 아래와 같다.

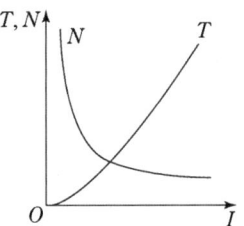

T : 토크, N : 회전속도, I : 부하전류

---

12 | 개념 이해형   난이도 中

| 정답 ②

| 접근 POINT

직류전동기의 각 종류별 속도 특성곡선에 관한 개념파악 문제이다. 부하전류에 따른 자속의 변화를 파악하여 적용한다.

| 용어 CHECK

속도 및 토크 특성: 전동기의 부하 변화에 따른 속도와 토크의 특성 변화를 의미한다. 단자 전압과 계자 저항을 일정하게 유지하였을 때 부하전류와의 관계를 표시한다.

| 해설

(1) 분권전동기의 속도 특성: 분권전동기는 단자 전압, 계자전류를 일정하게 유지하면 자속이 거의 일정하여 정속도 특성을 나타낸다. 그래프에서 ③번 곡선에 해당한다.

(2) 직권전동기의 속도 특성: 직권전동기는 계자권선과 전기자 권선이 직렬로 접속되어 있기 때문에 부하전류가 증가하면 계자 전류도 증가하여 자속이 증가하고 속도가 크게 감소한다. 그래프에서 ①번 곡선에 해당한다.

(3) 가동복권전동기의 속도 특성: 가동복권전동기의 속도 특성은 분권전동기와 직권전동기의 중간 특성을 가지고 있으며 직권 계자 기자력과 분권 계자 기자력의 크기에 따라 분권 또는 직권에 가까운 특성이 된다. 그래프에서 ②번 곡선에 해당한다.

(4) 차동복권전동기의 속도 특성: 차동복권전동기는 직권 계자 기자력이 분권 계자 기자력을 상쇄하도록 접속되어 있어 부하전류가 증가함에 따라 자속이 감소하여 속도를 상승시키는 작용을 한다. 그래프에서 ④번 곡선에 해당한다.

13 개념 이해형　　　　난이도 下

┃ 정답 ③

┃ 접근 POINT

직류발전기의 전압변동률에 관한 개념문제이다. 각 발전기의 외부 특성곡선을 이해하고 숙지한다.

┃ 용어 CHECK

전압변동률: 무부하 전압과 정격전압의 차를 정격전압의 백분율로 표시한 것이다.

$$\epsilon = \frac{V_0 - V_n}{V_n} \times 100$$

ϵ : 전압 변동률 [%]

V_0 : 무부하 전압[V], V_n : 정격전압[V]

┃ 해설

분권발전기는 부하전류의 증가에 따라 단자전압이 강하 하지만 직권발전기는 반대로 단자전압이 상승한다.

과복권 발전기 또한 직권 계자가 강하여 부하전류의 증가에 따라 단자전압이 상승하는 특성을 가지고 있으며 차동 복권은 분권 계자와 직권 계자가 역으로 작용하므로 부하전류가 증가하면 단자전압이 감소한다.

평복권 발전기는 직권 계자와 분권 계자가 거의 같게 작용하므로 무부하 전압과 전부하 전압이 거의 같은 특성을 갖는다.

┃ 응용

직류발전기의 종류별 외부 특성곡선은 아래와 같다.

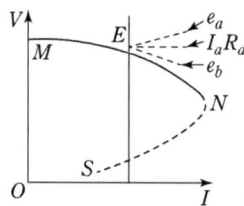

▲ 분권발전기의 특성곡선

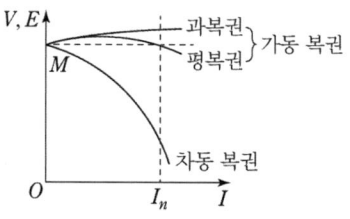

▲ 복권발전기의 특성곡선

14 개념 이해형

정답 ④

접근 POINT

직류발전기의 종류별 특성을 이해하고 그에 따른 용도를 파악하는 개념문제이다.

용어 CHECK

수하특성: 부하전류가 증가하면 단자전압이 저하되는 특성

해설

아크용접은 개방된 전극 사이를 가까이 접근시켜 발생하는 아크를 이용하며 일단 아크가 발생하고 나면 임피던스가 뚝 떨어지게 되는데 이러한 상태에서도 전류가 더 크게 상승하지 않는 정전류 특성이 있어야 한다. 즉 전류가 증가하면 전압이 저하되는 수하특성을 가지고 있어야 한다.

응용

차동복권발전기는 과부하나 단락 시 전류를 제한하는 것이 특히 중요한 용도에 사용된다.

15 개념 이해형

정답 ①

접근 POINT

직류전동기의 속도제어 공식을 이해하고 변수를 파악하여 해결하는 개념문제이다.

공식 CHECK

$$N = \frac{1}{K} \cdot \frac{V - I_a R_a}{\varPhi}$$

E_c : 역기전력[V], V : 단자전압[V]

I_a : 전기자 전류[A], R_a : 전기자 저항[Ω]

K : 기계적상수, $\varPhi$: 자속[wb]

N : 전기자의 회전속도[rpm]

해설

직류전동기의 속도에 관여하는 변수는 자속, 단자전압, 전기자 저항이다. 그러므로 직류전동기의 속도제어 방법은 계자 제어법, 저항 제어법, 전압제어법 3가지로 구분할 수 있다.

위 공식에 의하면 계자 제어법은 자속이 변수가 되며 이때 전압과 전기자 저항값은 고정시키므로 출력은 변하지 않는다. 그러므로 정출력 제어라고 할 수 있다.

응용

계자 제어법은 정출력 제어이지만 자속은 변하기 때문에 아래 토크식에 의해 토크는 변한다는 것을 알 수 있다.

$$\tau = k_t \varPhi I_a$$

τ : 토크[N · m], $\varPhi$: 자속[wb]

I_a : 전기자 전류[A], k_t : 기계적 상수

16 개념 이해형

정답 ③

접근 POINT

직류전동기의 속도제어 공식을 이해하고 속도

에 관여하는 변수가 무엇인지 파악하는 개념문제이다.

▌공식 CHECK

$$N = \frac{1}{K} \cdot \frac{V - I_a R_a}{\varPhi}$$

E_c : 역기전력[V], V : 단자전압[V]

I_a : 전기자 전류[A], R_a : 전기자 저항[Ω]

K : 기계적상수, $\varPhi$: 자속[wb]

N : 전기자의 회전속도[rpm]

▌해설

위 식과 같이 전동기의 속도에 관여하는 변수는 단자전압, 전기자 저항, 자속이다. 그러므로 직류전동기는 전압 제어, 저항 제어, 계자 제어로 속도를 제어할 수 있다.

(1) 전압 제어법: 전기자에 가해지는 단자전압을 변화시켜 회전속도를 조정하는 방법이다. 정토크 제어 특성을 가진다.

(2) 저항 제어법: 전기자회로에 저항을 삽입하여 이를 가감하여 속도를 제어하는 방법으로 효율이 좋지 않다.

(3) 계자 제어법: 계자저항기로 계자전류를 조정하여 자속을 변화시키는 방법이다. 정출력 제어라고 한다.

▌응용

주파수 제어법은 유도전동기 속도제어 방법이다.

$$N = (1 - s)\frac{120f}{P}[\text{rpm}]$$

N : 회전자 속도[rpm], P : 극수

f : 주파수[Hz], s : 슬립

---

17 개념 이해형 　　　　　난이도 下

▌정답　④

▌접근 POINT

단상직권 정류자 전동기의 특성에 대한 개념파악 문제이다.

▌용어 CHECK

전기자 권선: 회전기의 고정자 혹은 회전자에 설치된 권선으로 자계와의 상대 회전운동에 따라 유도기전력의 발생에 직접 관여하는 권선.

계자 권선: 자속을 발생시키기 위한 기자력을 계자석에 주는 권선.

▌해설

단상 직권 정류자 전동기는 역률을 좋게 하고 정류 개선을 위해 계자권선의 권수를 작게 하고 전기자 권선의 권수를 크게 하는 약계자 강 전기자형이다.

브러시로 단락되는 코일의 단락전류가 크게 되면 정류작용이 직류기의 경우보다 어렵게 되므로 이를 개선하기 위해 브러시 접촉저항이 큰 저항 정류를 하거나 전기자 코일과 정류자편 사이에 도선을 고저항으로 하여 단락전류를 제한한다.

▌응용

단상 직권 정류자 전동기는 철손을 줄이기 위해 전기자와 계자에 성층 철심을 사용하며 역률에 따른 출력 저하를 방지하기 위해 보상 권선을 설치한다.

18 개념 이해형   난이도 中

정답 ③

접근 POINT

직류발전기의 병렬운전 조건에 대한 개념문제이다.

해설

직류발전기의 계자전류를 증가시키게 되면 부하의 분담이 증가하고, 계자전류를 감소시키게 되면 부하의 분담이 감소하게 된다.

관련개념

직류발전기의 병렬운전조건

(1) 단자전압 및 극성이 같아야 한다.
(2) 외부특성곡선이 어느 정도 수하특성으로 같아야 한다.
(3) 직권, 복권 발전기는 운전을 안정하게 하기 위해 균압선을 설치한다.

19 개념 이해형   난이도 下

정답 ②

접근 POINT

직류발전기의 외부특성을 고려한 병렬운전 조건에 관한 문제이다.

용어 CHECK

균압선: 병렬 운전하고 있는 발전기의 직권 계자 권선이 접속된 전기자 측의 끝을 연결한 모선

해설

직권 계자 코일을 가지고 있는 직권 발전기와 복권 발전기는 부하 전류가 증가하면 단자 전압이 높아지는 외부특성을 가지고 있으므로 병렬 운전 중 어떤 원인에 의해 한쪽 발전기의 단자 전압이 증가하게 되면 안정한 병렬 운전을 할 수가 없다.

그러므로 안정된 병렬운전을 하기 위해 균압모선을 연결하여 계자 전압을 일정하게 해야 한다.

관련개념

직류 발전기의 병렬운전 조건은 다음과 같다.
(1) 외부 특성 곡선이 수하 특성일 것
(2) 정격 전압 및 극성이 같을 것
(3) 용량이 다를 경우 % 부하 전류로 나타낸 외부 특성 곡선이 거의 일치할 것

20 개념 이해형   난이도 下

정답 ④

접근 POINT

직류 복권 발전기 중 가동복권발전기와 차동복권발전기의 특성을 응용한 개념파악 문제이다.

용어 CHECK

가동복권발전기: 직권 계자 권선에 의한 기자력이 분권 계자 권선의 기자력과 합성되어 유도 기전력의 증가를 나타내며 직권 계자 권선의 증가 정도에 따라 평복권 발전기와 과복권 발전기로 분류한다.

┃ 해설

가동복권발전기를 전동기로 사용하면 직권 계자 코일에 흐르는 전류가 반대 방향으로 흐르게 되어 분권 권선과 기자력의 방향이 반대로 된다. 그러므로 분권 계자 권선의 기자력이 직권 계자 권선의 기자력에 의해 감소 되는 직류 차동 복권전동기로 작용한다.

┃ 응용

차동 복권 발전기는 분권 계자와 직권 계자가 역으로 작용하므로 부하의 증가에 따라 단자전압이 현저하게 감소되는 특성을 보인다.

21 개념 이해형

난이도 中

┃ 정답 ①

┃ 접근 POINT

전기각과 기계각의 의미를 이해하고 그 관계에 대하 파악하는 개념문제이다.

┃ 용어 CHECK

전기각: 회전자가 1회전 하는 동안에 실행된 전기적 주기에 의한 각도
기계각: 회전자가 실제로 회전한 각도

┃ 해설

그림과 같이 2극을 가진 회전자가 1초 동안 1회전 하게 되면 1cycle을 완료하면서 1[Hz]의 주파수가 발생한다.

만약 4극을 가진 회전자가 1초 동안 1회전 하게 되면 이번에는 2cycle을 완료하게 되고 이 때의 주파수는 2[Hz]가 된다. 즉 1회전마다 $\frac{P}{2}$[Hz]의 전기적인 cycle, 즉 주파수가 만들어진다.
이 때 회전자가 실제로 회전한 각도는 360°가 되지만 전기적으로 2cycle의 교류 기전력이 만들어지므로 전기각은 720°가 된다. 즉 전기각과 기계각은 아래와 같은 관계가 있다.

$$\alpha_e = \alpha \times \frac{P}{2}$$

α_e : 전기각, α : 기계각, P : 극수

┃ 응용

동일한 조건에서 기계각과 전기각의 관계는 다음과 같이 정리할 수 있다.

$$\alpha = \alpha_e \times \frac{2}{P}$$

α_e : 전기각, α : 기계각, P : 극수

22 단순 계산형 난이도 中

Ⅰ 정답 ③

Ⅰ 접근 POINT

회전기기의 전기각과 기계각의 상호 관계식을 이용하여 주어진 조건을 대입하여 해결하는 계산 문제이다.

Ⅰ 공식 CHECK

$$\alpha_e = \alpha \times \frac{P}{2}$$

α_e : 전기각, α : 기계각, P : 극수

Ⅰ 해설

위 식에 주어진 조건을 대입하면 전기각 α_e는

$$\alpha_e = \alpha \times \frac{P}{2} = 360 \times \frac{12}{2} = 2,160\,°$$

그러므로 기하학적 각도 360°에 대한 전기각은 2,160°이다.

Ⅰ 관련개념

회전기기가 한 바퀴 돌았을 때 기하학적 각도 즉 기계각은 360°이지만 전기각은 주파수의 개념이기 때문에 극수에 영향을 받게 된다. 이와 같은 차이를 숙지하여 유사한 형태의 문제에 대응할 수 있도록 한다.

23 단순 계산형 난이도 下

Ⅰ 정답 ③

Ⅰ 접근 POINT

직류발전기의 유도기전력 공식과 파권의 특성을 이용하여 주어진 조건을 대입해 자속을 구한다.

Ⅰ 공식 CHECK

$$E = \frac{PZ}{60a}\Phi N[\text{V}]$$

E : 한 극에서 만드는 유도기전력[V]

P : 극수, Z : 총 도체 수(전기자 도선의 수)

a : 전기자 권선의 병렬회로 수, Φ : 자속[wb]

N : 전기자의 회전 속도[rpm]

Ⅰ 해설

위 유도기전력 공식을 자속에 대해 정리하고 주어진 조건을 대입한다. 이 때 전기자 권선법은 파권이므로 병렬회로수는 2개이다.

$$\Phi = \frac{60aE}{PZN} = \frac{60 \times 2 \times 600}{4 \times 250 \times 1,200} = 0.06\,[\text{Wb}]$$

24 단순 계산형 난이도 下

Ⅰ 정답 ④

Ⅰ 접근 POINT

직류발전기의 전기적 회로 구조를 이해하고 전기자 권선법에 유의하여 계산한다.

Ⅰ 공식 CHECK

$$I' = \frac{I}{a}$$

I' : 직류발전기 각 병렬회로에 흐르는 전류[A]

I : 직류발전기 전기자 전류[A]

a : 병렬회로 수

SUBJECT 03 전기기기

직류발전기의 각 병렬회로에 흐르는 전류는 직류발전기 전체 전기자 전류를 병렬회로 수로 나눈 것과 같다. 이 때 전기자 권선법은 중권이므로 병렬회로수는 극수와 같다.

$$I' = \frac{I}{a} = \frac{40}{4} = 10[\text{A}]$$

| 응용

전기자 권선법이 파권이면 동일한 조건에 대해 각 병렬회로에 흐르는 전류는 다음과 같다.

$$I' = \frac{I}{2} = \frac{40}{2} = 20[\text{A}]$$

25 단순 계산형   난이도 下

| 정답   ③

| 접근 POINT

직류발전기의 유도기전력 공식과 전기자 권선법을 이해하여 주어진 조건을 대입해 회전수를 구한다.

| 공식 CHECK

$$E = \frac{PZ}{60a}\varPhi N[\text{V}]$$

E : 한 극에서 만드는 유도기전력[V]
P : 극수, Z : 총 도체 수(전기자 도선의 수)
a : 전기자 권선의 병렬회로 수, $\varPhi$: 자속[wb]
N : 전기자의 회전 속도[rpm]

| 해설

직류발전기의 유도기전력에 대한 위 식을 회전

수에 대해 정리하면 아래와 같다.

$$N = \frac{60aE}{PZ\varPhi}[\text{rpm}]$$

전기자 권선법은 중권이므로 병렬회로수는 극수와 같은 4개이며, 주어진 조건을 대입하면 다음과 같다.

$$N = \frac{60aE}{PZ\varPhi} = \frac{60 \times 4 \times 100}{4 \times 500 \times 0.01} = 1,200[\text{rpm}]$$

26 복합 계산형   난이도 上

| 정답   ④

| 접근 POINT

직류 분권발전기의 구조를 이해하고 주어진 조건을 활용하여 유도기전력을 구하는 공식에 대입하여 푸는 복합 계산형 문제이다. 전압강하에 유의하여 계산해야 한다.

| 공식 CHECK

$$E = V + I_a R_a + e_a + e_b$$

E : 유도기전력[V], V : 단자전압[V]
I_a : 전기자 전류[A], R_a : 전기자 저항[Ω]
e_a : 전기자 반작용에 의한 전압강하[V]
e_b : 브러시에 의한 전압강하[V]

$$I_a = I + I_f$$

I_a : 직류 분권발전기의 전기자 전류[A]
I_f : 계자전류[A], I : 부하전류[A]

$$I_f = \frac{V}{R_f}[\text{A}]$$

I_f : 계자전류[A] V : 단자전압[V]
R_f : 계자저항[Ω]

┃해설

직류 분권발전기의 유도기전력을 주어진 공식에 의해 접근하면 단자전압과 전기자 반작용에 의한 전압강하 값 브러시에 의한 전압강하 값, 전기자 저항 값은 주어졌으므로 전기자 전류 값을 구하면 유도기전력 값을 구할 수 있다.

(1) 전기자 전류는 계자전류와 부하전류의 합이며, 부하전류는 주어졌으므로 아래의 식에 의해 계자전류를 구한다.

$$I_f = \frac{V}{R_f} = \frac{220}{44} = 5[A]$$

(2) 전기자 전류는 다음과 같이 구한다.

$$I_a = I + I_f = 40 + 5 = 45[A]$$

(3) 그러므로 유도기전력은 아래와 같다.

$$\begin{aligned} E &= V + I_a R_a + e_a + e_b \\ &= 220 + 45 \times 0.2 + 2.5 + 1.5 \\ &= 233[A] \end{aligned}$$

---

27 복합 계산형   난이도 中

┃정답   ④

┃접근 POINT

직류 분권발전기의 유도기전력에 관한 문제이며 직류 분권발전기의 구조를 이해하여 주어진 변수를 공식에 대입하여 푸는 복합 계산형 문제이다.

┃공식 CHECK

$$E = V + I_a R_a$$

E : 유도기전력[V], V : 단자전압[V]

I_a : 전기자 전류[A], R_a : 전기자 저항[Ω]

$$I_a = I + I_f$$

I_a : 직류 분권발전기의 전기자 전류[A]

I_f : 계자전류[A], I : 부하전류[A]

┃해설

분권발전기의 전기자 전류는 계자전류와 부하전류의 합으로 구할 수 있으나 문제에서 계자전류를 무시하라고 하였으므로 전기자 전류는 다음과 같다.

$$I_a = I + I_f = 50 + 0 = 50[A]$$

그러므로 직류 분권발전기의 유도기전력은 다음과 같다.

$$E = V + I_a R_a = 220 + (50 \times 0.2) = 230[V]$$

┃응용

분권발전기의 계자전류 공식은 아래와 같다.

$$I_f = \frac{V}{R_f}[A]$$

I_f : 계자전류[A], V : 단자전압[V]

R_f : 계자저항[Ω]

---

28 단순 계산형   난이도 下

┃정답   ②

┃접근 POINT

직류 분권발전기의 구조를 이해하고 계자전류 구하는 공식을 응용하여 계자저항 값을 구하는 계산문제이다.

┃공식 CHECK

$$I_f = \frac{V}{R_f}[A]$$

I_f : 계자전류[A], V : 단자전압[V]

R_f : 계자저항 [Ω]

▮ 해설

직류 분권발전기의 계자회로에 외부저항이 삽입되어 있으면 아래와 같은 형태가 된다.

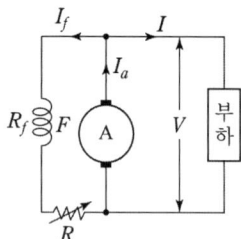

이 때 계자회로에 걸리는 전압은 단자전압 V와 같으며 계자전류는 2[A]이므로 계자의 저항값과 외부저항 값의 합은 위 공식에 의해 다음과 같다.

$$R_f + R = \frac{V}{I_f} = 50 \, [\Omega]$$

외부 저항값이 10[Ω]이므로 계자저항 값은 40[Ω]이다.

29 복합 계산형   난이도 中

▮ 정답 ①

▮ 접근 POINT

직류 분권발전기의 구조를 이해하고 주어진 조건을 활용하여 유도기전력 구하는 공식에 대입하여 푸는 복합 계산형 문제이다.

▮ 공식 CHECK

$$E = V + I_a R_a + e_a$$

E : 유도기전력[V], V : 단자전압[V]

I_a : 전기자 전류[A], R_a : 전기자 저항[Ω]

e_a : 전기자 반작용에 의한 전압강하[V]

$$I_a = I + I_f$$

I_a : 직류 분권발전기의 전기자 전류[A]

I_f : 계자전류[A], I : 부하전류[A]

$$I_f = \frac{V}{R_f} [\text{A}]$$

I_f : 계자전류[A], V : 단자전압[V]

R_f : 계자저항[Ω]

▮ 해설

직류 분권발전기의 유도기전력을 주어진 공식에 의해 접근하면 단자전압과 전기자 반작용에 의한 전압강하 값, 전기자 저항 값은 주어졌으므로 전기자 전류 값을 구하면 유도기전력 값을 구할 수 있다.

전기자 전류는 계자전류와 부하전류의 합이며, 부하전류는 주어졌으므로 아래의 식에 의해 계자전류를 구한다.

$$I_f = \frac{V}{R_f} = \frac{200}{50} = 4[\text{A}]$$

그러므로 전기자 전류는 다음과 같다.

$$I_a = I + I_f = 50 + 4 = 54[\text{A}]$$

유도기전력은 다음과 같다.

$$E = V + I_a R_a + e_a = 200 + 54 \times 0.15 + 3$$
$$= 211.1[\text{A}]$$

30 단순 계산형   난이도 下

▮ 정답 ④

▮ 접근 POINT

직류발전기의 최대효율 조건식에 주어진 조건을 대입하여 푸는 계산문제이다.

▮ 공식 CHECK

직류발전기 최대 효율 조건 식

$$P_i = (\frac{1}{m})^2 P_c$$

P_i : 철손[W], P_c : 동손[W], $\frac{1}{m}$: 부하율

▮ 해설

직류발전기의 최대 효율 조건은 철손과 동손이 같을 때이다.

위 식으로부터 철손과 동손의 비 즉 $\frac{P_i}{P_c}$ 에 대한

관계식을 세운다.

$$\frac{P_i}{P_c} = (\frac{1}{m})^2 = 0.9^2 = 0.81$$

31 단순 계산형

난이도 下

▮ 정답 ①

▮ 접근 POINT

토크와 각속도, 출력 및 역기전력간의 관계식을 이용하여 토크식을 정리한다.

▮ 공식 CHECK

$$\tau = \frac{P}{\omega}[\text{N·m}]$$

τ : 토크[N·m], P : 출력[W],

ω : 각속도[rad/s]

$$E_c = V - I_a R_a$$

E_c : 역기전력[V], V : 단자전압[V]

I_a : 전기자 전류[A], R_a : 전기자 저항[Ω]

$$P = E_c I_a [\text{W}]$$

P : 출력(전기적 출력)[W]

E_c : 역기전력[V], I_a : 전기자 전류[A]

▮ 해설

(1) 전동기의 출력 $P = E_c I_a$ 이고 각속도

$\omega = 2\pi \frac{N}{60}$ 이므로 토크는 아래와 같이 정

리할 수 있다.

$$\tau = \frac{P}{\omega} = \frac{E_c I_a}{2\pi \frac{N}{60}}[\text{N·m}]$$

단위를 [kg·m]로 변환하면

$$\tau = \frac{1}{9.8} \times \frac{60 E_c I_a}{2\pi N}$$
$$= \frac{1}{9.8} \times \frac{30 E_c I_a}{\pi N}[\text{kg·m}]$$

(2) 위 식에 역기전력 식을 대입한다.

$$\tau = \frac{1}{9.8} \times \frac{30 \times (V - I_a R_a) I_a}{\pi N}$$
$$= \frac{30}{9.8} \frac{(VI_a - I_a^2 R_a)}{\pi N}[\text{kg·m}]$$

▮ 관련개념

각속도 $\omega = 2\pi f$ 이며 여기서 f 는 주파수이다. 주파수는 1초 동안 진동하는 횟수이므로 초당 회전수와 같은 개념으로 볼 수 있다. 그러므로 각속도를 분당 회전수로 나타내면 아래와 같다.

$$\omega = 2\pi f = 2\pi n = 2\pi \frac{N}{60}$$

32 단순 계산형 난이도 下

▌정답 ①

▌접근 POINT

직류 분권전동기의 토크와 전기자 전류에 대한 관계식을 이용하여 비례식을 세워 계산하는 문제이다.

▌공식 CHECK

$$T \propto I_a$$

T : 직류 분권전동기의 토크 ,
I_a : 전기자 전류 $[A]$

▌해설

직류 분권전동기의 토크는 위식과 같이 전기 자 전류에 비례한다.
문제에서 전기자 전류가 100[A]에서 120[A]로 1.2배 증가하였으므로 토크는 50[kg·m]에서 60[kg·m]으로 1.2배 증가한다.

▌응용

직류 직권전동기의 토크는 전기자 전류가 자속의 생성에 직접 관여하므로 전기자 전류의 제곱에 비례한다.

$$T \propto I_a^2$$

T : 직류 직권전동기의 토크 ,
I_a : 전기자 전류[A]

33 단순 계산형 난이도 中

▌정답 ③

▌접근 POINT

직류전동기의 역기전력 공식을 통해 회전수와 계자자속의 관계식을 확인해야 한다.

▌공식 CHECK

(1) 역기전력 $E = k \varnothing N [\text{V}]$

E : 역기전력[V], $\varnothing$: 자속[wb],
N : 회전수[rpm]

(2) 전동기의 회전수 $N = k' \dfrac{E}{\varnothing} [\text{rpm}]$

E : 역기전력[V], $\varnothing$: 자속[wb],
N : 회전수[rpm]

▌해설

전동기의 회전수 $N = k' \dfrac{E}{\varnothing} [\text{rpm}]$에서 회전수는 자속에 반비례한다.

$N \propto \dfrac{1}{\varnothing}$ 따라서, 회전수를 $\dfrac{1}{2}$로 하기 위해서 자속을 2배로 증가시켜야 한다.

34 복합 계산형 난이도 中

▌정답 ④

▌접근 POINT

직류 직권전동기의 역기전력 공식과 속도와 역기전력간의 관계를 파악하고 비례식을 세워 풀어야 하는 복합 계산형 문제이다.

▌공식 CHECK

$$E_c = V - I_a (R_a + R_s)$$

E_c : 역기전력[V], V : 단자전압[V]

I_a : 전기자 전류[A], R_a : 전기자 저항[Ω]

R_a : 계자저항[Ω]

$$E_c = K\Phi N[\text{V}]$$

E_c : 역기전력[V], K : 기계적상수

Φ : 자속[wb], N : 전기자의 회전속도[rpm]

▌ 해설

(1) 공급전압이 100[V]이고 전기자 전류가 4[A]
일 때 전동기의 역기전력은 다음과 같다.

$$E_c = V - I_a(R_a + R_s) = 100 - 4 \times 0.5$$
$$= 98[V]$$

(2) 공급전압이 80[V]이고 전기자 전류가 4[A]
일 때 전동기의 역기전력은 다음과 같다.

$$E_c = V - I_a(R_a + R_s) = 80 - 4 \times 0.5$$
$$= 78[V]$$

(3) 전동기의 속도는 역기전력에 비례하므로
역기전력의 변화에 대한 속도와의 비례식
을 세우면 $98 : 1,500 = 78 : N'$ 가 된다.
(N' 는 공급전압을 80[V]로 낮추었을 때 회
전속도이다.)

그러므로 $N' = \dfrac{1,500 \times 78}{98} = 1,193.88$

약 1,194[rpm]이 된다.

35 단순 계산형   난이도 下

▌ 정답 ④

▌ 접근 POINT

직류전동기의 역기전력 공식에 주어진 조건을
대입하여 계산하는 문제이다.

▌ 공식 CHECK

$$V = E_c + I_a R_a$$

E_c : 역기전력[V], V : 단자전압[V]

I_a : 전기자 전류[A], R_a : 전기자 저항[Ω]

▌ 해설

위 공식에 주어진 조건을 대입한다.

$$V = E_c + I_a R_a = 200 + 15 \times 2 = 230[V]$$

▌ 응용

아래의 식을 활용하여 단자전압, 전기자 전류,
전기자 저항값을 이용하여 역기전력을 구하는
형태의 문제도 출제될 수 있다.

$$E_c = V - I_a R_a$$

E_c : 역기전력[V], V : 단자전압[V]

I_a : 전기자 전류[A], R_a : 전기자 저항[Ω]

36 복합 계산형   난이도 中

▌ 정답 ②

▌ 접근 POINT

직류전동기의 토크에 대한 공식과 토크와 자속
및 전기자 전류에 대한 관계를 파악하고 비례식
을 세워 풀어야 한다.

▌ 공식 CHECK

$$T = \frac{Pz\Phi I_a}{2\pi a} = k_t \Phi I_a$$

T : 토크[N · m], P : 극수

z : 총 도체수, Φ : 자속[wb]

I_a : 전기자 전류[A], a : 병렬회로수

k_t : 기계적 상수

| 해설

위 관계식에 의해 직류전동기의 토크는 자속 및 전기자 전류에 비례함을 알 수 있다.

문제의 조건에서 10[A]일 때 전동기의 토크는 5[kg·m]이었다.

이 때 기계적 조건이 동일하고 전기자 전류는 12[A]로 1.2배 증가하고 자속이 0.8배 감속하였다면 이 때 전동기의 토크는 위 관계식에 의해 아래와 같이 계산할 수 있다.

$$T' = T \times 1.2 \times 0.8 = 5 \times 1.2 \times 0.8$$
$$= 4.8[\text{kg} \cdot \text{m}]$$

| 관련개념

직류전동기의 토크식은 전기적인 변수와 기계적인 상수의 개념으로 나누어 생각할 수 있다. 위 식에서 자속과 전기자 전류는 운영 중에 변할 수 있는 전기적인 변수이고 극수, 총 도체 수, 병렬회로 수와 같은 요소는 전동기가 제작된 후에는 변하지 않는 기계적인 상수이다.

---

37 **복합 계산형**   난이도 中

| 정답 ②

| 접근 POINT

단상 직권 정류 자기의 입력과 손실, 출력에 관한 관계식을 파악하고 이를 속도 기전력 공식에 대입하여 풀어야 한다.

| 공식 CHECK

$$E_s = \frac{P_0}{I}[\text{V}]$$

I : 전부하전류[A], E_s : 속도 기전력[V]

P_0 : 출력[kW]

$$P = VI\cos\theta[\text{W}]$$

P : 단상 직권 정류자 전동기 입력[W]

V : 단자전압[V], I : 부하전류[A], θ : 역률각

| 해설

단상 직권 정류자 전동기의 출력은 입력과 손실의 차이와 같다.

(1) 단상 직권 정류자 전동기의 입력은 다음과 같다.

$$P = VI\cos\theta = 100 \times 1 \times 0.85 = 85[\text{W}]$$

(2) 손실은 저항에서 발생한다.

$$I^2(R_s + R_f) = 1^2 \times 40 = 40[\text{W}]$$

(3) 그러므로 단상 직권 정류자 전동기의 출력은 다음과 같다.

85-40=45[W]

(4) 위 조건을 대입하면 속도 기전력은 아래와 같다.

$$E_s = \frac{P_0}{I} = \frac{45}{1} = 45[\text{V}]$$

---

38 **개념 이해형**   난이도 下

| 정답 ④

| 접근 POINT

기전력의 공식을 응용하여 실효값에 대한 공식을 세우는 개념문제이다. 실효값에 대한 개념을

이해하고 접근한다.

공식 CHECK

$$E_r = \frac{PZ}{60a} \Phi N[\text{V}]$$

E_r : 속도기전력[V], P : 극수

Z : 총 도체 수(전기자 도선의 수)

a : 전기자 권선의 병렬회로 수

Φ : 자속[wb], N : 전기자의 회전속도[rpm]

해설

문제에서 주 자속의 최대치를 제시하고 속도 기전력의 실효값을 구하라고 하였으므로 자속의 최대값을 실효값으로 변환하여야 속도 기전력의 실효값을 구할 수 있다.

정현파에서 파형의 실효값은 최대값의 $\frac{1}{\sqrt{2}}$ 배

이므로 위 식에 대입하면 아래와 같은 관계식이 성립한다.

$$E_r = \frac{PZ}{60a} N \times \frac{\Phi_m}{\sqrt{2}}$$

그러므로 정리하면

$$E_r = \frac{1}{\sqrt{2}} \frac{P}{a} Z \frac{N}{60} \Phi_m$$

관련개념

실효값: 임의 주기파의 순시값의 1주기에 걸치는 평균값의 평방근으로 정현파의 경우 최대 진폭의 $0.707(\frac{1}{\sqrt{2}})$ 배가 된다.

---

39 복합 계산형
난이도 中

정답 ①

접근 POINT

직류기의 입력과 출력, 효율의 관계를 이해하고 유도전동기의 입력 식을 활용하여 풀어야 하는 복합 계산형 문제이다.

공식 CHECK

$$P_i = \sqrt{3}\, VI\cos\theta[\text{W}]$$

P_i : 유도전동기 입력[W], $\cos\theta$: 역률

$$\eta_M = \frac{P_o}{P_i}$$

η_M : 유도전동기 효율

P_o : 유도전동기 출력[W],

P_i : 유도전동기 입력[W]

$$\eta_G = \frac{P_L}{P_G}$$

η_M : 직류발전기 효율

P_G : 직류발전기 입력[W],

P_L : 직류발전기 출력[W]

해설

유도전동기의 전류 값을 구하려면 유도전동기의 입력 식을 활용해야 하며 유도전동기의 출력 값은 직류발전기의 입력 값과 같으므로 발전기의 효율을 통해 유도전동기의 출력을 먼저 구해야 한다.

(1) 직류발전기의 효율은 88[%]이므로 직류발전기의 입력은 위 식에 의해 다음과 같다.

$$P_L = \frac{P_G}{\eta_G} = \frac{55}{0.88} = 62.5[\text{kW}]$$

그러므로 유도전동기의 출력은 62.5[kW] 이다.

(2) 유도전동기의 효율이 88[%]이므로 유도전 동기의 입력은 다음과 같다.

$$P_i = \frac{P_0}{\eta_M} = \frac{62.5}{0.88} = 71[\text{kW}]$$

(3) 유도전동기의 역률이 82[%]이므로 전동기 의 전류는 다음과 같다.

$$I = \frac{P_i}{\sqrt{3} \times V \times \cos\theta} = \frac{71 \times 10^3}{\sqrt{3} \times 400 \times 0.82}$$
$$= 124.97[\text{A}]$$

정답은 약 125[A]이다.

---

40 개념 이해형 난이도 下

┃정답 ③

┃접근 POINT

직류기의 정류 과정과 리액턴스 전압식을 이해 하여 계산식을 정리해야 하는 개념문제이다.

┃용어 CHECK

리액턴스 전압: 전기자 코일의 자기 인덕턴스에 의해 발생하는 역기전력으로 정류 중인 코일 안 의 전류가 변화하는 것을 방해하는 작용을 한다.

┃해설

리액턴스 전압은 시간의 변화량에 따른 전류의 변화량으로 나타낼 수 있으며 아래와 같다.

$$e_L = -L\frac{di}{dt}[\text{V}]$$

이 때 정류곡선에 의한 전류의 변화는 I_c부터 $-I_c$까지이다.

전류의 변화량 di는 $I_c - (-I_c)$ 즉 $2I_c$이다.

시간의 변화량 dt는 정류주기 T_c와 같은 의미 이므로 리액턴스 전압 식은 다음과 같이 쓸 수 있다.

$$e_L = L\frac{2I_c}{T_c}[\text{V}]$$

대표유형 ❷

동기기 128쪽

01 개념 이해형 난이도 下

정답 ①

접근 POINT

교류를 사용하는 발전기의 장단점을 파악하여
야 한다.

해설

교류를 사용하는 발전기는 동기발전기와 유도
발전기가 있다.
동기발전기는 유도발전기에 비해 효율이 높고,
대용량으로 제작이 가능하여 일반적인 교류발
전기는 동기발전기를 사용한다.

02 개념 이해형 난이도 下

정답 ②

접근 POINT

동기기의 전기자 권선법과 파형 개선의 상관관
계에 관한 개념문제이다.

용어 CHECK

단절권: 동기기의 전기자 슬롯에 권선을 감을
때 코일의 간격이 자극의 간격보다 작은 것
집중권: 매극 매상의 코일을 1개의 슬롯에 집중

해서 감는 방법

해설

동기기의 전기자 권선법을 분포권 및 단절권으
로 하면 유도기전력은 다소 감소하지만 집중권,
전절권에 비해 고조파 제거 및 파형 개선의 효과
가 있다.
또한 원통형 회전자는 자극의 여자 권선이 회전
자의 표면에 분포되어 있어 돌극형 발전기의 기
전력 파형에 비해 정현파에 가까우며 자극의 길
이를 크게 하면 파형 개선의 효과가 있다.

응용

고조파 기전력을 소거하는 방법은 다음과 같다.
(1) 단절권 및 분포권을 사용한다.
(2) 공극의 길이를 크게 한다.
(3) 매극 매상의 슬롯수를 크게 한다.
(4) Y결선 한다.
(5) 전기자 슬롯을 사 슬롯으로 한다.

03 개념 이해형 난이도 中

정답 ①

접근 POINT

동기발전기에서 회전계자형과 회전전기자형의
장단점, 각각의 특징에 대하여 파악해야 한다.

해설

동기발전기에서는 일반적으로 회전계자형을
사용한다.
회전계자형을 사용하는 이유로는 계자는 전기

자에 비해 직류 저압으로 소요동력이 작으며, 구조가 간단하고, 튼튼하며 회전자의 관성을 크게 하기 쉽다.

기전력의 파형을 개선하기 위해서는 분포권 또는 단절권을 채용한다.

04 개념 이해형   난이도 下

▍정답 ②

▍접근 POINT
동기발전기의 전기자 권선법 중 분포권에 대한 개념문제이다.

▍용어 CHECK
분포권: 동기기의 전기자 슬롯에 권선을 감을 때 매극 매상의 코일을 2개 이상의 슬롯에 분산하여 감는 방법이다.

▍해설
전기자 권선을 분포권으로 감게 되면 아래 그림과 같이 코일 간에 슬롯의 간격 a만큼 위상차가 발생한다.

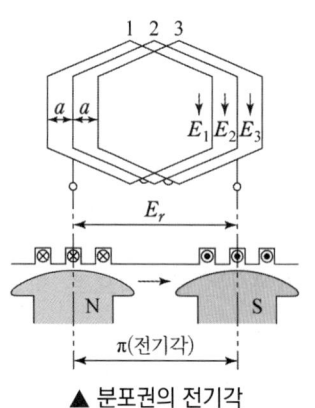

▲ 분포권의 전기각

그러므로 각 상에서 발생되는 유도기전력은 아래와 같이 벡터 합으로 나타난다.

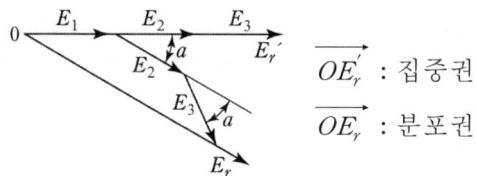

$\overrightarrow{OE_r'}$: 집중권

$\overrightarrow{OE_r}$: 분포권

▲ 유도기전력의 벡터도

이때 그 유도기전력의 합은 집중권으로 권선했을 때 보다 감소하게 된다. 하지만 분포권으로 권선하면 고조파 성분이 감소하여 기전력의 파형이 개선되고 권선의 누설 리액턴스가 감소되며 전기자에 발생되는 열을 고루 분포시켜 과열을 방지하는 이점이 있다.

05 개념 이해형   난이도 下

▍정답 ③

▍접근 POINT
단락비가 큰 동기기의 특성에 대한 개념 파악 문제이다.

▍해설
단락비가 큰 동기기는 다음과 같은 특성을 가지고 있다.
(1) 퍼센트 임피던스가 작다. 그러므로 동기임피던스가 작다.
(2) 전압 강하가 작다. 그러므로 전압변동률이 작고 계통의 안정도 및 선로 충전용량이 커진다.

(3) 전기자 반작용이 작아 출력이 좋으며 과부하 내량이 크다.

(4) 계자 자속이 크다. 그러므로 계자 철심이 크다.

(5) 기기의 중량과 부피가 크며 가격이 비싸다.

(6) 철손이 크고 효율이 나쁘다.

┃ 응용

단락비가 큰 기계는 기계 중량이 큰 철기계를 의미하고 단락비가 작은 기계는 동기계를 의미한다.

06 개념 이해형　　　난이도 下

┃ 정답　②

┃ 접근 POINT

단락비가 작은 동기기의 특성에 대한 개념파악 문제이다.

┃ 용어 CHECK

• 동기 임피던스: 동기기의 전기자 전류가 흘러서 만들어지는 전기자 반작용 리액턴스와 전기자 누설 리액턴스의 합을 동기 리액턴스라 한다. 또한 전기자 권선은 등가 저항을 가지고 있으며 이때의 임피던스를 동기 임피던스라 한다.

• 전기자 반작용: 3상 동기기가 회전하면 전기자에 기전력이 유도되고 부하를 걸면 3상전류가 흘러 전기자에 회전 자기장이 생긴다. 이 회전 자기장이 계자 자속에 영향을 주게 되는 현상을 전기자 반작용이라 한다.

┃ 해설

단락비가 작은 기계는 동기 임피던스가 크고 전기자 반작용이 큼을 의미한다. 또한 전기자 반작용에 의한 기자력이 크므로 공극이 작고 계자 기자력이 전기자 기자력에 비해 작아 동기계를 의미하며 중량이 가볍고 재료가 적게 들어 가격이 싸다.

┃ 응용

전기자 반작용은 유도기전력과 전기자 전류의 위상에 따라 횡축 작용과 직축 작용으로 나눌 수 있다.

07 개념 이해형　　　난이도 下

┃ 정답　③

┃ 접근 POINT

동기기의 안정도 증진 방법에 대한 개념 문제로 관련 이론을 숙지하고 연관되는 내용을 이해하여 접근하도록 한다.

┃ 용어 CHECK

동기발전기의 안정도: 전력계통에서 사고에 의한 발전량의 변화, 혹은 부하의 크기에 의한 변화 등과 같은 문제가 발생하였을 때 운전에 일시적인 이상이 있더라도 다시 안정적인 운전점으로 회복하는 능력을 말한다.

┃ 해설

동기기의 안정도는 원동기와 발전기간 기계적, 전기적 토크의 균형, 전력의 공급과 소비의 균형 등과 유관하다. 그러므로 동기기의 안정도를 증진 시키는 방법은 아래와 같다.

(1) 속응 여자 방식을 채용할 것
(2) 조속기의 동작을 신속히 할 것
(3) 동기 리액턴스를 작게 할 것
(4) 플라이휠 효과를 크게 할 것
(5) 회전자의 관성을 크게 할 것
(6) 단락비를 크게 할 것
(7) 정상 임피던스는 작고, 영상, 역상 임피던스를 크게 할 것
(8) 동기 탈조 계전기를 사용 할 것

┃ 응용

동기발전기의 난조 발생 원인과 방지법은 아래와 같다.

(1) 원인: 원동기의 조속기 감도가 지나치게 예민한 경우
    대책: 조속기를 적당히 조정
(2) 원인: 원동기의 토크에 고조파 토크가 포함된 경우
    대책: 플라이휠 효과를 적당히 선정
(3) 원인: 전기자 회로의 저항이 상당히 큰 경우
    대책: 회로의 저항을 작게 하거나 리액턴스를 삽입
(4) 원인: 부하가 맥동할 경우
    대책: 플라이휠 효과를 적당히 선정

---

08 **개념 이해형**   난이도 下

┃ 정답 ③

┃ 접근 POINT

동기발전기의 단락비에 대한 개념과 공식을 이해하고 풀어야 하는 개념문제이다.

┃ 용어 CHECK

단락비: 지속 단락전류와 정격전류의 비

┃ 해설

단락비는 지속 단락전류와 정격전류의 비로서 무부하 포화 곡선과 3상 단락 곡선을 보면 다음과 같다.

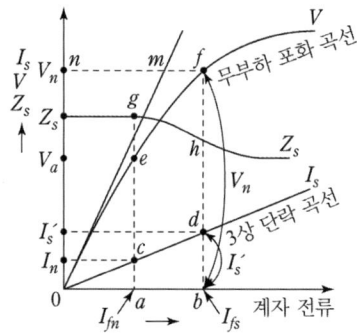

▲ 동기발전기의 특성 곡선

위 특성곡선을 통해 아래와 같은 식이 성립된다.

$$K = \frac{I_{fs}}{I_{fn}} = \frac{I_s'}{I_n} = \frac{100}{\%Z}$$

그러므로 단락비를 계산하는데 필요한 시험은 무부하 포화 시험과 3상 단락 시험이다.

┃ 관련개념

무부하 포화 곡선: 동기발전기가 무부하 상태이고, 정격 속도로 운전할 때 계자전류와 무부하 단자 전압의 관계곡선
단락 곡선: 동기발전기의 전기자 권선을 단락하고 정격 속도로 운전할 때 단락전류와 계자전류의 관계 곡선

09 단순 계산형   난이도 中

정답 ①

접근 POINT

전압변동률의 공식과 역률의 개념을 파악하여 주어진 공식에 대입해 풀어야 하는 계산문제이다.

공식 CHECK

$$\epsilon = p\cos\theta + q\sin\theta$$

ϵ : 전압변동률, p : % 저항강하,
q : % 리액턴스 강하

해설

역률은 $\cos\theta$로 나타내므로 역률이 80[%] 이면 $\cos\theta = 0.8$이고 $\sin\theta = 0.6$이 된다.

$(\cos^2\theta + \sin^2\theta = 1)$

문제의 조건에서 역률은 지상 역률이므로 위 전압변동률 식에 대입한다.

$\epsilon = p\cos\theta + q\sin\theta = p \times 0.8 + q \times 0.6$
$\quad = 0.8p + 0.6q$

즉 전압변동률은 다음과 같다.

$\epsilon = 0.8p + 0.6q\,[\%]$

관련개념

전압변동률은 계자전류 및 속도를 변화시킴 없이 정격 출력에서 무부하로 하였을 때의 전압 변동의 비율을 말하며 일반적으로 정격전압에 대한 백분율로 나타낸다.

전압변동률은 부하 전류에 따라 달라질 뿐 아니라 같은 부하 전류라도 역률이 다르면 그 값이 달라진다.

유도성 부하인 경우 전압변동률은 양(+)의 값을 가지며 용량성 부하인 경우는 음(-)의 값을 가진다.

10 개념 이해형   난이도 下

정답 ④

접근 POINT

동기발전기 회전자 형식에 따른 분류 문제이다.

용어 CHECK

수차 발전기: 물받이가 되어 있는 수차에 의해 운전하는 수력 발전기
터빈 발전기: 증기터빈 또는 가스터빈에 의해 운전하는 발전기
엔진 발전기: 내연기관에 의해 운전하는 발전기

해설

동기발전기는 회전자 형식에 따라 회전 계자형, 회전 전기자형, 유도자형으로 분류 될 수 있다. 유도자형 동기발전기는 계자극과 전기자를 함께 고정시키고 그 중앙에 유도자라고 하는 권선이 없는 회전자를 갖춘 것으로 수백~수만 [Hz] 정도의 고주파 발전기로 사용된다.

11 개념 이해형   난이도 下

정답 ③

접근 POINT

동기기의 병렬 운전 중 기전력의 크기가 같지 않

을 때 일어나는 현상에 대한 개념문제이다.

▌용어 CHECK

무효 순환 전류: 병렬 운전 중인 두 발전기의 기전력의 크기가 서로 다를 때 두 발전기 내부를 순환하여 흐르는 전류

▌해설

병렬로 연결된 동기발전기에서 계자 자속의 변화에 의해 두 발전기의 기전력의 크기가 서로 달라지면 두 발전기 내부를 순환하여 흐르는 무효 순환 전류가 발생한다.

이때 무효 순환 전류는 여자를 크게 한 쪽에 대해서는 지상전류가 되어 전기자 반작용 중 감자작용을 하게 되어 기전력은 감소하고 역률은 낮아지게 되며 반대로 다른 발전기 즉 여자를 작게 한 쪽에 대해서는 진상전류가 되어 증자작용을 하여 기전력을 증가시키고 역률은 증가하게 된다. 이러한 현상은 결국 두 발전기의 전압을 같게 하는 역할을 하게 된다.

▌응용

무효 순환 전류 식은 아래와 같다.

$$I_c = \frac{E_1 - E_2}{2Z_s}$$

I_c : 무효 순환 전류$[A]$
E_1 : 발전기 1의 유도기전력$[\mathrm{V}]$
E_2 : 발전기 2의 유도기전력$[\mathrm{V}]$
Z_s : 동기 임피던스$[\Omega]$

---

12 개념 이해형 난이도 下

▌정답 ②

▌접근 POINT

동기발전기 단락곡선의 특성에 관한 개념 파악 문제이다.

▌용어 CHECK

단락곡선: 동기발전기의 전기자 권선을 단락하고 정격 속도로 운전 할 때 단락전류와 계자전류의 관계를 나타내는 곡선을 단락곡선이라고 한다.

▌해설

동기발전기의 전기자 권선을 단락하고 서서히 계자전류를 증가하여 전기자에 단락전류가 흐르게 되면 전기자 전류에 의해 발생되는 전기자 반작용도 증가하게 되므로 단락전류의 급격한 변화가 상쇄된다.

즉, 계자전류의 증가와 전기자 반작용에 의한 감자작용이 동시에 발생하게 되므로 단락 곡선은 직선형태가 된다.

▌응용

지속 단락전류의 크기는 다음과 같다.

$$I_s = \frac{V}{\sqrt{3}\,x_s}$$

즉, 지속 단락전류는 동기 리액턴스 x_s로 제한된다.

13 개념 이해형   난이도 下

| 정답 ②

| 접근 POINT
동기기에서 제동권선의 역할에 대한 개념 파악 문제이다.

| 용어 CHECK
제동권선: 동기기의 자극 면에 홈을 파고 농형 권선을 설치한 것

| 해설
동기기의 병렬 운전 중 부하가 급변했을 경우 새로운 부하각으로 변하는 도중 회전자의 관성으로 인해 난조 현상이 일어나게 된다.
제동권선은 속도가 변화할 때 자속을 끊어 제동력을 발생시켜 난조를 방지하는 역할을 한다. 또한 불평형 부하시의 전류 전압 파형을 개선하고 송전선의 불평형 단락 시 이상 전압을 방지하는 역할을 한다.

14 개념 이해형   난이도 下

| 정답 ④

| 접근 POINT
동기기에서 난조의 발생 원인에 대한 개념파악 문제이다.

| 용어 CHECK
난조: 회전자가 어떤 부하각에서 부하가 갑자기

변화하여 새로운 부하각으로 변화하는 도중 최후에 도달하는 동기속도 중심으로 상, 하로 동요하는 현상

| 해설
난조 발생의 원인은 아래와 같다.
(1) 원동기의 조속기 감도가 지나치게 예민한 경우
(2) 원동기의 토크에 고조파 토크가 포함된 경우
(3) 전기자 회로의 저항이 상당히 큰 경우
(4) 부하가 맥동할 경우

| 응용
난조 발생의 원인과 그 방지법은 아래와 같다.
(1) 원인: 원동기의 조속기 감도가 지나치게 예민한 경우
    대책: 조속기를 적당히 조정한다.
(2) 원인: 원동기의 토크에 고조파 토크가 포함된 경우
    대책: 플라이휠 효과를 적당히 선정한다.
(3) 원인: 전기자 회로의 저항이 상당히 큰 경우
    대책: 회로의 저항을 작게 하거나 리액턴스를 삽입한다.
(4) 원인: 부하가 맥동할 경우
    대책: 플라이휠 효과를 적당히 선정한다.

15 단순 계산형   난이도 中

| 정답 ①

| 접근 POINT
비돌극형(원통형) 동기발전기의 출력과 최대

출력 조건에 관한 계산 문제이다.

┃ 공식 CHECK

$$P_s = \frac{EV}{x_s}\sin\delta\,[\text{W}]$$

P_s : 동기발전기 1상의 출력[W]

E : 유도기전력[V], V : 정격전압[V]

x_s : 동기 리액턴스[Ω], δ : 부하각[°]

┃ 해설

동기발전기는 회전계자의 형태에 따라 돌극형 (철극형)과 비돌극형(원통형)으로 분류된다. 비돌극형 동기발전기의 출력은 위 출력식을 적용하며 위 출력식에서 출력은 부하각에 비례한다. 그러므로 부하각의 최대값은 $\sin\delta = 1$ 이 될 때 이므로 최대 출력은 다음과 같다.

$$P_s = \frac{EV}{x_s}\sin\delta = \frac{EV}{x_s}\times 1 = \frac{EV}{x_s}\,[\text{W}]$$

16 개념 이해형　　　　　난이도 中

┃ 정답　③

┃ 접근 POINT

동기발전기의 병렬 운전 시 두 발전기의 위상이 서로 다를 때 발생하는 현상에 관한 개념문제이다.

┃ 용어 CHECK

수수전력: 병렬 운전하고 있는 2대의 발전기의 위상이 다를 때 위상차를 원상으로 복구하기 위하여 발전기 상호 간에 주고받는 전력

┃ 해설

2대의 발전기가 병렬 운전하고 있는 경우 어떤 원인으로 두 발전기 간에 위상차가 발생하게 되면 두 발전기의 기전력 사이에는 위상차에 해당하는 유효 횡류가 흐른다.

이 전류는 두 발전기 사이에 발생되는 전류를 처음 상태로 돌리려는 성질을 가지고 있어 동기화 전류라고 부르며 이로 인해 앞선 위상의 발전기는 위상이 늦어지고 뒤진 위상의 발전기는 위상이 빨라져 두 발전기에서 발생하는 전압의 위상은 일치하게 된다.

이때 두 발전기 사이에 주고받는 전력을 수수 전력이라 하며 이는 아래와 같은 식으로 나타낸다.

$$P = \frac{E_0^2}{2Z_s}\sin\delta\,[\text{W}]$$

┃ 응용

병렬 운전하고 있는 두 발전기의 기전력의 위상이 달라지는 원인은 출력의 변화에 영향을 받는다.

17 단순 계산형　　　　　난이도 下

┃ 정답　④

┃ 접근 POINT

비돌극형(원통형) 동기발전기의 출력과 최대 출력 조건에 관한 계산 문제이다.

┃ 공식 CHECK

$$P_s = \frac{EV}{x_s}\sin\delta\,[\text{W}]$$

P_s : 동기발전기 1상의 출력[W]

E : 유도기전력[V], V : 정격전압[V]
x_s : 동기 리액턴스[Ω], δ : 부하각[°]

해설

동기발전기는 회전계자의 형태에 따라 돌극형
(철극형)과 비돌극형(원통형)으로 분류된다.
비돌극형 동기발전기의 출력은 위 출력식을 적
용하며 위 출력 식에서 출력은 부하각에 비례한
다. 그러므로 부하각의 최대 값은 $\sin\delta = 1$이
될 때 즉 부하각이 90°일 때이다.

응용

돌극형 동기발전기는 부하각이 60° 부근에서
최대 출력을 낼 수 있다.

18 개념 이해형   난이도 下

정답 ③

접근 POINT

비돌극형(원통형) 동기발전기의 출력과 부하각
및 리액턴스와의 상관관계에 대한 개념문제이다.

용어 CHECK

부하각: 단자전압 V 와 유도기전력 E 사이의
위상각
동기 리액턴스: 동기기의 누설 리액턴스와 전기
자 반작용 리액턴스의 합성 리액턴스

해설

비돌극형 동기발전기 1상의 출력식은 다음과
같다.

$$P_s = \frac{EV}{x_s}\sin\delta[\text{W}]$$

P_s : 동기발전기 1상의 출력[W]
E : 유도기전력[V], V : 정격전압[V]
x_s : 동기 리액턴스[Ω], δ : 부하각[°]

위 식에 의해 비돌극형 동기발전기 1상의 출력
P는 동기 리액턴스에 반비례하고 부하각에 비
례한다.

응용

비돌극형 동기발전기의 최대 출력 조건은 $\sin\delta$
값이 최대가 될 때이므로 이때 부하각 $\delta = 90$°
이다.

19 개념 이해형   난이도 中

정답 ④

접근 POINT

동기기의 병렬운전 조건에 대한 개념파악 문제
이다. 조건이 맞지 않을 경우 발생하는 현상을
연계하여 숙지한다.

용어 CHECK

• 수수전력: 병렬 운전하는 두 대의 동기발전기
에 위상차가 생겨 서로 주고받는 전력
• 동기화 전류: 병렬운전 중인 동기기 중 한 대
가 출력의 변화 등의 원인으로 위상이 달라질
때 이를 동기 상태로 되돌리는 힘을 발생시키
는 전류

▌해설

동기발전기의 병렬운전 중에 한 대가 출력의 변화 등의 원인으로 위상이 달라지면 위상차에 해당하는 유효 횡류(동기화 전류)가 흐른다.

이는 두 발전기 사이에 발생되는 위상차를 처음 상태로 돌리려는 성질을 가지고 있으며 이때 위상차를 없애기 위해 발전기 상호 간에 주고 받는 전력을 수수전력이라 한다.

▌관련개념

동기발전기의 병렬운전 중 기전력의 파형이 같지 않으면 고조파 무효 순환전류가 발생한다.

20 개념 이해형   난이도 下

▌정답   ①

▌접근 POINT

동기발전기의 병렬운전 중에 기전력의 크기가 달라졌을 때 발생하는 현상에 대한 개념파악 문제이다.

▌용어 CHECK

동기화 전류: 동기발전기를 병렬 운전할 때 두 발전기의 위상이 다르면 위상차에 해당하는 유효 횡류가 흐른다. 이는 두 발전기 사이에 발생되는 전류를 처음 상태로 돌리려는 성질을 가지고 있기 때문에 동기화 전류라고도 한다.

▌해설

병렬로 연결 된 A, B 두 대의 동기발전기를 운전하다가 A 발전기의 여자를 B 발전기 보다 강하게 하면 A 발전기의 자속이 증가하므로 A 발전기의 기전력이 커지게 된다.

이때 두 발전기 내부를 순환하는 무효 순환전류가 흐르게 되는데 이 무효 순환전류는 A 발전기에 대해서는 90° 늦은 지상전류가 되고 B 발전기에 대해서는 90° 앞선 진상전류가 된다.

▌응용

이와 같은 조건에서 무효 순환전류가 흐르면 이 무효 순환전류로 인해 A 발전기는 기전력이 감소하고 역률이 감소하게 되며 B 발전기는 기전력이 증가하고 역률이 증가하게 된다.

즉, 무효 순환전류는 두 발전기의 기전력의 크기를 같게 하는 역할을 한다.

21 단순 계산형   난이도 中

▌정답   ③

▌접근 POINT

매극 매상의 슬롯 수의 개념과 권선법을 이해하여 관련식에 대입하여 풀어야 하는 계산문제이다.

▌공식 CHECK

$$q = \frac{총 \ 슬롯 \ 수}{상수 \times 극수}$$

q : 매극 매상의 슬롯 수

$$코일수 = \frac{총 \ 슬롯 \ 수 \times 층수}{2}$$

▌해설

매극 매상은 각극과 각상을 의미한다. 그러므로

매극 매상의 슬롯 수는 총 슬롯 수를 극의 수와 상의 수의 곱으로 나눈 것과 같다. 위 식에 의해 매극 매상의 슬롯 수를 구한다.

$$q = \frac{\text{총 슬롯 수}}{\text{상수} \times \text{극수}} = \frac{36}{3 \times 4} = 3$$

즉 3개이고, 하나의 코일은 2개의 슬롯에 나누어져 권선하므로 2층권으로 권선하면 위 식에 의해 다음과 같다.

$$\text{코일수} = \frac{\text{총 슬롯 수} \times \text{층수}}{2} = \frac{36 \times 2}{2} = 36$$

즉 36개이다.

22 개념 이해형 　　　　　난이도 中

정답 ④

접근 POINT

동기기의 분포계수 공식에 대한 문제이다.

용어 CHECK

분포 계수: 집중권의 합성 유도기전력과 분포권의 합성 유도기전력의 비

해설

동기기의 상수를 m, 매 극 매상의 슬롯 수를 q라고 하면 슬롯 간의 위상차 α는 다음과 같다.

$$\alpha = \frac{\pi}{mq}$$

이 때 하나의 슬롯의 내부에 들어 있는 코일이 만들어 내는 기전력을 e라고 하면 매 극 매상이 만들어 내는 기전력은 집중권일 때는 qe가 되지만 분포권일 때는 위상차가 있으므로 벡터 값이 된다.

집중권의 합성 유도기전력을 e_r이라 하고, 분포권의 합성 유도기전력을 e_r'라고 하면 각각에 대한 결과 식은 아래와 같다.

(아래 식에서 r은 전기자의 반지름이다.)

$$e_r = qe = q2r\sin\frac{\alpha}{2}$$

$$e_r' = 2r\sin\frac{q\alpha}{2}$$

그러므로 분포권 계수 k_d는 아래와 같다.

$$k_d = \frac{e_r'}{e_r} = \frac{2r\sin\frac{q\alpha}{2}}{q2\sin\frac{\alpha}{2}} = \frac{\sin\frac{q\alpha}{2}}{q\sin\frac{\alpha}{2}}$$

$\alpha = \dfrac{\pi}{mq}$ 이므로 대입하면 $k_d = \dfrac{\sin\frac{\pi}{2m}}{q\sin\frac{\pi}{2mq}}$

이는 분포계수의 일반식이며 고조파 차수를 n이라 하면

$$k_d = \frac{\sin\frac{n\pi}{2m}}{q\sin\frac{n\pi}{2mq}}$$

23 개념 이해형 　　　　　난이도 中

정답 ④

접근 POINT

동기기의 동기 임피던스에 대한 개념을 공식으로 정리한다.

용어 CHECK

동기 임피던스: 동기기 1상에 대한 등가 저항과 동기 리액턴스의 합

▌해설

동기 임피던스는 전기자 저항과 동기 리액턴스의 벡터 합이고 동기 리액턴스는 전기자 반작용 리액턴스와 누설 리액턴스의 합이므로 이를 정리하면 다음과 같다.

$$x_s = x_a + x_l$$

x_s : 동기 리액턴스 [Ω]

x_a : 전기자반작용리액턴스 [Ω]

x_l : 누설리액턴스 [Ω]

$$\dot{Z_s} = r_a + jx_s$$

Z_s : 동기 임피던스 [Ω]

r_a : 전기자 저항 [Ω]

x_s : 동기 리액턴스 [Ω]

그러므로 $Z_s = \sqrt{r_a^2 + (x_a + x_l)^2}$

---

24 단순 계산형
난이도 中

▌정답 ②

▌접근 POINT
동기발전기의 회전속도와 유도기전력의 관계를 파악하여 풀어야 하는 계산문제이다.

▌공식 CHECK

$$e = Blv$$

e : 유도기전력 [V], B : 자속밀도 [wb/㎡]

l : 도체의 유효 길이 [m],

v : 회전자 주변 속도 [m/s]

$$v = 2\pi r \frac{N}{60}$$

v : 회전자 주변 속도 [m/s]

r : 전기자의 반지름 [m],

N : 분당 회전수 [rpm]

▌해설
위 식에 의해 유도기전력 e 는 회전자의 주변속도 v 에 비례함을 알 수 있으며 회전자의 주변속도는 분당 회전수 N 에 비례하므로 유도기전력은 분당 회전수에 비례한다.

그러므로 분당 회전수가 900[rpm]에서 1,800[rpm]으로 2배 증가하면 유도기전력도 6,000[V]에서 12,000[V]로 2배 증가함을 알 수 있다.

▌응용
동기발전기 1상의 유도기전력은 아래와 같이 계산할 수 있다.

$$E = 4.44 k_d k_p f n \Phi$$

E : 1상의 유도기전력 [V]

k_d : 분포 계수, k_p : 단절 계수

f : 주파수 [Hz], n : 코일의 권수

Φ : 1극의 자속 [wb]

---

25 단순 계산형
난이도 中

▌정답 ③

▌접근 POINT
동기기의 동기 임피던스에 관한 계산문제이다.

▌공식 CHECK

$$Z_s = \frac{E_n}{I_s} = \frac{V_n}{\sqrt{3} I_s}$$

Z_s : 동기 임피던스 [Ω],

E_n : 정격 상전압 [V]

V_n : 정격 선간전압[V], I_s : 단락 전류[A]

┃ 해설

위 관계식에 주어진 조건을 대입한다.

$$Z_s = \frac{E_n}{I_s} = \frac{V_n}{\sqrt{3}\,I_s} = \frac{1,000\sqrt{3}}{\sqrt{3} \times 50} = 20\,[\Omega]$$

┃ 응용

3상 Y 결선에서 상전압과 선간전압의 관계는 다음과 같다.

$$E = \frac{V}{\sqrt{3}}$$

E_n : 정격 상전압[V]

V_n : 정격 선간전압[V]

---

26 **복합 계산형** 　난이도 中

┃ 정답 ③

┃ 접근 POINT

주어진 조건으로 퍼센트 임피던스를 구하고 퍼센트 임피던스와 단락비의 관계식을 이용하여 계산한다.

┃ 공식 CHECK

$$\%Z_s = \frac{P_n Z_s}{10\,V_n^2}$$

$\%Z_s$: 퍼센트임피던스 [%] ,

P_n : 정격용량[kVA]

Z_s : 동기 임피던스[Ω], V_n : 정격 전압[kV]

$$\%Z_s = \frac{1}{K_s} \times 100$$

$\%Z_s$: 퍼센트임피던스 [%], K_s : 단락비

┃ 해설

(1) 주어진 조건으로 위 공식에 대입하여 퍼센트 임피던스를 구한다.

$$\%Z_s = \frac{P_n Z_s}{10\,V_n^2} = \frac{5,000 \times 1.5}{10 \times 3.3^2}$$
$$= 68.87\,[\%]$$

(2) 퍼센트 임피던스를 위 단락비의 공식에 대입한다.

$$K_s = \frac{100}{68.87} = 1.452$$

그러므로 단락비는 약 1.45이다.

┃ 응용

단락비가 1.45일 때 퍼센트 임피던스를 단위법으로 나타내면

$$\%Z_s = \frac{1}{K_s} \times 100 = \frac{1}{1.45} \times 100 = 68.9\,[\%]$$

이므로 약 0.69[p·u] 이다.

---

27 **단순 계산형** 　난이도 下

┃ 정답 ③

┃ 접근 POINT

동기기의 전압변동률과 정격전압, 무부하전압 간의 관계식에 대한 계산문제이다.

┃ 공식 CHECK

$$\epsilon = \frac{V_0 - V_n}{V_n} \times 100$$

ϵ : 전압변동률[%], V_0 : 무부하 전압[V]

V_n : 정격전압[V]

┃해설

전압변동률과 정격전압을 알고 있으므로 위 식을 통해 무부하전압을 역산한다. 위 관계식으로부터 무부하전압을 구한다.

$V_0 = \dfrac{\epsilon \times V_n}{100} + V_n$ 이므로 대입하면

$V_0 = \dfrac{12 \times 6,600}{100} + 6,600 = 7,392[\text{V}]$

즉 무부하 단자전압은 7,392[V]이다.

┃관련개념

전압변동률이란 계자전류의 변화 없이 정격 속도로 운전하여 지정 역률의 정격 부하시의 전압과 무부하로 하였을 때의 전압 변동의 비율을 말한다.

28 복합 계산형　　　　난이도 中

┃정답 ④

┃접근 POINT

동기기의 역률 개선에 관한 계산문제이다. 유효전력, 무효전력, 피상전력간의 관계를 숙지하고 역률을 이해하여 접근한다.

┃공식 CHECK

$$\text{역률} = \cos\theta = \frac{P}{P_a}$$

P : 유효전력[W], P_a : 피상전력[VA]

$$P_a = \sqrt{P^2 + P_r^2}$$

P_a : 피상전력[VA], P : 유효전력[W],

P_r : 무효전력[Var]

┃해설

교류기기의 역률을 개선해 주기 위해서는 무효전력을 감소시켜야 하며 동기기에서는 동기조상기를 접속하여 앞선 전류를 공급하면 역률 개선 효과가 있다.

(1) 역률 개선 전 유효전력은 350[kW]이다.

(2) 역률 개선 후 유효전력은

$P' = 350 + 50 = 400[\text{kW}]$ 이다.

(3) 역률 개선 전 무효전력은 위 관계식에 의해 구한다.

$P_r = P_a \sin\theta$ 이며

$P_a = \dfrac{P}{\cos\theta} = \dfrac{350}{0.85}[\text{kVA}]$

$\sin\theta = \sqrt{1 - \cos^2\theta} = \sqrt{1 - 0.85^2}$ 이므로

$P_r = P_a \sin\theta = 216.91[\text{kVar}]$

(4) 그러므로 개선 후 역률은 다음과 같다.

$\cos\theta = \dfrac{P'}{\sqrt{P'^2 + (P_r - Q)^2}} = 0.95$ 이며

역률이 0.95가 되는 진상 무효전력 Q 값을 구하면 되므로 대입하면

$\cos\theta = \dfrac{400}{\sqrt{400^2 + (216.91 - Q)^2}} = 0.95$

이므로

$Q = 216.91 - \sqrt{(\dfrac{400}{0.95})^2 - 400^2}$

$\quad = 85.436$

그러므로 약 85[kVar]이다.

29 개념 이해형 　　　　난이도 下

정답 ④

접근 POINT
동기전동기의 구조, 특성, 기동 및 회전에 대한 전반적인 개념파악 문제이다.

용어 CHECK
동기전동기: 직류로 여자 된 회전자극과 전기자 권선에서 발생되는 회전자계의 흡인력에 의한 토크 발생으로 동기속도로 회전하는 기기

해설
동기전동기는 고정자 회전자기장을 따라 동기속도로 회전하며 그 방향은 회전자기장의 방향을 따라 회전한다.
회전자기장의 방향은 3선 중 임의의 2선의 결선을 바꾸어 결선하면 그 방향이 반대가 된다.
주로 전기자가 고정자이고 계자가 회전자이다.
동기전동기는 회전자기장을 따라 회전하므로 기동 시 별도의 기동법이 필요하며 제동권선을 이용한 자기기동법과 유도전동기를 연결하여 기동하는 기동 전동기법이 있다. 또한 계자전류를 가감하여 역률 조정이 가능하여 필요에 따라 무효전력을 공급할 수 있다.

응용
이 외에 동기전동기는 다음과 같은 특징을 가지고 있다.
(1) 속도가 동기속도로 일정하다.
(2) 유도전동기에 비해 효율이 좋다.
(3) 기동토크가 작다.
(4) 난조의 우려가 있다.
(5) 여자용 직류 전원이 별도로 필요하여 설비비가 많이 든다.

30 개념 이해형 　　　　난이도 下

정답 ②

접근 POINT
동기전동기의 위상특성곡선(V 곡선)에 대한 개념파악 문제이다.

용어 CHECK
위상특성곡선: 동기전동기의 공급 전압과 부하가 일정할 때 계자전류와 전기자 전류의 관계곡선이다. V곡선이라고도 한다.

해설
동기전동기의 공급전압과 부하가 일정한 상태에서 계자전류가 증가하면 자속이 증가하여 전압 V 보다 앞선 진상전류가 흐르고, 계자전류가 감소하면 자속이 감소하여 전압 V 보다 뒤진 지상전류가 흐른다.
부하가 증가하면 부하 전류는 증가하므로 곡선은 위로 증가하며 이 곡선의 최저점은 역률 1에 해당하는 지점이다. 이 지점을 기준으로 오른쪽은 앞선 역률, 왼쪽은 뒤진 역률의 범위가 된다.
위상특성곡선은 아래와 같다.

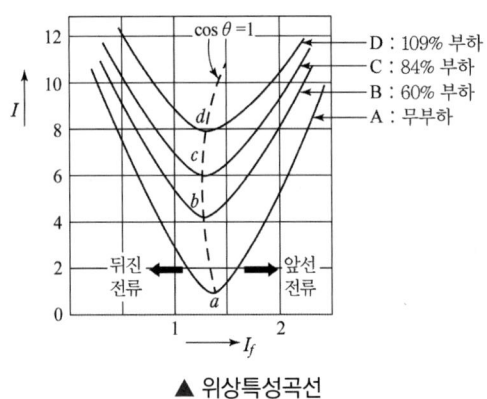

▲ 위상특성곡선

31 개념 이해형 　　　　난이도 下

│ 정답　②

│ 접근 POINT

동기전동기에 부하가 걸렸을 때 부하각 및 회전 속도 특성에 대한 개념파악 문제이다.

│ 용어 CHECK

동기속도: 전동기의 고정자 코일에 교류 3상 전압을 가할 때 발생하는 회전 자기장의 회전 속도이다.

│ 해설

동기전동기를 무부하로 운전하다가 전동기에 부하가 가해지면 회전자는 무부하일 때의 위치보다 부하각 δ 만큼 뒤지어 그 위치를 유지하면서 동기속도로 회전한다.

│ 관련개념

동기전동기에 부하가 가해지면 전압과 역기전력은 크기는 같고 방향은 반대이며 $\pi - \delta$ 만큼

의 위상차가 발생한다. 그러므로 전압과 역기전력에 의한 합성 기전력이 발생하게 되고 이 때 부하전류가 흐르게 된다.

이 부하전류는 회전 자속과의 작용에 의해 토크를 발생하고 속도를 유지시킨다.

32 개념 이해형 　　　　난이도 下

│ 정답　①

│ 접근 POINT

동기전동기의 전기자 반작용에 대한 개념파악 문제이다. 동기발전기의 전기자 반작용과 비교하여 숙지하도록 한다.

│ 용어 CHECK

동기전동기의 전기자 반작용: 동기전동기가 회전하면 회전계자의 자속이 전기자 권선을 쇄교하므로 전기자 권선에 역기전력이 발생한다. 이 기전력에 의해 전기자에 회전 자기장이 발생하며 이 회전 자기장은 회전계자의 자속에 영향을 주게 된다.

│ 해설

동기전동기의 전기자 권선에 전류가 흐르면 동기발전기와 같이 전기자 반작용이 발생한다. 공급 전압과 전류가 동상일 때는 교차 자화작용을, 전류가 공급전압보다 $\dfrac{\pi}{2}$ 만큼 늦을 때는 증자작용을, 전류가 공급전압보다 $\dfrac{\pi}{2}$ 만큼 앞설 때는 감자작용을 하게 된다. 즉 동기전동기의 전기자 반작용은 동기발전기와 반대가 된다.

33 | 개념 이해형

난이도 下

정답 ③

접근 POINT

동기전동기의 계자전류와 전기자 전류의 관계 및 개념을 파악하는 문제이다.

용어 CHECK

역률: 교류회로에서 유효전력과 피상전력의 비를 역률이라 하며 공급전압과 부하전류의 위상차에 의해 결정된다. 최고값이 1이고 최저값이 0이다.

해설

동기전동기는 계자전류가 증가하면 자속이 증가하여 전압보다 앞선 진상전류가 흐르고 계자전류가 감소하면 자속이 감소하여 전압보다 뒤진 지상전류가 흐른다.

즉, 동기전동기는 계자전류를 가감함으로서 역률제어가 가능하다. 이와 같은 특성을 이용하여 동기전동기를 부하의 역률 개선용으로 사용할 수 있다.

응용

동기전동기는 무부하에서 계자전류를 조정하여 임의의 역률인 전기자 전류를 얻을 수 있다. 이러한 특성을 이용하여 전력 계통의 전압조정과 역률 개선을 위해 전력 계통에 무부하의 동기전동기를 접속하여 사용하는데 이를 동기 조상기라 한다.

34 | 개념 이해형

난이도 下

정답 ③

접근 POINT

동기전동기의 기동방법에 대한 개념 파악 문제이다. 토크식과 연계하여 접근하도록 한다.

용어 CHECK

자기동법: 전동기 자신의 기동토크에 의해 기동되는 것으로 난조 방지용인 제동권선을 기동 권선으로 하여 기동토크를 얻는다.

해설

동기전동기의 전기자 권선에 3상 전압을 가하면 회전자계가 생긴다. 이 회전자계는 제동권선과 쇄교 하여 유도 전류를 발생시키며 이들 사이의 전자력에 의해 기동토크를 얻게 된다.

이 과정에서 회전 자속에 의해 계자 권선 내에 고압이 유도되므로 절연을 파괴할 우려가 있다. 그렇기 때문에 외부 저항을 통해 단락해 놓고 기동시켜야 한다.

응용

토크는 아래 식과 같이 자속 및 전기자 전류와 관련이 있다.

$$T = k_t \Phi I_a$$

T : 토크[N · m], Φ : 자속[wb]

I_a : 전기자 전류[A], k_t : 기계적 상수

SUBJECT 03

전기기기

35 | 개념 이해형 난이도 下

정답 ③

접근 POINT

동기전동기의 기동방법에 대한 개념 파악 문제이다. 동기전동기의 기동법에는 자기동법과 타기동법이 있다.

용어 CHECK

제동권선: 동기기의 자극면에 슬롯을 파서 설치하는 저항이 작은 단락 권선

해설

농형 유도전동기의 회전자와 같이 동기전동기의 자극면에 제동권선을 설치하고 고정자 권선에 3상 교류를 인가하면 고정자에서 발생하는 회전자기장과 제동권선이 쇄교하여 기전력이 유도되고 전류가 흐르게 된다.

이 전류와 회전자기장이 상호 작용하여 제동권선에는 회전자기장과 같은 방향의 토크가 발생한다.

응용

제동권선은 기동토크를 발생시키는 역할 외에 동기기가 부하 변동 등으로 인해 동기속도를 벗어나게 되어도 제동 작용으로 안정적으로 동기속도에 이르게 하여 난조를 방지한다.

36 | 개념 이해형 난이도 下

정답 ④

접근 POINT

동기 조상기의 구조 및 특성에 관한 개념파악 문제이다.

용어 CHECK

동기 조상기: 송전계통의 역률개선이나 전압조정에 사용되는 동기기

해설

동기 조상기는 무부하로 운전하는 동기전동기로 그 계자전류를 조정하면 진상 또는 지상전류를 취할 수 있어 회로의 역률 조정용도로 사용할 수 있다.

동기 조상기는 기본적으로 동기전동기와 같이 계자와 전기자, 회전자, 고정자 철심 그리고 기동 및 난조 방지를 위한 제동권선으로 구성되어 있다. 동기기는 단락비가 큰 철 기계이므로 계자 및 자극이 크다.

응용

동기 조상기는 과여자 시 콘덴서로 작용하여 위상이 앞선 전류가 흐르고 부족여자 시 인덕턴스로 작용하여 위상이 뒤진 전류가 흐른다.

37 | 개념 이해형 난이도 中

정답 ③

접근 POINT

동기전동기의 위상특성 곡선에 대한 전반적인 개념파악 문제이다.

▌용어 CHECK

위상특성곡선: 동기전동기의 공급 전압과 부하가 일정할 때 계자전류와 전기자 전류의 관계곡선이다. V곡선이라고도 한다.

▌해설

동기전동기의 공급전압과 부하가 일정한 상태에서 계자전류를 변화시키면 전기자 전류의 공급전압에 대한 위상과 세기가 변한다. 이때 계자전류와 전기자 전류의 관계를 나타내는 곡선을 위상 특성 곡선 또는 V 곡선이라 한다.
부하가 증가하면 부하전류는 증가하므로 곡선은 위로 이동하며 이들 곡선의 최저점은 역률 1에 해당하는 지점이다.

▌관련개념

위 곡선에서 알 수 있는 바와 같이 계자전류가 증가하면 자속이 증가하여 전압 V 보다 앞선 진상전류가 흐르고, 계자전류가 감소하면 자속이 감소하여 전압 V 보다 뒤진 지상전류가 흐른다.

38 개념 이해형   난이도 中

▌정답 ③

▌접근 POINT

동기전동기의 부하특성곡선에 관하여 파악하고 있어야 한다.

▌공식 CHECK

역률 $\cos\theta = \dfrac{P}{P_a} = \dfrac{R}{Z}$

▌해설

역률이 1이 된다면 무효분은 존재하지 않게 되어 역률은 증가하여 앞선 역률이 된다.
동기전동기를 전부하 이하에서 운전하게 되면 부하전류가 감소하여 유효전력이 감소하게 된다. 따라서 앞선 역률이 되고, 부하가 감소할수록 역률은 낮아지게 된다.

39 개념 이해형   난이도 下

▌정답 ①

▌접근 POINT

동기발전기의 자기여자 현상과 그 방지 대책에 대한 개념파악 문제이다.

▌용어 CHECK

동기 조상기: 동기전동기를 무부하로 회전시켜 계자전류를 조정하여 무효전력을 진상 또는 지상으로 제어하는 기기

▌해설

자기여자 현상이 발생하면 지상전류를 흘려 상쇄시켜야 한다. 자기여자 방지법에는 다음과 같은 대책이 있다.
(1) 발전기 병렬 접속: 동기 리액턴스가 감소하고 단락비가 증가하며 전기자 반작용이 감소하므로 증자작용을 억제한다.
(2) 동기 조상기 접속: 동기 조상기는 계자전류를 감소시키면 지상전류를 취할 수 있다.
(3) 수전단에 변압기 접속: 여자전류 중 지상 전류인 자화전류에 의해 진상전류를 상쇄시

킨다.

(4) 단락비가 큰 발전기 사용: 전기자 반작용이 감소되므로 증자작용을 감소시킬 수 있다.

(5) 리액턴스 병렬 접속: 수전단에 분로 리액터를 설치하여 감자작용을 통해 증자작용을 감소시킨다.

┃ 관련개념

자기여자

무여자로 운전하고 있는 동기발전기에 무부하의 장거리 송전선을 접속하면 발전기의 잔류 자기에 의한 전압 때문에 $\frac{\pi}{2}$ 만큼 앞선 진상전류가 흐른다.

이때 전기자 반작용은 자화 작용을 하게 되고 충전 전류는 증가한다. 이와 같이 앞선 전류에 의한 증자작용으로 인해 단자 전압이 계속해서 높아지는 현상을 자기여자라고 한다.

대표유형 ❸

변압기 136쪽

01 개념 이해형 난이도 下

┃ 정답 ②

┃ 접근 POINT

변압기 등가회로를 그리기 위한 시험 항목에 관한 개념문제이다.

┃ 용어 CHECK

변압기의 등가회로: 변압기의 실제 회로는 1차 측 회로와 2차 측 회로가 서로 분리되어 있지만 전자 유도 작용에 의해 1차 측의 전력이 2차 측으로 전달되므로 하나의 단일 회로인 등가회로로 변형시켜 전기적 특성을 해석한다.

┃ 해설

변압기의 등가회로를 그리기 위해서는 권선저항 측정, 무부하 시험 및 단락시험을 통해 회로를 구성시킨다.

┃ 응용

무부하 시험은 어드미턴스 및 철손을 구하기 위함이고, 단락 시험 및 권선 저항 측정 시험은 동손 및 1, 2차 저항과 리액턴스를 측정하기 위함이다.

02 개념 이해형   난이도 下

┃ 정답 ④

┃ 접근 POINT

변압기의 단락시험과 동손에 대한 개념 파악 문제이다.

┃ 용어 CHECK

단락시험: 변압기 2차 측을 단락하고 전원 전압을 서서히 증가시켜 1차 측에 흐르는 전류가 정격 전류와 동등한 단락전류가 흐르도록 전압을 인가한다.

┃ 해설

단락 시험 시 인가된 전압은 1차 및 2차 권선의 임피던스에 걸리는 전압이 되며 이를 임피던스 전압이라 한다. 이 때 입력은 동손이 되며 이를 임피던스 와트라고 한다.

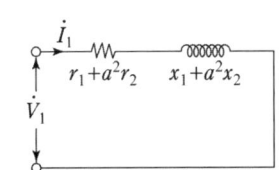

▲ 변압기 단락 시험 시 등가회로

┃ 응용

단락 시험으로부터 권선의 저항, 권선의 임피던스, 권선의 누설 리액턴스, 백분율 저항강하, 백분율 리액턴스 강하 등을 구할 수 있다.

03 개념 이해형   난이도 下

┃ 정답 ①

┃ 접근 POINT

변압기의 전압변동률에 대한 개념문제로 전압변동률을 구하기 위해 필요한 과정을 연계해서 생각한다.

┃ 용어 CHECK

전압변동률: 무부하 상태에서의 출력전압과 정격 부하 상태에서의 출력전압의 차이를 전압 강하라고 하며 전압 강하를 정격 부하에서의 출력전압으로 나눈 값을 전압변동률이라 한다.

┃ 해설

전압 강하는 저항 강하와 리액턴스 강하의 벡터합이며 여기서 2차 측 정격전압을 100[%]로 하여 저항 강하와 리액턴스 강하를 백분율로 나타낼 때 이를 % 저항 강하(백분율 저항 강하)와 % 리액턴스 강하(백분율 리액턴스 강하)라고 한다. 백분율 저항 강하와 백분율 리액턴스 강하는 단락시험을 통해 구할 수 있다.

04 단순 계산형   난이도 下

┃ 정답 ④

┃ 접근 POINT

변압기의 동손(부하손)에 대한 개념파악 및 계산문제이다.

$$P_l = I^2 r$$

P_l : 손실 [W], I : 전류 [A], r : 저항 [Ω]

| 해설

변압기에 부하가 연결되었을 때 부하전류에 의해 발생하는 손실을 부하손 또는 동손이라고 한다. 변압기의 손실은 부하전류의 제곱에 비례하므로 부하전류가 2배 증가하면 손실은 위 공식에 의해

$$P_l = (2I)^2 r = 4I^2 r$$

즉 4배가 증가한다.

| 응용

변압기 효율을 구할 때 무부하손은 부하와 무관하므로 고정손이지만 부하손은 부하에 따라 그 값이 변하는 가변손이므로 부하율을 고려하여 계산해야 한다.

05 개념 이해형   난이도 下

| 정답 ③

| 접근 POINT

변압기의 시험 중 절연내력시험 항목에 관한 문제이다.

| 용어 CHECK

절연내력시험: 변압기의 외함과 대지간, 대지와 권선간, 충전 부분 상호 간 등의 절연 강도를 보완하기 위한 시험이다.

| 해설

변압기의 절연내력시험 방법은 다음과 같다.

(1) 가압시험: 전원 전압과 별도의 전원에서 발생한 상용 주파수의 시험전압을 공심권선과 또 다른 권선, 그리고 철심, 외함을 일괄 접지한 후 1분 동안 전압을 가한다.

(2) 유도시험: 변압기의 층간 절연을 시험하기 위하여 권선의 단자 사이에 정상 유도 전압의 2배 되는 전압을 유도시켜 유도 절연 시험을 한다.

(3) 충격전압시험: 변압기에 번개와 같은 충격파 전압의 절연 파괴 시험이다.

| 응용

무부하시험: 변압기 2차 측을 무부하로 하고 1차에 정격전압을 가할 때 전류와 입력을 측정하는 시험으로 여자어드미턴스와 철손을 구할 수 있다.

06 개념 이해형   난이도 下

| 정답 ④

| 접근 POINT

변압기의 유지보수를 위한 건조방법에 관한 개념파악 문제이다.

| 용어 CHECK

(1) 열풍법: 송풍기의 전열기를 써서 열풍을 보내 건조시키는 방법

(2) 단락법: 변압기의 1차 권선과 2차 권선의 어느 한쪽을 단락시키고 다른 쪽 권선에 임

피던스 전압의 약 20[%] 정도 전압을 가하여 단락전류를 흘려주어 구리손을 발생시켜 가열, 건조시키는 방법

(3) 진공법: 변압기를 탱크 속에 넣은 다음 밀폐하고, 탱크 속에 있는 파이프를 통해 높은 온도의 증기를 보내어 가열하는 방법

▌해설

변압기의 건조방밥에는 위와 같이 열풍법, 단락법, 진공법이 있으며 건식법은 온도 상승 방지를 위한 냉각 방식의 한 종류이다.

▌응용

건식 자랭식: 변압기 본체가 공기에 의해 자연적으로 냉각되도록 한 것

건식 풍랭식: 송풍기를 사용하여 강제 통풍시키는 방식

07 개념 이해형 　　　　난이도 下

▌정답　③

▌접근 POINT

전압변동률의 공식을 이해하고 해석하는 개념 문제이다.

▌용어 CHECK

전압변동률: 무부하 상태에서의 출력 전압 V_{20} 과 정격 부하 상태에서의 출력 전압 V_{2n} 의 차이를 전압 강하 e 라 하며, 전압 강하를 정격 부하에서의 출력 전압으로 나눈 값을 전압변동률이라 한다.

▌해설

전압변동률의 공식은 다음과 같다.

$$\epsilon = \frac{V_{20} - V_{2n}}{V_{2n}} \times 100$$

ϵ : 전압변동률[%]

V_{20} : 무부하시 2차 단자 전압[V]

V_{2n} : 정격부하시 2차 단자전압[V]

이 공식에 의하면 인가전압이 일정할 때 전압변동률은 정격 부하 시 2차 단자전압에 반비례한다.

▌응용

전압변동률은 아래와 같이 퍼센트 저항강하와 퍼센트 리액턴스강하로 나타낼 수 있다.

$$\epsilon = p\cos\theta + q\sin\theta$$

ϵ : 전압변동률, p : % 저항강하

q : % 리액턴스 강하, $\cos\theta$: 역률

08 개념 이해형 　　　　난이도 下

▌정답　②

▌접근 POINT

단상 변압기 Y-△ 결선 시 발생하는 위상차에 대한 개념 파악 문제이다.

▌용어 CHECK

위상차: 두 파형의 위상이 일치하지 않는 정도

위상: 파동의 진행을 원운동에 대응시켜서 나낸 값

▌해설

Y-△ 결선 및 △-Y 결선은 다음과 같은 특성을

가지고 있다.

(1) Y 결선 측에 중성점 접지가 가능하며 △ 결선에서 통신선 장해를 발생시키는 3고조파 성분이 내부에 순환하여 선로에 흐르지 않는다.

(2) 1차와 2차 선간 전압 사이에 30°의 위상차가 발생한다.

(3) 1상에 고장이 생기면 전원 공급이 불가능하다.

(4) Y-△ 결선은 강압용 변압기에 주로 사용되고 △-Y 결선은 승압용 변압기에 주로 사용된다.

09 개념 이해형   난이도 下

❙ 정답   ①

❙ 접근 POINT

변압기의 절연 및 냉각에 사용되는 변압기유에 요구되는 조건에 대한 개념문제이다.

❙ 용어 CHECK

점도: 유체의 흐름에서 어려움을 나타내는 양으로 끈적거림의 정도

응고점: 일정한 압력에서 액체나 기체가 굳을 때의 온도

인화점: 기체 또는 휘발성 액체에서 발생하는 증기가 공기와 섞여서 연소, 즉 인화되는 최저의 온도

절연내력: 절연 파괴 전압을 절연 재료의 두께로 나눈 값. 절연 파괴를 일으키지 아니하고 사용할 수 있는 최고의 전압

❙ 해설

변압기유는 다음과 같은 조건을 갖춰야 한다.

(1) 절연내력이 클 것

(2) 인화점이 높을 것

(3) 화학적으로 안정할 것

(4) 응고점이 낮을 것

(5) 비열과 열전도도가 크며, 냉각 작용이 좋을 것

(6) 고온에서 석출물이 생기거나 산화하지 않을 것

❙ 응용

변압기는 철심과 권선의 절연 및 냉각을 위해 외함 내부에 변압기 본체를 삽입하고 절연유를 채운다. 변압기유는 주변의 온도나 부하의 변화에 따라 열화 현상이 일어나기 때문에 위와 같은 조건을 갖추어야 한다.

10 개념 이해형   난이도 下

❙ 정답   ①

❙ 접근 POINT

변압기의 보호기기 종류 및 기능에 대한 개념문제이다. 사용 목적과 연계하여 잘 숙지하도록 한다.

❙ 용어 CHECK

변압기의 보호장치: 변압기에서 발생하는 전기적, 기계적 이상을 검출하고 확실한 동작을 통해 이상이 없는 건전계통으로 사고가 확대되는 것을 방지하기 위한 장치

▍해설

변압기의 보호장치를 설치하는 목적은 다음과 같다.

(1) 고장의 예방 및 확산 방지
(2) 절연물의 절연내력 저하 방지
(3) 내부 및 부싱 부분에서 단락 또는 지락사고 방지

▍응용

변압기의 전기적 보호장치로는 과전류 계전기, 비율차동 계전기등이 있으며 기계적 보호장치로는 부흐홀쯔 계전기, 충격압력 계전기, 방압안전장치 등이 있다.

11 개념 이해형 난이도 下

▍정답 ③

▍접근 POINT

변압기의 보호기기 종류 및 기능에 대한 개념문제이다. 사용 목적과 연계하여 잘 숙지하도록 한다.

▍용어 CHECK

(1) 온도 계전기: 온도가 지정치가 되었을 때 동작하는 계전기
(2) 과전류 계전기: 전류가 정해진 값 이상으로 흐를 경우 기기를 보호하기 위해 자동으로 작동하여 제어하는 기능을 가진 장치
(3) 임피던스 계전기: 작동 임계 전압은 임피던스의 절대값에만 관계하고 임피던스의 위상각에는 관계하지 않는 계전기

(4) 비율차동 계전기: 보호구간에 유입하는 전류와 유출하는 전류의 벡터차와 출입하는 전류의 관계비로 동작하는 계전기

▍해설

변압기의 보호에는 온도 계전기, 과전류 계전기, 비율차동 계전기 등이 사용되며 온도 계전기는 변압기에서 일어나는 손실을 막고 전기로 인한 화재를 예방하기 위해 사용되며, 단락전류에 의한 보호용으로 과전류 계전기를 사용한다. 또한, 비율차동 계전기는 변압기 내부고장 보호용으로 사용되며 동작전류의 비율이 억제전류의 일정치 이상일 때 동작한다.

▍응용

임피던스 계전기는 선로 보호용 계전기로 전압 및 전류를 입력량으로 하여 전류의 전압에 대한 비의 함수가 예정치 이하일 때 동작한다. 거리 계전기라고도 한다.

12 개념 이해형 난이도 下

▍정답 ④

▍접근 POINT

변압기 보호기기 중 비율차동 계전기에 대한 문제이다.

▍용어 CHECK

비율차동 계전기: 보호 구간 내에서 고장이 발생했을 때 동작하는 계전기로 동작코일에 흐르는 전류와 억제코일에 흐르는 전류의 비율을 계

산해서 정정값 이상이면 동작하는 방식

┃해설

비율차동 계전기는 변압기 내부 고장에 대한 보호
장치로 변압기 상간 단락 보호를 위해 사용한다.
보호구간에 유입하는 전류와 유출하는 전류의
벡터차와 출입하는 전류의 관계비로 동작하는
것으로 외부 사고시 과대전류가 통과할 때는 큰
차전류가 동작코일에 흐르지 않으면 계전기는
동작하지 않고 적은 전류가 흐를 때는 작은 차전
류 만으로 동작하도록 되어 있어 이런 억제 전류
와 동작전류의 일정한 비율관계로 동작하기 때
문에 비율차동 계전기라고 한다.

┃관련개념

동작전류(Operating current): 계전기, 기타
의 전자기구의 권선에 전류가 흘렀을 경우 그 기
구가 동작하도록 하는 전류값

┃13┃ 개념 이해형　　　　　　　　난이도 下

┃정답　④

┃접근 POINT

변압기를 병렬 운전할 때 필요한 조건에 대한 개
념파악 문제이다.

┃용어 CHECK

변압기의 병렬운전: 변압기의 부하가 증가하여
용량을 늘려야 하거나 부하의 변동 범위가 큰 경
우 효율 범위를 유지하기 위해 변압기를 기존의
변압기와 병렬로 운전할 필요가 있다.

┃해설

안정적인 병렬 운전을 하기 위해서는 다음의 조
건을 구비해야 한다.
(1) 각 변압기의 극성이 같을 것
(2) 각 변압기의 권수비가 같고 1차 및 2차의 정
　　격전압이 같을 것
(3) 각 변압기의 퍼센트 임피던스 강하가 같을 것
(4) 각 변압기의 내부 저항과 리액턴스 비가 같
　　을 것

┃응용

3상 변압기군을 병렬 운전할 경우에는 상회전
의 방향과 1,2차 선간 유도기전력의 위상 변위
가 같은 것끼리 병렬 운전해야 하고 각 군의 임
피던스가 그 용량에 반비례해야 한다.

┃14┃ 개념 이해형　　　　　　　　난이도 下

┃정답　①

┃접근 POINT

변압기의 상수 변환법에 대한 개념파악 문제이
다.

┃용어 CHECK

상수 변환: 전력 발생 장치로부터 송배전 계통
에 이르기까지 대부분 3상 교류를 사용하지만
부하의 종류에 따라 2상, 혹은 다상(3, 6, 12,
24...)을 필요로 하므로 이에 따른 상수 변환 방
법이 고안되어 시행되고 있다.

┃해설

스코트 결선은 두 대의 단상 변압기를 사용하여 3상에서 2상으로 변환시킬 수 있는 결선 방법으로 그 결선 모양이 T자와 같다고 하여 T결선이라고도 한다.

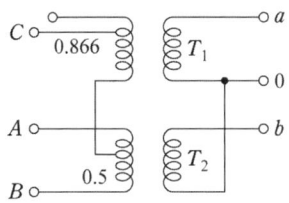

위 그림과 같이 T_1 변압기 1차 권선의 $\dfrac{\sqrt{3}}{2}$ 되는 지점에 탭을 내고 다른 단자는 T_2 의 1차 권선의 중점에 접속하여 1차 측에 평형 3상 전압을 인가하면 평형 2상 전압을 얻을 수 있다.
이때 스코트 결선의 출력은 2차 정격 출력의 $\sqrt{3}$ 배가 되며 2상의 위상차는 90°이다.

15┃ 개념 이해형 난이도 下

┃정답 ②

┃접근 POINT

계기용 변성기 중 변류기의 교체 및 수리 시 주의할 점에 대한 개념 파악 문제이다.

┃용어 CHECK

계기용 변류기(Current Transformer): 대전류를 안전하게 측정하기 위해 사용하는 계기 전용 변류기

┃해설

계기용 변류기 사용 중 고장으로 계기를 수리하고자 할 때 2차를 개로 시키면 1차 전류가 모두 여자 전류가 되어 2차 전압에 매우 높은 전압이 유도되어 절연이 파괴될 우려가 있다.
또한 철심 중의 자속이 급격히 증가하여 철손이 증가하므로 열이 발생하여 권선이 소손될 우려가 있다. 그러므로 계기용 변류기 수리 시 2차 측을 단락시켜야 한다.

┃응용

계기용 변류기의 1차 및 2차 전류를 각각 I_1, I_2 라 하고 권수를 N_1, N_2 라 하면 아래 관계식에 의해 2차 측 전류계의 지시치로 부터 1차 전류를 구할 수 있다.

$$I_1 = \frac{N_2}{N_1} I_2 = \frac{1}{a} I_2$$

여기서 a 는 권수비이며, 변류기의 2차 전류는 5[A]가 표준이다.

16┃ 개념 이해형 난이도 下

┃정답 ③

┃접근 POINT

단상 유도전압 조정기에서 단락권선이 필요한 이유에 대한 개념문제이다.

┃용어 CHECK

단락권선: 단상 유도전압 조정기에서 분로권선 (1차권선)과 직각으로 설치하는 권선

┃해설

단상 유도전압 조정기에서 단락 권선은 아래 그림과 같이 분로 권선(1차권선)에 직각으로 설치하며 직렬 권선(2차권선)의 누설리액턴스를 감소시켜 전압강하를 감소시킨다.

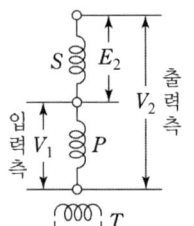

P: 분로권선

S: 직렬권선

T: 단락권선

┃관련개념

단상 유도전압 조정기의 정격 출력은
$P_a = E_2 I_2 \times 10^{-3}[\text{kVA}]$이며 입력 전압과 출력 전압 사이에 위상차가 없다.

---

17 개념 이해형   난이도 下

┃정답 ④

┃접근 POINT

교류정류자기 중 단상 직권 정류자 전동기의 특징에 관한 문제이다.

┃용어 CHECK

단상 직권 정류자 전동기: 직류 직권 전동기를 교류로도 사용 할 수 있게 만든 전동기. 교류와 직류 모두 전원전압으로 사용이 가능하여 만능 전동기라고도 한다.

┃해설

교류 단상 직권 정류자 전동기는 역률을 좋게 하고 정류 개선을 위해 계자권선의 권수를 작게 하고 , 전기자 권선의 권수를 크게 한다. 즉 교류 단상 직권 정류자 전동기의 구조는 약계자 강 전기자형이다.

또한 변압기 기전력에 의한 단락전류를 제한하기 위하여 전기자 코일과 정류자편 사이의 접속에 고저항의 도선을 사용한다.

┃응용

브러시로 단락되는 코일에는 인덕턴스에 의한 유도기전력 외에 교번 자속의 기전력이 유도되고, 단락전류가 크므로 정류 작용은 직류기 보다 어렵다. 이를 개선하기 위해 브러시 접촉저항이 어느 정도 큰 것을 사용하여 저항 정류를 하여 단락전류를 제한한다.

---

18 개념 이해형   난이도 下

┃정답 ②

┃접근 POINT

교류정류자기 중 3상 직권 정류자 전동기의 구조에 관한 문제이다.

┃용어 CHECK

3상 직권 정류자 전동기: 고정자 권선과 전기자 권선이 전원에 대해 직렬로 접속되어 있다. 양 회로의 중간에 삽입된 변압기에 의해 브러시에 가하는 전압을 조정함으로서 속도제어 수하특성을 가지고 있다.

▌해설

3상 직권 정류자 전동기의 중간 변압기를 사용하면 전원 전압의 크기에 관계없이 정류에 알맞게 회전자 전압을 선택할 수 있고 중간 변압기의 권수비를 바꾸어 전동기의 특성 조정이 가능하다. 또한 직권 특성이기 때문에 경부하에서는 속도가 배우 상승하나 중간 변압기를 사용하여 철심을 포화하도록 하면 속도 상승을 제한할 수 있다.

19 단순 계산형   난이도 中

▌정답 ②

▌접근 POINT

변압기의 무부하 회로(여자 회로)에서 각각의 명칭과 공식에 관하여 파악하고 있어야 한다.

▌공식 CHECK

(1) 변압기의 무부하 전류 $I_0 = \sqrt{I_i^2 + I_\varnothing^2}$ [A]

   I_0: 무부하 전류, I_i: 철손전류, $I_\varnothing$: 자화전류

(2) 여자어드미턴스

$$Y = \frac{I_0}{V_1} = g - jb = \frac{I_i}{V_1} - j\frac{I_\varnothing}{V_1} [℧]$$

   Y: 여자어드미턴스, I_0: 무부하 전류,

   I_i: 철손전류, $I_\varnothing$: 자화전류, V_1: 공급전압,

   g: 컨덕턴스, b: 서셉턴스

(3) 철손 $P_i = V_1 I_i$

   P_i: 철손, V_1: 공급전압, I_i: 철손전류

▌해설

여자컨덕턴스 $g = \dfrac{I_i}{V_1}$ 이다.

하지만 문제에 철손전류에 대한 값이 제시되어 있지 않으므로 철손 $P_i = V_1 I_i$를 통해 철손 전류 $I_i = \dfrac{P_i}{V_1}$ 가 된다.

여자 컨덕턴스에 대입하면 다음과 같다.

$$g = \frac{I_i}{V_1} = \frac{P_i}{V_1^2} = \frac{200}{3,000^2} = 22.2 \times 10^{-6} [℧]$$

20 단순 계산형   난이도 中

▌정답 ①

▌접근 POINT

변압기의 1차 측과 2차 측을 하나의 등가회로로 해석하여 2차 회로를 1차 회로로 환산하는 계산 문제이다.

▌공식 CHECK

$$Z_2 = \frac{1}{a^2} Z_1$$

Z_1 : 1차 임피던스[Ω],

Z_1 : 2차 환산 임피던스[Ω]

a : 권수비

▌해설

주어진 조건에서 권수비를 구하면 전압비가 3,000/200이므로 다음과 같다.

$$a = \frac{V_1}{V_2} = \frac{3,000}{200} = 15$$

이를 대입하여 2차 환산 임피던스를 계산한다.

$$Z_2 = \frac{1}{a^2} Z_1 = \frac{1}{15^2} \times 225 = 1[Ω]$$

그러므로 2차 환산 임피던스는 1[Ω]이다.

21 단순 계산형   난이도 下

┃정답 ③

┃접근 POINT

변압기의 권수비를 이용하여 1차 측과 2차 측을 비교하고 이를 통해 1차 측 회로를 해석하는 계산문제이다. 전등 부하의 특성을 잘 이해하고 접근한다.

┃공식 CHECK

$$a = \frac{V_1}{V_2} = \frac{I_2}{I_1}$$

a : 권수비

V_1 : 1차측 전압, V_2 : 2차측 전압

I_1 : 1차측 전류, I_2 : 2차측 전류

$$P_1 = V_1 I_1 \cos\theta \, [\text{A}]$$

I_1 : 1차 전류[A], V_1 : 1차측 전압[V]

P_1 : 입력 [W], $\cos\theta$: 역률

┃해설

권수비가 30이므로 1차 전류는

$I_1 = \dfrac{I_2}{a} = \dfrac{45}{15} = 3 \, [\text{A}]$이다.

전등부하의 역률이 1이므로 입력은 다음과 같다.

$P_1 = V_1 I_1 \cos\theta = 6,000 \times 3 \times 1 = 18,000 \, [\text{W}]$

문제에서 단위를 [kW]로 제시하였으므로 18[kW]이다.

22 단순 계산형   난이도 中

┃정답 ②

┃접근 POINT

회로이론에서 학습했었던 최대전력 전달조건과 연관하여 문제를 해결한다.

┃공식 CHECK

$$\text{최대전력 전달조건 } R_0 = R_L$$

R_0 : 내부저항, R_L : 부하저항

$$a = \frac{V_1}{V_2} = \frac{I_2}{I_1} = \sqrt{\frac{R_1}{R_2}}$$

a : 권수비

V_1 : 1차측 전압, V_2 : 2차측 전압

I_1 : 1차측 전류, I_2 : 2차측 전류

R_1 : 1차 측 저항, R_2 : 2차 측 저항

┃해설

부하에 최대전력이 전달되기 위한 조건은 부하저항이 전원의 내부저항과 같은 경우이다.

변압기의 1차 측과 2차 측을 하나의 등가회로로 변환하여 계산해야 하므로 권수비를 고려하면 다음과 같은 등식이 성립한다.

$$a = \sqrt{\frac{R_1}{R_2}} = \sqrt{\frac{1 \times 10^3}{100}} = \sqrt{10}$$

┃응용

최대전력 전달조건을 만족할 때 전력 $P_{L\max}$는 다음과 같다.

$$P_{L\max} = \frac{V^2}{4R_L}$$

$P_{L\max}$: 최대전력, V : 전원전압,

R_L : 부하저항

한다. $1[\text{cm}] = 1 \times 10^{-2}\,[\text{m}]$이다.

$1[\text{cm}^2] = 1 \times 10^{-4}\,[\text{m}^2]$

23 단순 계산형   난이도 中

│ 정답 ②

│ 접근 POINT

변압기의 유도기전력 공식을 활용하여 자속을 구하고 자속밀도를 계산한다.

│ 공식 CHECK

$$E_1 = 4.44 f N_1 \Phi_m$$

E_1 : 1차 유도기전력[V]

f : 주파수[Hz], N_1 : 1차측 권수

Φ_m : 최대자속 [Wb]

$$B = \frac{\Phi}{A}[\text{Wb}/\text{m}^2]$$

B : 자속밀도[Wb/m²], Φ : 자속[Wb]

A : 철심의 단면적[m²]

│ 해설

변압기의 유도기전력 계산식을 활용하여 최대자속 Φ_m을 구한다.

$$\Phi_m = \frac{E}{4.44 f N} = \frac{60}{4.44 \times 60 \times 200} = \frac{1}{888}[\text{Wb}]$$

철심의 단면적이 문제에서 제시되었으므로 이를 대입하여 최대자속밀도를 구한다.

$$B_m = \frac{\Phi_m}{A} = \frac{\frac{1}{888}}{10 \times 10^{-4}} = 1.1261[\text{Wb}/\text{m}^2]$$

위와 같은 계산식에서 단면적의 단위는 m²이므로 cm²을 단위변환하여 계산에 적용시켜야

24 단순 계산형   난이도 中

│ 정답 ②

│ 접근 POINT

변압기의 유도기전력 공식을 활용하여 주파수와 자속의 관계를 파악한다.

│ 해설

변압기의 유도기전력 공식을 통해 자속과 주파수의 관계식을 아래와 같이 쓸 수 있다.

$$\Phi_m = \frac{E}{4.44 f N}$$

또한 최대자속과 최대자속밀도는 다음과 같다.

$$\Phi_m = B_m A$$

즉 자속밀도는 주파수와 반비례 관계에 있음을 알 수 있다.

그러므로 전원전압이 일정한 상태에서 주파수 f 가 60[Hz]에서 50[Hz]로 $\frac{5}{6}$ 만큼 감소하면 자속밀도는 $\frac{6}{5}$ 만큼 증가한다.

25 단순 계산형   난이도 中

│ 정답 ②

│ 접근 POINT

무부하 상태에서 변압기의 무부하손을 구하는

계산문제로 교류의 순시값와 위상차 등에 관련된 사항을 숙지하고 계산해야 한다.

공식 CHECK

$$P_0 = V_1 I_0 \cos\theta$$

I_0 : 무부하 전류[A], P_0 : 무부하 손실[W]

V_1 : 1차 측 전압 [V]

$$v = V_m \sin(\omega t + \theta)$$

v : 교류전압의 순시값,

V_m : 교류전압의 최대값

ω : 각속도, t : 시간, θ : 위상

해설

무부하 상태에서 인가된 전압과 전류값을 통해 무부하 손을 구한다. 전압과 전류의 순시값에서 주파수가 다른 전압과 전류 사이의 전력은 0 이므로 같은 각속도를 가지고 있는 두 파형에 의한 전력만을 계산한다.

$$P_0 = 200\sin(\omega t + 30°) \times 3\sin(\omega t + 60°)$$

$$= \frac{200}{\sqrt{2}} \times \frac{3}{\sqrt{2}} \times \cos(60° - 30°)$$

$$= 300 \times \cos 30°$$

$$= 259.8[\text{W}]$$

(실효값 $V = \dfrac{V_m}{\sqrt{2}}$, 역률은 전압과 전류의 위상차)

응용

삼각함수에서 $\cos\omega t = \sin(\omega t + 90°)$이다.
그러므로 위 풀이과정에서
$\sin(\omega t + 30°) = \cos(\omega t - 60°)$이고
$\sin(\omega t + 60°) = \cos(\omega t - 30°)$으로 변환하였

으며 두 파형의 위상차는 $\theta_2 - \theta_1$이므로
$\cos((\omega t - 30°) - (\omega t - 60°)) = \cos 30°$이다.

26 복합 계산형
난이도 中

정답 ①

접근 POINT
변압기 여자 회로를 해석하여 자화전류를 계산하는 문제이다.

공식 CHECK

$$I_0 = \sqrt{I_i^2 + I_\phi^2}$$

I_0 : 여자전류[A], I_i : 철손전류[A],

I_ϕ : 자화전류 [A]

$$I_i = \frac{P_i}{V_1}$$

I_i : 철손전류[A], P_i : 무부하입력[W],

V_1 : 1차 측 전압[V]

해설
주어진 조건으로 관련식을 이용하여 철손전류를 먼저 구하고 자화전류를 계산한다.

(1) 철손전류

$$I_i = \frac{P_i}{V_1} = \frac{330}{3,300} = 0.1[\text{A}]$$

(2) 자화전류

$I_0 = \sqrt{I_i^2 + I_\phi^2}$ 이므로

$$I_\phi = \sqrt{I_0^2 - I_i^2} = \sqrt{0.15^2 - 0.1^2}$$
$$\fallingdotseq 0.112[\text{A}]$$

▮ 응용

무부하 전류 즉 여자전류의 벡터도는 다음과 같다.

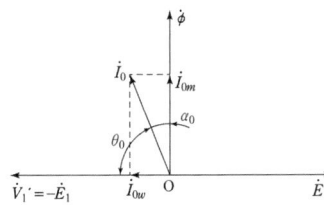

$\dot{I_0}$: 여자전류

$\dot{I}_{0m}$: 자화전류

$\dot{I_w}$: 철손전류

▲ 여자전류의 벡터도

---

27 단순 계산형 난이도 中

▮ 정답 ①

▮ 접근 POINT

회로이론의 전압분배 법칙을 이용하여 계산하는 문제이다.

▮ 공식 CHECK

$$E_1 = \frac{Z_1}{Z_1 + Z_2} \times E, \ E_2 = \frac{Z_2}{Z_1 + Z_2} \times E$$

E_1 : 임피던스 Z_1 에 걸리는 전압
E_2 : 임피던스 Z_2 에 걸리는 전압
E : 전체전압 ($E_1 + E_2$)

▮ 해설

임피던스 Z_1 과 Z_2 가 직렬로 연결 된 회로에서 각 임피던스에 걸리는 전압에 대한 전압분배 공식은 위와 같다. 1차 측에 2,600[V]의 전원이 공급되고 있다.

$$E_1 = \frac{Z_1}{Z_1 + Z_2} \times E = \frac{5}{5 + 8} \times 2,600$$
$$= 1,000[V]$$

$$E_2 = \frac{Z_2}{Z_1 + Z_2} \times E = \frac{8}{5 + 8} \times 2,600$$
$$= 1,600[V]$$

28 단순 계산형 난이도 下

▮ 정답 ③

▮ 접근 POINT

변압기 병렬운전 시 부하의 분담에 대한 개념을 공식과 연계하여 숙지한다.

▮ 공식 CHECK

$$\frac{I_a}{I_b} = \frac{P_A}{P_B} \cdot \frac{\%Z_b}{\%Z_a}$$

I_a : A변압기의 분담 전류[A]
I_b : B변압기의 분담 전류[A]
P_A : A변압기의 용량[VA]
P_B : B변압기의 용량[VA]
$\%Z_a$: A변압기의 %임피던스
$\%Z_b$: B변압기의 %임피던스

▮ 해설

변압기 병렬 운전 시 부하의 분담은 누설 임피던스에 반비례하고 변압기의 용량에 비례한다.

▮ 응용

변압기를 병렬 운전 할 때 각 변압기의 퍼센트 임피던스 강하가 다르면 부하의 분담에 불평형이 생긴다.

29 단순 계산형   난이도 中

정답 ②

접근 POINT

변압기 병렬운전 시 부하의 분담에 대한 관계식을 활용한 계산문제이다.

해설

변압기 병렬 운전 시 부하의 분담은 누설 임피던스에 반비례하고 변압기의 용량에 비례하므로 각각의 분담 부하 전류를 I_a, I_b 라고 하면

$$\frac{I_a}{I_b} = \frac{P_A}{P_B} \cdot \frac{\%Z_b}{\%Z_a} = \frac{5}{20} \times \frac{2}{3} = \frac{1}{6}$$ 즉 1:6이다.

응용

변압기 부하 용량과 퍼센트 임피던스의 관계식은 다음과 같다.

$$\frac{P_a}{P_b} = m \frac{\%Z_b}{\%Z_a}$$

P_a : a 변압기의 부하용량[VA]

P_b : b 변압기의 부하용량[VA]

$\%Z_a$: a 변압기의 퍼센트 임피던스 강하

$\%Z_b$: b 변압기의 퍼센트 임피던스 강하

30 복합 계산형   난이도 中

정답 ④

접근 POINT

변압기 단락전류를 %임피던스를 사용하여 구하는 계산문제로 정격전류를 먼저 계산하고 이

를 단락전류 공식에 대입한다.

공식 CHECK

$$I_s = \frac{100}{\%Z} \times I_n$$

I_s : 단락전류[A], I_n : 정격전류[A],

$\%Z$: 퍼센트 임피던스 [%]

$$I_n = \frac{P}{\sqrt{3}\,V}$$

P : 용량[VA], I_n : 정격전류[A]

V : 선간전압[V]

해설

(1) 변압기 용량과 2차 측 전압을 대입하여 2차 측 정격전류를 구한다.

$$I_n = \frac{P}{\sqrt{3}\,V} = \frac{30 \times 10^3}{\sqrt{3} \times 200} = 86.6[\text{A}]$$

(2) 정격전류와 퍼센트 임피던스 값을 대입하여 단락전류를 구한다.

$$I_s = \frac{100}{\%Z} \times I_n = \frac{100}{3} \times 86.6$$
$$= 2,886.66[\text{A}]$$

그러므로 약 2,886[A] 이다.

관련개념

퍼센트 임피던스: 기준전압에 대한 임피던스강하의 비를 백분율로 나타낸 것

$$\%Z = \frac{ZI}{V} \times 100$$

$\%Z$: 퍼센트 임피던스 [%],

V : 기준전압[V]

Z : 선로의 임피던스[Ω], I : 기준전류[A]

31 복합 계산형

┃ 정답 ①

┃ 접근 POINT

변압기의 권수비와 1차 및 2차 측 전압, 용량 등
종합적인 조건들을 활용하여 임피던스 전압과
%임피던스 강하를 연계해서 계산하는 복합 계
산형 문제이다.

┃ 공식 CHECK

$$I_{1n} = \frac{P}{V_1}[A]$$

I_{1n} : 1차 정격전류[A], V_1 : 1차측 전압[V]
P : 변압기용량 [kVA]

$$I_{1s} = \frac{1}{a}I_{2s}[A]$$

I_{1s} : 1차 단락전류[A], I_{2s} : 2차 단락전류[A]
a : 권수비

$$Z_{21} = \frac{V_s'}{I_{1s}}[\Omega]$$

Z_{21} : 2차를 1차로 환산한 등가 누설
임피던스[Ω]
V_s' : 2차측을 단락하고 1차측에 가한 전압
I_{1s} : 1차 단락전류[A]

$$V_s = I_{1n}Z_{21}[V]$$

V_s : 임피던스 전압[V]
I_{1n} : 1차 정격전류[A]
Z_{21} : 2차를 1차로 환산한 등가 누설
임피던스[Ω]

$$\%Z = \frac{V_s}{V_{1n}} \times 100[\%]$$

$\%Z$: % 임피던스 강하[%]
V_{1n} : 1차측 정격전압[V],
V_s : 임피던스 전압[V]

┃ 해설

주어진 조건과 식을 활용하여 임피던스 전압을
먼저 구하고 1차측 정격전압에 대한 % 임피던
스를 구한다.

(1) 변압기의 1차 측 정격전류는

$$I_{1n} = \frac{P}{V_1} = \frac{10 \times 10^3}{3,300} = 3.03[A]$$

(2) 1차 측 단락전류는

$$I_{1s} = \frac{1}{a}I_{2s} = \frac{200}{3,300} \times 120 = 7.27[A]$$

(3) 2차를 1차로 환산한 등가 누설 임피던스는

$$Z_{21} = \frac{V_s'}{I_{1s}} = \frac{300}{7.27} = 41.26[\Omega]$$

(4) 그러므로 임피던스 전압은

$$V_s = I_{1n}Z_{21} = 3.03 \times 41.26 ≒ 125[V]$$

(5) % 임피던스 강하는

$$\%Z = \frac{V_s}{V_{1n}} \times 100 = \frac{125}{3,300} \times 100$$
$$≒ 3.8[\%]$$

┃ 관련개념

변압기 2차 측을 단락하고 전원전압을 서서히
증가시켜 1차 측에 흐르는 전류가 정격전류와
동등한 단락전류가 흐르도록 전압을 인가하면
인가된 전압 V_s 는 1차 및 2차 권선의 임피던스
에 걸리는 전압이 되며 이를 임피던스 전압이라
고 한다.

%임피던스 강하는 1차 측 정격전압에 대한 임피던스 강하 (임피던스 전압) 의 비를 백분율로 나타낸 것이다.

┃ 정답   ③

┃ 접근 POINT
전압 강하는 저항 강하와 리액턴스 강하의 벡터 합임을 인지하고 이 중 퍼센트 저항 강하를 계산식에 대입하여 계산한다.

┃ 공식 CHECK

$$p = \frac{IR}{V_{2n}} \times 100$$

p : 퍼센트 저항 강하[%],
IR : 저항 강하(V_R)
V_{2n} : 2차 측 정격전압

┃ 해설
2차 측 정격전압 V_{2n}을 100[%]로 하여 저항 강하를 백분율로 나타낼 때 이를 퍼센트 저항 강하라고 한다.
문제에서는 동손이 주어졌으므로 공식의 분모와 분자에 전류 I를 곱하여 전력의 형태로 나타내 준다.

$$p = \frac{IR}{V_{2n}} \times 100 = \frac{IR \times I}{V_{2n} \times I} \times 100 = \frac{P_c}{P_a} \times 100$$
$$= \frac{150}{3,000} \times 100 = 5[\%]$$

여기서 P_c는 동손, P_a는 피상전력이다.

┃ 응용
퍼센트 리액턴스 강하에 대한 식은 다음과 같다.

$$q = \frac{IX}{V_{2n}} \times 100$$

q : 퍼센트 리액턴스 강하[%]
IX : 리액턴스 강하 (V_L),
V_{2n} : 2차 측 정격전압

┃ 정답   ③

┃ 접근 POINT
여자 리액턴스를 구하기 위해 자화전류를 알아야 하고 자화전류를 구하기 위해 철손전류를 구해야 하는 복합 계산형 문제이다.

┃ 공식 CHECK

$$x_0 = \frac{V_1}{I_\phi}$$

x_0 : 여자 리액턴스[Ω], V_1 : 1차 측 전압[V]
I_ϕ : 자화전류[A]

$$I_0 = \sqrt{I_i^2 + I_\phi^2}$$

I_0 : 여자전류[A], I_i : 철손전류[A]
I_ϕ : 자화전류 [A]

$$I_i = \frac{P_i}{V_1}$$

I_i : 철손전류[A], P_i : 무부하입력[W]
V_1 : 1차 측 전압[V]

해설

(1) 여자 리액턴스를 구하기 위해 자화전류를 알아야 한다. 자화전류 $I_\phi = \sqrt{I_0^2 - I_i^2}$ 이며 문제에서 여자전류는 1.5[A]로 주어졌기 때문에 철손전류를 구하여 공식에 대입한다. 참고로 여자전류는 무부하 전류이다.

(2) 철손전류는 주어진 공식에 의해

$$I_i = \frac{P_i}{V_1} = \frac{110}{220} = 0.5$$

(3) 그러므로 자화전류 I_ϕ는 다음과 같다.

$$I_\phi = \sqrt{I_0^2 - I_i^2} = \sqrt{1.5^2 - 0.5^2}$$
$$= 1.414[\text{A}]$$

(4) 그러므로 여자 리액턴스 x_0는 다음과 같다.

$$x_0 = \frac{220}{1.414} = 155.58[\Omega]$$

소수점 둘째 자리에서 반올림하면 $155.6[\Omega]$

34 단순 계산형   난이도 下

정답 ④

접근 POINT

퍼센트 임피던스를 구하는 여러 가지 공식 중 정격전압, 정격용량, 임피던스를 활용하여 계산하는 문제이다.

공식 CHECK

$$\%Z_s = \frac{P_n Z}{10 V_n^2}$$

$\%Z_s$: 퍼센트임피던스 [%]

P_n : 정격용량[kVA], Z : 임피던스 [Ω]

V_n : 정격 전압[kV]

해설

임피던스가 복소수의 형태로 주어졌으므로 이를 계산한다.

$$Z = \sqrt{6.2^2 + 7^2} = 9.35[\Omega]$$

위 관계식에 주어진 조건을 대입한다.

$$\%Z_s = \frac{P_n Z}{10 V_n^2} = \frac{10 \times 9.35}{10 \times 2^2} = 2.34[\%]$$

위 관계식은 전압 및 용량의 단위가 [kVA], [kV] 임에 유의해야 한다.

35 단순 계산형   난이도 中

정답 ④

접근 POINT

전압 강하는 저항 강하와 리액턴스 강하의 벡터 합임을 인지하고 이 중 퍼센트 리액턴스 강하를 계산식에 대입하여 계산한다.

공식 CHECK

$$q = \frac{IX}{V_{2n}} \times 100$$

q : 퍼센트 리액턴스 강하 [%]

IX : 리액턴스 강하 (V_L),

V_{2n} : 2차 측 정격전압

$$I_{1n} = \frac{P}{V_1}[\text{A}]$$

I_{1n} : 1차 정격전류[A], V_1 : 1차측 전압[V]

P : 변압기용량 [kVA]

▌해설

(1) 1차 정격전류는 다음과 같다.

$$I_{1n} = \frac{P}{V_1} = \frac{10 \times 10^3}{2,000} = 5[\text{A}]$$

(2) 퍼센트 리액턴스 강하를 구하기 위해 아래 식에 대입한다.

$$q = \frac{IX}{V_{1n}} \times 100 = \frac{5 \times 7}{2,000} \times 100$$
$$= 1.75[\%]$$

(V_{1n} : 1차 환산 등가 임피던스이므로 1차 측 전압 기준임)

▌응용

다음 공식을 이용하여 퍼센트 저항 강하도 구할 수 있다.

$$p = \frac{IR}{V_{2n}} \times 100$$

p : 퍼센트 저항 강하[%],

IR : 저항 강하 (V_R)

V_{2n} : 2차 측 정격전압

36 단순 계산형   난이도 下

▌정답 ③

▌접근 POINT

변압기의 전압변동률을 구하는 공식 중 퍼센트 저항강하와 퍼센트 리액턴스 강하를 이용하여 구하는 방법에 대한 계산문제이다.

▌공식 CHECK

$$\epsilon = p\cos\theta \pm q\sin\theta$$

ϵ : 전압변동률, p : % 저항강하

q : % 리액턴스 강하, $\cos\theta$: 역률

▌해설

위 관련식에 주어진 조건을 대입한다.

$$\epsilon = p\cos\theta + q\sin\theta = 3 \times 0.8 + 4 \times 0.6 = 4.8[\%]$$

역률이 뒤진 역률이므로 (+) 부호를 적용해야 한다.

▌응용

(1) 역률을 계산할 때 $\sin\theta$ 와 $\cos\theta$의 관계식은 다음과 같다.

$$\cos^2\theta + \sin^2\theta = 1$$

(2) 동일한 문제에서 역률이 앞선 역률이면 (-) 부호를 적용해야 한다.

37 단순 계산형   난이도 中

▌정답 ②

▌접근 POINT

변압기의 전압변동률을 구하는 공식 중 퍼센트 저항강하와 퍼센트 리액턴스 강하를 이용하여 구하는 방법에 대한 계산문제이다.

▌해설

퍼센트 저항 강하와 퍼센트 리액턴스 강하가 주어지지 않았으므로 주어진 조건으로 방정식을 세워 계산해야 한다.

(1) 뒤진 역률 0.8일 때 전압변동률이 12[%]이다.

$$0.8p + 0.6q = 12$$

(2) 퍼센트 저항강하가 퍼센트 리액턴스 강하의 $\frac{1}{12}$이다.

$q = 12p$

(3) 식을 대입한다.

$0.8p + 0.6 \times 12p = 8p = 12$

(4) 그러므로 퍼센트 저항 강하

$p = \dfrac{12}{8} = 1.5[\%]$

퍼센트 리액턴스 강하

$q = 12p = 12 \times 1.5 = 18[\%]$

(5) 그러므로 역률이 100[%]일 때 전압변동률은

$\epsilon = p\cos\theta + q\sin\theta = 1.5 \times 1 + 12 \times 0$
$\quad = 1.5[\%]$

---

38 단순 계산형
난이도 中

정답 ③

접근 POINT
단상 변압기 3상 Y-△ 결선 회로의 특성을 이해하고 전압비를 활용하여 계산해야 한다.

공식 CHECK
$$v = V_m\sin(\omega t + \theta)$$

v : 교류전압의 순시값,
V_m : 교류전압의 최대값
ω : 각속도, t : 시간, θ : 위상

$$V = \frac{V_m}{\sqrt{2}}$$

V : 실효값, V_m : 교류전압의 최대값

해설
(1) 변압기를 3상 Y-△ , △ - Y 결선하여 사용하면 통신선 장해를 발생시키는 제 3고조파

성분이 △ 회로 내부에 순환전류로 흐르게 되어 선로에 흐를 수 없다.

무부하 전류 중 △ 회로 내부에 순환전류는 3 고조파 성분인 $1.1\sin(3wt + \alpha_3)[\mathrm{A}]$이며 실효값은 $\dfrac{1.1}{\sqrt{2}} = 0.78[\mathrm{A}]$이다.

(2) 권수비는 $\dfrac{1,328}{230}$이므로 2차 측 전류는 다음과 같다.

$$I_2 = aI_1 = \frac{1,328}{230} \times 0.78 = 4.5[\mathrm{A}]$$

응용
고조파는 기본파 주파수의 n배인 파동이므로 3차 고조파의 각속도는 $\sin(3wt + \alpha_3)$의 형태가 된다. ($\omega = 2\pi f$)

---

39 단순 계산형
난이도 中

정답 ③

접근 POINT
변압기 3상 결선 법 중 V 결선에 대한 계산 문제이다. V 결선의 특징을 잘 숙지하여 계산한다.

공식 CHECK
$$P_V = \sqrt{3}\ V_{2n}I_{2n}$$

P_V : V결선의 출력[VA]
V_{2n} : 2차 측 정격전압,
I_{2n} : 2차 측 정격전류

해설
단상 변압기 3대를 △-△ 결선으로 운전하다 1

대의 변압기가 고장이 나면 남은 2대의 변압기를 이용하여 3상 변압을 계속하는 방식을 V-V 결선이라 한다. 이 때 V 결선의 출력은 1대의 변압기의 $\sqrt{3}$ 배이다.

(1) 뱅크용량은 다음과 같다.
$$P_V = \sqrt{3}\,P_1 = \sqrt{3} \times 100 = 173.2[\text{kVA}]$$

(2) V결선은 2대의 변압기로 운전하고 있는 것이므로 각 변압기의 출력은 V 결선 출력의 반이다.
$$P_1^{'} = \frac{P_V}{2} = \frac{173.2}{2} = 86.6[\text{kVA}]$$

| 응용

V-V 결선으로 운전 시 이용률은 변압기 2대의 용량을 합한 것의 $\dfrac{\sqrt{3}}{2}$ 배로 줄어들게 되므로 86.6[%]가 되고, 출력비는 △ 결선으로 운전할 때 보다 $\dfrac{\sqrt{3}}{3}$ 배로 줄어들게 되므로 57.7[%]가 된다.

---

40 복합 계산형
난이도 中

| 정답 ③

| 접근 POINT

변압기의 손실과 효율에 관한 문제로 변압기의 최대 효율 조건 및 효율 공식을 활용하여 계산한다.

| 공식 CHECK

$$\eta = \frac{\dfrac{1}{m}\,V_2 I_2 \cos\theta}{\dfrac{1}{m}\,V_2 I_2 \cos\theta + P_i + \left(\dfrac{1}{m}\right)^2 P_c} \times 100[\%]$$

V_2 : 2차 전압, I_2 : 2차 전류, $\cos\theta$: 역률

P_i : 철손, P_c : 철손, $\dfrac{1}{m}$: 부하율

$$P_i = \left(\frac{1}{m}\right)^2 P_c$$

P_i : 철손, P_c : 철손, $\dfrac{1}{m}$: 부하율

| 해설

변압기에서 효율이 최대가 되는 조건은 철손과 동손이 같을 때이다. 동손은 부하에 따라 그 값이 변하는 가변손이므로 부하율을 고려해야 한다.

(1) 효율이 최대가 되는 부하율은
$$P_i = \left(\frac{1}{m}\right)^2 P_c \text{ 로부터 구한다.}$$
$$\frac{1}{m} = \sqrt{\frac{1}{2.5}} = 0.632$$

즉 63.2[%]의 부하에서 최대 효율이 된다.

(2) 이때의 변압기 효율을 구한다.
$$\eta = \frac{\dfrac{1}{m}\,V_2 I_2 \cos\theta}{\dfrac{1}{m}\,V_2 I_2 \cos\theta + P_i + \left(\dfrac{1}{m}\right)^2 P_c} \times 100$$
$$= \frac{0.632 \times 150 \times 0.8}{0.632 \times 150 \times 0.8 + 1 + 1} \times 100$$
$$= 97.43[\%]$$

| 관련개념

변압기에서 효율은 실측 효율과 규약 효율로 구분된다.

(1) 실측 효율: 입력과 출력을 실제의 부하 상태에서 실측하여 구한 효율

(2) 규약 효율: 무부하 시험이나 단락 시험을 한 결과를 이용하여 일정한 규약 하에서 산출하는 효율

41 단순 계산형
난이도 下

┃ 정답 ③

┃ 접근 POINT

변압기의 손실과 효율에 관한 문제로 최대 효율이 되는 조건을 생각하여 계산한다.

┃ 공식 CHECK

$$P_i = (\frac{1}{m})^2 P_c$$

P_i : 철손, P_c : 철손, $\frac{1}{m}$: 부하율

┃ 해설

변압기에서 효율이 최대가 되는 조건은 철손과 동손이 같을 때이다. 동손은 부하에 따라 그 값이 변하는 가변손이므로 부하율을 고려해서 아래와 같이 등식을 세우고 주어진 조건을 대입한다.

$P_i = (\frac{3}{4})^2 P_c$ 이므로 $\frac{P_i}{P_c} = (\frac{3}{4})^2 = \frac{9}{16}$

그러므로 $P_i : P_c = 9 : 16$ 이다.

42 단순 계산형
난이도 中

┃ 정답 ③

┃ 접근 POINT

변압기 손실 중 철손에 대한 개념 파악 문제이다. 철손은 대부분 히스테리시스손과 와류손이다.

┃ 공식 CHECK

$$P_i = kfB_m^2$$

P_i : 철손, f : 주파수, B_m : 최대 자속 밀도

$$E = 4.44fN\Phi_m$$

E : 유도기전력[V], f : 주파수[Hz]

N : 권수, Φ_m : 최대자속[wb]

┃ 해설

철손은 fB_m^2 에 비례한다고 전제하였으므로 철손에 대한 식을 아래와 같이 세운다.

$$P_i = kfB_m^2$$

자속 $\Phi_m = B_m A$ 이고, $\Phi_m = \dfrac{E}{4.44fN}$ 이므로

철손 $P_i = kfB_m^2 = kf(k'\dfrac{E}{f})^2$ 과 같이 쓸 수 있다.

주파수는 3[%] 감소하였으므로

감소한 주파수 $f' = 0.97f$ 이고

전압은 3[%] 상승하였으므로

상승한 주파수 $E' = 1.03E$ 이다.

이때의 철손을 P_i' 라고 하면

$$P_i' = \frac{(E')^2}{f'} = \frac{(1.03E)^2}{0.97f} = \frac{1.0609}{0.97}P_i = 1.094P_i$$

이다.

그러므로 철손은 약 9.4[%] 증가한다.

43 단순 계산형 난이도 中

┃ 정답 ③

┃ 접근 POINT

변압기의 와류손에 대한 계산문제이다. 해당 공식에 대한 이해가 필요하다.

┃ 공식 CHECK

$$P_e = k_e(k_f \cdot t \cdot f \cdot B_m)^2 [\text{w/kg}]$$

P_e : 와류손[w/kg], k_e : 재료의 계수

k_f : 파형률, t : 강판의 두께 [㎡],

f : 주파수[Hz]

B_m : 최대자속밀도[wb/㎡]

$$E = 4.44fN\varPhi_m$$

E : 유도기전력[V], f : 주파수[Hz]

N : 권수, $\varPhi_m$: 최대자속[wb]

┃ 해설

유도기전력과 주파수, 자속의 관계는 자속 $\varPhi_m = B_m A$이고, $\varPhi_m = \dfrac{E}{4.44fN}$ 이므로

$B_m = k' \dfrac{E}{f}$ 의 관계식으로 쓸 수 있다.

이를 와류손의 공식에 대입한다.

$$P_e = k_e(k_f \cdot t \cdot f \cdot k' \dfrac{E}{f})^2[\text{w/kg}]$$
$$= k_e(k_f \cdot t \cdot k'E)^2$$

즉 와류손은 전압의 제곱에 비례하고 주파수와는 무관하다는 관계식이 성립한다. 그러므로 새로운 와류손을 구한다.

$$P_e' = P_e(\dfrac{E'}{E})^2 = 720 \times (\dfrac{3,300}{6,600})^2 = 180[\text{W}]$$

44 복합 계산형 난이도 中

┃ 정답 ④

┃ 접근 POINT

계기용 변류기의 차동 접속에 따른 1차 전류 계산문제이다.

┃ 공식 CHECK

$$I_1 = 변류비 \times I_2$$

I_1 : 1차 전류 $[A]$, I_2 : 2차 전류 $[A]$

┃ 해설

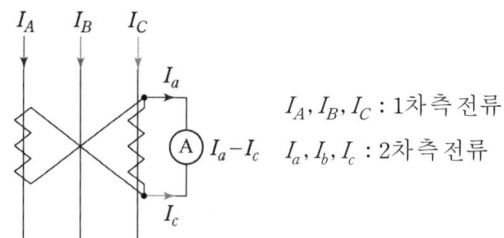

I_A, I_B, I_C : 1차측 전류

I_a, I_b, I_c : 2차측 전류

(1) 변류기에 흐르는 전류는 위 그림과 같고 전류계에는 I_a 와 I_c 의 차 전류가 흐른다. 그러므로 전류계에 흐르는 전류는 아래와 같다.

$$I_a - I_c = \dfrac{5}{60}I_A - \dfrac{5}{60}I_C = \dfrac{I_A - I_C}{12}$$

(2) I_A, I_B, I_C 는 평형 3상전류이므로 아래의 벡터도와 같이 표현 할 수 있다.

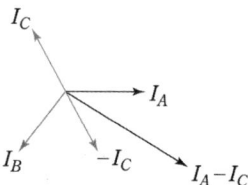

위 벡터도에서 $I_A - I_C$ 는 I_B의 $\sqrt{3}$ 배 이므로

$\dfrac{I_A - I_C}{12} = \dfrac{\sqrt{3}\,I_B}{12}$ 의 관계가 성립한다.

(3) 이때 측정되는 전류값이 2.5[A]이므로 아래과 같은 등식이 성립한다.

$$\dfrac{\sqrt{3}\,I_B}{12} = 2.5$$

그러므로 1차 전류는

$$I_B = \dfrac{12 \times 2.5}{\sqrt{3}} = 10\sqrt{3}\,[\text{A}]$$

45 단순 계산형   난이도 下

정답 ②

접근 POINT

단권 변압기의 자기용량과 부하용량의 관계에 대한 계산문제이다.

공식 CHECK

$$\dfrac{\text{자기용량}}{\text{부하용량}} = \dfrac{V_H - V_L}{V_H}$$

V_H : 고압, V_L : 저압

해설

문제에서 2차 전압 110[V]가 고압이고 1차 전압 100[V]가 저압이므로 위 공식에 대입한다.

$$\dfrac{\text{자기용량}}{\text{부하용량}} = \dfrac{V_H - V_L}{V_H} = \dfrac{110 - 100}{110} = \dfrac{1}{11}$$

응용

자기용량: 직렬 권선 부분의 전류×승압(강압) 전압

부하용량: 출력

46 단순 계산형   난이도 下

정답 ③

접근 POINT

변압기 3상 결선 법 중 V결선에 대한 문제로 V결선의 특징을 이해하면 해결할 수 있는 문제이다.

공식 CHECK

$$P_V = \sqrt{3}\,V_{2n}I_{2n}$$

P_V : V결선의 출력[VA]

V_{2n} : 2차 측 정격 전압,

I_{2n} : 2차 측 정격 전류

해설

단상 변압기 3대를 △-△ 결선으로 운전하다 1대의 변압기가 고장이 나면 남은 2대의 변압기를 이용하여 3상 변압을 계속하는 방식을 V-V 결선이라 한다.

이때 V 결선의 출력은 1대의 변압기의 $\sqrt{3}$ 배이다. 이때 V-V결선으로 3상 공급은 하지만 변압기 2대로 $\sqrt{3}\,VI$ 만큼의 출력만 낼 수 있기 때문에 이용률은 $\dfrac{\sqrt{3}\,VI}{2\,VI}$ 만큼 줄어들게 된다. 그러므로 이용률은 $\dfrac{\sqrt{3}}{2} = 0.866$

즉 86.6[%]이다.

47 단순 계산형   난이도 下

정답 ②

▌접근 POINT

단권 변압기의 자기용량 공식을 이용해서 계산하는 문제이다. V결선 방식에 적용되는 공식을 활용한다.

▌공식 CHECK

$$\frac{자기용량}{부하용량} = \frac{2}{\sqrt{3}}\left(1 - \frac{V_l}{V_h}\right)$$

V_h : 고압, V_l : 저압

▌해설

전압을 2,000[V]에서 2,200[V]로 승압하므로 주어진 공식에 적용한다.

$$자기용량 = \frac{2}{\sqrt{3}}\left(1 - \frac{V_l}{V_h}\right) \times 부하용량$$
$$= \frac{2}{\sqrt{3}}\left(1 - \frac{2,000}{2,200}\right) \times 200 = 20.99$$

약 21[kVA]이다.

그러므로 단권 변압기 1대의 자기용량은

$$\frac{21}{2} = 10.5[\text{kVA}]$$ 이다.

---

48 복합 계산형

난이도 中

▌정답 ④

▌접근 POINT

단권 변압기의 자기용량 공식을 이용해서 계산하는 문제이다. Y결선 방식에 적용되는 공식을 활용한다.

▌공식 CHECK

$$\frac{자기용량}{부하용량} = \frac{V_H - V_L}{V_H}$$

V_H : 고압, V_L : 저압

$$V_p = \frac{V_l}{\sqrt{3}}$$

V_p : Y결선의 상전압,

V_l : Y결선의 선간전압

▌해설

주어진 조건은 3상 전압 즉 선간 전압 기준이므로 상전압을 구한다.

(1) Y결선의 상전압을 구한다.

$$V_p = \frac{V_l}{\sqrt{3}} = \frac{2,000}{\sqrt{3}} \fallingdotseq 1,155[\text{V}]$$

이를 승압하면 승압하는 전압은

$$\frac{200}{\sqrt{3}} \fallingdotseq 115.5[\text{V}]$$ 이므로 저전압 측 전압

$$V_L = 1,155[\text{V}]$$ 이다.

고전압 측 전압

$$V_H = 1,155 + 115.5 = 1,270.5[\text{V}]$$ 이다.

(2) 자기용량을 구한다.

$$자기용량 = \frac{V_H - V_L}{V_H} \times 부하용량$$
$$= \frac{1,270.5 - 1,155}{1,270.5} \times 100$$
$$= 9.09[\text{kVA}]$$

약 9.1[kVA]이다.

대표유형 ❹

유도기 146쪽

01 개념 이해형 난이도 下

▍정답 ②

▍접근 POINT

유도전동기 고조파 회전자계의 회전방향에 관한 개념파악 문제이다.

▍용어 CHECK

3상 유도전동기의 기본파 회전자계: 3상 유도전동기의 각 상에서 만드는 자력의 합이 합성자계를 만들고 그 합성자력이 회전하는 것을 회전자계라고 한다.

▍해설

고조파 차수를 h, 상수를 m, 정의 정수 n=1, 2, 3...이라고 하면 고조파 차수와 회전자계의 회전 방향은 다음과 같은 관계가 있다.

구분	공식	고조파 차수
정상	$h = 2nm + 1$	$h = 7, 13, 19...$
역상	$h = 2nm - 1$	$h = 5, 11, 17...$
영상	$h = 3n$	$h = 3, 6, 9...$

그러므로 보기에서 고조파 회전자계가 기본파 회전 방향과 역방향인 고조파는 제5고조파이다.

▍응용

정상: 기본파와 같은 방향으로 회전한다.
역상: 기본파와 반대 방향으로 회전한다.

영상: 회전자계를 발생하지 않는다.

02 단순 계산형 난이도 下

▍정답 ②

▍접근 POINT

유도전동기의 출력식에 대한 계산문제이다.

▍공식 CHECK

$$P_i = \sqrt{3} \, VI\cos\theta [\mathrm{W}]$$

P_i : 유도전동기 입력[W], $\cos\theta$: 역률

$$\eta_M = \frac{P_o}{P_i}$$

η_M : 유도전동기 효율
P_o : 유도전동기 출력[W],
P_i : 유도전동기 입력[W]

▍해설

위 식에 의해 유도전동기의 출력식은 다음과 같이 쓸 수 있다.

$$P_0 = \sqrt{3} \, VI\cos\theta\eta$$

그러므로 유도전동기의 전부하 전류는

$$I = \frac{P_0}{\sqrt{3} \, VI\cos\theta\eta} = \frac{10 \times 10^3}{\sqrt{3} \times 380 \times 0.85 \times 0.85}$$
$$= 21.03$$

약 21[A]이다.

▍응용

$$P_0 = \sqrt{3} \, VI\cos\theta\eta$$

P_o : 유도전동기 출력[W]
$\cos\theta$: 역률, η_M : 유도전동기 효율

03 복합 계산형   난이도 中

▌정답   ①

▌접근 POINT

직류발전기의 입력과 출력, 손실에 대한 관계식과 유도전동기의 출력식을 접목시켜 해결해야 하는 복합 계산형 문제이다.

▌공식 CHECK

$$\eta_G = \frac{P_L}{P_G}$$

η_M : 직류발전기 효율

P_G : 직류발전기 입력[W],

P_L : 직류발전기 출력[W]

▌해설

유도전동기의 출력은 직류발전기의 입력이 되고 직류발전기의 출력은 부하와 직결되어 있다. 유도전동기와 직류발전기의 효율을 알고 있으므로 역으로 계산하여 유도전동기에 입력전류를 구한다.

(1) 직류발전기 입력

$\eta_G = \dfrac{P_G}{P_L}$ 이므로

$$P_G = \frac{P_L}{\eta_G} = \frac{55}{0.88} = 62.5[\text{kW}]$$

(2) 유도전동기의 입력 ($P_0 = P_G$)

$\eta_M = \dfrac{P_o}{P_i}$ 이므로

$$P_i = \frac{P_o}{\eta_M} = \frac{62.5}{0.88} = 71[\text{kW}]$$

(3) 그러므로 유도전동기 입력전류는

$P_i = \sqrt{3}\, VI\cos\theta\,[\text{W}]$ 이므로

$$I = \frac{P_i}{\sqrt{3}\, V\cos\theta} = \frac{71 \times 10^3}{\sqrt{3} \times 400 \times 0.82}$$
$$= 124.97 \fallingdotseq 125[\text{A}]$$

즉 $I = 125[\text{A}]$ 이다.

04 개념 이해형   난이도 中

▌정답   ③

▌접근 POINT

유도기의 슬립의 범위에 따른 역할을 파악하고 있어야 한다.

▌해설

$s < 0$ 인 경우 유도기의 회전 속도는 동기속도 이상이 되어 유도발전기로 동작하게 된다.
$0 < s < 1$ 경우 유도전동기로 동작하게 된다.

▌관련개념

(1) $0 < s < 1,\ 0 < N < N_s$

유도전동기는 3상의 경우 동기 속도로 회전하는 회전자계에 의해 회전하게 되므로 회전속도는 0보다는 크고 동기속도 보다 작다.

(2) $s > 1,\ N = -N_s$

슬립이 1보다 큰 경우 역회전하게 되므로 제동기로 사용한다.

(3) $s < 0,\ N > N_s$

회전 속도가 동기속도 이상이 되면 발전기로 사용한다.

05 개념 이해형

∎ 정답 ①

∎ 접근 POINT

유도전동기의 토크와 자속 및 2차 유효전류의 관계에 대한 개념문제이다.

∎ 용어 CHECK

회전자에 발생하는 2차 회로의 토크에 대한 식으로 정리하면

$$\tau = \frac{1}{\sqrt{2}} I_2 P \Phi m_2 n_2 l D \cos \theta_2$$
$$= k \Phi I_2 \cos \theta_2 [\text{N} \cdot \text{m}]$$

여기서 기계적 상수 $k = \frac{1}{\sqrt{2}} m_2 n_2 P$ 이다.

∎ 해설

그러므로 토크는 1극의 자속 Φ 와 2차 유효전류 $I_2 \cos \theta_2$의 곱에 비례한다.

∎ 관련개념

교류전동기에서는 토크가 발생하는 원인인 자속과 전류가 시간적인 변화가 있기 때문에 자속의 순시값과 전류의 순시값이 토크의 순시값을 결정하고, 그 순시에 대해 각 도체에 작용하는 토크의 합성이 전동기 토크의 순시값이 된다.

06 개념 이해형

∎ 정답 ③

∎ 접근 POINT

유도전동기의 전압과 슬립, 역률, 속도 및 철손과의 관계에 대한 개념문제이다. 해당 공식을 해석하여 비교한다.

∎ 공식 CHECK

$$P_h = k_h \cdot f \cdot B_m^n [\text{w/kg}]$$

P_h : 히스테리시스손[w/kg]

B_m : 최대자속밀도[wb/m²]

k_h : 히스테리시스손실 계수.

f : 주파수[Hz]

$$P_e = k_e (k_f \cdot t \cdot f \cdot B_m)^2 [\text{w/kg}]$$

P_e : 와류손[w/kg], k_e : 재료의 계수,

k_f : 파형률

t : 강판의 두께 [m²], f : 주파수[Hz]

B_m : 최대자속밀도[wb/m²]

$$\frac{P_i}{\sqrt{3} \, VI} = \cos \theta [\text{W}]$$

P_i : 유도전동기 입력[W], $\cos \theta$: 역률

$$s \propto \frac{1}{N}$$

s: 슬립, N: 회전속도

$$s \propto \frac{1}{V^2}$$

s: 슬립, V: 공급전압

∎ 해설

① 슬립은 전압의 제곱에 반비례하므로 전압이

상승하면 슬립은 작아진다.

② 전압은 역률과 반비례하므로 전압이 상승하면 역률은 감소한다.

③ 슬립과 회전속도, 슬립과 공급전압의 관계에 의해 회전속도는 전압의 제곱에 비례하므로 전압이 상승하면 속도도 증가한다.

④ 전압과 자속은 비례관계에 있으므로 히스테리시스손과 와류손은 전압이 상승하면 증가한다.

07 개념 이해형 난이도 下

정답 ③

접근 POINT

토크식으로부터 최대토크가 되는 조건을 해석하여 슬립과의 관계를 정리한다.

공식 CHECK

$$\tau = \frac{60}{2\pi N_S} P_2 = \frac{60}{2\pi N_S} \cdot \frac{V_1^2 \cdot \frac{r_2'}{s}}{(r_1 + \frac{r_2'}{s})^2 + (x_1 + x_2')^2}$$

T : 유도전동기의 토크[N · m]

V : 전압[V], s : 슬립,

N_s : 동기속도[rpm]

P_2 : 유도전동기 2차 입력[W]

r : 저항[Ω], x : 리액턴스[Ω]

해설

위 토크 식으로부터 최대토크가 발생하는 조건은 분모인 $s(r_1 + \frac{r_2'}{s})^2 + (x_1 + x_2')^2$ 가 최소인

경우임을 알 수 있다.

그러므로 이를 미분하면 $x_2 = \frac{r_2'}{s}$ 일 때 최대토크가 발생함을 알 수 있다. 이를 토크식에 대입하면 최대토크 값은 $\tau_m = k\frac{V^2}{2x_2}$ 이므로 최대토크는 슬립과 무관함을 알 수 있다.

(k : 기계적 상수)

08 개념 이해형 난이도 下

정답 ①

접근 POINT

주파수와 단자전압 변화에 따른 유도전동기의 복합적인 특성관계를 종합적으로 숙지하여 풀어야 하는 개념문제이다. 그러므로 개념문제이지만 관련공식을 체크하여 알아두는 것이 유용하다.

공식 CHECK

(1) 속도와 주파수의 관계 : $N_s \propto f$

(2) 자속과 주파수의 관계 : $\varnothing \propto \frac{1}{f}$

(3) 히스테리시스손실과 주파수의 관계 :

$$P_h \propto \frac{1}{f}$$

(4) 자속과 유도기전력 및 단자전압의 관계 :

$$\varnothing \propto E(V)$$

해설

(1) 여자전류는 자속과 유관하다. 그러므로 여

자전류는 $I_0 = \dfrac{V}{f}$ 의 관계에 있으며 주파수

가 $\dfrac{50}{60}$ 으로 감소하면 여자전류는 $\dfrac{60}{50}$ 으

로 증가한다.

(2) 히스테리시스손실

$P_h \propto fB^2 \propto f(\dfrac{V}{f})^2 = \dfrac{V^2}{f}$ 이므로 주파

수 $\dfrac{50}{60}$ 으로 감소하면 히스테리시스손실

은 $\dfrac{60}{50}$ 으로 증가한다. 히스테리시스손실

은 열 손실이므로 온도는 상승한다.

(3) 유도전동기의 속도는 $N_s = \dfrac{120f}{P}$ [rpm]

이므로 주파수에 비례한다. 즉 주파수가

$\dfrac{50}{60}$ 으로 감소하면 회전속도도 $\dfrac{50}{60}$ 으로 감

소한다.

▌ 응용

단자전압과 같은 변수의 변화율을 제시하고 관련 이론을 응용하여 계산하는 형태의 문제가 출제될 수 있으니 관련 내용을 확실하게 숙지하여 대응할 수 있도록 한다.

---

09 | 개념 이해형   난이도 下

▌ 정답   ②

▌ 접근 POINT

주파수와 공급 전압의 변화에 따른 유도전동기의 속도 및 손실, 여자전류의 관계에 대한 개념 문제이다. 관련 공식을 해석하여 그 연관성을

정리한다.

▌ 해설

공급전압이 일정한 상태에서 주파수가 감소하면
① 히스테리시스손실은 주파수에 반비례하므로 철손은 증가한다.
② 히스테리시스손실이 증가하면 철손이 증가하므로 온도는 상승한다.
③ 여자전류는 주파수에 반비례하므로 주파수가 감소하면 여자전류는 증가한다.
④ 회전속도는 주파수에 비례하므로 주파수가 감소하면 회전속도도 감소한다.

▌ 응용

히스테리시스손실: 철심을 사용한 코일에 교류 전류를 흘리면 철심의 히스테리시스 루프 면적에 비례하는 에너지를 잃게 된다. 이를 히스테리시스손실이라고 한다.

---

10 | 개념 이해형   난이도 中

▌ 정답   ③

▌ 접근 POINT

유도전동기의 정상 운전시 토크 공식을 활용해서 틀린 답을 고른다.

▌ 공식 CHECK

유도전동기의 정상 운전시 토크 ($s ≒ 0$)

$$T = \dfrac{V^2}{\omega_s} \cdot \dfrac{\dfrac{r_2}{s}}{\left(r_1 + \dfrac{r_2}{s}\right)^2 + (x_1 + x_2)^2}$$

해설

유도전동기의 정상운전시 슬립은 0에 가깝기 때문에 토크 $T = \dfrac{V^2}{\omega_s} \cdot \dfrac{s}{r_2}$ [N•m]가 된다.

따라서 슬립은 전압의 제곱에 반비례한다.

$$s \propto \frac{1}{V^2}$$

슬립과 회전속도는 반비례하므로 $N \propto \dfrac{1}{s}$ 이 된다. 위의 두 관계에 의해 전압이 10[%] 상승하게 되면 슬립은 작아지고 회전속도는 증가하게 된다.

11 단순 계산형

난이도 下

정답 ④

접근 POINT

유도전동기 토크식을 유도하는 계산문제이며 단위변환에 특히 유의하여 접근해야 한다.

공식 CHECK

$$\tau = \frac{P}{\omega} [\text{N·m}]$$

τ : 토크[N·m], P : 출력[W],
ω : 각속도[rad/s]

해설

유도전동기의 기계적 출력은 $P = \omega\tau$ [W]이며 이로부터 토크에 관한 식을 수립하면 아래와 같다.

$$\tau = \frac{P}{\omega} = \frac{P}{2\pi \times \dfrac{N}{60}} = \frac{60}{2\pi} \times \frac{P}{N}$$

$$= 9.5493 \frac{P}{N} [\text{N·m}]$$

문제에서 출력의 단위가 [kW]이므로 위 식에 적용한다.

$$\tau = 9.5493 \frac{P}{N} \times 10^3 = 9,549.3 \frac{P}{N} [\text{N·m}]$$

응용

토크의 단위는 [N·m] 인데 이를 [kg·m] 로 나타내면 토크 식은 다음과 같이 된다.

$$\tau = 9.55 \frac{P}{N} \times \frac{1}{9.8} = 0.975 \frac{P}{N} [\text{kg·m}]$$

12 복합 계산형

난이도 中

정답 ①

접근 POINT

유도전동기의 회전속도와 슬립과의 관계, 슬립과 주파수의 관계식을 복합적으로 응용하여 계산한다.

공식 CHECK

$$N_s = \frac{120f}{P} [\text{rpm}]$$

N_s : 동기속도[rpm], P : 극수,
f : 주파수[Hz]

$$s = \frac{N_s - N}{N_s}$$

s : 슬립, N : 회전자 속도[rpm],
N_s : 동기속도[rpm]

$$f_2 = sf_1$$

s : 슬립
f_1 : 1차 주파수[Hz], f_2 : 2차 주파수[Hz]

▌해설

(1) 주어진 조건으로 동기속도를 먼저 구한다.

$$N_s = \frac{120f}{P} = \frac{120 \times 60}{4} = 1,800[\text{rpm}]$$

(2) 이를 대입하여 슬립을 구한다.

$$s = \frac{N_s - N}{N_s} = \frac{1,800 - 1,725}{1,800}$$
$$= 0.0416 ≒ 0.042$$

(3) 그러므로 2차 기전력의 주파수는 다음과 같다.

$$f_2 = sf_1 = 0.042 \times 60 = 2.52[\text{Hz}]$$

약 2.5[Hz]이다.

▌응용

회전속도나 극수와 같은 변수를 변환하여 응용하는 형태의 계산문제가 출제될 수 있으므로 관련 내용을 충분히 숙지하여 대응할 수 있도록 한다.

13 단순 계산형
난이도 下

▌정답   ④

▌접근 POINT

유도전동기의 슬립과 공급전압 간의 관계를 응용한 계산 문제이다.

▌공식 CHECK

$$s \propto \frac{1}{V^2}$$

s: 슬립, V: 공급전압

▌해설

유도전동기의 슬립은 공급전압의 제곱에 반비

례한다. 이를 이용하여 다음과 같은 식을 세울 수 있다.

$$\frac{s'}{s} = \frac{\frac{1}{V'^2}}{\frac{1}{V^2}} = \left(\frac{V}{V'}\right)^2$$

s : 변경 전 슬립, s' : 변경 후 슬립

V : 변경 전 전압, V' : 변경 후 전압

그러므로 공급전압이 10[%] 감소하면

$$s' = s\left(\frac{V}{V'}\right)^2 = 0.04 \times \left(\frac{380}{380 \times 0.9}\right)^2 = 0.0494$$

약 4.9[%]로 증가한다.

▌응용

슬립과 회전속도는 아래와 같이 반비례 관계에 있다.

$$s \propto \frac{1}{N}$$

s: 슬립, N: 회전속도

14 단순 계산형
난이도 下

▌정답   ③

▌접근 POINT

유도전동기의 2차 입력, 2차 출력, 2차 동손 간의 관계를 응용하여 속도와의 관계식을 풀어내는 문제이다.

▌공식 CHECK

$$P_2 = P_0 + P_{c2}$$

P_2 : 유도전동기 2차 입력[W]

P_0 : 유도전동기 2차 출력[W]

P_{c2} : 유도전동기 2차 동손[W]

$$P_{c2} = sP_2$$

P_2 : 유도전동기 2차 입력[W]

P_{c2} : 유도전동기 2차 동손[W], s : 슬립

$$P_0 = (1-s)P_2$$

P_2 : 유도전동기 2차 입력[W]

P_0 : 유도전동기 2차 출력[W], s : 슬립

▌해설

유도전동기의 2차 입력, 2차 출력, 2차 동손 사이에는 위와 같은 관계식이 성립된다. 그러므로 속도 및 효율에 대해서도 다음과 같은 식이 성립된다.

$$\eta = \frac{P_0}{P_2} = 1 - s = \frac{N}{N_s}$$

η : 유도전동기 2차 효율

P_2 : 유도전동기 2차 입력[W]

P_0 : 유도전동기 2차 출력[W]

s : 슬립, N : 회전자 속도[rpm],

N_s : 동기속도[rpm]

그러므로 3상 유도전동기의 기계적 출력은 아래와 같다.

$$P_0 = P_2 - P_{2c} = P_2 - sP_2 = \frac{N}{N_s}P_2$$
$$= (1-s)P_2$$

15 단순 계산형 난이도 下

▌**정답** ④

▌**접근 POINT**

유도전동기의 회전 방향과 슬립에 관한 계산식

을 활용한 문제이다.

▌공식 CHECK

$$s = \frac{N_s - N}{N_s}$$

s : 슬립

N : 회전자 속도[rpm],

N_s : 동기속도[rpm]

▌해설

(1) 위 관계식에 의해 $\frac{N}{N_s} = 1 - s$로 나타낼 수 있다.

(2) 역회전시 $N = -N$이므로 이를 위 식에 대입한다.

$$s' = \frac{N_s - (-N)}{N_s} = \frac{N_s + N}{N_s} = 1 + \frac{N}{N_s}$$

(3) (1) 식을 (2)식에 대입하면 역방향 회전자계에 대한 회전자의 슬립은

$$s' = 1 + \frac{N}{N_s} = 1 + (1-s) = 2 - s$$ 이다.

▌응용

역회전시 슬립 s'는 1보다 크고 2보다 작다.

$1 < s' < 2$

16 단순 계산형 난이도 下

▌**정답** ①

▌**접근 POINT**

비례추이 현상과 기동에 대한 이해를 응용하여 계산하는 문제이다.

공식 CHECK

$$\frac{r_2'}{s} = \frac{r_{21}'}{s_1} = \frac{r_{22}'}{s_2} = \cdots = \frac{r_{2m}'}{s_m}$$

s : 슬립, r_2 : 2차 저항

해설

기동 시의 슬립과 2차 저항을 각각 s_s , r_{2s} 라고 하고 최대토크 시의 슬립과 2차 저항을 각각 s_t, r_2 라고 하면 이 사이에는 비례추이에 의해 다음과 같은 관계가 성립한다.

$$\frac{r_2}{s_t} = \frac{r_{2s}}{s_s}$$

기동 시 슬립은 1이므로 $s_s = 1$ 이고 이때 최대 토크로 기동하기 위해 외부저항 R을 가해 주어야 한다.

$\frac{r_2}{s_t} = \frac{r_2 + R}{1}$ 의 관계식이 성립($r_{2s} = r_2 + R$)하고 외부저항 R은 다음과 같다.

$$R = \frac{r_2}{s_t} - r_2 = \left(\frac{1}{s_t} - 1\right)r_2 = \frac{1 - s_t}{s_t}r_2$$

17 복합 계산형   난이도 中

정답 ③

접근 POINT

유도전동기의 2차 입력과 2차 출력 및 2차 동손을 슬립과의 관계식으로 계산하는 문제이다.

공식 CHECK

$$P_2 = P_0 + P_{c2}$$

P_2 : 유도전동기 2차 입력[W]

P_0 : 유도전동기 2차 출력[W]

P_{c2} : 유도전동기 2차 동손[W]

$$P_{c2} = sP_2$$

P_2 : 유도전동기 2차 입력[W]

P_{c2} : 유도전동기 2차 동손[W]

s : 슬립

해설

(1) 주어진 조건으로 2차 입력을 구한다.

$$P_2 = P_0 + P_{c2} = 7,500 + 200$$
$$= 7,700[\text{W}]$$

(2) 2차 동손은 슬립과 2차 입력의 곱으로 나타낼 수 있다.

$$s = \frac{P_{c2}}{P_2} \times 100 = \frac{200}{7,700} \times 100 = 2.597$$

약 2.6[%]이다.

응용

위 관계식에 의해 2차 출력과 2차 입력 간의 관계는 아래와 같이 나타낼 수 있다.

$$P_0 = (1 - s)P_2$$

P_2 : 유도전동기 2차 입력[W]

P_0 : 유도전동기 2차 출력[W], s : 슬립

18 복합 계산형   난이도 中

정답 ③

접근 POINT

유도전동기의 동기속도와 2차 입력을 구하고 이를 토크식에 대입하여 계산한다.

$$N_s = \frac{120f}{P}[\text{rpm}]$$

N_s : 동기속도[rpm], P : 극수,

f : 주파수[Hz]

$$P_{c2} = sP_2$$

P_2 : 유도전동기 2차 입력[W]

P_{c2} : 유도전동기 2차 동손[W], s : 슬립

$$\tau = 9.55 \times \frac{P_2}{N_s}$$

τ : 토크 [N·m], P_2 : 2차 입력 [W]

N_s : 동기속도 [rpm]

■ 해설

(1) 동기속도를 구한다.

$$N_s = \frac{120f}{P} = \frac{120 \times 60}{4} = 1,800[\text{rpm}]$$

(2) 슬립과 동손을 대입하여 2차 입력을 구한다.

$$P_2 = \frac{P_{c2}}{s} = \frac{94.25}{0.05} = 1,885[\text{W}]$$

(3) 토크를 구한다.

$$\tau = 9.55 \times \frac{P_2}{N_s} = 9.55 \times \frac{1,885}{1,800}$$
$$= 10[\text{N} \cdot \text{m}]$$

■ 응용

토크의 단위가 [kg·m] 인 경우 아래의 식을 활용한다.

아래의 식에 9.8을 곱하면 [N·m]의 단위에 대한 식이 성립한다.

$$\tau = 0.975 \times \frac{P}{N}[\text{kg·m}]$$

τ : 토크 [kg·m], P : 출력 [W],

N : 회전속도 [rpm]

---

19 단순 계산형

난이도 下

■ 정답 ①

■ 접근 POINT

유도전동기의 2차 입력, 2차 출력, 슬립 및 효율과 속도에 대한 관계식을 응용한 계산 문제이다.

■ 공식 CHECK

$$\eta = \frac{P_0}{P_2} = 1 - s = \frac{N}{N_s}$$

η : 유도전동기 2차 효율

P_2 : 유도전동기 2차 입력[W]

P_0 : 유도전동기 2차 출력[W], s : 슬립

N : 회전자 속도[rpm],

N_s : 동기속도[rpm]

■ 해설

유도전동기의 2차 효율은 2차 입력에 대한 2차 출력의 비로 나타낼 수 있으며 이에 대한 슬립과의 관계식은 다음과 같다.

$$P_0 = (1-s)P_2$$

또한 회전자 속도와 동기 속도와의 관계식은 아래와 같다.

$$N = (1-s)N_s$$

그러므로 2차 효율과 슬립과의 관계는 아래와 같다.

$$\eta = \frac{P_0}{P_2} = 1 - s = \frac{N}{N_s}$$

이를 백분율로 나타내면 $\eta = (1-s) \times 100 \, [\%]$ 이다.

응용

유도전동기의 2차 입력과 2차 출력에 대한 관계식은 아래 두 식으로부터 성립한다.

(1) $P_2 = P_0 + P_{c2}$

(2) $P_{c2} = sP_2$

(P_{c2} : 유도전동기 2차 동손[W])

---

20 단순 계산형   난이도 中

정답 ①

접근 POINT

유도전동기의 슬립과 효율, 입력 간의 관계식을 이용하여 계산하는 문제이다.

해설

(1) 유도전동기의 2차 효율은 다음과 같다.
$\eta = 1 - s = 1 - 0.04 = 0.96$ 즉 96[%]이다.

(2) 유도전동기의 1차 입력은 다음과 같다.
$$1차\,입력 = \frac{출력}{효율} = \frac{50}{0.9} = 55.56\,[\text{kW}]$$

(3) 유도전동기의 회전자 입력, 즉 2차 입력은 다음과 같다.
$$P_2 = \frac{P_0}{1-s} = \frac{50}{1-0.04} = 52.08\,[\text{kW}]$$

(4) 회전자 동손은 2차 입력-2차 출력이다.
$$회전자\,동손 = 52.8 - 50 = 2.8\,[\text{kW}]$$

응용

슬립, 출력, 효율 등과 같은 변수를 변환하여 계산하는 응용문제가 출제될 수 있으므로 관련 식

을 확실히 숙지하여 대응하도록 한다.

21 단순 계산형   난이도 下

정답 ①

접근 POINT

유도전동기의 회전속도와 동기전동기의 회전속도를 비교하고 동기전동기의 회전원리를 이해해야 한다.

공식 CHECK

$$N_s = \frac{120f}{P}\,[\text{rpm}]$$

N_s : 동기속도[rpm], P : 극수,
f : 주파수[Hz]

$$s = \frac{N_s - N}{N_s}$$

s : 슬립, N : 회전자 속도[rpm],
N_s : 동기속도[rpm]

해설

(1) 위 관계 식에 의하면 유도전동기의 회전속도는 다음과 같다.
$$N = (1-s)N_s = N_s - sN_s$$

(2) 동기전동기의 회전속도는 동기속도이므로 N_s이다.

(3) 그러므로 같은 극 수의 유도전동기의 속도는 동기전동기의 속도보다 sN_s 만큼 느림을 알 수 있다.

동기전동기를 기동시킬 때 기동 전동기로 유도
전동기를 연결하여 기동시키는 방법을 기동 전
동기법이라고 한다.

유도전동기의 극 수를 동기전동기의 극 수보다
2극 적은 것을 사용하여 기동시킨 후 유도전동
기를 분리시키면 회전자가 동기속도를 따라 회
전하게 된다.

22 개념 이해형 난이도 中

| 정답 ①

| 접근 POINT

유도전동기의 속도에 대한 안정 운전 조건에 대
하여 파악해야 한다.

| 해설

유도전동기 안정 운전점인 P점이 되기 위해서
는 안정 운전점을 기준으로 왼쪽에서는 전동기
토크가 부하토크보다 크게 되어 속도가 증가하
여야 하고, 오른쪽에서는 부하토크가 전동기 토
크보다 크게 되어 속도가 감소하여야 한다.

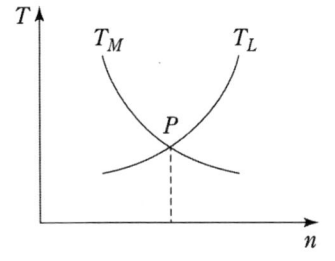

23 개념 이해형 난이도 下

| 정답 ④

| 접근 POINT

유도전동기의 속도 제어법 중 권선형 전동기의
속도제어 방법에 대한 개념문제이다.

| 용어 CHECK

비례추이: 일정한 전압하에서 같은 전류, 같은
토크에 대한 슬립이 2차 저항에 비례해서 추이
하는 현상

| 해설

권선형 회전자는 회전자 철심의 슬롯에 구리 도
체를 넣어서 고정자 권선과 같이 3상 권선을 한
것으로 내부 권선의 결선은 Y 결선으로 하고 3
상 권선의 세 단자는 각각 3개의 슬립링에 접속
하여 브러시를 통해 외부에 있는 기동 저항기에
연결한다.

기동 저항기를 이용하여 2차 저항을 가변하면
기동토크를 개선하며 속도 조정도 자유로이 할
수 있는 이점이 있다. 즉 권선형 전동기는 2차 회
로의 저항을 조정하여 비례추이를 할 수 있다.

| 응용

2차 저항 제어법: 2차 회로의 저항을 조정하여
비례추이를 이용, 슬립 s로 속도를 제어하는 방법

24 개념 이해형 난이도 下

| 정답 ④

┃접근 POINT

유도전동기의 속도 제어법 중 권선형 전동기의 속도제어 방법에 대한 개념문제이다.

┃용어 CHECK

(1) 기동토크: 정지해 있는 전동기가 운전을 시작하는 순간 발생하는 회전력으로 이 값이 부하가 요구하는 값보다 크지 않으면 전동기는 그 부하를 기동할 수 없다.

(2) 기동전류: 정격전압으로 전동기를 기동할 때 전동기에 흘러드는 전류

┃해설

권선형 회전자는 회전자 철심의 슬롯에 구리 도체를 넣어서 고정자 권선과 같이 3상 권선을 한 것으로 내부 권선의 결선은 Y 결선으로 하고 3상 권선의 세 단자는 각각 3개의 슬립링에 접속하여 브러시를 통해 외부에 있는 기동 저항기에 연결한다.

기동 저항기를 이용하여 2차 저항을 가변하면 기동전류를 제한 할 수 있고, 기동토크를 개선하며 속도 조정도 자유로이 할 수 있는 이점이 있다. 즉 권선형 전동기는 2차 회로의 저항을 조정하여 비례추이를 할 수 있다.

┃응용

2차 저항 제어법: 2차 회로의 저항을 조정하여 비례추이를 이용, 슬립 s로 속도를 제어하는 방법으로 속도 상승에 따라 외부저항을 점차 감소시키면 저항손의 증대를 막고 운전 시 양호한 특성을 갖게 할 수 있다.

25 개념 이해형   난이도 下

┃정답   ④

┃접근 POINT

유도전동기의 슬립과 최대토크의 관계 곡선에 대한 개념 파악 문제이다.

┃공식 CHECK

$$\tau_m = k\frac{V^2}{2x_2}$$

T_m : 유도전동기의 최대 토크[N·m]
V : 전압[V], x : 리액턴스[Ω]

┃해설

유도전동기의 최대토크는 위 식에서와 같이 2차 저항에 무관하다. 다만 최대토크를 발생하는 슬립은 2차 저항에 비례한다.

┃응용

최대토크를 발생하는 슬립과 2차 저항과의 관계는 다음과 같다.

$$s_m \fallingdotseq \frac{r_2}{x_2}$$

s_m : 최대 토크 발생 슬립
r_2 : 2차 저항[Ω], x_2 : 2차 리액턴스[Ω]

26 단순 계산형   난이도 下

┃정답   ④

유도전동기 회전 시 2차 회로의 특성에 대한 계산 문제이다.

■ 공식 CHECK

$$E_2' = sE_2$$

s : 슬립

E_2' : 슬립 s 로 회전 시 2차 유도기 전력

E_2 : 정지 시 2차 유도기 전력 [Hz]

■ 해설

슬립 4[%]로 운전 시 2차에 유도되는 기전력은 위 공식에 의해

$E_2' = sE_2 = 0.04 \times 150 = 6[V]$ 이다.

■ 응용

유도전동기 회전 시 1차 주파수와 2차 주파수의 관계는 다음과 같다.

$$f_2 = sf_1$$

s : 슬립

f_1 : 1차 주파수 [Hz], f_2 : 2차 주파수 [Hz]

---

27 단순 계산형

난이도 下

■ 정답 ③

■ 접근 POINT

비례추이 현상과 기동에 대한 이해를 응용하여 계산하는 문제이다.

■ 공식 CHECK

$$\frac{r_2'}{s} = \frac{r_{21}'}{s_1} = \frac{r_{22}'}{s_2} = \cdots = \frac{r_{2m}'}{s_m}$$

s : 슬립, r_2 : 2차 저항

■ 해설

기동 시의 슬립과 2차 저항을 각각 s', r_2' 라고 하고 전부하 토크 시의 슬립과 2차 저항을 각각 s, r_2 라고 하면 이 사이에는 비례추이에 의해 다음과 같은 관계가 성립한다.

$$\frac{r_2}{s} = \frac{r_2'}{s'}$$

기동 시 슬립은 1 이므로 (회전속도가 0 이므로) $s' = 1$ 이고, 이때 전부하 토크로 기동하기 위해 외부저항 R을 가해 주어야 하므로

$\dfrac{r_2}{s} = \dfrac{r_2 + R}{1}$ 의 관계식이 성립한다.

그러므로 외부저항 R은 $\dfrac{0.5}{0.05} = \dfrac{0.5 + R}{1}$ 이다.

$R = \dfrac{0.5}{0.05} - 0.5 = 10 - 0.5 = 9.5[\Omega]$

■ 응용

기동 시의 슬립과 2차 저항을 각각 s_s, r_{2s} 라고 하고 최대토크 시의 슬립과 2차 저항을 각각 s_t, r_2 라고 하면 최대 토크로 기동하기 위해 삽입해 주어야 하는 외부저항 R은 다음과 같은 관계식으로 정리된다.

$$R = \frac{r_2}{s_t} - r_2 = \left(\frac{1}{s_t} - 1\right)r_2 = \frac{1 - s_t}{s_t}r_2$$

28 복합 계산형 난이도 中

∣ 정답 ③

∣ 접근 POINT

권선형 유도전동기의 2차 저항 제어법에 의한 속도제어 계산 문제이다. 동기속도 공식과 비례추이 공식을 활용한다.

∣ 공식 CHECK

$$\frac{r_2'}{s} = \frac{r_{21}'}{s_1} = \frac{r_{22}'}{s_2} = \cdots = \frac{r_{2m}'}{s_m}$$

s : 슬립, r_2 : 2차 저항

$$s = \frac{N_s - N}{N_s}$$

s : 슬립

N : 회전자 속도[rpm],

N_s : 동기속도[rpm]

$$N_s = \frac{120f}{P}[\text{rpm}]$$

N_s : 동기속도[rpm], P : 극수,
f : 주파수[Hz]

∣ 해설

(1) 회전자계의 속도 즉 동기속도를 구한다.
$$N_s = \frac{120f}{P} = \frac{120 \times 60}{6} = 1,200[\text{rpm}]$$

(2) 회전속도가 1,140[rpm]이므로 슬립을 구한다.
$$s_1 = \frac{N_s - N}{N_s} = \frac{1,200 - 1,140}{1,200} = 0.05$$

(3) 슬립링 간의 저항이 0.1[Ω]이므로 회전자 한 상의 저항을 구한다.

$$r_2 = \frac{0.1}{2} = 0.05[\Omega]$$

(4) 기동 시의 슬립과 2차 저항을 각각 s', r_2' 라고 하고 전부하 토크 시의 슬립과 2차 저항을 각각 s, r_2 라고 하면 이 사이에는 비례추이에 의해 다음과 같은 관계가 성립한다.

$$\frac{r_2}{s} = \frac{r_2'}{s'}$$

기동 시 슬립은 1 이므로 (회전속도가 0 이므로) $s' = 1$이고, 이때 전부하 토크로 기동하기 위해 외부저항 R을 가해 주어야 하므로 $\frac{r_2}{s} = \frac{r_2 + R}{1}$ 의 관계식이 성립한다.

그러므로 외부저항 R은 $\frac{0.05}{0.05} = \frac{0.05 + R}{1}$ 이다.

$$R = \frac{0.05}{0.05} - 0.05 = 1 - 0.05 = 0.95[\Omega]$$

29 단순 계산형 난이도 中

∣ 정답 ①

∣ 접근 POINT

농형 유도전동기와 권선형 유도전동기의 속도제어법에 대해 파악해야 한다.

∣ 해설

농형 유도전동기의 속도 제어법 → 극수 변환법, 주파수 제어법, 1차 전압 제어법
권선형 유도전동기의 속도 제어법 → 2차 저항 제어법, 2차 여자법, 종속 접속 속도 제어법

30 개념 이해형   난이도 下

┃ 정답 ②

┃ 접근 POINT

권선형 유도전동기의 2차 여자 제어법에 대한 개념파악 문제이다.

┃ 용어 CHECK

2차 여자법: 권선형 유도전동기의 2차 회로에 회전자의 주파수와 같은 주파수의 전압을 가하여 속도와 역률을 제어하는 방식

┃ 해설

(1) 크레머 방식: 권선형 유도전동기의 속도제어방식의 하나로 유도전동기와 직류전동기를 기계적으로 직결하고 전기적으로는 유도전동기의 2차 출력을 실리콘 정류기로 정류하여 직류전동기의 입력으로서 가하도록 접속한 방식

(2) 플러깅 방식: 직류전동기에 가해지는 직류전압의 극성을 바꾸거나 교류전동기에 가해지는 교류 전압의 상의 순서를 바꾸어 제동 토크를 발생시켜 전동기의 속도를 줄이는 제동 방식

(3) 세르비우스 방식: 2차 저항 손실에 해당하는 전력을 전원에 반환하는 방식으로 전동발전기 대신 사이리스터를 사용한 것

31 개념 이해형   난이도 下

┃ 정답 ④

┃ 접근 POINT

유도전동기의 기동법 중 기동 보상기법에 대한 개념 파악 문제이다.

┃ 용어 CHECK

기동 보상기법: 단권 변압기를 사용하여 공급 전압을 낮추어 기동하는 방식

┃ 해설

유도전동기 기동 시 정격전압을 가하면 회전자 권선에는 큰 기전력이 유도되므로 회전자에는 정격전류의 5배 이상의 큰 전류가 흘러 권선을 가열시키고 전원 계통에 나쁜 영향을 구제된다. 그러므로 안전한 기동을 위해 기동전류를 제한하고 기동토크를 크게 할 필요가 있다.

기동 보상기법은 단권 변압기를 사용하여 공급 전압을 낮추어 기동하는 방법으로 15[kW] 이상의 농형 유도전동기 기동에 적용한다.

┃ 응용

Y-△ 기동

전동기 기동 시 고정자 권선을 Y 결선으로 하면 1차 각 상의 권선에는 정격전압의 $\frac{1}{\sqrt{3}}$ 의 전압이 가해지며, 이때 기동전류는 $\frac{1}{3}$ 이 되므로 전부하 전류에 비해 200~250[%] 정도로 제한된다.

이후 속도가 전 속도에 도달할 때 △ 결선으로 전환시키면 전전압이 가해진다. 토크는 전압의 제곱에 비례하므로 기동토크도 $\frac{1}{3}$ 로 줄어들게 된다.

32 개념 이해형　　　난이도 下

정답 ③

접근 POINT

유도전동기의 구조, 특성, 원선도 등에 대한 전반적인 개념 파악 문제이다.

용어 CHECK

(1) 농형 회전자: 구리 또는 알루미늄 도체를 사용한 것으로 도체의 양끝을 구리로 만든 단락 고리에 붙여 접속한 형태이다.
(2) 권선형 회전자: 회전자 철심의 슬롯에 구리 도체를 넣어서 고정자 권선과 같이 3상 결선을 한 형태이다.

해설

농형 회전자는 구조가 간단하고 취급이 용이하지만 기동전류가 크고 회전력이 적은 특징이 있어 주로 소형 전동기에 사용된다.

응용

(1) 게르게스 현상: 3상 권선형 유도전동기가 기동 중 브러시의 접촉 불량이나 권선의 단선 등으로 2차 권선의 1상이 단선된 경우 이상 회전력이 발생하여 슬립 0.5 구간에서 더 이상 가속되지 않는 현상이다.
(2) 유도전동기의 원선도로 구할 수 있는 것은 전부하 전류, 역률, 효율, 슬립 등이며 원선도 작성에 필요한 시험은 ① 저항 측정, ② 무부하 시험, ③ 구속 시험이다.

33 개념 이해형　　　난이도 下

정답 ③

접근 POINT

농형 유도전동기와 권선형 유도전동기의 특성에 대한 개념파악 문제이다.

용어 CHECK

(1) 농형 회전자: 구리 또는 알루미늄 도체를 사용한 것으로 도체의 양끝을 구리로 만든 단락 고리에 붙여 접속한 형태이다.
(2) 권선형 회전자: 회전자 철심의 슬롯에 구리 도체를 넣어서 고정자 권선과 같이 3상 결선을 한 형태이다.

해설

농형 유도전동기는 구조가 간단하고 취급이 용이하지만 기동전류가 크고 회전력이 적은 특징이 있어 주로 소형 전동기에 사용된다.
권선형 유도전동기는 회전자의 구조가 복잡하고 슬립 링과 브러시를 통하여 기동 저항기에 접속하기 때문에 구조가 복잡하고 운전이 어렵지만 기동전류를 감소시킬 수 있고, 속도 조정을 자유로이 할 수 있는 이점이 있다.

34 개념 이해형　　　난이도 下

정답 ④

접근 POINT

농형 유도전동기의 기동방법의 종류에 대한 개

념문제이다. 회전자의 특성과 연관하여 숙지하도록 한다.

┃용어 CHECK
농형 유도전동기: 유도전동기의 일종으로 2매의 링 사이를 여러 줄의 축방향 막대로 연결한 농형의 도체 구조 회전자를 갖는 것

┃해설
권선형 유도전동기의 회전자 측에 저항을 연결하면 비례 추이 특성에 의해 최대토크 발생 시점을 조정할 수 있다. 그러므로 적당한 저항값을 인가하면 기동전류를 제한하고 기동 시에 최대토크가 되도록 할 수 있다.

┃응용
(1) 전전압 기동: 기동 장치를 따로 쓰지 않고 직접 정격전압을 가하여 기동하는 방식
(2) Y-△ 기동: 전동기 기동 시 고정자 권선을 Y 결선으로 하여 기동하는 방식
(3) 리액터 기동: 전동기의 1차 측에 직렬로 철심이 든 리액터를 접속하고 리액터에 의한 전압 강하를 이용하여 기동전류를 제한하는 기동방식

35 개념 이해형   난이도 下

┃정답 ②

┃접근 POINT
유도전동기의 Y-△ 기동 (스타-델타 기동)법에 대한 개념 파악 문제이다.

┃용어 CHECK
Y-△ 기동: 전동기 기동 시 고정자 권선을 Y 결선으로 하여 기동하는 방식

┃해설
Y-△ 기동
전동기 기동 시 고정자 권선을 Y 결선으로 하면 1차 각 상의 권선에는 정격전압의 $\frac{1}{\sqrt{3}}$ 의 전압이 가해지며, 이때 기동전류는 $\frac{1}{3}$ 이 되므로 전부하 전류에 비해 200~250[%] 정도로 제한된다. 이후 속도가 전 속도에 도달할 때 △ 결선으로 전환시키면 전전압이 가해진다. 토크는 전압의 제곱에 비례하므로 기동토크도 $\frac{1}{3}$ 로 줄어들게 된다.

36 개념 이해형   난이도 下

┃정답 ④

┃접근 POINT
권선형 유도전동기의 2차 여자 제어법에 대한 개념파악 문제이다.

┃용어 CHECK
2차 여자 제어법: 권선형 유도전동기의 2차 회로에 회전자의 주파수와 같은 주파수의 전압을 가하여 속도와 역률을 제어하는 방식

┃해설
2차 여자법을 사용하면 전동기의 속도를 동기

속도보다 크게 할 수도 있고 작게 할 수도 있으며, 속도 제어를 원활하게 넓은 범위에 걸쳐 간단하게 조작할 수 있다.

▮ 응용

2차 저항 제어법: 2차 회로의 저항을 조정하여 비례추이를 이용, 슬립 s로 속도를 제어하는 방법으로 속도 상승에 따라 외부 저항을 점차 감소시키면 저항손의 증대를 막고 운전 시 양호한 특성을 갖게 할 수 있다.

37 개념 이해형　　　　　　난이도 下

▮ 정답　④

▮ 접근 POINT

특수 농형 유도전동기 중 2중 농형 유도전동기의 특징에 대한 개념문제이다.

▮ 용어 CHECK

2중 농형 유도전동기: 농형 전동기의 회전자를 개조하여 기동할 때는 회전자의 실효저항을 크게 하고 운전할 때는 적게 되도록 한 특수 농형 유도전동기이다. 회전자의 슬롯에 상하로 두 종류의 도체를 배열하고, 바깥쪽의 도체를 높은 저항의 것, 안쪽의 도체를 낮은 저항의 것을 사용한다.

▮ 해설

2중 농형 유도전동기는 일반적인 농형 유도전동기에 비해 기동전류는 작고 기동토크는 큰 특성을 가지고 있으며 최대토크는 보통 농형보다

작고 역률이 나쁘다.

▮ 관련개념

기동용 농형 권선: 외측 도체. 저항이 크고 리액턴스가 작다.

운전용 농형 권선: 내측 도체. 저항이 작고 리액턴스가 크다.

38 개념 이해형　　　　　　난이도 下

▮ 정답　③

▮ 접근 POINT

분상 기동형 단상 유도전동기의 특징에 대한 개념 파악 문제이다.

▮ 용어 CHECK

분상 기동형 전동기: 주권선인 운전 권선과 보조 권선인 기동 권선이 병렬로 연결된 전동기로 보조 권선에는 가는 동선을 사용하여 저항을 증가시키고 이로 인해 두 권선에 흐르는 전류의 위상차를 이용하여 기동하는 방식이다.

▮ 해설

분상 기동형 단상 유도전동기는 다음과 같은 특징을 가지고 있다.
(1) 주권선은 작은 저항과 큰 리액턴스를 갖는다.
(2) 보조권선은 큰 저항과 작은 리액턴스를 갖는다.
(3) 전동기가 기동하여 속도가 어느 정도 상승하면 원심력 스위치에 의해 보조권선은 분리된다.

(4) 높은 기동토크를 발생시키려면 보조권선 내에 직렬 저항을 삽입하거나 주권선 내에 직렬 유도성 리액턴스를 접속한다.

▮ 응용

분상 기동형 전동기는 재봉틀, 우물 펌프, 팬, 환풍기, 사무기기, 농기기 등에 사용된다.

39 단순 계산형   난이도 下

▮ 정답   ③

▮ 접근 POINT

단상 유도전동기의 원리와 2전동기설에 대한 개념 파악 및 계산 문제이다. 슬립의 공식을 활용한다.

▮ 공식 CHECK

$$s = \frac{N_s - N}{N_s}$$

s : 슬립, N : 회전자 속도[rpm],
N_s : 동기속도[rpm]

▮ 해설

(1) 위 관계식에 의해 $\dfrac{N}{N_s} = 1 - s$ 로 나타낼 수 있다.

(2) 역회전 시 $N = -N$ 이므로 이를 위 식에 대입한다.

$$s' = \frac{N_s - (-N)}{N_s} = \frac{N_s + N}{N_s} = 1 + \frac{N}{N_s}$$

(3) 그러므로 (1)식을 (2)식에 대입하면 역방향

회전자계에 대한 회전자의 슬립은 다음과 같다.

$$s' = 1 + \frac{N}{N_s} = 1 + (1 - s) = 2 - s$$

그러므로 $s' = 2 - 0.2 = 1.8$ 이다.

▮ 응용

2전동기설

단상 권선에 교류 전류가 흐르면 교번자계가 발생하고 이 교번자계는 그 크기가 $\dfrac{1}{2}$ 이고 서로 반대 방향으로 회전하는 2개의 회전자계로 분해할 수 있다.

시계 방향으로 회전하는 자계를 정상분, 반시계 방향으로 회전하는 자계를 역상분이라 하면 이것은 같은 축에 회전 방향이 서로 반대가 되는 2개의 유도전동기가 연결된 것과 같이 생각할 수 있다.

이와 같은 생각으로 단상 유도전동기를 해석하는 방법을 회전자계설 또는 2전동기설이라 한다.

40 개념 이해형   난이도 下

▮ 정답   ①

▮ 접근 POINT

단상 유도전동기의 기동토크 크기에 대한 개념 문제이다.

▮ 용어 CHECK

(1) 반발 기동형: 반발 기동형 전동기의 회전자는 직류전동기의 전기자와 거의 같은 모양

의 권선과 정류자로 되어 있으며 기동 시 브러시를 통하여 외부에서 단락된 큰 기동토크에 의해 기동한다.

(2) 분상 기동형: 고정자 철심에 감은 주권선에 병렬로 보조권선을 접속시켜 위상차를 만들어 기동시키는 방법이다. 이 때 보조권선은 주권선보다 가는 코일을 사용하여 권수를 적게 감아 권선저항을 크게 한다. 이와 같은 권선에 단상전압을 공급하면 리액턴스가 큰 주권선과 리액턴스가 작고 저항이 큰 보조권선 사이에는 위상차가 발생하여 회전자계가 생긴다.

(3) 커패시터(콘덴서) 기동형: 커패시터를 임의의 상에 삽입하여 위상차를 만들어 기동시키는 방법이다. 기동토크가 크다.

(4) 세이딩 코일형: 회전자는 농형이며 고정자의 성층 철심은 몇 개의 돌극으로 구성되어 있다. 이 돌극부에는 굵고 단락된 동선이 감겨 있는데 이 단락된 동선을 세이딩 코일이라 한다. 기동토크가 매우 작고 효율과 역률이 작으며 회전 방향을 변경할 수 없다는 단점이 있다.

┃ 해설

단상 유도전동기의 기동토크가 큰 순서는 다음과 같다.
반발 기동형-콘덴서 기동형-분상 기동형-세이딩 코일형

┃ 응용

단상 유도전동기

단상 유도전동기는 회전 자계가 생기지 않아 스스로 기동할 수 없기 때문에 보조권선을 수단으로 하여 회전 자계를 발생시켜야 한다.
이 때 주권선과 기동 권선 기자력 사이에 공간적인 위상차를 만들어 주는 방법에 의해 단상 유도전동기가 분류되며 반발 기동형, 콘덴서 기동형, 세이딩 코일형, 분상 기동형등이 있다.

41 개념 이해형   난이도 下

┃ 정답 ②

┃ 접근 POINT

반발 기동형 단상 유도전동기의 개념 파악 문제이다.

┃ 용어 CHECK

반발 기동형: 반발 기동형 전동기의 회전자는 직류전동기의 전기자와 거의 같은 모양의 권선과 정류자로 되어 있으며 기동 시 브러시를 통하여 외부에서 단락된 큰 기동토크에 의해 기동한다.

┃ 해설

반발 기동형 유도전동기는 브러시 이동만으로 기동, 정지, 속도제어가 가능하다.

┃ 응용

(1) 분상 기동형 유도전동기의 기동방식: 고정자 철심에 감은 주권선에 병렬로 보조권선을 접속시켜 위상차를 만들어 기동시키는 방법이다.

(2) 커패시터(콘덴서) 기동형 유도전동기의 기동방식 : 커패시터를 임의의 상에 삽입하여 위상차를 만들어 기동시키는 방법이다.

SUBJECT 03
전기기기

(3) 세이딩 코일형 유도전동기의 기동방식: 고
    정자 돌극부의 단락된 동선인 세이딩 코일
    에 의해 회전자계가 형성되면 토크가 발생
    하면서 회전한다.

대표유형 ❺

전기기기 응용　　154쪽

01 개념 이해형　　난이도 下

┃ 정답　②

┃ 접근 POINT

정류회로에서 사용하는 환류 다이오드의 사용
목적에 대한 개념파악 문제이다.

┃ 용어 CHECK

정류회로: 한 방향으로 전류가 흐르게 하는 회
로. 정류기를 사용하여 교류를 맥동 전류로 바
꾸는 회로로서 정류회로에 의해 생성된 맥동 전
류는 이후 평활회로를 거쳐 전류 크기가 일정한
직류로 변환된다.

┃ 해설

환류 다이오드는 아래 그림과 같이 부하와 병렬
로 접속되어 다이오드가 off 될 때 유도성 부하
전류의 통로를 만드는 다이오드이다. 부하 전류
를 평활하게 하고 다이오드의 역바이어스 전압
을 부하에 관계없이 일정하게 유지시킨다.

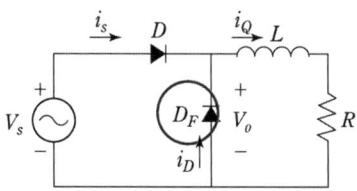

▲ 정류기 회로에서의 환류 다이오드

┃ 응용

환류 다이오드는 전류의 패스를 만들어 주어 소자에 부담이 덜하도록 하기 위해서 사용된다.

02 개념 이해형　　　난이도 下

┃ 정답　③

┃ 접근 POINT

실리콘 제어 정류소자인 SCR에 대한 개념파악 문제이다.

┃ 용어 CHECK

SCR(Silicon Controlled Rectifier): 실리콘 제어 정류소자이며 사이리스터라고도 한다.

┃ 해설

SCR은 정류기능을 갖는 단일 방향성 3단자 소자로서 다음과 같은 특성을 가지고 있다.
(1) 과전압에 약하다.
(2) 열용량이 적어 고온에 약하다.
(3) 게이트 신호를 인가할 때부터 도통할 때까지의 시간이 짧다.
(4) 전류가 흐르고 있을 때 양극의 전압강하가 작다.
(5) 역률각 이하에서는 제어가 되지 않는다.
(6) 아크가 생기지 않으므로 열의 발생이 적다.

┃ 응용

SCR은 수명이 반영구적이고 견고하므로 릴레이 장치, 조명·조광 장치, 인버터, 펄스 회로 등 대전력의 제어용으로 사용된다.

03 개념 이해형　　　난이도 下

┃ 정답　④

┃ 접근 POINT

SCR의 동작 특성에 대한 개념파악 문제이다. 소자의 통전상태와 차단 조건을 이해하고 있어야 한다.

┃ 용어 CHECK

트리거 펄스: 작은 에너지의 제어 신호로 큰 에너지를 해방하는 데 사용하는 펄스이다.

┃ 해설

SCR은 게이트에 (+)의 트리거 펄스가 인가되면 통전상태로 되어 정류작용이 개시된다. 일단 통전이 시작되면 게이트 전류를 차단해도 주전류인 애노드 전류는 차단되지 않으며 이를 차단하려면 애노드 전압을 (0) 또는 (-)로 해야 한다.

┃ 응용

사이리스터의 기호는 아래와 같다.

사이리스터는 제어단자로 Gate로부터 음극 Cathode에 전류를 흘리는 것으로 양극 Anode와 음극 Cathode 사이를 도통시킬 수 있는 3단자의 단방향 반도체 소자이다.

개념 이해형   난이도 下

▌정답   ③

▌접근 POINT
정류용 반도체 소자인 사이리스터의 구조에 대한 개념파악 문제이다. 단자의 수를 구별하여 관련 내용을 익혀두도록 한다.

▌용어 CHECK
사이리스터: 전력 시스템에서 전류 및 전압의 제어에 사용되는 전력반도체 소자로서 PNPN 접합의 4층 구조 반도체 소자이다.

▌해설
SCR: 역저지 3단자 사이리스터
GTO: 역저지 3단자 소자이며 자기 소호 특성이 있다.
TRIAC: 쌍방향 3단자 소자로서 순방향 전류 또는 역방향 전류를 온 할 수 있다.

▌응용
SCS: 역저지 4단자 사이리스터로서 게이트가 2개인 구조이다.

---

05 **개념 이해형**   난이도 下

▌정답   ④

▌접근 POINT
정류용 반도체 소자인 사이리스터의 구조에 대한 개념파악 문제이다. 단자의 수를 구별하여 관련 내용을 익혀두도록 한다.

▌용어 CHECK
사이리스터: 전력 시스템에서 전류 및 전압의 제어에 사용되는 전력반도체 소자로서 PNPN 접합의 4층 구조 반도체 소자이다.

▌해설
TRIAC: 쌍방향 3단자 소자로서 순방향 전류 또는 역방향 전류를 온 할 수 있는 교류제어용 소자이다. 교류를 사용하는 가정용 기구들의 회전수 제어, 냉장고 및 전기담요 등의 온도제어 등에 널리 사용된다.

▌응용
TRIAC의 기호는 다음과 같다.

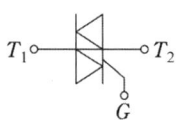

---

06 **개념 이해형**   난이도 下

▌정답   ②

▌접근 POINT
정류용 반도체 소자인 GTO 에 대한 전반적인 개념 파악 문제이다.

▌용어 CHECK
GTO: Gate Turn Off thyristor의 약자이다. 게이트에 역방향 전류를 흐르게 하는 것으로 턴 오프 할 수 있는 기능을 가진 사이리스터이다.

해설

GTO의 기호는 다음과 같이 SCR과 각 단자의 명칭이 동일하다.

$$A \circ\!\!-\!\!\!\triangleright\!\!\!|\!\!-\!\!\circ K$$
$$\underset{G}{\circ}$$

SCR과 같이 온(on) 상태에서는 단방향 전류 특성을 보이며 오프(off) 상태에서는 양방향 전압 저지 능력을 가지고 있다.

응용

유도전동기 구동용 PWM 제어, VVVF 인버터, 차량의 보조 전원, 차단기 및 자력식 변환기 등에 사용된다.

07 개념 이해형   난이도 下

정답   ④

접근 POINT

직류 전력변환 및 교류 전력변환기기에 대한 개념파악 문제이다.

용어 CHECK

전력변환장치: 임의의 전력을 전류, 전압, 주파수 등이 다른 전력으로 변환하는 장치

해설

컨버터: 교류와 직류간의 변환, 교류의 주파수 상호 변환, 상수의 변환 등을 하는 장치. 좁은 의미로는 교류를 직류로 변환하는 장치를 말한다.
정류기: 교류를 직류로 바꾸기 위한 전기적 장치.

인버터: 직류전력을 교류전력으로 변환하는 장치.

응용

유도전동기: 교류로 동작하는 대표적인 전동기로 고정자와 회전자로 구성되어 있다. 교류 전기로고정자에 회전 자기장을 발생시키고 도체의 회전자에 유도전류를 발생시키면 회전자가 기전력을 받아 회전 자기장에 대응하여 회전운동을 하는 원리로 동작한다.

08 개념 이해형   난이도 下

정답   ①

접근 POINT

직류 전력변환 및 교류 전력변환기기에 대한 개념파악 문제이다.

용어 CHECK

초퍼 (chopper): 직류를 직류로 변환하는 장치

해설

어떤 직류 전압을 입력으로 하여 크기가 다른 직류를 얻기 위한 회로를 직류 초퍼 회로라고 하며 전동차, 지게차, 광산용 견인 전차의 전동 제어 등에 널리 응용된다. 전압을 낮추는 경우 강압용 초퍼가 사용되고 전압을 높이는 경우 승압용 초퍼가 사용된다.

응용

사이클로 컨버터: 어떤 주파수의 교류를 직류 회로로 변환하지 않고 다른 주파수의 교류로 변

환하는 직접 주파수 변환장치

09 개념 이해형

┃ 정답 ③

┃ 접근 POINT
직류 전력변환 및 교류 전력변환기기에 대한 개념파악 문제이다.

┃ 용어 CHECK
전력변환장치: 임의의 전력을 전류, 전압, 주파수 등이 다른 전력으로 변환하는 장치

┃ 해설
사이클로 컨버터: 어떤 주파수의 교류를 직류회로로 변환하지 않고 다른 주파수의 교류로 변환하는 직접 주파수 변환장치
정류기: 교류를 직류로 바꾸기 위한 전기적 장치
인버터: 직류전력을 교류전력으로 변환하는 장치

┃ 응용
초퍼(chopper)
직류를 직류로 변환하는 장치이다.
어떤 직류 전압을 입력으로 하여 크기가 다른 직류를 얻기 위한 회로를 직류 초퍼 회로라고 하며 전동차, 지게차, 광산용 견인 전차의 전동 제어 등에 널리 응용된다.
전압을 낮추는 경우 강압용 초퍼가 사용되고 전압을 높이는 경우 승압용 초퍼가 사용된다.

10 개념 이해형

┃ 정답 ①

┃ 접근 POINT
전력변환기를 이용한 정류회로의 사용목적에 대한 개념파악 문제이다.

┃ 용어 CHECK
맥동전류: 진동전류의 일종이자 직류의 일종으로 부호가 바뀌지 않고 주기적으로 크기가 바뀌는 전류

┃ 해설
교류를 정류하여 얻는 사인파의 절대값 형태를 맥동전류라고 부르며 그 맥동성분을 감소시키기 위해 각종 평활회로를 사용한다.

┃ 응용
교류전압을 정류기만으로 정류할 경우 정류된 파형은 직류분 외에 맥동분을 많이 포함하게 되며 그 맥동분을 제거하고 순수한 직류파형을 얻기 위하여 정류회로에 부가하여 사용하는 전기회로를 평활회로라고 한다.

11 단순 계산형

┃ 정답 ③

┃ 접근 POINT
단상 반파정류의 직류전압과 실효값에 대한 계산문제이다.

공식 CHECK

$$E_d = \frac{\sqrt{2}}{\pi}E = 0.45E$$

E : 교류전압의 실효값[V]

E_d : 단상 반파 직류전압[V]

해설

정류기의 전압강하 e를 고려하여 식을 수립하면 단상 반파정류의 직류전압은 다음과 같다.

$$E_d = \frac{\sqrt{2}}{\pi}E - e = 0.45E - e$$

이며 전압강하 $e = 15[\text{V}]$이므로 실효값은 다음과 같다.

$$E = \frac{E_d + e}{0.45} = \frac{210 + 15}{0.45} = 500$$

그러므로 실효값은 500[V]이다.

응용

실효값(RMS): root mean square 의 약자이며 교류 전압과 교류 전류를 일정한 평균값으로 나타내는 방법이다. 순시값의 2승을 1주 기간으로 평균한 값의 제곱근이다.

---

[12] 단순 계산형   난이도 下

정답 ③

접근 POINT

단상 전파정류회로의 직류 평균전압에 대한 계산문제이다.

공식 CHECK

$$E_d = \frac{\sqrt{2}\,E}{\pi}(1 + \cos\alpha)$$

E_d : 단상 전파정류의 직류 평균전압[V]

E : 실효값[V], α : 점호각[°]

해설

위 공식에 주어진 조건을 대입한다.

$$\begin{aligned}
E_d &= \frac{\sqrt{2}\,E}{\pi}(1 + \cos\alpha) \\
&= \frac{\sqrt{2} \times 100}{\pi}(1 + \cos 30°) \\
&= \frac{\sqrt{2} \times 100}{\pi}(1 + \frac{\sqrt{3}}{2}) = 84
\end{aligned}$$

직류 평균전압은 84[V]이다.

응용

단상 반파정류회로의 직류 평균전압 식은 다음과 같다.

$$E_d = \frac{\sqrt{2}\,E}{2\pi}(1 + \cos\alpha)$$

E_d : 단상 반파정류의 직류 평균전압[V]

E : 실효값[V], α : 점호각[°]

---

[13] 단순 계산형   난이도 下

정답 ③

접근 POINT

3상 반파 정류회로의 평균전압 값을 구하는 문제이다. 주어진 조건을 식에 대입하여 해결하는 계산문제이다.

❙ 공식 CHECK

$$V_d = \frac{3\sqrt{6}}{2\pi} V \cos\theta$$

V_d : 3상 반파정류회로 평균전압[V]

V : 상전압[V]

❙ 해설

주어진 조건의 3상 반파정류회로 평균전압은 다음과 같다.

$$V_d = \frac{3\sqrt{6}}{2\pi} V \cos\theta = 1.17 \times 200 \times \frac{\sqrt{3}}{2}$$
$$= 202.65[\text{V}]$$

약 203[V]이다.

❙ 응용

3상 전파 정류회로의 평균전압은 아래와 같다.

$$V_d = \frac{3\sqrt{6}}{\pi} V \cos\theta$$

V_d : 3상전파 정류회로 평균전압[V]

V : 상전압[V]

---

14 단순 계산형   난이도 下

❙ 정답 ④

❙ 접근 POINT

단상 전파 직류전압과 실효값의 관계 및 첨두 역전압과의 관계를 이용한 계산 문제이다.

❙ 공식 CHECK

$$PIV = E_d \times \pi$$

PIV: 첨두 역전압[V], E_d : 직류분 전압[V]

❙ 해설

직류분 전압이 90[V]이므로 주어진 공식에 대입한다.

$$PIV = E_d \times \pi = 90\pi = 282.74$$

약 282.7[V]이다.

❙ 응용

$$E_d = \frac{2\sqrt{2}}{\pi} E = 0.9E$$

E : 교류전압의 실효값[V]

E_d : 단상 전파 직류전압[V]

---

15 개념 이해형   난이도 下

❙ 정답 ③

❙ 접근 POINT

정류회로의 맥동 특성에 대한 개념파악 문제이다.

❙ 용어 CHECK

(1) 맥동률: 교류분을 포함한 직류에서 그 평균 값에 대한 교류분의 실효값의 비

(2) 맥동 주파수: 어떤 신호에 섞여 있으며 그 신호보다 크기는 작고 주파수가 높아서 마치 물결이 치는 것과 같은 신호 성분의 주파수

❙ 해설

정류의 종류에 따른 맥동률 및 맥동 주파수의 관계는 다음과 같다.

정류 종류	단상 반파	단상 전파	3상 반파	3상 전파
맥동률 [%]	121	48	17.7	4.04
맥동 주파수	f	2f	3f	6f

즉 정류회로에서 상의 수를 크게 했을 경우 맥동 주파수는 높아지고 맥동률은 감소한다.

응용

$$맥동률 = \sqrt{\frac{실효값^2 - 평균값^2}{평균값^2}} \times 100$$
$$= \frac{교류분}{직류분} \times 100 [\%]$$

16 개념 이해형 난이도 下

정답 ②

접근 POINT

실리콘 정류기의 특성에 대한 개념파악 문제이다.

용어 CHECK

실리콘 정류기: 실리콘 제어 정류기는 3개 이상의 PN접합을 1개의 반도체 기판 내에 형성함으로써 전류가 흐르지 않은 상태와 전류가 흐를 수 있는 상태 등 2개의 안정된 상태가 있는 반도체 소자이다.

해설

실리콘 정류기는 다음과 같은 특성을 가지고 있다.
(1) 역방향 내전압이 크다.(500~1,000[V])
(2) 전류밀도가 크다.
(3) 온도에 의한 영향이 작다.
(4) 효율이 가장 좋다.
(5) 대용량 정류기에 적합하다.

17 단순 계산형 난이도 中

정답 ②

접근 POINT

다상 정류회로에서의 직류전압을 구하기 위한 공식에 대하여 파악해야 한다.

공식 CHECK

다상 반파 정류회로의 직류 평균전압

$$E_{dc} = \frac{\sqrt{2} \sin \frac{\pi}{m}}{\frac{\pi}{m}} E$$

E_{dc}: 직류전압, m: 상수, E: 교류전압

해설

$$E = \frac{\frac{\pi}{6}}{\sqrt{2} \sin \frac{\pi}{6}} \times 297 = 220 [V]$$

18 단순 계산형 난이도 下

정답 ②

접근 POINT

SCR로 구성한 단상 전파 정류회로에 대한 계산 문제이다.

$$E_d = \frac{\sqrt{2}\,E}{\pi}(1+\cos\alpha)$$

E_d : 단상 전파정류의 직류 평균전압[V]

E : 실효값[V], α : 점호각[°]

해설

주어진 조건을 위 공식에 대입한다.

$$
\begin{aligned}
E_d &= \frac{\sqrt{2}\,E}{\pi}(1+\cos\alpha) \\
&= \frac{\sqrt{2}\times 200}{\pi}\times(1+\cos 30) \\
&= 168
\end{aligned}
$$

즉 168[V]이다.

응용

단상 반파 정류 제어 회로에서 직류전압의 평균 치는 아래 식과 같다.

$$E_d = \frac{\sqrt{2}\,E}{2\pi}(1+\cos\alpha)$$

E_d : 단상 반파정류의 직류 평균전압[V]

E : 실효값[V], α : 점호각[°]

19 개념 이해형
난이도 中

정답 ①

접근 POINT

다이오드의 특성과 사이리스터의 동작 특성을 이해해야 해석할 수 있는 개념 파악 문제이다.

용어 CHECK

혼합 브리지 정류회로: 사이리스터와 다이오드 를 병용한 브리지 정류회로

해설

아래 그림과 같이 다이오드 4개를 사용하여 정 류회로를 구성한 후 다이오드의 동작 구간을 살 펴보면 다음과 같다.

(1) $0 \le \omega t \le \pi$ 일 때 D_1, D_3 다이오드가 동 작모드이다.

(2) $\pi \le \omega t \le 2\pi$ 일 때 D_2, D_4 다이오드가 동 작모드이다.

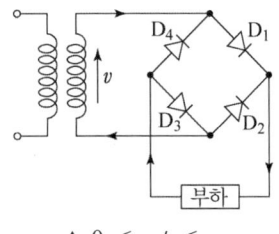

▲ $0 \le \omega t \le \pi$

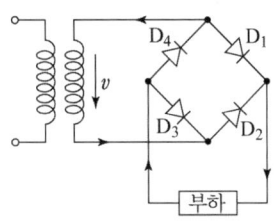

▲ $\pi \le \omega t \le 2\pi$

위 문제에서 제시된 그림을 해석하여 사이리스 터와 다이오드의 동작모드를 살펴본다.

① $0 \le \omega t \le \pi$일 때 D_1, S_1이 동작모드이고

② $\pi \le \omega t \le 2\pi$ 때 D_2, S_2 가 동작모드이다.

그러므로 보기에서 이 조건에 맞는 회로를 찾으 면 ①번이다.

20 개념 이해형
난이도 下

정답 ②

▌접근 POINT

스텝 모터의 회전원리를 이해하고 장단점을 정리하여 문제를 해결한다.

▌용어 CHECK

스텝 모터: 펄스 신호를 줄 때마다 일정한 각도씩 회전하는 모터

▌해설

스텝 모터는 펄스 모양의 전압에 의해 일정 각도 회전하는 전동기로 회전 각도는 입력 펄스 신호의 수에 비례하고 회전 속도는 입력 펄스 신호의 주파수에 비례하는 것이 특징이다.

가속 및 감속이 용이하고 정·역전 및 변속이 쉬우며 위치제어를 할 때 각도 오차가 적고 누적되지 않는다.

▌응용

스텝 모터는 다음과 같은 단점이 있다.
(1) 분해 조립 및 정지 위치가 한정된다.
(2) 서보 모터에 비해 효율이 나쁘다.
(3) 마찰 부하의 경우 위치 오차가 크다.
(4) 오버 슈트 및 진동의 문제가 있다.

21 개념 이해형   난이도 下

▌정답   ①

▌접근 POINT

서보기구의 제어량에 대한 이해를 바탕으로 접근한다.

▌용어 CHECK

서보모터: 자동 제어시스템에서 전압 입력을 회전각으로 바꾸기 위해 사용되는 전동기

▌해설

물체의 위치, 방위, 자세, 회전 속도 등을 제어량으로 하고 목표치의 변화에 따르도록 구성된 자동제어계를 서보기구라고 하며 이 서보계의 조작부에 사용되는 것이 서보모터이다.

서보모터는 빈번하게 변화하는 위치나 속도의 명령에 대해 추종할 수 있도록 설계된 모터로 역률제어는 해당되지 않는다.

▌응용

직류 서보 전동기의 특징
(1) 기동토크가 크고 저가이다.
(2) 회전 방향의 전환이 가능하고 저속부터 고속까지 원활하게 속도조정이 가능하다.
(3) 브러시 마모로 인한 유지보수가 필요하다.
(4) 소음이 발생한다.

22 개념 이해형   난이도 下

▌정답   ③

▌접근 POINT

교류정류자기 중 단상직권 정류자 전동기의 용도에 대한 개념파악 문제이다.

▌용어 CHECK

단상직권 정류자 전동기: 직류 직권 전동기를 교류로도 사용할 수 있게 만든 전동기로 교류와

직류 모두 전원전압으로 사용이 가능하여 만능 전동기라고 한다.

┃ 해설

소출력 단상 직권 정류자 전동기는 가정용 미싱, 소형공구, 영사기. 믹서, 의료 기구용으로 사용된다.

┃ 응용

3상 직권 정류자 전동기는 송풍기, 펌프, 공작기계 등 기동토크가 크고 속도제어 범위가 크게 요구되는 곳에 사용된다.

23 개념 이해형   난이도 下

┃ 정답 ③

┃ 접근 POINT

교류 정류자기 중 단상 반발전동기의 종류에 대한 개념파악 문제이다.

┃ 용어 CHECK

단상 반발전동기: 교류정류자 전동기의 일종으로 직류기와 같이 정류자가 달린 회전자를 가진 교류용 전동기이다.

┃ 해설

단상 정류자 전동기는 직권특성과 분권특성이 있으나 현재 분권특성은 실용화되어 있지 않다. 직권특성을 가진 단상 정류자 전동기는 단상 직권전동기와 단상 반발전동기로 분류되며 단상 반발전동기로는 아트킨손형 전동기, 톰슨 전동

기, 데리 전동기 등이 있다.

┃ 응용

단상 직권전동기는 직권형, 보상직권형, 유도보상 직권형 등이 있다.

24 개념 이해형   난이도 下

┃ 정답 ③

┃ 접근 POINT

3상 분권 정류자전동기가 무엇인지 아는지 묻는 문제로 간단하게 접근할 수 있다.

┃ 용어 CHECK

교류 분권 정류자 전동기: 토크의 변화에 대한 속도의 변화가 매우 작아 분권 특성의 정속도 전동기인 동시에 교류 가변 속도 전동기로서 널리 사용된다.

┃ 해설

시라게 전동기: 3상 분권 정류자 전동기로 브러시를 이동하여 속도제어가 가능한 전동기이다.

┃ 응용

톰슨 전동기, 데리 전동기, 애트킨슨 전동기는 단상 반발 전동기의 종류이다.

25 개념 이해형   난이도 下

┃ 정답 ②

▌접근 POINT

소형 동기전동기 중 히스테리시스 전동기에 대한 개념파악 문제이다.

▌용어 CHECK

히스테리시스 전동기: 정확하고 일정한 속도가 필요한 기록계의 구동용으로 사용되는 타이밍 전동기로 관성 부하의 영향을 받지 않고 가속이 가능한 부하를 제어할 수 있다.

▌해설

히스테리시스 전동기의 고정자는 유도전동기의 고정자와 동일하며 회전자는 권선이 없는 철심뿐인 매끄러운 원통형으로 구성되어 있다. 히스테리시스 전동기의 토크는 회전자가 동기속도인 경우만 발생하는데 이러한 토크의 물리적인 근거는 히스테리시스 현상에 있으며 이는 고정자의 뒤쪽에서 각도 δ_h 만큼 회전자 자계축의 지연을 만든다.

그러므로 회전자 극은 고정자 극에 비해 항상 각도 δ_h 만큼 뒤져 있다. 히스테리시스 토크는 주파수 및 속도와 무관하게 일정하며 구속 시부터 동기속도만을 제외한 모든 속도범위에서 일정한 히스테리시스 토크를 발생한다.

26 개념 이해형

난이도 下

▌정답 ④

▌접근 POINT

회전기기의 회전방향 전환에 대한 개념파악 문제로 각 회전기의 회전원리에 대해 파악하고 접

근하여야 한다.

▌용어 CHECK

회전변류기: 입력 측 3상 교류를 이용하여 동기전동기를 회전시킨 후, 동기전동기 축과 직결된 직류발전기를 회전시켜 직류 출력을 얻는 회전기

▌해설

3상 교류 전압을 인가하여 발생하는 회전자계는 임의의 2선을 전원에 대해 바꾸어 결선하면 회전자기장의 방향이 바뀌게 된다. 유도전동기와 동기전동기의 회전방향은 회전자기장의 방향과 같다.

▌응용

정류자용 주파수 변환기

유도전동기의 2차 여자를 행하기 위한 교류여자기로 슬립링을 통하여 3상 교류전압을 인가하면 회전자계가 발생하고 이것이 상회전 방향의 동기속도로 회전한다.

단, 이 회전자계의 방향은 회전자의 회전 여부나 그 속도 및 방향에 전혀 관계가 없다.

27 개념 이해형

난이도 下

▌정답 ④

▌접근 POINT

교류정류자기 중 단상직권 정류자 전동기에 대한 개념파악 문제로 교류와 직류를 모두 사용한다는 점에 유의하여 접근한다.

전기 동력계: 원동기의 동력을 발전기를 회전시
킴으로써 전기적으로 측정하는 장치로 동력을
전기로 바꾸어 전류와 전압으로부터 전력을 측
정하여 동력을 구한다.

■ 해설

단상 직권 정류자 전동기는 직류 직권 전동기를
교류로도 사용할 수 있게 만든 전동기로 교류와
직류 모두 전원전압으로 사용이 가능하여 만능
전동기라고 한다.

단상 직권 정류자 전동기의 전기자 권선수를 크
게 하면 전기자 반작용이 커지기 때문에 전기자
리액턴스 강하가 증가하여 역률이 나빠지고 출
력이 저하한다.

이에 대한 대책으로 보상권선을 설치하여 전기
자 반작용을 상쇄시키고 역률을 개선하며, 변압
기의 기전력을 작게 해서 정류작용을 개선한다.
또한 변압기 기전력에 의한 단락전류를 제한하
기 위하여 전기자 코일과 정류자편 사이의 접속
에 고저항의 도선을 사용한다.

---

28 개념 이해형 난이도 下

■ 정답 ②

■ 접근 POINT

발전기의 발전 원리와 특성 및 그에 따른 용도에
대한 개념 파악 문제이다. 발전의 원동력이 무
엇인지 생각하여 접근한다.

■ 용어 CHECK

엔진 발전기: 내연기관에 의해 구동되는 발전기

■ 해설

엔진 발전기는 디젤 기관 또는 가스 기관과 같은
왕복기관으로 운전되는 발전기로 저속이며 비
교적 소용량으로 취급이 간단하고 기동시간이
짧다. 그러므로 예비 전원 및 도서, 산간 지역의
전력용 전원으로 사용된다.

■ 응용

① 터빈 발전기: 증기터빈을 원동기로 하는 발
   전기
③ 수차 발전기: 수차를 원동기로 하는 발전기
④ 초전도 발전기: 초전도선을 발전기의 계자
   용 권선으로 사용한 발전기

대표유형 ❶

직류회로

162쪽

01 단순 계산형

난이도 下

┃정답 ③

┃접근 POINT

이 문제는 기본적으로 알고 있는 정격공식을 활용하여 조건에 따라 변화되는 수식을 활용하는 방식으로 풀 수 있다.

┃해설

정격에서의 전력 $P = \dfrac{V^2}{R} = 1,000[\text{W}]$이다.

이때 정격의 80[%] 전압을 가할 때의 전력 P'는 다음과 같이 구할 수 있다.

$$P' = \frac{(0.8\,V)^2}{R} = 0.64\,\frac{V^2}{R} = 0.64 \times 1,000$$
$$= 640[\text{W}]$$

02 단순 계산형

난이도 下

┃정답 ②

┃접근 POINT

이 문제는 변수가 저항과 전압이므로 전력 공식

중 $P = \dfrac{V^2}{R}$을 적용해야 한다.

┃공식 CHECK

(1) 전력

$$P = VI = I^2R = \frac{V^2}{R}[\text{W}]$$

(2) 전기저항

$$R = \rho\frac{l}{A}\,(\rho[\Omega\cdot\text{mm}^2/\text{m}],\ \ell[\text{m}],\ A[\text{mm}^2])$$

┃해설

일반적인 저항 $R = \rho\dfrac{l}{A}$ 이므로 전열선의 길이

(l)와 R은 비례한다.

이때의 전력 $P_0 = \dfrac{E_0^2}{R}[\text{W}]$이다.

전열선의 길이가 $\dfrac{2}{3}l$ 일때의 전력 P_1 구하면 이

때의 저항은 길이에 비례하므로 $R_1 = \dfrac{2}{3}R$이

된다.

또한 $P_1 = \dfrac{E_1^2}{R_1}$이므로

$$\frac{P_1}{P_0} = \frac{\dfrac{E^2}{R_1}}{\dfrac{E_0^2}{R}} = \frac{\dfrac{E^2}{\frac{2}{3}R}}{\dfrac{E_0^2}{R}} = \frac{3}{2}\left(\frac{E^2}{E_0^2}\right)$$

그러므로 $P_1 = \dfrac{3}{2}P_0\left(\dfrac{E}{E_0}\right)^2[\mathrm{W}]$가 된다.

03 개념 이해형 난이도 下

▎정답 ①

▎접근 POINT

전류의 정의는 단위 시간당 흐르는 전하량으로서, 전류는 전하의 이동에 의해 발생시킨다는 점에 착안한다.

▎용어 CHECK

(1) 옴의 법칙

- 공식: $V = IR$
- 의미: 도체에 흐르는 전류는 도체에 가해지는 전압에 비례하고 저항에 반비례한다.

(2) 렌츠의 법칙

- 공식: $e = -N\dfrac{d\phi}{dt}$
- 의미: 전자유도에 의해 회로에 발생하는 기전력은 자속의 증감을 방해하는 방향으로 발생된다는 법칙으로 기전력의 방향을 나타내는 것이다.

▎해설

KCL(전류법칙)은 임의의 한 점에 유입 또는 유출하는 전류의 크기는 같다는 의미이다.

유입되는 전하량=유출되는 전하량의 의미로 볼 수 있으므로 전하 보존의 법칙이라고도 하며, 제1법칙이라 한다.

▎관련개념

키르히호프 전압법칙(KVL)은 폐회로 내에서 $\sum$기전력과 $\sum$전압강하가 같다는 의미이며 제2법칙이라 한다.

04 개념 이해형 난이도 下

▎정답 ④

▎접근 POINT

건전지의 직렬, 병렬 접속에 따른 개념을 이해하고 공식을 암기해 둔다.

▎해설

직병렬 연결된 건전지 내부 저항은 다음과 같다.

$$\frac{nr}{m} = \frac{10 \times 0.1}{5} = 0.2[\Omega]$$

▎관련개념

건전지의 연결(n 개)

(1) 직렬 연결: 기전력과 내부저항은 n배가 된다.

(2) 병렬 연결: 기전력은 불변, 내부저항은 $\dfrac{1}{n}$ 배가 된다.

05 단순 계산형　　　　　난이도 中

┃ 정답　①

┃ 접근 POINT

저항의 직렬 연결과 병렬 연결이 규칙적으로 반복된 회로이다. 먼저 회로를 단순화한 후 전압의 분배법칙을 적용한다.

┃ 공식 CHECK

저항의 연결

(1) 직렬 연결: $R = R_1 + R_2$

(2) 병렬 연결

　　• 저항이 2개일 때: $R = \dfrac{R_1 \times R_2}{R_1 + R_2}$

　　• 저항이 3개일 때: $R = \dfrac{1}{\dfrac{1}{R_1} + \dfrac{1}{R_2} + \dfrac{1}{R_3}}$

┃ 해설

a점 좌측에서 부하측을 바라본 저항

$R_a = 20 \parallel (10 + 10) = \dfrac{20}{2} = 10 [\Omega]$

b점 좌측에서의 부하측을 바라본 저항

$R_b = 20 \parallel (10 + 10) = \dfrac{20}{2} = 10 [\Omega]$

c점에서의 저항(전체 저항) $R_c = 10 + 10 = 20$

$\therefore$ b점의 전압　$V_b = \dfrac{10}{10 + 10} \times 24 = 12 [\text{V}]$

　　a점의 전압　$V_a = \dfrac{10}{10 + 10} \times 12 = 6 [\text{V}]$

$V_L = \dfrac{10}{10 + 10} \times 6 = 3 [\text{V}]$

06 단순 계산형　　　　　난이도 中

┃ 정답　②

┃ 접근 POINT

이 문제의 유형은 밀만의 정리, 전류 분배, 절점 해석 등 여러 형태로 접근이 가능하며 즉, 밀만의 정리, 전류분배, 절점해석법 중 어느 방법을 선택하느냐에 따라 굉장히 어려운 해석이 될 수 있다.

┃ 공식 CHECK

키르히호프의 제 1법칙의 표현

(1) 유입전류의 합은 유출전류의 합과 같다

　　$\sum I_{유입} = \sum I_{유출}$

(2) 한 점을 기준으로 모든 유입(유출)전류의 합은 0이다.

　　$\sum I = 0$

┃ 해설

a점을 기준으로 키르히호프의 제1법칙 「유입전류의 합=유출전류의 합」을 이용하여 풀이하였다.

a점의 전위를 V_a라 하고 a점에서 절점해석을 이용하여 KCL을 적용하면

$\dfrac{106 - V_a}{3} = \dfrac{V_a}{2} + 2$ 되며 양변에 6을 곱하면

$212 - 2V_a = 3V_a + 12$ 이므로 $V_a = 40 [\text{V}]$가 된다.

$V_a = 40 [\text{V}]$는 R양단 전압이 되므로

$R = \dfrac{V_a}{I} = \dfrac{40}{2} = 20 [\Omega]$이다.

07 단순 계산형 난이도 中

▌정답 ①

▌접근 POINT

일반적인 합성저항을 구하는 것이 아닌 무한히 연결되어 있다는 조건을 활용하는 부분을 적용해야 한다.

▌해설

회로를 다음과 같이 변형하여 계산을 한다.

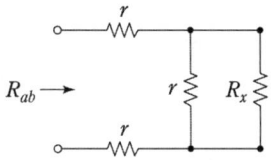

여기서 합성저항 R_{ab}를 구하면 ($R_x = R_{ab}$)

$$R_{ab} = 2r + \frac{r R_{ab}}{r + R_{ab}} \text{ (r=1 이므로)}$$

$$= 2 + \frac{R_{ab}}{1 + R_{ab}}$$

정리하면 $R_{ab} + R_{ab}R_{ab} = 2 + 3R_{ab}$에서

$R_{ab}^2 - 2R_{ab} - 2 = 0$가 된다. R_{ab}를 구하면

$$R_{ab} = \frac{-(-2) \pm \sqrt{(-2)^2 - 4 \times 1 \times (-2)}}{2 \times 1}$$

$$= 1 \pm \sqrt{3}$$

∴ 저항 $R_{ab} = 1 + \sqrt{3}\,[\Omega]$ (∵ 저항은 음수가 될 수 없다)

08 단순 계산형 난이도 中

▌정답 ③

▌접근 POINT

전 문항과 유사한 문제로 연결되어 있는 저항의 크기만 다르고 무한히 연결된 조건을 활용하는 부분은 같다.

▌해설

회로를 먼저 변형하면 다음과 같다.

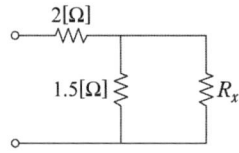

여기서 합성저항 R를 구하면 $R_x = R$이므로

$$R = 2 + \frac{1.5\,R}{1.5 + R} = \frac{3 + 2R + 1.5R}{1.5 + R}$$

$$R^2 - 2R - 3 = 0$$

$(R-3)(R+1) = 0$ 이므로 R의 값은

R=3, -1 $[\Omega]$이며 음의 저항은 나올 수 없으므로

∴ 합성저항 R=3$[\Omega]$이다.

▌관련개념

무한대 저항 연결 문제의 풀이법

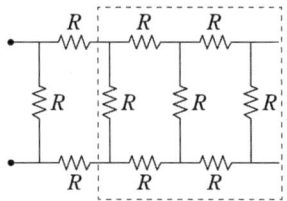

저항 R이 무한개가 연결된 경우의 합성저항 R_T를 구하면 저항이 무한개가 연결되어 있으므로, 점선 부분의 합성저항도 R_T가 된다.

09 단순 계산형

난이도 下

정답 ②

접근 POINT

회로를 아래와 같이 다시 그리면 휘스톤브리지 회로임을 알 수 있다. 브리지 회로의 평형 조건을 적용한다.

해설

주어진 회로를 변형하면 다음과 같다.

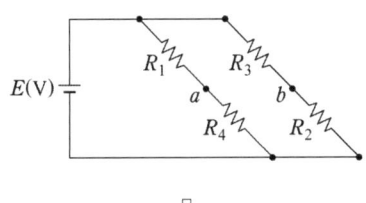

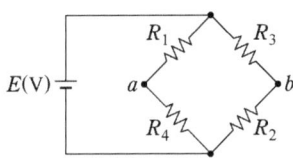

위 변형된 회로에서 평형조건을 구하면 다음과 같다.

$R_1 R_2 = R_3 R_4$

대표유형 ❷

정현파 교류

165쪽

01 단순 계산형

난이도 下

정답 ③

접근 POINT

정현파에 대한 순시값 표현법과 위상을 표현하는 두 가지 방법(호도법, 각도법)에 대한 상호변환 관계를 적용한다.

공식 CHECK

(1) 최대값 V_m 인 정현파 교류의 순시값 표현

$$v(t) = V_m \sin(wt + \theta)[\text{V}], \ w = 2\pi f$$

(2) 호도법과 60분법 관계

$$\pi[\text{rad}] = 180°, \ 1[\text{rad}] = \frac{180}{\pi}°$$

해설

일반적인 순시값은

$v(t) = V_m \sin(wt + \theta)[\text{V}]$ 이며 여기에 t=0 일 때의 순시값을 구하면 5[V] 된다는 조건을 적용하여 순시값을 먼저 구한다.

$5 = 10\sin(0 + \theta)$ 이므로 θ=30°

그러므로 주파수가 60[Hz]일 때, t=2ms에서의 순시값을 구하면 다음과 같다.

$$v(t) = 10\sin(2\pi \times 60 \times 2 \times 10^{-3} \times \frac{180°}{\pi} + 30°)[\text{V}]$$
$$= 10\sin 73.2°[\text{V}]$$

SUBJECT 04
회로이론

단순 계산형 난이도 下

▎정답 ④

▎접근 POINT

두 정현파의 종류가 다를 때의 위상차를 구할 때는 같은 종류로 변환하여 기준을 맞춘 후에 위상차를 구한다.

▎공식 CHECK

cos과 sine 함수의 위상 관계

$$\cos\theta = \sin\left(\theta + \frac{\pi}{2}\right)$$

예) $\cos 30° = \sin\left(30° + \frac{\pi}{2}\right) = \sin 120°$

▎해설

위상차=(앞선각-늦은각)이고

전류 $\sqrt{2}\,I\sin(\omega t + \theta)[A]$와

기전력 $\sqrt{2}\,I\cos(\omega t + \phi)[V]$ 사이의 위상차를 구하기 위해서는 먼저 기전력의 cosine 함수를 sine 함수로 변환하여 위상 기준을 통일한다.

$\sqrt{2}\,I\cos(\omega t + \phi)[V]$

$=\sqrt{2}\,I\sin\left(\omega t + \phi + \frac{\pi}{2}\right)[V]$ 변환하면

기전력과 전류의 위상차 $= \left(\frac{\pi}{2} + \phi\right) - \theta$

---

03 **단순 계산형** 난이도 中

▎정답 ③

▎접근 POINT

두 정현파의 종류가 다를 때의 위상차를 구할 때는, 같은 종류로 변환하여 기준을 맞춘 후에 위상차를 구한다.

▎공식 CHECK

(1) cos과 sine 함수의 위상 관계

$$\cos\theta = \sin\left(\theta + \frac{\pi}{2}\right)$$

(2) 각주파수와 주파수, 주기의 관계

$$w = 2\pi f, \quad T = \frac{1}{f}$$

▎해설

먼저 cos을 sin으로 변환하면 다음과 같다.

$v_2 = 150\cos(120\pi t - 30°)$

$\quad = 150\sin(120\pi t - 30° + 90°)$

$\quad = 150\sin(120\pi t + 60°)$

따라서 v_1과 v_2의 위상차

$\theta = 60° - (-30°) = 90° = \frac{\pi}{2}$가 되고

$90°$는 $\frac{1}{4}$ 주기에 해당한다.

$w = 2\pi f = \frac{2\pi}{T}$ 로부터 주기

$T = \frac{2\pi}{w} = \frac{2\pi}{120\pi} = \frac{1}{60}[\sec]$

$\therefore \frac{1}{4}$ 주기 $= \frac{1}{60} \times \frac{1}{4} = \frac{1}{240}[\sec]$

---

04 **단순 계산형** 난이도 中

▎정답 ④

▌접근 POINT

반파 정류파의 특징은 전기기기 부분에서도 출제 되므로 꼭 숙지를 하여야 한다.

▌공식 CHECK

최대값 V_m인 반파 정현파의 크기 표현

(1) 평균값: $\dfrac{V_m}{\pi}$

(2) 실효값: $\dfrac{V_m}{2}$

▌해설

반파 정류회로에서의 실효값 E는 다음과 같다.

$$E = \sqrt{\frac{1}{T}\int_0^T (E_m \sin wt)^2 \, dwt}$$

$$= \sqrt{\frac{1}{2\pi}\int_0^\pi (E_m \sin\theta)^2 \, d\theta}$$

($wt = \theta$로 변환하여 적분하는 것이 쉽다.)

$$= \sqrt{\frac{1}{2\pi} E_m^2 \int_0^{\frac{\pi}{2}} \frac{1}{2}(1 - \cos 2\theta) \, d\theta}$$

$$= \sqrt{\frac{E_m^2}{2\pi}\left[\theta - \frac{1}{2}\sin 2\theta\right]_0^{\frac{\pi}{2}}}$$

$$= \sqrt{\frac{E_m^2}{4}} = \frac{E_m}{2} \, [\text{V}]$$

05 단순 계산형
난이도 下

▌정답 ①

▌접근 POINT

이 문제 유형은 전력공학이나 전기기기에서도 출제가 되므로 정확한 이해를 해야 풀 수 있다.

▌공식 CHECK

종류	평균값	실효값
정현파	$\dfrac{2V_m}{\pi}$	$\dfrac{V_m}{\sqrt{2}}$
전파 정류파	$\dfrac{2V_m}{\pi}$	$\dfrac{V_m}{\sqrt{2}}$
반파 정류파	$\dfrac{V_m}{\pi}$	$\dfrac{V_m}{2}$
구형파	V_m	V_m
반 구형파	$\dfrac{V_m}{2}$	$\dfrac{V_m}{\sqrt{2}}$
삼각파, 톱니파	$\dfrac{V_m}{2}$	$\dfrac{V_m}{\sqrt{3}}$

▌해설

정현파의 실효값 $V = \dfrac{V_m}{\sqrt{2}}$ (V_m : 최대값)

평균값$= \dfrac{2V_m}{\pi}$ 이므로

실효값 × (어떤수) = 평균값에서 어떤수를 구한다.

$$\text{어떤수} = \frac{\text{평균값}}{\text{실효값}} = \frac{\dfrac{2V_m}{\pi}}{\dfrac{V_m}{\sqrt{2}}} = \frac{2\sqrt{2}}{\pi}$$

06 단순 계산형
난이도 中

▌정답 ②

▌접근 POINT

반파 정현파는 정현파 대비 평균값은 $\dfrac{1}{2}$ 배, 실효값은 $\dfrac{1}{\sqrt{2}}$ 배 감소하는 것을 기억해야 한다.

해설

반파 정류회로에서의 실효값 V는 다음과 같다.

$$V = \sqrt{\dfrac{1}{T} \int_0^T (V_m \sin wt)^2 \, dwt}$$

$$= \sqrt{\dfrac{1}{2\pi} \int_0^\pi (V_m \sin\theta)^2 \, d\theta}$$

$$(wt = \theta \text{로 변환}, \ \sin^2\theta = \dfrac{1-\cos2\theta}{2})$$

$$= \sqrt{\dfrac{1}{2\pi} V_m^2 \int_0^{\frac{\pi}{2}} \dfrac{1}{2}(1-\cos2\theta) \, d\theta}$$

$$= \sqrt{\dfrac{V_m^2}{2\pi} \left[\theta - \dfrac{1}{2}\sin2\theta \right]_0^{\frac{\pi}{2}}} = \sqrt{\dfrac{V_m^2}{4}}$$

$$= \dfrac{V_m}{2} \, [\text{V}]$$

$$(\text{단}, \ V_m : \text{최대값이다.})$$

07 단순 계산형   난이도 下

정답 ③

접근 POINT

파고율은 최대값과 실효값의 비를 나타낸다는 사실을 기억해야 한다.

해설

정현파의 실효값 $V = \dfrac{V_m}{\sqrt{2}}$ (V_m : 최대값)

$$\text{파고율} = \dfrac{\text{최대값}}{\text{실효값}} = \dfrac{V_m}{\dfrac{V_m}{\sqrt{2}}} = \sqrt{2} \fallingdotseq 1.414$$

08 단순 계산형   난이도 下

정답 ①

접근 POINT

구형파는 파형률, 파고율이 모두 1이다.

공식 CHECK

$$\text{구형파의 파고율} = \dfrac{\text{최대값}}{\text{실효값}} = \dfrac{V_m}{V_m} = 1$$

$$\text{파형률} = \dfrac{\text{실효값}}{\text{평균값}} = \dfrac{V_m}{V_m} = 1$$

해설

위 파형은 구형파이며
실효값 = 최대값 = A이다.

$$\text{파고율} = \dfrac{\text{최대값}}{\text{실효값}} = \dfrac{A}{A} = 1$$

09 단순 계산형   난이도 下

정답 ③

접근 POINT

구형파와 구형반파를 혼동하지 않아야 한다.
구형반파의 평균값, 실효값을 암기하여 파형률, 파고율을 유도할 수 있다.

해설

위 파형은 구형반파이고 이때의 실효값은 다음과 같다.

$$\text{실효값} = \frac{\text{최대값}}{\sqrt{2}} = \frac{V_m}{\sqrt{2}} \ (V_m : \text{최대값})$$

$$\text{파고율} = \frac{\text{최대값}}{\text{실효값}} = \frac{V_m}{\frac{V_m}{\sqrt{2}}} = \sqrt{2}$$

---

10 단순 계산형 · 난이도 下

정답 ①

접근 POINT

파형률과 파고율은 공식만 알고 있으면 쉽게 접근할 수 있다.

해설

$\text{파형률} = \dfrac{\text{실효값}}{\text{평균값}}$ 이며

톱니파의 평균값 = 최대값/2

톱니파의 실효값 = 최대값/$\sqrt{3}$

$$\text{톱니파의 파형률} = \frac{\text{실효값}}{\text{평균값}} = \frac{\frac{\text{최대값}}{\sqrt{3}}}{\frac{\text{최대값}}{2}}$$

$$= \frac{2}{\sqrt{3}} = 1.155$$

---

11 단순 계산형 · 난이도 下

정답 ④

접근 POINT

복소수의 순시값 표현으로부터 극형식, 삼각함수형, 직각좌표형, 지수함수형으로 변환하여 표현할 수 있다.

용어 CHECK

복소수의 표현

(1) 직각좌표형 $Z = a + jb$

(2) 극형식 $Z = |Z| \angle \theta$ ($|Z| = \sqrt{a^2 + b^2}$, $\theta = \tan^{-1}\dfrac{b}{a}$)

(3) 삼각함수형 $Z = |Z|(\cos\theta + j\sin\theta)$

(4) 지수함수형 $Z = |Z|e^{j\theta}$

해설

먼저 주어진 순시값 v를 극형식(페이저)으로 변환한다.

$V = 100 \angle \dfrac{\pi}{3}$ 이 되고, 보기의 직각좌표형으로 나타내기 위해 우선 삼각함수 형식으로 변환을 거친 후 다시 직각좌표형으로 표현한다.

$$V = 100 \angle \frac{\pi}{3} = 100(\cos\frac{\pi}{3} + j\sin\frac{\pi}{3})$$

$$= 50 + j50\sqrt{3}\,[\text{V}]$$

SUBJECT 04 회로이론

대표유형 ❸

기본 교류회로
168쪽

01 단순 계산형
난이도 下

정답 ④

접근 POINT

이 문제는 전압과 전류의 관계를 통하여 주어진 회로의 소자를 찾는 문제로 임피던스 관계로부터 페이저를 이용하여 문제를 해결하는 개념 이해형 및 단순 계산형 문제이다.

해설

먼저 주어진 순시 전압과 전류를 페이저로 변환한다.

$v = 125\cos\omega t = 125\sin(\omega t + 90°)$에서

$V = \dfrac{125}{\sqrt{2}} \angle 90°$,

$i = 25\sin wt$에서 $I = \dfrac{25}{\sqrt{2}} \angle 0°$이다.

임피던스

$Z = \dfrac{V}{I} = \dfrac{125/\sqrt{2} \angle 90°}{25/\sqrt{2} \angle 0°} = 5 \angle 90° = j5\,[\Omega]$

이다. 따라서, 전류가 전압보다 뒤처지는 지상 리액턴스 성분으로 인덕턴스 회로가 된다.

관련개념

(1) 인덕턴스 L에 흐르는 전류 I_L

$I_L = \dfrac{V}{Z_L} = \dfrac{V}{j\omega L} = -j\dfrac{V}{\omega L} = -j\dfrac{V}{2\pi f L}\,[\text{A}]$

(2) $Z_L = jX_L = j\omega L = j2\pi f L$
    $= X_L \angle 90°\,[\Omega]$

02 단순 계산형
난이도 下

정답 ③

접근 POINT

이 문제는 실효값만 구해도 되지만 가끔 위상도 함께 구하는 형식으로 문제가 출제되기도 하므로 대비가 필요하다.

공식 CHECK

(1) 유도성 리액턴스 $X_L = wL = 2\pi f L\,[\Omega]$

(2) 용량성 리액턴스 $X_C = \dfrac{1}{wC} = \dfrac{1}{2\pi f C}\,[\Omega]$

해설

실효값 전류 I는 다음과 같다.

$I = \dfrac{V}{Z} = \dfrac{V}{jX_L} = \dfrac{V}{jwL} = \dfrac{V}{j2\pi f L}$

$= \dfrac{100 \angle 0°}{2 \times \pi \times 60 \times 0.1 \angle 90°}$

$= 2.65 \angle -90°\,[\text{A}]$

(단, 유도성 리액턴스 $X_L = wL = 2\pi f L\,[\Omega]$이며, 이때의 -90°는 전류가 전압보다 위상이 90° 늦음을 의미한다.)

관련개념

(1) 콘덴서에 흐르는 전류

$I = \dfrac{V}{Z} = \dfrac{V}{X_C} = \dfrac{V}{\dfrac{1}{wC}} = wCV = 2\pi f CV\,[\text{A}]$

(2) $j = \sqrt{-1}$ 이고 위상은 90°이다.

(3) $-j = -\sqrt{-1}$ 이고 위상은 −90°이다.

(4) $j^2 = -1$ 이고 위상은 −180°이다.

03 단순 계산형　　　난이도 下

▮ 정답　③

▮ 접근 POINT

순시치 $i(t) = I_m \sin(wt + \theta)[A]$를 표현하고자 할 때 각각의 특징을 파악하여야 한다.

▮ 용어 CHECK

교류회로의 종류

(1) 유도성: 전류가 전압보다 위상이 늦다.(지상부하)

(2) 용량성: 전류가 전압보다 위상이 빠르다.(진상부하)

▮ 해설

전류의 순시치 $i(t) = I_m \sin(wt + \theta)[A]$이며 여기서 I_m, θ를 구하는 문제이므로 전류의 크기는 다음과 같다.

$$I_m = \frac{V_m}{Z} = \frac{V_m}{X_C} = \frac{V_m}{\frac{1}{wC}} = wCV_m$$

(I_m, V_m은 최대값)

$$= 2 \times \pi \times 1,000 \times 0.1 \times 10^{-6} \times 2,000$$
$$= 1.256[A]$$

C만의 회로에서는 전류의 위상이 전압의 위상보다 90°앞서므로 이것을 반영하여 전류의 순시치를 구한다.

$$i(t) = 1.256 \sin(wt + 90°)[A]$$

▮ 관련개념

순수 콘덴서 회로는 진상 회로로서 전류가 전압보다 위상이 90° 앞서게 된다.

콘덴서 회로에서 전압이 $v(t) = V_m \sin wt[V]$일 때, 회로를 흐르는 전류

$i(t) = I_m \sin(wt + 90°)[A]$로 표현된다.

04 단순 계산형　　　난이도 中

▮ 정답　②

▮ 접근 POINT

교류회로에서 전류와 전압의 비율을 임피던스라고 하고 $Z = R + jX[\Omega]$로 나타낸다. 실수부는 저항, 허수부는 리액턴스를 의미한다.

▮ 해설

전류와 전압의 순시값을 극형식으로 표현한 후 임피던스를 구한다.

$$Z = \frac{e}{i} = \frac{100 \sin 120\pi t}{2 \sin(120\pi t - 45°)}$$

$$= \frac{\frac{100}{\sqrt{2}} \angle 0°}{\frac{2}{\sqrt{2}} \angle -45°}$$

$$= 50 \angle [0° - (-45°)] = 50 \angle 45°$$

$$= 50(\cos 45° + j \sin 45°)$$

$$= 50(\frac{1}{\sqrt{2}} + j\frac{1}{\sqrt{2}}) = 25\sqrt{2} + j25\sqrt{2}$$

$$= R + jX[\Omega]$$

$\therefore R = 25\sqrt{2} \fallingdotseq 35.4[\Omega]$이 된다.

또한 $X = 25\sqrt{2} \fallingdotseq 35.4[\Omega]$

05 단순 계산형 난이도 下

정답 ③

접근 POINT

교류회로에서의 옴의 법칙은 $I = \dfrac{V}{Z}$이므로, 먼저 임피던스를 정확히 계산한다.

해설

전류 $I = \dfrac{V}{Z} = \dfrac{V}{\sqrt{R^2 + (\frac{1}{wC})^2}}$

$(X_c = \dfrac{1}{wC} = \dfrac{1}{2\pi f C})$

$= \dfrac{100}{\sqrt{100^2 + (\frac{1}{2\pi \times 60 \times 30 \times 10^{-6}})^2}}$

$\fallingdotseq 0.75 [A]$

관련개념

R-L 교류 직렬회로에서 전류의 크기는 다음과 같다.

$I = \dfrac{V}{Z} = \dfrac{V}{\sqrt{R^2 + (wL)^2}}$

06 개념 이해형 난이도 中

정답 ②

접근 POINT

교류 직렬회로에서 $wL > \dfrac{1}{wC}$은 유도성 회로를 의미하므로 전류는 전압보다 위상이 뒤진다.

공식 CHECK

$R - L - C$ 직렬회로

(1) 임피던스 $Z = R + j(X_L - X_C)$

• $wL > \dfrac{1}{wC} \rightarrow X_L > X_C$로 유도성 회로

• $wL < \dfrac{1}{wC} \rightarrow X_L < X_C$로 용량성 회로

(2) 위상차 $\theta = \tan^{-1} \dfrac{X_L - X_C}{R}$

해설

먼저 $wL > \dfrac{1}{wC}$ 조건이므로 이것은 R-L회로와 같은 의미이므로 일단은 전류가 전압 보다 θ만큼 늦다는 것을 나타낸다.

RLC 직렬회로에서의 위상각은 다음과 같다.

$\theta = \tan^{-1} \dfrac{X_L - X_c}{R} = \tan^{-1} \dfrac{wL - \dfrac{1}{wC}}{R}$

07 단순 계산형 난이도 下

정답 ③

접근 POINT

서셉턴스 B는 어드미턴스의 허수부를 의미한다.

용어 CHECK

(1) 직렬회로

임피던스 $Z = R \pm jX[\Omega]$

(R: 저항, X: 리액턴스)

(허수부 부호: 유도성 +, 용량성 -)

(2) 병렬 회로

어드미턴스 $Y = \dfrac{1}{Z} = G \pm jB\,[\text{℧}]$

(G: 컨덕턴스, B: 서셉턴스)

(허수부 부호: 유도성 -, 용량성 +)

┃ 해설

어드미턴스 Y를 구한다.

$$Y = \dfrac{1}{R} + \dfrac{1}{jwL} = \dfrac{1}{R} - j\dfrac{1}{wL} = G - jB$$

서셉턴스

$$B = \dfrac{1}{wL} = \dfrac{1}{2\pi \times 10^5 \times 3 \times 10^{-3}}$$
$$\fallingdotseq 5.3 \times 10^{-4}$$

08 단순 계산형

난이도 下

┃ 정답 ④

┃ 접근 POINT

직병렬 회로가 병렬 등가회로로 바뀌는 경우, 어드미턴스 Y로 간단히 나타내어질 수 있다.

┃ 해설

$Y = \dfrac{1}{Z}$ 이므로 먼저 Z를 구하고 최종적으로 Y 를 구한다.

$$Z = -j30 + \dfrac{80 \times j60}{80 + j60}$$
$$= -j30 + \dfrac{j4800(80 - j60)}{(80 + j60)(80 - j60)}$$
$$= 28.8 + j8.4\,[\Omega]$$

그러므로

$$Y = \dfrac{1}{Z} = \dfrac{1}{28.8 + j8.4}$$
$$= \dfrac{(28.8 - j8.4)}{(28.8 + j8.4)(28.8 - j8.4)}$$

$$= 0.032 - j0.0093\,[\text{℧}]$$
$$= \dfrac{1}{R} - j\dfrac{1}{X}\,[\text{℧}] \text{ 이므로}$$

$$R = \dfrac{1}{0.032} = 31.25\,[\Omega],$$

$$X \fallingdotseq \dfrac{1}{0.0093} \fallingdotseq 107.15\,[\Omega]$$

(단, X는 리액턴스 이다.)

09 단순 계산형

난이도 下

┃ 정답 ①

┃ 접근 POINT

직렬회로와 병렬회로의 역률을 구분하여 적용한다. 공식을 묻는 문제과 계산 문제의 두 가지 유형으로 출제된다.

┃ 공식 CHECK

(1) 직렬 교류회로의 역률 $\cos\theta = \dfrac{R}{\sqrt{R^2 + X^2}}$

(2) 병렬 교류회로의 역률

$$\cos\theta = \dfrac{X}{\sqrt{R^2 + X^2}}$$

┃ 해설

병렬로 연결 시의 역률 $\cos\theta$는 다음과 같다.

$$\cos\theta = \dfrac{G}{Y} = \dfrac{\dfrac{1}{R}}{\sqrt{(\dfrac{1}{R})^2 + (\dfrac{1}{X})^2}} = \dfrac{\dfrac{1}{R}}{\dfrac{\sqrt{R^2 + X^2}}{RX}}$$

$$= \dfrac{X}{\sqrt{R^2 + X^2}}$$

SUBJECT 04
회로이론

단순 계산형 난이도 中

┃정답 ②

┃접근 POINT

R-C 병렬회로의 역률을 구하는 문제로 구하는 과정을 함께 따라서 구해보고 공식처럼 암기해야 한다.

공식을 묻는 문제와 값이 주어지고 계산하는 두 가지 유형으로 출제된다.

┃해설

병렬연결 시의 역률 $\cos\theta$는 다음과 같다.

$$\cos\theta = \frac{G}{Y} = \frac{\frac{1}{R}}{\sqrt{(\frac{1}{R})^2 + (\frac{1}{X_c})^2}}$$

$$= \frac{\frac{1}{R}}{\sqrt{(\frac{1}{R})^2 + (\omega C)^2}}$$

$$= \frac{\frac{1}{R}}{\sqrt{\frac{1 + (\omega CR)^2}{R^2}}} = \frac{\frac{1}{R}}{\frac{\sqrt{1 + (\omega CR)^2}}{R}}$$

$$= \frac{1}{\sqrt{(\omega CR)^2 + 1}}$$

11 **단순 계산형** 난이도 中

┃정답 ②

┃접근 POINT

먼저 R-L-C회로에서 임피던스 Z를 구하는 과정을 정확히 알고 있어야 하는 문제이다.

┃해설

R-L-C 직렬 회로에서 임피던스

$$Z = \sqrt{R^2 + (X_L - X_C)^2}$$

이므로 $Z = \sqrt{9^2 + (15 - 3)^2} = 15[\Omega]$이 된다.

그러므로 직렬회로의 역률

$$\cos\theta = \frac{R}{Z} = \frac{9}{15} = 0.6$$

┃관련개념

병렬회로의 역률 $\cos\theta = \dfrac{G}{Y}$

Y: 어드미턴스, G: 컨덕턴스

12 **단순 계산형** 난이도 下

┃정답 ②

┃접근 POINT

공진부분은 직렬공진과 병렬공진에 대한 특징 파악이 필요한 부분이다.

┃해설

RLC 직렬회로에서 공진 상태가 되기 위해서는 j성분이 "0" 상태이어야 하므로 $Z=R+j(X_L-X_C)$에서 $X_L=X_C$가 되며, 또한 Z=R 상태가 되어

전류 $I = \dfrac{V}{R} = \dfrac{100}{100} = 1[A]$가 된다.

그러므로 $E_L=E_C=IX_C$에서 $E_L=1 \times 100=100[V]$이다.

13 **단순 계산형** 난이도 中

┃정답 ②

▮ 접근 POINT

R-L-C 직렬회로의 공진상태에서 Q를 구하는 문제로 구하는 과정을 함께 따라서 구해 보고 공식처럼 암기하도록 한다.

공식을 묻는 문제와 값이 주어지고 계산하는 두 가지 유형으로 출제된다.

▮ 해설

직렬 공진시 공진 조건과 주파수와 각 주파수를 구한다.

$$\omega L = \frac{1}{\omega C}, \ \omega_r = \frac{1}{\sqrt{LC}}, \ f_r = \frac{1}{2\pi\sqrt{LC}}$$

대역폭(bandwidth)은 진폭의 최댓값의 $1/\sqrt{2}$ 지점의 간격이므로 $I_L = \dfrac{I_m}{\sqrt{2}}$ 이고, 임피던스 $Z = \sqrt{2}\,R$ 이며

$$Z = \sqrt{R^2 + (X_L - X_c)^2} = \sqrt{2}\,R \text{에서}$$

대역폭의 하한값은 $X_L - X_C = -R$ 일 때이다.

따라서 $\omega L - \dfrac{1}{\omega C} + R = 0$,

$LC\omega^2 + CR\omega - 1 = 0$ 에서

$$\omega_L = -\frac{R}{2L} + \sqrt{\left(\frac{R}{2L}\right)^2 + \frac{1}{LC}}$$ 이 되며,

대역폭의 상한값은 $X_L - X_C = R$ 일 때이다.

따라서 $\omega L - \dfrac{1}{\omega C} - R = 0$,

$LC\omega^2 - CR\omega - 1 = 0$ 에서

$$\omega_H = \frac{R}{2L} + \sqrt{\left(\frac{R}{2L}\right)^2 + \frac{1}{LC}}$$ 이 된다.

대역폭은 $BW = \omega_H - \omega_L = \dfrac{R}{L} = \dfrac{\omega_r}{Q}$ 이므로,

$$Q = \omega_r \frac{L}{R} = \frac{L}{R}\frac{1}{\sqrt{LC}} = \frac{1}{R}\sqrt{\frac{L}{C}}$$ 이다.

따라서,

$$Q = \frac{1}{2}\sqrt{\frac{10 \times 10^{-3}}{4 \times 10^{-6}}} = \frac{1}{2}\sqrt{2,500} = \frac{50}{2} = 25$$

이다.

14 단순 계산형

난이도 中

▮ 정답 ②

▮ 접근 POINT

키르히호프의 전류 법칙에 의하여 전체전류 I 는 각 R, L, C에 흐르는 전류의 합과 같다.

▮ 공식 CHECK

$$I_R = \frac{V}{R}$$

$$I_L = \frac{V}{jX_L} = -j\frac{V}{X_L}$$

$$I_c = \frac{V}{-jX_c} = j\frac{V}{X_c}$$

▮ 해설

주어진 회로는 R-L-C 병렬 회로이므로 각 소자에 흐르는 전류 I_R, I_L, I_c를 구한 후 전체 전류를 구한다.(KCL 적용)

$$I_R = \frac{V}{R} = \frac{1}{2}$$

$$I_L = \frac{V}{jX_L} = -j\frac{1}{4}$$

$$I_c = \frac{V}{-jX_c} = j\frac{1}{4}$$ 이다.

전류

$$I = I_R + I_L + I_C = \frac{1}{2} - j\frac{1}{4} + j\frac{1}{4} = 0.5[\text{A}]$$

15 단순 계산형
난이도 中

▌정답 ②

▌접근 POINT

병렬 공진의 개념 중에서 실제 회로에서의 공진을 이해하고 있는지 묻는 문제이다.

▌공식 CHECK

실제의 병렬공진 회로의 공진 조건

• 조건: $wC = \dfrac{wL}{R^2 + (wL)^2}$

• 공진 어드미턴스: $Y = \dfrac{R}{R^2 + (wL)^2} = \dfrac{RC}{L}$

▌해설

병렬회로이므로 어드미턴스 Y를 구한다.

$$Y = \frac{1}{R + jwL} + \frac{1}{\dfrac{1}{jwC}} = \frac{1}{R + jwL} + jwC$$

$$= \frac{R}{R^2 + (wL)^2} + j\left(wC - \frac{wL}{R^2 + (wL)^2}\right)$$

이므로

병렬공진이 되기 위해서는 허수 부분이 "0" 상태가 되므로 공진 조건은 $wC = \dfrac{wL}{R^2 + (wL)^2}$ 이 된다. 이 조건을 대입하여 정리하면 다음과 같다.

$$Y = \frac{R}{R^2 + (wL)^2} = \frac{RC}{L}$$

$$\left(\because R^2 + (wL)^2 = \frac{wL}{wC} = \frac{L}{C} \right)$$

16 단순 계산형
난이도 下

▌정답 ③

▌접근 POINT

브리지 회로의 평형 조건은 서로 마주 보는 임피던스의 곱이 서로 같을 때 성립한다.

▌공식 CHECK

교류 브리지 회로의 평형

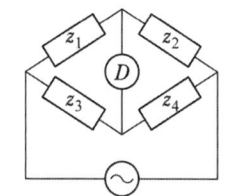

브리지 회로가 평형
= 검류계 D에 흐르는 전류 0
→ $Z_1 Z_4 = Z_2 Z_3$일 때 성립

▌해설

브리지의 평형은 마주 보는 대각선 소자의 임피던스를 곱한 값이 같을 때 성립한다.

$R_1 \times R_2 = jwL \times \dfrac{1}{jwC} = \dfrac{L}{C}$ 에서

$L = R_1 R_2 C$ 가 된다.

$$\theta = \frac{\pi}{6} - (-\frac{\pi}{6}) = \frac{\pi}{3}$$

$$P = VI\cos\theta = (\frac{100\sqrt{2}}{\sqrt{2}})(\frac{3\sqrt{2}}{\sqrt{2}})\cos\frac{\pi}{3}$$

$$= 150[\mathrm{W}]$$

(단, V, I는 실효값이며 θ는 V-I의 위상차이다.)

대표유형 ❹

교류전력과 상호유도 결합회로 **172쪽**

01 단순 계산형   난이도 下

▌정답 ②

▌접근 POINT

소비(유효)전력을 구하기 위해서는 전압과 전류의 실효값과 전압과 전류의 위상차를 구할 수 있어야 한다.

▌용어 CHECK

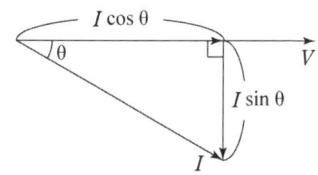

(1) 피상전력: 교류회로에서 전압의 실효값과 전류의 실효값의 곱 $P_a = VI[\mathrm{VA}]$

(2) 유효전력: 피상전력에 역률을 곱한 것 $P = VI\cos\theta\,[\mathrm{W}]$

(3) 무효전력: 피상전력에 무효율을 곱한 것 $Q = VI\sin\theta[\mathrm{Var}]$
(θ는 역률각으로 전압과 전류의 위상차)

▌해설

유효(소비)전력 P를 구한다.
θ는 V와 I의 위상차 이다.

02 단순 계산형   난이도 下

▌정답 ③

▌접근 POINT

전압과 전류가 복소수 형태로 주어져 있을 때 복소전력을 구하는 문제로 응용되는 유형이 많은 문제이다.

▌해설

복소전력을 구하기 위해 전류 I를 구하면

$$I = \frac{V}{Z} = \frac{(13 + j20)}{(8 + j6)}$$

$$= \frac{(13 + j20)(8 - j6)}{(8 + j6)(8 - j6)} = 2.24 + j0.82$$

복소전력(P_a)은 2개의 형태로 구하게 된다.

즉 $P_a = \overline{V}I$, 또는 $P_a = \overline{I}V$ 중 하나를 이용하면 된다.

$$P_a = \overline{I}V = (2.24 - j0.82)(13 + j20)$$

$$= 45.52 + j34.14[\mathrm{VA}]$$

03 단순 계산형   난이도 下

▌정답 ②

SUBJECT 04
회로이론

▮ 접근 POINT

문제에서 전압과 전류가 복소수로 주어졌기 때문에 복소전력을 이용해 소비전력을 구해야 한다.

▮ 해설

복소전력 P_a

$$P_a = \overline{E}I = (100 - j50)(3 + j4)$$
$$= 300 + j400 - j150 + 200$$
$$= 500 + j250 = P + jP_r \text{ 이므로}$$

그러므로 소비전력 P(유효전력)은 500[W]이다.

---

04 단순 계산형　　　난이도 中

▮ 정답　①

▮ 접근 POINT

역률 $= \dfrac{\text{유효전력}}{\text{피상전력}}$ 이고, 전압과 전류가 복소수 형태이므로 복소전력을 구한다.

▮ 용어 CHECK

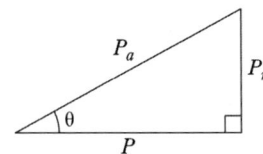

[전력 삼각형]

(1) 역률 $= \dfrac{\text{유효전력}}{\text{피상전력}} = \dfrac{P}{P_a} = \dfrac{P}{\sqrt{P^2 + P_r^2}}$

(2) 복소전력
　• 전압과 전류가 복소수로 주어졌을 때, 전압 또는 전류한쪽에 공액 복소수를 취하여 곱한다.

• 이때 실수부는 유효전력, 허수부는 무효전력이다.
• 표현식: $P_a = \overline{V}I = P \pm jP_r$

　　　(또는 $P_a = V\overline{I}$)

▮ 해설

역률 $= \dfrac{P(\text{유효전력})}{P_a(\text{피상전력})}$ 이므로 복소전력을 구하면 피상전력과 유효전력을 한번에 구할 수 있다.

먼저

복소전력 $= \overline{E}I = (40 - j30)(30 + j10)$
$$= 1,500 - j500 = P = jP_r$$

그러므로

역률 $= \dfrac{P(\text{유효전력})}{P_a(\text{피상전력})} = \dfrac{P}{\sqrt{P^2 + P_r^2}}$

$$= \dfrac{1,500}{\sqrt{1,500^2 + 500^2}} \fallingdotseq 0.949$$

---

05 단순 계산형　　　난이도 中

▮ 정답　①

▮ 접근 POINT

지수함수로 표시된 복소수를 계산이 용이한 극형식이나 삼각함수형으로 변환한 후 복소전력을 구한다.

▮ 해설

전체 전류를 구한다.

$$I = I_1 + I_2 + I_3 = 2e^{-j\frac{\pi}{6}}[\text{A}] + 5e^{j\frac{\pi}{6}}[\text{A}]$$

$+5.0\,[\mathrm{A}]$

$= 2(\cos\frac{\pi}{6} - j\sin\frac{\pi}{6}) + 5(\cos\frac{\pi}{6} + j\sin\frac{\pi}{6})$

$\quad +5$

$\quad = 11.06 + j1.5$

$V = I_3 Z_3 = 5 \times 1 = 5\,[V]$ 그러므로 복소전력

(S)을 구한다.

$S(= P_a) = V\bar{I} = 5 \times (11.06 - j1.5)$

$\qquad\qquad = 55.3 - j7.5\,[\mathrm{VA}]$

(∵ 전압 V가 실수이므로 전류에 공액을 곱한다.)

| [별해]

전류를 극형식으로 변환 후 전체 전류를 구한다.

$I = 2\angle -\frac{\pi}{6} + 5\angle\frac{\pi}{6} + 5$

$\quad = 2(\cos\frac{\pi}{6} - j\sin\frac{\pi}{6}) + 5(\cos\frac{\pi}{6} + j\sin\frac{\pi}{6})$

$\qquad +5$

| 06 | 단순 계산형 난이도 下

| 정답 ③

| 접근 POINT

유효전력, 무효전력, 피상전력의 관계를 이용하여 전류를 구하는 문제이다.

| 해설

피상전력을 구한다.

$P_a = \sqrt{\text{유효전력}^2 + \text{무효전력}^2}$

$\quad = \sqrt{230^2 + 345^2} = 414.6\,[\mathrm{VA}]$

또한 피상전력(P_a) $= VI\,[\mathrm{VA}]$ 이므로 전류 I를 구한다.

$I = \dfrac{P_a}{V} = \dfrac{414.6}{115} = 3.6\,[\mathrm{A}]$

| 07 | 단순 계산형 난이도 下

| 정답 ①

| 접근 POINT

내부 임피던스와 부하 임피던스가 단순 저항인 경우 최대 전력이 전달되기 위해서는 $R = R_L$을 만족해야 한다.

| 공식 CHECK

전원 임피던스(R_g)와 부하 임피던스(R_L)가 저항 R의 형태일 경우 최대전력은 $R_L = R_g$일 때 성립하고, 그 때의 최대전력 $P_{\max} = \dfrac{V^2}{4R}$이다.

| 해설

최대전력을 구한다.

$P_{\max} = I^2 R = (\dfrac{V}{R + R_L})^2 R = \dfrac{V^2}{4R}\,[\mathrm{W}]$

($R = R_L$일 때 최대전력이 되기 때문이다.)

| 08 | 단순 계산형 난이도 下

| 정답 ①

| 접근 POINT

내부 임피던스와 부하 임피던스가 모두 임피던

SUBJECT 04 회로이론

스(복소수)일 때의 최대전력 전달정리를 적용한다.

▎용어 CHECK

최대전력 전달 정리

(1) 조건

전원 임피던스	부하 임피던스 형태	최대전력 전달 부하 임피던스
R	저항	$R_L = R$
jX	저항	$R_L = X$
$R+jX$	저항	$R_L = \sqrt{R^2 + X^2}$
$R+jX$	임피던스	$Z_L = R - jX$

(2) 최대전력

- 부하저항=내부저항일 때 $P_{\max} = \dfrac{V^2}{4R}$

- 부하 임피던스=내부 임피던스 공액일 때

$$P_{\max} = \dfrac{V^2}{4R}$$

- 부하 저항=내부 리액턴스일 때

$$P_{\max} = \dfrac{V^2}{2R} = \dfrac{V^2}{2X}$$

▎해설

주어진 조건을 그림으로 나타낸다.

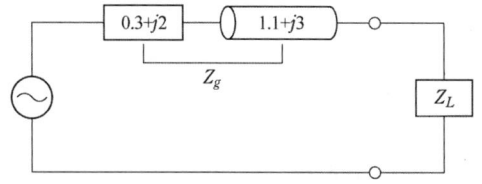

$$Z_g = (0.3 + j2) + (1.1 + j3) = 1.4 + j5$$

최대전력이 되기 위한 조건은 $Z_L = \overline{Z_g}$ 을 만족하여야 하므로 $Z_L = 1.4 - j5$이면 부하에서 최대전력이 된다.

---

09 단순 계산형 난이도 下

▎정답 ①

▎접근 POINT

인덕턴스의 병렬 접속에는 가동결합과 차동결합이 있고 각각에 맞는 공식을 적용해야 한다.

▎공식 CHECK

인덕턴스의 병렬 접속

가동결합	차동결합
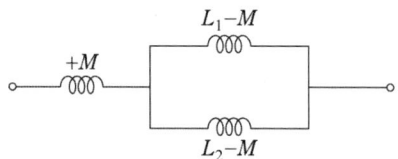	
$L = \dfrac{(L_1 L_2 - M^2)}{(L_1 + L_2 - 2M)}$	$L = \dfrac{(L_1 L_2 - M^2)}{(L_1 + L_2 + 2M)}$

▎해설

문제의 회로는 병렬 접속시의 가동접속이므로 합성 인덕턴스 L을 구하기 위해 먼저 등가변환을 한다.

위 등가회로에서 합성 인덕턴스 L을 구한다.

$$L = M + \frac{(L_1 - M)(L_2 - M)}{(L_1 - M) + (L_2 - M)}$$

$$= \frac{(L_1 L_2 - M^2)}{(L_1 + L_2 - 2M)}$$

(단, M: 상호 인덕턴스[H]이다.)

10 복합 계산형　　　　　난이도 中

정답 ④

접근 POINT

회로를 직렬 접속에서 가동과 차동의 구분할 수 있는지 묻는 문제이다.

공식 CHECK

인덕턴스의 직렬 접속

가동결합	차동결합
$L_a = L_1 + L_2 + 2M\,[H]$	$L_b = L_1 + L_2 - 2M\,[H]$

해설

위 결합회로를 변환하면 다음과 같다.

또한 L_1, L_2는 차동결합이 되어 있는 직렬 결합 회로이므로 전체 임피던스 Z는 다음과 같다.

$$Z = (R_1 + R_2 + R_3) + jw(L_1 + L_2 - 2M + L_3)$$

11 개념 이해형　　　　　난이도 下

정답 ②

접근 POINT

변압기 권수비를 이용하여 2차측 저항을 1차로 환산한다.

공식 CHECK

권수비 a인 변압기의 2차측 임피던스를 1차로 환산하면 임피던스는 a^2배가 된다.

$$Z_2' = a^2 Z_2$$

해설

변압비(권수비) n인 변압기의 2차 저항을 구한다.

$R_2 = 10\,[\Omega]$를 1차로 환산하면 $10n^2\,[\Omega]$이 된다. 1차와 2차 저항이 정합이 되려면 다음 식이 성립한다.

$$1,000 = 10n^2$$

$$\therefore n = 10$$

대표유형 ❺

회로망 해석

176쪽

01 단순 계산형

난이도 下

┃ 정답 ②

┃ 접근 POINT

문제의 조건을 통하여 전력의 발생과 소비에 따른 부호에 주의한다.

┃ 용어 CHECK

(1) 유효(소비) 전력

$$P = VI = I^2 R = \frac{V^2}{R}[\text{W}]$$

(2) 전력의 부호:
  - 공급은 양수(+), 소비는 음수(-)

┃ 해설

120[V]와 30[V]의 극성이 반대이다. 전류의 방향과 같은 극성인 120[V]는 발생의 개념으로 30[V]는 소비의 개념으로 봐야 한다.

먼저 전체 전류 $I = \dfrac{120 - 30}{30 + 15} = 2[\text{A}]$이므로

발생전력 $P_1 = VI = 120 \times 2 = 240[\text{W}]$

소비전력 $P_2 = VI = 30 \times 2 = 60[\text{W}]$

그러므로 흡수 전력은 (-)라고 하였으므로 여기서 $P_2 = -60[\text{W}]$가 된다.

02 단순 계산형

난이도 中

┃ 정답 ③

┃ 접근 POINT

KCL, 전원 등가변환, 중첩의 원리 등 다양한 풀이가 가능하다. 전원 등가변환을 적용할 경우 전압원의 부호에 주의해야 한다.

┃ 해설

전원 등가변환을 이용하여 회로를 다시 그린다.

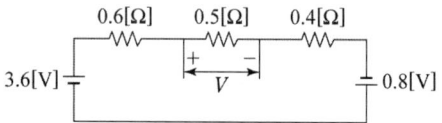

회로에서 0.5[Ω]에 걸리는 전압은 저항값에 비례한다.

$$V = \frac{0.5}{(0.6 + 0.5 + 0.4)} \times (3.6 + 0.8)$$
$$\fallingdotseq 1.47[\text{V}]$$

03 단순 계산형

난이도 下

┃ 정답 ①

┃ 접근 POINT

일반적인 저항 연결 시와 달리 컨덕턴스 연결 시의 전류 분배를 묻는 문제로서, 컨덕턴스는 저항의 역수이므로 분로 전류를 구할 때 식은 반대로 표현되는 점을 기억해야 한다.

공식 CHECK

병렬 회로에서의 전류 분배 법칙

(1) 저항 표현

$$I_1 = \frac{R_2}{R_1 + R_2} \times I\,[\mathrm{A}],$$

$$I_2 = \frac{R_1}{R_1 + R_2} \times I\,[\mathrm{A}]$$

(2) 컨덕턴스 표현

$$I_1 = \frac{G_1}{G_1 + G_2} \times I\,[\mathrm{A}],$$

$$I_2 = \frac{G_2}{G_1 + G_2} \times I\,[\mathrm{A}]$$

해설

위의 회로는 G에 흐르는 전류가 서로 반대이므로 이것을 적용하여 다시 그린다.

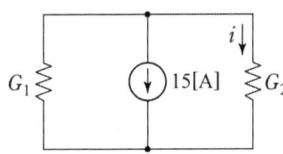

그러므로 전류 i를 구한다.

$$i = \frac{G_2}{G_1 + G_2} \times I = \frac{15}{30 + 15} \times (-15)$$
$$= -5\,[\mathrm{A}]$$

여기서 15[A]의 전류 방향과 구하는 전류 i의 방향은 반대이므로 계산시에는 −15로 해야 한다.

04 단순 계산형   난이도 中

정답 ①

접근 POINT

전원 등가변환에 의해 회로를 간단히 정리할 수 있다.

해설

전원 등가변환($I_s = \dfrac{100}{20} = 5\,[\mathrm{A}]$)을 적용하면 회로는 아래와 같다.

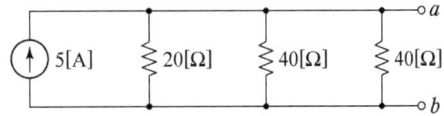

등가 임피던스는 ab단자에서 전원측을 바라본 임피던스(전류원 개방)로서

$$Z = \frac{1}{\dfrac{1}{20} + \dfrac{1}{40} + \dfrac{1}{40}} = 10\,[\Omega]\text{이 된다.}$$

05 단순 계산형   난이도 中

정답 ②

접근 POINT

KCL이나 중첩의 원리를 적용하여 풀이한다.

해설

6[V] 기준(9[A]는 개방상태)으로 R에 흐르는 전류 I_1을 구하기 위해 먼저 전체 전류를 구한다.

$$전체 전류 = \frac{전체 전압}{전체 저항} = \frac{6}{2 + \dfrac{2 \times 2}{2 + 2}} = 2\,[\mathrm{A}]$$

가 된다.
이때 R=1[Ω]에 흐르는 전류는 병렬저항이 같다.

$$I_1 = \left(\frac{2}{2}\right) = 1\,[\mathrm{A}]$$

9[A] 기준(6[V]는 단락상태)으로 R에 흐르는 전류

$$I_2 = \frac{1}{(1+1+1)} \times 9 = 3[\text{A}]$$

또한 I_1, I_2는 전류의 방향이 반대이다.

$$I = I_1 - I_2 = 1 - 3 = -2[\text{A}]$$

(이때 전압, 전류의 방향에 따라 답이 달라질 수 있으므로 방향을 반드시 확인을 하여야 한다.)

06 개념 이해형   난이도 中

❙ 정답 ②

❙ 접근 POINT

이 문제는 중첩의 정리를 활용하여 각 전류원을 기준으로 적용을 해서 풀어야 하기 때문에 정확한 개념 파악이 중요하다.

❙ 해설

7[A] 기준

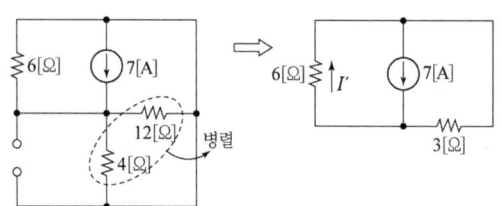

$$I' = \frac{3}{6+3} \times 7 = \frac{21}{9}[\text{A}]$$

8[A] 기준

$$I'' = \frac{3}{6+3} \times 8 = \frac{24}{9}[\text{A}]$$

$$\therefore I = I' + I'' = \frac{21}{9} + \frac{24}{9} = \frac{45}{9} = 5[\text{A}]$$

07 개념 이해형   난이도 中

❙ 정답 ③

❙ 접근 POINT

중첩의 정리에 대한 부분이 숙지가 되어야 풀 수 있는 문제로 회로망 정리에서 가장 중요한 문제로 볼 수 있다.

❙ 해설

6[V] 기준으로 해석(단, 4[A]는 개방)

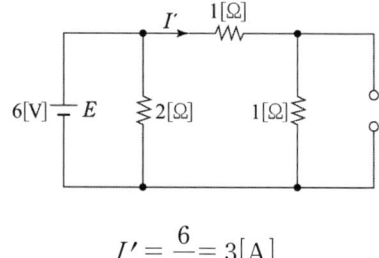

$$I' = \frac{6}{2} = 3[\text{A}]$$

4[A]기준으로 해석(단, 6[V]는 단락)

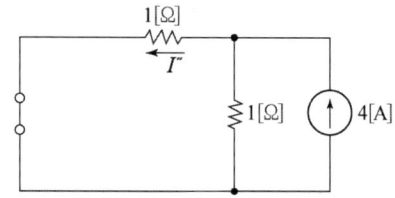

전압원이 단락 상태가 되어 이와 병렬 연결된 2[Ω]은 생략이 가능하다.
그러면 1[Ω]과 1[Ω] 병렬 형태의 회로가 되므로 I"=2[A] 전류가 흐르게 되며 전체 전류 I[A]는 다음과 같아진다.

$$I = I' + I'' = 3 + (-2) = 1[\text{A}]$$

(∵ I' 과 I''은 반대 방향의 전류가 흐르기 때문에 (-)를 해야 한다.)

08 개념 이해형   난이도 中

▌정답   ④

▌접근 POINT

V점에서 KCL을 적용하면 V점에 유입되는 전류합은 0이다. 종속 전원도 KCL을 만족하며, 해당 변수에 관한 추가 방정식을 찾는다.

▌용어 CHECK

키르히호프의 제 1법칙

(1) 유입전류의 합은 유출전류의 합과 같다.

$$\sum I_{유입} = \sum I_{유출}$$

(2) 한 점을 기준으로 모든 유입(유출)전류의 합은 0이다.

$$\sum I = 0$$

▌해설

V점에서 KCL을 적용하여 유입전류의 합=0을 적용한다.

$$\frac{10 - V}{2} + 3 + \frac{2i_x - V}{1} = 0 \quad \cdots\cdots\cdots\cdots \ ①$$

$$i_x = \frac{10 - V}{2} \quad \cdots\cdots\cdots\cdots \ ② \ (추가 \ 방정식)$$

②식을 ①식에 대입하여 V를 구한다.

$$5 - \frac{V}{2} + 3 + 2\left(\frac{10 - V}{2}\right) - V = 0 에서$$

$$V = \frac{36}{5}[\text{V}]$$

그러므로 $i_x = \dfrac{10 - \dfrac{36}{5}}{2} = 1.4[\text{A}]$

09 개념 이해형   난이도 中

▌정답   ①

▌접근 POINT

$0.2\,[\Omega]$에서 전원측을 바라본 회로를 테브난 정리에 의해 하나의 전압원과 등가 직렬저항으로 간단히 정리한다.

▌해설

테브난 등가회로로 고치기 위해 등가저항 R_{ab}과 등가전원 V_{ab}를 먼저 구한다.

a-b에서 바라본 저항

$$R_{ab} = \frac{6 \times 4}{6 + 4} + \frac{4 \times 6}{4 + 6} = 4.8\,[\Omega]$$

$$V_{ab} = \frac{6}{4 + 6} \times 10 - \frac{4}{4 + 6} \times 10 = 2[\text{V}]$$

위 결과를 적용하여 등가회로를 그린다.

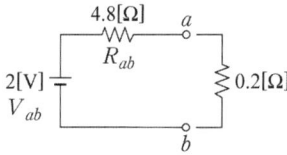

그러므로 $0.2[\Omega]$에 흐르는 전류는 다음과 같다.

$$I = \frac{2}{4.8 + 0.2} = 0.4[\text{A}]$$

10 개념 이해형 난이도 中

∎ 정답 ③

∎ 접근 POINT

다수의 전압원이 병렬로 접속되어 있는 회로의
두 단자간 전압을 구할 때는 밀만의 정리를 이용
한다.

∎ 해설

밀만의 정리를 이용하면 단자전압을 쉽게 구할
수 있다.

단자전압 $V_{ab} = \dfrac{\sum I}{\sum \dfrac{1}{R}} = \dfrac{\sum \dfrac{V}{R}}{\sum \dfrac{1}{R}}$ 이므로

$$V_{ab} = \frac{\dfrac{9}{3} + \dfrac{12}{6}}{\dfrac{1}{3} + \dfrac{1}{6}} = 10[\mathrm{V}]$$

∎ 관련개념

밀만의 정리를 이용하면 여러 개의 전압원이 병
렬로 연결되어 있을 때 두 단자간의 전압을 쉽게
구할 수 있다.

$$V_L = \frac{\dfrac{V_1}{R_1} + \dfrac{V_2}{R_2} + \dfrac{V_3}{R_3}}{\dfrac{1}{R_1} + \dfrac{1}{R_2} + \dfrac{1}{R_3} + \dfrac{1}{R_L}}$$

11 개념 이해형 난이도 中

∎ 정답 ②

∎ 접근 POINT

제시된 그림에서 밀만의 정리를 이용해야 풀 수
있는 문제이다.

∎ 해설

중첩의 정리를 이용해서 접근이 가능하지만 풀
이과정이 복잡해지므로 밀만의 정리를 이용하
면 간단히 풀 수 있다.

$$V_{ab} = \frac{\sum I}{\sum \dfrac{1}{R}} = \frac{\dfrac{V_1}{R_1} + \dfrac{V_2}{R_2} + \dfrac{V_3}{R_3}}{\dfrac{1}{R_1} + \dfrac{1}{R_2} + \dfrac{1}{R_3}}$$

$$= \frac{\dfrac{5}{30} + \dfrac{10}{10} + \dfrac{5}{30}}{\dfrac{1}{30} + \dfrac{1}{10} + \dfrac{1}{30}} = 8[\mathrm{V}]$$

12 단순 계산형

난이도 中

정답 ③

접근 POINT

다수의 전압원이 병렬로 접속되어 있는 회로의 두 단자간 전압을 구할 때는 밀만의 정리를 이용한다.

해설

밀만의 정리를 이용하면 단자전압을 쉽게 구할 수 있다.

단자전압 $V_{ab} = \dfrac{\sum I}{\sum \dfrac{1}{R}} = \dfrac{\sum \dfrac{V}{R}}{\sum \dfrac{1}{R}}$ 이므로

$$V_{ab} = \frac{\dfrac{12}{2} + \dfrac{4}{4} + \dfrac{6}{3}}{\dfrac{1}{2} + \dfrac{1}{4} + \dfrac{1}{3}} = \frac{9}{\dfrac{13}{12}} = \frac{108}{13} \fallingdotseq 8.3 [\text{V}]$$

관련개념

$V_{ab} = \dfrac{\sum I}{\sum G}$ (컨덕턴스로 주어지기도 한다.)

대표유형 ⑥

대칭 n상 교류

180쪽

01 단순 계산형

난이도 中

정답 ④

접근 POINT

Y결선과 △결선에서의 전류와 전압의 관계를 이용해서 수식을 세워야 한다.

해설

Y결선

• 선간전압=$\sqrt{3}$ 상전압, 선간전류=상전류

• 선전류(=상전류)

$$= \frac{\text{상전압}}{\text{임피던스}} = \frac{E/\sqrt{3}}{Z} = \frac{E/\sqrt{3}}{\sqrt{R^2 + X^2}}$$

$$= \frac{E}{\sqrt{3(R^2 + X^2)}} \text{ 이 된다.}$$

응용

△결선

선간전압=상전압, 선간전류=$\sqrt{3}$ 상전류

02 단순 계산형

난이도 中

정답 ①

접근 POINT

이 문제는 3상에서 출제가 되는 유형 중 관련개

SUBJECT 04
회로이론

념을 정확하게 이해해야 풀 수 있는 문제로 Y결선에서의 선간전압과 상전류의 관계를 이해해야 한다.

해설

Y결선에서
선간전압 = $\sqrt{3}$ × 상전압 ∠30˚[V]이므로
상전압 = $\dfrac{1}{\sqrt{3}}$ × 선간전압 ∠ -30˚[V]

∴ 임피던스

$$Z = \frac{상전압}{상전류} = \frac{\dfrac{1}{\sqrt{3}} \times 100\sqrt{3} \angle -30˚}{20 \angle -60˚}$$
$$= 5 \angle -30° -(-60˚)$$
$$= 5 \angle 30° 가 된다.$$

관련개념

3상 Y결선의 특징

(1) 선전압은 상전압 대비 크기는 $\sqrt{3}$ 배, 위상은 30˚ 앞선다.

(2) 선전류는 상전류와 크기, 위상이 동일하다.

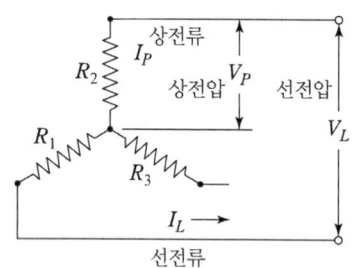

선전류

03 공식 암기형
난이도 下

정답 ④

접근 POINT

이 문제 유형은 △결선의 특징을 알아야 풀 수 있는 문제로 출제빈도가 높으므로 대비가 필요하다.

해설

임피던스 Z에 흐르는 전류는 상전류 I_p이며 선전류 $I_l = \sqrt{3} I_p \angle -30˚$[A] 이므로 먼저 상전류를 구한다.

$$I_p = \frac{V_p}{Z} = \frac{V_{ab}}{Z} = \frac{200}{4+j3} = \frac{200(4-j3)}{(4+j3)(4-j3)}$$
$$= 32 - j24 = \sqrt{32^2 + 24^2} \angle \tan^{-1}\left(\frac{-24}{32}\right)$$
$$= 40 \angle -36.87˚ [A]$$

그러므로 선전류는 다음과 같다.

$$I_a = \sqrt{3} \times 40 [\angle (-36.87˚) + (-30˚)][A]$$
$$= 40\sqrt{3} \angle -66.87°[A]$$

04 공식 암기형
난이도 中

정답 ③

접근 POINT

부하 임피던스에 도선의 임피던스가 추가된 문제로 조금은 생소하게 느낄수 있으나 Y결선의 특징만 기억한다면 접근이 가능한 문제이다.

해설

Y결선이므로 상전류=선전류
상전류

$$I_p = \frac{V_p}{Z + Z_L} = \frac{120}{(1+j) + (20 + j10)}$$

$$= \frac{120}{21+j11} = \frac{120(21-j11)}{(21+j11)(21-j11)}$$
$$\fallingdotseq 4.48 - j2.35[\text{A}]$$

∴ 부하에 걸리는 전압 V_L

$$V_L = I_p \times Z_L = (4.48 - j2.35)(20+j10)$$

$$= \frac{120}{21+j11}$$

$$= \sqrt{113.1^2 + 2.2^2} \angle \tan^{-1}\left(\frac{-2.2}{113.1}\right)$$

$$= \sqrt{113.1^2 + 2.2^2} \angle -1.11°$$

$$= 113.14 \angle -1.11°$$

▌관련개념

3상 Y결선의 특징

- 선전압은 상전압 대비 크기는 $\sqrt{3}$ 배, 위상은 30° 앞선다.

- 선전류는 상전류와 크기, 위상이 동일하다.

복소수의 직각 좌표형과 극형식 사이 관계

- 직각 좌표형 $Z = a + jb$
- 극형식 $Z = |Z| \angle \theta$

  $\left(|Z| = \sqrt{a^2+b^2},\ \theta = \tan^{-1}\dfrac{b}{a}\right)$

05 공식 암기형　　　　난이도 下

▌정답　③

▌접근 POINT

전력공학에서도 자주 나오는 유형으로 무효전력의 공식을 알고 있으면 쉽게 풀 수 있는 문제이다.

▌공식 CHECK

3상 유효전력

$$P = 3V_pI_p\cos\theta = \sqrt{3}\,V_lI_l\cos\theta = 3I_p^2R[\text{W}]$$

3상 무효전력

$$Q = 3V_pI_p\sin\theta = \sqrt{3}\,V_lI_l\sin\theta = 3I_p^2X[\text{Var}]$$

▌해설

무효전력 Q를 구한다.

$$Q = \sqrt{3}\,V_lI_l\sin\theta = \sqrt{3} \times 150 \times 10\sqrt{3} \times 0.6$$
$$= 2,700[\text{Var}]$$

06 단순 계산형　　　　난이도 下

▌정답　①

▌접근 POINT

무효율과 무효전력을 구하는 문제는 공식만 알고 있으면 쉽게 풀 수 있기 때문에 해당 공식을 정확하게 암기해야 한다.

▌공식 CHECK

R-L 직렬회로의 역률과 무효율

(1) 역률 $\cos\theta = \dfrac{R}{\sqrt{R^2+X^2}}$

(2) 무효율 $\sin\theta = \dfrac{X}{\sqrt{R^2+X^2}}$

▌해설

무효율

$$\sin\theta = \frac{X}{Z} = \frac{X}{\sqrt{R^2+X^2}} = \frac{6}{\sqrt{8^2+6^2}} = 0.6$$

무효전력 Q

$$Q = 3I_p^2 X = 3(\frac{V_p}{Z})^2 X = 3(\frac{100}{\sqrt{8^2 + 6^2}})^2 \times 6$$
$$= 1,800[\text{Var}]$$

역률 $\cos\theta = \dfrac{10}{\sqrt{10^2 + 10^2}} = \dfrac{1}{\sqrt{2}}$

$$P = \sqrt{3}\ V_l I_l \cos\theta = \sqrt{3} \times 200 \times 10\sqrt{6} \times \frac{1}{\sqrt{2}}$$
$$= 6,000[\text{W}]$$

07 단순 계산형
난이도 中

정답 ①

접근 POINT

이 문제는 △결선의 특징과 유효전력의 수식을 알아야 풀 수 있다.

공식 CHECK

3상 유효전력

$P = 3V_p I_p \cos\theta = \sqrt{3}\ V_l I_l \cos\theta = 3I_p^2 R[\text{W}]$

해설

RLC 직렬 접속이므로 임피던스 Z를 구한다.

$Z = R + j(X_L - X_C) = 10 + j(15 - 5)$
$\qquad = 10 + j10$

R: 저항, X_L: 유도성리액턴스,

X_c: 용량성리액턴스

△결선에서 선전류 I_l를 구한다.

$$I_l = \sqrt{3}\ I_p = \sqrt{3}\ \frac{V_p}{Z} = \sqrt{3} \times (\frac{200}{\sqrt{10^2 + 10^2}})$$
$$= 10\sqrt{6}$$

그러므로 3상 전력 P_3

$$P_3 = 3I_p^2 R = 3 \times (\frac{10\sqrt{6}}{\sqrt{3}})^2 \times 10 = 6,000[\text{W}]$$

다른 풀이

부하 임피던스 $Z = 10 + j10$ 이므로

08 단순 계산형
난이도 下

정답 ④

접근 POINT

부하 손실을 나타낼 때의 전류는 상전류가 아닌 선전류인 것을 기억해야 한다.

공식 CHECK

3상 전력손실 $P_l = 3I^2 R[\text{W}]$

소비전력

$P = 3V_p I_p \cos\theta = \sqrt{3}\ V_l I_l \cos\theta = 3I_p^2 R[\text{W}]$

해설

먼저 주어진 조건 손실이 50[W]이다.

$P_l = 3I^2 R[\text{W}]$에서

$$I(= I_l) = \sqrt{\frac{P_l}{3R}} = \sqrt{\frac{50}{3 \times 0.5}} = 5.77[\text{A}]$$

또한 단자전압은 선간전압을 나타낸다.

$P = \sqrt{3}\ V_l I_l \cos\theta[\text{W}]$에서 V_l을 구하면

$$V_l = \frac{P}{\sqrt{3}\ I\cos\theta} = \frac{1,800}{\sqrt{3} \times 5.77 \times 0.8}$$
$$= 225[\text{W}]$$

09 단순 계산형
난이도 下

정답 ①

▌접근 POINT

저항의 크기가 같기 때문에 3배가 되는 쉬운 공식을 활용한다.

▌해설

주어진 문제는 같은 저항값 R을 Y결선에서 △결선으로 바꾸어 접속하는 것이다. 이때 다음이 성립한다.

$$I_\Delta = 3I_Y = 3 \times 10 = 30[A]$$

이때 전류는 선전류를 의미하는 것을 기억해야 한다.

▌관련개념

저항 3개를 Y결선했을 때와 △결선했을 때 비교

- $R_\Delta = 3R_Y$
- $I_\Delta = 3I_Y$
- $P_\Delta = 3P_Y$

10 단순 계산형　　　난이도 中

▌정답　②

▌접근 POINT

저항의 크기가 같을 때 Y결선을 △결선의 변환 시 저항의 크기는 3배가 된다는 사실을 알아야 풀 수 있는 문제이다.

▌공식 CHECK

임피던스 등가 변환: Y결선 → △결선

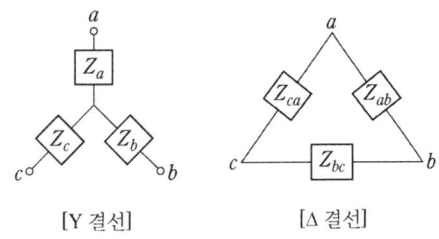

[Y 결선]　　　[△ 결선]

(1) 일반식

$$Z_{ab} = \frac{Z_aZ_b + Z_bZ_c + Z_cZ_a}{Z_c}[\Omega]$$

$$Z_{bc} = \frac{Z_aZ_b + Z_bZ_c + Z_cZ_a}{Z_a}[\Omega]$$

$$Z_{ca} = \frac{Z_aZ_b + Z_bZ_c + Z_cZ_a}{Z_b}[\Omega]$$

(2) 특수한 경우

$Z_a = Z_b = Z_c = Z$이면

$$Z_{ab} = Z_{bc} = Z_{ca} = 3Z$$

▌해설

$$R_\Delta = 3R_Y = 3 \times 15 = 45[\Omega]$$

11 단순 계산형　　　난이도 中

▌정답　③

▌접근 POINT

Y결선이나, △결선 방식에서의 정확한 특징을 파악하는 것이 우선인 문제이다.

▌해설

Y결선 회로를 △결선회로로 변환하여 R_{ab}, R_{bc}, R_{ca}를 구하려면 다음 식을 이용한다.

$$R_{ab} = \frac{R_a R_b + R_b R_c + R_c R_a}{R_c}$$

$$= \frac{2 \times 4 + 4 \times 3 + 3 \times 2}{4} = \frac{13}{2}$$

$$R_{bc} = \frac{R_a R_b + R_b R_c + R_c R_a}{R_a}$$

$$= \frac{2 \times 4 + 4 \times 3 + 3 \times 2}{2} = 13$$

$$R_{ca} = \frac{R_a R_b + R_b R_c + R_c R_a}{R_b}$$

$$= \frac{2 \times 4 + 4 \times 3 + 3 \times 2}{3} = \frac{26}{3}$$

12 단순 계산형

난이도 中

▌정답 ③

▌접근 POINT

△결선의 저항값이 같을 때는 간단히 $\frac{1}{3}R$의 Y 결선으로 변환이 가능하나 이 문제는 그렇지 않은 문제 유형이다.

▌공식 CHECK

임피던스 등가변환: △결선 → Y결선

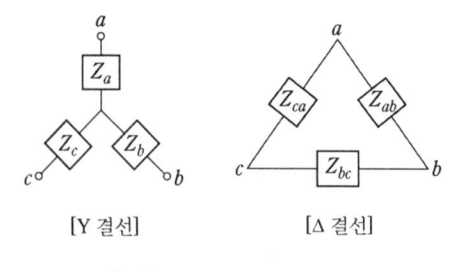

[Y 결선]　　　　[△ 결선]

$$Z_a = \frac{Z_{ab} Z_{ca}}{Z_{ab} + Z_{bc} + Z_{ca}} \, [\Omega]$$

$$Z_b = \frac{Z_{ab} Z_{bc}}{Z_{ab} + Z_{bc} + Z_{ca}} \, [\Omega]$$

$$Z_c = \frac{Z_{bc} Z_{ca}}{Z_{ab} + Z_{bc} + Z_{ca}} \, [\Omega]$$

▌해설

저항의 △결선을 Y결선으로 변환하면 R_a, R_b, R_c 값은

$$R_a = R + \frac{40 \times 40}{40 + 40 + 120} = R + 8 \, [\Omega]$$

$$R_b = \frac{40 \times 120}{40 + 40 + 120} = 24 \, [\Omega]$$

$$R_c = \frac{40 \times 120}{40 + 40 + 120} = 24 \, [\Omega]$$

각 선에 흐르는 전류가 같기 위해서는 각 상의 저항이 같아야 한다.

즉 $R_a = R_b = R_c = 24[\Omega]$이 되기 위해서는 저항 R=16[Ω] 이어야 한다.

13 단순 계산형

난이도 中

▌정답 ②

▌접근 POINT

△를 Y결선으로 변환하는 문제이며 RLC로 구성되어 있어서 일반적인 문제보다는 조금 더 복잡한 유형이다.

▌공식 CHECK

임피던스 등가변환: △결선 → Y결선

$$Z_a = \frac{Z_{ab} Z_{ca}}{Z_{ab} + Z_{bc} + Z_{ca}} \, [\Omega]$$

$$Z_b = \frac{Z_{ab}Z_{bc}}{Z_{ab}+Z_{bc}+Z_{ca}}\,[\Omega]$$

$$Z_c = \frac{Z_{bc}Z_{ca}}{Z_{ab}+Z_{bc}+Z_{ca}}\,[\Omega]$$

▎해설

임피던스 변환 공식을 활용하여 $Z_a\,[\Omega]$를 구한다.

$$Z_a = \frac{Z_{ab}Z_{ac}}{Z_{ab}+Z_{bc}+Z_{ca}} = \frac{(4+j2)j6}{(4+j2)+j6-j8}$$

$$= \frac{-12+j24}{4} = -3+j6\,[\Omega]$$

14 단순 계산형

난이도 下

▎정답 ③

▎접근 POINT

선로 저항과 △부하의 합성 저항을 구하기 위해서는 먼저 △결선을 Y결선으로 변환해야 한다.

▎공식 CHECK

△결선의 한 상의 저항이 R일 때 Y결선으로 등가변환하면 한 상의 저항은 $\frac{1}{3}R$이 된다.

$$Z_a = \frac{Z_{ab}Z_{ac}}{Z_{ab}+Z_{bc}+Z_{ca}}\ \text{에서}$$

$$Z_b = \frac{Z_{ab}Z_{bc}}{Z_{ab}+Z_{bc}+Z_{ca}}\,[\Omega],$$

$$Z_c = \frac{Z_{bc}Z_{ca}}{Z_{ab}+Z_{bc}+Z_{ca}}\,[\Omega]$$

에서 $Z_{ab}=Z_{bc}=Z_{ca}=R$이면

$$Z_a = Z_b = Z_c = \frac{1}{3}R$$

▎해설

주어진 회로의 △결선을 Y결선으로 변환하여 선전류를 구한다.

$$I_l = \frac{\dfrac{V}{\sqrt{3}}}{\dfrac{4}{3}R} = \frac{3\,V}{4\sqrt{3}\,R} = \frac{\sqrt{3}}{4}\frac{V}{R}\,[\mathrm{A}]$$

또한 상전류 $I_p = \dfrac{I_l}{\sqrt{3}}$ 이므로

상전류

$$I(=I_p) = \frac{I_l}{\sqrt{3}} = \frac{\dfrac{\sqrt{3}}{4}\dfrac{V}{R}}{\sqrt{3}} = \frac{V}{4R}\,[\mathrm{A}]$$

15 개념 이해형

난이도 中

▎정답 ①

▎접근 POINT

Y결선 및 델타결선으로의 변환 과정을 알아야 풀 수 있는 문제이다.

▎해설

주어진 회로에서 △결선되어 있는 C를 Y결선하여 재구성하면 다음과 같다.

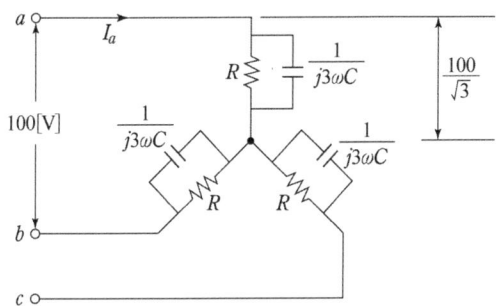

회로는 R-C가 병렬로 있으므로 임피던스가

아닌 어드미턴스를 이용하여 회로를 해석한다. 또한, 선전류 I_a는 상전류와 크기가 같다.

16 개념 이해형

난이도 中

정답 ④

접근 POINT

V결선은 △결선에서 1대의 변압기 고장시에 이용되는 결선 방식으로 이용률과 출력비의 정의를 알아야 한다.

공식 CHECK

출력비

$$= \frac{고장\,후\,V결선\,출력}{고장\,전\,\varDelta결선\,출력} = \frac{\sqrt{3}\,P_1}{3P_1} \times 100$$

$$이용률 = \frac{V결선\,출력}{변압기\,2대\,정격} = \frac{\sqrt{3}\,P_1}{2P_1} \times 100$$

해설

출력비

$$= \frac{v결선시\,출력}{\varDelta\,결선시\,출력} = \frac{\sqrt{3}\,P_1}{3P_1} \times 100$$
$$= 57.7\,[\%]$$

(단, P_1 : 변압기 1대의 용량)

17 개념 이해형

난이도 中

정답 ①

접근 POINT

2전력계법을 응용한 문제로, 3상 평형 순저항

부하이므로 회로 a-b, b-c, c-a 사이의 어디에 전력계를 연결하여도 전력은 W가 된다.

공식 CHECK

유효전력 $P = W_1 + W_2[\mathrm{W}]$

무효전력 $P_r = \sqrt{3}\,(W_1 - W_2)[\mathrm{Var}]$

피상전력 $P_a = 2\sqrt{W_1^2 + W_2^2 - W_1 W_2}\,[\mathrm{VA}]$

전력계

$$W = V_\ell I_\ell \cos(30\,°\pm\theta) = V_{ab}I_a\cos(30\,°\pm\theta)$$
$$= V_\ell I_\ell \cos\phi$$

(θ : 부하역률각, ϕ : V_ℓ과 I_ℓ 상차각)

해설

전력계

$$W = V_l I_l \cos(30\,°-\theta) = \frac{\sqrt{3}}{2}\,\dot{V}_l I_l = \frac{P}{2}[\mathrm{W}]$$

(순수 저항 부하이므로 역률각 $\theta = 0\,°$)

3상 전력 $P = 2W$

다른 풀이

2전력계법에 의해 3상 유효전력

$P = W_1 + W_2 = 2W$

(3상 평형의 순저항 부하이므로
$W_1 = W_2 = W$ 만족)

18 단순 계산형

난이도 下

정답 ①

접근 POINT

유효전력, 무효전력, 피상전력의 관계와 관련된 공식을 알고 있는지 묻는 문제이다.

공식 CHECK

피상전력 $P_a = 2\sqrt{W_1^2 + W_2^2 - W_1 W_2}\,[\mathrm{VA}]$

역률 $\cos\theta = \dfrac{W_1 + W_2}{2\sqrt{W_1^2 + W_2^2 - W_1 W_2}}$

해설

피상전력 P_a

$$P_a = 2\sqrt{P_1^2 + P_2^2 - P_1 P_2}\,[\mathrm{VA}]$$
$$= 2\sqrt{700^2 + 1,400^2 - 700 \times 1,400}$$
$$= 2,425[\mathrm{VA}]$$

응용

유효전력

$$P = P_1 + P_2 = 700 + 1,400 = 2,100$$

---

19 단순 계산형　　　　난이도 下

정답　④

접근 POINT

역률을 구하는 문제는 임피던스, 유효전력-무효전력, 전력계를 이용한 방법 등 다양한 방법으로 출제되므로 대비가 필요하다.

해설

2전력계법

유효전력 $P = P_1 + P_2\,[\mathrm{W}]$

역률

$$\cos\theta = \frac{\text{유효전력}(P)}{\text{피상전력}(P_a)} = \frac{P_1 + P_2}{2\sqrt{P_1^2 + P_2^2 - P_1 P_2}}$$

이므로 여기에 주어진 조건 $P_1 = 3P_2$를 대입

한다.

역률

$$\cos\theta = \frac{3P_2 + P_2}{2\sqrt{(3P_2)^2 + P_2^2 - 3P_2 P_2}} = \frac{4}{2\sqrt{7}}$$

그러므로 역률은 약 0.76이다.

---

20 단순 계산형　　　　난이도 下

정답　④

접근 POINT

2전력계법에서의 전력 측정하는 수식을 이용하여 풀 수 있는 문제이다.

해설

2전력계법을 이용하여 역률을 구한다.

유효전력

$$P = P_1 + P_2 = (2.84 + 6) \times 10^3 [\mathrm{W}]$$

피상전력

$$P_a = \sqrt{3}\,VI = \sqrt{3} \times 200 \times 30 = 10,392[\mathrm{VA}]$$

그러므로 역률

$$\cos\theta = \frac{P}{P_a} = \frac{8.84 \times 10^3}{10,392} = 0.85$$

응용

피상전력 $P_a = 2\sqrt{P_1^2 + P_2^2 - P_1 P_2}\,[\mathrm{VA}]$ 이 수식을 사용하는 문제도 자주 출제된다.

---

21 단순 계산형　　　　난이도 下

정답　③

접근 POINT

2전력계법을 응용한 문제로, 3상 평형 순저항 부하이므로 회로 a-b, b-c, c-a 사이의 어디에 전력계를 연결하여도 전력은 W가 된다.

공식 CHECK

2전력계법에서 유효전력 $P = W_1 + W_2 [\text{W}]$

유효전력(3상)

$P = 3V_p I_p \cos\theta = \sqrt{3}\,V_l I_l \cos\theta = 3I_p^2 R[\text{W}]$

해설

유효전력 $P = 2W$이며, 3상 평형이므로 $I_a = I_b = I_c$가 된다. (3상 평형의 순저항 부하이므로 $W_1 = W_2 = W$)

그러므로 유효전력 $P = 2W = \sqrt{3}\,V_{ab} I_l \cos\theta$에서 c상전류

$I_l = \dfrac{2W}{\sqrt{3}\,V_{ab}\cos\theta} = \dfrac{2W}{\sqrt{3}\,V_{ab}}[\text{A}]$가 된다.

(R만의 회로이므로 $\cos\theta = 1$이다.)

---

22 **개념 이해형** 난이도 中

정답 ④

접근 POINT

2전력계법에서 나오는 유형이나 자주 출제가 되지는 않는 유형이나 실제로 구하는 과정은 복잡하나 다음 수식을 활용해서 찾아가면 좀더 쉽게 접근이 가능하다.

해설

아래 벡터도에 의해

$P = V_{ac} I_a \cos\phi = \sqrt{3}\,V_a I_a \cos\phi$

$\quad = \sqrt{3}\,V_a I_a \cos(\theta - 30°)$

$\quad = \sqrt{3} \times 220 \times 10 \times \cos(45° - 30°)$

$\quad = 3{,}680.67[\text{W}]$

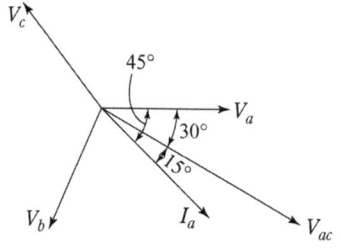

---

23 **단순 계산형** 난이도 下

정답 ①

접근 POINT

n형 결선에서 나올 수 있는 가장 쉬운 문제이나 3상이 아닌 6상으로 주어진 부분만 조심하면 쉬운 문제이다.

공식 CHECK

성형(Y) 결선의 대칭 n상에서 V_ℓ과 V_p사이의 관계

$V_\ell = 2\sin\dfrac{\pi}{n} V_p \angle \dfrac{\pi}{2}\left(1 - \dfrac{2}{n}\right)[\text{V}]$

▌해설

$V_l = 2\sin\dfrac{\pi}{n} V_p\,[V]$에서 $n = 6$ 대입하면

$$= 2\sin\dfrac{\pi}{6} V_p = V_p\,[V]\;\left(\sin\dfrac{\pi}{6} = \dfrac{1}{2}\right)$$

그러므로   6상에서의   선간전압(V_l)=상전압(V_p)이 된다.

즉, $V_l = V_p$이다.

---

24 공식 암기형   난이도 下

▌정답   ④

▌접근 POINT

n상에서 출제된 문제 중에서 가장 기본적인 유형으로 공식을 암기하고 있는지 묻는 문제이다.

▌공식 CHECK

다상 교류에서의 전압, 전류, 위상 관계

(1) 성형결선

$$V_\ell = 2\sin\dfrac{\pi}{n} V_p \angle \dfrac{\pi}{2}(1 - \dfrac{2}{n})[V],$$

$$I_\ell = I_p$$

(2) 환상결선

$$I_l = 2\sin\dfrac{\pi}{n} I_p \angle -\dfrac{\pi}{2}(1 - \dfrac{2}{n})[A],$$

$$V_\ell = V_p$$

▌해설

대칭 n상에서의 선전류와 상전류 위상차 θ는 다음과 같다.

$$\theta = \dfrac{\pi}{2}(1 - \dfrac{2}{n})\ (단, n은 상을 의미한다.)$$

---

25 개념 이해형   난이도 下

▌정답   ①

▌접근 POINT

자계에 관한 문제는 거의 응용이 없기 때문에 대칭인 경우와 비대칭인 경우 2가지만 이해하고 있으면 해당 문제를 풀 수 있다.

▌해설

n상 대칭인 경우의 자계는 원형 형태의 회전자계가 발생한다.

n상 비대칭인 경우의 자계는 타원형 형태의 회전자계가 발생한다.

SUBJECT 04
회로이론

대표유형 ❼
대칭 좌표법　　　187쪽

01 공식 암기형　　　난이도 下

| 정답　①

| 접근 POINT

회로이론에서 3상 부분은 출제가 가장 많이 되는 부분으로 $I_0 = \frac{1}{3}(I_a + I_b + I_c) = 0$을 기억하고 있어야 한다.

| 공식 CHECK

영상분 전류: $I_0 = \frac{1}{3}(I_a + I_b + I_c)$

| 해설

비접지 방식에서의 영상전류는 "0"이다.

$$I_0 = \frac{1}{3}(I_a + I_b + I_c) = 0$$

$$I_0 = 0 = \frac{1}{3}(15 + j2 - 20 - j14 + I_c)$$

$$= \frac{1}{3}(-5 - j12 + I_c)$$

$$I_c = 5 + j12 [\text{A}]$$

02 단순 계산형　　　난이도 中

| 정답　②

| 접근 POINT

이 문제는 대칭 좌표법에 대한 공식을 암기하고 주어진 값을 대입하여 계산하는 단순 계산형 문제이다. 중요한 것은 전기(산업)기사 필기와 실기시험 때 공학용 계산기 사용법에 대해서는 반드시 숙지하여 페이저 연산을 위한 조작법과 직각좌표계를 극좌표계로 바꾸는 방법을 알아야 쉽게 문제를 해결할 수 있다.

| 공식 CHECK

(1) 대칭전압에서 3상 전압을 구하는 행렬

$$\begin{pmatrix} V_a \\ V_b \\ V_c \end{pmatrix} = \begin{pmatrix} 1 & 1 & 1 \\ 1 & a^2 & a \\ 1 & a & a^2 \end{pmatrix} \begin{pmatrix} V_0 \\ V_1 \\ V_2 \end{pmatrix}$$

(2) 3상 전압에서 대칭전압을 구하는 행렬

$$\begin{pmatrix} V_0 \\ V_1 \\ V_2 \end{pmatrix} = \frac{1}{3} \begin{pmatrix} 1 & 1 & 1 \\ 1 & a & a^2 \\ 1 & a^2 & a \end{pmatrix} \begin{pmatrix} V_a \\ V_b \\ V_c \end{pmatrix}$$

| 해설

$$V_c = V_0 + a V_1 + a^2 V_2$$
$$= 8.54 \angle 159° + 1 \angle 120° \times 10 \angle -53°$$
$$+ 1 \angle 240° \times 14.42 \angle 56°$$
$$= 2.361 \angle -17.1° = 2.36 \angle -17°$$

수식을 세우고 공학용 계산기로 계산하도록 해야 한다. 시험시간이 충분하지 않기 때문에 복소수로 바꾸어 계산하는 방법은 시험장에서는 사용하지 않는다.

03 공식 암기형　　　난이도 下

| 정답　④

┃ 접근 POINT

이 문제는 대칭 좌표법에서 가장 기본에 해당하는 문제이며 공식을 외우고 있으면 간단한 문제이다.

┃ 해설

영상분 전압 $E_0 = \dfrac{1}{3}(E_a + E_b + E_c)$

정상분 전압 $E_1 = \dfrac{1}{3}(E_a + aE_b + a^2E_c)$

역상분 전압 $E_2 = \dfrac{1}{3}(E_a + a^2E_b + aE_c)$

---

04 단순 계산형   난이도 中

┃ 정답 ④

┃ 접근 POINT

영상분과 정상분, 역상분에 대한 공식을 정확하게 암기해야 풀 수 있는 문제이다. 최근 이러한 문제가 실기에도 자주 출제되므로 필기 때부터 정확하게 이해해야 한다.

┃ 해설

영상분 전류 I_0

$$I_0 = \frac{1}{3}(I_a + I_b + I_c)$$

$$= \frac{1}{3}[(15+j2)+(-20-j14)+$$

$$(-3+j10)]$$

$$= \frac{1}{3}[(15-20-3)+j(2-14+10)]$$

$$= -2.67 - j0.67$$

┃ 관련개념

- 영상분 전류 $I_0 = \dfrac{1}{3}(I_a + I_b + I_c)$

- 정상분 전류 $I_0 = \dfrac{1}{3}(I_a + aI_b + a^2I_c)$

- 역상분 전류 $I_0 = \dfrac{1}{3}(I_a + a^2I_b + aI_c)$

05 단순 계산형   난이도 中

┃ 정답 ②

┃ 접근 POINT

계산 과정이 약간 복잡한 형태의 문제로 sin 함수의 특성을 활용해서 풀어야 한다.

┃ 해설

영상분 전압 $V_0 = \dfrac{1}{3}(V_a + V_b + V_c)$이므로

$$v_0(t) = \frac{1}{3}\left[40\sin wt + 40\sin\left(wt - \frac{\pi}{2}\right)\right.$$

$$\left. + 40\sin\left(wt + \frac{\pi}{2}\right)\right]$$

$$= \frac{40}{3}\left[\sin wt - \sin\left(wt + \frac{\pi}{2}\right) + \sin\left(wt + \frac{\pi}{2}\right)\right]$$

$$= \frac{40}{3}\sin wt \,[\mathrm{V}]\text{가 된다.}$$

06 공식 암기형   난이도 下

┃ 정답 ②

$$= \frac{1}{3}[(15+j2) + (-\frac{1}{2} - j\frac{\sqrt{3}}{2})(-20-j14)$$

$$+ (-\frac{1}{2} + j\frac{\sqrt{3}}{2})(-3+j10)] = 1.91 + j6.24$$

접근 POINT

3상에서 가장 자주 출제가 되는 유형으로 영상, 정상, 역상 관련 공식은 정확하게 암기해야 한다.

해설

정상분 $V_1[\text{V}]$

$V_1 = \frac{1}{3}(V_a + aV_b + a^2V_c)[\text{V}]$ 여기에 주어

진 조건을 a상 V_a, b상 $V_b = a^2V_a$, c상 $V_c = aV_a$ 적용한다.

$$V_1 = \frac{1}{3}(V_a + a \times a^2V_a + a^2 \times aV_a)$$

$$= \frac{1}{3}(V_a + a^3V_a + a^3V_a)$$

$$= \frac{1}{3} \times 3V_a = V_a$$

$(a^3 = 1)$

08 단순 계산형 난이도 中

정답 ④

접근 POINT

이 문제는 실기에서도 나오는 문제이므로 잘 기억을 해야 하는 유형이고 공학용 계산기를 사용하면 좀더 쉽게 답을 구할 수 있다.

공식 CHECK

(1) 역상분 전류 $I_2 = \frac{1}{3}(I_a + a^2I_b + aI_c)$

(2) 벡터연산자 a

$$a = -\frac{1}{2} + j\frac{\sqrt{3}}{2} = 1\angle 120°$$

$$a^2 = a \times a = 1\angle 120° \times 1\angle 120°$$
$$= 1\angle 240°$$

$$= -\frac{1}{2} - j\frac{\sqrt{3}}{2}$$

$a^3 = 1, \ 1 + a + a^2 = 0$

(3) 극형식 연산

$A = a\angle\theta_1, \ B = b\angle\theta_2$일 때

$A \times B = ab\angle(\theta_1 + \theta_2)$

$\frac{A}{B} = \frac{a}{b}\angle(\theta_1 - \theta_2)$

07 단순 계산형 난이도 中

정답 ①

접근 POINT

영상분, 정상분, 역상분에 관한 수식은 매우 중요한 부분으로 꼭 암기를 하여야 한다.

공식 CHECK

역상분 전류 $I_2 = \frac{1}{3}(I_a + a^2I_b + aI_c)$

해설

역상분 전류를 구한다.

$I_2 = \frac{1}{3}(I_a + a^2I_b + aI_c)\,[A]$

해설

역상분 전류 I_2를 구한다.

$$I_2 = \frac{1}{3}(I_a + a^2 I_b + a I_c) \,[\text{A}]$$

$$= \frac{1}{3}[(7.28 \angle 15.95°) + (1 \angle 240°)$$

$$(12.81 \angle -128.66°) + (1 \angle 120°)$$

$$(7.21 \angle 123.69°)]$$

$$= \frac{1}{3}[(7.28 \angle 15.95°) + (12.81 \angle 111.34°)$$

$$+ (7.21 \angle 243.69°)]$$

$$= 2.51 \angle 96.55°$$

09 복합 계산형

난이도 中

┃ 정답 ④

┃ 접근 POINT

Y결선인 회로를 △결선으로 변환하여 접근한다.

┃ 해설

a-N 사이의 전압 $V_{aN} = I_a \times R \,[\text{V}]$가 되며 $R = 1 [\Omega]$이라 하고 Y결선의 부하를 △결선으로 변환하면 그림과 같다.

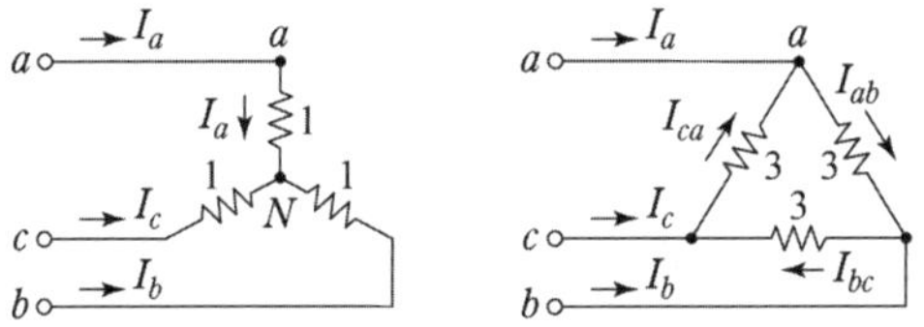

위 변형된 회로에서 a점에서 KCL을 적용한다.
$I_{ab} = I_a + I_{ca}$ 이므로 $I_a = I_{ab} - I_{ca}$
주어진 조건을 적용해서 전류 I_a를 구한다.

$$I_a = I_{ab} - I_{ca} = \frac{V_{ab}}{3} - \frac{V_{ca}}{3}$$

$$= \frac{210}{3} - \frac{-120 + j180}{3} = \frac{330 - j180}{3}$$

$$= 110 - j60 \,[\text{A}]$$

이 되므로 a-N 사이의 전압 V_{aN}

$$V_{aN} = I_a \times R = 110 - j60 \times 1 = 110 - j60 \,[\text{V}]$$

$$|V_{aN}| = \sqrt{110^2 + 60^2} = 125.299 \,[\text{V}] \text{ 이므로}$$

$$\therefore |V_{aN}| \fallingdotseq 125.30 \,[\text{V}]$$

10 공식 암기형

난이도 下

┃ 정답 ③

┃ 접근 POINT

발전기 관련 수식은 응용되어 출제되지는 않고 기본공식만 암기하면 풀 수 있다.

┃ 공식 CHECK

발전기의 기본식

• 영상분 전압 $V_0 = -Z_0 I_0$

• 정상분 전압 $V_1 = E_a - Z_1 I_1$

• 역상분 전압 $V_2 = -Z_2 I_2$

┃ 해설

정상분 전압 $V_1 = E_a - Z_1 I_1$

11 공식 암기형

난이도 下

┃ 정답 ④

SUBJECT 04
회로이론

▎접근 POINT

불평형률 공식을 암기하고 있는지 묻고 있는 단순한 유형의 문제이다.

▎공식 CHECK

불평형률: 대칭분 성분 중 정상분에 대한 역상분의 비로 비대칭의 정도를 나타내는 척도가 된다.

불평형률

$$= \frac{역상분}{정상분} \times 100 = \frac{V_2}{V_1} \times 100 = \frac{I_2}{I_1} \times 100 \, [\%]$$

▎해설

$$불평형률 = \frac{역상분}{정상분} \times 100 = \frac{V_2}{V_1} \times 100 \, [\%]$$

---

12 공식 암기형   난이도 下

▎정답 ③

▎접근 POINT

불평형률에서 나오는 가장 기본적인 문제유형이다.

▎해설

전압 불평형률

$$= \frac{역상분}{정상분} \times 100 = \frac{V_2}{V_1} \times 100 \, [\%]$$

$$= \frac{50}{250} \times 100 = 20 \, [\%]$$

대표유형 ❽

비정현파 교류   191쪽

01 개념 이해형   난이도 中

▎정답 ④

▎접근 POINT

푸리에 급수로 표현된 파형의 구성성분에 대한 개념적인 이해와 정확한 파형의 특징을 숙지하여 해결해야 하는 개념 이해형 문제이다.

▎공식 CHECK

구분	정현대칭 (원점대칭)	여현대칭 (Y축 대칭)	반파대칭
대칭 조건	$f(t)$ $= -f(-t)$	$f(t) = f(-t)$	$f(t) =$ $-f(t + \frac{T}{2})$
구성 파형	sin항만 존재	직류분(a_0), cos항만 존재	홀수항만 존재 (sin항, cos항)

▎해설

문제에서 주어진 조건은 반파대칭, 정현대칭의 특징을 모두 가지고 있는 반파·정현 대칭 파형으로써 푸리에 급수를 활용하여 출력을 구하면 홀수(기수)의 sin항만 존재한다. 따라서 b_n성분 쪽의 기수(홀수)항만 존재하게 된다.

---

02 개념 이해형   난이도 中

▎정답 ②

▌ 접근 POINT

비정현파 부분에서는 구형파와 삼각파의 정확한 파형의 특징을 숙지하고 있어야 접근이 가능하다.

▌ 해설

위 파형은 구형파로써 정현대칭과 반파의 특징을 모두 가지고 있는 반파·정현 대칭 파형으로써 푸리에 급수를 활용하여 출력을 구하면 홀수(기수)의 sin항만 존재한다.

▌ 관련개념

반파·정현 대칭을 동시에 만족하는 대표적인 파형은 아래 삼각파와 구형파이다.

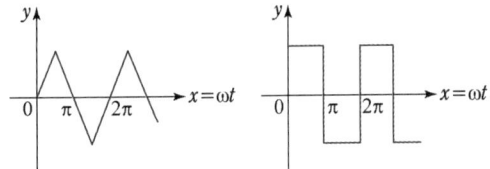

반파·정현 대칭의 특징은 홀수(기수)의 sin항만 존재한다.

03 개념 이해형 난이도 下

▌ 정답 ④

▌ 접근 POINT

우함수와 기함수 특징을 먼저 정확히 알고 있어야 문제 해석이 가능하다.

▌ 해설

문제의 조건에서 $f_e(t)$는 우함수, $f_0(t)$는 기함수

로 주어져 있으므로 다음과 같은 특성을 가진다.

$$f_e(t) = f_e(-t)$$

$$f_0(t) = -f_0(-t)$$

$$\frac{1}{2}[f(t) + f(-t)]$$

$$= \frac{1}{2}[f_e(t) + f_0(t) + f_e(-t) + f_0(-t)]$$

$$= f_e(t)$$

$$\frac{1}{2}[f(t) - f(-t)]$$

$$= \frac{1}{2}[f_e(t) + f_0(t) - f_e(-t) - f_0(-t)]$$

$$= f_0(t)$$

04 개념 이해형 난이도 中

▌ 정답 ②

▌ 접근 POINT

구간에 따른 함수가 달라지므로 그 부분에 대한 적분을 할 수 있으면 쉽게 접근이 가능하다.

▌ 해설

$0 \le t \le \dfrac{\pi}{2}$ 일 때의 함수 $v(t) = \dfrac{10}{\pi}t$

$\dfrac{\pi}{2} \le t \le \pi$ 일 때의 함수 $v(t) = -5$

또한 실효값 $V = \sqrt{\dfrac{1}{T}\int v^2 dt}$ 에서 구하면

$$V = \sqrt{\frac{1}{\pi}\left[\int_0^{\frac{\pi}{2}} (\frac{10}{\pi}t)^2 dt + \int_{\frac{\pi}{2}}^{\pi} (-5)^2 dt\right]}$$

$$= \frac{10}{\sqrt{6}} \, [\text{V}]$$

$$= \frac{\sqrt{\left(\frac{20}{\sqrt{2}}\right)^2 + \left(\frac{30}{\sqrt{2}}\right)^2 + \left(\frac{40}{\sqrt{2}}\right)^2}}{\frac{56}{\sqrt{2}}} = 0.96$$

05 단순 계산형
난이도 下

┃ 정답 ③

┃ 접근 POINT

실효값의 정의와 공식만 알면 풀 수 있는 문제이다.

┃ 해설

비정현파의 실효값 V

$$V = \sqrt{V_0^2 + V_1^2 + V_2^2 + \cdots\cdots}$$
$$= \sqrt{V_0^2 + (\frac{V_{m1}}{\sqrt{2}})^2 + (\frac{V_{m2}}{\sqrt{2}})^2 + \cdots\cdots}$$
$$= \sqrt{3^2 + (\frac{5\sqrt{2}}{\sqrt{2}})^2 + (\frac{10\sqrt{2}}{\sqrt{2}})^2}$$
$$= \sqrt{3^2 + 5^2 + 10^2} \fallingdotseq 11.6$$

06 단순 계산형
난이도 下

┃ 정답 ②

┃ 접근 POINT

비정현파의 특성과 왜형률의 정의를 알아야 풀 수 있는 문제이다.

┃ 해설

왜형률 $K = \dfrac{\sqrt{\text{전고조파의 실효치}}}{\text{기본파의 실효치}}$

$$K = \frac{\sqrt{V_2^2 + V_3^2 + V_4^2 + \cdots\cdots}}{V_1}$$

07 복합 계산형
난이도 上

┃ 정답 ②

┃ 접근 POINT

비정현파에서 유효전력을 구하기 위해서는 먼저 위상차에 대한 구분이 필요하다.

┃ 해설

유효전력 $P = \sum VI\cos\theta$[W] (V, I는 실효값, θ는 위상차)

각 고조파 별로 전력을 구해서 더하는 과정을 거쳐야 하므로 모든 함수를 동일시 해야 한다.

그러므로 $5\cos5wt = 5\sin(5wt + 90°)$로 변환 후에 위상차를 구한다.

$$P = (\frac{100}{\sqrt{2}})(\frac{20}{\sqrt{2}})\cos30°$$
$$- (\frac{50}{\sqrt{2}})(\frac{10}{\sqrt{2}})\cos60°$$
$$+ (\frac{20}{\sqrt{2}})(\frac{5}{\sqrt{2}})\cos45° = 776.4[\text{W}]$$

역률을 구하기 위해서는 피상전력 P_a을 구한다.

$$P_a = |VI| = \sqrt{\left(\frac{100}{\sqrt{2}}\right)^2 + \left(\frac{50}{\sqrt{2}}\right)^2 + \left(\frac{20}{\sqrt{2}}\right)^2}$$
$$\times \sqrt{\left(\frac{20}{\sqrt{2}}\right)^2 + \left(\frac{10}{\sqrt{2}}\right)^2 + \left(\frac{5}{\sqrt{2}}\right)^2} = 1,301[\text{VA}]$$

따라서 역률=$\dfrac{\text{유효전력}}{\text{피상전력}} = \dfrac{776.4}{1,301} = 59.7$ [%]

08 단순 계산형   난이도 中

│ 정답 ④

│ 접근 POINT

비정현파에서 출제가 되는 전력문제이다. 다음 수식을 기억해야 접근할 수 있다.($P = I_1^2 R + I_3^2 R$)

│ 공식 CHECK

비정현파 n차 $R-L$ 직렬 임피던스
$Z_1 = R + jwL$일 때 $Z_n = R + jnwL$
3고조파 임피던스
$Z_3 = R + j3wL = \sqrt{R^2 + (3wL)^2}$ [Ω]
3고조파 전류 $I_3 = \dfrac{V_3}{Z_3} = \dfrac{V_3}{\sqrt{R^2 + (3wL)^2}}$ [A]

│ 해설

$Z_1 = 4 + j3$[Ω], $Z_3 = 4 + j9$[Ω]이므로

기본파 전류 $I_1 = \dfrac{V_1}{Z_1} = \dfrac{100}{\sqrt{4^2 + 3^2}} = 20$[A]

제3고조파 전류
$I_3 = \dfrac{V_3}{Z_3} = \dfrac{50}{\sqrt{4^2 + (3 \times 3)^2}} ≒ 5.08$[A]

그러므로
$P = I_1^2 R + I_3^2 R = 20^2 \times 4 + 5.08^2 \times 4$
$= 1,703$[W]

09 단순 계산형   난이도 中

│ 정답 ③

│ 접근 POINT

제3고조파의 의미와 제3고조파의 전류와 임피던스를 활용해서 푸는 문제이다.

│ 해설

제3고조파 전류 I_3를 구하기 위해 먼저 제3고조파 임피던스 Z_3를 구한다.
$Z_3 = R + j3wL = 8 + j3 \times 2 = 8 + j6$ 이며 크기는
$|Z_3| = \sqrt{8^2 + 6^2} = 10$[Ω]

그러므로 $I_3 = \dfrac{V_3}{Z_3} = \dfrac{\left(\dfrac{200\sqrt{2}}{\sqrt{2}}\right)}{10} = 20$[A]
이다.

10 단순 계산형   난이도 中

│ 정답 ①

│ 접근 POINT

5고조파 전류만이 고려 대상이므로 전압의 5고조파 외에 다른 주파수 성분은 무시한다. 임피던스에서 R은 주파수와 무관, X는 주파수에 비례한다.

│ 해설

RL 직렬회로의 제5고조파 임피던스를 구한다.
$Z_5 = R + j5wL = 4 + j(5 \times 1) = 4 + j5$

SUBJECT 04

회로이론

그러므로 5고조파 전류를 구한다.

$$I_5 = \frac{V_5}{Z_5} = \frac{\frac{40}{\sqrt{2}}}{\sqrt{4^2 + 5^2}} = 4.4[\text{A}]$$

▌관련개념

비정현파 n차 $R - C$ 직렬 임피던스

$Z_1 = R + jwL$일 때 $Z_n = R + jnwL$이므로

제3고조파 임피던스

$$Z_3 = R + \frac{1}{j3wC} = \sqrt{R^2 + (\frac{1}{3wC})^2}$$

제3고조파 전류 $I_3 = \dfrac{V_3}{Z_3} = \dfrac{V_3}{\sqrt{R^2 + (\frac{1}{3wC})^2}}$

제5고조파 임피던스

$$Z_5 = R + \frac{1}{j5wC} = \sqrt{R^2 + (\frac{1}{5wC})^2}$$

제5고조파 전류 $I_5 = \dfrac{V_5}{Z_5} = \dfrac{V_5}{\sqrt{R^2 + (\frac{1}{5wC})^2}}$

▌해설

제3고조파 공진주파수 f_3를 구한다.

$3wL = \dfrac{1}{3wC}$ 이므로 $w^2 = \dfrac{1}{9LC}$ 되며

$(w = 2\pi f_3)$

$$f_3 = \frac{1}{6\pi\sqrt{LC}}[\text{Hz}]$$

▌관련개념

기본파 RLC 직렬 임피던스

$Z_1 = R + j(wL - \dfrac{1}{wC})$이면

n차 직렬 임피던스 $Z_n = R + j(nwL - \dfrac{1}{nwC})$

이 된다.

공진은 임피던스의 허수부가 0일 때이므로

공진 조건은 $nwL = \dfrac{1}{nwC}$

---

11 단순 계산형 난이도 下

▌정답 ③

▌접근 POINT

공진 조건에 대한 이해만 있으면 유도할 수 있는 문제이다.

▌공식 CHECK

n차 공진주파수 $f_n = \dfrac{1}{2\pi n\sqrt{LC}}[\text{Hz}]$

대표유형 ❾

2단자망

194쪽

01 단순 계산형

난이도 中

▮ 정답 ①

▮ 접근 POINT

R, L, C 소자를 라플라스 변환하여 s의 함수로 표현한 후 회로의 직렬과 병렬 관계의 임피던스를 구하는 문제이다.

▮ 해설

$R=1$, $L \to sL = s$, $C \to \dfrac{1}{sC} = \dfrac{1}{s}$이 되며 여기에 R-L(L-C병렬)이 직렬로 연결된 회로이므로 전체 임피던스 Z_{ab}를 구하면 다음과 같다.

$$Z_{ab} = 1 + s + \frac{s \cdot \dfrac{1}{s}}{s + \dfrac{1}{s}} = 1 + s + \frac{s}{s^2 + 1}\,[\Omega]$$

▮ 관련개념

$s = j\omega$를 나타내며 R, L, C를 구동점 임피던스로 변환 시에 다음 과정을 암기해야 한다.

$R \to R$, $L \to Ls$, $C \to \dfrac{1}{Cs}$이 되며

$$Z(j\omega) = R + jwL + \frac{1}{jwC}$$

$$Z(s) = R + sL + \frac{1}{sC}$$

02 개념 이해형

난이도 中

▮ 정답 ①

▮ 접근 POINT

R, L, C 소자를 s함수로 변환하는 과정을 필요로 하며 그 다음은 직·병렬 등가 임피던스를 구하는 과정이다.

▮ 공식 CHECK

병렬회로의 합성 임피던스

$$Z = \frac{Z_1 \times Z_2}{Z_1 + Z_2}$$

▮ 해설

$R=1$, $L[H] \to Ls = 2s\,[\Omega]$,

$C[F] \to \dfrac{1}{Cs} = \dfrac{1}{\dfrac{1}{2}s} = \dfrac{2}{s}\,[\Omega]$이 되며 여기에

R-L은 직렬, 회로 전체는 병렬이므로 전체 임피던스 Z_{ab}를 구한다.

$$Z_{ab} = \frac{\dfrac{2}{s}(1+2s)}{\dfrac{2}{s}+(1+2s)}$$

$$= \frac{\dfrac{2}{s}(1+2s)}{\dfrac{2+s+2s^2}{s}} = \frac{2(2s+1)}{2s^2+s+2}$$

03 개념 이해형

난이도 中

▮ 정답 ②

SUBJECT 04 · 회로이론

▌접근 POINT

병렬회로의 등가 임피던스를 구하는 문제이나 입력전원의 복소수 지수함수형 표현을 이해해야 한다.

▌용어 CHECK

복소수의 표현

(1) 직각좌표형 $Z = a + jb$

(2) 극형식 $Z = |Z| \angle \theta$

   $(|Z| = \sqrt{a^2 + b^2},\ \theta = \tan^{-1} \dfrac{b}{a})$

(3) 삼각함수형 $Z = |Z|(\cos\theta + j\sin\theta)$

(4) 지수함수형 $Z = |Z|e^{j\theta}$

▌해설

RC 병렬회로의 임피던스

$$Z = \dfrac{R \times \dfrac{1}{jwC}}{R + \dfrac{1}{jwC}} = \dfrac{\dfrac{R}{jwC}}{\dfrac{1 + jwCR}{jwC}} = \dfrac{R}{1 + jwCR}$$

문제에서 전원은 복소수의 지수함수형으로 표시되어 있고, $e(t) = 3e^{-5t} = 3e^{j\theta} = 3e^{jwt}$ 에서 $jw = -5$ 이므로

$$Z = \dfrac{R}{1 + jwCR} = \dfrac{R}{1 - 5CR}[\Omega] \text{이 된다.}$$

---

04 개념 이해형　　　　　　　난이도 上

▌정답　②

▌접근 POINT

테브난 정리를 적용하여 등가 임피던스를 구한다.

▌용어 CHECK

테브난 정리: 복잡한 회로를 하나의 전압원과 그와 직렬로 연결된 저항소자로 나타내는 것이다.

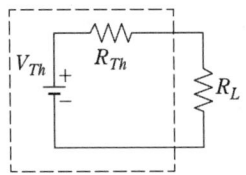

V_{Th} : 테브난 등가 전원

R_{Th} : 테브난 등가저항

R_{Th} 계산: 모든 전원을 제거하고 $a - b$ 단자에서 입력쪽을 바라본 합성저항을 구한다. 전원의 제거 방법은 전압원은 단락하고 전류원은 개방시킨다.

▌해설

V_1, V_2는 단락, I_1은 개방하여 회로를 나타낸다.

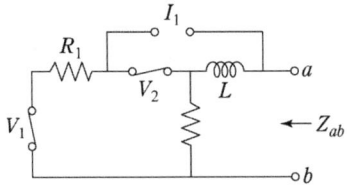

회로에서 등가임피던스 Z_{ab}는 다음과 같다.

$$Z_{ab} = Ls + \dfrac{R_1 R_2}{R_1 + R_2} = 2s + \dfrac{15 \times 10}{15 + 10}$$
$$= 2s + 6[\Omega]$$

---

05 개념 이해형　　　　　　　난이도 中

▌정답　④

▌접근 POINT

주어진 라플라스 변환 임피던스 함수에서 영점

을 구하는 문제로 개념 이해형 문제이다. 따라서, 영점과 극점을 정확하게 이해를 위해 용어의 의미와 개념을 정리해야 한다.

┃ 해설

영점은 $Z(s) = 0$이 되는 s의 값을 영점(zero)이라 하며 회로의 단락상태를 나타내고 기호 ○로 표시한다.

극점은 $Z(s) = \infty$가 되는 s의 값을 극점(pole)이라 하며 회로가 개방상태임을 뜻하고 기호 ×로 표시한다.

주어진 문제에서 $Z(s) = 0$이 되는 또는 분자항 $s + 3 = 0$이 되는 $s = -3$이 영점이다.

┃ 관련개념

영점(zero)	극점(pole)
$Z(s) = 0$이 되는 s의 값	$Z(s) = \infty$이 되는 s의 값
$Z(s)$의 분자항=0	$Z(s)$의 분모항=0
회로상태 : 단락(short)	회로상태 : 개방(open)
기호 : ○	기호 : ×

---

06 개념 이해형　　　　　　　난이도 中

┃ 정답　①

┃ 접근 POINT

영점과 극점 관련한 문제 중 가장 어려운 유형이지만 영점과 극점의 정확한 이해를 한다면 풀 수 있는 문제이다.

┃ 해설

먼저 주어진 회로에서 임피던스 Z(s)를 구한다.

$$Z(s) = \frac{(Ls + R) \times \dfrac{1}{Cs}}{(Ls + R) + \dfrac{1}{Cs}} = \frac{Ls + R}{LCs^2 + RCs + 1}$$

$$= \frac{\dfrac{1}{C}(s + \dfrac{R}{L})}{s^2 + \dfrac{R}{L}s + \dfrac{1}{LC}}$$

(분모, 분자를 $\times \dfrac{1}{LC}$ 함)

주어진 (b)에서 영점이 -10 이므로 $\dfrac{R}{L} = 10$

$$Z(0) = 1 = \frac{\dfrac{R}{LC}}{\dfrac{1}{LC}} = R \text{ 이므로}$$

$R = 1[\Omega]$, $L = 0.1[\mathrm{H}]$이다.

(a), (b)그림에서 극점을 비교하면

(b)에서 $(s + 5)^2 + 20^2 = s^2 + 10s + 425$

(a)에서 $s^2 + \dfrac{R}{L}s + \dfrac{1}{LC}$ 에서

$s^2 + \dfrac{R}{L}s + \dfrac{1}{LC} = s^2 + 10s + 425$이 된다.

즉 $\dfrac{1}{LC} = 425$ 에서 $C = 0.0235[\mathrm{F}]$

---

07 단순 계산형　　　　　　　난이도 下

┃ 정답　③

┃ 접근 POINT

단순한 정저항 회로의 정의를 알고 있는지를 묻는 문제로 주파수와 무관하기 위한 조건으로 R-L-C 관계를 알고 있어야 한다.

해설

정저항 회로가 되기 위한 조건은

$$Z_1 Z_2 = \frac{L}{C} = R^2 \text{이다.}$$

$$L = CR^2 = 1{,}000 \times 10^{-6} \times 10^2 = 0.1[\mathrm{H}]$$
$$= 100[\mathrm{mH}]$$

---

08 단순 계산형 난이도 中

정답 ④

접근 POINT

역회로에 대한 의미와 변환식을 기억해야 풀 수 있다.

해설

역회로를 만족하기 위한 수식은 다음과 같다

$$Z_1 Z_2 = \frac{L}{C} = K^2$$

(단, K는 공칭임피던스라 한다.)

즉 $\dfrac{L_1}{C_2} = \dfrac{L_2}{C_1}$ 에서

$$L(= L_2) = \frac{C_1}{C_2} L_1 = \frac{5 \times 10^{-6}}{2 \times 10^{-6}} \times 4\,[\mathrm{mH}]$$
$$= 10\,[\mathrm{mH}]$$

관련개념

쌍대회로(역회로) 변환

$R \leftrightarrow G$ (R: 저항, G: 컨덕턴스)

$I \leftrightarrow V$ (I: 전류원, V: 전압원)

$Z \leftrightarrow Y$ (Z: 임피던스, Y: 어드미턴스)

$L \leftrightarrow C$ (L: 인덕턴스, C: 정전용량)

---

09 개념 이해형 난이도 中

정답 ①

접근 POINT

쌍대회로에 대한 변환과정만 알고 있다면 쉽게 접근할 수 있는 문제이다.

해설

쌍대회로(역회로) 변환을 한다.

$R_0 \rightarrow G_0$ 해야 하지만 G_0가 없으므로 R

$L_0 \rightarrow C$, $C_0 \rightarrow L$, 직렬 $\rightarrow$ 병렬

위 내용 적용하여 쌍대회로를 구하면 다음 회로가 된다.

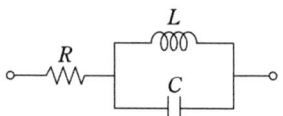

관련개념

역회로 관계(쌍대성)

전압	전류	리액턴스	서셉턴스
직렬	병렬	임피던스	어드미턴스
저항	컨덕턴스	인덕턴스	커패시턴스

$$D = \left[\frac{I_1}{I_2}\right]_{E_2=0} = 1 + \frac{Z_2}{Z_3}$$

┃ 다른 풀이

$$\begin{bmatrix} 1 & Z_1 \\ 0 & 1 \end{bmatrix}\begin{bmatrix} 1 & 0 \\ \frac{1}{Z_3} & 1 \end{bmatrix}\begin{bmatrix} 1 & Z_2 \\ 0 & 1 \end{bmatrix} =$$

$$\begin{bmatrix} 1 + \frac{1}{Z_3} & \dfrac{Z_1 Z_2 + Z_2 Z_3 + Z_3 Z_1}{Z_3} \\ \dfrac{1}{Z_3} & 1 + \dfrac{Z_2}{Z_3} \end{bmatrix}$$

대표유형 ⑩

4단자망   198쪽

01   단순 계산형   난이도 中

┃ 정답 ④

┃ 접근 POINT

4단자망에서 가장 대표적인 문제 유형으로 전류 이득 D의 정의를 이용하여 전류분배 법칙을 적용하거나, 세 가지 소자가 결합된 T형 회로로 생각해서 세 행렬의 곱으로 풀이할 수도 있다.

┃ 해설

출력단을 단락($V_2 = 0$)한 후, 전류 분배법칙을 적용하여 I_2를 I_1으로 나타낸다.

$$I_2 = \frac{Z_3}{Z_2 + Z_3} I_1$$

$$D = \left[\frac{I_1}{I_2}\right]_{E_2=0} = \frac{I_1}{\left(\frac{Z_3}{Z_2+Z_3}\right)I_1} = \frac{Z_2+Z_3}{Z_3}$$

$$= 1 + \frac{Z_2}{Z_3}$$

┃ 관련개념

$$A = \left[\frac{V_1}{V_2}\right]_{I_2=0} = 1 + \frac{Z_1}{Z_3}$$

$$B = \left[\frac{E_1}{I_2}\right]_{E_2=0} = (Z_1 + Z_2) + \frac{Z_1 \times Z_2}{Z_3}$$

$$C = \left[\frac{I_1}{E_2}\right]_{I_2=0} = \frac{1}{Z_3}$$

02   복합 계산형   난이도 上

┃ 정답 ④

┃ 접근 POINT

이 문제는 행렬을 이용하여 풀어야 한다.

┃ 해설

행렬을 이용하여 A, B, C, D를 구한다.

$$\begin{bmatrix} A & B \\ C & D \end{bmatrix} = \begin{bmatrix} 1 & 0 \\ \frac{1}{Z_C} & 1 \end{bmatrix}\begin{bmatrix} 1 & Z_A \\ 0 & 1 \end{bmatrix}\begin{bmatrix} 1 & 0 \\ \frac{1}{Z_B} & 1 \end{bmatrix}$$

$$= \begin{bmatrix} 1 + \dfrac{Z_A}{Z_B} & Z_A \\ \dfrac{Z_A + Z_B + Z_C}{Z_B Z_C} & 1 + \dfrac{Z_A}{Z_C} \end{bmatrix}$$

그러므로

$$A = 1 + \frac{Z_A}{Z_B}, \ B = Z_A, \ C = \frac{Z_A + Z_B + Z_C}{Z_B Z_C},$$

$$D = 1 + \frac{Z_A}{Z_C}$$

03 개념 이해형 난이도 下

| 정답 ③

| 접근 POINT

4단자 사이의 관계와 허수 계산 능력을 묻는 문제이다.

| 공식 CHECK

4단자 정수(전송 파라미터, ABCD 파라미터)의 특징

(1) 일반 선로: AD-BC=1 (항상 성립)

(2) 좌우 대칭 선로: A=D

| 해설

일반적인 선로의 4단자 정수의 관계는 AD-BC =1이다.

$$C = \frac{AD-1}{B}$$

주어진 A,B,D 값을 대입하여 정리한다.

$$C = \frac{8 \times (1.625+j)-1}{j2} = \frac{13+j8-1}{j2}$$
$$= 4-j6$$

04 단순 계산형 난이도 中

| 정답 ②

| 접근 POINT

4단자 정수 A, B, C, D의 정의를 이용하여 전류분배, 전압분배 법칙을 적용하여 풀이하거나, 두 가지 소자가 결합된 회로로 간주하여 두 행렬의 곱셈으로 풀이할 수도 있다.

| 용어 CHECK

전압 분배 법칙: 저항의 직렬 연결에서 각 저항에 걸리는 전압은 저항에 비례한다.

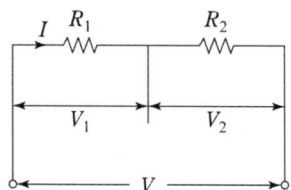

$$V_1 = \frac{R_1}{R_1+R_2} \times V, \ V_2 = \frac{R_2}{R_1+R_2} \times V$$

| 해설

$$A = \left[\frac{V_1}{V_2}\right]_{I_2=0} = 1 + \frac{jwL}{\frac{1}{jw2C}} = 1 - 2w^2 LC$$

$$B = \left[\frac{V_1}{I_2}\right]_{V_2=0} = jwL$$

$$C = \left[\frac{I_1}{V_2}\right]_{I_2=0} = \frac{1}{\frac{1}{jw2C}} = jw2C$$

$$D = \left[\frac{I_1}{I_2}\right]_{V_2=0} = 1$$

05 단순 계산형 난이도 中

| 정답 ①

| 접근 POINT

4단자망 회로가 입출력 대칭이므로 4단자 정수(ABCD 파라미터)의 대칭 조건을 찾는다.

| 공식 CHECK

4단자 정수(전송 파라미터, ABCD 파라미터)의

특징

(1) 일반 선로: AD−BC=1 (항상 성립)

(2) 좌우 대칭 선로: A=D

▎해설

주어진 회로에서 4단자 정수 A, D를 구한다.

$$A = [\frac{V_1}{V_2}]_{I_2 = 0} = 1 + \frac{jwL}{\frac{1}{jwC}} = 1 - w^2 LC$$

$$D = [\frac{I_1}{I_2}]_{V_2 = 0} = 1 + \frac{jwL}{\frac{1}{jwC}} = 1 - w^2 LC$$

∴ 4단자망에서 대칭 조건은 A=D인 경우이다.

06 복합 계산형   난이도 中

▎정답   ②

▎접근 POINT

4단자 정수 A의 정의를 이용하여 전압분배 법칙을 적용하여 풀이하거나, 세 소자가 결합된 회로로 간주하여 세 행렬의 곱셈으로 풀이할 수도 있다.

▎해설

4단자 정수 A를 구하기 위한 방정식은 다음과 같다.

$$A = \frac{V_1}{V_2} (I_2 = 0)$$

여기서 $I_2 = 0$ 출력 단자가 개방상태를 의미하기 때문에 이것을 적용해서 회로를 다시 그리면 다음과 같다.

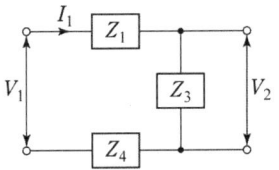

전압분배 법칙에 의하여

$$V_2 = \frac{Z_3}{Z_1 + Z_3 + Z_4} V_1 이므로$$

$$A = \frac{V_1}{V_2} \mid_{I_2 = 0} = \frac{V_1}{(\frac{Z_3}{Z_1 + Z_3 + Z_4}) V_1}$$

$$= \frac{Z_1 + Z_3 + Z_4}{Z_3}$$

▎다른 풀이

$$\begin{bmatrix} 1 & Z_1 + Z_4 \\ 0 & 1 \end{bmatrix} \begin{bmatrix} 1 & 0 \\ \frac{1}{Z_3} & 1 \end{bmatrix} \begin{bmatrix} 1 & Z_2 + Z_5 \\ 0 & 1 \end{bmatrix}$$ 의 행렬곱을 구한다.

07 개념 이해형   난이도 中

▎정답   ①

▎접근 POINT

4단자 정수가 주어진 선로에 임피던스가 $\frac{1}{Z_T}$ 인 변압기가 수전단의 결합되었을 경우 계통의 4단자 정수를 구하는 개념 이해 및 단순 계산문제이다. 먼저 선로에 변압기가 연결된 것은 직렬연결로 볼 수 있어서 4단자 정수의 행렬과 직렬연결의 행렬의 곱으로부터 계통의 4단자 정수 중 D_0 성분만을 계산하면 된다.

회로이론

SUBJECT 04

▎해설

선로에 변압기가 직렬로 연결된 것으로 보아 행렬의 곱을 만든다.

$$\begin{bmatrix} A_0 & B_0 \\ C_0 & D_0 \end{bmatrix} = \begin{bmatrix} A & B \\ C & D \end{bmatrix} \begin{bmatrix} 1 & \dfrac{1}{Z_T} \\ 0 & 1 \end{bmatrix} = \begin{bmatrix} A & \dfrac{A}{Z_T} + B \\ C & \dfrac{C}{Z_T} + D \end{bmatrix}$$

이므로

4단자 정수 $D_0 = \dfrac{C}{Z_T} + D = \dfrac{C + DZ_T}{Z_T}$ 가

된다.

▎관련개념

단일소자의 직렬회로 해석	
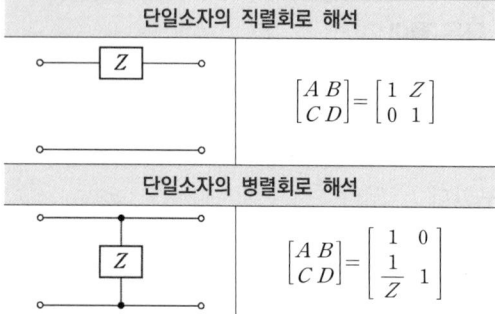	$\begin{bmatrix} A & B \\ C & D \end{bmatrix} = \begin{bmatrix} 1 & Z \\ 0 & 1 \end{bmatrix}$
단일소자의 병렬회로 해석	
	$\begin{bmatrix} A & B \\ C & D \end{bmatrix} = \begin{bmatrix} 1 & 0 \\ \dfrac{1}{Z} & 1 \end{bmatrix}$

---

08 개념 이해형
난이도 中

▎정답 ④

▎접근 POINT

직렬소자 10[Ω]과 변압기가 결합된 회로로 각 회로의 행렬을 곱한다.

▎공식 CHECK

각종 회로의 4단자 정수

$$\begin{bmatrix} A & B \\ C & D \end{bmatrix} = \begin{bmatrix} 1 & Z_1 \\ 0 & 1 \end{bmatrix}$$

$$\begin{bmatrix} A & B \\ C & D \end{bmatrix} = \begin{bmatrix} n & 0 \\ 0 & \dfrac{1}{n} \end{bmatrix}$$

▎해설

먼저 변압기만의 4단자 정수를 구한다.

A=10, B=0, C=0, $D = \dfrac{1}{10}$

변압기 앞단에 연결된 10[Ω]을 포함한 전체 4단자 정수를 구한다.

$$\begin{bmatrix} A & B \\ C & D \end{bmatrix} = \begin{bmatrix} 1 & 10 \\ 0 & 1 \end{bmatrix} \begin{bmatrix} 10 & 0 \\ 0 & \dfrac{1}{10} \end{bmatrix} = \begin{bmatrix} 10 & 1 \\ 0 & \dfrac{1}{10} \end{bmatrix}$$

$\therefore A = 10, B = 1, C = 0, D = \dfrac{1}{10}$ 가 된다.

---

09 개념 이해형
난이도 下

▎정답 ④

▎접근 POINT

4단자망에서 자주 출제가 되는 문제 유형이므로 전압, 전류, 임피던스의 관계를 기억해야 한다.

▎용어 CHECK

임피던스 파라미터(Z 파라미터)

$$\begin{bmatrix} V_1 \\ V_2 \end{bmatrix} = \begin{bmatrix} Z_{11} & Z_{12} \\ Z_{21} & Z_{22} \end{bmatrix} \begin{bmatrix} I_1 \\ I_2 \end{bmatrix} \rightarrow \begin{array}{l} V_1 = Z_{11}I_1 + Z_{12}I_2 \\ V_2 = Z_{21}I_1 + Z_{22}I_2 \end{array}$$

$Z_{11} = \dfrac{V_1}{I_1} \Big|_{I_2 = 0}$: 출력 개방 구동점 임피던스

$Z_{12} = \dfrac{V_1}{I_2} \Big|_{I_1 = 0}$: 입력 개방 순방향 전달 임피던스

$Z_{21} = \dfrac{V_2}{I_1} \Big|_{I_2 = 0}$: 출력 개방 순방향 전달 임피던스

$Z_{22} = \dfrac{V_2}{I_2} \Big|_{I_1 = 0}$: 입력 개방 구동점 임피던스

┃ 해설

선로 방정식은 다음과 같다.

$V_1 = Z_{11}I_1 + Z_{12}I_2, \ V_2 = Z_{21}I_1 + Z_{22}I_2$ 에서

$Z_{22} = \dfrac{V_2}{I_2} = \dfrac{(Z_2 + Z_3)I_2}{I_2} = Z_2 + Z_3$ 가 된다.

---

10 개념 이해형　　　　난이도 中

┃ 정답　①

┃ 접근 POINT

A, B, C, D 파라미터를 기본으로 정의를 파악하고 있는지를 확인하는 약간의 변형된 문제이다.

┃ 공식 CHECK

(1) 임피던스 파라미터

$$Z_{11} = \dfrac{V_1}{I_1}, \ \ Z_{12} = \dfrac{V_1}{I_2}$$

$$Z_{21} = \dfrac{V_2}{I_1}, \ \ Z_{22} = \dfrac{V_2}{I_2}$$

(2) ABCD(전송) 파라미터

$$A = \dfrac{V_1}{V_2}, \ \ B = \dfrac{V_1}{I_2}$$

$$C = \dfrac{I_1}{V_2}, \ \ D = \dfrac{I_1}{I_2}$$

┃ 해설

$\dfrac{A}{C} = \dfrac{\dfrac{V_1}{V_2}}{\dfrac{I_1}{V_2}} = \dfrac{V_1}{I_1}$ 이므로 $\dfrac{A}{C} = Z_{11}$ 가 된다.

---

11 개념 이해형　　　　난이도 中

┃ 정답　②

┃ 접근 POINT

4단자망에서 Y파라미터 관련 문제가 어려운 편이며 전류, 전압, 어드미턴스의 관계를 활용해야 한다.

┃ 해설

$$Y_{21} = \left[\dfrac{I_2}{E_1} \right]_{E_2 = 0}$$

그림에서 수식을 구하면 $-I_2 = E_1 Y_b$ 이 된다.

$$Y_{21} = \left[\dfrac{I_2}{E_1} \right] = \dfrac{-E_1 Y_b}{E_1} = -Y_b \, [\mho]$$

┃ 관련개념

어드미턴스 파라미터는 π 형 회로에 잘 적용된다.

$Y_{11} = Y_a + Y_b \, [\mho]$

$Y_{22} = Y_b + Y_c \, [\mho]$

$Y_{12} = Y_{21} = -Y_b \, [\mho]$

12 개념 이해형　　　　　난이도 下

| 정답 ④

| 접근 POINT

4단자망에서 Y파라미터 문제는 잘 나오는 유형
은 아니나 난이도를 조절하기 위해 어렵게 출제
를 하기 위해 나오는 경우도 있으므로 방정식을
기억해야 한다.

| 해설

방정식을 세워서 답을 구한다.

$$I_1 = Y_{11} V_1 + Y_{12} V_2$$
$$= \frac{1}{6} \times 36 + \frac{1}{-12} \times 24 = 4[\text{A}]$$
$$I_2 = Y_{21} V_1 + Y_{22} V_2$$
$$= \frac{1}{-12} \times 36 + \frac{1}{6} \times 24 = 1[\text{A}]$$

| 관련개념

(1) Z 파라미터 방정식
$$V_1 = Z_{11} I_1 + Z_{12} I_2,\ V_2 = Z_{21} I_1 + Z_{22} I_2$$

(2) A, B, C, D 파라미터 방정식
$$V_1 = A V_2 + B I_2,\ I_1 = C V_2 + D I_2$$

(3) H 파라미터 방정식
$$V_1 = H_{11} I_1 + H_{12} V_2,$$
$$I_2 = H_{21} I_1 + H_{22} V_2$$

13 단순 계산형　　　　　난이도 中

| 정답 ④

| 접근 POINT

영상 파라미터(임피던스, 전달정수)는 ABCD
파라미터와의 관계가 중요하다.

| 용어 CHECK

영상 파라미터

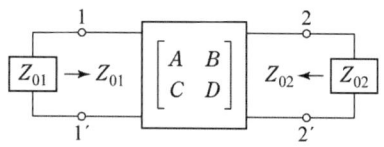

(1) 영상 임피던스
$$Z_{01} = \sqrt{\frac{AB}{CD}},\ Z_{02} = \sqrt{\frac{BD}{AC}}$$
$$Z_{01} \times Z_{02} = \frac{B}{C},\ \frac{Z_{01}}{Z_{02}} = \frac{A}{D}$$

대칭회로이면 $A = D$가 되므로
$$Z_{01} = Z_{02} = \sqrt{\frac{B}{C}}$$

(2) 영상 전달 정수
$$\theta = \cosh^{-1}\sqrt{AD} = \sinh^{-1}\sqrt{BC}$$
$$= \log_e (\sqrt{AD} + \sqrt{BC})$$

| 해설

영상 임피던스 Z_{01}, Z_{02}
$$Z_{01} = \sqrt{\frac{AB}{CD}},\ Z_{02} = \sqrt{\frac{BD}{AC}}$$

그러므로 $\dfrac{Z_{01}}{Z_{02}} = \dfrac{\sqrt{\dfrac{AB}{CD}}}{\sqrt{\dfrac{BD}{AC}}} = \dfrac{A}{D}$

14 단순 계산형

난이도 中

정답 ②

접근 POINT

영상 파라미터(임피던스)는 4단자 정수 ABCD 파라미터와의 관계가 중요하다. 먼저 ABCD 파라미터를 구한다.

공식 CHECK

$$Z_{01} = \sqrt{\frac{A\,B}{C\,D}}$$

해설

영상 임피던스를 구하기 위해서 먼저 4단자 정수 A, B, C, D를 구해야 한다.

$A = 1 + \dfrac{R}{5}$, $B = R$, $C = \dfrac{1}{5}$,

$D = 1 + \dfrac{0}{5} = 1$

$Z_{01} = \sqrt{\dfrac{A\,B}{C\,D}}$ 에서 $Z_{01} = 6[\Omega]$, A, B, C, D값을 적용한다.

$Z_{01} = 6 = \sqrt{\dfrac{(1+\dfrac{R}{5}) \times R}{\dfrac{1}{5} \times 1}}$ 양변을 제곱하여

R을 구한다.

$$36 = \frac{(1+\dfrac{R}{5})R}{\dfrac{1}{5}} = R^2 + 5R$$

$R^2 + 5R - 36 = (R+9)(R-4) = 0$ 이므로
R=4[Ω]

15 단순 계산형

난이도 中

정답 ④

접근 POINT

영상 파라미터(전달정수)는 4단자 정수 ABCD 파라미터와의 관계가 중요하다. 먼저 ABCD 파라미터를 구한다.

공식 CHECK

$$\theta = \cosh^{-1}\sqrt{A\,D} = \sinh^{-1}\sqrt{B\,C}$$
$$= \ln\left(\sqrt{AD} + \sqrt{BC}\right)$$

해설

영상 전달정수를 구하기 위해서는 먼저 4단자 정수 A, B, C, D를 구한다.

$A = D = 1 + \dfrac{j600}{-j300} = -1$ (대칭회로 조건)

$B = (j600 + j600) + \dfrac{j600 \times j600}{-j300} = 0$

$C = \dfrac{1}{-j300}$

그러므로 전달정수 θ를 구한다.

$\theta = \cosh^{-1}\sqrt{A\,D} = \cosh^{-1}\sqrt{-1 \times -1} = 0$

별해

$\begin{bmatrix} 1 & j600 \\ 0 & 1 \end{bmatrix}\begin{bmatrix} 1 & 0 \\ -\dfrac{1}{j300} & 1 \end{bmatrix}\begin{bmatrix} 1 & j600 \\ 0 & 1 \end{bmatrix}$ 의 행렬곱을 계산한다.

대표유형 ⑪

분포정수회로　203쪽

01 공식 암기형　난이도 下

┃ 정답　①

┃ 접근 POINT

가장 기본적인 분포정수회로 문제 유형이며 무손실 및 무왜형 선로의 특성 임피던스 수식을 꼭 기억해야 한다.

┃ 공식 CHECK

분포정수회로(무손실 선로)

(1) 조건: $R = G = 0$

(2) 특성 임피던스 $Z_0 = \sqrt{\dfrac{L}{C}}$

(3) 전파정수 $\gamma = \alpha + j\beta = jw\sqrt{LC}$

　　(감쇠정수 $\alpha = 0$, 위상정수 $\beta = w\sqrt{LC}$)

(4) 파장 $\lambda = \dfrac{2\pi}{\beta} = \dfrac{1}{f\sqrt{LC}}[\mathrm{m}]$

(5) 전파속도

　　$v = \lambda f = \dfrac{2\pi f}{\beta} = \dfrac{w}{\beta} = \dfrac{1}{\sqrt{LC}}[\mathrm{m/s}]$

┃ 해설

특성 임피던스 $Z_0 = \sqrt{\dfrac{Z}{Y}} = \sqrt{\dfrac{R + jwL}{G + jwC}}$

무손실 조건 R=G=0을 적용한다.

$Z_0 = \sqrt{\dfrac{Z}{Y}} = \sqrt{\dfrac{R + jwL}{G + jwC}} = \sqrt{\dfrac{jwL}{jwC}} = \sqrt{\dfrac{L}{C}}$

02 공식 암기형　난이도 下

┃ 정답　④

┃ 접근 POINT

특성 임피던스 정의식에 직류 조건 $(f = 0,\ w = 0)$을 적용한다.

┃ 해설

특성 임피던스 $Z_0 = \sqrt{\dfrac{Z}{Y}} = \sqrt{\dfrac{R + jwL}{G + jwC}}$ 이며

여기 조건은 직류를 가했기 때문에 $w = 0$ 상태가 된다.

$Z_0 = \sqrt{\dfrac{Z}{Y}} = \sqrt{\dfrac{R + jwL}{G + jwC}} = \sqrt{\dfrac{R}{G}}$

Z_0: 특성 임피던스

Z: 직렬 임피던스, Y: 병렬 어드미턴스

03 개념 이해형　난이도 下

┃ 정답　②

┃ 접근 POINT

분포정수회로에서 R, L, C, G의 정의와 Z, Y, Z_0, γ의 관계를 먼저 파악해야 한다.

┃ 해설

직렬 임피던스 $Z = R + jwL$

병렬 어드미턴스 $Y = G + jwC$ 이다.

전파정수

$r = \sqrt{ZY} = \sqrt{(R + jwL)(G + jwC)}$ 가 된다.

▮ 관련개념

특성 임피던스 Z_0

$$Z_0 = \sqrt{\frac{Z}{Y}} = \sqrt{\frac{R+jwL}{G+jwC}}$$

04 개념 이해형   난이도 下

▮ 정답 ③

▮ 접근 POINT

이 문제는 특성 임피던스와 전파정수와 관련된 개념을 이해하고 있어야 접근할 수 있다.

▮ 공식 CHECK

분포정수회로(일반선로)

(1) 특성 임피던스: $Z_0 = \sqrt{\dfrac{Z}{Y}} = \sqrt{\dfrac{R+jwL}{G+jwC}}$

(2) 전파정수

$\gamma = \sqrt{YZ} = \sqrt{(R+j\omega L)(G+j\omega C)}$

$\quad = \alpha + j\beta$

α: 감쇠정수, β: 위상정수

(3) 파장: $\lambda = \dfrac{2\pi}{\beta} [\text{m}]$

(4) 전파속도 $v = \lambda f = \dfrac{2\pi}{\beta} \times f = \dfrac{w}{\beta} [\text{m/s}]$

▮ 해설

$Z_0 = \sqrt{\dfrac{Z}{Y}}$, $\gamma = \sqrt{ZY}$에서 두 식을 곱한다.

$Z_0 \times \gamma = \sqrt{\dfrac{Z}{Y}} \times \sqrt{YZ} = \sqrt{\dfrac{Z}{Y} \times YZ}$

$\qquad\quad = \sqrt{Z^2} = Z$

05 공식 암기형   난이도 下

▮ 정답 ②

▮ 접근 POINT

이 문제는 분포정수회로의 총괄적인 문제이므로 개념의 정확한 이해가 필요하다.

▮ 공식 CHECK

분포정수회로(무손실 선로)

(1) 조건: $R = G = 0$

(2) 특성 임피던스: $Z_0 = \sqrt{\dfrac{L}{C}}$

(3) 전파정수: $r = \alpha + j\beta = jw\sqrt{LC}$

　　감쇠정수 $\alpha = 0$, 위상정수 $\beta = w\sqrt{LC}$

(4) 파장 $\lambda = \dfrac{2\pi}{\beta} = \dfrac{1}{f\sqrt{LC}} [\text{m}]$

(5) 전파속도

$$v = \lambda f = \frac{2\pi f}{\beta} = \frac{w}{\beta} = \frac{1}{\sqrt{LC}} [\text{m/s}]$$

▮ 해설

무손실 선로의 조건 R=G=0 적용한다.

특성 임피던스 $Z_0 = \sqrt{\dfrac{L}{C}}$

전파속도 $v = \dfrac{1}{\sqrt{LC}}$

전파정수 $\gamma = 0 + jw\sqrt{LC} = \alpha + j\beta$

$\alpha = 0$, $\beta = w\sqrt{LC}$ α: 감쇠정수, β: 위상정수

06 단순 계산형   난이도 中

| 정답 ②

| 접근 POINT

무손실 조건을 이용한 특성 임피던스와 전류의 관계식을 이용한 계산 문제이다.

| 공식 CHECK

특성 임피던스

- 일반 선로 $Z_0 = \sqrt{\dfrac{Z}{Y}} = \sqrt{\dfrac{R+jwL}{G+jwC}}$

- 무손실, 무왜형 선로 $Z_0 = \sqrt{\dfrac{L}{C}}$

| 해설

먼저 무손실 선로의 특성 임피던스 Z_0를 구한다.

$$Z_0 = \sqrt{\frac{L}{C}} = \sqrt{\frac{7.5 \times 10^{-6}}{0.012 \times 10^{-6}}} = 25[\Omega]$$

$\therefore$ 전류 $I = \dfrac{V}{Z_0} = \dfrac{100}{25} = 4[\text{A}]$가 된다.

07 개념 이해형   난이도 下

| 정답 ①

| 접근 POINT

무왜형 선로와 무손실에서의 감쇠량의 관계를 묻는 유형으로 각각의 특징을 파악하는 것이 우선이다.

| 공식 CHECK

무왜형 선로: 감쇠는 있으나 일그러짐이 없는 선로

(1) 조건: $\dfrac{R}{L} = \dfrac{G}{C}$

(2) 특성 임피던스 $Z_0 = \sqrt{\dfrac{L}{C}}$

(3) 전파정수 $\gamma = \sqrt{RG} + jw\sqrt{LC} = \alpha + j\beta$

    감쇠정수 $\alpha = \sqrt{RG}$,

    위상정수 $\beta = w\sqrt{LC}$)

(4) 전파속도

$$v = \lambda f = \frac{2\pi f}{\beta} = \frac{w}{\beta} = \frac{1}{\sqrt{LC}}[\text{m/s}]$$

| 해설

① 무손실 선로($\alpha = 0$)는 감쇠량이 0이지만, 그 외의 선로($\alpha \neq 0$) 중 무왜형 조건 ($\alpha = \sqrt{RG}$)일 때 감쇠량은 최소가 된다.

② 전파속도는 무왜형 조건과 무관하다.

③ 감쇠정수 $\alpha = \sqrt{RG}$로 주파수와 무관하다.

④ 위상정수 $\beta = w\sqrt{LC}$로 주파수에 비례한다.

08 개념 이해형   난이도 下

| 정답 ③

| 접근 POINT

무손실 선로와 무왜형 선로의 특징은 자주 출제되므로 꼭 암기하여야 한다.

| 해설

무왜형 선로의 전파정수는 다음과 같다.

$$\gamma = \alpha + j\beta = \sqrt{RG} + jw\sqrt{LC}$$

무손실 선로의 전파정수는 다음과 같다.

$$\gamma = \alpha + j\beta = jw\sqrt{LC}$$

즉, 무손실 선로의 감쇠정수 $\alpha = 0$, 무왜형 선로의 감쇠정수 $\alpha = \sqrt{RG}$ 이다.

09 단순 계산형

난이도 下

정답 ④

접근 POINT

무왜형 조건과 무손실 조건만 기억하면 풀 수 있다.

해설

무왜형 조건은 $\dfrac{R}{L} = \dfrac{G}{C}$ 이므로 C는 다음과 같아진다.

$$C = \frac{LG}{R} = \frac{200 \times 10^{-3} \times 0.5}{100}$$
$$= 1 \times 10^{-3}[\text{F}] = 1,000[\mu\text{F}]$$

관련개념

무손실 조건은 R = G = 0

10 단순 계산형

난이도 下

정답 ②

접근 POINT

파장과 위상정수 관계식을 이용하여 계산을 한다.

공식 CHECK

진행파의 위상정수와 전파속도

(1) 위상정수: 선로의 단위 길이당 위상차

$$\beta = \frac{2\pi}{\lambda}[\text{rad/m}]$$

(2) 전파속도: $v = \lambda f[\text{m/s}]$

해설

파장 $\lambda = \dfrac{2\pi}{\beta} = \dfrac{v}{f}$ 에서

$$\beta = \frac{2\pi}{\dfrac{v}{f}} = \frac{2\pi f}{v} = \frac{2\pi \times 4 \times 10^6}{3 \times 10^8}$$
$$= 0.0838[\text{rad/m}]$$

11 단순 계산형

난이도 下

정답 ②

접근 POINT

분포정수회로에서 출제되었던 문제 중 쉬운 문제에 해당하며 파장 관련 수식을 암기를 요하는 문제이다.

공식 CHECK

진행파의 파장

(1) 일반 선로 $\lambda = \dfrac{2\pi}{\beta}$

(2) 무손실, 무왜형 선로($\beta = w\sqrt{LC}$)

$$\lambda = \frac{2\pi}{\beta} = \frac{2\pi}{w\sqrt{LC}} = \frac{2\pi}{2\pi f\sqrt{LC}}$$
$$= \frac{1}{f\sqrt{LC}} = \frac{v}{f}$$

해설

분포정수회로의 파장 $\lambda = \dfrac{2\pi}{\beta}$

---

12 단순 계산형 　　　　　　난이도 下

정답 ①

접근 POINT

L, C를 활용하여 무손실 선로의 진행파 속도를 구하는 일반적인 문제 유형이다.

공식 CHECK

무손실 선로의 전파 속도와 파장

(1) 속도 $v = \dfrac{w}{\beta} = \dfrac{w}{w\sqrt{LC}} = \dfrac{1}{\sqrt{LC}}[\text{m/s}]$

(2) 파장 $\lambda = \dfrac{2\pi}{\beta} = \dfrac{2\pi}{w\sqrt{LC}} = \dfrac{2\pi}{2\pi f \sqrt{LC}}$

$\qquad = \dfrac{1}{f\sqrt{LC}} = \dfrac{v}{f}$

해설

속도 v를 구한다.

$v = \dfrac{1}{\sqrt{LC}} = \dfrac{1}{\sqrt{25 \times 10^{-3} \times 0.005 \times 10^{-6}}}$

$\quad ≒ 89,442$

$\quad = 8.95 \times 10^4 \ [\text{km/s}]$

---

13 단순 계산형 　　　　　　난이도 下

정답 ③

접근 POINT

단순히 반사계수의 정의를 알면 간단히 풀 수 있다.

공식 CHECK

반사계수 $\rho = \dfrac{\text{반사파}}{\text{입사파}} = \dfrac{Z_L - Z_0}{Z_L + Z_0}$

Z_L: 부하 임피던스, Z_0: 특성 임피던스

여기서 $Z_L = Z_0$이면 무반사 조건이 된다.

해설

반사계수 $\rho = \dfrac{\text{반사파}}{\text{입사파}} = \dfrac{1,200 - 400}{1,200 + 400} = 0.5$

그러므로 $\dfrac{\text{반사파}}{20} = 0.5$가 되어 반사파는 10[kV]이다.

---

14 단순 계산형 　　　　　　난이도 中

정답 ④

접근 POINT

정재파비 문제는 반사계수를 먼저 구하는 문제이므로 둘 사이의 연관 관계를 기억해야 한다.

공식 CHECK

(1) 반사계수 $\rho = \dfrac{\text{반사파}}{\text{입사파}} = \dfrac{Z_L - Z_0}{Z_L + Z_0}$

$\quad Z_L$: 부하 임피던스, Z_0: 특성 임피던스

(2) 정재파: 어떤 파동이 진행 중 다른 매질을 만나서 반사되어 나온 파동과 합쳐지면서 생기는 고정된 파형

정재파비 $S = \dfrac{정재파의\ 최대값}{정재파의\ 최소값}$

$= \dfrac{1 + |\rho|}{1 - |\rho|}$

▌해설

반사계수 $\rho = \dfrac{400 - 100}{400 + 100} = 0.6$

그러므로 정재파비 $S = \dfrac{1 + 0.6}{1 - 0.6} = 4$

▌관련개념

반사계수가 "0" 의미는 무한장 선로를 나타내므로 반사되는 파형이 없다는 의미이다.

대표유형 ⑫

과도현상 207쪽

01 공식 암기형 난이도 下

▌정답 ①

▌접근 POINT

과도상태 유형에서는 쉬운 문제에 속하는 유형으로 시정수의 의미를 묻고 있다.

▌용어 CHECK

시정수(Time constant)

(1) 지수함수적으로 변하는 어떤 양이 정상상태(최종값)에 도달하는 시간을 표현하는 대푯값이다.

(2) R-L 직렬회로에서 직류전압 인가 시: 정상전류의 63.2[%]에 도달하기까지에 필요한 시간이다.

(3) R-C 직렬회로에서 직류전압 인가 시: 최초 전류에서 36.8[%]에 도달하기까지에 필요한 시간이다.

(4) 시정수가 크다 = 과도현상 지속시간이 길다.

▌해설

위 회로는 전체적으로 R-L 회로이며 이때 추가적으로 R_1, R_2가 직렬 연결된 회로이다.

$\therefore$ 시정수 $\tau = \dfrac{L}{R} = \dfrac{L}{R_1 + R_2}$ [sec]가 된다.

R_1, R_2가 병렬로 연결된 회로의 시정수는 다음과 같다.

$$\tau = \frac{L}{R} = \frac{L}{\left(\dfrac{R_1 R_2}{R_1 + R_2}\right)} \ [\text{sec}]$$

02 개념 이해형   난이도 下

| 정답 ④

| 접근 POINT

시정수의 정의를 요하는 문제, 즉 정상값의 63.2[%]가 중요한 포인트이다.

| 해설

시정수는 과도상태에서 정상상태 기준으로 63.2[%]까지 변화하는데 걸리는 시간을 나타낸다.
'시정수 값이 크다.'는 의미는 정상상태까지 도달하는 데 걸리는 시간이 길어지는 것을 의미하므로 과도상태가 길어지는 것을 나타낸다.
시정수의 단위는 초[sec]로 나타낸다.

RL회로의 시정수 $T = \dfrac{L}{R}[\text{sec}]$

RC회로의 시정수 $T = RC[\text{sec}]$이다.

03 단순 계산형   난이도 下

| 정답 ①

| 접근 POINT

시정수의 정의는 정상값의 63.2[%]까지 도달하는데 걸리는 시간이므로 이 정의를 활용해야 한다.

| 해설

R-L 회로의 시정수 $T = \dfrac{L}{R}[\text{sec}]$이므로 L을 구한다.

$$L = TR = 0.03 \times 14.7[\text{H}]$$
$$= 0.03 \times 14.7 \times 10^3 = 441[\text{mH}]$$

04 개념 이해형   난이도 中

| 정답 ④

| 접근 POINT

R-L 직렬회로에서 직류전압 인가 시 전류응답의 형태를 알아야 문제를 해결할 수 있다.

| 해설

R-L 직렬회로에서 직류전압 인가 시 전류응답의 표준형은 $i(t) = \dfrac{E}{R}(1 - e^{-\frac{R}{L}t})[\text{A}]$이므로 두식을 비교한다.

$\dfrac{E}{R} = 50 \times 10^{-3}$, $\dfrac{R}{L} = 20 \times 10^{-3}$로부터

$R = 100$, $L = \dfrac{1}{20 \times 10^{-5}}[\text{H}]$이 된다.

시정수

$$\tau = \frac{L}{R} = \frac{\dfrac{1}{20 \times 10^{-5}}}{100} = \frac{1}{20 \times 10^{-3}} = 50[\text{sec}]$$

그러므로 저항을 2배로 하였을 때의 시정수는 다음과 같다.

$$\tau' = \frac{L}{2R} = \frac{1}{2 \times 20 \times 10^{-3}} = 25[\sec]$$

▍관련개념

- R-L 회로의 시정수는 $\tau = \frac{L}{R}$ [sec]이므로 저항에 반비례
- R-C 회로의 시정수는 $\tau = RC$[sec]이므로 저항에 비례

05 **개념 이해형** 난이도 中

▍정답 ①

▍접근 POINT

이 문제는 전자기학과 회로가 결합된 문제이지만 난이도가 아주 높지는 않다.

▍해설

인덕터

$$L = \frac{N\phi}{I} = \frac{2,000 \times 6 \times 10^{-2}}{10} = 12[\mathrm{H}]$$

R-L회로의 시정수 $T = \frac{L}{R}$ [sec] 이므로

$$T = \frac{L}{R} = \frac{12}{12} = 1\,[\sec]$$

▍관련개념

- 자기저항 $R_m = \dfrac{l}{\mu S}$
- 기자력 $F_m = R_m \phi$

06 **개념 이해형** 난이도 下

▍정답 ③

▍접근 POINT

저항의 병렬 시 합성저항과 시정수의 정의를 묻는 문제이다.

▍해설

R_1과 R_2는 병렬 연결되어 있다.

합성저항 $R = \dfrac{100}{2} = 50[\Omega]$이므로

전체는 R-L회로가 되므로 이때의 시정수 T는

$$T = \frac{L}{R} = \frac{5}{50} = 0.1\,[\sec]$$

▍관련개념

R-C 회로의 시정수 T=RC[sec]이다.

07 **개념 이해형** 난이도 下

▍정답 ①

▍접근 POINT

과도현상에서 RL회로의 전류식을 활용한 가장 일반적인 문제 유형이다.

▍공식 CHECK

R-L 직렬회로에서 직류전압 인가 시 전류응답의 표준형

$$i_L(t) = \frac{E}{R}(1 - e^{-\frac{R}{L}t})[\mathrm{A}], \ \tau = \frac{L}{R}[\mathrm{s}]$$

해설

RL 회로의 시정수

$$\tau = \frac{L}{R} = \frac{0.5}{2} = \frac{1}{4} = 0.25 \, [\text{sec}]$$

$t = 0.1$초 에서의 전류값은 다음과 같다.

$$i(t) = \frac{E}{R}(1 - e^{-\frac{R}{L}t}) = \frac{30}{2}(1 - e^{-\frac{2}{0.5} \times 0.1})$$
$$= 4.95[\text{A}]$$

---

08 개념 이해형　　　　　난이도 中

정답　③

접근 POINT

단순 R-L 직렬회로가 아닌 직·병렬 복합회로의 과도현상은 인덕터 전류의 완전 응답 공식을 적용해야 한다.

해설

DC 전원 인가 R-L 회로의 완전 응답은

$$i_L(t) = i_L(\infty) + \left\{ i_L(0^+) - i_L(\infty) \right\} e^{-\frac{1}{\tau}}$$

형태이다.

인덕터에 흐르는 전류가 $i(t) = A + Be^{-at}$로 주어졌으므로 두 식을 비교하면

$a = \dfrac{1}{\tau(\text{시정수})}$가 성립해야 한다.

RL회로의 시정수 $\tau = \dfrac{L}{R}$이므로 L 양단에서 전원측을 바라본 등가저항 R_{th}를 구해야 한다.

전원을 단락하고 테브난 등가저항을 구하면

$$R_{th} = 2 + \frac{4 \times 4}{4 + 4} = 4,$$

$$\tau = \frac{L}{R_{th}} = \frac{10 \times 10^{-3}}{4} = 2.5 \times 10^{-3}$$

$$\therefore a = \frac{1}{\tau} = \frac{1}{2.5 \times 10^{-3}} = 400$$

---

09 개념 이해형　　　　　난이도 中

정답　①

접근 POINT

직렬 RL회로에서 스위치를 닫았을 때 흐르는 전류에 의해 저항 R에 걸리는 전압을 구하는 문제로 전류를 구하고, 소자와의 곱으로 전압의 수식을 구하는 개념 이해형 문제이다.

해설

직렬 R-L회로의 과도전류는

$$i(t) = \frac{E}{R}(1 - e^{-\frac{R}{L}t})$$이며,

저항에 걸리는 전압은

$$v_R(t) = i(t)R = E\left(1 - e^{-\frac{R}{L}t}\right)$$가 된다.

관련개념

(1) R-L회로
  - 시정수 $\tau = \dfrac{L}{R}$ [sec]
  - 전류 $i(t) = \dfrac{V}{R}(1 - e^{-\frac{R}{L}t})$[A]

(2) R-C회로
  - 시정수 $\tau = RC$[sec]
  - 전류 $i(t) = \dfrac{V}{R}e^{-\frac{1}{CR}t}$[A]

10 개념 이해형 난이도 中

정답 ③

접근 POINT

스위치를 1번에서 2번으로 옮긴 것은 전원 제거 시 과도응답으로 해석한다.

공식 CHECK

단순 R-L 직렬회로에서 직류 전압을 제거하는 경우

$$i_L(t) = i_L(0^+)e^{-\frac{1}{\tau}t} = \frac{E}{R}e^{-\frac{R}{L}t}[\text{A}]$$

해설

스위치를 2번으로 옮기기 직전은 $t = 0^-$ 이고 이때는 1번 위치에서 정상상태이므로 L은 단락상태이다.

$i_L(0^-) = \dfrac{E}{R}$ 이고, L에 흐르는 전류의 연속성

에 의하여 $i_L(0^-) = i_L(0^+) = \dfrac{E}{R}$ 가 된다.

스위치가 2번으로 옮겨진 직후 $t = 0^+$ 이고 전원이 제거된 상태이다.

이 때의 전류 $i_L(t) = i_L(0^+)e^{-\frac{R}{L}t} = \dfrac{E}{R}e^{-\frac{R}{L}t}$

이 식에 $t = \dfrac{L}{R}$ 을 대입하면

$$i_L(t) = \frac{E}{R}e^{-\frac{R}{L} \times \frac{L}{R}} = \frac{E}{R}e^{-1} = 0.368\frac{E}{R}[\text{A}]$$

11 단순 계산형 난이도 中

정답 ②

접근 POINT

스위치 OFF 전 후 인덕터에 흐르는 전류는 연속이라는 성질을 이용하여 풀이한다.

해설

스위치 OFF 직전의 정상상태에서 L은 단락이

므로 전류 $i(0^-) = \dfrac{V}{r}[\text{A}]$ 인덕터에 흐르는 전

류는 연속이어야 하므로 $i(0^-) = i(0^+) = \dfrac{V}{r}$

이다.

($i(0^+)$는 스위치 OFF 직후의 전류)

$t > 0$에서 직류전원은 제거되므로 이때의 전류

$$i(t) = \frac{V}{r}e^{-\frac{1}{\tau}t} = \frac{V}{r}e^{-\frac{R+r}{L}t} \ (\tau = \frac{L}{R+r})$$

관련개념

연속성의 정리

(1) 인덕터에 흐르는 전류는 연속적이다.

만약 전류가 급격히 변화하면 단자에 무한대 전압이 유기되며 이는 물리적으로 불가능하다.

(2) 커패시터에 걸리는 전압은 연속적이다.

만약 급격한 전압이 걸리면 무한대의 전류가 흐르게 되어 이는 물리적으로 불가능하다.

SUBJECT 04 회로이론

12 개념 이해형 난이도 下

정답 ④

접근 POINT

단순 직렬 R-C회로의 과도전류의 특성을 묻는 문제로 기본 공식을 암기하고 있으면 쉽게 해결할 수 있다.

해설

RC회로에서 전류식 $i(t)$는

$$i(t) = \frac{E}{R}e^{-\frac{1}{RC}t}[A]$$ 이므로

t=0 일때는 $\frac{E}{R}[A]$, $t = \infty$ 가 되면 0[A]가 되며 지수 함수적으로 감소한다.

13 개념 이해형 난이도 中

정답 ①

접근 POINT

단순 R-C 직렬회로에 직류전원 인가 시 전류응답의 표준형 공식을 적용한다.

공식 CHECK

R-X 직렬회로에 직류전원 인가 시 전류 응답

(1) R-L 직렬회로의 전류

$$i(t) = \frac{E}{R}(1 - e^{-\frac{R}{L}t})[A]$$

(2) R-C 직렬회로의 전류

$$i(t) = \frac{E}{R}e^{-\frac{1}{RC}t}[A]$$

해설

이 회로는 R-C 직렬회로이며 직류전원 인가 시

전류$i(t) = \frac{E}{R}e^{-\frac{1}{RC}t}[A]$이며 문제의 조건은

t=0 일때의 전류를 구하는 문제이다.

이때의 전류

$$i(t) = \frac{E}{R}e^{-0} = \frac{E}{R} = \frac{100}{1000} = 0.1[A]이다.$$

14 단순 계산형 난이도 中

정답 ④

접근 POINT

단순 R-C 직렬회로가 아닌 직·병렬 복합회로의 과도현상은 커패시터 전압의 완전 응답 공식을 적용해야 한다.

해설

연속성의 원리에 의해 스위치를 열기 전후에 커패시터에 걸리는 전압은 동일해야 한다.

C의 초기전압이 0이므로

$v(0^-) = v(0^+) = 0[V]$ 직류전원에서 RC 회로의 전압은 다음과 같다.

$$v_C(t) = v_C(\infty) + \{v_C(0^+) - v_C(\infty)\}e^{-\frac{1}{\tau}}$$

스위치 OFF 후 정상상태에서 C는 개방상태이다.

$v(\infty) = IR$이 된다.

$$v_C(t) = v_C(\infty) + \{v_C(0^+) - v_C(\infty)\}e^{-\frac{1}{\tau}}$$

$$= IR(1 - e^{-\frac{t}{RC}})$$

$$\frac{d}{dt}v(t) = \frac{I}{C}e^{-\frac{1}{CR}t} \rightarrow$$

$$\frac{d}{dt}v(0) = \frac{I}{C}e^{-\frac{1}{CR} \times 0} = \frac{I}{C}$$

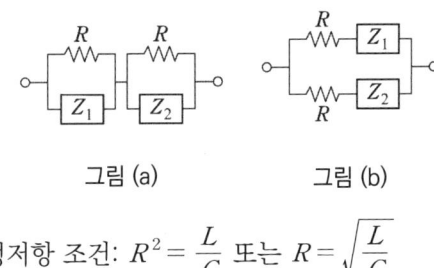

그림 (a)　　　　　그림 (b)

정저항 조건: $R^2 = \dfrac{L}{C}$ 또는 $R = \sqrt{\dfrac{L}{C}}$

15 단순 계산형　　　　난이도 中

▎정답　③

▎접근 POINT

이 문제의 핵심은 과도분을 포함하지 않는다는 의미의 해석이다. 이는 저항만의 회로로 구성된 다는 것을 뜻한다.

▎해설

저항만의 회로 즉 정저항 회로를 나타내며 이때의 관계식은 다음과 같다.

$Z_1 Z_2 = \dfrac{L}{C} = R^2$ 이어야 하며 주파수와 무관하게 된다.

그러므로

$\dfrac{L}{C} = R^2$ 에서

$$R = \sqrt{\frac{L}{C}} = \sqrt{\frac{0.9}{10 \times 10^{-6}}} = 300\,[\Omega]$$

▎관련개념

정저항 회로

2단자 임피던스 회로에서 허수부가 어떤 주파수에 대해서도 항상 0인 회로이며, 실수부도 주파수에 관계없는 일정한 회로이다.

16 개념 이해형　　　　난이도 中

▎정답　②

▎접근 POINT

과도상태에서 출제되는 유형에서 응용되는 부분이 많은 초기 조건 변화에 따른 전류를 구하는 문제이다.

▎해설

$t = 0^+$ 일 때 기억해야 하는 것은 L은 개방, C는 단락이므로 이것을 회로에 적용하면 i_2는 "0" 이며 회로는 V와 R만의 회로가 되어 $i_1 = \dfrac{V}{R_1}$ 만의 전류가 흐르게 된다.

그러므로 $i_1 = \dfrac{V}{R_1}[\mathrm{A}]$, $i_2 = 0[\mathrm{A}]$이다.

▎관련개념

직류 인가 시

• 초기상태($t = 0^+$): L은 개방, C는 단락
• 정상상태($t = \infty$): L은 단락, C는 개방

17 개념 이해형

난이도 下

I 정답 ④

I 접근 POINT

R-L-C 직렬회로의 직류전원 인가 시 진동 조건에 대한 이해가 필요하다.

I 공식 CHECK

R-L-C 직렬회로의 직류전원 인가 시 진동 조건

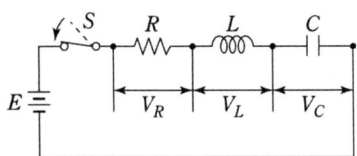

- 임계진동: $R^2 = \dfrac{4L}{C}$

- 비진동(과제동): $R^2 > \dfrac{4L}{C}$

- 진동(부족제동): $R^2 < \dfrac{4L}{C}$

I 해설

RLC소자에 따른 과도 특성

$R^2 = \dfrac{4L}{C}$: 임계진동, 임계제동이라 한다.

대표유형 ⑬

라플라스 변환

212쪽

01 공식 암기형

난이도 下

I 정답 ②

I 접근 POINT

임펄스 함수의 시간 이동한 라플라스 변환 문제이며 시간 추이 정리를 활용한 문제이다.

I 공식 CHECK

- 단위 임펄스 함수의 라플라스 변환:
  $\mathcal{L}[\delta(t)] = 1$
- 시간 추이 정리: $\mathcal{L}[f(t-a)] = F(s)e^{-as}$

I 해설

$\mathcal{L}[f(t) = \delta(t-T)] = F(s)e^{-Ts} = e^{-Ts}$
(이때의 $F(s) = \mathcal{L}[\delta(t)] = 1$)

02 공식 암기형

난이도 下

I 정답 ②

I 접근 POINT

단위계단 함수에서 시간 추이 정리를 이용한 문제이며, 응용된 형태의 문제가 자주 출제가 된다.

┃공식 CHECK

$$\mathscr{L}\left[u(t)\right] = \frac{1}{s}$$

$$\mathscr{L}\left[u(t-a)\right] = \frac{1}{s}e^{-as} \ (시간추이 정리)$$

┃해설　　　　　　　　　　　　난이도 中

$u(t)$ 함수가 a만큼 시간 추이된 함수로써
$u(t-a)$로 표현된다.

---

03 개념 이해형　　　　　　난이도 下

┃정답　②

┃접근 POINT

구형파는 두 계단함수의 차로 표시할 수 있다.
라플라스 변환의 시간 추이 정리를 활용한다.

┃공식 CHECK

(1) 단위 계단함수의 라플라스 변환

$f(t) = u(t)$일 때, $\mathscr{L}\left[f(t)\right] = F(s) = \frac{1}{s}$

(2) 시간 추이 정리

$$\mathscr{L}\left[f(t-a)\right] = F(s)e^{-as} = \frac{1}{s}e^{-as}$$

$$적용 \ \mathscr{L}\left[f(t-4)\right] = F(s)e^{-4s} = \frac{1}{s}e^{-4s}$$

┃해설

주어진 그림의 함수 f(t)를 먼저 구한다.
$f(t) = 2\left[u(t) - u(t-4)\right]$이 되며 이 수식을 라
플라스 변환을 한다.

$$F(s) = \frac{2}{s} - \frac{2}{s}e^{-4s} = \frac{2}{s}(1-e^{-4s})$$

---

04 단순 계산형　　　　　　난이도 中

┃정답　②

┃접근 POINT

구형파는 두 계단함수의 차로 표시할 수 있다.
라플라스 변환의 시간 추이 정리를 활용한다.

┃해설

주어진 구형파 f(t)를 먼저 구한다.
$f(t) = \left[u(t-1) - u(t-2)\right]$이 되며 이 수식을
라플라스 변환을 하면

$$F(s) = \frac{1}{s}e^{-s} - \frac{1}{s}e^{-2s} = \frac{1}{s}(e^{-s}-e^{-2s})$$

---

05 단순 계산형　　　　　　난이도 中

┃정답　③

┃접근 POINT

n차 시간 함수의 라플라스 변환 공식을 묻는 문
제이다.

┃공식 CHECK

n차 시간 함수의 라플라스 변환

$f(t) = t^n$일 때, $\mathscr{L}\left[f(t)\right] = \dfrac{n!}{s^{n+1}}$

┃해설

t^n의 라플라스 변환 공식은 꼭 외워두어야 할 식
이다.

즉, $\mathscr{L}\left[f(t) = t^n\right] = \dfrac{n!}{s^{n+1}}$

▎관련개념

팩토리알(!)의 의미는 다음과 같다

$3! = 3 \times 2 \times 1 = 6$

$2! = 2 \times 1 = 2$

06 공식 암기형   난이도 下

▎정답 ①

▎접근 POINT

지수함수의 라플라스 변환으로 기본적인 문제이다. 시간 추이 정리와 혼동하지 않도록 한다.

▎공식 CHECK

(1) 지수 감쇠 함수의 라플라스 변환

$$\mathscr{L}[e^{-at}] = \frac{1}{s+a}$$

(2) 시간 추이정리 $\mathscr{L}[f(t-a)] = F(s)e^{-as}$

▎해설

$\mathscr{L}[f(t) = e^{-at}] = \dfrac{1}{(s+a)}$ 을 활용한다.

$\mathscr{L}[f(t) = e^{jwt}] = \dfrac{1}{(s-jw)}$ 가 되면 부호가 (-)로 바뀌는 부분을 잘 기억하고 있어야 한다.

07 공식 암기형   난이도 下

▎정답 ③

▎접근 POINT

포물선 함수(2차 시간 함수)와 지수함수가 결합된 형태의 라플라스 변환은 먼저 램프 함수를 라플라스 변환한 후 s대신 $s \pm a$를 대입한다.

▎공식 CHECK

(1) 지수 감쇠 n차 시간 함수

$$\mathscr{L}[t^n e^{-at}] = \frac{n!}{(s+a)^{n+1}}$$

(2) 지수 감쇠 램프함수(1차 시간함수)

$$\mathscr{L}[te^{-at}] = \frac{1}{(s+a)^2}$$

(3) 복소 추이 정리

$$\mathscr{L}[f(t)e^{-at}] = F(s)\,|\,_{s \to s+a} = F(s+a)$$

▎해설

$\mathscr{L}[f(t) = t^n e^{-at}] = \dfrac{n!}{(s+a)^{n+1}}$ 을 활용해서 접근하면 되므로 주어진 수식을 라플라스 변환한다.

$$\mathscr{L}[f(t) = t^2 e^{-at}] = \frac{2!}{(s+a)^{2+1}} = \frac{2}{(s+a)^3}$$

08 개념 이해형   난이도 中

▎정답 ②

▎접근 POINT

$f(t) = \sin t \cdot \cos t$를 직접 라플라스 변환을 하면 풀이가 복잡해진다. 삼각함수의 곱셈 공식을 통해 간단히 변환한다.

공식 CHECK

$$\mathcal{L}\left[\sin wt\right] = \frac{w}{s^2+w^2},$$

$$\mathcal{L}\left[\cos wt\right] = \frac{s}{s^2+w^2}$$

적용

$$\mathcal{L}\left[\sin 2t\right] = \frac{2}{s^2+2^2},$$

$$\mathcal{L}\left[\cos 2t\right] = \frac{s}{s^2+2^2}$$

해설

삼각함수 곱셈 공식 $\sin 2t = 2\sin t\cos t$ 이므로

$$\left(\sin A\cos B = \frac{1}{2}\left[\sin(A+B)+\sin(A-B)\right]\right)$$

$\sin t\cos t = \frac{1}{2}\sin 2t$ 가 된다. 이식을 라플라스 변환한다.

$$\mathcal{L}\left[\sin t\cos t\right] = \mathcal{L}\left[\frac{1}{2}\sin 2t\right] = \frac{1}{2}\times\frac{2}{s^2+2^2}$$

$$= \frac{1}{s^2+2^2}$$

09 개념 이해형   난이도 中

정답   ④

접근 POINT

주어진 시간 함수를 램프, 계단함수를 이용하여 표현한다. 라플라스 변환의 시간 추이 정리도 적용할 수 있다.

해설

$$f(t) = \frac{1}{2}tu(t) - \frac{1}{2}(t-4)u(t-4) - 2u(t-4)$$

이며 위 수식 f(t)를 시간추이 정리를 활용하여 라플라스 변환을 하면 F(s)는

$$F(s) = \frac{1}{2}\times\frac{1}{s^2} - \frac{1}{2}\times\frac{1}{s^2}e^{-4s} - \frac{2}{s}e^{-4s}$$

$$= \frac{1}{2}\left(\frac{1}{s^2} - \frac{1}{s^2}e^{-4s} - \frac{4}{s}e^{-4s}\right)$$

$$= \frac{1}{2s^2}\left(1 - e^{-4s} - 4se^{-4s}\right)$$

10 개념 이해형   난이도 中

정답   ①

접근 POINT

시간추이 정리에서 출제된 문제 중에서 어려운 문제에 해당 하며 라플라스 변환을 해야 접근할 수 있다.

공식 CHECK

시간 추이 정리

$$f(t) = tu(t) \rightarrow F(s) = \mathcal{L}\left[f(t)\right] = \frac{1}{s^2}$$

$$\mathcal{L}\left[f(t-T)\right] = F(s)e^{-Ts} = \frac{1}{s^2}e^{-Ts}$$

해설

먼저 원래의 함수에서 T만큼 시간 이동한 함수를 표시하기 위해 그림을 살펴본다.

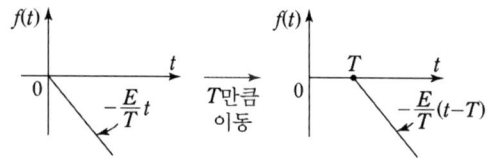

시간 이동한 함수는

$$f(t) = -\frac{E}{T}(t-T)u(t-T)$$

이 함수를 시간추이 정리를 활용하여 라플라스 변환하면

$$F(s) = \mathcal{L}[f(t)]$$

$$= -\frac{E}{T} \times \frac{1}{s^2}e^{-Ts} = -\frac{E}{Ts^2}e^{-Ts}$$

---

11 복합 계산형

난이도 上

┃ 정답 ④

┃ 접근 POINT

라플라스 변환을 포함하여 수학적인 개념인 부분적분도 알아야 하는 문제이다.

┃ 해설

각 구간에 따른 함수를 먼저 구한다.

$0 \le t \le 1$ 구간에서의 함수 $f_1(t) = t$

$1 \le t \le 2$ 구간에서의 함수 $f_2(t) = -t+2$ 이므로 위 함수를 라플라스 변환하면

$$\mathcal{L}[f(t)] = \mathcal{L}[f_1(t) + f_2(t)]$$

$$= \int_0^1 te^{-st}dt + \int_1^2 (-t+2)e^{-st}dt$$

$$= \left[t\frac{e^{-st}}{-s}\right]_0^1 - \frac{1}{-s}\int_0^1 e^{-st}dt +$$

$$\left[(-t+2)\frac{e^{-st}}{-s}\right]_1^2 - \frac{-1}{-s}\int_1^2 e^{-st}dt$$

$$= \frac{1}{s^2}(1 - 2e^{-s} + e^{-2s})$$

12 복합 계산형

난이도 中

┃ 정답 ④

┃ 접근 POINT

s함수의 곱셈으로 구성된 $F(s)$를 부분분수로 전개하여 단일함수로 만든 후 역변환을 취한다.

┃ 공식 CHECK

라플라스 역변환

$$\mathcal{L}^{-1}\left[\frac{1}{s+a}\right] = e^{-at}$$

$$\mathcal{L}^{-1}\left[\frac{1}{(s+a)^2}\right] = te^{-at}$$

$$\mathcal{L}^{-1}\left[\frac{1}{s}\right] = u(t) = 1$$

$$\mathcal{L}^{-1}\left[\frac{1}{s^2}\right] = t$$

┃ 해설

역변환을 하기 위해서는 위 함수를 부분분수로 먼저 변환하여야 한다.

$$F(s) = \frac{1}{s(s+a)} = \frac{A}{s} + \frac{B}{s+a}$$

여기서 계수 A, B를 구하면

$$A = s \times \frac{1}{s(s+a)} = \left.\frac{1}{s+a}\right|_{s=0} = \frac{1}{a}$$

$$B = (s+a) \times \frac{1}{s(s+a)} = \left.\frac{1}{s}\right|_{s=-a} = -\frac{1}{a}$$

따라서

$$F(s) = \frac{1}{s(s+a)} = \frac{1}{a}\left(\frac{1}{s} - \frac{1}{s+a}\right)$$

역변환을 하면 $f(t) = \frac{1}{a}(1 - e^{-at})$ 이다.

┃ 다른 풀이

$\frac{1}{AB} = \frac{1}{B-A}\left(\frac{1}{A} - \frac{1}{B}\right)$ 공식을 적용하면

$$F(s) = \frac{1}{s(s+a)} = \frac{1}{a}\left(\frac{1}{s} - \frac{1}{s+a}\right)$$ 이 된다.

13 단순 계산형
난이도 中

┃ 정답 ②

┃ 접근 POINT

주어진 라플라스 변환 함수에서 테이블법을 이용한 역변환을 찾는 단순 암기 및 단순 계산형 문제이다.

┃ 공식 CHECK

$$\mathscr{L}[\sin wt] = \frac{w}{s^2 + w^2}$$

$$\mathscr{L}[\cos wt] = \frac{s}{s^2 + w^2}$$

$$\mathscr{L}[e^{-at}\sin wt] = \frac{w}{(s+a)^2 + w^2}$$

(복소추이 정리 이용)

$$\mathscr{L}[e^{-at}\cos wt] = \frac{(s+a)}{(s+a)^2 + w^2}$$

(복소추이 정리 이용)

┃ 해설

주어진 라플라스 변환과 역변환의 관계는

$$\mathscr{L}\{\sin \omega t\} = \frac{\omega}{s^2 + \omega^2}$$ 이므로

주어진 수식을 변형하면

$$\frac{1}{s^2 + a^2} = \frac{1}{a}\frac{a}{s^2 + a^2}$$ 이므로,

$$\mathscr{L}^{-1}\left\{\frac{1}{a}\frac{a}{s^2 + a^2}\right\} = \frac{1}{a}\mathscr{L}^{-1}\left\{\frac{a}{s^2 + a^2}\right\}$$
$$= \frac{1}{a}\sin at$$

이다.

14 복합 계산형
난이도 中

┃ 정답 ③

┃ 접근 POINT

$F(s)$가 실수 단근을 가질 때는 부분분수로 전개하여 역변환한다.

┃ 공식 CHECK

$$\mathscr{L}^{-1}\left[\frac{1}{(s+a)}\right] = e^{-at}$$

적용

$$\mathscr{L}^{-1}\left[\frac{1}{s+1}\right] = e^{-t}, \quad \mathscr{L}^{-1}\left[\frac{1}{s+2}\right] = e^{-2t}$$

┃ 해설

역변환을 하기 위해 주어진 함수를 부분분수로 먼저 변환하여야 한다.

$$I(s) = \frac{2s+3}{s^2+3s+2} = \frac{2s+3}{(s+2)(s+1)}$$

$$= \frac{A}{s+2} + \frac{B}{s+1}$$

여기서 계수 A, B를 구하면

$$A = (s+2) \times \frac{2s+3}{(s+2)(s+1)}$$

$$= \frac{2s+3}{s+1}\bigg|_{s=-2} = 1$$

$$B = (s+1) \times \frac{2s+3}{(s+1)(s+2)}$$

$$= \frac{2s+3}{s+2}\bigg|_{s=-1} = 1$$

그러므로

$$I(s) = \frac{2s+3}{(s+1)(s+2)} = \frac{1}{s+2} + \frac{1}{s+1}$$

이므로

역변환을 하면 $i(t) = e^{-2t} + e^{-1t}$가 된다.

15 복합 계산형
난이도 中

정답 ②

접근 POINT

$F(s)$가 다중근을 가질 때는 부분분수로 전개할 때 각별한 주의를 요한다.

해설

먼저 부분분수로 변환을 하면 중근을 가지므로

$$F(s) = \frac{s}{(s+1)^2} = \frac{A}{(s+1)^2} + \frac{B}{(s+1)}$$의 형

태로 전개한다.

$$A = (s+1)^2 \times \frac{s}{(s+1)^2}\bigg|_{s=-1} = -1$$

$$B = \frac{d}{ds}\left[(s+1)^2 \times \frac{s}{(s+1)^2}\right] = \frac{d}{ds}[s] = 1$$

$$\therefore F(s) = \frac{s}{(s+1)^2} = \frac{-1}{(s+1)^2} + \frac{1}{(s+1)}$$

역변환을 하면 $f(t) = e^{-t} - te^{-t}$

관련개념

$F(s)$가 다중근을 가질 때의 부분분수 전개법

$$F(s) = \frac{Z(s)}{(s-p_i)^r(s-p_1)(s-p_1)\cdots(s-p_n)}$$

$$= \frac{K_1}{(s-p_1)} + \frac{K_2}{(s-p_2)} + \cdots$$

$$+ \frac{K_n}{(s-p_n)} + \frac{L_1}{(s-p_i)}$$

$$+ \frac{L_2}{(s-p_i)^2} + \cdots + \frac{L_r}{(s-p_i)^r}$$

계수 K_j는 실수 단근의 방법으로 구한다.

$$K_j = \lim_{s \to p_j}(s-p_j)F(s)$$

계수 $L_1 \sim L_r$은 중근이므로 아래와 같이 구한다.

$$L_r = \lim_{s \to p_i}\left[(s-p_i)^r F(s)\right]$$

$$L_i = \lim_{s \to p_i}\frac{1}{(r-1)!}\frac{d^{r-1}}{ds^{r-1}}\left[(s-p_i)^r F(s)\right]$$

16 복합 계산형
난이도 上

정답 ④

접근 POINT

부분분수를 이용한 역라플라스 변환 문제를 풀기 위해서는 먼저 주요한 라플라스 변환된 수식을 암기하고 있어야 한다.

┃ 해설

부분분수로 바꾸기 위해 주어진 함수를 변형을
한다.

$$F(s) = \frac{2s^2 + s - 3}{s(s^2 + 4s + 3)}$$

$$= \frac{2s^2 + s - 3}{s(s+1)(s+3)}$$

$$= \frac{A}{s} + \frac{B}{(s+1)} + \frac{C}{(s+3)}$$

여기서 계수 A, B, C를 구한다.

$$A = s \frac{2s^2 + s - 3}{s(s+1)(s+3)} \bigg|_{s=0} = -1$$

$$B = (s+1) \frac{2s^2 + s - 3}{s(s+1)(s+3)} \bigg|_{s=-1} = 1$$

$$C = (s+3) \frac{2s^2 + s - 3}{s(s+1)(s+3)} \bigg|_{s=-3} = 2$$

따라서 $F(s) = \dfrac{-1}{s} + \dfrac{1}{(s+1)} + \dfrac{2}{(s+3)}$ 가

된다.

역라플라스 변환을 구한다.

$$f(t) = -1 + e^{-t} + 2e^{-3t}$$

---

17 복합 계산형   난이도 中

┃ 정답 ③

┃ 접근 POINT

$F(s)$의 분자와 분모 최고차항이 같을 때는 분
모의 최고차항이 더 크도록 식을 변형한 후 부분
분수 전개한다.

┃ 공식 CHECK

$$\mathscr{L}[\delta(t)] = 1$$

$$\mathscr{L}[\sin wt] = \frac{w}{s^2 + w^2}$$

$$\mathscr{L}[\cos wt] = \frac{s}{s^2 + w^2}$$

복소 추이 정리 적용하면

$$\mathscr{L}[e^{-at}\sin wt] = \frac{w}{(s+a)^2 + w^2}$$

$$\mathscr{L}[e^{-at}\cos wt] = \frac{(s+a)}{(s+a)^2 + w^2}$$

┃ 해설

$F(s)$의 분자와 분모 최고차항이 같으므로 아래
와 같이 변형하여 부분분수로 전개한다.

$$F(s) = \left[\frac{s^2 + 3s + 2}{s^2 + 2s + 5}\right] = 1 + \frac{s-3}{s^2 + 2s + 5}$$

$$= 1 + \frac{s-3}{s^2 + 2s + 5}$$

$$= 1 + \frac{s+1}{(s+1)^2 + 2^2} - 2$$

$$\times \frac{2}{(s+1)^2 + 2^2}$$

변환된 수식을 역변환한다.

$$f(t) = \delta(t) + e^{-t}\cos 2t - 2e^{-t}\sin 2t$$

$$= \delta(t) + e^{-t}(\cos 2t - 2\sin 2t)$$

---

18 복합 계산형   난이도 上

┃ 정답 ③

┃ 접근 POINT

미분 또는 적분식이 혼합된 방정식은 식 전체를
라플라스 변환한 후 s에 대한 식으로 정리한다.

SUBJECT 04
회로이론

Ⅰ공식 CHECK

$$\mathscr{L}^{-1}[\frac{1}{s}] = 1$$

$$\mathscr{L}^{-1}[\frac{1}{s+1}] = e^{-t}$$

$$\mathscr{L}^{-1}[\frac{1}{(s+1)^2}] = t\,e^{-t}$$

Ⅰ해설

이 문제는 라플라스 변환을 먼저 한 후에 다시 역변환을 해야 하므로 주어진 식 전체를 라플라스 변환을 한다.

$$\mathscr{L}[\frac{d^2x(t)}{dt^2} + 2\frac{dx(t)}{dt} + x(t) = 1]$$

$$\rightarrow s^2X(s) + 2sX(s) + X(s) = \frac{1}{s}$$

$$\rightarrow X(s)(s^2 + 2s + 1) = \frac{1}{s}$$

그러므로 $X(s) = \dfrac{1}{s(s+1)^2}$ 가 되며 이식을 역

변환하기 위해 부분분수로 변환하여 계수 A, B, C를 구한다.

$$X(s) = \frac{1}{s(s+1)^2} = \frac{A}{s} + \frac{B}{(s+1)^2} + \frac{C}{s+1}$$

$$A = s \times \frac{1}{s(s+1)^2}\bigg|_{s=0} = 1$$

$$B = (s+1)^2 \times \frac{1}{s(s+1)^2}\bigg|_{s=-1} = -1$$

$$C = \frac{d}{ds}[(s+1)^2 \times \frac{1}{s(s+1)^2}]\bigg|_{s=-1} = -1$$

따라서 식은

$$X(s) = \frac{1}{s(s+1)^2} = \frac{1}{s} + \frac{-1}{(s+1)^2} + \frac{-1}{s+1}$$

이 수식을 라플라스 역변환 하면 다음과 같다.

$$x(t) = 1 - te^{-t} - e^{-t}$$

---

19 개념 이해형　　　　난이도 中

Ⅰ정답　④

Ⅰ접근 POINT

초기값 정리를 알고 있는지를 묻는 문제이며 s 값의 적용만 정확히 하면 풀 수 있는 유형이다.

Ⅰ공식 CHECK

초기값 정리 $\displaystyle\lim_{t \to 0}i(t) = \lim_{s \to \infty}sI(s)$

최종값 정리 $\displaystyle\lim_{t \to \infty}i(t) = \lim_{s \to 0}sI(s)$

Ⅰ해설

초기값 정리를 이용해서 정리한다.

$\displaystyle\lim_{t \to 0}i(t) = \lim_{s \to \infty}sI(s)$ 이므로

$$\lim_{t \to 0}i(t) = \lim_{s \to \infty}s \times \frac{12}{2s(s+6)} = 0$$

---

20 공식 암기형　　　　난이도 中

Ⅰ정답　④

Ⅰ접근 POINT

최종값 정리의 단순 공식을 묻는 문제 유형이다.

Ⅰ공식 CHECK

초기값 정리 $\displaystyle\lim_{t \to 0}f(t) = \lim_{s \to \infty}sF(s)$

Ⅰ해설

최종값 정리는 다음과 같다.

$$\lim_{t \to \infty} f(t) = \lim_{s \to 0} sF(s)$$

21 단순 계산형 난이도 下

┃ 정답 ③

┃ 접근 POINT

최종값 정리의 공식을 이용한 계산 문제 유형이다.

┃ 해설

최종값 정리를 이용해서 정리를 한다.

$$\lim_{t \to \infty} f(t) = \lim_{s \to 0} sF(s) = \lim_{s \to 0} s\frac{2s+15}{s^3 + s^2 + 3s}$$

$$= \lim_{s \to 0} \frac{2s+15}{(s^2 + s + 3)} = \frac{15}{3} = 5$$

22 개념 이해형 난이도 中

┃ 정답 ③

┃ 접근 POINT

미분 또는 적분식이 혼합된 방정식은 식 전체를 라플라스 변환한 후 s에 대한 식으로 정리한다.

┃ 해설

식 $V = Ri(t) + \dfrac{1}{C} \displaystyle\int i(t)dt[\text{V}]$을 라플라스 변환을 이용해 풀어야 하나 직류전압이 인가된 R-C 직렬회로에서 전류 $i(t) = \dfrac{V}{R} e^{-\frac{1}{RC}t}[\text{A}]$ 이므로 이 식을 라플라스 변환한다.

$$I(s) = \frac{V}{R}\frac{1}{s + \dfrac{1}{RC}}$$

┃ 관련개념

$$\mathcal{L}[e^{-at}] = \frac{1}{s+a}$$

$$\mathcal{L}\left[\frac{V}{R} e^{-\frac{1}{RC}t}\right] = \frac{V}{R} \frac{1}{(s + \dfrac{1}{RC})}$$

┃ 다른 풀이

방정식 전체를 라플라스 변환한다.

$$\frac{V}{s} = RI(s) + \frac{1}{sC}I(s) = R(1 + \frac{1}{sCR})I(s)$$

$I(s)$에 대하여 정리하면 $I(s) = \dfrac{V}{R} \dfrac{1}{s + \dfrac{1}{RC}}$

23 개념 이해형 난이도 中

┃ 정답 ④

┃ 접근 POINT

커패시터에 초기 전압이 존재하거나 R-X 직·병렬 연결일 경우 해설처럼 풀이를 해야 한다.

┃ 해설

R-C 회로의 과도현상에서 커패시터에 걸리는 전압은

$$v_C(t) = v_C(\infty) + \left\{v_C(0^+) - v_C(\infty)\right\} e^{-\frac{1}{\tau}}$$ 의 형태이다.

$v_C(0^+)$=1[V], 정상상태에서 C는 개방이므로

$v_C(\infty)=3[V]$

$\tau = RC = 0.5$

$\therefore v_C(t) = 3 - 2e^{-2t}[V]$

커패시터에 흐르는 전류

$i_C(t) = C\dfrac{dv_C(t)}{dt} = e^{-2t}[A]$

라플라스 변환을 하면 $I(s) = \dfrac{1}{s+2}$

▌다른 풀이

R-C 직렬회로에 직류전압이 인가되면 전류는 다음 형태가 된다.

$i(t) = \dfrac{V - V_c(0)}{R} e^{-\frac{1}{CR}t}$

각 소자값을 대입하면

$i(t) = \dfrac{3-1}{2} e^{-\frac{1}{\frac{1}{4} \times 2}t} = e^{-2t}$

라플라스 변환하면 $I(s) = \dfrac{1}{s+2}$

대표유형 ⑭

전달함수　　　217쪽

01 개념 이해형　　　난이도 中

▌정답　③

▌접근 POINT

전달함수는 임펄스 응답의 라플라스 변환과 같다.

▌공식 CHECK

$\mathcal{L}^{-1}[\dfrac{1}{s}] = u(t)$

$\mathcal{L}[\delta(t)] = 1$

$\mathcal{L}^{-1}[\dfrac{1}{s+a}] = e^{-at}$

$\mathcal{L}^{-1}[\dfrac{1}{(s+a)^2}] = t e^{-at}$

▌해설

임펄스 응답의 정의는 입력이 임펄스 함수일 때의 응답(출력)이라는 의미이고 이는 곧 전달함수와 같다.

$G(s) = \dfrac{C(s)}{R(s)} = \dfrac{C(s)}{1} = C(s) = \dfrac{1}{(s+a)^2}$

(이때 임펄스 $\delta(t)$를 라플라스 변환하면 "1")

따라서 $C(s) = \dfrac{1}{(s+a)^2}$를 라플라스 역변환하여 c(t)를 구하면 $c(t) = te^{-at}$ 가 된다.

02 복합 계산형 난이도 中

정답 ③

접근 POINT

주어진 전달함수의 단위 임펄스 함수를 구하는 문제로 전달함수를 부분분수로 분리한 후 역라플라스 변환을 하여 함수를 찾는 문제로 복합 계산형 문제이다.

해설

먼저 부분분수로 변형하면

$$G(s) = \frac{1}{s^2(s+1)} = \frac{A}{s} + \frac{B}{s^2} + \frac{C}{s+1}$$ 이고,

계수를 구하면 다음과 같다.

$$B = s^2 G(s) \mid_{s=0} = \frac{1}{s+1} \mid_{s=0} = 1$$

$$C = (s+1)G(s) \mid_{s=-1} = \frac{1}{s^2} \mid_{s=-1} = 1$$

$$A = \frac{d}{ds}\{s^2 G(s) \mid\}_{s=0} = \frac{d}{ds}\left\{\frac{1}{s+1}\right\} \mid_{s=0}$$

$$= \frac{-1}{(s+1)^2} \mid_{s=0} = -1$$

따라서

$$G(s) = \frac{1}{s^2(s+1)} = \frac{-1}{s} + \frac{1}{s^2} + \frac{1}{s+1}$$ 이며

역변환하면

$$g(t) = \{-1 + t + e^{-t}\}u(t)$$ 가 된다.

관련개념

$$\mathscr{L}[\sin wt] = \frac{w}{s^2 + w^2}$$

$$\mathscr{L}[\cos wt] = \frac{s}{s^2 + w^2}$$

$$\mathscr{L}[e^{-at}\sin wt] = \frac{w}{(s+a)^2 + w^2}$$

(복소추이 정리 이용)

$$\mathscr{L}[e^{-at}\cos wt] = \frac{(s+a)}{(s+a)^2 + w^2}$$

(복소추이 정리 이용)

03 개념 이해형 난이도 中

정답 ①

접근 POINT

이 문제는 여러 요소가 복합된 어렵게 느껴지는 유형으로 정상상태의 개념을 이해해야 풀 수 있다.

해설

안정한 제어계라 함은 t=∞ 일 때 수렴하는 형태이어야 하므로 지수 감쇠 함수로 생각해 보고 또한 임펄스 응답을 가했을 때 제어계의 정상상태 출력을 구하면 다음과 같다.

$$c(t) = [e^{-t}\delta(t)]_{t=\infty} \text{ (단, 정상상태는 t=∞)}$$

또한 t=∞ 일때의 임펄스 함수는 "0" 이므로 출력 c(t)=0 이 된다고 보면 된다.

04 단순 암기형 난이도 下

정답 ②

접근 POINT

과도응답의 경우는 오차 부분에서도 자주 출제되는 유형으로 명칭을 암기해야 한다.

해설

입력이 단위계단일 때의 응답을 인디셜 응답이라고 한다.

관련개념

응답의 종류

- 임펄스 응답: 입력 $r(t) = \delta(t)$일 때의 응답
- 인디셜 응답: 입력 $r(t) = u(t)$일 때의 응답
- 경사(램프) 응답: 입력 $r(t) = t\,u(t)$일 때의 응답
- 포물선 응답: 입력 $r(t) = \dfrac{1}{2}t^2 u(t)$일 때의 응답

---

05 개념 이해형   난이도 下

정답   ①

접근 POINT

제어요소 종류에 대한 구분을 요하는 문제이며 이 중 비례요소를 나타내는 식을 묻는 유형이다.

해설

비례요소의 전달함수 $G(s) = K$

관련개념

제어요소의 전달함수

- 비례요소의 전달함수 $G(s) = K$ (K는 상수)
- 미분요소의 전달함수 $G(s) = Ks$
- 적분요소의 전달함수 $G(s) = \dfrac{K}{s}$

- 1차 지연요소의 전달함수 $G(s) = \dfrac{1}{1 + Ts}$
- 2차 지연요소의 전달함수

$$G(s) = \frac{w_n^2}{s^2 + 2\zeta w_n s + w_n^2}$$

---

06 개념 이해형   난이도 下

정답   ③

접근 POINT

전달함수는 입력 라플라스 함수와 출력 라플라스 함수의 비이므로, 입출력을 토대로 전달함수를 구하고 제어계를 판단한다.

해설

$$C(s) = \mathscr{L}\left[1 - e^{-\frac{1}{T}t}\right] = \frac{1}{s} - \frac{1}{s + \frac{1}{T}}$$

$$= \frac{1}{s} - \frac{T}{Ts + 1} = \frac{1}{s(Ts + 1)}$$

$$= G(s)R(s)$$

따라서 전달함수 G(s)

$$G(s) = \frac{C(s)}{R(s)} = \frac{\dfrac{1}{s(Ts+1)}}{\dfrac{1}{s}} = \frac{1}{1 + Ts}\,\text{이}$$

된다.

∴ 이 함수의 제어계는 1차지연제어계이다.

관련개념

제어요소의 전달 함수가 $G(s) = \dfrac{1}{1 + Ts}$ 형태이면 이 제어계는 1차 지연요소의 제어계이다.

07 개념 이해형

┃정답 ④

┃접근 POINT

R-X 직렬회로에서 전달함수가 입력전압과 출력전압의 비로 주어질 때는 전압분배 법칙을 이용하여 전달함수를 구한다.

┃공식 CHECK

전압분배 법칙: 저항의 직렬 연결에서 각 저항에 걸리는 전압은 저항에 비례한다.

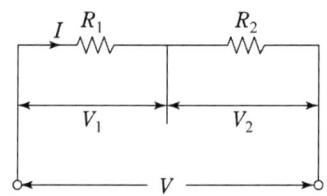

$$V_1 = \frac{R_1}{R_1 + R_2} \times V, \quad V_2 = \frac{R_2}{R_1 + R_2} \times V$$

┃해설

$C[F] \rightarrow \dfrac{1}{sC}[\Omega]$ 으로 변환 후 전달함수를 구한다.

$$G(s) = \frac{E_0(s)}{E_i(s)} = \frac{R}{R + \dfrac{1}{Cs}} = \frac{R}{\dfrac{RCs+1}{Cs}}$$

$$= \frac{RCs}{1 + RCs}$$

08 개념 이해형

┃정답 ①

┃접근 POINT

R-L-C 직렬회로에서 전달함수가 입력전압과 출력전압의 비로 주어질 때는 전압분배 법칙을 이용하여 전달함수를 구한다.

┃해설

$L[H] \rightarrow sL[\Omega], \quad C[F] \rightarrow \dfrac{1}{sC}[\Omega]$ 으로 변환 후 출력전압을 구한다.

$$V_2(s) = \frac{R}{Ls + \dfrac{1}{Cs} + R} V_1(s)$$

$$\therefore \text{전달함수 } G(s) = \frac{V_2(s)}{V_1(s)} = \frac{R}{Ls + \dfrac{1}{Cs} + R}$$

$$= \frac{RCs}{LCs^2 + RCs + 1}$$

┃관련개념

위 결과는 변형된 형태의 답안이 나오므로 변환과정의 정독이 필요하다.

$$\text{전달함수 } G(s) = \frac{V_2(s)}{V_1(s)} = \frac{R}{Ls + \dfrac{1}{Cs} + R}$$

$$= \frac{RCs}{LCs^2 + RCs + 1}$$

$$= \frac{Rs}{Ls^2 + Rs + \dfrac{1}{C}}$$

SUBJECT 04
회로이론

▮ 정답   ③

▮ 접근 POINT

문제의 전달함수는 $I(s)/E(s)$는 어드미턴스를 의미한다. 직렬회로이므로 먼저 임피던스를 구한 후 역수를 취한다.

▮ 해설

전달함수 $G(s) = \dfrac{I(s)}{E_i(s)} = Y(s)$이므로

전달함수는

$Y(s) = \dfrac{1}{Z(s)}$로 구할 수 있으며 먼저 임피던스를 구하면

$L[H] \rightarrow sL[\Omega], \quad C[F] \rightarrow \dfrac{1}{sC}[\Omega]$이므로

임피던스 $Z(s) = R + Ls + \dfrac{1}{Cs}$

$\therefore G(s) = Y(s) = \dfrac{1}{Z(s)} = \dfrac{1}{R + Ls + \dfrac{1}{Cs}}$

(분자, 분모 $\times Cs$)

$= \dfrac{Cs}{LCs^2 + RCs + 1}$

▮ 관련개념

- R-L-C 회로: 시간 영역에서 2차 미분방정식
- R-L, R-C 회로: 시간 영역에서 1차 미분방정식

▮ 정답   ②

▮ 접근 POINT

단위 임펄스가 입력일 때 s영역 응답은 전달함수를 의미한다. 문제의 전달함수는 전압분배 법칙으로 구한다.

▮ 공식 CHECK

$\mathcal{L}[e^{-at}] = \dfrac{1}{s+a}$

$\mathcal{L}^{-1}[\dfrac{1}{s+a}] = e^{-at}$

적용

$\mathcal{L}^{-1}[\dfrac{1}{s + \dfrac{1}{RC}}] = e^{-\frac{1}{RC}t}$

▮ 해설

전압분배를 이용해서 전달함수를 먼저 구한다.

$G(s) = H(s) = \dfrac{\dfrac{1}{sC}}{R + \dfrac{1}{sC}} = \dfrac{1}{1 + RCs}$

(단, $\mathcal{L}[\delta(t)] = \delta(s) = 1$ 이다)

$\therefore H(s) = \dfrac{1}{1 + RCs} = \dfrac{\dfrac{1}{RC}}{s + \dfrac{1}{RC}}$

$= \dfrac{1}{RC}\dfrac{1}{(s + \dfrac{1}{RC})}$

$H(s)$를 라플라스 역변환하면

$h(t) = \dfrac{1}{RC}e^{-\frac{1}{RC}t}$

11 개념 이해형 　　　　　 난이도 上

┃ 정답 ①

┃ 접근 POINT

1, 2차 미분방정식이 주어지면 식 전체를 라플라스 변환한 후 전달함수를 구한다.

┃ 공식 CHECK

라플라스 변환의 실미분 정리

$$\mathcal{L}\left[\frac{d}{dt}f(t)\right] = sF(s) - f(0)$$

$$\mathcal{L}\left[\frac{d^2}{dt^2}f(t)\right] = s^2F(s) - sf(0) - f'(0)$$

┃ 해설

먼저 $\dfrac{d^2y(t)}{dt^2} + 5\dfrac{dy(t)}{dt} + 6y(t) = x(t)$ 을

라플라스 변환을 한다.

$s^2Y(s) + 5sY(s) + 6Y(s) = X(s)$

(단, 초기값에 대한 언급은 없으므로 "0"으로 함)

$Y(s)(s^2 + 5s + 6) = X(s)$ 이며 전달함수 G(s)

를 구하면

$$G(s) = \frac{Y(s)}{X(s)} = \frac{1}{s^2 + 5s + 6}$$
$$= \frac{1}{(s+2)(s+3)}$$

12 복합 계산형 　　　　　 난이도 中

┃ 정답 ①

┃ 접근 POINT

s영역에서 입출력에 의한 전달함수를 먼저 구

한 후 라플라스 역변환을 하여 시간영역에서 출력을 구한다.

┃ 공식 CHECK

$$\mathcal{L}\left[e^{-at}\right] = \frac{1}{s+a}$$

$$\mathcal{L}^{-1}\left[\frac{1}{s+a}\right] = e^{-at}$$

┃ 해설

전달함수 $G(s) = \dfrac{V_2(s)}{V_1(s)} = \dfrac{R}{R+Ls} = \dfrac{2}{2+s}$

문제에서는 전달함수가 아닌 $v_2(t)$를 구하는 문제이므로 $V_2(s)$를 구한다.

$$V_2(s) = \frac{2}{(s+2)}V_1(s) = \frac{2}{(s+2)(s+4)}$$

(단, $V_1(s) = \dfrac{1}{s+4}$)

$$V_2(s) = \frac{2}{(s+2)(s+4)} = \frac{A}{s+2} + \frac{B}{s+4}$$

에서

$$A = \frac{2}{(s+2)(s+4)} \times (s+2)\bigg|_{s=-2} = 1$$

$$B = \frac{2}{(s+2)(s+4)} \times (s+4)\bigg|_{s=-4} = -1$$

$$\therefore V_2(s) = \frac{1}{s+2} - \frac{1}{s+4}, \text{ 라플라스 역변환}$$

을 하면 $v_2(t) = e^{-2t} - e^{-4t}$

13 개념 이해형 　　　　　 난이도 中

┃ 정답 ④

접근 POINT

입력과 전달함수의 라플라스 변환을 통해서 출력을 구한다. 이 후 역변환을 하여 시간영역 응답을 구한다.

해설

전압분배 법칙에 의해 전달함수와 출력전압을 구한다.

$$G(s) = \frac{V_0(s)}{V_1(s)} = \frac{\frac{1}{Cs}}{R + \frac{1}{Cs}} = \frac{1}{1 + RCs}$$

$$V_0(s) = \frac{1}{1 + RCs} V_1(s) = \frac{1}{(1 + RCs)} \times \frac{1}{s}$$

분모, 분자를 RC로 나눈다.

$$V_0(s) = \frac{\frac{1}{RC}}{s(s + \frac{1}{RC})} = \frac{1}{s} - \frac{1}{s + \frac{1}{RC}}$$

$$v_0(t) = \mathcal{L}^{-1}\left[\frac{1}{s} - \frac{1}{s + \frac{1}{RC}}\right] = 1 - e^{-\frac{1}{RC}t}$$

∴ 0부터 상승하여 계단전압에 이르는 파형이 나타난다.

14 단순 계산형 난이도 中

정답 ④

접근 POINT

C만의 회로인 것을 기억하고 문제를 풀어야 한다.

공식 CHECK

$$L[\mathrm{H}] \rightarrow sL[\Omega], \quad C[\mathrm{F}] \rightarrow \frac{1}{sC}[\Omega]$$

$$\mathcal{L}[\delta(t)] = 1$$

$$\mathcal{L}[u(t)] = \frac{1}{s}, \quad \mathcal{L}^{-1}\left[\frac{1}{s}\right] = u(t)$$

해설

C만의 회로이므로 C 양단 전압

$$V_c(s) = I(s) \times Z(s) = 1 \times \frac{1}{Cs}$$ 이므로 이 식을

라플라스 역변환을 하면 $v_c(t) = \frac{1}{C}u(t)$가

된다.

15 단순 계산형 난이도 中

정답 ②

접근 POINT

전달함수는 입력 라플라스 함수와 출력 라플라스 함수의 비이므로, 입출력의 라플라스 함수를 구한다.

용어 CHECK

전달함수

$$= \frac{출력신호의\ 라플라스\ 변환}{입력신호의\ 라플라스\ 변환} = \frac{C(s)}{R(s)}$$

$\delta(t)$: 단위 임펄스 함수

$u(t)$: 단위 계단 함수

t: 단위 램프(경사) 함수

해설

전달함수 $G(s) = \dfrac{C(s)}{R(s)}$

이때 $R(s) = \mathscr{L}\left[u(t) = 1\right] = \dfrac{1}{s}$

$C(s) = \mathscr{L}\left[c(t) = 1 - e^{-2t}\right] = \dfrac{1}{s} - \dfrac{1}{s+2}$

$\qquad = \dfrac{2}{s(s+2)}$

∴ 전달함수

$$G(s) = \dfrac{C(s)}{R(s)} = \dfrac{\dfrac{2}{s(s+2)}}{\dfrac{1}{s}} = \dfrac{2}{s+2}$$

---

16 개념 이해형   난이도 下

정답 ④

접근 POINT

전달함수에 대한 이해가 있다면 쉽게 접근할 수 있는 문제이다.

해설

위의 회로에서 전달함수 G(s)를 구하면

$$G(s) = \dfrac{E_0}{E_i} = \dfrac{R}{R + \dfrac{1}{Cs}} = \dfrac{RCs}{1 + RCs} = \dfrac{Ts}{1 + Ts}$$

(단, 시정수는 T=RC 이다.)

이 제어계는 전달함수의 결과에서 보면 미분요소와 1차 지연요소의 특징을 모두 가지는 제어회로가 된다.

---

17 개념 이해형   난이도 中

정답 ③

접근 POINT

전달함수를 미분방정식으로 변환하기 위해서는 입, 출력의 s-방정식으로 나타낸다.

해설

먼저 전달함수를 미분방정식 형태로 구하기 위해서는

$\dfrac{Y(s)}{X(s)} = \dfrac{3}{(s+1)(s-2)} = \dfrac{3}{(s^2 - s - 2)}$ 를 다음과 같이 입력과 출력의 방정식으로 표현한다.

$Y(s)(s^2 - s - 2) = 3X(s)$

$s^2 Y(s) - s Y(s) - 2Y(s) = 3X(s)$

양변에 라플라스 역변환을 취하면

$\dfrac{d^2}{dt^2}y(t) - \dfrac{d}{dt}y(t) - 2y(t) = 3x(t)$ 가 된다.

공식 CHECK

라플라스 변환의 실미분 정리

$$\mathscr{L}\left[\dfrac{d}{dt}y(t)\right] = s Y(s) - f(0) = s Y(s)$$

$$\mathscr{L}\left[\dfrac{d^2}{dt^2}y(t)\right] = s^2 Y(s) - sf(0) - f(0)'$$
$$\qquad\qquad = s^2 Y(s)$$

단, $f(0) = 0$, $f(0)' = 0$

18 개념 이해형 ⟶ 난이도 下

▌정답 ②

▌접근 POINT

임펄스 응답의 라플라스 변환은 전달함수를 의미하는 것을 기억해야 한다.

▌해설

임펄스 응답이란 입력에 임펄스 함수 $\delta(t)$를 가했을 때의 출력을 의미한다.

전달함수 $G(s) = \dfrac{C(s)}{R(s)} = \dfrac{1}{s+1}$

$(R(s) = \mathscr{L}[\delta(t)] = 1)$

$\dfrac{C(s)}{1} = \dfrac{1}{s+1}$ 이 되며 $C(s) = \dfrac{1}{s+1}$

$C(s)$를 역변환하면 $c(t) = e^{-t}$ 되며 t=0 이면
$c(t) = 1$

t=∞이면 $c(t) = 0$ 이 되는 그래프는 ②번이다.

19 개념 이해형 ⟶ 난이도 中

▌정답 ④

▌접근 POINT

모든 이득 관련 문제에서는 먼저 단위가 [dB]인지 아닌지를 확인해야 한다.

▌해설

이 문제 조건에서 직류를 가했다는 의미는 주파수=0
즉, $\omega = 0$이므로 $s = jw = 0$으로 한다.

$G(s) = \dfrac{10}{s^2 + 3s + 2} = \dfrac{10}{2} = 5$

▌응용

문제의 보기에 [dB]로 되어 있으면
$20\log 5[\mathrm{dB}]$로 환산하여 답을 찾으면 된다.

20 개념 이해형 ⟶ 난이도 下

▌정답 ④

▌접근 POINT

커패시터 위치가 입력 측인지 출력 측인지를 우선 파악한다.

▌해설

R_1이 C_1에 병렬로 연결된 형태이나 근본적인 요소는 $C_1 - R_2$이며 C_1이 입력 측에 있으므로 미분회로의 특징을 가지므로 진상 보상기가 정답이 된다.

▌관련개념

진상 보상회로	지상 보상회로
① 출력 위상이 입력 위상보다 앞서도록 제어신호의 위상을 조정하는 보상법	① 출력 위상이 입력 위상보다 뒤지도록 제어신호의 위상을 조정하는 보상법
② 보통 R-C 회로에서는 입력단에 C가 존재한다.	② 보통 R-C 회로에서는 출력단에 C가 존재한다.
③ 전달함수의 위상은 (+)	③ 전달함수의 위상은 (-)
④ 제어요소는 PD(미분) 제어	④ 제어요소는 PI(적분) 제어

을 개선한다.

21 개념 이해형 난이도 下

정답 ④

접근 POINT

진상 보상기는 전달함수의 위상이 (+)가 되어야
한다.

공식 CHECK

위상각 $\theta = \tan^{-1}\dfrac{허수부}{실수부}$

해설

진상 보상기는 전달함수의 위상이 (+)이다.
분자의 위상이 분모의 위상보다 앞서야 하므로
이 조건을 활용하면 아래와 같다.

$G_c(s) = \dfrac{1 + \alpha Ts}{1 + Ts} = \dfrac{1 + j\alpha wT}{1 + jwT}$ 에서 위상은

$\angle G_c(jw) = \dfrac{\angle \tan^{-1}\dfrac{\alpha wT}{1}}{\angle \tan^{-1}\dfrac{wT}{1}}$

진상이 되기 위해서는 $\dfrac{\alpha wT}{1} > \dfrac{wT}{1}$ 이어야

하므로

$\therefore \alpha > 1$ 이어야 한다.

관련개념

진상 보상기의 특징

(1) 출력 위상이 입력 위상보다 앞서도록 위상
을 조정한다.

(2) 보통 R- C 회로에서는 입력단에 C가 존재
한다.

(3) 전달함수의 위상은 (+)이다.

(4) 제어요소는 PD(비례 미분) 제어로 속응성

22 개념 이해형 난이도 下

정답 ①

접근 POINT

R-C 회로의 연결 상태를 통해 미분기인지 적분
기인지를 파악할 수 있다.

해설

전달함수는 입출력의 전압관계이므로 전압분

배 법칙에 의해 $G(s) = \dfrac{R_2 + \dfrac{1}{sC_2}}{R_1 + R_2 + \dfrac{1}{sC_2}}$ 이다.

분자, 분모에 sC_2를 곱하여 정리한다.

$G(s) = \dfrac{1 + R_2 C_2 s}{1 + (R_1 + R_2)C_2 s}$

$R_2 C_2 < (R_1 + R_2)C_2$이므로 $G(s)$의 위상은
음수(-)가 되어 출력의 위상은 입력보다 뒤지게
된다.

23 개념 이해형 난이도 下

정답 ②

접근 POINT

연산증폭기 기본 특징에 관한 내용을 잘 숙지한다.

해설

연산증폭기는 입력 임피던스가 매우 크다.

▎관련개념

연산증폭기의 특징

(1) 입력 임피던스는 매우 크다.

(2) 출력 임피던스는 매우 적다

(3) 전압 이득이 매우 크다.

(4) 전력 이득이 매우 크다.

---

24 개념 이해형　　　　난이도 中

▎정답　①

▎접근 POINT

전달함수에서 영점의 정의를 묻는 문제이다.

▎용어 CHECK

영점과 극점

• 영점: $G(s)$가 0이 되는 s의 값으로 $G(s)$의 분자가 0이 되는 점을 의미한다.

• 극점: $G(s)$가 ∞가 되는 s의 값으로 $G(s)$의 분모가 0이 되는 점을 의미한다.

▎해설

영점은 분자가 "0" 일 때의 s값을 구하면 된다.

$G(s) = 1.2 + 0.02s = \dfrac{1.2 + 0.02s}{1}$ 에서 분자

=0 인 s값을 구하면 $1.2 + 0.02s = 0$ 이므로 s=-60 이 영점이 된다.

---

25 개념 이해형　　　　난이도 中

▎정답　③

▎접근 POINT

과도상태에서 나오는 유형으로 약간 변형된 부분과 R-L-C 소자의 표현에 따른 비례, 미분, 적분, 비례-미분. 비례-적분, 비례-미분-적분 상태를 구분해야 한다.

▎해설

주어진 전달함수를 변형한다.

$$G_c(s) = \frac{2s+5}{7s} = \frac{2}{7} + \frac{5}{7s} = \frac{2}{7}(1 + \frac{1}{\frac{7}{5}s})$$

$$= \frac{2}{7}(1 + \frac{1}{\frac{7}{5}s}) = K_p(1 + \frac{1}{T_i s})$$

그러므로 비례감도 $K_p = \dfrac{2}{7}$,

적분 시간 $T_i = \dfrac{7}{5}$ 이므로

비례 적분 제어기가 된다.

▎관련개념

각 제어요소의 전달함수

비례요소	$G(s) = K$
적분 요소	$G(s) = \dfrac{K}{s}$
미분 요소	$G(s) = Ks$
1차 지연 요소	$G(s) = \dfrac{K}{1+Ts}$
2차 지연 요소	$G(s) = \dfrac{\omega_n^2}{s^2 + 2\zeta\omega_n s + \omega_n^2}$
부동작 시간 요소	$G(s) = e^{-Ts}$

26 개념 이해형

▎정답 ④

▎접근 POINT

이 문제는 비례, 미분, 적분시간에 대해서 아래 ②식을 파악하고 있어야 한다.

▎해설

$$G_C(s) = \frac{s^2 + 3s + 5}{2s} = \frac{3}{2} + \frac{1}{2}s + \frac{5}{2s}$$

$$= \frac{3}{2}(1 + \frac{1}{3}s + \frac{5}{3s})$$

$$= \frac{3}{2}\left(1 + \frac{1}{3}s + \frac{1}{\frac{3}{5}s}\right) \quad \cdots\cdots\cdots\cdots ①$$

$$G(s) = K_P(1 + T_D S + \frac{1}{T_i S}) \quad \cdots\cdots\cdots\cdots ②$$

①식과 ②식을 비교하면

비례감도 $K_P = \frac{3}{2}$, 미분시간 $T_D = \frac{1}{3}$

적분시간 $T_i = \frac{3}{5}$ 이 되므로 위 제어계는 비례-미분-적분 제어계이다.

대표유형 ❶

자동제어계의 요소 및 구성
226쪽

01 개념 이해형
난이도 下

▮ 정답 ②

▮ 접근 POINT

제어계의 흐름선도에서 출제되는 기본적인 유형으로 각 블록선도에 대해 암기해야 하는 문제이다.

▮ 해설

위의 문제 하나로 여러 유형이 출제되므로 다음 그림에서 동작신호, 조작량, 제어량의 흐름신호의 위치를 정확히 암기해야 한다.

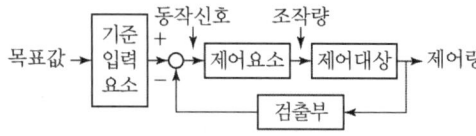

▮ 관련개념

(1) 동작신호: 기준입력과 검출부에 의해 측정되는 신호와의 차를 말한다.
(2) 조작량: 제어대상에 가해지는 신호로써 제어

요소의 출력이자 제어대상의 입력이 된다.

02 개념 이해형
난이도 下

▮ 정답 ②

▮ 접근 POINT

제어요소와 제어대상 사이의 관계를 묻는 문제이며 각 블록 사이의 흐름을 이해하며 암기하여야 한다.

▮ 해설

다음 그림을 참고하며 제어대상에서 나온 출력을 제어량이라고 하며, 제어대상의 입력으로 들어오는 요소를 조작량이라 한다

03 개념 이해형
난이도 下

▮ 정답 ④

▮ 접근 POINT

이런 그림으로 주어지는 유형은 기본 회로만 정확히 암기하면 쉽게 풀 수 있다.

▌해설

동작신호는 기준입력요소와 피드백 되는 궤환량과의 차를 말한다.

▌관련개념

제어계가 폐루프 제어계가 되기 위해서는 반드시 기준입력과 검출부에서 나온 요소와 비교를 하는 비교부가 반드시 있어야 한다.

04 개념 이해형   난이도 下

▌정답   ②

▌접근 POINT

제어계의 흐름선도에서 출제되는 기본 유형이며 용어를 정확하게 암기해야 한다.

▌해설

동작신호는 기준입력요소와 피드백되는 궤환량과의 차를 말하며, 제어계의 동작을 일으키는 원인이 되는 신호이다.

05 개념 이해형   난이도 下

▌정답   ④

▌접근 POINT

제어요소를 묻는 가장 대표적인 문제이며 제어요소는 조절부와 조작부로 구성이 된다는 것을 숙지해야 한다.

▌해설

제어요소는 조절부와 조작부로 구성이 되며 제어대상의 전단에 위치한다.

06 개념 이해형   난이도 下

▌정답   ④

▌접근 POINT

정치제어와 추치제어에 대해 정확해야 구분해야 풀 수 있는 문제이다.

▌해설

(1) 정치제어: 제어량을 어떤 일정한 목표값으로 유지하는 것을 목적으로 하는 제어법이다.
(2) 추치제어: 목표로 하는 값이 변화할 때 그것에 제어량을 추종시키기 위한 제어법이다.

07 개념 이해형   난이도 下

▌정답   ②

▌접근 POINT

제어장치의 분류 중 자주 출제가 되는 기본적인 유형이며 제어량에 의한 분류와 목표값에 의한 분류를 구분할 수 있어야 한다.

▌해설

제어량에 의한 분류

(1) 프로세스 제어: 온도, 압력, 유량 등을 제어
(2) 서보기구: 물체의 위치, 방위, 자세 등을 제어

SUBJECT 05
제어공학

(3) 자동조정: 전압, 전류, 주파수 등을 제어

08 개념 이해형 　　　　　난이도 下

정답　②

접근 POINT

제어계의 분류에서 가장 쉬운 문제 유형으로 목표값에 따른 분류에 관한 문제이다.

해설

목표값의 시간적 성질에 의한 분류

(1) 추종제어: 대공포, 레이더 제어에 이용된다.

(2) 프로그램제어: 무인열차, 엘리베이터, 자동판매기 제어에 이용된다.

(3) 비율제어: 밧데리 제어에 이용된다.

09 개념 이해형 　　　　　난이도 下

정답　③

접근 POINT

정치제어와 추종제어에 대한 구분이 필요하다.

해설

추종제어는 목표값이 변하는 것에 대한 제어 방식으로 목표값의 변화에 추종하도록 하는 제어방식이다. 물체의 위치, 방위, 자세 등 기계적 변위를 제어량으로 한다.

10 개념 이해형 　　　　　난이도 下

정답　①

접근 POINT

조절부의 동작에 의한 분류 중에서 가장 기본적인 분류 비례제어의 특징을 외우고 있으면 쉬운 문제이다.

해설

비례 제어계는 오차가 매우 크고, 잔류편차(off-set)를 발생한다.

11 개념 이해형 　　　　　난이도 中

정답　③

접근 POINT

조절부에 대한 유형 중에서 미분, 적분제어와 관련한 것이 가장 빈번히 출제되므로 각각의 특징은 꼭 암기해야 한다.

해설

미분제어의 특징

(1) 과도상태를 개선한다.

(2) 작동오차의 변화율에 반응하여 동작한다.

(3) 오차가 변화하는 속도에 대응하여 제어한다.

(4) 응답 속응성을 개선한다.

관련개념

적분제어의 특징

(1) 잔류편차를 제거하여 오차를 감소시킨다.

(2) 정상상태를 개선한다.

(3) 전달함수 $G(s) = \dfrac{1}{T_i s}$ (T_i : 적분시간)

12 단순 암기형   난이도 中

정답 ①

접근 POINT

비례, 미분, 적분 제어의 각 특징을 파악한다면 평범한 문제이다.

해설

미분동작제어: 오차가 변화하는 속도에 비례하여 조작량을 조절하는 동작으로 오차가 커지는 것을 사전에 방지하는 제어이다.

관련개념

(1) 비례동작제어: 오차가 크며, 잔류편차가 발생한다.

(2) 적분동작제어: 잔류편차를 줄여서 정확도를 높인다.

(3) 온오프제어: 불연속 제어로써 sampling제어라고도 한다.

13 개념 이해형   난이도 中

정답 ②

접근 POINT

조절부의 동작 중 적분제어의 특징을 정확히 이

해해야 한다.

해설

적분제어의 특징

(1) 잔류편차를 제거하여 오차를 감소시킨다.

(2) 전달함수 $G(s) = \dfrac{1}{T_i s}$ (T_i : 적분시간)

(3) 잔류편차는 정상상태에서 발생하므로 즉, 정상상태오차를 제거하기 위한 제어 기법이다.

14 개념 이해형   난이도 下

정답 ④

접근 POINT

비례제어, 미분제어, 적분제어의 명확한 구분을 하여야 한다.

해설

적분제어의 특징

(1) 잔류편차를 제거하여 오차를 감소시킨다.

(2) 잔류편차는 정상상태에서 발생하므로 정상상태오차를 제거하기 위한 제어 기법이다.

∴ 적분제어는 정상상태에서 발생하는 오차를 줄이는 효과와 같아진다.

관련개념

미분제어

(1) 작동오차의 변화율에 반응하여 동작한다.

(2) 응답의 속응성을 개선시킨다.

(3) 과도상태를 개선한다.

SUBJECT 05 제어공학

단순 계산형　　　　　난이도 中

▌정답 ①

▌접근 POINT

비례-적분제어의 전달함수를 이용하여 라플라스 역변환과 결합하여 풀어야 하는 문제이다.

▌해설

먼저 비례-적분제어의 전달함수 G(s)를 구한다.

$$G(s) = \frac{Y(s)}{Z(s)} = K_P(1 + \frac{1}{T_i s}) = 4(1 + \frac{1}{4s})$$

$$Z(s) = \mathcal{L}[z(t) = 2t] = \frac{2}{s^2}$$ 적용하여 Y(s)를

구하면

$$Y(s) = 4(1 + \frac{1}{4s}) \times \frac{2}{s^2} = \frac{2}{s^3} + \frac{8}{s^2}$$ 되며

역변환을 하여 y(t)를 구한다.

$$y(t) = t^2 + 8t$$

▌관련개념

$$\mathcal{L}[f(t) = t^n] = \frac{n!}{s^{n+1}}$$ 이며

$$\mathcal{L}[t^2] = \frac{2!}{s^{2+1}} = \frac{2}{s^3}$$ 이다.

$\frac{2}{s^3}$ 을 역변환 하면 t^2이 됨을 알 수 있다.

대표유형 ②

블록선도와 신호흐름선도　　230쪽

---

01 개념 이해형　　　　　난이도 下

▌정답 ①

▌접근 POINT

블록선도에서 구하는 전달함수와 궤환시의 부호를 확인해야 한다.

▌해설

전달함수 G(s)

$$T(s) = \frac{\sum \text{전방향 이득}}{1 - (\sum \text{폐회로 이득})}$$ 이므로 위 회

로에서 R에서 C로 향하는 이득을 구한다.

$\sum$전방향 이득$= G(s) \times 1$

$\sum$폐회로 이득$= -H(s) \times 1 = -H(s)$

$$T(s) = \frac{G(s)}{1 - (-H(s))} = \frac{G(s)}{1 + H(s)}$$

▌관련개념

전방향 이득을 구할 때 이득 표시가 없는 직선에서의 이득은 "1" 상태이다.

---

02 개념 이해형　　　　　난이도 下

▌정답 ②

▌접근 POINT

전달함수는 출력과 입력의 라플라스 변환비로 정해진다. 아래와 같은 수식을 이용하면 간단하게 접근할 수 있다.

▌해설

전달함수 G(s)

$$G(s) = \frac{C(s)}{R(s)} = \frac{(\sum \text{전방향 이득})}{1 - (\sum \text{폐회로 이득})}$$

이므로 위 회로에서 R에서 C로 향하는 이득을 구한다.

$$\sum \text{전방향 이득} = G_1 G_2 + H_1 G_2$$

$$\sum \text{폐회로 이득} = -G_2 \times 1 = -G_2$$

$$G(s) =$$

$$\frac{C(s)}{R(s)} = \frac{(G_1 G_2 + H_1 G_2)}{1 - (-G_2)} = \frac{G_2(G_1 + H_1)}{1 + G_2}$$

03 개념 이해형   난이도 中

▌정답 ④

▌접근 POINT

회로만 보면 복잡해 보일 수 있지만 전달함수에 대한 이해가 있다면 쉽게 접근할 수 있다.

▌해설

전달함수 G(s)

$$G(s) = \frac{C(s)}{R(s)} = \frac{\sum \text{전방향 이득}}{1 - (\sum \text{폐회로 이득})}$$ 이므

로 위 회로에서 R(s)에서 C(s)로 향하는 이득을 구한다.

$$\sum \text{전방향 이득} = G_1 \times \frac{1}{G_1} \times G_2 = G_2$$

$$\sum \text{폐회로 이득}$$

$$= -\frac{1}{G_1} \times G_2 \times 1 - \frac{1}{G_1} \times G_2 \times G_3$$

$$= -\frac{G_2}{G_1} - \frac{G_2 G_3}{G_1} = -\frac{1}{G_1}(G_2 + G_2 G_3)$$

$$\therefore \ G(s) = \frac{C(s)}{R(s)} = \frac{G_2}{1 + \frac{1}{G_1}(G_2 + G_2 G_3)}$$

$$= \frac{G_1 G_2}{G_1 + G_2 + G_2 G_3}$$

04 개념 이해형   난이도 中

▌정답 ③

▌접근 POINT

전달함수 문제 중에서는 난이도가 약간 높은 문제이지만 수식을 잘 활용하고 부호를 잘 확인하면 풀 수 있는 문제이다.

▌해설

전달함수 G(s)

$$G(s) = \frac{Y(s)}{X(s)} = \frac{\sum \text{전방향 이득}}{1 - (\sum \text{폐회로 이득})}$$

이므로 위 회로에서 X(s)에서 Y(s)로 향하는 이득을 구한다.

$$\sum \text{전방향 이득} = ABC$$

$$\sum \text{폐회로 이득} = -ABD - BCE$$

$$G(s) = \frac{Y(s)}{X(s)} = \frac{ABC}{1 - (-ABD - BCE)}$$

$$= \frac{ABC}{1 + BCE + ABD}$$

┃ 관련개념

폐회로 이득을 구할 때에는 부호가 (+) 인지 (-)
인지 반드시 확인해야 한다.

05 개념 이해형 　　　난이도 中

┃ 정답　②

┃ 접근 POINT

일반적인 블록선도 전달함수 문제 중 약간 응용
된 정도의 문제이다.

┃ 해설

전달함수 G(s)

$G(s) = \dfrac{C(s)}{R(s)} = \dfrac{\sum \text{전방향 이득}}{1 - (\sum \text{폐회로 이득})}$ 이므

로 위 회로에서 R에서 C로 향하는 이득을 구한다.

$\sum$전방향 이득$= 1 \times 2 = 2$

$\sum$폐회로 이득$= -2 \times 3 - 1 \times 2 \times 4 = -14$

$G(s) = \dfrac{C(s)}{R(s)} = \dfrac{2}{1 - (-14)} = \dfrac{2}{15}$

06 개념 이해형 　　　난이도 中

┃ 정답　②

┃ 접근 POINT

전달함수의 여러 문제 유형 중의 한 문제로 아래

결과를 활용하면 쉽게 접근이 가능하다.

┃ 해설

전달함수

$$G(s) = \frac{C(s)}{R(s)} = \frac{\sum \text{전방향 이득}}{1 - \sum \text{폐회로 이득}}$$

그러므로

$G(s)$
$$= \frac{(1 \times 2 \times 2 + 1 \times 2 \times 3)}{1 - (-1 \times 2 \times 1 - 1 \times 1 \times 2 \times 2 - 1 \times 1 \times 2 \times 3)}$$
$= \dfrac{10}{13}$이 된다.

07 개념 이해형 　　　난이도 中

┃ 정답　④

┃ 접근 POINT

일반적인 전달함수를 구하는 문제보다는 약간 응
용되어 있어 정확한 계산을 해야 하는 문제이다.

┃ 해설

이 문제는 전달함수를 구하는 문제가 아닌 전방
향 이득 G(s)를 구하는 문제이며 먼저 전달함수
T(s)를 구한 다음에 G(s)를 구해야 한다.

전달함수 $T(s) = \dfrac{\sum \text{전방향 이득}}{1 - (\sum \text{폐회로 이득})}$

이용하면 위 회로에서 R에서 C로 향하는 이득
을 구할 수 있다.

$\sum$전방향 이득$= G(s)$

$\sum$폐회로 이득$= -G(s)H_1(s) - G(s)H_2(s)$

$$T(s) = \frac{C(s)}{R(s)}$$

$$= \frac{G(s)}{1 - [-G(s)H_1(s) - G(s)H_2(s)]}$$

$$10 = \frac{G(s)}{1 + G(s)[H_1(s) + H_2(s)]}$$

$$G(s) = 10 + 10G(s)H_1(s) + 10G(s)H_2(s)$$

$$G(s)[1 - 10H_1(s) - 10H_2(s)] = 10$$

$$G(s) = \frac{10}{1 - 10H_1(s) - 10H_2(s)}$$

08 개념 이해형 　　　　　　난이도 中

┃ 정답　②

┃ 접근 POINT

외부 입력(왜란) B가 있는 유형의 블록선도 문제이지만 풀이방법은 일반적인 풀이과정과 거의 같다.

┃ 해설

전달함수 G(s)

$$G(s) = \frac{\sum 전방향 \ 이득}{1 - (\sum 폐회로 \ 이득)}$$ 이므로 위 회

로에서 A에서 C로 향하는 전달함수를 구한다. (이때 B=0 상태로 해석)

$$G_1(s) = \frac{C_1}{A} = \frac{3 \times 5}{1 - (-3 \times 5 \times 4)} = \frac{15}{61}$$

이므로

$$C_1 = \frac{15}{61} \times A = \frac{15}{65} \ (단, A=1)$$

위 회로에서 B에서 C로 향하는 전달함수를 구하면 (이때 A=0 상태로 해석)

$$G_2(s) = \frac{C_2}{B} = \frac{5}{1 - (-3 \times 5 \times 4)} = \frac{5}{61}$$

이므로

$$C_2 = \frac{5}{61} \times B = \frac{5}{65} \ (단, B=1)$$

$$\therefore \ 출력 \ C = C_1 + C_2 = \frac{15}{61} + \frac{5}{61} = 0.33$$

09 개념 이해형 　　　　　　난이도 中

┃ 정답　①

┃ 접근 POINT

전달함수의 정의를 알고 있고 임피던스 표현을 할 수 있으면 풀 수 있는 문제이다.

┃ 해설

R, L, C 소자를 임피던스로 나타내면 다음과 같다.

$$R \rightarrow R, \ L \rightarrow Ls, \ C \rightarrow \frac{1}{Cs}$$

주어진 회로의 전달함수

$$G(s) = \frac{E(s)}{I(s)} = R + Ls 가 \ 된다.$$

따라서 주어진 답안에서 $R + Ls$ 인 답을 찾으면 된다.

①번 회로의 전달함수 G(s)는 $R + Ls$

②번 회로의 전달함수 G(s)는 $R - Ls$

③번 회로의 전달함수 G(s)는 $R + \dfrac{1}{Ls}$

④번 회로의 전달함수 G(s)는 $R - \dfrac{1}{Ls}$

$\therefore$ ①번이 정답이 된다.

10 개념 이해형　　　　난이도 中

정답　④

접근 POINT

회로는 많이 복잡하게 보이나 블록선도의 접점에 관한 이해와 입력과 출력의 관계를 알고 있는지를 묻는 문제이다.

해설

왼쪽 회로와 오른쪽 회로의 결과를 확인한다.

① 왼쪽: $X_3 = (X_1 + X_2)G$

　오른쪽: $X_3 = X_1G + X_2G = (X_1 + X_2)G$

② 왼쪽: $X_2 = X_1G$, 오른쪽: $X_2 = X_1G$

③ 왼쪽: $X_2 = X_1G$, 오른쪽: $X_2 = X_1G$

④ 왼쪽: $X_3 = GX_1 + X_2$

　오른쪽 :

　$$X_3 = (X_1 + X_2G)G = GX_1 + G^2X_2$$

∴ 좌우 변환에서 출력이 달라지는 ④항이 정답이 된다.

11 개념 이해형　　　　난이도 中

정답　③

접근 POINT

블록선도의 변환에 대한 기본적인 개념이해와 대표적인 예를 알고 있는지 확인하는 문제이다.

해설

아래 관련개념에서 네 번째 단위 피드백 결합으

로 변환하는 형태로 부궤환되는 함수의 역수가 입력단에 투입되어야 한다. 따라서 빈 곳에 들어가야할 함수는 $\dfrac{1}{H(s)} = s + 2$가 된다.

(1) 변환 전 시스템 함수

$$\frac{C(s)}{R(s)} = \frac{\dfrac{1}{s(s+1)}}{1 + \dfrac{1}{s(s+1)(s+2)}} = \frac{\dfrac{1}{s(s+1)}}{\dfrac{s(s+1)(s+2)+1}{s(s+1)(s+2)}}$$

$$= \frac{s+2}{1 + s(s+1)(s+2)}$$

(2) 변환 후 시스템 함수

$$\{R(s)A(s) - C(s)\} \cdot \frac{1}{s(s+1)(s+2)} = C(s)$$

$$\frac{R(s)A(s)}{s(s+1)(s+2)} = C(s) + \frac{C(s)}{s(s+1)(s+2)}$$

$$\frac{C(s)}{R(s)} = \frac{A(s)}{s(s+1)(s+2)} \times \frac{s(s+1)(s+2)}{1 + s(s+1)(s+2)}$$

$$= \frac{A(s)}{1 + s(s+1)(s+2)}$$

(3) 변환 전과 변환 후가 같아야 하므로 $A(s) = s + 2$이다.

관련개념

(1) 병렬 요소를 직렬 요소로 변환

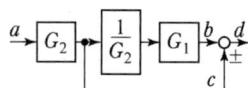

(2) 직렬 요소를 병렬 요소로 변환

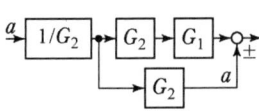

(3) 병렬 결합을 1개 요소로 변환

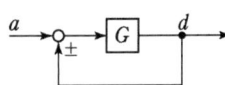

(4) 단위 피드백 결합으로 변환

(5) 피드백 요소로 변환

12 개념 이해형

난이도 下

┃ 정답 ③

┃ 접근 POINT

폐회로가 되기 위한 화살표를 정확히 찾아야 한다.

┃ 해설

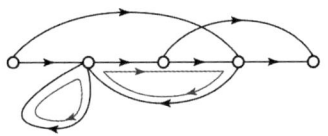

위의 회로에서 루프는 폐회로를 나타내므로 2개이다.

13 개념 이해형

난이도 下

┃ 정답 ④

┃ 접근 POINT

신호흐름선도의 전달함수 문제이며 다음 수식만 기억한다면 쉬운 문제이다.

$$G(s) = \frac{\sum \text{전방향 이득}}{1 - (\sum \text{폐회로 이득})}$$

┃ 해설

전달함수 G(s)

$G(s) = \dfrac{\sum \text{전방향 이득}}{1 - (\sum \text{폐회로 이득})}$ 이므로 위 회

로에서 이득을 구한다.

$\sum$전방향 이득$= abc$

$\sum$폐회로 이득$= bd$

$$\therefore G(s) = \frac{\sum \text{전방향 이득}}{1 - (\sum \text{폐회로 이득})}$$

$$= \frac{abc}{1 - (bd)}$$

SUBJECT 05
제어공학

14 개념 이해형

┃ 정답 ①

┃ 접근 POINT

신호흐름선도의 전달함수 문제 중 폐회로와 전방향으로 향하는 회로를 분석할 수 있는지 묻는 문제이다.

┃ 해설

전달함수 G(s)

$$G(s) = \frac{\sum 전방향\ 이득}{1 - (\sum 폐회로\ 이득)}$$ 이므로 위 회

로에서 이득을 구한다.

$\sum$전방향 이득=
$1 \times G_1 \times 1 \times 1 + 1 \times G_2 \times 1 = G_1 + G_2$

$\sum$폐회로 이득$= G_1 \times H_1$

$$G(s) = \frac{G_1 + G_2}{1 - G_1 H_1}$$

15 개념 이해형

┃ 정답 ③

┃ 접근 POINT

페루프가 2개라는 부분을 확인하면서 신호흐름선도의 전달함수를 구해야 한다.

┃ 해설

전달함수 G(s)

$$G(s) = \frac{\sum 전방향\ 이득}{1 - (\sum 폐회로\ 이득)}$$ 이므로 위 회

로에서 이득을 구한다.

$\sum$전방향 이득$= 1 \times 2 \times 3 \times 1 = 6$

$\sum$폐회로 이득$= 3 \times 4 + 2 \times 3 \times 5 = 42$

$$\therefore\ G(s) = \frac{\sum 전방향\ 이득}{1 - (\sum 폐회로\ 이득)}$$

$$= \frac{6}{1 - 42} = -\frac{6}{41}$$

16 개념 이해형

┃ 정답 ②

┃ 접근 POINT

신호흐름선도에서의 전달함수는 최근에는 이보다 더 어려운 문제가 출제되기도 하지만 이 문제를 이해하면서 풀 수 있는 정도로 학습해도 된다.

┃ 해설

$$G(s) = \frac{C(s)}{R(s)} = \frac{(\sum 전방향\ 이득)}{1 - (\sum 폐회로\ 이득)}$$

$$G(s) = \frac{G_1 G_2 G_3}{1 - (-G_1 G_2 G_4 - G_2 G_3)}$$

$$= \frac{G_1 G_2 G_3}{1 + G_1 G_2 G_4 + G_2 G_3}$$

17 개념 이해형

┃ 정답 ②

▌접근 POINT

루프가 접해 있는 신호흐름선도의 전달함수 문제로 결과식을 활용하면 접근이 가능하다.

▌해설

전달함수 G(s)

$$G(s) = \frac{\sum 전방향\ 이득}{1 - (\sum 폐회로\ 이득)}$$ 이므로 위 회

로에서 이득을 구한다.

$$\sum 전방향\ 이득 = 1 \times 3 \times 4 \times 1 = 12$$

$$\sum 폐회로\ 이득 = 3 \times 5 + 4 \times 6 = 39$$

$$\therefore G(s) = \frac{\sum 전방향\ 이득}{1 - (\sum 폐회로\ 이득)}$$

$$= \frac{12}{1 - 39} = -\frac{6}{19}$$

---

18 개념 이해형   난이도 中

▌정답 ①

▌접근 POINT

폐루프가 3개라는 것을 알고 접근을 해야 하는 문제로 오답율이 높았던 문제이다.

▌해설

전달함수 G(s)

$$G(s) = \frac{\sum 전방향\ 이득}{1 - (\sum 폐회로\ 이득)}$$ 이므로 위 회

로에서 이득을 구한다.

$$\sum 전방향\ 이득 =$$

$$1 \times a \times b \times 1 + 1 \times c \times 1 = ab + c$$

$$\sum 폐회로\ 이득 =$$

$$a \times d + b \times e + c \times d \times e = ad + be + cde$$

$$\therefore G(s) = \frac{\sum 전방향\ 이득}{1 - (\sum 폐회로\ 이득)}$$

$$= \frac{ab + c}{1 - (ad + be + cde)}$$

$$= \frac{ab + c}{1 - (ad + be) - cde}$$

---

19 개념 이해형   난이도 下

▌정답 ④

▌접근 POINT

전달함수에 대한 기본적인 개념만 있다면 쉽게 접근할 수 있는 문제이다.

▌해설

전달함수 G(s)=

$$\frac{C(s)}{R(s)} = \frac{\sum 전방향\ 이득}{1 - (\sum 폐회로\ 이득)}$$ 이므로

$$G(s) = \frac{C(s)}{R(s)} = \frac{abcde}{1 - (-cf - bcdg)}$$

$$= \frac{abcde}{1 + cf + bcdg}$$

---

20 개념 이해형   난이도 上

▌정답 ②

신호흐름선도 유형 중 어려운 문제이며 서로 접하지 않는 폐회로가 있을 때 해석할 수 있는지를 묻는 문제이다.

┃ 해설

맨앞과 맨뒤의 폐회로가 서로 접하지 않을 때의 해석은

$$G(s) = \frac{\sum \text{전방향 이득}}{\triangle}$$ 이 수식에서 분모

부분이 달라진다는 것에 유의 하여야 한다.

$\triangle = 1 - \sum L_1 + \sum L_2$ 이며

$\sum$전방향 이득$= a \times a \times a = a^3$

$\sum L_1$(폐회로의 합) $= a \times b + a \times b + a \times b$
$= 3ab$

$\sum L_2$(서로 만나지 않는 2개 폐회로의 곱의 합)

$= (a \times b)(a \times b) = a^2 b^2$

그러므로 전달함수 G(s)

$$G(s) = \frac{\sum \text{전방향 이득}}{\triangle} = \frac{a^3}{1 - 3ab + a^2 b^2}$$

┃ 관련개념

$\triangle = 1 - \sum L_1 + \sum L_2 - \sum L_3$

$\sum L_1$(폐회로의 합)

$\sum L_2$(서로 만나지 않는 2개 폐회로의 곱의 합)

$\sum L_3$(서로 만나지 않는 3개 폐회로의 곱의 합)

| 21 | 복합 계산형 | 난이도 上 |

┃ 정답 ④

┃ 접근 POINT

일반적인 메이슨 정리가 아닌 변형된 문제로써 정확한 수식을 활용해야 한다.

┃ 해설

다음 메이슨 정리를 이용한다.

$$G(s) = \frac{\sum \text{전방향 이득}}{1 - \sum L_1 + \sum L_2}$$

전방향 이득$= 1 \times a \times a \times 1 \times a \times 1 = a^3$

각 폐회로 이득의 합 $\sum L_1$

$\sum L_1 = (ab) + (ab) + (ab) = 3ab$

서로 만나지 않는 2개의 이득의 곱의 합 $\sum L_2$

$\sum L_2 = (ab) \times (ab) + (ab) \times (ab) = 2a^2 b^2$

그러므로 전달함수

$$G(s) = \frac{\sum \text{전방향 이득}}{1 - \sum L_1 + \sum L_2} = \frac{a^3}{1 - 3ab + 2a^2 b^2}$$

이다.

| 22 | 개념 이해형 | 난이도 中 |

┃ 정답 ②

┃ 접근 POINT

각각의 폐루프를 직렬 접속 회로로 해석하는 방향으로 접근해야 쉽게 풀이할 수 있다.

┃ 해설

원래는 $G(s) = \dfrac{\sum \text{전방향 이득}}{\triangle}$ 이 식에서

$\sum$전방향 이득

$\triangle = 1 - \sum L_1 + \sum L_2 - \sum L_3$ 이며

$\sum L_1$(각 폐회로의 합)

$\sum L_2$(서로 만나지 않는 2개 폐회로의 곱의 합)

$\sum L_3$(서로 만나지 않는 3개 폐회로의 곱의 합)

을 이용해서 풀어야 하나 너무 복잡하므로 직렬 종속에 해당하는 수식을 이용하면 접근이 쉬워진다.

폐회로 이득이 ab인 회로가 직렬로 3개 연결되어 있다.

$\sum$(전방향 이득) $= a \times a \times a = a^3$

$\sum L_1$(각 폐회로의 합)$=ab+ab+ab$

$\sum L_2$(서로 만나지 않는 2개 폐회로의 곱의 합)

$\quad = (ab) \times (ab) + (ab) \times (ab) + (ab) \times (ab)$

$\quad = 3a^2 b^2$

$\sum L_3$(서로 만나지 않는 3개 폐회로의 곱의 합)

$\quad = (ab) \times (ab) \times (ab) = a^3 b^3$

$\therefore$ 전달함수 $G(s) = \dfrac{\sum 전방향\ 이득}{\triangle}$

$= \dfrac{a^3}{1-3ab+3a^2b^2-a^3b^3} = \left(\dfrac{a}{1-ab}\right)^3$

┃응용

위 회로를 종속 3단 회로로 결합이 되어 있다고 해석을 하면 좀더 쉽게 정답을 찾을 수 있다.

종속 1단 회로의 전달함수는 $\left(\dfrac{a}{1-ab}\right)$이므로 직렬로 3단이 연결되어 있다.

$G(s) = \left(\dfrac{a}{1-ab}\right)\left(\dfrac{a}{1-ab}\right)\left(\dfrac{a}{1-ab}\right)$

$\qquad = \left(\dfrac{a}{1-ab}\right)^3$

---

23 개념 이해형 　　　　　난이도 上

┃정답 ①

┃접근 POINT

전달함수와 미분방정식에 관한 정확한 이해가 필요한 문제이다.

┃해설

미분방정식으로 구하기 위해 전달함수 G(s)를 먼저 구한다.

$G(s) = \dfrac{\sum 전방향\ 이득}{1-(\sum 폐회로\ 이득)}$

$G(s) = \dfrac{C(s)}{R(s)} = \dfrac{\dfrac{1}{s^2}}{1-\left(-\dfrac{3}{s}-\dfrac{2}{s^2}\right)}$

$\qquad = \dfrac{1}{s^2+3s+2}$

$C(s)(s^2+3s+2) = R(s)$이 되므로 위 수식을 역변환하여 미분방정식으로 나타낸다.

$\dfrac{d^2 c(t)}{dt^2} + 3\dfrac{dc(t)}{dt} + 2c(t) = r(t)$

---

24 복합 계산형 　　　　　난이도 上

┃정답 ③

┃접근 POINT

RC회로에서의 전달함수와 신호흐름선도에서의 전달함수를 구해서 같아지는 루프를 찾는 문제로써 회로는 복잡해 보이나 개념파악을 하고 있다면 접근이 가능하다.

▌해설

먼저 RC회로의 전달함수 G(s)는

$$G(s) = \frac{V_0(s)}{V_i(s)} = \frac{\dfrac{1}{Cs}}{R + \dfrac{1}{Cs}} = \frac{1}{1 + RCs} \text{ 가}$$

된다.

① $G(s) = \dfrac{V_0(s)}{V_i(s)} = \dfrac{-\dfrac{1}{R} \times \dfrac{1}{Cs} \times 1}{1 - \left(-\dfrac{1}{R} \times \dfrac{1}{Cs} \right)}$

$= \dfrac{\dfrac{-1}{RCs}}{1 + \dfrac{1}{RCs}} = \dfrac{-1}{1 + RCs}$

② $G(s) = \dfrac{V_0(s)}{V_i(s)} = \dfrac{R \times \dfrac{1}{Cs} \times 1}{1 - \left(R \times \dfrac{1}{Cs} \right)}$

$= \dfrac{\dfrac{R}{Cs}}{1 - \dfrac{R}{Cs}} = \dfrac{R}{Cs - R}$

③ $G(s) = \dfrac{V_0(s)}{V_i(s)} = \dfrac{\dfrac{1}{R} \times \dfrac{1}{Cs} \times 1}{1 - \left(-\dfrac{1}{R} \times \dfrac{1}{Cs} \right)}$

$= \dfrac{\dfrac{1}{RCs}}{1 + \dfrac{1}{RCs}} = \dfrac{1}{1 + RCs}$

④ $G(s) = \dfrac{V_0(s)}{V_i(s)} = \dfrac{R \times \dfrac{1}{Cs} \times 1}{1 - \left(-\dfrac{1}{R} \times \dfrac{1}{Cs} \right)}$

$= \dfrac{\dfrac{R}{Cs}}{1 + \dfrac{1}{RCs}} = \dfrac{R^2}{1 + RCs}$

∴ RC회로의 전달함수와 같은 신호흐름선도는 ③이 된다.

---

25 개념 이해형 + 복합 계산형 난이도 中

▌정답 ②

▌접근 POINT

RC회로에서의 전달함수와 신호흐름선도에서의 전달함수를 구해서 같아지는 루프를 찾는다.

▌해설

메이슨의 정리에 의해 순차별로 구해서 계산한다.

(1) 전방경로 이득

$G_1 = 1 \cdot G_1(s) \cdot G_2(s) \cdot 1 = G_1(s) G_2(s)$

(2) 전방경로 이득과 접하지 않은 루프가 없으므로 $\Delta_1 = 1$

(3) 개개 폐루프의 합

$L_{11} = G_2(s) \cdot H_2(s)$

$L_{21} = G_1(s) \cdot G_2(s) \cdot H_1(s)$

(4) $\Delta = 1 - (L_{11} + L_{21})$
$= 1 - G_2(s)\{H_2(s) + G_1(s)H_1(s)\}$

(5) 전달함수

$G(s) = \dfrac{C(s)}{R(s)} = \dfrac{G_1 \Delta_1}{\Delta}$

$= \dfrac{G_1(s) G_2(s) \cdot 1}{1 - G_2(s)\{H_2(s) + G_1(s)H_1(s)\}}$

$= \dfrac{G_1(s)}{1 - \{H_2(s) + G_1(s)H_1(s)\}}$

$= \dfrac{s+2}{1 - \{(-s-1) + (s+2) \cdot (-s-1)\}}$

$= \dfrac{s+2}{1 - (-s^2 - 4s - 3)}$

특성방정식은 전달함수의 분모=0이다.

$F(s) = s^2 + 4s + 4 = (s+2)^2 = 0$으로 중근 -2, -2를 갖는다.

대표유형 ❸
과도응답
238쪽

01 개념 이해형
난이도 下

정답 ④

접근 POINT

함수에 대한 기본적인 정의를 묻는 문제이다.

해설

단위계단함수의 정의

$u(t) = \begin{cases} 0, & t < 0 \\ 1, & t \geq 0 \end{cases}$ 으로 정의되는 함수이다.

이 함수가 a만큼 시간이동 했을 때의 시간추이 정리를 활용하면 다음과 같아진다.

즉, $u(t-a) = \begin{cases} 0, & t < a \\ 1, & t \geq a \end{cases}$ 된다.

응용

만약 라플라스 변환을 하면 다음과 같다.

$\mathcal{L}[u(t)] = \dfrac{1}{s}$

$\mathcal{L}[u(t-a)] = F(s)e^{as} = \dfrac{1}{s}e^{as}$

02 개념 이해형
난이도 下

정답 ②

접근 POINT

과도응답의 문제는 쉬운 유형이므로 기본개념 만 이해하고 있으면 쉽게 풀 수 있다.

해설

지연시간은 제어계의 출력이 입력의 50[%] 까 지 도달하는데 걸리는 시간을 말한다.

관련개념

(1) 상승시간: 출력이 입력값의 10[%]에서 90[%] 까지 상승하는데 걸리는 시간을 말한다.
(2) 정정시간: 응답의 최종값의 허용범위가 ±5[%] 내에 안정되기까지 요하는 시간이다.

03 개념 이해형
난이도 中

정답 ④

접근 POINT

과도응답의 특성 중에서 가장 기본이 되는 시간 의 종류에 대한 부분의 이해 파악이 중요시되는 문제이다.

해설

상승시간(rise time): 최종값의 10[%]에서 90[%]까지 도달하는데 걸리는 시간을 말한다. 지연시간(delay time): 최종값의 0[%]에서 50[%]까지 도달하는데 걸리는 시간을 말한다.

감쇠비 $= \dfrac{\text{제2오버슈트}}{\text{최대오버슈트}}$ 를 뜻한다.

SUBJECT 05 제어공학

04 개념 이해형　　　　난이도 下

┃ 정답　①

┃ 접근 POINT

과도응답의 여러 유형 중에서 감쇠비는 오차 관련 내용 중 자주 출제되는 편이므로 개념에 대한 이해를 정확하게 해야 한다.

┃ 해설

감쇠비는 제2오버슈트를 최대 오버슈트로 나눈 값이다.

┃ 관련개념

(1) 백분율 오버슈트
　　=(최대 오버슈트/최종값)×100
(2) 지연시간: 제어계의 출력이 입력의 50[%]까지 도달하는 데 걸리는 시간을 말한다.
(3) 상승시간: 출력이 입력값의 10[%]에서 90[%]까지 상승 하는데 걸리는 시간을 말한다.

05 개념 이해형　　　　난이도 下

┃ 정답　③

┃ 접근 POINT

문제의 과도응답 특성은 기본개념만 이해하면 쉽게 답을 고를 수 있다.

┃ 해설

과도응답 특성

감쇠비(제동비 ζ)는 제2오버슈트와 최대 오버슈트의 비를 나타낸 것이다.

$$\zeta = \frac{제2오버슈트}{최대오버슈트}$$

┃ 관련개념

(1) 지연시간은 응답이 최초로 목표값의 50[%]가 되는데 소요되는 시간이다.
(2) 백분율 오버슈트는 최종 목표값과 최대 오버슈트와의 비를 %로 나타낸 것이다.
(3) 응답시간은 응답이 요구하는 오차 이내로 정착되는데 걸리는 시간이다.
(4) 상승시간은 응답이 최초로 목표값의 10[%]에서 90[%]가 되는데 소요되는 시간이다.

06 개념 이해형　　　　난이도 中

┃ 정답　②

┃ 접근 POINT

입출력 관계와 지연시간의 정의를 활용한 문제로써 약간 난이도가 있는 문제이다.

┃ 해설

지연시간은 출력이 입력값의 50[%]까지 도달시간을 말하며 이때의 출력을 주어진 식에서 먼저 구한다.

$\dfrac{C(s)}{R(s)} = \dfrac{1}{s+1}$ 에서 $R(s) = \dfrac{1}{s}$ (단위계단 입력이므로)

그러므로 $C(s) = \dfrac{1}{s(s+1)} = \dfrac{1}{s} - \dfrac{1}{s+1}$

되며 출력은 역변환을 해서 구하므로 이때의 c(t)는 다음과 같다.

$c(t) = 1 - e^{-t}$

또한 이 수식에 지연시간은 50[%] 수치를 대입을 해서 t를 구하면 된다.

$0.5 = 1 - e^{-t}$ 즉 출력이 0.5가 되는 근사치 t를 구하면 t=0.7[sec]가 된다.

---

07 개념 이해형   난이도 下

정답 ①

접근 POINT

이 문제 유형은 감쇠계수와 안정도, 응답성의 관계를 묻는 유형이다.

해설

감쇠계수(ζ)가 크면 안정도는 우수하나 응답성은 나쁘다.

---

08 개념 이해형   난이도 下

정답 ①

접근 POINT

특성방정식의 근의 위치와 응답에 관한 개념을 이해하여 자동 제어계가 안정하기 위한 조건과 과도응답에 대한 모양을 파악할 수 있는지를 물어보는 개념 이해형 및 단순 암기형 문제이다.

해설

자동제어계가 안정하려면 특성방정식의 근이 s 평면의 좌반면에 존재하고, j축(허수축)에서 멀리 떨어져 있어야 진동이 점점 작아지고 정상값에 빨리 도달할 수 있다.

따라서, 문제에서 주어진 조건에서 2개의 공액 복소근이 허수축에 가까이 있으므로 감쇠상수의 값이 작아 천천히 감소하게 된다.

관련개념

특성근, 제동비 및 시간응답 특성 요약

특성근의 형태	서로다른실근 $s = -\alpha, -\beta$	중복근 $s = -\alpha$	공액복소근 $s = -\alpha \pm j\beta$
s평면 위치	(-) 실수축	(-) 실수축	2, 3사분면
제동비	과제동	임계제동	부족제동
시간응답 특성	지수적감쇠	지수적감쇠	감쇠진동
안정도	안정	안정	안정

---

09 개념 이해형   난이도 下

정답 ④

접근 POINT

선형 자동 제어시스템에서 특성방정식이 무엇인지 알고 있는지 확인하는 개념 이해 및 단순 암기형 문제이다.

해설

특성방정식은 폐회로 전달함수에서 분모가 0이 되는 식을 말한다.

$G(s) = \dfrac{C(s)}{R(s)} = \dfrac{G(s)}{1 + G(s)H(s)}$에서

$F(s) = 1 + G(s)H(s) = 0$이다.

따라서, 주어진 문제의 보기에서는 "폐루프 전

달함수의 분모가 0인 방정식"이 답이 된다.

▌관련개념

선형 자동 제어시스템이 안정하려면 특성방정식의 근이 s평면의 좌반면에 존재하고, j축(허수축)에서 멀리 떨어져 있어야 진동이 점점 작아지고 정상값에 빨리 도달할 수 있다. 특성근에 따른 제동비 및 시간응답 특성 요약은 다음과 같다.

특성근의 형태	서로다른실근 $s=-\alpha,-\beta$	중복근 $s=-\alpha$	공액복소근 $s=-\alpha\pm j\beta$
s평면 위치	(−) 실수축	(−) 실수축	2,3사분면
제동비	과제동	임계제동	부족제동
시간응답 특성	지수적감쇠	지수적감쇠	감쇠진동
안정도	안정	안정	안정

10 개념 이해형   난이도 下

▌정답   ④

▌접근 POINT

과도응답 문제에서 약간 응용되어 출제된 문제로 2차지연요소의 특징을 알아야 풀 수 있다.

▌해설

전달함수가 $\dfrac{C(s)}{R(s)}=\dfrac{1}{3s^2+4s+1}$에서 분모 분자를 3으로 나누어서 정리를 하면

$$\frac{C(s)}{R(s)}=\frac{\dfrac{1}{3}}{s^2+\dfrac{4}{3}s+\dfrac{1}{3}}$$ 이다.

이 수식과 전달함수식

$$\frac{C(s)}{R(s)}=\frac{w_n^2}{s^2+2\zeta w_n s+w_n^2}$$ 을

비교하면 $w_n=\dfrac{1}{\sqrt{3}}$, $2\zeta w_n=\dfrac{4}{3}$

$$\zeta=\frac{\dfrac{4}{3}}{2\times\dfrac{1}{\sqrt{3}}}=1.15$$ 이므로 $\zeta>1$ 되어 과제동이 된다.

▌관련개념

$\zeta>1$: 과제동
$\zeta=1$: 임계제동
$0<\zeta<1$: 부족제동
$\zeta=0$: 무제동

11 개념 이해형   난이도 下

▌정답   ①

▌접근 POINT

제동비에 관한 유형에서 발산에 관한 문제는 출제빈도는 낮지만 기본개념만 이해하면 쉽게 답을 고를 수 있다.

▌해설

제동비(감쇠비)에 따른 분류에 따라 $\zeta<0$은 발산이다.

▌관련개념

$\zeta>1$: 과제동(비진동)
$0<\zeta<1$: 부족제동(감쇠진동)
$\zeta=1$: 임계제동(임계진동)
$\zeta<0$: 발산

12 개념 이해형 　　　난이도 下

정답 ③

접근 POINT

제동비 관련 유형 중에서 가장 쉬운 문제이며 제동비에 따른 명칭을 암기해야 한다.

해설

$0 < \zeta < 1$: 부족제동(감쇠진동)

13 개념 이해형 　　　난이도 下

정답 ②

접근 POINT

감쇠비에 따른 일반적인 분류는 자주 출제되므로 확실하게 암기해야 한다.

해설

제동비(감쇠비)에 따른 분류에 따라 $0 < \zeta < 1$는 부족제동이다.

관련개념

$\zeta > 1$: 과제동
$\zeta = 1$: 임계제동
$\zeta = 0$: 무제동
$\zeta < 0$: 발산

14 개념 이해형 　　　난이도 中

정답 ④

접근 POINT

과도특성의 전반적인 내용을 묻는 문제로 난이도가 다소 높은 문제이다.

해설

2차제어계의 특징

전달함수 $G(s) = \dfrac{w_n^2}{s^2 + 2\zeta w_n s + w_n^2}$

(ζ: 제동비라 한다)

최대 오버슈트: $e^{-\pi\delta/\sqrt{1-\delta^2}}$

폐루프계의 특성방정식은

$s^2 + 2\zeta w_n s + w_n^2 = 0$

$0 < \delta < 1$ 일 때 부족 제동된 상태이다.

δ값을 작게 할수록 제동은 적게 걸리게 되므로 안정도는 저하된다.

관련개념

$0 < \delta < 1$: 부족제동(감쇠진동)
$\delta > 1$: 과제동(비진동)

15 개념 이해형 　　　난이도 中

정답 ②

접근 POINT

전달함수와 특성방정식에 지식을 가지고 있다면 쉽게 접근할 수 있는 문제이다.

해설

주어진 전달함수를 변형하면 ①과 같으며

SUBJECT 05
제어공학

$$T(s) = \frac{1}{4s^2 + s + 1} = \frac{\frac{1}{4}}{s^2 + \frac{1}{4}s + \frac{1}{4}} \cdots\cdots ①$$

$$T(s) = \frac{w_n^2}{s^2 + 2\zeta w_n s + w_n^2} \cdots\cdots\cdots\cdots\cdots ②$$

두 식 ①, ②을 비교하여 ω_n, ξ을 구하면

고유각주파수 $\omega_n = 0.5$, 감쇠율 $\xi = 0.25$가 된다.

16 개념 이해형 난이도 中

정답 ①

접근 POINT

제동비와 전달함수가 결합된 어려운 문제이며 먼저 전달함수를 구한 후 제동비를 찾는다.

해설

고유주파수 ω_n와 제동비 ζ를 구하기 위해서 전달함수 G(s)를 구한다.

$$G(s) = \frac{\frac{1}{Cs}}{Ls^2 + Rs + \frac{1}{Cs}} = \frac{1}{LCs^2 + RCs + 1}$$

분모, 분자를 LC로 나누면

$$G(s) = \frac{\frac{1}{LC}}{s^2 + \frac{R}{L}s + \frac{1}{LC}} = \frac{w_n^2}{s^2 + 2\zeta w_n s + w_n^2}$$

이므로 $w_n^2 = \frac{1}{LC}$이다.

$$\therefore w_n = \frac{1}{\sqrt{LC}} = \frac{1}{\sqrt{2 \times 200 \times 10^{-6}}} = 50$$

또한, $2\zeta w_n = \frac{R}{L} = \frac{100}{2} = 50$ 이므로 $\zeta = 0.5$

이다.

관련개념

$$G(s) = \frac{w_n^2}{s^2 + 2\zeta w_n s + w_n^2}$$

(고유주파수 ω_n, 제동비 ζ이다.)

$\zeta > 1$: 과제동, $\zeta = 1$: 임계제동

$\zeta = 0$: 무제동, $\zeta < 0$: 발산

17 복합 계산형 난이도 上

정답 ②

접근 POINT

난이도가 높은 문제 유형으로 여러 가지 공식을 종합적으로 활용해야 풀 수 있는 문제이다.

공식 CHECK

감쇠진동 주파수 $w_d = w_n\sqrt{1 - \delta^2}$

w_n : 고유각주파수, δ : 제동비

해설

먼저 제동비와 각주파수를 구하기 위해 두어진 전달함수와 비교한다.

$$G(s) = \frac{C(s)}{R(s)} = \frac{25}{s^2 + 6s + 25}$$

$$= \frac{w_n^2}{s^2 + 2\delta w_n s + w_n^2}$$

에서 $w_n = 5$, $\delta = 0.6$을 구한다.

감쇠진동 주파수

$$w_d = w_n\sqrt{1 - \delta^2} = 5\sqrt{1 - 0.6^2} = 4$$

대표유형 ❹

편차와 감도   **243쪽**

---

01 개념 이해형   난이도 下

정답 ①

접근 POINT

편차에 대한 문제 유형은 잘 정리를 해두면 범위를 크게 벗어나지 않는 쉬운 문제가 된다.

해설

주어진 회로는 피드백 요소인 H(s)가 존재할 때의 위치오차 상수 K_p를 구하는 경우에는 H(s)만 곱해서 구하면 되는 문제이다.

즉, 피드백 궤환요소가 "1" 일때는

$K_p = \lim_{s \to 0} G(s)$이지만 피드백 궤환요소가

H(s)가 있을 때는 $K_p = \lim_{s \to 0} G(s)H(s)$

가 된다.

---

02 개념 이해형   난이도 中

정답 ②

접근 POINT

편차 부분은 수험생들이 어렵게 느끼는 부분으로 위치편차, 속도편차, 가속도편차에 대한 구분을 해야 한다.

해설

단위계단 입력의 정상편차는 위치편차를 뜻하므로 정상편차 $e_p = \dfrac{1}{1+K_p} = \dfrac{1}{1+\lim_{s \to 0} G(s)}$

이다.

먼저 $\lim_{s \to 0} G(s) = \lim_{s \to 0} \dfrac{6}{(s+1)(s+3)} = 2$이므

로 정상 위치편차 $e_p = \dfrac{1}{1+2} = \dfrac{1}{3}$이 된다.

관련개념

속도편차: $e_v = \dfrac{1}{K_v} = \dfrac{1}{\lim_{s \to 0} sG(s)}$

(K_v: 속도편차 상수)

가속도편차: $e_a = \dfrac{1}{K_a} = \dfrac{1}{\lim_{s \to 0} s^2 G(s)}$

(K_a: 가속도편차 상수)

정상 위치편차

$e_p = \dfrac{1}{1+K_p} = \dfrac{1}{1+\lim_{s \to 0} G(s)}$

(K_p: 위치편차 상수)

---

03 개념 이해형   난이도 中

정답 ①

접근 POINT

단위계단 입력의 정상상태 편차는 위치편차를 뜻하며, 편차(오차)관련 문제들은 수험생들이 어렵다고 느끼는 부분이지만 정확한 이해를 통해 접근이 가능하다.

해설

단위계단 입력의 정상상태 편차는 위치편차를 뜻한다.

정상상태 편차 $e_p = \dfrac{1}{1 + K_p} = \dfrac{1}{1 + \lim\limits_{s \to 0} G(s)}$

먼저 $\lim\limits_{s \to 0} G(s) = \lim\limits_{s \to 0} \dfrac{5}{s(s+1)(s+2)} = \infty$ 이

므로 정상편차 $e_p = \dfrac{1}{1 + \infty} = 0$이 된다.

---

04 개념 이해형   난이도 中

정답 ①

접근 POINT

편차의 종류를 구분하고 수식을 활용해야 풀 수 있는 유형의 문제이다.

해설

정상상태 오차(위치편차) $e_p = \dfrac{1}{1 + K_p}$에서 위치편차 상수이다.

$K_p = \lim\limits_{s \to 0} G(s) = \lim\limits_{s \to 0} \dfrac{19.8}{s + a} = \dfrac{19.8}{a}$

그러므로 $e_p = \dfrac{1}{1 + K_p} = \dfrac{1}{1 + \dfrac{19.8}{a}} = 0.01$

이므로 a를 구하면 a = 0.2가 된다

관련개념

(1) 속도편차 $e_v = \dfrac{1}{K_v}$

(2) 가속도편차 $e_a = \dfrac{1}{K_a}$

---

05 개념 이해형   난이도 中

정답 ①

접근 POINT

3가지 유형의 위치편차, 속도편차, 가속도편차를 정확히 이해했는지를 묻는 유형이다.

해설

단위계단 입력이 주어졌으므로 정상상태(위치)편차는 다음과 같다.

$e_p = \dfrac{1}{1 + K_p} = \dfrac{1}{1 + \lim\limits_{s \to 0} G(s)}$

(K_p: 위치편차 상수)

여기서 먼저

$\lim\limits_{s \to 0} G(s) = \lim\limits_{s \to 0} \dfrac{6K(s+1)}{(s+2)(s+3)} = K$가 된다.

그러므로 $0.05 = \dfrac{1}{1 + K}$ 되어 K=19이다.

---

06 개념 이해형   난이도 中

정답 ①

접근 POINT

편차의 문제 중에서 속도편차 부분은 위치편차보다는 어렵게 느낄 수 있으나 접근 방법은 비슷하다.

I 해설

단위속도 입력이 주어졌으므로 정상상태(속도)편차는 다음과 같다.

$$e_v = \frac{1}{K_v} = \frac{1}{\lim_{s \to 0} s\,G(s)}$$

먼저 $\lim_{s \to 0} s\,G(s) = \lim_{s \to 0} s \frac{10}{s(s+1)(s+2)} = 5$

이므로 정상상태(속도)편차는

$$e_v = \frac{1}{K_v} = \frac{1}{5} = 0.2$$ 이다.

---

07 **개념 이해형**　　　　　난이도 下

I 정답 ③

I 접근 POINT

편차의 문제 중에서 속도편차상수만 구하는 유형은 수식만 정확히 기억하면 쉬운 문제이다.

I 해설

단위속도 입력이 주어졌으므로 속도편차상수는 다음과 같다.

$$K_v = \lim_{s \to 0} s\,G(s) = \lim_{s \to 0} s \frac{(s+2)4}{(s+4)s(s+1)} = 2$$

(K_v : 속도편차상수)

I 응용

속도편차는 $e_v = \frac{1}{K_v} = \frac{1}{\lim_{s \to 0} s\,G(s)}$ 이므로

$$e_v = \frac{1}{K_v} = \frac{1}{2} = 0.5$$ 이다.

---

08 **복합 계산형**　　　　　난이도 上

I 정답 ②

I 접근 POINT

입력에 따른 편차를 종류를 먼저 파악한 후 문제를 풀어야 한다.

I 해설

단위 램프입력에 대한 편차는 속도편차 e_v를 구하면 된다. 따라서 이 문제는 속도편차상수와 주어진 함수관계에서 k를 구하는 문제이다.

$e_v = \dfrac{1}{K_v}$ 에서

$$K_v = \lim_{s \to 0} s\,G(s) = \lim_{s \to 0} s\,G_{C1}(s)\,G_{C2}(s)\,G_P(s)$$

$$= \lim_{s \to 0} s\,k \frac{(1+0.1s)}{(1+0.2s)} \frac{200}{s(s+1)(s+2)}$$

$$= 100k$$

$$e_v = \frac{1}{K_v} = \frac{1}{100k} = 0.01$$ 이 된다.

여기서 k를 구하면 k=1이 된다.

---

09 **복합 계산형**　　　　　난이도 中

I 정답 ②

I 접근 POINT

감도에 대한 문제는 복합적인 요소들이 많기 때문에 평상시에 연습을 많이 해야 풀리는 유형이다.

해설

감도 특성을 나타내는 수식 $S_K^T = \dfrac{K}{T} \times \dfrac{dT}{dK}$

(단, T는 전달함수이다.)

전달함수 T를 구한 다음에 K변수에 대해서 미분을 하여 감도 특성식을 구하는 과정을 거치면 되므로 전달함수 $G(s) = \dfrac{KG(s)}{1+G(s)H(s)}$ 이며

$$
\begin{aligned}
S_K^T &= \frac{K}{T} \times \frac{dT}{dK} \\
&= \frac{K}{\dfrac{KG(s)}{1+G(s)H(s)}} \frac{d}{dK}\left[\frac{KG(s)}{1+G(s)H(s)}\right] \\
&= \frac{K}{\dfrac{KG(s)}{1+G(s)H(s)}} \frac{G(s)}{1+G(s)H(s)} = 1
\end{aligned}
$$

따라서 $S_K^T = \dfrac{K}{T} \times \dfrac{dT}{dK} = 1$ 상태가 된다.

---

10 복합 계산형

난이도 中

정답 ④

접근 POINT

전달함수를 구하고 난 후 $S_K^T = \dfrac{K}{T} \times \dfrac{dT}{dK}$ 을 활용해야 하며 이 식을 활용하기 위해 전달함수를 미분해야 하는 복잡한 유형의 문제이다.

해설

감도 $S_K^T = \dfrac{K}{T} \times \dfrac{dT}{dK}$ 에서 먼저 전달함수 T를 구한다.

$$
T = \frac{C(s)}{R(s)} = \frac{KG}{1-(-KG \times \frac{1}{K})} = \left(\frac{G}{1+G}\right)K
$$

이므로

$$
\begin{aligned}
S_K^T &= \frac{K}{\dfrac{GK}{1+G}} \times \frac{d}{dK}\left(\frac{G}{1+G}\right)K \\
&= \frac{K}{\dfrac{GK}{1+G}} \times \frac{G}{1+G} = 1
\end{aligned}
$$

이다.

관련개념

$$
\frac{d}{dK}(GK) = G
$$

$$
\frac{d}{dK}\left(\frac{G}{1+G}\right)K = \frac{G}{1+G}
$$

분수함수의 미분 ($T = \dfrac{G}{1+GH}$ 일때)

$$
\frac{d}{dH}T = \frac{d}{dH}\left(\frac{G}{1+GH}\right) = \frac{-G^2}{(1+GH)^2}
$$

분수함수 미분

$$
= \frac{(분자의\,미분) \times 분모 - 분자 \times (분모의\,미분)}{분모^2}
$$

감도의 문제는 전달함수가 어떤 형태로 구해지느냐에 따라 난이도가 달라진다.

(3) 비례미분요소

$$G(s) = G(jw) = 1 + Ks = 1 + jwK$$

$w = 0$ 일때는 $G(s) = G(jw) = 1$

$w = \infty$ 일때는 $G(s) = G(jw) = 1 + j\infty$

---

01 개념 이해형   난이도 下

| 정답 ③

| 접근 POINT

주파수 전달함수의 벡터 궤적은 여러 가지 유형이 있으므로 각각의 특징 파악을 정확히 할 필요가 있다.

| 해설

미분요소: $G(s) = G(jw) = Ks$

$w = 0$ 일때는 $G(s) = G(jw) = 0$

$w = \infty$ 일때는 $G(s) = G(jw) = j\infty$

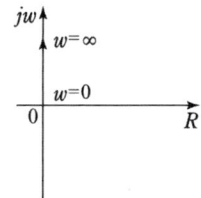

| 관련개념

(1) 비례요소: G(s)=G(jw)=K

주파수와 무관하며 일정한 상수값 K로 표시된다.

(2) 적분요소: $G(s) = G(jw) = \dfrac{K}{s}$

$w = 0$ 일때는 $G(s) = G(jw) = -j\infty$

$w = \infty$ 일때는 $G(s) = G(jw) = 0$

02 개념 이해형   난이도 中

| 정답 ④

| 접근 POINT

보기를 보면서 그에 맞는 궤적을 찾는 방향으로 접근하는 것이 더 편리하다.

| 해설

④ 주파수 전달함수 $G(jw) = \dfrac{j2\omega + 1}{j\omega + 1}$ 에서

(1) $\omega = 0$ 이면 $G(jw) = 1$

(2) $\omega = \infty$ 일때는 분모 분자를 w로 나누어서

정리를 하면 $G(jw) = \dfrac{j2 + \dfrac{1}{w}}{j + \dfrac{1}{w}} = \dfrac{j2}{j} = 2$

이므로 이 결과는 주어진 궤적이 된다.

03 개념 이해형   난이도 下

| 정답 ④

| 접근 POINT

궤적의 문제 중에서 평범한 유형에 속하며 크기가 "1"인 단위원을 나타내는 궤적을 말하며 이를 부동작 시간요소라고 한다.

▎해설

문제의 궤적은 크기가 "1"인 단위원을 나타내는 궤적을 말하며 이를 부동작 시간요소라고 한다. 이때의 전달함수 $G(s) = e^{-Ts} = e^{-jwT}$ 이다.

▎관련개념

부동작 시간요소의 전달함수 G(s)

$$G(s) = e^{-Ts} = e^{-jwT}$$
$$= 1\{\cos(-wT) + j\sin(-wT)\}$$

$|G(jw)| = 1$인 원을 나타낸다.

---

04 개념 이해형
난이도 下

▎정답 ④

▎접근 POINT

나이퀴스트 선도의 궤적을 찾는 유형으로 주어진 함수의 유형에 따라 궤적을 암기해야 한다.

▎해설

크기 $|G(jw)| = \dfrac{K}{w\sqrt{1+w^2}}$

위상각 $\theta = -(90° + \tan^{-1}w)$

$w = 0$에서 ∞까지의 크기의 궤적을 찾아가는 문제로써 $w = 0$일 때의 크기 $\lim\limits_{w \to 0}|G(jw)|$와 위상각 θ는 다음과 같다.

크기 $\lim\limits_{w \to 0}|G(jw)| = \lim\limits_{w \to 0}\left|\dfrac{K}{jw(jw+1)}\right|$

$= \lim\limits_{w \to 0}\left|\dfrac{K}{jw}\right| = \infty$

위상각

$\theta = -(90° + \tan^{-1}0) = -90°$

$w = \infty$일 때의 크기 $\lim\limits_{w \to \infty}|G(jw)|$와 위상각 θ는 다음과 같다.

크기 $\lim\limits_{w \to \infty}|G(jw)| = \lim\limits_{w \to \infty}\left|\dfrac{K}{jw(jw+1)}\right| = 0$

위상각

$\theta = -(90° + \tan^{-1}\infty)(\because \tan^{-1}\infty = 90°)$
$= -(90° + 90°) = -180°$

∴ 위 두 조건을 만족하는 나이퀴스트 선도는 ④이 된다.

---

05 개념 이해형
난이도 中

▎정답 ②

▎접근 POINT

크기와 위상각 문제는 잘 나오는 문제 유형으로 크기와 위상각을 구하는 방법을 정확하게 이해해야 한다.

▎해설

크기는 다음과 같다.

$$|A| = \left|\dfrac{K}{jw(jw+1)}\right| = \left|\dfrac{K}{-w^2}\right| = 0$$

(단, $w = \infty$ 이므로)

위상각은 다음과 같다.

$A = \dfrac{K}{jw(jw+1)} \fallingdotseq \dfrac{K}{jw\,jw} = \dfrac{K}{j^2w^2}$ 이므로

$\theta = \dfrac{\angle 0°}{\angle 180°} = -180°$

▎관련개념

$j = \angle 90°$

$j^2 = \angle 180°$

06 개념 이해형

┃ 정답 ④

┃ 접근 POINT

적분요소에 따른 기울기 변화를 이해해야 한다.

┃ 해설

적분요소에서의 기울기 $G(s) = \dfrac{k}{s}$ 일 때는

-20[dB/decade]

(단, k는 상수값이라 한다.)

┃ 관련개념

(1) 적분요소에서의 기울기

$G(s) = \dfrac{k}{s}$ 일 때는 -20[dB/decade]

$G(s) = \dfrac{k}{s^2}$ 일 때는 -40[dB/decade]

$G(s) = \dfrac{k}{s^3}$ 일 때는 -60[dB/decade]

(2) 미분요소에서의 기울기

$G(s) = k\,s$ 일 때는 20[dB/decade]

$G(s) = k\,s^2$ 일 때는 40[dB/decade]

$G(s) = k\,s^3$ 일 때는 60[dB/decade]

07 개념 이해형

┃ 정답 ④

┃ 접근 POINT

이득을 구하기 위해서는 크기에 따른 로그의 성질을 파악해야 한다.

┃ 해설

$w = 1.0$일 때의 전달함수

$$G(jw) = \left| \frac{1}{j100 \times 1} \right| = \frac{1}{100}$$

이득

$$g = 20\log |G(jw)| = 20\log\frac{1}{100} = -40[\text{dB}]$$

위상각 θ를 구하면 $G(j\omega) = 1/j100$ 이므로

$$\theta = \frac{\angle\,0\,°}{\angle\,90\,°} = \angle\,0\,° - 90\,° = \angle -90\,°\, 가$$

된다.

08 개념 이해형

┃ 정답 ③

┃ 접근 POINT

이득은 크기를 나타내며 답안의 단위를 확인하여야 하며 문제에서도 [dB]이다.

$G = 20\log |G(jw)| = 0[\text{dB}]$를 적용하여 구한다.

┃ 해설

먼저 주어진 함수의 크기를 구하기 위해

$G(s) = \dfrac{1}{s\,(s+10)}$은 다음과 같으며

$G(jw) = \dfrac{1}{jw\,(jw + 10)}$에 $w = 0.1$ 대입하면

$$G(jw) = \frac{1}{j0.1\,(j0.1 + 10)} = \frac{1}{-0.01 + j1}$$

따라서 $|G(jw)| = \dfrac{1}{\sqrt{(-0.01)^2 + 1^2}} \fallingdotseq 1$

$(-0.01)^2$은 1보다 매우 작으므로 생략이 가능하다.

그러므로 이득 G[dB]는

$$G = 20\log|G(jw)| = 20\log 1 = 0[\text{dB}]$$

---

09 복합 계산형　　　　　난이도 中

┃정답　①

┃접근 POINT

하나의 수식으로 크기, 위상각을 구하는 과정을 구분해야 한다.

┃해설

$w = 0.1$일 때의 전달함수 G(s)=G(jw)는

$$G(jw) = \frac{1}{0.1 \times jw(0.001 \times jw + 1)}$$

$$= \frac{1}{0.001(j0.0001 + 1)}$$

(단, 크기를 구할 때 0.0001은 1보다 매우 작으므로 생략하여 근사치로 구한다.)

$$|G(jw)| = \left|\frac{1}{j0.01 \times 1}\right| = |-j100| = 100$$

이므로 이득

$$g = 20\log|G(jw)| = 20\log 100 = 40[\text{dB}]$$

$$\text{위상각 } \theta = \frac{1}{j0.01} = \frac{\angle 0°}{\angle 90°} = \angle -90°$$

이다.

---

10 개념 이해형　　　　　난이도 下

┃정답　④

┃접근 POINT

나이퀴스트, 보드선도의 그래프를 기억해야 하며 그 속에서 안정, 불안정, 임계상태를 정확히 숙지를 하여야 한다.

┃해설

나이퀴스트 선도의 안정 불안정의 경계가 되는 임계점은(-1, j0) 상태이며 보드선도에서 이에 해당하는 이득은 0[dB], 위상은 −180°가 된다.

이득 $g = 20\log_{10}|G| = 20\log 1 = 0[\text{dB}]$

위상 $\theta = 180°$ 또는 $-180°$

---

11 개념 이해형　　　　　난이도 上

┃정답　②

┃접근 POINT

이 문제는 보드선도에서 절점주파수와의 관련성을 묻는 문제로 절점주파수의 개념을 이해해야 풀리는 문제이다.

┃해설

절점주파수는 0.1, 1이며

기본적으로 $G(s) = \dfrac{K}{(s+1)(10s+1)}$ 이 된다.

여기서 K를 구하기 위해 $w = 0$을 대입시에 20[dB]가 되어야 한다.

$$G(s) = \frac{K}{(s+1)(10s+1)}$$

$$= \frac{K}{(jw)(10jw+1)} = K$$

$20\log|G(jw)| = 20\log K = 20[\text{dB}]$에서

$K = 10$이 된다.

∴ 전달함수 $G(s) = \dfrac{10}{(s+1)(10s+1)}$ 이 된다.

12 공식 암기형   난이도 下

┃정답 ③

┃접근 POINT

이 문제는 계산 문제보다는 단순히 수식을 찾는 문제로 자주 출제되므로 해당 공식을 정확하게 암기해야 한다.

┃해설

공진주파수 $w_m = w_n\sqrt{1 - 2\alpha^2}$

┃관련개념

공진정점값 $A_m = \dfrac{1}{2\alpha\sqrt{1-\alpha^2}}$

최대 오버슈트 발생시간 $t_m = \dfrac{\pi}{w_n\sqrt{1-\alpha^2}}$

공진주파수(w_m)와 고유주파수(w_n),
감쇠비(α)

13 개념 이해형   난이도 中

┃정답 ③

┃접근 POINT

대역폭의 정의에 대한 정확한 이해가 필요하다.

┃해설

대역폭은 최대값 A의 70.7[%]가 되는 주파수 또는 -3[dB]로 되는 크기의 주파수이다. (단, f_0는 중심(최고)주파수라고 한다.)

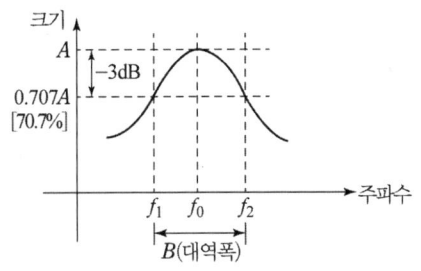

14 개념 이해형   난이도 下

┃정답 ②

┃접근 POINT

대역폭과 관련된 문제는 전기와 큰 관련은 없지만 종종 출제되므로 자주 출제되는 문제는 정답을 알고 있어야 한다.

┃해설

대역폭과 응답속도는 비례한다.
대역폭이 좁으면 응답속도는 늦고, 대역폭이 넓을수록 응답속도는 빨라진다.

대표유형 ❻
안정도 판별법   **251쪽**

---

01 개념 이해형   난이도 下

┃ 정답 ④

┃ 접근 POINT

특성방정식을 통한 s평면에서의 안정, 불안정, 임계상태에 대한 구분을 할 수 있는지를 묻는 문제이다.

┃ 해설

s평면에서의 안정상태

주어진 문제는 특성방정식이 허수축상에 있으므로 임계상태를 나타낸다.

좌반부에 근이 존재하면 제어계는 안정상태이고, 우반부에 근이 존재하면 제어계는 불안정상태를 나타낸다.

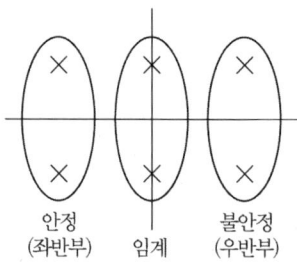

안정   임계   불안정
(좌반부)   (우반부)

---

02 개념 이해형   난이도 下

┃ 정답 ①

┃ 접근 POINT

이 문제는 제어계의 조건에 따른 안정, 불안정, 임계 상태에 대한 정의를 먼저 요구하는 문제이다.

┃ 해설

s 평면의 좌반부에 특성방정식의 모든 근이 존재하면 안정 상태이다.

s 평면의 우반부에 특성방정식의 모든 근이 존재하면 불안정 상태이다.

s평면의 허수축에 특성방정식의 모든 근이 존재하면 임계 상태이다.

---

03 개념 이해형   난이도 下

┃ 정답 ②

┃ 접근 POINT

Routh-Hurwitz 표의 안정조건과 s평면의 안정조건의 관계를 묻고 있으며 자주 출제되는 문제로 확실하게 이해해야 한다.

┃ 해설

Routh Hurwitz에서 1열의 부호변환 수의 의미는 불안정 근의 수, s-평면의 우반면에 존재하는 근의 수를 의미한다.

1열의 크기가 아닌 부호만을 판정해서 불안정 근의 개수를 파악한다.

만약 1열에 "0" 이 있으면 크기가 "+0"에 가까운 양의 실수 ϵ을 활용한다.

만약 하나의 행이 모두 "0" 이면 바로 보조방정식을 세워서 미분을 해서 표를 다시 활용한다.

04 개념 이해형   난이도 下

정답 ③

접근 POINT

루스표의 전개 과정에서 1열의 부호변환의 의미만 알고 있다면 쉽게 풀 수 있다.

해설

주어진 문제의 표는 루드표의 1열을 의미하므로 여기서 중요한 포인트는 크기가 아닌 부호의 변화이다.

즉, 2→(-1), (-1)→3으로 부호가 2번 변했으므로 양의 실수부에 근이 2개 있음을 나타낸다.

05 개념 이해형   난이도 中

정답 ①

접근 POINT

제어계가 안정상태가 되기 위한 전제 조건을 알고 있는지를 묻는 문제이다.

해설

제어계가 안정 상태가 되기 위해서는 기본적으로 다음의 조건을 갖추고 있어야 한다.

(1) 특성방정식의 모든 계수의 부호가 동일하여야 한다.

(2) 특성방정식의 모든 차수가 존재하여야 한다.

위의 문제에서 ②, ④은 부호가 (-) 포함되어 불안정, ③은 s^4항이 빠져 있어서 불안정 상태가 된다.

06 개념 이해형   난이도 中

정답 ③

접근 POINT

루스표를 이용하기 위해서는 먼저 주어진 함수에서 특성방정식을 먼저 구해야 한다.

해설

특성방정식은 전달함수의 분모가 "0" 상태이다. 따라서

$(s+2)(s^2+2s+2) = s^3+4s^2+6s+4 = 0$

이다.

이 수식으로 루스표를 만들면 다음과 같다.

차수	제1열 계수	제2열 계수
s^3	1	6
s^2	4	4
s^1	$\dfrac{4 \times 6 - 1 \times 4}{4} = 5$	0
s^0	4	

1열의 부호 변화가 없으므로 이 제어계는 안정 상태이다.

07 개념 이해형   난이도 中

정답 ③

접근 POINT

루스표를 활용하는 유형에서 문자 K가 삽입되어 약간 변형된 문제이다.

▌해설

루스표를 만들면 다음과 같다.

차수	제1열 계수	제2열 계수
s^3	1	3
s^2	3	$1+K$
s^1	$\dfrac{3 \times 3 - (1+K)}{3}$	0
s^0	$1+K>0$	

표에서 $\dfrac{3 \times 3 - (1+K)}{3} > 0$과 $1+K \rangle 0$ 되어야

하므로 두 식의 조건을 만족하는 안정 상태 조건 K는 다음과 같다.

$-1 < K < 8$

08 개념 이해형

난이도 下

▌정답 ③

▌접근 POINT

주어진 전향경로 전달함수의 정확한 이해를 필요로 한다.

▌해설

전향경로 전달함수가 주어질 때 특성방정식을 구하는 과정은 조심을 해야 하며 전달함수는 다음과 같다.

$s(s^2 + 5s + 4) + K = s^3 + 5s^2 + 4s + K = 0$

이 특성방정식으로 루스표를 작성한다.

차수	제1열 계수	제2열 계수
s^3	1	4
s^2	5	K
s^1	$\dfrac{5 \times 4 - 1 \times K}{5} > 0$	0
s^0	$K \rangle 0$	

제어계가 안정하기 위해서는 1열의 부호가 모두 양수이어야 하므로 $\dfrac{5 \times 4 - 1 \times K}{5} > 0$,

K>0 이 되어야 한다.

두 식을 만족하는 K값을 구하면 $0 < K < 20$ 이다.

09 개념 이해형

난이도 下

▌정답 ④

▌접근 POINT

시스템의 안정도를 구하기 위해서 먼저 특성방정식을 구해야 한다.

▌해설

루스표를 작성하기 위해 주어진 회로를 이용해서 먼저 특성방정식을 구한다.

$s(s+1)^2 + K = s^3 + 2s^2 + s + K = 0$

루스표를 작성한다.

차수	제1열 계수	제2열 계수
s^3	1	1
s^2	2	K
s^1	$\dfrac{2 \times 1 - 1 \times K}{2}$	0
s^0	K	0

그러므로 안정이 되기 위해서는 1열의 부호가

모두 양수이어야 하므로 $\dfrac{2 \times 1 - 1 \times K}{2} > 0$,

K>0 이어야 한다

∴ 두 조건을 만족하는 K는 $0 < K < 2$ 이다.

10 개념 이해형

▌정답 ①

▌접근 POINT

특성방정식을 구하기 위해 먼저 전달함수를 구해야 하는데 이 과정이 복잡하므로 주의해야 한다.

▌해설

주어진 회로에서 전달함수를 구한다.

$$G(s) = \dfrac{V_{out}}{V_i}$$

$$= \dfrac{\dfrac{1}{(s+1)} \times \dfrac{1}{(s+2)} \times \dfrac{1}{(s+3)}}{1 - (- \dfrac{1}{(s+1)} \times \dfrac{1}{(s+2)} \times \dfrac{1}{(s+3)} \times K)}$$

이 수식에서 특성방정식은 분모가 "0" 일 때 수식이다.

$$1 - (- \dfrac{1}{(s+1)} \times \dfrac{1}{(s+2)} \times \dfrac{1}{(s+3)} \times K) = 0$$

이 되어

$s^3 + 6s^2 + 11s + K + 6 = 0$이 된다.

따라서 루스표를 작성한다.

차수	제1열 계수	제2열 계수
s^3	1	11
s^2	6	K+6
s^1	$\dfrac{6 \times 11 - 1 \times (K+6)}{6}$	0
s^0	K+6	0

그러므로 안정이 되기 위해서는 1열의 부호가 모두 양수이어야 하므로

$$\dfrac{6 \times 11 - 1 \times (K+6)}{6} > 0 , K+6 \rangle 0 \text{ 이 된다.}$$

따라서 두 조건을 만족하는 K는 $-6 < K < 60$ 이다.

11 개념 이해형

▌정답 ③

▌접근 POINT

함수는 T, K가 있어서 복잡해 보이나 루스표를 이해했다면 쉽게 접근할 수 있다.

▌해설

주어진 특성방정식을 활용해서 루스표를 세운다.

차수	제1열 계수	제2열 계수
s^3	2	1+5KT
s^2	3	5K
s^1	$\dfrac{3 \times (1 + 5KT) - (2 \times 5K)}{3}$	0
s^0	5K	

따라서 제어계가 안정하기 위해서는 1열이 모두 양의 실수가 되어야 하므로 K>0,

$$\dfrac{3 \times (1 + 5KT) - (2 \times 5K)}{3} > 0 \text{ 이므로}$$

$3 + 15KT > 10K$이 된다.

12 개념 이해형

▌정답 ③

접근 POINT

루스표의 1열에서 불안정한 근의 의미를 이해했는지를 묻는 문제이다.

해설

먼저 주어진 특성방정식을 이용해서 루스표를 만들고 부호변환의 수를 구하면 된다.

차수	제1열 계수	제2열 계수	제3열 계수
s^4	1	2	2
s^3	1	3	0
s^2	$\dfrac{1 \times 2 - 1 \times 3}{1} = -1$	2	0
s^1	$\dfrac{-1 \times 3 - 1 \times 2}{-1} = 5$	0	0
s^0	2	0	0

따라서 1열의 계수를 보면 1, 1, -1, 5, 2가 되므로 부호 변환은 2번이 발생하였다.
불안정근의 수는 2개 즉 우반부에 2개의 근이 존재함을 나타낸다.

13 개념 이해형

난이도 中

정답 ③

접근 POINT

루스표의 운용한 결과와 s평면에서 오른쪽에 위치하는 근의 의미를 이해했는지를 묻는 문제이다.

해설

먼저 주어진 특성방정식을 이용해서 루스표를 만들고 오른쪽에 존재하는 근의 수 즉, 불안정근의 수를 묻고 있으므로 이때의 부호변환의 수를 구하면 된다.

차수	제1열 계수	제2열 계수	제3열 계수
s^4	1	-3	2
s^3	1	-1	0
s^2	$\dfrac{1 \times (-3) - 1 \times (-1)}{1} = -2$	2	0
s^1	$\dfrac{-2 \times (-1) - 1 \times 2}{-2} = 0$	0	0

s^1의 행이 "0"상태가 나올때는 s^2의 항으로 보조 방정식을 세워 미분을 한후 다시 루스표를 적용한다.

보조 방정식 $A(s) = (-2s^2 + 2)$ 미분을 하면 $-4s$가 된다.

이때의 -4를 s^1의 "0" 위치에 대입하여 다시 적용을 한다.

차수	제1열 계수	제2열 계수	제3열 계수
s^4	1	-3	2
s^3	1	-1	0
s^2	$\dfrac{1 \times (-3) - 1 \times (-1)}{1} = -2$	2	0
s^1	-4	0	0
s^0	2	0	0

따라서 1행은 (+1)→(+1)→(-2)→(-4)→(+2)이고 부호 변환은 2번 이루어 졌으므로 불안정한 근이 2개이며 우반부에 근이 2개 존재한다는 것을 말한다.

14 개념 이해형

난이도 上

정답 ③

▌접근 POINT

5승에서의 루스표 운용과 1열이 "0"일 때의 적용 과정을 아는지를 묻는 문제로 난이도가 높은 문제이다.

▌해설

차수	제1열 계수	제2열 계수	제3열 계수
s^5	1	2	11
s^4	2	4	10
s^3	$\dfrac{2 \times 2 - 1 \times 4}{2} = 0$	$\dfrac{2 \times 11 - 1 \times 10}{2} = 6$	0

1열에서 '0' 상태가 나타나면 이 경우 "0" 대신에 ε을 대입하여 루스표를 다시 작성하게 되며 ε은 아주 작은 "0"에 근사치인 양수값이라 한다 (즉, ε=0.000000000....................................1)

차수	제1열 계수	제2열 계수	제3열 계수
s^5	1	2	11
s^4	2	4	10
s^3	ε	$\dfrac{2 \times 11 - 1 \times 10}{2} = 6$	0
s^2	$\dfrac{4\varepsilon - 12}{\varepsilon}$	10	
s^1	K라 하면	0	
s^0	10		

루드표에서 K값을 구하면 다음과 같다

$$K = \frac{6\left(\dfrac{4\varepsilon - 12}{\varepsilon}\right) - 10\varepsilon}{\left(\dfrac{4\varepsilon - 12}{\varepsilon}\right)} = \frac{-10\varepsilon^2 + 24\varepsilon - 72}{4\varepsilon - 12}$$

따라서 1열의 계수는 다음과 같다.

$$1 \Rightarrow 2 \Rightarrow \varepsilon \Rightarrow \frac{4\varepsilon - 12}{\varepsilon}$$

$$\Rightarrow \frac{-10\varepsilon^2 + 24\varepsilon - 72}{4\varepsilon - 12} \Rightarrow 10$$

$$\frac{4\varepsilon - 12}{\varepsilon} < 0, \quad K = \frac{-10\varepsilon^2 + 24\varepsilon - 72}{4\varepsilon - 12} > 0$$

식에 ε은 "0"에 근사치인 약 +0을 대입하면 하나는 양수, 하나는 음수가 나온다.

따라서 1열의 부호만 확인을 하면 2번의 부호 변환이 발생하므로 불안정근이 2개 존재한다. 즉, s 평면의 우반면에 근이 2개 존재하여 불안정하다.

15 개념 이해형 난이도 下

▌정답 ③

▌접근 POINT

나이퀴스트 선도의 일반적인 특징을 외우고 있어야 하는 문제이다.

▌해설

정상 오차는 알 수 없으며 제어계의 주파수 응답에 관한 정보를 얻을 수 있다.

▌관련개념

나이퀴스트 선도의 특징

(1) 계통의 안정도 개선법을 알 수 있다.

(2) 상대 안정도를 알 수 있다.

(3) 절대 안정도를 알 수 있다.

(4) 정상 오차는 알 수 없으며 제어계의 주파수 응답에 관한 정보를 얻을 수 있다.

(5) 계어계의 안정여부를 직접 판정해 준다.

(6) 안정 조건은 다음과 같다.

이득여유는 4 ~ 12[dB],

위상여유는 30° ~ 60°

개념 이해형

▮ 정답 ③

▮ 접근 POINT
나이퀴스트 판정법의 특징 몇 가지를 기억하고 있으면 정답을 찾을 수 있다.

▮ 해설
나이퀴스트 선도는 제어계의 주파수 응답에 관한 정보를 준다.

▮ 관련개념
나이퀴스트 판정법의 특징
(1) 계통의 안정도 개선법을 알 수 있다.
(2) 나이퀴스트 선도는 제어계의 주파수 응답에 관한 정보를 준다.
(3) 계어계의 안정 여부를 직접 판정해 준다.

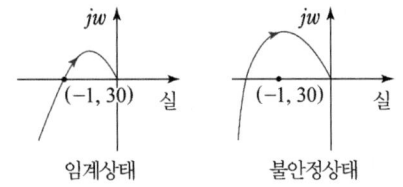

임계상태   불안정상태

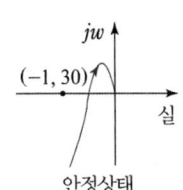

안정상태

16 **개념 이해형** 난이도 下

▮ 정답 ③

▮ 접근 POINT
나이퀴스트 선도의 유형에서 이득이 ∞일 때의 의미를 기억해야 한다.

▮ 해설
이 문제에서 2차 제어계 시스템의 나이퀴스트 선도는 부(-)의 실수축과는 만나지 않기 때문에 다음과 같은 특징을 갖는다.
(1) 교차량 GH=0 이다.
(2) 이득여유 $GM = 20\log \dfrac{1}{|GH|} = \infty$ 가 된다.
(3) 모두 안정한 제어계이다.
　　(여유가 ∞이기 때문에 모두 안정하다는 의미이다.)

18 **개념 이해형** 난이도 下

▮ 정답 ④

▮ 접근 POINT
이득여유 관련한 문제는 자주 출제가 되므로 이득여유의 정의를 정확히 기억해야 계산문제도 접근이 가능하다.

▮ 해설
이득여유는 위상이 $-180°$가 되는 주파수에서 이득의 크기[dB]이다.

19 | 개념 이해형   난이도 下

| 정답   ①

| 접근 POINT

안정상태를 묻는 유형은 자주 출제가 되므로 크기 관계를 완벽히 숙지를 해야 한다.

| 해설

보드선도상에서 안정 조건은 g_m(이득여유) > 0, $\varnothing_m$(위상여유) > 0 이어야 한다.

20 | 개념 이해형   난이도 中

| 정답   ③

| 접근 POINT

이득여유의 정의

$g_m = 20\log \dfrac{1}{|G(s)H(s)|} \ (s=0)$ 를 정확히

기억하면 쉬운 문제이다.

| 해설

이득여유 $g_m = 20\log \dfrac{1}{|G(s)H(s)|} \ (s=0)$ 이므로

$$g_m = 20\log \dfrac{1}{\dfrac{2}{(s+1)(s+2)}} \quad (s=0)$$

$$= 20\log 1 = 0[\text{dB}]$$

| 관련개념

이득여유를 구할 때 $w=0,\ s=0$ 을 대입해서

구하면 쉽게 접근이 가능해진다.

물론 $w=0,\ s=0$ 대입할 수 없는 예외규정 1 문제만 제외하면 모든 문제에 적용이 가능하다.

예외규정 $G(s)H(s) = \dfrac{1}{s(s+1)(s+2)}$ 인 경

우는 s=0 대입이 불가능하다.

21 | 개념 이해형   난이도 中

| 정답   ①

| 접근 POINT

이득여유를 구하는 대표적인 계산문제로써 최근에 자주 출제되고 있다.

| 해설

이득여유 $g_m = 20\log \dfrac{1}{|G(s)H(s)|} \ [\text{dB}]$

먼저 s=0일 때의 값을 구한다.

$|G(s)H(s)| = \dfrac{K}{(s+1)(s+3)} = \dfrac{K}{3}$

그러므로

$$g_m = 20\log \dfrac{1}{|G(s)H(s)|} \ [\text{dB}]$$

$$= 20\log \dfrac{1}{|G(s)H(s)|} = 20\log \dfrac{1}{\dfrac{K}{3}}$$

$$= 20\log \dfrac{3}{K}[\text{dB}]$$

주어진 결과의 이득여유 $g_m = 20[\text{dB}]$ 이므로

$g_m = 20[\text{dB}] = 20\log \dfrac{3}{K}$ 이 되며 여기서

$K = \dfrac{3}{10}$ 이다.

근궤적법 256쪽

01 개념 이해형 난이도 下

┃정답 ②

┃접근 POINT

근궤적의 전체적인 특징을 파악하고 있으면 간단히 풀 수 있다.

┃해설

점근선은 실수축 상에서 교차한다.

┃관련개념

근궤적의 특징

(1) 점근선은 실수축 상에서 교차한다.
(2) 근궤적은 실수축을 기준으로 대칭이다.
(3) 근궤적은 개루프 전달함수의 극점에서 출발한다.
(4) 근궤적은 개루프 전달함수의 영점으로 도착한다.
(5) 근궤적의 개수는 극점이나 영점의 개수가 많은 개수와 일치한다.
점근선의 실수축 교차점 A

$$A = \frac{\sum P - \sum Z}{P - Z} \text{ (단, P: 극점, Z: 영점)}$$

02 개념 이해형 난이도 下

┃정답 ④

┃접근 POINT

근궤적의 전반적인 특징을 파악하고 있어야 한다.

┃해설

근궤적이 s평면의 좌반면에 위치하는 K의 범위는 시스템이 안정하기 위한 조건이다.
즉, s평면에서 근의 우반부에 있을 때는 불안정 상태를 나타낸다.

03 개념 이해형 난이도 下

┃정답 ④

┃접근 POINT

근궤적에서의 임계상태의 개념을 알고 있는지 묻는 유형이다.

┃해설

근궤적은 실수축을 대칭으로 위와 아래가 나타나는 것이 일반적이지만 허수축(jw축)과 교차하는 형태의 궤적이 나타나게 되면 임계상태를 의미한다.

04 개념 이해형 난이도 下

┃정답 ③

▎접근 POINT

근궤적에서 출제되는 가장 일반적인 문제 유형이며 근궤적의 가지수를 구하기 위해서는 영점과 극점을 구할 수 있어야 한다.

▎해설

근궤적의 가지수는 영점과 극점의 갯수를 구한 후 큰 갯수에 따른다.

$$G(s)H(s) = \frac{K(s+2)}{s(s+1)(s+3)(s+4)}$$ 에서

영점과 극점은 다음과 같다.

영점: -2 (1개)

극점: 0, -1, -3, -4 (4개)

∴ 극점의 수가 4개이므로 근궤적도 4개가 된다.

▎관련개념

극점: 분모=0일 때의 s값

영점: 분자=0일 때의 s값

---

05 개념 이해형   난이도 下

▎정답 ④

▎접근 POINT

주어진 개루프 전달함수에서 특성방정식을 구할 수 있어야 한다.

▎해설

주어진 함수가 개루프의 전달함수이므로 궤환

회로의 전달함수는 $T(s) = \dfrac{\dfrac{K}{s(s+2)}}{1+\dfrac{K}{s(s+2)}}$ 이

며 특성방정식은 분모=0 일 때이다.

$$s(s+2) + K = s^2 + 2s + K = 0$$

이 문제는 특성방정식의 근에 관한 문제이므로 먼저 근의 공식을 이용해서 s값을 구한다.

$$s = \frac{-2 \pm \sqrt{2^2 - 4 \times 1 \times K}}{2 \times 1}$$ 가 되며 이 식에서

K의 범위에 설명으로 틀린 답을 찾으면 된다.
④번에서 K=1 일 때 -1의 중근이 나오므로 $1 < K < \infty$ 에 일 때 음의 실수부 중근이 나올 수 없다.

---

06 개념 이해형   난이도 中

▎정답 ②

▎접근 POINT

근궤적의 여러 문제 유형 중에서 어려운 문제에 해당하며 각도를 구하는 문제 수식을 암기해야 한다.

▎해설

점근선의 각도 θ

$$\theta = \frac{(2k+1)\pi}{P-Z} \ (k = 0, 1, 2, 3 \dots\dots)$$

영점의 수 Z는 1개, 극점의 수 P는 4개(분모의 차수가 4승이므로) 점근선의 각도는 다음과 같다.

$$\theta = \frac{(2k+1)\pi}{4-1}$$
$(P-Z = 3$ 이므로 $k = 0, 1, 2$ 만 대입 $)$

k=0 일 때 $\theta = 60°$

k=1 일 때 $\theta = 180°$

k=2 일 때 $\theta = 300°$

07 개념 이해형 난이도 中

정답 ④

접근 POINT

근궤적에서 출제되는 8가지 유형 중의 하나이며 영점과 극점을 먼저 찾아야 한다.

해설

점근선의 교차점 $A = \dfrac{\sum P - \sum Z}{P - Z}$ 을 구하기 위해 주어진 식에서 영점과 극점을 구한다.

$$G(s)H(s) = \frac{K(s-2)(s-3)}{s(s+1)(s+2)(s+4)}$$

영점: 2, 3
극점: 0, -1, -2, -4

$$\therefore A = \frac{(0-1-2-4)-(2+3)}{4-2} = -6$$ 이 된다.

08 개념 이해형 난이도 中

정답 ④

접근 POINT

교차점의 공식을 암기하고 있어야 풀 수 있으며 영점, 극점을 확인한 후 정답을 구해야 한다.

해설

점근선의 교차점 A는 다음과 같으므로 영점과 극점을 먼저 찾아야 한다.

$$A = \frac{\sum P - \sum Z}{P - Z}$$

$$G(s)H(s) = \frac{K(s+3)}{s^2(s+1)(s+3)(s+4)}$$

영점: -3
극점: 0, 0, -1, -3, -4
따라서

$$A = \frac{(0-0-1-3-4)-(-3)}{5-1} = -\frac{5}{4}$$ 가

된다.

09 개념 이해형 난이도 上

정답 ④

접근 POINT

허수축과의 교차점을 구하고 이탈점을 구하는 문제로 미분을 적용해야 하는 등 난이도가 높은 문제이다.

해설

실수축에서의 이탈점(분리점)을 구하기 위해서는 기본적으로 $\dfrac{d}{ds}K(s) = 0$ 을 기억해야 하며 먼저 K(s)를 구하기 위해서 특성방정식을 구한다.
$s(s+3)(s+8) + K = 0$ 이므로

$$K(s) = -s^3 - 11s^2 - 24s$$

$$\frac{d}{ds}K(s) = -3s^2 - 22s - 24 = 0$$

위 수식을 근의 공식을 활용하여 s값을 구하면 s=-6 또는 -1.33이 된다.
이때 근궤적이 존재하는 구간은 다음과 같다.
원점과 -3 사이, -8과 -∞ 사이에 존재하므로 이것을 적용하여 이탈점을 구하면 s=-1.33이 된다.

관련개념

근의 공식을 이용한 s값 구하기

$as^2 + bs + c = 0$에서 $s = \dfrac{-b \pm \sqrt{b^2 - 4ac}}{2a}$

---

10 개념 이해형 　　　　난이도 中

정답　③

접근 POINT

분지점을 이탈점이라고도 하며 마지막 단계에 서 근이 근궤적의 존재하는 근의 범위에 해당하는지도 한번 더 확인하는 과정을 거쳐야 한다.

해설

분지점을 구하기 위해 특성방정식을 먼저 구한다.

$s(s+1)(s+4) + K = s^3 + 5s^2 + 4s + K = 0$

$K(s) = -s^3 - 5s^2 - 4s$ 이 함수를 미분하면

$\dfrac{d}{ds}K(s) = -3s^2 - 10s - 4 = 0$

위 수식을 근의 공식을 활용하여 s값을 구하면 s=-0.467 또는 -2.868이 된다.

이때 근궤적이 존재하는 구간은 다음과 같다. 원점과 -1 사이, -4과 -∞ 사이에 존재하므로 이것을 적용하여 분지점(이탈점)을 구하면 s=-0.467이 된다.

---

11 개념 이해형 　　　　난이도 中

정답　②

접근 POINT

이탈점을 구할 때 중요한 점은 미분과 근궤적의 존재 범위를 확인하는 것이다.

해설

주어진 함수에서 특성방정식을 구한다.

$s(s+3)^2 + K = s^3 + 6s^2 + 9s + K = 0$

이때 $K(s) = -s^3 - 6s^2 - 9s$ 되며

$\dfrac{d}{ds}K(s) = -3s^2 - 12s - 9 = 0$

근의 공식을 이용해서 s값을 구하면

$s = \dfrac{-12 \pm \sqrt{6^2 - 4 \times 3 \times 9}}{2 \times 3}$ =-3 또는 -1

이 된다.

이때 이탈점의 존재하는 구간은 원점과 -3 사이, -3과 -∞ 사이에 존재하므로 이것을 적용하여 분지점(이탈점)을 구하면 s=-1이 된다.

---

12 개념 이해형 　　　　난이도 中

정답　③

접근 POINT

근궤적에서 출제되는 유형 중 응용되어 출제되는 문제로 허수축과 교차한다는 의미가 루스표를 적용 시 1행이 "0"라는 것을 알아야 한다.

해설

$j\omega$(허수)축과 교차할 때 K를 구하라는 의미는 루스표에서 한행이 모두 "0" 상태인 조건을 구하라는 의미이다.

특성방정식은 다음과 같으므로 루스표를 적용

한다.

$$s(s+3)(s+4) + K = s^3 + 7s^2 + 12s + K = 0$$

차수	제1열 계수	제2열 계수
s^3	1	12
s^2	7	K
s^1	$\dfrac{7 \times 12 - 1 \times K}{7}$	0
s^0	K	

따라서 임계상태가 되려면 1행이 모두 "0" 이어야 하므로

$$\frac{7 \times 12 - 1 \times K}{7} = 0$$ 이며 K=84이다.

13 개념 이해형 난이도 上

정답 ①

접근 POINT

이 문제 유형은 근궤적에서 나오는 문제 중에서 가장 난이도가 높은 문제 중의 하나이며 루스표를 활용할 수 있어야 한다.

해설

특성방정식 $s^3 + 9s^2 + 20s + k = 0$에서 허수축과 교차하는 점 s를 구하기 위해서는 먼저 k를 구한 후 특방정식의 근 s값을 구하는 과정을 거쳐야 한다.

k값을 구하기 위해 루스표를 적용한다.

차수	제1열 계수	제2열 계수
s^3	1	20
s^2	9	k

차수	제1열 계수	제2열 계수
s^1	$\dfrac{9 \times 20 - 1 \times k}{9}$	0
s^0	k	

허수축과 교차하는 점을 구하려면 1행이 모두 "0" 이어야 하므로 $\dfrac{9 \times 20 - 1 \times k}{9} = 0$ 이며 k=180 이다.

또한 바로 위의 항의 보조방정식 A(s)를 이용한다.

$A(s) = 9s^2 + 180 = 0$ 에서 s값을 구한다.

$s = \pm j\sqrt{20}$

대표유형 ❽

상태 공간법과 Z변환 260쪽

01 개념 이해형 난이도 中

┃ 정답 ③

┃ 접근 POINT

상태함수를 찾아가는 과정을 꼭 알아야 하는 문제로 최근 자주 출제되고 있다.

┃ 해설

벡터 A, B를 구하기 위해 주어진 함수를 변형하면 $\dfrac{d^2}{dt^2}c(t) = -4c(t) - 5\dfrac{d}{dt}c(t) + r(t)$가 된다.

다음 벡터 행렬을 이용해서 A, B를 구하면 된다.

$$\begin{bmatrix} \dot{X_1}(t) \\ \dot{X_2}(t) \end{bmatrix} = \begin{bmatrix} 0 & 1 \\ -4 & -5 \end{bmatrix} \begin{bmatrix} X_1(t) \\ X_2(t) \end{bmatrix} + \begin{bmatrix} 0 \\ 1 \end{bmatrix} r(t)$$

그러므로

$$A = \begin{bmatrix} 0 & 1 \\ -4 & -5 \end{bmatrix}, \; B = \begin{bmatrix} 0 \\ 1 \end{bmatrix}$$

02 개념 이해형 난이도 中

┃ 정답 ①

┃ 접근 POINT

시스템 행렬과 상태방정식을 이해해야 접근이 가능하다.

┃ 해설

상태방정식을 구하기 위해 주어진 미분방정식의 변화가 필요하다.

즉,

$$\dfrac{d^3 C(t)}{dt^3} + 5\dfrac{d^2 C(t)}{dt^2} + \dfrac{dC(t)}{dt} + 2C(t) = r(t)$$

에서

$$\dfrac{d^3 C(t)}{dt^3} = -2C(t) - \dfrac{dC(t)}{dt} - 5\dfrac{d^2 C(t)}{dt^2} + r(t)$$

이므로

시스템 행렬 A는 다음과 같다.

$$A = \begin{bmatrix} 0 & 1 & 0 \\ 0 & 0 & 1 \\ -2 & -1 & -5 \end{bmatrix}$$

시스템 행렬을 구할시 2행은 상수라고 생각하고 외워 놓아야 한다.

즉, $A = \begin{bmatrix} 0 & 1 & 0 \\ 0 & 0 & 1 \end{bmatrix}$ 이며 3행의 경우만 변형된 식에서 -2 -1 -5를 대입하여 구하면 시스템 행렬 A는 다음과 같다.

$$A = \begin{bmatrix} 0 & 1 & 0 \\ 0 & 0 & 1 \\ -2 & -1 & -5 \end{bmatrix}$$

03 복합 계산형 난이도 上

┃ 정답 ①

┃ 접근 POINT

상태방정식과 전달함수의 변환에 대한 관계식을 묻는 문제이다.

┃ 해설

상태방정식을 구하기 위해 주어진 블록선도의

SUBJECT 05 제어공학

전달함수 $G(s) = \dfrac{C(s)}{R(s)}$ 를 구한다.

$G(s) =$

$$\frac{C(s)}{R(s)} = \frac{\dfrac{5}{s(s+1)}}{1 - \left(-\dfrac{5}{s(s+1)}\right)} = \frac{\dfrac{5}{s(s+1)}}{\dfrac{s(s+1)+5}{s(s+1)}}$$

$$= \frac{5}{s(s+1)+5} = \frac{5}{s^2+s+5}$$

$\dfrac{C(s)}{R(s)} = \dfrac{5}{s^2+s+5}$ 이므로

$C(s)(s^2+s+5) = 5R(s)$

역변환을 하면

$$\frac{d^2}{dt^2}c(t) + \frac{d}{dt}c(t) + 5c(t) = 5r(t)$$

$$\frac{d^2}{dt^2}c(t) = -5c(t) - \frac{d}{dt}c(t) + 5r(t)$$

(주어진 $x_1(t) = c(t)$, $x_2(t) = \dfrac{d}{dt}c(t)$ 조건을

적용)

그러므로 상태방정식으로 변환하면

$\dot{x}_1(t) = x_2(t)$,

$\dot{x}_2(t) = -5x_1(t) - x_2(t) + 5r(t)$ 가 된다.

---

04 개념 이해형   난이도 上

정답 ④

접근 POINT

상태방정식을 이용해서 특성방정식과 감쇠비를 구한 후 제동 방식과의 관계를 묻는 난이도가 높은 문제이다.

해설

(1) 계수행렬이 $\begin{bmatrix} 0 & 1 \\ -2 & -3 \end{bmatrix}$ 이므로 2차 제어계이다.

(2) $\dot{x} = \begin{bmatrix} 0 & 1 \\ -2 & -3 \end{bmatrix}\begin{bmatrix} x_1 \\ x_2 \end{bmatrix}$ 이므로 2×1 계위를 갖는다. 즉, 2행 1열의 행렬이 된다.

(3) 특성방정식은 $|sI - A| = 0$ 이므로

$$\begin{vmatrix} s & 0 \\ 0 & s \end{vmatrix} - \begin{vmatrix} 0 & 1 \\ -2 & -3 \end{vmatrix} = \begin{vmatrix} s & -1 \\ 2 & s+3 \end{vmatrix}$$

$= s(s+3) + 2$

특성방정식은 $(s+1)(s+2) = 0$

(4) 감쇠비(ζ)를 구하기 위해서는

$s^2 + 3s + 2 = s^2 + 2\zeta w_n s + w_n^2$ 에서

$w_n^2 = 2$ 이므로 $w_n = \sqrt{2}$

또한 $3 = 2\zeta\sqrt{2}$ ($w_n = \sqrt{2}$ 대입)에서

$\zeta = \dfrac{3}{2\sqrt{2}} \fallingdotseq 1.06$ 이 된다.

$\therefore \zeta > 1$ 이므로 과제동 상태가 된다.

관련개념

$\zeta > 1$: 과제동

$0 < \zeta < 1$: 부족제동

$\zeta = 1$: 임계제동

$\zeta = 0$: 무제동

2차제어계 전달함수

$$G(s) = \frac{w_n^2}{s^2 + 2\zeta w_n s + w_n^2}$$

---

05 개념 이해형   난이도 中

정답 ②

▮ 접근 POINT

특성방정식의 구성 요소와 상태행렬(A)와 단위행렬(I)가 무엇을 나타내는지 파악한 후 문제를 풀어야 한다.

▮ 해설

특성방정식은 다음과 같다.

$|sI - A| =$

$\begin{bmatrix} s & 0 \\ 0 & s \end{bmatrix} - \begin{bmatrix} 0 & 1 \\ -3 & 4 \end{bmatrix} = \begin{bmatrix} s & -1 \\ 3 & s-4 \end{bmatrix} = 0$

그러므로 $s(s-4) + 3 = s^2 - 4s + 3 = 0$이 된다.

▮ 관련개념

단위행렬 $I = \begin{vmatrix} 1 & 0 \\ 0 & 1 \end{vmatrix}$ 을 말한다.

만약 고유값을 구하는 문제이면 특성방정식에서 근을 구하여야 하므로

$s^2 - 4s + 3 = (s-3)(s-1) = 0$ 에서

고유값 s=1, s=3이다.

06 개념 이해형 　　　　난이도 中

▮ 정답 ③

▮ 접근 POINT

특성방정식의 근이란 고유값이라고도 하며 구성요소가 무엇을 나타내는지 파악해야 한다.

▮ 해설

특성방정식의 근을 구하기 위해서는 먼저 특성방정식을 구해야 한다.

특성방정식 $|sI - A| = 0$ 또한 주어진 제어시스템에서

$A = \begin{bmatrix} 0 & -3 \\ 2 & -5 \end{bmatrix}$ 이므로

$|sI - A| = \begin{bmatrix} s & 0 \\ 0 & s \end{bmatrix} - \begin{bmatrix} 0 & -3 \\ 2 & -5 \end{bmatrix}$

$= \begin{bmatrix} s & 3 \\ -2 & s+5 \end{bmatrix} = 0$

행렬식을 정리하면

$|sI - A| = s(s+5) + 6 = 0$ 이므로

(s+2)(s+3)=0에서 특성방정식의 근은 -2, -3 이다.

07 개념 이해형 　　　　난이도 中

▮ 정답 ①

▮ 접근 POINT

고유값을 구하기 위해서는 특성방정식을 구하는 과정을 암기하고 있어야 한다.

▮ 해설

상태방정식의 고유값을 구하기 위해 특성방정식을 구한다.

특성방정식 $|sI - A| = 0$

$\begin{bmatrix} s & 0 \\ 0 & s \end{bmatrix} - \begin{bmatrix} 1 & -2 \\ -3 & 2 \end{bmatrix} = \begin{bmatrix} s-1 & 2 \\ 3 & s-2 \end{bmatrix} = 0$

$(s-1)(s-2) - 6 = s^2 - 3s - 4 = 0$

$(s-4)(s+1) = 0$이 된다.

고유값 s=4, -1

해설

08 개념 이해형   난이도 中

정답   ③

접근 POINT

상태방정식에서 기본형식을 파악하면 접근이 가능한 문제이다.

해설

행렬 A, B를 적용하여,

$$A = \begin{bmatrix} 0 & 1 & 0 \\ 0 & 0 & 1 \\ -2 & -9 & -8 \end{bmatrix}, \ B = \begin{bmatrix} 0 \\ 0 \\ 5 \end{bmatrix}$$

상태방정식을 세운다.

$$\frac{d^3}{dt^3}y(t) + 8\frac{d^2}{dt^2}y(t) + 9\frac{d}{dt}y(t) + 2y(t) = 5u(t)$$

위 수식을 라플라스 변환을 하면

$$s^3 Y(s) + 8s^2 Y(s) + 9s Y(s) + 2Y(s) = 5U(s)$$

$$Y(s)(s^3 + 8s^2 + 9s + 2) = 5U(s)$$ 이므로

전달함수 $G(s) = \dfrac{Y(s)}{U(s)} = \dfrac{5}{s^3 + 8s^2 + 9s + 2}$

가 된다.

09 개념 이해형   난이도 中

정답   ②

접근 POINT

천이행렬의 경우는 난이도가 높은 문제가 있으므로 결과식을 잘 기억해야 한다.

해설

천이행렬을 구하기 위해서는 여러 단계를 거쳐야 한다.

(1) $|sI - A|$ 행렬을 계산하여야 한다.

(2) $|sI - A|$ 역행렬을 계산하여야 한다.

    즉, $|sI - A|^{-1}$ 이다.

(3) 구해진 함수를 이용해서 역라플라스 변환을 한다.

    즉, $\phi(t) = \mathscr{L}^{-1}[|sI - A|^{-1}]$ 거쳐야 한다.

10 개념 이해형   난이도 中

정답   ④

접근 POINT

천이행렬과 관련된 어려운 문제 중의 유형이지만 한번 정리를 잘 해 놓으면 쉽게 접근할 수 있다.

해설

상태천이행렬은 시스템의 기본행렬이며 입력을 '0'으로 하였을 때의 대한 응답으로 과도상태 응답을 나타낸다.

관련개념

$$\Phi(t) = e^{At}$$

$$\frac{d\Phi(t)}{dt} = A \cdot \Phi(t)$$

$$\Phi(t) = \mathscr{L}^{-1}[(sI - A)^{-1}]$$

$\Phi(t)$는 시스템의 과도상태 응답을 나타낸다.

$$\Phi(t_2 - t_1)\Phi(t_1 - t_0) = \Phi(t_2 - t_1)$$

11 개념 이해형   난이도 上

┃ 정답   ③

┃ 접근 POINT

천이행렬 문제는 최근에는 빈번하게 출제가 되고 있으며 $\phi(t) = \mathcal{L}^{-1}[|sI-A|^{-1}]$ 수식에서 순서대로 구해야 한다.

┃ 해설

천이행렬 $\phi(t) = \mathcal{L}^{-1}[|sI-A|^{-1}]$이다.

먼저 $|sI-A| = \begin{vmatrix} s & 0 \\ 0 & s \end{vmatrix} - \begin{vmatrix} 0 & 1 \\ 0 & 0 \end{vmatrix} = \begin{vmatrix} s & -1 \\ 0 & s \end{vmatrix}$

$|sI-A|^{-1} = \dfrac{1}{s^2} \begin{vmatrix} s & 1 \\ 0 & s \end{vmatrix} = \begin{vmatrix} \dfrac{1}{s} & \dfrac{1}{s^2} \\ 0 & \dfrac{1}{s} \end{vmatrix}$

$\therefore \phi(t) = \mathcal{L}^{-1}[|sI-A|^{-1}]$

$= \mathcal{L}^{-1}\left[\begin{vmatrix} \dfrac{1}{s} & \dfrac{1}{s^2} \\ 0 & \dfrac{1}{s} \end{vmatrix} \right] = \begin{vmatrix} 1 & t \\ 0 & 1 \end{vmatrix}$ 이 된다.

┃ 관련개념

(1) 역변환

$\mathcal{L}^{-1}[\dfrac{1}{s}] = 1$

$\mathcal{L}^{-1}[\dfrac{1}{s^2}] = t$

$\mathcal{L}^{-1}[\dfrac{1}{s+a}] = e^{-at}$

(2) 역행렬

행렬 A에서 a와 d는 서로 위치를 바꾸며 b와 c는 반대 부호를 표시한다.

$A = \begin{vmatrix} a & b \\ c & d \end{vmatrix}$

$A^{-1} = \begin{vmatrix} a & b \\ c & d \end{vmatrix}^{-1} = \dfrac{1}{ad-bc} \begin{vmatrix} d & -b \\ -c & a \end{vmatrix}$

12 개념 이해형   난이도 上

┃ 정답   ④

┃ 접근 POINT

상태천이행렬은 $\phi(t) = \mathcal{L}^{-1}[|sI-A|^{-1}]$식에서 출발을 해야 한다.

┃ 해설

천이행렬 $\phi(t) = \mathcal{L}^{-1}[|sI-A|^{-1}]$이다.

먼저

$|sI-A| = \begin{vmatrix} s & 0 \\ 0 & s \end{vmatrix} - \begin{vmatrix} 0 & 1 \\ -2 & -3 \end{vmatrix} = \begin{vmatrix} s & -1 \\ 2 & s+3 \end{vmatrix}$

$|sI-A|^{-1} = \dfrac{1}{(s^2+3s+2)} \begin{vmatrix} (s+3) & 1 \\ -2 & s \end{vmatrix}$

$= \dfrac{1}{(s+2)(s+1)} \begin{vmatrix} (s+3) & 1 \\ -2 & s \end{vmatrix}$

$= \begin{vmatrix} \dfrac{(s+3)}{(s+1)(s+2)} & \dfrac{1}{(s+1)(s+2)} \\ \dfrac{-2}{(s+1)(s+2)} & \dfrac{s}{(s+1)(s+2)} \end{vmatrix}$

$= \begin{vmatrix} (\dfrac{2}{s+1} - \dfrac{1}{s+2}) & (\dfrac{1}{s+1} - \dfrac{1}{s+2}) \\ (\dfrac{-2}{s+1} - \dfrac{2}{s+2}) & (\dfrac{-1}{s+1} + \dfrac{2}{s+2}) \end{vmatrix}$

위의 결과를 역변환한다.

$\therefore \phi(t) = \mathcal{L}^{-1}[|sI-A|^{-1}]$

SUBJECT 05 제어공학

$$= \begin{vmatrix} (\dfrac{2}{s+1} - \dfrac{1}{s+2}) & (\dfrac{1}{s+1} - \dfrac{1}{s+2}) \\ (\dfrac{-2}{s+1} - \dfrac{2}{s+2}) & (\dfrac{-1}{s+1} + \dfrac{2}{s+2}) \end{vmatrix}^{-1}$$

$$= \begin{bmatrix} 2e^{-t} - e^{-2t} & e^{-t} - e^{-2t} \\ -2e^{-t} + 2e^{-2t} & -e^{-t} + 2e^{-2t} \end{bmatrix} \text{이 된다.}$$

---

13 개념 이해형   난이도 下

▮ 정답 ①

▮ 접근 POINT

시간함수 - 라플라스 변환 - z변환의 관계식을 꼭 암기해야 한다.

▮ 해설

시간함수 – 라플라스 변환 – z변환의 관계식

f(t)	F(s)	F(z)
u(t) [단위계단함수]	$\dfrac{1}{s}$	$\dfrac{z}{z-1}$

▮ 관련개념

f(t)	F(s)	F(z)
δ(t) [임펄스함수]	1	1
e^{-at} [지수함수]	$\dfrac{1}{s+a}$	$\dfrac{z}{z-e^{-aT}}$

---

14 개념 이해형   난이도 下

▮ 정답 ④

▮ 접근 POINT

이 문제를 풀기 위해서는 z변환 결과를 암기하

고 있어야 한다.

▮ 해설

시간함수 – 라플라스 변환 – z변환의 관계식

f(t)	F(s)	F(z)
δ(t)[임펄스함수]	1	1
u(t)[단위계단함수]	$\dfrac{1}{s}$	$\dfrac{z}{z-1}$
e^{-at} [지수함수]	$\dfrac{1}{s+a}$	$\dfrac{z}{z-e^{-aT}}$

---

15 개념 이해형   난이도 中

▮ 정답 ④

▮ 접근 POINT

t함수-라플라스 변환-z변환식의 상호 관계 변환을 정확히 이해해야 문제를 풀 수 있다.

▮ 해설

z변환식 $F(z) = \dfrac{3z}{z - e^{-3T}}$ 을 바로 라플라스 변환으로 전환하기에는 매우 어려운 부분이 있으므로 먼저 $f(t)$ 함수로 변환을 한 후에 다시 라플라스 변환을 한다.

즉 $F(z) = \dfrac{3z}{z - e^{-3T}} = 3\dfrac{z}{z - e^{-3T}}$ 은

$f(t) = 3e^{-3t}$ 와 같으며 이 함수를 라플라스 변환 F(s)을 하면 다음과 같다.

$$F(s) = \dfrac{3}{s+3}$$

▮ 관련개념

$f(t) = e^{-at}$ 를 라플라스 변환하면

$$F(s) = \frac{1}{s+a}$$

$f(t) = e^{-3t}$를 라플라스 변환하면

$$F(s) = \frac{1}{s+3}$$

16 단순 암기형　　　난이도 下

정답 ②

접근 POINT

이 문제는 자주 출제되지는 않지만 삼각함수의 z변환을 암기하고 있다면 쉽게 답을 고를 수 있는 문제이다.

해설

라플라스와 z변환표

f(t)	F(s)	F(z)
$\delta(t)$	1	1
u(t)	$\frac{1}{s}$	$\frac{z}{z-1}$
e^{-at}	$\frac{1}{s+a}$	$\frac{z}{z-e^{-aT}}$
$\sin wt$	$\frac{w}{s^2+w^2}$	$\frac{z\sin\omega T}{z^2-2z\cos\omega T+1}$
$\cos wt$	$\frac{s}{s^2+w^2}$	$\frac{z^2-z\cos\omega T}{z^2-2z\cos\omega T+1}$

17 복합 계산형　　　난이도 中

정답 ④

접근 POINT

z변환 계산 과정 중 난이도가 높은 문제에 속하

며 부분분수 변환과정을 이해해야 한다.

해설

위 수식을 부분분수로 나누기 위해 양변을 z로 나눈다.

$$\frac{F(z)}{z} = \frac{(1-e^{-aT})}{(z-1)(z-e^{-aT})} = \frac{A}{z-1} + \frac{B}{z-e^{-aT}}$$

$$A = (z-1)\frac{(1-e^{-aT})}{(z-1)(z-e^{-aT})}\Big|_{z=1} = 1$$

$$B = (z-e^{-aT})\frac{(1-e^{-aT})}{(z-1)(z-e^{-aT})}\Big|_{z=e^{-aT}} = -1$$

그러므로 $\frac{F(z)}{z} = \frac{1}{z-1} + \frac{-1}{z-e^{-aT}}$ 에서

$$F(z) = \frac{z}{z-1} + \frac{-z}{z-e^{-aT}}$$

이 결과를 역 z변환 하면 $f(t) = 1-e^{-at}$이 된다.

18 복합 계산형　　　난이도 中

정답 ②

접근 POINT

역z변환이지만 u(t)함수의 정확한 숙지가 필요하며 부분분수를 활용한 계수를 구하는 과정이 필요하다.

해설

먼저 z변환되어 있는 수식을 부분분수로 변환이 필요하다.

$$Y(z) = \frac{2z}{(z-1)(z-2)}$$ 을 변환하면

$$\frac{Y(z)}{z} = \frac{2}{(z-1)(z-2)} = \frac{A}{z-1} - \frac{B}{z-2}$$

따라서

$$A = \lim_{z \to 1}(z-1)\frac{2}{(z-1)(z-2)} = -2$$

$$B = \lim_{z \to 2}(z-2)\frac{2}{(z-1)(z-2)} = 2$$

따라서 $\dfrac{Y(z)}{z} = \dfrac{-2}{z-1} + \dfrac{2}{z-2}$ 이며 원래의

$Y(z) = \dfrac{-2z}{z-1} + \dfrac{2z}{z-2}$ 이다.

∴ 역z변환 $y(t) = -2u(t) + 2u(2t)$

▎관련개념

시간함수 – 라플라스 변환 – z변환의 관계식

f(t)	F(s)	F(z)
$\delta(t)$ [임펄스함수]	1	1
$u(t)$ [단위계단함수]	$\dfrac{1}{s}$	$\dfrac{z}{z-1}$
e^{-at} [지수함수]	$\dfrac{1}{s+a}$	$\dfrac{z}{z-e^{-aT}}$

19 개념 이해형 난이도 中

▎정답 ③

▎접근 POINT

z변환에서의 최종값 정리와 초기값 정리는 최근에 자주 출제가 되므로 공식을 꼭 암기하여야 한다.

▎해설

최종값 정리

$$\lim_{t \to \infty}e(t) = \lim_{z \to 1}(1-z^{-1})E(z)$$

$$= \lim_{z \to 1}(1-\frac{1}{z})E(z)$$

▎관련개념

(1) 초기값 정리

$$\lim_{t \to 0}e(t) = \lim_{z \to \infty}E(z) = \lim_{s \to \infty}sE(s)$$

(2) 최종값 정리

$$\lim_{t \to \infty}e(t) = \lim_{z \to 1}(1-z^{-1})E(z)$$

$$= \lim_{z \to 1}(1-\frac{1}{z})E(z)$$

20 단순 계산형 난이도 中

▎정답 ②

▎접근 POINT

z변환에서의 최종값 정리공식을 암기하고 주어진 함수에 적용하여 계산하는 단순 계산형 문제이다.

▎해설

z변환 함수의 최종값을 계산한다.

$$\lim_{t \to \infty}f(t) = \lim_{z \to 1}(1-z^{-1})F(z)$$

$$= \lim_{z \to 1}(\frac{z-1}{z})\left(\frac{9z}{(z+1)(z+0.5)}\right)$$

$$= \lim_{z \to 1}\frac{z-1}{(z+1)(z+0.5)} = 0$$

21 개념 이해형 난이도 下

▎정답 ②

▎접근 POINT

초기값 정리를 z변환과 라플라스 변환에서의 표현이 약간 다르기 때문에 정확히 기억해야 한다.

해설

초기값 정리

$$\lim_{t \to 0} e(t) = \lim_{z \to \infty} E(z) = \lim_{s \to \infty} sE(s)$$

---

22 개념 이해형   난이도 下

정답 ②

접근 POINT

z변환에서 전달함수를 구하는 과정에서 시간지연 시의 표현의 정의를 기억하고 있어야 하는 문제로 수식만 기억하고 있다면 쉽게 정답을 찾을 수 있다.

해설

전달함수 $\dfrac{Y(z)}{R(z)} = G(z) \times \dfrac{1}{z} = G(z)z^{-1}$

---

23 개념 이해형   난이도 中

정답 ②

접근 POINT

z변환에서의 전달함수 구하는 과정도 일반적인 전달함수 구하는 과정과 같다고 보고 접근하면 된다.

해설

각각의 s함수를 z변환을 하여 곱한다.
먼저 주어진 조건을 이용하며 풀면되지만 일반적으로는 조건이 주어지지 않으므로 외우고 있어야 한다.

즉 $\dfrac{1}{s+1}$ 의 z변환은 $\dfrac{z}{z - e^{-1T}}$ 이며

$\dfrac{2}{s+2}$ 의 z변환은 $\dfrac{2z}{z - e^{-2T}}$ 이므로

전달함수 G(s)는 다음과 같다.

$$G(z) = \frac{C(z)}{R(z)} = \left(\frac{z}{z - e^{-1T}}\right)\left(\frac{2z}{z - e^{-2T}}\right)$$

$$= \frac{2z^2}{(z - e^{-1T})(z - e^{-2T})}$$

관련개념

$$Z\left(\frac{1}{s+a}\right) = \frac{z}{z - e^{-aT}}$$

$$Z\left(\frac{1}{s+1}\right) = \frac{z}{z - e^{-1T}}$$

$$Z\left(\frac{1}{s+2}\right) = \frac{z}{z - e^{-2T}}$$

지수함수의 z변환은 꼭 암기해야 한다.

---

24 개념 이해형   난이도 下

정답 ②

접근 POINT

평면도에 도시할 때 단위 원 밖에 놓일 근의 의미를 정확히 알고 있는가를 묻는 유형이다.

해설

문제에서 z평면도의 단위원 밖에 근이 있다는 의미는 불안정을 묻는 문제이다.
(s+1)(s+2)(s-3)=0 이므로 s=-1, -2, 3가 된다.
이때 s평면의 우반부에 존재할 때 불안정 상태이므로 근은 우반부 근은 "3"이므로 1개가 된다.

(1) 안정한 근: s평면에서 허수축의 좌반부에 근이 존재

(2) 불안정한 근: s평면에서 허수축의 우반부에 근이 존재

(3) 안정한 근: s평면에서 허수축 상에 근이 존재

25 개념 이해형   난이도 下

| 정답   ③

| 접근 POINT

z변환은 디지털 변환에 관한 문제로서 자주 출제가 되는 유형으로 나올 수 있는 여러 유형(안정, 불안정, 임계)을 파악하여야 한다.

| 해설

z변환에서 안정/불안정 특징

(1) 안정 조건: 극점이 단위원 내부에 존재하여야 한다.

(2) 임계조건: 극점이 단위원상에 존재할 때이다.

(3) 불안정 조건: 극점이 단위원 외부에 존재할 때이다.

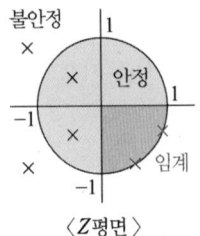

〈Z평면〉

| 관련개념

s평면에서 안정/불안정 특징

(1) 안정 조건: 극점이 허수축 좌반부에 존재하

여야 한다.

(2) 임계조건: 극점이 허수축상에 존재할 때 이다.

(3) 불안정 조건: 극점이 허수축 우반부에 존재할 때 이다.

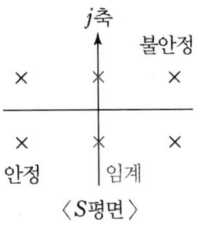

〈S평면〉

26 개념 이해형   난이도 下

| 정답   ①

| 접근 POINT

이산치 시스템의 안정조건을 정확히 알고 있는지를 묻는 유형으로 s평면과의 혼동으로 약간의 함정이 포함되어 있다.

| 해설

이 문제를 해석하는데 있어서 s평면에서의 안정/불안정 조건과 혼동하지 않도록 한다.

그림을 통해서 확인을 하면 가장 쉬우며 특성방정식의 근에서 +0.5일 때를 잘 생각하여야 한다.

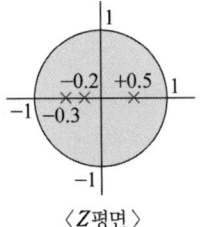

〈Z평면〉

z평면에서 극점을 표시하면 모두 단위원 내부에 존재하므로 안정 상태를 나타낸다.

대표유형 ❾

시퀀스 제어 267쪽

01 개념 이해형 난이도 下

정답 ①

접근 POINT

X접점에 의해 자기유지가 되는 회로임을 알아야 하고, 실기에도 자주 출제되는 개념이다.

해설

PB₁(푸쉬버튼 스위치)을 누르면 릴레이 X가 동작을 하며 동시에 X의 a접점이 동작을 하여 폐로 상태가 되고 그 후 PB₁은 바로 떨어진 개로 접점 형태가 된다.

그렇기 때문에 처음에는 PB₁에 의해서 릴레이 X가 동작을 하지만 바로 PB₁은 원래 상태로 복구되어 개로상태가 되며 이때 X의 a접점이 동작을 하여 폐로 상태가 되어 계속 릴레이 X가 계속 동작을 하게 된다.

이러한 접점을 자기유지 접점이라 한다.

02 개념 이해형 난이도 下

정답 ①

접근 POINT

주어진 문제의 회로도는 OR 회로의 유접점 회로이며 실기 시험에는 자주 등장하는 논리회로이다.

해설

A, B 접점이 하나만 동작을 해도 릴레이 X가 동작을 해서 출력이 나온다.
이때 회로는 OR 회로가 되며,
논리식 $X = A + B$가 된다.

03 개념 이해형 난이도 下

정답 ②

접근 POINT

AND, NAND, OR, NOR, E-OR(EX-OR)회로의 특징을 정확히 파악한다면 쉬운 문제라고 볼 수 있다.

해설

NOR 회로의 진리표

입력		출력(NOR)
A	B	C
0	0	1
0	1	0
1	0	0
1	1	0

04 개념 이해형 난이도 下

정답 ④

접근 POINT

EX-OR 논리회로의 진리값을 구하는 방법을 이해하고 있는지를 묻는 유형이다.

해설

EX-OR 논리회로의 진리값

입력		출력(EX-OR)
A	B	C
0	0	0
0	1	1
1	0	1
1	1	0

05 개념 이해형   난이도 下

정답 ①

접근 POINT

AND 게이트와 OR 게이트의 차이점만 알고 있다면 쉽게 접근할 수 있는 문제이다.

해설

A, B입력에 0, 0 일 때는 X=0

A, B입력에 0, 1 일 때는 X=1

A, B입력에 1, 0 일 때는 X=1

A, B입력에 1, 1 일 때는 X=1이므로

출력 X=A+B이며, OR회로이다.

06 개념 이해형   난이도 中

정답 ③

접근 POINT

반도체 즉, 다이오드와 트랜지스터를 이용한 논리회로 구성도로 조건이 주어졌을 경우 어떻게

동작되는지를 확인할 수 있으면 해결 가능한 개념 이해형 및 단순 암기형 문제이다.

해설

(1) A, B입력에 0, 0일 때는 전류가 A, B 방향으로 흐르고, D 방향으로 흐르지 않아 트랜지스터의 베이스에 전류가 흐르지 않아 트랜지스터가 전류를 흘려보낼 수 없으므로 X단자에 V_{cc}의 전압이 모두 걸려 X=1이 된다.

(2) A, B입력에 0, 1 일 때는 전류가 A 방향으로 흐르고, D 방향으로 흐르지 않아 트랜지스터의 베이스에 전류가 흐르지 않아 트랜지스터가 전류를 흘려보낼 수 없으므로 X단자에 V_{cc}의 전압이 모두 걸려 X=1이 된다.

(3) A, B입력에 1, 0 일 때는 전류가 B 방향으로 흐르고, D 방향으로 흐르지 않아 트랜지스터의 베이스에 전류가 흐르지 않아 트랜지스터가 전류를 흘려보낼 수 없으므로 X단자에 V_{cc}의 전압이 모두 걸려 X=1이 된다.

(4) A, B입력에 1, 1 일 때는 전류가 A, B 방향으로 흐르지 않고, D 방향으로 흘러 트랜지스터에 전류가 흐르는 상태가 되어 X단자에 V_{cc}의 전압이 걸리지 않아 X=0이 된다.

따라서 출력 X는 입력이 모두 1일 경우에만 0이 되므로 NAND 회로가 된다.

07 개념 이해형   난이도 中

정답 ①

접근 POINT

반도체 즉, 트랜지스터(TR)을 이용한 논리회로

구성도를 이해하고 있는지 묻는 문제이다.

ⅠI 해설

X, Y입력에 0, 0 일 때는 D=1

X, Y입력에 0, 1 일 때는 D=0

X, Y입력에 1, 0 일 때는 D=0

X, Y입력에 1, 1 일 때는 D=0이므로

출력 $D = \overline{X + Y}$ 이며, NOR 회로이다.

NOR 회로의 심볼은 ①이다.

08 개념 이해형 　　　　난이도 下

ⅠI 정답　①

ⅠI 접근 POINT

기본적인 부울대수식에 대한 문제로 실기에도

자주 출제되는 편이니 대비해야 한다.

ⅠI 해설

부울대수식

① $A \cdot \overline{A} = 0$　　　② $A + 1 = 1$

③ $A + A = A$　　　④ $A \cdot A = A$

ⅠI 관련개념

- $A + \overline{A} = 1$
- $A \cdot 1 = A$
- $\overline{\overline{A}} = A$
- $A \cdot 0 = 0$
- $\overline{AB} = \overline{A} + \overline{B}$
- $\overline{A + B} = \overline{A} \cdot \overline{B}$

09 개념 이해형 　　　　난이도 下

ⅠI 정답　④

ⅠI 접근 POINT

드모르간 정리식은 정확하게 암기하고 있어야

한다.

ⅠI 해설

$$\overline{AB} = \overline{A} + \overline{B}$$

$$\overline{A + B} = \overline{A} \cdot \overline{B}$$

10 개념 이해형 　　　　난이도 中

ⅠI 정답　②

ⅠI 접근 POINT

부울대수식 활용을 할 수 있는지를 묻는 유형

이다.

ⅠI 해설

부울대수식을 간략화하기 위해 전개를 한다.

$$Y = (A + B)(\overline{A} + B)$$
$$= A \cdot \overline{A} + A \cdot B + \overline{A}B + B \cdot B$$
$$= 0 + A \cdot B + \overline{A}B + B$$
$$(단, A \cdot \overline{A} = 0)$$
$$= B(A + \overline{A} + 1) \ (단, A + \overline{A} + 1 = 1)$$
$$= B$$

11 **개념 이해형** 　　　난이도 中

▎정답 ①

▎접근 POINT

부울대수와 드모르간 정리가 결합된 유형으로 개념에 대한 정확한 이해가 부족하면 어렵게 느낄 수 있는 문제이다.

▎해설

주어진 함수식을 드모르간 정리를 이용해 1차 변형을 한다.

$$\overline{A} + \overline{B} \cdot \overline{C} = \overline{A} + \overline{(B+C)}$$

이 식을 다시 변형한다.

$$\overline{A} + \overline{(B+C)} = \overline{A \cdot (B+C)}$$

13 **복합 계산형** 　　　난이도 上

▎정답 ①

▎접근 POINT

부울대수 관련 합과 곱에 대한 부분에 대한 이해를 해야 풀 수 있는 문제이다.

▎해설

부울대수를 이용해서 수식을 간략화한다.

$$\begin{aligned} Y &= \overline{A}BC\overline{D} + \overline{A}BCD + \overline{A}\,\overline{B}CD + \overline{A}\,\overline{B}C\overline{D} \\ &= \overline{A}BC(\overline{D}+D) + \overline{A}\,\overline{B}C(D+\overline{D}) \\ &= \overline{A}BC + \overline{A}\,\overline{B}C \quad (\because D+\overline{D}=1) \\ &= \overline{A}C(B+\overline{B}) \\ &= \overline{A}C \quad (\because B+\overline{B}=1) \end{aligned}$$

12 **개념 이해형** 　　　난이도 中

▎정답 ②

▎접근 POINT

부울대수 관련 문제는 자주 출제가 되므로 완벽하게 이해해야 한다.

▎해설

논리식을 간략화하기 위해 공통적인 변수를 묶는다.

$$\begin{aligned} L &= \overline{x} \cdot \overline{y} + \overline{x} \cdot y + x \cdot y \\ &= \overline{x}(\overline{y}+1) + y(\overline{x}+x) \\ &\quad (단,\ \overline{y}+1=1,\ \overline{x}+x=1) \\ &= \overline{x}+y \end{aligned}$$

14 **개념 이해형** 　　　난이도 下

▎정답 ①

▎접근 POINT

AND-NOT-OR가 결합된 단순한 문제이다.

▎해설

AND 출력 $X = AB$

NOT 회로의 출력 $X = \overline{C}$

그러므로 전체는 다시 OR 결합이므로 위의 두 결과를 합한 형태로 출력이 된다.

$$\therefore X = AB + \overline{C}$$

▎관련개념

- AND 회로 출력 $X = AB$
- OR 회로 출력 $X = A + B$
- NOT 회로 출력 $X = \overline{A}$

---

15 개념 이해형   난이도 中

▎정답   ②

▎접근 POINT

이 문제는 OR과 AND 회로의 결과를 이용해서 답을 찾아야 한다.

▎해설

$$
\begin{aligned}
\text{출력 } Y &= (A + B)B = AB + BB \\
&= AB + B \ (\text{단, } BB = B\text{이다.}) \\
&= B(A + 1) = B \ (\text{단, A+1=1이다.})
\end{aligned}
$$

---

16 개념 이해형   난이도 中

▎정답   ②

▎접근 POINT

NOR 회로 2개가 연결되어 있고 드모르간 정리와 부울대수를 이용해서 간략화를 해야 하기 때문에 다소 난이도가 높은 문제이다.

▎해설

$X = \overline{\overline{(A + B)} + B}$이 되며 드모르간 정리를 적용한다.

$$
X = \overline{\overline{(A + B)} + B} = \overline{\overline{(A + B)}} \ \overline{B}
$$

$$
\begin{aligned}
&= (A + B)\overline{B} = A\overline{B} + B\overline{B} \\
&= A\overline{B} \ (\text{단, } B\overline{B} = 0\text{이다.})
\end{aligned}
$$

---

17 개념 이해형   난이도 下

▎정답   ②

▎접근 POINT

NAND 게이트 2개로 구성되어 있다는 점만 숙지하면 쉽게 접근할 수 있다.

▎해설

$$
\begin{aligned}
\text{출력 } X &= \overline{\overline{(AB)}B} = \overline{\overline{(AB)}} + \overline{B} \\
&= (AB) + \overline{B} \\
&= (B + \overline{B})(A + \overline{B}) \\
&= (A + \overline{B}) \ (\text{단, } B + \overline{B} = 1\text{이다.})
\end{aligned}
$$

---

18 개념 이해형   난이도 中

▎정답   ②

▎접근 POINT

NAND회로 3개로 구성되어 있는 회로로 드모르간 정리를 활용하여 풀 수 있다.

▎해설

$$
\begin{aligned}
\text{출력 } Y &= \overline{\overline{AB} \ \overline{CD}} = \overline{\overline{AB}} + \overline{\overline{CD}} \\
&= AB + CD
\end{aligned}
$$

$(\text{단, } \overline{\overline{AB}} = AB, \ \overline{\overline{CD}} = CD)$

19 개념 이해형

난이도 中

정답 ①

접근 POINT

이 문제는 부울대수, 드모르간 정리를 모두 활용하여 풀어야 한다.

해설

논리회로의 출력 Y를 구한다.

$$Y = \overline{\overline{(ABC + \overline{DE})}F} = \overline{\overline{(ABCDE)}F}$$

$$= \overline{\overline{(ABCDE)}} + \overline{F}$$

$$= ABCDE + \overline{F}$$

$$(단,\ \overline{\overline{ABCDE}} = ABCDE)$$

20 개념 이해형

난이도 中

정답 ②

접근 POINT

회로 자체는 복잡해 보이지만 주어진 회로의 출력을 구하고 그 출력에 맞는 정답을 고르는 방법으로 접근하면 답을 구할 수 있다.

해설

먼저 주어진 회로의 출력 Y를 구한다.

$$Y = A\overline{B} + \overline{A}B + AB$$

$$= A(\overline{B} + B) + B(\overline{A} + A)$$

$$= A + B\ (단,\ A + \overline{A} = 1,\ B + \overline{B} = 1)$$

따라서 ①, ②, ③, ④의 출력을 구해서 Y=A+B 되는 답을 찾으면 된다.

① $Y = AB$

② $Y = A + B$

③ $Y = \overline{AB}$

④ $Y = \overline{A + B}$

∴ $Y = A + B$ 심볼은 ②이 된다.

21 개념 이해형

난이도 中

정답 ②

접근 POINT

시퀀스 제어시스템의 내부 상태를 표현하기 위한 플립-플롭의 개수를 물어보는 개념 이해 및 계산형 문제이다.

해설

시퀀스 제어시스템에서 플립-플롭 1개당 표현 가능한 상태의 개수는 2개이며 1개가 추가될 때마다 상태는 2를 곱해나간 개수만큼 늘어난다. 정리하면 플립-플롭의 수가 n개라면 표현 가능한 상태수는 $N = 2^n$개가 된다.

플립-플롭 수 $n = 1$,

표현 가능한 상태수 $N = 2^1 = 2$

플립-플롭 수 $n = 2$,

표현 가능한 상태수 $N = 2^2 = 4$

플립-플롭 수 $n = 3$,

표현 가능한 상태수 $N = 2^3 = 8$

플립-플롭 수 $n = 4$,

표현 가능한 상태수 $N = 2^4 = 16$

플립-플롭 수 $n = 5$,

표현 가능한 상태수 $N = 2^5 = 32$

문제에서는 내부 상태가 9가지이므로 이보다 큰 개수를 포함하는 플립-플롭의 수는 4 이상이다. 따라서 최소값은 4개이다.

▌관련개념

컴퓨터에서 데이터 비트수의 의미는 컴퓨터의 중앙처리장치(CPU)가 처리 가능한 데이터의 크기값이다.

8비트: $2^8 = 256$

16비트: $2^{16} = 65,536$

32비트: $2^{32} = 4,294,967,296$

64비트: $2^{64} = 1.844674407 \times 10^{19}$

대표유형 ❶

공통사항　　　274쪽

01 단순 암기형　　　난이도 下

┃ 정답 ③

┃ 접근 POINT

"분산"이라는 핵심 단어를 체크하면 쉽게 맞출 수 있다. 용어 정의는 모든 내용을 암기하기보단 핵심 단어를 기억하면 쉽다.

┃ 해설

KEC 112 용어 정의 "분산형 전원"

"분산형 전원"이란 중앙급전 전원과 구분되는 것으로서 전력소비지역 부근에 분산하여 배치 가능한 전원을 말한다. 상용전원의 정전시에만 사용하는 비상용 예비전원은 제외하며, 신·재생에너지 발전설비, 전기저장장치 등을 포함한다.

02 단순 암기형　　　난이도 下

┃ 정답 ③

┃ 접근 POINT

리플 성분의 실효값 수치를 잘 기억하여야 한다.

┃ 해설

KEC 112 용어 정의

"리플 프리(ripple-free) 직류"란 교류를 직류로 변환할 때 리플 성분의 실효값이 10[%] 이하로 포함된 직류를 말한다.

03 단순 암기형　　　난이도 下

┃ 정답 ④

┃ 접근 POINT

지중 광섬유 케이블 선로를 기억한다면 쉽게 고를 수 있는 문제이다.

┃ 해설

KEC 112 용어 정의

"지중관로"란 지중전선로·지중 약전류 전선로·지중 광섬유 케이블 선로·지중에 시설하는 수관 및 가스관과 이와 유사한 것 및 이들에 부속하는 지중함 등을 말한다.

04 단순 암기형　　　난이도 下

┃ 정답 ②

▌접근 POINT

제2차 접근상태는 3[m] 미만이라는 수치를 잘 기억하여야 한다.

▌해설

KEC 112 용어 정의

"제2차 접근상태"란 가공 전선이 다른 시설물과 접근하는 경우에 그 가공 전선이 다른 시설물의 **위쪽 또는 옆쪽에서 수평 거리로 3[m] 미만**인 곳에 시설되는 상태를 말한다.

---

05 단순 암기형   난이도 下

▌정답 ③

▌접근 POINT

실기에도 출제되었던 문제로 각 선의 색상을 확실히 암기하여야 한다.

▌해설

KEC 121.2 전선의 식별
전선의 색상은 표 121.2-1에 따른다.

〈표 121.2-1 전선식별〉

상 (문자)	색상
L_1	갈색
L_2	검은색
L_3	회색
중성선(N)	**파란색**
보호도체(PE)	녹색-노란색

---

06 단순 암기형   난이도 中

▌정답 ①

▌접근 POINT

실기에도 출제된 문제로 모든 규정을 확실하게 암기하여야 한다.

▌해설

KEC 123 전선의 접속

1. **두 개 이상의 전선을 병렬로 사용하는 경우에는 다음에 의하여 시설할 것.**
   가. **병렬로 사용하는 각 전선의 굵기는 구리선 50[mm^2] 이상** 또는 알루미늄 70[mm^2] 이상으로 하고, 전선은 같은 도체, 같은 재료, 같은 길이 및 같은 굵기의 것을 사용할 것.
   나. 같은 극의 각 전선은 동일한 터미널러그에 완전히 접속할 것.
   다. 같은 극인 각 전선의 터미널러그는 동일한 도체에 2개 이상의 리벳 또는 2개 이상의 나사로 접속할 것.
   라. 병렬로 사용하는 전선에는 각각에 퓨즈를 설치하지 말 것.
   마. 교류회로에서 병렬로 사용하는 전선은 금속관 안에 전자적 불평형이 생기지 않도록 시설할 것.

---

07 단순 암기형   난이도 中

▌정답 ③

피뢰시스템이 접속되지 않은 경우와 접속된 경우의 접지도체 단면적에 대해 파악해야 한다.

| 해설

KEC 142.3.1 접지도체

가. 접지도체의 최소 단면적은 다음과 같다.

  (1) 구리는 $6[\text{mm}^2]$ 이상

  (2) 철제는 $50[\text{mm}^2]$ 이상

나. 접지도체에 피뢰시스템이 접속되는 경우, 접지도체의 단면적은 다음과 같다.

  (1) 구리는 $16[\text{mm}^2]$ 이상

  (2) 철제는 $50[\text{mm}^2]$ 이상

08 단순 암기형   난이도 下

| 정답   ①

| 접근 POINT

누설전류의 수치를 잘 기억하여야 한다.

| 해설

KEC 132 전로의 절연저항 및 절연내력
사용전압이 저압인 전로의 절연성능은 기술기준 제52조를 충족하여야 한다. 다만, 저압 전로에서 정전이 어려운 경우 등 **절연저항 측정이 곤란한 경우 저항 성분의 누설전류가 1[mA] 이하**이면 그 전로의 절연성능은 적합한 것으로 본다.

09 단순 암기형   난이도 中

| 정답   ④

| 접근 POINT

시험전압을 직류로 할 경우 교류 시험전압의 2배가 된다는 것을 파악해야 한다.

| 해설

KEC 132 전로의 절연저항 및 절연내력

전로의 종류	구분	시험전압 (최대 사용 전압 배수)
중성점 직접 접지식이 아닌 경우 (비접지식)	7[kV] 이하	1.5
	7[kV] 초과 60[kV] 이하	1.25
중성점 다중접지식	7[kV] 초과 25[kV] 이하	0.92
	60[kV] 초과	1.1
중성점 직접 접지식	**60[kV] 초과**	**0.72**
	170[kV] 초과	0.64

절연내력 시험전압 :
$22,900 \times 0.92 \times 2 = 42,136[\text{V}]$로 교류 시험전압의 2배가 된다.

10 단순 계산형   난이도 下

| 정답   ④

| 접근 POINT

실기에도 출제되었던 문제이므로 꼭 암기해야 한다. 배수를 곱해 계산하여도 좋지만, 최대사용전압이 교류 22.9[kV]이고 중성점 다중접지식이면 시험전압은 21,068[V]로 암기하면 된다.

| 해설

KEC 132 전로의 절연저항 및 절연내력

접지방식	최대 사용전압	시험전압 (최대 사용 전압 배수)	최저 시험 전압
비접지	7[kV] 이하	1.5배	
	7[kV] 초과	1.25배	10,500 [V]
중성점 접지	60[kV] 초과	1.1배	75[kV]
중성점 직접 접지	60[kV] 초과 170[kV] 이하	0.72배	
	170[kV] 초과	0.64배	
중성점 다중접지	**25[kV] 이하**	**0.92배**	

중성점 다중접지 방식이므로
$22,900 \times 0.92 = 21,068[\text{V}]$

11 단순 암기형   난이도 下

▌정답 ②

▌접근 POINT

KEC에 규정되어 있는 절연내력시험의 배수 및 시험방법은 다르지만 시간은 모두 10분이다.

▌해설

KEC 132 전로의 절연저항 및 절연내력
최대 사용전압에 배수를 곱하고 그 값의 전압으로 **권선과 대지 간에 10분간** 견딜 것

12 단순 계산형   난이도 下

▌정답 ③

▌접근 POINT

그림을 참고하여 계산하면 쉽다.

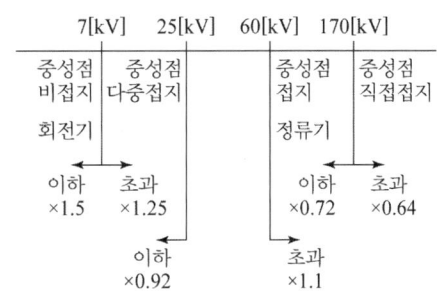

▌해설

KEC 132 전로의 절연저항 및 절연내력

접지방식	최대 사용전압	시험전압 (최대 사용 전압 배수)	최저 시험 전압
비접지	7[kV] 이하	1.5배	
	7[kV] 초과	**1.25배**	10,500 [V]
중성점 접지	60[kV] 초과	1.1배	75[kV]
중성점 직접 접지	60[kV] 초과 170[kV] 이하	0.72배	
	170[kV] 초과	0.64배	
중성점 다중접지	25[kV] 이하	0.92배	

절연내력 시험전압 : $69 \times 1.25 = 86.25[\text{kV}]$

13 단순 계산형   난이도 下

▌정답 ④

▌접근 POINT

실기에도 출제되었던 문제이므로 꼭 암기해야 한다. 배수를 곱해 계산하여도 좋지만, 154[kV] 중성점 직접 접지식으로 나오면 시험전압은 110,880[V]로 기억하면 된다.

SUBJECT 06

전기설비기술기준

▌해설

KEC 132 전로의 절연저항 및 절연내력

전로의 종류	구분	시험전압 (최대 사용전압 배수)
중성점 직접 접지식이 아닌 경우 (비접지식)	7[kV]이하	1.5
	7[kV]초과 60[kV] 이하	1.25
중성점 다중접지식	7[kV]초과 25[kV]이하	0.92
	60[kV]초과	1.1
중성점 직접 접지식	**60[kV]초과**	**0.72**
	170[kV]초과	0.64

절연내력 시험전압 :

$154 \times 0.72 = 110.88[\mathrm{kV}]$

---

14 단순 계산형 　　　　난이도 中

▌정답　④

▌접근 POINT

실수하기 좋은 문제이다. 절연내력시험의 최저 시험전압을 잘 기억하여야 한다.

▌해설

KEC 133 회전기 및 정류기의 절연내력
회전기 및 정류기는 표에서 정한 시험방법으로 절연내력을 시험하였을 때에 이에 견디어야 한다.

종류		시험전압 (최대 사용전압 배수)	시험 방법
발전기 전동기 조상기	7[kV] 이하	**1.5배 (최저 500[V])**	권선과 대지 사이 연속 10분간
	7[kV] 초과	1.25배 (최저 10,500[V])	

절연내력 시험전압: $220 \times 1.5 = 330[\mathrm{V}]$ 은 $500[\mathrm{V}]$ 이하이므로 최저 시험전압인 $500[\mathrm{V}]$ 로 하여야 한다.

---

15 단순 암기형 　　　　난이도 下

▌정답　①

▌접근 POINT

절연내력 시험 장소는 표로 암기하면 좋다.

종류	시험 장소
고압 및 특고압의 전로, 회전기	권선과 대지 사이
연료전지 및 태양전지 모듈, 기구	충전부분과 대지 사이
변압기 전로	권선과 다른 권선, 철심 및 외함 간

▌해설

KEC 133 회전기 및 정류기의 절연내력
회전기 및 정류기는 표에서 정한 시험방법으로 절연내력을 시험하였을 때에 이에 견디어야 한다.

종류		시험전압 (배수)	시험 방법
발전기 전동기 조상기	7[kV] 이하	1.5배 (최저 500[V])	**권선과 대지 사이 연속 10분간**
	7[kV] 초과	1.25배 (최저 10,500[V])	

---

16 단순 계산형 　　　　난이도 下

▌정답　①

▌접근 POINT

그림을 참고하여 계산하면 쉽다.

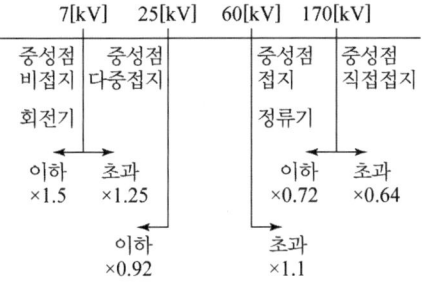

▌해설

KEC 135 변압기 전로의 절연내력

표 135-1 변압기 전로의 시험전압

권선의 종류	구분	시험전압 (배수)	최저 전압[V]
7[kV] 이하	-	1.5	500
	다중접지	0.92	
7[kV] 초과 25[kV] 이하	다중접지	0.92	-
7[kV] 초과 60[kV] 이하	-	1.25	10,500
60[kV]를 초과	비접지	1.25	-
60[kV]를 초과	중성점 접지	1.1	75,000
60[kV]를 초과	직접접지	0.72	-
170[kV]를 초과	직접접지	0.64	-

1차측 절연내력 시험전압:

$3,300 \times 1.5 = 4,950 [\text{V}]$

2차측 절연내력 시험전압:

$220 \times 1.5 = 330 [\text{V}]$은 $500 [\text{V}]$

이하이므로 최저 시험전압인 $500[\text{V}]$로 하여야 한다.

17 단순 암기형 난이도 下

▌정답 ③

▌접근 POINT

그림을 참고하여 해설을 이해하면 쉽다.

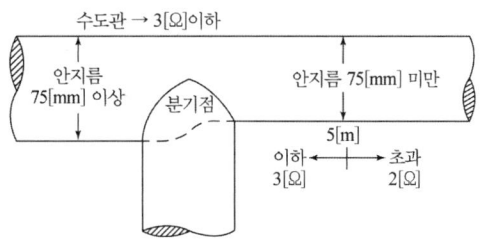

▌해설

KEC 142.2 접지극의 시설 및 접지저항

지중에 매설되어 있고 대지와의 **전기저항 값이 3[Ω] 이하**의 값을 유지하고 있는 금속제 수도관로가 다음에 따르는 경우 접지극으로 사용이 가능하다. 접지도체와 금속제 수도관로의 접속은 안지름 75[mm] 이상인 부분 또는 여기에서 분기한 안지름 75[mm] 미만인 분기점으로부터 5[m] 이내의 부분에서 하여야 한다. 다만, 금속제 수도관로와 대지 사이의 전기저항 값이 2[Ω] 이하인 경우에는 분기점으로부터의 거리는 5[m]을 넘을 수 있다.

18 단순 암기형 난이도 下

▌정답 ③

▍접근 POINT

접지극의 매설깊이와 접지도체를 덮는 합성수지관의 매설깊이는 0.75[m]로 같으므로 같이 암기하면 좋다.

▍해설

KEC 142.3.1 접지도체
접지공사에 사용하는 접지도체를 사람이 접촉할 우려가 있는 곳에 시설하는 경우
접지도체는 지하 0.75[m]로부터 지표상 2[m] 까지의 부분은 합성수지관 또는 이와 동등 이상의 절연효력 및 강도를 가지는 몰드로 덮을 것

19 단순 계산형   난이도 中

▍정답 ③

▍접근 POINT

실기에도 출제된 문제로 조건마다 접지저항값의 계산방법이 다르니 확실하게 암기하여야 한다.

조건	접지저항 값
일반적인 경우	$\dfrac{150}{I_g}$[Ω] 이하
1초 초과 2초 이내 차단 장치 설치시	$\dfrac{300}{I_g}$[Ω] 이하
1초 이내 차단 장치 설치시	$\dfrac{600}{I_g}$[Ω] 이하

▍해설

KEC 142.5 변압기 중성점 접지
변압기의 중성점 접지저항 값은 다음에 의한다.
가. **일반적으로 변압기의 고압·특고압측 전로 1선 지락전류로 150을 나눈 값과 같은 저항값 이하**
나. 변압기의 고압·특고압측 전로 또는 사용전압이 35[kV] 이하의 특고압전로가 저압측 전로와 혼촉하고 저압전로의 대지전압이 150[V]를 초과하는 경우는 저항 값은 다음에 의한다.
(1) 1초 초과 2초 이내에 고압·특고압 전로를 자동으로 차단하는 장치를 설치할 때는 300을 나눈 값 이하
(2) 1초 이내에 고압·특고압 전로를 자동으로 차단하는 장치를 설치할 때는 600을 나눈 값 이하

$$R = \frac{300}{I_g} = \frac{300}{2} = 150[\Omega]$$

대표유형 ❷
저압 전기설비　　279쪽

01 단순 암기형　　난이도 中

정답 ①

접근 POINT

접지계통에 사용하는 문자를 알면 풀기 쉽다.

1문자	2문자	3문자
전원 계통과 대지의 관계	설비의 노출 도전성 부분과 대지와의 관계	중성선 또는 보호 도체의 처리 (문자가 있을 때)
T[Terra(대지)]	T[Terra(대지)]	S[Separated (분리)]
한 점을 대지에 직접 접속한다. 이 접지를 계통접지라고 한다.	전원 계통의 접지와는 무관하며 노출 도전성 부분을 대지로 직접 접속한다. 이 접지를 기기접지라고 한다.	보호 도체의 기능을 중성선 또는 접지측 전선(또는 교류계통에서 접지측 선도체)와 분리된 도체로 실시한다.
I[Insulation (절연)]	N[Neutral (중성점)]	C[Combined (결합)]
모든 충전부를 대지(접지)로부터 절연시키거나 임피던스를 삽입하여 한 점을 대지에 직접 접속한다.	노출 도전성 부분을 전력 계통의 접지점(교류 계통에서는 통상적으로 중성점 또는 중성점이 없을 경우는 선도체)에 직접 접속한다.	중성선 및 보호 도체의 기능을 한 개의 도체로 겸용한다. (PEN 도체)

해설

KEC 203 계통접지의 방식

TT 계통 : **전원의 한 점을 직접 접지하고 설비의 노출도전부는 전원의 접지전극과 전기적으로 독립적**

인 접지극에 접속시킨다. 배전계통에서 PE 도체를 추가로 접지할 수 있다.

02 단순 암기형　　난이도 中

정답 ②

접근 POINT

접근 가능한 노출도전부가 있는 전기설비에 전기를 공급하는 교류 50[V]를 초과하고 1,000[V] 이하의 배선은 누전차단기의 시설 대상이다.

해설

KEC 211.2.4 누전차단기의 시설

금속제 외함을 가지는 사용전압이 50[V]를 초과하는 저압의 기계기구로서 사람이 쉽게 접촉할 우려가 있는 곳에 시설하는 것에 전기를 공급하는 전로

03 단순 암기형　　난이도 下

정답 ②

접근 POINT

누전차단기 시설 제외 장소는 대지전압 150[V] 이하이며 이것을 제외한 교류에서의 대지전압은 대부분 300[V], 전기저장장치와 태양광발전설비의 대지전압은 직류 600[V]이므로 같이 암기를 하면 좋다.

해설

KEC 211.2.4 누전차단기의 시설

대지전압이 150[V] 이하인 기계 기구를 물기가 있는 곳 이외의 곳에 시설하는 경우 누전차단기 시설을 하지 아니할 수 있다.

04 단순 암기형 난이도 中

정답 ③

접근 POINT

해설의 표를 참고하여 용단 시간, 불용단 전류, 용단전류를 확실하게 암기하여야 한다.

해설

KEC 212.3.4 보호장치의 특성

〈표 212.3-1 퓨즈(gG)의 용단특성〉

정격전류의 구분	시간	정격전류의 배수	
		불용단전류	용단전류
4[A] 이하	60분	1.5배	2.1배
4[A] 초과 16[A] 미만	60분	1.5배	1.9배
16[A] 이상 63[A] 이하	60분	1.25배	**1.6배**
63[A] 초과 160[A] 이하	120분	1.25배	1.6배
160[A] 초과 400[A] 이하	180분	1.25배	1.6배
400[A] 초과	240분	1.25배	1.6배

05 단순 암기형 난이도 中

정답 ④

접근 POINT

실기에도 출제되었던 문제로 순시트립 범위에 따른 주택용 배선차단기의 형별을 잘 구분하여야 하며, A형은 존재하지 않는다.

해설

KEC 212.3.4 보호장치의 특성

표 212.3-3 순시트립에 따른 구분(주택용 배선차단기)

형	순시트립범위
B	$3I_n$ 초과 ~ $5I_n$ 이하
C	$5I_n$ 초과 ~ $10I_n$ 이하
D	$10I_n$ **초과 ~ $20I_n$ 이하**

비고 1. B, C, D : 순시트립전류에 따른 차단기 분류
　　2. I_n : 차단기 정격전류

06 단순 암기형 난이도 下

정답 ②

접근 POINT

분기회로에 대한 단락보호가 이루어지고 있는 경우에는 거리에 구애 받지 않고 이동하여 설치가 가능하며, 단락의 위험과 화재 및 인체에 대한 위험성이 최소화 되도록 시설된 경우에는 분기점으로부터 3[m]까지 이동하여 설치가 가능하다.

해설

KEC 212.4.2 과부하 보호장치의 설치 위치

분기회로 (S_2)의 보호장치 (P_2)는 (P_2)의 전원 측에서 분기점(O) 사이에 다른 분기회로 또는 콘센트의 접속이 없고, **단락의 위험과 화재 및 인**

체에 대한 위험성이 최소화 되도록 시설된 경우, 분기회로의 보호장치 (P_2)는 분기회로의 분기점(O)으로부터 3[m] 까지 이동하여 설치할 수 있다.

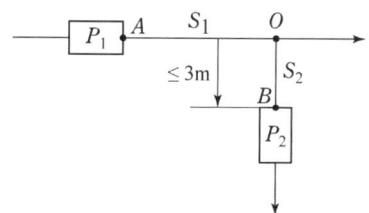

07 단순 암기형   난이도 中

∣ 정답 ④

∣ 접근 POINT

수상전선로에서 저압, 고압일 때 사용하는 전선에 대해서 파악해야 한다.

∣ 해설

KEC 335.3 수상전선로의 시설
1. 수상전선로를 시설하는 경우에는 그 사용전압은 저압 또는 고압인 것에 한하며 다음에 따르고 또한 위험의 우려가 없도록 시설하여야 한다.
   가. 전선은 전선로의 사용전압이 **저압인 경우에는 클로로프렌 캡타이어 케이블**이어야 하며, 고압인 경우에는 캡타이어 케이블일 것.
   나. 수상전선로의 전선을 가공전선로의 전선과 접속하는 경우에는 그 부분의 전선은 접속점으로부터 전선의 절연 피복 안에 물이 스며들지 아니하도록 시설하고 또한 전선의 접속점은 다음의 높이로 지

지물에 견고하게 붙일 것.
(1) 접속점이 육상에 있는 경우에는 지표상 5m 이상. 다만, 수상전선로의 사용전압이 저압인 경우에 도로상 이외의 곳에 있을 때에는 지표상 4m까지로 감할 수 있다.
(2) 접속점이 수면상에 있는 경우에는 수상전선로의 사용전압이 저압인 경우에는 수면상 4m 이상, 고압인 경우에는 수면상 5m 이상

08 단순 암기형   난이도 下

∣ 정답 ②

∣ 접근 POINT

다음 수치도 함께 암기하면 좋다.
전동기 과부하 보호장치를 시설하지 아니할 수 있는 경우
• 정격출력이 0.2[kW]인 전동기
• 정격전류가 16[A] 이하인 과전류 차단기가 시설되어 있는 경우
• 정격전류가 16[A]를 초과하고 20[A] 이하인 배선용 차단기가 시설되어 있는 경우

∣ 해설

KEC 212.6.2 저압 옥내전로 인입구에서의 개폐기의 시설
사용전압이 400[V] 이하인 옥내전로로서 다른 옥내전로(정격전류가 16[A] 이하인 과전류 차단기 또는 **정격전류가 16[A]를 초과하고 20[A] 이하인 배선차단기**로 보호되고 있는 것에 한한다)

SUBJECT 06 전기설비기술기준

에 접속하는 길이 15[m] 이하의 전로에서 전기의 공급을 받는 것은 그러지 아니할 수 있다.

09 단순 암기형 난이도 下

┃ 정답 ①

┃ 접근 POINT

다음 수치도 함께 암기하면 좋다.

전동기 과부하 보호장치를 시설하지 아니할 수 있는 경우

- 정격출력이 0.2[kW]인 전동기
- 정격전류가 16[A] 이하인 과전류 차단기가 시설되어 있는 경우
- 정격전류가 16[A]를 초과하고 20[A] 이하인 배선용 차단기가 시설되어 있는 경우

┃ 해설

KEC 212.6.2 저압 옥내전로 인입구에서의 개폐기의 시설

1. 저압 옥내전로에는 인입구에 가까운 곳으로서 쉽게 개폐할 수 있는 곳에 개폐기(개폐기의 용량이 큰 경우에는 적정 회로로 분할하여 각 회로별로 개폐기를 시설할 수 있다. 이 경우에 각 회로별 개폐기는 집합하여 시설하여야 한다)를 각 극에 시설하여야 한다.
2. **사용전압이 400[V] 이하인 옥내전로로서 다른 옥내전로(정격전류가 16[A] 이하인 과전류 차단기** 또는 정격전류가 16[A]를 초과하고 20[A] 이하인 배선차단기로 보호되고 있는 것에 한한다)에 접속하는 길이 15[m] 이하의 전로에서 전기의 공급을 받는 것은 제1의 규정

에 의하지 아니할 수 있다.

10 단순 암기형 난이도 中

┃ 정답 ①

┃ 접근 POINT

수치를 확실히 암기하여야 한다.

┃ 해설

KEC 212.6.2 저압 옥내전로 인입구에서의 개폐기의 시설

1. 저압 옥내전로에는 인입구에 가까운 곳으로서 쉽게 개폐할 수 있는 곳에 개폐기(개폐기의 용량이 큰 경우에는 적정 회로로 분할하여 각 회로별로 개폐기를 시설할 수 있다. 이 경우에 각 회로별 개폐기는 집합하여 시설하여야 한다)를 각 극에 시설 하여야 한다.
2. **사용전압이 400[V] 이하인 옥내전로로서 다른 옥내전로(정격전류가 16[A] 이하인 과전류 차단기 또는 정격전류가 16[A]를 초과하고 20[A] 이하인 배선차단기로 보호되고 있는 것에 한한다)에 접속하는 길이 15[m] 이하의** 전로에서 전기의 공급을 받는 것은 제1의 규정에 의하지 아니할 수 있다.

11 단순 암기형 난이도 下

┃ 정답 ①

┃ 접근 POINT

실기에도 단답 문항으로 출제가 된 문제로 내용

을 정확하게 암기하여야 한다.

┃ 해설

KEC 212.6.3 저압전로 중의 전동기 보호용 과전류보호장치의 시설

옥내에 시설하는 전동기(**정격 출력이 0.2[kW] 이하인 것을 제외**한다.)에는 전동기가 소손될 우려가 있는 과전류가 생겼을 때에 자동적으로 이를 저지하거나 이를 경보하는 장치를 하여야 한다. 다만, 다음의 어느 하나에 해당하는 경우에는 그러하지 아니하다.

가. 전동기를 운전 중 상시 취급자가 감시할 수 있는 위치에 시설하는 경우

나. 전동기의 구조나 부하의 성질로 보아 전동기가 손상될 수 있는 과전류가 생길 우려가 없는 경우

다. 단상전동기로써 그 전원측 전로에 시설하는 과전류 차단기의 정격전류가 16[A](배선차단기는 20[A]) 이하인 경우

12 단순 암기형　　　　난이도 下

┃ 정답　③

┃ 접근 POINT

저압 옥내배선 애자공사의 조영재의 윗면 또는 옆면에 따라 붙일 경우의 지지점 간의 거리와 같다.

┃ 해설

KEC 221.2 옥측전선로

나. 애자공사에 의한 저압 옥측전선로는 다음에 의하고 또한 사람이 쉽게 접촉될 우려가 없

도록 시설할 것.

(1) 전선은 공칭단면적 $4[mm^2]$ 이상의 연동 절연전선(옥외용 비닐절연전선 및 인입용 절연전선은 제외한다)일 것.

(2) **전선의 지지점 간의 거리는 2[m] 이하**일 것.

13 단순 암기형　　　　난이도 中

┃ 정답　①

┃ 접근 POINT

나전선의 사용제한에 관한 내용을 파악해야 한다.

┃ 해설

KEC 231.4 나전선의 사용제한

옥내에 시설하는 저압전선에는 나전선을 사용하여서는 아니 된다. 다만, 다음 중 어느 하나에 해당하는 경우에는 그러하지 아니하다.

가. 애자공사에 의하여 전개된 곳에 다음의 전선을 시설하는 경우

　① **전기로용 전선**

　② **전선의 피복 절연물이 부식하는 장소**에 시설하는 전선

나. **버스덕트공사**에 의하여 시설하는 경우

다. **라이팅덕트공사**에 의하여 시설하는 경우

라. **접촉전선**을 시설하는 경우

14 단순 암기형　　　　난이도 中

┃ 정답　③

저압 옥측전선로에서 목조의 조영물에 시설할 수 있는 공사 방법은 합성수지관과 케이블 공사이다. 다만, 케이블 공사는 연피 케이블, 알루미늄피 케이블 또는 무기물절연(MI) 케이블을 사용하는 경우에는 할 수 없다.

■ 해설

KEC 221.2 저압 옥측전선로

1. 저압 옥측전선로는 다음에 따라 시설하여야 한다.

　가. 저압 옥측전선로는 다음의 공사방법에 의할 것.

　(1) 애자공사(전개된 장소에 한한다.)

　(2) 합성수지관 공사

　(3) 금속관 공사(목조 이외의 조영물에 시설하는 경우에 한한다)

　(4) 버스덕트 공사[목조 이외의 조영물(점검할 수 없는 은폐된 장 소는 제외한다)에 시설하는 경우에 한한다]

　(5) 케이블 공사(연피 케이블, 알루미늄피 케이블 또는 무기물절 연(MI) 케이블을 사용하는 경우에는 목조 이외의 조영물에 시 설하는 경우에 한한다)

---

15 **단순 암기형**　　　　난이도 中

■ 정답　③

■ 접근 POINT

석유류를 저장하는 장소에 시설하는 저압 옥내배선의 공사방법에 대하여 파악해야 한다.

■ 해설

KEC 242.4 위험물 등이 존재하는 장소

셀룰로이드·성냥·석유류 기타 타기 쉬운 위험한 물질을 제조하거나 저장하는 곳에 시설하는 저압 옥내 전기설비는 다음에 따르고 또한 위험의 우려가 없도록 시설하여야 한다.

가. 이동전선은 접속점이 없는 0.6/1[kV] EP 고무 절연 클로로프렌 캡타이어 케이블 또는 0.6/1[kV] 비닐 절연 비닐캡타이어 케이블을 사용할 것.

나. 저압 옥내배선 등은 합성수지관공사(두께 2[mm] 미만의 합성수지 전선관 및 난연성이 없는 콤바인 덕트관을 사용하는 것을 제외)· 금속관공사 또는 케이블공사에 의할 것.

---

16 **단순 암기형**　　　　난이도 中

■ 정답　③

■ 접근 POINT

저압 옥내공사 및 옥측전선로와 달리 옥상전선로는 옥외용 비닐절연전선을 사용할 수 있다.

■ 해설

KEC 221.3 옥상전선로

1. 전선은 인장강도 2.30[kN] 이상의 것 또는 지름 2.6[mm] 이상의 경동선을 사용할 것.

2. **전선은 절연전선(OW전선을 포함한다)** 또는 이와 동등 이상의 절연성능이 있는 것을 사용할 것.

3. 전선은 조영재에 견고하게 붙인 지지주 또는 지지대에 절연성·난연성 및 내수성이 있는 애자를 사용하여 지지하고 또한 그 지지점 간

의 거리는 15[m] 이하일 것.

4. 전선과 그 저압 옥상 전선로를 시설하는 조영재와의 이격거리는 2[m](전선이 고압 절연전선, 특고압 절연전선 또는 케이블인 경우에는 1[m]) 이상일 것.

5. 저압 옥상전선로의 전선은 상시 부는 바람 등에 의하여 식물에 접촉하지 아니하도록 시설하여야 한다.

17 단순 암기형　　　난이도 中

▮ 정답　①

▮ 접근 POINT

가공전선의 굵기는 표로 정리하여 외우면 쉽다.

전압	시설장소	경동선의 굵기	
		지름[mm]	인장하중[kN]
400[V] 이하	절연전선	2.6	2.3
	나전선	3.2	3.43
400[V] 초과	시가지 외	4.0	5.26
	시가지	5.0	8.01
특고압	인장강도 8.71[kN] 이상의 연선 또는 단면적이 22[mm²] 이상의 경동연선		

▮ 해설

KEC 222.5 저압 가공전선의 굵기 및 종류

1. **사용전압이 400[V] 이하인 저압 가공전선은 케이블인 경우를 제외하고는 인장강도 3.43[kN] 이상의 것 또는 지름 3.2[mm]**(절연전선인 경우는 인장강도 2.3[kN] 이상의 것 또는 지름 2.6[mm] 이상의 경동선) 이상의 것이어야 한다.

2. 사용전압이 400[V] 초과인 저압 가공전선은 케이블인 경우 이외에는 시가지에 시설하는 것은 인장강도 8.01[kN] 이상의 것 또는 지름 5[mm] 이상의 경동선, 시가지 외에 시설하는 것은 인장강도 5.26[kN] 이상의 것 또는 지름 4[mm] 이상의 경동선이어야 한다.

18 단순 암기형　　　난이도 中

▮ 정답　③

▮ 접근 POINT

인입용 비닐절연전선은 주로 가공인입선에 사용하는 것을 목적으로 제작된 것이므로 400[V]를 초과하는 경우에는 케이블이나 경동선을 사용하여야 한다.

▮ 해설

KEC 222.5 저압 가공전선의 굵기 및 종류

1. 저압 가공전선은 나전선(중성선 또는 다중접지된 접지측 전선으로 사용하는 전선에 한한다), 절연전선, 다심형 전선 또는 케이블을 사용하여야 한다.

2. 사용전압이 400[V] 이하인 저압 가공전선은 케이블인 경우를 제외하고는 인장강도 3.43[kN] 이상의 것 또는 지름 3.2[mm](절연전선인 경우는 인장강도 2.3[kN] 이상의 것 또는 지름 2.6[mm] 이상의 경동선) 이상의 것이어야 한다.

3. 사용전압이 400[V] 초과인 저압 가공전선은 케이블인 경우 이외에는 시가지에 시설하는 것은 인장강도 8.01[kN] 이상의 것 또는 지름 5[mm] 이상의 경동선, 시가지 외에 시설

하는 것은 인장강도 5.26[kN] 이상의 것 또는 지름 4[mm] 이상의 경동선이어야 한다.

4. **사용전압이 400[V] 초과인 저압 가공전선에는 인입용 비닐절연전선과 다심형전선을 사용하여서는 안 된다.**

로 이외의 곳에 시설하는 경우 또는 절연전선이나 케이블을 사용한 저압 가공전선으로서 옥외 조명용에 공급하는 것으로 교통에 지장이 없도록 시설하는 경우에는 지표상 4[m]까지로 감할 수 있다.

---

19 단순 암기형 난이도 下

▎정답 ③

▎접근 POINT

저·고압 가공전선과 160[kV] 이하인 특고압 가공전선은 도로를 횡단하는 경우 6[m]이므로 함께 암기하면 좋다. 다만, 특고압 가공전선은 산지인 경우 5[m], 평지인 경우는 6[m]로 달라진다.

▎해설

KEC 222.7 저압 가공전선의 높이

1. 저압 가공전선의 높이는 다음에 따라야 한다.
   가. **도로를 횡단하는 경우에는 지표상 6[m] 이상**
   나. 철도 또는 궤도 횡단하는 경우 레일면상 6.5[m] 이상
   다. 횡단보도교의 위에 시설하는 경우에는 저압 가공전선은 그 노면상 3.5[m][전선이 저압 절연전선(인입용 비닐절연전선·450/750[V] 비닐절연전선·450/750[V] 고무 절연전선·옥외용 비닐절연전선을 말한다.)·다심형 전선 또는 케이블인 경우에는 3[m]]
   라. "가"부터 "다"까지 이외의 경우에는 지표상 5[m] 이상. 다만, 저압 가공전선을 도

20 단순 암기형 난이도 下

▎정답 ②

▎접근 POINT

저·고압 가공전선과 160[kV] 이하의 특고압 가공전선은 철도를 횡단하는 경우 6.5[m]로 모두 같다.

▎해설

KEC 222.7 저압 가공전선의 높이

1. 저압 가공전선의 높이는 다음에 따라야 한다.
   가. 도로를 횡단하는 경우에는 지표상 6[m] 이상
   나. **철도 또는 궤도 횡단하는 경우 레일면상 6.5[m] 이상**
   다. 횡단보도교의 위에 시설하는 경우에는 저압 가공전선은 그 노면상 3.5[m][전선이 저압 절연전선(인입용 비닐절연전선·450/750[V] 비닐절연전선·450/750[V] 고무 절연전선·옥외용 비닐절연전선을 말한다.)·다심형 전선 또는 케이블인 경우에는 3[m]]
   라. "가"부터 "다"까지 이외의 경우에는 지표상 5[m] 이상. 다만, 저압 가공전선을 도로 이외의 곳에 시설하는 경우 또는 절연

전선이나 케이블을 사용한 저압 가공전선으로서 옥외 조명용에 공급하는 것으로 교통에 지장이 없도록 시설하는 경우에는 지표상 4[m]까지로 감할 수 있다.

21 단순 암기형   난이도 下

┃ 정답   ②

┃ 접근 POINT

표를 참고하여 암기하면 쉽다.

구분	철도 횡단	도로 횡단	기타	교통에 지장 x	횡단보도교
저·고압	6.5[m]	6[m]	5[m]	4[m]	3.5[m]
					저압일 때 절·케 3[m]

┃ 해설

KEC 222.7 저압 가공전선의 높이

1. 저압 가공전선의 높이는 다음에 따라야 한다.
   가. 도로를 횡단하는 경우에는 지표상 6[m] 이상
   나. 철도 또는 궤도 횡단하는 경우 레일면상 6.5[m] 이상
   다. **횡단보도교의 위에 시설하는 경우**에는 저압 가공전선은 그 노면상 3.5[m][전선이 저압 절연전선(인입용 비닐절연전선·450/750[V] 비닐절연전선·450/750[V] 고무 절연전선·**옥외용 비닐절연전선**을 말한다.)·다심형 전선 또는 케이블인 경우에는 3[m]]
   라. "가"부터 "다"까지 이외의 경우에는 지표

상 5[m] 이상. 다만, 저압 가공전선을 도로 이외의 곳에 시설하는 경우 또는 절연전선이나 케이블을 사용한 저압 가공전선으로서 옥외 조명용에 공급하는 것으로 교통에 지장이 없도록 시설하는 경우에는 지표상 4[m]까지로 감할 수 있다.

22 단순 암기형   난이도 上

┃ 정답   ①

┃ 접근 POINT

지지물 중 목주와 같이 경년 변화가 심한 것은 부식에 의해 지지물의 강도가 저하될 우려가 있기 때문에 안전율을 1.2로 하여야 한다.

┃ 해설

KEC 222.8 저압 가공전선로의 지지물의 강도
저압 가공전선로의 지지물은 목주인 경우에는 풍압하중의 1.2배의 하중, 기타의 경우에는 풍압하중에 견디는 강도를 가지는 것이어야 한다.

23 단순 암기형   난이도 上

┃ 정답   ③

┃ 접근 POINT

일반적인 경우와 400[V] 이하일 때 경동선의 지름이 다른 것을 주의하여야 한다.

┃ 해설

KEC 222.10 저압 보안공사

전선은 케이블인 경우 이외에는 인장강도 8.01[kN] 이상의 것 또는 지름 5[mm](**사용전압이 400[V] 이하인 경우에는 인장강도 5.26[kN] 이상의 것 또는 지름 4[mm] 이상의 경동선**) 이상의 경동선

24 단순 암기형 난이도 上

┃정답 ③

┃접근 POINT

저, 고압 가공전선이 건조물의 상부 조영재, 기타 조영재에 접근 또는 교차 시 수치가 모두 같다.

┃해설

KEC 222.11 저압 가공전선과 건조물의 접근

건조물 조영재의 구분	접근 형태	이격거리
상부 조영재 [지붕·챙(차양)·옷 말리는 곳 기타 사람이 올라갈 우려가 있는 조영재]	위쪽	2[m] (고압·특고압 절연전선 또는 케이블 1[m])
	옆쪽 또는 아래쪽	**1.2[m]** (사람이 쉽게 접촉할 우려가 없도록 시설한 경우 0.8[m], 고압·특고압 절연전선 또는 케이블인 경우 0.4[m])
기타의 조영재		1.2[m] (사람이 쉽게 접촉할 우려가 없도록 시설한 경우 0.8[m], 고압·특고압 절연전선 또는 케이블인 경우 0.4[m])

25 단순 암기형 난이도 中

┃정답 ①

┃접근 POINT

수치가 같은 조항을 표로 정리하여 암기하면 쉽다.

장소 ＼ 전압	저압	고압
삭도나 그 지주 또는 저압전차선	0.6[m]	0.8[m]
가공약전류전선 안테나 가공전선과의 상호 간	0.3[m] 고압 및 특고압 절연전선 또는 케이블인 경우	0.4[m] 케이블인 경우

┃해설

KEC 222.14 저압 가공전선과 안테나의 접근 또는 교차

가공전선과 안테나 사이의 이격거리는 저압 0.6[m] (고압·특고압 절연전선 또는 케이블인 경우 0.3[m]) 이상

26 단순 암기형 난이도 下

┃정답 ②

┃접근 POINT

농사용 저압 가공전선로의 지지점 간 거리와 구내에 시설하는 저압 가공전선로의 경간은 30[m]로 같으므로 같이 암기하면 좋다.

┃해설

KEC 222.22 농사용 저압 가공전선로의 시설

가. 사용전압은 저압일 것.

나. 저압 가공전선은 인장강도 1.38[kN] 이상의 것 또는 지름 2[mm] 이상의 경동선일 것.

다. 저압 가공전선의 지표상의 높이는 3.5[m]

이상일 것. 다만, 저압 가공전선을 사람이 쉽게 출입하지 못하는 곳에 시설하는 경우에는 3[m] 까지로 감할 수 있다.

라. 목주의 굵기는 말구 지름이 0.09[m] 이상일 것.

마. **전선로의 지지점 간 거리는 30[m] 이하일 것.**

바. 다른 전선로에 접속하는 곳 가까이에 그 저압 가공전선로 전용의 개폐기 및 과전류 차단기를 각 극(과전류 차단기는 중성극을 제외한다)에 시설할 것.

27 단순 암기형　　　　난이도 下

▮ 정답 ①

▮ 접근 POINT

표로 정리하여 암기하면 쉽다.

장소	전선의 단면적	
일반적	2.5[mm²] 이상의 연동선	
400[V] 이하의 전광표시장치 기타 이와 유사한 장치 또는 제어회로 등의 배선	연동선	1.5[mm²] 이상
	다심 케이블 또는 다심 캡타이어 케이블	0.75[mm²] 이상

▮ 해설

KEC 231.3.1 저압 옥내배선의 사용전선

1. 저압 옥내배선의 전선은 단면적 2.5[mm²] 이상의 연동선 또는 이와 동등 이상의 강도 및 굵기의 것.

2. 옥내배선의 사용전압이 400[V] 이하인 경우로 다음 중 어느 하나에 해당하는 경우에는 제1을 적용하지 않는다.

가. 전광표시장치 기타 이와 유사한 장치 또는 제어 회로 등에 사용하는 배선에 단면적 1.5[mm²] 이상의 연동선을 사용하고 이를 합성수지관공사·금속관공사·금속몰드공사·금속덕트공사·플로어덕트공사 또는 셀룰러덕트공사에 의하여 시설하는 경우

나. 전광표시장치 기타 이와 유사한 장치 또는 제어회로 등의 배선에 **단면적 0.75[mm²] 이상인 다심케이블** 또는 다심 캡타이어케이블을 사용하고 또한 과전류가 생겼을 때에 자동적으로 전로에서 차단하는 장치를 시설하는 경우

28 단순 암기형　　　　난이도 下

▮ 정답 ②

▮ 접근 POINT

표로 정리하여 암기하면 쉽다.

장소	전선의 단면적	
일반적	2.5[mm²] 이상의 연동선	
400[V] 이하의 전광표시장치 기타 이와 유사한 장치 또는 제어회로 등의 배선	연동선	1.5[mm²] 이상
	다심 케이블 또는 다심 캡타이어 케이블	0.75[mm²] 이상

▮ 해설

KEC 231.3.1 저압 옥내 배선의 사용 전선

저압 옥내배선의 전선은 단면적 2.5[mm²] 이상의 연동선 또는 이와 동등 이상의 강도 및 굵기의 것.

29 단순 암기형 난이도 下

┃ 정답 ②

┃ 접근 POINT

나전선을 사용할 수 있는 4가지 경우를 확실히 암기하여야 한다.

┃ 해설

KEC 231.4 나전선의 사용 제한

1. 옥내에 시설하는 저압전선에는 나전선을 사용하여서는 아니된다. 다만, 다음 중 어느 하나에 해당하는 경우에는 그러하지 아니하다.

   가. 애자공사에 의하여 전개된 곳에 다음의 전선을 시설하는 경우
       (1) 전기로용 전선
       (2) 전선의 피복 절연물이 부식하는 장소에 시설하는 전선
       (3) 취급자 이외의 자가 출입할 수 없도록 설비한 장소에 시설하는 전선
   나. **버스덕트 공사**에 의하여 시설하는 경우
   다. 라이팅덕트 공사에 의하여 시설하는 경우
   라. 접촉 전선을 시설하는 경우

30 단순 암기형 난이도 下

┃ 정답 ③

┃ 접근 POINT

전기로는 온도가 높기 때문에 절연체가 그 온도를 견딜 수 없어 절연이 파괴된다. 피복 절연물이 부식하는 장소도 마찬가지이다.

┃ 해설

KEC 231.4 나전선의 사용 제한

옥내에 시설하는 저압전선에 나전선을 사용하는 경우

1. 애자공사에 의하여 전개된 곳에 다음 전선을 시설하는 경우

   가. 전기로용 전선

   나. 전선의 피복 절연물이 부식하는 장소에 시설하는 전선

   다. 취급자 이외의 자가 출입할 수 없도록 설비한 장소에 시설하는 전선

2. 버스덕트공사에 의하여 시설하는 경우
3. 라이팅덕트공사에 의하여 시설하는 경우
4. 접촉 전선을 시설하는 경우

31 단순 암기형 난이도 下

┃ 정답 ②

┃ 접근 POINT

주택의 전로 인입구에 누전차단기를 시설하지 않는 경우의 대지전압 150[V]를 제외한 교류에서의 대지전압은 대부분 300[V]이며, 전기저장장치와 태양광발전설비의 대지전압은 직류 600[V]이므로 같이 암기를 하면 좋다.

┃ 해설

KEC 231.6 옥내전로의 대지전압의 제한

1. **백열전등 또는 방전등에 전기를 공급하는 옥내 전로의 대지전압은 300[V] 이하**여야 하며 다음에 따라 시설하여야 한다. 다만, 대지전압 150[V] 이하의 전로인 경우에는 다음에 따

르지 않을 수 있다.

가. 백열전등 또는 방전등 및 이에 부속하는 전선은 사람이 접촉 할 우려가 없도록 시설하여야 한다.

나. 백열전등(기계 장치에 부속하는 것을 제외한다) 또는 방전등용 안정기는 저압의 옥내배선과 직접 접속하여 시설하여야 한다.

다. 백열전등의 전구소켓은 키나 그 밖의 점멸기구가 없는 것이어야 한다.

32 단순 암기형 　　　　　난이도 下

▌정답　②

▌접근 POINT

합성수지제 가요관은 길이가 길고 접속할 필요성이 많지 않지만 상호 간의 접속은 전용 커플링 등의 부속기구를 사용하여 접속하도록 하여야 한다.

▌해설

KEC 232.11.3 합성수지관 및 부속품의 시설

1. 관 상호 간 및 박스와는 관을 삽입하는 깊이를 관의 바깥지름의 1.2배(접착제를 사용하는 경우에는 0.8배) 이상으로 하고 또한 꽂음 접속에 의하여 견고하게 접속할 것.

2. 관의 지지점 간의 거리는 1.5[m] 이하로 하고, 또한 그 지지점은 관의 끝·관과 박스의 접속점 및 관 상호 간의 접속점 등에 가까운 곳에 시설할 것.

3. **합성수지제 휨(가요) 전선관 상호 간은 직접 접속하지 말 것.**

33 단순 암기형 　　　　　난이도 下

▌정답　③

▌접근 POINT

저압 옥내배선에서 관 공사 및 덕트 공사는 연선을 사용하지 않아도 되는 단면적이 $10[\text{mm}^2]$ (알루미늄선 $16[\text{mm}^2]$) 이하로 모두 같다.

▌해설

KEC 232.11 합성수지관공사

1. 전선은 절연전선(옥외용 비닐절연전선을 제외한다)일 것.

2. 전선은 연선일 것. 다만, 다음의 것은 적용하지 않는다.

　가. 짧고 가는 합성수지관에 넣은 것.

　나. **단면적 $10[\text{mm}^2]$**(알루미늄선은 단면적 $16[\text{mm}^2]$) **이하**의 것.

3. 전선은 합성수지관 안에서 접속점이 없도록 할 것.

4. 중량물의 압력 또는 현저한 기계적 충격을 받을 우려가 없도록 시설할 것.

5. 이중천장(반자 속 포함) 내에는 시설할 수 없다.

34 단순 암기형 　　　　　난이도 下

▌정답　④

▌접근 POINT

관의 말단 부분에 그대로 전선을 인입하면 전선 피복의 손상 사고 발생의 원인이 되기 때문에 박스 기타 부속품에 접속하는 경우 등의 관 말단에는 부싱을 사용하여야 한다.

┃ 해설

KEC 232.12 금속관공사
관의 끝 부분에는 **전선의 피복을 손상하지 아니하도록 적당한 구조의 부싱을 사용**할 것.

35 단순 암기형   난이도 下

┃ 정답 ①

┃ 접근 POINT

금속덕트에 넣는 전선의 단면적의 합계는 일반적으로 20[%]이며 전광 표시장치 및 제어회로의 배선만을 넣는 경우는 50[%]이다. 문제에서 전광표시장치 및 제어회로의 배선만을 넣는 경우를 언급하였으므로 20[%]를 선택하여야 한다.

┃ 해설

KEC 232.31 금속 덕트 공사
금속 덕트에 넣은 전선의 단면적(절연 피복 포함)의 총합은 덕트 내부 단면적의 20[%](전광 표시장치 또는 제어회로 등의 배선만을 넣은 경우는 50[%]) 이하이여야 한다.

36 단순 암기형   난이도 下

┃ 정답 ①

┃ 접근 POINT

안전율은 표로 정리하여 암기하면 쉽다.

안전율	종류
1.33	이상 시 상정하중이 가하여지는 경우 철탑의 기초 안전율
1.5	저·고압 보안공사를 한 목주의 풍압하중에 대한 안전율, 케이블 트레이, 무선용 안테나
2.0	지지물의 기초 안전율, 제2종 특고압 보안공사를 한 목주의 풍압하중에 대한 안전율
2.2	경동선 및 내열동합금선
2.5	ACSR, 지선

┃ 해설

KEC 232.41 케이블트레이공사

1. 비금속제 케이블 트레이는 난연성 재료의 것이어야 한다.
2. 금속제 케이블트레이시스템은 기계적 및 전기적으로 완전하게 접속하여야 하며 금속제 트레이는 접지공사를 하여야 한다.
3. 수용된 모든 전선을 지지할 수 있는 적합한 강도의 것이어야 한다. 이 경우 **케이블 트레이의 안전율은 1.5 이상**으로 하여야 한다.
4. 전선의 피복 등을 손상시킬 돌기 등이 없이 매끈하여야 한다.

37 단순 암기형   난이도 下

┃ 정답 ③

┃ 접근 POINT

애자 사용 공사를 저압 옥내 배선 시 전선 상호 간의 간격은 6[cm]이며 고압 옥내 배선 시에는 8[cm]이다.

| 해설

KEC 232.56 애자공사

전선 상호 간의 간격은 0.06[m] 이상일 것.

조명용 전원코드 또는 **이동전선은 단면적 0.75 [mm²] 이상의 코드 또는 캡타이어 케이블**을 용도에 적합하게 선정하여야 한다.

---

38 단순 암기형   난이도 下

| 정답 ③

| 접근 POINT

표로 정리하여 암기하면 쉽다.

애자 사용 공사 전선과 조영재 사이의 이격거리	
400[V] 이하, 건조한 장소	2.5[cm]
400[V] 초과	4.5[cm]
고압	5[cm]

| 해설

KEC 232.56 애자 공사

전선과 조영재 사이의 이격거리는 사용전압이 400[V] 이하인 경우 2.5[cm] 이상, **400[V] 초과인 경우 4.5[cm]**(건조한 장소는 2.5[cm]) **이상**

---

39 단순 암기형   난이도 下

| 정답 ①

| 접근 POINT

캡타이어 케이블의 최소 단면적 수치는 확실히 암기하여야 한다.

| 해설

KEC 234.3 코드 및 이동전선

---

40 단순 암기형   난이도 下

| 정답 ③

| 접근 POINT

실기에도 출제된 문제이며 다음 조항과 같이 암기하면 좋다.

142.7 기계기구의 철대 및 외함의 접지

1. 전로에 시설하는 기계기구의 철대 및 금속제 외함에는 140에 의한 접지공사를 하여야 한다.
2. 다음의 어느 하나에 해당하는 경우에는 제1의 규정에 따르지 않을 수 있다. (접지공사 생략 조건)
   가. **물기 있는 장소 이외의 장소에 시설**하는 저압용의 개별 기계기구에 전기를 공급하는 전로에 「전기용품 및 생활용품 안전관리법」의 적용을 받는 **인체감전보호용 누전차단기**(정격 감도전류가 30[mA] 이하, **동작시간이 0.03초 이하의 전류동작형**에 한한다)를 시설하는 경우

| 해설

KEC 234.5 콘센트의 시설

욕조나 샤워시설이 있는 욕실 또는 화장실 등 인체가 물에 젖어 있는 상태에서 전기를 사용하는 장소에 콘센트를 시설하는 경우에는 다음에 따라 시설하여야 한다.

(1) 「전기용품 및 생활용품 안전관리법」의 적

용을 받는 **인체감전보호용 누전차단기(정격감도전류 15[mA] 이하, 동작시간 0.03초 이하의 전류동작형**의 것에 한한다) 또는 절연 변압기(정격용량 3[kVA] 이하인 것에 한한다)로 보호된 전로에 접속하거나, 인체감전보호용 누전차단기가 부착된 콘센트를 시설하여야 한다.

(2) 콘센트는 접지극이 있는 방적형 콘센트를 사용하여 접지하여야 한다.

41 단순 암기형
난이도 下

정답 ④

접근 POINT

일상생활에서 센서등이 어떤 장소에 설치되어 있는지 떠올리면 쉽게 풀 수 있다.

해설

KEC 234.6 점멸기의 시설

1. 다음의 경우 센서등(타임스위치 포함)을 시설하여야 한다.
   가. 관광숙박업 또는 숙박업(여인숙업 제외)에 이용되는 객실의 입구등은 1분 이내에 소등되는 것.
   나. 일반주택 및 **아파트의 현관** 등은 3분 이내에 소등되는 것.

42 단순 암기형
난이도 下

정답 ①

접근 POINT

표를 참고하여 암기하면 쉽다.

장소	소등 시간
관광숙박업 또는 숙박업	1분
일반주택 및 아파트의 현관	3분

해설

KEC 234.6 점멸기의 시설
다음의 경우 센서등(타임스위치 포함)을 시설하여야 한다.

가. **관광숙박업 또는 숙박업(여인숙업 제외)에 이용되는 객실의 입구등은 1분 이내에 소등**되는 것.
나. 일반주택 및 아파트의 현관 등은 3분 이내에 소등되는 것.

43 단순 암기형
난이도 下

정답 ③

접근 POINT

코드 및 이동전선, 터널 등의 전구선 또는 이동전선, 진열장 또는 이와 유사한 것의 내부에 사용하는 캡타이어 케이블의 최소 단면적은 0.75 $[\text{mm}^2]$로 모두 같으므로 함께 외우면 쉽다.

해설

KEC 234.8 진열장 또는 이와 유사한 것의 내부 배선

1. 건조한 장소에 시설하고 또한 내부를 건조한 상태로 사용하는 진열장 또는 이와 유사한 것의 내부에 사용전압이 400[V] 이하의 배선을 외부에서 잘 보이는 장소에 한하여 코

드 또는 캡타이어 케이블로 직접 조영재에 밀착하여 배선할 수 있다.

2. **제1의 배선은 단면적 0.75$[\text{mm}^2]$ 이상의 코드 또는 캡타이어 케이블일 것.**

3. 제1에서 규정한 배선 또는 이것에 접속하는 이동전선과 다른 사용전압이 400[V] 이하인 배선과의 접속은 꽂음 플러그 접속기 기타 이와 유사한 기구를 사용하여 시공하여야 한다.

44 단순 암기형   난이도 中

┃ 정답 ①

┃ 접근 POINT

3가지 공사 방법을 확실히 암기하여야 한다.

┃ 해설

KEC 234.10 전주외등
대지전압 300[V] 이하의 형광등, 고압방전등, LED등 등을 배전선로의 지지물 등에 시설하는 경우에 적용한다.

1. 배선은 단면적 2.5$[\text{mm}^2]$ 이상의 절연전선 또는 이와 동등 이상의 절연효력이 있는 것을 사용하고 다음 공사방법 중에서 시설하여야 한다.
   가. **케이블 공사**
   나. **합성수지관 공사**
   다. **금속관 공사**

45 단순 암기형   난이도 中

┃ 정답 ④

┃ 접근 POINT

공사 방법을 확실히 암기하여야 한다.

┃ 해설

KEC 234.12.3 관등회로의 배선
관등회로의 배선은 애자공사로 다음에 따라서 시설하여야 한다.
가. 전선은 네온관용 전선을 사용할 것.
나. 배선은 외상을 받을 우려가 없고 사람이 접촉될 우려가 없는 노출장소에 시설할 것.

46 단순 암기형   난이도 中

┃ 정답 ①

┃ 접근 POINT

수중조명등의 절연 변압기의 2차측 전로의 사용전압이 30[V] 이하인 경우는 1차권선과 2차권선 사이에 금속제의 혼촉방지판을 설치, 30[V]를 초과하면 그 전로에 지락이 생겼을 때에 자동적으로 전로를 차단하는 정격감도전류 30[mA] 이하의 누전차단기를 시설하여야 한다.

┃ 해설

KEC 234.14 풀용 수중 조명등의 시설
수중조명등의 절연 변압기의 2차측 전로의 사용전압이 30[V] 초과하는 경우에는 그 전로에 지락이 생겼을 때에 자동적으로 전로를 차단하는 정격감도전류 30[mA] 이하의 누전차단기를 시설하여야 한다.

47 단순 암기형 　　　　난이도 中

┃ 정답 ①

┃ 접근 POINT

전기 울타리에 대한 규정은 표로 정리하여 암기
하면 좋다.

전기 울타리	
사용전압	250[V]
사용 전선	인장강도 1.38[kN] 이상의 것 또는 지름 2[mm] 이상의 경동선
전선과 지지하는 기둥 사이의 이격거리	2.5[cm]
전선과 다른 시설물 또는 수목과 이격거리	0.3[m]

┃ 해설

KEC 241.1 전기 울타리

전기 울타리용 전원장치에 전원을 공급하는 전
로의 사용전압은 250[V] 이하이어야 한다.

전기 울타리는 다음에 의하고 또한 견고하게 시
설하여야 한다.

1. 전기 울타리는 사람이 쉽게 출입하지 아니하
   는 곳에 시설할 것.
2. 전선은 인장강도 1.38[kN] 이상의 것 또는
   지름 2[mm] 이상의 경동선일 것.
3. 전선과 이를 지지하는 기둥 사이의 이격거리
   는 25[mm] 이상일 것.
4. **전선과 다른 시설물(가공 전선을 제외한다) 또는
   수목과의 이격거리는 0.3[m] 이상일 것.**

48 단순 암기형 　　　　난이도 下

┃ 정답 ②

┃ 접근 POINT

전기욕기용 전원장치는 은 이온 살균장치의 전
원으로서도 사용되는 것이므로, 전기욕기용과
은 이온 살균장치를 구별하기 위해 전기욕기용
으로서 내장되어 있는 전원 변압기의 2차측 전
로의 사용전압을 10[V] 이하로 한정하고 있다.

┃ 해설

KEC 241.2 전기욕기

전기욕기에 전기를 공급하기 위한 전기욕기용 전
원장치(내장되는 전원 변압기의 2차측 전로의 사
용전압이 10[V] 이하의 것에 한한다)는 「전기용
품 및 생활용품 안전관리법」에 의한 안전기준에
적합하여야 한다.

49 단순 암기형 　　　　난이도 下

┃ 정답 ③

┃ 접근 POINT

전기 온상 및 도로 등의 전열장치에 사용하는 발
열선은 모두 온도가 80[℃]를 넘어선 아니된다.

┃ 해설

KEC 241.5 전기 온상 등

1. 전기를 공급하는 전로의 대지전압은 300[V]
   이하일 것.
2. **발열선은 그 온도가 80[℃]를 넘지 않도록 시설**

할 것.

3. 전기온상 등에 전기를 공급하는 전로에는 전용 개폐기 및 과전류 차단기를 각 극에 시설하여야 한다.

4. 발열선과 조영재 사이 이격거리는 0.025[m] 이상일 것.

5. 발열선의 지지점 간의 거리는 1[m] 이하일 것. (다만, 발열선 상호 간의 간격이 0.06[m] 이상인 경우 2[m] 이하)

---

50 단순 암기형   난이도 中

▍정답 ④

▍접근 POINT

표로 정리하여 암기하면 쉽다.

전격살충기		
전격격자의 설치 높이	일반적	3.5[m]
	자동적으로 차단하는 보호장치를 시설한 경우	1.8[m]
전격격자와 다른 시설물 또는 식물과의 이격거리	0.3[m]	

▍해설

KEC 241.7.1 전격 살충기의 시설

1. 전격살충기의 **전격격자는 지표 또는 바닥에서 3.5[m] 이상**의 높은 곳에 시설할 것. 다만, 2차측 개방 전압이 7[kV] 이하의 절연 변압기를 사용하고 또한 보호격자의 내부에 사람의 손이 들어갔을 경우 또는 보호격자에 사람이 접촉될 경우 절연 변압기의 1차측 전로를 자동

적으로 차단하는 보호장치를 시설한 것은 지표 또는 바닥에서 1.8[m]까지 감할 수 있다.

2. 전격살충기의 전격격자와 다른 시설물(가공전선은 제외한다) 또는 식물과의 이격거리는 0.3[m] 이상

---

51 단순 암기형   난이도 中

▍정답 ①

▍접근 POINT

놀이용 전차는 일반인이 쉽게 접촉할 수 있는 환경에 노출되어 있어, 감전의 위험을 방지하기 위하여 사용전압을 직류에서 60[V] 이하, 교류는 40[V] 이하로 제한한다.

▍해설

KEC 241.8.2 놀이용 전차의 전원장치

1. 놀이용 전차에 전기를 공급하는 전원장치
   가. **전원장치의 2차측 단자의 최대사용전압은 직류의 경우 60[V] 이하, 교류의 경우 40[V] 이하일 것.**
   나. 전원장치의 변압기는 절연 변압기일 것

---

52 단순 암기형   난이도 下

▍정답 ③

▍접근 POINT

용접변압기의 혼촉에 의한 위험을 방지하기 위하여 1차측 전로에는 점검 및 사고 시 회로를 분리할 수 있도록 개폐기를 설치해야 한다.

▌해설

KEC 241.10 아크 용접기

가. 용접 변압기는 절연 변압기일 것.

나. 용접 변압기의 1차측 전로의 대지전압은 300[V] 이하일 것.

다. **용접 변압기의 1차측 전로에는 용접 변압기에 가까운 곳에 쉽게 개폐할 수 있는 개폐기를 시설**할 것.

라. 용접 변압기의 2차측 전로 중 용접 변압기로부터 용접 전극에 이르는 부분 및 용접 변압기로부터 피용접재에 이르는 부분은 다음에 의하여 시설할 것.

　(1) 전선은 용접용 케이블 또는 캡타이어 케이블일 것.

　(2) 전로는 용접 시 흐르는 전류를 안전하게 통할 수 있는 것일 것

마. 용접기 외함 및 피용접재 또는 이와 전기적으로 접속되는 받침대·정반 등의 금속체는 규정에 준하여 접지공사를 하여야 한다.

---

53 단순 암기형　　　　난이도 中

▌정답 ②

▌접근 POINT

전기방식 시설의 전로는 감전에 의한 상해를 방지하기 위해 사용전압을 직류 60[V] 이하로 하고 있으며 양극을 수중에 시설하는 경우는 양극과 양극에서 1[m] 범위 내에 있는 임의점과의 사이의 전위차를 낮게 하여 사람 또는 가축에 위험을 미치지 않도록 해야 한다.

▌해설

KEC 241.16 전기부식방지 시설

1. **전기부식방지 회로의 사용전압은 직류 60[V] 이하**

2. 지중에 매설하는 양극의 매설깊이는 0.75[m] 이상

3. **수중에 시설하는 양극과 그 주위 1[m] 이내의 거리에 있는 임의점과의 사이의 전위차는 10[V]를 넘지 아니할 것.**

4. 지표 또는 수중에서 1[m] 간격의 임의의 2점(제4의 양극의 주위 1[m] 이내의 거리에 있는 점 및 울타리의 내부점을 제외한다)간의 전위차가 5[V]를 넘지 아니할 것.

---

54 단순 암기형　　　　난이도 下

▌정답 ①

▌접근 POINT

폭연성 먼지가 존재하는 장소에 가능한 공사는 금속관, 케이블 공사 2가지이며, 현재까지 출제된 문제에서 답은 모두 금속관 공사가 되었다.

▌해설

KEC 242.2.1 폭연성 먼지 위험장소

폭연성 먼지(마그네슘·알루미늄·티탄·지르코늄 등의 먼지가 쌓여 있는 상태에서 불이 붙었을 때에 폭발할 우려가 있는 것을 말한다. 이하 같다) **또는 화약류의 분말**이 전기설비가 발화원이 되어 폭발할 우려가 있는 곳에 시설하는 저압 옥내 전기설비는 **금속관 공사 또는 케이블 공사**(캡타이어 케이블을 사용하는 것을 제외)에 의할 것.

55 단순 암기형 　　　　　난이도 中

∥ 정답　③

∥ 접근 POINT

아크가 발생하는 전기기계기구를 화약고 내부에 시설하면 위험하기 때문에 적어도 화약고로부터 일정 부분 이상 떨어진 장소에 시설하여야 한다.

∥ 해설

KEC 242.5 화약류 저장소 등의 위험장소

1. 화약류 저장소 안에는 전기설비를 시설해서는 안 된다. 다만, 조명기구에 전기를 공급하기 위한 전기설비(**개폐기 및 과전류 차단기를 제외한다**)는 규정에 준하여 시설하는 이외에 다음에 따라 시설하는 경우에는 그러하지 아니하다.

　가. 전로에 대지전압은 300[V] 이하일 것.
　나. 전기기계기구는 전폐형의 것일 것.
　다. 케이블을 전기기계기구에 인입할 때에는 인입구에서 케이블이 손상될 우려가 없도록 시설할 것.

2. 화약류 저장소 안의 전기설비에 전기를 공급하는 전로에는 화약류 저장소 이외의 곳에 전용 개폐기 및 과전류 차단기를 각극(과전류 차단기는 다선식 전로의 중성극을 제외한다)에 취급자 이외의 자가 쉽게 조작할 수 없도록 시설하고 또한 전로에 지락이 생겼을 때에 자동적으로 전로를 차단하거나 경보하는 장치를 시설하여야 한다.

56 단순 암기형 　　　　　난이도 中

∥ 정답　④

∥ 접근 POINT

과부하 보호장치의 설치 위치에 관한 규정에서 수치를 위주로 암기하여야 한다.

∥ 해설

KEC 212.4.2 과부하 보호장치의 설치 위치

1. 과부하 보호장치는 전로 중 도체의 단면적, 특성, 설치방법, 구성의 변경으로 도체의 허용전류 값이 줄어드는 곳(분기점)에 설치해야 한다.

2. 과부하 보호장치는 분기점에 설치해야 하나, 분기점과 분기회로의 과부하 보호장치 설치점 사이의 배선 부분에 다른 분기회로나 콘센트 회로가 접속되어 있지 않고, 다음 중 하나를 충족하는 경우에는 변경이 있는 배선에 설치할 수 있다.

　나. **단락의 위험과 화재 및 인체에 대한 위험성이 최소화되도록 시설한 경우 분기회로의 보호장치는 분기회로의 분기점으로부터 3[m]까지 이동하여 설치할 수 있다.**

57 단순 암기형 　　　　　난이도 下

∥ 정답　④

∥ 접근 POINT

코드, 진열장, 전시회의 사용전압은 400[V]로 모두 같다.

KEC 242.6 전시회, 쇼 및 공연장의 전기 설비

무대·무대마루 밑·오케스트라 박스·영사실 기타 사람이나 무대 도구가 접촉할 우려가 있는 곳에 시설하는 저압 옥내배선, 전구선 또는 이동전선은 **사용전압이 400[V] 이하**일 것.

58 단순 암기형   난이도 中

| 정답   ③

| 접근 POINT

터널 내에 시설하는 애자 사용 공사의 경우는 전선에 사람이 접촉할 우려가 없도록 하기 위해 이것을 노면상 2.5[m] 이상의 높이로 유지하도록 정하고 있다.

| 해설

KEC 242.7.1 사람이 상시 통행하는 터널 안의 배선 시설

가. 전선은 다음 중 하나에 의하여 시설할 것.

　(1) 합성수지관 공사, 금속관 공사, 금속제 가요전선관 공사 및 케이블공사에 의하여 시설할 것.

　(2) 공칭단면적 2.5[mm²]의 연동선과 동등 이상의 세기 및 굵기의 절연전선(옥외용 비닐절연전선 및 인입용 비닐절연전선을 제외한다)을 사용하여 **애자공사에 의하여 시설**하고 또한 이를 **노면상 2.5[m] 이상의 높이**로 할 것.

나. 전로에는 터널의 입구에 가까운 곳에 전용 개폐기를 시설할 것.

59 단순 암기형   난이도 下

| 정답   ②

| 접근 POINT

이동전선, 진열장, 터널 등에 시설하는 캡타이어 케이블의 최소 단면적은 0.75[mm²]으로 모두 같다.

| 해설

KEC 242.7.4 터널 등의 전구선 또는 이동전선 등의 시설

1. **전구선은 단면적 0.75[mm²] 이상**의 300/300[V] 편조 고무코드 또는 0.6/1[kV] EP 고무절연 클로로프렌 캡타이어 케이블일 것.

60 단순 암기형   난이도 中

| 정답   ④

| 접근 POINT

의료용 절연 변압기의 2차측 사용전압과 정격출력을 확실하게 암기하여야 한다.

| 해설

KEC 242.10.3 의료 장소의 안전을 위한 보호설비

비단락보증 절연 변압기의 **2차측 정격전압은 교류 250[V] 이하**로 하며 공급방식은 단상 2선식, **정격출력은 10[kVA] 이하**로 할 것.

61 단순 암기형   난이도 中

| 정답 ②

| 접근 POINT

수치를 잘 기억하여야 한다.

| 해설

KEC 242.10.4 의료장소 내의 접지 설비

의료장소마다 그 내부 또는 근처에 등전위본딩

바를 설치할 것. 다만, **인접하는 의료장소와의 바**

닥 면적 합계가 $50[\text{m}^2]$ **이하인 경우에는 등전위본**

딩 바를 공용할 수 있다.

대표유형 ❸

고압, 특고압 전기설비   291쪽

01 단순 암기형   난이도 中

| 정답 ②

| 접근 POINT

가공 접지도체와 가공공동지선에 대한 규정을

구분하여 암기하여야 한다.

| 해설

KEC 322.1 고압 또는 특고압과 저압의 혼촉에

의한 위험방지 시설

1. 고압전로 또는 특고압전로와 저압전로를 결

   합하는 변압기의 저압측의 중성점에는 규정

   에 의하여 접지공사를 하여야 한다. 다만, 저

   압전로의 사용전압이 300[V] 이하인 경우에

   그 접지공사를 변압기의 중성점에 하기 어려

   울 때에는 저압측의 1단자에 시행할 수 있다.

2. 접지공사는 변압기의 시설장소마다 시행하

   여야 한다. 다만, 토지의 상황에 의하여 변압

   기의 시설장소에서 인장강도 5.26[kN] 이상

   또는 지름 4[mm] 이상의 가공 접지도체를

   저압가공전선에 관한 규정에 준하여 시설할

   때에는 **변압기의 시설장소로 부터 200[m]**까지

   떼어놓을 수 있다.

3. 접지공사를 하는 경우에 토지의 상황에 의하

   여 규정에 의하기 어려울 때에는 다음에 따

   라 가공공동지선을 설치하여 2 이상의 시설

   장소에 접지공사를 할 수 있다.

SUBJECT 06

전기설비기술기준

(1) 접지공사는 각 변압기를 중심으로 하는 지름 400[m] 이내의 지역으로서 그 변압기에 접속되는 전선로 바로 아래의 부분에서 각 변압기의 양쪽에 있도록 할 것. 다만, 그 시설장소에서 접지공사를 한 변압기에 대하여는 그러하지 아니하다.

02 단순 암기형
난이도 中

정답 ④

접근 POINT

가공 접지도체와 가공공동지선에 사용하는 경동선은 인장강도 5.26[kN], 지름은 4[mm]로 같다.

해설

KEC 322.1 고압 또는 특고압과 저압의 혼촉에 의한 위험방지 시설
가공공동지선은 인장강도 5.26[kN] 이상 또는 **지름 4[mm] 이상의 경동선**을 사용하여 저압가공전선에 관한 규정에 준하여 시설할 것.

03 단순 암기형
난이도 下

정답 ②

접근 POINT

안전율은 표로 정리하여 암기하면 쉽다.

안전율	종류
1.33	이상 시 상정하중이 가하여지는 경우 철탑의 기초 안전율
1.5	저·고압 보안공사를 한 목주의 풍압하중에 대한 안전율, 케이블 트레이, 무선용 안테나
2.0	지지물의 기초 안전율, 제2종 특고압 보안공사를 한 목주의 풍압하중에 대한 안전율
2.2	경동선 및 내열동합금선
2.5	ACSR, 지선

해설

KEC 322.4 고압 가공 전선의 안전율
고압 가공전선은 케이블인 경우 이외에는 다음에 규정하는 경우에 그 **안전율이 경동선 또는 내열동합금선은 2.2 이상**, 그 밖의 전선은 2.5 이상이 되는 처짐 정도로 시설하여야 한다.

04 단순 암기형
난이도 下

정답 ②

접근 POINT

가공전선로의 지지물에 일반인이 승탑(주)시 충전부분에 접촉하여 감전 추락하는 사고를 방지하기 위하여 발판 볼트를 설치한다. 이 최저 높이는 높게 할수록 바람직하지만 전선로 보수 관리 측면에서 검토 결과 1.8[m]로 하고 있다.

해설

KEC 331.4 가공 전선로 지지물의 철탑 오름 및 전주 오름 방지
가공전선로의 지지물에 취급자가 오르고 내리는데 사용하는 **발판 볼트 등을 지표상 1.8[m] 미만**

에 시설하여서는 아니 된다.

05 단순 암기형 　　　　　　　난이도 中

┃ 정답 ①

┃ 접근 POINT

반복이 많았던 문제로 강관으로 구성된 철탑의 풍압하중은 확실히 암기하여야 한다.

┃ 해설

KEC 331.6 풍압하중의 종별과 적용

〈표 331.6-1 구성재의 수직투영면적 1[m^2]에 대한 풍압〉

풍압을 받는 구분			1[m^2]에 대한 풍압
목주			588[Pa]
지지물	철주	원형의 것	588[Pa]
		삼각형 또는 마름모형의 것	1,412[Pa]
		강관에 의하여 구성되는 4각형의 것	1,117[Pa]
	철근 콘크리트 주	원형의 것	588[Pa]
		기타의 것	882[Pa]
	철탑	**강관으로 구성되는 것 (단주는 제외함)**	**1,255[Pa]**
		기타의 것	2,157[Pa]
전선 기타 가섭선	다도체(구성하는 전선이 2가닥마다 수평으로 배열되고 또한 그 전선 상호 간의 거리가 전선의 바깥지름의 20배 이하인 것에 한한다.)를 구성하는 전선		666[Pa]
	기타의 것		745[Pa]
애자장치(특고압 전선용의 것에 한한다.)			1,039[Pa]

06 단순 암기형 　　　　　　　난이도 中

┃ 정답 ①

┃ 접근 POINT

풍압 하중의 종별은 표로 암기하면 쉽다.

지방별		풍압	
		고온계	저온계
빙설이 적은 지방		갑종	병종
빙설이 많은 지방	아래 이외의 지방	갑종	을종
	동계에 최대 풍압을 발생하는 지방	갑종	갑종 또는 을종 중 큰 것

┃ 해설

KEC 331.6 풍압 하중의 종별과 적용

가. 빙설이 많은 지방 이외의 지방에서는 고온계절에는 갑종 풍압하중, 저온계절에는 병종 풍압하중

나. **빙설이 많은 지방**("다"의 지방은 제외한다)에서는 **고온계절에는 갑종 풍압하중, 저온계절에는 을종 풍압하중**

다. 빙설이 많은 지방 중 해안지방 기타 저온계절에 최대풍압이 생기는 지방에서는 고온계절에는 갑종 풍압하중, 저온계절에는 갑종 풍압하중과 을종 풍압하중 중 큰 것.

07 단순 암기형 　　　　　　　난이도 中

┃ 정답 ③

┃ 접근 POINT

목주와 원형의 것은 풍압하중이 모두 588[Pa]

로 같다.

| 해설

KEC 331.6 풍압하중의 종별과 적용

〈표 331.6-1 구성재의 수직투영면적 1[m^2]에 대한 풍압〉

풍압을 받는 구분			1[m^2]에 대한 풍압
목주			588[Pa]
지지물	철주	원형의 것	588[Pa]
		삼각형 또는 마름모형의 것	1,412[Pa]
		강관에 의하여 구성되는 4각형의 것	1,117[Pa]
	철근 콘크리트주	**원형의 것**	**588[Pa]**
		기타의 것	882[Pa]
	철탑	강관으로 구성되는 것 (단주는 제외함)	1,255[Pa]
		기타의 것	2,157[Pa]
전선 기타 가섭선	다도체(구성하는 전선이 2가닥마다 수평으로 배열되고 또한 그 전선 상호 간의 거리가 전선의 바깥지름의 20배 이하인 것에 한한다.)를 구성하는 전선		666[Pa]
	기타의 것		745[Pa]
애자장치(특고압 전선용의 것에 한한다.)			1,039[Pa]

---

08 단순 암기형   난이도 中

| 정답 ①

| 접근 POINT

갑종 풍압하중의 풍압 값에 1/2을 곱하면 을종, 병종 풍압하중 값이다.

| 해설

KEC 331.6 풍압 하중의 종별과 적용

1. 을종 풍압하중

전선 기타의 가섭선 주위에 두께 6[mm], 비중 0.9의 빙설이 부착된 상태에서 수직투영면적 372[Pa](**다도체를 구성하는 전선은 333[Pa]**), 그 이외의 것은 갑종 풍압의 2분의 1을 기초로 하여 계산한 것.

---

09 단순 암기형   난이도 中

| 정답 ④

| 접근 POINT

풍압하중의 수치는 암기하기 쉽지 않으므로, 숫자가 작은 순서부터 큰 순서로 외우면 쉽다.

풍압을 받는 구분	1[m^2]에 대한 풍압
원형, 목주	588[Pa]
다도체	666[Pa]
단도체	745[Pa]
철근 콘크리트 주	882[Pa]
애자 장치	1,039[Pa]
사각형	1,117[Pa]
삼각형 또는 마름모	1,412[Pa]

| 해설

KEC 331.6 풍압하중의 종별과 적용

〈표 331.6-1 구성재의 수직투영면적 1[m^2]에 대한 풍압〉

풍압을 받는 구분			1[m²]에 대한 풍압
목주			588[Pa]
지지물	철주	원형의 것	588[Pa]
		삼각형 또는 마름모형의 것	1,412[Pa]
		강관에 의하여 구성되는 4각형의 것	1,117[Pa]
	철근 콘크리트주	원형의 것	588[Pa]
		기타의 것	882[Pa]
	철탑	강관으로 구성되는 것 (단주는 제외함)	1,255[Pa]
		기타의 것	2,157[Pa]
전선 기타 가섭선	다도체(구성하는 전선이 2가닥마다 수평으로 배열되고 또한 그 전선 상호 간의 거리가 전선의 바깥지름의 20배 이하인 것에 한한다.)를 구성하는 전선		666[Pa]
	기타의 것		745[Pa]
애자장치(특고압 전선용의 것에 한한다.)			1,039[Pa]

10 단순 암기형　　　난이도 下

정답 ②

접근 POINT

안전율은 표로 정리하여 같이 암기하면 좋다.

안전율	종류
1.33	이상 시 상정하중이 가하여지는 경우 철탑의 기초 안전율
1.5	저·고압 보안공사를 한 목주의 풍압하중에 대한 안전율, 케이블 트레이, 무선용 안테나
2.0	지지물의 기초 안전율 제2종 특고압 보안공사를 한 목주의 풍압하중에 대한 안전율
2.2	경동선 및 내열동합금선
2.5	ACSR, 지선

해설

KEC 331.7 가공 전선로 지지물의 기초 안전율
지지물의 하중에 대한 기초 안전율은 2 이상 (이상 시 상정 하중에 대한 철탑의 기초에 대해서는 1.33 이상)

11 단순 암기형　　　난이도 下

정답 ①

접근 POINT

안전율은 표로 정리하여 같이 암기하면 좋다.

안전율	종류
1.33	이상 시 상정하중이 가하여지는 경우 철탑의 기초 안전율
1.5	저·고압 보안공사를 한 목주의 풍압하중에 대한 안전율, 케이블 트레이, 무선용 안테나
2.0	지지물의 기초 안전율 제2종 특고압 보안공사를 한 목주의 풍압하중에 대한 안전율
2.2	경동선 및 내열동합금선
2.5	ACSR, 지선

해설

KEC 331.7 가공전선로 지지물의 기초의 안전율
가공전선로의 지지물에 하중이 가하여지는 경우에 그 하중을 받는 지지물의 기초의 안전율은 2 이상
(333.14의 1에 규정하는 **이상 시 상정하중이 가하여지는 철탑의 기초에 대하여는 1.33 이상**)

12 단순 암기형 난이도 下

∎ 정답 ④

∎ 접근 POINT

지지물의 매설깊이는 표로 정리하여 암기하면 쉽다.

설계하중 구분[kN]	전장 구분[m]		땅에 묻히는 깊이[m]
6.8[kN] 이하	15[m] 이하		전장의 1/6 이상
	15[m] 초과 16[m] 이하		2.5[m] 이상
	16[m] 초과 20[m] 이하		2.8[m] 이상
6.8[kN] 초과 9.8[kN] 이하	14[m] 이상 20[m] 이하	15[m] 이하	(전장의 1/6 이상 + 0.3[m]) 이상
		15[m] 초과	2.5[m] + 0.3[m] 이상
9.8[kN] 초과 14.72[kN] 이하	15[m] 이하		(전장의 1/6 이상 + 0.5[m]) 이상
	15[m] 초과 18[m] 이하		3[m] 이상
	18[m] 초과		3.2[m] 이상

∎ 해설

KEC 331.7 가공전선로 지지물의 기초의 안전율

철근 콘크리트주로서 그 전체의 길이가 16[m] 초과 20[m] 이하이고, 설계하중이 6.8[kN] 이하의 것을 논이나 그 밖의 지반이 연약한 곳 이외에 그 묻히는 깊이를 2.8[m] 이상으로 시설

13 단순 암기형 난이도 下

∎ 정답 ③

∎ 접근 POINT

지지물의 근입깊이에서 가산을 하는 경우는 설계하중이 6.8[kN] 초과 9.8[kN] 이하일 때는 30[cm], 9.8[kN] 초과 14.72[kN] 이하일 땐 50[cm]로 2가지가 있다. 이를 제외한 나머지는 선택해선 안 된다.

∎ 해설

KEC 331.7 가공 전선로 지지물의 기초의 안전율

철근 콘크리트주로서 전체의 길이가 **14[m] 이상 20[m] 이하**이고, 설계하중이 **6.8[kN] 초과 9.8[kN] 이하**의 것을 논이나 그 밖의 지반이 연약한 곳 이외에 시설하는 경우 그 묻히는 깊이는 기준보다 **0.3[m]를 가산**하여 시설하는 경우

14 단순 암기형 난이도 中

∎ 정답 ②

∎ 접근 POINT

피뢰기의 접지 저항값이 접지공사의 접지선이 전용인 것인지 아닌지 파악해야 한다.

∎ 해설

KEC 341.14 피뢰기의 접지

고압 및 특고압의 전로에 시설하는 피뢰기 접지 저항값은 10 [Ω] 이하로 하여야 한다. 다만, 고압가공전선로에 시설하는 **피뢰기의 접지공사의 접지선이 전용의 것인 경우에는 접지 저항치가 30 [Ω]까지 허용된다.**

15 단순 암기형　　　　난이도 下

| 정답 ②

| 접근 POINT

지선은 가요성을 고려하여 3조 이상의 소선을 꼬아서 합친 것으로 구성한다.

| 해설

KEC 331.11 지선의 시설

1. 가공전선로의 지지물에 시설하는 지선은 다음에 따라야 한다.

　가. 지선의 안전율은 2.5 이상일 것. 이 경우에 허용 인장하중의 최저는 4.31[kN]으로 한다.

　나. 지선에 연선을 사용할 경우에는 다음에 의할 것.

　　(1) **소선 3가닥 이상의 연선**일 것.

　　(2) 소선의 지름이 2.6[mm] 이상의 금속선을 사용한 것일 것.

　다. 지중부분 및 지표상 0.3[m] 까지의 부분에는 내식성이 있는 것 또는 아연도금을 한 철봉을 사용하고 쉽게 부식되지 않는 근가에 견고하게 붙일 것.

2. 도로를 횡단하여 시설하는 지선의 높이는 지표상 5[m] 이상으로 하여야 한다. 다만, 기술상 부득이한 경우로서 교통에 지장을 초래할 우려가 없는 경우에는 지표상 4.5[m] 이상, 보도의 경우에는 2.5[m] 이상으로 할 수 있다.

16 단순 암기형　　　　난이도 下

| 정답 ③

| 접근 POINT

안전율은 표로 정리하여 같이 암기하면 좋다.

안전율	종류
1.33	이상 시 상정하중이 가하여지는 경우 철탑의 기초 안전율
1.5	저·고압 보안공사를 한 목주의 풍압하중에 대한 안전율, 케이블 트레이, 무선용 안테나
2.0	지지물의 기초 안전율 제2종 특고압 보안공사를 한 목주의 풍압하중에 대한 안전율
2.2	경동선 및 내열동합금선
2.5	ACSR, 지선

| 해설

KEC 331.11 지선의 시설

1. 가공전선로의 지지물에 시설하는 지선은 다음에 따라야 한다.

　가. **지선의 안전율은 2.5 이상**일 것. 이 경우에 허용 인장하중의 최저는 4.31[kN]으로 한다.

　나. 지선에 연선을 사용할 경우에는 다음에 의할 것.

　　(1) 소선 3가닥 이상의 연선일 것.

　　(2) 소선의 지름이 2.6[mm] 이상의 금속선을 사용한 것일 것.

　다. 지중부분 및 지표상 0.3[m] 까지의 부분에는 내식성이 있는 것 또는 아연도금을 한 철봉을 사용하고 쉽게 부식되지 않는 근가에 견고하게 붙일 것.

2. 도로를 횡단하여 시설하는 지선의 높이는 지표상 5[m] 이상으로 하여야 한다. 다만, 기술상 부득이한 경우로서 교통에 지장을 초래할 우려가 없는 경우에는 지표상 4.5[m] 이상, 보도의 경우에는 2.5[m] 이상으로 할 수 있다.

SUBJECT 06

전기설비기술기준

17 단순 암기형   난이도 下

┃ 정답 ②

┃ 접근 POINT

소선에는 외상이나 부식을 고려하여 직경 2.6[mm]의 금속선을 사용하며 연선을 사용하는 경우 가요성은 좋으나 내부식성, 인장하중에 취약하므로 인장강도 4.31[kN] 이상의 연선을 사용한다.

┃ 해설

KEC 331.11 지선의 시설

1. 가공전선로의 지지물에 시설하는 지선은 다음에 따라야 한다.
   가. **지선의 안전율은 2.5 이상**일 것. 이 경우에 **허용 인장하중의 최저는 4.31[kN]**으로 한다.
   나. 지선에 연선을 사용할 경우에는 다음에 의할 것.
      (1) 소선 3가닥 이상의 연선일 것.
      (2) **소선의 지름이 2.6[mm] 이상의 금속선**을 사용한 것일 것.
   다. 지중부분 및 지표상 0.3[m] 까지의 부분에는 내식성이 있는 것 또는 아연도금을 한 철봉을 사용하고 쉽게 부식되지 않는 근가에 견고하게 붙일 것.
2. 도로를 횡단하여 시설하는 지선의 높이는 지표상 5[m] 이상으로 하여야 한다. 다만, 기술상 부득이한 경우로서 교통에 지장을 초래할 우려가 없는 경우에는 지표상 4.5[m] 이상, 보도의 경우에는 2.5[m] 이상으로 할 수 있다.

18 단순 암기형   난이도 下

┃ 정답 ①

┃ 접근 POINT

철탑이 중요 전선로에 사용될 경우가 많으며 설계상 강도를 증가하는 것이 가능하므로 지선을 이용하여 강도의 일부를 분담시키는 것을 금지하고 철탑 그 자체로 충분한 강도를 갖도록 설계한다.

┃ 해설

KEC 331.11 지선의 시설

가공 전선로의 지지물로 사용하는 **철탑은 지선을 사용하여 그 강도를 분담시켜서는 아니 된다.**

19 단순 암기형   난이도 上

┃ 정답 ④

┃ 접근 POINT

상정 하중에 대한 계산식에서 지선에는 1/2 이하의 풍압하중을 갖게 하여 전주 자신도 1/2 이상의 풍압하중에 견디는 것으로 하게 규정되어 있으므로 지선에 하중을 크게 분담시켜선 안된다.

┃ 해설

KEC 331.11 지선의 시설

가공전선로의 지지물로 사용하는 철주 또는 철근 콘크리트주는 지선을 사용하지 않는 상태에서 2분의 1 이상의 풍압하중에 견디는 강도를 가지는 경우 이외에는 지선을 사용하여 그 강도를 분담시켜서는 안 된다.

20 단순 암기형　　　　　　　난이도 下

▌정답　②

▌접근 POINT

가공 인입선의 높이는 표로 정리하여 암기하면 쉽다.

가공 인입선의 높이		
전선 높이	저압	고압
철도 횡단	6.5[m]	6.5[m]
도로 횡단	5[m] (교통에 지장x :3[m])	6[m]
횡단 보도교	3[m]	3.5[m]
위험 표시	-	3.5[m]
그 외	4(기술× : 2.5)	5[m]

▌해설

KEC 331.12.1 고압 가공인입선의 시설
고압 가공인입선의 높이는 규정에도 불구하고 **지표상 3.5[m]까지로** 감할 수 있다. 이 경우에 그 고압 가공인입선이 **케이블 이외의 것인때**에는 그 전선의 **아래쪽에 위험 표시**를 하여야 한다.

21 단순 암기형　　　　　　　난이도 下

▌정답　①

▌접근 POINT

가공인입선은 저압, 고압, 특고압 모두 시설이

가능하지만 고압, 특고압 연접인입선은 시설하여서는 아니 된다.

▌해설

KEC 331.12.1 고압 가공인입선의 시설
1. 고압 가공인입선은 인장강도 8.01[kN] 이상의 고압 절연전선, 특고압 절연전선 또는 지름 5[mm] 이상의 경동선의 고압 절연전선, 특고압 절연전선 또는 인하용 절연전선을 애자사용공사에 의하여 시설하거나 케이블을 시설하여야 한다.
2. 고압 가공인입선의 높이는 케이블 이외의 것인 때에는 그 전선의 아래쪽에 위험 표시를 한 경우 지표상 3.5[m] 까지로 감할 수 있다.
3. **고압 연접인입선은 시설하여서는 아니 된다.**

22 단순 암기형　　　　　　　난이도 中

▌정답　①

▌접근 POINT

고압용 기계기구의 시설에 관한 규정에서 수치 위주로 파악하면 쉽게 접근 할 수 있다.

▌해설

KEC 341.8 고압용 기계기구의 시설
고압용 기계기구는 다음의 어느 하나에 해당하는 경우와 발전소 변전소 개폐소 또는 이에 준하는 곳에 시설하는 경우 이외에는 시설하여서는 아니 된다.
가. 기계기구의 주위에 규정에 준하여 울타리 담 등을 시설하는 경우

나. 기계기구를 **지표상 4.5[m](시가지 외에는 4[m])** 이상의 높이에 시설하고 또한 사람이 쉽게 접촉할 우려가 없도록 시설하는 경우

다. 옥내에 설치한 기계기구를 취급자 이외의 사람이 출입할 수 없도록 설치한 곳에 시설하는 경우

라. 기계기구를 콘크리트제의 함 또는 규정에 따른 접지공사를 한 금속제 함에 넣고 또한 충전부분이 노출하지 아니하도록 시설하는 경우

---

23 단순 암기형   난이도 下

┃ 정답   ①

┃ 접근 POINT

고압 옥측 전선로의 시설은 저압 옥측 전선로보다 더욱 안전상 고려해야 할 전선로이기 때문에 케이블 공사만으로 한다.

┃ 해설

KEC 331.13.1 고압 옥측 전선로의 시설

1. 고압 옥측전선로는 전개된 장소에는 다음에 따라 시설하여야 한다.
   (1) **전선은 케이블**일 것.
   (2) 케이블은 견고한 관 또는 트로프에 넣거나 사람이 접촉할 우려가 없도록 시설할 것.
   (3) 조영재의 옆면 또는 아랫면에 따라 붙일 경우 지지점 간의 거리를 2[m] (수직으로 붙일 경우에는 6[m]) 이하

---

24 단순 암기형   난이도 中

┃ 정답   ②

┃ 접근 POINT

고압 옥측전선로의 전선이 다른 시설물과 접근하는 경우와 같이 암기하면 좋다. 고압 옥측전선로의 전선이 다른 시설물(그 고압 옥측전선로를 시설하는 조영물에 시설하는 다른 고압 옥측전선, 가공전선 및 옥상전선을 제외한다. 이하 같다)과 접근하는 경우에는 고압 옥측전선로의 전선과 이들 사이의 이격거리는 0.3[m] 이상이어야 한다.

┃ 해설

KEC 331.13.1 고압 옥측 전선로의 시설

고압 옥측전선로의 전선이 그 **고압 옥측전선로를 시설하는 조영물에 시설하는 특고압 옥측전선·저압 옥측전선·관등회로의 배선·약전류 전선 등이나 수관·가스관 또는 이와 유사한 것과 접근하거나 교차하는 경우에는 고압 옥측전선로의 전선과 이들 사이의 이격거리는 0.15[m] 이상**이어야 한다.

---

25 단순 암기형   난이도 中

┃ 정답   ①

┃ 접근 POINT

가공 약전류 전선로에 대한 유도장해는 사용전압과 관계가 있는 정전유도작용과 가공전선의 정상 시 부하전류, 전압 파형 및 지락 사고와 단락 사고 등 고장 전류에 의한 것 두 가지가 있으며 이를

방지하기 위해 이격거리를 2[m]로 한다.

| 해설

KEC 332.1 가공약전류전선로의 유도장해 방지

저압 가공전선로(전기철도용 급전선로는 제외한다.) 또는 고압 가공전선로(전기철도용 급전선로는 제외한다)와 기설 가공 약전류 전선로가 병행하는 경우에는 유도작용에 의하여 통신상의 장해가 생기지 않도록 **전선과 기설 약전류전선 간의 이격거리는 2[m] 이상**이어야 한다. 다만, 저압 또는 고압의 가공전선이 케이블인 경우 또는 가공약전류전선로 관리자의 승낙을 받은 경우에는 적용하지 않는다.

---

26 단순 암기형
난이도 下

| 정답 ②

| 접근 POINT

고압 가공전선 및 특고압 가공전선을 케이블로 시설할 때 행거의 간격은 0.5[m] 이하로 동일하며, 금속테이프를 사용할 때는 0.2[m] 이하의 간격을 유지시켜 나선형으로 감아 붙이는 것도 같다.

| 해설

KEC 332.2 가공케이블의 시설

가공 전선에 케이블을 사용하는 경우에 케이블은 조가선에 행거로 시설하며 **고압인 경우 행거의 간격을 0.5[m] 이하**로 한다.

---

27 단순 암기형
난이도 中

| 정답 ③

| 접근 POINT

저, 고, 특고압 가공 케이블을 시설할 때 사용하는 아연도강연선의 단면적은 모두 22[mm^2]로 같고, 특고압 가공 케이블에 시설하는 조가선의 인장강도가 13.93[kN]으로 저, 고압과 다르다.

| 해설

KEC 332.2 고압 가공 케이블의 시설

조가선은 인장 강도 5.93[kN] 이상의 것 또는 **단면적 22[mm^2] 이상인 아연도강연선**일 것

---

28 단순 암기형
난이도 中

| 정답 ③

| 접근 POINT

시가지 외일 때와 시가지일 때의 경동선의 지름이 다르므로 잘 구분하여야 한다.

| 해설

KEC 332.3 고압 가공전선의 굵기 및 종류

표 H332.3-1 가공전선의 굵기 및 시설장소

전압	시설장소	경동선의 굵기	
		지름[mm]	인장하중[kN]
400[V] 이하	절연전선	2.6	2.3
	나전선	3.2	3.43
400[V] 초과	**시가지 외**	**4.0**	5.26
	시가지	5.0	8.01

29 단순 암기형

정답 ②

접근 POINT

안전율은 표로 정리하여 같이 암기하면 좋다.

안전율	종류
1.33	이상 시 상정하중이 가하여지는 경우 철탑의 기초 안전율
1.5	저·고압 보안공사를 한 목주의 풍압하중에 대한 안전율, 케이블 트레이, 무선용 안테나
2.0	지지물의 기초 안전율 제2종 특고압 보안공사를 한 목주의 풍압하중에 대한 안전율
2.2	경동선 및 내열동합금선
2.5	ACSR, 지선

해설

KEC 332.4 고압 가공전선의 안전율
고압 가공전선은 케이블인 경우 이외에는 다음에 규정하는 경우에 그 **안전율이 경동선 또는 내열동합금선은 2.2 이상**, 그 밖의 전선은 2.5 이상이 되는 이도로 시설하여야 한다.

30 단순 암기형

정답 ④

접근 POINT

안전율은 표로 정리하여 같이 암기하면 좋다.

안전율	종류
1.33	이상 시 상정하중이 가하여지는 경우 철탑의 기초 안전율
1.5	저·고압 보안공사를 한 목주의 풍압하중에 대한 안전율, 케이블 트레이, 무선용 안테나
2.0	지지물의 기초 안전율 제2종 특고압 보안공사를 한 목주의 풍압하중에 대한 안전율
2.2	경동선 및 내열동합금선
2.5	ACSR, 지선

해설

KEC 332.4 고압 가공전선의 안전율
고압 가공전선은 케이블인 경우 이외에는 다음에 규정하는 경우에 그 **안전율이** 경동선 또는 내열 동합금선은 2.2 이상, **그 밖의 전선은 2.5 이상**이 되는 이도로 시설하여야 한다.

31 단순 암기형

정답 ④

접근 POINT

저·고압 가공전선은 도로횡단과 철도횡단의 높이가 모두 같다.

해설

222.7 저압 가공전선의 높이
1. 저압 가공전선의 높이는 다음에 따라야 한다.
    가. **도로를 횡단**하는 경우에는 **지표상 6[m] 이상**
    나. **철도 또는 궤도를 횡단**하는 경우에는 **레일면상 6.5[m] 이상**
KEC 332.5 고압 가공전선의 높이

466 SUBJECT 06 전기설비기술기준

1. 고압 가공전선의 높이는 다음에 따라야 한다.
   가. **도로를 횡단**하는 경우에는 **지표상 6[m] 이상**
   나. **철도 또는 궤도를 횡단**하는 경우에는 레일
      면상 6.5[m] 이상

---

32 단순 암기형   난이도 下

┃정답 ③

┃접근 POINT

특고압 가공전선로에 사용하는 가공지선과 같이 암기하면 좋다.
특고압 가공전선로에 사용하는 가공지선은 인장강도 8.01[kN] 이상의 나선 또는 지름 5[mm] 이상의 나경동선을 사용한다.

┃해설

KEC 332.6 고압 가공전선로의 가공지선
고압 가공전선로에 사용하는 가공지선은 인장강도 5.26[kN] 이상의 것 또는 **지름 4[mm] 이상의 나경동선**을 사용한다.

---

33 단순 암기형   난이도 上

┃정답 ②

┃접근 POINT

저압 가공전선로의 지지물은 목주인 경우에 풍압하중의 1.2배, 고압 가공전선로는 1.3 이상이어야 한다.

┃해설

KEC 332.7 고압 가공전선로의 지지물의 강도

1. 고압 가공전선로의 **지지물로서 사용하는 목주**는 다음에 따라 시설하여야 한다.
   가. **풍압하중에 대한 안전율은 1.3 이상일 것.**
   나. **굵기는 말구 지름 0.12[m] 이상일 것.**

---

34 단순 암기형   난이도 下

┃정답 ③

┃접근 POINT

병행설치(병가) 및 공용설치(공가)의 모든 전선은 전압이 낮은 쪽이 아래로, 별개의 완금류에 시설한다.

┃해설

KEC 332.8 고압 가공 전선 등의 병행설치

1. **저압 가공전선을 고압 가공전선의 아래로 하고 별개의 완금류에 시설할 것**
2. **저압 가공전선과 고압 가공전선 사이의 이격거리는 0.5[m] 이상**일 것 (다만, 각도주, 분기주 등에서 혼촉의 우려가 없도록 시설하는 경우에는 그러하지 아니하다.)

---

35 단순 암기형   난이도 中

┃정답 ①

┃접근 POINT

표로 정리하여 암기하면 쉽다.

전압		일반적	고압 : 케이블 사용 특고압 : 케이블 사용 및 저·고압에 절연전선 또는 케이블 사용
저·고압		0.5[m] 이상	0.3[m] 이상
특고압	15[kV] 이하	0.75[m] 이상	
	15[kV] 초과 25[kV] 이하	1[m] 이상	0.5[m] 이상
	35[kV] 이하	1.2[m] 이상	0.5[m] 이상
	35[kV] 초과 60[kV] 이하	2[m] 이상	1[m] 이상
	60[kV] 초과 100[kV] 미만	$2 + \dfrac{X-60}{10} \times 0.12$	$1 + \dfrac{X-60}{10} \times 0.12$
	100[kV] 이상	동일 지지물에 설치 금지	

┃ 해설

KEC 332.8 고압 가공 전선 등의 병행설치

저압 가공전선(다중접지된 중성선은 제외)과 고압 가공전선을 동일 지지물에 시설하는 경우에는 다음에 따라야 한다.

1. 저압 가공전선을 고압 가공전선의 아래로 하고 별개의 완금류에 시설할 것.

2. 저압 가공전선과 고압 가공전선 사이의 이격거리는 0.5[m] 이상일 것.

3. **고압 가공전선에 케이블을 사용**하고, **또한 케이블과 저압 가공전선 사이의 이격거리를 0.3[m] 이상**으로 하여 시설하는 경우

36 단순 암기형
난이도 下

┃ 정답 ④

┃ 접근 POINT

철탑은 단주인 경우를 제외하고 표준 경간과 장경간이 모두 600[m]로 같다.

┃ 해설

KEC 332.9 고압 가공 전선로 경간의 제한

지지물의 종류	경 간
목주·A종 철주 또는 A종 철근 콘크리트주	150[m]
B종 철주 또는 B종 철근 콘크리트주	250[m]
철탑	**600[m]**

37 단순 암기형
난이도 下

┃ 정답 ①

┃ 접근 POINT

경간은 표로 정리하여 암기하면 쉽다.

지지물	표준 경간 (장경간)	시가지 특고압 (목주 사용 불가)	보안공사 종류에 따른 분류		
			저·고압 보안공사	제1종 특고압 보안공사	제2·3종 특고압 보안공사
목주 A종	150 (300)	75	100	사용 불가	100
B종	250 (500)	150	150	150	200
철탑	600 (600)	400	400	400	400

┃ 해설

KEC 332.10 고압 보안공사

표 332.10-1 고압 보안공사 경간 제한

지지물의 종류	경간
목주·A종 철주 또는 A종 철근 콘크리트주	**100[m]**
B종 철주 또는 B종 철근 콘크리트주	150[m]
철탑	400[m]

38 단순 암기형   난이도 中

┃ 정답 ①

┃ 접근 POINT

저, 고압 가공전선이 건조물의 상부 조영재, 기타 조영재에 접근 또는 교차 시 수치가 모두 같다.

┃ 해설

KEC 332.11 고압 가공 전선과 건조물의 접근

건조물 조영재의 구분	접근형태	이격거리
상부 조영재	위쪽	2[m] (저압: 고압·특고압절연전선, 케이블 1[m]) (고압: 케이블 1[m])
	옆쪽 또는 아래쪽	**1.2[m]** (사람 접촉 우려 없도록 0.8[m]) (저압: 고압·특고압절연전선, 케이블 0.4[m]) (고압: 케이블 0.4[m])
기타의 조영재		1.2[m] (사람 접촉 우려 없도록 0.8[m]) (저압: 고압·특고압절연전선, 케이블 0.4[m]) (고압: 케이블 0.4[m])

39 단순 암기형   난이도 中

┃ 정답 ④

┃ 접근 POINT

수치가 같은 조항을 표로 정리하여 암기하면 쉽다.

장소 \ 전압	저압	고압
삭도나 그 지주 또는 저압전차선 가공약전류전선 안테나 가공전선과의 상호 간	0.6[m]	0.8[m]
	0.3[m] 고압 및 특고압 절연전선 또는 케이블인 경우	0.4[m] 케이블인 경우

┃ 해설

KEC 332.13 고압 가공전선과 가공약전류전선 등의 접근 또는 교차

1. 저압 가공전선 또는 고압 가공전선이 가공약전류전선 또는 가공 광섬유 케이블과 접근상태로 시설되는 경우에는 다음에 따라야 한다.
   가. 고압 가공전선이 가공약전류전선 등과 접근하는 경우는 **고압 가공전선과 가공약전류전선 등 사이의 이격거리는 0.8[m]** (전선이 케이블인 경우에는 0.4[m]) **이상**일 것.

40 단순 암기형   난이도 中

┃ 정답 ③

┃ 접근 POINT

수치가 같은 조항을 표로 정리하여 암기하면 쉽다.

장소 \ 전압	저압	고압
삭도나 그 지주 또는 저압전차선 가공약전류전선 안테나 가공전선과의 상호 간	0.6[m]	0.8[m]
	0.3[m] 고압 및 특고압 절연전선 또는 케이블인 경우	0.4[m] 케이블인 경우

해설

KEC 332.14 고압 가공전선과 안테나의 접근 또는 교차

1. 저압 가공전선 또는 고압 가공전선이 안테나와 접근상태로 시설되는 경우에는 다음에 따라야 한다.

   가. 고압 가공전선로는 고압 보안공사에 의할 것.

   나. 가공전선과 안테나 사이의 이격거리(가섭선에 의하여 시설하는 안테나에 있어서는 수평 이격거리)는 저압은 0.6[m] (전선이 고압 절연전선, 특고압 절연전선 또는 케이블인 경우에는 0.3[m]) 이상, **고압은 0.8[m]** (전선이 케이블인 경우에는 0.4[m]) 이상일 것.

41 단순 암기형

난이도 中

정답 ②

접근 POINT

수치가 같은 조항을 표로 정리하여 암기하면 쉽다.

장소 \ 전압	저압	고압
삭도나 그 지주 또는 저압전차선 가공약전류전선 안테나 가공전선과의 상호 간	0.6[m]	0.8[m]
	0.3[m] 고압 및 특고압 절연전선 또는 케이블인 경우	0.4[m] 케이블인 경우

해설

KEC 332.17 고압 가공 전선 상호 간의 접근 및 교차

1. 위쪽 또는 옆쪽에 시설되는 고압 가공전선로는 고압 보안공사에 의할 것.

2. **고압 가공전선 상호 간의 이격거리는 0.8[m]** (어느 한쪽의 전선이 케이블인경우에는 0.4[m]) **이상, 하나의 고압 가공전선과 다른 고압 가공전선로의 지지물 사이의 이격거리는 0.6[m]** (전선이 케이블인 경우에는 0.3[m]) **이상**일 것.

42 단순 암기형

난이도 中

정답 ④

접근 POINT

특고압 가공전선의 규정에서 수치 위주로 암기해야 한다.

해설

KEC 333.23 특고압 가공전선과 건조물의 접근

사용전압이 400[kV] 이상의 특고압 가공전선이 건조물과 제2차 접근상태로 있는 경우에는 다음에 따라 시설하여야 한다.

가. **전선 높이가 최저상태일 때 가공전선과 건조물 상부와의 수직거리가 28[m] 이상일 것.**

나. 독립된 주거생활을 할 수 있는 단독주택, 공동주택 및 학교, 병원 등 불특정 다수가 이용하는 다중 이용 시설의 건조물이 아닐 것.

다. 폭연성 분진, 가연성 가스, 인화성물질, 석유류, 화학류 등 위험 물질을 다루는 건조물에 해당되지 아니할 것.

43 단순 암기형   난이도 中

┃ 정답 ③

┃ 접근 POINT

이격거리를 표로 정리하여 암기하면 쉽다.

시설 방법		기설 약전류 전선	일반적	절연 전선, 케이블	관리자의 승낙
저압		2[m]	0.75[m]	절 · 케 0.3[m]	0.6[m]
고압			1.5[m]	케 0.5[m]	1[m]
특고압	35[kV] 이하	–	2[m]	케 0.5[m]	–
	35[kV] 초과	동일 지지물에 설치 금지			

┃ 해설

KEC 332.21 고압 가공전선과 가공약전류전선 등의 공용설치

가. 지지물 목주의 풍압하중에 대한 안전율은 1.5 이상

나. 가공전선을 가공약전류전선 등의 위로 하고 별개의 완금류에 시설할 것.

다. 가공전선과 가공약전류전선 등 사이의 이격 거리는 가공전선에 유선 텔레비전용 급전겸 용 동축케이블을 사용한 전선으로 서 그 가 공전선로의 관리자와 가공약전류전선로 등 의 관리자가 같을 경우 이외에는 **저압 0.75[m] 이상, 고압 1.5[m] 이상**(다만, 가공 약전류전선 등이 절연전선과 동등 이상의 절연성능이 있는 것 또는 통신용 케이블인 경우는 저압 가공전선이 고압 절연전선, 특 고압 절연전선 또는 케이블인 경우 0.3[m],

고압 가공전선이 케이블인 경우 0.5[m], 가 공약전류전선로 등의 관리자의 승낙을 얻은 경우 저압 0.6[m], 고압 1[m])

44 단순 암기형   난이도 中

┃ 정답 ③

┃ 접근 POINT

35[kV] 이하의 특고압 가공전선로를 시가지에 시설하는 경우 특고압 절연전선의 사용 유무에 따라 전선 지표상의 높이가 다르니 주의하여야 한다.

┃ 해설

KEC 333.1 시가지 등에서 특고압 가공전선로 의 시설

사용전압의 구분	지표상의 높이
35[kV] 이하	10[m] **(전선이 특고압 절연전선인 경우에는 8[m])**
35[kV] 초과	10[m]에 35[kV]를 초과하는 10[kV] 또는 그 단수마다 0.12[m]를 더한 값

45 단순 계산형   난이도 中

┃ 정답 ③

┃ 접근 POINT

사용전압이 35[kV]를 초과하여 전선의 지표상 최소 높이는 10[m]를 넘어서므로 보기에 있는 10[m] 이하의 값은 선택하지 말아야 한다.

해설

KEC 333.1 시가지 등에서 특고압 가공전선로의 시설

사용전압의 구분	지표상의 높이
35[kV] 이하	10[m] (전선이 특고압 절연전선인 경우에는 8[m])
35[kV] 초과	10[m]에 35[kV]를 초과하는 10[kV] 또는 그 단수마다 0.12[m]를 더한 값

단수: $(66 - 35)/10 = 3.1 \rightarrow 4$단

지표상의 높이: $10 + 0.12 \times 4 = 10.48[m]$

46 단순 암기형   난이도 下

정답 ①

접근 POINT

시가지는 도시의 중심부이므로 100[kV]를 넘는 특고압 가공전선로에 사고가 발생하였을 경우 빨리 차단을 하여야 한다.

해설

KEC 333.1 시가지 등에서 특고압 가공전선로의 시설

사용전압이 100[kV]를 초과하는 특고압 가공전선에 지락 또는 단락이 생겼을 때에는 1초 이내에 자동적으로 이를 전로로부터 차단하는 장치를 시설할 것.

47 단순 암기형   난이도 下

정답 ②

접근 POINT

목주는 다른 지지물에 비하여 신뢰도가 낮고 화재에 대하여 약하기 때문에 시가지에서 사용하면 안 된다.

해설

KEC 333.1 시가지 등에서 특고압 가공전선로의 시설

지지물에는 철주·철근 콘크리트주 또는 철탑을 사용할 것.

48 단순 암기형   난이도 中

정답 ②

접근 POINT

시가지 특고압 가공전선로의 시설에서 사용전압이 공칭전압으로 많이 주어졌는데, 100[kV] 미만의 공칭전압으로는 22.9[kV], 66[kV] 100[kV] 이상은 154[kV]가 있으므로 참고하면 좋다.

해설

KEC 333.1 시가지 등에서 특고압 가공전선로의 시설

〈표 333.1-2 시가지 등에서 170[kV] 이하 특고압 가공전선로의 전선의 단면적〉

사용전압의 구분	전선의 단면적
100[kV] 미만	인장강도 21.67[kN] 이상의 연선 또는 단면적 55[mm²] 이상의 경동연선 또는 동등 이상의 인장강도를 갖는 알루미늄 전선이나 절연전선

사용전압의 구분	전선의 단면적
100[kV] 이상	**인장강도 58.84[kN] 이상의 연선 또는 단면적 150[mm²] 이상의 경동연선** 또는 동등 이상의 인장강도를 갖는 알루미늄 전선이나 절연전선

49 단순 암기형   난이도 中

▍정답 ②

▍접근 POINT

시가지 특고압 가공전선로의 시설에서 사용전압이 공칭전압으로 많이 주어졌는데, 100[kV] 미만의 공칭전압으로는 22.9[kV], 66[kV] 100[kV] 이상은 154[kV]가 있으므로 참고하면 좋다.

▍해설

KEC 333.1 시가지 등에서 특고압 가공전선로의 시설

〈표 333.1-2 시가지 등에서 170[kV] 이하 특고압 가공전선로의 전선의 단면적〉

사용전압의 구분	전선의 단면적
100[kV] 미만	**인장강도 21.67[kN] 이상의 연선 또는 단면적 55[mm²] 이상**의 경동연선 또는 동등 이상의 인장강도를 갖는 알루미늄 전선이나 절연전선
100[kV] 이상	인장강도 58.84[kN] 이상의 연선 또는 단면적 150[mm²] 이상의 경동연선 또는 동등 이상의 인장강도를 갖는 알루미늄 전선이나 절연전선

50 단순 암기형   난이도 下

▍정답 ②

▍접근 POINT

반복 출제가 많이 됐던 문제로, 60[kV] 이하와 초과 시 전화 선로의 길이와 유도전류의 값을 확실히 암기하여야 한다.

▍해설

KEC 333.2 유도장해의 방지

1. **사용전압이 60[kV] 이하인 경우에는 전화 선로의 길이 12[km]마다 유도전류가 2[μA]를 넘지 아니할 것**
2. 사용전압이 60[kV]를 넘는 경우에는 전화 선로의 길이 40[km]마다 유도전류가 3[μA]를 넘지 아니할 것

51 단순 암기형   난이도 下

▍정답 ②

▍접근 POINT

60[kV] 이하와 초과 시 전화 선로의 길이와 유도전류의 값을 확실히 암기하여야 한다.

▍해설

KEC 333.2 유도장해의 방지

1. 사용전압이 60[kV] 이하인 경우에는 전화 선로의 길이 12[km]마다 유도전류가 2[μA]를 넘지 아니할 것
2. **사용전압이 60[kV]를 넘는 경우에는 전화 선로**

전기설비기술기준   SUBJECT 06

의 길이 40[km]마다 유도전류가 3[μA]를 넘지 아니할 것

52 단순 암기형

정답 ②

접근 POINT

고압 가공전선 및 특고압 가공전선을 케이블로 시설할 때 행거의 간격은 0.5[m] 이하로 동일하며, 금속테이프를 사용할 때는 0.2[m] 이하의 간격을 유지시켜 나선형으로 감아 붙이는 것도 같다.

또한, 저, 고, 특고압 가공 케이블을 시설할 때 사용하는 아연도강연선의 단면적은 모두 22[mm^2]로 같고, 특고압 가공 케이블에 시설하는 조가선의 인장강도가 13.93[kN]으로 저, 고압과 다르다.

해설

KEC 333.3 특고압 가공케이블의 시설
특고압 가공전선로는 그 전선에 케이블을 사용하는 경우에는 다음에 따라 시설하여야 한다.
가. 케이블은 다음의 어느 하나에 의하여 시설할 것.
  (1) 조가선에 행거에 의하여 시설할 것. 이 경우에 행거의 간격은 0.5[m] 이하로 하여 시설하여야 한다.
  (2) 조가선에 접촉시키고 그 위에 쉽게 부식되지 아니하는 **금속테이프 등을 0.2[m] 이하의 간격**을 유지시켜 나선형으로 감아 붙일 것.

나. 조가선은 인장강도 13.93[kN] 이상의 연선 또는 단면적 22[mm^2] 이상의 아연도강연선일 것.

53 단순 암기형

정답 ②

접근 POINT

특고압 가공전선과 지지물 등의 이격거리에 관한 여러 문제가 있지만 이 문제는 반복이 많이 되었으므로 확실히 암기하여야 한다.

해설

KEC 333.5 특고압 가공전선과 지지물 등의 이격거리

사용전압		이격거리[m]
15[kV] 미만		0.15
15[kV] 이상	**25[kV] 미만**	**0.2**
25[kV] 이상	35[kV] 미만	0.25
35[kV] 이상	50[kV] 미만	0.3
50[kV] 이상	60[kV] 미만	0.35
60[kV] 이상	70[kV] 미만	0.4
70[kV] 이상	80[kV] 미만	0.45
80[kV] 이상	130[kV] 미만	0.65
130[kV] 이상	160[kV] 미만	0.9
160[kV] 이상	200[kV] 미만	1.1
200[kV] 이상	230[kV] 미만	1.3
230[kV] 이상		1.6

54 단순 암기형

정답 ①

▮ 접근 POINT

특고압 가공전선과 지지물 등의 이격거리를 확실히 암기하여야 한다.

▮ 해설

KEC 333.5 특고압 가공전선과 지지물 등의 이격거리

사용전압	이격거리[m]
15[kV] 미만	0.15
15[kV] 이상 25[kV] 미만	0.2
25[kV] 이상 35[kV] 미만	0.25
35[kV] 이상 50[kV] 미만	0.3
50[kV] 이상 60[kV] 미만	0.35
60[kV] 이상 70[kV] 미만	0.4
70[kV] 이상 80[kV] 미만	0.45
80[kV] 이상 130[kV] 미만	0.65
130[kV] 이상 160[kV] 미만	0.9
160[kV] 이상 200[kV] 미만	1.1
200[kV] 이상 230[kV] 미만	1.3
230[kV] 이상	1.6

55 단순 계산형　　　　　난이도 中

▮ 정답　①

▮ 접근 POINT

평지는 6[m], 산지는 5[m]로 계산하여야 한다.

▮ 해설

KEC 333.7 특고압 가공전선의 높이

사용전압의 구분	지표상의 높이
35[kV] 이하	5[m] (철도 또는 궤도를 횡단하는 경우에는 6.5[m], 도로를 횡단하는 경우에는 6[m], 횡단보도교의 위에 시설하는 경우로서 전선이 특고압 절연전선 또는 케이블인 경우에는 4[m])
35[kV] 초과 160[kV] 이하	6[m] (철도 또는 궤도를 횡단하는 경우에는 6.5[m], 산지 등에서 사람이 쉽게 들어갈 수 없는 장소에 시설하는 경우에는 5[m], 횡단보도교의 위에 시설하는 경우 전선이 케이블인 때는 5[m])
160[kV] 초과	6[m] (철도 또는 궤도를 횡단하는 경우에는 6.5[m] **산지 등에서 사람이 쉽게 들어갈 수 없는 장소를 시설하는 경우에는 5[m])에 160[kV]를 초과하는 10[kV] 또는 그 단수마다 0.12[m]를 더한 값**

단수: $(345 - 160)/10 = 18.5 \rightarrow 19$단

지표상의 높이: $5 + 0.12 \times 19 = 7.28[\text{m}]$

56 단순 암기형　　　　　난이도 下

▮ 정답　④

▮ 접근 POINT

저·고압, 160[kV] 이하의 특고압 가공전선이 도로를 횡단하는 경우 높이는 산지를 제외하고 6[m]로 모두 같다.

전압의 종류 ＼ 높이	철도횡단	도로횡단	횡단보도교
저·고압	6.5[m]	6[m]	3.5[m]
35[kV] 이하		6[m]	4[m]
35[kV] 초과 160[kV] 이하		산지 5[m] 평지 6[m]	5[m]

▌해설

KEC 333.7 특고압 가공전선의 높이

사용전압의 구분	지표상의 높이
35[kV] 이하	5[m] (철도 또는 궤도를 횡단하는 경우에는 6.5[m], **도로를 횡단하는 경우에는 6[m]**, 횡단보도교의 위에 시설하는 경우로서 전선이 특고압 절연전선 또는 케이블인 경우에는 4[m])
35[kV] 초과 160[kV] 이하	6[m] (철도 또는 궤도를 횡단하는 경우에는 6.5[m], 산지 등에서 사람이 쉽게 들어갈 수 없는 장소에 시설하는 경우에는 5[m], 횡단보도교의 위에 시설하는 경우 전선이 케이블인 때는 5[m])
160[kV] 초과	6[m] (철도 또는 궤도를 횡단하는 경우에는 6.5[m] 산지 등에서 사람이 쉽게 들어갈 수 없는 장소를 시설하는 경우에는 5[m])에 160[kV]를 초과하는 10[kV] 또는 그 단수마다 0.12[m]를 더한 값

---

57 단순 암기형 난이도 下

▌정답 ①

▌접근 POINT

내장형 철탑은 특고압 가공전선로 중 지지물로서 직선형의 철탑을 연속하여 10기 이상 사용하는 부분에는 10기 이하마다 장력에 견디는 애자장치가 되어 있는 철탑 또는 이와 동등 이상의 강도를 가지는 철탑 1기를 시설한다라는 내용도 참고하면 좋다.

▌해설

KEC 333.11 특고압 가공전선로의 철주ㆍ철근

콘크리트주 또는 철탑의 종류

특고압 가공전선로의 지지물로 사용하는 B종 철근ㆍB종 콘크리트주 또는 철탑의 종류는 다음과 같다.

가. 직선형: 전선로의 직선부분 3° 이하인 수평각도인 곳
나. 각도형: 전선로중 3°를 초과하는 수평각도인 곳
다. 인류형: 전가섭선을 인류하는 곳에 사용하는 것.
라. **내장형: 지지물 양쪽의 지지물 간의 거리 차가 큰 곳**
마. 보강형: 전선로의 직선부분의 보강을 위한 곳

---

58 단순 암기형 난이도 下

▌정답 ③

▌접근 POINT

각 형태의 핵심 단어를 기억하면 암기하기 쉽다.
직선형: 3° 이하, 각도형: 3° 초과, 인류형: 인류하는 곳
내장형: 양쪽의 지지물 간의 거리 차가 큰 곳, 보강형: 보강을 위한 곳

▌해설

KEC 333.11 특고압 가공전선로의 철주ㆍ철근 콘크리트주 또는 철탑의 종류

특고압 가공전선로의 지지물로 사용하는 B종 철근ㆍB종 콘크리트주 또는 철탑의 종류는 다음과 같다.

가. 직선형: 전선로의 직선부분 3° 이하인 수평각도인 곳

나. **각도형: 전선로중 3°를 초과하는 수평각도인 곳**

다. 인류형: 전가섭선을 인류하는 곳에 사용하는 것.

라. 내장형: 지지물 양쪽의 지지물 간의 거리 차가 큰 곳

마. 보강형: 전선로의 직선부분의 보강을 위한 곳

59 단순 암기형   난이도 下

┃ 정답 ④

┃ 접근 POINT

수치를 확실하게 암기하여야 한다.

┃ 해설

KEC 333.16 특고압 가공전선로의 내장형 등의 지지물 시설

특고압 가공전선로 중 지지물로서 직선형의 철탑을 연속하여 10기 이상 사용하는 부분에는 10기 이하마다 장력에 견디는 애자장치가 되어 있는 철탑 또는 이와 동등 이상의 강도를 가지는 철탑 1기를 시설하여야 한다.

60 단순 암기형   난이도 下

┃ 정답 ③

┃ 접근 POINT

특고압 가공전선로를 병행설치(병가), 공용설치(공가)를 할 때 특고압 가공전선로에 제2종 특고압 보안공사를 하며 케이블인 경우를 제외하

고는 인장강도 21.67[kN] 이상의 연선 또는 단면적이 50[mm²] 이상인 경동연선을 사용한다.

┃ 해설

KEC 333.17 특고압 가공전선과 저·고압 가공전선의 병행 설치

1. 사용전압이 35[kV]을 초과하고 100[kV] 미만인 특고압 가공전선과 저압 또는 가공전선을 동일 지지물에 시설하는 경우 다음에 따라 시설하여야 한다.

   가. 특고압 가공전선로는 제2종 특고압 보안공사에 의할 것.

   나. 특고압 가공전선과 저압 또는 고압 가공전선 사이의 이격거리는 2[m] 이상일 것. 다만, 특고압 가공전선이 케이블인 경우에 저압 가공전선이 절연전선 혹은 케이블인 때 또는 고압 가공 전선이 절연전선 혹은 케이블인 때에는 1[m] 까지 감할 수 있다.

   다. **특고압 가공전선은 케이블인 경우를 제외하고는 인장강도 21.67[kN] 이상의 연선 또는 단면적이 50[mm²] 이상인 경동연선일 것.**

61 단순 암기형   난이도 下

┃ 정답 ③

┃ 접근 POINT

문제에서 35[kV] 이하인 특고압 가공전선이라고 하였으므로 고압 보안공사는 답이 될 수 없다.

▌해설

KEC 333.19 특고압 가공전선과 가공약전류
전선 등의 공용 설치

1. **사용전압이 35[kV] 이하인 특고압 가공전선과
   가공약전류전선 등을 동일 지지물에 시설하는 경
   우**에는 다음에 따라야 한다.

   가. **특고압 가공전선로는 제2종 특고압 보안공사**
       에 의할 것.

   나. 특고압 가공전선은 가공약전류전선 등의
       위로하고 별개의 완금류에 시설할 것.

   다. 특고압 가공전선은 케이블인 경우 이외
       에는 인장강도 21.67[kN] 이상의 연선
       또는 단면적이 50[mm²] 이상인 경동연
       선일 것.

   라. 특고압 가공전선과 가공약전류전선 등
       사이의 이격거리는 2[m] 이상으로 할
       것. 다만, 특고압 가공전선이 케이블인
       경우에는 0.5[m] 까지로 감할 수 있다.

62 단순 암기형   난이도 上

▌정답   ③

▌접근 POINT

철탑의 표준 경간과 장경간은 단주인 경우를 제
외하고는 600으로 같다.

▌해설

KEC 333.21 특고압 가공전선로의 경간 제한
1. 특고압 가공전선로의 경간은 표 333.21-1
   에서 정한 값 이상이어야 한다.

〈표 333.21-1 특고압 가공전선로의 경간 제한〉

지지물의 종류	경간
목주·A종 철주 또는 A종 철근 콘크리트주	150[m]
B종 철주 또는 B종 철근 콘크리트주	250[m]
철탑	600[m] (단주 : 400[m])

63 단순 암기형   난이도 中

▌정답   ③

▌접근 POINT

제1종 특고압 보안공사의 전선의 단면적을 물
어볼 때 주로 공칭전압이 주어진다. 100[kV] 미
만에는 66[kV], 100[kV] 이상 300[kV] 미만에
는 154[kV], 300[kV] 이상의 전압은 345[kV]
가 있다. 주어진 공칭전압을 보고 범위를 찾아
단면적을 기억하자.

▌해설

KEC 333.22 특고압 보안공사
제1종 특고압 보안공사 시 전선의 단면적

사용전압	전선
100[kV] 미만	인장강도 21.67[kN] 이상의 연선 또는 단면적 55[mm²] 이상의 경동연선
100[kV] 이상 300[kV] 미만	인장강도 58.84[kN] 이상의 연선 또는 **단면적 150[mm²] 이상의 경동연선**
300[kV] 이상	인장강도 77.47[kN] 이상의 연선 또는 단면적 200[mm²] 이상의 경동연선

64 단순 암기형 　　　　　난이도 中

▌정답　④

▌접근 POINT

제1종 특고압 보안공사의 전선의 단면적을 물어볼 때 주로 공칭전압이 주어진다. 100[kV] 미만에는 66[kV], 100[kV] 이상 300[kV] 미만에는 154[kV], 300[kV] 이상의 전압은 345[kV]가 있다. 주어진 공칭전압을 보고 범위를 찾아 단면적을 기억하자.

▌해설

KEC 333.22 특고압 보안공사
제1종 특고압 보안공사 시 전선의 단면적

사용전압	전선
100[kV] 미만	인장강도 21.67[kN] 이상의 연선 또는 단면적 55[mm²] 이상의 경동연선
100[kV] 이상 300[kV] 미만	인장강도 58.84[kN] 이상의 연선 또는 단면적 150[mm²] 이상의 경동연선
300[kV] 이상	인장강도 77.47[kN] 이상의 연선 또는 **단면적 200[mm²] 이상의 경동연선**

65 단순 암기형 　　　　　난이도 下

▌정답　②

▌접근 POINT

제1종 특고압 보안공사는 목주 및 A종의 지지물 사용이 불가능하며 시가지 등에서 시설하는 특고압 가공전선로는 목주의 사용이 불가능하다.

▌해설

KEC 333.22 특고압 보안공사
제1종 특고압 보안공사는 다음에 따라야 한다.
전선로의 지지물에는 B종 철주·B종 철근 콘크리트주 또는 철탑을 사용할 것.

66 단순 계산형 　　　　　난이도 上

▌정답　②

▌접근 POINT

KEC에 규정되어 있는 대부분의 계산 문제에서는 단수마다 0.12를 더하지만 아래 두 규정은 사용전압이 35[kV]를 초과하였을 때 단수마다 0.15를 더한다.
333.23 특고압 가공전선과 건조물의 접근
333.24 특고압 가공전선과 도로 등의 접근 또는 교차

▌해설

KEC 333.24 특고압 가공전선과 도로 등의 접근 또는 교차

사용전압	이격거리
35[kV] 이하	3[m]
35[kV] 초과	3[m]에 사용전압이 35[kV]를 초과하는 10[kV] 또는 그 단수마다 0.15[m]을 더한 값

단수: $(154 - 35) \div 10 = 11.9 \rightarrow 12$
이격거리: $3 + 0.15 \times 12단 = 4.8[m]$

전기설비기술기준 SUBJECT 06

67 단순 암기형

난이도 下

▍정답 ③

▍접근 POINT

제1, 2종 특고압 보안공사는 2차 접근 상태로 시설될 때이며 제4종 특고압 보안공사는 존재하지 않는다.

▍해설

KEC 333.24 특고압 가공전선과 도로 등의 접근 또는 교차

1. 특고압 가공전선이 도로·횡단보도교·철도 또는 궤도와 **제1차 접근상태**로 시설되는 경우 다음에 따라야 한다.

　가. 특고압 가공전선로는 **제3종 특고압 보안공사**에 의할 것

68 단순 계산형

난이도 中

▍정답 ③

▍접근 POINT

특고압 가공전선로의 전압이 둘 다 60[kV]를 초과했을 경우에는 높은 전압을 기준으로 계산하면 된다.

▍해설

KEC 333.27 특고압 가공전선 상호 간의 접근 또는 교차

사용전압의 구분	이격거리
60[kV] 이하	2[m]
60[kV] 초과	2[m]에 사용전압이 60[kV]를 초과하는 10[kV] 또는 그 단수마다 0.12[m]을 더한 값

단수: $(345 - 60) \div 10 = 28.5 \rightarrow 29$

이격거리: $2 + 29 \times 0.12 = 5.48[\text{m}]$

69 단순 계산형

난이도 中

▍정답 ②

▍접근 POINT

아래 4개는 이격거리의 수치에 대한 조항이 모두 같다.

333.26 특고압 가공전선과 저고압 가공전선 등의 접근 또는 교차

333.27 특고압 가공전선 상호 간의 접근 또는 교차

333.28 특고압 가공전선과 다른 시설물의 접근 또는 교차

333.30 특고압 가공 전선과 식물의 이격거리

▍해설

KEC 333.30 특고압 가공 전선과 식물의 이격거리

사용전압의 구분	이격거리
60[kV] 이하	2[m]
60[kV] 초과	2[m]에 사용전압이 60[kV]를 초과하는 10[kV] 또는 그 단수마다 0.12[m]을 더한 값

단수: $(154 - 60) \div 10 = 9.4 \rightarrow 10$

이격거리: $2 + 0.12 \times 10 = 3.2[m]$

---

70 단순 암기형　　　　　난이도 上

| 정답 ④

| 접근 POINT

상부 조영재의 옆쪽 또는 아래쪽에 나전선을 사용하는 경우도 많이 출제가 되었으므로 꼭 암기를 해야 한다.

| 해설

KEC 333.32 25[kV]이하인 특고압 가공전선로의 시설

표 333.32-3 15[kV] 초과 25[kV] 이하 특고압 가공전선로 이격거리

구분		사용전압이 15[kV]를 초과하고 25[kV] 이하인 특고압 가공전선 (다중접지 한 중성선 제외)		
접근형태	전선의 종류	나전선	특고압 절연 전선	케이블
상부 조영재	위	3[m]	2.5[m]	1.2[m]
	옆쪽 또는 아래쪽	1.5[m]	1[m]	0.5[m]
기타 조영재	–	1.5[m]	1[m]	0.5[m]

---

71 단순 암기형　　　　　난이도 上

| 정답 ③

| 접근 POINT

나전선, 절연전선, 케이블인 경우에 이격거리가 각각 0.5[m]씩 차이가 나므로 규칙을 찾아 외우면 쉽다.

| 해설

KEC 333.32 25[kV] 이하인 특고압 가공전선로의 시설

특고압 가공전선로가 상호 간 접근 또는 교차하는 경우에는 다음에 의할 것.

표 333.32-9 15[kV] 초과 25[kV] 이하 특고압 가공전선로 이격거리

전선의 종류	이격거리
어느 한쪽 또는 양쪽이 나전선인 경우	1.5[m]
양쪽이 특고압 절연전선인 경우	1.0[m]
한쪽이 케이블이고 다른 한쪽이 케이블이거나 특고압 절연전선인 경우	0.5[m]

---

72 단순 암기형　　　　　난이도 上

| 정답 ②

| 접근 POINT

나전선, 절연전선, 케이블인 경우에 이격거리가 각각 0.5[m]씩 차이가 나므로 규칙을 찾아 외우면 쉽다.

| 해설

KEC 333.32 25[kV] 이하인 특고압 가공전선로의 시설

특고압 가공전선로가 상호 간 접근 또는 교차하는 경우에는 다음에 의할 것.

SUBJECT 06 전기설비기술기준

표 333.32-9 15[kV] 초과 25[kV] 이하 특고압 가공 전선로 이격거리

전선의 종류	이격거리
어느 한쪽 또는 양쪽이 나전선인 경우	1.5[m]
양쪽이 특고압 절연전선인 경우	1.0[m]
한쪽이 케이블이고 다른 한쪽이 케이블이거나 특고압 절연전선인 경우	**0.5[m]**

73 단순 암기형   난이도 下

정답 ②

접근 POINT

직접 매설식과 관로식은 차량 기타 중량물의 압력을 받을 우려가 있는 장소의 매설깊이가 1.0[m]로 같고, 직접 매설식은 기타 장소, 관로식은 중량물의 압력을 받을 우려가 없는 곳의 매설 깊이가 0.6[m]로 모두 같다.

해설

KEC 334.1 지중전선로의 시설
지중전선로를 직접 매설식에 의하여 시설하는 경우에는 매설 깊이를 **차량 기타 중량물의 압력을 받을 우려가 있는 장소에는 1.0[m] 이상**, 기타 장소에는 0.6[m] 이상으로 하고 또한 지중 전선을 견고한 트로프 기타 방호물에 넣어 시설하여야 한다.

74 단순 암기형   난이도 下

정답 ②

접근 POINT

반복 출제가 많이 되었던 문제로 확실히 암기해야 한다.

해설

KEC 334.1 지중전선로의 시설
1. 지중전선로를 직접 매설식에 의하여 시설하는 경우에는 매설 깊이를 차량 기타 중량물의 압력을 받을 우려가 있는 장소에는 1.0[m] 이상, 기타 장소에는 0.6[m] 이상으로 하고 또한 지중 전선을 견고한 트로프 기타 방호물에 넣어 시설하여야 한다. 다만, **다음의 어느 하나에 해당하는 경우에는 지중전선을 견고한 트로프 기타 방호물에 넣지 아니하여도 된다.**
   가. 저압 또는 고압의 지중전선을 차량 기타 중량물의 압력을 받을 우려가 없는 경우에 그 위를 견고한 판 또는 몰드로 덮어 시설하는 경우
   나. 저압 또는 고압의 지중전선에 **콤바인덕트 케이블** 또는 "마"부터 "사"까지에서 정하는 구조로 개장한 케이블을 사용하여 시설하는 경우

75 단순 암기형   난이도 下

정답 ②

접근 POINT

지중전선로 매설 방식 3가지를 확실히 암기하여야 한다.

해설
KEC 334.1 지중전선로의 시설
지중전선로는 전선에 케이블을 사용하고 또한 **관로식·암거식** 또는 **직접 매설식**에 의하여 시설하여야 한다.

76 단순 암기형   난이도 下

정답 ④

접근 POINT
폭발성 또는 난연성의 가스가 침입할 우려가 있는 지중함에 그 크기가 $1[\text{m}^3]$ 이상의 것은 작업할 때에 가스의 방산이 잘 안되기 때문에 통풍장치 기타 가스를 방산시키기 위한 장치를 설치하여야 한다.

해설
KEC 334.2 지중함의 시설
1. 견고하고 차량 기타 중량물의 압력에 견디는 구조일 것.
2. 그 안의 고인 물을 제거할 수 있는 구조로 되어 있을 것.
3. **폭발성 또는 연소성의 가스가 침입할 우려가 있는 것에 시설하는 지중함으로서 그 크기가 1$[\text{m}^3]$ 이상**인 것에는 통풍장치 기타 가스를 방산시키기 위한 적당한 장치를 시설할 것.
4. 뚜껑은 시설자 이외의 자가 쉽게 열 수 없도록 시설할 것.

77 단순 암기형   난이도 中

정답 ④

접근 POINT
지중전선로는 고장 발생 시 기타시설이 불완전한 경우 누설전류가 지중에 흐르는 것처럼 되기 때문에 근접한 지중 통신케이블 등에 누설전류가 유입하여 통신상의 장해를 끼친다. 또는 전력케이블에 흐르는 부하전류의 불평형이나 고장이 발생하면 근접 지중 통신케이블에 유도장해를 준다.

해설
KEC 334.5 지중약전류전선의 유도장해 방지
지중전선로는 기설 지중약전류전선로에 대하여 **누설전류 또는 유도작용**에 의하여 통신상의 장해를 주지 않도록 기설 약전류전선로로부터 충분히 이격시키거나 기타 적당한 방법으로 시설하여야 한다.

78 단순 암기형   난이도 中

정답 ④

접근 POINT
지중전선 상호 간의 접근 또는 교차와 같이 암기하면 좋다.

이격거리	
334.6 지중전선과 지중약전류전선 등과 접근 또는 교차	
저·고압	30[cm] 이하
특고압	60[cm] 이하
334.7 지중전선 상호 간의 접근 또는 교차	
저·고압 상호 간	15[cm] 이상
저·고압과 특고압 상호 간	30[cm] 이상

‖ 해설

KEC 334.6 지중전선과 지중약전류전선 등 또는 관과의 접근 또는 교차

저압 또는 고압의 지중 전선은 30[cm] 이하, **특고압 지중 전선은 60[cm] 이하**이어야 한다.

79 단순 암기형　　　　　난이도 中

‖ 정답　①

‖ 접근 POINT

일반적인 지중전선의 접근 또는 교차 문제가 아닌 25[kV] 이하의 지중전선로의 문제이므로 수치를 따로 암기하여야 한다.

‖ 해설

KEC 334.7 지중전선 상호 간의 접근 또는 교차

사용전압이 25[kV] 이하인 다중접지방식 지중전선로를 관에 넣어 시설하는 경우, 그 이격거리가 0.1[m] 이상이 되도록 시설하여야 한다.

80 단순 암기형　　　　　난이도 中

‖ 정답　③

‖ 접근 POINT

철도·궤도 또는 자동차도 전용 터널 안의 전선로, 사람이 상시 통행하는 터널 안의 전선로는 저압 일때 애자사용 공사에 의한 레일면상 높이는 2.5[m]로 같다.

‖ 해설

KEC 335.1 터널 안 전선로의 시설

1. 사람이 상시 통행하는 터널 안의 전선로 사용전압은 저압 또는 고압에 한하며, 다음에 따라 시설하여야 한다.

　가. 저압 전선은 다음 중 1에 의하여 시설할 것.

　　(1) 인장강도 2.30[kN] 이상의 절연전선 또는 지름 2.6[mm] 이상의 경동선의 절연전선을 사용하고 규정에 준하는 **애자 사용 배선에 의하여 시설하여야 하며 또한 이를 레일면상 또는 노면상 2.5[m] 이상**의 높이로 유지할 것.

　　(2) 합성수지관 공사·금속관 공사·금속제 가요 전선관 공사 및 케이블 공사의 규정에 준하는 케이블배선에 의하여 시설할 것.

81 단순 암기형　　　　　난이도 中

‖ 정답　③

‖ 접근 POINT

실기에 자주 출제 되었던 내용으로, 피뢰기의 시설 장소 4가지를 확실히 암기하여야 한다.

‖ 해설

KEC 341.13 피뢰기의 시설

1. 고압 및 특고압의 전로 중 다음에 열거하는 곳 또는 이에 근접한 곳에는 피뢰기를 시설하여야 한다.
   가. 발전소·변전소 또는 이에 준하는 장소의 가공전선 인입구 및 인출구
   나. 특고압 가공전선로에 접속하는 341.2의 배전용 변압기의 고압측 및 특고압측
   다. **고압 및 특고압 가공전선로로부터 공급을 받는 수용장소의 인입구**
   라. 가공전선로와 지중전선로가 접속되는 곳

82 단순 암기형   난이도 下

정답 ④

접근 POINT

배전용 변압기를 특고압 전선로에 시설하는 경우 시설해야 하는 기기를 암기해야 한다.

해설

KEC 342.2 특고압 배전용 변압기의 시설
특고압 전선로에 접속하는 배전용 변압기를 시설하는 경우에는 특고압 전선에 특고압 절연전선 또는 케이블을 사용하고 또한 다음에 따라야 한다.
가. 변압기의 1차 전압은 35[kV] 이하, 2차 전압은 저압 또는 고압일 것.
나. **변압기의 특고압측에 개폐기 및 과전류 차단기를 시설할 것.**
다. 변압기의 2차 전압이 고압인 경우에는 고압측에 개폐기를 시설하고 또한 쉽게 개폐할 수 있도록 할 것.

83 단순 암기형   난이도 下

정답 ④

접근 POINT

울타리·담 등으로부터 충전 부분까지 거리의 합계를 물어볼 때 공칭전압이 많이 주어진다. 35[kV] 이하에는 22.9[kV], 35[kV]를 초과하고 160[kV] 이하에는 154[kV], 160[kV]를 초과하는 전압은 345[kV]가 주로 출제가 되었으므로 주어지는 공칭전압을 보고 문제를 풀면 쉽다.

해설

KEC 341.4 특고압용 기계 기구의 시설

사용전압의 구분	울타리의 높이와 울타리로부터 충전부분까지의 거리의 합계 또는 지표상의 높이
35[kV] 이하	5[m]
35[kV] 초과 160[kV] 이하	**6[m]**
160[kV] 초과	6[m] 에 160[kV]를 초과하는 10[kV] 또는 그 단수마다 0.12[m]를 더한 값

84 단순 암기형   난이도 下

정답 ②

접근 POINT

시가지는 도심의 중심부이므로 시가지가 아닌 경우보다 기계기구의 높이가 더 높아야 한다.

▮ 해설

KEC 341.8 고압용 기계 기구의 시설

기계기구(이에 부속하는 전선에 케이블 또는 고압 인하용 절연전선을 사용하는 것에 한한다)를 **지표상 4.5[m]**(시가지 외에는 4 [m]) **이상**의 높이에 시설하고 또한 사람이 쉽게 접촉할 우려가 없도록 시설하는 경우

85 단순 암기형   난이도 下

▮ 정답   ③

▮ 접근 POINT

포장 퓨즈 및 비포장 퓨즈의 정격전류 배수와 용단 시간에 대한 문제가 모두 나왔으므로 확실히 암기하여야 한다.

▮ 해설

KEC 341.10 고압 및 특고압 전로 중의 과전류 차단기의 시설

1. 과전류 차단기로 시설하는 퓨즈 중 고압전로에 사용하는 포장 퓨즈는 정격전류의 1.3배의 전류에 견디고 또한 2배의 전류로 120분 안에 용단되는 것이어야 한다.
2. 과전류 차단기로 시설하는 퓨즈 중 **고압전로에 사용하는 비포장 퓨즈는 정격전류의 1.25배의 전류에 견디고 또한 2배의 전류로 2분 안에 용단되는 것이어야 한다.**

86 단순 암기형   난이도 下

▮ 정답   ②

▮ 접근 POINT

가요 전선관은 저압 옥내배선 공사이다.

▮ 해설

KEC 342.1 고압 옥내배선 등의 시설

1. 고압 옥내배선은 다음에 따라 시설하여야 한다.
    가. **애자 사용 공사(건조한 장소로서 전개된 장소에 한한다)**
    나. **케이블 공사**
    다. **케이블 트레이 공사**

87 단순 암기형   난이도 下

▮ 정답   ③

▮ 접근 POINT

특고압 옥내 전기설비에 가능한 공사는 2가지로 케이블 공사 및 케이블 트레이 공사가 있다.

▮ 해설

KEC 342.4 특고압 옥내 전기설비의 시설

1. 특고압 옥내배선은 241.9의 규정에 의하여 시설하는 경우 이외에는 다음에 따르고 또한 위험의 우려가 없도록 시설하여야 한다.
    가. **사용전압은 100[kV] 이하**일 것. 다만, 케이블 트레이공사에 의하여 시설하는 경우 35[kV] 이하일 것.
    나. 전선은 케이블일 것.
    라. 관 그 밖에 케이블을 넣는 방호장치의 금속제 부분·금속제의 전선 접속함 및 케이블의 피복에 사용하는 금속체에는 접지공사를 하여야 한다.

88 단순 암기형
난이도 下

정답 ③

접근 POINT

울타리 · 담 등으로부터 충전 부분까지 거리의 합계를 물어볼 때 공칭전압이 많이 주어진다. 35[kV] 이하에는 22.9[kV], 35[kV]를 초과하고 160[kV] 이하에는 154[kV], 160[kV]를 초과하는 전압은 345[kV]가 주로 출제가 되었으므로 주어지는 공칭전압을 보고 문제를 풀면 쉽다.

해설

KEC 351.1 발전소 등의 울타리 · 담 등의 시설

사용전압의 구분	울타리·담 등의 높이와 울타리·담 등으로부터 충전부분까지의 거리의 합계
35[kV] 이하	5[m]
35[kV] 초과 160[kV] 이하	6[m]
160[kV] 초과	6[m] 에 160[kV]를 초과하는 10[kV] 또는 그 단수마다 0.12[m]를 더한 값

89 단순 계산형
난이도 下

정답 ②

접근 POINT

울타리 · 담 등으로부터 충전 부분까지 거리의 합계를 물어볼 때 공칭전압이 많이 주어진다. 35[kV] 이하에는 22.9[kV], 35[kV]를 초과하고 160[kV] 이하에는 154[kV], 160[kV]를 초과하는 전압은 345[kV]가 주로 출제가 되었으므로 주어지는 공칭전압을 보고 문제를 풀면 쉽다.

해설

KEC 351.1 발전소 등의 울타리 · 담 등의 시설

사용전압의 구분	울타리·담 등의 높이와 울타리·담 등으로부터 충전부분까지의 거리의 합계
35[kV] 이하	5[m]
35[kV] 초과 160[kV] 이하	6[m]
160[kV] 초과	6[m] 에 160[kV]를 초과하는 10[kV] 또는 그 단수마다 0.12[m]를 더한 값

단수: $(345 - 160)/10 = 18.5 \rightarrow 19$

거리의 합계: $6 + 0.12 \times 19 = 8.28\,[m]$

90 단순 암기형
난이도 下

정답 ②

접근 POINT

울타리 · 담 등의 높이와 지표면과 울타리 · 담 등의 하단 사이의 간격을 15[cm] 이하로 정한 것은 아래쪽으로 어린아이 혹은 가축 등 작은 물체의 출입을 불가능하게 한 것이며, 울타리·담 등의 높이를 2[m] 이상으로 정한 것은 울타리·담 등을 넘어가거나 기타 물체 등이 충전 부분에 접촉하는 것을 방지하기 위함이다.

해설

KEC 351.1 발전소 등의 울타리 · 담 등의 시설

울타리 · 담 등의 높이는 2[m] 이상으로 하고 **지표면과 울타리 · 담 등의 하단 사이의 간격은 0.15[m] 이하**로 할 것.

91 단순 암기형   난이도 下

| 정답 ④

| 접근 POINT

2회선 이하의 단일 모선은 전로의 접속 상태가 간단하므로 안전상 지장이 없기 때문에 접속 상태를 모의 모선 및 기타 방법으로 표시하지 않아도 된다.

| 해설

KEC 351.2 특고압 전로의 상 및 접속 상태의 표시

발전소·변전소 또는 이에 준하는 곳의 특고압 전로에 대하여는 그 접속 상태를 모의 모선의 사용 기타의 방법에 의하여 표시하여야 한다. 다만, 이러한 전로에 접속하는 **특고압 전선로의 회선수가 2 이하이고 또한 특고압의 모선이 단일모선인 경우에는 그러하지 아니한다.**

92 단순 암기형   난이도 下

| 정답 ②

| 접근 POINT

발전기와 변압기는 용량이 10,000[kVA] 이상, 조상기는 15,000[kVA] 이상일 때 내부에 고장이 발생한 경우 자동차단장치를 시설하여야 한다.

| 해설

KEC 351.3 발전기 등의 보호 장치

1. 발전기에는 다음의 경우에 자동적으로 이를 전로로부터 차단하는 장치를 시설하여야 한다.

   가. 발전기에 과전류나 과전압이 생긴 경우

   나. 용량이 500[kVA] 이상의 발전기를 구동하는 수차의 압유장치의 유압이 현저히 저하한 경우

   다. 용량이 100[kVA] 이상의 발전기를 구동하는 풍차의 압유장치의 유압, 압축 공기 장치의 공기압이 현저히 저하한 경우

   라. 용량이 2,000[kVA] 이상인 수차 발전기의 스러스트 베어링의 온도가 현저히 상승한 경우

   마. 용량이 **10,000[kVA] 이상인 발전기의 내부에 고장**이 생긴 경우

   바. 정격출력이 10,000[kW]를 초과하는 증기터빈은 그 스러스트 베어링이 현저하게 마모되거나 그 온도가 현저히 상승한 경우

93 단순 암기형   난이도 下

| 정답 ①

| 접근 POINT

타냉식 변압기에 설치하는 보호장치는 경보장치밖에 없다.

참고: 유입 자냉식은 경보장치를 하지 않아도 된다.

┃ 해설

KEC 351.4 특고압용 변압기의 보호장치

뱅크용량의 구분	동작조건	장치의 종류
5,000[kVA] 이상 10,000[kVA] 미만	변압기 내부고장	자동차단장치 또는 경보장치
10,000[kVA] 이상	변압기 내부고장	자동차단장치
타냉식 변압기	냉각장치에 고장이 생긴 경우 또는 변압기의 온도가 현저히 상승한 경우	경보장치

---

94 단순 암기형   난이도 下

┃ 정답 ②

┃ 접근 POINT

각 뱅크용량에 따라 설치하는 장치의 종류가 다르므로 확실히 암기하여야 한다.

┃ 해설

KEC 351.4 특고압용 변압기의 보호장치

뱅크용량의 구분	동작조건	장치의 종류
5,000[kVA] 이상 10,000[kVA] 미만	변압기 내부고장	자동차단장치 또는 경보장치
10,000[kVA] 이상	변압기 내부고장	자동차단장치
타냉식 변압기	냉각장치에 고장이 생긴 경우 또는 변압기의 온도가 현저히 상승한 경우	경보장치

---

95 단순 암기형   난이도 中

┃ 정답 ④

┃ 접근 POINT

전력용 커패시터 및 분로리액터는 과전압 발생 유무에 따라 자동차단장치를 시설할 뱅크용량의 차이가 있으므로 구분을 잘하여야 한다.

┃ 해설

KEC 351.5 조상설비의 보호장치

설비종별	뱅크용량의 구분	자동적 전로로부터 차단하는 장치
전력용 커패시터 및 분로리액터	500[kVA] 초과 15,000[kVA] 미만	내부 고장, 과전류
	15,000[kVA] 이상	**내부 고장, 과전류, 과전압**
조상기(調相機)	15,000[kVA] 이상	내부 고장

---

96 단순 암기형   난이도 下

┃ 정답 ①

┃ 접근 POINT

발·변전소에는 안전상 전압, 전류, 전력, 온도를 계측하는 장치가 필요하며 주파수계, 역률계는 시설하지 않는다.

┃ 해설

KEC 351.6 발전소 계측 장치

1. 발전소에서는 다음의 사항을 계측하는 장치를 시설하여야 한다.

　　가. **발전기**·연료전지 또는 태양전지 모듈의 **전압** 및 **전류** 또는 **전력**

　　나. **발전기의 베어링**(수중 메탈을 제외한다) **및 고정자의 온도**

　　다. 정격출력이 10,000[kW]를 초과하는 증

기터빈에 접속하는 발전기의 진동의 진폭
라. 주요 변압기의 전압 및 전류 또는 전력
마. **특고압용 변압기의 온도**

97 단순 암기형 난이도 下

▮ 정답 ③

▮ 접근 POINT
수소의 순도가 저하하여 폭발 위험이 발생하는 것을 방지하기 위해 경보장치를 시설하여야 한다.

▮ 해설
KEC 351.10 수소냉각식 발전기 등의 시설
수소냉각식의 발전기·조상기 또는 이에 부속하는 수소 냉각 장치는 다음 각 호에 따라 시설하여야 한다.
가. 발전기 또는 조상기는 기밀구조의 것이고 또한 수소가 대기압에서 폭발하는 경우에 생기는 압력에 견디는 강도를 가지는 것일 것.
나. 발전기축의 밀봉부에는 질소 가스를 봉입할 수 있는 장치 또는 발전기 축의 밀봉부로부터 누설된 수소 가스를 안전하게 외부에 방출할 수 있는 장치를 시설할 것.
다. **발전기 내부 또는 조상기 내부의 수소의 순도가 85[%] 이하로 저하한 경우에 이를 경보하는 장치**를 시설할 것.
라. 발전기 내부 또는 조상기 내부의 수소의 압력을 계측하는 장치 및 그 압력이 현저히 변동한 경우에 이를 경보하는 장치를 시설할 것.
마. 발전기 내부 또는 조상기 내부의 수소의 온도를 계측하는 장치를 시설할 것.

바. 수소를 통하는 관은 동관 또는 이음매 없는 강판이어야 하며 또한 수소가 대기압에서 폭발하는 경우에 생기는 압력에 견디는 강도의 것일 것.

98 단순 암기형 난이도 下

▮ 정답 ④

▮ 접근 POINT
우리나라 배전계통의 전압은 22.9[kV]이며 154[kV]는 송전계통의 전압이다.

▮ 해설
KEC 362.1 전력보안통신설비의 시설 요구사항
배전선로
(1) 22.9[kV] 계통 배전선로 구간(가공, 지중, 해저)
(2) 22.9[kV] 계통에 연결되는 분산전원형 발전소
(3) 폐회로 배전 등 신 배전방식 도입 개소
(4) 배전 자동화, 원격검침, 부하감시 등 지능형 전력망 구현을 위해 필요한 구간

99 단순 암기형 난이도 中

▮ 정답 ①

▮ 접근 POINT
가공전선과 첨가통신선의 이격거리는 다른 규정과 함께 표로 정리하여 외우면 쉽다.

전선의 종류 전압	일반적	절연전선	케이블
25[kV] 이하 다중접지 중성선	0.6[m]		
저압 가공전선	0.6[m]	0.3[m]	0.3[m]
고압 가공전선	0.6[m]	–	0.3[m]
25[kV] 이하 다중접지 특고압 가공전선	0.75[m]		
특고압 가공전선	1.2[m]		0.3[m]

┃해설

KEC 362.2 전력 보안 통신선의 시설 높이와 이격 거리

통신선과 저압 가공전선 또는 333.32의 1 및 4에 규정하는 특고압 가공전선로의 **다중접지를 한 중성선 사이의 이격거리는 0.6[m] 이상**일 것.

100 단순 암기형
난이도 中

┃정답 ②

┃접근 POINT

가공전선과 첨가통신선의 이격거리는 다른 규정과 함께 표로 정리하여 외우면 쉽다.

전선의 종류 전압	일반적	절연전선	케이블
25[kV] 이하 다중접지 중성선	0.6[m]		
저압 가공전선	0.6[m]	0.3[m]	0.3[m]
고압 가공전선	0.6[m]	–	0.3[m]
25[kV] 이하 다중접지 특고압 가공전선	0.75[m]		
특고압 가공전선	1.2[m]		0.3[m]

┃해설

KEC 362.2 전력 보안 통신선의 시설 높이와 이격거리

통신선과 특고압 가공전선(333.32의 1 및 4에 규정하는 특고압 가공전선로의 다중접지를 한 중성선은 제외) 사이의 이격거리는 1.2[m] **(333.32의 1 및 4에 규정하는 특고압 가공전선은 0.75[m]) 이상**일 것.

101 단순 암기형
난이도 中

┃정답 ③

┃접근 POINT

전력보안 가공통신선과 같이 표로 정리하여 암기하면 쉽다.

구분		전력 보안 가공통신선	첨가 통신선 저·고압	첨가 통신선 특고압
철도 횡단		6.5[m]	6.5[m]	6.5[m]
도로	일반적	5[m]	6[m]	6[m]
도로	교통 지장 X	4.5[m]	5[m]	–
그 외(=기타)		3.5[m]	5[m] 절연전선: 4[m] 광섬유 케이블: 3.5[m]	5[m] –
횡단보도교		3[m]	3.5[m] 절연전선: 3[m]	5[m] (일반적) 광섬유 케이블 : 4[m]

┃해설

KEC 362.2 전력보안통신선의 시설 높이와 이

SUBJECT 06 전기설비기술기준

격거리

가공전선로의 지지물에 시설하는 통신선 또는 이에 직접 접속하는 가공 통신선의 높이는 다음에 따라야 한다.

가. 도로를 횡단하는 경우에는 지표상 6[m] 이상 다만, 저압이나 **고압의 가공전선로의 지지물에 시설하는 통신선 또는 이에 직접 접속하는 가공통신선을 시설하는 경우에 교통에 지장을 줄 우려가 없을 때에는 지표상 5[m]**까지로 감할 수 있다.

나. 철도 또는 궤도를 횡단하는 경우에는 레일면상 6.5[m] 이상

다. 횡단보도교의 위에 시설하는 경우에는 그 노면상 5[m] 이상 다만, 다음 중 어느 하나에 해당하는 경우에는 그러하지 아니하다.

(1) 저압 또는 고압의 가공전선로의 지지물에 시설하는 통신선 또는 이에 직접 접속하는 가공통신선을 노면상 3.5[m](통신선이 절연전선과 동등 이상의 절연효력이 있는 것인 경우에는 3[m]) 이상으로 하는 경우

(2) 특고압 전선로의 지지물에 시설하는 통신선 또는 이에 직접 접속하는 가공통신선으로서 광섬유 케이블을 사용하는 것을 그 노면상 4[m] 이상으로 하는 경우

102 단순 암기형
난이도 中

┃ 정답 ①

┃ 접근 POINT
전력보안 가공통신선과 같이 표로 정리하여 암기하면 쉽다.

구분		전력 보안 가공통신선	첨가 통신선	
			저·고압	특고압
철도 횡단		6.5[m]	6.5[m]	6.5[m]
도로	일반적	5[m]	6[m]	6[m]
	교통 지장 X	4.5[m]	5[m]	–
그 외(=기타)		3.5[m]	5[m]	5[m]
			절연전선: 4[m] 광섬유 케이블: 3.5[m]	–
횡단보도교		3[m]	3.5[m]	5[m] (일반적)
			절연전선: 3[m]	광섬유 케이블: 4[m]

┃ 해설

KEC 362.2 전력보안통신선의 시설 높이와 이격거리

가공전선로의 지지물에 시설하는 통신선 또는 이에 직접 접속하는 가공 통신선의 높이는 다음에 따라야 한다.

가. **도로를 횡단하는 경우에는 지표상 6[m] 이상** 다만, 저압이나 고압의 가공전선로의 지지물에 시설하는 통신선 또는 이에 직접 접속하는 가공통신선을 시설하는 경우에 교통에 지장을 줄 우려가 없을 때에는 지표상 5[m]까지로 감할 수 있다.

나. 철도 또는 궤도를 횡단하는 경우에는 레일면상 6.5[m] 이상

다. 횡단보도교의 위에 시설하는 경우에는 그 노면상 5[m] 이상 다만, 다음 중 어느 하나에 해당하는 경우에는 그러하지 아니하다.

(1) 저압 또는 고압의 가공전선로의 지지물

에 시설하는 통신선 또는 이에 직접 접속하는 가공통신선을 노면상 3.5[m](통신선이 절연전선과 동등 이상의 절연효력이 있는 것인 경우에는 3[m]) 이상으로 하는 경우

(2) 특고압 전선로의 지지물에 시설하는 통신선 또는 이에 직접 접속하는 가공통신선으로서 광섬유 케이블을 사용하는 것을 그 노면상 4[m] 이상으로 하는 경우

103 단순 암기형

난이도 下

┃정답 ③

┃접근 POINT

〈참고〉〈그림 362.5-1 급전전용통신선용 보안장치〉

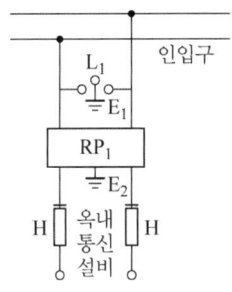

RP_1: 교류 300[V] 이하에서 동작하고, 최소 감도전류가 3[A] 이하로서 최소 감도전류 때의 응동시간이 1사이클 이하이고 또한 전류용량이 50[A], 20초 이상인 자복성이 있는 릴레이 보안기

L_1: 교류 1[kV] 이하에서 동작하는 피뢰기

E_1 및 E_2: 접지

┃해설

KEC 362.5 특고압 가공전선로 첨가설치 통신선의 시가지 인입 제한

통신선 보안 장치에는 교류 1[kV] 이하에서 동작하는 피뢰기를 설치한다.

104 단순 암기형

난이도 上

┃정답 ①

┃접근 POINT

각 약호의 명칭을 확실히 암기하여야 한다.

┃해설

KEC 362.11 전력선 반송 통신용 결합장치의 보안 장치

FD: 동축케이블,

F: 정격전류 10[A] 이하의 포장 퓨즈

DR: 전류 용량 2[A] 이하에서 동작하는 피뢰기

L_1: 교류 300[V] 이하에서 동작하는 피뢰기

L_2: 동작 전압이 교류 1,300[V]를 초과하고 1,600[V] 이하로 조정된 방전갭

L_3: 동작 전압이 교류 2[kV]를 초과하고 3[kV] 이하로 조정된 구상 방전갭

S: 접지용 개폐기, CF: 결합 필터

CC: 결합 커패시터(결합 안테나를 포함한다.)

105 단순 암기형   난이도 下

┃ 정답 ②

┃ 접근 POINT

안전율은 표로 정리하여 같이 암기하면 좋다.

안전율	종류
1.33	이상 시 상정하중이 가하여지는 경우 철탑의 기초 안전율
1.5	저·고압 보안공사를 한 목주의 풍압하중에 대한 안전율, 케이블 트레이, 무선용 안테나
2.0	지지물의 기초 안전율 제2종 특고압 보안공사를 한 목주의 풍압하중에 대한 안전율
2.2	경동선 및 내열동합금선
2.5	ACSR, 지선

┃ 해설

KEC 364.1 무선용 안테나 등을 지지하는 철탑
등의 시설

가. 목주의 풍압하중에 대한 안전율은 1.5 이상

나. **철주·철근 콘크리트주 또는 철탑의 기초 안전
율은 1.5 이상**

대표유형 ❹
전기철도설비   **311쪽**

01 단순 암기형   난이도 上

┃ 정답 ④

┃ 접근 POINT

각 전압의 수치를 확실히 암기하여야 한다.

┃ 해설

KEC 411.2 전차선로의 전압
〈표 411.1-2 직류방식의 급전전압〉

구분	지속성 최저전압 [V]	공칭전압 [V]	지속성 최고전압 [V]	비지속성 최고전압 [V]	장기 과전압 [V]
DC	500 900	750 1,500	900 1,800	950 1,950	**1,269** **2,538**

02 단순 암기형   난이도 下

┃ 정답 ④

┃ 접근 POINT

급전용 변압기는 직류, 교류 모두 3상을 이용하
며 정류기는 교류를 직류로 변환을 시키는 장치
이므로 교류 전기철도에서는 사용하지 않는다.

▍해설

KEC 421.4 변전소의 설비

1. 변전소 등의 계통을 구성하는 각종 기기는 운용 및 유지보수성, 시공성, 내구성, 효율성, 친환경성, 안전성 및 경제성 등을 종합적으로 고려하여 선정하여야 한다.
2. 급전용 변압기는 직류 전기철도의 경우 3상 정류기용 변압기, **교류 전기철도의 경우 3상 스코트결선 변압기**의 적용을 원칙으로 하고, 급전계통에 적합하게 선정하여야 한다.
3. 차단기는 계통의 장래계획을 감안하여 용량을 결정하고, 회로의 특성에 따라 기종과 동작책무 및 차단시간을 선정하여야 한다.
4. 개폐기는 선로 중 중요한 분기점, 고장발견이 필요한 장소, 빈번한 개폐를 필요로 하는 곳에 설치하며, 개폐상태의 표시, 쇄정장치 등을 설치하여야 한다.
5. 제어용 교류전원은 상용과 예비의 2계통으로 구성하여야 한다.
6. 제어반의 경우 디지털계전기방식을 원칙으로 하여야 한다.

---

03 단순 암기형 난이도 上

▍정답 ①

▍접근 POINT

동적거리와 정적거리의 수치를 확실히 암기하여야 한다.

▍해설

KEC 431.3 전차선로의 충전부와 차량 간의 절연 이격

〈표 431.3-1 전차선과 차량 간의 최소 절연 이격거리〉

시스템 종류	공칭전압[V]	동적[mm]	정적[mm]
직류	**750**	**25**	25
	1,500	100	150
단상교류	25,000	170	270

---

04 단순 암기형 난이도 下

▍정답 ③

▍접근 POINT

전차선로는 나전선을 사용하는 단일 전선로로 식물 접촉에 의한 정전은 장시간 열차운행 중지 등 일반 전선로와 달리 큰 피해 발생할 우려가 있으므로, 전차선 등과 식물과의 이격거리는 5[m] 이상으로 이격시켜야 한다.

▍해설

KEC 431.11 전차선 등과 식물사이의 이격거리
교류 전차선 등 충전부와 식물사이의 이격거리는 5[m] 이상이어야 한다. 다만, 5[m] 이상 확보하기 곤란한 경우에는 현장여건을 고려하여 방호벽 등 안전조치를 하여야 한다.

SUBJECT 06

전기설비기술기준

I 정답 ④

I 접근 POINT

가공 전차선로의 유효전력이 200[kW] 이상일 경우 총 역률은 0.8보다는 낮을 경우 실제 소비되는 전력대비 공급전력의 크기가 커져야 하므로 변압기 등 설비 보강이 필요하며, 역률이 낮은 경우 정상적인 전기를 소비하기 위해 전차선로에는 전류가 증가하게 되므로 전력손실이 증가하게 된다.

I 해설

KEC 441.4 전기철도차량의 역률

411.2에서 규정된 비지속성 최저전압에서 비지속성 최고전압까지의 전압범위에서 유도성 역률 및 전력소비에 대해서만 적용되며, 회생제동 중에는 전압을 제한 범위 내로 유지시키기 위하여 유도성 역률을 낮출 수 있다. 다만, 전기철도차량이 전차선로와 접촉한 상태에서 견인력을 끄고 보조전력을 가동한 상태로 정지해 있는 경우, 가공 전차선로의 **유효전력이 200[kW] 이상일 경우 총 역률은 0.8보다는 작아서는 안된다.**

I 정답 ④

I 접근 POINT

교류 전기철도 급전시스템의 조건과 최대 허용 접촉전압을 완벽히 암기하여야 한다.

I 해설

KEC 461.2 레일 전위의 위험에 대한 보호

1. 교류 전기철도 급전시스템에서의 레일 전위의 최대 허용 접촉전압은 아래 표의 값 이하여야 한다. 단, 작업장 및 이와 유사한 장소에서는 최대 허용 접촉전압을 25[V](실효값)를 초과하지 않아야 한다.

시간 조건	최대 허용 접촉전압 (실효값)
순시조건(t≤0.5초)	670[V]
일시적 조건(0.5초<t≤300초)	65[V]
영구적 조건(t>300초)	60[V]

2. 직류 전기철도 급전시스템에서의 레일 전위의 최대 허용 접촉전압은 아래 표의 값 이하여야 한다. 단, 작업장 및 이와 유사한 장소에서 최대 허용 접촉전압은 60[V]를 초과하지 않아야 한다.

시간 조건	최대 허용 접촉전압
순시조건(t≤0.5초)	535[V]
일시적 조건(0.5초<t≤300초)	150[V]
영구적 조건(t>300초)	120[V]

대표유형 ❺
분산형 전원설비　313쪽

01 단순 암기형　난이도 中

┃ 정답　④

┃ 접근 POINT

수치를 잘 암기하여야 한다.

┃ 해설

KEC 503.2.1 전기 공급방식 등

분산형전원설비의 전기 공급방식, 측정 장치 등은 다음에 따른다.

가. 분산형전원설비의 전기 공급방식은 전력계통과 연계되는 전기 공급방식과 동일할 것

나. **분산형전원설비 사업자의 한 사업장의 설비용량 합계가 250[kVA] 이상**일 경우에는 송·배전계통과 연계지점의 연결상태를 감시 또는 유효전력, 무효전력 및 전압을 측정할 수 있는 장치를 시설할 것

02 단순 암기형　난이도 中

┃ 정답　④

┃ 접근 POINT

분산형 전원설비의 전기저장장치와 태양광설비는 공통적으로 공칭단면적 2.5[mm^2] 이상의 연동선을 사용하며, 옥측 또는 옥외에 합성수지관, 금속관, 금속제 가요전선관, 케이블 공사를 사용한다.

┃ 해설

KEC 512 전기저장장치의 시설

512.1.1 전기배선

전기배선은 다음에 의하여 시설하여야 한다.

1. 전선은 공칭단면적 2.5[mm^2] 이상의 연동선 또는 이와 동등 이상의 세기 및 굵기의 것일 것.

2. 배선설비 공사는 옥내에 시설할 경우에는 합성수지관공사, 금속관공사, 금속제 가요전선관공사 또는 케이블 공사 규정에 준하여 시설할 것.

3. **옥측 또는 옥외에 시설할 경우에는 합성수지관공사, 금속관공사, 금속제 가요전선관공사 또는 케이블 공사의 규정에 준하여 시설**할 것.

4. 단자를 체결 또는 잠글 때 너트나 나사는 풀림방지 기능이 있는 것을 사용하여야 한다.

5. 외부터미널과 접속하기 위해 필요한 접점의 압력이 사용기간 동안 유지되어야 한다.

03 단순 암기형　난이도 中

┃ 정답　④

┃ 접근 POINT

분산형 전원설비의 전기저장장치, 태양광설비, 풍력설비, 연료전지설비는 공통적으로 공칭단면적 2.5[mm^2] 이상의 연동선을 사용하며, 옥내, 옥측 또는 옥외에 합성수지관, 금속관, 금속제 가요전선관, 케이블 공사를 사용한다.

▌해설

KEC 522 태양광 설비의 시설

1. 태양전지 모듈에 접속하는 부하측의 태양전지 어레이에서 전력변환장치에 이르는 전로 (복수의 태양전지 모듈을 시설한 경우에는 그 집합체에 접속하는 부하측의 전로)에는 그 접속점에 근접하여 개폐기 기타 이와 유사한 기구(부하전류를 개폐할 수 있는 것에 한한다)를 시설할 것

2. 전선은 공칭단면적 2.5[mm^2] 이상의 연동선 또는 이와 동등 이상의 세기 및 굵기의 것일 것.

3. 모듈을 병렬로 접속하는 전로에는 그 전로에 단락전류가 발생할 경우에 전로를 보호하는 과전류 차단기 또는 기타 기구를 시설하여야 한다. 단, 그 전로가 단락전류에 견딜 수 있는 경우에는 그러하지 아니하다.

4. **옥측 또는 옥외에 시설할 경우에는 합성수지관 공사, 금속관 공사, 금속제 가요전선관 공사, 케이블 공사**의 규정에 준하여 시설할 것.

04 단순 암기형 난이도 中

▌**정답** ②

▌**접근 POINT**

각 조항을 확실히 암기하여야 한다.

▌**해설**

KEC 532.3.5 피뢰설비

1. **수뢰부를 풍력터빈 선단부분 및 가장자리 부분에** 배치하되 뇌격전류에 의한 발열에 용손(溶損)되지 않도록 재질, 크기, 두께 및 형상 등을 고려할 것

2. 풍력터빈에 설치하는 인하도선은 쉽게 부식되지 않는 금속선으로서 뇌격전류를 안전하게 흘릴 수 있는 충분한 굵기여야 하며, 가능한 직선으로 시설할 것

3. 풍력터빈 내부의 계측 센서용 케이블은 금속관 또는 차폐케이블 등을 사용하여 뇌유도 과전압으로부터 보호할 것

4. 풍력터빈에 설치한 피뢰설비(리셉터, 인하도선 등)의 기능 저하로 인해 다른 기능에 영향을 미치지 않을 것

대표유형 ⑥
전기설비기술기준   315쪽

01 단순 암기형   난이도 下

▌정답 ①

▌접근 POINT

전선로란 전선(전차선을 제외) 및 이를 지지하거나 수용하는 시설물이라는 핵심단어만 기억하면 된다.

▌해설

전기설비기술기준 제3조 정의
1. "전선"이란 강전류 전기의 전송에 사용하는 전기 도체, 절연물로 피복한 전기 도체 또는 절연물로 피복한 전기 도체를 다시 보호 피복한 전기 도체를 말한다.
2. "전로"란 통상의 사용 상태에서 전기가 통하고 있는 곳을 말한다.
3. **"전선로"란 발전소·변전소·개폐소, 이에 준하는 곳, 전기 사용장소 상호 간의 전선(전차선을 제외) 및 이를 지지하거나 수용하는 시설물**을 말한다.

02 단순 암기형   난이도 下

▌정답 ④

▌접근 POINT

산지의 평균 경사도를 묻는 간단한 문제로 경사도와 함께 경사면의 면적까지 암기해야 한다.

▌해설

전기설비기술기준 제21조 발전소 등의 부지시설조건
부지조성을 위해 산지를 전용할 경우에는 전용하고자 하는 **산지의 평균 경사도가 25도 이하**이어야 하며, 산지 전용 면적 중 산지 전용으로 발생되는 절, 성토 경사면의 면적이 100분의 50을 초과해서는 안된다.

03 단순 암기형   난이도 中

▌정답 ①

▌접근 POINT

현 문제는 교류 특고압 가공전선로에서 발생하는 극저주파 전계에 관련된 문제이지만 자계 문제도 출제가 되었으므로 두 개의 수치를 모두 암기하여야 한다.

▌해설

전기설비기술기준 제17조 (유도장해 방지)
교류 특고압 가공전선로에서 발생하는 극저주파 전자계는 지표상 1[m]에서 전계가 3.5[kV/m] 이하, 자계가 83.3[μT] 이하가 되도록 시설하고, 직류 특고압 가공전선로에서 발생하는 직류전계는 지표면에서 25[kV/m] 이하, 직류자계는 지표상 1[m]에서 400,000[μT] 이하가 되도록 시설하는 등 상시 정전유도 및 전자유도 작용에 의하여 사람에게 위험을 줄 우려가 없도록 시설하여야 한다.

04 | 단순 암기형   난이도 上

| 정답 ③

| 접근 POINT

유도장해 방지에 관한 규정에서 수치 위주로 파악해야 한다.

| 해설

기술기준 제17조(유도장해 방지)

① 교류 특고압 가공전선로에서 발생하는 극저주파 전자계는 지표상 1[m]에서 전계가 3.5[kV/m] 이하, 자계가 83.3[μT] 이하가 되도록 시설하고, 직류 특고압 가공전선로에서 발생하는 직류전계는 지표면에서 25[kV/m] 이하, **직류자계는 지표상 1[m]에서 400,000[μT] 이하가 되도록 시설**하는 등 상시 정전유도 및 전자유도 작용에 의하여 사람에게 위험을 줄 우려가 없도록 시설하는 경우에는 그러지 아니한다.

② 특고압의 가공전선로는 전자유도작용이 약전류전선로 (전력보안 통신설비는 제외한다)를 통하여 사람에 위험을 줄 우려가 없도록 시설하여야 한다.

③ 전력보안 통신설비는 가공전선로로부터의 정전유도작용 또는 전자유도작용에 의하여 사람에 위험을 줄 우려가 없도록 시설하여야 한다.

05 | 단순 계산형   난이도 上

| 정답 ④

| 접근 POINT

단상 2선식인 경우 누설전류를 계산할 때는 최대 공급 전류의 $\dfrac{1}{1,000}$ 로 계산하여야 한다.

| 해설

전기설비기술기준 제27조 전선로의 전선 및 절연 성능

저압 전선로 중 절연 부분의 전선과 대지 간 및 전선의 심선 상호 간에 절연저항은 사용전압에 대한 누설전류가 최대 공급전류의 1/2,000을 넘지 않도록 하여야 한다.

$$I_g = \frac{30 \times 10^3}{220} \times \frac{1}{1,000} \times 10^3 = 136.36[\text{mA}]$$

06 | 단순 암기형   난이도 下

| 정답 ③

| 접근 POINT

절연저항은 특별저압 및 사용전압을 기준으로 정해진 것이므로 문제에서 나온 대지전압은 관계가 없다. 그리고 절연저항 값은 0.5, 1.0을 제외하고는 선택해선 안 된다.

| 해설

전기설비기술기준 제52조 저압전로의 절연성능

전로의 사용전압[V]	DC 시험전압[V]	절연저항[MΩ]
SELV 및 PELV	250	0.5
FELV, **500[V] 이하**	500	**1.0**
500[V] 초과	1,000	1.0